建筑给水排水设计速查手册

主　编　姜湘山　班福忱　李　刚
参　编　张立成　杨　辉　郝　红　王　培
　　　　付梦求　张建湘　蒋白懿　王子彪
　　　　姜丽娜　张晓明　陈华卿　孙剑平

U0194088

机械工业出版社

本书共 13 章，较详细地介绍了建筑给水、排水、饮水与热水供应、消防、中水供应、水处理、特殊地区和特殊建筑的给水排水设计及相关知识。全书采用新的标准、规范和新技术，具有许多独到的特点，是一本内容丰富、数据准确、资料翔实、技术先进和简单实用的工具书。

本书可供给水排水、供暖通风和环保专业的人员使用和参考。

图书在版编目(CIP)数据

建筑给水排水设计速查手册/姜湘山，班福忱，李刚主编. —北京：机械工业出版社，2015.12
ISBN 978 - 7 - 111 - 51756 - 6

Ⅰ. ①建… Ⅱ. ①姜… ②班… ③李… Ⅲ. ①建筑 - 给水工程 - 工程设计 - 技术手册②建筑 - 排水工程 - 工程设计 - 技术手册　Ⅳ. ①TU82 - 62

中国版本图书馆 CIP 数据核字（2015）第 240104 号

机械工业出版社(北京市百万庄大街 22 号　邮政编码 100037)
策划编辑：张　晶　责任编辑：张　晶　郭克学　版式设计：霍永明
责任校对：张　征　陈立辉　封面设计：路恩中　责任印制：李　洋
北京圣夫亚美印刷有限公司印刷
2016 年 1 月第 1 版第 1 次印刷
184mm×260mm　·40 印张·2 插页·992 千字
标准书号：ISBN 978 - 7 - 111 - 51756 - 6
定价：128.00 元

凡购本书，如有缺页、倒页、脱页，由本社发行部调换
电话服务　　　　　　　　　　网络服务
服务咨询热线：010 - 88361066　机 工 官 网：www.cmpbook.com
读者购书热线：010 - 68326294　机 工 官 博：weibo.com/cmp1952
　　　　　　　010 - 88379203　金　书　网：www.golden - book.com
封面无防伪标均为盗版　教育服务网：www.cmpedu.com

前　言

　　建筑给水排水是建筑工程领域内的一门应用广泛的技术，一本简单实用、内容针对性强、资料完整、数据可靠、技术水平先进的设计手册对设计、施工、管理人员是十分重要的。近年来，给水排水技术发展很快，其中常见的有：①以往应用的气压给水设备由于其不节能、噪声大、水质有可能受到污染、占地面积大的特点，除在消防稳压中应用外，已在给水加压供水中作为加压给水设备被淘汰。②《建筑设计防火规范》（GB 50016—2006）和《高层民用建筑防火规范》（GB 50045—1995）进行了合并，出现了许多新的规定和应用标准。③变频调速水泵在给水技术中具有节能、水质不会受到污染、起动简单等特点，已在给水系统中得到了广泛采用，与水泵水箱方式比较，其给水管路敷设简单，避免了屋顶水箱在建筑立面上处理较难，且顶层供水水压可能不足，水箱内水质不易得到保证的问题；另外由于变频调速水泵的应用，可以采用无负压供水装置。无负压供水装置由管道倒流防止器、稳压补偿罐、真空抑制器和变频调速水泵组成，并直接与市政给水管网连接，既利用了市政管网的压力、不建贮水池，也不设水箱，整个给水系统水质完全与外界隔离而不会受到污染，无负压供水装置已在一些城市得到采用，但必须掌握其应用条件。在高层建筑中采用变频调速水泵串联给水，可以取消转输水箱，避免水箱水质受污染。④新的给水设计秒流量公式得到应用和推广，避免了设计流量得不到保证的问题，更加适合我国用水系统的规律。⑤住宅分为普通型和别墅型，宿舍分为四类，使得用水量计算更合理。⑥管道直饮水的发展，有力地改变了人们饮水的习惯，随之饮水处理技术得到了很大发展。⑦中水技术发展使各种水资源（包括雨水）得到更大范围的应用，也使其水处理技术得到快速发展。⑧各种管材，特别是各种塑料管材、复合管材及管件发展很快，在生活给水系统中，不允许使用镀锌管，有利于水质的保证；各种用水器具的创新、配件和材料的改变，有利于用户使用，节水节能和防臭。⑨虹吸式屋面雨水排水系统使雨水排水量更大、用料省、水平悬吊管不需要坡度、安装空间小。⑩热水供应采用太阳能、热泵技术，具有节能和保护环境的优点，各种电加热器、燃气热水器和燃油（气）锅炉的采用使热水供应系统多样化；集中热水供应系统设计的管网布置保证了热水用水量、水温和系统安全。⑪消防水炮、大空间智能型主动喷水及水喷雾等灭火系统得到应用和发展。⑫节水节能、保护水环境、防止水污染、保证水安全的措施得到加强。

　　针对以上建筑给水排水技术的应用和发展，特编写本书。本书共分为13章：第1章建筑给水排水设计相关知识、第2章建筑给水、第3章建筑排水、第4章建筑排水局部处理、第5章建筑雨水、第6章建筑热水、第7章建筑饮水、第8章特殊建筑给水排水、第9章建筑中水、第10章居住小区给水排水、第11章特殊地区给水排水、第12章循环冷却水、第13章建筑消防。

　　本书由姜湘山、班福忱、李刚任主编，在编写过程中征求了许多同行的意见并参考了他们提供的资料，在此对其表示感谢。

　　由于编者水平有限，本手册难免出现许多错误和不足，敬请同行和读者批评指正。

编　者

目　录

第1章　建筑给水排水设计相关知识

1.1　常用资料

1.1.1　给水排水常用符号

给水排水常用符号见表 1-1-1。

表 1-1-1　给水排水常用符号

名称	符号	名称	符号
流速	V、v	氢离子浓度	pH
流量	Q、q	摩擦阻力系数	λ
面积	A、F、f、ω	局部阻力系数	ζ
容积、体积	V、W	粗糙系数	N
公称直径	DN	谢才系数	C
管外径、内径	D、d	流量系数	μ
停留时间	T、t	水的运动黏度	ν
扬程	H、h	水的动力黏度	μ
水头损失	H、h	雷诺数	Re
水力坡降	I、i	弗劳德数	Fr
水力半径	R	水力梯度	G
湿周	X、ρ、P	效率	η
水泵吸程	Hs	周期	T
功率	N	频率	f、p
转速	n	径流系数	ψ

1.1.2　给水排水常用名词缩写

给水排水常用名词缩写见表 1-1-2。

表 1-1-2　给水排水常用名词缩写

常用名词	缩写	常用名词	缩写
悬浮固体	SSM	耗氧量	OC
5d生化需氧量	BOD_5	溶解氧	DO
化学需氧量	COD	理论需氧量	ThOD
总需氧量	TOD	聚合硫酸铁	PFS
理论有机碳	ThOC	三氯甲烷	THMS
总有机碳	TOC	流动电流	SCM
瞬时需氧量	IOD	总凯氏氮	TKN
悬浮固体总量	TSS	工程塑料	ABS
溶解固体量	DS	浊度	TU
混合液浓度(或称污泥浓度)	ALVSS	固体总量	TS
挥发固体	VSS	污泥容积系数	SVI
污泥沉降比	SV(%)	污泥密度指数	SDI

（续）

常 用 名 词	缩写	常 用 名 词	缩写
污泥指数	SI	厌氧微氧好氧法	A^2/O
悬浮物	SS	两级活性污泥法（或称吸附生物氧化法）	A/B
聚丙烯酰胺	PAM	序批式活性污泥法	SBR
碱式氯化铝	PAC	硬聚氯乙烯	UPVC

1.1.3　SI 基本单位（SI 为国际单位制的基本单位）

（1）SI 基本单位示例（SI 为国际单位制的基本单位）见表 1-1-3。

表 1-1-3　SI 基本单位示例（SI 为国际单位制的基本单位）

量	单位名称	单位称号	量	单位名称	单位称号
长度	米	m	热力学温度	开［尔文］	K
质量	千克，公斤	kg	物质的量	摩［尔］	mol
时间	秒	s	发光强度	坎［德拉］	cd
电流	安［培］	A			

（2）SI 辅助单位示例（SI 为国际单位制的基本单位）见表 1-1-4。

表 1-1-4　SI 辅助单位示例（SI 为国际单位制的基本单位）

量	单位名称	单位称号
平面角	弧度	ral
立体角	球面度	sr

（3）用 SI 基本单位表示的 SI 导出单位示例见表 1-1-5。

表 1-1-5　用 SI 基本单位表示的 SI 导出单位示例

量	SI 单位		量	SI 单位	
	名称	符号		名称	符号
面积	平方米	m^2	电流密度	安［培］每平方米	A/m^2
体积	立方米	m^3	磁场强度	安［培］每米	A/m
速度	米每秒	m/s	［物质的量］浓度	摩［尔］每立方米	mol/m^3
加速度	米每二次方秒	m/s^2	比体积	立方米每千克	m^3/kg
波数	每米	m^{-1}	［光］亮度	坎［德拉］每平方米	cd/m^2
密度	千克每立方米	kg/m^3			

（4）具有专门名称的 SI 导出单位示例见表 1-1-6。

表 1-1-6　具有专门名称的 SI 导出单位示例

量	SI 单位			
	名称	符号	用其他 SI 单位表示的表示式	用 SI 基本单位表示的表示式
频率	赫［兹］	Hz		s^{-1}
力	牛［顿］	N		$m \cdot kg \cdot s^{-2}$
压强，（压力）应力	帕［斯卡］	Pa	N/m^2	$m^{-1} \cdot kg \cdot s^{-2}$
能，功，热量	焦［耳］	J	$N \cdot m$	$m^2 \cdot kg \cdot s^{-2}$
功率，辐［射］通量	瓦［特］W	W	J/s	$m^2 \cdot kg \cdot s^{-3}$
电量，电荷	库［仑］	C		$s \cdot A$
电位（电势），电压，电动势	伏［特］	V	W/A	$m^2 \cdot kg \cdot s^{-3} \cdot A^{-1}$

（续）

量	SI 单位			
	名称	符号	用其他 SI 单位表示的表示式	用 SI 基本单位表示的表示式
电容	法[拉]	F	C/V	$m^{-2} \cdot kg^{-1} \cdot s^4 \cdot A^2$
电阻	欧[姆]	Ω	V/A	$m^2 \cdot kg \cdot s^{-3} A^{-2}$
电导	西[门子]	S	A/V	$m^{-2} \cdot kg^{-1} \cdot s^3 \cdot A^2$
磁通[量]	韦[伯]	Wb	V · s	$m^2 \cdot kg \cdot s^{-2} \cdot A^{-1}$
磁感应[强度],磁通密度	特[斯拉]	T	Wb/m²	$kg \cdot s^{-2} \cdot A^{-1}$
电感	亨[利]	H	Wb/A	$m^2 \cdot kg \cdot s^{-2} \cdot A^{-2}$
摄氏温度	摄氏度	℃		K
光通[量]	流[明]	lm		cd · sr
[光]照度	勒[克斯]	lx	lm/m²	$m^{-2} \cdot cd \cdot sr$
[放射性]活度,(放射性强度)	贝可[勒尔]	Bq		s^{-1}
吸收剂量	戈[瑞]	Gy	J/kg	$m^2 \cdot s^{-2}$
剂量当量	希[沃特]	Sv	J/kg	$m^2 \cdot s^{-2}$

（5）用专门名称表示的 SI 导出单位示例见表 1-1-7。

表 1-1-7　用专门名称表示的 SI 导出单位示例

量	SI 单位		
	名称	符号	用 SI 基本单位表示的表示式
[动力]黏度	帕[斯卡]秒	Pa · s	$m^{-1} \cdot kg \cdot s^{-1}$
力矩	牛[顿]米	N · m	$m^2 \cdot kg \cdot s^{-2}$
表面张力	牛[顿]每米	N/m	$kg \cdot s^{-2}$
热流密度,辐[射]照度	瓦[特]每平方米	W/m²	$kg \cdot s^{-3}$
热容、熵	焦[耳]每开[尔文]	J/K	$m^2 \cdot kg \cdot s^{-2} \cdot K^{-1}$
比热容,比熵	焦[耳]每千克开[尔文]	J/(kg · K)	$m^2 \cdot s^{-2} \cdot K^{-1}$
比能	焦[耳]每千克	J/kg	$m^2 \cdot s^{-2}$
热导率(导热系数)	瓦[特]每米开[尔文]	W/(m · K)	$m \cdot kg \cdot s^{-3} \cdot K^{-1}$
能[量]密度	焦[耳]每立方米	J/m³	$m^{-1} \cdot kg \cdot s^{-2}$
电场强度	伏[特]每米	V/m	$m \cdot kg \cdot s^{-3} \cdot A^{-1}$
电荷体密度	库[仑]每立方米	C/m³	$m^{-3} \cdot s \cdot A$
电位移	库[仑]每平方米	C/m²	$m^{-3} \cdot s \cdot A$
电容率(介电常数)	法[拉]每米	F/m	$m^{-3} \cdot kg^{-1} \cdot s^4 \cdot A^2$
磁导率	亨[利]每米	H/m	$m \cdot kg \cdot s^{-2} \cdot A^{-2}$
摩尔能[量]	焦[耳]每摩[尔]	J/mol	$m^2 \cdot kg \cdot s^{-2} \cdot mol^{-1}$
摩尔熵,摩尔热容	焦[耳]每摩[尔]开[尔文]	J/(mol · K)	$m^2 \cdot kg \cdot s^{-2} \cdot K^{-1} \cdot mol^{-1}$

（6）用 SI 辅助单位表示的 SI 导出单位示例见表 1-1-8。

表 1-1-8　用 SI 辅助单位表示的 SI 导出单位示例

量	SI 单位	
	名称	符号
角速度	弧度每秒	rad/s
角加速度	弧度每二次方秒	rad/s²
辐[射]强度	瓦[特]每球面度	W/sr
辐[射]亮度	瓦[特]每平方米球面度	W(m² · sr)

1.1.4 SI 词头

SI 词头见表 1-1-9、表 1-1-10。

表 1-1-9 SI 词头（一）

因 素	词头名称		符号
	原文（法）	中文	
10^{18}	exa	—	E
10^{15}	peta	—	P
10^{12}	tera	—	T
10^9	giga	—	G
10^6	mega	兆	M
10^3	kilo	千	k
10^2	hector	百	h
10^1	deca	十	da
10^{-1}	deci	分	d
10^{-2}	centl	厘	c
10^{-3}	milli	毫	m
10^{-6}	micro	微	μ
10^{-9}	nano	—	n
10^{-12}	pico	—	P
10^{-15}	femto	—	f
10^{-18}	atto	—	a

表 1-1-10 SI 词头（二）

因数	词头名称			符号
	原文（法）	中文		
		大小数方案	音译方案	
10^{18}	exa（艾可萨）	穰	艾	E
10^{15}	peta（拍它）	秭	拍	P
10^{12}	tera（太拉）	垓	太	T
10^9	giga（吉咖）	京	吉	G
10^{-9}	nano（纳诺）	纤	纳	n
10^{-12}	pico（皮可）	沙	皮	p
10^{-15}	femto（飞母托）	尘	飞	f
10^{-18}	atto（阿托）	渺	阿	a

注：1. 10^4 称为万，10^8 称为亿，10^{12} 称为万亿，这类数词的使用不受词头名称的影响，但不应与词头混淆。
2. 浓度单位：10^{-6}kg/L 称为 ppm，10^{-9}kg/L 称为 ppb，10^{-12}kg/L 称为 ppt。

1.1.5 市制单位

市制单位见表 1-1-11。

表 1-1-11 市制单位

量	单位名称	与 SI 单位的关系
长度	［市］里	1［市］里 ＝ 500m
	丈	1 丈 ＝ 10/3m ＝ 3.3m
	尺	1 尺 ＝ 1/3m ＝ 0.3m
	寸	1 寸 ＝ 1/30m ＝ 0.03m
	［市］分	1 分 ＝ 1/300m ＝ 0.003m

（续）

量	单位名称	与 SI 单位的关系
质量	[市]担	1[市]担 = 50kg
	斤	1 斤 = 500g = 0.5kg
	两	1 两 = 50g = 0.05kg
	钱	1 钱 = 5g = 0.005kg
	[市]分	1[市]分 = 0.5g = 0.0005kg
面积	亩	1 亩 = 10000/15m^2 = 666.6m^2
	[市]分	1[市]分 = 1000/15m^2 = 66.6m^2
	[市]厘	1[市]厘 = 100/15m^2 = 6.6m^2

1.2　单位换算

1.2.1　统一公制计量单位的中文名称

统一公制计量单位中文名称、代号、对主单位的比见表 1-2-1。

表 1-2-1　统一公制计量单位中文名称、代号、对主单位的比

类别	采用的单位名称	代号	对主单位的比
长度	微米	μm	百万分之一米（1/1000000m）
	忽米	cmm	十万分之一米（1/100000m）
	丝米	dmm	万分之一米（1/10000m）
	毫米	mm	千分之一米（1/1000m）
	厘米	cm	百分之一米（1/100m）
	分米	dm	十分之一米（1/10m）
	米	m	主单位
	十米	dam	米的十倍（10m）
	百米	hm	米的百倍（100m）
	公里（千米）	km	米的千倍（1000m）
质量	毫克	mg	百万分之一千克（1/1000000kg）
	厘克	cg	十万分之一千克（1/100000kg）
	分克	dg	万分之一千克（1/10000kg）
	克	g	千分之一千克（1/1000kg）
	十克	dag	百分之一千克（1/100kg）
	百克	hg	十分之一千克（1/10kg）
	千克	kg	主单位
	公担（分吨）	dt	千克的百倍（100kg）
	吨	t(mg)	千克的千倍（1000kg），克的兆倍（10^{6}g）
容量	毫升	mL	千分之一升（1/1000L）
	厘升	cL	百分之一升（1/100L）
	分升	dL	十分之一升（1/10L）
	升	L	主单位
	十升	daL	升的十倍（10L）
	百升	hL	升的百倍（100L）
	千升	kL	升的千倍（1000L）
体积	立方毫米	mm^3	一兆分之一立方米（10^{-9}m^3）
	立方厘米	cm^3	百万分之一立方米（1/1000000m^3）
	立方米	m^3	主单位

注：1μm = 1000nm（纳米）；1nm = 10Å（埃）；1Å（埃）= 10^{-8}cm（厘米）。

1.2.2　常用单位换算

（1）长度单位换算见表 1-2-2。

表 1-2-2　长度单位换算

单位	km	hm	dam	m	dm	cm	mm	μm	nm	pm	Å	X 单位
千米（公里）	1	10	10^2	10^3	10^4	10^5	10^6	10^9	10^{12}	10^{15}	10^{13}	10^{16}
百米	10^{-1}	1	10	10^2	10^3	10^4	10^5	10^8	10^{11}	10^{14}	10^{12}	10^{15}
十米	10^{-2}	10^{-1}	1	10	10^2	10^3	10^4	10^7	10^{10}	10^{13}	10^{11}	10^{14}
米	10^{-3}	10^{-2}	10	1	10	10^2	10^3	10^6	10^9	10^{12}	10^{10}	10^{13}
分米	10^{-4}	10^{-3}	10^{-2}	10^{-1}	1	10	10^2	10^5	10^8	10^{11}	10^9	10^{12}
厘米	10^{-5}	10^{-4}	10^{-3}	10^{-2}	10^{-1}	1	10	10^4	10^7	10^{10}	10^8	10^{11}
毫米	10^{-6}	10^{-5}	10^{-4}	10^{-3}	10^{-2}	10^{-1}	1	10^3	10^6	10^9	10^7	10^{10}
微米	10^{-9}	10^{-8}	10^{-7}	10^{-6}	10^{-5}	10^{-4}	10^{-3}	1	10^3	10^6	10^4	10^7
纳米	10^{-12}	10^{-11}	10^{-10}	10^{-9}	10^{-8}	10^{-7}	10^{-6}	10^{-3}	1	10^3	10	10^4
皮米	10^{-15}	10^{-14}	10^{-13}	10^{-12}	10^{-11}	10^{-10}	10^{-9}	10^{-6}	10^{-3}	1	10^{-2}	10
埃	10^{-13}	10^{-12}	10^{-11}	10^{-10}	10^{-9}	10^{-8}	10^{-7}	10^{-4}	10^{-1}	10^2	1	10^3
X 单位①	10^{-16}	10^{-15}	10^{-14}	10^{-13}	10^{-12}	10^{-11}	10^{-10}	10^{-7}	10^{-4}	10^{-1}	10^{-3}	1

① 1X 单位 = 1.00206×10^{-13} m。

（2）面积单位换算见表 1-2-3。

表 1-2-3　面积单位换算

单位	km^2	hm^2 = ha	dam^2 = a	m^2	dm^2	cm^2	mm^2	$μm^2$	nm^2	pm^2	b
平方千米	1	10^2	10^4	10^6	10^8	10^{10}	10^{12}	10^{18}	10^{24}	10^{30}	
平方百米（公顷）	10^{-2}	1	10^2	10^4	10^6	10^8	10^{10}	10^{16}	10^{22}	10^{28}	
平方十米（公亩）	10^{-4}	10^{-2}	1	10^2	10^4	10^6	10^8	10^{14}	10^{20}	10^{26}	
平方米	10^{-6}	10^{-4}	10^{-2}	1	10^2	10^4	10^6	10^{12}	10^{18}	10^{24}	10^{28}
平方分米	10^{-8}	10^{-6}	10^{-4}	10^{-2}	1	10^2	10^4	10^{10}	10^{16}	10^{22}	10^{26}
平方厘米	10^{-10}	10^{-8}	10^{-6}	10^{-4}	10^{-2}	1	10^2	10^8	10^{14}	10^{20}	10^{24}
平方毫米	10^{-12}	10^{-10}	10^{-8}	10^{-6}	10^{-4}	10^{-2}	1	10^6	10^{12}	10^{18}	10^{22}
平方微米	10^{-18}	10^{-16}	10^{-14}	10^{-12}	10^{-10}	10^{-8}	10^{-6}	1	10^6	10^{12}	10^{16}
平方纳米	10^{-24}	10^{-22}	10^{-20}	10^{-18}	10^{-16}	10^{-14}	10^{-12}	10^{-6}	1	10^6	10^{10}
平方皮米	10^{-30}	10^{-28}	10^{-26}	10^{-24}	10^{-22}	10^{-20}	10^{-18}	10^{-12}	10^{-6}	1	10^4
靶恩				10^{-28}	10^{-26}	10^{-24}	10^{-22}	10^{-16}	10^{-10}	10^{-4}	1

（3）体积单位换算见表 1-2-4。

表 1-2-4　体积单位换算

序号	1	2	3	4	5	6	7
单位	km^3	hm^3	dam^3	m^3	hL	daL	dm^3 = L
立方千米	1	10^3	10^6	10^9	10^{10}	10^{11}	10^{12}
立方百米	10^{-3}	1	10^3	10^6	10^7	10^8	10^9
立方十米	10^{-6}	10^{-3}	1	10^3	10^4	10^5	10^6
立方米	10^{-9}	10^{-6}	10^{-3}	1	10	10^2	10^3
百升	10^{-10}	10^{-7}	10^{-4}	10^{-1}	1	10	10^2
十升	10^{-11}	10^{-8}	10^{-5}	10^{-2}	10^{-1}	1	10
立方分米（升）	10^{-12}	10^{-9}	10^{-6}	10^{-3}	10^{-2}	10^{-1}	1
分升	10^{-13}	10^{-10}	10^{-7}	10^{-4}	10^{-3}	10^{-2}	10^{-1}
厘升	10^{-14}	10^{-11}	10^{-8}	10^{-5}	10^{-4}	10^{-3}	10^{-2}

（续）

序号	1	2	3	4	5	6	7
立方厘米（毫升）	10^{-15}	10^{-12}	10^{-9}	10^{-6}	10^{-5}	10^{-4}	10^{-3}
立方毫米（微升）	10^{-18}	10^{-15}	10^{-12}	10^{-9}	10^{-8}	10^{-7}	10^{-6}
立方微米（飞升）	10^{-27}	10^{-24}	10^{-21}	10^{-18}	10^{-17}	10^{-16}	10^{-15}
立方纳米	10^{-36}	10^{-33}	10^{-30}	10^{-27}	10^{-26}	10^{-25}	10^{-24}
立方皮米	10^{-45}	10^{-42}	10^{-39}	10^{-36}	10^{-35}	10^{-34}	10^{-33}

序号	8	9	10	11	12	13	14
单位	dL	cL	$cm^3=mL$	$mm^3=\mu L$	$\mu m^3=fL$	nm^3	pm^3
立方千米	10^{13}	10^{14}	10^{15}	10^{18}	10^{27}	10^{36}	10^{45}
立方百米	10^{10}	10^{11}	10^{12}	10^{15}	10^{24}	10^{33}	10^{42}
立方十米	10^{7}	10^{8}	10^{9}	10^{12}	10^{21}	10^{30}	10^{39}
立方米	10^{4}	10^{5}	10^{6}	10^{9}	10^{18}	10^{27}	10^{36}
百升	10^{3}	10^{4}	10^{5}	10^{8}	10^{17}	10^{26}	10^{35}
十升	10^{2}	10^{3}	10^{4}	10^{7}	10^{16}	10^{25}	10^{34}
立方分米（升）	10	10^{2}	10^{3}	10^{6}	10^{15}	10^{24}	10^{33}
分升	1	10	10^{2}	10^{5}	10^{14}	10^{23}	10^{32}
厘升	10^{-1}	1	10	10^{4}	10^{13}	10^{22}	10^{31}
立方厘米（毫升）	10^{-2}	10^{-1}	1	10^{3}	10^{12}	10^{21}	10^{30}
立方毫米（微升）	10^{-5}	10^{-4}	10^{-3}	1	10^{9}	10^{18}	10^{27}
立方微米（飞升）	10^{-14}	10^{-13}	10^{-12}	10^{-9}	1	10^{9}	10^{18}
立方纳米	10^{-23}	10^{-22}	10^{-21}	10^{-18}	10^{-9}	1	10^{9}
立方皮米	10^{-32}	10^{-31}	10^{-30}	10^{-27}	10^{-18}	10^{-9}	1

（4）质量单位换算见表1-2-5。

（5）力单位换算见表1-2-6。

（6）千克力（kgf）、牛顿（N）换算见表1-2-7。

表 1-2-5　质量单位换算

单位	Mt	kt	Mg	dt	kg	hg	dag	g	dg	mg	μg①	ca at②
兆吨	1	10^{3}	10^{6}	10^{7}	10^{9}	10^{10}	10^{11}	10^{12}	10^{13}	10^{15}	10^{18}	
千吨	10^{-3}	1	10^{3}	10^{4}	10^{6}	10^{7}	10^{8}	10^{9}	10^{10}	10^{12}	10^{15}	
吨（兆克）	10^{-6}	10^{-3}	1	10	10^{3}	10^{4}	10^{5}	10^{6}	10^{7}	10^{9}	10^{12}	
分吨	10^{-7}	10^{-4}	10^{-1}	1	10^{2}	10^{3}	10^{4}	10^{5}	10^{6}	10^{8}	10^{11}	
千克	10^{-9}	10^{-6}	10^{-3}	10^{-2}	1	10	10^{2}	10^{3}	10^{4}	10^{6}	10^{9}	5×10^{3}
百克	10^{-10}	10^{-7}	10^{-4}	10^{-3}	10^{-1}	1	10	10^{2}	10^{3}	10^{5}	10^{8}	5×10^{2}
十克	10^{-11}	10^{-8}	10^{-5}	10^{-4}	10^{-2}	10^{-1}	1	10	10^{2}	10^{4}	10^{7}	5×10
克	10^{-12}	10^{-9}	10^{-6}	10^{-5}	10^{-3}	10^{-2}	10^{-1}	1	10	10^{3}	10^{6}	5
分克	10^{-13}	10^{-10}	10^{-7}	10^{-6}	10^{-4}	10^{-3}	10^{-2}	10^{-1}	1	10^{2}	10^{5}	0.5
毫克	10^{-15}	10^{-12}	10^{-9}	10^{-8}	10^{-6}	10^{-5}	10^{-4}	10^{-3}	10^{-2}	1	10^{3}	5×10^{-3}
微克	10^{-18}	10^{-15}	10^{-12}	10^{-11}	10^{-9}	10^{-8}	10^{-7}	10^{-6}	10^{-5}	10^{-3}	1	5×10^{-6}
克拉					2×10^{-4}	2×10^{-3}	2×10^{-2}	2×10^{-1}	2	2×10^{2}	2×10^{5}	

① 过去称为 γ。

② 只用于钻石珍珠、贵金属。

表 1-2-6　力单位换算

单位	N	dyn	gf	kgf	0.1kN	kN
牛顿	1	10^{5}	$0.1019716\times10^{3}\approx10^{2}$	$0.1019716\approx10^{-1}$	10^{-2}	10^{-3}
达因	10^{-5}	1	$0.1019716\times10^{-2}\approx10^{-3}$	$0.1019716\times10^{-5}\approx10^{-6}$	10^{-7}	10^{-8}

（续）

单位	N	dyn	gf	kgf	0.1kN	kN
克力[1]	$9.80665 \times 10^{-3} \approx$ 10^{-2}	$9.80665 \times 10^{2} \approx$ 10^{3}	1	10^{-3}	$9.80665 \times 10^{-5} \approx$ 10^{-4}	$9.80665 \times 10^{-6} \approx$ 10^{-5}
千克力	$9.80665 \approx 10$	$9.80665 \times 10^{5} \approx$ 10^{6}	10^{3}	1	$9.80665 \times 10^{-2} \approx$ 10^{-1}	$9.80665 \times 10^{-3} \approx$ 10^{-2}
百牛	10^{2}	10^{7}	$0.1019716 \times 10^{5} \approx$ 10^{4}	$0.1019716 \times 10^{2} \approx$ 10	1	10^{-1}
千牛	10^{3}	10^{8}	$0.1019716 \times 10^{6} \approx$ 10^{5}	$0.1019716 \times 10^{3} \approx$ 10^{2}	10	1

[1] 克力在西欧有些国家，有一个专门名称"pond"，千克力则称为"kilopond"，符号为 p，kp。

表 1-2-7　千克力（kgf）、牛顿（N）换算

kgf	0	1	2	3	4	5	6	7	8	9
0	—	9.80665	19.61330	29.41995	39.22660	49.03325	58.83990	68.64655	78.45320	88.25985
10	98.06650	107.87315	117.67980	127.48645	137.29310	147.09975	156.90640	166.71305	176.81970	186.32635
20	196.13300	205.93965	215.74630	225.55295	235.35960	245.16625	254.97290	264.77955	274.58620	284.39285
30	294.19950	304.00615	313.81280	323.61945	333.42610	343.23275	353.03940	362.84605	372.65270	382.45935
40	392.26600	402.07265	411.87930	421.68595	431.49260	441.29925	451.10590	460.91255	470.71920	480.52585
50	490.33250	500.13915	509.94580	519.75245	529.55910	539.36575	549.17240	558.97905	568.78570	578.59235
60	588.39900	598.20565	608.01230	617.81895	627.62560	637.43225	647.23890	657.04555	666.85220	676.65885
70	686.46550	696.27215	706.07880	715.88545	725.69210	735.49875	745.30540	755.11205	764.91870	774.72535
80	784.53200	794.33865	804.14530	813.95195	823.75860	833.56525	843.37190	853.17855	862.98520	872.79185
90	882.59850	892.40515	902.21180	912.01845	921.82510	931.63175	941.43840	951.24505	961.05170	970.58535

注：本表所列换算数值同样适用于下列换算：千克力米换为焦耳；千克力米每秒换为瓦特；千克力米秒平方换为千克平方米；千克力每平方米换为帕斯卡；千克力每平方厘米换为 10^{4}Pa；千克力每平方毫米换为牛顿每平方毫米；毫米水柱换为 10^{3}Pa；米水柱换为帕斯卡；千克力秒平方每米四次方换为千克每立方米；千克力米每千克开尔文换为焦耳每千克开尔文，克力换为 10^{-3}N；兆克力换为 10^{3}N。例如：$1kgf \cdot m = 9.80665J$；$1kgf \cdot m/s = 9.80665W$。

（7）动力黏度单位换算见表 1-2-8。

表 1-2-8　动力黏度单位换算

单位	Pa·s	P	cP	kg/(m·h)	kgf·s/m²
帕斯卡秒	1	10	10^{3}	3.6×10^{3}	1.020×10^{-1}
泊（dyn·s/cm²）	10^{-1}	1	10^{2}	3.6×10^{2}	1.020×10^{-2}
厘泊	10^{-3}	10^{-2}	1	3.6	1.020×10^{-4}
千克每米小时	2.778×10^{-4}	2.778×10^{-3}	2.778×10^{-1}	1	2.833×10^{-5}
千克力秒每平方米	9.80665	9.80665×10	9.80665×10^{3}	3.530×10^{4}	1

（8）运动黏度单位换算见表 1-2-9。

表 1-2-9　运动黏度单位换算

单位	m²/s	St	cSt	m²/h
平方米每秒	1	10^{4}	10^{6}	3.6×10^{3}
斯托克斯	10^{-4}	1	10^{2}	3.6×10^{-1}
厘斯	10^{-6}	10^{-2}	1	3.6×10^{2}
平方米每小时	2.778×10^{-4}	2.778	2.778×10^{2}	1

（9）不同温标间的换算关系见表 1-2-10。

表 1-2-10　不同温标间的换算关系

单位	K	℃	列氏	℉	°R
开尔文 T_k[①]	T_k	$T_k - 273.15$	$0.8(T_k - 273.15)$	$1.80(T_k - 27.15) + 32$	$1.80 T_k$
摄氏度 t_c[①]	$t_c + 273.15$	t_c	$0.8 t_c$	$1.80 t_c + 32$	$1.80 t_c + 491.67$
列氏度 t_R[①]	$1.25 t_R + 273.15$	$1.25 t_R$	t_R	$2.25 t_R + 32$	$2.25 t_R + 491.67$
华氏度 t_F[①]	$0.5556(t_F - 32) + 273.15$	$0.5556(t_F - 32)$	$0.444(t_F - 32)$	t_F	$t_F + 459.67$
兰氏度 T_R[①]	$0.5556 T_R$	$0.5556(T_R - 491.67)$	$0.444 T_R - 491.67$	$T_R - 459.67$	T_R

① T_k、t_c、t_R、t_F、T_R 表示温度数值。

（10）英制长度单位换算见表 1-2-11。

表 1-2-11　英制长度单位换算

单位	mile	fur	chain	yd	ft	in	m	N·mile
英里	1	8	80	1760	5280	63360	1609	0.896
浪	0.125	1	10	220	660	7920	201.17	
链	0.0125	10^{-1}	1	22	66	792	20.117	
码	0.568×10^{-3}	4.55×10^{-3}	45.5×10^{-3}	1	3	36	0.9144	
英尺	0.189×10^{-3}	1.52×10^{-3}	15.2×10^{-3}	0.333	1	12	0.3048	
英寸	15.78×10^{-6}	0.126×10^{-3}	1.263×10^{-3}	0.0278	0.083	1	0.0254	
米	0.6215×10^{-3}	4.97×10^{-3}	49.7×10^{-3}	1.094	3.281	39.37	1	54×10^{-5}
海里	1.1508				6076.12		1852	1

（11）压力与应力单位换算见表 1-2-12。

表 1-2-12　压力与应力单位换算

序号 单位	1 $Pa = N/m^2$	2 bar	3 atm	4 $Torr = mmHg$	5 $dyn/cm^2 = \mu\ bar$	6 $mH_2O = kgf/m^2$
帕斯卡	1	10^{-5}	$9.869 \times 10^6 \approx 10^7$	7.500×10^{-3}	10	$0.102 \times 10^{-3} \approx 10^{-4}$
巴	10^5	1	$0.98665 \approx 1$	750	10^6	10.2
标准大气压	101325	$1.013 \approx 1$	1	760	$1.013 \times 10^6 \approx 10^6$	$10.33 \approx 10$
托（毫米汞柱）	133.322	1.333×10^{-3}	1.316×10^{-3}	1	1.333×10^3	136
达因/厘米²（微巴）	10^{-1}	10^{-6}	$0.98665 \times 10^{-6} \approx 10^{-6}$	0.750×10^{-3}	1	$10.2 \times 10^{-6} \approx 10^{-5}$
米水柱	$9.80665 \times 10^3 \approx 10^4$	$98.0665 \times 10^{-3} \approx 10^{-1}$	$0.09687 \approx 10^{-1}$	73.6	$98.1 \times 10^3 \approx 10^5$	1
毫米水柱	$9.80665 \approx 10$	$98.0665 \times 10^{-6} \approx 10^{-4}$	$0.0968 \times 10^{-3} \approx 10^{-4}$	0.0736×10^{-3}	$98.1 \approx 10^2$	10^{-3}
千克力/厘米²（工程大气压）	$9.80665 \times 10^4 \approx 10^5$	$0.98665 \approx 1$	$0.968 \approx 1$	736	$0.981 \times 10^6 \approx 10^6$	10
千克力/毫米²	$9.80665 \times 10^6 \approx 10^7$	$98.0665 \approx 10^2$	$0.0968 \times 10^3 \approx 10^2$	0.0736×10^6	$98.1 \times 10^6 \approx 10^8$	10^3
牛顿/毫米²	10^6	10	$9.868 \approx 10$	7.50×10^3	10^7	$102 \approx 10^{-2}$
十牛顿/毫米²	10^7	10^2	$98.69 \approx 10^2$	75.00×10^{23}	10^8	$1.02 \times 10^3 \approx 10^3$

（续）

序号　单位	7 $mmH_2O=kgf/m^2$	8 kgf/cm^2（at）	9 kgf/mm^2	10 $N/mm^2=MPa$	11 daN/mm^2
帕斯卡	$0.102\approx10^{-1}$	$10.2\times10^{-6}\approx10^{-5}$	$0.102\times10^{-6}\approx10^{-7}$	10^{-6}	10^{-7}
巴	$10.2\times10^3\approx10^4$	$1.02\approx1$	$10.2\times10^{-3}\approx10^{-2}$	10^{-1}	10^{-2}
标准大气压	$10.33\times10^3\approx10^4$	$1.033\approx1$	$10.33\times10^{-3}\approx10^{-2}$	$0.1013\approx10^{-1}$	$10.13\times10^{-3}\approx10^{-2}$
托（毫米汞柱）	13.60	1.36×10^{-3}	13.60×10^{-6}	133.32×10^{-6}	13.33×10^{-6}
达因/厘米²（微巴）	$10.2\times10^{-3}\approx10^{-2}$	$1.02\times10^{-6}\approx10^{-6}$	$10.2\times10^{-9}\approx10^{-8}$	10^{-7}	10^{-8}
米水柱	10^3	10^{-1}	10^{-3}	$9.81\times10^{-3}\approx10^{-2}$	$0.981\times10^{-3}\approx10^{-3}$
毫米水柱	1	10^{-4}	10^{-6}	$9.81\times10^{-6}\approx10^{-5}$	$0.981\times10^{-6}\approx10^{-6}$
千克力/厘米²（工程大气压）	10^4	1	10^{-2}	$9.81\times10^{-3}\approx10^{-1}$	$9.81\times10^{-3}\approx10^{-2}$
千克力/毫米²	10^6	10^2	1	$9.80\approx10$	$0.981\approx1$
牛顿/毫米²	$0.102\times10^6\approx10^5$	$10.2\approx10$	0.102×10^{-1}	1	10^{-1}
十牛顿/毫米²	$1.02\times10^6\approx10^6$	$0.102\times10^3\approx10^2$	$1.02\approx1$	10	1

（12）功、能与热量单位换算见表 1-2-13。

表 1-2-13　功、能与热量单位换算

序号　单位	1 $J=N\cdot m=W\cdot s$	2 cal_{Ih}	3 $W\cdot h$	4 $kfg\cdot m$	5 erg
焦耳	1	0.2388	277.778×10^{-6}	0.10197	10^7
国际蒸汽表卡	4.1868	1	1.163×10^{-3}	0.4269	41.868×10^6
瓦小时	3600	0.85984×10^3	1	0.3671×10^3	36.00×10^9
千克力米	9.80665	2.3418	2.7241×10^{-3}	1	98.0665×10^6
尔格	10^{-7}	23.884×10^{-9}	27.778×10^{-12}	10.197×10^{-9}	1
达因米	10^{-5}	2.3884×10^{-6}	27.778×10^{-9}	1.0197×10^{-6}	10^2
米制马力小时	2.6478×10^6	632.41×10^3	735.51	0.269999×10^6	26.478×10^{12}
升大气压	101.33	24.201	28.147×10^{-3}	10.332	1.0133×10^9
电子伏特	1.602×10^{-19}	3.8262×10^{-20}	4.450×10^{-23}	1.6336×10^{-20}	1.602×10^{-12}

序号　单位	6 $dyn\cdot m$	7 米制马力小时	8 $I\cdot atm$	9 eV
焦耳	10^5	0.37767×10^{-6}	9.8689×10^{-3}	6.2422×10^{18}
国际蒸汽表卡	0.41868×10^6	1.581×10^{-6}	41.319×10^{-3}	2.614×10^{19}
瓦小时	360.0×10^6	1.3597×10^{-3}	35.528	2.2472×10^{22}
千克力米	980.665×10^3	3.7040×10^{-6}	96.781×10^{-3}	6.1215×10^{19}
尔格	10^{-2}	37.767×10^{-15}	0.9869×10^{-9}	6.2422×10^{11}
达因米	1	3.7767×10^{-12}	98.689×10^{-9}	6.2422×10^{13}
米制马力小时	264.78×10^9	1	26.131×10^3	1.6528×10^{25}
升大气压	10.133×10^6	38.269×10^{-6}	1	6.3251×10^{20}
电子伏特	1.602×10^{-14}	6.0503×10^{-26}	1.581×10^{-21}	1

（13）功率、能量流及热流单位换算见表 1-2-14。

表 1-2-14　功率、能量流及热流单位换算

序号　单位	1 W	2 cal_{Ih}/s	3 $kcal_{Ih}/h$	4 $(kfg\cdot m)/s$
瓦特	1	0.23885	0.8598	0.10198
卡路里每秒	4.1868	1	3.600	0.4269
千卡路里每小时	1.163	0.2777	1	0.11859
千克力米每秒	9.80665	2.3422	8.4322	1

（续）

序号 单位	1 W	2 cal$_{Ih}$/s	3 kcal$_{Ih}$/h	4 (kfg·m)/s
尔格每秒	10^{-7}	23.885×10^{-9}	85.985×10^{-9}	10.197×10^{-9}
达因米每秒	10^{-5}	2.3885×10^{-6}	8.5985×10^{-6}	1.0197×10^{-6}
米制马力	735.499	0.1757×10^{3}	0.6324×10^{3}	75
升大气压每小时	28.147×10^{-3}	6.7228×10^{-3}	24.202×10^{-3}	2.8669×10^{-3}

序号 单位	5 erg/s	6 (dyn·m)/s	7 米制马力	8 l·atm/h
瓦特	10^{7}	10^{5}	1.3599×10^{-3}	35.528
卡路里每秒	41.868×10^{6}	0.41868×10^{6}	5.6924×10^{-3}	148.75
千卡路里每小时	11.63×10^{6}	0.1163×10^{6}	1.5816×10^{-3}	41.019
千克力米每秒	98.0665×10^{6}	0.980665×10^{6}	13.333×10^{-3}	348.41
尔格每秒	1	10^{-2}	0.13596×10^{-9}	3.5528×10^{-6}
达因米每秒	10^{2}	1	13.596×10^{-9}	355.28×10^{-6}
米制马力	7.355×10^{9}	73.55×10^{6}	1	26.13×10^{3}
升大气压每小时	0.28147×10^{6}	2.8147×10^{3}	38.277×10^{-6}	1

（14）英寸毫米换算见表1-2-15。

表1-2-15　英寸毫米换算

in	0	1/16in	1/8in	3/16in	1/4in	5/16in	3/8in	7/16in	1/2in
0		1.59	3.18	4.76	6.35	7.94	9.53	11.11	12.70
1	25.4	26.99	28.58	30.16	31.75	33.34	34.93	36.51	38.10
2	50.8	52.39	53.98	55.56	57.15	58.74	60.33	61.91	63.50
3	76.2	77.79	79.38	80.96	85.55	84.14	85.73	87.31	88.90
4	101.60	103.19	104.78	106.38	107.95	109.54	111.13	112.71	114.30
5	127.00	128.59	130.18	131.76	133.35	134.94	136.53	138.11	139.70
6	152.40	153.99	155.58	157.16	158.75	160.34	161.93	163.51	165.10
7	177.80	179.39	180.98	182.56	184.15	185.74	187.33	188.91	190.50
8	203.20	204.79	206.38	207.96	209.55	211.14	212.73	214.31	215.90
9	228.60	230.19	231.78	233.36	234.95	236.54	238.13	239.71	241.30
10	254.00	255.59	247.18	258.76	260.35	261.54	263.53	265.11	266.70

in	9/16in	5/8in	11/16in	3/4in	13/16in	7/8in	15/16in	1in
0	14.29	15.88	17.46	19.05	20.64	22.23	23.81	25.40
1	39.69	41.28	42.86	44.45	46.04	47.63	49.21	50.80
2	65.09	66.68	68.26	69.85	71.44	74.03	74.61	76.20
3	90.49	92.08	93.66	95.25	96.84	98.43	100.01	101.60
4	115.89	117.48	119.06	120.65	122.24	123.83	125.41	127.00
5	141.29	142.88	144.46	146.05	147.64	149.23	150.81	152.40
6	166.69	168.28	169.95	171.45	173.04	174.63	176.21	177.80
7	192.09	193.68	195.26	196.85	198.44	200.03	201.01	203.20
8	217.49	219.08	220.66	222.25	223.84	225.43	227.01	228.60
9	242.89	244.48	246.06	247.65	249.24	250.83	252.41	254.00
10	268.29	269.88	271.46	273.05	274.64	276.23	277.81	279.40

（15）毫米英寸换算见表1-2-16。

（16）英制常用衡质量单位换算见表1-2-17。

（17）温度换算公式见表1-2-18。

（18）华氏、摄氏温度换算曲线如图1-2-1所示。

表 1-2-16　毫米英寸换算

mm	0	1	2	3	4
0		0.039	0.079	0.118	0.157
10	0.394	0.433	0.472	0.512	0.551
20	0.787	0.827	0.866	0.906	0.945
30	1.181	1.220	1.260	1.299	1.339
40	1.575	1.614	1.654	1.693	1.732
50	1.969	2.003	2.047	2.087	2.126
60	2.362	2.402	2.441	2.480	2.520
70	2.756	2.795	2.835	2.874	2.913
80	3.150	3.189	3.228	3.268	3.307
90	3.543	3.583	3.622	3.661	3.701
100	3.937	3.976	4.016	4.055	4.094
mm	5	6	7	8	9
0	0.197	0.236	0.276	0.315	0.354
10	0.591	0.630	0.669	0.709	0.748
20	0.984	1.024	1.063	1.102	1.142
30	1.378	1.417	1.457	1.496	1.535
40	1.772	1.811	1.850	1.890	1.929
50	2.165	2.205	2.244	2.283	2.323
60	2.559	2.598	2.638	2.677	2.717
70	2.953	2.992	3.031	3.071	3.110
80	3.346	3.386	3.425	3.465	3.504
90	3.740	3.780	3.819	3.858	3.898
100	4.134	4.173	4.213	4.252	4.291

表 1-2-17　英制常用衡质量单位换算

单位	tn	Long cwt	lb	oz	kg	T
长吨	1	2×10	2.24×10^3	3.58×10^4	1.016×10^3	1.0161
英担	5.0×10^{-2}	1	1.12×10^2	1.79×10^3	50.8	
磅	4.46×10^{-4}	8.93×10^{-3}	1	1.6×10	0.45359	
盎司			6.25×10^{-2}	1	28.4×10^{-3}	2.84×10^{-5}
千克	0.984×10^{-3}	19.7×10^{-3}	2.205	35.3	1	0.001
吨	0.9842		2204.6		1000	1

表 1-2-18　温度换算公式

开尔文/K	摄氏度/℃	华氏度/℉	兰金度/°R
$C + 273.15$	C	$\dfrac{9}{5}C + 32$	$\dfrac{9}{5}C + 491.67$
$\dfrac{5}{9}(F + 495.67)$	$\dfrac{5}{9}(F - 32)$	F	$F + 495.67$
$\dfrac{5}{9}R$	$\dfrac{5}{9}(R - 491.67)$	$R - 495.67$	R
K	$K - 273.15$	$\dfrac{9}{5}K - 459.67$	$\dfrac{9}{5}K$

（19）速度换算见表 1-2-19。

表 1-2-19　速度换算

米/秒(m/s)	英尺/秒(ft/s)	码/秒(yd/s)	公里/小时(km/h)	英里/小时(mile/h)	海里/小时(nmile/h)
1	3.2808	1.0936	3.6000	2.2370	1.944
0.3048	1	0.3333	1.0973	0.6819	0.5925
0.9144	3	1	3.2919	2.0457	1.7775
0.2778	0.9114	0.3038	1	0.6214	0.5400
0.4470	1.4667	0.4889	1.6093	1	0.8689
0.5144	1.6881	0.5627	1.8520	1.1508	1

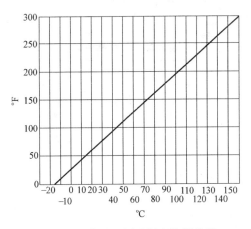

图 1-2-1　华氏、摄氏温度换算曲线

（20）流量换算见表 1-2-20。

表 1-2-20　流量换算

1	2	3	4	5
米/秒（m³/s）	英尺³/秒（ft³/s）	码³/秒（yd³/s）	升/秒（L/s）	磅/秒（lb/s）
1	35.3132	1.3079	1000	2205
0.0283	1	0.0370	28.3150	62.4388
0.7645	27.000	1	764.5134	1685.7520
0.0010	0.0353	0.0013	1	2.2050
0.0005	0.0160	0.0006	0.4535	1
0.0003	0.0098	0.0004	0.2778	0.6125
0.0037	0.1307	0.0049	3.7863	8.3487
0.0045	0.1607	0.0059	4.5435	10.0184
0.00047	0.0167	0.00062	0.472	1.041

6	7	8	9
米³/小时（m³/h）	美加仑/秒（Usgal/s）	英加仑/秒（Ujgal/s）	英尺³/分（ft³/s）
3600	264.2000	220.0900	2119
101.9340	7.4813	6.2279	60
2752.2482	201.9844	168.1533	1618
3.6000	0.2642	0.2201	2.119
1.6327	0.1198	0.0998	0.96
1	0.0734	0.0611	0.587
13.6222	1	0.8333	8.01
16.3466	1.2004	1	9.62
1.70	0.125	0.104	1

（21）功的换算见表 1-2-21。

表 1-2-21　功的换算

公斤·厘米（kg·cm）	磅·英寸（lb·in）	公斤·米（kg·m）	磅·英尺（lb·ft）	吨·米（t·m）	英吨·英尺（ton·ft）
1	0.8679	0.01	0.0723	0.00001	0.00003
1.1521	1	0.0115	0.0833	0.00001	0.00004
100	86.797	1	7.2334	0.001	0.0032
13.8527	12	0.1383	1	0.00014	0.0004
100000	86797.2	1000	7233.4	1	3.2291

（22）功率换算见表 1-2-22。

表 1-2-22　功率换算

千瓦（kW）	公制马力（Hp）	英制马力（hp）	（公斤·米）/秒（kg·m）/s	（英尺·磅）/秒（ft·lb）/s	千卡/秒（kcal/s）	英热单位/秒（Btu/s）
1	1.3596	1.3410	102	737.5627	0.2389	0.9480
0.7355	1	0.9863	75	542.47	0.1757	0.6973
0.7457	1.0139	1	76.04	550	0.1781	0.7069
0.00981	0.01333	0.01315	1	7.2330	0.00234	0.0093
0.00136	0.00184	0.00182	0.1383	1	0.00032	0.00129
4.186	5.691	5.614	426.9	3087	1	3.9680
1.055	1.434	1.415	107.6	778	0.2520	1

（23）水的各种硬度单位及换算见表 1-2-23。

表 1-2-23　水的各种硬度单位及换算

（1）德国度：1 度相当于 1L 水中含有 10mgCaO。

（2）英国度：1 度相当于 0.7L 水中含有 10mgCaO。

（3）法国度：1 度相当于 1L 水中含有 10mgCaO。

（4）美国度：1 度相当于 1L 水中含有 1mgCaO。

硬度	德国度	法国度	英国度	美国度
毫克当量/L	2.804	5.005	3.511	50.045
德国度	1	1.7848	1.2521	17.847
法国度	0.5603	1	0.7015	17.847
英国度	0.7987	1.4285	1	14.285
美国度	0.0560	0.1	0.0702	1

（24）饱和蒸汽压力见表 1-2-24。

表 1-2-24　饱和蒸汽压力

水温/℃	5	10	20	30	40	50
饱和蒸汽压力（以 Pa 计）	0.883	1.1768	2.354	4,217	7.355	12.258
水温/℃	60	70	80	90	100	
饱和蒸汽压力（以 Pa 计）	19.809	31.087	47.268	70.02	101.303	

（25）密度换算见表 1-2-25。

表 1-2-25　密度换算

克/毫升（g/mL）	公斤/米³ = 克/公升（kg/m³ = g/L）	克/米³（g/m³）	磅/英尺³（lb/ft³）	盎司/英尺³（oz/ft³）
1	1×10^3	1×10^6	62.43	998.8
0.001	1	1×10^3	0.06243	0.9988
1×10^{-6}	1×10^{-3}	1	6.243×10^{-5}	9.988×10^{-4}
0.016018	16.018	1.6018×10^4	1	16
0.0010012	1.0012	1.0012×10^3	0.0625	1

注：10^{-6} kg/L 为 1ppm；10^{-9} kg/L 为 1ppb；10^{-12} kg/L 为 1ppt。

（26）弧度与角度的换算见表 1-2-26。

表 1-2-26　弧度与角度的换算

弧度	2π	π	1	0.01745
度（°）	360	180	57.3	1

注：1 弧度 = 1 度 × π/180；1 度 = 1 弧度 × 180/π。

（27）高程式系统换算见表1-2-27。

表1-2-27 高程式系统换算

吴淞零点高程				
大沽口零点高程	0.511	大沽口零点高程		
废黄河零点高程	1.744	1.233	废黄河零点高程	
黄海平均海水面高程（国家系统）	1.807	1.296	0.063	黄海平均海水面高程（国家系统）
1954年黄海平均水面高程	1.890	1.379	0.146	0.083	1954年黄海平均海水面高程
坎门零点平均海水面高程	2.044	1.533	0.300	0.237	0.154	坎门零点平均海水面高程

注：1. 表中所列数值均为正值，以吴淞零点高程为最高。所有高程单位均以m计。
　　2. 表中数值不尽精确，但对一般工程测量使用换算无误。
　　3. 例吴淞零点高程 = 坎门零点高程 − 2.044。

1.3 计算用表

1.3.1 人工管渠粗糙系数

人工管渠粗糙系数 n 值见表1-3-1。

表1-3-1 人工管渠粗糙系数 n 值

管渠类别	n	管渠类别	n
缸瓦管（带釉）	0.013	水泥砂浆抹面渠道	0.013
混凝土和钢筋混凝土的雨水管	0.013	砖砌渠道（不抹面）	0.015
混凝土和钢筋混凝土的污水管	0.014	砂浆块石渠道（不抹面）	0.017
石棉水泥管	0.012	干砌块石渠道	0.020 ~ 0.025
铸铁管	0.013	土明渠（包括带草皮的）	0.025 ~ 0.030
钢管	0.012	木槽	0.012 ~ 0.014

1.3.2 排水管管径与相应排放面积

排水管管径与相应排放面积关系值见表1-3-2。

表1-3-2 排水管管径与相应排放面积关系值

序号	管径/mm	两种情况	单位面积流量/[m³/(dh·m²)]							
			100	120	140	160	180	200	220	250
			单位面积流量/[L/(s·hm²)]							
			1.2	1.4	1.6	1.9	2.1	2.3	2.5	2.9
1	200	(1)	6.3	5.2	4.5	3.8	3.5	3.2	2.9	2.5
		(2)	6.0	5.0	4.4	3.7	3.3	3.0	2.8	2.4
2	300	(1)	15.2	12.5	10.9	9.2	8.3	7.6	7.0	6.0
		(2)	13.5	11.1	9.7	8.2	7.4	6.7	6.2	5.3
3	400	(1)	35.2	28.9	25.3	21.3	19.3	17.6	16.2	14.0
		(2)	28.7	23.6	20.6	17.4	15.7	14.3	13.2	11.4
4	500	(1)	62.2	51.1	44.7	37.6	34.0	31.1	28.6	24.7
		(2)	55.6	45.7	40.0	33.7	30.5	27.8	25.6	22.1

（续）

序号	管径/mm	两种情况	单位面积流量/[m³/(dh·m²)]							
			100	120	140	160	180	200	220	250
			单位面积流量/[L/(s·hm²)]							
			1.2	1.4	1.6	1.9	2.1	2.3	2.5	2.9
6	600	(1)	93	76	67	56	51	47	43	37
		(2)	81.3	66.8	58.4	49.2	44.5	40.7	37.4	32.2
7	700	(1)	172.4	139.5	122.1	101.0	91.7	83.7	77.1	66.6
		(2)	145.9	118.1	103.3	85.5	77.5	70.9	65.3	56.4
8	800	(1)	228.2	184.8	161.7	133.8	121.3	110.9	102.1	88.2
		(2)	185.9	150.5	131.7	109.0	98.8	90.3	83.2	71.8
9	900	(1)	298.8	241.9	211.7	175.2	158.8	145.1	133.7	115.5
		(2)	238.8	193.3	169.2	140.0	126.9	116.0	106.8	92.3
10	1000	(1)	404.7	327.6	286.7	237.2	215.0	196.6	181.1	156.4
		(2)	313.5	253.8	222.1	183.8	166.6	152.3	140.3	121.1
11	1100	(1)	495.3	401.0	350.8	390.3	263.1	240.6	221.6	191.4
		(2)	436.5	353.3	309.1	255.9	231.9	212.0	195.3	168.6
12	1200	(1)	656.5	531.4	465.0	384.8	348.8	318.9	293.7	253.6
		(2)	568.2	460.0	402.5	333.1	301.9	276.0	254.2	219.5
13	1300	(1)	805.9	652.4	570.8	472.4	428.1	391.4	360.5	311.4
		(2)	637.1	515.7	451.3	373.4	338.4	309.4	285.0	246.1
14	1500	(1)	998.8	808.6	707.5	586.5	530.6	485.1	446.8	385.9
		(2)	844.1	683.3	597.9	494.8	448.4	410.0	377.6	326.4
15	1600	(1)	1235.0	1000.0	875.0	724.0	656.0	600.0	553.0	477.0
		(2)	1129.0	914.0	800.0	662.0	600.0	548.0	505.0	436.0
17	1800	(1)	1584.7	1282.9	1122.5	929.0	841.9	769.7	708.9	612.2
		(2)	1446.5	1171.0	1024.6	847.9	768.4	702.6	647.1	558.9
19	2000	(1)	1976.5	1600.0	1400.0	1158.6	1050.0	960.0	884.2	763.6
		(2)	1915.9	1551.0	1357.1	1123.1	1017.8	930.6	857.1	740.2

序号	管径/mm	两种情况	单位面积流量/[m³/(dh·m²)]							
			280	300	350	400	450	500	600	700	800
			单位面积流量/[L/(s·hm²)]							
			3.2	3.5	4.0	4.6	5.2	5.8	6.9	8.1	9.3
1	200	(1)	2.3	2.1	1.8	1.6	1.4	1.3	1.1	0.9	0.8
		(2)	2.2	2.0	1.7	1.5	1.3	1.2	1.0	0.8	0.7
2	300	(1)	5.5	5.0	4.4	3.8	3.4	3.0	2.5	2.2	1.9
		(2)	4.8	4.8	3.9	3.4	3.0	2.7	2.2	1.9	1.7
3	400	(1)	12.7	11.6	10.1	8.8	7.8	7.0	5.8	5.0	4.4
		(2)	10.3	9.4	8.3	7.2	6.3	5.7	4.8	4.1	3.5
4	500	(1)	22.3	20.4	17.9	15.5	13.8	12.3	10.4	8.8	7.7
		(2)	20.0	18.3	16.0	13.9	12.3	11.0	9.3	7.9	6.9
6	600	(1)	33.4	30.6	26.8	23.3	20.6	18.4	15.5	13.2	11.5
		(2)	29.2	26.7	23.4	20.3	18.0	16.1	13.6	11.5	10.1
7	700	(1)	61.0	55.3	48.8	42.5	37.6	33.7	28.2	24.0	20.9
		(2)	51.7	46.8	41.3	35.9	31.8	28.5	23.8	20.3	17.7
8	800	(1)	80.8	73.2	64.7	56.2	49.7	44.6	37.3	31.8	27.7
		(2)	65.8	59.6	52.7	45.8	40.5	36.3	30.4	25.9	22.6
9	900	(1)	105.8	95.8	84.7	73.6	65.1	58.4	48.8	41.6	36.3
		(2)	84.6	76.6	67.7	58.8	52.1	46.7	39.0	33.3	29.0
10	1000	(1)	143.3	129.8	114.7	99.7	88.2	79.1	66.2	56.4	49.1
		(2)	111.0	100.6	88.8	77.2	68.3	61.3	51.3	43.7	38.1
11	1100	(1)	175.4	158.9	140.3	122.0	107.9	96.8	81.0	69.0	60.1
		(2)	154.6	140.0	123.7	107.5	95.1	85.3	71.3	60.8	53.0
12	1200	(1)	232.5	210.6	186.0	161.7	143.0	128.3	107.3	91.5	79.7
		(2)	201.3	182.3	161.0	140.0	123.8	110.0	92.9	79.2	69.0

（续）

序号	管径/mm	两种情况	单位面积流量/[m³/(dh·m²)]								
			280	300	350	400	450	500	600	700	800
			单位面积流量/[L/(s·hm²)]								
			3.2	3.5	4.0	4.6	5.2	5.8	6.9	8.1	9.3
13	1300	（1）	285.4	258.5	228.3	198.6	175.6	175.5	131.7	112.3	97.9
		（2）	225.6	204.3	180.5	157.0	138.8	124.5	104.1	88.8	77.4
14	1500	（1）	353.8	320.4	283.0	246.1	217.7	195.1	163.3	139.2	121.3
		（2）	299.0	270.8	239.2	207.9	184.0	164.9	137.9	117.6	102.5
15	1600	（1）	438.0	396.0	350.0	304.0	269.0	241.0	202.0	172..0	150.0
		（2）	400.0	362.0	320.0	278.0	246.0	221.0	185.0	157.0	137.0
17	1800	（1）	561.3	508.3	449.0	390.4	345.4	309.7	259.0	220.8	192.4
		（2）	512.3	464.0	409.8	356.4	315.3	282.6	236.4	201.6	175.6
19	2000	（1）	700.0	634.0	560.0	487.0	430.8	386.2	323.1	275.4	240.0
		（2）	678.5	614.5	542.8	472.0	417.6	374.4	313.2	267.0	232.6

序号	管径/mm	两种情况	Qmax/(L/s)	i(‰)	v/(m/s)	h/D
1	200	（1）	14.5	5.0	0.74	0.60
		（2）	14	5.0	0.70	0.60
2	300	（1）	35	3.3	0.78	0.60
		（2）	31	2.6	0.70	0.60
3	400	（1）	81	2.5	0.86	0.70
		（2）	66	1.7	0.70	0.70
4	500	（1）	143	2.0	0.91	0.75
		（2）	128	1.6	0.81	0.75
6	600	（1）	214	1.7	0.94	0.75
		（2）	187	1.3	0.82	0.75
7	700	（1）	293	1.4	0.95	0.75
		（2）	248	1.0	0.80	0.75
8	800	（1）	388	1.2	0.95	0.75
		（2）	316	0.8	0.78	0.75
9	900	（1）	508	1.1	0.99	0.75
		（2）	406	0.7	0.79	0.75
10	1000	（1）	688	1.0	1.02	0.80
		（2）	533	0.6	0.79	0.80
11	1100	（1）	842	0.9	1.03	0.80
		（2）	742	0.7	0.91	0.80
12	1200	（1）	1116	0.8	1.06	0.80
		（2）	966	0.6	0.92	0.80
13	1300	（1）	1370	0.8	1.12	0.80
		（2）	1083	0.5	0.88	0.80
14	1500	（1）	1698	0.7	1.12	0.80
		（2）	1435	0.5	0.95	0.80
15	1600	（1）	2100	0.6	1.09	0.85
		（2）	1919	0.5	1.00	0.85
17	1800	（1）	2694	0.6	1.17	0.85
		（2）	2459	0.5	1.07	0.85
19	2000	（1）	3360	0.5	1.15	0.85
		（2）	3257	0.5	1.14	0.85

注：1. 表中的两种情况为：
（1）根据管道的最小坡度及最大充满度求得的流量、流速以及在不同单位面积流量下，此流量所相应的排放面积。例如：有面积为47hm²的地面，排放标准采用200m³/(dh·m²)，则可从表中查得所需管径为600mm。
（2）根据管子的最小流速及最大充满度求得的流量、坡度以及在不同单位面积流量下，此流量所相应的面积。例如：有面积为9.7hm²的地区，排放标准采用140m³/(dh·m²)，则可从表中查得所需管径为300mm。
2. 两种情况由设计人员根据具体条件确定选用。

1.4 风、雨、土和地震

1.4.1 风

1. 风向方位图

风向一般用 8 个或 16 个罗盘方位表示,如图 1-4-1 所示。

2. 风向玫瑰图

风向玫瑰图按其风向资料的内容分为:风向玫瑰图、风向频率玫瑰图和平均风速玫瑰图等。按其气象观测记载的期限分为:月平均、季平均、年平均等各种玫瑰图。

风向玫瑰图是用风向次数计算出来的;风向频率玫瑰图是将风向发生的次数用百分数来表示的,所以两者的图形是相同的。平均风速玫瑰图用来表示各个风向的风力大小,就是把风向相同的各次风速加在一起,然后用次数相除所得的数值。风向玫瑰图如图 1-4-2 所示。

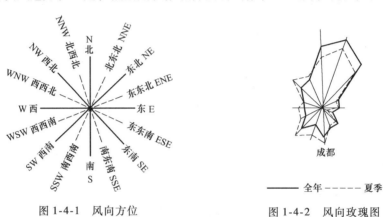

图 1-4-1 风向方位   图 1-4-2 风向玫瑰图

玫瑰图上所表示的风的吹向,是指从外面吹向地区(玫瑰)中心的。

3. 风速与高度的关系

随着高度的增加,风速受地面摩擦的影响会减少,故风离地面越高,则速度越大。风速与高度的关系见表 1-4-1。

表 1-4-1 风速与高度的关系

高度/m	0.5	1	2	16	32	100
风速/(m/s)	2.4	2.8	3.3	4.7	5.5	8.2

4. 风级

风级的划分见表 1-4-2。

表 1-4-2 风级的划分

风级	0	1	2	3	4	5	6	7	8	9	10	11	12
风名	无风	软风	轻风	微风	和风	清风	强风	疾风	大风	烈风	狂风	暴风	飓风
相当风速/(m/s)	0~0.2	0.3~1.5	1.6~3.3	3.4~5.4	5.5~7.9	8.0~10.7	10.8~13.8	13.9~17.1	17.2~20.7	20.8~24.4	24.5~28.4	28.5~32.6	32.6 以上

5. 风与城市污染的关系

为了避免污染,应将居民住宅及防污染的物体设置在上风向,而污染源设置在下风向。

污染程度可用污染系数表示，其计算如下：

$$污染系数 = 风向频率/平均风速$$

按表1-4-3做污染系数玫瑰，如图1-4-3所示。

由表1-4-3可知，西北方位的污染系数最大，其次是西和西南两个方位，而东和东北两个方位的污染系数最小。可见污染源应设置在东部和东北部，即下风地带，而居民住宅及防污染的物体则以西北部为最好，即上风地带。

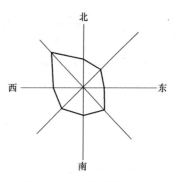

图1-4-3 污染系数玫瑰

1.4.2 降雨等级的划分

降雨等级的划分见表1-4-4。

表1-4-3 污染系数

项目 \ 风向	北	东北	东	东南	南	西南	西	西北	总计
次数	10	9	10	11	9	13	8	20	90
频率(%)	11.1	10.0	11.1	12.2	10.0	14.4	9.0	22.2	100
平均风速/(m/s)	2.7	2.8	3.4	2.8	2.5	3.1	1.9	3.1	
污染系数	4.1	3.6	3.3	4.4	4.0	4.6	4.7	7.2	

表1-4-4 降雨等级的划分

降雨等级	现象描述	降雨量范围/mm	
		一天内总量	半天内总量
小雨	雨能使地面潮湿，但不泥泞	1~10	0.2~5.0
中雨	雨降到屋顶上有淅淅声，凹地积水	10~25	5.1~15
大雨	降雨如倾盆，落地四溅，平地积水	25~50	15.1~30.0
暴雨	降雨比大雨还猛，能造成山洪暴发	50~100	30.1~70.0
大暴雨	降雨比暴雨还大或时间长，造成洪涝灾害	100~200	70.1~140.0
特大暴雨	降雨比大暴雨还大，能造成洪涝灾害	>200	>140.0

1.4.3 土的分类

（1）碎石土的分类见表1-4-5。

表1-4-5 碎石土的分类

土的名称	颗粒形状	粒组含量
漂石 块石	圆形及亚圆形为主 棱角形为主	粒径大于200mm的颗粒超过全重50%
卵石 碎石	圆形及亚圆形为主 棱角形为主	粒径大于20mm的颗粒超过全重50%
圆砾 角砾	圆形及亚圆形为主 棱角形为主	粒径大于2mm的颗粒超过全重50%

注：分类时应根据粒组含量由大到小，以最先符合者确定。

（2）砂土的分类见表1-4-6。

（3）黏性土的分类见表1-4-7。

表 1-4-6　砂土的分类

土的名称	粒组含量	土的名称	粒组含量
砾砂	粒径大于 2mm 的颗粒占全重 25% ~50%	细砂	粒径大于 0.075mm 的颗粒超过全重 85%
粗砂	粒径大于 0.5mm 的颗粒超过全重 50%	粉砂	粒径大于 0.075mm 的颗粒超过全重 50%
中砂	粒径大于 0.25mm 的颗粒超过全重 50%		

注：分类时应根据粒组含量由大到小，以最先符合者确定。

表 1-4-7　黏性土的分类

塑性指数 I_P	土的名称	塑性指数 I_P	土的名称
$I_P > 17$	黏土	$10 < I_P \le 17$	粉质黏土

注：塑性指数 I_P 由相应于 76g 圆锥体沉入土样中深度为 10mm 时测定的液限计算而得。

1.4.4　基坑和管沟开挖与支撑

1. 基坑和管沟边坡的最大坡度

基坑和管沟边坡的最大坡度（不加支撑）见表 1-4-8。

表 1-4-8　基坑和管沟边坡的最大坡度（不加支撑）

土壤种类	挖方深度为 3m 以内	挖方深度为 3 ~6m	土壤种类	挖方深度为 3m 以内	挖方深度为 3 ~6m
填土、砂类土、碎石土	1:1.25	1:1.50	黄土	1:0.50	1:0.75
黏质砂土	1:0.67	1:1.00	有裂隙的岩石	1:0.10	1:0.25
砂质黏土	1:0.67	1:0.75	坚实的岩石	1:0.10	1:0.10
黏土	1:0.50	1:0.67			

2. 确定管槽底宽度的规定

沟槽的宽度（有支撑时指支撑板间的净距），除管道结构宽度外，应在结构两侧增加工作宽度，每侧增加工作宽度可参照表 1-4-9 的规定。

表 1-4-9　管槽底工作宽度的规定

管径或沟宽/mm	每侧工作宽度/m	
	金属管道或砖沟	非金属管道
200 ~500	0.3	0.4
600 ~1000	0.4	0.5
1100 ~1500	0.6	0.6
1600 ~2000	0.8	0.8

注：1. 有外防水的砖沟，每侧工作宽度宜取 0.8m。
　　2. 管沟填土是用机械夯实时，每侧工作宽度应能满足机械操作的需要。
　　3. 现浇混凝土沟时，每侧工作宽度在施工方案中确定。

3. 支撑形式的选择

支撑形式应根据槽深、土质、地下水位、施工季节以及槽边建筑物情况等选定，在一般情况下可按表 1-4-10 选用，当沟槽离建筑物较近或雨期施工时，支撑形式宜提高一级。

1.4.5　地震烈度与震级

地震烈度在我国分为 Ⅰ ~Ⅻ等级，地震烈度与震级的对照见表 1-4-11。

表 1-4-10　支撑形式

项目	黏土、粉质黏土、紧密回填土		粉砂、黏质砂土		砂土、砾石、炉渣土	
	无水	有水	无水	有水	无水	有水
第一层支撑直槽	单板撑或井撑	井撑	稀撑	密撑	稀撑或密撑	密撑
第二层支撑直槽	稀撑	稀撑	稀撑或密撑	立板密撑或板桩	立板密撑	立板密撑或板桩

注：1. 如多层槽头槽大开，则头槽不算，二层即为第一层支撑直槽。
　　2. 密撑可用立板密撑或横板密撑；但在材料许可时，应先选用立板密撑，槽帮有坍塌情况者不得使用横板密撑。
　　3. 有用井点或深井泵将地下水降至槽底以下者，按无水考虑，但井点安装在槽台上者，支撑应加固。

表 1-4-11　地震烈度与震级的对照

震中烈度(I_o)	Ⅵ	Ⅶ	Ⅷ	Ⅸ	Ⅹ	Ⅺ	Ⅻ	
震级(M)	5	5.5	6.25	6.75	7.25	8	8.5	$M = 0.58I_o + 1.5$

1.4.6　全国部分市县基本烈度值

全国部分市县基本烈度值见表 1-4-12。

表 1-4-12　全国部分市县基本烈度值

地点　　烈度　地区	<6度	6度	7度	8度	≥9度
北京市			密云、怀柔、昌平、房山	北京、顺义、通州区、平谷	
天津市			天津、蓟县、宝坻、武清、静海	宁河	
河北省	康保、沽源	围场、隆化、平泉、承德、丰宁、滦平、宽城、青龙、崇礼、张北、万全、尚义、怀安、迁西、兴隆、遵化、易县、阜平、满城、顺平县、唐县、望都、曲阳、定州、行唐、灵寿、新乐、无极、平山、获鹿、正定、井陉、藁城、栾城、元氏、赵县、赞皇、高邑、临城、柏乡、内丘、武安、涉县、青县、黄骅、沧州、海兴、献县、泊头、孟村、盐山、南皮、吴桥、景县、东光、阜城、武邑、枣强、故城、南宫、清河、广宗、威县、平乡、鸡泽、临西、邱县、曲周、肥乡、馆陶、广平	张家口、宣化、赤城、阳原、蔚县、涞源、涞水、新城、固安、永清、涿州、香河、玉田、丰润、滦县、卢龙、抚宁、昌黎、秦皇岛、滦南、唐海、乐亭、定兴、容城、徐水、霸州市、雄县、文安、保定、高阳、任丘、大城、博野、蠡县、河间、肃宁、深泽、安平、饶阳、晋州市、深州市、武强、辛集、宁晋、衡水、隆尧、新河、冀州市、任县、巨鹿、南和、沙河、永年、邯郸、成安、磁县、临漳、魏县、大名、邢台	怀来、涿鹿、唐山、丰南、廊坊	

（续）

地点　烈度 / 地区	<6度	6度	7度	8度	≥9度
山西省		平定、和顺、左权、襄垣、黎城、潞城、屯留、长治、平顺、长子、壶关、高平、陵川、晋城、阳城、偏关、河曲、保德、五寨、岚县、临县、方山、柳林、离石、中阳、石楼、永和、大宁	大同、阳高、天镇、左云、右玉、怀仁、浑源、广灵、灵丘、应县、平鲁、山阴、塑州、神池、宁武、繁峙、涞源、孟州市、五台、静乐、清徐、寿阳、阳泉、榆次、昔阳、交城、文水、汾阳、祁县、平遥、孝义、榆社、武乡、沁县、沁源、古县、安泽、浮山、交口、隰县、汾西、蒲县、吉县、乡宁、翼城、曲沃、侯马、新绛、绛县、河津、稷山、万荣、闻喜、垣曲、临猗、夏县、运城、永济、沁水	代县、原平、忻州、定襄、阳曲、太原、太谷、介休、灵石、汾西、霍县、洪洞、临汾、襄汾、平陆、芮城	
内蒙古自治区	额左旗、鄂伦春旗、额右旗、满洲里、陈巴尔虎旗、牙克石、海拉尔、鄂温克旗、新巴尔虎右旗、新巴尔虎左旗、乌兰浩特、霍林郭勒、突泉、东乌珠穆沁旗、科右中旗、西乌珠穆沁旗、扎鲁特旗、巴林左旗、阿鲁科尔沁旗、二连浩特、苏尼特左旗、阿巴嘎旗、锡林浩特、林西、巴林右旗、克什克腾旗、翁牛特旗、苏尼特右旗、镶黄旗、正镶白旗、正蓝旗、多伦、太仆寺旗、化德、商都、额济纳旗、乌审旗	莫力瓦旗、阿荣旗、甘南、龙江、扎赉特旗、乌拉特后旗、乌拉特中旗、达尔罕茂名安联合旗、四子王旗、察右中旗、察右后旗、集宁、兴和、科左中旗、奈曼旗、库伦旗、傲汉旗、阿拉善左旗、鄂托克旗、杭锦旗、东胜、伊金霍洛旗、准格尔旗	阿拉善右旗、五原、乌拉特前旗、固阳、武川、卓资、察右前旗、和林格尔、托克托凉城、丰镇、赤峰、喀喇沁旗、通辽、扎兰屯	杭锦后旗、临河、磴口、乌海、包头、达拉特旗、呼和浩特、宁城	土默特右旗、土默特左旗、
辽宁省	康平、清原、新宾、桓仁、本溪（县）	昌图、西丰、法库、彰武、阜新、新民、黑山、北镇、义县、辽中、凌源、喀喇沁、锦州、凌海市、锦西、兴城、绥中、建昌、本溪（市）、宽甸、凤城、岫岩、庄河、长海	北票、朝阳、建平、开原、铁岭、抚顺、沈阳、灯塔、辽阳、鞍山、海城、台安、盘锦、大洼、营口（县）、营口（市）、盖州市、瓦房店、大连、丹东、东沟	新金	

（续）

地点＼烈度 地区	<6度	6度	7度	8度	≥9度
吉林省	敦化、安图、和龙、靖宇、抚松、浑江、通化、集安、长白、长岭	汪清、延吉、图们、珲春、龙井、德惠、农安、蛟河、桦甸、公主岭、双阳、伊通、梨树、四平、辽源、盘石、东丰、辉南、梅河口、东辽、洮南、榆树	镇赉、白城、大安、乾安、舒兰、九台、吉林、永吉、长春	扶余、前郭尔罗斯	
黑龙江省	漠河、塔河、呼玛、黑河、嫩江、逊克、孙吴、伊春、克山、克东、依安、拜泉、海伦、铁力、庆安、林甸、青冈、杜尔伯特、抚远、同江、绥滨、富锦、桦川、集贤、友谊、双鸭山、宝清、虎林、密山、鸡西、鸡东、林口、穆棱、绥芬河、牡丹江、海林、宁安、东宁	嘉荫、萝北、鹤岗、汤原、佳木斯、桦南、依兰、七台河、勃利、通河、方正、木兰、巴彦、延寿、尚志、宾县、大庆、安达、兰西、肇东、呼兰、哈尔滨、阿城、双城、肇州、肇源、五大连池、讷河、德都、北安、甘南、富裕、龙江、齐齐哈尔	泰来、望奎、绥化、五常		
上海市		崇明、嘉定、青浦、上海（县）、松江、金山、奉贤	上海（市）、川沙、南汇、浦东		
江苏省	高淳	丰县、沛县、灌南、响水、滨海、阜宁、涟水、淮安、建湖、洪泽、宝应、金湖、兴化、高邮、六合、句容、丹阳、金坛、溧阳、宜兴、无锡、常州、苏州、江阴、常熟、昆山、太仓、吴江、泰兴、靖江、张家港、南通、海门、启东	徐州、东海、赣榆、连云港、灌云、沭阳、泗阳、淮阴（市）、淮阴（县）、盱眙、射阳、盐城、大丰、东台、海安、姜堰市、江都、泰州、如皋、如东、扬中、江都、扬州、仪征、江浦、南京、镇江、江宁	新沂、邳州市、睢宁、泗洪	宿迁
浙江省	长兴、安吉、临安、桐庐、诸暨、嵊州市、奉化、象山、新昌、浦江、义乌、东阳、宁海、天台、三门、临海、仙居、兰溪、金华、永康、黄岩、椒江、温岭、缙云、武义、龙游、开化、淳安、建德、常山、衢州、江山、遂昌、丽水、松阳、青田、永嘉、乐清、玉环、龙泉、云和、景宁、文成、泰顺、洞头	湖州、德清、嘉善、嘉兴、平湖、海盐、桐乡、余杭、海宁、萧山、上虞、慈溪、余姚、绍兴、宁波、瑞安、平阳、苍南、杭州、富阳、温州	舟岱、嵊泗		

（续）

地点 烈度 / 地区	<6度	6度	7度	8度	≥9度
安徽省	芜湖（县）、郎溪、广德、宜州、南陵、泾县、宁国、旌德、绩溪、黟县、休宁、歙县、黄山、青阳、祁门	砀山、萧县、淮北、濉溪、宿州、亳州、界首、太和、临泉、阜南、利辛、蒙城、怀远、凤台、淮南、长丰、寿县、颍上、霍邱、金寨、六安、肥西、舒城、天长、来安、滁州、全椒、含山、和县、巢湖、马鞍山、当涂、芜湖、庐江、无为、桐城、铜陵（市）、铜陵（县）、繁昌、贵池、枞阳、安庆、岳西、潜山、太湖、怀宁、望江、东至、宿松	灵璧、泗县、固镇、五河、凤阳、嘉山、定远、合肥、肥东、霍山、阜阳、涡阳		
福建省	寿宁、周宁、福鼎、福安、柘荣、浦城、崇安、光泽、松溪、建阳、邵武、顺昌、建宁、将乐、明溪、清流、连城、上杭、永安	政和、建瓯、屏南、霞浦、宁德、南平、古田、罗源、连江、沙县、三明、龙溪、闽清、闽侯、永泰、大田、德化、永春、仙游、漳平、龙岩、永定、华安、泰宁、宁化、长汀、武平	福州、长乐、福清、莆田、平潭、惠安、安溪、南安、泉州、晋江、石狮、同安、厦门、金门、龙海、漳州、漳浦、云霄、南靖、平和、诏安、东山、长泰		
江西省	浮梁、景德镇、婺源、德安、都昌、波阳、乐平、德兴、玉山、广丰、上饶、横峰、弋阳、贵溪、铅山、鹰潭、万年、余干、永修、安义、靖安、奉新、武宁、铜鼓、宜丰、高安、新建、南昌（市）、南昌（县）、曲贤、上高、万载、丰城、樟树、宜春、分宜、新余、新干、萍乡、东乡、余江、金溪、资溪、临川、崇仁、宜黄、宜城、乐安、永丰、南丰、吉水、莲花、安福、吉安、泰和、永新、宁冈、黎川、广昌、兴国、于都、赣州、赣县、南康、信丰、遂川、万安、井冈山、上犹、崇义	彭泽、湖口、九江（市）、九江（县）、星子、瑞昌、修水、庐山、宁都、石城、瑞金、安远、龙南、全南、大余	会昌、寻乌		

（续）

地点\烈度\地区	<6度	6度	7度	8度	≥9度
山东省		乐陵、庆云、无棣、阳信、宁津、沾化、利津、宾州、惠民、陵县、商河、临邑、博兴、高青、济阳、禹城、邹平、章丘、济南、长清、泰安、肥城、东平、汶上、宁阳、泗水、平邑、曲阜、邹县、嘉祥、巨野、金乡、成武、单县、曹县、鱼台、招远、栖霞、莱州、莱阳、乳山、海阳、莱西、平度、即墨、高密、胶州、青岛、日照	锦州、平原、高唐、荏平、东阿、聊城、莘县、阳谷、梁山、郓城、鄄城、荷泽、定陶、东明、垦利、东营、广饶、恒台、寿光、昌邑、潍坊、昌乐、青州、淄博、临朐、临沂、兖州、济宁、腾州、微山、枣庄、苍山、长岛、蓬莱、龙口、烟台、牟平、威海、文登、宽松成、冠县	郯城	
河南省	鲁山、南召、方城、驻马店、新葵、淮滨、息县、正阳、确山、泌阳、桐柏、遂平	沁阳、博爱、济源、孟州市、孟津、巩义市、渑池、义马、洛阳、偃师、札县、民权、商丘、虞城、夏邑、永城、密县、登封、新郑、尉氏、通许、睢县、宁陵、枯城、卢氏、宜阳、嵩县、汝阳、伊川、汝州、禹州、郏县、宝丰、襄城、平顶山、叶县、郾城、舞阳、长葛、鄢陵、扶沟、太康、鹿邑、郸城、沈丘、项城、淮阳、周口、商水、上葵、许昌、临颍、西华、漯河、西平、栾川、淅川、西峡、内乡、镇平、南阳、唐河、邓州、新野、社旗、平舆、新县	安阳、林县、南乐、内黄、清丰、台前、鹤壁、辉县、浚县、濮阳、滑县、长垣、延津、封丘、焦作、修武、武陟、原阳、温县、荥阳、郑州、兰考、开封、中牟	汤阴、淇县、卫辉、新乡、获嘉、范县、三门峡、灵宝	
湖北省	枣阳、随州、广水、应山、大悟、红安、京山、安陆、应城、云梦、孝感、黄陂、天门、汉川、潜江、仙桃、嘉鱼、咸宁、大冶、阳新、蒲圻、崇阳、通山、通城、五峰、鹤峰、来凤	麻城、新洲、罗田、英山、汉阳、武昌、黄冈、鄂州、浠水、蕲春、黄梅、武穴、黄石、郧西、郧县、白河、十堰、丹江口、老河口、谷城、襄樊、宜城、南漳、保康、神农架、荆门、钟祥、远安、兴山、巴东、秭归、宜昌、当阳、建始、利川、恩施、宣恩、咸丰、长阳、枝城、枝江、松滋、江陵、沙市、公安、石首、监利、洪湖	竹溪、竹山、房县		

（续）

地点　烈度 地区	<6度	6度	7度	8度	≥9度
湖南省	平江、浏阳、湘潭、湘乡、株洲、醴陵、衡山、衡阳、祁东、祁阳、冷水滩、永川、衡东、攸县、安仁、茶陵、炎陵县、桂东、来阳、永兴、资兴、常宁、新田、桂阳、郴州、汝城、双牌、宁远、嘉禾、宜章、蓝山、临武、江华、道县、江永、龙山、桑植、大庸、永顺、花垣、保靖、古丈、沅陵、安化、吉首、泸溪、凤凰、麻阳、辰溪、溆浦、新化、冷水江、涟源、娄底、双峰、新邵、邵阳（市）、邵东、邵阳（县）、隆回、洞口、武冈、绥宁、城步、新宁、东安、芷江、怀化、新晃、黔阳、洪江、会同、靖州、通道、宁乡	津市、澧县、石门、慈利、桃源、华容、南县、临湘、汉寿、沅江、益阳、桃江、望城、长沙	临澧、常德、岳阳（市）、岳阳（县）、汨罗、湘阴		
广东省	乐昌、连州市、连山、阳山、怀集、广宁、封开、郁南、德庆、信宜、蕉岭、翁源、连平、新丰、科平	南雄、仁北、始兴、郏源、韶关、曲江、英德、清远、佛冈、龙门、龙川、河源、平远、梅州、大埔、梅县、兴宁、五华、揭西、陆河、海丰、陆丰、从化、花都区、增城、博罗、惠阳（市）、惠东、惠阳（县）、三水、东莞、四会、肇庆、云浮、高要、高明、鹤山、罗定、新兴、江门、新会、开平、恩平、台山、阳春、高州、阳西、化州、廉江、遂溪、吴川	饶平、丰顺、揭阳、普宁、汕尾、惠来、深圳、佛山、番禺、顺德、中山、珠海、斗门、阳江、茂名、电白、湛江、海康、徐闻	潮州、澄海、南澳、汕头、潮阳	
海南省	东方、乐东、通什	昌江、白沙、琼中、万宁、保亭、陵水、三亚	临高、澄迈、儋州、屯昌、琼海	海口、琼山、定安、文昌	

（续）

地点　烈度　地区	<6度	6度	7度	8度	≥9度
广西壮族自治区	资源、全州、三江、龙胜、兴安、灌阳、灵川、桂林、临桂、永福、融安、融水、天峨、南丹、环江、河池、罗城、柳城、宜山、柳江、柳州、阳朔、恭城、富川、钟山、贺州市、平乐、荔浦、蒙山、昭平、金秀、象州、都安、忻城、合山、来宾、武宣、桂平、平南、贵港、崇左、上思、龙州、宁明	天峨、东兰、巴马、大化、马山、上林、滨阳、武鸣、南宁、大新、扶绥、邕宁、横县、钦州、防城、合浦、北海、藤县、苍梧、容县、北流、玉林、陆川、凭祥、凤山、凌云、田林、隆林、西林、那坡、德保、靖西、天等	乐业、百色、田阳、田东、平果、隆安、灵山、浦北、博白		
重庆市	开县、梁平、垫江、酉阳、秀山	巫山、奉节、云阳、万州区、忠县、丰都、石柱、黔江、邻水、彭水、长寿、涪陵、武隆、南川、化鳌、合川、铜梁、大足、壁山、江北、重庆、巴县、荣昌、永川、江津、綦江			
四川省	南江、通江、平昌、万源、白沙、城口、巫溪、开江、巴中、苍溪、仪陇、南部、盐亭、营山、蓬安、西充、三台、射洪、蓬溪、岳池、遂宁、武胜、潼南、乐至、安岳、旺苍、南充	宣汉、达县、大竹、渠县、广安、隆昌、富顺、泸县、南溪、泸州、纳溪、江安、长宁、赤水、珙县、兴文、筠连、习水、叙永、古蔺、广元、剑阁、江油、梓潼、绵阳、德阳、中江、金堂、广汉、简阳、资阳、仁寿、资中、井研、荣县、威远、内江、阿坝、红原、稻城、乡城、得荣	青川、平武、北川、安县、绵竹、茂县、汶川、都江堰、什邡、彭州市、郫县、新都、温江、成都、大邑、崇庆、双流、邛崃、新津、宝兴、芦山、天全、蒲江、彭山、名山、丹棱、眉山、雅安、洪雅、夹江、青神、峨眉、荥经、乐山、汉源、峨边、犍为、沐川、自贡、宜宾、屏山、高县、甘洛、越西、美姑、昭觉、布拖、金阳、若尔盖、色达、壤塘、石渠、德格、白玉、新龙、雅江、金川、巴丹、黑水、马尔康、金川、理县、小金、九龙、木里、盐原、德昌、盐边、攀枝花、米易、会理、会东	南坪、甘孜、炉霍、石棉、喜德、普格、宁南、理塘、巴塘、冕宁、马边、雷波、泸定	松潘、道孚、康定、西昌

（续）

地点 地区	<6 度	6 度	7 度	8 度	≥9 度
贵州省	桐梓、仁怀、遵义、金沙、大方、黔西、息烽、织金、修文、务川、沿河、德江、绥归、凤冈、湄潭、印江、松桃、江口、铜仁、万山、思南、石矸、余庆、瓮安、开阳、玉屏、天柱、锦屏、剑河、黎平、雷山、丹寨、榕江、独山、从江、荔波	岭巩、镇远、三穗、施秉、黄平、台江、凯里、福泉、贵定、麻江、都匀、平塘、贵阳、清镇、龙里、平坝、纳雍、赫章、威宁、水城、六盘水、普定、安顺、六枝、镇宁、惠水、长顺、关岭、紫云、罗甸、盘县、普安、晴隆、兴仁、贞丰、安龙、兴义、丹亭、毕节	望漠		
云南省	威信、镇雄、宜威、罗平、丘北、广南、富宁、砚山、西畴、文山、麻栗坡、马关、屏边、河口、筠连、墨江	盐津、彝良、大关、昭通、鲁甸、富源、曲靖、陆良、师宗、泸西、弥勒、开远、个旧、金平、元江、红河、元昭、绿春、德钦、贡山、中甸、福贡、维西、宁蒗、华坪、兰坪、泸水、云龙、永平、保山、昌宁、永德、永仁、大姚、元谋、禄功、武定、牟定、禄丰、富民、安宁、双柏、易门、景东、临沧、镇沅、景谷、普洱、思茅、勐腊、江城、盈江、陇川	水善、会泽、马龙、路南、嵩明、昆明、呈贡、澄江、晋宁、玉溪、江川、华宁、峨山、通海、新平、宾川、漾濞、巍山、南涧、凤庆、云县、耿马、双江、沧源、西盟、孟连、勐海、景洪、腾冲、施甸、梁河、龙陵、潞西、镇康、畹町、瑞丽	巧家、东川、寻甸、宜良、石屏、建水、丽水、鹤庆、剑川、洱源、大理、弥渡、祥云、永胜、澜沧
西藏自治区			日土、噶尔、革吉、札达、改则、隆格尔、措勤、仲巴、萨格、尼玛、班戈、昂仁、定日、拉孜、谢通门、日喀则、萨迦、定结、南木林、白朗、岗巴、亚东、江孜、康马、浪卡子、曲子、贡嘎、洛扎、达孜、扎囊、措美、墨竹工卡、加查、工布江达、朗县、安多、聂荣、巴青、索县、比如、嘉黎、丁青、类乌齐、昌都、察雅、八缩、左贡	普兰、聂拉木、那曲、林周、拉萨、堆龙德庆、尼木、仁布、桑日、乃东、琼结曲松、边坝、洛隆、林芝、米林、波密、隆子、错那	申扎、当雄、墨脱

（续）

地点 烈度 地区	<6度	6度	7度	8度	≥9度
陕西省	镇巴、榆林、横山、靖边	府谷、神木、佳县、米脂、子洲、绥德、吴堡、子长、清涧、安塞、延种、延长、定边、吴旗、志丹、延安、环县、华池、甘泉、富县、宜川、洛川、黄龙、黄陵、宜君、铜川、庆阳、镇原、西峰、合水、宁县、正宁、长武、彬县、永寿、淳化、洛南、南州、柞水、山阳、丹凤、商南、佛坪、镇安、宁陕、留坝、勉县、汉中、南郑、城固、洋县、西乡、石泉、汉阴、旬阳、紫阳、宁强、略县、白河、岚皋、镇坪	韩城、合阳、澄城、白水、耀州区、蒲城、大荔、三原、富平、泾阳、礼泉、乾县、扶风、武功、兴平、周至、眉县、太白、岐山、凤翔、宝鸡（市）、宝鸡（县）、崇信、陇县、千阳、凤县、安康、平利、户县、长安、蓝田	咸阳、西安、高陵、临潼、渭南、华县、华阴、潼关	
甘肃省	环县、华池、庆阳、合水、宁县、正宁、镇原、西峰、泾川、灵台、安西		崇信、平凉、华亭、敦煌、玉门、嘉峪关、金塔、酒泉、肃南、山丹、金昌、民勤、永登、皋兰、白银、永清、积石山、临夏、东乡、和政、广河、临洮、定西、会宁、静宁、庄浪、张家川、通渭、康乐、夏河、碌曲、临潭、卓尼、岷县、玛曲、迭部、舟曲、宕昌、两当、徽县、成县、康县	阿尔塞、肃北、高台、临泽、张掖、民乐、永昌、武威、古浪、天祝、景泰、靖远、兰州、陇西、武山、秦安、甘谷、天水、西和、武都、文县	礼县
青海省	天峻、共和、刚察、德令哈		门源、大通、互助、海晏、湟源、西宁、乐都、湟中、平安、民和、化隆、贵德、尖扎、循化、同仁、乌兰、都兰、格尔木、兴海、贵南、泽库、同德、曲麻莱、甘德、达日、久治、班玛、治多、称多、玉树、杂多、囊谦	玛多、玛沁	
宁夏回族自治区			灵武、彭阳、陶乐	惠农、平罗、石嘴山、贺兰、永宁、吴忠、青铜峡、中卫、中宁、同心、海原、西吉、固原、隆德、泾源、银川	

（续）

地点 地区 烈度	<6度	6度	7度	8度	≥9度
新疆维吾尔自治区	哈尔河、布尔津、吉乃木、塔城、额敏、和布克赛尔、福梅	阿勒泰、托里、奇台、伊吾、哈密、鄯善、吐鲁番、托克逊、和硕、尉犁、沙雅、麦盖提、皮山、墨玉、策勒、于田、民丰、且末、若羌	克拉玛依、温泉、博乐、精河、霍城、伊宁、察布查尔、奎屯、沙湾、石河子、玛纳斯、呼图壁、昌吉、阜康、吉木萨尔、木垒、拜城、阿合奇、新和、轮台、和静、焉耆、博湖、库尔勒、巴楚、伽师、岳普湖、莎车、泽普、叶城、和田、洛浦、英吉沙	乌鲁木齐、米泉、乌苏、尼勒克、巩留、新源、库车、巴里坤、乌什、温宿、阿克苏、柯平、喀什、疏附、疏勒、阿克陶、巴里坤、青河、富蕴	乌恰、阿图什、塔什库尔

1.5　常用给水排水制图图例

1.5.1　给水阀门图例

给水阀门图例见表1-5-1。

表 1-5-1　给水阀门图例

序号	名　称	图　例	备　注
1	闸阀		—
2	角阀	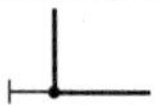	—
3	三通阀	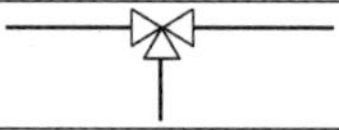	—
4	四通阀	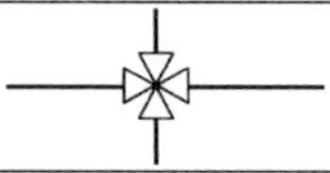	—
5	截止阀		—
6	蝶阀	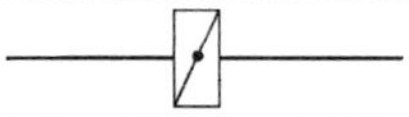	—
7	电动闸阀		—
8	液动闸阀	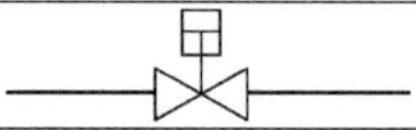	—
9	气动闸阀	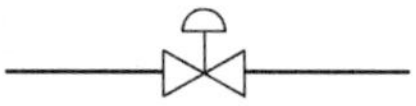	—
10	电动蝶阀	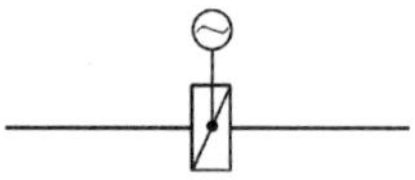	—
11	液动蝶阀	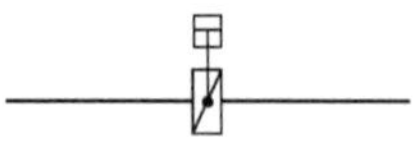	—

（续）

序号	名　称	图　例	备　注
12	气动蝶阀		—
13	减压阀		左侧为高压端
14	旋塞阀	平面　　　系统	—
15	底阀	平面　　　系统	—
16	球阀		—
17	隔膜阀		—
18	气开隔膜阀		—
19	气闭隔膜阀		—
20	电动隔膜阀		—
21	温度调节阀		—
22	压力调节阀		—
23	电磁阀		—
24	止回阀		—
25	消声止回阀		—
26	持压阀		—
27	泄压阀		—
28	弹簧安全阀		左侧为通用
29	平衡锤安全阀		
30	自动排气阀	平面　　　系统	
31	浮球阀	平面　　　系统	
32	水力液位控制阀	平面　　　系统	

（续）

序号	名　　称	图　　例	备　注
33	延时自闭冲洗阀		—
34	感应式冲洗阀	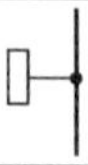	—
35	吸水喇叭口	 平面　　　　系统	—
36	疏水器		—

1.5.2　给水配件图例

给水配件图例见表 1-5-2。

表 1-5-2　给水配件图例

序号	名　　称	图　　例
1	水嘴	平面　　　　系统
2	皮带水嘴	平面　　　　系统
3	洒水（栓）水嘴	
4	化验水嘴	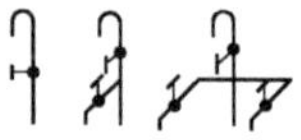
5	肘式水嘴	
6	脚踏开关水嘴	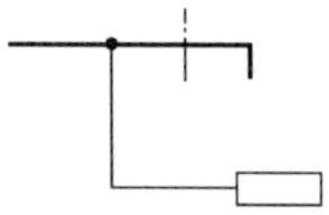
7	混合水嘴	
8	旋转水嘴	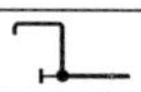
9	浴盆带喷头混合水嘴	
10	蹲便器脚踏开关	

1.5.3　卫生设备及水池图例

卫生设备及水池图例见表 1-5-3。

表 1-5-3　卫生设备及水池图例

序号	名　　称	图　　例	备　　注
1	立式洗脸盆		—
2	台式洗脸盆		—
3	挂式洗脸盆		—
4	浴盆		—
5	化验盆、洗涤盆		—
6	厨房洗涤盆		不锈钢制品
7	带滤水板洗涤盆		—
8	盥洗槽		—
9	污水池		—
10	妇女净身盆		—
11	立式小便器		—
12	壁挂式小便器		—
13	蹲式大便器		—
14	坐式大便器		—
15	小便槽		—
16	淋浴喷头		—

注：卫生设备图例也可以建筑专业资料图为准。

1.5.4　消防设施图例

消防设施图例见表1-5-4。

表 1-5-4　消防设施图例

序号	名　　称	图　　例	备　注
1	消火栓给水管	————XH————	—
2	自动喷水灭火给水管	————ZP————	—
3	雨淋灭火给水管	————YL————	—
4	水幕灭火给水管	————SM————	—
5	水炮灭火给水管	————SP————	—
6	室外消火栓		—
7	室内消火栓（单口）	平面　　系统	白色为开启面
8	室内消火栓（双口）	平面　　系统	—
9	水泵接合器		—
10	自动喷洒头（开式）	平面　系统	—
11	自动喷洒头（闭式）	平面　系统	下喷
12	自动喷洒头（闭式）	平面　系统	上喷
13	自动喷洒头（闭式）	平面　系统	上下喷
14	侧墙式自动喷洒头	平面　系统	—
15	水喷雾喷头	平面　系统	—
16	直立型水幕喷头	平面　系统	—
17	下垂型水幕喷头	平面　系统	—
18	干式报警阀	平面　系统	—

（续）

序号	名　　称	图　　例	备　注
19	湿式报警阀	平面　　　系统	—
20	预作用报警阀	平面　　　系统	—
21	雨淋阀	平面　　　系统	—
22	信号闸阀		—
23	信号蝶阀		—
24	消防炮	平面　　　系统	—
25	水流指示器	L	—
26	水力警铃		—
27	末端试水装置	平面　　　系统	—
28	手提式灭火器		—
29	推车式灭火器		—

注：1. 分区管道用加注角标方式表示。

　　2. 建筑灭火器的设计图例可按现行国家标准《建筑灭火器配置设计规范》（GB 50140—2005）的规定确定。

1.5.5　小型给水排水构筑物图例

小型给水排水构筑物图例见表1-5-5。

表 1-5-5　小型给水排水构筑物图例

序号	名　称	图　例	备　注
1	矩形化粪池	HC	HC 为化粪池代号
2	隔油池	YC	YC 为隔油池代号
3	沉淀池	CC	CC 为沉淀池代号
4	降温池	JC	JC 为降温池代号
5	中和池	ZC	ZC 为中和池代号
6	雨水口（单箅）		—
7	雨水口（双箅）		—
8	阀门井及检查井	J-×× J-×× W-×× W-×× Y-×× Y-××	以代号区别管道
9	水封井		—
10	跌水井		—
11	水表井		—

1.6　给水排水知识简介

1.6.1　室外给水工程知识简介

1. 室外给水管道系统设计

（1）给水系统的分类、水质、组成设计要求

1）给水系统的分类

① 按用途分为生活用水、生产用水和消防用水等。

② 按地域分为城镇供水、城市供水和工业供水等。

③ 按水的流动分为直流供水、循环供水和循序供水等。

④ 按水源分为地表水、地下水和中水。

⑤ 按供水压力分为重力供水、压力供水和重力与压力混合供水等。

2）给水系统的水质。水质分为生活用水水质、生产用水水质、消防用水水质和其他杂用水水质等。

3）给水系统的组成。给水系统由取水构筑物、水处理构筑物、泵站、输水管和管网组成。

4）给水系统的设计。室外给水工程设计应满足城镇规划、水源和地形的要求。

（2）室外给水设计有关用水量设计参数

1）生活用水量定额：见有关规定。

2）生产用水量定额：见有关规定。

3）消防用水量标准：按火灾次数和一起灭火用水量计算。

4）用水量变化系数：见有关规定。

5）最高日用水量、平均时用水量、最大时用水量未预见水量及漏水量的计算。

6）取水一级泵站水厂按最高日平均时流量再加 5% ~10% 的水厂自用水量设计；二级泵站流量与计算供水管网上有无贮水构筑物有关。

（3）给水系统的工作情况。给水系统的工作情况应考虑下列因素：

1）流量关系。

2）水压关系。

3）水塔清水池的容积（凭经验，水厂的清水池按最高日用水量的 10% ~20% 计，水塔调节水量和消防贮水量取最大时用水量 10min 的水量）。

4）可靠性。

（4）输配水管网有关设计

1）管网图形：分为枝状与环状管网。

2）管网布置要求。按地区规划、安全、可靠和最短管线等要求布置。管网布置取决于水源、水厂或水池的位置、地形、用户分布和有关障碍物。管网定线取决于平面布置、水源和调节水池位置及大用户的分布。干管沿规划道路布置，干管和干管之间的连接管长为 500 ~1000m，分配管的管径至少为 100mm。大城市分配管的管径为 150 ~200mm。管道上安装有阀门、消火栓、排气阀、泄水阀。阀门一般安装在干管上，其间距为 400 ~600m，且不隔断 5 个以上消火栓。消火栓应设在易于寻找的地方，如在街口和路侧处，距道路边不大于 2m，距离建筑物外墙 5m 以上，两消火栓间距不超过 120m。

（5）给水管网有关水力计算内容

1）最大时用水量的计算。

2）沿线流量和节点流量的计算。

3）枝状管网水力计算。

4）环状管网平差水力计算。

5）管内流速最小为 0.6m/s，最大为 2.5 ~3.0m/s。

（6）给水管网设计图。给水管网设计图包括平面图、剖面图和节点详图等。

2. 给水处理

（1）给水处理知识

1）水源水质。水源水质的影响因素有：

① 原水水质：自然过程中产生的矿物溶解于水中，水中存在微生物的繁殖和残骸、泥沙及其他腐殖质等。

② 人为因素产生的污废水：污废水中含悬浮物、胶体杂质和溶解的气体离子。

2）水质标准。水质标准常分为生活饮用水水质标准、工业用水水质标准和其他用途的水质标准。

3）给水处理方法。常见的给水处理方法有澄清和消毒、除臭除味、除铁、除锰、软化、淡化和除盐等。其中：澄清工艺包括混凝、沉淀、过滤处理，消毒工艺包括消毒剂和臭氧或紫外线消毒等处理；除臭除味工艺包括活性炭或氧化剂、曝气法处理等；除藻工艺包括投放硫酸铜法处理；除铁、除锰工艺包括氧化法、接触氧化法、投加药剂、生物氧化法和离子交换法处理；水的软化工艺包括离子交换法和药剂处理；淡化和除盐工艺包括蒸馏法、离子交换法、电渗析法和反渗透法处理等。

（2）水的混凝处理。水的混凝处理能去除水中的悬浮物和胶体杂质。混凝处理法有混合与反应两个阶段，可采用药剂和利用良好的化学与水力条件。混凝剂常用硫酸铝、三氯化铁、硫酸亚铁、无机高分子、有机高分子等，助凝剂有石灰、聚丙烯酰胺、活化硅酸和骨胶等。在水的混凝处理时，应考虑水温、pH 值和碱度，需要对药剂进行溶解配制和投加。投药方法有泵前投药、泵后投药、水射器投药和重力混合等方法。投药设备常用水泵、水力机械混合。水与药剂反应设备有隔板、机械搅拌和穿孔管等。

（3）水的沉淀和澄清构筑物。常见的水的沉淀和澄清构筑物有平流沉淀池、斜板斜管沉淀池和澄清池。

（4）水的过滤处理。水的过滤处理能截留水中的悬浮物。常见构筑物有普通快滤池、虹吸滤池、无阀滤池、移动式冲洗罩滤池和压力滤池等。

（5）水的消毒处理。水的消毒处理用于灭菌，消毒方法有：

1）物理法：包括加热、紫外线和超声波消毒等。

2）化学法：包括加氯、臭氧和二氧化氯消毒等。

（6）地下水除铁、除锰。地下水除铁、除锰常用氧化法和生物法。氧化剂有氧、氯、高锰酸钾等。

（7）水的活性炭吸附。水的活性炭吸附能对水进行除臭和消毒。

（8）水的除氟。水的除氟是除去水中的氟离子，常见方法有混凝沉淀法和离子交换法。常采用活性氧化铝、磷酸三钙等作为吸附剂。

（9）水的软化。水的软化是去除水中的钙、镁离子。常见方法有药剂法、离子交换法、电渗析法。其药剂有石灰、石灰苏打和石灰石膏等。

（10）咸水淡化与除盐。咸水淡化与除盐的方法有离子交换法、电渗析法、反渗透法、冷冻法。反渗透膜只能通水而不能使水中的溶质透过，其中半透膜主要有醋酸纤维素膜和芳香族聚酰胺膜两类。超滤、微滤能去掉水中分子。

（11）水的冷却。水的冷却能使水降温。降温设备常采用冷却塔。

（12）循环冷却水水质处理。循环冷却水水质处理主要用于除垢，除垢方法常采用药剂法。

（13）水厂设计

1）水厂设计步骤和要求。设计步骤分为方案设计、初步设计和施工图设计。

① 方案设计和初步设计：应掌握各种资料和方案的选择、流程的优化等，合理选择构筑物形式、型号和尺寸，正确选用主要材料等。

② 施工图设计：施工图设计阶段应绘制施工图。

2）水厂的设计原则。水厂的设计原则主要有：

① 水处理构筑物的生产能力应以最高日供水量加水厂自用水量进行设计，并以原水水

质最不利情况进行校核，考虑自用水量为供水量的 5%~10%。

② 水厂应按近期设计并考虑扩建可能。

③ 水厂设计中应考虑各构筑物或设备能进行检修、清洗及部分停止工作时仍能满足用水要求。

④ 对水厂内设备运行的机制，应尽量采用机械化和自动化。

⑤ 水厂设计应遵循现行的设计规范。

3）水厂厂址选择。水厂厂址选择应满足以下要求：

① 工程地质条件好。

② 不受洪水威胁。

③ 占地少。

④ 交通方便，有可靠的电源。

⑤ 取水点与用户较近，水厂靠近取水点。

4）水厂工艺流程选择

① 地表水：通常包括混合反应沉淀或澄清过滤及消毒。

② 地下水：通常包括除铁、除锰和消毒。

5）水厂平面布置。水厂的平面布置主要包括生产构筑物、主要建筑物以及辅助建筑物的合理布置。

① 生产构筑物及建筑物平面尺寸应由设计计算确定，生活辅助建筑物面积应按管理要求及建筑标准确定。

② 在各构筑物和建筑物的个数和面积确定之后，应根据工艺流程和构筑物及建筑物的使用功能，结合水厂的地形和地质进行平面布置。

③ 处理构筑物宜露天设置，但寒冷地区宜设置在室内。

④ 水厂各种构筑物和建筑物的平面布置应包括平面定位、管道走向和阀门、配件、窨井、路、墙、电等的布置。

⑤ 各种构筑物和建筑物要求布置紧凑、减少占地面积和减少管道的长度，如沉淀池靠近滤池，泵房靠近清水池，要留有必要的施工和检修管道的位置。

⑥ 充分利用地形，减少土方量，如沉淀池、澄清池应设置在地势高处，清水池应设置在地势低处。

⑦ 各构筑物之间的连接管渠应简捷、便于操作检修和应急。

⑧ 冲洗废水时能排水方便，力求重力排污，免用排污泵。

⑨ 大型水厂内应有管配件、砂、煤的堆场，且运输方便。

⑩ 注意朝向和风向，加氯在下风向，泵房和建筑宜在南北向，生活区和生产区尽量分开。

⑪ 厂内道路要求：通向一般建筑物的人行道宽为 1.5~2.0m，路面为碎石、炉渣、灰土；通向仓库、检修车间、堆场、泵房、变电所等主要建筑的路宽为 3~4m，转弯半径为 6m，纵坡不大于 3%，应有回车的路面，其路面常为沥青混凝土、碎石、灰土、炉渣等，并应便于水厂的扩建。

⑫ 水厂应留有绿化面积。

⑬ 水厂高程布置时应尽量为重力流工作。

（14）水处理设计基本参数

1）水处理构筑物的设计水量应以最高日供水量加水厂的自用水量确定。

2）设计隔板絮凝池时间为 20～30min，机械絮凝时间为 15～20min，折板絮凝时间为 12～20min，栅条絮凝时间为 12～20min。

3）平流沉淀池沉淀时间为 1.5～3.0h，有效水深为 3.0～3.5m，每格宽度为 3～8m，最大不超过 15m，长宽比不小于 4，长深比不小于 10。

4）上向流斜管沉淀池液面负荷为 5～9m³/h，管径为 30～40mm，斜板（斜管）长为 1m，倾角为 60°，上面清水区深为 1m，下沉淀区水深为 1.5m。

5）除无阀滤池和虹吸滤池外，其他池均应不得少于 4 格。

1.6.2 室外排水工程知识简介

1. 室外污水管道系统设计

（1）室外污水管道系统的作用和要求

1）收集、输送、处理、排放污废水，并使水得到有效利用，具有良好的环境卫生作用和获得最佳的经济效益。

2）污水管道系统建设应满足污水处理工艺，使污水处理的监测实现自动化和机械化，使水排放无害化。

（2）污废水的分类、排放和管道设置

1）污废水的分类

① 污废水按其来源分为生活污水、工业废水和降水。

② 污废水按含污染物性质分为主要含无机物污废水、主要含有机物污废水和两者同时都有污废水。

③ 污废水按成分分为酸性污废水、碱性污废水、含氰污废水、含铬污废水、含镉污废水、含酚污废水、含油污废水等。

2）城市污水是生活和工业污废水的总称。

3）污废水的出路是处理和回用。

4）污废水的排水体制有合流制和分流制。

5）污废水排水系统的组成

① 城市生活排水系统的组成有室内系统、室外系统、提升加压设施、管道系统、处理利用的构筑物和排放口等。

② 工业排水系统的组成有车间内排水系统、厂区内排水系统、提升处理设施和排放口等。

③ 雨水系统的组成有房屋、街坊或厂区街道雨水管道系统和排洪沟、出水口等。

6）排水系统的布置。排水系统的布置主要由地形、竖向、城市规划、污水厂、土壤、河流、水的污染及水质而定。管道布置常见的有正交式、截流式、平行式、分区式、分散式和环绕式。布置排水管道时应处理好工业企业系统和城市系统的关系。要求排水的水温不超过 40℃、不堵塞、不燃爆、无毒。对病原体进行消灭，并符合三废排放标准和排放有害物浓度的标准要求。

（3）污水管道系统的设计内容。污水管道系统设计的主要内容有：

1）根据已定设计方案在总体布置图上划分排水流域，布置管道系统。

2）计算人口、确定排水水量定额、计算污水流量。

3）进行污水管道的水力计算，确定管道断面尺寸、设计坡度和埋没深度；确定污水管道在道路横断面上的位置，绘制管道平面图、纵剖面图。

（4）污水管道系统设计资料的调查及设计方案的考虑

1）明确任务的资料，如总体规划包括人口、建筑用地、各类建筑位置、道路、公共设施、设计期限、资金、水处理方式、水质、排放点、环境保护等。

2）有关自然因素资料，如气象、水文水质和地质。

3）有关工程情况的资料，如道路等级、各种管道、电力和当地的施工力量。

4）方案的选择应考虑污废水的分流、合流，近期和远期规划，区域和城镇等多种条件。

（5）污水设计流量的确定。城市和工业企业的污水总量为以下三项之和：

1）居住区生活污水设计流量 Q_1。Q_1 等于污水量标准乘以人数和总变化系数再除以 (24×3600)。

2）工业企业生活污水及淋浴污水的设计流量 Q_2。

3）工业废水设计流量 Q_3。

（6）污水管道的水力计算方法。水力计算方法为：查有关表格，如管径 D、粗糙度 n，在已知流量 Q、流速 v、坡度 I、充满度 H/D 的情况下主要参考地面坡度 I，确定流速 v 和充满度 H/D。

1）公式：$Q = \omega v$，$v = C \sqrt{RI}$。

2）参数：设计充满度、设计流速、最小坡度、最小管径、埋设深度（覆土厚度）。

（7）污水管道的设计方法

1）确定排水区界，划分排水流域，如城镇规划、分水线、干管的最大埋深、采用自流排水等。

2）管道定线应考虑地形、地势，如管道定线时应考虑地形、管道的长短、能自流排水、与污水厂和排放口的位置，还有水文、地质、道宽、排水量、建筑分布、地下管线、构筑物等。设计时应先主干管、干管再支管。平面布置图应表示出排水的支管、干管、主干管、泵站、污水厂和出水口。

3）控制点的确定及泵站设置的地点。

4）污水管道在街道上的布置，如各种管道综合布置与相互间的距离。管道应平行于建筑物，靠近排水量最大处，在路宽大于40m的路段排水管道可两侧布置。

5）设计管段及设计流量的确定，如设计管段开始管道的直径、坡度和管内底标高，设计流量有本段流量、转输流量和集中流量等。

6）污水管道的连接方法。异径管相连接时应采用管顶平接，同径管相连接时应采用水面平接。

7）计算时采用计算表。计算表格中包括管长、流量、管径、坡度、流速、充满度、降落值和各种标高，其中各种标高有管的上端下端的地面标高、上端下端的管内水面标高、上端下端的管内底标高、上端下端的管的埋深标高等。

8）管道平面图和纵剖面图绘制：初步设计平面图上有主干管、干管、建筑物、道路位置、指北针、检查井、管长、管径、坡度和比例等。施工图设计应有平面图、纵剖面图、详图等。

（8）污水管道设计的有关规定。充满度 H/D 为 0.6 ~ 0.8；最小流速 v 为 0.6m/s；最大流速 v：金属管为 10m/s，非金属管为 5m/s。最小管径 $DN200$ 的坡度 I 为 0.004；当排水管径 $D < 500mm$ 时，检查井的最大间距为 40m。

排水管的最小管径 D 不小于 200mm。管道的埋深应符合现行规范的要求。

2. 室外雨水管道系统设计

（1）室外雨水管道系统组成。室外雨水管道系统由雨水口、雨水管渠、检查井、出水口组成。

（2）雨水量计算。暴雨强度公式包括重现期（年）、降雨历时（min）和暴雨强度。

流量 = 径流系数 × 汇水面积 × 设计暴雨强度。

设计重现期与建筑性质、地形、汇水面积、气象特点等有关，一般为 1 ~ 3 年或 2 ~ 5 年。

管内集水时间 $T = T_1 + mT_2$，其中 T_1 通常为 5 ~ 8min，T_2 为管内流经时间，用管长除以流速获得。m 为折减系数，暗管为 2，明渠为 1.2。

（3）雨水管渠的设计。雨水管渠的设计应充分利用地形就近排入水体，采用重力流。根据城市规划布置雨水管道，如管道平行于道路、人行道、埋于草地下，道宽为 40m 时，可在道路的两侧布置地下管线。

雨水口应使雨水不致漫过路口，应设在低处、交叉路口等。雨水口间距为 30 ~ 80m。雨水管渠采用明渠或暗管，应结合具体条件确定。一般为暗管，但工业区可设明渠，管道与明渠连接处设格栅和挡土端墙等。设置排洪沟排除设计地区以外的雨水和洪水。

（4）雨水管渠水力计算的设计数据

1）设计充满度为满流。

2）明渠超高 0.2m。

3）设计流速：管内流速不小于 0.75m/s，明渠不小于 0.4m/s 等。

4）雨水管最小管径为 300mm，坡度为 0.003，雨水口连接管管径为 200mm，坡度为 0.1。

5）符合雨水管最小和最大埋深要求。

（5）雨水管渠水力计算方法

1）采用满流。

2）在管材的粗糙度 n 已知的情况下，根据流量 Q 和地面坡度 I，查有关计算表格，使所选管径 D 和流速 v 符合设计要求。

（6）雨水管渠设计步骤和水力计算

1）划分排水流域及管道定线。

2）划分设计管段。

3）划分并计算各设计管段的汇水面积。

4）确定各排水流域内的平均径流系数值。

5）确定设计重现期、地面集水时间及管道起点的埋深。

6）计算单位面积径流量并计算管内流经时间。

7）列表进行雨水干管及支管的水力计算，以求得各管段的设计流量，并确定出各管段所需的管径、坡度、流速、管底标高和管道埋深。

3. 污废水处理

（1）污水的性质与污染指标

1）污水包括生活污水、工业废水和被污染的雨水。工业废水包括生产污水和生产废水，生活污水和生产污水的混合称为城市污水，污水净化后可排放或回用。

2）污水的物理性质及指标为：水温、色度、臭味、固体含量及泡沫等。

3）污水的化学性质及指标为无机物、有机物，水中杂质的形态分为悬浮物和溶解质。

4）污水的生物性质及指标为大肠菌群、细菌和病毒等。

（2）污水处理基本方法与系统

1）污水处理基本方法。污水处理的基本方法有物理法、化学法和生化法。

① 物理法：分离水中呈悬浮状态的固体物。物理法有筛滤、沉淀、气浮、过滤和反渗透等。

② 化学法：利用化学反应分离回收各种污染物，包括悬浮物、溶解物、胶体等各种物质。化学法有中和、混凝、电解、氧化还原、汽提、萃取、吸附、离子交换和电渗析，化学法多用于生产污水的处理。

③ 生化法：利用微生物的代谢作用，分解水中呈溶解、胶体状态的有机污染物，使之转化为稳定的无机物。生化法有好氧微生物的好氧法和厌氧微生物的厌氧法，前者利用活性污泥法和生物膜法处理有机污水，后者用于处理高浓度有机污水和处理过程中产生的污泥，也用于处理城市污水和低浓度有机污水。

2）污水处理程度。污水处理按处理程度分为一级、二级和三级处理。一级处理能去除30% BOD，二级处理能去除90%以上 BOD，三级处理能处理难降解的有机物 P、N，其方法有生物法、混凝沉淀法、砂滤法、活性炭吸附法和电渗析法等。

3）污泥处理。污泥处理有浓缩法、脱水法、厌氧法、好氧法、消化法。可进行消化气利用和污泥利用，还有污泥的干燥、焚烧和填地等。

4）城市污水处理流程。常见的城市污水处理流程为：格栅→沉砂池→初沉池→活性污泥曝气池（或生物膜法）→二沉池→消毒→排放。

（3）污水的物理处理和设施设备

1）去除漂浮物采用的方法

① 筛滤截留法——筛网、格栅、滤池与微滤机等。

② 重力分离法——沉砂池、沉淀池、隔油池与气浮池等。

③ 离心分离法——离心机与旋流分离器等。

2）设施设备

① 格栅：分为粗格栅、中格栅、细格栅，置于进水处，倾角为30°～45°，根据流量流速等进行选择。

② 平流式沉砂池：停留时间一般为30～60s。

③ 曝气沉砂池：停留时间一般为1～3min。

④ 平流沉淀池：初沉池停留时间为1～2h，二沉池为1.5～2.5h。

⑤ 竖流式沉淀池：同平流沉淀池。

（4）活性污泥法。活性污泥法是生活污水、城市污水以及有机工业废水的主体处理技术。活性污泥法中的活性污泥絮凝体呈黄褐色，其中存在大量繁殖的微生物，能够降解和去除有机污染物，使污水得到净化，同时微生物进行增殖，使活性污泥量增长。回流污泥可作为接种。活性污泥由污水中的有机物、残留物、惰性有机质、活性微生物组成。活性污泥净化反应的影响因素有污水中的营养物质、温度、pH 值、溶解氧以及有毒物质等。其条件是 BOD:N:P = 100:5:1，水温为 15 ~ 35℃。原污水中的水质、水量、活性污泥中的微生物量（即活性污泥量）、溶解氧含量及其充分接触程度是设计运行和控制操作的主要参数。

1）活性污泥法处理系统有：

① 传统式，又称普通式，采用推流廊道式，有回流污泥，池中停留时间一般为 4 ~ 8h。

② 阶段曝气式，采用推流混合多段进水和回流，停留时间一般为 3 ~ 5h。

③ 再生曝气式，先进入再生池再进入推流廊道式池内。

④ 吸附-再生式，回流再生与进水混合和吸附。

⑤ 延时曝气式，使曝气时间加长。

⑥ 高负荷式，时间短，但不完全。

⑦ 完全混合式，没有廊道但污水混合完全。

⑧ 多级式，污水采用多级和混合完全处理。

⑨ 深水式、浅层式和纯氧式等处理方法。

⑩ 氧化沟，环形沟长为几十至上百米，深 2 ~ 6m，出水溢流堰式，完全混合与推流之间的流速为 0.4m/s，水力停留时间为 24h，可分为富氧、缺氧进行硝化和反硝化脱氮，可不设初沉池和二沉池，可采用转刷、转盘进行表面曝气，还可用管式射流曝气，可采用多池并进行各池交替处理。

⑪ 间歇式 SBR，又称序批式曝气，分为流入、反应、沉淀、排放、待机等过程。

⑫ AB 式吸附法，进行生物降解。

2）活性污泥法的设备。活性污泥法有鼓风机曝气等方法，故有鼓风机和扩散装置等设备。

3）曝气池的设计与计算。曝气池有推流式、完全混合式等。进水方式常为淹进堰出。因城市污水的菌种和营养物具备完全，可采用直接培养，即把生活污水引入曝气池进行回流和充分曝气 1 ~ 2d 后出现絮凝体即可成功，以工业废水为主的城市污水先用生活污水培养微生物再行驯化，若营养物不够可投加氮和尿素等。活性污泥一般不适用于处理低浓度有机污水。活性污泥法处理系统的计算内容有：曝气池区容积的计算，曝气系统的计算，污泥回流系统和二沉池设计计算。

① 曝气池区容积的计算：按 BOD-污泥负荷率计算。BOD-污泥负荷率的物理概念是曝气池内单位干质量的活性污泥在单位时间内能够接受并将其降解到某一规定数量的 BOD 质量值，它是 F/M 的比值（F 为有机物量，M 为微生物量），是活性污泥处理系统的一项重要设计运行参数。用每天的水量（m^3）乘以污水中每 m^3 水的 BOD 值，能得到所要处理的每天 BOD 值，再除以曝气池内混合液悬浮固体浓度 MLSS 与 BOD-污泥负荷率之积而得到曝气池区的容积，用以下公式表示：$V = QS_o/N_sX$（式中分子为 kgBOD、分母为 kgBOD/m^3）。曝气池区的容积计算方法还有按容积负荷率法计算池区容积和按污泥龄计算池区容积等。容积负荷率是指曝气区内单位容积在单位时间内能够接受并将其降解到某一规定额数量的 BOD

质量值。混合液由污水回流污泥和空气互相混合组成，混合液悬浮固体浓度又称混合液污泥浓度或活性污泥，由微生物、残留物、有机物、无机物组成，用 MLSS 表示。

② 曝气系统的计算：先计算需氧量，再把需氧量换算成供气量，池内的需氧量与 BOD-污泥负荷率值 N_s 除以 1kgBOD 的需氧量为 $a + b/n_s$，根据公式可求出平均时最大时需氧量，然后再求供气量（求供气量是先求出在标准条件下转移到曝气池区内混合液的总氧量及氧的利用率，由此可得供气量）。

③ 回流污泥量的计算。

（5）生物膜处理法

1）在滤料或载体上生长膜状微生物的处理方法称为生物膜法。生物膜法能生长出比活性污泥中种类更多的微生物，使污水得到净化，微生物得到增殖。

2）生物膜法的工艺有生物滤池（包括普通生物滤池、高负荷生物滤池、塔式生物滤池、曝气生物滤池）、生物转盘、生物接触氧化设备及生物流化床等。

3）生物接触氧化法介于活性污泥法和生物滤池之间。

4）生物接触氧化法分为一级（段）法、二级（段）法和多级（段）法。一级生物接触池的流态为完全混合型，其流程简单、易于维护、运行投资较低，二级法中每池的流态属于完全混合型，若把一级（段）法和二级（段）法结合在一起则属于推流型。在一级池内负荷高、生物膜生长期较快，而二级池内负荷较低、处理水质提高，中间沉淀池可不设。多级法从系统的总体上来说是推流型，而每池又是完全混合型。各池中出现的浓度差能取得非常稳定的水质，具有硝化脱氮功能。

5）生物接触氧化池由池体、填料、支架及曝气装置、排泥管道等组成。池体在平面上多呈圆形、矩形或方形，可用钢板制成或钢筋混凝土浇筑而成。各部分尺寸：池内填料高度为 3 ~ 3.5m，底部布气层高度为 0.6 ~ 0.7m，顶部稳定水层高度为 0.5 ~ 0.6m，总高度为 4.5 ~ 5.0m，常挂软性填料，水常为淹进堰出。

6）生物接触氧化池的设计与计算：按平均日污水量计算，池座数不少于两座并按同时工作考虑，填料层总高度一般为 3m，气水比为（15 ~ 20):1，布气应均匀，每池面积一般在 25m² 以内，污水在池内的有效接触时间不得少于 2h，生物接触池的填料体积可按 BOD-容积负荷率计算，也可按接触时间计算。

7）生物接触氧化池的填料体积按 BOD-容积负荷率计算。生物接触氧化池的计算步骤如下：第一步计算生物接触氧化池填料的容积→第二步计算生物接触氧化池的总面积（填料体积除以填料高度）→第三步计算生物接触氧化池的座或格数（由上总面积除以每格所要求的面积 25m²）→第四步计算污水与填料的接触时间（接触池的填料容积除以水量）→第五步计算生物接触氧化池的总高度。

8）生物接触氧化池的接触时间：一段处理比二段处理时间长，处理城市污水时第一段接触时间约占总时间的 2/3，第二段时间约占总时间的 1/3。

9）建筑小区中水工程中常采用生物接触氧化法。纤维软性填料高度一般不小于 1.5m，接触时间为 2 ~ 3h，气水比为（10 ~ 15):1。

（6）工业废水处理

1）工业废水包括生产污水和生产废水。

2）废水处理方法

① 物理处理法：采用调节、离心分离、沉淀、除油和过滤等方法。

② 化学处理法：采用中和法（包括酸碱废水中和、药剂中和、过滤中和等）。化学沉淀法有氢氧化物沉淀法、硫化物沉淀法、钡盐沉淀法等。氧化还原包括药剂氧化法、药剂还原法、臭氧氧化电解法和其他氧化还原法等。

③ 物理化学处理法：有混凝法、吸附法、气浮法等。气浮法包括电解气浮、散气气浮和溶气气浮。此外，还有离子交换法和膜分离法，膜分离法包括电渗析、扩散渗析、反渗透和超滤等。

④ 生物处理法：采用好氧法和厌氧法。

3）废水处理方法的确定

① 含油废水处理：经过静置、上浮试验、分离浮油后，进行乳化油分离试验。

② 无机废水处理：含悬浮物时先进行沉淀试验，若达标可用自然沉淀法；若不达标，则用混凝沉淀法。当悬浮物能去除但仍含有害物时可考虑采用调节 pH 值、化学沉淀法、氧化还原法，若上述方法仍不能去除溶解性物质，为了进一步去除处理，可考虑采用吸附法或离子交换法等进行深度处理。

③ 有机废水处理：含悬浮物时先用滤纸过滤，若 COD 和 BOD 达标，可用物理法，且能去除 SS；若滤液中的 BOD、COD 高于要求值时，可采用生物处理法。采用好氧法工艺成熟，效率高并稳定。因需氧耗电，可先采用厌氧法，特别是对高浓度（BOD > 1000mg/L）的废水，低浓度的也可采用。但有时 COD 去除多而 BOD 去除少，这是因难降解的高分子有机物转化为易降解的有机物所至，故要在后面采用好氧法，若采用两级好氧可达要求，厌氧法用于难降解的工业废水处理，若仍达不到要求时则要采用深度处理。

4）工业废水的好氧生化处理。工业废水可生化性的评价方法分为四大类：一是易降解有机物，且无毒或抑制作用；二是可降解有机物，但有毒或抑制作用；三是难降解有机物，但无毒或抑制作用；四是难降解有机物，但有毒或抑制作用。评价以上四类的方法有水质标准法，微生物耗氧速度法，脱氢酶活性法和有机化合物分子结构评价法。一般认为 BOD/COD > 0.45 时，废水可采用生化处理；若比值在 0.2 左右，说明这种废水中含有大量难降解的有机物，可否采用生化处理，还要看微生物驯化后此比值能否提高；当此比值为 0 时则难以采用生化处理。微生物的来源及浓度、微生物驯化和程度以及有机物的浓度、营养物质、pH、水温、共存物质对可生化性都有很大的影响。好氧生物处理有活性污泥法和生物膜法。活性污泥法的影响因素主要有营养物质和温度，应保证 BOD:N:P = 100:5:1，温度范围为 4 ~ 38℃，注意营养物的投加。活性污泥法系统有推流式、完全混合式和生物选择器。生物接触氧化法应用广泛，多采用推流式或多格的一段法或多段法，正确选择填料，停留时间越长越好处理。浓度较高（如 COD 为 1000mg/L 左右）的工业废水如绢纺废水、石化废水，停留时间为 10 ~ 14h，COD 为 500mg/L 的印染废水和含酚废水停留时间为 3 ~ 4h，气水比应具有灵活性。

5）工业废水的厌氧生化处理

① 可处理高浓度水和低浓度水，然后再进行好氧处理。

② 低温菌生长温度范围为 10 ~ 30℃，适宜温度为 20℃；中温菌生长温度范围为 35 ~ 40℃，适宜温度范围为 35 ~ 38℃；高温菌生长温度范围为 50 ~ 60℃，适宜温度范围为 51 ~ 53℃。

③ 厌氧接触法有厌氧生物反应器、厌氧生物滤池、升流式厌氧污泥床、厌氧膨胀床、厌氧流化床、厌氧生物转盘、厌氧挡板式反应器等。

④ 厌氧法 COD:N:P = 100:1:0.5，BOD:N:P = 100:2:0.3。

⑤ 工业废水处理的运行是先培养后驯化。

（7）城市污水厂设计

1）确定生活污水和工业废水水质及其水质的浓度等。

2）确定城市污水处理厂的设计水量。

3）设计步骤：包括前期工作、方案及初步设计和施工图设计。

4）厂址的选择。

5）工艺流程的选定。

6）污水厂的平面布置和污水厂的高程布置。

1.6.3　建筑给水排水工程知识简介

1. 建筑给水排水设计的任务

建筑给水排水设计的任务主要有：满足人们的生活用水和生产用水；满足各种用水器具的给水与排水；保证建筑的消防用水；排除屋面和地面的降水；节约用水和保护环境。

2. 建筑给水设计内容

建筑给水设计是在满足人们对用水水质、水量、水压的要求下，对给水管网和所需设备进行的设计计算和安装定位。建筑给水设计的具体内容有：

（1）给水管道的设计与计算：给水管道包括进户管、水表节点、给水干管、立管、支管及管附件、配件。

（2）设备（施）的选择与计算：在需增压的给水系统中，应设计水池、水箱、水泵等设备。

（3）节约用水和防水质污染。

3. 建筑排水设计内容

建筑排水的设计任务是要迅速而及时地把用水器具（卫生设备）产生的污废水排至室外，污废水若不能利用重力流排至室外，应设计局部抽升装置。同时要防止排水系统中的有害气体进入室内，为污废水的再利用提供方便条件。建筑排水设计的具体内容有：

（1）排水管道的设计与计算：排水管道包括排出管、排水立管、横管及支管、通气管等。

（2）排水设备（施）的选择与计算：如卫生设备的选定。

（3）当不能利用重力流排至室外时，应设计局部抽升装置，如污水池、水泵和排水管道等。

4. 建筑消防给水设计内容

建筑消防给水设计要满足预防火灾发生和及时扑灭火灾的用水水量和水压。建筑消防给水设计的具体内容有：

（1）确定需消防用水的建筑物。

（2）确定消防给水系统的类型。

（3）确定消防用水的灭火设备或装置。

（4）设计和计算建筑物内的消防给水管道系统。

（5）设计和计算消防给水系统的贮水加压设备。

（6）设计消防给水系统的报警装置。

5. 建筑屋面雨水排水设计内容

建筑屋面雨水排水设计要满足迅速而及时地把屋面雨水排至地面，同时也要把建筑小区内的雨水排至市政排水管道内，并为雨水的处理和回用提供有利条件。建筑屋面雨水排水设计的具体内容有：

（1）确定当地的降雨量有关参数并计算降雨量。

（2）选择屋面雨水斗。

（3）确定雨水系统。

（4）设计计算雨水管道并确定雨水管的管径。

（5）设计计算小区内的雨水管道系统，并选择雨水管道系统上的雨水构筑物等。

6. 建筑热水供应设计内容

建筑热水供应设计要满足热水水质、水温、水量、水压的要求。建筑热水供应设计的具体内容有：

（1）设计计算建筑热水供应的管道系统。

（2）设计计算并选择发热加热设备。

（3）合理布置热水管道。

7. 建筑饮水供应设计内容

建筑饮水供应设计要满足饮水水质、水量、水压的要求。建筑饮水供应设计的具体内容有：

（1）饮水的水质处理。

（2）集中饮水管道系统的管材、管件选择。

（3）集中饮水管道系统的设计计算及安装定位。

（4）贮水加压和水处理设备的设计与选用。

8. 建筑专用设施给水排水设计内容

建筑专用设施是指对水有特殊用途的地方，如游泳池、喷泉、洗衣房等地。建筑专用设施给水排水设计要满足上述地点的给水与排水，其内容包括管道设计安装和设备的选用与安装。

9. 建筑中水供应设计内容

建筑中水供应设计要满足水的重复利用，达到节约用水的目的。建筑中水供应设计的主要内容有：

（1）确定中水水源的水质并选择中水的水源。

（2）确定中水使用的用途。

（3）确定中水水源的水质处理流程和方法。

（4）设计中水水源收集管道系统。

（5）设计中水供应管道系统。

（6）设计中水水源水量并确定中水水量的贮存和调节方法及设施（备）。

（7）防污染和防误用。

（8）节能。

10. 建筑小区给水排水设计内容

建筑小区给水排水设计是满足小区内（即室外）的给水排水设计。建筑小区给水排水设计的具体内容有：

（1）建筑小区内给水排水管道的设计与计算。

（2）建筑小区内给水排水管道上设施、建（构）筑物的设计与计算。

（3）建筑小区内的供水加压装置、局部污废水处理装置的设计与计算等。

1.7　建筑给水排水设计有关术语

1.7.1　建筑给水

（1）生活饮用水：水质符合生活饮用水卫生标准的用于日常饮用、洗涤的水。

（2）生活杂用水：用于洗涤便器、汽车，浇洒道路、浇灌绿化，补充空调循环用水的非饮用水。

（3）小时变化系数：最高日最大时用水量与平均时用水量的比值。

（4）最大时用水量：最高日最大用水时段内的小时用水量。

（5）平均时用水量：最高日用水时段内的平均小时用水量。

（6）回流污染：由虹吸回流或背压回流对生活给水系统造成的污染。

（7）背压回流：给水管道上游失压导致下游有压的非饮用水或其他液体、混合物进入生活给水管道系统的现象。

（8）虹吸回流：给水管道内负压引起卫生器具、受水容器中的水或液体混合物倒流入生活给水系统的现象。

（9）空气间隙：在给水系统中，管道出水口或水嘴口的最低点与用水设备溢流水位间的垂直空间距离；在排水系统中，间接排水的设备或容器的排出管口最低点与受水器溢流水位间的垂直空间距离。

（10）溢流边缘：是指由此溢流的容器上边缘。

（11）倒流防止器：一种采用止回部件组成的可防止给水管道水倒流的装置。

（12）真空破坏器：一种可导入大气消除给水管道内水流因虹吸而倒流的装置。

（13）引入管：将室外给水管引入建筑物或由市政管道引入至小区给水管网的管段。

（14）接户管：布置在建筑周围，直接与建筑物引入管和排出管相接的给水排水管道。

（15）入户管（进户管）：住宅内生活给水管道进入住户至水表的管段。

（16）竖向分区：建筑给水系统中，在垂直向分成若干供水区。

（17）并联供水：建筑物各竖向给水分区有独立增（减）压系统供水的方式。

（18）串联供水：建筑物各竖向给水分区，逐区串级增（减）压供水的方式。

（19）叠压供水：利用室外给水管网余压直接抽水增压的二次供水方式。

（20）明设：室内管道明露布置的方法。

（21）暗设：室内管道布置在墙体管槽、管道井或管沟内，或者由建筑装饰隐蔽的敷设方法。

（22）分水器：集中控制多支路供水的管道附件。

（23）线胀系数：温度每增加 1℃ 时，管线单位长度的增量。

（24）卫生器具：供水并接受、排出污废水或污物的容器或装置。

（25）卫生器具当量：以某一卫生器具流量（给水流量或排水流量）值为基数，其他卫生器具的流量（给水流量或排水流量）值与其的比值。

（26）额定流量：卫生器具配水出口在单位时间内流出的规定水量。

（27）设计流量：给水或排水某种时段的平均流量作为建筑给水排水管道系统设计依据。

（28）水头损失：水通过管渠、设备、构筑物等引起的能耗。

（29）气压给水：由水泵和压力罐以及一些附件组成，水泵将水压入压力罐，依靠罐内的压缩空气压力，自动调节供水流量和保持供水压力的供水方式。

（30）配水点：给水系统中的用水点。

（31）循环周期：循环水系统构筑物和输水管道内的有效容积与单位时间内循环量的比值。

（32）反冲洗：当滤料层截污到一定程度时，用较强的水流逆向对滤料进行冲洗。

（33）历年平均不保证时：累积历年不保证总小时数的年平均值。

（34）水质稳定处理：为保持循环冷却水中的碳酸钙和二氧化碳的浓度达到平衡状态（既不产生碳酸钙沉淀而结垢，也不因其溶解而腐蚀），并抑制微生物生长而采用的水处理工艺。

（35）浓缩倍数：循环冷却水的含盐浓度与补充水的含盐浓度的比值。

（36）自灌：水泵启动时水靠重力充入泵体的引水方式。

（37）水景：人工建造的水体景观。

1.7.2　建筑排水

（1）生活污水：居民日常生活中排泄的粪便污水。

（2）生活废水：居民日常生活中排泄的洗涤水。

（3）排出管：从建筑物内至室外检查井的排水横管段。

（4）立管：呈垂直或与垂线夹角小于 45° 的管道。

（5）横管：呈水平或与水平线夹角小于 45° 的管道。其中连接器具排水管至排水立管的横管段称为横支管；连接若干根排水立管至排出管的横管段称为横干管。

（6）清扫口：装在排水横管上，用于清扫排水管的配件。

（7）检查口：带有可开启检查盖的配件，装设在排水立管及较长横管段上，作检查和清通之用。

（8）水封：在装置中有一定高度的水柱，防止排水管系统中的气体窜入室内。

（9）H 管：连接排水立管与通气立管形如 H 的专用配件。

（10）通气管：为使排水系统内空气流通，压力稳定，防止水封破坏而设置的与大气相通的管道。

（11）伸顶通气管：排水立管与最上层排水横支管连接处向上垂直延伸至室外通气用的管道。

（12）专用通气管：仅与排水立管连接，为排水立管内空气流通而设置的垂直通气管道。

（13）汇合通气管：连接数根通气立管或排水立管顶端通气部分，并延伸至室外接通大气的通气管段。

（14）主通气立管：连接环形通气管和排水立管，为排水横支管和排水立管内空气流通而设置的垂直管道。

（15）副通气立管：仅与环形通气管连接，为使排水横支管内空气流通而设置的通气立管。

（16）环形通气管：在多个卫生器具的排水横支管上，从最始端的两个卫生器具之间接出至主通气立管或副通气立管的通气管段。

（17）器具通气管：卫生器具存水弯出口端接至主通气管的管段。

（18）结合通气管：排水立管与通气立管的连接管段。

（19）自循环通气：通气立管在顶端、层间和排水立管相连，在底端与排出管连接，排水时在管道内产生的正负压通过连接的通气管道迁回补气而达到平衡的通气方式。

（20）间接排水：设备或容器的排水管道与排水系统非直接连接，其间留有空气间隙。

（21）真空排水：利用真空设备使排水管道内产生一定真空度，利用空气输送介质的排水方式。

（22）同层排水：排水横支管布置在排水层或室外，器具排水管不穿楼层的排水方式。

（23）覆土深度：埋地管道管顶至地表面的垂直距离。

（24）埋设深度：埋地排水管道内底至地表面的垂直距离。

（25）水流偏转角：水流原来的流向与其改变后的流向之间的夹角。

（26）充满度：水流在管渠中的充满程度，管道以水深与管径之比值表示，渠道以水深与渠高之比值表示。

（27）隔油池：分隔、拦集生活废水中油脂物质的小型处理构筑物。

（28）隔油器：分隔、拦集生活废水中油脂的装置。

（29）降温池：降低排水温度的小型处理构筑物。

（30）化粪池：将生活污水分格沉淀，并对污泥进行厌氧消化的小型处理构筑物。

（31）中水：各种排水经适当处理达到规定的水质标准后回用的水。

（32）医院污水：医院、医疗卫生机构中被病原体污染了的水。

（33）一级处理：又称机械处理，采用机械方法对污水进行初级处理。

（34）二级处理：由机械处理和生物化学或化学处理组成的污水处理过程。

（35）换气次数：通风系统单位时间内送风或排风体积与室内空间体积之比。

1.7.3　建筑雨水

（1）暴雨强度：单位时间内的降雨量。

（2）重现期：经一定长的雨量观测资料统计分析，等于或大于某暴雨强度的降雨出现一次的平均间隔时间。其单位通常以年表示。

（3）降雨历时：降雨过程中的任意连续时段。

（4）地面集水时间：雨水从相应汇水面积的最远点地表径流到雨水管渠入口的时间，简称集水时间。

（5）管内流行时间：雨水在管渠中流行的时间，简称流行时间。

（6）汇水面积：雨水管渠汇集降雨的面积。

（7）重力流雨水排水系统：按重力流设计的屋面雨水排水系统。

（8）满管压力流雨水排水系统：按满管压力流原理设计管道内雨水流量、压力等可得到有效控制和平衡的屋面雨水排水系统。

（9）雨水口：将地面雨水导入雨水管渠的带格栅的集水口。

（10）雨落水管：敷设在建筑物外墙，用于排除屋面雨水的排水立管。

（11）悬吊管：悬吊在屋架、楼板和梁下或架空在柱上的雨水横管。

（12）雨水斗：将建筑物屋面的雨水导入雨水立管的装置。

（13）径流系数：一定汇水面积的径流雨水量与降雨量的比值。

1.7.4　建筑热水

（1）集中热水供应系统：供给一幢（不含单幢别墅）或数幢建筑物所需热水的系统。

（2）全日热水供应系统：在全日、工作班或营业时间内不断供应热水的系统。

（3）定时热水供应系统：在全日、工作班或营业时间内某一时段供应热水的系统。

（4）局部热水供应系统：供给单个或数个配水点所需热水的供应系统。

（5）开式热水供应系统：热水管系与大气相通的热水供应系统。

（6）闭式热水供应系统：热水管系不与大气相通的热水供应系统。

（7）单管热水供应系统：用一根管道供单一温度，用水点不再调节水温的热水系统。

（8）热泵热水供应系统：通过热泵机组运行吸收环境低温热能制备和供应热水的系统。

（9）水源热泵：以水或添加防冻剂的水溶液为低温热源的热泵。

（10）空气源热泵：以环境空气为低温热源的热泵。

（11）热源：用以制取热水的能源。

（12）热媒：热传递载体，常为热水、蒸汽、烟气。

（13）废热：工业生产过程中排放的带有热量的废弃物质，如废蒸汽、高温废水（液）、高温烟气等。

（14）太阳能保证率：系统中由太阳能部分提供的热量除以系统总负荷。

（15）太阳辐射量：接收到太阳辐射能的面密度。

（16）燃油（气）热水机组：由燃烧器、水加热炉体（炉体水套与大气相通，呈常压状态）和燃油（气）供应系统等组成的设备组合体。

（17）设计小时耗热量：热水供应系统中用水设备、器具最大时段内的小时耗热量。

（18）设计小时供热量：热水供应系统中加热设备最大时段内的小时产热量。

（19）同程热水供应系统：对应每个配水点的供水与回水管路长度之和基本相等的热水供应系统。

（20）第一循环系统：集中热水供应系统中，锅炉与水加热器或热水机组与热水贮水器之间组成的热媒循环系统。

（21）第二循环系统：集中热水供应系统中，水加热器或热水贮水器与热水配水点之间组成的热水循环系统。

（22）上行下给式：给水横干管位于配水管网的上部，通过立管向下给水的方式。

（23）下行上给式：给水横干管位于配水管网的下部，通过立管向上给水的方式。

（24）回水管：在热水循环管系中仅通过循环流量的管段。

（25）管道直饮水系统：原水经深度净化处理，通过管道输送，供人们直接饮用的供水系统。

（26）水质阻垢缓蚀处理：采用电、磁、化学稳定剂等物理、化学方法稳定水中钙、镁离子，使其在一定的条件下不形成水垢，延缓对加热设备的腐蚀的水质处理。

1.8　建筑基本知识

1.8.1　建筑分类

1. 建筑分类方法

（1）按用途分类。建筑的用途分为居住生活、生产、医疗、文化、商业、社会活动、娱乐健身及特殊需要等。以居住生活为主的建筑有住宅；以生产为主的建筑有工业建筑和农业建筑；以医疗为主的建筑有医院等；以文化为主的建筑有影剧院、学校、广播电影电视中心等；以商业为主的建筑有商贸大厦等；以社会活动为主的建筑有展览馆、大会堂等；以娱乐健身为主的建筑有游泳馆、健身房、体育馆等；以特殊需要为主的建筑有养老院、电视塔、纪念碑等。

（2）按规模分类。按规模大小分为大量性建筑和大型性建筑。大量性建筑是指规模不大但修建数量多、与人们生活密切相关、分布面广的建筑，如住宅、中小学校、医院、中小型影剧院、中小型工厂等。大型性建筑是指规模大、耗资多的建筑，如大型体育馆、大型影剧院、航空港、火车站、博物馆、大型工厂等。

（3）按民用建筑的层数分类。按民用建筑的层数分为低层建筑（1~3层）、多层建筑（4~6层）、中高层建筑（7~9层）。

（4）按民用建筑的高度分类。住宅建筑以建筑高度27m为限，27m以下为低层住宅建筑，27m以上为高层住宅建筑。公共建筑及综合性建筑总高度超过24m的均为高层建筑；建筑高度超过100m时，不论住宅或者公共建筑均为超高层建筑。

工业建筑如厂房只有1层，不论多高均为低层厂房；工业建筑如厂房为2层及2层以上，其建筑高度超过24m的为高层厂房。

（5）按主要承重结构材料的建筑分类。按主要承重结构材料的建筑分类有木结构建筑、砖木结构建筑、砌体结构建筑、钢混结构建筑、钢结构建筑和其他结构建筑。

2. 建筑高度的确定

建筑高度的计算，当为坡屋顶面时，应为建筑物室外设计地面到其檐口的高度；当为平屋面（包括有女儿墙的平屋面）时，应为建筑物室外设计地面到其屋面面层的高度；当同一座建筑物有多种屋面形式时，建筑高度应按上述方法分别计算后取其中最大值。局部凸出屋顶的眺望塔、冷却塔、水箱间、微波天线间或设施、电梯机房、排风和排烟机房及楼梯出口小间等，可不计入建筑高度的数值内。

1.8.2　民用建筑的类型

民用建筑的分类见表1-8-1。

表 1-8-1　民用建筑的分类

名称	高层民用建筑		单多层民用建筑
	一类	二类	
住宅建筑	建筑高度大于 54m 的住宅建筑（包括设置商业服务网点的住宅建筑）	建筑高度大于 27m，但不大于 54m 的住宅建筑（包括设置商业服务网点的住宅建筑）	建筑高度不大于 27m 的住宅建筑（包括设置商业服务网点的住宅建筑）
公共建筑	（1）建筑高度大于 50m 的公共建筑 （2）建筑高度 24m 以上部分任一楼层，建筑面积大于 1000m² 的商店、展览、电信、邮政、财贸金融建筑和其他多种功能组合的建筑 （3）医疗建筑、重要公共建筑 （4）省级及以上的广播电视和防灾指挥调度建筑、网局级和省级电力调度建筑 （5）藏书超过 100 万册的图书馆、书库	除一类高层公共建筑外的其他高层公共建筑	（1）建筑高度大于 24m 的单层公共建筑 （2）建筑高度不大于 24m 的其他公共建筑

注：本表选自《建筑设计防火规范》（GB 50016—2014）表 5.1.1。

1.8.3　建筑的等级划分

建筑的等级一般按耐久性、耐火性、设计等级进行划分。

1. 按耐久性划分

按耐久性划分是指按耐久的等级、使用年限、使用建筑物的重要性和规模大小进行划分。

（1）100 年以上，适用于重要的建筑和高层建筑。

（2）50～100 年，适用于一般性建筑。

（3）35～50 年，适用于次要的建筑。

（4）15 年以下，适用于临时性建筑。

2. 按耐火性能划分

耐火等级是衡量建筑物的耐火程度的指标，它由组成建筑物构件的燃烧性能和耐火极限的最低值决定。按耐火性能划分为四级，一级的耐火性能最好，四级最差。性能重要的或规模宏大的或具有代表性的建筑通常按一、二级耐火等级进行设计，大量性或一般性的建筑按二、三级耐火等级设计；次要的或临时性建筑按四级耐火等级设计，耐火等级是按耐火极限和燃烧物性能这两个因素确定的。燃烧性能是指把构件的耐火性能分为非燃烧体、燃烧体、难燃烧体。耐火极限是指任一建筑物构件在规定的耐火试验条件下，从受到火的作用起到失去支持能力，完整性被破坏，失去隔火作用时为止的这段时间，用 h 表示。

3. 按民用建筑设计等级划分

按民用建筑设计等级划分为特级工程、一级工程、二级工程、三级工程、四级工程、五级工程。

1.8.4　住宅分类

在给水排水设计时，住宅按卫生器具设置标准分为Ⅰ类、Ⅱ类、Ⅲ类和别墅。

（1）Ⅰ类普通住宅：设有大便器、洗涤盆。

（2）Ⅱ类普通住宅：设有大便器、洗脸盆、洗涤盆、洗衣机、热水器和淋浴设备。

（3）Ⅲ类普通住宅：设有大便器、洗脸盆、洗涤盆、洗衣机、集中热水供应（或家用热水机组）和淋浴设备。

（4）别墅：设有大便器、洗脸盆、洗涤盆、洗衣机、洒水栓、家用热水机组和淋浴设备。

1.8.5　集体宿舍分类

在给水排水设计时，集体宿舍按人员、人数和卫生间设置分为Ⅰ类、Ⅱ类、Ⅲ类、Ⅳ类。

（1）Ⅰ类集体宿舍：博士研究生、教师和企业科技人员，每居室1人，有单独卫生间。

（2）Ⅱ类集体宿舍：高等院校的硕士研究生，每居室2人，有单独卫生间。

（3）Ⅲ类集体宿舍：高等院校的本、专科学生，每居室3~4人，有相对集中的卫生间。

（4）Ⅳ类集体宿舍：中等院校的学生和工厂企业的职工，每居室6~8人，有集中盥洗卫生间。

1.8.6　按用水特点分类

（1）用水分散型：住宅、宿舍（Ⅰ类、Ⅱ类）、酒店式公寓、医院、幼儿园、办公楼、学校等。用水设备使用情况不集中，用水时间长。

（2）用水密集型：宿舍（Ⅲ类、Ⅳ类）、工业企业的生活间、公共浴室、洗衣房、公共食堂、实验室、影剧院、体育场等。用水设备使用情况集中，用水时间短。此外，冷却塔补水也属于用水密集型。

1.8.7　建筑层数的称谓

地面以上的建筑部分，从建筑地面算起，从下至上称为1层、2层、3层等。地面以下的建筑部分，从建筑地面算起，从上至下称为-1层、-2层、-3层等。

1.9　给水排水设计步骤和设计深度

1.9.1　给水排水设计步骤

给水排水设计步骤常分为三个阶段。第一阶段为方案设计阶段；第二阶段为初步设计阶段；第三阶段为施工图设计阶段。

1.9.2　给水排水设计深度

1. 给水排水的方案设计深度

（1）方案设计的一般要求

1）方案设计文件内容

①设计说明书：包括专业设计说明及投资估算等内容。

② 总平面图及建筑设计图样。

③ 设计委托或设计合同中规定的图。

2）方案设计文件的编排顺序

① 封面：项目名称、编制单位、编制年月。

② 扉页：编制单位法定代表人、技术负责人、项目总负责人的姓名，并经上述人员签署或授权盖章。

③ 设计文件目录。

④ 设计说明书。

⑤ 设计图样。

（2）方案设计的设计说明书要求

1）设计依据、设计要求及主要技术指标

① 与工程设计有关依据性的文件和文号，如选址及环境评价报告、用地红线图、项目可行性研究报告、政府有关部门对立项报告的批文、设计任务书或协议书等。

② 设计所执行的主要法规和所采用的主要标准（包括标准的名称、编号、年号和版本号）。

③ 设计基础资料，如气象、地形地貌、水文地质、地震基本烈度、区域位置等。

④ 简述政府有关主管部门对项目设计的要求，如对总平面布置、环境协调、建筑风格等方面的要求。当城市规划等部门对建筑高度有限制时，应说明建筑物、构筑物的控制高度（包括最高和最低高度限值）。

⑤ 简述建设单位委托设计的内容和范围，包括功能项目和设备设施的配套情况。

⑥ 工程规模（如总建筑面积、总投资、容纳人数等）、项目设计规模等级和设计标准（包括结构的设计使用年限、建筑防火类别、耐火等级、装修标准等）。

⑦ 主要技术经济指标，如总用地面积、总建筑面积及各分项建筑功能面积（要分别列出地上部分和地下部分建筑功能面积）、建筑功能基底总面积、绿地总面积、容积率、建筑密度、绿地率、停车泊位数等（分室内、室外和地上、地下），以及主要建筑或核心建筑的层数、层高和总高度等项指标；根据不同的建筑功能，应表述能反映工程规模的主要技术经济指标，如住宅的套型、套数及每套的建筑功能面积、使用面积、旅馆建筑中的客房数和床位数、医院建筑中的门诊人次和病床数等指标；当工程项目（如城市居住区规划）另有相应的设计规范或标准时，技术经济指标应按其规定执行。

2）方案设计中的总平面设计说明

① 概述场地现状、特点和周边环境情况及地质地貌特征，详尽阐述总体方案的构思意图和布局特点，以及在竖向设计、交通组织、防火设计、景观绿化、环境保护等方面所采取的具体措施。

② 说明关于一次规划。如分期建设，以及原有建筑和古树名木保留、利用、改造（改建）方面的总体设想。

3）方案设计中的给水设计说明

① 水源情况简述（包括自备水源及市政给水管网）。

② 用水量及耗热量估算：总用水量（最高日用水量、最大时用水量），热水供应设计小时耗热量和设计小时热水量，消防用水量（用水量定额、一次灭火用水量）等。

③ 给水系统：简述系统供水方式。

④ 消防系统：简述消防系统种类和供水方式。

⑤ 热水系统：简述热源、供应热水范围和系统供应方式。

⑥ 中水系统：简述设计依据、处理水量及处理流程或方法。

⑦ 循环冷却水：重复用水及采取的其他节水和节能减排的措施。

⑧ 饮用净水系统：简述设计依据和净水处理方法等。

4）方案设计中的排水设计说明

① 说明排水体制（室内污废水合流或分流，室外生活排水和雨水的合流或分流），污废水及雨水的排放出路。

② 估算污废水的排水量、雨水量及重现期参数等。

③ 排水系统说明及综合利用。

④ 污废水的处理方法，以及需要说明的其他问题。

5）方案设计中的投资估算文件：一般由编制说明、总投资估算表、单项工程综合估算表等内容组成。

① 投资估算编制说明：包括编制依据、编制方法、编制范围（包括和不包括的工程项目与费用）、主要技术经济指标、其他必要说明的问题。

② 总投资估算表：由工程费用、其他费用、预备费（包括基本预备费、价差预备费）、建设期间工程贷款利息、铺底流动资金、固定资产投资方向调节税组成。

③ 单项工程综合估算表：由各单位工程的建筑工程、装饰工程、机电设备及安装工程、室外工程等专业的工程费用估算内容组成。

（3）方案设计的设计图样

1）总平面设计图样

① 注明场地的区域位置。

② 注明场地的范围（用地和建筑物各角点的坐标或定位尺寸）。

③ 注明场地内及四邻环境的反映（四邻原有用规划的城市道路和建筑物、用地性质或建筑性质、层数等、场地内需保留的建筑物、构筑物、古树名木、历史文化遗存、现有地形与标高、水体、不良地质情况等）。

④ 注明场地内拟建道路、停车场、广场、绿地及建筑物的布置，并表示出主要建筑物与各类控制线（用地红线、道路红线、建筑控制红线等），相邻建筑物之间的距离及建筑物总尺寸，建筑出入口与城市道路交叉口之间的距离。

⑤ 注明拟建主要建筑的名称、出入口位置、层数、建筑高度、设计标高，以及地形复杂时主要道路、广场的控制标高。

⑥ 注明指北针或风玫瑰图、比例。

⑦ 根据需要绘制下列反映方案特性的分析图：功能分区、空间组合及景观分析、交通分析（人流及车流的组织、停车场的布置及停车泊位数量等）、消防分析、地形分析、绿地布置、日照分析、分期建设等。

2）建筑设计图样：包括平面图、立面图、剖面图。

3）热能动力设计图样：包括主要设备平面布置图及主要设备表、工艺系统流程图、工艺管网平面布置图。

2. 给水排水的初步设计深度

（1）初步设计的要求

1）初步设计文件应满足编制施工图设计文件的需要。

2）初步设计文件的要求

① 设计说明书，包括设计总说明、各专业设计说明。

② 有关专业的设计图样。

③ 主要设备或材料表。

④ 工程概算书。

⑤ 有关专业计算书（计算书不属于必须交付的设计文件，但应按规定相关条款的要求编制）。

（2）初步设计文件的编排顺序

1）封面：包括项目名称、编制单位、编制年月。

2）扉页：包括编制单位法定代表人、技术负责人、项目总负责人和各专业负责人的姓名，并经上述人员签署或授权盖章。

3）设计文件目录。

4）设计说明书。

5）设计图样（可单独成册）。

6）概算书（应单独成册）。

（3）初步设计的设计总说明

1）工程设计依据

① 政府有关主管部门的批文，如该项目的可行性研究报告、工程立项报告、方案设计文件等审批的文号和名称。

② 设计所执行的主要法规和所采用的主要标准（包括标准的名称、编号、年号和版本号）。

③ 工程所在地区的气象、地理条件、建设场地的工程地质条件。

④ 公用设施和交通运输条件。

⑤ 规划、用地、环保、卫生、绿化、消防、人防、抗震等要求和依据资料。

⑥ 建设单位提供的有关使用要求或生产工艺等资料。

2）工程建设的规模和设计范围

① 工程的设计规模及项目组成。

② 分期建设的情况。

③ 承担的设计范围与分工。

3）设计总指标

① 总用地面积、总建筑面积和反映建筑功能规模的技术指标。

② 其他有关的技术经济指标。

4）设计特点

① 简述各专业的设计特点和系统组成。

② 采用新技术、新材料、新设备和新结构的情况。

5）提请在设计审批时需解决或确定的主要问题

① 有关城市规划、红线、拆迁和水、电、蒸汽、燃料等能源供应的协作问题。

② 总建筑面积、总概算（投资）中存在的问题。

③ 设计选用标准方面的问题。

④ 主要设计基础资料和施工条件落实情况等影响设计进度的因素。

⑤ 明确需要进行专项研究的内容。（注：总说明中已叙述的内容，在各专业说明中可不再重复。）

（4）初步设计的总平面图

1）在初步设计阶段，总平面专业设计文件应包括设计说明书、设计图样。

2）设计说明书的设计依据及基础资料

① 摘述方案设计依据资料及批示中与本专业有关的主要内容。

② 有关主管部门对本工程批示的规划许可技术条件（用地性质、道路红线、建筑控制线、城市绿线、用地红线、建筑物控制高度、建筑退让各类控制线距离、容积率、建筑密度、绿地率、日照标准、高压走廊、出入口位置、停车泊位数等），以及对总平面布局、周围环境、空间处理、交通组织、环境保护、文物保护、分期建设等方面的特殊要求。

③ 本工程地形图编制单位、日期、采用的坐标、高程系统。

④ 凡设计总说明中已阐述的内容要从略。

3）设计说明书中的场地概述

① 说明场地所在地的名称及在城市中的位置（简述周围自然与人文环境、道路、市政基础设施与公共服务设施配套和供应情况，以及四邻原有和规划的重要建筑物与构筑物）。

② 概述场地地形地貌（如山丘范围与高度，水域的位置、流向、水深，最高最低标高、总坡向、最大坡度和一般坡度等地貌特征）。

③ 描述场地内原有建筑功能物、构筑物，以及保留（包括名木、古迹、地形、植被等）拆除的情况。

④ 摘述与总平面设计有关的自然因素，如地震、湿陷性或胀缩性土、地裂缝、岩溶、滑坡与其他地质灾害。

4）设计说明书中的总平面布置

① 说明总平面设计构思用指导思想；说明如何因地制宜，结合地域文化特点及气候、自然地形，综合考虑地形、地质、日照、通风、防火、卫生、交通以及环境保护等要求布置建筑物、构筑物，使其满足使用功能、城市规划要求以及技术安全、经济合理、节能、节地、节水和节材等要求。

② 说明功能分区、远近期结合、预留发展用地的设想。

③ 说明建筑空间组织及其与四周环境的关系。

④ 说明环境景观和绿地布置及其功能性、观赏性等。

⑤ 说明无障碍设施的布置。

5）设计说明书中的竖向布置

① 说明竖向设计的依据（如城市道路和管道的标高、地形、排水、最高洪水位、最高潮水位、土方平衡等情况）。

② 说明如何利用地形，综合考虑功能、安全、景观、排水等要求进行竖向布置，说明竖向布置方式（平坡式或台阶式），地表雨水的收集利用及排除方式（明沟或暗管）等。如

采用明沟系统，应阐述其排放地点的地形与高程等情况。

③ 根据需要注明初平土石方工程量。

④ 说明防灾的措施，如针对洪水、滑坡、潮汐及特殊工程地质（湿陷性或膨胀性土）等的技术措施。

6）设计说明书中的交通组织

① 说明人流和车流的组织、路网结构、出入口、停车场（库）的布置及停车数量。

② 说明消防车道及高层建筑消防扑救场地的布置。

③ 说明道路主要的设计技术条件（如主干道和次干道的路面宽度、路面类型、最大及最小纵坡等）。

7）主要技术经济表。

8）初步设计总平面图的设计图样：绘制区域位置图（根据需要绘制）及提出总平面图设计的要求。

① 注明保留的地形和地物。

② 测量坐标网、坐标值，测量场地范围（或定位尺寸），如道路红线、建筑控制线、用地红线。

③ 注明场地四邻原有及规划的道路、绿化带位置（主要坐标或定位尺寸）和主要建筑物及构筑物的位置、名称、层数、间距。

④ 注明建筑物、构筑物的位置（如人防工程、地下车库、油库、贮水池等隐蔽工程用虚线表示）与各类控制线的距离，其中主要建筑物、构筑物应标注坐标（或定位尺寸），与相邻建筑物之间的距离及建筑物总尺寸、名称（或编号）、层数。

⑤ 注明道路、广场的主要坐标（或定位尺寸），停车场及停车位，消防车道及高层建筑消防扑救场地的布置，必要时加绘交通流线示意。

⑥ 注明绿化、景观及休闲设施的布置示意，并表示出护坡、挡土墙、排水沟等。

⑦ 注明指北针或风玫瑰图。

⑧ 注明主要技术经济指标表。

⑨ 说明栏内的注写：包括尺寸单位、比例、地形图的绘制单位、日期，坐标及高程系统名称（如为场地建筑坐标网时，应说明其与测量坐标网的换算关系）和补充图例及其他必要的说明等。

9）初步设计竖向布置图

① 注明场地范围的测量坐标值（或定位尺寸）。

② 注明场地四邻的道路、地面、水面以及关键性的标高（如道路出入口）。

③ 注明保留的地形、地物。

④ 注明建筑物、构筑物的位置、名称（或编号），主要建筑物和构筑物的室内外设计标高、层数、有严格限制的建筑功能物、构筑物高度。

⑤ 注明主要道路、广场的起点、变坡点、转折点和终点的设计标高，以及场地的控制性标高。

⑥ 用箭头或等高线表示地面坡向，并表示出护坡、挡土墙、排水沟等。

⑦ 注明指北针。

⑧ 注明尺寸单位、比例、补充图例等。

⑨ 本图可视工程的具体情况与总平面图合并，根据需要利用竖向布置图绘制土方图及计算土方工程量。

（5）给水排水初步设计方法

1）在初步设计阶段，建筑工程给水排水专业设计文件应包括设计说明书、设计图样、主要设备器材表、计算书。

2）初步设计说明书中的设计依据

① 摘录设计总说明所列批准文件和依据性资料中与本专业设计有关的内容。

② 本专业所执行的主要法规和所采用的主要标准（包括标准的名称、编号、年号和版本号）。

③ 设计依据的市政条件。

④ 建筑和有关专业提供的条件图和有关资料。

3）初步设计说明书中的工程概况说明。工程概况说明有工程项目位置、建筑防火类别、建筑功能组成，建筑面积（或体积）、建筑层数、建筑高度以及能反映建筑规模的主要技术指标，如旅馆的床位数，剧院、体育馆等的座位数，医院的门诊人数和住院部的床位数等。

4）初步设计说明书中的设计范围。根据设计任务书和有关设计资料，说明用地红线（或建筑红线）内本专业设计内容和由本专业技术审定的分包专业的专项内容；当有其他单位共同设计时，还应说明与本专业有关联的设计内容。

5）建筑外给水设计

① 水源：由市政或小区管网供水时，应说明供水干管方位、接管管径及根数、能提供的水压；当建自备水源时，应说明水源的水质、水温、水文地质及供水能力、取水方式及净化处理工艺；说明各构筑物的工艺设计参数、结构形式、基本尺寸、设备选型、数量、主要性能参数、运行要求等。

② 用水量：说明或用表格列出生活用水定额及用水量、生产用水水量、其他项目用水定额及用水量（含循环冷却水系统补水量、游泳池和中水系统补水量、洗衣房、水景用水、道路浇洒、汽车库和停车场地面冲洗、绿化浇洒和未预见用水量及管网漏失水量等）、消防用水量标准及一次灭火用水量、总用水量（最高日用水量、平均时用水量、最大时用水量）。

③ 给水系统：说明给水系统的划分及组合情况、分质分压分区供水的情况及设备控制方法；当水量、水压不足时应采取措施，并说明调节设施的容量、材质、位置及加压设施选型；如是扩建工程，还应简介现有给水系统。

④ 消防系统：说明各类形式消防设施的设计依据、水质要求、设计参数、供水方式、设备选型及控制方法等。

⑤ 中水系统：说明中水系统的设计依据、水质要求、设计参数、工艺流程及处理设施、设备选型，并宜绘制水量平衡图。

⑥ 雨水利用系统：说明雨水的用途、水质要求、设计重现期、日降雨量、日可回用雨水量、日用雨水量、系统选型、处理工艺及构筑物概况。

⑦ 循环冷却水利用系统：说明根据用水设备对水量和计量、水质、水温、水压的要求，以及当地的有关气象参数（如室外空气干、湿温度和大气压力等）选择采取循环冷却水系

统的组成，冷却构筑物和循环水泵的参数、稳定水质措施及设备控制方法等。

⑧ 当采用重复用水系统时，应概述系统的净化工艺并绘制水量平衡图。

⑨ 说明管材种类、接口及敷设方式。

6）建筑外排水设计

① 对现有排水条件进行简介，当排入城市管渠或其他外部明沟时，应说明管渠横断面尺寸大小、坡度、排入点的标高、位置或检查井编号。当排入水体（江、河、湖、海等）时，还应说明对排放的要求、水体水文情况（流量、水位）。

② 说明设计采用的排水制度（污水、雨水的分流制或合流制）、排水出路；如需要提升，则说明提升位置、规模、提升设备选型及设计数据、构筑物形式、占地面积、紧急排放的措施等。

③ 说明或用表格列出生产、生活排水系统的排水量。当污水需要处理时，应说明污水水质、处理规模、处理方式、工艺流程、设备选型、构筑物概况以及处理后达到的标准等。

④ 说明雨水排水采用的暴雨强度公式（或采用的暴雨强度）、重现期、雨水排水量等。

⑤ 说明管材、接口及敷设方式。

7）建筑内给水排水设计

① 水源说明，由市政或小区管网供水时，应说明供水干管的方位、接管管径及根数、能提供的水压。

② 说明或用表格列出各种用水定额、用水单位数、使用时数、小时变化系数、最高日用水量、平均时用水量、最大时用水量。

③ 说明给水系统的选择和给水方式、分质分压分区供水要求和采取的措施、计量方式、设备控制方法、水池和水箱的容量、设置位置、材质、设备选型、防水质污染、保温、防结露和防腐蚀等措施。

④ 遵照各类防火设计规范的有关规定要求，分别对各类消防系统（如消火栓、自动喷水、水幕、雨淋喷水、水喷雾、泡沫、消防炮、细水雾、气体灭火等）的设计原则和依据、计算标准、设计参数、系统组成、控制方式、消防水池和水箱的容量、设置位置以及主要设备选择等予以叙述。

⑤ 说明采取的热水供应方式、系统选择、水温、水质、热源、加热方式及最大小时热水量、耗热量、机组供热量等；说明设备选型、保温、防腐的技术措施等；当利用余热或太阳能时，尚应说明采用的依据、供应能力、系统形式、运行条件及技术措施等。

8）对水质、水温、水压有特殊要求或设置饮用净水、开水系统者，应说明采用的特殊技术措施，并列出设计数据及工艺流程、设备选型等。

9）说明中水系统的设计依据、水质要求、工艺流程、设计参数及处理设施、设备选型，并宜绘制水量平衡图。

10）说明排水系统的选择、生活和生产污废水排水量、室外排放条件；有毒有害污水的局部处理工艺流程及设计数据；屋面雨水的排水系统选择及室外排放条件，采用的降雨强度和重现期。

11）说明管材、接口及敷设方式。

12）节水、节能减排措施：说明高效节水、节能减排器具和设备及系统设计中采取的技术措施等。

13）对有隔振及防噪声要求的建筑物、构筑物，应说明给水排水设施所采取的措施。

14）对特殊地区（地震、湿陷性或胀缩性土、冻土地区、软弱地基）的给水排水设施，应说明所采取的相应技术措施。

15）对分期建设的项目，应说明前期、近期和远期结合的设计原则和依据性资料。

16）需提请的设计审批应解决或确定的主要问题。

17）施工图设计阶段需要提供的技术资料等。

18）初步设计图样：对于简单工程项目的初步设计阶段一般可不出图。

19）建筑室外给水排水总平面图

① 标出全部建筑物和构筑物的平面位置、道路等，并标出主要尺寸或坐标、标高、指北针（或风玫瑰图）、比例等。

② 标注出给水排水管道平面位置、干管的管径、排水方向；绘出闸门井、消火栓井、水表井、检查井、化粪池等和其他给水排水构筑物位置。

③ 标出室外给水排水管道与城市管道系统连接点的控制标高和位置。

④ 标出消防系统、中水系统、冷却循环水系统工程、重复用水系统、雨水利用系统的管道平面位置，标注出干管的管径。

⑤ 标出中水系统、雨水利用系统的构筑物位置、系统管道与构筑物连接点处的控制标高。

20）建筑室外给水排水局部总平面图

① 取水构筑物平面布置图。如自建水源的取水构筑物，应单独绘出地表水或地下水取水构筑物平面布置图，各平面图中应标注构筑物平面尺寸、相对位置（坐标）、标高、方位等，必要时还应绘出工艺流程断面图，并标注各构筑物之间的标高关系。

② 水处理厂（站）总平面布置及工艺流程断面图。如工程设计项目有净化处理厂（站）时（包括给水、污水、中水等），应单独绘出水处理构筑物总平面布置图及工艺流程断面图；平面图中应标注构筑物平面尺寸、相对位置（坐标）、方位等；工艺流程断面图应标注各构筑物水位标高关系，列出建筑物、构筑物一览表，表中内容包括建筑物、构筑物的结构形式、主要设计参数、主要设备及主要性能参数；各构筑物是否要绘制平、剖面图，可视工程的复杂程度而定。

21）建筑室内给水排水平面图和系统原理图

① 应绘制给水排水底层（首层）、地下室底层、标准层、管道和设备复杂层的平面布置图，标出室内外引入管和排出管的位置、管径等。

② 应绘制机房（水池、水泵房、热交换站、水箱间、游泳池、水景、冷却塔、热泵热水太阳能和屋面雨水利用等）平面设备和管道布置图（在上款中已表示清楚的可不另出图）。

③ 应绘制给水系统、排水系统、各类消防系统、循环水系统、热水系统、中水系统、热泵热水、太阳能和屋面雨水利用系统等系统原理图，标注干管管径、设备设置标高、水池（箱）底标高、建筑楼层编号及层面标高。

④ 应绘制水处理流程图（或方框图）。

22）初步设计主要器材表。列出主要设备器材的名称、性能参数、计数单位、数量、备注使用运转说明（宜按子项分别列出）。

23）初步设计计算书

① 各类用水量和排水量计算。

② 中水水量平衡计算。

③ 有关水力计算及热力计算。

④ 设备选型和构筑物尺寸计算。

24）初步设计概算

① 建设项目设计概算是初步设计文件的重要组成部分，概算文件应单独成册。设计概算文件由封面、签署页（扉页）、编制说明、建设项目总概算表、其他费用表、单项工程综合概算表、单位工程概算书等内容组成。

② 封面、签署页（扉页）：参见初步设计文件编排顺序中的有关内容。

③ 概算编制说明。

25）概算编制说明要点：包括工程概况和编制依据。工程概况应简述建设项目的建设地点、设计规模、建设性质（新建、扩建或改建）和项目主要特征等。编制依据有：

① 设计说明书及设计图样。

② 国家和地方政府有关建设和造价管理的法律、法规和规程。

③ 当地和主管部门现行的概算指标或定额（或预算定额、综合预算定额）、单位估价表、类似工程造价指标、材料及构配件预算价格、工程费用定额和有关费用规定的文件等。

④ 人工、设备及材料、机械台班价格依据。

⑤ 建设单位提供的有关概算的其他资料。

⑥ 工程建设其他费用计费依据。

⑦ 有关文件、合同、协议。

26）概算编制范围和说明

① 说明概算的总金额、工程费用、其他费用、预备费用及应列入项目概算总投资中的相关费用。

② 技术经济指标。

③ 主要材料消耗指标。

④ 建设项目总概算表：由工程费用、其他费用、预备费用及应列入项目概算总投资中的相关费用组成。

第一部分：工程费用，按各单位工程综合概算表汇合组成。

第二部分：其他费用，包括建设用地费、场地准备及临时设施费、建设单位管理费、勘察设计费、设计咨询费、施工图审查费、配套设施费、研究试验费、前期工作费、环境影响评价费、工程监理费、招标代理费、工程保险费、办公和生活家具购置费、人员培训费、联合试运转费。

第三部分：预备费，包括基本预备费和价差预备费。

第四部分：应列入项目概算总投资中的相关费用，包括建设期贷款利息、铺底流动资金、固定资产投资方向调节税。

⑤ 其他费用表。列明费用项目名称、费用计数基数、费率、金额及所依据的国家和地方政府有关文件、文号。

⑥ 单项工程综合概算表。

⑦ 单位工程概算书。

3. 给水排水的施工图设计深度

（1）施工图设计的要求

1）施工图设计文件应满足编制施工图设计文件的需要，满足设备采购及非标准设备制作和施工的需要。对于将项目分别发包给几个设计单位或实施设计分包的情况，设计文件相互关联处的深度应满足各承包或分包单位设计的需要。

2）施工图设计深度的一般要求

① 合同要求所涉及的所有专业的设计图样以及图样总封面。

② 合同要求的工程预算书。

③ 专业计算书。

④ 总封面标识内容有项目名称、设计单位名称、设计阶段、编制单位法定代表人、技术负责人和项目总负责人的姓名及其签字或授权盖章。

⑤ 设计日期（即设计文件交付日期）。

（2）施工图设计的总平面专业设计文件

1）在施工图设计阶段，总平面专业设计文件应包括图样目录、设计说明、设计图样、计算书。

2）图样目录。应先列新绘制的图样，后列选用的标准图和重复利用图。

3）设计说明。一般工程分别写在有关的图样上。当重复利用某工程的施工图及其说明时，应详细注明其编制单位、工程名称、设计编号和编制日期；列出主要技术经济指标表、说明地形图、初步设计批复文件等设计依据、基础资料。

4）总平面图

① 注明保留的地形地物。

② 注明测量坐标网。

③ 注明场地范围的测量坐标（或定位尺寸）、道路红线、建筑控制线、用地红线等的位置。

④ 注明场地四邻原有及规划的道路、绿化带等的位置（主要坐标或定位尺寸），以及主要建筑物和构筑物及地下建筑功能物等的位置、名称、层数。

⑤ 注明建筑物、构筑物（人防工程、地下车库、油库、贮水池等隐蔽工程用虚线表示）的名称或编号、层数、定位（坐标或相互关系尺寸）。

⑥ 注明广场、停车场、运动场地、道路、围墙、无障碍设施、排水沟、挡土墙、护坡等的定位（坐标或相互关系尺寸）。如有消防车道和扑救场地，需注明。

⑦ 注明指北针或风玫瑰图。

⑧ 建筑物、构筑物使用编号时，应列出"建筑物和构筑物名称编号表"。

⑨ 注明尺寸单位、比例、坐标及高程系统（当为场地建筑坐标网时，应注明与测量坐标网的相互关系）、补充图例等。

5）竖向布置图

① 注明场地测量坐标网、坐标值。

② 注明场地四邻的道路、水面、地面的关键性标高。

③ 注明建筑物和构筑物名称或编号、室内外地面设计标高、地下建筑的顶板面标高及

覆土高度限制。

④ 注明广场、停车场、运动场地的设计标高，以及景观设计中水景、地形、台地、院落的控制标高。

⑤ 注明道路、坡道、排水沟的起点、变坡点、转折点和终点的设计标高（路面中心和排水沟顶及沟底）、纵坡度、纵坡距、关键性坐标，道路表明双面坡或单面坡、立道牙或平道牙，必要时标明道路平曲线及竖曲线要素。

⑥ 注明挡土墙、护坡或土坎顶部和底部的主要设计标高及护坡坡度。

⑦ 用坡向箭头表明地面坡向；当对场地平整要求严格或地形起伏较大时，可用设计等高线表示。地形复杂时宜表示场地剖面图。

⑧ 注明指北针或风玫瑰图。

⑨ 注明尺寸单位、比例、补充图例等。

6）土石方图

① 注明场地范围的测量坐标（或定位尺寸）。

② 注明建筑物、构筑物、挡墙、台地、下沉广场、水系、土丘等的位置（用细虚线表示）。

③ 注明 20m×20m 或 40m×40m 方格网及其定位、各方格点的原地面标高、设计标高、填挖高度、填区和挖区的分界线、各方格土石方量、总土石方量。

④ 注明土石方工程平衡表

7）管道综合图

① 注明总平面布置。

② 注明场地范围的测量坐标（或定位尺寸）、道路红线、建筑控制线、用地红线等的位置。

③ 注明保留、新建的各管线（管沟）、检查井、化粪池、储罐等的平面位置，注明各管线、化粪池、储罐等与建筑物、构筑物的距离和管线间距。

④ 注明场外管线接入点的位置。

⑤ 管线密集的地段宜适当增加断面图，表明管线与建筑物、构筑物、绿化之间及管线之间的距离，并注明主要交叉上下的标高或间距。

⑥ 注明指北针。

⑦ 注明尺寸单位、比例、图例、施工要求。

8）绿化及建筑小品布置图

① 注明平面布置。

② 注明绿地（含水面）、人行步道及硬质铺地的定位。

③ 注明建筑小品的位置（坐标或定位尺寸）、设计标高、详图索引。

④ 注明指北针。

⑤ 注明尺寸单位、比例、图例、施工要求等。

9）详图：包括道路横断面、路面结构、挡土墙、护坡、排水沟、池壁、广场、运动场地、活动场地、停车场地面、围墙等详图。

10）设计图样的增减

① 当工程设计内容简单时，竖向布置图可与总平面图合并。

② 当路网复杂时，可增绘道路平面图。

③ 土石方图和管线综合图可根据设计需要确定是否出图。

④ 当绿化或景观环境另行委托设计时，可根据需要绘制绿化及建筑小品的示意性和控制性布置图。

11）计算书。设计依据及基础资料、计算公式、计算过程、有关满足日照要求的分析资料及成果资料均作为技术文件归档。

12）施工图设计中的建筑给水排水专用设计文件。在施工图设计阶段，建筑给水排水专业设计文件应包括图样目录、施工图设计说明、设计图样、主要设备器材表、计算书。具体内容及要求如下：

① 图样目录：先列出新绘制图样，后列选用的标准图或重复利用图。

② 设计总说明：简述设计依据。

③ 已批准的初步设计（或方案设计）文件（注明文号）。

④ 建设单位提供的有关资料和设计任务书。

⑤ 本专业设计所采用的主要标准（包括标准的名称、编号、年号和版本号）。

⑥ 工程可利用的市政条件或设计依据的市政条件。

⑦ 建筑和有关专业提供的条件图和有关资料。

⑧ 工程概况：内容同初步设计。

⑨ 设计范围：同初步设计。

⑩ 给水排水系统概况：有主要的技术指标和控制方法。主要的技术指标有最高日用水量、平均时用水量、最大时用水量、最高日排水量、设计小时热水用水量及耗热量、循环冷却水量、各消防系统的设计参数及消防总用水量等，当控制方法有大型的净化处理厂（站）或复杂的工艺流程时，还应有运转和操作说明。

⑪ 说明主要设备、器材、管材、阀门等的选型。

⑫ 说明管道敷设、设备、管道基础，管道支吊架及支座（滑动、固定），管道支墩、管道伸缩器，管道、设备的防腐蚀、防冻和防结露、保温，系统工作压力，管道、设备的试压和冲洗等。

⑬ 说明节水、节能、减排等技术要求。

⑭ 凡不能用图示表达的施工要求，均应以设计说明表述。

⑮ 有特殊需要说明的可分列在有关图样上。

⑯ 图例。

（3）建筑外给水排水总平面图

1）绘制各建筑物的外形、名称、位置、标高、道路及其主要控制点坐标、标高、坡向，指北针（或风玫瑰图），比例。

2）绘制全部给水排水管网及构筑物的位置（或坐标、定位尺寸），构筑物的主要尺寸及详图索引号。

3）对较复杂工程，应将给水、排水（雨水、污废水）总平面图分开绘制，以便于施工（简单工程可绘制在一张图上）。

4）给水管应注明管径、埋设深度或敷设的标高，并标注管道长度，绘制节点图，注明节点结构和闸门井、消火栓井、消防水泵接合器井等尺寸、编号及引用详图（一般工程给水管线可不绘制节点图）。

5）排水管应标注检查井编号和水流坡向，并标注管道接口处市政管网的位置、标高、管径、水流坡向。

（4）建筑外排水管道高程表或纵断面图

1）排水管道应绘制高程表，将排水管道的检查井编号、井距、管径、坡度、设计地面标高、管内底标高、管道埋深等写在表内。简单的工程，可将上述内容（管道埋深除外）直接标注在平面图上，不列表。

2）对地形复杂的排水管道以及管道交叉较多的给水排水管道，宜绘制管道纵断面图，图中应标出检查井编号、井距、管径、坡度、设计地面标高、管道标高（给水管道标注管中心，排水管道标注管内底）、管道埋深、管材、接口形式、管道基础、管道平面示意，并标出交叉管的管径、标高；纵断面图比例宜为 1:100（或 1:50、1:200），横向比例为 1:500（或与总平面的比例一致）。

（5）水源取水工程总平面图

1）绘出地表水或地下水取水工程区域内的地形等高线、取水头部、取水管井（渗渠）、吸水管线（自流管）、集水井、取水泵房、栈桥、转换闸门及相应的辅助建筑物、道路的平面位置、尺寸、坐标，管道的管径、长度、方位等，并列出建筑物、构筑物一览表。

2）水源取水工程工艺流程断面图（或剖面图）。一般工程可与总平面图合并绘制在一张平面图上，较大且复杂的工程应单独绘制。图中应标明工艺流程中各构筑物及其水位标高关系。

3）水源取水头部（取水口）、取水管井（渗渠）平、剖面及详图

① 绘制取水头部所在位置及相关河流，岸边的地形平面布置，图中标明河流、岸边与总体建筑物的坐标、标高、方位等。

② 给出取水管井（渗渠）所在位置及组成形式，图中标明各建筑物、构筑物坐标、标高、方位等。

③ 详图应详细标注各部分尺寸、构造、管径及引用详图等。

4）水源取水泵房平、剖面及详图。绘出各种设备基础尺寸（包括地脚螺栓孔位置、尺寸），相应的管道、阀门、管件、附件、仪表、配电、起吊设备的相关位置、尺寸、标高等，列出主要设备器材表。

5）其他建筑物、构筑物平面、剖面及详图。内容包括集水井、计量设备、转换闸门井等。

6）输水管线图。在带状地形图（或其他地形图）上绘出管线及附属设备、闸门等的平面位置、尺寸，图中标注管径、管长、标高及坐标、方位。是否需要另绘管道纵断面图，应视工程地形复杂程度而定。

7）给水净化处理厂（站）总平面布置图及工艺流程断面图

① 绘出各建筑物、构筑物的平面位置、道路、标高、坐标、连接各建筑物、构筑物之间的各种管道、管径、闸门井、检查井、堆放药物、滤料等堆放场的平面位置和尺寸。

② 工艺流程断面图，图中应标明工艺流程中各构筑物及其水位标高关系。

③ 各净化建筑物、构筑物平、剖面及详图。分别绘制各建筑物、构筑物的平、剖面及详图，图中应表示出工艺过程监测设备布置、各细部尺寸、标高、构造、管径及管道穿池壁

预埋管管径或加套管的尺寸、位置矢量、结构形式和引用详图。

④ 水泵房平面、剖面图。（注：一般是指利用城市给水管网供水压力不足时设计的加压泵房，净水处理后的二次升压泵房或地下水取水泵房。）

⑤ 平面图。应绘出水泵基础外框及编号、管道位置，列出主要设备器材表，标出管径、阀件、起吊设备、计量设备等的位置和尺寸。如需设置真空泵或其他引水设备，要绘出有关的管道系统和平面位置及排水设备。

⑥ 剖面图。绘出水泵基础剖面尺寸、标高、水泵轴线、管道、阀门安装标高，防水套管位置及标高。简单的泵房，用系统轴测图能交代清楚时，可不绘制剖面图。

（6）水塔（箱）、水池配管及详图。分别绘出水塔（箱）、水池的形状、工艺尺寸、进水管和出水管、泄水管、溢水管、透气管、水位计、水位信号传输器等平面、剖面图或系统轴测图及详图，标注管径、标高、最高水位、最低水位、消防储备水位等及贮水容积。

（7）循环水构筑物的平面、剖面及系统图。有循环水系统时，应绘出循环冷却水系统的构筑物（包括用水设备、冷却塔等）、循环水泵房及各种循环管道的平面、剖面及系统图（或展开系统原理图）（当绘制系统轴测图时，可不绘制剖面图），并注明相关设计参数。

（8）污水处理。当污水处理为集中的污水处理或局部污水处理时，应绘出污水处理站（间）平面图、工艺流程断面图，并绘出各构筑物平、剖面及详图，其深度可参照给水部分的相应图样内容。

（9）建筑内给水排水设计图

1）平面图

① 应绘出与给水排水、消防给水管道布置有关各层的平面，内容包括主要轴线编号、房间名称、用水点位置，并应注明各种管道系统编号（或图例）。

② 应绘出给水排水、消防给水管道平面布置、立管位置及编号，管道穿剪力墙处定位尺寸、标高、预留孔洞尺寸及其他必要的定位尺寸。

③ 当采用展开系统原理图时，应标注管道管径、标高；在给水排水管道安装高度变化处，应用符号表示清楚，并分别标出标高（排水横管应标注管道坡度、起点或终点标高）；管道密集处应在该平面中画横断面图将管道布置定位表示清楚。

④ 底层（首层）平面应注明引入管、排水管、水泵接合器管道等与建筑物的定位尺寸、穿建筑外墙管道的管径、标高、防水套管形式等，还应绘出指北针。

⑤ 标出各楼层建筑平面标高（当卫生设备间平面标高有不同时，应另加注或用文字说明）和层数，灭火器放置地点（也可在总说明中交代清楚）。

⑥ 若管道种类较多，可分别绘制给水排水平面图和消防给水平面图。

⑦ 对于给水排水设备及管道较多处，如泵房、水池、水箱间、热交换站、饮水间、卫生间、水处理间、游泳池、水景、冷却塔、热泵热水、太阳能和雨水利用设备间、报警阀组、管井、气体消防贮瓶间等，当上述平面不能交代清楚时，应绘出局部放大平面图。

⑧ 对气体灭火系统、压力（虹吸）流排水系统、游泳池循环系统、水处理系统、厨房、洗衣房等专项设计，需要再次深化设计时，应在平面图上注明位置、预留孔洞、设备与管道接口位置及技术参数。

2）系统图

① 系统轴测图。对于给水排水系统和消防给水系统，一般宜按比例分别绘出各种管道

系统轴测图。图中应标明管道走向、管径、仪表及阀门、伸缩节、固定支架、控制点标高和管道坡度（设计说明中已交代者，图中可不标注管道坡度）、各系统进出水管编号、各楼层卫生设备和工艺用水设备的连接点位置。当各层（或某几层）卫生设备及用水点接管（分支管段）情况完全相同时，在系统轴测图上可只绘制一个有代表性楼层的接管图，其他各层注明同该层即可；复杂的连接点应局部放大绘制；在系统轴测图上，应注明建筑楼层标高、层数、室内外地面标高；引入管道应标注管道设计流量和水压值。

② 展开系统原理图。对于用展开系统原理图将设计内容表达清楚的，可绘制展开系统原理图。图中应标明立管和横管的管径、立管编号、楼层标高、层数、室内外地面标高、仪表及阀门、伸缩节、固定支架、各系统进出管编号、各楼层卫生设备和工艺用水设备的连接，排水管还应标注立管检查口、通风帽等距地（板）高度及排水横管上的转弯和清扫口等；各层（或某几层）卫生设备及用水点接管（分支管段）情况完全相同时，在展开系统原理图上可只绘制一个有代表性楼层的接管图，其他各层注明同该层即可。引入管还应标注管道设计流量和水压值。

③ 卫生间管道应绘制轴测图或展开系统原理图，当绘制展开系统原理图时，应按要求绘制卫生间平面图。

④ 当自动喷水灭火系统在平面图中已将管道管径、标高、喷头间距和位置标注清楚时，可简化绘制从水流指示器至末端试水装置（试水阀）等阀件之间的管道和喷头。

⑤ 简单管段应在平面上注明管径、坡度、走向、进出水管位置及标高，引入管还应标注设计流量和水压值，可不绘制系统图。

3）局部放大图。当建筑物内有水池、水泵房、热交换站、水箱间、水处理间、卫生间、游泳池、水景、冷却塔、热泵热水、太阳能、屋面雨水利用等设施时，可绘出其平面图、剖面图（或轴测图，卫生间管道也可绘制展开），或注明引用的详图、标准图号。

4）详图。特殊管件无定型产品又无标准图可利用时，应绘制详图。

5）主要设备器材表。主要设备、器材可在首页或相关图上列表表示，并标明名称、性能参数、计算单位、数量、备注使用运转说明。

6）计算书。根据初步设计审批意见进行施工图阶段设计计算。

7）当为合作设计时，应根据主设计方审批的初步设计文件，按所分工内容进行施工图设计。

第2章 建 筑 给 水

2.1 建筑给水系统

2.1.1 建筑给水系统的任务、组成

1. 建筑给水系统的任务

建筑给水系统的任务是把建筑外给水管道内水或自备水源水输送至建筑内，满足建筑用水设备的水质、水量和水压要求，同时满足节约用水、保护水质和施工安装的要求。

2. 建筑给水系统的组成

建筑给水系统的组成从引入管开始，包括：

（1）引入管：建筑外与建筑内给水系统的联络管段。

（2）引入管上的水表节点：安装在引入管上的水表及其前后的阀门附件等。

（3）室内给水管道：包括室内的给水干管、立管、横支管。

（4）给水管道上的控制附件和配水附件：控制附件是指阀门，配水附件是指龙头等。

（5）贮水加压设备：如水池、水箱、水泵等。

2.1.2 建筑给水方式

给水方式是指给水方案。

1. 给水方式的种类

给水方式的种类可按建筑内外给水系统的水量水压关系、水系统用途、水的压力分区等进行划分。

1）根据建筑内外给水系统的水量、水压关系，给水方式的种类分为直接给水方式和加压给水方式两类。

① 直接给水方式：利用室外给水管网的水量和水压来满足建筑内给水系统所需水量和水压的系统。

② 加压给水方式：又称间接给水方式，通过局部加压装置对建筑外给水进行加压来满足建筑内给水系统所需水量和水压的系统。

2）根据水的用途，给水系统分为单一给水系统和组合给水系统。单一给水系统是只有一种用途的给水系统，如生活给水系统、生产给水系统、消防给水系统等；组合给水系统是有两种或两种以上用途的给水系统，如生活-生产给水系统、生产-消防给水系统、生活-消防给水系统、生活-生产-消防给水系统等。

3）根据建筑用水的压力分区，给水系统分为不分区给水系统和分区给水系统等，不分区给水系统是指建筑内只有一个给水系统，该系统能够满足建筑内各用水点处所需水量和水压的要求；分区给水系统是指建筑内有两个或两个以上的给水系统，按外网水压或按建筑内各用水点要求在系统的垂直方向进行分区。

4）根据用水水质的不同进行分质给水的给水方式。

2. 给水方式的选择

给水方式的选择主要考虑以下几点：

1）建筑外给水管道内所提供的水量水压与建筑内给水管道内所需的水量水压关系。

2）建筑内各用水点的水压需求。

3）节水、节能和防止水质受污染。

4）当室外给水管网的水压和（或）水量不足时，应根据卫生安全、经济节能的原则选用贮水调节和加压供水方案。

5）给水系统的竖向分区应根据建筑物用途、层数、使用要求、材料设备性能、维护管理、节约供水、能耗等因素确定。

6）不同使用性质或计费的给水系统，应在引入管后分成各自独立的给水管网。

3. 给水系统方式示意图

1）直接给水方式示意图。直接给水方式分为设水箱和不设水箱两种。

① 不设水箱下行上给式的直接给水方式如图 2-1-1 所示。

② 设水箱直接给水方式有两种，其一为下行上给式，如图 2-1-2 所示；其二为上行下给式，如图 2-1-3 所示。

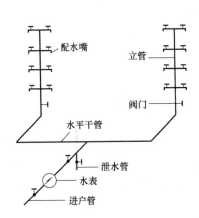

图 2-1-1　不设水箱下行上给式的直接给水方式

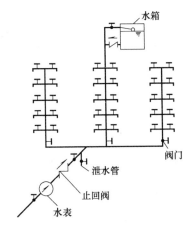

图 2-1-2　设水箱下行上给式的直接给水方式

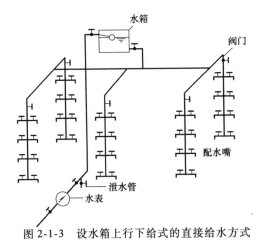

图 2-1-3　设水箱上行下给式的直接给水方式

直接给水方式的特点见表 2-1-1。

表 2-1-1 直接给水方式的特点

名 称	特 点	备注
不设水箱直接给水方式	利用外网的水量和水压能够经常保证室内给水系统的需要,管道布置呈下行上给式,管道安装简单,节省能耗并保证水质不受污染,但系统无贮水能力,一旦室外停水,建筑内给水系统会立即停水	常用于低层建筑中
设水箱下行上给直接给水方式	在室外给水管网供水压力周期性不足时采用,低峰用水时可利用外网水压直接供水并向水箱进水,水箱贮备水量;高峰用水时,若外网水压不足,则由水箱向建筑给水系统供水,管道布置呈下行上给式,管道安装简单,水质可能受到水箱的污染	当室外给水管网水压偏高或不稳定时,为保证建筑内给水系统的良好工况或满足稳压供水要求可采用,可用于多层建筑
设水箱上行下给直接给水方式	同设水箱下行上给直接给水方式,但管道布置呈上行下给式,管道安装较复杂	同设水箱下行上给直接给水方式

2) 加压给水方式示意图。加压给水方式有水池-水泵-水箱给水方式、变频调速水泵加压给水方式、气压给水设备加压给水方式、无负压给水设备加压给水方式。

① 水池-水泵-水箱给水方式。水池-水泵-水箱给水方式如图 2-1-4 所示。

② 变频调速水泵给水方式。变频调速水泵给水方式是采用变频器控制水泵供水,分为水泵从外网直接抽水和从水池抽水两种。变频调速水泵从外网直接抽水的给水方式如图 2-1-5所示。变频调速水泵从水池抽水的给水方式如图 2-1-6 所示。

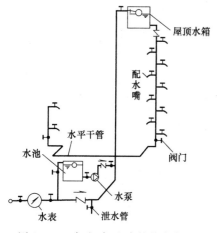

图 2-1-4 水池-水泵-水箱给水方式

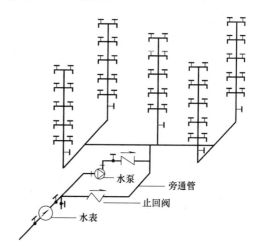

图 2-1-5 变频调速水泵从外网
直接抽水的给水方式

③ 气压给水方式。气压给水方式是采用气压给水设备加压的给水方式,如图 2-1-7 所示。

④ 无负压给水设备加压给水方式。无负压给水设备加压给水方式是采用专门的无负压给水设备进行加压的给水方式。无负压给水设备由稳流补偿器、真空抑制器、水泵、变频控制柜等组成,它直接与市政给水系统连接,再由水泵抽取向建筑内给水系统供水,充分利用了市政给水管网的资用水头,节能;系统为封闭式,不会对水质造成不利影响。无负压供水设备又称叠压供水设备,在"供水管网经常性停水的区域,供水管网可利用水头过低的区域,供水管网供水压力波动过大的区域,采用无负压给水设备后会对周边用户用水造成严重

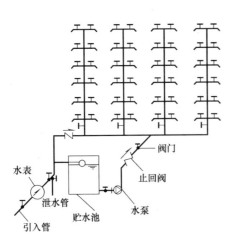

图 2-1-6 变频调速水泵从
水池抽水的给水方式

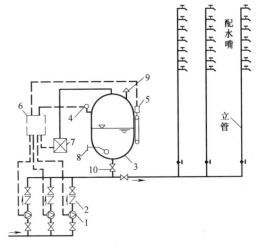

图 2-1-7 气压给水设备给水方式
1—水泵 2—止回阀 3—气压水罐 4—压力信号器
5—液位信号器 6—控制器 7—补气装置
8—排气阀 9—安全阀 10—阀门

影响的区域，现有供水管网供水总量不能满足用水需求的区域，供水管径偏小的区域，供水行政主管部门及供水部门认为不宜使用无负压供水设备的其他区域"等以上几种区域均不得采用这种供水技术。在设计时一定要遵循其使用条件并经有关主管部门批准。

无负压给水设备加压给水方式如图 2-1-8 所示。

加压给水方式的特点见表 2-1-2。

3）分区给水方式示意图。分区给水方式分为充分利用外网水压与加压给水合并的给水方式和按水压分区的给水方式等。

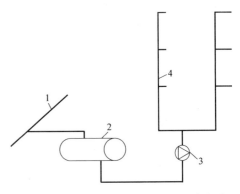

图 2-1-8 无负压给水设备加压给水方式
1—市政给水管 2—无负压给水设备
3—变频水泵 4—给水系统

表 2-1-2 加压给水方式的特点

名　　称	工　　况	特　　点	备　注
水池-水泵-水箱给水方式	外网水进入水池，再由水泵抽吸并加压送入水箱，由水箱供水	有贮水能力，供水可靠，节能，水质可能受污染	常用于多、高层建筑中
变频调速水泵给水方式	由变频调速水泵抽吸外网水或水池内水并加压送入给水系统	无贮水能力，节能，水质不会受污染，供水可靠	常用于多、高层建筑中
气压给水方式	由气压给水设备抽吸外网水或水池内水并加压送入给水系统	有贮水能力，供水可靠，水质可能受污染，不节能等	现已较少采用，多用于消防稳压
无负压给水设备加压给水方式	由无负压给水设备直接抽吸外网水并加压送入给水系统	无贮水能力，节能，水质不会受污染，供水可靠	应用时要征求相关部门同意

① 充分利用外网水压与加压给水合并的给水方式。在多层建筑中，如果室外给水系统的水压能够满足低层用水，则低层用水采用直接给水，而其他层的用水采用加压给水。其中加压给水有水池-水泵-水箱给水方式、变频调速水泵给水方式、气压给水设备给水方式、无负压给水设备加压给水方式，如图2-1-9所示。

充分利用外网水压与加压给水合并的给水方式，利用了室外给水管网的水压直接供水。对于住宅而言，能利用室外给水管网的水压直接供水的层数是：一层（0.1MPa）、二层（0.12MPa）、三层（0.16MPa），以后每增加一层其水压增加0.04MPa，供水可靠，节能并保护了水质。在上层，当室外给水管网的水压和（或）水量不足时，根据卫生安全、经济节能的原则选用贮水调节和加压供水方案，采用加压给水方式，保证给水系统的可靠运行。

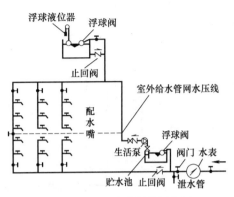

图 2-1-9 充分利用外网水压
与加压给水合并的给水方式

② 按水压分区的给水方式。按水压分区的给水方式常用于高层建筑中。常见的分区给水方式有并联式、串联式和减压式等。

a. 水池-水泵-水箱的并联式、串联式和减压式分区给水方式如图2-1-10、图2-1-11、图2-1-12、图2-1-13所示。

以上几种水池-水泵-水箱的并联式、串联式和减压式分区给水方式工作过程和应用见表2-1-3。

b. 以气压给水设备并联的供水方式如图2-1-14所示。

以气压给水设备并联的供水方式采用气压给水设备供水，设备集中，便于管理，由于供水高度不同，所选水泵型号和气压水罐的耐压强度有别。因气压给水设备占地面积大，噪声大，不节能，目前应用越来越少。

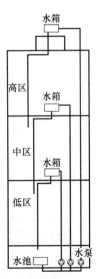

图 2-1-10 水池-水泵-水箱的并联式

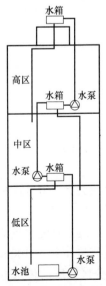

图 2-1-11 水池-水泵-水箱的串联式

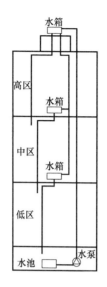

图 2-1-12　水池-水泵-水箱的水箱减压式

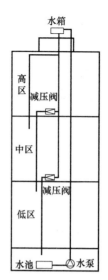

图 2-1-13　水池-水泵-水箱的减压阀减压式

表 2-1-3　并联式、串联式和减压式分区给水方式工作过程和应用

名　　称	工　作　过　程	应　　用
水池-水泵-水箱的并联式	各区分别采用水泵水箱供水方式,由于供水高度不同,各区所选水泵的型号有别	水泵集中,水泵耗能相对较低,管理较方便,供水可靠,是常采用的一种给水方式
水池-水泵-水箱的串联式	在低层设水池,由水泵向上层水箱供水,该水箱起供水和转输作用,再由水泵抽取水箱水向上区水箱供水,由该水箱向系统供水并转输上区水泵的供水量,从下至上如此依次运行	水泵和水箱分散,可降低水泵的扬程,但系统供水可靠性差。在 100m 以上高层建筑中采用
水池-水泵-水箱的水箱减压式	在低层设水池,由水泵抽取水池内水并向最高屋顶水箱供水,再由最高水箱向建筑给水系统供水,为满足下区供水压力要求,再由减压水箱减压	水泵集中,水泵耗能相对较高,但管理较方便,供水较可靠。各水箱占用一定面积
水池-水泵-水箱的减压阀减压式	减压阀减压供水方式同减压水箱减压供水方式,其区别是供水方式采用减压阀减压,减压阀占地面积小,比减压水箱简单,供水可靠性较高	水泵集中,水泵耗能相对较高,但管理较方便,是目前常用的一种给水方式

　　c. 变频调速水泵分区给水方式。变频调速水泵的并联式、串联式和减压式分区给水方式如图 2-1-15 所示。

　　在高层建筑中,按水压分区的给水,能保证系统安全供水和方便用户用水的需要,生活给水系统的竖向分区压力应符合下列要求:

　　a. 各分区最低卫生器具配水点处的静水压不宜大于 0.45MPa。

　　b. 静水压力大于 0.35MPa 的入户管 (或配水管),宜设减压或调压设施。

　　c. 各分区最不利配水点的水压,应满足用水水压要求。

　　d. 建筑高度不超过 100m 的生活给水系统,宜采用垂直分区并联或分区减压的供水方式,常见为低层部分采用市政水压直接供水,中区和高区优先采用加压至屋顶水箱 (或分

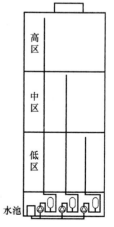

图 2-1-14　以气压给水设备并联的供水方式

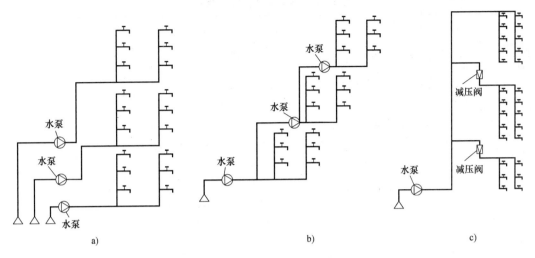

图 2-1-15　变频调速水泵的并联式、串联式和减压式分区给水方式

a）水泵并联分区　b）水泵串联分区　c）减压阀分区

区水箱），再自流分区减压供水的方式，也可采用一组调速泵供水，即垂直分区并联供水系统，分区内再用减压阀局部减压；建筑高度超过 100m 的建筑，宜采用垂直串联供水方式。

若仍采用并联供水方式，其高区的输水管道承压过大，存在安全隐患，采用串联供水可降低输水管道的压力，垂直串联供水可设中间转输水箱，也可不设中间转输水箱，在采用调速泵组供水的前提下，中间转输水箱失去了调节水量的功能，只剩下防止水压回传的功能，可用倒流防止器替代。不设中间水箱，减少了水质污染并节省了建筑面积。

4）分质给水方式应用于不同用途所需的不同水质而分别设置独立的给水系统，如图 2-1-16 所示。

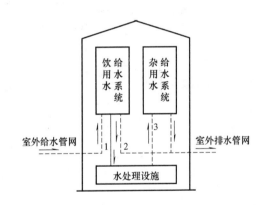

图 2-1-16　分质给水方式

1—生活废水　2—生活污水　3—杂用水

2.2　水质和防水质污染

2.2.1　水质标准

1. 生活给水系统的水质

生活给水系统的水质应符合现行国家标准《生活饮用水卫生标准》（GB 5749—2006）的要求。在有条件的地区宜符合《生活饮用水水质卫生规范》的要求，需软化处理的生活用水，其处理后的硬度应符合要求。水质常规指标及限值见表 2-2-1。

2. 直饮水供水系统的水质

直饮水供水系统的水质应符合直饮水的水质要求。

表 2-2-1 水质常规指标及限值

指 标	限 值
1 微生物指标[1]	
总大肠菌群/(MPN/100ml 或 CFU/100ml)	不得检出
耐热肠菌群/(MPN/100ml 或 CFU/100ml)	不得检出
大肠埃氏菌/(MPN/100ml 或 CFU/100ml)	不得检出
菌落总数/(CFU/ml)	100
2 毒理指标	
砷/(mg/L)	0.01
镉/(mg/L)	0.005
铬(六阶)/(mg/L)	0.05
铅/(mg/L)	0.01
汞/(mg/L)	0.001
硒/(mg/L)	0.01
氰化物/(mg/L)	0.05
氟化物/(mg/L)	1.0
硝酸盐(以 N 计)/(mg/L)	10 地下水源限制时为 20
三氯甲烷/(mg/L)	0.06
四氯化碳/(mg/L)	0.002
溴酸盐(使用臭氧消毒时)/(mg/L)	0.01
甲醛(使用臭氧时)/(mg/L)	0.9
亚氯酸盐(使用二氧化氯消毒时)/(mg/L)	0.7
氯酸盐(使用复合二氧化氯消毒时)/(mg/L)	0.7
3 感官性状和一般化学指标	
色度(铂钴色度单位)	15
浑浊度(散射浑浊度单位)/NTU	1 水源与净水技术限制时为 3
臭和味	无异臭、异味
肉眼可见物	无
pH	不小于 6.5,不大于 8.5
铝/(mg/L)	0.2
铁/(mg/L)	0.3
锰/(mg/L)	0.1
铜/(mg/L)	1.0
锌/(mg/L)	1.0
氯化物/(mg/L)	250
硫酸盐/(mg/L)	250
溶解性总固体/(mg/L)	1000
总硬度(以 $CaCO_3$ 计)/(mg/L)	450
耗氧量(COD_{Mn}法,以 O_2 计)/(mg/L)	3 水源限制,原水耗氧量大于 6mg/L 时为 5
挥发酚类(以苯酚计)/(mg/L)	0.002
阴离子合成洗涤剂/(mg/L)	0.3
4 放射性指标[2]	指导值
总 α 放射性/(Bq/L)	0.5
总 β 放射性/(Bq/L)	1

[1] MPN 表示最可能数;CFU 表示菌落形成单位。当水样检验出总大肠菌群时,应进一步检验大肠埃希氏菌或耐热大肠菌群;水样未检出总大肠菌群,不必检验大肠埃希氏菌或耐热大肠菌群。

[2] 放射性指标超过指导值,应进行核素分析和评价,判定能否饮用。

3. 中水供水系统的水质

采用中水为生活杂用水时，其生活杂用水系统的水质应符合现行国家标准《城市污水再生利用 城市杂用水水质》（GB/T 18920—2002）的要求。

4. 工业用水水质

工业用水常指工业生产用水、循环冷却用水、直流冷却用水、锅炉用水等方面，其水质应符合相应用水的水质要求。

（1）生产用水水质应按生产过程、工艺设备的要求确定。

（2）循环冷却用水水质标准

1）敞开式系统冷却水的水质标准，应根据换热设备的结构形式、工艺条件、用水方式、对污垢热阻和腐蚀率的要求及水质污染等情况综合考虑确定。其异养菌总数宜小于5×10^5 个/mL，每 m^3 冷却水的黏泥量（生物过滤网测定）宜小于 4mL。当采用碳钢换热设备时，其冷却水的主要水质标准可采用表 2-2-2 规定的允许值。

表 2-2-2　敞开式系统碳钢换热设备冷却水主要水质标准

项目	类别	要求和使用条件	允许值
浊度（mg/L）	I	（1）污垢热阻值 $<4 \times 10^{-4} m^2 \cdot h \cdot ℃/(kcal \cdot a)$ （2）腐蚀率 $<0.125mm/a$ （3）换热设备结构形式、工况条件和冷却水处理方法对浊度有严格要求 （4）当运行中存在油类等黏附性污染物时，污垢热阻值 $<6 \times 10^{-4} m^2 \cdot h \cdot ℃/(kcal \cdot a)$	<20
	II	（1）污垢热阻值 $<6 \times 10^{-4} m^2 \cdot h \cdot ℃/(kcal \cdot a)$ （2）腐蚀率 $<0.2mm/a$ （3）换热设备结构形式、工况条件和冷却水处理方法对浊度有一定要求	<50
	III	（1）污垢热阻值 $<6 \times 10^{-4} m^2 \cdot h \cdot ℃/(kcal \cdot a)$ （2）腐蚀率 $<0.2mm/a$ （3）换热设备结构形式、工况条件和冷却水处理方法对浊度有一般要求	<100
电导率（$\mu\Omega/cm$）		当采用缓腐剂处理时	<300
甲基橙碱度（me/L）		当采用阻垢剂处理时	<7
pH 值			>6.5 <9.0

注：1. 电导率和甲基橙碱度应根据药剂的功效定其值。
　　2. pH 值应根据冷却水处理方法或药剂配方确定。

当敞开式系统换热设备的材质为碳钢，且采用磷系复合药剂进行阻垢的缓蚀处理时，冷却水的主要水质标准除按表 2-2-2 规定外，还应满足下列要求：

① 浊度一般宜小于 10me/L。

② 甲基橙碱度宜大于 1me/L。

③ 钙硬度宜大于 1.5me/L，但不宜超过 8me/L。

④ 正磷酸盐含量（以 PO_4^{3-} 计）宜小于或等于磷酸盐总含量（以 PO_4^{3-} 计）的 50%。

2）密闭式系统冷却水的水质标准应根据换热设备产品标准的水质要求确定。

（3）直流冷却用水水质标准。直流冷却用水主要用于蒸汽冷凝、工业液体和气体冷却、工业设备和产品的降温，其水质要求如下：

1）悬浮物含量一般为 100～200mg/L，在原水浊度很高时，可以高达 1000～2000mg/L（为减少设备磨损和堵塞，悬浮物颗粒粒径宜小于 0.15mm），但对于箱式冷凝器、板式热交换器等，应为 30~60mg/L。

2）碳酸盐硬度。当冷却水温度为 20~50℃、游离二氧化碳为 10~100mg/L 时，碳酸盐硬度应为 2~7mg/L，即应使碳酸盐、重碳酸盐和二氧化碳在冷却过程中处于平衡状态。

（4）锅炉用水水质标准。为避免锅炉和汽、水系统结垢、结盐和腐蚀，并保证热水与蒸汽的品质，不同用途、工作压力、结构形式的锅炉，其给水和炉水有不同的水质要求。

1）立式水管锅炉、立式火管锅炉、卧式内燃等燃煤锅炉的水质标准见表 2-2-3。

表 2-2-3　立式水管锅炉、立式火管锅炉、卧式内燃等燃煤锅炉的水质标准

项　目	给水		炉水	
	炉内加药处理	炉外化学处理	炉内加药处理	炉外化学处理
悬浮物/(mg/L)	=20	=5		
总硬度/(mg/L)	=3.5①	=0.04		
总碱度/(mg/L)			8~12	=20
pH 值(25℃)	>7	>7	10~12	10~12
溶解固形物/(mg/L)			<5000②	<5000②
相对碱度(游离 NaOH/溶解固形物)			<0.2③	<0.2③

① 当超过此值时，报上级主管单位批准及当地劳动部门同意后，可以适度放宽。
② 兰州夏锅炉的溶解固形物可小于 10000mg/L。
③ 当相对碱度大于等于 0.2 时，应采取防止苛性脆化的措施。

2）热水锅炉水质标准见表 2-2-4。

表 2-2-4　热水锅炉水质标准

项　目	热水温度/℃			
	小于等于 95℃或采用炉内加药处理①		大于 95℃或采用炉外化学处理	
	补给水	循环水	补给水	循环水
悬浮物/(mg/L)	=20		=5	
总硬度/(mg/L)	=6		=0.7	
pH 值(25℃)	>7	10~12	>7	8.5~10
溶解氧/(mg/L)			=0.1	0.1

① 当采用炉外化学处理时，应符合热水温度大于 95℃的水质要求。

3）水管锅炉、水火管组合锅炉、燃油锅炉、燃气锅炉的水质标准见表 2-2-5。

表 2-2-5　水管锅炉、水火管组合锅炉、燃油锅炉、燃气锅炉的水质标准

项　目		给水			炉水		
工作压力/MPa		=1	>1 =1.6	>1.6 =2.5	=1	>1 =1.6	>1.6 =2.5
悬浮物/(mg/L)		=5	=5	=5			
总硬度/(mg/L)		=0.04	=0.04	=0.04			
总碱度/(me/L)	无过热器				=20	=18	=14
	有过热器				=14		=12
pH 值(25℃)		>7	>7	>7	10~12	10~12	10~12
含油量/(mg/L)		=2	=2	=2			
溶解氧①/(mg/L)		=0.1	=0.1	=0.05			
溶解固形物②/(mg/L)	无过热器				<4000	<3500	<3000
	有过热器					<3000	<2500
PO_4^{3-}/(mg/L)					10~30③	10~30	10~30
相对碱度④(游离 NaOH/溶解固形物)					<0.2	<0.2	<0.2

① 当锅炉蒸发量大于等于 10t/h 时，必须除氧；锅炉蒸发量大于等于 6t/h 且小于 10t/h 时，应尽量除氧；供汽轮机用气的锅炉，给水含氧量应小于等于 0.05mg/L。
② 当锅炉蒸发量小于等于 2t/h 且采用炉内加药处理时，其给水和炉水应符合表 2-2-3 的规定，但炉水溶解固形物应小于 4000mg/L。
③ 仅用于供汽轮机用汽的锅炉。
④ 当相对碱度大于等于 0.2 时，应采取防止苛性脆化的措施。

2.2.2　防水质污染

给水系统在运行过程中，由于管道误接、加压或降压、贮水时间长等有可能使用水水质受到污染。水质污染的情况有生活饮用水本身使用不当受污染和生活饮用水受其他非生活饮用水的水污染。防水质污染的措施如下：

（1）城镇给水管道严禁与自备水源的供水管道直接连接。

（2）中水、回用雨水等非生活饮用水管道严禁与生活饮用水管道连接。

（3）生活饮用水不得因管道内产生虹吸、背压回流而受污染。

（4）卫生器具和用水设备、构筑物等生活饮用水管配件出水口应符合下列规定：

1）出水口不得被任何液体或杂质所淹没。

2）出水口高出承接用水器具溢流边缘的最小空气间隙不得小于出水口直径的 2.5 倍。

（5）生活饮用水水池（箱）进水管口的最低点高出溢流边缘的空气间隙应等于进水管管径，但最小不应小于 25mm，最大不大于 150mm。当进水管从最高水位以上进入水池（箱），管口为淹没出流时应采取真空破坏器等防虹吸回流措施。（注：不存在虹吸回流的低位生活饮用水贮水池，其进水管不受本条限制，但进水管仍宜从最高水面以上进入水池。）

（6）从生活饮用水管网向消防、中水和雨水回用水等其他用水的贮水池（箱）补水时，其进水管口最低点高出溢流边缘的空气间隙不应小于 150mm。

（7）从生活饮用水管道上直接供下列用水管道时，应在这些用水管道的下列部位设置倒流防止器：

1）从城镇给水管网的不同管段接出两路及两路以上的引入管，且与城镇给水管形成环状管网的小区或建筑物，在其引入管上。

2）从城镇生活给水管网直接抽水的水泵的吸水管上。

3）利用城镇给水管网水压且小区引入管无防回流设施时，向商用锅炉、热水机组、水加热器、气压水罐等有压容器或密闭容器注水的进水管上。

（8）从小区或建筑物内生活饮用水管道系统上接至下列用水管道或设备时，应设置倒流防止器：

1）单独接出消防用水管道时，在消防用水管道的起端。

2）从生活饮用水贮水池抽水的消防水泵出水管上。

（9）从生活饮用水管道系统上接至下列含有对健康有危害物质等有害有毒场所或设备时，应设置倒流防止设施：

1）贮存池（罐）、装置、设备的连接管上。

2）化工剂罐区、化工车间、实验楼（医药、病为、生化）等除按上述设置外，还应在其引入管上设置空气间隙。

（10）从小区或建筑物内生活饮用水管道系统上直接接出下列用水管道时，应在这些用水管道上设置真空破坏器：

1）当游泳池、水上游乐池、按摩池、水景池、循环冷却水集水池等的充水或补水管道上出口与溢流水位之间的空气间隙小于出口管径的 2.5 倍时，在其充（补）水管上。

2）不含有化学药剂的绿地喷灌系统，当喷头为地下式或自动升降式时，在其管道起端。

3）消防（软管）卷盘。

4）出口接软管的冲洗水嘴与给水管道连接处。

（11）空气间隙、倒流防止器和真空破坏器的选择应根据回流性质、回流污染的危害程度按表 2-2-6 和表 2-2-7 确定。

表 2-2-6　生活饮用水回流污染危害程度

生活饮用水与之连接场所、管道、设备		回流污染危害程度		
		低	中	高
贮存有害有毒液体的罐区		—	—	√
化学液槽生产流水线		—	—	√
含放射性材料加工及核反应堆		—	—	√
加工或制造毒性化学物的车间		—	—	√
化学、病理、动物实验室		—	—	√
医疗机构医疗器械清洗间		—	—	√
尸体解剖、屠宰车间		—	—	√
其他有毒有害污染场所和设备		—	—	√
消防	消火栓系统	—	√	—
	湿式喷淋系统、水喷雾灭火系统	√	—	—
	简易喷淋系统	√	—	—
	泡沫灭火系统	—	—	√
	软管卷盘	—	√	—
	消防水箱(池)补水	—	√	—
	消防水泵直接吸水	—	√	—
中水、雨水等再生水水箱(池)补水		—	√	—
生活饮用水水箱(池)补水		√	—	—
小区生活饮用水引入管		√	—	—
生活饮用水有温、有压容器		√	—	—
叠压供水		√	—	—
卫生器具、洗涤设备给水		—	√	—
游泳池补水、水上游乐池等		—	√	—
循环冷却水集水池等		—	—	√
水景补水		—	√	—
注入杀虫剂等药剂喷灌系统		—	—	√
无注入任何药剂的喷灌系统		√	—	—
畜禽饮水系统		—	√	—
冲洗道路、汽车冲洗软管		√	—	—
垃圾中转站冲洗给水栓		—	—	√

表 2-2-7　生活饮用水防回流设施选择

防回流设施	回流污染危害程度					
	低		中		高	
	虹吸回流	背压回流	虹吸回流	背压回流	虹吸回流	背压回流
空气间隙	√	—	√	—	√	—
减压型倒流防止器	√	√	√	√	√	√
低阻力型倒流防止器	√	√	√	√	—	—
双止回阀倒流防止器	—	√	—	—	—	—
压力型真空破坏器	√	—	√	—	√	—
大气型真空破坏器	√	—	—	—	—	—

注：在给水管道防回流设施的设置点，不应重复设置。

（12）严禁生活饮用水管与大便器（槽）、小便斗（槽）采用非专用冲洗阀直接连接冲洗。

（13）生活饮用水管道应避开毒物污染区，当条件限制不能避开时，应采取防护措施。

（14）供单体建筑的生活饮用水池（箱）应与其他用水的水池（箱）分开设置。

（15）当小区的生活贮水量大于消防用水量时，小区的生活用贮水池与消防用贮水池可合并设置，合并贮水池有效容积的贮水设计更新周期不得大于48h。

（16）埋地式生活饮用水贮水池周围10m以内，不得有化粪池、污水处理构筑物、渗水井、垃圾堆放点等污染源；周围2m以内不得有污水管和污染物。当达不到此要求时，应采取防污染的措施。

（17）建筑物内的生活饮用水水池（箱）体，应采取独立结构形式，不得利用建筑物的本体结构作为水池（箱）的壁板、底板及顶盖。生活饮用水水池（箱）与其他用水水池（箱）并列设置时，应有各自独立的分隔墙。

（18）建筑物内的生活饮用水水池（箱）宜设在专用房间内，其上层的房间不应有厕所、浴室、盥洗室、厨房、污水处理间等。

（19）生活饮用水水池（箱）的构造和配管，应符合下列规定：

1）人孔、通气管、溢流管应有防止生物进入水池（箱）的措施。

2）进水管宜在水池（箱）的溢流水位以上接入。

3）进出水管布置不得产生水流短路，必要时应采取导流装置。

4）不得接纳消防管道试压水、泄压水等回流水或溢流水。

5）泄水管和溢流管的排水应符合排水管与污（废）水管道系统不得直接连接而应采取间接排水方式的要求。

6）水池（箱）材质、衬砌材料和内壁涂料不得影响水质。

（20）当生活饮用水水池（箱）内的贮水48h内不能得到更新时，应设置水消毒处理装置。

（21）在非饮用水管道上接出水嘴或取消短管时，应采取防止误饮误用的措施。

2.3 管材及应用、附件、水表和其他

2.3.1 管材及应用

1. 建筑内给水用管材

建筑内给水用管材和管件，应符合国家现行有关产品标准的要求，管材和管件的工作压力不得大于产品标准公称压力或标称的允许工作压力。建筑内的给水管道，应选用耐腐蚀和安装连接方便可靠的管材，可采用塑料给水管、塑料和金属复合管、铜管、不锈钢管及经过可靠防腐处理的钢管。（注：高层建筑给水立管不宜采用塑料管。）

2. 给水用管材施工安装方法的确定

给水用管材选用与施工安装方法的确定见表2-3-1。

3. 暗装铜管与墙面、柱面的距离

暗装铜管管中至墙面、柱面的最大距离见表2-3-2。

表 2-3-1　给水用管材选用与施工安装方法的确定

管材种类	给水用管材选用	施工安装方法	说　明
铸铁管	当管内压力不超过0.75MPa时,宜采用普压给水铸铁管;超过0.75MPa时,应采用高压给水铸铁管。铸铁管一般应做水泥砂浆衬里	管道宜采用橡胶圈柔性接口(DN ≤300mm时宜采用推入式梯形胶圈接口, DN >300mm时宜采用推入式楔形胶圈接口)	采用同材同质同压的管件、配件
铜管	宜采用硬铜管(DN ≤25mm时可采用半硬铜管)。嵌墙敷设时宜采用覆塑铜管	一般采用硬钎焊接	引入管、折角进户管件、支管接出及仪表接口应采用卡套式或法兰连接。 DN <25mm的明装支管可采用软钎焊接、卡套连接、封压连接。管道与供水设备连接时宜采用卡套式或法兰连接。铜管管道的下游不宜使用钢管等金属管。与钢制设备连接,应采用铜合金配件(如黄铜制品)
薄壁不锈钢管	用于给水	应采用卡压、卡套式或压缩式等连接方式,严禁套螺纹连接,一般不与其他材料的管材管件和附件连接。嵌墙敷设的管道宜采用覆塑薄壁不锈钢管,管道不得采用卡套式等螺纹连接	采用同材同质同压的管件、配件
钢塑复合管	用于给水	DN ≤100mm时宜采用螺纹连接; DN >100mm时宜采用法兰或沟槽式连接;水泵房管道宜采用法兰连接。当管道系统工作压力小于等于1.0MPa时宜采用涂(衬)塑焊接钢管,可锻铸铁衬塑管件,螺纹连接;当管道系统工作压力大于1.0MPa但小于等于1.6MPa时,宜采用涂(衬)塑无缝钢管件或球墨铸铁涂(衬)塑管件,法兰连接或沟槽式连接;当管道系统工作压力大于1.6MPa而小于2.5MPa时宜采用涂(衬)塑的无缝钢管,无缝钢管管件或铸钢涂(衬)塑管件,采用法兰或沟槽式连接。钢塑复合管、塑料管连接及阀门、给水栓连接时都应采用相匹配的专用过渡接头	
铝塑复合管	用于给水	宜采用卡套式连接	
PEX管	用于给水	管外径大于25mm时,管道与管件宜采用卡箍式连接;管外径大于等于32mm时,宜采用卡套式连接。管道与其他管道附件,应采用耐腐蚀金属材料制作的内螺纹配件,且应与墙体固定	
PVC-C管	多层建筑可采用S6.3系列,高层建筑可采用S5系列(但主干管和泵房内不宜采用),室外管道压力小于等于1.0MPa时,应采用S5系列	管道采用承插粘接。与其他种类的管材、金属阀门、设备装置的连接,应采用专用嵌装粘接的或带法兰的过渡连接配件。螺纹连接专用过渡件的管径不宜大于63mm	严禁在管上套螺纹
PVC-U管	建筑内PVC-U管、管件,公称压力应采用1.6MPa等级	采用承插连接或橡胶密封圈连接	应采用注射成型的外螺纹管件。管道与金属管材管道和附件为法兰连接时,应采用注射成型带承口法兰外套金属法兰片连接。管道与给水栓连接部位应采用塑料增强管件、镶嵌金属或耐腐蚀金属管件
PP-R管	建筑内PP-R管、管件,公称压力应采用1.0MPa等级	明敷和非直埋管道宜采用热熔连接,与金属或用水器连接,应采用螺纹或法兰连接(需采用专用的过渡管件或过渡接头)。直埋、暗敷在墙体及地坪层内的管道应采用热熔连接。当管外径大于等于75mm时可采用热熔、电熔、法兰连接	PP-R管之间不得采用螺纹、法兰连接

表 2-3-2 暗装铜管管中心至墙面、柱面的最大距离 （单位：mm）

公称直径 DN/mm	15	20	25	32	40	50	65	80	100	125	150	200
保温管	130	135	140	150	155	160	175	185	195	210	225	260
不保温管	90	95	100	110	115	120	130	145	155	170	180	210

4. 给水管道穿越楼板、屋顶、内墙时预留孔洞或套管的尺寸

给水管道穿越楼板、屋顶、内墙时应预留孔洞或套管，其尺寸见表 2-3-3。

表 2-3-3 给水管道穿越楼板、屋顶、内墙时预留孔洞或套管的尺寸

管道名称	穿楼板	穿屋顶	穿（内）墙	备注
PVC-U 管	孔洞大于管外径 50～100mm		与楼板相同	
PVC-C 管	套管内径比管外径大 50mm		与楼板相同	为热水管
PP-R 管			孔洞比管外径大 50mm	
PEX 管	孔洞宜大于管外径 70mm，套管内径不宜大于管外径 50mm	与楼板相同	与楼板相同	
铝塑复合管	孔洞或套管内径比管外径大 30～40mm	与楼板相同	与楼板相同	
铜管	孔洞比管外径大 50～100mm		与楼板相同	
薄壁不锈钢管	（可用塑料套管）	（必须用金属套管）	孔洞比管外径大 50～100mm	
钢塑复合管	孔洞尺寸为管外径大 40mm	与楼板相同		

5. 给水管道支吊架安装

（1）立管管卡安装

1）楼层高度小于等于 5m 时，每层必须安装一个。

2）楼层高度大于 5m 时，每层不得少于两个。

3）管卡安装高度：距地面应为 1.5～1.8m，两个以上的管卡应匀称安装，同一房间的管卡应安装在同一高度。

（2）薄壁不锈钢管的支吊架最大间距见表 2-3-4。

表 2-3-4 薄壁不锈钢管的支吊架最大间距 （单位：m）

公称直径 DN/mm	10～15	20～25	32～40	50～65
水平管	1.0	1.5	2.0	2.5
立管	1.5	2.0	2.5	3.0

注：1. DN≤25mm 时可采用塑料管卡；当采用金属管卡或吊架时，金属管卡与管道之间应采用塑料或橡胶等软物隔垫。

2. 在给水栓及配水点处必须采用金属管卡或吊架固定，管卡或吊架宜设置在距配件 40～80mm 处。

（3）钢塑复合管采用沟槽连接时，管道支吊架最大间距见表 2-3-5。

表 2-3-5 钢塑复合管道采用沟槽连接时支吊架最大间距 （单位：m）

管径/mm	65～100	125～200	250～315
最大支撑间距	3.5	4.2	5.0

注：1. 横管的任何两个接头之间应有支撑。

2. 不得支撑在接头上。

3. 沟槽式连接管道，无须考虑管道因热胀冷缩的补偿。

钢塑复合管采用其他连接时，管道支吊架最大间距见表 2-3-6。

表 2-3-6　钢塑复合管道采用其他连接时支吊架最大间距　　（单位：m）

公称直径 DN/mm	15	20	25	32	40	50	70	80	100	125	150	200	250	300
保温管	2.00	2.50	2.50	2.50	3.00	3.00	4.00	4.00	4.50	6.00	7.00	7.00	8.00	8.50
不保温管	2.50	3.00	3.25	4.00	4.50	5.00	6.00	6.00	6.50	7.00	8.00	9.50	11.00	12.00

（4）塑料管、复合管支吊架最大间距见表 2-3-7。

表 2-3-7　塑料管、复合管支吊架最大间距　　（单位：m）

管径/mm	12	14	16	18	20	25	32	40	50	63	75	90	110
立管	0.50	0.60	0.70	0.80	0.90	1.00	1.10	1.30	1.60	1.80	2.00	2.20	2.40
水平管	0.40	0.40	0.50	0.50	0.60	0.70	0.80	0.90	1.00	1.10	1.20	1.35	1.55

注：采用金属制作的管道支架，应在管道与支架间衬非金属垫或套管。

（5）硬聚氯乙烯管（PVC-U）的管道支吊架最大间距见表 2-3-8。

表 2-3-8　硬聚氯乙烯管（PVC-U）的管道支吊架最大间距　　（单位：m）

外径 De/mm	20	25	32	40	50	63	75	90	110
立管	1.00	1.10	1.20	1.40	1.60	1.80	2.10	2.40	2.60
水平管	0.60	0.65	0.70	0.90	1.00	1.20	1.30	1.45	1.60

注：楼板之间管段离地 1.00～1.20m 处应设支架。

（6）聚丙烯管（PP-R）的冷水管道支吊架最大间距见表 2-3-9。

表 2-3-9　聚丙烯管（PP-R）的冷水管道支吊架最大间距　　（单位：m）

外径 De/mm	20	25	32	40	50	63	75	90	110
立管	1.00	1.20	1.50	1.70	1.80	2.00	2.00	2.10	2.50
水平管	0.65	0.80	0.95	1.10	1.25	1.40	1.50	1.60	1.90

注：1. 当不能利用自然补偿或补偿器时，管道支吊架均应为固定支架。
　　2. 采用金属管卡或吊架时金属管卡之间应采用塑料带或软物隔垫，在金属管配件与给水聚苯烯管道连接部位，管卡应设在金属管配件一端。
　　3. 冷、热水管共用支吊架时其间距应按照热水管要求确定。

（7）氯化聚氯乙烯管（PVC-C）的管道支吊架最大间距见表 2-3-10。

表 2-3-10　氯化聚氯乙烯管（PVC-C）的管道支吊架最大间距　　（单位：m）

外径 De/mm	20	25	32	40	50	63	75	90	110	125	140	160
立管	1.00	1.10	1.20	1.40	1.60	1.80	2.10	2.40	2.70	3.00	3.40	3.80
水平管	0.80	0.80	0.85	1.00	1.20	1.40	1.50	1.60	1.70	1.80	2.00	2.00

注：1. 活动支架不得支撑在管道配件上，支撑点距配件不宜小于 80mm。
　　2. 伸缩接头的两侧应设置活动支架，支架距接头承口边不宜小于 80mm。
　　3. 阀门和给水栓处应设支撑点。
　　4. 固定支架采用金属件、紧固件时应衬橡胶垫，不得损伤管材表面。

（8）交联聚乙烯管（PEX）的管道支吊架最大间距见表 2-3-11。

表 2-3-11　交联聚乙烯管（PEX）的管道支吊架最大间距　　（单位：m）

公称外径/mm	20	25	32	40	50	63
立管	0.80	0.90	1.00	1.30	1.60	1.80
横管	0.60	0.70	0.80	1.00	1.20	1.40

（9）铝塑复合管道支吊架的最大间距见表 2-3-12。

表 2-3-12　铝塑复合管道支吊架的最大间距　　（单位：m）

公称外径/mm	12	14	16	18	20	25	32	40	50	63	75
立管	0.50	0.60	0.70	0.80	0.90	1.00	1.10	1.30	1.60	1.80	2.00
横管	0.40	0.40	0.50	0.50	0.60	0.70	0.80	1.00	1.20	1.40	1.60

（10）铜管道支吊架的最大间距见表 2-3-13。

表 2-3-13　铜管道支吊架的最大间距　（单位：m）

公称直径/mm	15	20	25	32	40	50	65	80	100	125	150	200
立管	1.8	2.4	2.4	3.0	3.0	3.0	3.5	3.5	3.5	3.5	4.0	4.0
横管	1.2	1.8	1.8	2.4	2.4	2.4	3.0	3.0	3.0	3.0	3.5	3.5

注：管道支撑件宜采用铜合金制品，当采用钢件支架时，管道与支架间应设软隔垫。

6. 管道轴向胀缩力计算

设计管道固定支架时，应考虑承受管道因温度变化而引起的胀缩力，管道轴向产生的胀缩力按式（2-3-1）计算：

$$F = a\Delta tEA \tag{2-3-1}$$

式中　F——胀缩力（N）；

　　　a——胀缩应力系数（1/℃），可取 7×10^{-5}；

　　　Δt——最高使用温度与安装时的环境温度之差（℃）；

　　　E——管材纵向弹性模量（N/mm^2），可取 3400；

　　　A——管道截面面积（mm^2）。

7. 给水管道的阀门并列安装时管道的中心距

给水管道的阀门并列安装时管道的中心距见表 2-3-14。

表 2-3-14　给水管道的阀门并列安装时管道的中心距　（单位：m）

DN	≤25	40	50	80	100	150	200	250
≤25	250							
40	270	280						
50	280	290	300					
80	300	320	330	350				
100	300	330	340	360	375			
150	350	370	380	400	410	450		
200	400	420	430	450	460	500	550	
250	430	440	450	480	490	530	580	600

注：本表未考虑管道保温。

2.3.2　附件

1. 附件的种类

附件的种类主要有阀门和水嘴两类，见表 2-3-15。

表 2-3-15　附件的种类

附件的分类		种　类	说　明
各式阀门	金属制	截止阀、闸阀、蝶阀、止回阀、浮球阀、安全阀、排气阀、底阀等	截止阀、闸阀、蝶阀用于开闭水流和调节水量；底阀、止回阀用于防止水回流；安全阀用于保证系统安全；排气阀用于排除系统内空气
	塑料制	球阀、隔膜阀、底阀等	球阀、隔膜阀用于开闭水流和调节水量；底阀用于防止水回流
各式水嘴	金属制	旋塞式水嘴、升降式水嘴等	用于配水
	塑料制		
	陶瓷制		
其他		减压阀、倒流防止器	减压阀用于减压，倒流防止器用于防止水倒流

金属制阀门如图 2-3-1 所示。

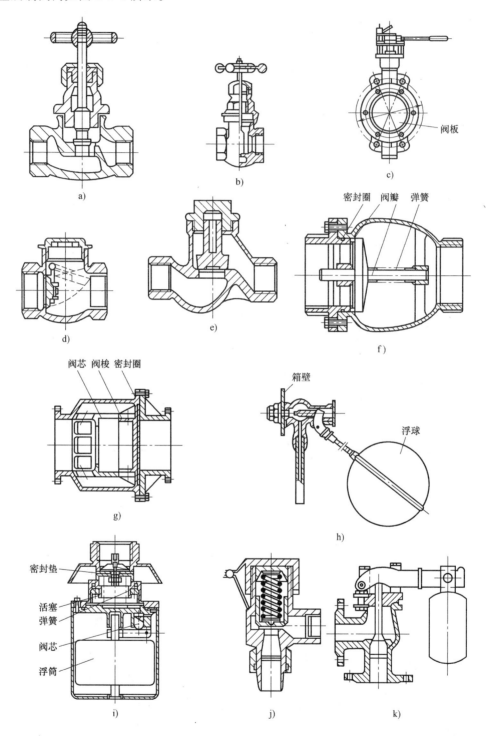

图 2-3-1　金属制阀门

a) 截止阀　b) 闸阀　c) 蝶阀　d) 旋启式止回阀　e) 升降式止回阀　f) 消声止回阀

g) 梭式止回阀　h) 浮球阀　i) 液压水位控制阀　j) 弹簧式安全阀　k) 杠杆式安全阀

塑料制阀门如图 2-3-2 所示。

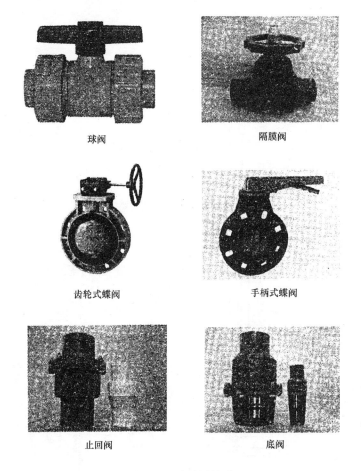

球阀 隔膜阀

齿轮式蝶阀 手柄式蝶阀

止回阀 底阀

图 2-3-2 塑料制阀门

各式水嘴如图 2-3-3 所示。

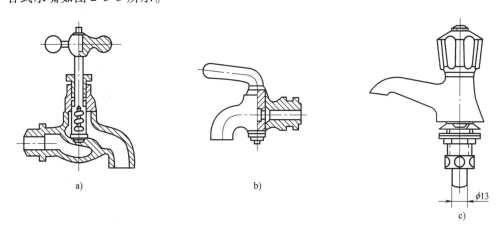

a) b) c)

图 2-3-3 各式水嘴

a）环形阀式水嘴 b）旋塞式水嘴 c）普遍洗脸盆水嘴

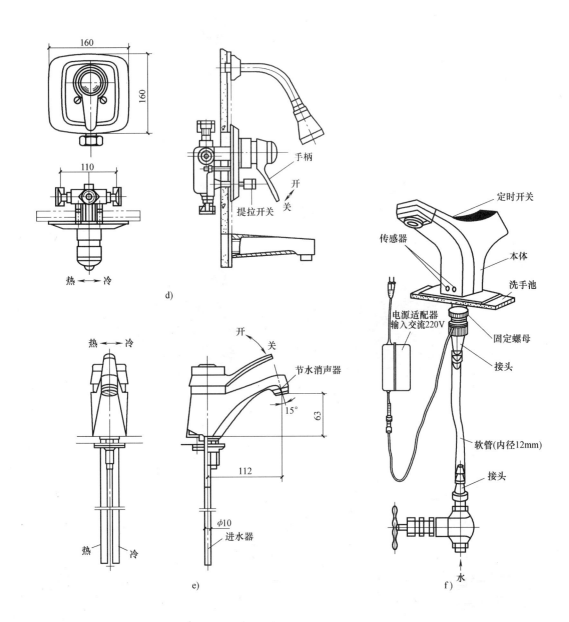

图 2-3-3　各式水嘴（续）

d）单手柄浴盆水嘴　e）单手柄洗脸盆水嘴　f）自动配水嘴

比例式减压阀如图 2-3-4 所示。

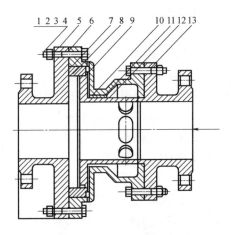

图 2-3-4　比例式减压阀

1—螺栓　2—螺母　3、4—垫圈　5—出口法兰　6—阀体　7—O 形密封圈　8—环套
9—O 形密封圈　10—活塞套　11—O 形密封圈　12—活塞　13—进口法兰

倒流防止器的安装如图 2-3-5 所示。

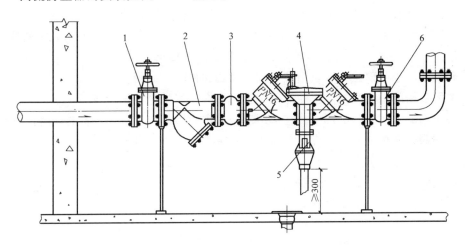

图 2-3-5　倒流防止器的安装

1—进水口阀门　2—Y 形过滤器　3—可曲挠橡胶接头
4—倒流防止器　5—空气隔阻器　6—出水口阀门

2. 附件的选用

给水系统管道上安装的控制附件（如各式阀门）和配水附件（如各式水嘴），其选用的
要求是：

（1）给水管道上使用的各类阀门的材质，应耐腐蚀、耐压。根据管径大小、所承受压
力等级及使用温度，可采用全铜、全不锈钢、铁壳铜芯和全塑阀门等。

（2）给水管道的下列部位应设置阀门：

1）小区给水管道从城镇给水管道的引入管段上。

2）小区室外环状管网的节点处，应按分隔要求设置；环状管段过长时，宜设置分段阀门。

　3）从小区给水干管上接出的支管起端或接户管起端。

　4）入户管、水表前和各分支立管。

　5）室内给水管道向住户、公用卫生间等接出的配水管起端。

　6）水池（箱）、加压泵房、加热器、减压阀、倒流防止器等处应按安装要求配置。

（3）给水管道上使用的阀门，应根据使用要求按下列原则选型：

　1）需调节流量、水压时，宜采用调节阀、截止阀。

　2）要求水流阻力小的部位宜采用闸板阀、球阀、半球阀。

　3）安装空间小的场所，宜采用蝶阀、球阀。

　4）水流需双向流动的管段上，不得使用截止阀。

　5）口径较大的水泵，出水管上宜采用多功能阀。

（4）给水管道的下列管段上应设置止回阀（注：装有倒流防止器的管段，不需再装止回阀）：

　1）直接从城镇给水管网接入小区或建筑物的引入管上。

　2）密闭的水加热器或用水设备的进水管上。

　3）每台水泵出水管上。

　4）进出水管合用一条管道的水箱、水塔和高地水池的出水管段上。

（5）止回阀的阀型选择，应根据止回阀的安装部位、阀前水压、关闭后的密闭性能要求和关闭时引发的水锤大小等因素确定，并应符合下列要求：

　1）阀前水压小的部位，宜采用旋启式、球式和梭式止回阀。

　2）关闭后密闭性能要求严密的部位，宜选用有弹簧的止回阀。

　3）要求削弱关闭水锤的部位，宜选用速闭消声止回阀或有阻尼装置的缓闭止回阀。

　4）止回阀的阀瓣或阀芯，应能在重力或弹簧力的作用下自行关闭。

　5）管网最小压力或水箱最低水位应能自动开启止回阀。

（6）倒流防止器的设置位置应满足下列要求：

　1）不应装在有腐蚀性和有污染的环境。

　2）排水口不得直接接至排水管，应采用间接排水。

　3）应安装在便于维护的地方，不得安装在可能结冻或被水淹没的场所。

（7）真空破坏器的设置位置应满足下列要求：

　1）不应装在有腐蚀性和有污染的环境。

　2）应直接安装在配水支管的最高点，其位置高出最高用水点或最高溢流水位的垂直高度：压力型不得小于300mm，大气型不得小于150mm。

　3）真空破坏器的进气口应向下。

（8）给水管网的压力高于配水点允许的最高使用压力时，应设置减压阀，减压阀的配置应符合下列要求：

　1）比例式减压阀的减压比不宜大于3:1；当减压比大于3:1时，应避开气蚀区。可调式减压阀的阀前与阀后的最大压差不宜大于0.4MPa，要求环境安静的场所不应大于0.3MPa；当最大压差超过规定值时，宜串联设置。

　2）阀后配水件处的最大压力应按减压阀失效情况下进行校核，其压力不应大于配水件产品标准规定的水压试验压力（注：当减压阀串联使用时，按其中一个失效情况下，计算阀后最高压力；配水件的试验压力应按其工作压力的 1.5 倍计）。

3）减压阀前的水压宜保持稳定，阀前的管道不宜兼作配水管。

4）当阀后压力允许波动时，宜采用比例式减压阀；当阀后压力要求稳定时，宜采用可调式减压阀。

5）当在供水保证率要求高、停水会引起重大经济损失的给水管道上设置减压阀时，宜采用两个减压阀，并联设置，不得设置旁通管。

（9）减压阀的设置应符合下列要求：

1）减压阀的公称直径宜与管道管径一致。

2）减压阀前应设置阀门和过滤器；需拆卸阀体才能检修的减压阀，阀后应设置管道伸缩器；检修时阀后水会倒流时，阀后应设置阀门。

3）减压阀节点处的前后应装设压力表。

4）比例式减压阀宜垂直安装，可调式减压阀宜水平安装。

5）设置减压阀的部位应便于管道过滤器的排污和减压阀的检修，地面宜有排水措施。

（10）当给水管网存在短时超压工况，且短时超压会引起使用不安全时，应设置泄压阀。泄压阀的设置应符合下列要求：

1）泄压阀前应设置阀门。

2）泄压阀的泄水口应连接管道，泄压水宜排入非生活用水水池，当直接排放时，可排入集水井或排水沟。

（11）安全阀阀前不得设置阀门，泄压口应连接管道将泄水（气）引至安全地点排放。

（12）给水管道的下列部位应设置排气装置：

1）间歇性使用的给水管网，其管网末端和最高点应设置自动排气阀。

2）给水管网有明显起伏积聚空气的管段，宜在该段的峰点设置自动排气阀或手动阀门排气。

3）气压给水装置：当采用自动补气气压水罐时，其配水管网的最高点应设置自动排气阀。

（13）给水系统的调节水池（箱），除进水能自动控制切断进水者外，其进水管上应设置自动水位控制阀，水位控制阀的公称直径应与进水管管径一致。

（14）给水管道的下列部位应设置管道过滤器（注：过滤器的滤网应采用耐腐蚀材料，滤网网孔尺寸应按使用要求确定）。

1）减压阀、泄压阀、自动水位控制阀、温度调节阀等阀件前应设置。

2）水加热器的进水管上，换热装置的循环冷水进水管上宜设置。

3）水泵吸水管上宜设置。

2.3.3　水表

1. 水表的种类和常用述语

（1）水表的种类

1）按计量元件运动分为容积式水表和流速式水表，其中流速式水表分为旋翼式水表和螺翼式水表。

2）按读数机构的位置分为现场指示型水表和远传型水表。

3）按计数器的工作状态分为湿式水表和干式水表。

4）按被测水压力分为普通型水表和高压型水表。

（2）水表的常用术语

1）过载流量（Q_{max}）：水表 规定误差限内使用的上限流量。在产生过载流量时，水表只能短时间使用而不至损坏。此时旋翼式水表的水头损失为 100kPa，螺翼式水表的水头损失为 10kPa。

2）常用流量（Q_n）：水表在规定误差限内允许长期通过的流量，其数值为过载流量（Q_{max}）的 1/2。

3）分界流量（Q_t）：水表误差限改变时的流量，其数值是常用流量的函数。

4）最小流量（Q_{min}）：水表在规定误差限内使用的下限流量，其数值是常用流量的函数。

5）始动流量（Q_s）：水表开始连续指示时的流量，此时水表不计示值误差。螺翼式水表没有始动流量。

6）流量范围：过载流量和最小流量之间的范围。流量范围分为两个区间，两个区间的误差限各不相同。

7）公称压力：水表的最大允许工作压力，单位为"MPa"。

8）压力损失：水流经水表所引起的压力降低，单位为"MPa"。

9）示值误差：水表的示值和被测水量真值之间的差值。

10）示值误差限：技术标准给定的水表所允许的误差极限值，又称最大允许误差。

① 当 $Q_{min} \leq Q < Q_t$ 时，示值误差为 ±5%。

② 当 $Q_t \leq Q < Q_{max}$ 时，示值误差为 ±2%。

11）计量等级：水表按始动流量、最小流量和分界流量分为 A、B 两个计量等级。

（3）流速式水表如图 2-3-6 所示。

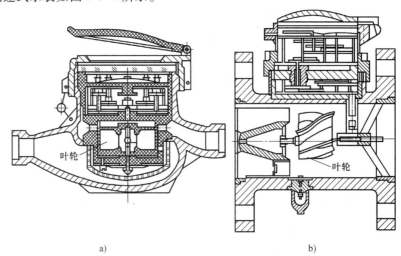

a)　　　　　　　　　　　　　　b)

图 2-3-6　流速式水表

a）旋翼式水表　b）螺翼式水表

2. 水表的选用

（1）建筑物的引入管、住宅的入户管及公用建筑物内需计量水量的水管上均应设置水表。

（2）住宅的分户水表宜相对集中读数，且宜设置于户外；对设在户内的水表，宜采用远传水表或 IC 卡水表等智能化水表。

（3）水表口径的确定应符合以下规定：

1）用水量均匀的生活给水系统的水表应以给水设计流量选定水表的常用流量。

2）用水量不均匀的生活给水系统的水表应以给水设计流量选定水表的过载流量。

3）在消防时除生活用水外尚需通过消防流量的水表，应以生活用水的设计流量叠加消防流量进行校核，校核流量不应大于水表的过载流量。

（4）水表应装设在观察方便、不冻结、不被任何液体及杂质所淹没和不易受损处。

注：各种有累积水量功能的流量计，均可替代水表。

2.3.4 其他

（1）给水加压系统，应根据水泵扬程、管道走向、环境噪声要求等因素，设置水锤消除装置。

（2）隔声防噪要求严格的场所，给水管道的支架应采用隔振支架，隔振支架有弹簧式和橡胶垫式，如图 2-3-7、图 2-3-8 所示。

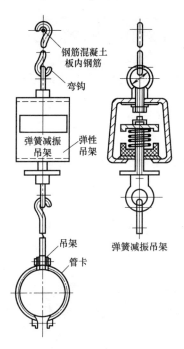

图 2-3-7　弹簧式隔振支架

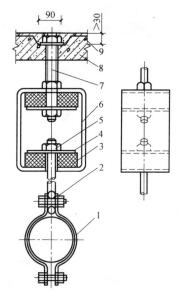

图 2-3-8　橡胶垫式隔振支架

1—管卡　2—吊架　3—橡胶减振器
4—钢垫片　5—螺母　6—框架　7—螺栓
8—钢筋混凝土板　9—预留洞填水泥砂浆

（3）配水管起端宜设置水锤吸纳装置；配水支管与卫生器具配水件的连接宜采用软管连接。

2.4 给水管道的布置敷设和卫生器具配件的安装

2.4.1 建筑内给水管道的布置和敷设

（1）建筑内冷、热水管上下平行敷设时，冷水管应在热水管下方。卫生器具的冷水连接管，应在热水连接管的右侧。生活给水管道不宜与输送易燃、可燃或有害的液体或气体的管道同管廊（沟）敷设。

（2）室内生活给水管道宜布置成枝状管网，单向供水。

（3）室内给水管道不应穿越变配电房、电梯机房、通信机房、大中型计算机房、计算机网络中心、音像库房等遇水会损坏设备和引发事故的房间，并应避免在生产设备、配电柜上方通过。室内给水管道的布置，不得妨碍生产操作、交通运输和建筑物的使用。

（4）室内给水管道不得布置在遇水会引起燃烧、爆炸的原料、产品和设备的上面。

（5）埋地敷设的给水管道应避免布置在可能受重物压坏处。管道不得穿越生产设备基础，在特殊情况下必须穿越时，应采取有效的保护措施。

（6）给水管道不得敷设在烟道、风道、电梯井内、排水沟内。给水管道不宜穿越橱窗、壁柜。给水管道不得穿过大便槽和小便槽，且立管离大、小便槽端部不得小于0.5m。

（7）给水管道不宜穿越伸缩缝、沉降缝、变形缝。当必须穿越时，应设置补偿管道伸缩和剪切变形的装置。

（8）塑料给水管道在室内宜暗设。明设时立管应布置在不易受撞击处，当不能避免时，应在管外加保护措施。

（9）塑料给水管道不得布置在灶台上边缘；明设的塑料给水立管距灶台边缘不得小于0.4m，距燃气热水器边缘不宜小于0.2m。达不到此要求时，应有保护措施。塑料给水管道不得与水加热器或热水炉直接连接，应有不小于0.4m的金属管段过渡。

（10）室内给水管道上的各种阀门，宜装设在便于检修和便于操作的位置。

（11）建筑物内埋地敷设的生活给水管与排水管之间的最小净距，平行埋设时不宜小于0.50m；交叉埋设时不应小于0.15m，且给水管应在排水管的上面。

（12）给水管道的伸缩补偿装置，应按直线长度、管材的线膨胀系数、环境温度和管内水温的变化、管道节点的允许位移量等因素经计算确定，并应利用管道自身的折角补偿温度变形。钢管和热镀锌钢管的线膨胀系数一般为 0.012mm/（m·℃），塑料管的线膨胀系数为钢管的 5～10 倍。

（13）当给水管道可能受冻或因结露而影响环境，引起装饰、物品等受损害时，给水管道应做防结露保冷层。防结露保冷层的计算和构造应根据现行国家相关技术标准执行。金属管的保温层厚度不应小于25mm。铜管防结露保温层厚度见表2-4-1。

表 2-4-1 铜管防结露保温层厚度 （单位：mm）

公称直径	15	20	25	32	40	50	65	80	100	125	150	200
厚度	≥15	≥15	≥19	≥19	≥19	≥19	≥19	≥19	≥20	≥20	≥20	≥25

注：1. 本表适用于闭孔弹性橡塑、玻璃棉、发泡聚乙烯、酚醛泡沫等保温材料。

2. 所选用的保温材料应采用铜管不腐蚀的材料。

（14）给水管道暗设时，应符合下列要求：

1）不得直接敷设在建筑物结构层内。

2）干管和立管应敷设在吊顶、管井、管窿内，支管宜敷设在楼（地）面的垫层内或沿墙敷设在管槽内。

3）敷设在垫层或墙体管槽内的给水支管的外径不宜大于 25mm。

4）敷设在垫层或墙体管槽内的给水管宜采用塑料、金属与塑料复合管材或耐腐蚀的金属管材。

5）敷设在垫层或墙体管槽内的管材，不得有卡套式或卡环式接口，柔性管材宜采用分水器向各卫生器具配水，中途不得有连接配件，两端接口应明露。

6）管道井的尺寸应根据管道数量、管径大小、排列方式、维护条件，结合建筑平面和结构形式等合理确定。需进入维修管道的管井，其维修人员的工作通道净宽度不宜小于 0.6m。管道井应每层设外开检修门。管道井的井壁、检修门的耐火极限和管道井的竖向防火隔断应符合消防规范的规定。

（15）给水管道应避免穿越人防地下室，必须穿越时应按现行国家标准《人民防空地下室设计规范》（GB 50038—2005）的要求设置防护阀门等措施。

（16）需要泄空的给水管道，其横管宜设有 0.002 ~ 0.005 的坡度坡向泄水装置。

（17）给水管道穿越下列部位或接管时，应设置防水套管：

1）穿越地下室或地下构筑物的外墙处。

2）穿越屋面处（注：有可靠的防水措施时，可不设套管）。

3）穿越钢筋混凝土水池（箱）的壁板或底板连接管道时。

（18）明设的给水立管穿越楼板时，应采取防水措施。

（19）在室外明设的给水管道，应避免受阳光直接照射，塑料给水管还应有有效的保护措施；在结冻地区应做保温层，保温层的外壳应密封防渗。

（20）敷设在有可能结冻的房间、地下室及管井、管沟等处的给水管道应有防冻措施。

2.4.2　卫生器具给水配件的安装

卫生器具给水配件的安装高度见表 2-4-2。

表 2-4-2　卫生器具给水配件的安装高度

序号	卫生器具名称	卫生器具边缘离地高度/mm	
		居住和公共建筑	幼儿园
1	架空式污水盆(池)(至上边缘)	800	800
2	落地式污水盆(池)(至上边缘)	500	500
3	洗涤盆(池)(至上边缘)	800	800
4	洗手盆(至上边缘)	800	500
5	洗脸盆(至上边缘)	800	500
6	盥洗槽(至上边缘)	800	500
7	浴盆(至上边缘)	480	—
	残障人用浴盆(至上边缘)	450	—
	按摩浴盆(至上边缘)	450	—
	淋浴盆(至上边缘)	100	—
8	蹲、坐式大便器(从台阶面至高水箱底)	1800	1800
9	蹲式大便器(从台阶面至低水箱底)	900	900

（续）

序号	卫生器具名称	卫生器具边缘离地高度/mm	
		居住和公共建筑	幼儿园
10	坐式大便器（至低水箱底）		
	外露排出管式	510	—
	虹吸喷射式	470	370
	冲落式	510	—
	旋涡连体式	250	—
11	坐式大便器（至上边缘）		
	外露排出管式	400	
	旋涡连体式	360	
	残障人用	450	
12	蹲便器（至上边缘）		
	2踏步	320	
	1踏步	200~270	
13	大便槽（从台阶面至冲洗水箱底）	不低于2000	
14	立式小便器（至受水部分上边缘）	100	
15	挂式小便器（至受水部分上边缘）	600	450
16	小便槽（至台阶面）	200	150
17	化验盆（至上边缘）	800	—
18	净身器（至上边缘）	360	—
19	饮水器（至上边缘）	1000	—

2.5　用水定额

2.5.1　建筑生活用水定额

（1）住宅生活用水定额按表2-5-1计算确定。

表2-5-1　住宅最高日生活用水定额及小时变化系数

住宅类别		卫生器具设置标准	用水定额 /[L/(人·d)]	小时变化系数 K_h
普通住宅	Ⅰ	有大便器、洗涤盆	85~150	3.0~2.5
	Ⅱ	有大便器、洗脸盆、洗涤盆、洗衣机、热水器和沐浴设备	130~300	2.8~2.3
	Ⅲ	有大便器、洗脸盆、洗涤盆、洗衣机、集中热水供应（或家用热水机组）和沐浴设备	180~320	2.5~2.0
别墅		有大便器、洗脸盆、洗涤盆、洗衣机、洒水栓、家用热水机组和沐浴设备	200~350	2.3~1.8

注：1. 当地主管部门对住宅生活用水定额有具体规定时，应按当地规定执行。
　　2. 别墅用水定额中含庭院绿化用水和汽车洗车用水。

（2）公共建筑用水定额按表2-5-2计算确定。

2.5.2　其他用水定额

（1）居住区绿化浇洒用水定额按浇洒面积1.0~3.0L/(m²·d)计算。干旱地区可酌情增加。

表 2-5-2　宿舍、旅馆和公共建筑生活用水定额及小时变化系数

序号	建筑物名称	单位	最高日生活用水定额/L	使用时数/h	小时变化系数 K_h
1	宿舍 　Ⅰ类、Ⅱ类 　Ⅲ类、Ⅳ类	 每人每日 每人每日	 150~200 100~150	 24 24	 3.0~2.5 3.5~3.0
2	招待所、培训中心、普通旅馆 　设公用盥洗室 　设公用盥洗室、淋浴室 　设公用盥洗室、淋浴室、洗衣室 　设单独卫生间、公用洗衣室	 每人每日 每人每日 每人每日 每人每日	 50~100 80~130 100~150 120~200	 24 	 3.0~2.5
3	酒店式公寓	每人每日	200~300	24	2.5~2.0
4	宾馆客房 　旅客 　员工	 每床位每日 每人每日	 250~400 80~100	 24 24	 2.5~2.0
5	医院住院部 　设公用盥洗室 　设公用盥洗室、淋浴室 　设单独卫生间 　医务人员 　门诊部、诊疗所 　疗养院、休养所住房部	 每床位每日 每床位每日 每床位每日 每人每班 每病人每次 每床位每日	 100~200 150~250 250~400 150~250 10~15 200~300	 24 24 24 8 8~12 24	 2.5~2.0 2.5~2.0 2.5~2.0 2.0~1.5 1.5~1.2 2.0~1.5
6	养老院、托老所 　全托 　日托	 每人每日 每人每日	 100~150 50~80	 24 10	 2.5~2.0 2.0
7	幼儿园、托儿所 　有住宿 　无住宿	 每儿童每日 每儿童每日	 50~100 30~50	 24 10	 3.0~2.5 2.0
8	公共浴室 　淋浴 　浴盆、淋浴 　桑拿浴(沐浴、按摩池)	 每顾客每次 每顾客每次 每顾客每次	 100 120~150 150~200	 12 12 12	 2.0~1.5
9	理发室、美容院	每顾客每次	40~100	12	2.0~1.5
10	洗衣房	每 kg 干衣	40~80	8	1.5~1.2
11	餐饮业 　中餐酒楼 　快餐店、职工及学生食堂 　酒吧、咖啡馆、卡拉 OK 房	 每顾客每次 每顾客每次 每顾客每次	 40~60 20~25 5~15	 10~12 12~16 8~18	 1.5~1.2
12	商场 员工及顾客	每 m² 营业厅面积每日	5~8	12	1.5~1.2
13	图书馆	每人每次	5~10	8~10	1.5~1.2
14	书店	每 m² 营业厅面积每日	3~6	8~12	1.5~1.2
15	办公楼	每人每班	30~50	8~10	1.5~1.2
16	教学、实验楼 　中小学校 　高等院校	 每学生每日 每学生每日	 20~40 40~50	 8~9 8~9	 1.5~1.2 1.5~1.2
17	电影院、剧院	每观众每场	3~5	3	1.5~1.2

（续）

序号	建筑物名称	单位	最高日生活用水定额/L	使用时数/h	小时变化系数K_h
18	会展中心（博物馆、展览馆）	每 m² 展厅面积每日	3 ~ 6	8 ~ 16	1.5 ~ 1.2
19	健身中心	每人每次	30 ~ 50	8 ~ 12	1.5 ~ 1.2
20	体育场（馆） 运动员淋浴 观众	 每人每次 每人每场	 30 ~ 40 3	 4 4	 3.0 ~ 2.0 1.2
21	会议厅	每座位每次	6 ~ 8	4	1.5 ~ 1.2
22	航站楼、客运站旅客	每人次	3 ~ 6	8 ~ 16	1.5 ~ 1.2
23	菜市场地面冲洗及保鲜用水	每 m² 每日	10 ~ 20	8 ~ 10	2.5 ~ 2.0
24	停车库地面冲洗水	每 m² 每次	2 ~ 3	6 ~ 8	1.0

注：1. 除养老院、托儿所、幼儿园的用水定额中含食堂用水，其他均不含食堂用水。
　　2. 除注明外，均不含员工生活用水，员工用水定额为每人每班 40 ~ 60L。
　　3. 医疗建筑用水中已含医疗用水。
　　4. 空调用水应另计。

（2）公共游泳池、水上游乐池和水景用水量应按公共游泳池、水上游乐池和水景章节的规定确定。

（3）居住区道路、广场的浇洒用水定额可按浇洒面积 2.0 ~ 3.0L/(m² · d) 计算。

（4）居住区消防用水量和水压及火灾延续时间，应按现行的防火规范确定（注：消防用水量仅用于校核管网计算，不属于正常用水量）。

（5）居住区管网漏失水量和未预见水量之和可按最高日用水量的 10% ~ 15% 计。

（6）居住区内的公用设施用水量，应按该设施的管理部门提供用水量，当无重大公用设施时，不另计用水量。

（7）建筑物室内外消防用水量、工业企业建筑管理人员的生活用水定额和工业企业建筑淋浴用水定额应符合下列规定：

1）建筑物室内外消防用水量、供水延续时间、供水水压等，应根据现行国家有关防火规范执行。

2）工业企业建筑，管理人员的生活用水定额可取 30 ~ 50L/(人 · 班)，车间工人的生活用水定额应根据车间性质确定，宜采用 30 ~ 50L/(人 · 班)；用水时间宜取 8h，小时变化系数宜取 2.5 ~ 1.5。

3）工业企业建筑淋浴用水定额，应根据现行国家标准《工业企业设计卫生标准》（GBZ 1—2010）中车间的卫生特征分级确定，可采用 40 ~ 60L/(人 · 次)，延续供水时间宜取 1h。

（8）汽车冲洗用水定额　应根据冲洗方式，以及车辆用途、道路路面等级和沾污程度等确定，可按表 2-5-3 计算。

表 2-5-3　汽车冲洗用水定额　　　　　　　　　　（单位：L/辆 · 次）

冲洗方式	高压水枪冲洗	循环用水冲洗补水	抹车、微水冲洗	蒸汽冲洗
轿车	40 ~ 60	20 ~ 30	10 ~ 15	3 ~ 5
公共汽车 载重汽车	80 ~ 120	40 ~ 60	15 ~ 30	—

注：当汽车冲洗设备用水定额有特殊要求时，其值应按产品要求确定。

（9）卫生器具的给水额定流量、当量、连接管径和最低工作压力见表2-5-4。

表 2-5-4　卫生器具的给水额定流量、当量、连接管径和最低工作压力

序号	给水配件名称	额定流量 /（L/s）	当量	连接管公称管径 /mm	最低工作压力 /MPa
1	洗涤盆、拖布盆、盥洗槽 　单阀水嘴 　单阀水嘴 　混合水嘴	0.15 ~ 0.20 0.30 ~ 0.40 0.15 ~ 0.20（0.14）	0.75 ~ 1.00 1.50 ~ 2.00 0.75 ~ 1.00（0.70）	15 20 15	0.050
2	洗脸盆 　单阀水嘴 　混合水嘴	0.15 0.15（0.10）	0.75 0.75（0.50）	15 15	0.050
3	洗手盆 　感应水嘴 　混合水嘴	0.10 0.15（0.10）	0.50 0.75（0.50）	15 15	0.050
4	浴盆 　单阀水嘴 　混合水嘴（含带淋浴转换器）	0.20 0.24（0.20）	1.00 1.20（1.00）	15 15	0.050 0.050 ~ 0.070
5	淋浴器 　混合阀	0.15（0.10）	0.75（0.50）	15	0.050 ~ 0.100
6	大便器 　冲洗水箱浮球阀 　延时自闭式冲洗阀	0.10 1.20	0.50 6.00	15 25	0.020 0.100 ~ 0.150
7	小便器 　手动或自动自闭式冲洗阀 　自动冲洗水箱进水阀	0.10 0.10	0.50 0.50	15 15	0.050 0.020
8	小便槽穿孔冲洗管（每 m 长）	0.05	0.25	15 ~ 20	0.015
9	净身盆冲洗水嘴	0.10（0.07）	0.50（0.35）	15	0.050
10	医院倒便器	0.20	1.00	15	0.050
11	实验室化验水嘴（鹅颈） 　单联 　双联 　三联	0.07 0.15 0.20	0.35 0.75 1.00	15 15 15	0.020 0.020 0.020
12	饮水器喷嘴	0.05	0.25	15	0.050
13	洒水栓	0.40 0.70	2.00 3.50	20 25	0.050 ~ 0.100 0.050 ~ 0.100
14	室内地面冲洗水嘴	0.20	1.00	15	0.050
15	家用洗衣机水嘴	0.20	1.00	15	0.050

注：1. 表中括号内的数值是在有热水供应时，单独计算冷水或热水时使用。
　　2. 当浴盆上附设淋浴器时，或混合水嘴有淋浴器转换开关时，其额定流量和当量只计水嘴，不计淋浴器。但水压应按淋浴器计。
　　3. 家用燃气热水器，所需水压按产品要求和热水供应系统最不利配水点所需工作压力确定。
　　4. 绿地的自动喷灌应按产品要求设计。
　　5. 当卫生器具给水配件所需额定流量和最低工作压力有特殊要求时，其值应按产品要求确定。

2.6 设计流量和给水管道水力计算

2.6.1 设计流量计算

1. 按用水定额和使用人数计算日用水量、平均时用水量和最大时用水量

（1）日用水量按式（2-6-1）计算：

$$Q_d = q_d m \tag{2-6-1}$$

式中　　Q_d——日用水量（L/d）；

　　　　q_d——用水定额［L/(人·d)］，见表 2-5-1、表 2-5-2；

　　　　m——用水人数。

（2）平均时用水量按式（2-6-2）计算：

$$Q_P = Q_d / T \tag{2-6-2}$$

式中　　Q_P——平均时用水量（L/h）；

　　　　T——使用时数（h），见表 2-5-1、表 2-5-2；

　　　　Q_d——日用水量（L/d）。

（3）最大时用水量按式（2-6-3）计算：

$$Q_h = Q_P K_h \tag{2-6-3}$$

式中　　Q_h——最大时用水量（L/h）；

　　　　Q_P——平均时用水量（L/h）；

　　　　K_h——小时变化系数，见表 2-5-1、表 2-5-2。

2. 设计秒流量计算

（1）住宅建筑内给水管道设计流量计算。住宅建筑内给水管道设计流量应按下列步骤和方法计算：

1）根据住宅配置的卫生器具给水当量、使用人数、用水定额、使用时数及小时变化系数，按式（2-6-4）计算出最大用水时卫生器具给水当量平均出流概率：

$$U_0 = [(100 q_L m k_h)/(0.2 N_g T 3600)](\%) \tag{2-6-4}$$

式中　　U_0——生活给水配水管道的最大用水时卫生器具给水当量平均出流概率（%）；

　　　　q_L——最高用水日的用水定额［L/(人·d)］，查表 2-5-1；

　　　　m——每户用水人数（人）；

　　　　k_h——时变化系数，查表 2-5-1；

　　　　N_g——卫生器具给水当量；

　　　　T——用水小时数（h）；

　　　　0.2——一个卫生器具给水当量的额定流量（L/s）。

2）根据计算管段上的卫生器具给水当量总数，可按式（2-6-5）计算得出该管段的卫生器具给水当量的同时出流概率：

$$U = \frac{1 + \alpha_c (N_g - 1)^{0.49}}{\sqrt{N_g}} \tag{2-6-5}$$

式中　　U——计算管段的卫生器具给水当量同时出流概率（%）；

　　　　N_g——计算管段的卫生器具给水当量总数；

α_c——对应于不同卫生器具的给水当量平均出流概率（U_0）的系数，见表 2-6-1。

表 2-6-1　给水管段卫生器具给水当量同时出流概率计算式 α_c 系数取值表

U_0（%）	$\alpha_c \times 100$	U_0（%）	$\alpha_c \times 100$
1.0	0.323	4.0	2.816
1.5	0.697	4.5	3.263
2.0	1.097	5.0	3.715
2.5	1.512	6.0	4.629
3.0	1.939	7.0	5.555
3.5	2.374	8.0	6.489

3）根据计算管段上的卫生器具给水当量同时出流概率，可按式（2-6-6）计算该管段的设计秒流量：

$$q_g = 0.2UN_g \tag{2-6-6}$$

式中　q_g——计算管段的设计秒流量（L/s）。

在采用式（2-6-4）~式（2-6-6）时要注意以下事项：

① 为了计算快速、方便，在计算出 U_0 后，即可根据计算管段的 N_g 值查表 2-6-2。从该表中可直接查得给水设计秒流量，此表可用内插法。

② 当计算管段的卫生器具给水当量总数超过此表中最大值时，其设计流量应取最大时用水量。

③ 给水干管有两条或两条以上具有不同最大用水时卫生器具给水当量平均出流概率的给水支管时，该管段的最大用水时卫生器具给水当量平均出流概率应按式（2-6-7）计算。

$$\overline{U_0} = \frac{\sum (U_{0i} N_{gi})}{\sum N_{gi}} \tag{2-6-7}$$

式中　$\overline{U_0}$——给水干管的卫生器具给水当量平均出流概率；

　　　U_{0i}——支管的最大用水时卫生器具给水当量平均出流概率；

　　　N_{gi}——相应支管的卫生器具给水当量总数。

表 2-6-2　给水管段设计秒流量计算表 $[U(\%);q(\text{L/s})]$

U_0	1.0		1.5		2.0		2.5	
N_g	U	q	U	q	U	q	U	q
1	100.00	0.20	100.00	0.20	100.00	0.20	100.00	0.20
2	70.94	0.28	71.20	0.28	71.49	0.29	71.78	0.29
3	58.00	0.35	58.30	0.35	58.62	0.35	58.96	0.35
4	50.28	0.40	50.60	0.40	50.94	0.41	51.32	0.41
5	45.01	0.45	45.34	0.45	45.69	0.46	46.06	0.46
6	41.10	0.49	41.45	0.50	41.81	0.50	42.18	0.51
7	38.09	0.53	38.43	0.54	38.79	0.54	39.17	0.55
8	35.65	0.57	35.99	0.58	36.36	0.58	36.74	0.59
9	33.63	0.61	33.98	0.61	34.35	0.62	34.73	0.63
10	31.92	0.64	32.27	0.65	32.64	0.65	33.03	0.66
11	30.45	0.67	30.80	0.68	31.17	0.69	31.56	0.69
12	29.17	0.70	29.52	0.71	29.89	0.72	30.28	0.73
13	28.04	0.73	28.39	0.74	28.76	0.75	29.15	0.76
14	27.03	0.76	27.38	0.77	27.76	0.78	28.15	0.79

（续）

U_0	1.0		1.5		2.0		2.5	
N_g	U	q	U	q	U	q	U	q
15	26.12	0.78	26.48	0.79	26.85	0.81	27.24	0.82
16	25.30	0.81	25.66	0.82	26.03	0.83	26.42	0.85
17	24.56	0.83	24.91	0.85	25.29	0.86	25.68	0.87
18	23.88	0.86	24.23	0.87	24.61	0.89	25.00	0.90
19	23.25	0.88	23.60	0.90	23.98	0.91	24.37	0.93
20	22.67	0.91	23.02	0.92	23.40	0.94	23.79	0.95
22	21.63	0.95	21.98	0.97	22.36	0.98	22.75	1.00
24	20.72	0.99	21.07	1.01	21.45	1.03	21.85	1.05
26	19.92	1.04	21.27	1.05	20.65	1.07	21.05	1.09
28	19.21	1.08	19.56	1.10	19.94	1.12	20.33	1.14
30	18.56	1.11	18.92	1.14	19.30	1.16	19.69	1.18
32	17.99	1.15	18.34	1.17	18.72	1.20	19.12	1.22
34	17.46	1.19	17.81	1.21	18.19	1.24	18.59	1.26
36	16.97	1.22	17.33	1.25	17.71	1.28	18.11	1.30
38	16.53	1.26	16.89	1.28	17.27	1.31	17.66	1.34
40	16.12	1.29	16.48	1.32	16.86	1.35	17.25	1.38
42	15.74	1.32	16.09	1.35	16.47	1.38	16.87	1.42
44	15.38	1.35	15.74	1.39	16.12	1.42	16.52	1.45
46	15.05	1.38	15.41	1.42	15.79	1.45	16.18	1.49
48	14.74	1.42	15.10	1.45	15.48	1.49	15.87	1.52
50	14.45	1.45	14.81	1.48	15.19	1.52	15.58	1.56
55	13.79	1.52	14.15	1.56	14.53	1.60	14.92	1.64
60	13.22	1.59	13.57	1.63	13.95	1.67	14.35	1.72
65	12.71	1.65	13.07	1.70	13.45	1.75	13.84	1.80
70	12.26	1.72	12.62	1.77	13.00	1.82	13.39	1.87
75	11.85	1.78	12.21	1.83	12.59	1.89	12.99	1.95
80	11.49	1.84	11.84	1.89	12.22	1.96	12.62	2.02
85	11.05	1.90	11.51	1.96	11.89	2.02	12.28	2.09
90	10.85	1.95	11.20	2.02	11.58	2.09	11.98	2.16
95	10.57	2.01	10.92	2.08	11.30	2.15	11.70	2.22
100	10.31	2.06	10.66	2.13	11.05	2.21	11.44	2.29
110	9.84	2.17	10.20	2.24	10.58	2.33	10.97	2.41
120	9.44	2.26	9.79	2.35	10.17	2.44	10.56	2.54
130	9.08	2.36	9.43	2.45	9.81	2.55	10.21	2.65
140	8.76	2.45	9.11	2.55	9.49	2.66	9.89	2.77
150	8.47	2.54	8.83	2.65	9.20	2.76	9.60	2.88
160	8.21	2.63	8.57	2.74	8.94	2.86	9.34	2.99
170	7.98	2.71	8.33	2.83	8.71	2.96	9.10	3.09
180	7.76	2.79	8.11	2.92	8.49	3.06	8.89	3.20
190	7.56	2.87	7.91	3.01	8.29	3.15	8.69	3.30
200	7.38	2.95	7.73	3.09	7.11	3.24	8.50	3.40
220	7.05	3.10	7.40	3.26	7.78	3.42	8.17	3.60
240	6.76	3.25	7.11	3.41	7.49	3.60	6.88	3.78
260	6.51	3.28	6.86	3.57	7.24	3.76	6.63	3.97
280	6.28	3.52	6.63	3.72	7.01	3.93	6.40	4.15
300	6.08	3.65	6.43	3.86	6.81	4.08	6.20	4.32
320	5.89	3.77	6.25	4.00	6.62	4.24	6.02	4.49
340	5.73	3.89	6.08	4.13	6.46	4.39	6.85	4.66

（续）

U_0	1.0		1.5		2.0		2.5	
N_g	U	q	U	q	U	q	U	q
360	5.57	4.01	5.93	4.27	6.30	4.54	6.69	4.82
380	5.43	4.13	5.79	4.40	6.16	4.68	6.55	4.98
400	5.30	4.24	5.66	4.52	6.03	4.83	6.42	5.14
420	5.18	4.35	5.54	4.65	5.91	4.96	6.30	5.29
440	5.07	4.46	5.42	4.77	5.80	5.10	6.19	5.45
460	4.97	4.57	5.32	4.89	5.69	5.24	6.08	5.60
480	4.87	4.67	5.22	5.01	5.59	5.37	5.98	5.75
500	4.78	4.78	5.13	5.13	5.50	5.50	5.89	5.89
550	4.57	5.02	4.92	5.41	5.29	5.82	5.68	6.25
600	4.39	5.26	4.74	5.68	5.11	6.13	5.50	6.60
650	4.23	5.49	4.58	5.95	4.95	6.43	5.34	6.94
700	4.08	5.72	4.43	6.20	4.81	6.73	5.19	7.27
750	3.95	5.93	4.30	6.46	4.68	7.02	5.07	7.60
800	3.84	6.14	4.19	6.70	4.56	7.30	4.95	7.92
850	3.73	6.34	4.08	6.94	4.45	7.57	4.84	8.23
900	3.64	6.54	3.98	7.17	4.36	7.84	4.75	8.54
950	3.55	6.74	3.90	7.40	4.27	8.11	4.66	8.85
1000	3.46	6.93	3.81	7.63	4.19	8.37	4.57	9.15
1100	3.32	7.30	3.66	8.06	4.04	8.88	4.42	9.73
1200	3.09	7.65	3.54	8.49	3.91	9.38	4.29	10.31
1300	3.07	7.99	3.42	8.90	3.79	9.86	4.18	10.87
1400	2.97	8.33	3.32	9.30	3.69	10.34	4.08	11.42
1500	2.88	8.65	3.23	9.69	3.60	10.80	3.99	11.96
1600	2.80	8.96	3.15	10.07	3.52	11.26	3.90	12.49
1700	2.73	9.27	3.07	10.45	3.44	11.71	3.83	13.02
1800	2.66	9.57	3.00	10.81	3.37	12.15	3.76	13.53
1900	2.59	9.86	2.94	11.17	3.31	12.58	3.70	14.04
2000	2.54	10.14	2.88	11.53	3.25	13.01	3.64	14.55
2200	2.43	10.70	2.78	12.22	3.15	13.85	3.53	15.54
2400	2.34	11.23	2.69	12.89	3.06	14.67	3.44	16.51
2600	2.26	11.75	2.61	13.55	2.97	15.47	3.36	17.46
2800	2.19	12.26	2.53	14.19	2.90	16.25	3.29	18.40
3000	2.12	12.75	2.47	14.81	2.84	17.03	3.22	19.33
3200	2.07	13.22	2.41	15.43	2.78	17.79	3.16	20.24
3400	2.01	13.69	2.36	16.03	2.73	18.54	3.11	21.14
3600	1.96	14.15	2.13	16.62	2.68	19.27	3.06	22.03
3800	1.92	14.59	2.26	17.21	2.63	20.00	3.01	22.91
4000	1.88	15.03	2.22	17.78	2.59	20.72	2.97	23.78
4200	1.84	15.46	2.18	18.35	2.55	21.43	2.93	24.64
4400	1.80	15.88	2.15	18.91	2.52	22.14	2.90	25.50
4600	1.77	16.30	2.12	19.46	2.48	22.84	2.86	26.35
4800	1.74	16.71	2.08	20.00	2.45	13.53	2.83	27.19
5000	1.71	17.11	2.05	20.54	2.42	24.21	2.80	28.03
5500	1.65	18.10	1.99	21.87	2.35	25.90	2.74	30.09
6000	1.59	19.05	1.93	23.16	2.30	27.55	2.68	32.12
6500	1.54	19.97	1.88	24.43	2.24	29.18	2.63	34.13
7000	1.49	20.88	1.83	25.67	2.20	30.78	2.58	36.11
7500	1.45	21.76	1.79	26.88	2.16	32.36	2.54	38.06

（续）

U_0	1.0		1.5		2.0		2.5	
N_g	U	q	U	q	U	q	U	q
8000	1.41	22.62	1.76	28.08	2.12	33.92	2.50	40.00
8500	1.38	23.46	1.72	29.26	2.09	35.47	—	—
9000	1.35	24.29	1.69	30.43	2.06	36.99	—	—
9500	1.32	25.10	1.66	31.58	2.03	38.50	—	—
10000	1.29	25.90	1.64	32.72	2.00	40.00	—	—
11000	1.25	27.46	1.59	34.95	—	—	—	—
12000	1.21	28.97	1.55	37.14	—	—	—	—
13000	1.17	30.45	1.51	39.29	—	—	—	—
14000	1.14	31.89	$N_g = 13333$		—	—	—	—
15000	1.11	33.31	$U = 1.50$		—	—	—	—
16000	1.08	34.69	$\dot{q} = 40.00$		—	—	—	—

U_0	3.0		3.5		4.0		4.5	
N_g	U	q	U	q	U	q	U	q
1	100.00	0.20	100.00	0.20	100.00	0.20	100.00	0.20
2	72.08	0.29	72.39	0.29	72.70	0.29	73.02	0.29
3	59.31	0.36	59.66	0.36	60.02	0.36	60.38	0.36
4	51.66	0.41	52.03	0.42	52.41	0.42	52.80	0.42
5	46.43	0.46	46.82	0.47	47.21	0.47	47.60	0.48
6	42.57	0.51	42.96	0.52	43.35	0.52	43.76	0.53
7	39.56	0.55	39.96	0.56	40.36	0.57	40.76	0.57
8	37.13	0.59	37.53	0.60	37.94	0.61	38.35	0.61
9	35.12	0.63	35.53	0.64	35.93	0.65	36.35	0.65
10	33.42	0.67	33.83	0.68	34.24	0.68	34.65	0.69
11	31.96	0.70	32.36	0.71	32.77	0.72	33.19	0.73
12	30.68	0.74	31.09	0.75	31.50	0.76	31.92	0.77
13	29.55	0.77	29.96	0.78	30.37	0.79	30.79	0.80
14	28.55	0.80	28.96	0.81	29.37	0.82	29.79	0.83
15	27.64	0.83	28.05	0.84	28.47	0.85	28.89	0.87
16	26.83	0.86	27.24	0.87	27.65	0.88	28.08	0.90
17	26.08	0.89	26.49	0.90	26.91	0.91	27.33	0.93
18	25.40	0.91	25.81	0.93	26.23	0.94	26.65	0.96
19	24.77	0.94	25.19	0.96	25.60	0.97	26.03	0.99
20	24.20	0.97	24.61	0.98	25.03	1.00	25.45	1.02
22	23.16	1.02	23.57	1.04	23.99	1.06	24.41	1.07
24	22.25	1.07	22.66	1.09	23.08	1.11	23.51	1.13
26	21.45	1.12	21.87	1.14	22.29	1.16	22.71	1.18
28	20.74	1.16	21.15	1.18	21.57	1.21	22.00	1.23
30	20.10	1.21	20.51	1.23	20.93	1.26	21.36	1.28
32	19.52	1.25	19.94	1.28	20.36	1.30	20.78	1.33
34	18.99	1.29	19.41	1.32	19.83	1.35	20.25	1.38
36	18.51	1.33	18.93	1.36	19.35	1.39	19.77	1.42
38	18.07	1.37	18.48	1.40	18.90	1.44	19.33	1.47
40	17.66	1.41	18.07	1.45	18.49	1.48	18.92	1.51
42	17.28	1.45	17.69	1.49	18.11	1.52	18.54	1.56
44	16.92	1.49	17.34	1.53	17.76	1.56	18.18	1.60
46	16.59	1.53	17.00	1.56	17.43	1.60	17.85	1.64
48	16.28	1.56	16.69	1.60	17.11	1.54	17.54	1.68
50	15.99	1.60	16.40	1.64	16.82	1.68	17.25	1.73

（续）

U_0	3.0		3.5		4.0		4.5	
N_g	U	q	U	q	U	q	U	q
55	15.33	1.69	15.74	1.73	16.17	1.78	16.59	1.82
60	14.76	1.77	15.17	1.82	15.59	1.87	16.02	1.92
65	14.25	1.85	14.66	1.91	15.08	1.96	15.51	2.02
70	13.80	1.93	14.21	1.99	14.63	2.05	15.06	2.11
75	13.39	2.01	13.81	2.07	14.23	2.13	14.65	2.20
80	13.02	2.08	13.44	2.15	13.86	2.22	14.28	2.29
85	12.69	2.16	13.10	2.23	13.52	2.30	13.95	2.37
90	12.38	2.23	12.80	2.30	13.22	2.38	13.64	2.46
95	12.10	2.30	12.52	2.38	12.94	2.46	13.36	2.54
100	11.84	2.37	12.26	2.45	12.68	2.54	13.10	2.62
110	11.38	2.50	11.79	2.59	12.21	2.69	12.63	2.78
120	10.97	2.63	11.38	2.73	11.80	2.83	12.23	2.93
130	10.61	2.76	11.02	2.84	11.44	2.98	11.87	3.09
140	10.29	2.88	10.70	3.00	11.12	3.11	11.55	3.23
150	10.00	3.00	10.42	3.12	10.83	3.25	11.26	3.38
160	9.74	3.12	10.16	3.25	10.57	3.38	11.00	3.52
170	9.51	3.23	9.92	3.37	10.34	3.51	10.76	3.66
180	9.29	3.34	9.70	3.49	10.12	3.64	10.54	3.80
190	9.09	3.45	9.50	3.61	9.92	3.77	10.34	3.93
200	8.91	3.56	9.32	3.73	9.74	3.89	10.16	4.06
220	8.57	3.77	8.99	3.95	9.40	4.14	9.83	4.32
240	8.29	3.98	8.70	4.17	9.12	4.38	9.54	4.58
260	8.03	4.18	8.44	4.39	8.86	4.61	9.28	4.83
280	7.81	4.37	8.22	4.60	8.63	4.83	9.06	5.07
300	7.60	4.56	8.01	4.81	8.43	5.06	8.85	5.31
320	7.42	4.75	7.83	5.02	8.24	5.28	8.67	5.55
340	7.25	4.93	7.66	5.21	8.08	5.49	8.50	5.78
360	7.10	5.11	7.51	5.40	7.92	5.70	8.34	6.01
380	6.95	5.29	7.36	5.60	7.78	5.91	8.20	6.23
400	6.82	5.46	7.23	5.79	7.65	6.12	8.07	6.46
420	6.70	5.63	7.11	5.97	7.53	6.32	7.95	6.68
440	6.59	5.80	7.00	6.16	7.41	6.52	7.83	6.89
460	6.48	5.97	6.89	6.34	7.31	6.72	7.73	7.11
480	6.39	6.13	6.79	6.52	7.21	6.92	7.63	7.32
500	6.29	6.29	6.70	6.70	7.12	7.12	7.54	7.54
550	6.08	6.69	6.49	7.14	6.91	7.60	7.32	8.06
600	5.90	7.08	6.31	7.57	6.72	8.07	7.14	8.57
650	5.74	7.46	6.15	7.99	6.56	8.53	6.98	9.08
700	5.59	7.83	6.00	8.40	6.42	8.98	6.83	9.57
750	5.46	8.20	5.87	8.81	6.29	9.43	6.70	10.06
800	5.35	8.56	5.75	9.21	6.17	9.87	6.59	10.54
850	5.24	8.91	5.65	9.60	6.06	10.30	6.48	11.01
900	5.14	9.26	5.55	9.99	5.96	10.73	6.38	11.48
950	5.05	9.60	5.46	10.37	5.87	11.16	6.29	11.95
1000	4.97	9.94	5.38	10.75	5.79	11.58	6.21	12.41
1100	4.82	10.61	5.23	11.50	5.64	12.41	6.06	13.32
1200	4.69	11.26	5.10	12.23	5.51	13.22	5.93	14.22
1300	4.58	11.90	4.98	12.95	5.39	14.02	5.81	15.11

（续）

U_0	3.0		3.5		4.0		4.5	
N_g	U	q	U	q	U	q	U	q
1400	4.48	12.53	4.88	13.66	5.29	14.81	5.71	15.98
1500	4.38	13.15	4.79	14.36	5.20	15.60	5.61	16.84
1600	4.30	13.76	4.70	15.05	5.11	16.37	5.53	17.70
1700	4.22	14.36	4.63	15.74	5.04	17.13	5.45	18.54
1800	4.16	14.96	4.56	16.41	4.97	17.89	5.38	19.38
1900	4.09	15.55	4.49	17.08	4.90	18.64	5.32	20.21
2000	4.03	16.13	4.44	17.74	4.85	19.38	5.26	21.04
2200	3.93	17.28	4.33	19.05	4.74	20.85	5.15	22.67
2400	3.83	18.41	4.24	20.34	4.65	22.30	5.06	24.29
2600	3.75	19.52	4.16	21.61	4.56	23.73	4.98	25.88

U_0	5.0		6.0		7.0		8.0	
N_g	U	q	U	q	U	q	U	q
1	100.00	0.20	100.00	0.20	100.00	0.20	100.00	0.20
2	73.33	0.29	73.98	0.30	74.64	0.30	75.30	0.30
3	60.75	0.36	61.49	0.37	62.24	0.37	63.00	0.38
4	53.18	0.43	53.97	0.43	54.76	0.44	55.56	0.44
5	48.00	0.48	48.80	0.49	49.62	0.50	50.45	0.50
6	44.16	0.53	44.98	0.54	45.81	0.55	46.65	0.56
7	41.17	0.58	42.01	0.59	42.85	0.60	43.70	0.61
8	38.76	0.62	39.60	0.63	40.45	0.65	41.31	0.66
9	36.76	0.66	37.64	0.68	38.45	0.69	39.33	0.71
10	35.07	0.70	35.92	0.72	36.78	0.74	37.65	0.75
11	33.61	0.74	34.46	0.76	35.33	0.78	36.20	0.80
12	32.34	0.78	33.19	0.80	34.06	0.82	34.93	0.84
13	31.22	0.81	32.07	0.83	32.94	0.96	33.82	0.88
14	30.22	0.85	31.07	0.87	31.94	0.89	32.82	0.92
15	29.32	0.88	30.18	0.91	31.05	0.93	31.93	0.96
16	28.50	0.91	29.36	0.94	30.23	0.97	31.12	1.00
17	27.76	0.94	28.62	0.97	29.50	1.00	30.38	1.03
18	27.08	0.97	27.94	1.01	28.82	1.04	29.70	1.07
19	26.45	1.01	27.32	1.04	28.19	1.07	29.08	1.10
20	25.88	1.04	26.74	1.07	27.62	1.10	28.50	1.14
22	24.84	1.09	25.71	1.13	26.58	1.17	27.47	1.21
24	23.94	1.15	24.80	1.19	25.68	1.23	26.57	1.28
26	23.14	1.20	24.01	1.25	24.98	1.29	25.77	1.34
28	22.43	1.26	23.30	1.30	24.18	1.35	25.06	1.40
30	21.79	1.31	22.66	1.36	23.54	1.41	24.43	1.47
32	21.21	1.36	22.08	1.41	22.96	1.47	23.85	1.53
34	20.68	1.41	21.55	1.47	22.43	1.53	23.32	1.59
36	20.20	1.45	21.07	1.52	21.95	1.58	22.84	1.64
38	19.76	1.50	20.63	1.57	21.51	1.63	22.40	1.70
40	19.35	1.55	20.22	1.62	21.10	1.69	21.99	1.76
42	18.97	1.59	19.84	1.67	20.72	1.74	21.61	1.82
44	18.61	1.64	19.48	1.71	20.36	1.79	21.25	1.87
46	18.28	1.68	19.15	1.76	21.03	1.84	20.92	1.92
48	17.97	1.73	18.84	1.81	19.72	1.89	20.61	1.98
50	17.68	1.77	18.55	1.86	19.43	2.94	20.32	2.03
55	17.02	1.87	17.89	1.97	18.77	2.07	19.66	2.16

（续）

U_0	5.0		6.0		7.0		8.0	
N_g	U	q	U	q	U	q	U	q
60	16.45	1.97	17.32	2.08	18.20	2.18	19.08	2.29
65	15.94	2.07	16.81	2.19	17.69	2.30	18.58	2.42
70	15.49	2.17	16.36	2.29	17.24	2.41	18.13	2.54
75	15.08	2.26	15.95	2.39	16.83	2.52	17.72	2.66
80	14.71	2.35	15.58	2.49	16.46	2.63	17.35	2.78
85	14.38	2.44	15.25	2.59	16.13	2.74	17.02	2.89
90	14.07	2.53	14.94	2.69	15.82	2.85	16.71	3.01
95	13.79	2.62	14.66	2.79	15.54	3.95	16.43	3.12
100	13.53	2.71	14.40	2.88	15.28	3.06	16.17	3.23
110	13.06	2.87	13.93	3.06	14.81	3.26	15.70	3.45
120	12.66	3.04	13.52	3.25	14.40	3.46	15.29	3.67
130	12.30	3.20	13.16	3.42	14.04	3.65	14.93	3.88
140	11.97	3.35	12.84	3.60	13.72	4.84	14.61	4.09
150	11.69	3.51	12.55	3.77	13.43	4.03	14.32	4.30
160	11.43	3.66	12.29	3.93	13.17	4.21	14.06	4.50
170	11.19	3.80	12.05	4.10	12.93	4.40	13.82	4.70
180	10.97	3.95	11.84	4.26	12.71	4.58	13.60	4.90
190	10.77	4.09	11.64	4.42	12.51	4.75	13.40	5.09
200	10.59	4.23	11.45	4.58	12.33	4.93	13.21	5.28
220	10.25	4.51	11.12	4.89	11.99	5.28	12.88	5.67
240	9.96	4.78	10.83	5.20	11.70	5.62	12.59	6.04
260	9.71	5.05	10.57	5.50	11.45	5.95	12.33	6.41
280	9.48	5.31	10.34	5.79	11.22	6.28	12.10	6.78
300	9.28	5.57	10.14	6.08	11.01	6.61	11.89	7.14
320	9.09	5.82	9.95	6.37	10.83	6.93	11.71	7.49
340	8.92	6.07	9.78	6.65	10.66	7.25	11.54	7.84
360	8.77	6.31	9.63	6.93	10.56	7.56	11.38	8.19
380	8.63	6.56	9.49	7.21	10.36	7.87	11.24	8.54
400	8.49	6.80	9.35	7.48	10.23	8.18	11.10	8.88
420	8.37	7.03	9.23	7.76	10.10	8.49	10.98	9.22
440	8.26	7.27	9.12	8.02	9.99	8.79	10.87	9.56
460	8.15	7.50	9.01	8.29	9.88	9.09	10.76	9.90
480	8.05	7.73	9.91	8.56	9.78	9.39	10.66	10.23
500	7.96	7.96	8.82	8.82	9.69	9.69	10.56	10.56
550	7.75	8.52	8.61	9.47	9.47	10.42	10.35	11.39
600	7.56	9.08	8.42	10.11	9.29	11.15	10.16	12.20
650	7.40	9.62	8.26	10.74	9.12	11.86	10.00	13.00
700	7.26	10.16	8.11	11.36	8.98	12.57	9.85	13.79
750	7.13	10.69	7.98	11.97	8.85	13.27	9.72	14.58
800	7.01	11.21	7.86	12.58	8.73	13.96	9.60	15.36
850	6.90	11.73	7.75	13.18	8.62	14.65	9.49	16.14
900	6.80	12.24	7.66	13.78	8.52	15.34	9.39	16.91
950	6.71	12.75	7.56	14.37	8.43	16.01	9.30	17.67
1000	6.63	12.26	7.48	14.96	8.34	16.69	9.22	18.43
1100	6.48	14.25	7.33	16.12	8.19	18.02	9.06	19.94
1200	6.35	15.23	7.20	17.27	8.06	19.34	8.93	21.43
1300	6.23	16.20	7.08	18.41	7.94	20.65	8.81	22.91
1400	6.13	17.15	6.98	19.53	7.84	21.95	8.71	24.38

（续）

U_0	5.0		6.0		7.0		8.0	
N_g	U	q	U	q	U	q	U	q
1500	6.03	18.10	6.88	20.65	7.74	23.23	8.61	25.84
1600	5.95	19.04	6.80	21.76	7.66	24.51	8.53	27.28
1700	5.87	19.97	6.72	22.85	7.58	25.77	8.45	28.72
1800	5.80	10.89	6.65	23.94	7.51	27.03	8.38	30.15
1900	5.74	21.80	6.59	25.03	7.44	28.29	8.31	31.58
2000	5.68	22.71	6.53	26.10	7.38	29.53	8.25	33.00
2200	5.57	24.51	6.42	28.24	7.27	32.01	8.14	35.81
2400	5.48	26.29	6.32	30.35	7.18	34.46	8.04	38.60
2600	5.39	28.05	6.24	32.45	7.02	39.31	$N_g=2500$	
2800	5.32	29.80	6.17	34.52	$N_g=2857$		$U=8.00$	
3000	5.25	31.35	6.10	36.59	$U=7.00$		$q=40.00$	
3200	5.19	33.24	6.04	38.64	$q=40.00$		—	
3400	5.14	34.95	$N_g=3333$		—	—	—	—
3600	5.09	36.64	$U=6.00$		—	—	—	—
3800	5.04	38.33	$q=40.00$		—	—	—	—
4000	5.00	40.00	—		—	—	—	—

（2）宿舍（Ⅰ、Ⅱ类）、旅馆、酒店式公寓、医院、疗养院、幼儿园、养老院、办公楼、商场、图书馆、书店、客运站、航站楼、会展中心、中小学教学楼、公共厕所等建筑的生活给水设计流量，采用平方根法，应按式（2-6-8）计算：

$$q_g = 0.2\alpha\sqrt{N_g} \tag{2-6-8}$$

式中　q_g——计算管段的设计秒流量（L/s）；

　　　N_g——计算管段的卫生器具给水当量数；

　　　α——根据建筑物用途而定的系数，按表 2-6-3 采用。

表 2-6-3　根据建筑物用途而定的系数（α 值）

建筑物名称	α 值	建筑物名称	α 值
幼儿园、托儿所、养老院	1.2	学校	1.8
门诊部、诊疗所	1.4	医院、疗养院、休养所	2.0
办公楼、商场	1.5	酒店式公寓	2.2
图书馆	1.6	宿舍（Ⅰ、Ⅱ类）、旅馆、招待所、宾馆	2.5
书店	1.7	客运站、航站楼、会展中心、公共厕所	3.0

注：1. 宿舍分为Ⅰ类、Ⅱ类、Ⅲ类、Ⅳ类。

（1）Ⅰ类宿舍：博士研究生、教师和企业科技人员，每居室1人，有单独卫生间。

（2）Ⅱ类宿舍：高等院校的硕士研究生，每居室2人，有单独卫生间。

（3）Ⅲ类宿舍：高等院校的本、专科学生，每居室3～4人，有相对集中的卫生间。

（4）Ⅳ类宿舍：中等院校的学生和工厂企业的职工，每居室6～8人，有集中盥洗卫生间。

2. 当计算小于该管段上一个最大卫生器具给水额定流量时，应采用一个最大的卫生器具给水额定流量作为设计秒流量。

3. 当计算大于该管段上按卫生器具给水额定流量累加所得流量值时，应按照卫生器具给水额定流量累加所得流量值采用。

4. 有大便器延时自闭冲洗阀的给水管段，大便器延时自闭冲洗阀的给水当量以 0.5 计，计算得到的 q_g 附加 1.2L/s 的流量后，为该管段的给水设计秒流量。

5. 综合楼建筑的 α 值应按加权平均法计算，其计算方法是（式2-6-9）：

$$\alpha = \frac{\alpha_1 N_{g1} + \alpha_2 N_{g2} + \cdots + \alpha_n N_{gn}}{N_g} \tag{2-6-9}$$

式中　　　　α——综合性建筑经加权平均法确定的总流量系数值；

　　　　　　N_g——计算管段的卫生器具给水当量总数；

N_{g1}、N_{g2}、$\cdots$、N_{gn}——综合性建筑各部分的卫生器具给水当量总数；

α_1、α_2、$\cdots$、α_n——相应于 N_{g1}、N_{g2}、$\cdots$、N_{gn} 的设计秒流量系数值。

（3）宿舍（Ⅲ、Ⅳ类）、工业企业的生活间、公共浴室、职工食堂或营业餐馆的厨房、体育场馆、剧院、普通理化实验室等建筑的生活给水管道的设计秒流量，应按式（2-6-10）计算：

$$q_g = \sum \frac{q_0 n_0 b}{100} \tag{2-6-10}$$

式中　q_g——计算管段的设计秒流量（L/s）；

　　　q_0——同类型的一个卫生器具给水额定流量（L/s）；

　　　n_0——同类型卫生器具数；

　　　b——同类型卫生器具的同时给水百分数，分别见表 2-6-4，表 2-6-5，表 2-6-6。

表 2-6-4　宿舍（Ⅲ、Ⅳ类）、工业企业的生活间、公共浴室、
影剧院、体育场馆等卫生器具同时给水百分数（%）

卫生器具名称	宿舍（Ⅲ、Ⅳ类）	工业企业生活间	公共浴室	影剧院	体育场馆
洗涤盆（池）	—	33	15	15	15
洗手盆	—	50	50	50	70（50）
洗脸盆、盥洗槽水嘴	5～100	60～100	60～100	50	80
浴盆	—	—	50	—	—
无间隔淋浴器	20～100	100	100	—	100
有间隔淋浴器	5～80	80	60～80	（60～80）	（60～100）
大便器冲洗水箱	5～70	30	20	50（20）	70（20）
大便槽自动冲洗水箱	100	100	—	100	100
大便器自闭式冲洗阀	1～2	2	2	10（2）	5（2）
小便器自闭式冲洗阀	2～10	10	10	50（10）	70（10）
小便器（槽）自动冲洗水箱	—	100	100	100	100
净身盆	—	33	—	—	—
饮水器	—	30～60	30	30	30
小卖部洗涤盆	—	—	—	50	50

注：1. 表中括号内的数值是电影院、剧院的化妆间，体育场馆的运动员休息室使用。

　　2. 健身中心的卫生间可采用本表体育场馆运动员休息的同时给水百分率。

表 2-6-5　职工食堂、营业餐馆厨房设备同时给水百分数（%）

厨房设备名称	同时给水百分数	厨房设备名称	同时给水百分数
洗涤盆（池）	70	开水器	50
煮锅	60	蒸汽发生器	100
生产性洗涤机	40	灶台水嘴	30
器皿洗涤机	90		

注：职工或学生饭堂的洗碗台水嘴，按100%同时给水，但不与厨房用水叠加。

表 2-6-6　实验室化验水嘴同时给水百分数（%）

化验水嘴名称	同时给水百分数	
	科研教学实验室	生产实验室
单联化验水嘴	20	30
双联或三联化验水嘴	30	50

2.6.2　给水管道水力计算

1. 建筑内给水系统所需压力

给水系统的水压应能保证最不利配水点具有规定的最低压力（表 2-5-4）。建筑内部给

水系统所需压力按式（2-6-11）计算：

$$p = p_1 + p_2 + p_3 + p_B \qquad (2\text{-}6\text{-}11)$$

式中　p——建筑内给水系统所需的水压（kPa）；

　　　p_1——引入管起点至最不利配水点位置高度所要求的静水压（kPa）；

　　　p_2——引入管起点至最不利配水点的给水管路（即计算管路）的沿程与局部压力损失之和（kPa）；

　　　p_3——最不利配水点所需的最低工作压力（kPa）；可查配水龙头所需最低工作压力表，见表2-5-4。

　　　p_B——水流通过水表所需的最低工作压力（kPa）。

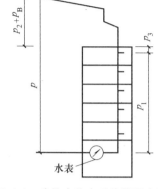

图 2-6-1　建筑内给水系统所需水压

如图 2-6-1 所示为建筑内给水系统所需水压。图中 p 为建筑内部给水系统所需的水压；p_1 为引入管起点至最不利配水点间的静水压；p_2 为计算管路的压力损失；p_3 为最不利点的最低工作压力（表2-5-4）；p_B 为水表的压力损失。

2. 管径计算

在求得各管段的设计流量后，根据流量公式，即可确定管径，计算公式如下：

$$d_j = (4q_g / v\pi)^{1/2} \qquad (2\text{-}6\text{-}12)$$

式中　q_g——计算管段的设计流量（m³/s）；

　　　d_j——计算管段的管径（m）；

　　　v——管段中的流速（m/s），流速的选择见表2-6-7。

表 2-6-7　生活给水管道的水流速度

公称直径/mm	15 ~ 20	25 ~ 40	50 ~ 70	≥80
水流速度/（m/s）	≤1.0	≤1.2	≤1.5	≤1.8

生活给水管道的水流速度也可采用下列数值：卫生器具的配水支管一般采用 0.6 ~ 1.0m/s；横向配水管，管径超过 25mm，宜采用 0.8 ~ 1.2m/s；环形管、干管和立管宜采用 1.0 ~ 1.8m/s，但最大不超过 2m/s。铜管：管径大于 25mm 时，流速宜采用 0.8 ~ 1.5m/s；管径小于 25mm 时，流速宜采用 0.6 ~ 0.8m/s；不宜大于 2m/s。薄壁不锈钢管：管径大于 25mm 时，流速宜采用 1.0 ~ 1.5m/s；管径小于 25mm 时，流速宜采用 0.8 ~ 1.0m/s；不宜大于 2m/s。PP-R 管的选用流速不宜大于 2m/s，一般采用 1.0 ~ 1.5m/s。PP-C 管：管外径小于等于 32mm 时，流速小于 1.2m/s，管外径为 40 ~ 75mm 时，流速小于 1.5m/s；管外径大于等于 90mm 时，流速小于 2.0m/s。复合管可参照内衬材料的管道流速选用。

3. 给水管道压力损失计算

管段的沿程压力损失可按式（2-6-13）计算：

$$p_y = iL \qquad (2\text{-}6\text{-}13)$$

式中　p_y——管段的沿程压力损失（kPa）；

　　　i——单位长度的沿程压力损失（kPa/m）；

　　　L——管段长度（m）。

给水管道的单位长度沿程压力损失可按式（2-6-14）计算：

$$i = 105 C_h^{-1.85} d_j^{-4.87} q_g^{1.85} \qquad (2\text{-}6\text{-}14)$$

式中　i——单位长度的沿程压力损失（kPa/m）；

　　　C_h——海澄—威廉系数；

　　　d_j——管道计算内径（m）

　　　q_g——给水设计流量（m³/s）。

对于各种塑料管、内衬（涂）塑管，$C_h = 140$；对于铜管、不锈钢管，$C_h = 130$；对于衬水泥、树脂的铸铁管，$C_h = 130$；对于普通钢管、铸铁管，$C_h = 100$。

设计计算时，可以直接利用该公式编制的水力计算表，由管段的设计秒流量 q_g，控制流速在正常范围内，查得管径和单位长度的压力损失 i。给水塑料管水力计算表见表 2-6-8、给水钢管（水煤气管）水力计算表见表 2-6-9、给水铸铁管水力计算表见表 2-6-10。

表 2-6-8　给水塑料管水力计算表

［单位：流量 q_g/(L/s)、管径 DN/mm、流速 v/(m/s)、水头损失 i/(kPa/m)］

q_g	DN15 v	DN15 i	DN20 v	DN20 i	DN25 v	DN25 i	DN32 v	DN32 i	DN40 v	DN40 i	DN50 v	DN50 i	DN70 v	DN70 i	DN80 v	DN80 i	DN100 v	DN100 i
0.10	0.50	0.275	0.26	0.060														
0.15	0.75	0.564	0.39	0.123	0.23	0.033												
0.20	0.99	0.940	0.53	0.206	0.30	0.055	0.20	0.020										
0.30	1.49	1.930	0.79	0.422	0.45	0.113	0.29	0.040										
0.40	1.99	3.210	1.05	0.703	0.61	0.188	0.39	0.067	0.24	0.021								
0.50	2.49	4.770	1.32	1.040	0.76	0.279	0.49	0.099	0.30	0.031								
0.60	2.98	6.600	1.58	1.440	0.91	0.386	0.59	0.137	0.36	0.043	0.23	0.014						
0.70			1.84	1.900	1.06	0.507	0.69	0.181	0.42	0.056	0.27	0.019						
0.80			2.10	2.400	1.21	0.643	0.79	0.229	0.48	0.071	0.30	0.023						
0.90			2.37	2.960	1.36	0.792	0.88	0.282	0.54	0.088	0.34	0.029	0.23	0.018				
1.00					1.51	0.955	0.98	0.340	0.60	0.106	0.38	0.035	0.25	0.014				
1.50					2.27	1.960	1.47	0.698	0.90	0.217	0.57	0.072	0.39	0.029	0.27	0.010		
2.00							1.96	1.160	1.20	0.361	0.76	0.119	0.52	0.049	0.36	0.020	0.24	0.008
2.50							2.46	1.730	1.50	0.536	0.95	0.517	0.65	0.072	0.45	0.030	0.30	0.011
3.00									1.81	0.741	1.14	0.245	0.78	0.099	0.54	0.042	0.36	0.016
3.50									2.11	0.974	1.33	0.322	0.91	0.131	0.63	0.055	0.42	0.021
4.00									2.41	0.123	1.51	0.408	1.04	0.166	0.72	0.069	0.48	0.026
4.50									2.71	0.152	1.70	0.503	1.17	0.205	0.81	0.086	0.54	0.032
5.00											1.89	0.606	1.30	0.247	0.90	0.104	0.60	0.039
5.50											2.08	0.718	1.43	0.293	0.99	0.123	0.66	0.046
6.00											2.27	0.838	1.56	0.342	1.08	0.143	0.72	0.052
6.50													1.69	0.394	1.17	0.165	0.78	0.062
7.00													1.82	0.445	1.26	0.188	0.84	0.071
7.50													1.95	0.507	1.35	0.213	0.90	0.080
8.00													2.08	0.569	1.44	0.238	0.96	0.090
8.50													2.21	0.632	1.53	0.265	1.02	0.102
9.00													2.34	0.701	1.62	0.294	1.08	0.111
9.50													2.47	0.772	1.71	0.323	1.14	0.121
10.00															1.80	0.354	1.20	0.134

表 2-6-9　给水钢管（水煤气管）水力计算表

[单位：流量 q_g/(L/s)、管径 DN/mm、流速 v/(m/s)、水头损失 i/(kPa/m)]

q_g	DN15		DN20		DN25		DN32		DN40		DN50		DN70		DN80		DN100	
	v	i	v	i	v	i	v	i	v	i	v	i	v	i	v	i	v	i
0.05	0.29	0.284																
0.07	0.41	0.518	0.22	0.110														
0.10	0.58	0.985	0.31	0.208														
0.12	0.70	1.370	0.37	0.288	0.23	0.086												
0.14	0.82	1.820	0.43	0.380	0.26	0.113												
0.16	0.94	2.340	0.50	0.485	0.30	0.143												
0.18	1.05	2.910	0.56	0.601	0.34	0.176												
0.20	1.17	3.540	0.62	0.720	0.38	0.213	0.21	0.050										
0.25	1.46	5.510	0.78	1.090	0.41	0.318	0.26	0.070	0.20	0.03								
0.30	1.76	7.930	0.93	1.530	0.56	0.442	0.32	0.100	0.24	0.05								
0.35			1.09	2.040	0.66	0.586	0.37	0.141	0.28	0.08								
0.40			1.24	2.630	0.75	0.748	0.42	0.170	0.32	0.08								
0.45			1.40	3.330	0.85	0.932	0.47	0.220	0.36	0.11	0.21	0.031						
0.50			1.55	4.110	0.94	1.130	0.53	0.260	0.40	0.13	0.23	0.037						
0.55			1.71	4.970	1.04	1.350	0.58	0.310	0.44	0.15	0.26	0.044						
0.60			1.86	5.910	1.13	1.590	0.63	0.037	0.48	0.18	0.28	0.051						
0.65			2.02	5.940	1.22	1.850	0.68	0.430	0.52	0.21	0.31	0.059						
0.70					1.32	2.140	0.74	0.490	0.56	0.24	0.33	0.068	0.20	0.0200				
0.75					1.41	2.460	0.79	0.560	0.60	0.28	0.35	0.077	0.21	0.0230				
0.80					1.51	2.790	0.84	0.630	0.64	0.31	0.38	0.085	0.23	0.0250				
0.85					1.600	3.16	0.90	0.700	0.68	0.35	0.40	0.096	0.24	0.0280				
0.90					1.69	3.540	0.95	0.780	0.72	0.39	0.42	0.107	0.25	0.0311				
0.95					1.79	3.940	1.00	0.860	0.76	0.43	0.45	0.118	0.27	0.0342				
1.00					1.88	4.370	1.05	0.950	0.80	0.47	0.47	0.129	0.28	0.0376	0.20	0.0164		
1.10					2.07	5.280	1.16	1.140	0.87	0.56	0.52	0.153	0.31	0.0444	0.22	0.0195		
1.20							1.27	1.350	0.95	0.66	0.56	0.180	0.34	0.0518	0.24	0.0227		
1.30							1.37	1.590	1.03	0.76	0.61	0.208	0.37	0.0599	0.26	0.0261		
1.40							1.48	1.840	1.11	0.88	0.66	0.237	0.40	0.0683	0.28	0.0297		
1.50							1.58	2.110	1.19	1.01	0.71	0.270	0.42	0.0772	0.30	0.0336		
1.60							1.69	2.400	1.27	1.14	0.75	0.304	0.45	0.0870	0.32	0.0376		
1.70							1.79	2.710	1.35	1.29	0.80	0.340	0.48	0.0969	0.34	0.0419		
1.80							1.90	3.040	1.43	1.44	0.85	0.378	0.51	0.1070	0.36	0.0466		
1.90							2.00	3.390	1.51	1.61	0.89	0.418	0.54	0.1190	0.38	0.0513		
2.00									1.59	1.78	0.94	0.460	0.57	0.1300	0.40	0.0562	0.23	0.0147
2.20									1.75	2.16	1.04	0.549	0.62	0.1550	0.44	0.0666	0.25	0.0172
2.40									1.91	2.56	1.13	0.645	0.68	0.1820	0.48	0.0779	0.28	0.0200
2.60									2.07	3.01	1.22	0.749	0.74	0.2100	0.52	0.0903	0.30	0.0231
2.80											1.32	0.869	0.79	0.2410	0.56	0.1030	0.32	0.0263
3.00											1.41	0.998	0.85	0.2740	0.60	0.1170	0.35	0.0298
3.50											1.65	1.360	0.99	0.3650	0.70	0.1550	0.40	0.0393
4.00											1.88	1.770	1.13	0.4680	0.81	0.1980	0.46	0.0501
4.50											2.12	2.240	1.28	0.5860	0.91	0.2460	0.52	0.0620
5.00											2.35	2.770	1.42	0.7230	1.01	0.3000	0.58	0.0749
5.50											2.59	3.350	1.56	0.8750	1.11	0.3580	0.63	0.0892
6.00													1.70	1.0400	1.21	0.4210	0.69	0.1050
6.50													1.84	1.2200	1.31	0.4940	0.75	0.1210

（续）

q_g	DN15		DN20		DN25		DN32		DN40		DN50		DN70		DN80		DN100	
	v	i	v	i	v	i	v	i	v	i	v	i	v	i	v	i	v	i
7.00													1.99	1.4200	1.41	0.5730	0.81	0.1390
7.50													2.13	1.6300	1.51	0.6570	0.81	0.1580
8.00													2.27	1.8500	1.61	0.7480	0.92	1.1780
8.50													2.41	2.0900	1.71	0.8440	0.98	0.1990
9.00													2.55	2.3400	1.81	0.9460	1.04	0.2210
9.50															1.91	1.0500	1.10	0.2450
10.00															2.01	1.1700	1.15	0.2690
10.50															2.11	1.2900	1.21	0.2950
11.00															2.21	1.4100	1.27	0.3240
11.50															2.32	1.5500	1.33	0.3540
12.00															2.42	1.6800	1.39	0.3850
12.50															2.52	1.8300	1.44	0.4180
13.00																	1.50	0.4520
14.00																	1.62	0.5240
15.00																	1.73	0.6020
16.00																	1.85	0.6850
17.00																	1.96	0.7730
20.00																	2.31	1.070

表 2-6-10　给水铸铁管水力计算表

［单位：流量 q_g/（L/s）、管径 DN/mm、流速 v/（m/s）、水头损失 i/（kPa/m）］

q_g	DN50		DN75		DN100		DN150	
	v	i	v	i	v	i	v	i
1.0	0.53	0.173	0.23	0.0231				
1.2	0.64	0.241	0.28	0.0320				
1.4	0.74	0.320	0.33	0.0422				
1.6	0.85	0.409	0.37	0.0534				
1.8	0.95	0.508	0.42	0.0659				
2.0	1.06	0.619	0.46	0.0798				
2.5	1.33	0.949	0.58	0.1190	0.32	0.0288		
3.0	1.59	1.370	0.70	0.1670	0.39	0.0398		
3.5	1.86	1.860	0.81	0.2220	0.45	0.0526		
4.0	2.12	2.430	0.93	0.2840	0.52	0.0669		
4.5			1.05	0.3530	0.58	0.0829		
5.0			1.16	0.4300	0.65	0.1000		
5.5			1.28	0.5170	0.72	0.1200		
6.0			1.39	0.6150	0.78	0.1400		
7.0			1.63	0.8370	0.91	0.1860	0.40	0.0246
8.0			1.86	1.0900	1.04	0.2390	0.46	0.0314
9.0			2.09	1.3800	1.17	0.2990	0.52	0.0391
10.0					1.30	0.3650	0.57	0.0469
11.0					1.43	0.4420	0.63	0.0559
12.0					1.56	0.5260	0.69	0.0655
13.0					1.69	0.6170	0.75	0.0760
14.0					1.82	0.7160	0.80	0.0871
15.0					1.95	0.8220	0.86	0.0988
16.0					2.08	0.9350	0.92	0.1110
17.0							0.97	0.1250

（续）

q_g	DN50		DN75		DN100		DN150	
	v	i	v	i	v	i	v	i
18.0							1.03	0.1390
19.0							1.09	0.1530
20.0							1.15	0.1690
22.0							1.26	0.2020
24.0							1.38	0.2410
26.0							1.49	0.2830
28.0							1.61	0.3280
30.0							1.72	0.3770

管段的局部压力损失可按式（2-6-15）计算：

$$p_j = \sum \zeta (v^2/2g) \tag{2-6-15}$$

式中 p_j——管段局部压力损失之和（kPa）；

ζ——管段局部阻力系数；

v——沿水流方向局部管件下游的平均水流速度（m/s）；

g——重力加速度（m/s²）。

在工程上，管段局部压力损失的计算方法有管（配）件当量长度计算法和按计算管段沿程压力损失百分数计的估算法。

生活给水管道的配水管的局部压力损失，宜按管道的连接方式，采用管（配）件当量长度法计算。当管道的管（配）件当量长度资料不足时，可按下列管件的连接情况，按管网的沿程压力损失的百分数取值：管（配）件内径与管道内径一致，采用三通分水时，取25%~30%；采用分水器分水时，取15%~20%；管（配）件内径略大于管道内径，采用二通分水时，取50%~60%；采用分水器分水时，取30%~35%；管（配）件内径略小于管道内径，管（配）件的插口插入管口内连接，采用三通分水时，取70%~80%；采用分水器分水时，取35%~40%；阀门和螺纹管件的摩阻损失按表2-6-11确定。

管（配）件当量长度计算法指管（配）件产生的局部压力大小与同管径某一长度产生的沿程压力损失相等，即该长度为该管（配）件的当量长度。按计算管段沿程压力损失百分数计的估算法指按不同材质、三通分水与分水器分水的局部压力损失占沿程压力损失百分数的经验取值，分别见表2-6-12和表2-6-13。

表2-6-11   阀门和螺纹管件的摩阻损失的折算补偿长度   （单位：m）

管件内径/mm	各种管件的折算管道长度						
	90°标准弯头	45°标准弯头	标准三通90°转角流	三通直向流	闸板阀	球阀	角阀
9.5	0.3	0.2	0.5	0.1	0.1	2.4	1.2
12.7	0.6	0.4	0.9	0.2	0.1	4.6	2.4
19.1	0.8	0.5	1.2	0.2	0.2	6.1	3.6
25.4	0.9	0.5	1.5	0.3	0.2	7.6	4.6
31.8	1.2	0.7	1.8	0.4	0.2	10.6	5.5
38.1	1.5	0.9	2.1	0.5	0.3	13.7	6.7
50.8	2.1	1.2	3.0	0.6	0.4	16.7	8.5
63.5	2.4	1.5	3.6	0.8	0.5	19.8	10.3
76.2	3.0	1.8	4.5	0.9	0.6	24.3	12.2
101.6	4.3	2.4	6.4	1.2	0.8	38.0	16.7
127.0	5.2	3.0	7.6	1.5	1.0	42.6	21.3
152.4	6.1	3.6	9.1	1.8	1.2	50.2	24.3

注：本表的螺纹接口是指管件无凹口的螺纹，即管件与管道在连接点内径有突变，管件内径大于管道内径。当管件为凹口螺纹，或管件与管道为等径焊接，其折算补偿长度取表值的1/2。

表 2-6-12 不同材质管道的局部压力损失估算值

管 道 材 质		局部损失占沿程损失的百分数(%)	
PVC-C		25 ~ 30	
PP-R			
CPVC			
铜管			
PEX		25 ~ 45	
PVP	三通配水	50 ~ 60	
	分水器配水	30	
钢塑复合管	螺纹连接内衬塑铸铁管件的管道	30 ~ 40	生活给水系统
		25 ~ 30	生产、生活给水系统
	法兰、沟槽式连接内涂塑钢管件管道	10 ~ 20	
热镀锌钢管	生活给水管道	25 ~ 30	
	生产、消防给水管道	15	
	其他生活、生产、消防共用系统管道	20	
	自动喷水管道	20	
	消火栓管道	10	

表 2-6-13 三通分水与分水器分水的局部压力损失估算值

管件内径特点	局部损失占沿程损失的百分数(%)	
	三通分水	分水器分水
管件内径与管道内径一致	25 ~ 30	15 ~ 20
管件内径略大于管道内径	50 ~ 60	30 ~ 35
管件内径略小于管道内径	70 ~ 80	35 ~ 40

注：此表只适用于配水干管，不适用于给水干管。

4. 室内管道水力计算方法和步骤

室内给水管网应采用枝状管网，枝状管网分为下行上给式和上行下给式，其计算方法分述如下：

（1）下行上给式枝状管网管道水力计算方法和步骤（以图 2-6-2 为例）

1）在轴测图上选择最不利配水点，如图 2-6-2 中最不利点为 1，1 ~ 6 为计算管路。

2）在 1 ~ 6 的计算管路上以流量变化处为节点，从最不利配水点 1 开始，进行节点编号，如 1、2、3、4、5、6 节点，将计算管路划分成计算管段，如 1 ~ 2、2 ~ 3、3 ~ 4、4 ~ 5、5 ~ 6 管段，并计算出各计算管段两点间的管段长度，如 1 ~ 2 管段长度、2 ~ 3 管段长度、3 ~ 4 管段长度、4 ~ 5 管段长度、5 ~ 6 管段长度。

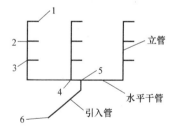

图 2-6-2 下行上给式给水系统

3）根据建筑的不同，选择规定的设计秒流量公式，从而可计算各管段的设计秒流量，如 1 ~ 2 管段流量、2 ~ 3 管段流量、3 ~ 4 管段流量、4 ~ 5 管段流量、5 ~ 6 管段流量。

4）根据各管段的设计秒流量，按规定选择流速，从而确定各管段的管径，如 1 ~ 2 管段管径、2 ~ 3 管段管径、3 ~ 4 管段管径、4 ~ 5 管段管径、5 ~ 6 管段管径。

5）进行管路 1 ~ 6 的压力损失计算。查所选用的管材水力计算表，如给水塑料管水力计算表、给水钢管水力计算表或给水铸铁管水力计算表等，计算出各管段单位管长的沿程压力损失，如 1~2 管段单位管长的沿程压力损失、2~3 管段单位管长的沿程压力损失、3~4 管段单位管长的沿程压力损失、4~5 管段单位管长的沿程压力损失、5~6 管段单位管长的沿程压力损失。再由各管段单位管长的沿程压力损失乘以相应管段的长度得到各管段的沿程压力损失，如 1~2 管段的沿程压力损失、2~3 管段的沿程压力损失、3~4 管段的沿程压力损失、4~5 管段的沿程压力损失、5~6 管段的沿程压力损失。把各管段的沿程压力损失加起来为计算管路总的沿程压力损失。局部压力损失通过查表 2-6-12 可求出，如已知计算管路总沿程压力损失为 Y 值，查表 2-6-12 知局部压力损失占沿程压力损失的百分数为 $X\%$，则可求出计算管路总的局部压力损失为 $YX\%$。那么计算管路 1~6 的总压力损失为 $(1+X\%)Y$，即计算公式 $p = p_1 + p_2 + p_3 + p_B$ 中的 p_2（p_2 为引入管起点 6 至最不利配水点 1 的给水管路（即计算管路）的沿程与局部压力损失之和；p 为建筑内给水系统所需的水压；p_1 为引入管起点至最不利配水点位置高度所要求的静水压，可由管路安装位置确定；p_3 为最不利配水点所需的最低工作压力，查表可知；p_B 水流通过水表所需的最低工作压力，可计算得知）。求出 p 值后，将 p 与 p_0 比较（p_0 为引入管始点 6 所能提供的水压），如果 $p_0 \geqslant p$，则所选给水方式合格且计算完毕。

6）图 2-6-2 中除计算管路 1~6 外，其他为非计算管路。非计算管路上的各管段管径可参考计算管路各管段相应设计流量的管径来标出。通过以上步骤，整个给水系统的管径均已标出。

在下行上给式的计算中，如果求出 p 值后，p_0 比 p 小很多，则应选用加压给水方式，若选用水池水泵水箱给水，上为水箱，可采用上行下给式，其管网水力计算内容包括确定管道系统的管径、水箱安装高度、水池水泵水箱的选择。

（2）上行下给式枝状管网管道水力计算方法和步骤（以图 2-6-3 为例）

1）在轴测图上选择配水最不利点，如图 2-6-3 中最不利点为 1，1~5 为计算管路。

2）在 1~5 的计算管路上以流量变化处为节点，从配水最不利点 1 开始，进行节点编号，如 1、2、3、4、5 节点，并且使计算管路划分成计算管段，如 1~2、2~3、3~4、4~5 管段，并计算出各计算管段两点间的管段长度，如 1~2 管段长度、2~3 管段长度、3~4 管段长度、4~5 管段长度。

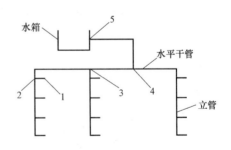

图 2-6-3　上行下给式给水系统

3）根据建筑的不同，选择规定的设计秒流量公式，从而可计算各管段的设计秒流量，如 1~2 管段流量、2~3 管段流量、3~4 管段流量、4~5 管段流量。

4）根据各管段的设计秒流量，按规定选择流速，从而确定各管段的管径，如 1~2 管段管径、2~3 管段管径、3~4 管段管径、4~5 管段管径。

5）进行管路 1~5 的压力损失计算。查所选用的管材水力计算表，如给水塑料管水力计算表、给水钢管水力计算表或给水铸铁管水力计算表等，计算出各管段单位管长的沿程压力损失，如 1~2 管段单位管长的沿程压力损失、2~3 管段单位管长的沿程压力损失、3~4 管段单位管长的沿程压力损失、4~5 管段单位管长的沿程压力损失。再由各管段单位管长的沿程压力损失乘以相应管段的长度得到各管段的沿程压力损失，如 1~2 管段的沿程压力损失、2~3 管段的沿程压力损失、3~4 管段的沿程压力损失、4~5 管段的沿程压力损失。把各管段的沿程压力损失加起来为计算管路总的沿程压力损失。局部压力损失查表 2-6-12 可求出，如已知计算管路总沿程压力损失为 A 值，查表 2-6-12 知局部压力损失占沿程压力损失的百分数为 $B\%$，则可求出计算管路总的局部压力损失为 $AB\%$。那么计算管路 1~5 的总压力损失 p_2' 为（$1+B\%$）A，给水系统中所需压力 $p' = p_2' + p_3$（p_2' 为水箱出水口 5 至最不利配水点 1 的给水管路（即计算管路）的沿程与局部压力损失之和；p_3 为最不利配水点所需的最低工作压力，查表可知）。在求出 p' 值后，将 p' 与 p_0' 比较（此时的 p_0' 为水箱出水口 5 至最不利配水点 1 间的垂直几何高度所对应的水压），如果 $p_0' \geqslant p'$，则所定水箱高度符合给水系统的要求。

6）图 2-6-3 中除计算管路 1~5 外，其他为非计算管路。非计算管路上的各管段管径可参考计算管路各管段相应设计流量的管径来标出，也可以根据计算出的非计算管路上的各管段的设计秒流量查规定的允许流速来确定管径，通过以上步骤，整个上行下给式给水系统的管径均已标出。

7）确定水箱容积、选择加压水泵、确定水池容积、计算水泵吸水口至水箱进水口间管道的管径等。

2.7 水表、水塔、水箱、贮水池、水泵、气压给水设备、无负压给水设备的计算与选择

2.7.1 水表的计算

1. 水表技术参数

水表技术参数见表 2-7-1、表 2-7-2、表 2-7-3。

表 2-7-1 LXS 旋翼湿式和 LXSL 旋翼干式水表技术参数

型号	公称口径 /mm	计量等级	过载流量	常用流量	分界流量	最小流量	始动流量	最小读数	最大读数
			m³/h			L/s		m³	
LXS-15C	15	A	3	1.5	0.15	45	14	0.0001	9999
LXSL-15C		B			0.12	30	10		
LXS-20C	20	A	5	2.5	0.25	75	19	0.0001	9999
LXSL-20C		B			0.20	50	14		
LXS-25C	25	A	7	3.5	0.35	105	23	0.0001	9999
		B			0.28	70	17		
LXS-32C	32	A	12	6	0.60	180	32	0.0001	9999
		B			0.48	120	27		
LXS-40C	40	A	20	10	1.00	300	56	0.001	99999
		B			0.80	200	46		
LXS-50C	50	A	30	15	1.50	450	75	0.001	99999
		B							

表 2-7-2　LXL 水平螺翼式水表技术参数

型号	公称口径 /mm	计量等级	过载流量	常用流量	分界流量	最小流量	最小读数	最大读数
			m³/h				m³	
LXL-50N	60	A	30	15	4.5	1.2	0.01	999999
		B			3.0	0.45		
LXL-80N	80	A	80	40	12	3.2	0.01	999999
		B			8.0	1.2		
LXL-100N	100	A	120	60	18	4.8	0.01	999999
		B			12	1.8		
LXL-150N	150	A	300	150	45	12	0.01	999999
		B			30	4.5		
LXL-200N	200	A	500	250	75	20	0.1	9999999
		B			50	7.5		
LXL-250N	250	A	800	400	120	32	0.1	9999999
		B			880	12		

表 2-7-3　旋翼干式远传水表性能参数

型号	公称口径 /mm	过载流量	常用流量	分界流量	最小流量
		m³/h			
LXSG-15Y	5	3	1.5	0.15	0.045
LXSG-20Y	20	5	2.5	0.25	0.075
LXSG-25Y	25	7	3.5	0.35	0.105
LXSG-32Y	32	12	6	0.60	0.180
LXSG-40Y	40	20	10	1.00	0.300
LXSG-50Y	50	30	15	3.00	0.450

2. 水表压力损失的计算和要求

（1）水表压力损失的计算。水表的压力损失按式（2-7-1）计算：

$$p_B = q_g^2 / K_B \tag{2-7-1}$$

式中　p_B——水表的压力损失（kPa）；

　　　q_g——计算管段的给水设计秒流量（m³/h）；

　　　K_B——水表的特性系数：

旋翼式水表的特性系数按式（2-7-2）计算：

$$K_B = Q_{max}^2 / 100 \tag{2-7-2}$$

螺翼式水表的特性系数按（2-7-3）计算：

$$K_B = Q_{max}^2 / 10 \tag{2-7-3}$$

Q_{max} 为水表的过载流量（m³/h）。

（2）水表压力损失的计算要求。在确定给水方式时可对水表的压力损失进行粗估，如住宅入户管上的水表，宜取 0.01MPa，建筑物或小区引入管上的水表，在生活用水工况时，宜取 0.03MPa，在校核消防工况时宜取 0.05MPa。在给水系统进行水力计算时，应对水表进行压力损失的计算。

2.7.2　水塔和水箱的计算与选择

1. 水塔的计算与选择

小区采用水塔作为生活用水的调节构筑物时，水塔的有效容积应按运行工况经计算确定，有冻结危险的水塔应有保温措施。

2. 水箱的计算与选择

水箱按在给水系统中的作用分为贮存调节功能水箱、调节和转输功能水箱和减压功能水箱等。

（1）贮存调节功能水箱的计算与选择。水箱的选择与计算应考虑其既能贮存调节给水系统所要求的水量，又能保护好生活用水的水质并满足运行要求。水箱容积常按以下工况确定：

1）由城镇给水管网夜间直接进水、白天由水箱供水的高位水箱的生活用水调节容积，宜按用水人数和最高日用水定额确定。

2）由室外给水管网间断供水的水箱，其有效容积按式（2-7-4）计算：

$$V = Q_L T_L \tag{2-7-4}$$

式中　V——水箱的有效容积（m^3）；

Q_L——水箱供水的最大连续平均小时用水量（m^3/h）；

T_L——水箱供水的最大连续时间（h）。

3）由人工控制水泵向水箱进水，同时水箱也向外供水的水箱，其有效容积按式（2-7-5）计算：

$$V = Q_d / n_b - T_b Q_b \tag{2-7-5}$$

式中　V——水箱的有效容积（m^3）；

Q_d——最高日用水量（m^3/d）；

n_b——水泵每天启动次数；

T_b——水泵启动一次的最短运行时间（h），由设计确定；

Q_b——水泵运行时间 T_b 内的建筑平均时用水量（m^3/h）。

4）水泵自动启动供水的水箱，其有效容积按式（2-7-6）计算：

$$V = \frac{C q_b}{4 K_b} \tag{2-7-6}$$

式中　V——水箱的有效容积（m^3）；

C——安全系数，可在 1.5～2.0 内采用；

q_b——水泵出水量（m^3/h）；

K_b——水泵 1h 内最大启动次数，一般选用 4～8 次。

在以上 3）、4）的工况下，水箱的有效容积分别应不小于日用水量的 10% 和 5%。现行的规范规定，由水泵联动提升进水的水箱，其生活用水调节容积不宜小于最大时用水量的 50%。

（2）调节和转输功能水箱的计算与选择。当高层建筑采用水池水泵水箱垂直串联供水时，水泵为定速泵，中间各水箱要有调节和转输的功能，除满足本区域用水外，还要贮存满足供上区用水水泵 5～10min 的水量。各水箱的作用：一是贮存调节本区的用水；二是调节初级泵与次级泵的流量差，一般初级泵流量大于或等于次级泵的流量，为保证初级泵每小时启动次数不大于 6 次，水箱的转输容积宜取次级泵 5～10min 的水量；三是防止次级泵停泵时次级管网的水压回传，中途水箱能消除回传水压，保护初级泵不受损害。生活用水调节容积不宜小于最大时用水量的 50%。

当高层建筑采用变频调速水泵垂直串联供水时，可不设中间转输水箱。因为在采用调速泵组供水的前提下，中间转输水箱已失去调节水量的功能，只剩下防止水压回传的功能，可用管道倒流防止器替代；不设中间转输水箱，又可减少一个水质污染的环节并节省建筑面积。给水系统水量水压的贮存和调节完全由变频调速泵控制。

（3）减压功能水箱的计算与选择。减压水箱为开式，用于降低给水系统的水压，水箱内安装有浮球阀的进水管和出水管，其大小只要求满足水箱内管件及本身的安装和维护，水箱容积不宜过大。

3. 标准水箱型号

在计算出水箱容积后可按标准水箱型号选用水箱。标准水箱的型号和容积见表 2-7-4。

表 2-7-4 标准水箱的型号和容积

型号	圆形					矩形					
	直径/mm	有效高度/mm	总高度/mm	有效容积/m³	总容积/m³	长/mm	宽/mm	有效高度/mm	总高度/mm	有效容积/m³	总容积/m³
1	1250	1000	1200	1.23	1.48	1400	750	1050	1200	1.10	1.25
2	1750	1000	1200	2.40	2.58	2000	1000	1050	1200	2.10	2.40
3	2000	1500	1700	4.70	5.35	2500	1200	1300	1450	3.90	4.35
4	2500	1500	1700	7.85	8.35	2500	1500	1650	1800	6.20	6.75
5	2750	1750	1950	10.40	11.60	3000	1800	1850	2000	10.00	10.80
6	3000	2000	2200	14.10	15.50	3500	2200	2050	2200	15.80	17.70
7	3500	2000	2200	19.20	21.20	4000	2500	2050	2200	20.50	22.00
8	4000	2000	2200	25.00	27.60	4500	2800	2050	2200	25.80	27.00
9	4400	2000	2200	30.40	33.50	5000	3000	2050	2200	30.80	32.50
10	4750	2000	2200	35.50	39.00	5000	3500	2050	2200	35.90	37.50
11	5000	2000	2200	39.20	43.20	5500	3600	2050	2200	40.60	43.50
12	5000	2500	2700	49.20	53.00	6000	4000	2050	2200	49.20	53.50

2.7.3 贮水池的计算与选择

贮水池的选择与计算应考虑其既能贮存调节所要求的水量、满足水泵加压供水，又能保护好生活用水的水质。一般可按式（2-7-7）和式（2-7-8）计算：

$$V \geqslant (Q_b - Q_j)T_b \tag{2-7-7}$$

$$(Q_b - Q_j)T_b \geqslant Q_j T_t \tag{2-7-8}$$

式中 V——贮水池生活用水有效容积（m³）；

T_b——水泵最长连续运行时间（h）；

Q_b——水泵出水流量（m³/h）；

Q_j——水泵进水流量（m³/h）；

T_t——水泵运行的间隔时间（h）。

现行的规范规定，建筑物内的生活低位贮水池（箱）在资料不足时，宜按建筑物最高日用水量的 20%～25% 确定。小区的生活低位贮水池（箱）在资料不足时，宜按小区最高日生活用水量的 15%～20% 确定。

2.7.4 水泵选用与水泵房设计计算

1. 水泵的选用

给水系统的加压水泵应满足供水的流量和压力，并且高效节能，同时符合安装要求。

1）水泵的 $Q \sim H$ 特性曲线，应是随流量的增大扬程逐渐下降的曲线（注：对 $Q \sim H$ 特性曲线存在上升段的水泵，应分析在运行工况中不会出现不稳定工作时方可采用）。

2）应根据管网水力计算进行选泵，水泵应在其高效区内运行。

3）生活加压给水系统的水泵机组应设备用泵，备用泵的供水能力不应小于最大一台运行水泵的供水能力，水泵宜自动切换交替运行。

4）小区的给水加压泵站，当给水管网无调节设施时，宜采用调速泵组或额定转速泵编程运行供水。泵组的最大出水量不应小于生活给水设计流量，生活与消防合用给水管道系统还应进行有消防工况时的校核。

5）建筑物内采用高位水箱调节给水系统时，水泵的最大出水量不应小于最大时用水量。

6）生活给水系统采用调速泵组供水时，应按系统最大设计流量选泵，调速泵在额定转速时的工作点，应位于水泵高效区的末端。

7）水泵的扬程

① 水泵直接从室外给水管网抽水时，其扬程相应的压力按式（2-7-9）计算：

$$p_b = p_1 + p_2 + p_3 + p_B - p_0 \tag{2-7-9}$$

式中　p_b——水泵扬程相应的压力（kPa）；

　　　p_1——引入管与最不利点高差相应的压力（kPa）；

　　　p_2——计算管路的总压力损失（kPa）；

　　　p_3——最不利配水点的最低工作压力（kPa）；

　　　p_B——水表的压力损失（kPa）；

　　　p_0——室外给水管网所能提供的最小水压（kPa）；

② 当水泵从贮水池抽水时，其扬程相应的压力按式（2-7-10）计算：

$$p_b = p_1 + p_2 + p_3 + p_B \tag{2-7-10}$$

式中　p_b——水泵扬程相应的压力（kPa）；

　　　p_1——水泵吸水管始点与最不利点高差相应的压力（kPa）；

　　　p_2——计算管路的总压力损失（kPa）；

　　　p_3——最不利配水点的最低工作压力（kPa）；

　　　p_B——水表的压力损失（kPa）。

2. 水泵装置的设计与计算

1）水泵和变频调速泵组电源应可靠，并宜采用双电源或双回路供电方式。

2）水泵宜自灌吸水，卧式离心泵的泵放气孔、立式多级离心泵吸水端第一级（段）泵体可置于最低设计水位标高以下，每台水泵宜设置单独从水池吸水的吸水管，吸水管内的流速宜采用 1.0～1.2m/s；吸水管口应设置喇叭口，喇叭口宜向下，低于水池最低水位不宜小于 0.3m，当达不到此要求时，应采取防止空气被吸入的措施。吸水管喇叭口至池底的净距不应小于 0.8 倍吸水管管径，且不应小于 0.1m；吸水管喇叭口边缘与池壁的净距不宜小于 1.5 倍吸水管管径；吸水管与吸水管之间的净距不宜小于 3.5 倍吸水管管径（管径以相邻两者的平均值计）（注：当水池水位不能满足水泵自灌启动水位时，应有防止水泵空载启动的保护措施）。

3）当每台水泵单独从水池吸水有困难时，可采用单独从吸水总管上自灌吸水，吸水总管应符合下列规定：

① 吸水总管伸入水池的引水管不宜少于两条，当一条引水管发生故障时，其余引水管应能通过全部设计流量，每条引水管上应设阀门（注：水池有独立的两个及以上的分格，每格有一条引水管，可视为有两条以上引水管）。

② 引水管宜设向下的喇叭口，喇叭口的设置应符合上述 2）中的有关规定，但喇叭口低于水池最低水位的距离不宜小于 0.3m。

③ 吸水总管内的流速应小于 1.2m/s。

④ 水泵吸水管与吸水总管的连接应采用管顶平接或高于管顶连接。

4）自吸式水泵每台应设置独立从水池吸水的吸水管。水泵以水池最低水位计算的允许安装高度，应根据当地的大气压力、最高水温时的饱和蒸汽压、水泵的汽蚀余量、水池最低水位和吸水管路的水头损失，经计算确定，并应有安全余量，安全余量应不小于 0.3m。

5）每台水泵的出水管上应装设压力表、止回阀和阀门（符合多功能阀安装条件的出水管，可用多功能阀取代止回阀和阀门），必要时应设置水锤消除装置。自灌式吸水的水泵吸水管上应装设阀门，并宜装设管道过滤器。

3. 水泵房的设计与计算

（1）建筑内设置的生活给水泵房不应毗邻居住用房或在其上下层。

（2）建筑物内的给水泵房应采取减振防噪措施。

（3）设置水泵的房间，应设排水设施；通风应良好，不会结冻。

（4）泵房内宜有检修水泵的场地，检修场地尺寸宜按水泵或电机外形尺寸四周有不小于 0.7m 的通道确定。

（5）泵房内配电柜和控制柜前面通道宽度不宜小于 1.5m。

（6）泵房内宜设置手动起重设备。

2.7.5　气压给水设备与无负压给水设备的计算与选择

1. 气压给水设备的计算与选择

气压给水设备由水泵、气压水罐、管道、阀门和仪表等组成，其选择与计算的对象主要有水泵和气压水罐。

1）气压水罐内的最低工作压力应满足管网最不利配水点所需的最低工作压力。

2）气压水灌内的最高工作压力不得使管网最大水压处配水点的水压大于 0.55MPa。

3）水泵（或泵组）的流量（以气压水罐内的平均压力计，其对应的水泵扬程的流量）不应小于给水系统最大时用水量的 1.2 倍。

4）气压水罐的调节容积应按式（2-7-11）计算：

$$V_{q2} = \frac{\alpha_n q_b}{4 n_q} \tag{2-7-11}$$

式中　V_{q2}——气压水灌的调节容积（m^3）；

　　　α_n——安全系数，宜取 1.0 ~ 1.3；

　　　q_b——水泵（或泵组）的出流量（m^3/h）；

　　　n_q——水泵在 1h 内的启动次数，宜采用 6 ~ 8 次。

5）气压水罐的总容积应按式（2-7-12）计算：

$$V_q = \beta V_{q1}/(1 - \alpha_b) \tag{2-7-12}$$

式中　　V_q——气压水罐的总容积（m^3）；

　　　　β——气压水罐的容积系数，隔膜式气压水罐取 1.05；

　　　　V_{q1}——气压水罐的水容积（m^3），应大于或等于调节容量；

　　　　α_b——气压水罐内的工作压力比（以绝对压力计），宜采用 0.65 ~ 0.85。

6）气压给水设备用水泵的安装应符合有关水泵的安装要求。

2. 无负压给水设备的计算与选择

（1）无负压给水设备的组成。无负压给水设备的主要组成有：

1）稳流补偿器：为一特制密闭装置，其用材质应符合生活饮用水水质的要求。它的作用是把市政给水管网的供水管与水泵的进水管连接起来。

2）真空抑制器：与稳流补偿器安装在一起，根据稳流补偿器内的水量、水压等实现其内的压力平衡，使稳流补偿器内不产生负压。

3）水泵：抽取稳流补偿器内水并满足供水系统的水量和水压要求。

4）变频控制柜：控制水泵在水量和水压变化条件下的变频控制。

5）其他：管道、阀门和仪表。

无负压给水设备的组成如图 2-7-1 所示。

（2）无负压给水设备的工作过程。将稳流补偿器的进水口连接市政给水管道，在进水管上安装负压表、阀门、过滤器和倒流防止器。水泵的进水口与稳流补偿器的出水口连接，在泵的进水管上安装闸阀，在泵的出水管上安装止回阀和闸阀。稳流补偿器内的水可直接进入用户供水系统，其间安装止回阀和闸

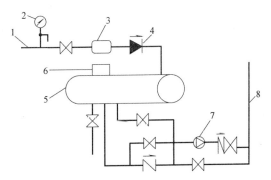

图 2-7-1　无负压给水设备的组成
1—引入管　2—负压表　3—过滤器　4—倒流防止器
5—稳流补偿器　6—真空抑制器
7—变频调速水泵　8—出水管

阀。稳流补偿器的下面安装清洗排污阀，在水泵的供水管上安装压力传感器和超压保护装置，在稳流补偿器上安装真空抑制器和压力传感器。以上真空抑制器、压力传感器、超压保护装置、水泵均由控制柜控制。水泵抽取稳流补偿器内水并输送至用户供水系统，由变频器控制。真空抑制器根据稳流补偿器内的水量、水压等实现其内的压力平衡，使稳流补偿器内不产生负压。

（3）无负压给水设备供水的优缺点。优点是充分利用市政给水管网内的水压，比水泵从水池内抽水节能；系统封闭，防止水质受污染；设备软启动，对电网和水网的冲击力小。缺点是要求供电可靠，控制系统较复杂，对进水要求高，系统调节容积小，无贮备水量。安装采用此装置须经当地供水主管部门同意。

（4）无负压给水设备的设计计算。采用无负压给水设备主要考虑市政水源是否能够保证需要的水量和水压、供水系统是否有无调节水装置、是否能够满足用户的供水要求等。

1）无负压给水设备的设计流量。无负压给水设备应满足给水系统的设计流量要求，当给水系统中无调节水量设施时，其设计流量应按给水系统的设计秒流量确定；当给水系统中

有调节水量设施时，其设计流量应按给水系统的最大时流量确定。

2）无负压给水设备的设计扬程。因为水泵直接从市政管网抽水，利用了市政给水管内的资用水头，故无负压给水设备的设计扬程可按式（2-7-9）计算。

需要注意的是，其中市政给水管网的资用水头对应压力实际为无负压给水设备进水点处的水压，即市政给水管网开口处的最不利水压减去开口处至引入管在设备连接点管路的压力损失、总水表压力损失、倒流防止器的压力损失和开口点与设备连接处标高差对应的压力。

3）无负压给水设备的容积计算。无负压给水设备的容积与水源来水量和其供水量有关。

1）当与市政水源连接的进户管的水量能够满足用水量要求时，稳流补偿器不需起调节流量的作用，故要求稳流补偿器的容积须满足结构尺寸要求，该容积称为稳流补偿器的总容积。

2）当与市政水源连接的进户管的水量不能够满足用水量要求时，稳流补偿器应有调节水量的容积，该容积称为稳流补偿器的调节容积，又称稳流补偿器的有效容积。稳流补偿器的调节容积按式（2-7-13）计算：

$$V_t = (Q_q - Q)\Delta T \qquad (2\text{-}7\text{-}13)$$

式中　V_t——稳流补偿器的调节容积（m^3）；

　　　Q_q——设计流量（m^3/h）；

　　　Q——市政给水管网供水管的供水量（m^3/h）；

　　　ΔT——用水高峰持续时间（h），其值与用水规模、当地用水习惯和用户性质等因素有关，一般取 $\Delta T = 3 \sim 30\text{min}$。

当市政供水最大流量 $Q_{max} \geq Q_q$ 时，稳流补偿器的调节容积 V_t 可取 $30 \sim 300\text{s}$ 的设计流量 Q_q；当市政供水最大流量 $Q_{max} < Q_q$ 时，需按式（2-7-13）校核稳流补偿器的调节容积 V_t，并将计算值作为稳流补偿器的选用依据。稳流补偿器的总容积可按式（2-7-14）计算：

$$V_0 = V_t/\beta \qquad (2\text{-}7\text{-}14)$$

式中　V_0——稳流补偿器的总容积（m^3）；

　　　V_t——稳流补偿器的调节容积（m^3）；

　　　β——稳流补偿器的可利用系数，一般宜采用 $0.75 \sim 0.85$。

（5）常用稳流补偿器的主要性能及选用。常用稳流补偿器的主要性能及选用见表2-7-5。

表 2-7-5　常用稳流补偿器的主要性能及选用

序号	稳流补偿器规格型号/mm	主要结构尺寸/mm		总容积/m^3	调节容积/m^3
		公称直径 DN	有效长度		
1	DN600×1300	600	1300	0.339	0.254 ~ 0.268
2	DN800×1500	800	1500	0.687	0.515 ~ 0.584
3	DN1000×2000	1000	2000	1.439	1.079 ~ 1.223
4	DN1200×2400	1200	2400	2.487	1.865 ~ 2.114
5	DN1400×2800	1400	2800	3.950	2.962 ~ 2.357
6	DN1500×3000	1500	3000	4.858	3.643 ~ 4.129
7	DN1600×3200	1600	3200	5.895	4.422 ~ 5.011
8	DN1800×3600	1800	3600	8.394	0.296 ~ 7.135
9	DN2000×4000	2000	4000	11.514	8.636 ~ 9.787
10	DN2400×4800	2400	4800	19.897	14.923 ~ 16.912
11	DN2800×5600	2800	5600	31.596	23.697 ~ 26.856
12	DN3000×6000	3000	6000	38.861	29.146 ~ 33.032

（6）稳流补偿器尺寸选择方法举例。

例 2-7-1 已知设计用户、每户人数、用水定额、用水时间、小时变化系数、每户用水器具名称及当量、无负压给水设备安装位置及相应的地面标高、市政给水管道开口处水压引入管的直径、引入管上安装的管件水表、倒流防止器、过滤器、闸门的数量。求稳流补偿器尺寸。

【解】 1）求设计秒流量；2）确定总水表型号，计算总水表水头损失；3）确定市政管道开口处的最低供水压力；4）计算市政管道开口处至稳流补偿器入口处的压力损失；5）确定稳流补偿器入口处的压力；6）计算稳流补偿器入口处市政管道的供水量；7）比较稳流补偿器入口处市政管道的供水量与设计秒流量的大小，若稳流补偿器入口处市政管道的供水量大于设计秒流量，可选表 2-7-5 中最小的结构尺寸如 $DN600 \times 1300$；若稳流补偿器入口处市政管道的供水量小于设计秒流量，应计算稳流补偿器的调节容积，按（2-7-13）计算 V_{t_1}，并按式（2-7-14）计算其总容积；8）查表 2-7-5 选择稳流补偿器尺寸。

2.8　建筑给水计算举例

例 2-8-1 某 6 层建筑，1～2 层为商场，总当量数为 20，3～6 层为旅馆，总当量数为 125，采用直接给水，求该建筑引入管上的设计秒流量。

【解】 商场 α 值为 1.5，旅馆 α 值为 2.5，设计秒流量公式为 $q_g = 0.2\alpha \sqrt{N_g}$。因两者用途不一样，$\alpha$ 值采用加权平均法计算。

故该建筑

$$\alpha = \frac{20 \times 1.5 + 125 \times 2.5}{20 + 125} = 2.4$$

$$q_g = 0.2\alpha \sqrt{N_g} = 0.2 \times 2.4 \times \sqrt{145}\text{L/s} = 5.8\text{L/s}$$

例 2-8-2 某 7 层住宅给水管道计算草图如图 2-8-1 所示，立管 A 和 C 为普通住宅 Ⅱ 型，一卫（坐便器、洗脸盆、沐浴器各一只）一厨（洗涤盆一只），有洗衣机和家用燃气热水器。24 小时供水，每户 3.5 人。立管 B 和 D 为普通住宅 Ⅲ 型，两卫（坐便器、洗脸盆各两只、浴盆和沐浴器各一只）一厨（洗涤盆一只），有洗衣机和家用燃气热水器。24 小时供水，每户 4 人。用水定额和时变化系数均取平均值。

（1）计算各个立管和各段水平干管的 U_0 值。

（2）求管段 A1—A2，A7—A，B1—B2，B7—B，B—C，C—D，D—E 的设计秒流量。

【解】 （1）用水定额和时变化系数

1）Ⅱ型住宅用水定额 $[(130 + 300)/2]$ L/（人·d）= 215L/（人·d），时变化系数 $(2.8 + 2.3)/2 = 2.55$

2）Ⅲ型住宅用水定额 $(180 + 320)/2 = 250$（L/人·d），时变化系数 $(2.5 + 2.0)/ = 2.25$

（2）每户给水当量数

1）Ⅱ型住宅 $N = 0.5$（便）+ 0.75（脸）+

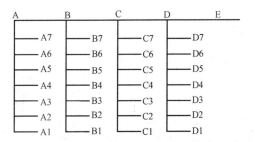

图 2-8-1　某 7 层住宅给水管道计算草图

0.75（淋）+ 1.0（厨）+ 1.0（衣）= 4.0

2）Ⅲ型住宅 $N = 0.5$（便）$\times 2 + 0.75$（脸）$\times 2 + 0.75$（淋）$+ 1.2$（浴）$+ 1.0$（厨）$+ 1.0$（衣）$= 6.45$

（3）立管 A 和立管 C 的 U_0 值

$$U_{01} = \frac{215 \times 3.5 \times 2.55}{0.2 \times 4.0 \times 86400} = 2.8\%$$

（4）立管 B 和立管 D 的 U_0 值

$$U_{02} = \frac{250 \times 4.0 \times 2.25}{0.2 \times 6.45 \times 86400} = 2\%$$

（5）干管 BC 的 U_0 值

$$U_{03} = \frac{0.028 \times 7 \times 4 + 0.02 \times 7 \times 6.45}{7 \times 4 + 7 \times 6.45} = 2.3\%$$

（6）干管 CD 的 U_0 的值

$$U_{04} = \frac{0.028 \times 2 \times 4 \times 7 + 0.02 \times 6.45 \times 7}{2 \times 4 \times 7 + 6.45 \times 7} = 2.44\%$$

（7）干管 DE 的 U_0 值与干管 BC 的 U_0 值相同

$$U_{05} = \frac{0.028 \times 2 \times 4 \times 7 + 0.02 \times 6.45 \times 7 \times 2}{2 \times 4 \times 7 + 6.45 \times 7 \times 2} = 2.30\%$$

计算结果见表 2-8-1。

表 2-8-1 某 7 层住宅 U_0 和 q_g 水力计算表

管段	当量 N	U_0（%）	q_g/（L/s）
A1—A2	4	2.8	0.41
A7—A	28	2.8	1.15
B1—B2	6.45	2	0.52
B7—B	45.15	2	1.44
B—C	73.15	2.3	1.9
C—D	101.15	2.44	2.3
D—E	146.3	2.3	2.78

例 2-8-3 某 10 层普通Ⅲ型住宅给水管道计算草图如图 2-8-2 所示，设两卫（坐便器、洗脸盆各两只、浴盆和淋浴器各一只）一厨（洗涤盆一只，有热水），有洗衣机。采用集中热水供应。24 小时供水，每户 4 人。用水定额和时变化系数均取平均值。

（1）计算 U_0 值。

（2）求管段 1—2，2—3，A—B，B—C，C—D，D—E，E—F，F—G 的设计秒流量。

【解】 （1）用水定额和时变化系数

用水定额 $[(180 + 320)/2 - (60 + 100)/2]$L/（人·d）$= 170$L/（人·d），时变化系数 $(2.5 + 2.0)/2 = 2.25$

（2）每户当量数

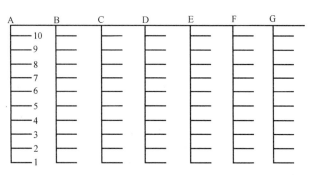

图 2-8-2 某 10 层普通Ⅲ型住宅给水管道计算草图

$$N = 0.5(便) \times 2 + 0.5(脸) \times 2 + 0.7(厨) + 1.0(浴) + 0.5(淋) + 1.0(衣) = 5.2$$

（3）求 U_0 值

$$U_0 = \frac{170 \times 4 \times 2.25}{0.2 \times 5.2 \times 86400} = 1.7\%$$

计算结果见表 2-8-2。

表 2-8-2　某 10 层住宅 U_0 和 q_g 水力计算表

管段	当量 N	$U_0(\%)$	$q_g/(L/s)$
1—2	5.2	1.7	0.46
2—3	10.4	1.7	0.66
A—B	52	1.7	1.54
B—C	104	1.7	2.27
C—D	156	1.7	2.75
D—E	208	1.7	3.24
E—F	260	1.7	3.65
F—G	312	1.7	4.04

例 2-8-4　一住宅共 120 户，按每户 4 口人计，用水定额为 200L/(人·d)，$K_h = 2.5$，$T = 24h$，$N_g = 8$，求 U_0。

【解】

$$U_0 = \frac{q_0 m K_h}{0.2 N_g T 3600} = \frac{200 \times 4 \times 2.5}{0.2 \times 8 \times 24 \times 3600} = 1.44\%$$

例 2-8-5　某住宅共 160 户，每户平均 4 人，用水量定额为 150L/(人·d)，小时变化系数 $K_h = 2.4$，拟采用补气式立式气压给水设备供水，试计算气压水罐总容积。

【解】　该住宅最高日最大时用水量为：

$$Q_h = \frac{160 \times 4 \times 150}{24 \times 1000} \times 2.4 m^3/h = 9.6 m^3/h$$

水泵出水量为：

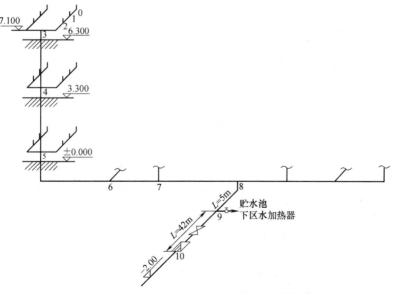

图 2-8-3　1～3 层和地下室直接给水管网计算草图

$$q_b = 1.2 Q_h = 1.2 \times 9.6 \text{m}^3/\text{h} = 11.52 \text{m}^3/\text{h}$$

取 $\alpha_a = 1.3$、$n_q = 6$，则气压水罐的水调节容积为：

$$V_{q2} = V_{ql} = \alpha_a \frac{q_b}{4 n_q} = \frac{1.3 \times 11.52}{4 \times 6} \text{m}^3 = 0.624 \text{m}^3$$

取 $\alpha_b = 0.75$、$\beta = 1.1$，则气压水罐总容积为：

$$V_q = \frac{\beta V_{ql}}{1 - \alpha_b} = \frac{1.1 \times 0.624}{1 - 0.75} \text{m}^3 = 2.75 \text{m}^3$$

例 2-8-6 华北一 12 层宾馆，采用 1~3 层和地下室直接给水，4~12 层为水池水泵水箱加压给水。1~3 层和地下室直接给水管网计算草图如图 2-8-3 所示；4~12 层水池水泵水箱加压给水草图如图 2-8-4 所示；水泵系统计算草图如图 2-8-5 所示。对其给水系统进行水力计算。

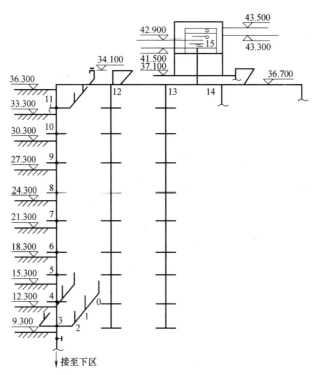

图 2-8-4 4~12 层水池水泵水箱加压给水草图

【解】 （1）给水用水定额及时变化系数

查表 2-5-2 可知，宾馆客房旅客的最高日生活用水定额为 250~400L，员工的最高日生活用水定额为 80~100L，小时变化系数 K_h 为 2.5~2.0。根据本建筑物的性质和室内卫生设备的完善程度，选用旅客的最高日生活用水定额为 $q_{d1} = 350\text{L}/(\text{床} \cdot \text{d})$，员工的最高日生活用水定额为 $q_{d2} = 90\text{L}/(\text{人} \cdot \text{d})$，由于客源相对稳定，取用水时变化系数 $K_h = 2.0$。

（2）最高日用水量

$$Q_d = m_1 q_{d1} + m_2 q_{d2} = (504 \times 350/1000 + 30 \times 90/1000) \text{m}^3/\text{d} = 179.1 \text{m}^3/\text{d}$$

（3）最高日最大时用水量

$$Q_h = \frac{Q_d}{T} K_h = (179.1 \times 2.0/24) \text{m}^3/\text{h} = 14.9 \text{m}^3/\text{h}$$

（4）设计秒流量

$$q_g = 0.2\alpha \sqrt{N_g}$$

本工程旅馆，$\alpha = 2.5$

$$q_g = 0.5 \sqrt{N_g}$$

（5）屋顶水箱容积

本宾馆供水系统为水泵自动启动供水。根据式（2-7-6），每小时最大启动 K_b 为 4 ~ 8 次，取 $K_b = 6$ 次。安全系数 C 可在 1.5 ~ 2.0 内采用，为保证供水安全，取 $C = 2.0$。

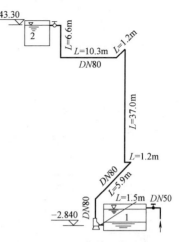

图 2-8-5　水泵系统计算草图

4 ~ 12 层的生活用冷水由水箱供给，1 ~ 3 层的生活用冷水虽然不由水箱供给，但考虑市政给水事故停水，水箱仍应短时供下区用水（上下区设连通管），故水箱容积应按 1 ~ 12 层全部用水确定。又因水泵向水箱供水不与配水管网连接，故选水泵出水量与最高日最大时用水量相同，即 $q_b = 14.9 \text{m}^3/\text{h}$。

水泵自动启动装置安全可靠，屋顶水箱的有效容积为：

$$V = Cq_b/(4K_b) = [2.0 \times 14.9/(4 \times 6)] \text{m}^3 = 1.24 \text{m}^3$$

屋顶水箱为钢制，尺寸为 $2.0\text{m} \times 2.0\text{m} \times 0.6\text{m}$，有效水深为 0.4m，有效容积为 1.6m^3。另外，如果水泵自动启动装置不可靠，则水箱容积不宜小于最大用水时水量的 50%。

（6）地下室内贮水池容积

本设计上区为设水泵、水箱的给水方式，因为市政给水管不允许水泵直接从管网抽水，故地下室设贮水池。其容积按式（2-7-7）和式（2-7-8）计算。

进入水池的进水管管径取 $DN50$，按管中流速为 1.1m/s 估算进水量，则由给水铸铁管水力计算表知 $Q_j = 2.1 \text{L/s} = 7.56 \text{m}^3/\text{h}$。

水泵运行时间应为水泵灌满屋顶水箱的时间，在该时段屋顶水箱仍在向配水管网供水，此供水量即屋顶水箱的出水量。按最高日平均小时来估算，为 $Q_p = Q_d/24 = 179.1/24 = 7.2 \text{m}^3/\text{h}$。则

$$T_b = V/(Q_b - Q_p) = V/(q_b - Q_p) = [1.24/(14.9 - 7.2)] \text{h} = 0.16\text{h} = 9.6 \text{min}$$

贮水池的有效容积为 $V \geqslant (Q_b - Q_j) T_b = (14.9 - 7.56) \times 0.16 \text{m}^3 = 1.17 \text{m}^3$。

校核：

水泵运行间隔时间应为屋顶水箱向管网配水（屋顶水箱由最高水位下降到最低水位）的时间。仍然以平均小时用水量估算，$T_t = V/Q_p = (1.24/7.2) \text{h} = 0.17\text{h}$，$Q_j T_t = 7.56 \times 0.17 \text{m}^3 = 1.29 \text{m}^3$，$(Q_b - Q_j) T_b = (14.9 - 7.56) \times 0.16 \text{m}^3 = 1.17 \text{m}^3$。满足 $Q_j T_t \geqslant (Q_b - Q_j) T_b$ 的要求。

另外，据《建筑给水排水设计规范》（GB 50015—2003）（2009 年版），如果没有详细的设计资料或为了方便设计，贮水池的调节容积亦可按最高日用水量的 20% ~ 25% 确定。如按最高日用水量的 20% 计，则 $V = 179.1 \times 20\% = 35.8 \text{m}^3$。

经比较，两者相差太大，考虑停水时贮水池仍能暂时供水，其容积按后者考虑，即贮水池的有效容积 $V = 35.8\text{m}^3$。

生活贮水池为钢制，尺寸为 $6.0\text{m} \times 6.0\text{m} \times 1.2\text{m}$，有效水深为 1.0m，有效容积为 36m^3。

（7）室内所需的压力。

1）1～3层室内所需的压力。

根据计算草图 2-8-3，下区 1～3 层水力计算成果见表 2-8-3。

表 2-8-3　1～3层给水管网水力计算成果表

顺序编号	管段编号 自	管段编号 至	卫生器具当量 (n/N)	卫生器具名称、数量、当量 浴盆 1.0	卫生器具名称、数量、当量 洗脸盆 0.5	卫生器具名称、数量、当量 坐便器 0.5	当量总数 ΣN_g	设计秒流量 q_g/(L/s)	DN/mm	v/(m/s)	单阻 i/kPa	管长/m	沿程压力损失 $p_y=iL$/kPa	备注
1	2	3	4	5	6	7	8	9	10	11	12	13	14
1	0	1	n/N	1/1.0	—		1.0	0.20	15	1.17	3.54	0.5	1.77	
2	1	2	n/N	1/1.0	1/0.5		1.5	0.30	20	0.93	1.53	0.4	0.61	
3	2	3	n/N	1/1.0	1/0.5	1/0.5	2.0	0.40	25	0.75	0.75	1.0	0.75	①0～9管路当量按冷热水单独流量对应的当量值计算。
4	3	4	n/N	2/2.0	2/1.0	2/1.0	4.0	0.80	32	0.84	0.63	3.0	2.88	②9～10管段按冷热水总流量对应的当量值计算。
5	4	5	n/N	4/4.0	4/2.0	4/2.0	8.0	1.41	32	1.49	1.86	3.0	5.58	③9～10管段按给水铸铁管水力计算表查用。
6	5	6	n/N	6/6.0	6/3.0	6/3.0	12.0	1.73	40	1.37	1.33	4.9	6.52	④计算管路为0～10。
7	6	7	n/N	12/12.0	12/6.0	12/6.0	24.0	2.45	50	1.16	0.67	3.9	2.61	
8	7	8	n/N	18/18.0	18/9.0	18/9.0	36.0	3.00	70	0.85	0.27	19.0	5.13	
9	8	9	n/N	36/36.0	36/18.0	36/18.0	72.0	4.24	70	1.20	0.54	5.0	2.70	
10	9	10	n/N	114/137	114/85.5	114/57	279.5	8.36	100	1.09	0.26	42.0	10.92	
												$\Sigma p_y = 39.47\text{kPa}$	

由图 2-8-3 和表 2-8-3 可知：

$p_1 = 6.3 + 0.8 - (-2.0) = 9.1\text{mH}_2\text{O}$（其中0.8为配水嘴距室内地坪的安装高度），$p_1 = 10H_1 = 10 \times 9.1\text{kPa} = 91\text{kPa}$

$$p_2 = 1.3 \times \sum p_v = 1.3 \times 39.47\text{kPa} = 51.31\text{kPa}$$

$p_4 = 50\text{kPa}$（即最不利点水嘴的最低工作压力）。

选用 LXL-100 旋翼式水表，其最大流量 $Q_{max} = 120\text{m}^3/\text{h}$，性能系数为 $K_b = Q_{max}^2/100 = 120^2/100 = 144$。则水表的压力损失 $p_B = q_g^2/K_b = [(9.25 \times 3.6)^2/144]\text{kPa} = 7.7\text{kPa}$，满足正常用水时 $<24.5\text{kPa}$ 的要求，即 $p_3 = 7.7\text{kPa}$。

室内所需的压力

$$p = p_1 + p_2 + p_3 + p_4 = (91 + 51.31 + 7.7 + 50)\text{kPa} = 200.01\text{kPa}$$

室内所需的压力与市政给水管网工作压力 210kPa 接近，可满足 1～3 层供水要求，不再进行调整计算。

2）4～12 层室内所需的压力。上区 4～12 层管网水力计算成果见表 2-8-4。

表 2-8-4　4～12 层管网水力计算成果表

顺序编号	管段编号		卫生器具当量 (n/N)	卫生器具名称、数量、当量			当量总数 ΣN_g	设计秒流量 q_g/(L/s)	DN/mm	v/(m/s)	单阻 i/kPa	管长/m	沿程压力损失 $p_y = iL$/kPa	备　　注
	自	至		浴盆 1.0	洗脸盆 0.5	坐便器 0.5								
1	2		3	4	5	6	7	8	9	10	11	12	13	14
1	0	1	n/N	1/1.0	—	—	1.0	0.20	15	1.17				
2	1	2	n/N	1/1.0	1/0.5	—	1.5	0.30	20	0.93				
3	2	3	n/N	1/1.0	1/0.5	1/0.5	2.0	0.40	25	0.75				
4	3	4	n/N	2/2.0	2/1.0	2/1.0	4.0	0.80	32	0.84				
5	4	5	n/N	4/4.0	4/2.0	4/2.0	8.0	1.41	32	1.49				
6	5	6	n/N	6/6.0	6/3.0	6/3.0	12.0	1.73	40	1.37				计算管路选为 $0'\sim15$
7	6	7	n/N	8/8.0	8/4.0	8/4.0	16.0	2.00	40	1.59				$\therefore 0'\sim11$ 的沿程损失 Σp_y 同图 2-8-3 中的 0～3。由表 2-8-3 得其 p_y 为 3.13kPa
8	7	8	n/N	10/10.0	10/5.0	10/5.0	20.0	2.24	50	1.06				
9	8	9	n/N	12/12.0	12/6.0	12/6.0	24.0	2.50	50	1.18				
10	9	10	n/N	14/14.0	14/7.0	14/7.0	28.0	2.65	50	1.25				$\therefore 0'\sim15$ 的 $p_y =$ $3.13+16.90=20.03$kPa
11	10	11	n/N	16/16.0	16/8.0	16/8.0	32.0	2.83	50	1.34				
12	11	12	n/N	18/18.0	18/9.0	18/9.0	36.0	3.00	50	1.41	1.00	8.7	8.7	
13	12	13	n/N	36/36.0	36/18.0	36/18.0	72.0	4.24	80	0.86	0.23	2.5	0.58	
14	13	14	n/N	54/54.0	54/27.0	54/27.0	108.0	5.20	80	1.05	0.32	11.6	3.71	
15	14	15	n/N	108/108.0	108/54.0	108/54.0	216.0	7.35	80	1.48	0.63	6.2	3.91	
													$\Sigma p_y = 16.90$kPa	

由表 2-8-4 和图 2-8-4 可知，$h = 42.9 - 34.1 = 8.8\text{mH}_2\text{O}$，$p = 10h = 10 \times 8.8\text{kPa} = 88\text{kPa}$。

$p_2 = 1.3 \sum p_y = 1.3 \times 20.03\text{kPa} = 26.04\text{kPa}$

$p_4 = 50\text{kPa}$

即 $p_2 + p_4 = (26.04 + 50)\text{kPa} = 76.04\text{kPa}$。

$$p > p_2 + p_4$$

如图 2-8-5 所示，加压水泵为 4～12 层给水管网增压，但考虑市政给水事故停水，水箱仍应短时供下区用水（上下区设连通管），故水箱容积应按 1～12 层全部用水确定。水泵向水箱供水不与配水管网相连，故水泵出水量按最大时用水量 $14.9\text{m}^3/\text{h}$（4.2L/s）计。由钢管水力计算表可查得：当水泵出水管侧 $Q = 4.2\text{L/s}$ 时，选用 $DN80$ 的钢管，$v = 0.85\text{m/s}$，$i = 0.217\text{kPa/m}$。水泵吸水管侧选用 $DN100$ 的钢管，同样可查得，$v = 0.48\text{m/s}$，$i = 0.055\text{kPa/m}$。

由图 2-8-5 可知，压水管长度为 62.2m，其沿程压力损失 $p_y = 0.217 \times 62.2\text{kPa} = 13.50\text{kPa}$。吸水管长度为 1.5m，其沿程压力损失 $p_y = 0.055 \times 1.5\text{kPa} = 0.083\text{kPa}$。故水泵的管路总压力损失为 $(13.50 + 0.083) \times 1.3\text{kPa} = 17.66\text{kPa}$。

水箱最高水位与底层贮水池最低水位之差：$43.30-(-2.84)\,\mathrm{mH_2O}=46.14\,\mathrm{mH_2O}$，其相应的压力为：$46.14\times10\mathrm{kPa}=461.4\mathrm{kPa}$。

取水箱进水浮球阀的流出水压为 20kPa。

故水泵扬程相应的压力 $p_b=(461.4+17.66+20)\mathrm{kPa}=498.73\mathrm{kPa}$。

水泵出水量如前所述为 $14.9\mathrm{m^3/h}$。

据此选得水泵 $50\mathrm{DL}-4$（$p_b=532\sim424\mathrm{kPa}$、$Q=9.0\sim16.2\mathrm{m^3/h}$、$N=4\mathrm{kW}$）两台，其中一台备用。

2.9 给水管道验收

2.9.1 建筑外给水管道验收

（1）给水管道在埋地敷设时，应在当地的冰冻线以下，当必须在冰冻线以上敷设时，应做可靠的保温防潮措施。在无冰冻地区埋地敷设时，管顶的覆土埋深不得小于 500mm，穿越道路部位的埋深不得小于 700mm。

（2）给水管道不得直接穿越污水井、化粪池、公共厕所等污染源。

（3）管道接口法兰、卡扣、卡箍等应安装在检查井或地沟内，不得埋在土壤中。

（4）给水系统各种井室内的管道安装，如设计无要求，井壁距法兰或承口的距离：当管径小于或等于 450mm 时，不得小于 250mm；当管径大于 450mm 时，不得小于 350mm。

（5）给水管网必须进行水压试验，试验压力为工作压力的 1.5 倍，但不得小于 0.6MPa。检验方法是：管材为钢管、铸铁管时，试验压力下 10min 内压力降不应大于 0.05MPa，然后降至工作压力进行检查，压力应保持不变，不渗不漏；管材为塑料管时，试验压力下，稳压 1h 压力降不应大于 0.05MPa，然后降至工作压力进行检查，压力应保持不变，不渗不漏。

2.9.2 建筑内给水管道验收

建筑内给水管道的水压试验必须符合设计要求。当设计未注明时，各种材质的给水管道系统试验压力均为工作压力的 1.5 倍，但不得小于 0.6MPa。检验方法：金属及复合管给水管道系统在试验压力下观测 10min，压力降不应大于 0.02MPa，然后降到工作压力进行检查，应不渗不漏；塑料管给水系统应在试验压力下稳压 1h，压力降不得超过 0.05MPa，然后在工作压力的 1.15 倍状态下稳压 2h，压力降不得超过 0.03MPa，同时检查各连接处，不得渗漏。室内直埋给水管道（塑料管道和复合管道除外）应做防腐处理，埋地管道防腐层材质和结构应符合设计要求。

第3章 建 筑 排 水

3.1 建筑排水系统

3.1.1 建筑排水系统的任务、组成、分类、体制与排水系统管路方式

1. 建筑排水系统的任务

在建筑内安装的生活、生产或其他用水设备，供人们用水并收集排除产生的污废水，为此设置了建筑排水系统。其任务就是把产生的污废水和有害气体迅速而及时地排至室外，并防止有害气体和细菌进入室内，以便保证人们的卫生；同时建筑排水系统的设计要为污废水的再生回用创造条件，并能够满足安装和使用的要求。

2. 建筑排水系统的组成

建筑排水系统由卫生器具（或生产受水器）、排水管道（横管、立管、支管、卫生器具或生产受水器的连接管、排水管道上的连接管件）、通气管道（如伸顶通气管、专用通气管等）以及局部抽升设备（施）、局部污废水处理设备（施）等组成。

3. 建筑排水系统的分类

建筑排水系统按污废水的来源分为以下三类：

（1）生活排水系统

1）生活污水排水系统：排除大便器（槽）、小便器（槽）内的粪便水。

2）生活废水排水系统：排除洗脸、洗澡、洗衣和厨房产生的废水。

（2）工业废水排水系统

1）生产污水排水系统：排除生产过程中被化学杂质（有机物、重金属离子、酸、碱等）、机械杂质（悬浮物及胶体物）污染较重的工业废水。

2）生产废水排水系统：排除污染轻或仅水温升高的工业废水。

（3）屋面雨水排水系统：排除降落在屋面的雨（雪）水。

4. 建筑排水系统的体制

建筑排水系统的体制分为以下两种：

（1）分流制：不同种类的污废水用不同的管道进行分开排除。例如，建筑内的屋面雨水与其他污废水分开排除称为分流制；建筑内的污水和废水（如粪便水和洗涤水）分开排除也称为分流制。

（2）合流制：不同种类的污废水用同一管道排除。在建筑物中，屋面雨水应与其他污废水分开排除，但建筑内的污水和废水（如粪便水和洗涤水）可一起排除。

5. 建筑排水系统的管路方式

常见的建筑排水系统管路方式有以下三种：

（1）重力流排水系统管路方式：依靠重力流排除用水设备产生的污废水，常用于排除高于地面的用水设备产生的污废水。重力流排水系统管路方式有以下几种：

1）无通气管的单立管排水系统：立管顶部不与大气相通，适用于立管短、卫生器具少、排水量小、立管顶端不便伸出屋面的底层排水，如图 3-1-1 所示。

2）普通单立管排水系统：立管顶部穿出屋顶与大气相通。普通单立管排水系统适用于一般多层建筑的排水，如图 3-1-2 所示。

3）特制配件单立管排水系统：在横支管与立管连接处和在立管底部与横干管连接处（或排出管上）设有特制配件。特制配件单立管排水系统适用于多层建筑和高层建筑，如图 3-1-3 所示。

图 3-1-1　无通气管的单立管排水系统

4）双立管排水系统：由一根排水立管和一根专用通气管组成。双立管排水系统适用于污废水合流的各类多层建筑和高层建筑，如图 3-1-4 所示。

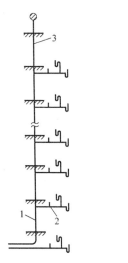

图 3-1-2　普通单立管排水系统
1—排水立管　2—排水横支管
3—通气管

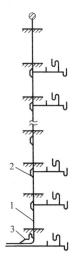

图 3-1-3　特制配件单立管排水系统
1—排水立管　2—立管特制配件
3—排出管特制配件

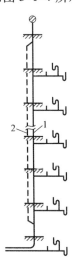

图 3-1-4　双立管排水系统
1—排水立管　2—通气立管

5）三立管排水系统：由生活污水立管、生活废水立管和通气立管组成。三立管排水系统适用于生活污水和生活废水需分别排出室外的各类多层建筑和高层建筑，如图 3-1-5 所示。

6）污废水立管互为通气管的排水系统：在污废水两立管上安装了结合通气管。污废水立管互为通气管的排水系统适用于生活污水和生活废水需分别排出室外的各类多层建筑和高层建筑，如图 3-1-6 所示。

（2）压力流排水系统管路方式：依靠污水泵排除用水设备产生的污废水。压力流排水系统管路方式常用于排除低于地面的用水设备产生的污废水，如图 3-1-7 所示。

（3）真空排水系统管路方式：利用真空产生的负压进行抽吸的排水方式。真空排水系统管路方式可用于建筑的排水系统和某些生产设备的排水。该系统的特点是节水。

3.1.2　建筑排水内容与排水资料的收集

1. 建筑排水内容

建筑排水内容有：

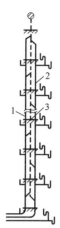

图 3-1-5 三立管排水系统
1—污水排水立管 2—废水排水立管 3—通气立管

图 3-1-6 污废水立管互为通气管的排水系统
1—污水立管 2—废水立管 3—结合通气管

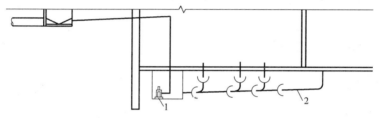

图 3-1-7 压力流排水系统管路方式
1—地下室排水水泵 2—地下室排水管道

（1）卫生器具或生产受水器的选择、确定与布置。

（2）排水体制的选择与确定。

（3）建筑内排水管道的布置。

（4）管材的选择与确定。

（5）局部抽升和污废水处理位置的确定和布置，设备型号的选用与确定。

（6）建筑外排水管材的选用、确定和布置。

（7）建筑内外排水管道水力计算，确定管径。

（8）绘制排水系统施工图。

2. 建筑排水资料的收集

建筑排水资料的收集内容包括：

（1）建筑图（包括平面图、立面图、剖面图以及卫生间图）的收集。

（2）建筑给水排水任务书的收集和掌握。

（3）建筑给水排水设计规范的收集和掌握。

（4）当地对排水的要求和水的处理回用政策。

（5）市政接管位置、管径、标高、排水体制。

（6）化粪池的位置和其他管线对排水管道的设置要求。

（7）污废水的处理和回用技术的收集。

3.1.3 建筑排水系统的选择

（1）建筑物内在下列情况下宜采用生活污水与生活废水分流的排水系统

1）建筑物使用性质对卫生标准要求较高时。

2）生活废水量较大，且环卫部门要求生活污水需经化粪池处理后才能排入城镇排水管道时。

3）生活废水需回收利用时。

（2）下列建筑物排水应单独排至水处理或回收构筑物：

1）职工食堂、营业餐厅的厨房含有大量油脂的洗涤废水。

2）机械自动洗车台冲洗水。

3）含有大量致病菌、放射性元素超过排放标准的医院污水。

4）水温超过40℃的锅炉、水加热器等加热设备排水。

5）用作回用水水源的生活排水。

6）实验室有害有毒废水。

（3）建筑物雨水管道应单独设置，雨水回收利用可按现行国家标准《建筑与小区雨水利用工程技术规范》（GB 50400—2006）执行。

3.2 卫生器具和卫生间

3.2.1 卫生器具

1. 卫生器具的种类

常见的卫生器具根据用途分为以下四种：

（1）便溺用卫生器具：包括大、小便器（槽）。

（2）盥洗淋浴用卫生器具：包括洗脸盆、浴盆、淋浴器、盥洗槽等。

（3）洗涤用卫生器具：包括洗涤池、化验盆、洗涤用卫生盆等。

（4）其他专用卫生器具：包括医院、实验室等的专用用水器具。

2. 卫生器具的配置

卫生器具主要根据用途和建筑的性质进行配置。

（1）工业企业生活间卫生器具设置数见表3-2-1。

表 3-2-1 工业企业生活间卫生器具设置数

男		女			
使用人数	大便器数	使用人数	大便器数	使用人数	净身器
20 人以下	1	10 人以下	1	100 ~ 200	1
21 ~ 50	2	11 ~ 30	2	201 ~ 300	2
51 ~ 75	3	31 ~ 50	3	301 以上	每增加 100 ~ 200 人增设 1 个
76 ~ 100	4	51 ~ 75	4		
101 ~ 1000	100 名以上每增加 50 名增设 1 个	76 ~ 100	5		
1001 以上	1000 名以上每增加 60 名增设 1 个	101 ~ 1000	100 名以上每增加 35 名增设 1 个		
		1000 以上	1001 名以上每增加 45 名增设 1 个		

注：1. 拖布池在男女厕所内各设 1 个。
　　2. 小便器在男厕所内设置，其数量同大便器。

（2）公共建筑中每一卫生器具的使用人数见表 3-2-2。

表 3-2-2 公共建筑中每一卫生器具的使用人数

序号	建筑类别	大便器		小便器	洗脸盆	盥洗水嘴	淋浴器
		男	女				
1	集体宿舍	18	12	18		5	20 ~ 40
2	旅馆	12 ~ 15	10 ~ 12	12 ~ 15		由设计决定	15 ~ 25
3	医院	15	12	15	6 ~ 8		10 ~ 20
4	门诊部	75	50	50			
5	办公建筑	40	20	30	40		
6	汽车客运站	100	80	100			—
7	百货公司	100	70	80			—
8	电影院	150	50	50	200		—
9	剧院、俱乐部	75	50	25 ~ 40	100		—

（3）餐馆、饮食店、食堂每一卫生器具使用人数见表 3-2-3。

表 3-2-3 餐馆、饮食店、食堂每一卫生器具使用人数（座位）

器具 类别	等级	洗手间中洗手盆	洗手水嘴	洗碗水嘴	厕所中大、小便器
餐馆	一、二级	小于等于 50 座位时，设 1 个 大于 50 座位时每 100 座位增设 1 个			小于等于 100 座位时设男女大便器各 1 个，男小便器 1 个 大于 100 座位时每 100 座位增设男女大便器各 1 个，男小便器 1 个
	三级		小于等于 50 座位时设 1 个 大于 50 座位时每 100 座位增设 1 个		
饮食店	一级	小于等于 50 座位时，设 1 个 大于 50 座位时每 100 座位增设 1 个			
	二级		小于等于 50 座位时，设 1 个 大于 50 座位时每 100 座位增设 1 个		
食堂	一级		小于等于 50 座位时，设 1 个 大于 50 座位时每 100 座位增设 1 个	小于等于 50 座位时，设 1 个 大于 50 座位时每 100 座位增设 1 个	
	二级		小于等于 50 座位时，设 1 个 大于 50 座位时每 100 座位增设 1 个	小于等于 50 座位时，设 1 个 大于 50 座位时每 100 座位增设 1 个	

（4）工业企业建筑每个淋浴器使用人数见表3-2-4。

表3-2-4 工业企业建筑每个淋浴器使用人数

车间卫生特征级别	1级	2级	3级	4级
每个淋浴器使用人数	3~4	5~8	9~12	13~24

注：1. 浴室内一般按4~6个淋浴器设置一具盥洗器。盥洗水嘴使用人数：1~2级为20~30人/个，3~4级为31~40人/个。

2. 车间卫生特征级别：1级指极易被皮肤吸收引起中毒的剧毒物质（如有机磷、三硝基甲苯、四乙铅等）；处理传染性材料、动物原料（如皮毛等）。2级指易经皮肤吸收或有恶臭的物质（如丙烯腈、吡啶苯酚等）；严重污染全身或对皮肤有刺激的粉尘（如炭黑、玻璃棉等）；高温作业、井下作业。3级指其他毒物、一般粉尘和重作业等。4级指不接触有毒物质或粉尘，不污染或轻度污染身体（如仪表、金属冷加工、机械加工等）。

（5）中小学、幼儿园每一卫生器具使用人数见表3-2-5。

表3-2-5 中小学、幼儿园每一卫生器具使用人数

幼儿园		中小学校			
儿童人数	大便器	总人数	大便器		小便器
			男	女	
20人以下	8	100人以下	25	20	20
21~30	12	101~200	30	25	20
31~75	15	201~300	35	30	30
76~100	17	301~400	50	35	35
101~125	21				

注：厕所内均需设拖布池一个。

3. 卫生器具的选用

卫生器具的选用可从材质、功能和安装方面考虑。

（1）卫生器具的材质：应耐腐蚀、耐摩擦、耐老化，对水质和人体无害，有一定机械强度，表面光滑，颜色适人，易清洗。常见的材质有陶瓷、不锈钢、玻璃钢等。

（2）卫生器具的功能：满足人的使用和水的使用，节水节能，防噪声，并能让人感觉舒适。水封有一定的高度，防止有害气体进入室内。构造内无存水弯的卫生器具与生活污水管道或其他可能产生有害气体的排水管道连接时，必须在排水口以下设存水弯。存水弯的水封深度不得小于50mm。医疗卫生机构内门诊、病房、化验室、试验室等处不在同一房间内的卫生器具不得共用存水弯。

（3）卫生器具的安装：数量符合要求，安装方便、占地少、维护量少。

4. 卫生器具的安装要求

（1）卫生器具的安装高度见表3-2-6。

表3-2-6 卫生器具的安装高度

序号	卫生器具名称	卫生器具边缘离地高度/mm	
		居住和公共建筑	幼儿园
1	架空式污水盆(池)(至上边缘)	800	800
2	落地式污水盆(池)(至上边缘)	500	500
3	洗涤盆(池)(至上边缘)	800	800
4	洗手盆(至上边缘)	800	500
5	洗脸盆(至上边缘)	800	500
6	盥洗槽(至上边缘)	800	500

（续）

序号	卫生器具名称	卫生器具边缘离地高度/mm	
		居住和公共建筑	幼儿园
7	浴盆（至上边缘）	480	—
	残障人用浴盆（至上边缘）	450	—
	按摩浴盆（至上边缘）	450	—
	淋浴盆（至上边缘）	100	—
8	蹲、坐式大便器（从台阶面至高水箱底）	1800	1800
9	蹲式大便器（从台阶面至低水箱底）	900	900
10	坐式大便器（至低水箱底）		
	外露排出管式	510	—
	虹吸喷射式	470	370
	冲落式	510	—
	旋涡连体式	250	—
11	坐式大便器（至上边缘）		
	外露排出管式	400	—
	残障人用	450	—
	旋涡连体式	360	—
12	大便槽（从台阶面至冲洗水箱底）	不低于 2000	
13	立式小便器（至受水部分上边缘）	100	—
14	挂式小便器（至受水部分上边缘）	600	450
15	小便槽（至台阶面）	200	150
16	化验盆（至上边缘）	800	—
17	净身盆（至上边缘）	360	—
18	饮水器（至上边缘）	1000	—
19	蹲便器（至上边缘）		
	2 踏步	320	—
	1 踏步	200 ~ 270	—

（2）卫生器具的安装应符合有关卫生器具安装的标准图集，常见的洗脸盆、浴盆、淋浴器、洗涤盆（池）、低水箱坐便器、小便器安装，分别如图 3-2-1 ~ 图 3-2-6 所示。

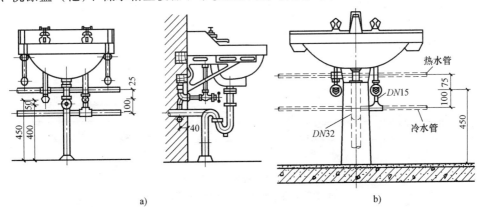

图 3-2-1　洗脸盆安装图

a）挂式　b）柱式

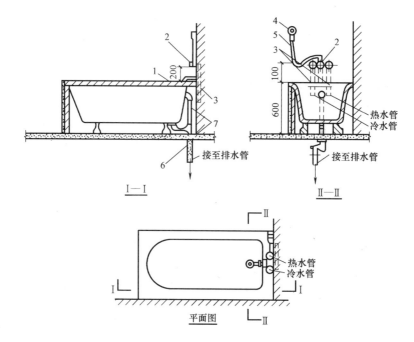

图 3-2-2　浴盆安装图

1—浴盆　2—混合阀门　3—给水管　4—莲蓬头

5—蛇皮管　6—存水弯　7—溢水管

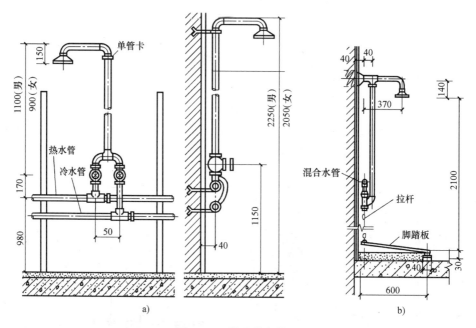

图 3-2-3　淋浴器安装图

a）双管双门手调式　　b）单管单门脚踏式

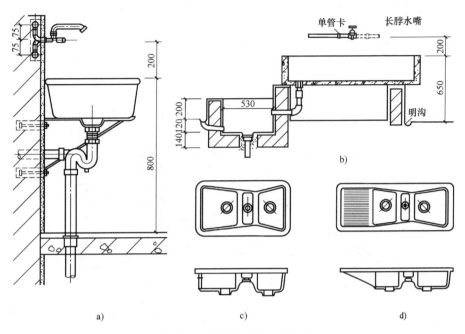

图 3-2-4 洗涤盆（池）安装图

a）单格陶瓷洗涤盆 b）双格洗涤池 c）双格不锈钢洗涤盆 d）双格不锈钢带搁板洗涤盆

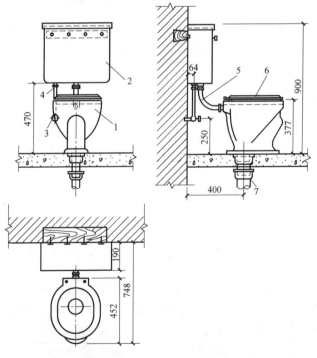

图 3-2-5 低水箱坐便器安装图

1—坐便器 2—低水箱 3—角钢 4—给水管

5—冲水管 6—木盖 7—排水管

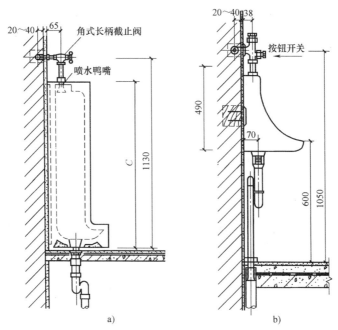

图 3-2-6　小便器安装图

a）立式小便器　b）挂式小便器

（3）卫生器具排水配件穿越楼板留孔位置及尺寸见表3-2-7。

表 3-2-7　卫生器具排水配件穿越楼板留孔位置及尺寸　　　　（单位：mm）

卫生器具	留孔中心距离墙面	留孔中心距离地面高度	留孔尺寸
洗脸盆	170	450	φ100
坐便器	305	180	φ200
低水箱蹲便器	680	—	φ200
高水箱蹲便器	640	—	φ200
挂式小便器	100	480	φ100
落地式小便器	150	—	φ100
浴盆（不带溢流）	50～250	—	φ100
浴盆（带溢流）	250	—	250×300

注：1. 留孔中心距离墙面指存水弯为S弯排水管距离墙面的尺寸；距离地面高度指存水弯为P弯排水管穿越或在墙内设置排水立管接口尺寸。

2. 实际留孔尺寸应以选用产品的实际尺寸为准，设计时可参照卫生器具安装的国家标准图集。

3. 管道井内H管、结合管的连接尺寸见表3-2-8。

表 3-2-8　管道井内H管、结合管的连接尺寸　　　　（单位：mm）

连接方式	立管管径（排水立管/通气立管）						U-PVC（排水立管/通气立管）		
	75/50	75/75	110/75	110/110	160/110	160/160	75/75	100/100	100/150
H管连接	160	190	230	260	320	350	190	260	320
结合管连接	210	275	305	375	460	505	250	350	430
管井深度①	220	220	270	270	350	350	180	220	270

注：表中数字为最小值，计算时根据厂家产品尺寸可适当扩大。

① 管井深度为单排最大管径立管安装维护所需要的操作宽度。

3.2.2　卫生间

1. 卫生间要求

卫生间的要求有：

（1）便于卫生器具的安装和人员的使用。

（2）便于给水排水管道的安装和维护。

（3）通风良好、光线明亮、地面排水，冬不结冻。

（4）安全。

2. 卫生间的平面布置

公共建筑、宾馆和住宅卫生间的平面布置如图 3-2-7 所示。

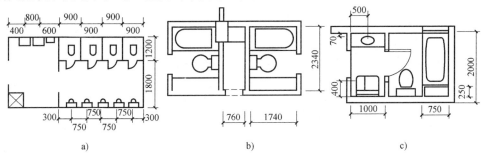

图 3-2-7　卫生间的平面布置

a）公共建筑　b）宾馆　c）住宅

3.3　排水系统用管材、管件与附件

3.3.1　排水用管材和管件

1. 管材

建筑内排水用管材的选用要求有：

（1）建筑内排水管道应采用建筑排水塑料管及管件或柔性接口机制排水铸铁管及相应管件。柔性接口机制排水铸铁管有两种，一种是连续铸造工艺制造，承口带法兰，管壁较厚，采用法兰压盖、橡胶密封圈、螺栓连接，如图 3-3-1 所示；另一种是采用不锈钢带，橡胶密封圈、卡紧螺栓连接的柔性接口，如图 3-3-2 所示。

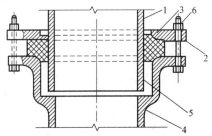

图 3-3-1　铸铁管法兰压盖柔性接口

1—铸铁管　2—法兰压盖　3—密封胶圈

4—承口端头　5—插口端头　6—定位螺栓

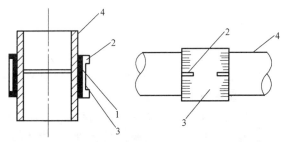

图 3-3-2　采用不锈钢带，橡胶密封圈、卡紧

螺栓连接的铸铁管柔性接口

1—橡胶圈　2—卡紧螺栓　3—不锈钢带　4—排水铸铁管

（2）当连续排水温度高于40℃时，应采用金属排水管或耐热塑料排水管。

（3）压力排水管道可采用耐压塑料管、金属管或钢塑复合管。

2. 管件

常用排水管件分为塑料制、铸铁制管件等。采用塑料管材的排水管件有弯头、四通、接头、伸缩节、检查口、H管和存水弯等，如图3-3-3所示，选用时查有关管件规格。

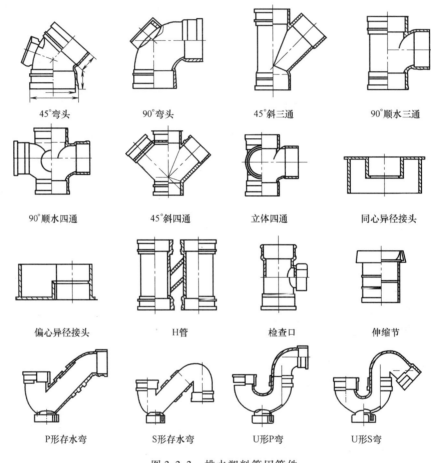

45°弯头	90°弯头	45°斜三通	90°顺水三通
90°顺水四通	45°斜四通	立体四通	同心异径接头
偏心异径接头	H管	检查口	伸缩节
P形存水弯	S形存水弯	U形P弯	U形S弯

图 3-3-3　排水塑料管用管件

3.3.2　排水用附件

1. 地漏

（1）地漏的种类。地漏的种类如图3-3-4所示，选用时查有关地漏规格。

（2）各种地漏的主要技术性能。各种地漏的主要技术性能见表3-3-1。

（3）地漏的选用

1）厕所、盥洗室等经常从地面排水的房间应设置地漏。

2）地漏应设置在易溅水的器具附近地面的最低处。

3）住宅内应按洗衣机位置设置洗衣机排水专用地漏或洗衣机排水存水弯，排水管道不得接入室内雨水管道。

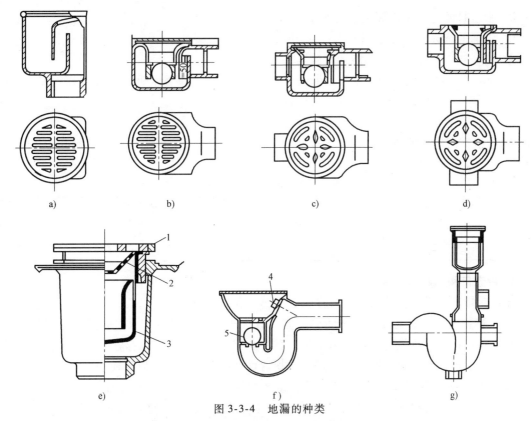

图 3-3-4　地漏的种类

a）普通地漏　b）单通道地漏　c）双通道地漏　d）三通道地漏
e）双管杯式地漏　f）防倒流地漏　g）双接口多功能地漏
1—外算　2—内算　3—杯式水封　4—清扫口　5—浮球

表 3-3-1　各种地漏的主要技术性能

名称	部件使用要求	技术性能
通用要求	本体强度 排水流量 调节高度 算子开孔总面积 算子的承载能力 防水翼环 耐热性能	不小于 0.2MPa DN50 直通式地漏为 1.0L/s 不小于 20mm 不小于地漏排出口的断面面积 轻型 0.75kN，重型 4.5kN 不小于 15mm（直埋式地漏可不设防水翼环） 75℃水温 30min 不变形，不渗漏
有水封的地漏[①]	水封深度 自清能力 水封稳定性	不小于 50mm 80% ~90% 在 -400±10Pa 压力下，持续 10s，剩余水封深度 不小于 20mm
密闭型地漏	盖板密封性	能承受 0.04MPa 水压，10min 盖板无水溢出
带网型地漏	滤网便于拆洗，滤网孔径 滤网过水部与孔隙总面积	宜为 4~6mm 不小于 2.5 倍排出口断面面积
防溢地漏	防止废水排放时溢流出地面	防溢装置在 0.04MPa 水压下，30min 不返溢
多通道地漏	接口尺寸和方位 进口中心线位置 排出口断面	便于连接排水器具 应高于水封面 应大于进口接管断面之和
侧墙式地漏	底边低于进水口底部距离 算子距离地面20mm 高度内过水断面	不小于 15mm 不小于排出口断面的 75%
直埋式地漏	总高度	不宜大于 250mm

① 无水封地漏排出管须配存水弯，其水封深度不应小于 50mm。

4）带水封的地漏水封深度不得小于50mm。

5）地漏的选择应符合下列要求：

① 应优先采用具有防涸功能的地漏。

② 在无安静要求和无须设置环形通气管、器具通气管的场所，可采用多通道地漏。

③ 食堂、厨房和公共浴室等排水宜设置网框式地漏。

④ 严禁采用钟罩（扣碗）式地漏。

⑤ 淋浴室内地漏的排水负荷，可按表3-3-2确定。当用排水沟排水时，每8个淋浴器可设置一个直径为100mm的地漏。

表 3-3-2　淋浴室地漏管径

淋浴器数量/个	地漏管径/mm
1 ~ 2	50
3	75
4 ~ 5	100

2. 检查口和清扫口设置

在生活排水管道上，应按下列规定设置检查口和清扫口。

（1）铸铁排水立管上检查口之间的距离不宜大于10m，塑料排水立管宜每6层设置一个检查口；但在建筑物最低层和设有卫生器具的2层以上建筑物的最高层，应设置检查口，当立管水平拐弯或有乙字管时，在该层立管拐弯处和乙字管的上部应设检查口。

（2）在连接2个及2个以上的大便器或3个及3个以上卫生器具的铸铁排水横管上，宜设置清扫口；在连接4个及4个以上大便器的塑料排水横管上宜设置清扫口。

（3）在水流偏转角大于45°的排水横管上，应设检查口或清扫口（注：可采用带清扫口的转角配件替代）。

（4）当排水立管底部或排出管上的清扫口至室外检查井中心的最大长度大于表3-3-3的数值时，应在排出管上设清扫口。

表 3-3-3　排水立管或排出管上的清扫口至室外检查井中心的最大长度

管径/mm	50	75	100	100	以上
最大长度/m	10	12	15	20	

（5）排水横管的直线管段上检查口或清扫口之间的最大距离，应符合表3-3-4的规定。

表 3-3-4　排水横管的直线管段上检查口或清扫口之间的最大距离

管径 /mm	清扫设备种类	距离/m	
		生活废水	生活污水
50 ~ 75	检查口	15	12
	清扫口	10	8
100 ~ 150	检查口	20	15
	清扫口	15	10
200	检查口	25	20

（6）在排水管道上设置清扫口，应符合下列规定：

1）在排水横管上设清扫口，宜将清扫口设置在楼板或地坪上，且与地面相平；排水横管起点的清扫口与其端部相垂直的墙面的距离不得小于0.2m（注：当排水横管悬吊在转换层或地下室顶板下设置清扫口有困难时，可用检查口替代清扫口）。

2）排水管起点设置堵头代替清扫口时，堵头与墙面应有不小于 0.4m 的距离（注：可利用带清扫口弯头配件代替清扫口）。

3）在管径小于 100mm 的排水管道上设置清扫口，其尺寸应与管道同径；管径等于或大于 100mm 的排水管上设置清扫口，应采用 100mm 直径清扫口。

4）铸铁排水管道设置的清扫口，其材质应为铜质；硬聚氯乙烯管道上设置的清扫口应与管道材质相同。

5）排水横管连接清扫口的连接管及管件应与清扫口同径，并采用 45°斜三通和 45°弯头或由两个 45°弯头组合的管件。

（7）在排水管上设置检查口应符合下列规定：

1）立管上设置检查口，应在地（楼）面以上 1.00m，并应高于该层卫生器具上边缘 0.15m。

2）埋地横管上设置检查口时，检查口应设在砖砌的井内（注：可采用密闭塑料排水检查井替代检查口）。

3）地下室立管上设置检查口时，检查口应设置在立管底部之上。

4）立管上检查口的检查盖应面向便于检查清扫的方位；横干管上的检查口应垂直向上。

3.4 建筑内排水管道的布置和敷设

3.4.1 建筑物内排水管道布置和设置

1. 建筑内排水管道布置

（1）自卫生器具至排出管的距离应最短，管道转管应最少。

（2）排水立管宜靠近排水量最大的排水点。

（3）排水管道不得敷设在对生产工艺或卫生有特殊要求的生产厂房内，以及食品和贵重商品仓库、通风小室、电气机房和电梯机房内。

（4）排水管道不得穿过沉降缝、伸缩缝、变形缝、烟道和风道。当排水管道必须穿过沉降缝、伸缩缝和变形缝时，应采取相应技术措施。

（5）排水埋地管道不得布置在可能受重物压坏处或穿越生产设备基础。

（6）排水管道不得穿越住宅客厅、餐厅，并不宜靠近与卧室相邻的内墙。

（7）排水管道不宜穿越橱窗、壁柜。

（8）塑料排水立管应避免布置在易受机械撞击处，当不能避免时，应采取保护措施。

（9）塑料排水管应避免布置在热源附近，当不能避免并导致管道表面受热温度高于 60℃ 时，应采取隔热措施。塑料排水立管与家用灶具边净距不得小于 0.4m。

（10）当排水管道外表面可能结露时，应根据建筑物性质和使用要求，采取防结露措施。

2. 建筑内排水管道设置

（1）排水管道不得穿越卧室。

（2）排水管道不得穿越生活饮用水池部位的上方。

（3）室内排水管道不得布置在遇水会引起燃烧、爆炸的原料、产品和设备的上面。

（4）排水横管不得布置在食堂、饮食业厨房的主副食操作烹调和备餐的上方。当受条件限制不能避免时，应采取防护措施。

（5）厨房间和卫生间的排水立管应分别设置。

（6）排水管道宜在地下或楼板填层中埋设或在地面上、楼板下明设。当建筑有要求时，可在管槽、管道井、管窿、管沟或吊顶、架空层内暗设，但应便于安装和检修。在气温较高、全年不结冻的地区，可沿建筑物外墙敷设。

3.4.2　同层排水敷设

同层排水指接纳卫生器具（如坐便器、浴盆、淋浴器等）的排水支管均在设备与器具的同一层内接至排水立管，即排水支管不需要穿越楼板的一种排水方式。它与传统排水相比，排水支管在同层楼板上敷设；对建筑的要求是防水处理到位可不受限制；对结构的要求是只配合同层排水形式；卫生器具布置较灵活，排水支管维修只在本层进行；排水噪声较低，对下层用户干扰小。同层排水有降板式、不降板式和隐蔽式三种技术，见表3-4-1。

表3-4-1　同层排水技术

同层排水技术种类	特　　点	应　　用
降板式	卫生间的结构板下沉0.3~0.4m，排水管道在楼板下沉的空间内。排水管连接形式有采用传统接管方式、采用多通道地漏连接器具再与立管连接、采用接入器连接等技术	简单、实用和普遍，需做成降板式卫生间
不降板式	排水管在卫生间地面或外墙。前者在器具后方砌一堵假墙，排水支管在假墙内敷设；后者将器具沿外墙布置，采用后排水方式	卫生间内排水管不外露，整洁美观，噪声小，常用于南方无冰冻地区
隐蔽式	器具和水嘴外露，但管道隐蔽	用于高档住宅

（1）下列情况的卫生器具横支管应设置同层排水：

1）住宅卫生间的卫生器具排水管要求不穿越楼板进入他户时。

2）按上述"3.4.1第2项建筑内排水管道设置"中（2）~（5）条的规定受限制时。

（2）住宅卫生间同层排水形式应根据卫生间空间、卫生器具布置、室外环境气温等因素，经技术经济比较确定。

（3）同层排水设计应符合下列要求：

1）地漏设置应符合《建筑给水排水设计规范》（GB 50015—2003）（2009年版）中的有关规定。

2）排水管道管径、坡度和最大设计充满度应符合《建筑给水排水设计规范》（GB 50015—2003）（2009年版）中的有关规定。

3）器具排水横支管布置和设置标高不得造成排水滞留、地漏冒溢。

4）埋设于填层中的管道不得采用橡胶圈接口。

5）当排水横支管设置在沟槽内时，回填材料、面层应能承载器具、设备的荷载。

6）卫生间地坪应采取可靠的防渗漏措施。

3.4.3　建筑内排水管道的连接

建筑内排水管道的连接应符合下列规定：

（1）卫生器具排水管与排水横管垂直连接，应采用90°斜三通。

（2）排水管道的横管与立管连接，宜采用45°斜三通或45°斜四通和顺水三通或顺水四通。

（3）排水立管与排出管端部的连接，宜采用两个45°弯头，弯曲半径不小于4倍管径的90°弯头或90°变径弯头。

（4）排水立管应避免在轴线偏置，当受条件限制时，宜用乙字管或两个45°弯头连接。

（5）当排水支管、排水立管接入横干管时，应在横干管管顶或其两侧45°范围内采用45°斜三通接入。

（6）塑料排水管道应根据其管道的伸缩量设置伸缩节，伸缩节宜设置在汇合配件处。排水横管应设置专用伸缩节（注：当排水管道采用橡胶密封配件时，可不设伸缩节；室内、外埋地管道可不设伸缩节）。

（7）当建筑塑料排水管穿越楼层、防火墙、管道井井壁时，应根据建筑物性质、管径和设置条件，以及穿越部件防火等级等要求设置阻火装置。

（8）靠近排水立管底部的排水支管连接，应符合下列要求：

1）排水立管最低排水横支管与立管连接处距排水立管管底的垂直距离不得小于表3-4-2时的规定；

表 3-4-2 最低排水横支管与立管连接处距排水立管管底的最小垂直距离

立管连接卫生器具的层数	垂直距离/m	
	仅设伸顶通气管	设通气立管
≤4	0.45	按配件最小安装尺寸确定
5～6	0.75	
7～12	1.2	
13～19	3.0	0.75
≥20	3.0	1.2

注：单根排水立管的排出管宜与排水立管管径相同。

2）排水支管连接在排出管或排水横干管上时，连接点距立管底部下游水平距离不得小于1.5m。

3）横支管接入横干管竖直转向管段时，连接点应距转向处以下不得小于0.6m。

4）下列情况下底层排水支管应单独排至室外检查井或采取有效的防反压措施。

① 当靠近排水立管底部的排水支管的连接不能满足本条1）、2）款的要求时；

② 在距排水立管底部1.5m距离之内的排出管、排水横管有90°水平转弯管段时。

（9）当排水立管采用内螺旋管时，排水立管底部宜采用长弯变径接头，且排出管管径宜放大一号。

（10）下列构筑物和设备的排水管不得与污废水管道系统直接连接，应采取间接排水的方式：

1）生活饮用水贮水箱（池）的泄水管和溢流管。

2）开水器、热水器排水。

3）医疗灭菌消毒设备的排水。

4）蒸发式冷却器、空调设备冷凝水的排水。

5）贮存食品或饮料的冷藏库房的地面排水和冷风机溶霜水盘的排水。

（11）设备间接排水宜排入邻近的洗涤盆、地漏。无法满足时，可设置排水明沟、排水漏斗或容器。间接排水的漏斗或容器不得产生溅水、溢流，并应布置在容易检查、清洁的位置。

（12）间接排水口最小空气间隙宜按表 3-4-3 确定。

表 3-4-3　间接排水口最小空气间隙

间接排水管管径/mm	排水口最小空气间隙/mm
≤25	50
32 ~ 50	100
> 50	150

注：饮料用贮水箱的间接排出口最小空气间隙，不得小于150mm。

（13）生活废水在下列情况下，可采用有盖的排水沟排除：

1）废水中含有大量悬浮物或沉淀物需经常冲洗，如食堂、餐厅的厨房。

2）设置排水支管很多，用管道连接有困难，如车间、公共浴室、洗衣房。

3）设备排水点的位置不固定，如车间、泵房、设备机房。

4）地面需要经常冲洗，如菜市场、厨房。

5）排水沟断面尺寸应根据水力计算确定，但宽度不宜小于150mm。排水沟宜加盖，设活动算子。

例 3-4-1　某淋浴间有 32 个淋浴器和 8 个洗脸盆，建筑布置成两列，求每排淋浴器排水沟尺寸。

【解】　（1）计算排水量（设两条排水沟）

$$Q_\mathrm{p} = \sum q_0 n_0 b = (0.15\mathrm{L/s} \times 16 + 0.25\mathrm{L/s} \times 4) \times 100\% = 3.4\mathrm{L/s}$$

（2）计算水力半径

设排水沟的断面为200mm×150mm（$B \times H$），有效水深 $h = 100$mm，沟内坡度 $I = 0.005$

水力半径 $R = A/P = [(0.20 \times 0.10)/(0.20 + 0.1 \times 2)]\mathrm{m} = (0.02/0.4)\mathrm{m} = 0.05\mathrm{m}$

（3）计算流速

$$v = C\sqrt{RI} = \frac{1}{n}R^{1/6}\sqrt{RI} = \frac{1}{n}R^{2/3}I^{1/2} = \frac{1}{0.015} \times 0.05^{2/3} \times 0.005^{1/2}\mathrm{m/s} = 0.3\mathrm{m/s}$$

（4）明沟允许流量

$$Q = Av = 0.02 \times 0.3\mathrm{L/s} = 6\mathrm{L/s}(>3.4\mathrm{L/s})$$

符合要求，故取断面 200mm×150mm，坡度 $I = 0.005$ 即可。

（14）当废水中可能夹带纤维或有大块物体时，应在排水管道连接处设置格栅或带网框地漏。

（15）室内排水沟与室外排水管道连接处，应设水封装置。

（16）排水管穿过地下室外墙或地下构筑物的墙壁处，应采取防水措施。

（17）当建筑物沉降可能导致排出管倒坡时，应采取防倒坡措施。

（18）排水管道在穿越楼层设套管且立管底部架空时，应在立管底部设支墩或采取其他固定措施。地下室立管与排水管转弯处也应设置支墩或固定措施。

3.5　建筑排水通气管布置和敷设

3.5.1　通气管的作用、种类与通气系统

1. 通气管的作用

通气管的作用是用于排除排水管道系统中产生的有害气体，平衡排水管道内气体压力，

保护水封不受破坏。

2. 通气管的种类

常见的通气管有伸顶通气管、结合通气管、专用通气立管、主通气立管、副通气立管、环形通气管、汇合通气管、器具通气管、自循环通气管等。

3. 通气系统

常见的通气系统有专用通气立管系统、主通气立管与环形通气管系统、副通气立管与环形通气管系统、主通气立管与器具通气管系统、自循环通气系统，分别如图 3-5-1～图 3-5-5 所示。

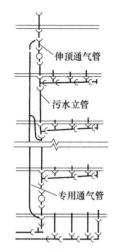

图 3-5-1　专用通气立管系统

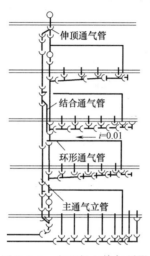

图 3-5-2　主通气立管与环形
通气管系统

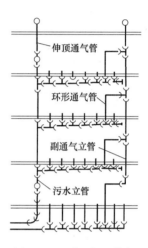

图 3-5-3　副通气立管与
环形通气管系统

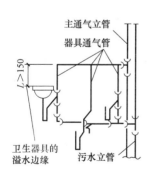

图 3-5-4　主通气立管与器具通气管系统

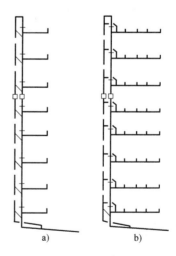

图 3-5-5　自循环通气系统

a) 专用通气立管与排水立管相连的自循环系统

b) 主通气立管与排水横支管相连的自循环系统

3.5.2　通气管的布置和敷设

（1）生活排水管道的立管顶端应设置伸顶通气管。

（2）当遇特殊情况，伸顶通气管无法伸出屋面时，可采用下列通气方式：

1）当设置侧墙通气时，通气管口应符合规范的要求。

2）在室内设置成汇合通气管后应在侧墙伸出延伸至屋面以上。

3）当上述第1）、2）款无法实施时，可设置自循环通气管道系统。

（3）下列情况下应设置通气立管或特殊配件单立管排水系统：

1）生活排水立管所承担的卫生器具排水设计流量，当超过表3-5-1中仅设伸顶通气管的排水立管最大设计排水能力时。

表 3-5-1　生活排水立管最大设计排水能力

排水立管系统类型			最大设计排水能力/（L/s）				
			排水立管管径/mm				
			50	75	110	125	160
伸顶通气	立管与横支管连接配件	90°顺水三通	0.8	1.3	3.2	4.0	5.7
		45°斜三通	1.0	1.7	4.0	5.2	7.4
专用通气	专用通气管 75mm	结合通气管每层连接	—	—	5.5	—	—
		结合通气管每隔层连接	—	—	4.4	—	—
	专用通气管 100mm	结合通气管每层连接	—	—	8.8	—	—
		结合通气管每隔层连接	—	—	4.8	—	—
	主、副通气立管＋环形通气管		—	—	11.5	—	—
自然通气	专用通气形式		—	—	4.4	—	—
	环形通气形式		—	—	5.9	—	—
特殊单立管	混合器		—	—	4.5	—	—
	内螺旋管＋旋流器	普通型	—	1.7	3.5	—	8.0
		加强型	—	—	6.3	—	—

注：排水层数在15层以上时，宜乘以系数0.9。

2）建筑标准要求较高的多层住宅、公共建筑、10层及10层以上高层建筑卫生间的生活污水立管应设置通气立管。

（4）下列排水管段应设置环形通气管：

1）连接4个及4个以上卫生器具且横支管的长度大于12m的排水横支管。

2）连接6个及6个以上大便器的污水横支管。

3）对卫生、安静要求较高的建筑物内，生活排水管道宜设置器具通气管。

（5）建筑物内各层的排水管道上设有环形通气管时，应设置连接各层环形通气管的主通气立管或副通气立管。

（6）通气立管不得接纳器具污水、废水和雨水，不得与风道和烟道连接。

（7）在建筑物内不得设置吸气阀替代通气管。

（8）通气管和排水管的连接，应遵守下列规定：

1）器具通气管应设在存水弯出口端；在横支管上设环形通气管时，应在其最始端的两个卫生器具之间接出，并应在排水支管中心线以上与排水支管呈垂直或45°连接。

2）器具通气管、环形通气管应在卫生器具上边缘以上不小于0.15m处按不小于0.01的上升坡度与通气立管相连。

3）专用通气立管和主通气立管的上端可在最高层卫生器具上边缘以上不小于 0.15m 或检查口以上与排水立管通气部分以斜三通连接；下端应在最低排水横支管以下与排水立管以斜三通连接。

4）结合通气管宜每层或隔层与专用通气立管、排水立管连接，与主通气立管、排水立管连接不宜多于 8 层；结合通气管下端宜在排水横支管以下与排水立管以斜三通连接；上端可在卫生器具上边缘以上不小于 0.15m 处与通气立管以斜三通连接。

5）当用 H 管件替代结合通气管时，H 管与通气管的连接点应设在卫生器具上边缘以上不小于 0.15m 处。

6）当污水立管与废水立管合用一根通气立管时，H 管配件可隔层分别与污水立管和废水立管连接；但最低横支管连接点以下应装设结合通气管。

（9）自循环通气系统，当采取专用通气立管与排水立管连接时，应符合下列要求：

1）顶端应在卫生器具上边缘以上不小于 0.15m 处采用两个 90°弯头相连。

2）通气立管应每层按上述第（8）条第 4）、5）款的规定与排水立管相连。

3）通气立管下端应在排水横干管或排出管上采用倒顺水三通或倒斜三通相接。

（10）自循环通气系统，当采取环形通气管与排水横支管连接时，应符合下列要求：

1）通气立管的顶端应按上述第（9）条第 1）款的要求连接。

2）每层排水支管下游端接出环形通气管，应在高出卫生器具上边缘不小于 0.15m 与通气立管相接；横支管连接卫生器具较多且横支管较长并符合上述第（4）条设置环形通气管的要求时，应在横支管上按上述第（8）条第 1）、2）款的要求连接环形通气管。

3）结合通气管的连接应符合上述第（8）条第 4）款的要求。

4）通气立管底部应按上述第（9）条第 3）款的要求连接。

（11）建筑物设置自循环通气的排水系统时，宜在其室外接户管的起始检查井上设置管径不小于 100mm 的通气管。当通气管延伸至建筑物外墙时，通气管口应符合下述第（12）条第 2）款的要求；当设置在其他隐蔽部位时，应高出地面不小于 2m。

（12）高出屋面的通气管设置应符合下列要求：

1）通气管高出屋面不得小于 0.3m，且应大于最大积雪厚度，通气管顶端应装设风帽或网罩（注：屋顶有隔热层时，应从隔热层板面算起）。

2）在通气管口周围 4m 以内有门窗时，通气管口应高出窗顶 0.6m 或引向无门窗一侧。

3）在经常有人停留的平屋面上，通气管口应高出屋面 2m，当伸顶通气管为金属管材时，应根据防雷要求设置防雷装置。

4）通气管口不宜设在建筑物挑出部分（如屋檐檐口、阳台和雨篷等）的下面。

（13）通气管的最小管径不宜小于排水管管径的 1/2，并可按表 3-5-2 确定。

表 3-5-2　通气管最小管径

通气管名称	排水管管径/mm				
	50	75	100	125	150
器具通气管	32	—	50	50	—
环形通气管	32	40	50	50	—
通气立管	40	50	75	100	100

注：1. 表中通气立管是指专用通气立管、主通气立管、副通气立管。

　　2. 自循环通气立管管径应与排水立管管径相等。

（14）通气立管长度在 50m 以上时，其管径应与排水立管管径相同。

（15）通气立管长度小于等于 50m 且两根及两根以上排水立管同时与一根通气立管相连，应以最大一根排水立管按表 3-5-2 确定通气立管管径，且其管径不宜小于其余任何一根排水立管管径。

（16）结合通气管的管径不宜小于与其连接的通气立管管径。

（17）伸顶通气管管径应与排水立管管径相同。但在最冷月平均气温低于 -13℃ 的地区，应在室内平顶或吊顶以下 0.3m 处将管径放大一级。

（18）当两根或两根以上污水立管的通气管汇合连接时，汇合通气管的断面面积应为最大一根通气管的断面面积加其余通气管断面面积之和的 0.25 倍。其计算公式如式（3-5-1）：

$$d_e \geqslant \sqrt{d_{max}^2 + 0.25 \sum d_i^2} \tag{3-5-1}$$

式中 d_e——汇合通气管和总伸顶管通气管管径（mm）；

d_{max}——最大一根通气立管管径（mm）；

d_i——其余通气立管管径（mm）。

（19）通气管的管材，可采用塑料管、柔性接口排水铸铁管等。

3.6 建筑排水系统的计算

3.6.1 建筑外（小区）排水系统计算

1. 排水量的计算

（1）建筑外（小区）生活排水系统排水定额宜为相应的生活给水系统用水定额的 85% ~ 95%。

生活排水系统小时变化系数应与其相应的生活给水系统小时变化系数相同，按前述"第 2 章建筑给水"或按《建筑给水排水设计规范》（GB 50015—2003）（2009 年版）给水的规定确定。

公共建筑生活排水定额和小时变化系数与公共建筑生活给水用水定额和小时变化系数相同，应按前述"第 2 章建筑给水"或按《建筑给水排水设计规范》（GB 50015—2003）（2009 年版）给水的规定确定。

（2）建筑外（小区）生活排水的设计流量应按住宅生活排水最大小时流量与公共建筑生活排水最大小时流量之和确定。

2. 水力计算公式

排水横管的水力计算，应按式（3-6-1）计算：

$$v = \frac{1}{n} R^{2/3} I^{1/2} \tag{3-6-1}$$

式中 v——速度（m/s）；

R——水力半径（m）；

I——水力坡度，采用排水管的坡度；

n——粗糙系数，铸铁管为 0.013；混凝土管、钢筋混凝土管为 0.013 ~ 0.014；钢管为 0.012；塑料管为 0.009。

3.6.2　建筑内排水系统计算

1. 排水量的计算

建筑内排水系统的排水量采用排水设计秒流量；其方法是根据不同的建筑分别采用卫生器具的当量数或卫生器具的额定排水量计算排水设计秒流量。

（1）卫生器具排水的流量、当量和排水管的管径应按表 3-6-1 确定。

表 3-6-1　卫生器具排水的流量、当量和排水管的管径

序号	卫生器具名称		排水流量/(L/s)	当量	排水管管径/mm
1	洗涤盆、污水盆(池)		0.33	1.00	50
2	餐厅、厨房洗菜盆(池)				
		单格洗涤盆(池)	0.67	2.00	50
		双格洗涤盆(池)	1.00	3.00	50
3	盥洗槽(每个水嘴)		0.33	1.00	50~75
4	洗手盆		0.10	0.30	32~50
5	洗脸盆		0.25	0.75	32~50
6	浴盆		1.00	3.00	50
7	淋浴器		0.15	0.45	50
8	大便器				
		冲洗水箱	1.50	4.50	100
		自闭式冲洗阀	1.20	3.60	100
9	医用倒便器		1.50	4.50	100
10	小便器				
		自闭式冲洗阀	0.10	0.30	40~50
		感应式冲洗阀	0.10	0.30	40~50
11	大便槽				
		小于等于 4 个蹲位	2.50	7.50	100
		大于 4 个蹲位	3.00	9.00	150
12	小便槽(每米长)				
		自动冲洗水箱	0.17	0.50	—
13	化验盆(无塞)		0.20	0.60	40~50
14	净身器		0.10	0.30	40~50
15	饮水器		0.05	0.15	25~50
16	家用洗衣机		0.50	1.50	50

注：家用洗衣机下排水软管直径为 30mm，上排水软管内径为 19mm。

（2）住宅、宿舍（Ⅰ、Ⅱ类）、旅馆、宾馆、酒店式公寓、医院、疗养院、幼儿园、养老院、办公楼、商场、图书馆、书店、客运中心、航站楼、会展中心、中小学教学楼、食堂或营业餐厅等建筑生活排水管道设计秒流量，应按式（3-6-2）计算：

$$q_p = 0.12\alpha \sqrt{N_p} + q_{max} \qquad (3-6-2)$$

式中　　q_p——计算管段排水设计秒流量（L/s）；

　　　　N_p——计算管段的卫生器具排水当量总数；

　　　　α——根据建筑物用途而定的系数，按表 3-6-2 确定；

　　　　q_{max}——计算管段上最大一个卫生器具的排水流量（L/s）。

表 3-6-2　根据建筑物用途而定的系数值

建筑物名称	宿舍(Ⅰ、Ⅱ类)住宅、宾馆、酒店式公寓、医院、疗养院、幼儿园、养老院的卫生间	旅馆和其他公共建筑的盥洗室和厕所间
α 值	1.5	2.0~2.5

注：当计算所得流量值大于该管段上按卫生器具排水流量累加值时，应按卫生器具排水流量累加值计。

（3）宿舍（Ⅲ、Ⅳ类）工业企业生活间、公共浴室、洗衣房、职工食堂或营业餐厅的厨房、实验室、影剧院、体育场馆等建筑物的生活管道排水设计秒流量，应按式（3-6-3）计算：

$$q_p = \sum q_0 N_0 b \qquad (3-6-3)$$

式中　q_p——计算管段排水设计秒流量（L/s）；

　　　q_0——同类型的一个卫生器具排水流量（L/s）；

　　　N_0——同类型卫生器具数；

　　　b——卫生器具的同时排水百分数，同规范建筑给水规定的给水百分数。冲洗水箱大便器的同时排水百分数应按照12%计算。

注：当计算排水流量小于一个大便器排水流量时，应按一个大便器的排水流量计算。

2. 有关计算公式

排水横管的计算公式见式（3-6-1）。

3. 有关计算规定

（1）建筑物内生活排水铸铁管道的最小坡度和最大设计充满度，宜按表3-6-3确定。

表3-6-3　建筑物内生活排水铸铁管道的最小坡度和最大设计充满度

管径/mm	通用坡度	最小坡度	最大设计充满度
50	0.035	0.025	0.5
75	0.025	0.015	
100	0.020	0.012	
125	0.015	0.010	
150	0.010	0.007	0.6
200	0.008	0.005	

（2）建筑排水塑料管粘接、熔接连接的排水横支管的标准坡度应为0.026。胶圈密封连接排水横管的坡度可按表3-6-4调整。

表3-6-4　建筑排水塑料管排水横管的最小坡度、通用坡度和最大设计充满度

外径/mm	通用坡度	最小坡度	最大设计充满度
50	0.025	0.0120	0.5
75	0.015	0.0070	
110	0.012	0.0040	
125	0.010	0.0035	
160	0.007	0.0030	
200	0.005	0.0030	0.6
250	0.005	0.0030	
315	0.005	0.0030	

（3）生活排水立管的最大设计排水能力，应按表3-5-1确定。立管管径不得小于所连接的横支管管径。

（4）大便器排水管最小管径不得小于100mm。

（5）建筑物内排出管最小管径不得小于50mm。

（6）多层住宅厨房间的立管管径不宜小于75mm。

（7）下列场所设置排水横管时，管径的确定应符合下列要求：

1）当建筑底层无通气的排水管道与其楼层管道分开单独排出时，其排水横支管管径可按表3-6-5确定。

表 3-6-5　无通气的底层单独排出的排水横支管最大设计排水能力

排水横支管管径/mm	50	75	100	125	150
最大设计排水能力/(L/s)	1.0	1.7	2.5	3.5	4.8

2）当公共食堂厨房内的污水采用管道排除时，其管径应比计算管径大一级，但干管管径不得小于100mm，支管管径不得小于75mm。医院污物洗涤盆（池）和污水盆（池）的排水管管径不得小于75mm。小便槽或连接3个及3个以上的小便器，其污水支管管径不宜小于75mm。浴池泄水管的管径宜采用100mm。

（8）排水塑料管水力计算表见表3-6-6。

表 3-6-6　排水塑料管水力计算表 （$n=0.009$）［单位：d_e/mm、v/(m/s)、Q/(L/s)］

坡度	h/D=0.5 $d_e=50$		$d_e=75$		$d_e=90$		$d_e=110$		$d_e=125$		h/D=0.6 $d_e=160$		$d_e=200$	
	v	Q	v	Q	v	Q	v	Q	v	Q	v	Q	v	Q
0.003											0.74	8.38	0.86	15.24
0.0035									0.63	3.48	0.80	9.05	0.93	16.46
0.004							0.62	2.59	0.67	3.72	0.85	9.68	0.99	17.60
0.005					0.60	1.64	0.69	2.90	0.75	4.16	0.95	10.82	1.11	19.67
0.006					0.65	1.79	0.75	3.18	0.82	4.55	1.04	11.85	1.21	21.55
0.007			0.63	1.22	0.71	1.94	0.81	3.43	0.89	4.92	1.13	12.80	1.31	23.28
0.008			0.67	1.31	0.75	2.07	0.87	3.67	0.95	5.26	1.20	13.69	1.40	24.89
0.009			0.71	1.39	0.80	2.20	0.92	3.89	1.01	5.58	1.28	14.52	1.48	26.40
0.010			0.75	1.46	0.84	2.31	0.97	4.10	1.06	5.88	1.35	15.30	1.56	27.82
0.011			0.79	1.53	0.88	2.43	1.02	4.30	1.12	6.17	1.41	16.05	1.64	29.18
0.012	0.62	0.52	0.82	1.60	0.92	2.53	1.07	4.49	1.17	6.44	1.48	16.76	1.71	30.48
0.015	0.69	0.58	0.92	1.79	1.03	2.83	1.19	5.02	1.30	7.20	1.65	18.74	1.92	34.08
0.020	0.80	0.67	1.06	2.07	1.19	3.27	1.38	5.80	1.51	8.31	1.90	21.64	2.21	39.35
0.025	0.90	0.74	1.19	2.31	1.33	3.66	1.54	6.48	1.68	9.30	2.13	24.19	2.47	43.99
0.026	0.91	0.76	1.21	2.36	1.36	3.73	1.57	6.61	1.72	9.48	2.17	24.67	2.52	44.86
0.030	0.98	0.81	1.30	2.53	1.46	4.01	1.68	7.10	1.84	10.18	2.33	26.50	2.71	48.19
0.035	1.06	0.88	1.41	2.74	1.58	4.33	1.82	7.67	1.99	11.00	2.52	28.63	2.93	52.05
0.040	1.13	0.94	1.50	2.93	1.69	4.63	1.95	8.20	2.13	11.76	2.69	30.60	3.13	55.65
0.045	1.20	1.00	1.59	3.10	1.79	4.91	2.06	8.70	2.26	12.47	2.86	32.46	3.32	59.02
0.050	1.27	1.05	1.68	3.27	1.89	5.17	2.17	9.17	2.38	13.15	3.01	34.22	3.50	62.21
0.060	1.39	1.15	1.84	3.58	2.07	5.67	2.38	10.04	2.61	14.40	3.30	37.48	3.83	68.15
0.070	1.50	1.24	1.99	3.87	2.23	6.12	2.57	10.85	2.82	15.56	3.56	40.49	4.14	73.61
0.080	1.60	1.33	2.13	4.14	2.38	6.54	2.75	11.60	3.01	16.63	3.81	43.28	4.42	78.70

（9）机制排水铸铁管水力计算表见表3-6-7。

表 3-6-7　机制排水铸铁管水力计算表 （$n=0.013$）［单位：d_e/mm、v/(m/s)、Q(L/s)］

坡度	h/D=0.5 $d_e=50$		$d_e=75$		$d_e=100$		$d_e=125$		h/D=0.6 $d_e=150$		$d_e=200$	
	v	Q	v	Q	v	Q	v	Q	v	Q	v	Q
0.005	0.29	0.29	0.38	0.85	0.47	1.83	0.54	3.38	0.65	7.23	0.79	15.57
0.006	0.32	0.32	0.42	0.93	0.51	2.00	0.59	3.71	0.72	7.92	0.87	17.06
0.007	0.35	0.34	0.45	1.00	0.55	2.16	0.64	4.00	0.77	8.56	0.94	18.43
0.008	0.37	0.36	0.49	1.07	0.59	2.31	0.68	4.28	0.83	9.15	1.00	19.70

（续）

坡度	$h/D = 0.5$								$h/D = 0.6$			
	$d_e = 50$		$d_e = 75$		$d_e = 100$		$d_e = 125$		$d_e = 150$		$d_e = 200$	
	v	Q	v	Q	v	Q	v	Q	v	Q	v	Q
0.009	0.39	0.39	0.52	1.14	0.62	2.45	0.72	4.54	0.88	9.70	1.06	20.90
0.010	0.41	0.41	0.54	1.20	0.66	2.58	0.76	4.78	0.92	10.23	1.12	22.03
0.011	0.43	0.43	0.57	1.26	0.69	2.71	0.80	5.02	0.97	10.72	1.17	23.10
0.012	0.45	0.45	0.59	1.31	0.72	2.83	0.84	5.24	1.01	11.20	1.23	24.13
0.015	0.51	0.50	0.66	1.47	0.81	3.16	0.93	5.86	1.13	12.52	1.37	26.98
0.020	0.59	0.58	0.77	1.70	0.93	3.65	1.08	6.76	1.31	14.46	1.58	31.15
0.025	0.66	0.64	0.86	1.90	1.04	4.08	1.21	7.56	1.46	16.17	1.77	34.83
0.030	0.72	0.70	0.94	2.08	1.14	4.47	1.32	8.29	1.60	17.71	1.94	38.15
0.035	0.78	0.76	1.02	2.24	1.23	4.83	1.43	8.95	1.73	19.13	2.09	41.21
0.040	0.83	0.81	1.09	2.40	1.32	5.17	1.53	9.57	1.85	20.45	2.24	44.05
0.045	0.88	0.86	1.15	2.54	1.40	5.48	1.62	10.15	1.96	21.69	2.38	46.72
0.050	0.93	0.91	1.21	2.68	1.47	5.78	1.71	10.70	2.07	22.87	2.50	49.25
0.060	1.02	1.00	1.33	2.94	1.61	6.33	1.87	11.72	2.26	25.05	2.74	53.95
0.070	1.10	1.08	1.44	3.17	1.74	6.83	2.02	12.66	2.45	27.06	2.96	58.28
0.080	1.17	1.15	1.54	3.39	1.86	7.31	2.16	13.53	2.61	28.92	3.17	62.30

4. 建筑排水系统计算方法与举例

（1）建筑排水系统计算方法。建筑排水系统计算方法如下：

1）绘制建筑排水平面图和系统图。

2）根据排水系统图进行水力计算：

第1步：计算各横支管管径。从横支管的末端开始，根据卫生器具的当量或额定流量等数据计算设计秒流量，查排水横管水力计算表。在流量和坡度满足表3-6-6或表3-6-7的要求下可确定排水管道的管径，同时应保证所确定的管径不小于规定的最小管径。

第2步：计算立管管径。计算出排水立管内总的设计秒流量，再查表3-5-1确定立管的管径，同时应保证所确定的管径不小于规定的最小管径。

第3步：计算排出管管径。计算出排出管内总的设计秒流量，再查表3-6-6或表3-6-7，在流量和坡度满足表3-6-6或表3-6-7的要求下可确定排出管的管径，同时应保证所确定的管径不小于规定的最小管径。

第4步：在满足规范对通气管的要求时确定通气管的管径，同时应保证所确定的管径不小于规定的最小管径，见表3-5-2。

（2）建筑排水系统计算举例

例3-6-1 某24层饭店层高为3m，排水系统采用分流制，设专用通气立管，管材采用柔性接口机制铸铁排水管，卫生间管道布置如图3-6-1所示，排水管道系统如图3-6-2所示。试对其进行水力计算，确定管径和坡度。

【解】 （1）计算公式及参数

排水设计秒流量公式按式3-6-2计算，其中 α 取1.5，生活污水系统 $q_{max} = 1.5 L/s$；生活废水系统 $q_{max} = 1.0 L/s$。

（2）支管

污水系统每层支管只连接一个大便器，支管管径取 $DN100$，采用通用坡度 $i = 0.020$。

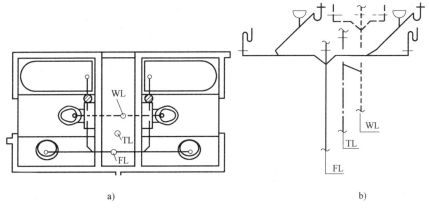

图 3-6-1　卫生间排水管道布置图

a）平面布置图　b）轴测图

洗脸盆排水支管和浴盆排水支管管径均取 $DN50$，采用通用坡度 $i=0.035$。

洗脸盆与浴盆汇合后支管管段的排水设计秒流量为

$$q_p = 0.12\alpha\sqrt{N_p} + q_{max} = (0.12 \times 1.5\sqrt{3.75} + 1.00)\text{L/s}$$
$$= 1.35\text{L/s}$$

计算结果大于洗脸盆和淋浴盆排水量之和 $(1.00 + 0.25)\text{L/s} = 1.25\text{L/s}$，取 $q_p = 1.25\text{L/s}$，查表 3-6-6，管径为 $DN75$，采用通用坡度 $i=0.025$。

（3）立管

污水系统每根立管的排水设计秒流量为

$$q_p = 0.12\alpha\sqrt{N_p} + q_{max}$$
$$= (0.12 \times 1.5\sqrt{4.5 \times 2 \times 24} + 1.5)\text{L/s} = 4.15\text{L/s}$$

因有大便器，立管管径取 $DN100$，设专用通气立管。

废水系统每根立管的排水设计秒流量为

$$q_p = 0.12\alpha\sqrt{N_p} + q_{max} = (0.12 \times 1.5\sqrt{(3+0.75) \times 2 \times 24} + 1)\text{L/s} = 3.41\text{L/s}$$

立管管径取 $DN75$，与污水共用专用通气立管。

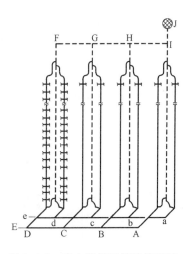

图 3-6-2　排水管道系统计算草图

（4）排水横干管计算

计算各管段设计秒流量，查表 3-6-7，选用通用坡度，计算结果见表 3-6-8。

表 3-6-8　排水横干管计算表

管段编号	卫生器具数量			当量总数 N_p	设计秒流量 $/(\text{L/s})$	管径 DN $/\text{mm}$	坡度 i
	坐便器 $N_p = 4.5$	浴盆 $N_p = 3$	洗脸盆 $N_p = 0.75$				
A—B	48			216	4.16	125	0.015
B—C	96			432	5.24	125	0.015
C—D	144			648	6.08	150	0.010
D—E	192			864	6.79	150	0.010
a—b		48	48	180	3.41	100	0.020
b—c		96	96	360	4.41	125	0.015
c—d		144	144	540	5.18	125	0.015
d—e		192	192	720	5.83	125	0.015

（5）通气管计算

专用通气立管与生活污水和生活废水两根立管连接，生活污水立管管径为 $DN100$，该建筑为 24 层，层高为 3m，通气立管超过 50m，所以通气立管管径与生活污水立管管径相同，为 $DN100$。

（6）汇合通气管及总伸顶通气管计算

FG 段汇合通气管只负担一根通气立管，其管径与通气立管相同，取 $DN100$，GH 段汇合通气管负担两根通气立管，按式 3-5-1 计算得

$$DN \geq \sqrt{d_{max}^2 + 0.25 \sum d_i^2} = \sqrt{100^2 + 0.25 \times 100^2} = 111.8 \text{mm}$$

GH 段汇合通气管管径取 125mm，HI 段和总伸顶通气管 IJ 段分别负担 3 根和 4 根通气立管，经计算，管径分别为 $DN125$ 和 $DN150$。

（7）结合通气管

结合通气管隔层分别与污水立管和废水立管连接，与污水立管连接的结合通气管径与污水立管相同，为 $DN100$；与废水立管连接的结合通气管径与废水立管相同，为 $DN75$。

例 3-6-2　如图 3-6-3 所示为某 7 层教学楼公共卫生间排水管平面布置图，每层男厕所设冲洗水箱蹲式大便器 3 个，自动冲洗小便器 3 个，洗手盆 1 个，地漏 1 个。每层女厕所设冲洗水箱蹲式大便器 3 个，洗手盆 1 个，地漏 1 个。开水间设污水盆 1 个，地漏 2 个。如图 3-6-4 所示为排水管道系统计算草图，管材为排水塑料管。试计算确定各管段管径和坡度。

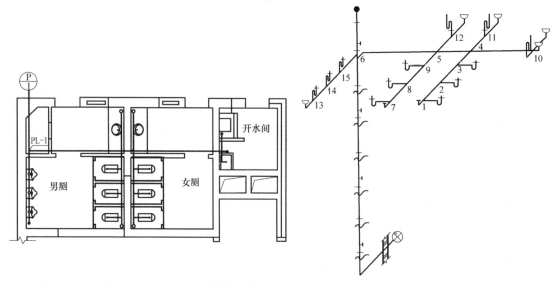

图 3-6-3　教学楼公共卫生间排水管道平面图　　　图 3-6-4　教学楼公共卫生间排水
　　　　　　　　　　　　　　　　　　　　　　　　　　　　　管道系统计算草图

【解】　（1）横支管计算

按式 3-6-2 计算排水设计秒流量，其中 α 取 2.5，卫生器具当量和排水流量按表 3-6-1 选取，计算出各管段的设计秒流量后查表 3-6-6，确定管径和坡度（均采用标准坡度），计算结果见表 3-6-9。

（2）立管计算

立管接纳的排水当量总数为

$$N_p = (28.6 + 0.9) \times 7 = 206.5$$

立管最下部管段排水设计秒流量

$$q_p = 0.12\alpha \sqrt{N_p} + q_{max} = (0.12 \times 2.5 \sqrt{206.5} + 1.5)\, \text{L/s} = 5.81\, \text{L/s}$$

查表 3-5-1，选用立管管径 d_e160mm，因设计秒流量 5.81L/s 小于表 3-5-1 中 d_e160mm 排水塑料管最大允许排水流量 7.4L/s，所以不需设专用通气立管。

表 3-6-9 各层横支管计算表

管段编号	卫生器具名称数量				排水当量总数 N_p	设计秒流量 $q_p/(\text{L/s})$	管径 d_e /mm	坡度 i
	大便器 $N_p = 4.5$	小便器 $N_p = 0.3$	污水盆 $N_p = 1.0$	洗手盆 $N_p = 0.3$				
1—2	1				4.50	1.50	110	0.012
2—3	2				9.00	2.40	110	0.012
3—4	3				13.5	2.60	110	0.012
4—5	3		1	1	14.8	2.65	110	0.012
5—6	6		1	2	28.6	3.10	110	0.012
10—4			1		1.0	0.33	50	0.025
11—4				1	0.3	0.10	50	0.025
13—14				1	0.3	0.10	50	0.025
14—15		2			0.6	0.20	50	0.025
15—6		3			0.9	0.30	75	0.015

注：管段 1—2、10—4、11—4、13—14 的排水当量按表 3-6-1 确定；管段 14—15、15—6 按式 3-6-2 计算结果大于卫生器具排水流量累加值，所以设计秒流量按卫生器具排水流量累加值计算；管段 15—6 连接 3 个小便器，最小管径为 75mm；管段 7—5 与管段 1—4 相同；管段 12—5 与管段 11—4 相同。

（3）立管底部和排出管计算

立管底部和排出管仍取 d_e160mm，取通用坡度，查表 3-6-6 符合要求。

例 3-6-3 某 12 层宾馆内，每层有 12 个房间，每个房间内设有一个卫生间，每个卫生间内设浴盆、洗脸盆、坐便器各一件，采用粪便污水与洗涤废水分开排出的分流制，其排水管道轴测图如图 3-6-5 所示。试进行排水出户管水力计算。

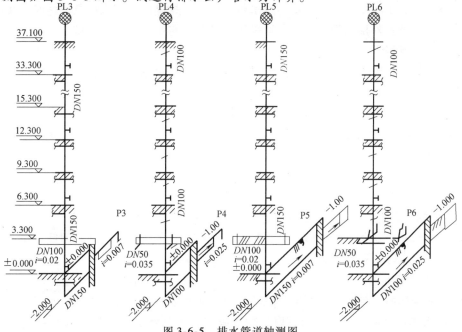

图 3-6-5 排水管道轴测图

注：各排水立管上横支管均与二层相同。P3 与 P9 相同；P4 与 P10 相同；P5 与 P1、P7、P11 相同；P6 与 P2、P8、P12 相同。PL3 与 PL9 相同；PL4 与 PL10 相同；PL5 与 PL1、PL7、PL11 相同；PL6 与 PL2、PL8、PL12 相同。

【解】 本建筑内卫生间类型、卫生间器具类型均相同。采用生活污水与生活废水分流排放。

(1) 生活污水排水立管底部与出户管连接处的设计秒流量

$$q_p = 0.12\alpha \sqrt{N_p} + q_{max} = (0.12 \times 2.5 \times \sqrt{12 \times 6 \times 2} + 2.0)\,\text{L/s} = 5.6\,\text{L/s}$$

上式中12为层数，6为低水箱虹吸式坐便器排水当量，2为每根立管每层接纳坐便器的个数。此值小于 $DN125$ 无专用通气立管的排水量，故采用 $DN125$ 普通伸顶通气的单立管排水系统。

出户管管径选用 $DN150$ 排水铸铁管，$h/D = 0.6$，坡度为 0.007 时，其排水量为 8.46L/s，流速为 0.78m/s，满足要求。

(2) 生活废水排水立管底部与出户管相连处的设计秒流量

$$q_p = 0.12\alpha \sqrt{N_p} + q_{max} = (0.12 \times 2.5 \times \sqrt{(0.75 + 3) \times 12 \times 2} + 1.0)\,\text{L/s} = 3.85\,\text{L/s}$$

上式中 0.75 为洗脸盆排水当量，3为浴盆排水当量，12为层数，2为立管每层接纳卫生器具的个数。此值小于 $DN100$ 无专用通气立管的排水量，故可采用 $DN100$ 普通伸顶通气的单立管排水系统。

出户管的管径选用 $DN100$ 排水铸铁管，$h/D = 0.5$，坡度为 0.0025 时，其排水量为 4.17L/s，流速为 1.05m/s，满足要求。

3.7 建筑地下室排水和建筑内排水系统施工安装质量要求

3.7.1 建筑地下室排水

1. 建筑地下室排水特点

建筑地下室低于地面，在地下室的用水器具收集和排除的污废水以及消防时产生的废水均不能重力流流进室外排水管道内，必须采用局部收集与提升和压力流排水管道排至室外的排水管道内。建筑地下室排水的要求是迅速而及时地收集和排除地下室的污废水至室外，同时要防止建筑外的污废水向地下室倒灌。另外要保持地下室不受污废水产生的气体污染并保持地下室地面干净。

2. 建筑地下室排水系统设计

建筑地下室排水系统设计要满足迅速而及时地收集和排除地下室的污废水至室外，同时要防止建筑外的污废水向地下室倒灌。因此要设计污水集水池、污水泵和排水管道系统。

(1) 建筑物地下室生活排水应设置污水集水池和污水泵，将污水提升排至室外检查井。地下室地坪排水 (如消防水) 应设集水坑和提升装置。

(2) 污水泵宜设置排水管单独排至室外，排出管的横管段应有坡度坡向出口。当两台或两台以上水泵共用一条出水管时，应在每台水泵出水管上装设阀门和止回阀；单台水泵排水有可能产生倒灌时，应设置止回阀。

(3) 公共建筑内应以每个生活污水集水池为单元设置一台备用泵 (注：地下室、设备机房、车库冲洗地面的排水，当有两台及两台以上排水泵时可不设备用泵)。

(4) 当集水池不能设事故排出管时，污水泵应有不间断的动力供应 (注：当能关闭污水进水管时，可不设不间断动力供应)。

(5) 污水水泵的起闭，应设置自动控制装置。多台水泵可并联交替或分段投入运行。

（6）污水水泵流量、扬程的选择应符合下列规定：

1）建筑物内污水水泵的流量应按生活排水设计秒流量选定；当有排水量调节时，可按生活排水最大小时流量选定。

2）当集水池接纳水池溢流水、泄空水时，应按水池溢流量、泄流量与排入集水池的其他排水量中大者选择水泵机组。

3）水泵扬程应按提升高度、管路系统水头损失另加 2~3m 流出水头计算。

（7）集水池设计应符合下列规定：

1）集水池有效容积不宜小于最大一台污水泵 5min 的出水量，且污水泵每小时起动次数不宜超过 6 次。

2）集水池除满足有效容积外，还应满足水泵设置、水位控制器、格栅等的安装、检查要求。

3）集水池设计最低水位应满足水泵吸水要求。

4）当污水集水池设置在室内地下室时，池盖应密封，并设通气管系；室内有敞开的污水集水池时，应设强制通风装置。

5）集水池底宜有不小于 0.05 坡度坡向泵位；集水坑的深度及平面尺寸，应按水泵类型而定。

6）集水池底宜设置自冲管。

7）集水池应设置水位指示装置，必要时应设置超警戒水位报警装置，并将信号引至物业管理中心。

8）生活排水调节池的有效容积不得大于 6h 生活排水平均小时流量。

（8）污水泵、阀门、管道等应选择耐腐蚀、大流通量、不易堵塞的设备器材。

3.7.2　建筑内排水系统施工安装质量要求

建筑内排水管道系统的质量验收内容包括卫生器具、排水管道连接与安装和水压试验三个方面。水压试验要求如下：

（1）对于隐蔽或埋地的排水管道，在隐蔽之前必须做灌水试验。

1）埋地排水管道灌水试验的灌水高度不应低于底层卫生器具的上边缘或底层地面高度，在灌水 15min 水面下降后，再灌满观察 5min 液面下降，管道及接口无渗漏为合格。

2）隐蔽排水管道灌水试验的灌水高度不应低于服务层卫生器具的上边缘或该层地面高度，接口不渗不漏为合格。

（2）排水主立管及水平干管应做通球试验，通球球径和通球率应符合要求。

第4章 建筑排水局部处理

4.1 建筑含油污水处理

在公共食堂和饮食业排放的污水中含有植物油和动物油，在汽车洗车台、汽车库及其他类似场所排放的污水中含有汽油、煤油、柴油等矿物油。植物油和动物油在水温下降的情况下会凝固成油脂，能黏附在排水管的管壁上，使管道过水断面减小，时间长会堵塞管道并可能产生火灾事故。汽油、煤油、柴油等矿物油遇水温高时能挥发成气体，集聚于检查井内和排水管道内的空间中，达到一定浓度后会发生爆炸并引起火灾、损坏管道和发生人员伤亡等事故。在建筑含油污水处理中常采用隔油池和隔油器。

4.1.1 隔油池

1. 隔油池的作用和结构形式

（1）隔油池的作用。利用油水密度差，水在下，油在上，在池内设隔板，让水在隔板下部通过，而使浮在水面的油被隔板拦截，然后对拦截后的污油进行收集和处理，隔油除油的作用是一：能保护好排水管道，二能免使油污染环境，三能收集污油使之变废为宝。

（2）隔油池的结构形式。隔油池常安装在含油污水的排放口处，用砖砌或钢筋混凝土建造而成，如图 4-1-1 所示。

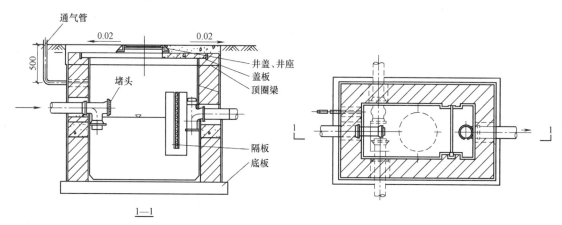

图 4-1-1　隔油池构造图

2. 隔油池的设计

（1）隔油池的设计要求

1）职工食堂和营业餐厅的含油污水，应经除油装置后，方可排入污水管道。

2）隔油池设计应符合下列规定：

① 污水流量应按设计秒流量计算。

② 含食用油污水在池内的流速不得大于 0.005m/s。

③ 含食用油污水在池内的停留时间宜为 2～10min。

④ 人工除油的隔油池内存油部分的容积，不得小于该池有效容积的 25%。

⑤ 隔油池应设活动盖板；进水管应考虑有清通的可能。

⑥ 隔油池出水管管底至池底的深度，不得小于 0.6m。

（2）隔油池的设计方法和计算公式。隔油池设计的控制条件是污水在隔油池内停留时间 t 和污水在隔油池内水平流速 v，隔油池的设计计算可按式（4-1-1）～式（4-1-5）进行。

$$V = 60Q_{max}t \tag{4-1-1}$$

$$A = \frac{Q_{max}}{v} \tag{4-1-2}$$

$$L = \frac{V}{A} \tag{4-1-3}$$

$$b = \frac{A}{h} \tag{4-1-4}$$

$$V_1 \geqslant 0.25V \tag{4-1-5}$$

式中　V——隔油池有效容积（m³）；

　　　Q_{max}——含油污水设计流量，按设计秒流量计（m³/s）；

　　　t——污水在隔油池中的停留时间（min），含食用油污水的停留时间为 2～10min，含矿物油污水的停留时间为 10min；

　　　v——污水在隔油池中的水平流速（m/s），一般不大于 0.005m/s；

　　　A——隔池中过水断面面积（m²）；

　　　b——隔油池宽（m）；

　　　h——隔油池有效水深，即隔油池出水管底至池底的高度（m），大于 0.6m；

　　　V_1——贮油部分容积，是反映出水挡板的下端至水面油水分离室的容积（m³）。

对夹带杂质的含油污水，应在隔油井内设置沉淀部分，生活污水和其他污水不得排入隔油池内，以保证隔油池正常工作。

4.1.2　隔油器

常见隔油器为一容器，集气浮、加热、过滤于一体，占地少，可直接与含油污水排出管连接，对含油污水进行处理并回收废油。

隔油器设计应符合下列规定：

（1）隔油器内应有拦截固体残渣的装置，并应便于清理。

（2）容器内宜设置气浮、加热、过滤等油水分离装置。

（3）隔油器应设置超越管，超越管管径与进水管管径应相同。

（4）密闭式隔油器应设置通气管，通气管应单独接至室外。

（5）隔油器设置在设备间时，设备间应有通风排气装置，且换气次数不宜小于 15 次/h。

4.2　建筑污水沉淀处理

在汽车洗车、锅炉房地面冲洗、建筑工地的砂石水冲洗和搅拌机的冲洗时排放的污废水中，含有大量泥沙等沉淀物，沉淀物排放至管道中，会严重堵塞排水管道，因此应设沉淀池。

4.2.1 沉淀处理原理和构筑物

1. 沉淀处理原理

利用沉淀物经过一定时间的停留而沉淀下去，使其与水分离，达到处理水的目的。

2. 沉淀处理构筑物

沉淀处理构筑物常用平流式、辐流式和斜板斜管式，用砖砌或混凝土制作而成。沉淀处理构筑物安装在排水出水管处，经沉淀后的水流入市政排水管道内，对沉淀物定期进行人工或机械清除。

4.2.2 沉淀池的计算

小型沉淀池的有效容积包括污水和污泥两部分，应根据车库存车数、冲洗水量和设计参数确定。沉淀池的有效容积按式（4-2-1）计算：

$$V = V_1 + V_2 \tag{4-2-1}$$

式中　V——沉淀池的有效容积（m^3）；

　　　V_1——污水部分容积（m^3）；

　　　V_2——污泥部分容积（m^3）；

　　　V_1 按式（4-2-2）计算：

$$V_1 = \frac{qn_1t_2}{1000t_1} \tag{4-2-2}$$

式中　q——每辆汽车每次冲洗水量（L），小型车取 250～400L，大型车取 400～600L；

　　　n_1——同时冲洗车数，当存车数小于 25 辆时，n_1 取 1；当存车数在 25～50 辆时，设两个洗车台，n_1 取 2；

　　　t_1——冲洗一台汽车所用时间，一般取 10min；

　　　t_2——沉淀池中污水停留时间，取 10min。

　　　V_2 按式（4-2-3）计算：

$$V_2 = qn_2t_3k/1000 \tag{4-2-3}$$

式中　n_2——每天冲洗汽车数量；

　　　t_3——污泥的清除周期（d），一般取 10～15d；

　　　k——污泥容积系数，指污泥体积占冲洗水量的百分数，按车辆的大小取 2%～4%；

　　　q——同式（4-2-2）。

4.3 建筑污水降温处理

排放锅炉的高温水和蒸汽冷凝水、洗衣机房水和淋浴水，其水温均可能高于40℃。高温排水会使排水管道接头损坏，缩短管材的使用寿命，会使维护人员造成意外事故。因此排入小区管道和市政管道之前应进行降温处理，一般在其排放口处修建降温池。

4.3.1 降温池的作用和结构形式

1. 降温池的作用

在降温池内贮存一定量的低温水,当高于 40℃ 的排放水进入降温池内时,与低温水混合并在其内停留一定时间,使高温水降温。

2. 降温池的结构形式

降温池一般有虹吸式和隔板式两种,如图 4-3-1 所示。

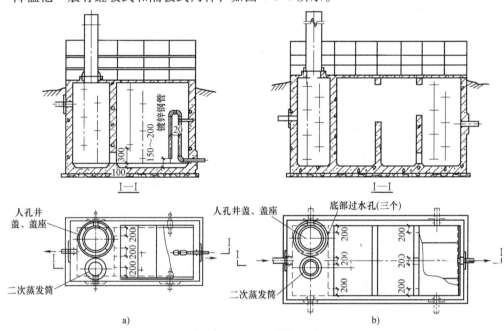

图 4-3-1 降温池构造图

a)虹吸式降温池 b)隔板式降温池

4.3.2 降温池的设计

1. 降温池的设计要求

降温池的设计应符合下列规定:

(1)温度高于 40℃ 的排水,应优先考虑将所含热量回收利用,当不可能或回收不合理时,在排入城镇排水管道之前应设降温池;降温池应设置在室外。

(2)降温宜采用较高温度排水与冷水在池内混合的方法进行。冷却水应尽量利用低温废水;所需冷却水量应按热平衡方法计算。

(3)降温池的容积应按下列规定确定。

1)间断排放污水时,应按一次最大排水量与所需冷却水量的总和计算有效容积。

2)连续排放污水时,应保证污水与冷却水能充分混合。

(4)降温池管道设置应符合下列要求:

1)在有压高温污水进水管口宜装设消声设施,有两次蒸发时,管口应露出水面向上并应采取防止烫伤人的措施;无两次蒸发时,管口宜插进水中深度 200mm 以上。

2）冷却水与高温水混合可采用穿孔管喷洒，当采用生活饮用水做冷却水时，应采取防回流污染措施。

3）降温池虹吸排水管管口应设在水池底部。

4）应设通气管，通气管排出口设置位置应符合安全、环保要求。

2. 降温池的设计方法和公式

降温池的容积与废水的排放形式有关，当废水为间断排放时，按一次最大排水量与所需冷却水量的总和计算有效容积；当废水为连续排放时，应保证废水与冷却水能够充分混合。

降温池的容积 V 由三部分组成，按式（4-3-1）计算：

$$V = V_1 + V_2 + V_3 \tag{4-3-1}$$

式中　V——降温池容积（m^3）；

V_1——存放排废水的容积（m^3）；

V_2——存放冷却水的容积（m^3）；

V_3——保护容积（m^3）。

存放排废水的容积 V_1 与排放的热废水量 Q 和蒸发的热废水量 q 有关，按式（4-3-2）计算：

$$V_1 = \frac{Q - k_1 q}{\rho} \tag{4-3-2}$$

式中　Q——一次排放的废水量（kg）；

q——蒸发带走的废水量（kg）；

k_1——安全系数，取 0.8；

ρ——锅炉工作压力下水的密度（kg/m^3）。

其中 q 按式（4-3-3）计算：

$$q = \frac{(t_1 - t_2)Qc}{\gamma} \tag{4-3-3}$$

式中　q——蒸发的水量（kg）；

Q——排放的废水量（kg）；

t_1——设备工作压力下排放的废水温度（℃）；

t_2——大气压力下热废水的温度（℃）；

c——水的比热容，$c = 4.19kJ/(℃ \cdot kg)$。

存放冷却水部分的容积 V_2 按式（4-3-4）计算：

$$V_2 = \frac{t_2 - t_y}{t_y - t_1} K V_1 \tag{4-3-4}$$

式中　t_y——允许排放的水温，一般取 40℃；

t_1——冷却水温度，取该地最冷月平均水温（℃）；

K——混合不均匀系数，取 1.52。

其他同前。

保护容积 V_3 按保护高度 $h = 0.3 \sim 0.5m$ 计算确定。

4.4　建筑生活污水处理

4.4.1　建筑生活污水化粪池处理

1. 化粪池的作用和结构

（1）化粪池的作用。利用沉淀和厌氧消化的作用对粪便污水进行处理，把有机物变成无机物，并对其进行减量，防止管道堵塞和对粪便进行无害化处理。

（2）化粪池的结构。化粪池可由砖砌、混凝土建造、玻璃钢制作等。其结构要求是：

1）化粪池的长度与深度、宽度的比例应按污水中悬浮物的沉降条件和积存数量，经水力计算确定。但深度（水面至池底）不得小于 1.30m，宽度不得小于 0.75m，长度不得小于 1.00m，圆形化粪池直径不得小于 1.00m。

2）双格化粪池第一格的容量宜为计算总容量的 75%；三格化粪池第一格的容量宜为总容量的 60%，第二格和第三格各宜为总容量的 20%。

3）化粪池格与格、池与连接井之间应设通气孔洞。

4）化粪池进水口、出水口应设置连接井，与进水管、出水管相接。

5）化粪池进水管口应设导流装置，出水口处及格与格之间应设拦截污泥浮渣的设施。

6）化粪池池壁和池底，应防止渗漏。

7）化粪池顶板上应设有人孔和盖板。

化粪池的基本构造如图 4-4-1 所示。

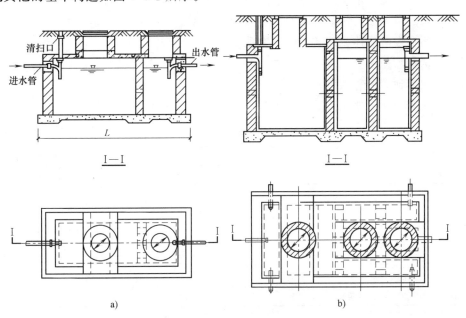

图 4-4-1　化粪池构造图
a）双格化粪　b）三格化粪池

2. 化粪池的设计和计算

（1）化粪池的设计

1）化粪池距离地下取水构筑物不得小于 30m。

2）化粪池的设置应符合下列要求：

① 化粪池宜设置在接户管的下游端，便于机动车清掏的位置。

② 化粪池池外壁距建筑物外墙不宜小于 5m，并不得影响建筑物基础（注：当受条件限制化粪池设置于建筑物内时，应采取通气、防臭和防爆措施）。

（2）化粪池的计算。化粪池有效容积应为污水部分和污泥部分的容积之和，并宜按式（4-4-1）~ 式（4-4-3）计算：

$$V = V_W + V_n \tag{4-4-1}$$

$$V_W = \frac{m b_f q_w t_w}{24 \times 1000} \tag{4-4-2}$$

$$V_n = \frac{m b_f q_n t_n (1 - b_x) M_s \times 1.2}{(1 - b_n) \times 1000} \tag{4-4-3}$$

式中　V——化粪池有效容积（m^3）；

　　　V_W——化粪池污水部分容积（m^3）；

　　　V_n——化粪池污泥部分容积（m^3）；

　　　q_w——每人每日计算污水量（L/人·d），见表 4-4-1。

　　　t_w——污水在池中停留时间（h），应根据污水量确定，宜采用 12 ~ 24h；

　　　q_n——每人每日计算污泥量（L/人·d），见表 4-4-2；

　　　t_n——污泥清掏周期，根据污水温度和当地气候条件确定，宜采用 3 ~ 12 个月；

　　　b_x——新鲜污泥含水率，可按 95% 计算；

　　　b_n——发酵浓缩后的污泥含水率，可按 90% 计算；

　　　M_s——污泥发酵后体积缩减系数，宜取 0.8；

　　　1.2——清掏后遗留 20% 的容积系数；

　　　m——化粪池服务总人数；

　　　b_f——化粪池实际使用人数占总人数的百分数，可按表 4-4-3 确定。

表 4-4-1　化粪池每人每日计算污水量

分类	生活污水与生活废水合流排入	生活污水单独排入
每人每日污水量/L	（0.85 ~ 0.95）用水量	15 ~ 20

表 4-4-2　化粪池每人每日计算污泥量　　　　　　　　（单位：L）

建筑物分类	生活污水与生活废水合流排入	生活污水单独排入
有住宿的建筑物	0.7	0.4
人员逗留时间大于 4h 并小于等于 10h 的建筑物	0.3	0.2
人员逗留时间小于等于 4h 的建筑物	0.1	0.07

表 4-4-3　化粪池使用人数百分数

建筑物名称	百分数（%）
医院、疗养院、养老院、幼儿园（有住宿）	100
住宅、宿舍、旅馆	70
办公楼、教学楼、试验楼、工业企业生活间	40
职工食堂、餐饮业、影剧院、体育场（馆）、商场和其他场所（按座位）	5 ~ 10

4.4.2 建筑生活污水生化处理

1. 生活污水生化处理的作用

生活污水中含有大量的有机物，为防止生活有机污水污染环境，常采用厌氧和好氧的生化处理，厌氧生化处理使污水中的有机大分子变成小分子，好氧生化处理使有机物变成无机物，降低 BOD_5 和 COD 浓度。

2. 生活污水生化处理设施

厌氧处理常采用厌氧池；好氧处理常采用曝气池、生化接触氧化池等，对生活污水处理中产生的污泥进行消化处理和浓缩干燥。

4.4.3 建筑生活污水处理设施设计要求

（1）生活污水处理设施的工艺流程应根据污水性质、回用或排放要求确定。

（2）生活污水处理设施的设置应符合下列要求：

1）宜靠近接入市政管道的排放点。

2）建筑小区处理站的位置宜在常年最小频率的上风向，且应用绿化带与建筑物隔开。

3）处理站宜设置在绿地、停车坪及室外空地的地下。

4）当处理站布置在建筑地下室时，应有专用隔间。

5）处理站与给水泵站及清水池的水平距离不得小于 10m。

（3）设置生活污水处理设施的房间或地下室应有良好的通风系统，当处理构筑物为敞开式时，每小时换气次数不宜小于 15 次，当处理设施有盖板时，每小时换气次数不宜小于 5 次。

（4）生活污水处理设施应设超越管。

（5）生活污水处理应设置排臭系统，其排放口位置应避免对周围人、畜、植物造成危害和影响。

（6）生活污水处理构筑物机械运行噪声不得超过现行国家标准《声环境质量标准》（GB 3096—2008）和《民用建筑隔声设计规范》（GB 50118—2010）的有关要求。对建筑物内运行噪声较大的机械应设独立隔间。

4.5 建筑酸碱废水处理

由实验室、化验室以及经酸洗或碱洗产品（设备）排出的废水中会含有酸或碱。酸碱废水排入管道内会使管道本身产生损坏和接头处漏水；酸碱废水排入水体会使水中动植物死亡，严重破坏水质和污染环境。酸碱废水处理有两种途径，一是当废水中酸或碱浓度较高，如酸性废水浓度大于 3%、碱性废水浓度大于 1% 时，应尽可能对其进行回收；二是在酸碱废水排入城镇排水系统前对其进行处理。

4.5.1 酸碱废水处理方法

酸碱废水处理常采用中和处理方法。其具体方法有：

1. 酸碱废水相互中和

酸碱废水相互中和是利用酸性废水和碱性废水进行混合，达到中和的目的。

酸碱废水相互中和适用于各种酸性和碱性废水，当两种废水中酸碱当量基本平衡时，处理工艺简单，设施简单，管理方便并节省中和药剂。当两种废水流量、浓度波动大时，需对其进行均化处理。当两种废水酸碱当量不平衡时，需投加酸碱中和剂。

2. 加酸或加碱中和

在处理酸性废水时，投加碱性中和剂，如石灰等。在处理碱性废水时，投加酸性中和剂，如工业酸、废酸或烟道气等。

3. 酸性废水普通过滤中和

含盐酸、硝酸的废水水质较清洁，不含大量悬浮物油脂、重金属等，采用通过填充有石灰石、白云石或白垩滤料的过滤塔进行过滤中和，也可采用升流式膨胀过滤中和塔进行过滤中和，后者效果好。还可以采用滚筒式中和过滤。

4.5.2 酸碱废水处理当量定律及应用

1. 酸碱废水处理当量定律

酸碱废水中和处理当量定律按式（4-5-1）计算：

$$N_s V_s = N_j V_j \tag{4-5-1}$$

式中　　N_s——酸性废水（或溶液）的当量浓度（当量/L）；

　　　　V_s——酸性废水（或溶液）的体积（L）；

　　　　N_j——碱性废水（或溶液）的当量浓度（当量/L）；

　　　　V_j——碱性废水（或溶液）的体积（L）。

2. 酸碱废水处理当量定律应用

在中和设计时，采用当量定律判断酸碱废水如何相互中和。

4.5.3 酸碱废水处理设计

1. 酸性废水处理设计

（1）酸碱废水相互中和处理设计方法。根据水量水质的变化设中和池或混合器。

（2）投药中和处理设计方法。选用中和剂；绘制中和曲线；计算中和反应的药剂用量；计算中和沉渣量；确定中和处理流程；设计中和设施（如中和剂投加装置、混合反应装置、沉淀装置和污泥脱水装置等）。

（3）过滤中和处理设计方法

1）普通中和滤池：有平流和竖流两种，多用竖流，竖流分为升流和降流两种。滤料粒径一般为 30～50mm，滤速为 1～1.5m/h，不大于 5m/h，接触时间不少于 10min，滤床厚度为 1～1.5m。

2）滤料一般为石灰石，当滤柱横截面固定不变时，为恒滤速过滤，常用滤速为 50～70m/h，滤料粒径一般为 0.5～3mm。

3）滤柱横截面下小上大，为变滤速过滤，下部滤速达 130～150m/h，上部滤速为 40～60m/h，滤料最小粒径为 0.25mm。对于硫酸废水，变速膨胀中和滤池的限制浓度可进一步提高到 2500mg/L 以上。

4）滤池出水产生的 CO_2 气体经过曝气处理，可使出水 pH 值达到 6～6.5。

2. 碱性废水处理设计

（1）酸碱废水相互中和处理设计方法。根据水量水质的变化设中和池或混合器。

（2）加酸中和。选用酸中和剂；绘制中和曲线；计算中和反应的药剂用量；计算中和沉渣量；确定中和处理流程；设计中和设施（如中和剂投加装置、混合反应装置、沉淀装置和污泥脱水装置等）。

4.6　医院污水处理

4.6.1　医院污水水量、水质和处理任务

1. 医院污水水量、水质

（1）医院污水水量。医院污水包括住院病房排水和门诊、化验制剂、厨房、洗衣房的排水。医院污水排水量按病床床位计算，日平均排水量标准和时变化系数与医院的性质、规模、医疗设备的完善程度有关，见表 4-6-1。

表 4-6-1　医院污水水量

医院类型	病床床位	平均日污水量[L/(床・d)]	时变化系数 K
设备齐全的大型医院	>300	400～600	2.0～2.2
一般的中型医院	100～300	300～400	2.2～2.5
小型医院	<100	250～300	2.5

（2）医院污水水质。对医院污水水质应进行实测，无实测资料时，每张病床每日污染物排放量按下列数值选用：BOD_5 为 60g/(床・d)，COD 为 100～150g/(床・d)，SS 为 50～100g/(床・d)。

（3）医院污水处理后的水质。医院污水处理后的水质，排放条件应符合现行国家标准《医疗机构水污染物排放标准》（GB 18466—2005）的有关规定。

2. 医院污水处理的任务

医院污水处理包括医院污水消毒处理、放射性污水处理、重金属污水处理、废弃药物污水处理和污泥处理。医院污水必须进行消毒处理，以便消灭病毒、病菌、螺旋体和原虫等，防止污染水体和传染病流行。

4.6.2　医院污水处理方法

1. 污水处理

医院污水处理包括污水的 BOD_5、COD 和 SS 等的前处理及最终的消毒处理。

对医院污水的 BOD_5、COD 和 SS 等的前处理分为一级处理、二级处理和深度处理，根据排放要求选择。

（1）医院污水一级处理工艺流程如图 4-6-1 所示。

（2）医院污水二级处理工艺流程如图 4-6-2 所示。

2. 消毒处理

在污水处理后应采用投药法对其进行消毒处理。常见的有氯化法和臭氧法，其中氯化法

中的液氯法具有成本低、效果好、易操作运行等优点，应用广泛。臭氧法常用于小型的医院污水消毒处理中。

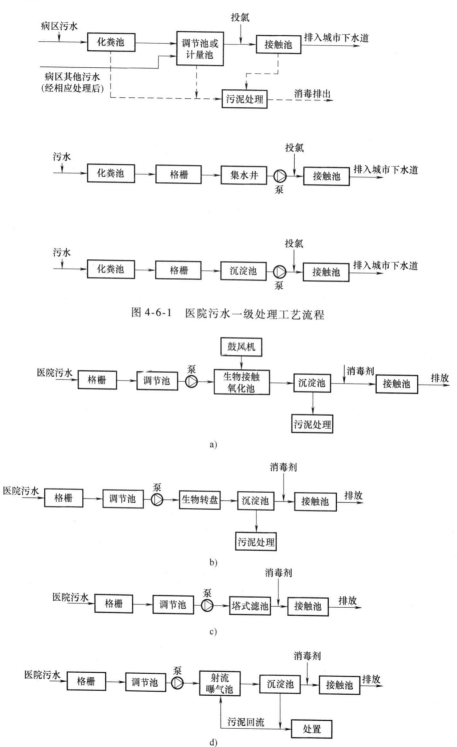

图 4-6-1　医院污水一级处理工艺流程

a)

b)

c)

d)

图 4-6-2　医院污水二级处理工艺流程

3. 污泥处理

医院污水处理中产生的污泥，含有大量病原体，除了减量处理外，还应进行消毒灭菌，如氯消毒、石灰消毒、高温消毒等。

4.6.3　医院污水处理设计要求

（1）医院污水必须进行消毒处理。

（2）医院污水处理后的水质，排放条件应符合现行国家标准《医疗机构水污染物排放标准》（GB 18466—2005）的有关规定。

（3）医院污水处理流程应根据污水性质、排放条件等因素确定，当排入终端已建有正常运行的二级污水处理厂的城市下水道时，宜采用一级处理；直接或间接排入地表水体或海域时，应采用二级处理。

（4）医院污水处理构筑物与病房、医疗室、住宅等之间应设置卫生防护隔离带。

（5）传染病房的污水经消毒后可与普通病房污水进行合并处理。

（6）当医院污水排入下列水体时，除应符合《医疗机构水污染物排放标准》（GB 18466—2005）的有关规定外，还应根据受水体的要求进行深度水处理：

1）现行国家标准《地表水环境质量标准》（GB 3838—2002）中规定的Ⅰ、Ⅱ类水域和Ⅲ类水域的饮用水保护区和游泳区。

2）现行国家标准《海水水质标准》（GB 3097—1997）中规定的一、二类海域。

3）经消毒处理后的污水，当排入娱乐和体育用水水体、渔业用水水体时，还应符合国家现行有关标准要求。

（7）化粪池作为医院污水消毒前的预处理时，其容积宜按污水在池内停留时间为 24 ~ 36h 计算，污泥清掏周期宜为 0.5 ~ 1.0a。

（8）医院污水消毒宜采用氯消毒（成品次氯酸钠、氯片、漂白粉、漂粉精或液氯）。当运输或供应困难时，可采用现场制备次氯酸钠、化学法制备二氧化氯消毒方式。当有特殊要求并经技术经济比较合理时，可采用臭氧消毒法。

（9）采用氯消毒后的污水，当直接排入地表水体和海域时，应进行脱氯处理，处理后的余氯应小于 0.5mg／L。

（10）医院建筑内含放射性物质、重金属及其他有毒、有害物质的污水，当不符合排放标准时，需进行单独处理达标后，方可排入医院污水处理站或城市排水管道。

（11）医院污水处理系统的污泥，宜由城市环卫部门按危险废物集中处置。当城镇无集中处置条件时，可采用高温堆肥或石灰消化方法处理。

（12）医院污水处理站排臭系统宜进行除臭、除味处理。处理后应达到现行国家标准《医疗机构水污染物排放标准》（GB 18466—2005）中规定的处理站周边大气污染物最高允许浓度。

4.6.4　医院污水处理站设计要求

（1）处理站位置的选择应根据医院总体规划、排出口位置、环境卫生要求、工程地质及维护管理和运输等因素确定。

（2）医院污水处理设施应与病房、居民区等建筑物保持一定距离，并设置隔离带。

（3）在污水处理工程设计中应根据总体规划对处理水量构筑物容积适当留有一定余地。

（4）处理站内应有必要的报警、抢救及计量等项装置。

（5）根据医院的规模和具体条件，处理站宜设加氯、化验、值班、修理、贮藏、厕所及淋浴等房间。

（6）加氯间和液氯贮藏室不得设于地下室及电梯间，并应按《室外排水设计规范》（GB 50014—2006）（2014 年版）中的有关规定设计。

（7）采用发生器制备的次氯酸钠作为消毒剂时，发生器必须设置排氢管。为了保证安全，还必须在发生器间屋顶设置排气管。排气管底与顶棚相平，其直径根据发生器的规格确定，一般为 300 ~ 500mm。

（8）当采用化学法制备的二氧化氯作为消毒剂时，各种原料应分开贮备，并有保证不与易燃易爆物接触的措施，严防原料丢失。

（9）医院污水处理管理人员必须接受培训，持证上岗。

（10）医院污水处理站内不准非工作人员和无关人员进入和停留，不准外人借用处理站内的工具和原材料，更不准外人在处理站内留宿。

第5章 建筑雨水

5.1 建筑雨水排水的任务、组成、类型和系统形式的选择

5.1.1 建筑雨水排水的任务

建筑雨水排水的任务有：

（1）迅速而及时地排除降落在建筑屋面的雨（雪）水，同时要及时地排除降落在建筑小区地面的雨（雪）水。降落在建筑屋面和建筑小区地面的雨（雪）水，特别是暴雨，在短时间内会形成积水、会造成屋顶四处溢流、墙体受污或屋面漏水，影响人们出行等；在小区地面积水，会影响交通和出行或发生水灾。迅速而及时地排除这些积水，有益于防止雨（雪）水灾害的发生，维护好人们生活和生产的正常活动。

（2）为雨（雪）水的收集、处理、回用创造条件。雨（雪）水是一种重要的水资源，在降落过程中，受污染较小，易于处理和利用，除生活用水较严格外，对浇灌花草、冲洗道路等用途广泛，节水节能。

（3）为生活污水的处理和回用创造条件。

5.1.2 建筑雨水排水系统的组成

建筑雨水排水系统分为建筑屋面雨水排水系统和建筑小区地面雨水排水系统。

1. 建筑屋面雨水排水系统的组成

建筑屋面雨水排水系统除屋面构造本身外（如天沟、檐沟），其系统包括雨水斗、连接雨水斗的短管、横管、立管、排出管，还包括雨水检查口、清扫口等。在收集雨水的系统中，为了收集较洁净的雨水，安装有初期雨水和后期雨水排放的分离装置。

雨水斗分为87式（用于重力半有压流雨水系统）、平箅式（用于重力流）、虹吸式（用于压力流），分别如图5-1-1～图5-1-3所示。

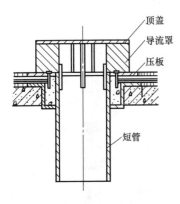

图5-1-1　87式雨水斗

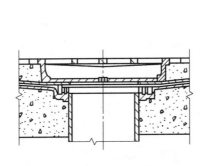

图5-1-2　平箅式雨水斗

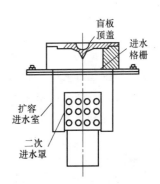

图5-1-3　虹吸式雨水斗

2. 建筑小区地面雨水排水系统的组成

在建筑小区地面雨水与其他污水分流中，雨水排水系统包括雨水口、连接雨水口的雨水管、雨水井、雨水管道等。在收集雨水的系统中有雨水池和抽升装置等。

5.1.3 建筑雨水排水系统的类型和基本图示

1. 建筑雨水排水系统的类型

建筑屋面雨水排水系统的分类与管道的设置、管内的压力、水流状态和屋面排水条件等有关。

（1）按建筑物内部是否有雨水管道分为内排水系统和外排水系统两类，建筑物内部设有雨水管道，屋面设雨水斗（一种将建筑物屋面的雨水导入雨水管道系统的装置）的雨水排除系统为内排水系统，否则为外排水系统。按照雨水排至室外的方法，内排水系统又分为架空管排水系统和埋地管排水系统。雨水通过室内架空管道直接排至室外的排水管（渠），室内不设埋地管的内排水系统称为架空管内排水系统，架空管内排水系统排水安全，避免室内冒水，但需用金属管材多。雨水通过室内埋地管道排至室外，室内不设架空管道的内排水系统称为埋地管内排水系统。

（2）按雨水在管道内的流态分为重力无压流、重力半有压流和压力流三类。重力无压流是指雨水通过自由堰流入管道，在重力作用下附壁流动，管内压力正常，这种系统也称为堰流斗系统。重力半有压流是指管内汽水混合，在重力负压抽吸双重作用下流动，这种系统也称为87雨水斗系统。压力流是指管内充满雨水，主要在负压抽吸作用下流动，这种系统也称为虹吸式系统。

（3）按屋面的排水条件分为檐沟排水、天沟排水和无沟排水。当建筑屋面面积较小时，在屋檐下设置汇集屋面雨水的沟槽，称为檐沟排水。在面积大且曲折的建筑物屋面设置汇集屋面雨水的沟槽，将雨水排至建筑物的两侧，称为天沟排水。降落到屋面的雨水沿屋面径流，直接流入雨水管道，称为无沟排水。

（4）按出户埋地横干管是否有自由水面分为敞开式排水系统和密闭式排水系统两类。敞开式排水系统为非满流的重力排水，管内有自由水面，连接埋地干管的检查井为普通检查井。该系统可接纳生产废水、省去生产废水埋地管，但是暴雨时会出现检查井冒水现象，雨水漫流室内地面，造成危害。密闭式排水系统为满流压力排水，连接埋地干管的检查井内用密闭的三通连接，室内不会发生冒水现象，但不能接纳生产废水，需另设生产废水排水系统。

（5）按一根立管连接的雨水斗数量分为单斗系统和多斗系统。在重力无压流和重力半有压流状态下，由于互相干扰，多斗系统中每个雨水斗的泄流量小于单斗系统的泄流量。

2. 建筑雨水排水系统的基本图示

（1）普通外排水。普通外排水又称檐沟排水，如图5-1-4所示。

（2）天沟外排水如图5-1-5所示。

（3）内排水如图5-1-6所示。

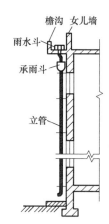

图5-1-4　普通外排水
（檐沟排水）

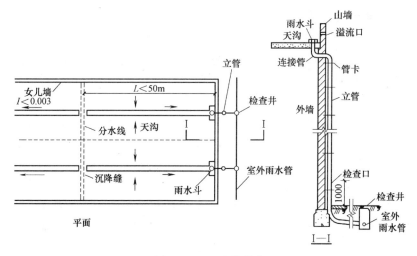

图 5-1-5　天沟外排水

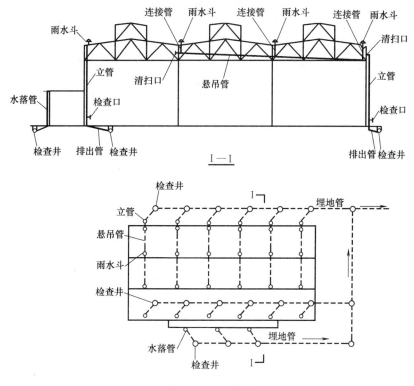

图 5-1-6　内排水

5.1.4　建筑雨水排水系统的设置要求

（1）建筑内雨水排水系统应单独设置。

（2）建筑内雨水排水系统由雨水管道、雨水斗、检查口、清扫口等组成。

（3）高层建筑裙房屋面的雨水应单独排放。

（4）高层建筑阳台雨水排水系统应单独设置，多层建筑阳台雨水宜单独排放。阳台雨水立管底部应为间接排水（注：当生活阳台设有生活排水设备及地漏时，可不另设阳台雨水排水地漏）。

（5）当屋面雨水管道按满管压力流排水设计时，同一系统的雨水斗宜在同一水平面上。

（6）屋面雨水排水系统应设置雨水斗。不同设计的排水流态、排水特征的屋面雨水排水系统应选用相应的雨水斗。

（7）雨水斗的设置位置应根据屋面汇水情况并结合建筑结构承载情况确定。

（8）雨水排水管材的选用应符合下列规定：

1）重力流排水系统多层建筑宜采用建筑排水塑料管，高层建筑宜采用耐腐蚀的金属管、承压塑料管。

2）满管压力流排水系统宜采用内壁较光滑的带内衬的承压排水铸铁管、承压塑料管和钢塑复合管等，其管材工作压力应大于建筑物净高度产生的静水压。用于满管压力流排水的塑料管，其管材抗环变形外压力应大于 0.15MPa。

（9）建筑屋面各汇水范围内，雨水排水立管不宜少于两根。

（10）屋面雨水排水管的转向处宜作顺水连接。

（11）屋面雨水排水系统应根据管道直线长度、工作环境、选用管材等情况设置必要的伸缩装置。

（12）重力流雨水排水系统中长度大于 15m 的雨水悬吊管，应设检查口，其间距不宜大于 20m，且应布置在便于维修操作处。

（13）有埋地排出管的屋面雨水排水系统，立管底部宜设检查口。

（14）寒冷地区，雨水立管宜布置在室内。

（15）雨水管应牢固地固定在建筑物的承重结构上。

5.2　雨水量计算

5.2.1　降雨强度

1. 根据当地降雨强度公式（5-2-1），计算设计降雨强度

$$q = 167A(1 + c\lg P)/(t + b)^n \qquad (5\text{-}2\text{-}1)$$

式中　　　　q——设计降雨强度（L/s·100m²）；

P——设计重现期（a）；

t——降雨历时（min）；

A、b、c、n——当地降雨参数。

2. 设计重现期

建筑雨水系统的设计重现期应根据建筑物的重要程度、汇水区域性质、地形特点、气象特征等因素确定，各种汇水区域的设计重现期不宜小于表 5-2-1 的规定值。

3. 降雨历时

雨水管道的降雨历时按式（5-2-2）计算：

$$t = t_1 + Mt_2 \qquad (5\text{-}2\text{-}2)$$

式中　t——降雨历时（min）；

t_1——地面集水时间（min），视距离长短、地形坡度和地面铺盖情况而定，可选用5 ~

10min；

M——折减系数，小区支管和接户管：$M=1$；小区干管：暗管 $M=2$，明沟 $M=1.2$；

t_2——排水管内雨水流行时间（min）。

为便于计算降雨强度，收集了国内部分城市的降雨强度公式，并计算出重现期 2 ~ 10a、降雨历时 5min 的降雨强度 q_5，见"附录　我国部分城市降雨强度 q_5（L/s·100m²）"。

表 5-2-1　各种汇水区域的设计重现期

汇水区域名称		设计重现期/a
室外场地	小区	1 ~ 3
	车站、码头、机场的基地	2 ~ 5
	下沉式广场、地下车库坡道出入口	5 ~ 50
屋面	一般性建筑物屋面	2 ~ 5
	重要公共建筑屋面	≥10

注：1. 工业厂房屋面雨水排水设计重现期应根据生产工艺、重要程度等因素确定。
　　2. 下沉式广场设计重现期应根据广场的构造重要程度、短期积水即能引起较严重后果等因素确定。

5.2.2　汇水面积和径流系数

1. 汇水面积

雨水汇水面积应按地面、屋面水平投影面积计算。高出屋面的毗邻侧墙，应附加其最大受雨面正投影的一半作为有效汇水面积计算。窗井、贴近高层建筑外墙的地下汽车库出入口坡道应附加其高出部分侧墙面积的 1/2。

2. 径流系数

各种屋面、地面的雨水径流系数可按表 5-2-2 采用。

表 5-2-2　各种屋面、地面的雨水径流系数 ψ

屋面、地面种类	ψ
屋面	0.90 ~ 1.0
混凝土和沥青路面	0.90
块石路面	0.60
级配碎石路面	0.45
干砖及碎石路面	0.40
非铺砌地面	0.30
公园绿地	0.15

5.2.3　雨水设计流量

雨水设计流量按式（5-2-3）和（5-2-4）计算：

$$Q = \psi F q_5 / 1000 \tag{5-2-3}$$

$$Q = \psi F h_5 / 3600 \tag{5-2-4}$$

式中　Q——屋面雨水设计流量（L/s）；

q_5——当地降雨历时为 5min 时的设计暴雨强度（L/s·hm²）；

ψ——径流系数；

F——屋面设计汇水面积（m²）。

注：当采用天沟集水且檐沟溢水会流入室内时，设计暴雨强度应乘以系数 1.5。

5.3 建筑屋面雨水排水系统水力计算

5.3.1 建筑屋面雨水排水系统流态的确定

建筑屋面雨水排水系统流态的确定见表 5-3-1。

表 5-3-1　建筑屋面雨水排水系统流态

序号	名　　称	流态
1	建筑檐沟外排水	重力流
2	建筑长天沟外排水	满管压力流
3	高层建筑屋面雨水排水	重力流
4	工业厂房、库房、公共建筑的大型屋面雨水排水	满管压力流

5.3.2 建筑屋面雨水排水系统计算方法、步骤、计算表格和规定

1. 建筑屋面雨水排水系统计算方法

建筑屋面雨水排水系统计算方法见表 5-3-2。

表 5-3-2　建筑屋面雨水排水系统计算方法

序号	建筑雨水排水系统流态类型	计　算　方　法	应用地点
1	重力流屋面雨水排水系统	1. 重力流屋面雨水排水系统的悬吊管应按非满流设计,其充满度不宜大于 0.8,管内流速不宜小于 0.75m/s 2. 重力流屋面雨水排水系统的埋地管可按满流排水设计,管内流速不宜小于 0.75m/s 3. 重力流屋面雨水排水立管的最大设计泄流量,应按表 5-3-4 确定 4. 重力流屋面雨水排水系统,悬吊管管径不得小于雨水斗连接管的管径,立管管径不得小于悬吊管的管径	屋面雨水排水系统
2	满管压力流屋面雨水排水系统	1. 满管压力流屋面雨水排水管道的管径应经过计算确定 2. 满管压力流屋面雨水排水管道应符合下列规定: 1)悬吊管中心线与雨水斗出口的高差宜大于 1.0m 2)悬吊管设计流速不宜小于 1m/s,立管设计流速不宜大于 10m/s 3)雨水排水管道总水头损失与流出水头之和不得大于雨水管进、出口的几何高差 4)悬吊管水头损失不得大于 80kPa 5)满管压力流排水管系各节点的上游不同支路的计算水头损失之差,在管径小于等于 $DN75$ 时,不应大于 10kPa;在管径大于等于 $DN100$ 时,不应大于 5kPa 6)满管压力流排水管系出口放大管径,其出口水流速度不宜大于 1.8m/s,当其出口水流速度大于 1.8m/s 时,应采取消能措施 7)满管压力流屋面雨水排水系统,立管管径应经计算确定,可小于上游横管管径	屋面雨水排水系统
3	满管重力流雨水排水系统	管内流速不宜小于 0.75m/s	小区雨水排水系统

2. 建筑屋面雨水排水系统计算步骤

建筑屋面雨水排水系统计算步骤见表 5-3-3。

表 5-3-3 建筑屋面雨水排水系统计算步骤

系统名称	计 算 步 骤	注
普通外排水系统	1. 根据屋面坡度和建筑立面要求,布置立管,立管间距为 8～12m 2. 计算每根立管的汇水面积 3. 求每根立管的泄水量 4. 查表 5-3-4 确定立管管径	按重力无压流计算
天沟外排水系统	第一种情况(在天沟尺寸确定的情况下)的计算步骤 1. 计算过水断面面积 2. 求流速 3. 求天沟允许通过的流量 4. 计算汇水面积 5. 求 5min 的暴雨强度,计算暴雨量 6. 比较天沟允许通过的流量和其后计算的暴雨量,使之相近,反之应调整天沟断面尺寸和校核重现期 另一种情况是设计天沟断面尺寸的计算步骤 1. 确定分水线,求每条天沟的汇水面积 2. 求 5min 的暴雨强度 3. 求天沟的设计流量 4. 初步确定天沟形状和几何尺寸 5. 求天沟的过水断面面积 6. 求天沟允许通过的流量 7. 比较以上两流量,使两者相近,否则调整天沟尺寸	按满管压力流计算
压力流排水系统	1. 计算屋面总的汇水面积 2. 计算总的汇水面积上的暴雨量 3. 确定雨水斗的口径和数量 4. 布置雨水斗,组成屋面雨水排水管网系统 5. 按压力流计算各管段,确定管径 6. 查表 5-3-2、表 5-3-5、表 5-3-6 等	如虹吸式排水系统

3. 建筑雨水排水系统计算表格

(1) 重力流屋面雨水排水立管的泄流量见表 5-3-4。

表 5-3-4 重力流屋面雨水排水立管的泄流量

铸铁管		塑料管		钢管	
公称直径 /mm	最大泄流量 /(L/s)	公称直径×壁厚 /mm×mm	最大泄流量 /(L/s)	公称直径×壁厚 /mm×mm	最大泄流量 /(L/s)
75	4.30	75×2.3	4.50	108×4	9.40
100	9.50	90×3.2	7.40	133×4	17.10
		110×3.2	12.80		
125	17.00	125×3.2	18.30	159×4.5	27.80
		125×3.7	18.00	168×6	30.80
150	27.80	160×4.0	35.50	219×6	65.50
		160×4.7	34.70		
200	60.00	200×4.9	64.60	245×6	89.80
		200×5.9	62.80		
250	108.00	250×6.2	117.00	273×7	119.10
		250×7.3	114.10		
300	176.00	315×7.7	217.00	325×7	194.00
—	—	315×9.2	211.00	—	—

(2) 雨水斗的排水负荷见表 5-3-5。

表 5-3-5　雨水斗的排水负荷

	雨水斗规格/mm	50	75	100	125	150
重力流排水系统	重力流雨水斗泄流量 L/s	—	5.6	10.0	—	23.0
	87 型雨水斗泄流量 L/s	—	8.0	12.0	—	26.0
满管压力流排水系统	雨水斗泄流量 L/s	6.0~18.0	12.0~32.0	25.0~70.0	60.0~120.0	100.04~140.0

（3）雨水排水管的管径和坡度见表 5-3-6。

表 5-3-6　雨水排水管的管径和坡度

管道类别	最小管径 /mm	横管最小设计坡度	
		铸铁管、钢管	塑料管
建筑外墙雨落水管	75(75)	—	—
雨水排水立管	100(110)	—	—
重力流排水悬吊管、埋地管	100(110)	0.01	0.0050
满管压力流屋面排水悬吊管	50(50)	0.00	0.0000
小区建筑物周围雨水接户管	200(255)		0.0030
小区道路下干管、支管	300(315)		0.0015
13#沟头的雨水口的连接管	150(160)		0.0100

注：表中铸铁管管径为公称直径，括号内数据为塑料管外径。

（4）悬吊管（铸铁管、钢管）水力计算表见表 5-3-7。

表 5-3-7　悬吊管（铸铁管、钢管）水力计算表［单位：v/（m/s）、Q/（L/s）；$h/D = 0.8$］

水力坡度 I	管径 D/mm									
	75		100		150		200		250	
	v	Q	v	Q	v	Q	v	Q	v	Q
0.01	0.57	2.18	0.70	4.69	0.91	13.82	1.10	29.76	1.28	53.95
0.02	0.81	3.08	0.98	6.63	1.29	19.54	1.56	42.08	1.81	76.29
0.03	0.99	3.77	1.21	8.12	1.58	23.93	1.91	51.54	2.22	93.44
0.04	1.15	4.35	1.39	9.37	1.82	27.63	2.21	59.51	2.56	107.89
0.05	1.28	4.87	1.56	10.48	2.04	30.89	2.47	66.54	2.87	120.63
0.06	1.41	5.33	1.71	11.48	2.23	33.84	2.71	72.89	3.14	132.14
0.07	1.52	5.76	1.84	12.40	2.41	36.55	2.92	78.73	3.39	142.73
0.08	1.62	6.15	1.97	13.25	2.58	39.08	3.12	84.16	3.62	142.73
0.09	1.72	6.53	2.09	14.06	2.74	41.45	3.31	84.16	3.84	142.73
0.10	1.82	6.88	2.20	14.82	2.88	41.45	3.49	84.16	4.05	142.73

（5）悬吊管（塑料管）水力计算表见表 5-3-8。

表 5-3-8　悬吊管（塑料管）水力计算表［单位：v/（m/s）、Q/（L/s）；$h/D = 0.8$］

水力坡度 I	90×3.2		110×3.2		125×3.7		150×4.7		200×5.9		250×7.3	
	v	Q	v	Q	v	Q	v	Q	v	Q	v	Q
0.01	0.86	4.07	1.00	7.21	1.09	10.11	1.28	19.55	1.48	35.42	1.72	64.33
0.02	1.22	5.75	1.41	10.20	1.53	14.30	1.81	27.65	2.10	50.09	2.44	90.98
0.03	1.50	7.05	1.73	12.49	1.88	17.51	2.22	33.86	2.57	61.35	2.99	111.42
0.04	1.73	8.14	1.99	14.42	2.17	20.22	2.56	39.10	2.97	70.84	3.45	128.66
0.05	1.93	9.10	2.23	16.12	2.43	22.60	2.86	43.72	3.32	79.20	3.85	143.84
0.06	2.12	9.97	2.44	17.66	2.66	24.76	3.13	47.89	3.64	86.76	4.22	157.57
0.07	2.29	10.77	2.64	19.07	2.87	26.74	3.39	51.73	3.93	93.71	4.56	170.20
0.08	2.44	11.51	2.82	20.39	3.07	28.59	3.62	55.30	4.20	100.18	4.88	170.20
0.09	2.59	12.21	2.99	21.63	3.26	30.32	3.84	58.65	4.45	100.18	5.17	170.20
0.10	2.73	12.87	3.15	22.80	3.43	31.96	4.05	58.65	4.70	100.18	5.45	170.20

（6）埋地混凝土管水力计算表见表 5-3-9。

表 5-3-9　埋地混凝土管水力计算表　[单位：$v/(m/s)$、$Q/(L/S)$；$h/D=1.0$]

水力坡度 I	管径/mm													
	200		250		300		350		400		450		500	
	v	Q	v	Q	v	Q	v	Q	v	Q	v	Q	v	Q
0.003	0.57	18.0	0.66	32.6	0.75	53.0	0.83	79.9	0.91	114	0.98	156	1.05	207
0.004	0.66	20.7	0.77	37.6	0.87	61.1	0.96	92.2	1.05	132	1.13	180	1.22	239
0.005	0.74	23.2	0.86	42.0	0.97	68.4	1.07	103.1	1.17	147	1.27	202	1.36	267
0.006	0.81	25.4	0.94	46.1	1.06	74.9	1.17	113.0	1.28	161	1.39	221	1.49	292
0.007	0.87	27.4	1.01	49.7	1.14	80.9	1.27	122.0	1.39	174	1.50	238	1.61	316
0.008	0.93	29.3	1.08	53.2	1.22	86.5	1.36	130.4	1.48	186	1.60	255	1.72	338
0.009	0.99	31.1	1.15	56.4	1.30	91.7	1.44	138.3	1.57	198	1.70	270	1.85	358
0.010	1.04	32.8	1.21	59.5	1.37	96.7	1.52	145.8	1.66	208	1.79	285		
0.012	1.14	35.9	1.33	65.14	1.50	105.9	1.66	159.8	1.82	228				
0.014	1.24	38.8	1.43	70.3	1.62	114.4	1.79	172.6						
0.016	1.32	41.5	1.53	75.2	1.73	122.3	1.92	184.5						
0.018	1.40	44.0	1.63	79.8	1.84	129.7								
0.020	1.48	46.4	1.71	84.1										
0.025	1.65	51.8	1.92	94.0										
0.030	1.81	56.8												

（7）满管压力流（虹吸式）雨水管（内壁喷塑铸铁管）水力计算表见表 5-3-10。

表 5-3-10　满管压力流（虹吸式）雨水管（内壁喷塑铸铁管）水力计算表

Q	管径/mm																	
	50		75		100		125		150		200		250		300			
	R	v	R	v	R	v	R	v	R	v	R	v	R	v	R	v		
6	3.80	3.18	0.51	1.40														
12	13.7	6.37	1.84	2.79	0.45	1.56												
18	29.0	9.55	3.90	4.19	0.94	2.34	0.32	1.49	0.13	1.03								
24			6.63	5.58	1.61	3.12	0.54	1.99	0.22	1.38								
30			10.02	6.98	2.43	3.90	0.81	2.49	0.33	1.72								
36			14.04	8.37	3.40	4.68	1.14	2.98	0.47	2.07	0.11	1.16						
42			18.67	9.77	4.53	5.46	1.51	3.48	0.62	2.41	0.15	1.35						
48					5.80	6.24	1.94	3.98	0.79	2.75	0.19	1.54						
54					7.20	7.20	2.41	4.47	0.98	3.10	0.24	1.74						
60					8.75	7.80	2.92	4.97	1.20	3.44	0.29	1.93						
66					10.44	8.58	3.49	5.47	1.43	3.79	0.35	2.12						
72							4.10	5.97	1.68	4.13	0.41	2.32	0.14	1.48	0.06	1.03		
78							4.75	6.46	1.94	4.48	0.48	2.51	0.16	1.60	0.07	1.11		
84							5.45	6.96	2.23	4.82	0.54	2.70	0.18	1.73	0.08	1.20		
90							6.19	7.46	2.53	5.16	0.62	2.90	0.21	1.85	0.09	1.28		
96							6.98	7.95	2.85	5.51	0.70	3.09	0.23	1.97	0.10	1.37		
102							7.80	8.45	3.19	5.85	0.78	3.28	0.26	2.10	0.11	1.45		
108							8.67	8.95	3.55	6.250	0.87	3.47	0.29	2.22	0.12	1.54		
114							9.59	9.44	3.92	6.89	1.05	3.86	0.35	2.47	0.15	1.71		
120							10.54	9.94	4.31	6.89	1.05	3.86	0.35	2.47	0.15	1.71		
126									4.72	7.23	1.15	4.05	0.39	2.59	0.16	1.80		
132									5.14	7.57	1.26	4.25	0.42	2.71	0.17	1.88		
138									5.58	7.92	1.36	4.44	0.46	2.84	0.19	1.97		

（续）

Q	管径/mm															
	50		75		100		125		150		200		250		300	
	R	v	R	v	R	v	R	v	R	v	R	v	R	v	R	v
144									6.04	8.26	1.48	4.63	0.50	2.96	0.20	2.05
150									6.51	8.61	1.59	4.83	0.53	3.08	0.22	2.14
156									7.00	8.95	1.71	5.02	0.57	3.21	0.24	2.22
162									7.51	9.30	1.84	5.21	0.62	3.33	0.25	2.31
168									8.06	9.64	1.96	5.40	0.66	3.45	0.27	2.39
174									8.57	9.98	2.07	5.60	0.70	3.58	0.59	2.48
180											2.23	5.79	0.75	3.70	0.31	2.56
186											2.37	5.98	0.80	3.82	0.33	2.65
192											2.51	6.18	0.84	3.94	0.35	2.74
198											2.66	6.37	0.89	4.07	0.37	2.82

注：表中单位 Q 为 L/s，R 为 kPa/m，v 为 m/s。

（8）雨水斗最大允许汇水面积表见表 5-3-11。

表 5-3-11　雨水斗最大允许汇水面积表　（单位：m²）

系统形式		虹吸式系统			87式单斗系统				87式多斗系统			
管径/mm		50	75	100	75	100	150	200	75	100	150	200
小时降雨厚度/(mm/h)	50	480	960	2000	640	1280	2560	4160	480	960	2080	3200
	60	400	800	1667	533	1067	2133	3467	400	800	1733	2667
	70	343	686	1429	457	914	1829	2971	343	686	1486	2286
	80	300	600	1250	400	800	1600	2600	300	600	1300	2000
	90	267	533	1111	356	711	1422	2311	267	533	1156	1778
	100	240	480	1000	320	640	1280	2080	240	480	1040	1600
	110	218	436	909	291	582	1164	1891	218	436	945	1455
	120	200	400	833	267	533	1067	1733	200	400	867	1333
	130	185	369	769	246	492	985	1600	185	369	800	1231
	140	171	343	714	229	457	914	1486	171	343	743	1143
	150	160	320	667	213	427	853	1387	160	320	693	1067
	160	150	300	625	200	400	800	1300	150	300	650	1000
	170	141	282	588	188	376	753	1224	141	28/2	612	941
	180	133	267	556	178	356	711	1156	133	267	578	889
	190	126	253	526	168	337	674	1095	126	253	547	842
	200	120	240	500	160	320	640	1040	120	240	520	800
	210	114	229	476	152	305	610	990	114	229	495	762
	220	109	218	455	145	291	582	945	109	218	473	727
	230	104	209	435	139	278	587	904	104	209	452	696
	240	100	200	417	133	267	533	867	100	200	433	667
	250	96	192	400	128	256	512	832	96	192	416	640

4. 建筑雨水排水对屋面构造的规定

（1）建筑屋面雨水排水工程应设置溢流口、溢流堰、溢流管等溢流设施。溢流排水不得危害建筑设施和行人安全。

（2）一般建筑的重力流屋面雨水排水工程与溢流设施的总排水能力不应小于 10a 重现期的雨水量。重要公共建筑、高层建筑的屋面雨水排水工程与溢流设施的总排水能力不应小于 50a 重现期的雨水量。

（3）天沟布置应以伸缩缝、沉降缝、变形缝为分界。

（4）天沟坡度不宜小于 0.003（注：金属屋面的水平金属长天沟可无坡度）。

5. 计算例题

例题 5-3-1 某一般性公共建筑全长 90m，宽 72m。利用拱形屋架及大型屋面板构成的矩形凹槽作为天沟，向两端排水。每条天沟长 45m，宽 $B = 0.35$m，积水深度 $H = 0.15$m，天沟坡度 $I = 0.006$，天沟表面铺设豆石，粗糙度系数 $n = 0.025$，屋面径流系数 $\psi = 0.9$，天沟平面布置如图 5-3-1 所示，根据该

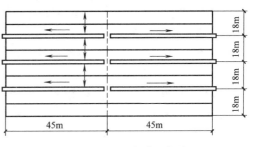

图 5-3-1　天沟平面布置

地的气象特征和建筑物的重要程度，设计重现期取 4a，5min 暴雨强度为 243L/($s \cdot 10^4 m^2$)，验证天沟设计虽否合理，选用雨水斗，确定立管管径和溢流口的泄流量（该地区 10a 重现期的暴雨强度为 306L/($s \cdot 10^4 m^2$)）。

【解】（1）天沟过水面积
$$\omega = BH = 0.35 \times 0.15 m^2 = 0.0525 m^2$$

（2）天沟的水力半径
$$R = \frac{\omega}{B + 2H} = \frac{0.0525}{0.35 + 2 \times 0.15} m = 0.081 m$$

（3）天沟水流速度
$$v = \frac{1}{n} R^{\frac{2}{3}} I^{\frac{1}{2}} = \frac{1}{0.025} 0.081^{\frac{2}{3}} 0.006^{\frac{1}{2}} m/s = 0.58 m/s$$

（4）天沟允许泄流量
$$Q_{允} = \omega v = 0.0525 \times 0.58 m^3/s = 0.03045 m^3/s = 30.45 L/s$$

（5）每条天沟的汇水面积
$$F = 45 \times 18 m^2 = 810 m^2$$

（6）天沟的雨水设计流量
$$Q_{设} = \frac{\psi F q_5}{10000} = \frac{0.9 \times 810 \times 243 \times 1.5}{10000} L/s = 26.57 L/s$$

天沟允许泄流量大于雨水设计流量，满足要求。

（7）雨水斗的选用

按重力半有压流设计，查表 5-3-5，选用 150mm87 型雨水斗，最大允许泄流量为 26L/s，满足要求。

（8）立管选用

按每根立管的雨水设计流量为 26.57L/s，查表 5-3-4，立管可选用公称直径为 150mm 的管子，所以雨落水管选用公称直径为 150mm 的管。

（9）溢流口计算

10a 重现期的雨水量
$$Q = \frac{\psi F q_5}{10000} = \frac{0.9 \times 810 \times 306 \times 1.5}{10000} = 33.46 L/s$$

在天沟末端山墙上设溢流口，溢流口宽取 0.35m，堰上水头取 0.15m，溢流口排水量

$$Q_y = mb \sqrt{2g} h^{\frac{3}{2}} = 385 \times 0.35 \sqrt{2 \times 9.81} \times 0.15^{\frac{3}{2}} = 34.67 \text{L/s}$$

溢流口排水量大于 10a 重现期时的雨水量 33.46L/s，即使雨水斗和雨落水管被全部堵塞，也能满足溢流要求。

例题 5-3-2 某多层建筑雨水内排水系统如图 5-3-2 所示，每根悬吊管连接 3 个雨水斗，雨水斗顶面至悬吊管末端的几何高差为 0.6m，每个雨水斗的实际汇水面积为 378m² 。设计重现期为 2a，该地区 5min 降雨强度为 401L/$(s \cdot 10^4 m^2)$ 。选用 87 式雨水斗，采用密闭式排水系统，设计该建筑雨水内排水系统。

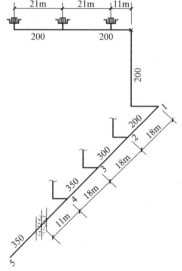

图 5-3-2　内排水系统计算草图

【解】 （1）雨水斗的选用

该地区 5min 降雨历时的小时降雨深度

$$h_5 = 401 \times 0.36 \text{mm/h} = 144.36 \text{mm/h}$$

查表 5-3-11，选用口径 100mm 的 87 式雨水斗，每个雨水斗的泄流量

$$Q_1 = \frac{\psi F q_5}{10000} = \frac{0.9 \times 378 \times 401}{10000} \text{L/s} = 13.64 \text{L/s}$$

（2）连接管管径

连接管管径 D_2 与雨水斗口径相同，$D_2 = D_1 = 100 \text{mm}$ 。

（3）悬吊管设计

每根悬吊管设计排水量

$$Q_2 = 3Q_1 = 3 \times 13.64 \text{L/s} = 40.92 \text{L/s}$$

悬吊管的水力坡度

$$I_x = \frac{h + \Delta h}{L} = \frac{0.5 + 0.6}{21 \times 2 + 11} = 0.021$$

查表 5-3-7，悬吊管管径为 200mm。悬吊管不变径。

（4）立管管径

立管只连接一根悬吊管，立管管径与悬吊管管径相同，为 200mm。

（5）排出管管径

排出管管径 D_5 与立管相同，$D_5 = D_4$ 。

（6）埋地干管设计

埋地干管按最小坡度 0.003 铺设，埋地干管总长

$$L = (18 \times 3 + 11) \text{m} = 65 \text{m}$$

埋地干管的水力坡度

$$I_g = \frac{h + \Delta h}{L} = \frac{1 + 65 \times 0.003}{65} = 0.018$$

埋地干管选用混凝土排水管，查表 5-3-9，管段 1—2 的管径与立管相同为 200mm，管段 2—3 的管径为 300mm，管段 3—4 和 4—5 的管径均为 350mm。

例题 5-3-3 某建筑屋面长 100m，宽 60m，面积为 $F = 6000 \text{m}^2$ ，悬吊管标高为 12.60m，设雨水斗的屋面标高为 13.20m，排出管标高为 −1.30m。屋脊与宽平行，取设计重现期 $P =$

5a，5min暴雨强度为429L/（s·10^4m²），管材为内壁涂塑离心排水铸铁管，设计压力流（虹吸式）屋面雨水排水系统。

【解】 （1）屋面设计雨水量

$$Q = \psi F q_5 / 10000$$
$$= (0.9 \times 6000 \times 429 / 10000) \, \text{L/s}$$
$$= 231.66 \, \text{L/s}$$

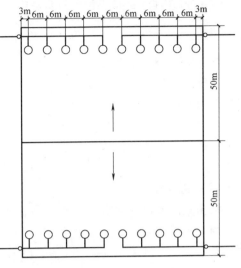

（2）雨水斗数量及布置

选用75mm压力流（虹吸式）雨水斗，单斗的排水量$Q = 12$L/s，所需雨水斗数量

$$n = Q/q = 231.66/12 = 19.31$$

取20个，每侧10只，分成两个系统，每个系统5只，设计重现期略大于5a，雨水斗间距

$$X = L/10 = (60/10) \, \text{m} = 6 \, \text{m}$$

图5-3-3 雨水系统平面布置

雨水系统平面布置如图5-3-3所示，图5-3-4为计算草图，各管段的管长见表5-3-12。

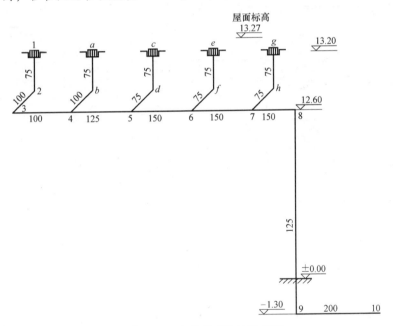

图5-3-4 雨水管道系统计算草图

表5-3-12 计算管段长度

管段	1—2	2—3	3—4	4—5	5—6	6—7	7—8	8—9	9—10
管长/m	0.6	1.0	6.0	6.0	6.0	6.0	3.0	13.9	9.6

（3）系统可利用的最大压力

$$E = 9.8H = 9.8 \times (13.20 + 1.30) = 142.1 \, \text{kPa}$$

（4）计算管路的等效长度

$$L_0 = 1.2L = 1.2 \times (0.6 + 1.0 + 6 \times 4 + 3 + 12.6 + 1.3 + 9.6) = 62.52\text{m}$$

（5）估算计算管路单位等效长度阻力损失

$$R_0 = \frac{E}{L_0} = \frac{142.1}{62.52}\text{kPa/m} = 2.273\text{kPa/m}$$

（6）估算悬吊管的单位管长的压力损失

系统最大负压发生在悬吊管与立管连接处，为了安全，系统最大负压值取 −70kPa，悬吊管等效长度

$$L_{x0} = 1.4L_x = 1.4 \times (1.0 + 6 \times 4 + 3)\text{m} = 39.2\text{m}$$

悬吊管的单位管长的压力损失

$$R_x = (70/39.2)\text{kPa/m} = 1.786\text{kPa/m}$$

（7）初步确定管径

根据最小流速的规定，参考悬吊管的单位管长的压力损失，查表5-3-10，初步确定管径，列表进行水力计算，见表5-3-13和表5-3-14。

表 5-3-13　计算管段水力计算表

管段	Q /(L/s)	L /m	D /mm	v /(m/s)	R /(kPa/m)	h_y /kPa	ξ
(1)	(2)	(3)	(4)	(5)	(6)	(7)	(8)
1—2	12	0.6	75	2.79	1.839	1.103	3.2
2—3	12	1.0	100	1.56	0.446	0.446	0.3
3—4	12	6.0	100	1.56	0.446	2.676	0.5
4—5	24	6.0	125	1.99	0.537	3.222	0.5
5—6	36	6.0	150	2.07	0.465	2.790	0.5
6—7	48	6.0	150	2.75	0.791	4.746	0.5
7—8	60	30.0	150	3.44	1.195	3.585	0.8
8—9	60	13.9	125	4.97	2.924	40.644	0.8
9—10	60	9.6	150	3.44	1.195	11.472	1.8
						17.468	
						71.13	

管段	h_j /kPa	h_z /kPa	$\sum h_z$ /kPa	$9.8H_i$ /kPa	P_i /kPa	P_i^* /kPa	$\lvert P_i - P_i^* \rvert$ /kPa
(1)	(9)	(10)	(11)	(12)	(13)	(14)	(15)
1-2	12.455	13.558	13.558	5.88	−11.170		
2-3	0.365	0.811	14.369	5.88	−9.733		
3-4	0.608	3.284	17.653	5.88	−12.990	−10.923	2.067
4-5	0.990	4.212	21.865	5.88	−18.415	−17.733	0.682
5-6	1.071	3.861	25.726	5.88	−21.989	−17.763	4.256
6-7	1.891	6.639	32.363	5.88	−30.264	−17.733	12.531
7-8	4.733	8.318	40.681	5.88	−40.718		
8-9	9.880	50.524	91.205	142.10	38.544		
9-10	10.650	22.122	113.327	142.10	22.856		
	9.680						
	34.131						

注：带 * 者为支管水力计算到该点的压力。

表 5-3-14　支管水力计算表

管段	Q /(L/s)	L /m	D /mm	v /(m/s)	R /(kPa/m)	h_y /kPa	ξ	h_j /kPa	h_z /kPa	$\sum h_z$ /kPa	$9.8H_i$ /kPa	P_i /kPa
(1)	(2)	(3)	(4)	(5)	(6)	(7)	(8)	(9)	(10)	(11)	(12)	(13)
$a-b$	12	0.6	75	2.79	1.839	1.103	3.2	12.455	13.558	13.558	5.88	-11.57
$b-4$	12	1.0	100	1.56	0.446	0.446	1.3	1.582	2.028	15.586	5.88	-10.923
$c-d$	12	0.6	75	2.79	1.839	1.103	3.2	12.455	13.558	13.558	5.88	-11.57
$d-5$	12	1.0	75	2.79	1.839	1.839	1.3	5.060	6.899	19.721	5.88	-17.733

注：管段 $e-f-6$ 和管段 $g-h-7$ 与管段 $c-d-5$ 相同。

（8）校核

由计算表可以看出，最大负压发生在节点 8，负压值为 -40.718kPa，小于最大允许负压值 -90kPa。节点 4、节点 5、节点 6，3 个节点的压力差分别为 2.067kPa、0.682kPa、4.256kPa，小于 5kPa，满足要求。节点 7 压力差为 12.531kPa，大于 5kPa，应减压。排出管口余压为 22.856kPa，稍大于 10kPa，满足要求。

5.4　地下雨水排水

地下雨水排水包括下沉式广场地面排水、地下车库出入口的明沟排水。

5.4.1　对下沉式广场地面排水和地下车库出入口的明沟排水的要求

下沉式广场地面排水、地下车库出入口的明沟排水，应设置雨水集水池和排水泵将雨水提升排至室外雨水检查井。

5.4.2　设置雨水集水池、雨水排水泵的要求

雨水集水池和排水泵的设置应符合下列要求：

（1）排水泵的流量应按排入集水池的设计雨水量确定。

（2）排水泵不应少于 2 台，不宜大于 8 台，紧急情况下可同时使用。

（3）雨水排水泵应有不间断的动力供应。

（4）下沉式广场地面排水集水池的有效容积，不应小于最大一台排水泵 30s 的出水量。

（5）地下车库出入口的明沟排水集水池的有效容积，不应小于最大一台排水泵 5min 的出水量。

5.5　建筑与小区雨水回用和建筑雨水排水系统质量验收

5.5.1　建筑与小区雨水回用

1. 雨水回用的目的

对降落在屋面和地面的雨水进行收集、处理、贮存和输配，将雨水进行回用，能够节约地下水源水和地表水源水，减少工程投资，而且节能。一个完整的雨水回用设施由汇水面、收集系统、雨水弃流、雨水贮存、雨水处理、水池、雨水供水系统、雨水用户组成。回用的雨水优先作为景观水体的补充水源，其次为绿化用水、循环冷却水、汽车冲洗用水、路面、

地面冲洗用水、冲厕用水、消防用水等，在没有经过特殊的水处理情况下，不可用于生活饮用水和游泳池补水等。

2. 雨水回用的要求

（1）雨水收集要求。优先收集屋面雨水，不宜收集机动车道路等污染严重的路面雨水。当景观水体以雨水为主要水源之一时，地面雨水可排入景观水体。

（2）回用的雨水水质。回用的雨水水质 CODcr 和 SS 应符合表 5-5-1 的规定，其余指标应符合国家现行相关标准的规定。

表 5-5-1　回用的雨水水质 CODcr 和 SS

项目指标	循环冷却系统补水	观赏性水景	娱乐性水景	绿化	车辆冲洗	道路浇洒	冲厕
CODcr[/(mg/L)] ≤	30	30	20	30	30	30	30
SS[/(mg/L)] ≤	5	10	5	10	5	10	10

5.5.2　雨水回用系统设计

常见的雨水回用系统根据收集水面的不同分为屋面雨水回用系统和地面雨水回用系统两类。

1. 屋面雨水回用系统设计

屋面雨水回用系统设计包括：

（1）屋面雨水收集系统设计

1）屋面雨水收集系统包括雨水斗、雨水管道、雨水弃流设施、贮水池等。

2）屋面雨水斗、雨水管道、雨水量的计算均同建筑雨水排水。在屋面雨水系统中设有弃流设施时，弃流设施服务的各雨水斗至该设施的管道长度宜相近；当雨水蓄水池设在室内时，雨水收集管道上应设置能重力排放至室外的超越管，超越转换阀门宜能实现自动控制；向室外蓄水设施输送屋面雨水的室外输水管道，可用检查口替代检查井，管道设计流量的降雨重现期可按雨水蓄水池的设计重现期取值。向景观水体排水的室外雨水排水系统，管道系统的设计与计算可按室外排水系统的方法处理。

（2）弃流设施设计。弃流设施用于排除初期径流的雨水。在初期径流的屋面雨水中含有降落在屋面的灰尘、泥沙等及含在空气中各种气体与水生成的物质。把初期径流的雨水隔离出来，一般可使雨水的主要污染物平均浓度：CODcr 为 70~100mg/L，SS 为 20~40mg/L，色度为 10~40 度。当屋面雨水用作景观水体补充时，若水体无完善的水质保持措施，可不作弃流。弃流设施的类型有容积式、雨量计式和流量式。容积式是用水箱（池）贮存弃流雨水，用水位判别并控制弃流量；雨量计式是用雨量计判别并控制弃流量；流量式是用流量计判别并控制弃流量。初期径流弃流量应按照下垫面实测收集雨水的 CODcr、SS、色度等指标确定，当无资料时，屋面弃流可用 2~3mm 径流厚度；当采用雨量计式弃流装置时，屋面弃流降雨厚度可取 4~6mm。初期径流弃流量按式（5-5-1）计算：

$$W_i = 10\sigma F \tag{5-5-1}$$

式中　W_i——设计初期径流弃流量（m^3）；

　　　　σ——初期径流厚度（mm）；

　　　　F——汇水面积（hm^2）。

弃流雨水可排入绿地、渗入土壤、排入雨水管道或排入污水管道。

（3）雨水蓄存设计。雨水蓄存采用水池（箱）及景观水体等。水池（箱）宜设于地下，设有人孔、检查口、池（箱）盖，以及溢流和沉淀物的清理与冲洗装置。其容积按雨水径流总量计算。

（4）雨水处理设计及应用。收集的雨水可根据雨水回用要求进行初期径流弃流、直接使用、简单处理或深度处理等。

各种处理流程与应用如下：

1）雨水→截污→贮存待用。

2）雨水→截污→湿地→景观水体。

3）雨水→截污→生态塘→景观水体。

4）雨水→截污→过滤池→雨水清水池。

5）雨水→截污弃流→景观水体。

6）雨水→截污→沉砂槽→消毒池→雨水清水池。

7）雨水→截污弃流→沉淀池→过滤池→雨水清水池。

8）雨水→截污弃流→沉淀池→过滤池→消毒池→雨水清水池。

9）雨水→截污→沉砂槽→沉淀槽→慢滤装置→消毒池→雨水清水池。

10）雨水→截污弃流→沉淀池→活性炭技术（膜技术）→雨水清水池。

11）雨水→（初期径流弃流）→景观水体。

12）雨水→初期径流弃流→蓄水池沉淀→清水池→植物浇灌、地面冲洗。

13）雨水→初期径流弃流→蓄水池沉淀→过滤→消毒→清水池→冲厕、车辆冲洗、娱乐性水景。

14）雨水→初期径流弃流→蓄水池沉淀→生化处理→过滤→消毒→清水池→冷却塔补水或水质要求高的用户。

（5）雨水供应系统设计

1）系统设计同给水。

2）系统有补水设施。

3）雨水系统和补水系统有水表计量。

4）设有防污染和防误用装置。

2. 地面雨水回用系统设计

地面雨水回用系统设计包括地面雨水入渗或收集（含弃流）后蓄存、处理、输配等。

地面雨水收集系统中的雨水口、雨水管设计同室外雨水排水系统，雨水口应具有拦污截污功能。地面雨水入渗系统分为地面渗透系统和地下渗透系统。地面渗透系统包括下凹绿地、浅沟与洼地、地面渗透池塘、透水铺装地面，以上系统的技术见表 5-5-2。

表 5-5-2　地面渗透系统技术

系统技术	下凹绿地	浅沟与洼地	地面渗透池塘	透水铺装地面
特点	地面渗透，蓄水空间敞开；建造费用少，维护简单；接纳地硬化面上雨水入渗			在面层渗透和土壤渗透面之间蓄水；雨水就地入渗
组成	汇水面、雨水收集、沉砂、渗透设施			渗透设施

（续）

系统技术	下凹绿地	浅沟与洼地	地面渗透池塘	透水铺装地面
渗透施工方法	低于周边地面50~100mm的绿地；绿地种植耐浸泡植物	积水深度不超过300mm的沟或洼地；底面尽量无坡度；沟或洼地内种植耐浸泡植物	栽种耐浸泡植物的开阔池塘；边坡坡度不大于1:3；池面宽度与池深比大于6:1	由透水面层、找平层、透（蓄）水垫层组成；面层渗透系数大于$1×10^{-4}$ m/s；蓄水量不小于常年60min降雨厚度
技术优势	投资费用最省、维护方便、适用范围广		占地面积小，维护方便	增加硬化面透水性，利于人行
选用	优先	绿地入渗面积不足或土壤入渗较小时采用	不透水面积比渗透面积大于13倍时可采用；土壤渗透系数$K≥1×10^{-5}$ m/s	需硬化的地面可采用

地下渗透系统包括埋地渗透管沟、埋地渗透渠和埋地渗透池，以上系统的技术见表5-5-3。

表5-5-3　地下渗透系统技术

系统技术	埋地渗透管沟	埋地渗透渠	埋地渗透池
特点	土壤渗透面和蓄水空间均在地下		
组成	汇水面、雨水管道收集系统、固体分离、渗透设施		
渗透设施构成	穿孔管道，外敷砾石层蓄水，砾石层外包渗透土工布	由镂空塑料模块拼接而成，外壁包单向渗透土工布	
选用	绿地入渗面积不足以承担硬化面上的雨水时采用；可设于绿地或硬化地面下，不宜设于行车路面下		
	需兼做排水管道时可采用	需要较多的渗透面积时采用	无足够面积建管沟、渠时可采用，土壤渗透系数$K≥1×10^{-5}$ m/s
技术优缺点	造价较低、施工复杂、有排水功能、贮水量小	造价高、施工方便、快捷	造价高、施工方便、快捷、占用面积小、贮水量大
与建（构）筑物距离/m	≥3	≥3	≥5
施工方法	渗透管沟宜采用穿孔塑料管、无砂混凝土管或排疏管等透水材料。塑料管的开孔率不小于15%，无砂混凝土管的孔隙率不小于20%。渗透管的管径不小于150mm，检查井之间的管道敷设坡度宜采用0.01~0.02；蓄水层宜采用砾石，砾石外层应采用土工布包覆；渗透检查井的间距不应大于渗透管管径的150倍。渗透检查井的出水管标高宜高于入水管标高，但不应高于上游相邻井的水管口标高。渗透检查井应设0.3m沉砂室；渗透管沟不宜设在行车路面下，设在行车路面下时覆土深度不应小于0.7m；地面雨水进入渗透管前宜设渗透检查井或集水渗透检查井；地面雨水集水宜采用渗透雨水口；在适当的位置测试段，长度宜为2~3m，两端设置止水壁，测试段应设注水孔和水位观察孔	一般采用镂空塑料模块拼装，空隙率高达95%；布置按生产厂家说明进行；设在行车地面下时（承压(10t/m²)）顶面覆土深度不应小于0.8m	一般采用镂空塑料模块拼装，空隙率高达95%；设在停车场下时（承压(10t/m²)），顶面覆土深度不应小于0.8m；池底设置深度按产品要求确定，但距地下水位不应小于1.0m

5.5.3　建筑内雨水排水管道系统质量验收

建筑内雨水排水管道系统的质量验收从雨水斗、雨水管道连接与安装和水压试验三个方面进行。水压试验要求为：其灌水高度必须到每根立管上部的雨水斗，灌水完成后，观察1h，以不渗不漏为合格。

第6章 建筑热水

6.1 建筑热水供应系统的任务、分类、组成和供水方式

6.1.1 建筑热水供应系统的任务

建筑热水供应系统的任务是把符合水质、水温、水量、水压需要的热水通过管道系统输送到用水设备处，满足人们对盥洗、淋浴、洗涤等生活热水和其他生产用热水的要求。在设计热水系统时，应保证热水的水质、水温、水量和水压，对热水管道的布置、敷设和安装应符合有关规范要求，保证热水系统安全可靠运行和节水节能。

6.1.2 建筑热水供应系统的分类

建筑热水供应系统常按供水范围大小、管道布置、循环方式、热源种类、加热方式和热水管网的压力工况等进行分类。

（1）按供水范围大小分为局部热水供应系统、集中热水供应系统和区域热水供应系统。

（2）按管道布置分为枝状式、环状式、上供下回式、下供下回式以及同程式和异程式等。

（3）按循环方式分为自然循环式和机械循环式。

（4）按热源种类分为工业余热、废热、地热、太阳能、蒸汽、高温水、空气源热泵、地下水源热泵等的热水供应系统。

（5）按加热方式分为直接加热热水供应系统和间接加热热水供应系统。

（6）按热水管网的压力工况分为开式热水供应系统和闭式热水供应系统。

6.1.3 建筑热水供应系统的组成

建筑热水供应系统一般由发热设备、加热设备、供热水管道、回水管道、用水设备等组成。由于系统的不同，其组成会有区别。

1. 局部热水供应系统的组成

局部热水供应系统供水范围小、用水量少，其组成简单，往往由加热装置和少量管道及用水嘴组成，如自然循环太阳能热水供应系统，如图 6-1-1 所示。

电加热器热水供应系统由电加热器、软管和水嘴组成。

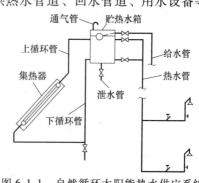

图 6-1-1 自然循环太阳能热水供应系统

2. 集中热水供应系统的组成

一个完整的集中热水供应系统由第一循环系统和第二循环系统组成。

（1）第一循环系统：包括发热设备、加热设备、管道、阀门和水泵等。

（2）第二循环系统：包括供热管道、回水管道、循环水泵、水箱、阀门等。

热媒为蒸汽的集中热水供应系统的组成如图 6-1-2 所示。

6.1.4　建筑热水供应系统的供水方式

1. 不同热媒种类的热水供水方式

（1）蒸汽直接加热的热水供水方式如图 6-1-3 所示。

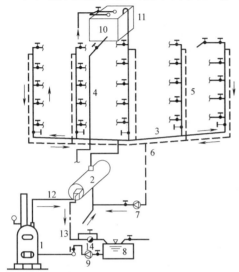

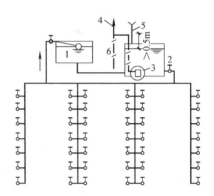

图 6-1-2　热媒为蒸汽的集中热水供应系统的组成

1—锅炉　2—水加热器　3—配水干管　4—配水立管
5—回水立管　6—回水干管　7—循环泵　8—凝结
水池　9—冷凝水泵　10—给水水箱　11—透气管
12—热媒蒸汽管　13—凝水管　14—疏水器

图 6-1-3　蒸汽直接加热的热水供水方式

1—冷水箱　2—加热水箱　3—消声喷射器
4—排气阀　5—通气管　6—蒸汽管

（2）热媒为热水的集中热水供水方式如图 6-1-4 所示。

2. 不同循环方式的热水供应系统的供水方式

（1）全循环的热水供水方式如图 6-1-5 所示。

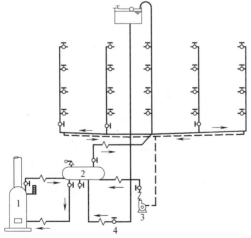

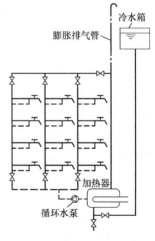

图 6-1-4　热媒为热水的集中热水供水方式

1—热水锅炉　2—热水贮罐　3—循环泵　4—给水管

图 6-1-5　全循环的热水供水方式

（2）立管循环的热水供水方式如图6-1-2、图6-1-6所示。

（3）干管循环的热水供水方式如图6-1-4、图6-1-7所示。

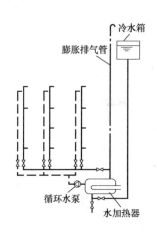

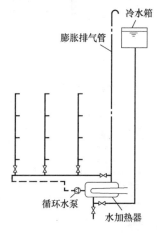

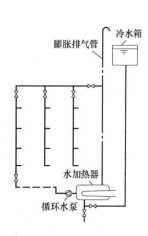

图 6-1-6　立管循环的热水供水方式　　　　　　图 6-1-7　干管循环的热水供水方式

（4）无循环的热水供水方式如图6-1-1、图6-1-3、图6-1-8所示。

3. 开式和闭式热水供水方式

（1）开式热水供水方式如图6-1-9所示。

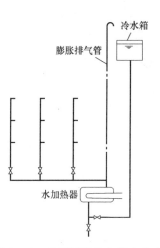

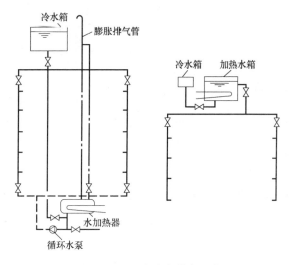

图 6-1-8　无循环的热水供水方式　　　　　　　图 6-1-9　开式热水供水方式

（2）闭式热水供水方式如图6-1-10所示。

4. 直接加热和间接加热的热水供水方式

（1）直接加热的热水供水方式如图6-1-11所示。

（2）间接加热的热水供水方式如图6-1-12所示。

5. 太阳能热水供水方式

（1）装配式太阳能热水器供水方式如图6-1-13所示。

（2）直接加热机械循环太阳能热水器供水方式如图6-1-14所示。

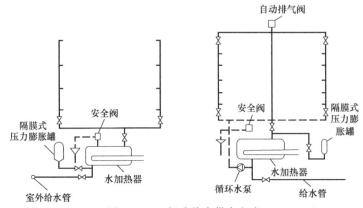

图 6-1-10　闭式热水供水方式

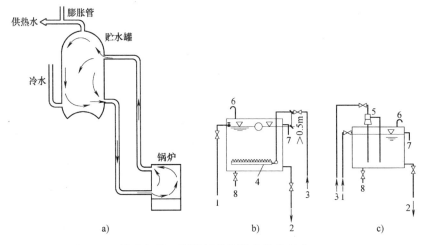

图 6-1-11　直接加热的热水供水方式

a）热水锅炉直接加热　b）蒸汽多孔管直接加热　c）蒸汽喷射器混合直接加热

1—给水管　2—热水管　3—蒸汽管　4—多孔管　5—喷射器　6—通气管　7—溢水管　8—泄水管

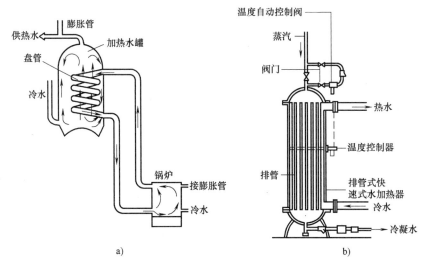

图 6-1-12　间接加热的热水供水方式

a）热水锅炉间接加热　b）蒸汽-水加热器间热加热

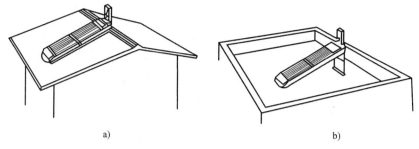

图6-1-13 装配式太阳能热水器供水方式

a) 斜屋面 b) 平屋面

（3）间接加热机械循环太阳能热水器供水方式如图6-1-15所示。

（4）自然循环太阳能热水器供水方式如图6-1-1所示。

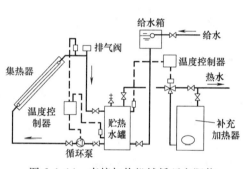

图6-1-14 直接加热机械循环太阳能
热水器供水方式

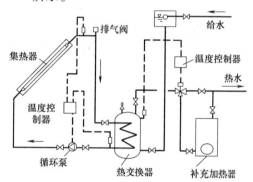

图6-1-15 间接加热机械循环太阳能
热水器供水方式

6. 热泵水加热供水方式

热泵水加热系统原理如图6-1-16所示。

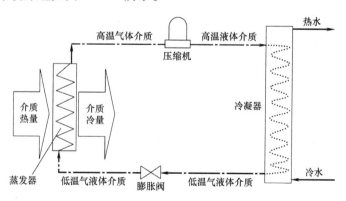

图6-1-16 热泵水加热系统原理

7. 高层建筑热水供应系统供水方式

高层建筑热水供应系统常采用分区的供水方式，分区的热水供水方式主要有开式系统的集中式和分散式以及闭式系统的集中式和分散式各两种。

（1）高层建筑开式集中式热水供应系统分区供水方式如图6-1-17所示。

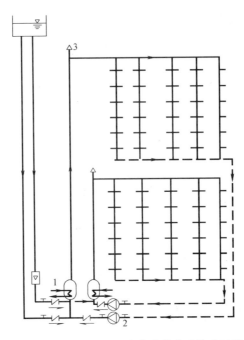

图 6-1-17 高层建筑开式集中式热水供应系统分区供水方式

1—水加热器 2—循环水泵 3—排气阀

（2）高层建筑开式分散式热水供应系统分区供水方式如图 6-1-18 所示。

（3）高层建筑闭式集中式热水供应系统分区供水方式如图 6-1-19 所示。

（4）高层建筑闭式分散式热水供应系统分区供水方式如图 6-1-20 所示。

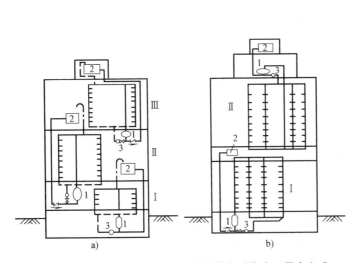

图 6-1-18 高层建筑开式分散式热水供应系统分区供水方式

a）各区系统全为上供下回式 b）各区系统混合设置

1—水加热器 2—给水箱 3—循环水泵

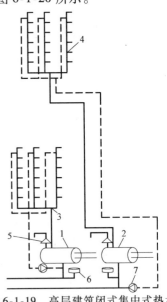

图 6-1-19 高层建筑闭式集中式热水
供应系统分区供水方式

1—下区换热器 2—上区换热器 3—下区
配水管网 4—上区配水管网 5—安全阀
6—隔膜式压力膨胀罐 7—循环水泵

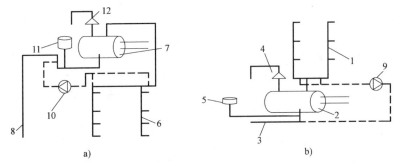

图 6-1-20 高层建筑闭式分散式热水供应系统分区供水方式

a）上区热水供应系统 b）下区热水供应系统

1—下区热水管道系统 2—下区换热器 3—下区冷水管 4—安全阀 5—下区隔膜式压
力膨胀罐 6—上区热水管道系统 7—上区换热器 8—上区冷水管 9—下区循环水泵
10—上区循环水泵 11—上区隔膜式压力膨胀罐 12—安全阀

6.2 建筑热水供应系统供水方式特点、应用及选择

6.2.1 建筑热水供应系统供水方式特点与应用

建筑热水供应系统供水方式特点与应用见表 6-2-1。

表 6-2-1 建筑热水供应系统供水方式特点与应用

供水方式名称	特 点	应 用
区域热水供应系统供水方式	加热、发热设备多；供水范围广；水在热电厂、区域性锅炉或区域换热站加热，通过室外热水管网将热水输送至城市街坊住宅小区各建筑中	要求热水用户多的城镇住宅和大型工业企业
集中热水供应系统供水方式	加热、发热设备较多；供水范围较广；水在锅炉房加热，通过室内或室外热水管网将热水输送至一栋建筑或多栋建筑中	供一栋建筑或数栋建筑的热水用户
局部热水供应系统供水方式	加热、发热设备少；供水范围较小；管路短；供 1～20 个水嘴用热水	供 1～5 个用水房间用热水
蒸汽加热的热水供水方式	要求有蒸汽热源；蒸汽加热比热水加热快；蒸汽直接加热可能产生噪声，但能充分利用热能；蒸汽间接加热不产生噪声，但不能充分利用热能	在有蒸汽热媒如有用汽管道的车间和厂房
全循环的热水供水方式	在系统的干管、立管、横支管上均有循环管道，能满足任一用水点上的水温；所需管道多	适用于对水温有较高要求的热水用户
立管循环的热水供水方式	在系统的干管、立管上有循环管道，在系统的横支管上无循环管道，不能保证横支管连接的用水点上的水温；所需管道较少	适用于对水温有较小变化的热水用户
干管循环的热水供水方式	在系统的干管上有循环管道，在系统的立管、横支管上无循环管道，不能保证立管、横支管连接的用水点上的水温；所需管道较少；用水点初时会出现冷水	适用于对水温有较大变化的热水用户
无循环的热水供水方式	在系统的管道上无循环管道，系统连接的用水点上的水温较长时间不能保证；所需管道少；可能浪费冷水量；用户用热水不便	常用于局部热水系统和对水温要求不高的系统

（续）

供水方式名称	特　　点	应　　用
开式热水供水方式	水压稳定;系统运行安全,不需设热膨胀装置和安全装置;热水水质可能受污染	常用于屋顶设水箱的系统
闭式热水供水方式	水压可能不稳定;热水水质不易受污染;系统要求设热膨胀装置和安全装置	常用于变频调速系统和屋顶水箱设在室内的系统
直接加热的热水供水方式	加热效果快,不需换热器;蒸汽多孔管直接加热有噪声;蒸汽喷射器混合直接加热无噪声;热水水质与蒸汽质量有关;加热装置简单;水温不稳定;无蒸汽凝结水排出	常用于局部热水供水系统,如采用蒸汽直接加热多用于有汽源的工厂沐浴间
间接加热的热水供水方式	热水锅炉间接加热比直接加热的加热速度慢,但热水水质不受热水锅炉内水影响;蒸汽-水加热器间接加热比直接加热的加热速度慢,但热水水质不受蒸汽质量的影响;需冷凝水收集装置和冷凝水排出装置;比直接加热多消耗一部分能量;热水水温稳定	多用于集中供热水系统和热水用量大的系统中
太阳能热水供水方式	节能,无污染;系统简单;热水质量会受季节和天气的影响	常用于每户的热水的供水系统或某一小型建筑内热水的供水系统,是建筑热水技术发展的方向
热泵水加热供水方式	充分利用热泵产生的热加热水,节能无污染,系统简单	常用于有热泵系统或小型建筑内的热水供水系统,是建筑热水的技术发展的方向
高层建筑开式集中式热水供应系统分区供水方式	加热设备集中,便于统一管理;各系统水压稳定;采用间接加热,水温稳定;系统运行安全;各区加热设备承压能力不同	用于高层建筑内有水箱的供水系统
高层建筑开式分散式热水供应系统分区供水方式	各系统分设,加热设备和水箱分散,不便于统一管理;各区供热水可靠性高;耗管材多	用于高层建筑内有水箱的供水系统
高层建筑闭式集中式热水供应系统分区供水方式	加热设备集中,便于统一管理;各系统水压稳定;采用间接加热,水温稳定;系统运行比较安全;各区加热设备承压能力不同	用于高层建筑内无水箱采用变频调速水泵加压的供水系统
高层建筑闭式分散式热水供应系统分区供水方式	各系统分设,加热设备分散,不便于统一管理;各区供热水可靠性高,耗管材比开式少	用于高层建筑内无水箱采用变频调速水泵加压的供水系统

6.2.2　建筑热水供应系统供水方式选择

（1）热水供应系统供应方式的选择,应根据使用要求、耗热量及用水点分布情况,结合热源条件确定。

（2）集中热水供应系统的热源,宜首先利用工业余热、废热、地热（注:利用废热锅炉制备热媒时,引入其内的废气、烟气温度不宜低于400℃;当以地热为热源时,应按地热水的水温、水质和水压,采取相应的技术措施）。

（3）当日照时数大于1400h/a且年太阳辐射量大于4200MJ/m² 及年极端最低气温不低于 -45℃的地区,宜优先采用太阳能作为热水供应热源。

（4）具备可再生低温能源的下列地区可采用热泵热水供应系统:

1）在夏热冬暖地区,宜采用空气源热泵热水供应系统。

2）在地下水源充沛、水文地质条件适宜,并能保证回灌的地区,宜采用地下水源热泵热水供应系统。

3）在沿江、沿海、沿湖、地表水源充足，水文地质条件适宜，以及有条件利用城市污水、再生水的地区，宜采用地表水源热泵热水供应系统（注：当采用地下水源和地表水源时，应经当地水务主管部门批准，必要时应进行生态环境、水质卫生方面的评估）。

（5）当没有条件利用工业余热、废热、地热或太阳能等自然热源时，宜优先采用能保证全年供热的热力管网作为集中热水供应的热媒。

（6）当区域性锅炉房或附近的锅炉房能充分供给蒸汽或高温水时，宜采用蒸汽或高温水作集中热水供应系统的热媒。

（7）当上述第（2）~（5）条热源无可利用时，可设燃油（气）热水机组或电蓄热设备等供给集中热水供应系统的热源或直接供给热水。

（8）局部热水供应系统的热源宜采用太阳能及电能、燃气、蒸汽等。

（9）升温后的冷却水，当其水质符合《生活饮用水卫生标准》（GB 5749—2006）规定的要求时，可作为生活用热水。

（10）利用废热（废气、烟气、高温无毒废液等）作为热媒时，应采取下列措施：

1）加热设备应防腐，其构造应便于清理水垢和杂物。

2）应采取措施防止热媒管道渗漏而污染水质。

3）应采取措施消除废气压力波动和除油。

（11）采用蒸汽直接通入水中或采取汽水混合设备的加热方式时，宜用于开式热水供应系统，并应符合下列要求：

1）蒸汽中不得含油质及有害物质。

2）加热时应采用消声混合器，所产生的噪声应符合现行国家标准《声环境质量标准》（GB 3096—2008）的要求。

3）当不回收凝结水经技术经济比较合理时。

4）应采取防止热水倒流至蒸汽管道的措施。

（12）集中热水供应系统应设热水循环管道，其设置应符合下列要求：

1）热水供应系统应保证干管和立管中的热水循环。

2）要求随时取得不低于规定温度的热水的建筑物，应保证支管中的热水循环，或有保证支管中热水温度的措施。

3）循环系统应设循环泵，并应采取机械循环。

（13）设有3个或3个以上卫生间的住宅、别墅的局部热水供应系统当采用共用水加热设备时，宜设热水回水管及循环泵。

（14）建筑物内集中热水供应系统的热水循环管道宜采用同程布置的方式；当采用同程布置困难时，应采取保证干管和立管循环效果的措施。

（15）居住小区内集中热水供应系统的热水循环管道宜根据建筑物的布置、各单位建筑物内热水循环管道布置的差异等，采取保证循环效果的适宜措施。

（16）设有集中热水供应系统的建筑物中，用水量较大的浴室、洗衣房、厨房等，宜设单独的热水管网。热水为定时供应且个别用户对热水供应时间有特殊要求时，宜设置单独的热水管网或局部加热设备。

（17）高层建筑热水系统的分区，应遵循如下原则：

1）应与给水系统的分区一致，各区换热器、贮水罐的进水均应由同区的给水系统专管供应；当不能满足时，应采取保证系统冷、热水压力平衡的措施。

2）当采用减压阀分区时，除应满足《建筑给水排水设计规范》（GB 50015—2003）（2009 年版）有关减压阀的要求外，尚应保证各分区热水的循环。

（18）当给水管道的水压变化较大且用水点要求水压稳定时，宜采用开式热水供应系统或采取稳压措施。

（19）当卫生设备设有冷热水混合器或混合水嘴时，冷、热水供应系统在配水点处应有相近的水压。

（20）公共浴室淋浴器出水水温应稳定，并宜采取下列措施：

1）采用开式热水供应系统。

2）给水额定流量较大的用水设备的管道，应与淋浴配水管道分开。

3）多于 3 个淋浴器的配水管道，宜布置成环形。

4）成组淋浴器的配水管的沿程压力损失，当淋浴器少于或等于 6 个时，可采用每米不大于 300Pa；当淋浴器多于 6 个时，可采用每米不大于 350Pa。配水管不宜变径，且其最小管径不得小于 25mm。

5）工业企业生活间和学校的淋浴室，宜采用单管热水供应系统。单管热水供应系统应采取保证热水水温稳定的技术措施。

注：公共浴室不宜采用公用浴池沐浴的方式；当必须采用时，则应设循环水处理系统及消毒设备。

（21）养老院、精神病医院、幼儿园、监狱等建筑的淋浴和浴盆设备的热水管道应采取防烫伤措施。

6.3　建筑热水供应系统用设备和附件

6.3.1　建筑热水供应系统用设备

1. 局部加热设备

（1）燃气热水器。利用燃气燃烧产生热量转换给冷水，而使冷水变成热水，用于局部用热水处。燃气热水器种类繁多，生产热水快。直流快速式燃气热水器和容积式燃气热水器如图 6-3-1、图 6-3-2 所示。

（2）容积式电热水器。容积式电热水器以电为热源，通过电加热元件对水加热，加热快，无污染，在电力较丰富的地区，如在住户和宾馆房间中应用广泛。容积式电热水器如图 6-3-3 所示。

（3）太阳能热水器。太阳能热水器是利用太阳的辐射热把水加热，节能，无环境污染。按集热器类型分为管式和板式等，其中管式有全玻璃真空管型和金属玻璃真空管型，板式为平板型。国内几种太阳能热水器的生产能力见表 6-3-1。

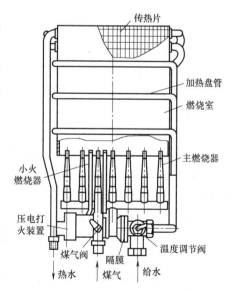

图 6-3-1　直流快速式燃气热水器

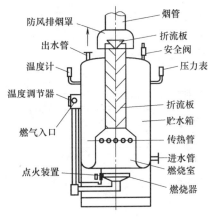

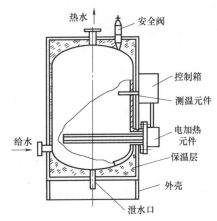

图 6-3-2　容积式燃气热水器　　　图 6-3-3　容积式电热水器

表 6-3-1　国内几种太阳能热水器的生产能力

热水器类型	实测季节	日产水量/[kg/(m² · d)]	产水温度/℃
钢管板	春、夏、秋 有阳光天气	70 ~ 90	40 ~ 50
扁盒		80 ~ 110	40 ~ 60
铜管板		80 ~ 100	40 ~ 60
铜铝复合管板		90 ~ 120	40 ~ 65

2. 锅炉

锅炉根据使用的燃料分为燃煤锅炉和燃油(气)锅炉。燃煤锅炉以煤为燃料,燃料价格低,运行成本低,是使用较广泛的供热设备,但燃煤会给环境带来污染,设计时要遵循当地政策。燃油(气)锅炉以油(气)为燃料,启动快、热效率高,易于实现自动化运行,无环境污染,但燃料价格较高。设计时也要遵循当地政策。燃煤锅炉如图 6-3-4 所示。燃油(气)锅炉如图 6-3-5 所示。

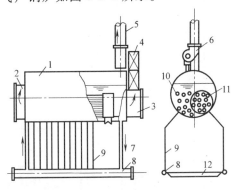

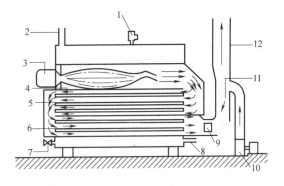

图 6-3-4　燃煤锅炉

1—锅炉　2—前烟箱　3—后烟箱　4—省煤器　5—烟囱
6—引风机　7—下降管　8—联箱　9—鳍片式水冷壁
10—第 2 组烟管　11—第 1 组烟管　12—炉壁

图 6-3-5　燃油(气)锅炉

1—安全阀　2—热媒出口　3—油(煤气)燃烧器
4——级加热管　5—二级加热管　6—三级加热管
7—泄空阀　8—回水(或冷水)入口　9—导流器
10—风机　11—风挡　12—烟道

3. 换热器

换热器的种类繁多,有立式、卧式、容积式、快速式之分。容积式换热器、快速式换热器、半即热式换热器均以热媒与水实行间接换热，是常用的换热器。

（1）容积式换热器如图6-3-6~图6-3-8所示。图6-3-6中的容积式换热器采用U形管将热媒与水进行间接加热，同时能贮存一定的水量。该种换热器有10种型号，加热管的换热面积为0.86~50.82m²，其贮水容积为0.5~15m³。有关容积、盘管型号及尺寸见表6-3-2、表6-3-3。

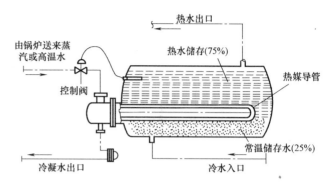

图6-3-6　容积式换热器（卧式）

表6-3-2　容积式换热器容积和盘管型号

换热器型号	容积/m²	换热管根数	换热管管径×长度/mm	换热面积/m²	盘管型号（根数） 甲型 第1排	甲型 第2排	甲型 第3排	乙型 第1排	乙型 第2排	丙型 第1排
1	0.5	2		0.86						
1	0.5	3		1.29						
2	0.7	4	φ42×3.5×1620	1.72						
3	1.0	5		2.15						
3	1.0	6		2.58						
2、3	0.7、1.0	7		3.01						
3	1.0	5	φ42×3.5×1870	2.50						
		6		3.00						
		7		3.50						
		8		4.00						
4	1.5	6	φ38×3×2360	3.50	6	5		6		
		11		6.50						
5	2.0	6	φ38×3×2560	3.80	6	5		6		
		11		7.00						
6	3.0	7	φ38×3×2730	4.80	7	6	3	7	6	7
		13		8.90						
		16		11.00						
7	5.0	8	φ38×3×3190	6.30	8	7	4	8	7	8
		15		11.90						
		19		15.20						
8	8.0	7×2	φ38×3×3400	10.62	7×2	6×2	3×2	7×2	6×2	7×2
		13×2		19.94						
		16×2		24.72						
9	10.0	9×2	φ38×3×3400	13.94	9×2	8×2	5×2	9×2	8×2	9×2
		17×2		26.92						
		22×2		34.72						
10	15.0	9×2	φ38×3×4100	20.40	9×2	8×2	5×2	9×2	8×2	9×2
		17×2		38.96						
		22×2		50.82						

注：表中所列4~7号换热器盘管排列，以靠近圆中心为第1排，向外依次第2排、第3排。

表 6-3-3　容积式换热器尺寸表

1~3 号卧式（钢支座）

型号	D_B	容积/L	T	L_3	L	R_1	R_2	R_3	E	D_1	G	H	H_0	质量/kg 壳体+钢管	质量/kg 壳体+钢管
1	$\phi600$	500	0	1742	2100	815	373	420	200	680	181	913	1368	400	410
2	$\phi700$	700	20	1767	2150	815	373	500	240	780	206	963	1468	475	490
3	$\phi800$	1000	50	1990	2400	950	404	590	280	980	232	1014	1570	635	650

1~3 号卧式（砖支座）

型号	D_B	L	L_1	R_1	R_2	R_3	H_1		H	H_0		H	
1	$\phi600$	2100	1742	590	485	740	500 1500	1000 2000	158	1265 2265	1765 2765	810 1810	1310 2310
2	$\phi700$	2150	1767	590	485	880	500 1000	1000 2000	183	1365 2366	1865 2866	860 1860	1360 2360
3	$\phi800$	2400	1990	780	490	1000	500 1500	1000 2000	208	1467 2467	1967 2967	911 1911	1411 2411

4~7 号卧式（钢支座）

型号	D_B	(L)	L	L_0	L_1	L_2	L_3	L_4	L_5	L_6	H	H_0	H_1	H_2	H_3	B	C	质量/kg (钢)	质量/kg (铜)
4	$\phi900$	1500	3107	1985	258	588	450	1085	660	810	1670	330	1064	606	356	150	120	841	852
5	$\phi1000$	2000	3344	2185	283	600	500	1185	740	900	1770	380	1114	656	356	150	200	948	960
6	$\phi1200$	3000	3602	2335	333	646	500	1335	900	1100	1974	460	1216	758	381	150	240	1399	1418
7	$\phi1400$	5000	4123	2735	383	704	454	1645	1050	128	2174	520	1316	858	406	205	300	1897	922

4~7 号卧式（砖专座）

型号	D_B	L_1	L_2	L_3	L_4	L	H_2		H_3	H_1		H	
4	$\phi900$	258	565	855	870	3107	500 1500	1000 2000	230	961 1961	1461 2461	1567 2567	2067 3067
5	$\phi1000$	283	590	1005	990	3344	500 1500	1000 2000	255	1011 2011	1511 2511	1667 2677	2167 3167
6	$\phi1200$	333	595	1145	1120	3602	500 1500	1000 2000	306	1113 2113	1613 2613	1871 2871	2371 3371
7	$\phi1400$	383	595	1545	1490	4123	500 1500	1000 2000	356	1213 2213	1713 2713	2071 2713	2571 3571

8~10 号卧式双孔

型号	D_B	D_P	D_1	D_2	D_3	A	d_1	d_2	d_3	L	L_1	L_2	L_3
8	$\phi1800$	500	160	180	160	370	108×6	89×5	89×5	4679	2700	1100	878
9	$\phi2000$	600	180	210	160	420	133×6	89×5	108×6	4995	2700	1100	1054
10	$\phi2200$	600	180	210	180	420	133×6	108×6	108×6	5883	3400	1450	1131

表 6-3-3 中的容积式换热器尺寸符号表示如图 6-3-7 所示。

图 6-3-8 中的容积式换热器内安装有 U 形管，又称 RV 型容积式换热器，它具有多行程列管和导流装置，在保持传统型容积换热器的基础上，克服了其被加热水无组织流动、冷水区域大、产水量低等缺点，贮罐的有效贮热容积约为 85% ~ 90%。

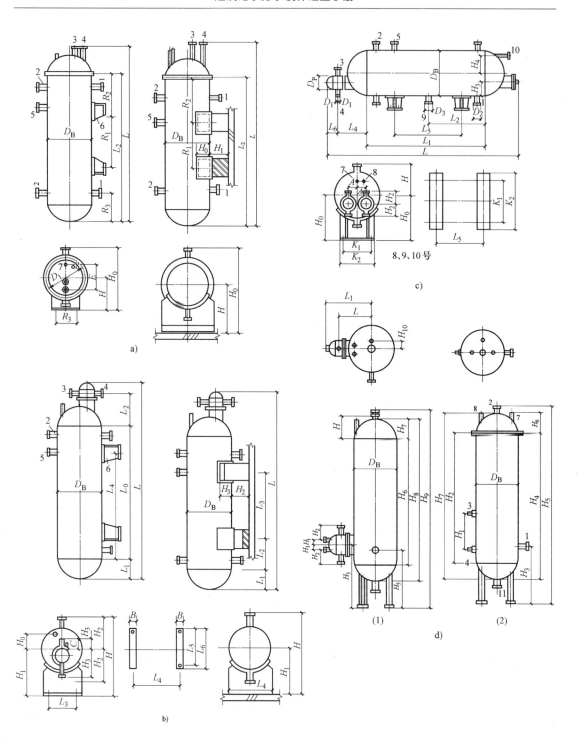

图 6-3-7　容积式换热器总图

a) 1、2、3 号卧式　b) 4、5、6、7 号卧式　c) 8、9、10 号卧式　d) 立式

1—进水管　2—出水管　3—蒸汽（热水）管　4—凝水（回水）管

5—安全阀接管　6—支座　7—温度计管接头　8—压力计管接头

9—排污口　10—水管　11—泄水管

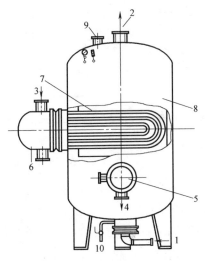

图 6-3-8 RV 型容积式换热器

1—进水管 2—出水管 3—热媒进口 4—热媒出口 5—下盘管

6—导流装置 7—U 形盘管 8—罐体 9—安全阀 10—排污口

（2）快速式换热器。快速式换热器分为多管式快速式换热器和单管式快速式换热器，它们的特点是加热快，贮热量少。多管式快速式换热器和单管式快速式换热器分别如图 6-3-9、图6-3-10所示。

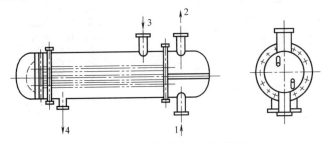

图 6-3-9 多管式快速式换热器

1—冷水管 2—热水管 3—蒸汽管 4—凝水管

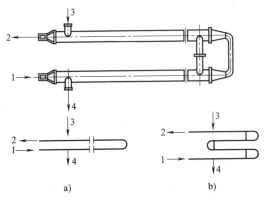

a) b)

图 6-3-10 单管式快速式换热器

a）并联 b）串联

1—冷水管 2—热水管 3—蒸汽管 4—凝水管

（3）半容积式换热器。半容积式换热器分为 HRV 半容积换热器和多换热盘管的半即热式换热器。HRV 半容积换热器具有体积小、加热快、换热充分、供水温度稳定和节能等优点，其工作系统如图6-3-11所示。半即热式换热器如图 6-3-12所示。

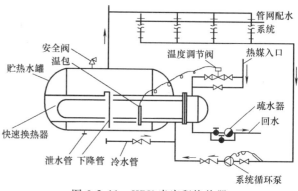

图 6-3-11　HRV 半容积换热器

半即热式换热器的特点是：热媒蒸汽经控制阀和底部入口通过蒸汽立管进入各并联盘管，进行热交换后，冷凝水进入冷凝水立管由底部流出，冷水从底部经孔板入罐；同时有少量冷水进入分流管；入罐冷水经转向器均匀加热罐底并向上流过盘管得到加热，热水由上部出口流出。部分热水在顶部进入感温管开口端，冷水以与热水用水量成比例的流量由分流管同时进入感温管，感温元件读出瞬时感温管内的冷、热水平均温度，并向控制阀发出信号，按需要调节控制阀，以保持所需的热水输出温度。只要一有热水需求，热水出口处的水温尚未下降，感温元件就能发出信号开启控制阀，具有预测性。加热盘管内的热媒由于不断改向，加热时盘管颤动，形成紊流区，属于"紊流加热"，故传热系数大，换热速度快，又具有预测温控装置，所以其热水贮存容量小，仅为半容积式换热器的1/5。同时，由于盘管内外温差的作用，盘管不断收缩、膨胀，可使热面上的水垢自动脱落。

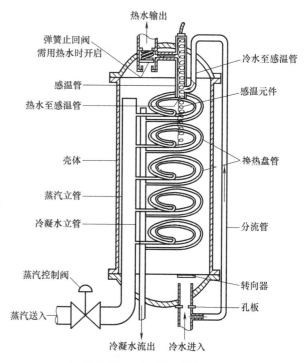

图 6-3-12　半即热式换热器

半即热式换热器具有快速加热被加热水，浮动盘管自动除垢的优点，其热水出水温度一般能控制在±2.2℃内，且体积小，节省占地面积，适用于各种不同负荷需求的机械循环热水供应系统。

（4）加热水箱。加热水箱的加热方法分为直接和间接两种，设备简单，但应用不如容积式换热器广泛，常用于公共浴室等用水量大且不均匀的定时热水供应系统。

（5）热水贮水箱（罐）。热水贮水箱（罐）用于贮存和调节热水量，在用水不均匀的热水供应系统中设置，以调节水量和水温。

6.3.2 建筑热水供应系统用附件

1. 自动温度调节器

自动温度调节器根据热水水温的要求可自动调节热媒的用量，以热媒的用量多少控制热水温度的高低，如图6-3-13所示。

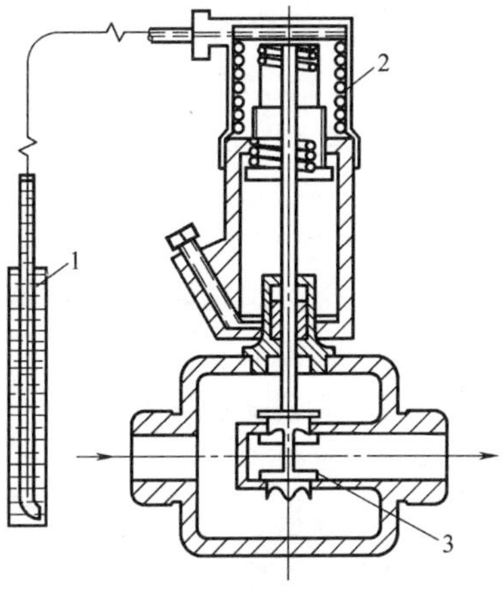

2. 疏水器

在以热媒为蒸汽的热水供应系统中，若要回收蒸汽中的凝结水，需安装疏水器。疏水器的作用是隔汽排凝结水。疏水器按压力分为高压和低压，常用浮筒式和热动式疏水器。若只排除管道中的凝结水，可选用 $DN15$、$DN20$ 的规格；若排除用汽设备中的凝结水，可采用式（6-3-1）计算后确定。

$$Q = k_0 G \qquad (6-3-1)$$

图 6-3-13　自动温度调节器
1—温包　2—感温元件　3—调压阀

式中　Q——疏水器最大排水量（kg/h）；

　　　k_0——附加系数，见表6-3-4；

　　　G——换热器的最大凝结水量（kg/h）。

表 6-3-4　附加系数 k_0

名称	附加系数 k_0	
	压差 $\Delta p \leqslant 0.2\text{MPa}$	压差 $\Delta p > 0.2\text{MPa}$
上开口浮筒式疏水器	3.0	4.0
下开口浮筒式疏水器	2.0	2.5
恒温式疏水器	3.5	4.0
浮球式疏水器	2.5	3.0
喷嘴式疏水器	3.0	3.2
热动力式疏水器	3.0	4.0

疏水器进出口压差 Δp，可按式（6-3-2）计算：

$$\Delta p = p_1 - p_2 \qquad (6-3-2)$$

式中　Δp——疏水器进口压差（MPa）；

　　　p_1——疏水器前的压力（MPa），对于换热器等换热设备，可取 $p_1 = 0.7 p_z$（p_z 为进入设备的蒸汽压力）；

　　　p_2——疏水器后的压力（MPa）；当疏水器后凝结水管不抬高自流坡向开式水箱时取 $p_2 = 0$；当疏水器后凝结水管道较长，又需抬高接入闭式凝结水箱时，p_2 按式（6-3-3）计算：

$$p_2 = \Delta h + 0.01H + p_3 \qquad (6-3-3)$$

式中　Δh——疏水器后至凝结水箱之间的管道压力损失（MPa）；

　　　H——疏水器后回水管的抬高高度（m）；

　　　p_3——凝结水管内压力（MPa）。

3. 减压阀

在高压热媒变低压热媒时或在高压热水变低压热水时，可用减压阀进行减压。减压阀根据蒸汽流量计算出阀孔截面积，其阀孔截面积可按式（6-3-4）计算。减压阀如图 6-3-14 所示。

$$f = \frac{G}{0.6q} \qquad (6\text{-}3\text{-}4)$$

式中　f——所需阀孔截面积（cm^2）；

　　　G——蒸汽流量（kg/h）；

　0.6——减压阀流量系数；

　　　q——通过每平方厘米阀孔截面积的理论流量。

减压阀安装如图 6-3-15 所示，其有关尺寸见表6-3-5。

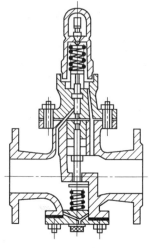

图 6-3-14　减压阀

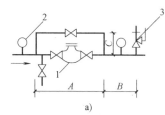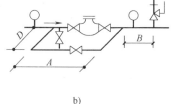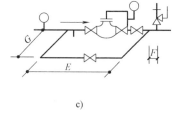

a)　　　　　　　　b)　　　　　　　　c)

图 6-3-15　减压阀安装

a）活塞式减压阀旁路管垂直安装　b）活塞式减压阀旁路管水平安装　c）薄膜式或波纹管减压阀的安装
1—减压阀　2—压力表　3—安全阀

表 6-3-5　减压阀安装尺寸　　　　　　　　（单位：mm）

减压阀公称直径 DN/mm	A	B	C	D	E	F	G
25	1100	400	350	200	1350	250	200
32	1100	400	350	200	1350	250	200
40	1300	500	400	250	1500	300	250
50	1400	500	450	250	1600	300	250
65	1400	500	500	300	1650	350	300
80	1500	550	650	350	1750	350	350
100	1600	550	750	400	1850	400	400
125	1800	600	800	450			
150	2000	650	850	500			

4. 消声喷射器

消声喷射器用于蒸汽与冷水混合并消声，如图 6-3-16 所示。

5. 自动排气阀

在管道系统的高处和密闭容器的高处会积聚空气，影响它们的运行，应在高处安装自动排气阀。自动排气阀如图 6-3-17 所示。

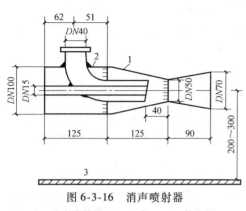

图 6-3-16 消声喷射器

1—消声喷射器 2—入水口 3—箱底板

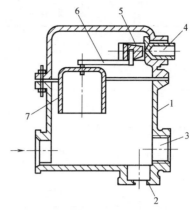

图 6-3-17 自动排气阀

1—阀体 2—直角安装出水口 3—水平安装出水口
4—阀座 5—滑阀 6—杠杆 7—浮钟

6. 膨胀水罐

膨胀水罐用于闭式系统中，常设置在加热设备的热水循环回水管上。其构造如图6-3-18所示。

膨胀水罐总容积按式（6-3-5）计算：

$$V_e = \frac{(\rho_f - \rho_r)p_2}{(p_2 - p_1)\rho_t} V_s \qquad (6-3-5)$$

式中 V_e——膨胀水罐总容积（m^3）；

     ρ_f——加热前加热、贮热设备内水的密度（kg/m^3），定时供应热水的系统宜按冷水温度确定，全日集中热水供应系统宜按热水回水温度确定；

     ρ_r——热水的密度（kg/m^3）；

     p_1——膨胀水罐处管内水压力（绝对压力）（MPa），为管内工作压力加 0.1MPa；

     p_2——膨胀水罐处管内最大允许压力（绝对压力）（MPa），其数值可取 $1.10p_1$；

     V_s——系统内热水总容积（m^3）。

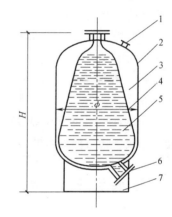

图 6-3-18 膨胀水罐

1—充气嘴 2—外壳 3—气室 4—隔膜
5—水室 6—接管口 7—罐座

7. 补偿器

补偿器安装在热水管道上，用于调节管道的热胀冷缩。管道的热伸长量按式（6-3-6）计算：

$$\Delta L = \alpha(t_{2r} - t_{1r}) \qquad (6-3-6)$$

式中 ΔL——管道的热伸长（膨胀）量（mm）；

     t_{2r}——管中热水最高温度（℃）；

     t_{1r}——管道周围环境温度（℃），一般取 $t_{1r} = 5$℃；

     L——计算管段长度（m）；

     α——线膨胀系数 [mm/(m·℃)]，见表6-3-6。

表 6-3-6   不同管材的线膨胀系数 α

管材	PP-R	PEX	ABS	PVC-U	PAP	薄壁铜管	钢管	无缝铝合金衬塑	PVC-C	薄壁不锈钢管
α	0.16 (0.14~0.18)	0.15 (0.12)	0.1	0.07	0.025	0.02 (0.017~0.018)	0.012	0.025	0.08	0.0166

补偿管道热伸长技术措施有两种，即自然补偿和设置伸缩器补偿。自然补偿即利用管道敷设自然形成的 L 形或 Z 形弯曲管段，来补偿管道的温度变形。通常的做法是在转弯前后的直线段上设置固定支架，让其伸缩在弯头处补偿，如图 6-3-19 所示。弯曲两侧管段的长度不应超过表 6-3-7 值。

表 6-3-7   不同管材弯曲两侧管段的长度

管材	薄壁铜管	薄壁不锈钢管	衬塑钢管	PP-R	PEX	PB	铝塑管 PAP
长度/m	10.0	10.0	8.0	1.5	1.5	2.0	3.0

当直线管段较长，不能依靠管路弯曲的自然补偿作用时，每隔一定的距离应设置不锈钢波纹管、多球橡胶软管等伸缩器来补偿管道伸量。

热水管道系统中使用最方便、效果最佳的波形伸缩器，即由不锈钢制成的波纹管，用法兰或螺纹连接，具有安装方便、节省面积、外形美观及耐高温、耐腐蚀、寿命长等优点。

另外，近年来也有在热水管中安装可曲挠橡胶接头代替伸缩器的做法，但必须注意采用耐热橡胶。

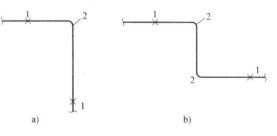

图 6-3-19   自然补偿管道
a) L 形   b) Z 形
1—固定支架   2—弯管

6.4 热水用管材、附件、管道敷设与保温

6.4.1 热水用管材、管件和附件

1. 热水用管材、管件

（1）热水系统采用的管材和管件，应符合现行有关产品的国家标准和行业标准的要求。管道的工作压力和工作温度不得大于产品标准标定的允许工作压力和工作温度。

（2）热水管道应选用耐腐蚀和安装连接方便可靠的管材，可采用薄壁铜管、薄壁不锈钢管、塑料热水管、塑料和金属复合热水管等。当采用塑料热水管或塑料和金属复合热水管材时应符合下列要求：

1）管道的工作压力应按相应温度下的许用工作压力选择。

2）设备机房内的管道不应采用塑料热水管。

2. 热水用附件

（1）各类热水用附件的选用应符合《建筑给水排水设计规范》（GB 50015—2003）（2009 年版）中有关建筑内给水用附件的规定。

（2）热水系统上各类阀门的材质及阀型应符合《建筑给水排水设计规范》（GB 50015—2003）（2009 年版）中有关建筑内给水用各类阀门、止回阀、减压阀等的规定。

（3）热水管网应在下列管段上装设阀门：

1）与配水、回水干管连接的分干管。

2）配水立管和回水立管。

3）从立管接出的支管。

4）室内热水管道向住户、公用卫生间等接出的配水管的起端。

5）与水加热设备、水处理设备及温度、压力等控制阀件连接处的管段上按其安装要求配置阀门。

（4）热水管网上在下列管段上，应装止回阀：

1）换热器或贮水罐的冷水供水管（注：当换热器或贮水罐的冷水供水管上安装倒流防止器时，应采取保证系统冷热水供水压力平衡的措施）

2）机械循环的第二循环系统回水管。

3）冷热水混水器的冷、热水供水管。

（5）水加热设备的出水温度应根据其有无贮热调节容积分别采用不同温级精度要求的自动温度控制装置。

（6）水加热设备的上部、热媒进出口管上、贮热水罐和冷热水混合器上应安装温度计、压力表；热水循环的进水管上应安装温度计及控制循环泵开停的温度传感器；热水箱应安装温度计、水位计；压力容器设备应安装安全阀，安全阀的接管直径应经计算确定，并应符合锅炉及压力容器的有关规定，安全阀的泄水管应引至安全处且在泄水管上不得装设阀门。

（7）当需计量热水总用水量时，可在水加热设备的冷水供水管上安装冷水水表，对成组和个别用水点可在专供支管上装设热水水表。有集中供应热水的住宅应装设分户热水水表。水表的选型、计算及设置应符合《建筑给水排水设计规范》（GB 50015—2003）（2009 年版）中有关建筑内给水用水表的规定。

6.4.2 热水管道的敷设

（1）热水管道系统应有补偿管道热胀冷缩的措施。

（2）上行下给式系统配水干管最高点应设排气装置，下行上给式配水系统可利用最高配水点放气，系统最低点应设泄水装置。

（3）当下行上给式系统设有循环管道时，其回水立管可在最高配水点以下（约 0.5m）与配水立管连接，上行下给式系统可将循环管道与各立管连接。

（4）热水横管的敷设坡度不宜小于 0.003。

（5）塑料热水管宜暗设，明设时立管宜布置在不受撞击处，当不能避免时，应在管外加保护措施。

（6）热水锅炉、燃油（气）热水机组、水加热设备、贮水器、分（集）水器、热水输（配）水、循环回水干（立）管应做保温，保温层的厚度应经计算确定。

（7）热水管穿越建筑物墙壁、楼板和基础处应加套管，穿越屋面及地下室外墙时应加防水套管。

（8）热水管道的敷设还应符合《建筑给水排水设计规范》（GB 50015—2003）（2009 年版）中有关建筑内热水管道敷设的规定。

（9）用蒸汽作热媒间接加热的换热器、开水器的凝结水回水管上应每台设备设疏水器，当换热器的换热能确保凝结水回水温度低于等于 80℃ 时，可不装疏水器。蒸汽立管最低处、蒸汽管下凹处的下部宜设疏水器。疏水器口径应经计算确定，其前应装过滤器，其旁不宜附设旁通阀。

（10）在开式系统中，膨胀管的设置应符合下列要求：

1）当热水系统由生活饮用高位冷水箱补水时，不得将膨胀管引至高位冷水箱上空，以防止热水系统中的水体升温膨胀时，将膨胀的水量返至生活用冷水箱，引起该水箱内水体的热污染。通常可将膨胀管引入同一建筑物的中水供水箱、专用消防箱（不与生活用水共用的消防水箱）等非生活饮用水箱的上空，其设置高度应按式（6-4-1）计算：

$$h = H\left(\frac{\rho_1}{\rho_r} - 1\right) \qquad (6\text{-}4\text{-}1)$$

式中　h——膨胀管高出生活饮用高位水箱水面的垂直高度（m）；

　　　H——锅炉、换热器底部至生活饮用高位水箱水面的高度（m）；

　　　ρ_1——冷水密度（kg/m³）；

　　　ρ_r——热水密度（kg/m³）。

以上参数如图 6-4-1 所示。

2）膨胀管出口离接入水箱水面的高度不应小于 100mm。膨胀管上严禁装设阀门，且应防冻，以确保热水系统的安全，其最小管径按表 6-4-1 确定。

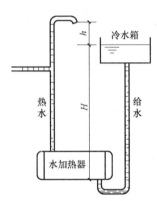

图 6-4-1　膨胀管安装高度计算用图

表 6-4-1　膨胀管的最小管径

锅炉或换热器的传热面积/m²	<10	≥10 且 <15	≥15 且 <20	≥20
膨胀管最小管径/mm	25	32	40	50

6.4.3　保温

热水供应系统中的水加热设备，贮热水器，热水供水干管、立管，机械循环的回水干管、立管，有冰冻可能的自然循环回水干管、立管，均应保温，其主要目的在于减少介质传送的过程中无效的热损失。

热水供应系统保温材料应符合热导率小、具有一定的机械强度、质量轻、无腐蚀性、易于施工成形及可就地取材等要求。

保温层的厚度可按式（6-4-2）计算：

$$\delta = 3.41 \frac{d_w^{1.2} \lambda^{1.35} \tau^{1.75}}{q^{1.5}} \qquad (6\text{-}4\text{-}2)$$

式中　δ——保温层厚度（mm）；

　　　d_w——管道或圆柱设备的外径（mm）；

　　　λ——保温层的热导率 [kJ/(h·m·℃)]；

τ——未保温的管道或圆柱设备外表面温度（℃）；

q——保温后的允许热损失 $[kJ/(h \cdot m)]$，按表 6-4-2 采用。

表 6-4-2 保温后允许热损失值 [单位：$kJ/(h \cdot m)$]

管径 DN/mm	流体温度/℃					备注
	60	100	150	200	250	
15	46.1					
20	63.8					
25	83.7					
32	100.5					
40	104.7					
50	121.4	251.2	335.0	367.8		流体温度 60℃，只适用于热水管道
70	150.7					
80	175.5					
100	226.1	355.9	460.55	544.3		
125	263.8					
150	322.4	439.6	565.2	690.8	816.4	
200	385.2	502.4	669.9	816.4	983.9	
设备面	—	418.7	544.3	628.1	752.6	

热水配水管、回水管和热媒水管常用的保温材料为岩棉、超细玻璃棉、硬聚氨酯、橡塑泡沫等材料，其保温厚度可参照表 6-4-3 采用。蒸汽管用憎水珍珠岩管壳保温时，其厚度见表 6-4-4。换热器、开水器等设备采用岩棉制品、硬聚氨酯发泡塑料等保温时，保温层厚度可为 35mm。

表 6-4-3 热水配水管、回水管、热媒水管保温层厚度

管道直径 DN/mm	热水配、回水管				热媒水、蒸汽凝结水管	
	15 ~ 20	25 ~ 50	65 ~ 100	>100	≤50	>50
保温层厚度 /mm	20	30	40	50	40	50

表 6-4-4 蒸汽管保温层厚度

管道直径 DN/mm	≤40	50 ~ 65	≥80
保温层厚度/mm	50	60	70

管道和设备在保温之前，应进行防腐蚀处理。保温材料应与管道或设备的外壁紧密相贴，并在保温层外表面做防护层。如遇管道转弯处，其保温层应做伸缩缝，缝内填柔性材料。

6.5 建筑内热水供应系统的计算

6.5.1 用水定额、水温和水质的确定

1. 用水定额

（1）热水用水定额根据卫生器具完善程度和地区条件，应按表 6-5-1 确定。

表 6-5-1　热水用水定额

序号	建筑物名称	单位	最高日用水定额/L	使用时间/h
1	住宅 　有自备热水供应和沐浴设备 　有集中热水供应和沐浴设备	 每人每日 每人每日	 40～80 60～100	 24 24
2	别墅	每人每日	70～110	24
3	酒店式公寓	每人每日	80～100	24
4	宿舍 　Ⅰ类、Ⅱ类 　Ⅲ类、Ⅳ类	 每人每日 每人每日	 70～100 40～80	 24 或定时供应
5	招待所、培训中心、普通旅馆 　设公用盥洗室 　设公用盥洗室、沐浴室 　设公用盥洗室、沐浴室、洗衣室 　设单独卫生间、公用洗衣室	 每人每日 每人每日 每人每日 每人每日	 25～40 40～60 50～80 60～100	 24 或定时供应
6	宾馆、客房 　旅客 　员工	 每床位每日 每人每日	 120～160 40～50	 24
7	医院住院部 　设公用盥洗室 　设公用盥洗室、沐浴室 　设单独卫生间 医务人员 门诊部、诊疗所 疗养院、休养所住房部	 每床位每日 每床位每日 每床位每日 每人每班 每病人每次 每床位每日	 60～100 70～130 110～200 70～130 7～13 100～160	 24 8 24
8	养老院	每床位每日	50～70	24
9	幼儿园、托儿所 　有住宿 　无住宿	 每儿童每日 每儿童每日	 20～40 10～15	 24 10
10	公共浴室 　淋浴 　淋浴、浴盆 　桑拿浴（淋浴、按摩池）	 每顾客每次 每顾客每次 每顾客每次	 15～20 7～10 3～8	 10～12 12～16 8～18
11	理发室、美容院	每顾客每次	10～15	12
12	洗衣房	每公斤干衣	15～30	8
13	餐饮业 　营业餐厅 　快餐店、职工及学生食堂 　酒吧、咖啡厅、茶座、卡拉 OK 房	 每顾客每次 每顾客每次 每顾客每次	 15～20 7～10 3～8	 10～12 12～16 8～18
14	办公楼	每人每班	5～10	8
15	健身中心	每人每次	15～25	12
16	体育场（馆） 运动员淋浴	 每人每次	 17～26	 4
17	会议厅	每座位每次	2～3	4

注：1. 热水温度按 60℃ 计。

　　2. 表内的热水用量已包括在建筑给水的生活冷水的用水定额中。

（2）卫生器具的一次用水量、小时用水量及水温应按表 6-5-2 确定。

表 6-5-2 卫生器具的一次用水量、小时用水量及水温

序号	卫生器具名称	一次用水量/L	小时用水量/L	使用水温/℃
1	住宅、旅馆、别墅、宾馆、酒店式公寓			
	带有淋浴器的浴盆	150	300	40
	无淋浴器的浴盆	125	250	40
	淋浴器	70~100	140~200	37~40
	洗脸盆、盥洗槽水嘴	3	30	30
	洗涤盆(池)	—	180	50
2	宿舍、招待所、培训中心			
	淋浴器:有淋浴小间	70~100	210~300	37~40
	无淋浴小间	—	450	37~40
	盥洗槽水嘴	3~5	50~80	30
3	餐饮业			
	洗涤盆(池)	—	250	50
	洗脸盆(工作人员用)	3	60	30
	顾客用	—	120	30
	淋浴器	40	400	37~40
4	幼儿园、托儿所			
	浴盆:幼儿园	100	400	35
	托儿所	30	120	35
	淋浴器:幼儿园	30	180	35
	托儿所	15	90	35
	盥洗槽水嘴	15	25	30
	洗涤盆(池)	—	180	50
5	医院、疗养院、休养所			
	洗手盆	—	15~25	35
	洗涤盆(池)	—	300	50
	淋浴器		200~300	37~40
	浴盆	125~150	250~300	40
6	公共浴室			
	浴盆	125	250	40
	淋浴器:有淋浴小间	100~150	200~300	37~40
	无淋浴小间	—	450~540	37~40
	洗脸盆	5	50~80	35
7	办公楼、洗手盆	—	50~100	35
8	理发室、美容院、洗脸盆		35	35
9	实验室			
	洗脸盆	—	60	50
	洗手盆	—	15~25	30
10	剧场			
	淋浴器	60	200~400	37~40
	演员用洗脸盆	5	80	35
11	体育场馆、淋浴器	30	300	35
12	工业企业生活间			
	淋浴器:一般车间	40	360~540	37~40
	脏车间	60	180~480	40
	洗脸盆或盥洗槽水嘴:一般车间	3	90~120	30
	脏车间	5	100~150	35
13	净身器	10~15	120~180	30

注: 1. 用水量与水温对应。

2. 一般车间指现行国家标准《工业企业设计卫生标准》(GBZ 1—2010)中规定的 3、4 级卫生特征的车间,脏车间指该标准中规定的 1、2 级卫生特征的车间。

（3）港澳地区、国内的一些国外机构、外资企业的热水用水定额、卫生器具的小时热水定额见表6-5-3和表6-5-4。

表 6-5-3　各种类型建筑物热水用量

建筑物名称	最大小时热水量 /［gal/h（L/h）］	最高日热水量 /［gal/d（L/d）］	平均日热水量 /［gal/d（L/d）］
大学生、研究生宿舍 男生/人 女生/人	3.8(14,4) 5,0(18.9)	22.0(83.3) 26.5(100.3)	13.1(49.6) 12.3(46.6)
汽车旅馆(每车位)① 少于20车位 60车位 多于100车位	6,0(22.7) 5.0(18.9) 4.0(15.1)	35.0(132.5) 25.0(94.6) 15.0(56.8)	20.0(75.5) 14.0(53.0) 10.0(37.9)
护理院(每床)	4,5(17)	30.0(113.6)	18.4(69.6)
餐饮业 专营餐厅或咖啡座 烧烤店、小餐馆、快餐店	1.5(5.7)/餐位 0.7(2.7)/餐位	11.0(41.8)/餐 6.0(22.7)/餐	2.4(9.1)/餐② 0.7(2.7)/餐②
公寓(每单元) 少于20单元 50单元 75单元 100单元 多于200单元	12(45.4) 10(37.9) 8.5(32.2) 7.0(36.5) 5.0(18.6)	80.0(302.8) 73.0(276.3) 66.0(249.8) 60.0(227.1) 50.0(189.3)	42.0(159) 40.0(151.4) 38.0(143.8) 37.0(140.1) 35.0(132.5)
初中(每人)	0.6(2.3)	1.5(5.7)	0.6(2.3)
幼儿园和养老院(每人)	1.0(3.9)	3.6(13.6)	1.6(6.8)

① 中间值可用插入法求得，② 每营业日（每工作日）。

表 6-5-4　各种建筑物卫生器具热水用水量（器具供水温度为60℃）

［单位：gal/h（L/h）］

卫生器具名称	公寓	俱乐部	体育馆	医院
洗脸盆 私人卫生间 公共卫生间	2(7.6) 4(15.1)	2(7.6) 6(22.7)	2(7.6) 8(30.3)	2(7.6) 6(22.7)
浴盆	20(75.7)	20(75.7)	30(113.6)	20(75.7)
洗碗机①	15(56.8)	50~150(189.3~567.8)	—	50~150(189.3~567.8)
洗脚盆	3(11.4)	3(11.4)	12(45.4)	3(11.4)
厨房洗涤盆	10(37.9)	30(113.6)	—	20(75.7)
洗衣房洗涤槽	20(75.7)	28(106)	—	28(106)
配餐用洗涤盆	5(18.6)	10(37.9)	—	10(37.9)
淋浴器	30(113.6)	150(567.8)	225(851.6)	75(283.9)
污水盆	20(75.7)	20(75.7)	—	20(75.7)
水疗淋浴器	—	—	—	400(1514)
循环冲洗洗涤盆	—	—	—	20(75.7)
半循环冲洗洗涤盆	—	—	—	10(37.9)
同时作用系数	0.30	0.30	0.40	0.25
贮存容积系数②	1.25	0.90	1.00	0.60

卫生器具名称	旅馆	工厂	办公楼	住宅	学校
洗脸盆 私人卫生间 公共卫生间	2(7.6) 8(30.3)	2(7.6) 12(45.4)	2(7.6) 6(22.7)	2(7.6) —	2(7.6) 15(56.8)
浴盆	20(75.7)	—	—	20(75.7)	—
洗碗机	50~200(189.3~757)	20~100(75.7~378.5.)	—	15(56.8)	20~100(75.7~378.5.)

（续）

卫生器具名称	旅馆	工厂	办公楼	住宅	学校
洗脚盆	3(11.4)	12(45.4)	—	3(11.4)	3(11.4)
厨房洗涤盆	30(113.6)	20(75.7)	20(75.7)	10(37.9)	20(75.7)
洗衣房洗涤槽	—	—	—	20(75.7)	—
配餐用洗涤盆	10(37.9)	—	10(37.9)	5(18.6)	10(37.9)
淋浴器	75(283.9)	225(851.6)	30(113.6)	30(113.6)	225(851.6)
污水盆	20(75.7)	20(75.7)	20(75.7)	20(75.7)	20(75.7)
水疗淋浴器	—	—	—	—	—
循环冲洗洗涤盆	20(75.7)	30(113.6)	20(75.7)		30(113.6)
半循环冲洗洗涤盆	10(37.9)	15(56.8)	10(37.9)	-	15(56.8)
同时作用系数	0.25	0.40	0.30	0.30	0.40
贮存容积系数②	0.80	1.00	2.00	0.70	1.00

① 洗腕机的热水用量可查本表或由制造厂提供。

② 贮存容积系数即为贮热水箱容积与设定的最大小时用热水量之比。在有城市蒸汽系统或有大型锅炉厂等热媒供应充足的地方，贮热容积可以相应减少。

2. 用水水质要求和水质处理

（1）用水水质要求

1）生活热水水质的水质指标，应符合现行国家标准《生活饮用水卫生标准》（GB 5749—2006）的要求。

2）集中热水供应系统的原水的水处理，应根据水质、水量、水温、水加热设备的构造、使用要求等因素经技术经济比较按下列规定确定：

① 当洗衣房日用热水量（按 60℃计）大于或等于 $10m^3$ 且原水总硬度（以碳酸钙计）大于 300mg/L 时，应进行水质软化处理；原水总硬度（以碳酸钙计）为 150～300mg/L 时。宜进行水质软化处理。

② 其他生活日用热水量（按 60℃计）大于或等于 $10m^3$ 且原水总硬度（以碳酸钙计）大于 300mg/L 时，宜进行水质软化或阻垢缓蚀处理。

③ 经软化处理后的水质总硬度宜为：洗衣房用水：50～100mg/L；其他用水：75～150mg/L。

④ 水质阻垢缓蚀处理应根据水的硬度、适用流速、温度、作用时间或有效长度及工作电压等选择合适的物理处理或化学稳定剂处理方法。

⑤ 当系统对溶解氧控制要求较高时，宜采取除氧措施。

（2）水处理方法。水质处理包括原水软化处理与原水的稳定处理。原水硬度高，使得水加热后，水中钙、镁离子会受热后析出，附着在设备和管道表面形成水垢，降低管道输水能力和设备的热导率。结成的水垢使加热系统耗能大，同时附在金属壁上的水垢，可能使设备加热受损。由于水温升高，水中的溶解氧也会受热逸出，增加水的腐蚀性。对水的软化和除氧可防止结垢和控制腐蚀。原水的软化处理常用离子交换法，原水的稳定处理可用物理处理和化学稳定剂处理，前者可采用磁水器、电子水处理器、静电水处理器、碳铝离子水处理器等装置。化学稳定剂处理可使用聚磷酸盐、聚硅酸盐等稳定剂。

原水中的除氧处理（去除水中的氧和二氧化碳气体）常采用热力除氧、真空除氧、解析除氧和化学除氧方法。

3. 水温

（1）热水使用温度见表6-5-2。

（2）洗衣机、厨房等热水使用温度与用水对象有关，一般可按表6-5-5采用。

表6-5-5　洗衣机、厨房等热水使用温度

用水对象	用水温度/℃	用水对象	用水温度/℃
洗衣机		厨房餐厅	
棉麻织物	50～60	一般洗涤	45
丝绸织物	35～45	洗碗机	60
毛料织物	35～40	餐具过清	70～80
人造纤维织物	30～35	餐具消毒	100

（3）冷水水温。冷水的计算温度，应以当地最冷月平均水温资料确定。当无水温资料时，可按表6-5-6采用。

表6-5-6　冷水计算温度　　　　　　　　　　　　　　（单位：℃）

区域	省（直辖市、自治区）		地面水	地下水	区域	省（直辖市、自治区）		地面水	地下水
东北	黑龙江		4	6～10	东南	江苏	偏北	4	10～15
	吉林		4	6～10			大部	5	15～20
	辽宁	大部	4	6～10		江西　大部		5	15～20
		南部	4	10～15		安徽　大部		5	15～20
华北	北京		4	10～15		福建	北部	5	15～20
	天津		4	10～15			南部	10～15	20
	河北	北部	4	6～10		台湾		10～15	20
		大部	4	10～15	中南	河南	北部	4	10～15
	山西	北部	4	6～10			南部	5	15～20
		大部	4	10～15		湖北	东部	5	15～20
	内蒙古		4	6～10			西部	7	15～20
西北	陕西	偏北	4	6～10		湖南	东部	5	15～20
		大部	4	10～15			西部	7	15～20
		秦岭以南	7	15～20		广东、港澳		10～15	20
	甘肃	南部	4	10～15		海南		15～20	17～22
		秦岭以南	7	15～20	西南	重庆		7	15～20
	青海	偏东	4	10～15		贵州		7	15～20
	宁夏	偏东	4	6～10		四川　大部		7	15～20
		南部	4	10～15		云南	大部	7	15～20
	新疆	北疆	5	10～11			南部	10～15	20
		南疆	—	12					
		乌鲁木齐	8	12					
东南	山东		4	10～15		广西	大部	10～15	20
	上海		5	15～20			偏北	7	15～20
	浙江		5	15～20		西藏		—	5

（4）直接供应热水的热水锅炉、热水机组或换热器出口的最高水温和配水点的最低水温可按表6-5-7采用。

（5）设置集中热水供应系统的住宅，配水点的水温不应低于45℃。

表 6-5-7   直接供应热水的热水锅炉、热水机组或换热器出口的最高水温和配水点的最低水温

（单位：℃）

水质处理情况	热水锅炉、热水机组或换热器出口的最高水温	配水点的最低水温
原水水质无需软化处理，原水水质需水质处理且有水质处理	75	50
原水水质需水质处理但未进行水质处理	60	50

注：当热水供应系统只供淋浴和盥洗用水，不供洗涤盆（池）洗涤用水时，配水点最低水温不低于40℃。

4. 冷热水比例计算

在冷热水混合时，应以配水点要求的热水水温、当地冷水计算水温和冷热水混合后的使用水温求出所需热水量和冷水量的比例。

若混合水量为100%，则所需热水量占混合水量的百分数，按式（6-5-1）计算：

$$K_r = \frac{t_h - t_1}{t_r - t_1} \times 100\% \tag{6-5-1}$$

式中 K_r——热水混合系数；

   t_h——混合水水温（℃）；

   t_1——冷水水温（℃）；

   t_r——热水水温（℃）。

所需冷水量占混合水量的百分数 K_L，按式（6-5-2）计算：

$$K_L = 1 - K_r \tag{6-5-2}$$

6.5.2   耗热量、热水量和热媒耗量计算

1. 耗热量计算

设计小时耗热量的计算应符合下列要求：

（1）设有集中热水供应系统的居住小区的设计小时耗热量应按下列规定计算：

1）当居住小区内配套公共设施的最大用水时时段与住宅的最大用水时时段一致时，应按两者的设计小时耗热量叠加计算。

2）当居住小区内配套公共设施的最大用水时时段与住宅的最大用水时时段不一致时，应按住宅的设计小时耗热量加配套公共设施的平均小时耗热量叠加计算。

（2）全日供应热水的宿舍（Ⅰ、Ⅱ类）、住宅、别墅、酒店式公寓、招待所、培训中心、旅馆、宾馆的客房（不含员工）、医院住院部、养老院、幼儿园、托儿所（有住宿）、办公楼等建筑的集中热水供应系统的设计小时耗热量应按式（6-5-3）计算：

$$Q_h = K_h \frac{m q_r C (t_r - t_1) \rho_r}{T} \tag{6-5-3}$$

式中 Q_h——设计小时耗热量（kJ/h）；

   m——用水计算单位数（人数或床位数）；

   q_r——热水用水定额 [L/（人·d）或 L/（床·d）]，按表6-5-1采用；

   C——水的比热，$C = 4.187$ [kJ/（kg·℃）]；

   t_r——热水温度，$t_r = 60℃$

   t_1——冷水温度，按表6-5-6选用；

ρ_r——热水密度（kg /L）；

T——每日使用时间（h），按表6-5-1采用；

K_h——小时变化系数，可按表6-5-8采用。

表6-5-8 热水小时变化系数 K_h 值

类别	住宅	别墅	酒店式公寓	宿舍（Ⅰ、Ⅱ类）	招待所培训中心、普通旅馆	宾馆	医院、疗养院	幼儿园、托儿所	养老院
热水用水定额 [L/（人（床）·d）]	60～100	70～110	80～100	70～100	25～50 40～60 50～80 60～100	20～160	60～100 70～130 110～200 100～160	20～40	50～70
使用人（床）数	≤100～ ≥6000	≤100～ ≥6000	≤150～ ≥1200	≤150～ ≥1200	≤150～ ≥1200	≤150～ ≥1200	≤50～ ≥1000	≤50～ ≥1000	≤50～ ≥1000
K_h	4.8～2.75	4.21～2.47	4.00～2.58	4.80～3.20	3.84～3.00	3.33～2.60	3.63～2.56	4.80～3.20	3.20～2.74

注：1. K_h 应根据热水用水定额高低、使用人（床）数的多少取值，当热水用水定额高、使用人（床）数多时取低值，反之取高值，使用人（床）数小于等于下限值及大于等于上限值的，K_h 就取下限值及上限值，中间值可用内插法求得。

2. 设有全日集中热水供应系统的办公楼、公共浴室等表中未列入的其他类建筑的 K_h 值可按建筑给水中所述的给水小时变化系数选值。

（3）定时供应热水的住宅、旅馆、医院及工业企业生活间、公共浴室、宿舍（Ⅲ、Ⅳ类）、剧院化妆间、体育馆（场）运动员休息室等建筑的集中热水供应系统的设计小时耗热量应按式（6-5-4）计算：

$$Q_h = \sum q_h(t_r - t_1)\rho_r n_0 bc \tag{6-5-4}$$

式中 Q_h——设计小时耗热量（kJ / h）；

q_h——卫生器具热水的小时用水定额（L / h），按表6-5-2采用；

c——水的比热容，$c = 4.187$ [kJ/（kg·℃）]；

t_r——热水使用温度（℃），按表6-5-2采用；

t_1——冷水温度（℃），按表6-5-6采用；

ρ_r——热水密度（kg / L）；

n_0——同类型卫生器具数；

b——卫生器具的同时使用百分数：住宅、旅馆、医院、疗养院病房、卫生间内浴盆或淋浴器可按70% ～100%计，其他器具不计，但定时连续供水时间应大于等于2h。工业企业生活间、公共浴室、学校、剧院、体育馆（场）等的浴室内的淋浴器和洗脸盆均按100%计。住宅一户设有多个卫生间时，可按一个卫生间计算。

（4）设有集中热水供应系统的居住小区的设计小时耗热量，当公共建筑的最大用水时时段与住宅的最大用水时时段一致时，应按两者的设计小时耗热量叠加计算；当公共建筑的最大用水时时段与住宅的最大用水时时段不一致时，应按住宅的设计小时耗热量加公共建筑的平均小时耗热量叠加计算。

（5）具有多个不同使用热水部门的单一建筑或具有多种使用功能的综合性建筑，当其热水由同一热水供应系统供应时，设计小时耗热量可按同一时间内出现用水高峰的主要用水部门的设计小时耗热量加其他用水部门的平均小时耗热量计算。

2. 热水量计算

设计小时热水量可按式（6-5-5）计算：

$$q_{rh} = \frac{Q_h}{(t_r - t_1)c\rho_r} \qquad (6-5-5)$$

式中　q_{rh}——设计小时热水量（L／h）；

Q_h——设计小时耗热量（kJ／h）；

t_r——设计热水温度（℃）；

t_1——设计冷水温度（℃）；

c——水的比热容，$c = 4.187\,kJ/kg \cdot ℃$；

ρ_r——热水密度（kg／L）。

3. 热媒耗量计算

根据热水加热方式的不同，其热媒耗量计算如下：

（1）采用蒸汽直接加热时，蒸汽耗量按式（6-5-6）计算：

$$G = (1.10 \sim 1.20)\frac{Q_h}{i_m - i_r} \qquad (6-5-6)$$

式中　G——蒸汽耗量（kg/h）；

Q_h——设计小时耗热量（kJ/h）；

i_m——饱和水蒸气热焓（kJ/kg），按表6-5-9选用；

i_r——蒸汽与冷水混合后的热水热焓（kJ/kg），$i_r = 4.187 t_r$；

t_r——蒸汽与冷水混合后的热水温度（℃）。

（2）采用蒸汽间接加热时，蒸汽耗量按下式（6-5-7）计算：

$$G = (1.10 \sim 1.20)\frac{Q_h}{\gamma_h} \qquad (6-5-7)$$

式中　G——蒸汽耗量（kg/h）；

Q_h——设计小时耗热量（kJ/h）；

γ_h——蒸汽的汽化热（kJ/kg），按表6-5-9采用。

表6-5-9　饱和蒸汽性质

绝对压力 /MPa	饱和蒸汽温度 /℃	热焓/（kJ/kg）		蒸汽的汽化热 /（kJ/kg）
		液体	蒸汽	
0.1	100	419	2679	2260
0.2	119.6	502	2707	2205
0.3	132.9	559	2726	2167
0.4	142.9	601	2738	2137
0.5	151.1	637	2749	2112
0.6	158.1	667	2757	2090
0.7	164.2	694	2767	2073
0.8	169.6	718	2773	2055
0.9	174.5	739	2777	2038

（3）采用高温水间接加热时，高温热水耗量按下式（6-5-8）计算：

$$G = (1.10 \sim 1.20)\frac{Q_h}{c(t_{mc} - t_{mz})} \qquad (6-5-8)$$

式中 G——高温热水耗量（kg/h）；

   Q_h——设计小耗热量（kJ/h）；

   c——水的比热容，$c = 4.187$kJ/(kg·℃)；

   t_{mc}——高温热水进口水温（℃）；

   t_{mz}——高温热水出口水温（℃）。

6.6 热水加热及贮存设备的选择与计算

6.6.1 局部加热设备计算

1. 燃气热水器的计算

（1）燃具热负荷按式（6-6-1）计算：

$$Q = [KWc(t_r - t_1)]/(\eta - \tau) \tag{6-6-1}$$

式中 Q——燃具热负荷（kJ/h）；

   W——被加热水的质量（kg）；

   c——水的比热容，$c = 4.187$kJ/(kg·℃)；

   τ——升温所需时间（h）；

   t_r——热水温度（℃）；

   t_1——冷水温度（℃），按表6-5-3选用；

   K——安全系数，$K = 1.28 \sim 1.40$；

   η——燃具热效率，对容积式燃气热水器 η 大于75%，快速式燃气热水器 η 大于70%，开水器 η 大于75%。

（2）燃具燃气耗量按式（6-6-2）计算：

$$\phi = Q/Q_d \tag{6-6-2}$$

式中 ϕ——燃气耗量（m³/h）；

   Q——燃具热负荷（kJ/h）；

   Q_d——燃气的低热值（kJ/m³）。

2. 电热水器的选择与计算

（1）快速式电热水器的耗电功率按式（6-6-3）计算：

$$N = (1.10 \sim 1.20)\frac{3600q(t_r - t_1)c\rho_r}{3617\eta} \tag{6-6-3}$$

式中 N——耗电功率（kW）；

   q——热水流量（L/s），可根据使用场所、卫生器具类型、数量、要求水温1次用水量或1h用水量，见表6-5-2；

   t_r——热水温度（℃）；

   t_1——冷水温度（℃）；按表6-5-6选用；

   c——水的比热容，$c = 4.187$kJ/(kg·℃)；

   ρ_r——热水密度（kg/L）；

   3617——热功当量，kJ/(kW·h)；

   η——加热器效率，一般为 $0.95 \sim 0.98$；

1. 10 ~ 1. 20——热损失系数。

（2）容积式电热水器耗电功率。容积式电热水器耗电功率分以下三种情况计算：

1）只有在使用前加热，使用过程中不再加热时，按式（6-6-4）计算：

$$N = (1.10 \sim 1.20) \frac{V(t_r - t_1)c\rho_r}{3617\eta T} \tag{6-6-4}$$

式中　V——热水器容积（L）；

T——加热时间（h）；

其他符号意义同式（6-6-3）。

2）若除使用前加热外，在使用过程中还继续加热时，按式（6-6-5）计算：

$$N = (1.10 \sim 1.20) \frac{(3600qT_1 - V)(t_r - t_1)c\rho_r}{3617\eta T_1} \tag{6-6-5}$$

式中　T_1——热水用水时间（h）；

其他符号意义同式（6-6-3）。

3）需要预热时，预热时间按式（6-6-6）计算：

$$T_2 = (1.10 \sim 1.20) \frac{V(t_r - t_1)c\rho_r}{3617\eta N} \tag{6-6-6}$$

式中　T_2——预热时间（h）；

其他符号意义同式（6-6-3）。

3. 太阳能热水器系统计算

太阳能热水器系统计算内容包括热水量计算、集热器总面积计算、贮热水箱容积计算、循环泵选择、辅助热源的选择，其中热水量计算同前述内容。其他计算方法如下：

（1）太阳能热水器集热器总面积计算。集热器总面积应根据日用水量和水温、当地年平均日太阳辐照量和集热器集热效率等因素计算。

1）太阳能热水器局部热水供应系统集热器总面积按式（6-6-7）计算：

$$A_s = q_{rd}/q_s \tag{6-6-7}$$

式中　A_s——太阳能集热器集热面积（m²）；

q_{rd}——设计日用热水量（L/d），可按不高于表 6-5-1 的下限取值；

q_s——集热器日产水量 [L/(m²·d)]。

2）太阳能热水器集中热水供应系统直接加热供水系统的集热器总面积可按式（6-6-8）计算：

$$A_{jz} = \frac{q_r m c\rho_r (t_r - t_1) f}{J_1 \eta_j (1 - \eta_1)} \tag{6-6-8}$$

式中　A_{jz}——直接加热集热器总面积（m²）；

q_r——设计日用热水量（L/d），按不高于表 6-5-1 热水用水定额中下限取值；

m——用水单位数；

c——水的比热容，$c = 4.187$kJ/(kg·℃)；

t_r——热水温度（℃），$t_r = 60$℃；

t_1——冷水温度（℃），按表 6-5-6 采用；

J_1——集热器采光面上年平均日太阳辐照量（kJ/m²·d）；

f——太阳能保证率，根据系统使用期内的太阳辐照量、系统经济性和用户要求等
　　因素综合考虑后确定，取 30% ~ 80%；

η_j——集热器年平均集热效率，按集热器产品实测数据确定，经验值为 45% ~ 50%；

η_l——贮水箱和管路的热损失率，取 15% ~ 30%。

3）太阳能热水器集中热水供应系统间接加热供水系统的集热器总面积可按式（6-6-9）
计算：

$$A_{jj} = A_{jz}\left(1 + \frac{F_R U_L A_{jz}}{K F_{jz}}\right) \tag{6-6-9}$$

式中　A_{jj}——间接加热集热器总面积（m²）；

$F_R U_L$——集热器热损失系数 [kJ/(m² · ℃ · h)]，平板型可取 14.4 ~ 21.6 [kJ/
　　(m² · ℃ · h)]；真空管型可取 3.6 ~ 7.2 [kJ/(m² · ℃ · h)]，具体数值根
　　据集热器产品的实测结果确定；

K——换热器传热系数 [kJ/(m² · ℃ · h)]；

F_{jz}——换热器加热面积（m²）；

A_{jz}——直接加热集热器总面积（m²）。

（2）太阳能热水器系统贮热水箱容积计算。太阳能集热系统贮热水箱有效容积可按式
（6-6-10）计算：

$$V_{rx} = q_{rjd} A_j \tag{6-6-10}$$

式中　V_{rx}——贮热水箱有效容积（L）；

A_j——集热器总面积（m²）；

q_{rjd}——集热器单位采光面积平均每日产热水量 [L/(m · d)]，根据集热器产品的实
　　测结果确定。无条件时，握据当地太阳辐照量、集热器集热性能、集热面积
　　的大小等因素按下列原则确定：直接供水系统 $q_{rjd} = 40 ~ 100L/(m^2 · d)$；间
　　接供水系统 $q_{rjd} = 30 ~ 70L/(m^2 · d)$（60℃热水）。

（3）太阳能热水器系统循环泵选择。强制循环的太阳能集热系统应设循环泵。循环泵
的流量扬程计算应符合下列要求：

1）循环泵的流量可按式（6-6-11）计算：

$$q_x = q_{gz} A_j \tag{6-6-11}$$

式中　q_x——集热系统循环流量（L/s）；

q_{gz}——单位采光面积集热器对应的工质流量 [L/(s · m²)]，按集热器产品实测数据
　　确定。无条件时，可取 0.015 ~ 0.020L/(s · m²)。

2）开式直接加热太阳能集热系统循环泵的扬程相应压力应按式（6-6-12）计算：

$$p_x = p_{jx} + p_j + p_z + p_f \tag{6-6-12}$$

式中　p_x——循环泵扬程相应压力（kPa）；

p_{jx}——集热系统循环管道的沿程与局部阻力损失（kPa）；

p_j——循环流量流经集热器的阻力损失（kPa）；

p_z——集热器顶与贮热水箱最低水位之间的静压差（kPa）；

p_f——附加压力（kPa），取 20 ~ 50kPa。

3）闭式间接加热太阳能集热系统循环泵的扬程相应压力应按式（6-6-13）计算：

$$p_x = p_{jx} + p_e + p_j + p_f \qquad (6\text{-}6\text{-}13)$$

式中　p_x——循环泵扬程相应压力（kPa）；

　　　p_{jx}——集热系统循环管道的沿程与局部阻力损失（kPa）；

　　　p_e——循环流量经集热换热器的阻力损失（MPa）；

　　　p_j——循环流量流经集热器的阻力损失（kPa）；

　　　p_f——附加压力（kPa），取 20 ~ 50kPa。

（4）太阳能热水供应系统辅助热源及其加热设施。太阳能热水供应系统应设辅助热源及其加热设施，其设计计算应符合下列要求：

1）辅助能源宜因地制宜选择城市热力管网、燃气、燃油、电、热泵等。

2）辅助热源的供热量按加热设备供热量计算方法进行计算。

3）辅助热源及其水加热设施应结合热源条件、系统形式及太阳能供热的不稳定状态等因素，经技术经济比较后合理选择、配置。

4）辅助热源加热设备应根据热源种类及其供水水质、冷热水系统形式等选用直接加热或间接加热设备。

5）辅助热源的控制应在保证充分利用太阳能集热量的条件下，根据不同的热水供水方式采用手动控制、全日自动控制或定时自动控制。

6）太阳能集中热水供应系统，应采取可靠的防止集热器和贮热水箱（罐）贮水过热的措施。在闭式系统中，应设膨胀罐、安全阀，有冰冻可能的系统还应采取可靠的集热系统防冻措施。

6.6.2　集中热水供应系统加热及贮存设备的选择计算

1. 加热设备供热量计算

全日集中热水供应系统中，锅炉、水加热设备的设计小时供热量应根据日热水用量小时变化曲线、加热方式及锅炉、水加热设备的工作制度经积分曲线计算确定。当无条件时，可按下列原则确定：

（1）容积式换热器或贮热容积与其相当的换热器、燃油（气）热水机组应按式(6-6-14)计算：

$$Q_g = Q_h - \frac{\eta V_r}{T}(t_r - t_1)c\rho_r \qquad (6\text{-}6\text{-}14)$$

式中　Q_g——容积式换热器（含导流型容积式换热器）的设计小时供热量（kJ /h）；

　　　Q_h——设计小时耗热量（kJ/h）；

　　　η——有效贮热容积系数；容积式换热器，$\eta = 0.7 ~ 0.8$；导流型容积式换热器，$\eta = 0.8 ~ 0.9$；第一循环系统为自然循环时，卧式贮热水罐，$\eta = 0.80 ~ 0.85$；立式贮热水罐，$\eta = 0.85 ~ 0.90$；第一循环系统为机械循环时，卧、立式贮热水罐，$\eta = 1.0$；

　　　V_r——总贮热容积（L）；

　　　T——设计小时耗热量持续时间（h），$T = 2 ~ 4h$；

　　　t_r——热水温度（℃），按设计换热器出水温度或贮水温度计算；

t_1——冷水温度（℃），按表6-5-6采用。

注：当 Q_g 计算值小于平均小时耗热量时，Q_g 应取平均小时耗热量。

（2）半容积式换热器或贮热容积与其相当的换热器、燃油（气）热水机组的设计小时供热量应按设计小时耗热量计算。

（3）半即热式、快速式换热器及其他无贮热容积的换热设备的设计小时供热量应按设计秒流量所需耗热量计算。

2. 换热器加热面积的计算

容积式换热器、快速式换热器和加热水箱中的盘管的传热面积应按式（6-6-15）计算，其中热媒与被加热水的计算温度差 Δt_j 可按 $5 \sim 10$℃取值。

$$F_{jr} = \frac{C_r Q_g}{\xi K \Delta t_j} \tag{6-6-15}$$

式中　F_{jr}——换热器的加热面积（m^2）；

　　　Q_g——设计小时供热量（kJ/h）；

　　　K——传热系数 [$kJ/(m^2 \cdot ℃ \cdot h)$]；普通容积式换热器和快速式换热器的 K 值分别见表6-6-1、表6-6-2。

　　　ξ——由于水垢和热媒分布不均匀影响传热效率的系数，采用 $0.6 \sim 0.8$；

　　　Δt_j——热媒与被加热水的计算温度差（℃），见公式（6-6-16）和公式（6-6-17）及有关规定；

　　　C_r——热水供应系统的热损失系数，取 $1.10 \sim 1.15$。

表 6-6-1　普通容积式换热器的 K 值

热媒种类		热媒流速 /(m/s)	被加热水流速 /(m/s)	$K/[kJ/(m^2 \cdot ℃ \cdot h)]$	
				钢盘管	铜盘管
蒸汽压力 /MPa	≤0.07	—	<0.1	2302~2512	2721~2931
	>0.07	—	<0.1	2512~2721	2931~3140
热水温度 70~150℃		<0.5	<0.1	1172~1256	1382~1465

注：表中 K 值按盘管内通过热媒和盘管外通过被加热水确定。

表 6-6-2　快速式换热器的 K 值

被加热水的流速 /(m/s)	传热系数 $K/[W/(m^2 \cdot ℃ \cdot h)]$							
	热媒为热水时，热水流速/(m/s)						热媒为蒸汽时，蒸汽压力/kPa	
	0.5	0.75	1.0	1.5	2.0	2.5	≤100	>100
0.5	3977	4606	5024	5443	5862	6071	9839/7746	9211/7327
0.75	4480	5233	5652	6280	6908	7118	12351/9630	11514/9002
1.0	4815	5652	6280	7118	7955	8374	14235/11095	13188/10467
1.5	5443	6489	7327	8374	9211	9839	16328/13398	15072/12560
2.0	5861	7118	7955	9211	10528	10886	—/1570	—/14863
2.5	6280	7536	8583	10528	11514	12560	—	—

注：表中热媒为蒸汽时，分子为两回程汽-水快速式换热器将被加热水温度升高 $20 \sim 30$℃时的传热系数，分母为四回程汽-水快速式换热器将被加热水温度升高 $60 \sim 65$℃时的传热系数。

（1）容积式换热器、导流型容积式换热器、半容积式换热器的 Δt_j 按式（6-6-16）计算：

$$\Delta t_j = \frac{t_{mc} + t_{mz}}{2} - \frac{t_c + t_z}{2} \tag{6-6-16}$$

式中　Δt_j——计算温度差（℃）;

　　t_{mc}、t_{mz}——热媒的初温和终温（℃）;

　　t_c、t_z——被加热水的初温和终温（℃）。

（2）快速式换热器、半即热式换热器的 Δt_j 按式（6-6-17）计算:

$$\Delta t_j = \frac{\Delta t_{max} - \Delta t_{min}}{\ln \dfrac{\Delta t_{max}}{\Delta t_{min}}} \qquad (6\text{-}6\text{-}17)$$

式中　Δt_j——计算温度差（℃）;

　　Δt_{max}——热媒与被加热水在换热器一端的最大温度差（℃）;

　　Δt_{min}——热媒与被加热水在换热器另一端的最小温度差（℃）。

其中热媒的计算温度应符合下列规定:

① 热媒为饱和蒸汽时的热媒初温、终温的计算: 热媒的初温 t_{mc}, 当热媒为压力大于 70kPa 的饱和蒸汽时, t_{mc} 按饱和蒸汽温度计算; 压力小于或等于 70kPa 时, t_{mc} 按 100℃ 计算。热媒的终温 t_{mz} 应由经热工性能测定的产品提供, 容积式换热器的 $t_{mc} = t_{mz}$; 导流型容积式换热器、半容积式换热器、半即热式换热器的 $t_{mc} = 50 \sim 90$℃。

② 热媒为热水时, 热媒的初温应按热媒供水的最低温度计算; 热媒的终温应由经热工性能测定的产品提供; 当热媒初温 $t_{mc} = 70 \sim 100$℃ 时, 容积式换热器的 $t_{mz} = 60 \sim 85$℃; 导流型容积式换热器、半容积式换热器、半即热式换热器的 $t_{mz} = 50 \sim 80$℃。

③ 热媒为热力管网的热水时, 热媒的计算温度应按热力管网供回水的最低温度计算, 但热媒的初温与被加热水的终温的温度差不得小于 10℃。

加热器加热盘管长度的计算: 在加热盘管面积计算出后可按式（6-6-18）计算:

$$L = F_{jr} / \pi D \qquad (6\text{-}6\text{-}18)$$

式中　L——盘管长度（m）;

　　F_{jr}——盘管传热面积（m^2）;

　　D——盘管外径（m）。

3. 换热器的贮水容积和热水箱容积计算

集中热水供应系统的贮水器容积应根据日用热水小时变化曲线及锅炉、换热器的工作制度和供热能力以及自动温度控制装置等因素按积分曲线计算确定, 并应符合下列规定:

容积式换热器或加热水箱、半容积式换热器的贮热量不得小于表 6-6-3 的要求。

表 6-6-3　换热器的贮热量

加热设备	以蒸汽和95℃以上的热水为热媒时		以小于等于95℃的热水为热媒时	
	工业企业淋浴室	其他建筑物	工业企业淋浴室	其他建筑物
容积式换热器或加热水箱	$\geq 30 \min Q_h$	$\geq 45 \min Q_h$	$\geq 60 \min Q_h$	$\geq 90 \min Q_h$
导流型容积式换热器	$\geq 20 \min Q_h$	$\geq 30 \min Q_h$	$\geq 30 \min Q_h$	$\geq 40 \min Q_h$
半容积式换热器	$\geq 15 \min Q_h$	$\geq 15 \min Q_h$	$\geq 15 \min Q_h$	$\geq 20 \min Q_h$

注: 1. 半即热式、快速式换热器的贮热容积应根据热媒的供给条件与安全、温控装置的完善程度等因素确定。

　　① 当热媒可按设计秒流量供应, 且有完善可靠的温度自动调节和安全装置时, 可不考虑贮热容积。

　　② 当热媒不能保证按设计秒流量供应, 或无完善可靠的温度自动调节和安全装置时, 则应考虑贮热容积, 贮热量宜根据热媒供应情况按导流型容积式换热器或半容积式换热器确定。

　　2. 热水机组所配贮热器, 其贮热量宜根据热媒供应情况, 按导流型容积式换热器或半容积式换热器确定。

　　3. 表中 Q_h 为设计小时耗热量。

换热器或贮热容器的贮水容积估算见表 6-6-4。

表 6-6-4 换热器或贮热容器的贮水容积估算

建筑类别	以蒸汽或95℃以上的高温水为热媒时		以低于等于95℃的热水为热媒时	
	导流型容积式换热器	半容积式换热器	导流型容积式换热器	半容积式换热器
有集中热水供应的住宅/[L/(人·d)]	5~8	3~4	6~10	3~5
设单独卫生间的集体宿舍、培训中心、旅馆/[L/(床·d)]	5~8	3~4	6~10	3~5
宾馆、客房/[L/(床·d)]	9~13	4~6	12~16	6~8
医院住院部/[L/(床·d)] 设公用盥洗室 设单独卫生间 门诊部	4~8 8~15 0.5~1	2~4 4~8 0.3~0.6	5~10 11~20 0.8~1.5	3~5 6~10 0.4~0.8
有住宿的幼儿园、托儿所/[L/(人·d)]	2~4	1~2	2~5	1.5~2.5
办公楼/[L/(人·d)]	0.5~1	0.3~0.6	0.8~1.8	0.4~0.5

4. 锅炉选择计算

锅炉属于发热设备。在较大的集中热水系统中，锅炉一般由供暖、供热专业设计人员结合整个建筑的供暖、空调、食堂用蒸汽等，综合考虑，统一设计选择，给水排水专业设计人员提供出设计小时耗热量即可。

对于小型建筑物的热水系统可单独选择锅炉，一般可按式（6-6-19）计算：

$$Q_g = (1.1 \sim 1.2)Q_h \tag{6-6-19}$$

式中 Q_g——锅炉小时供热量（kJ/h）；

Q_h——设计小时耗热量（kJ/h）；

1.1~1.2——热水系统的热损失附加系数。

5. 可再生低温能源加热机组选择计算

可再生低温能源加热机组分为水源热泵机组和空气源热泵机组。

（1）水源热泵机组。水源热泵机组的选择计算内容包括水源热泵的供热量、水源总水量、水源水质、集热系统、循环泵、供水形式和贮热水箱（罐）容积等。

1）水源热泵的供热量。水源热泵的设计小时供热量按式（6-6-20）计算：

$$Q_g = k_1 \frac{mq_r c(t_r - t_1)\rho_r}{T} \tag{6-6-20}$$

式中 Q_g——水源热泵设计小时供热量（kJ/h）；

q_r——热水用水定额[L/(人·d)或L/(床·d)]，按不高于表6-5-1和表6-5-2中的用水定额下限取值；

m——用水计算单位数（人数或床位数）；

t_r——热水温度，$t_r = 60℃$；

t_1——冷水温度，按表6-5-6选用；

T——热泵机组设计工作时间（h/d），取12~20h；

k_1——安全系数，$k_1 = 1.05 \sim 1.10$；

c——水的比热容，$c = 4.187kJ/(kg·℃)$；

ρ_r——热水的平均密度（kg/L）。

2）水源总水量。水源总水量按式（6-6-21）计算：

$$q = \frac{Q_j}{\Delta t_{ju} c \rho_v} = \frac{\left(1 - \frac{1}{cop}\right) Q_g}{\Delta t_{ju} c \rho_v} \tag{6-6-21}$$

式中　q——水源总量（L/h）；

　　Q_j——水源供热量（kJ/h）；

　　cop——热泵释放高温热量与压缩机输入功率的比值，由设备商提供，一般取 3；

　　Δt_{ju}——水源水进、出预换热器时的温差（℃），$\Delta t_{ju} \approx 6 \sim 8℃$；

　　c——水的比热容，$c = 4.187 kJ/(kg \cdot ℃)$；

　　ρ_v——水源水的平均密度（kg/L）；

　　Q_g——热泵小时平均秒供热量（W）。

3）水源水质。水源水质应满足热泵机组和换热器的水质要求。

4）集热系统。以地下水为水源时，应采用封闭式集热系统，以保护好地下水的水量和水质。

5）循环泵。循环泵的流量按式（6-6-22）计算：

$$q_x = \frac{(1.1 \sim 1.5) Q_j}{\Delta t c \rho_r} \tag{6-6-22}$$

式中　q_x——循环泵流量（L/h）；

　　Q_j——水源供热量（kJ/h）；

　　Δt——被加热水温升（℃），预换热器取 $\Delta t = 5 \sim 7℃$，其他换热设备取 $\Delta t = 5 \sim 10℃$；

　　c——水的比热容；$c = 4.187 kJ/(kg \cdot ℃)$；

　　ρ_r——热水的平均密度（kg/L）。

循环泵的扬程相应压力按相应压力式（6-6-23）计算：

$$p_x = 1.3(p_b + p_e + p_p) \tag{6-6-23}$$

式中　p_x——循环泵扬程相应压力（MPa）；

　　p_b——循环流量通过换热器的阻力损失（MPa），板式换热器一般取 0.05MPa 或由设备样本提供；

　　p_e——循环流量通过热泵机组蒸发器或冷凝器的阻力损失（MPa），由设备样本提供；

　　p_p——循环流量通过循环管路的阻力损失（MPa）。

6）供水形式。水源热泵制备热水常采用直接加热供水和热媒间接换热供水两种形式。

7）贮热水箱（罐）容积。贮热水箱（罐）容积按式（6-6-24）计算：

$$V_r = (1.10 \sim 1.20) \frac{(Q_h + Q_g) T}{\eta (t_r + t_1) c \rho_r} \tag{6-6-24}$$

式中　V_r——贮热水箱有效容积（L）；

　　Q_g——换热器的设计小时供热量（kJ/h）；

　　Q_h——设计小时耗热量（kJ/h）；

　　T——设计小时耗热量持续时间（h），一般取 $T = 2 \sim 4h$；

　　η——有效贮热容积系数，贮热水箱、卧式贮热水罐 $\eta = 0.80 \sim 0.85$，立式贮热水罐 $\eta = 0.85 \sim 0.90$；

t_r——设计供应的热水温度（℃），$t_r = 50 \sim 55℃$；

t_1——冷水计算温度，见表6-5-6。

c——水的比热容，$c = 4.187 kJ/(kg \cdot ℃)$；

ρ_r——热水密度（kg/L）。

定时热水供应系统的贮热水箱的有效容积宜为定时供应最大时段的全部热水量。

（2）空气源热泵机组。空气源热泵热水供应系统设计应符合下列要求：

1）空气源热泵热水供应系统设置辅助热源应按下列原则确定：最冷月平均气温不低于10℃的地区，可不设辅助热源；最冷月平均气温低于10℃且不低于0℃时，宜设置辅助热源。

2）空气源热泵辅助热源应就地获取，经过经济技术比较，选用投资省、低能耗热源（注：经技术经济比较合理时，供暖季节宜由燃煤（气）锅炉、热力管网的高温水或电力作为热水供应辅助热源）。

3）空气源热泵的供热量可按水源热泵的供热量计算确定；当设辅助热源时，宜按当地节气春分、秋分所在月的平均气温和冷水供水温度计算；当不设辅助热源时，应按当地最冷月平均气温和冷水供水温度计算。

4）空气源热泵热水系统应设贮热水箱（罐），其贮存热水的有效容积可按式（6-6-24）计算。

6.7 热水设备的选择与设计

6.7.1 局部热水供应设备的选用

局部热水供应设备的选用应符合下列要求：

（1）选用设备应综合考虑热源条件、建筑物性质、安装位置、安全要求及设备性能特点等因素。

（2）需同时供给多个卫生器具或设备热水时，宜选用带贮热容积的加热设备。

（3）当地太阳能资源充足时，宜选用太阳能热水器或太阳能辅以电加热的热水器。

（4）热水器不应安装在易燃物堆放或对燃气管、燃气表或电气设备产生影响及有腐蚀性气体和灰尘多的地方。

（5）燃气热水器、电热水器必须带有保证使用安全的装置。严禁在浴室内安装直接排气式燃气热水器等在使用空间内积聚有害气体的加热设备。

6.7.2 加热水设备的选用

（1）水加热设备应根据使用特点、耗热量、热源、维护管理及卫生防菌等因素选择，并应符合下列要求：

1）热效率高，换热效果好、节能、节省设备用房。

2）生活热水侧阻力损失小，有利于整个系统冷、热水压力的平衡。

3）安全可靠、构造简单、操作维修方便。

（2）选用热源水加热设备还应遵循下列原则：

1）当采用自备热源时，宜采用直接供应热水的燃油（气）热水机组，也可采用间接供应热水的自带换热器的燃油（气）热水机组或外配容积式、半容积式换热器的燃油（气）热水机组。

2）燃油（气）热水机组除应满足上述 1）条的要求之外，还应具备燃料燃烧完全、消烟除尘、机组水套通大气、自动控制水温、火焰传感、自动报警等功能。

3）当采用蒸汽、高温水为热媒时，应结合用水的均匀性、给水水质硬度、热媒的供应能力、系统对冷热水压力平衡稳定的要求及设备所带温控安全装置的灵敏度、可靠性等经综合技术经济比较后选择间接水加热设备。

4）在电力供应充沛的地方可采用电热水器。

（3）医院热水供应系统的锅炉或换热器不得少于两台，其他建筑的热水供应系统的水加热设备不宜少于两台，一台检修时，其余各台的总供热能力不得小于设计小时耗热量的 50% 。医院建筑不得采用有滞水区的容积式换热器。

6.7.3　太阳能热水器的选用

（1）太阳能集热器的设置应和建筑专业统一规划协调，并在满足水加热系统要求的同时不得影响结构安全和建筑美观。

（2）集热器的安装方位、朝向、倾角和间距等应符合现行国家标准《民用建筑太阳能热水系统应用技术规范》（GB 50364—2005）的要求。

6.7.4　热水供应系统中热水箱和冷水补给水箱的设置

1. 热水箱设置

热水箱应加盖，并应设溢流管、泄水管和引出室外的通气管。热水箱溢流水位超出冷水补水箱的水位高度，应按热水膨胀量计算。泄水管、溢流管不得与排水管道直接连接。

2. 冷水补给水箱的设置

（1）在设有高位加热贮热水箱的连续加热的热水供应系统中，应设置冷水补给水箱（注：当有冷水箱可补给热水供应系统冷水时，可不另设冷水补给水箱）。

（2）冷水补给水箱的设置高度（以水箱底计算）应保证最不利处的配水点所需水压。

（3）冷水补给水管的设置，应符合下列要求：

1）冷水补给水管的管径，应按热水供应系统的设计秒流量确定。

2）冷水补给水管除供给加热设备、加热水箱、热水贮水器外，不宜再供其他用水。

3）有第一循环的热水供应系统，冷水补给水管应接入热水贮水罐，不得接入第一循环的回水管、锅炉或热水机组。

6.7.5　水加热设备罐体和热泵机组布置

1. 水加热设备罐体布置

（1）水加热设备和贮热设备罐体，应根据水质情况及使用要求采用耐腐蚀材料制作或在钢制罐体内表面作衬、涂、镀防腐材料处理。

（2）水加热设备的布置，应符合下列要求：

1）容积式、导流型容积式、半容积式换热器的一侧应有净宽不小于 0.7m 的通道，前端应留有抽出加热盘管的位置。

2）换热器上部附件的最高点至建筑结构最低点的净距，应满足检修的要求，并不得小于 0.2m，房间净高不得低于 2.2m。

2. 热泵机组布置

热泵机组布置应符合下列规定：

（1）水源热泵机组布置应符合下列要求：

1）热泵机房应合理布置设备和运输通道，并预留安装孔、洞。

2）机组距墙的净距不宜小于 1.0m，机组之间及机组与其他设备之间的净距不宜小于 1.2m，机组与配电柜之间的净距不宜小于 1.5m。

3）机组与其上方管道、烟道或电缆桥架的净距不宜小于 1.0m。

4）机组应按产品要求在其一端留有不小于蒸发器、冷凝器长度的检修位置。

（2）空气源热泵机组布置应符合下列要求：

1）机组不得布置在通风条件差、环境噪声控制严及人员密集的场所。

2）机组进风面距遮挡物宜大于 1.5m，控制面距墙宜大于 1.2m，顶部出风的机组，其上部净空宜大于 4.5m。

3）机组进风面相对布置时，其间距宜大于 3.0m。

注：小型机组布置时，本款第 2）项、第 3）项中尺寸要求可适当减少。

6.7.6 燃油（气）热水机组机房的布置

燃油（气）热水机组机房的布置应符合下列要求：

（1）燃油（气）热水机组机房宜与其他建筑物分离独立设置。当机房设在建筑物内时，不应设置在人员密集场所的上、下或贴邻处，并应设对外的安全出口。

（2）机房的布置应满足设备的安装、运行和检修要求，其前方应留不少于机组长度 2/3 的空间，后方应留 0.8~1.5m 的空间，两侧通道宽度应为机组宽度，且不应小于 1.0m。机组最上部部件（烟囱除外）至机房顶板梁底的净距不宜小于 0.8m。

（3）机房与燃油（气）机组配套的日用油箱、贮油罐等的布置和供油、供气管道的敷设均应符合有关消防、安全的要求。

（4）设置锅炉、燃油（气）热水机组、换热器、贮热器的房间，应便于泄水、防止污水倒灌，并应有良好的通风和照明。

6.8 热水管网水力计算

热水供应系统的设计，首先要确定热水用水定额、冷热水水温、冷水水质、计算设计小时耗热量、设计小时热水量、供热量，然后选用发（加）热设备和贮水设备，如锅炉、换热器、太阳能热水器、热泵机组、燃气热水器、电热水器和加热水箱等，并根据热水管道的布置绘制热水供应系统图，最后对系统图进行水力计算。

热水供应管路系统多采用机械循环系统。而机械循环系统按其运行特点又分为定时制和全日制两种，不论何种系统均要进行三步计算。第一步是对第一循环管网的计算，确定第一循环管网的管径；第二步是对第二循环管网的计算，确定第二循环管网中配水管网的管径和回水管的管径；第三步是选择循环水泵。

6.8.1 全日制第一循环管道系统水力计算

第一循环管道为锅炉和加热器之间的管道，其计算方法如下：

（1）第一循环管道热媒为热水时，热媒流量 G 按式（6-5-8）计算。

热媒循环管路中的配、回水管道，其管径应根据热媒流量 G、热水管道允许流速，通过查热水管道水力计算表确定，并据此计算出管路的总压力损失 p_h。热水管道的流速宜按表6-8-1 选用。

表 6-8-1 热水管道的流速

公称直径/mm	15～20	25～40	≥50
流速/（m/s）	≤0.8	≤1.0	≤1.2

如图 6-8-1 所示，当锅炉与换热器或贮水器连接时，热媒管网的热水自然循环压力值 p_{zr} 按式（6-8-1）计算：

$$p_{zr} = 9.8\Delta h(\rho_1 - \rho_2) \tag{6-8-1}$$

式是 p_{zr}——热水自然循环压力（Pa）；

Δh——锅炉中心与换热器内盘管中心或贮水器中心垂直高度（m）；

ρ_1——锅炉出水的密度（kg/m^3）；

ρ_2——换热器或贮水器的出水密度（kg/m^3）。

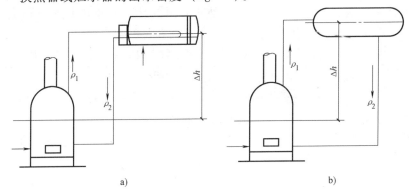

图 6-8-1 热媒管网自然循环压力

a）热水锅炉与换热器连接（间接加热） b）热水锅炉与贮水器连接（直接加热）

当 $p_{zr} > p_h$ 时，可形成自然循环，为保证运行可靠，应满足式（6-8-2）的要求：

$$p_{zr} \geqslant (1.1 \sim 1.15)p_h \tag{6-8-2}$$

式中 p_h——管路的总压力损失。

当 $p_{zr} < p_h$ 时，则应采用机械循环方式，依靠循环水泵强制循环。循环水泵的流量和扬程应比理论计算值略大一些，以确保可靠循环。

（2）第一循环管道热媒为高压蒸汽时，热媒耗量 G 按式（6-5-6）或（6-5-7）计算。热媒蒸汽管道一般按管道的允许流速和相应的比压降确定管径和压力损失。高压蒸汽管道的常用流速见表6-8-2。

表 6-8-2 高压蒸汽管道的常用流速

管径/mm	15～20	25～32	40	50～80	100～150	≥200
流速/（m/s）	10～15	15～20	20～25	25～35	30～40	40～60

确定热媒蒸汽管道的管径后，还应合理确定凝水管管径。由加热器至疏水器间不同管径通过的小时耗热量见表6-8-3。

表 6-8-3 由加热器至疏水器间不同管径通过的小时耗热量 （单位：kJ/h）

DN/mm	15	20	25	32	40	50	70	80	100	125	150
热量/（kJ/h）	33494	108857	167472	355300	450548	887602	2101774	3089232	4814820	7871184	17835768

疏水器后余压凝结水管管径按通过的热量及单位管长压力损失确定管径。

6.8.2 全日制第二循环管道系统水力计算

第二循环管网包括配水管网和回水管网。第二循环管道系统水力计算包括配水管网水力计算、回水管网水力计算及循环水泵选择。

1. 配水管网的水力计算

配水管网水力计算的目的主要是根据各配水管段的设计秒流量和允许流速值来确定配水管网的管径，并计算其水头损失值。

（1）热水配水管网的设计秒流量按生活给水（冷水系统）设计秒流量公式计算。

（2）卫生器具热水给水额定流量、当量、支管管径和最低工作压力同给水规定。

（3）热水管道的流速按表6-8-1选用。

（4）热水管网水头损失计算。热水管网中单位长度水头损失和局部水头损失的计算，与冷水管道的计算方法和计算公式相同，但热水管道的计算内径 d_j 应考虑结垢和腐蚀引起过水断面减小的因素，管道结垢造成的管径缩小量见表6-8-4。

表 6-8-4 管道结垢造成的管径缩小量

管道公称直径/mm	15 ~ 40	50 ~ 100	125 ~ 200
直径缩小量/mm	2.5	3	4

热水管道的水力计算，应根据采用的热水管材料，选用相应的热水管道水力计算图表或公式进行计算。使用时应注意水力计算图表的使用条件，当工程的使用条件与制表条件不相符时，应根据各种规定相应修正。

1）当热水采用交联聚乙烯（PE-X）管时，其管道水力坡降值可采用式（6-8-3）计算：

$$i = 0.000915 \frac{q^{1.774}}{d_j^{4.774}} \tag{6-8-3}$$

式中 i——管道水力坡降，（kPa/m 或 0.1mH$_2$O/m）；

     q——管道内设计流量（m^3/s）；

     d_j——管道计算内径（m）。

如水温为60℃，可参照图6-8-2的PE-X管水力计算图选用管径。

当水温高于或低于60℃时，可按表6-8-5修正。

表 6-8-5 水头损失温度修正系数

水温/℃	10	20	30	40	50	60	70	80	90	95
修正系数	1.23	1.18	1.12	1.08	1.03	1.00	0.98	0.96	0.93	0.90

2）当热水管采用聚丙烯（PP-R）管时，水头损失按式（6-8-4）计算：

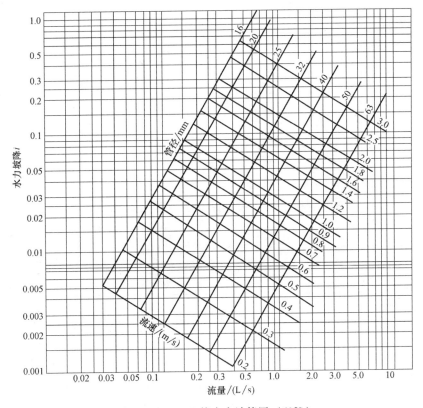

图 6-8-2　PE-X 管水力计算图（60℃）

$$H_f = \lambda \frac{L v^2}{d_j 2g} \tag{6-8-4}$$

式中　H_f——管道沿程水头损失（mH_2O）；

　　　　λ——沿程阻力系数；

　　　　L——管道长度（m）；

　　　　d_j——管道计算内径（m）；

　　　　v——管道内水平均速度（m/s）；

　　　　g——重力加速度（m/s^2），一般取 9.81m/s^2。

计算时除按公式计算外，还可查有关表格选用管径。

在进行配水管网的局部水头损失计算时，可按计算管路的沿程损失的 25% ~ 30% 进行估算。如果要详细计算局部水头损失，其局部阻力系数值可查表 6-8-6。

表 6-8-6　局部阻力系数值

局部阻力形式	局部阻力系数 ζ 值	局部阻力形式	局部阻力系数 ζ 值
热水锅炉	2.5	直流四通	2.0
突然扩大	1.0	旁流四通	3.0
突然缩小	0.5	汇流四通	3.0
逐渐扩大	0.6	止回阀	7.5

（续）

局部阻力形式	局部阻力系数 ζ 值	局部阻力形式	局部阻力系数 ζ 值					
逐渐收缩	0.3		在下列管径时的 ζ 值					
π 型伸缩器	2.0		DN15	DN20	DN25	DN32	DN40	DN50 以上
套管伸缩器	0.6	直杆截止阀	16	10	9	9	8	7
抱弯管	0.5	斜杆截止阀	3	3	3	2.5	2.5	2
直流三通	1.0	旋塞阀	4	2	2	2	—	—
旁流三通	1.5	闸门	1.5	0.5	0.5	0.5	0.5	0.5
汇流三通	3.0	90°弯头	2.0	2.0	1.5	1.5	1.0	1.0

2. 回水管网水力计算

在配水管网的管径确定之后，可以根据配水管的管径，按表 6-8-7 选用相应的回水管管径。

表 6-8-7　回水管管径选用表

热水管网、配水管段管径 DN/mm	20 ~ 25	32	40	50	65	80	100	125	150	200
热水管网、回水管段管径 DN/mm	20	20	25	32	40	40	50	65	80	100

在选用回水管管径时，其热水配水干管和回水干管不宜变径，按其相应的最大管径确定。

3. 循环水泵选择

依据循环流量和循环压力选择循环水泵的流量和扬程。循环水泵的流量是依据配水系统的热损失确定的。

配水管网热损失的计算

1）各管段终点水温可按式（6-8-5）和式（6-8-6）计算：

$$\Delta t = \Delta T / F \tag{6-8-5}$$

$$t_z = t_c - \Delta t \sum f \tag{6-8-6}$$

式中　Δt——配水管网中计算管路的面积比温降（℃/m²）；

ΔT——配水管网中计算管路起点和终点的水温差。按系统大小确定，单体建筑一般取 $\Delta T = 5 \sim 10℃$，建筑小区 $\Delta T \leqslant 12℃$；

F——计算管路配水管网的总外表面积（m²）；

$\sum f$——计算管路终点以前的配水管网的总外表面积（m²）；

t_c——计算管道的起点水温（℃）；

t_z——计算管道的终点水温（℃）。

2）配水管网各管段的热损失可按式（6-8-7）计算：

$$q_s = \pi D L K (1 - \eta) \left[\frac{(t_c + t_z)}{2} - t_j \right] \tag{6-8-7}$$

式中　q_s——计算客段热损失（kJ/h）；

D——计算客段外径（m）；

L——计算管段长度（m）；

K——无保温时管道的传热系数［kJ/（m²·h·℃）］；

η——保温系数，无保温时 $\eta = 0$，简单保温时 $\eta = 0.6$，较好保温时 $\eta = 0.7 \sim 0.8$；

t_c、t_z——同式（6-8-6）;

t_j——计算管段周围的空气温度（℃），按表 6-8-8 确定。

表 6-8-8 管段周围的空气温度

管道敷设情况	$t_j/℃$	管道敷设情况	$t_j/℃$
供暖房间内明管敷设	12 ~ 20	敷设在不供暖的地下室内	5 ~ 10
供暖房间内暗管敷设	30	敷设在室内地下管沟内	35
敷设在不供暖房间的顶棚内	采用一月室外平均温度		

3）计算配水管网总的热损失。将各管段的热损失相加便得到配水管网总的热损失 Q_s，即 $Q_s = \sum\limits_{i=1}^{n} q_s$。补步设计时，$Q_s$ 可按设计小时耗热量的 3% ~ 5% 来估算，其上下限可视系统的大小而定；系统服务范围大，配水管线长，可取上限；反之，取下限。

4）计算总循环流量。求解 Q_s 的目的在于计算管网的循环流量。循环流量是为了补偿配水管网在用水低峰时管道向周围散失的热量。保持循环流量在管网中循环流动，不断向管网补充热量，从而保证各配水点的水温。管网的热损失只计算配水管网散失的热量。

全日制热水系统的总循环流量 q_x 按式（6-8-8）计算：

$$q_x = \frac{Q_s}{c\Delta T\rho_r} \tag{6-8-8}$$

式中　q_x——全日供应热水系统的总循环流量（L/h）；

Q_s——配水管网的热损失（kJ/h）；

c——水的比热容，$c = 4.187 kJ/(kg \cdot ℃)$；

ΔT——同式 6-8-5，其取值根据系统的大小而定；

ρ_r——热水密度（kg/L）。

5）计算循环管路各管段通过的循环流量。在确定 q_x 后，可从换热器后第一个节点起依次进行循环流量的分配，以图 6-8-3 为例，通过管段 I 的循环流量 q_{Ix} 即为 q_x，用以补偿整个管网的热损失，流入节点 1 的流量 q_{1x} 用以补偿 1 点之后各管段的热损失，即 $q_{AS} + q_{BS} + q_{CS} + q_{IIS} + q_{IIIS}$，$q_{1x}$ 又分流入 A 管段和 II 管段，其循环流量分别为 q_{Ax} 和 q_{IIx}。根据节点流量守恒原理：$q_{Ix} = q_{1x}$，$q_{IIx} = q_{IIIx} - q_{Ax}$。$q_{IIx}$ 补偿管 II、III、B、C 的热损失，即 $q_{IIS} + q_{IIIS} + q_{BS} + q_{CS}$，$q_{Ax}$ 补偿管段 A 的热损失 q_{AS}。

按照循环流量与热损失成正比和热平衡关系，q_{IIx} 可按式（6-8-9）确定：

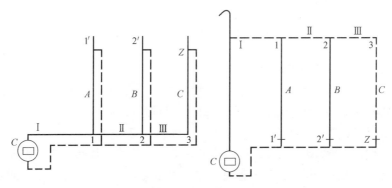

图 6-8-3　计算草图

$$q_{\rm II x} = q_{\rm I x} \frac{q_{\rm BS} + q_{\rm CS} + q_{\rm II S} + q_{\rm III S}}{q_{\rm AS} + q_{\rm BS} + q_{\rm CS} + q_{\rm II S} + q_{\rm III S}} \qquad (6-8-9)$$

流入节点 2 的流量 q_{2x} 用以补偿 2 点之后管段 C 的热损失, 即 $q_{\rm III S} + q_{\rm BS} + q_{\rm CS}$, q_{2S} 又分流入 B 管段管 III 管段, 其循环流量分别为 $q_{\rm Bx}$ 和 $q_{\rm III x}$。根据节点流量守恒原理: $q_{2x} = q_{\rm II x}$, $q_{\rm III x} = q_{\rm II x} - q_{\rm Bx}$。$q_{\rm III x}$ 补偿管段 III 和 C 的热损失 , 即 $q_{\rm III S} + q_{\rm CS}$, $q_{\rm Bx}$ 补偿管段 B 的热损失 $q_{\rm BS}$。同理可得式 (6-8-10):

$$q_{\rm III x} = q_{\rm II x} \frac{q_{\rm III S} + q_{\rm CS}}{q_{\rm BS} + q_{\rm III S} + q_{\rm CS}} \qquad (6-8-10)$$

流入节点 3 的流量 q_{3x} 用以补偿 3 点之后管段 C 的热损失 $q_{\rm CS}$。根据节点流量守恒原理: $q_{3x} = q_{\rm III x}$, $q_{\rm III x} = q_{\rm Cx}$, 管道 III 的循环流量即为管段 C 的循环流量。将式 (6-8-9) 和式 (6-8-10) 简化为通用计算式, 即为式 (6-8-11):

$$q_{(n+1)x} = q_{nx} \frac{\sum q_{(n+1)S}}{\sum q_{nS}} \qquad (6-8-11)$$

式中　q_{nx}、$q_{(n+1)x}$——n、$(n+1)$ 管段所通过的循环流量 (L/h);

　　　$\sum q_{(n+1)S}$—— $(n+1)$ 管段及其后各管段的热损失之和 (kJ/h);

　　　$\sum q_{nS}$——n 管段及其后各管段的热损失之和 (kJ/h)。

n、$(n+1)$ 管段如图 6-8-4 所示。

6) 复核各管段的终点水温, 按式 (6-8-12) 计算:

$$t'_{\rm z} = t_{\rm c} - \frac{q_{\rm s}}{c q_{\rm x} \rho_{\rm r}} \qquad (6-8-12)$$

式中　$t'_{\rm z}$——各管段终点水温 (℃);

　　　$t_{\rm c}$——各管段起点水温 (℃);

　　　$q_{\rm s}$——各管段的热损失 (kJ/h);

　　　$q_{\rm x}$——各管段的循环流量 (L/h);

　　　c——水的比热容, $c = 4.187$ kJ/(kg·℃);

　　　$\rho_{\rm r}$——热水密度 (kg/L)。

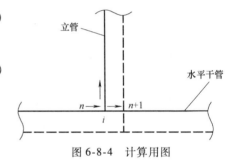

图 6-8-4　计算用图

计算结果若与原来确定的温度相差较大, 应以式 (6-8-6) 和式 (6-8-12) 的计算结果: $t'_{\rm z} = \dfrac{t_{\rm z} + t'_{\rm z}}{2}$ 作为各管段的终点水温, 重新进行上述 2)~6) 的运算。

7) 循环管网的总压力损失按式 (6-8-13) 计算:

$$p = (p_{\rm p} + p_{\rm x}) + p_{\rm j} \qquad (6-8-13)$$

式中　p——循环管网的总压力损失 (kPa);

　　　$p_{\rm p}$——循环流量通过配水计算管路的沿程和局部压力损失 (kPa);

　　　$p_{\rm x}$——循环流量通过回水计算管路的沿程和局部压力损失 (kPa);

　　　$p_{\rm j}$——循环流量通过换热器的压力损失 (kPa)。

容积式换热器、导流型容积式换热器、半容积式换热器和加热水箱, 因容器内被加热水的流速一般较低 ($v \leqslant 0.1$ m/s), 其流程短, 故压力损失很小, 在热水系统中可忽略不计。

对于快速式换热器, 被加热水在其中流速较大, 流程也长, 压力损失应以沿程和局部压

力损失之和计算，即式（6-8-14）

$$\Delta p = 10 \left(\lambda \frac{L}{d_j} + \Sigma \zeta \right) \frac{v^2}{2g}$$ (6-8-14)

式中 Δp——快速式换热器中热水的压力损失（kPa）；

λ——管道沿程阻力系数；

L——被加热水的流程长度（m）；

d_j——传热管计算管径（m）；

ζ——局部阻力系数，可参考图6-8-5，按表6-8-9选用。

v——被加热水的流速（m/s）；

g——重力加速度（m/s²），一般取9.81m/s²。

计算循环管配水管及回水管的局部压力损失可按沿程压力损失的20%~30%估算。

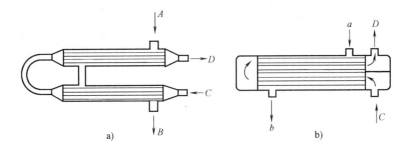

图 6-8-5 快速式换热器局部阻力构造

a）水-水快速式换热器 b）汽-水快速式换热器

A—热媒水 a—热媒蒸汽 B—热媒回水 b—凝结水 C—冷水 D—热水

表 6-8-9 快速式换热器局部阻力系数 ζ 值

换热器类型	局部阻力形式		ζ 值
水-水快速式换热器	热媒管道	水室到管束或管束到水室	0.5
		经水室转180°由一管束到另一管束	2.5
	热水管道	与管束垂直进入管间	1.5
		与管束垂直流出管间	1.0
		在管间绕过支承板	0.5
		在管间由一段到另一段	2.5
汽-水快速式换热器	热媒管道	与管束垂直的水室进口或出口	0.75
		经水室转180°	1.5
	热水管道	与管速垂直进入管间	1.5
		与管束垂流出管间	1.0

8）选择循环水泵。热水循环水泵通常安装在回水干管的末端，热水循环水泵宜选用热水泵，水泵壳体承受的工作压力不得小于其所承受的静水压力加水泵扬程相应压力。循环水泵宜设备用泵，交替运行。

循环水泵的流量按式（6-8-15）计算：

$$Q_b \geqslant q_x$$ (6-8-15)

式中 Q_b——循环水泵的流量（L/s）；

q_x——全日热水供应系统的总循环流量（L/s）。

循环水泵的扬程相应压力按式（6-8-16）计算：

$$p_b \geqslant p_p + p_x + p_j \qquad (6\text{-}8\text{-}16)$$

式中　p_b——循环水泵的扬程（kPa）；

　　其他同式（6-8-13）。

6.8.3　定时制机械循环热水供应系统计算

定时制机械循环热水供应系统的第一循环系统和第二循环系统管径的确定与全日制系统相同，只是循环水泵选择不同。在系统的各管径确定后，定时热水供应系统的循环泵大都在供应热水前半小时开始运转，直到把水加热至规定温度，循环水泵即停止工作。因定时供应热水时用水较集中，故不考虑热水循环，循环水泵关闭。

定时热水供应系统中热水循环流量的计算，按循环管网中的水每小时循环的次数来确定，一般按 2～4 次计算，系统较大时取下限，反之取上限。

循环水泵的出水量即热水循环流量按式（6-8-17）计算：

$$Q_h \geqslant (2 \sim 4)V \qquad (6\text{-}8\text{-}17)$$

式中　Q_h——循环水泵的流量（L/h）；

　　　　V——热水循环管网系统的水容积，不包括无回水管的管段和加热设备的容积（L）。

循环水泵的扬程，计算公式同 6-8-16。

6.8.4　计算举例

例 6-8-1　某宾馆内有 150 套客房，300 张床位，每客房内设专用卫生间，内有浴盆、脸盆各 1 件，宾馆全日制集中供应热水，加热器出口热水温度为 70℃，当地冷水温度为 10℃。采用容积式换热器，以蒸汽为热媒，蒸汽压力为 0.2MPa（表压），计算设计小时耗热量、设计小时热水量、热媒耗量。

【解】　（1）设计小时耗热量 Q_h

已知：$m = 300$，$q_r = 150 L/(人 \cdot d)$（60℃），查表 6-5-8 可知：$K_h = (2.60 + 3.33)/2 = 2.96$

$t_r = 60℃$，$t_1 = 10℃$，$\rho_r = 0.983 kg/L$（60℃），$T = 24h$。

按式（6-5-3）计算：

$$Q_h = K_h \frac{mq_r c(t_r - t_1)\rho_r}{T}$$

$$= 2.96 \times \frac{300 \times 150 \times 4.187 \times (60 - 10) \times 0.983}{24} kJ/h$$

$$= 1142140 kJ/h$$

（2）设计小时热水量 Q_r

已知：$t_r = 70℃$，$t_1 = 10℃$，$Q_h = 1142140 kJ/h$，$\rho_r = 0.978 kg/L$（70℃）按式（6-5-6）计算：

$$Q_r = \frac{Q_h}{(t_r - t_1)c\rho_r}$$

$$= \frac{1142140}{(70 - 10) \times 4.187 \times 0.978} L/h$$

$$= 4649 L/h$$

（3）热媒耗量 G

已知：$Q_h = 1142140kJ/h$，查表 6-5-9，在 0.3MPa 绝对压力下，蒸汽的汽化热（$\gamma_h = 2167kJ/kg$。按式（6-5-8）计算：

$$G = (1.10 \sim 1.20)\frac{Q_h}{\gamma_h}$$

$$= 1.15 \times \frac{1142140}{2167}kg/h$$

$$= 606kg/h$$

例 6-8-2 某建筑采用半即热式换热器供应热水。热媒为 0.2MPa（表压）的饱和蒸汽，热媒的终温为 70℃，被加热水的初温为 15℃，终温为 60℃，计算换热器热媒与被加热水的计算温度差。

【解】 采用式（6-6-17）进行计算。

$\Delta t_{max} = (133.5 - 60)℃ = 73.5℃$

$\Delta t_{min} = (70 - 15)℃ = 55℃$

代入公式 6-6-17 中：

$\Delta t_j = (73.5 - 55)/$

$\ln(73.5/55) = 63.8℃$

例 6-8-3 华北某城市有一栋 12 层宾馆，客房有一室一套及二室一套两种类型，每层 12 套，共计 114 套，每套设卫生间，内有浴盆、洗脸盆、坐便器各一件。建筑内采用集中热水供应系统，分为上下两区，1～3 层为下区，其他为上区。上下两区均采用容积式换热器，集中设置在底层，换热器出水温度为 70℃，由室内热水配水管网输送到各用水点，蒸汽来自建筑物附近的锅炉房，凝结水采用余压回水系统流回锅炉房的凝结水池。下区采用下行上给供水方式，上区采用上行下给供水方式，冷水计算温度以 10℃ 计。

热水系统水力计算用图如图 6-8-6 所示。

【解】 （1）热水量

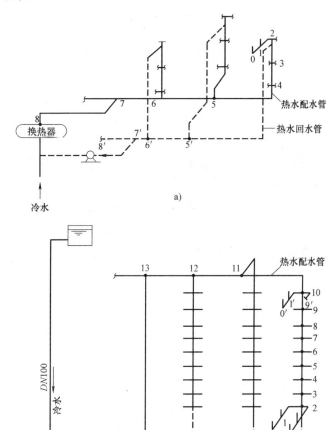

图 6-8-6 热水系统水力计算用图
a）下区 b）上区

按要求取每日供应热水时间为 24h，取计算用的热水供水温度为 70℃，冷水温度为 10℃。查表 6-5-1，取 60℃ 的热水用水定额为 150L/（床·d），员工 50L/（人·d）。

则下区（即 1~3 层）的最高日用水量为：

$$Q_{\text{下dr}} = 126 \times 150 \times 10^{-3} \, \text{m}^3/\text{d} = 18.9 \, \text{m}^3/\text{d}（60℃ 热水）$$

其中 126 为下区的床位数。

上区（即 4~12 层）的最高日用水量为：

$$Q_{\text{上dr}} = 378 \times 150 \times 10^{-3} \, \text{m}^3/\text{d} = 56.7 \, \text{m}^3/\text{d}（60℃ 热水）$$

其中 378 为上区的床位数。

员工的最高日用水量为：

$$Q_{\text{员dr}} = 30 \times 50 \times 10^{-3} \, \text{m}^3/\text{d} = 1.5 \, \text{m}^3/\text{d}（60℃ 热水）$$

其中 30 为员工人数。

折合成 70℃ 热水的最高日用水量为：

$$Q_{\text{下dr}} = [18.9 \times (60 - 10)/(70 - 10)] \, \text{m}^3/\text{d}$$
$$= (18.9 \times 50/60) \, \text{m}^3/\text{d} = 15.75 \, \text{m}^3/\text{d}（60℃ 热水）$$

$$Q_{\text{上dr}} = [56.7 \times (60 - 10)/(70 - 10)] \, \text{m}^3/\text{d}$$
$$= (56.7 \times 50/60) \, \text{m}^3/\text{d} = 47.25 \, \text{m}^3/\text{d}（60℃ 热水）$$

$$Q_{\text{员dr}} = [1.5 \times (60 - 10)/(70 - 10)] \, \text{m}^3/\text{d} = (1.5 \times 50/60) \, \text{m}^3/\text{d}$$
$$= 1.25 \, \text{m}^3/\text{d}（60℃ 热水）$$

查表 6-5-1。下区按 126 个床位计，热水小时变化系数 K_h 取 3.33；上区按 378 个床位计，热水小时系数 K_h 取 2.96；员工用热水量相对较少，忽略不计。则 70℃ 时最高日最大小时用水量为：

$$Q_{\text{下hmax}} = K_h Q_{\text{下dr}}/T = (3.33 \times 15.75/24) \, \text{m}^3/\text{h} = 2.18 \, \text{m}^3/\text{h} = 0.61 \, \text{L/s}$$

$$Q_{\text{上hmax}} = K_h Q_{\text{上dr}}/T = (2.96 \times 47.25/24) \, \text{m}^3/\text{h} = 5.84 \, \text{m}^3/\text{h} = 1.62 \, \text{L/s}$$

再按卫生器具 1h 用水量来计算：下区浴盆数目 36 套，上区浴盆数目 108 套（其他器具不计），取同类器具同时使用百分数 $b = 70\%$，$K_r = (t_h - t_L)/(t_r - t_L) = (40 - 10)/(70 - 10) = 0.5$，查表 6-5-2，卫生器具的 1 次和 1h 热水用水定额及水温表，带淋浴器的浴盆用水量为 300L/h（40℃），则：

$$Q_{\text{下dr}} = \Sigma K_r q_h n_0 b = 0.5 \times 300 \times 36 \times 70\% \, \text{L/h} = 3780 \, \text{L/h} = 1.05 \, \text{L/s}$$

$$Q_{\text{上dr}} = \Sigma K_r q_h n_0 b = 0.5 \times 300 \times 108 \times 70\% \, \text{L/h} = 11340 \, \text{L/h} = 3.15 \, \text{L/s}$$

取较大者作为设计小时用水量，即 $Q_{\text{下dr}} = 3.78 \, \text{m}^3/\text{h} = 1.05 \, \text{L/s}$，$Q_{\text{上dr}} = 11.34 \, \text{m}^3/\text{h} = 3.15 \, \text{L/s}$。

（2）耗热量

冷水温度取 10℃，热水温度取 70℃，则耗热量为：

$$Q_{\text{下}} = c(t_r - t_1)\rho_r Q_r$$
$$= 4.19 \times (70 - 10) \times 1 \times 1.05 \, \text{kW} = 263.97 \, \text{kW} = 263970 \, \text{W}$$

$$Q_{\text{上}} = c(t_r - t_1)\rho_r Q_r$$
$$= 4.19 \times (70 - 10) \times 1 \times 3.15 \, \text{kW} = 791.91 \, \text{kW} = 791910 \, \text{W}$$

（3）加热设备选择计算

拟采用半容积式换热器。设蒸汽表压为 $1.96 \times 10^5 \text{Pa}$，相对应的绝对压强为 $2.94 \times 10^5 \text{Pa}$，其饱和温度为 $t_s = 133℃$，热媒和被加热水的计算温差为：

$$\Delta t_j = (t_{mc} + t_{mz})/2 - (t_c - t_z)/2 = [133 - (10 + 70)/2]℃ = 93℃$$

根据半容积式换热器有关资料，铜盘管的传热系数 K 为 $1047\text{W}/(\text{m}^2 \cdot \text{C})$，传热效率修正系数 ε 取 0.7，C_r 取 1.1，换热器的传导面积为：

$$F_{下P} = C_r Q_下/(\varepsilon K \Delta t_j) = 1.1 \times 263970/(0.7 \times 1047 \times 93) \text{ m}^2 = 4.3\text{m}^2$$
$$F_{上P} = C_r Q_下/(\varepsilon K \Delta t_j) = 1.1 \times 791910/(0.7 \times 1047 \times 93) \text{ m}^2 = 12.8\text{m}^2$$

半容积式换热器的贮热量应大于 15min 设计小时耗热量，则其最小贮水容积为：

$$V_下 = 15 \times 60 \times Q_{下dr} = 15 \times 60 \times 1.05\text{L} = 945\text{L} = 0.9\text{m}^3$$
$$V_上 = 15 \times 60 \times Q_{上dr} = 15 \times 60 \times 3.15\text{L} = 2835\text{L} = 2.84\text{m}^3$$

根据计算所得的 $F_{下P}$、$V_下$ 和 $F_{上P}$、$V_上$ 分别对照样本提供的参数，选择下区、上区的换热器型号。

（4）热水配水管网计算

计算用图如图 6-8-6。下区、上区热水配水管网水力计算表见表 6-8-10、表 6-8-11。

表 6-8-10 下区热水配水管网水力计算表

序号	管段编号	卫生器具种类数量		当量总数 ($\sum N$)	q /(L/s)	DN /mm	v /(m/s)	单阻 i /(mm/m)	管长 L /m	h_y /mH$_2$O
		浴盆 ($N=1.0$)	洗脸盆 ($N=0.5$)							
1	2	3	4	5	6	7	8	9	10	11
1	0—1	—	1	0.5	0.10	20	0.36	25.0	0.6	0.015
2	1—2	1	1	1.5	0.30	25	0.64	52.9	0.7	0.037
3	2—3	2	2	3.0	0.60	32	0.69	42.0	3.0	0.126
4	3—4	4	4	6.02	1.20	40	1.03	77.2	3.0	0.232
5	4—5	6	6	9.0	1.50	40	1.29	125.6	5.6	0.703
6	5—6	12	12	18.0	2.12	50	1.08	59.2	2.7	0.160
7	6—7	18	18	27.0	2.60	70	0.78	22.6	17.5	0.396
8	7—8	36	36	54.0	3.67	70	1.10	44.5	11.5	0.512

$\sum h_y = 2.181\text{mH}_2\text{O}$ $\sum p_y = 21.8\text{kPa}$

表 6-8-11 上区热水配水管网水力计算表

序号	管段编号	卫生器具种类数量		当量总数 ($\sum N$)	q /(L/s)	DN /mm	v /(m/s)	单阻 i /(mm/m)	管长 L /m	h_y /mH$_2$O
		浴盆 ($N=1.0$)	洗脸盆 ($N=0.5$)							
1	2	3	4	5	6	7	8	9	10	11
1	0—1	—	1	0.5	0.10	20	0.36	25.0	0.6	0.015
2	1—2	1	1	1.5	0.30	25	0.64	52.9	0.7	0.037
3	2—3	2	2	3.0	0.60	32				
4	3—4	4	4	6.0	1.20	40				
5	4—5	6	6	9.0	1.50	40				
6	5—6	8	8	12.0	1.73	50				
7	6—7	10	10	15.0	1.94	50				
8	7—8	12	12	18.0	2.12	50				

（续）

序号	管段编号	卫生器具种类数量		当量总数 $(\sum N)$	q /(L/s)	DN /mm	v /(m/s)	单阻 i /(mm/m)	管长 L /m	h_y /mH$_2$O
		浴盆 $(N=1.0)$	洗脸盆 $(N=0.5)$							
1	2	3	4	5	6	7	8	9	10	11
9	8—9	14	14	21.0	2.29	50				
10	9—10	16	16	24.0	2.45	70				
11	10—11	18	18	27.0	2.60	70	0.78	22.6	5.6	0.127
12	11—12	36	36	54.0	3.67	70	1.10	45.71	2.7	0.123
13	12—13	54	54	81.0	4.50	80	0.95	26.6	7.5	0.200
14	13—14	108	108	162	6.36	100	0.77	11.9	50.5	0.601
				$\sum h_y = 1.103\text{mH}_2\text{O}$				$\sum p_y = 11.03\text{kPa}$		

热水配水管网水力计算中，设计秒流量公式与给水管网计算相同。查热水水力计算表进行配管和计算水头损失。

热水配水管网的局部水头损失按沿程水头损失的30%计算，下区配水管网计算管路总压力损失为：

$$21.81 \times 1.3\text{kPa} = 28.35\text{kPa}, \text{取}29\text{kPa}。$$

换热器出口至最不利点配水嘴的几何高差为：

$$6.3 + 0.8 - (-2.5) = 9.6\text{m}, \text{相应压力为}96\text{kPa}$$

考虑50kPa的流出水压，则下区热水配水管网所需水压为

$$p' = (96 + 29 + 50)\text{kPa} = 175\text{kPa}, \text{室外管网供水水压可以满足要求}。$$

上区配水管网计算管路总压力损失为

$$11.03 \times 1.3\text{kPa} = 14.34\text{kPa}$$

水箱中生活贮水最低水位为42.90m，与最不利配水点（即0'点）的几何高差为：

$$42.90 - (33.30 + 0.8) = 8.8\text{mH}_2\text{O}(\text{即作用水头})$$

此值即为最不利点配水嘴的最小静压值。水箱出口至换热器的冷水供水管，管径取 $DN100$，其 q_q 亦按6.36L/s（即 $q_{13\sim14}$）计，则查冷水管道水力计算表得知：$v = 0.74\text{m/s}$，$i = 11.6\text{mm/m}$，$L = 52.4\text{m}$，故其 $h_y = 11.6 \times 52.4 \times 10^{-3} = 0.61\text{mH}_2\text{O}$。

从水箱出口→换热器→最不利点配水嘴0'，总压力损失为：$(11.03 \times 1.3 + 0.61 \times 10 \times 1.3 = 14.34 + 7.93)$ kPa = 22.27kPa。再考虑50kPa的流出水压后，此值小于作用水头8.8mH$_2$O（88kPa）。故高位水箱的安装高度满足要求。

（5）**热水回水管网的水力计算**

比温降为 $\Delta t = \Delta T/F$，其中 F 为配水管网计算管路的管道展开面积，计算 F 时，立管均按无保温层考虑，干管均按25mm保温层厚度取值。

如图6-8-7所示，下区配水管网计算管路的管道展开面积为：

$$F_{\text{下}} = [0.3943 \times (11.5 + 17.5) + 0.3456 \times 2.7 + 0.3079 \times 4.8 +$$
$$0.1508 \times (0.8 + 3.0) + 0.1327 \times 3.0]\text{m}^2 = 14.82\text{m}^2。$$

$$\Delta t_{\text{下}} = \Delta T/F_{\text{下}} = [(70 - 60)/14.82]\text{℃/m}^2 = 0.68\text{℃/m}^2$$

然后从第8点开始，按公式 $\Delta t_z = t_c - \sum f$ 依次算出各节点的水温值，将计算结果列于表6-8-12中的第7栏内。例如 $t_{\text{下}8} = t_{\text{下}c} = 70\text{℃}$；$t_{\text{下}7} = 70 - 0.68 \times f_{7\sim8} = (70 - 0.68 \times 0.3943 \times 11.5)\text{℃} = 66.92\text{℃}$；$t_{\text{下}6} = 66.92 - 0.68 \times f_{6\sim7} = (66.92 - 0.68 \times 0.3943 \times 17.5)\text{℃} = 62.23\text{℃}$；…；$t_{\text{下}2} = 59.93\text{℃}$。

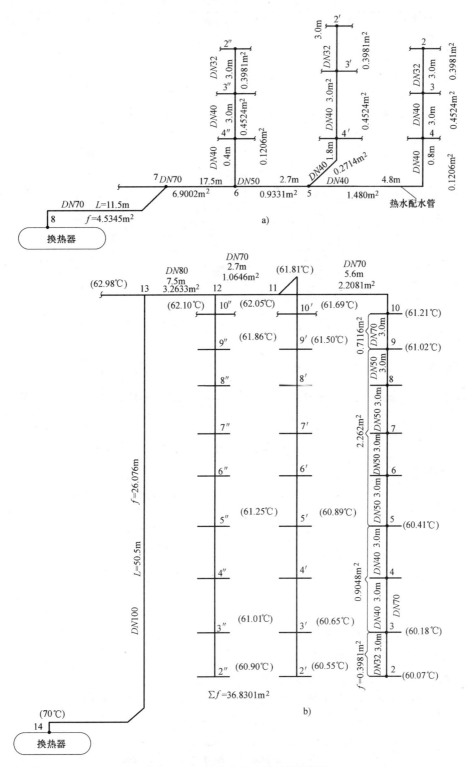

图 6-8-7　管段节点水温计算用图

a) 上区　b) 下区

表 6-8-12　下区热水配水管网热损失及循环流量计算

序号	管段编号	管长 L/m	管径 /mm	外径 D/m	保温系数 η	节点水温 /℃	平均水温 t_m/℃	空气温度 t_1/℃	温差 Δt/℃	热损失 q_s/(kJ/h)	循环流量 q_x/(L/s)
1	2	3	4	5	6	7	8	9	10	11	12
2						59.93					
	2—3	3.0	32	0.0423	0		60.07	20	40.07	669.2	0.027
3						60.21					
	3—4	3.0	40	0.48	0		60.36	20	40.36	764.8	0.027
4						60.51					
	4—5	0.8	40	0.048	0		61.06	20	41.06	705.5	0.027
		4.8			0.6						
5						61.60					
6	5—4'	1.8	40	0.048	0		61.51	20	41.51	472.0	0.024
	4'—2'	计算方法同立管 4~2,过程见表 6-8-13								1466.6	0.024
	5—6	2.7	50	0.06	0.6		61.92	20	41.92	357.5	0.051
6						62.23					
	6~4'	0.8	40	0.048	0		62.19	20	42.19	213.2	0.02
	4"—2"	计算方法同立管 4~2,过程见表 6-8-13								1492.5	0.02
	6—7	17.5	70	0.08	0.6		64.58	20	44.58	3285.4	0.071
7						66.92					
	7—8	11.5	70	0.08	0.6		68.46	20	48.46	3246.9	0.142
						70					

根据管段节点水温,取其算术平均值得到管段平均温度值,列于表 6-8-12 中的第 8 栏中。管段热损失 q_s 按公式 $q_s = \pi DLK\,(1-\eta)\left(\dfrac{t_c+t_z}{2}-t_j\right) = \pi DLK\,(1-\eta)\,\Delta t$ 计算,其中 D 取外径,K 取 $41.9\text{kJ}/(\text{m}^2 \cdot \text{h} \cdot \text{℃})$。则有

$$q_s = 131.6DL(1-\eta)\Delta t$$

将计算结果列于表 6-8-12 中第 11 栏内。

下区配水管网的总热损失为:

$$
\begin{aligned}
Q_{\text{下s}} &= q_{s7\sim8} + 2\big[q_{s7-6} + q_{s5-4} + q_{s4-2} + q_{s5-2'} + q_{s6-2''} \big] \\
&= 2346.9 + 2 \times \big[3285.4 + 357.5 + 705.5 + 764.8 \\
&\quad + 669.2 + 472 + 1466.6 + 213.2 + 1492.5 \big] \\
&= 21200.3\text{kJ/h} = 5.900\text{kW} = 5900\text{W}
\end{aligned}
$$

配水管网起点和终点的温差 Δt 取 10℃,总循环流量 $q_{\text{下x}}$ 为:

$$q_{\text{下x}} = Q_{\text{下x}}/(C_B \Delta t \rho) = 5900/(4190 \times 10 \times 1) = 0.142\text{L/s}$$

即管段 7—8 的循环流量为 0.142L/s。

因为配水管网以节点 7 为界两端对称布置,两端的热损失失均为 9426.7kJ/h。

按公式 $q_{(n+1)x} = q_{nx} \sum q_{(n+1)s} / \sum q_{ns}$ 对 q_x 进行分配。

$$q_{7-6} = q_{8-7} \times 9426.7/(9426.7 + 9426.7) = 0.141 \times 0.5\text{L/s} = 0.071\text{L/s}$$

$$
\begin{aligned}
q_{6-5} &= q_{7-6} \times \big(q_{s5-4} + q_{s4-2} + q_{s5-2'} + q_{s6-5} \big) / \\
&\quad \big(q_{s6-2''} + q_{s5-4} + q_{s4-2} + q_{s5-2'} + q_{s6-5} \big) \\
&= 0.071 \times \frac{705.5 + 764.8 + 669.2 + 472 + 1466.6 + 357.5}{213.2 + 1492.5 + 705.5 + 764.8 + 669.2 + 472 + 1466.6 + 357.5}\text{L/s} \\
&= 0.051\text{L/s}
\end{aligned}
$$

$$q_{6-2''} = q_{7-6} - q_{6-5} = (0.071 - 0.051) \text{L/s} = 0.02 \text{L/s}$$

$$q_{5-4} = q_{6-5} \frac{q_{s5-4} + q_{s4-2}}{q_{s5-2'} + Q_{s5-4} + Q_{s4-2}}$$

$$= 0.051 \times \frac{705.5 + 764.8 + 669.2}{472 + 1466.6 + 705.5 + 764.8 + 669.2} \text{L/s}$$

$$= 0.027 \text{L/s}$$

$$q_{5-2''} = q_{6-5} - q_{5-4} = (0.051 - 0.027) \text{L/s} = 0.024 \text{L/s}$$

将以上计算结果列于表 6-8-12 中第 12 栏内。其中下区侧立管的热损失计算见表 6-8-13。

表 6-8-13 下区侧立管的热损失计算表

节点	管段编号	管径 /mm	外径 D/mm	保温系数 η	节点水温 /℃	平均水温 t_m/℃	空气温度 t_j/℃	温差 Δt/℃	管长 L/m	热损失 q_s/(kJ/h)
1	2	3	4	5	6	7	8	9	10	11
2′					60.85					
	2′—3	32	0.0423	0		60.99	20	40.99	3.0	684.5
3″					61.12					
	3′—4′	40	0.048	0		61.27	20	41.27	3.0	782.1
4					61.42					
4′~2′立管热损失累积：$\sum q_{s4'-2'} = 1466.6 \text{kJ/h}$										
2″					61.57					
	2″—3″	32	0.0423	0		61.71	20	41.71	3.0	696.6
3″					61.84					
	3″—4″	40	0.048	0		62.0	20	42.0	3.0	7595.9
3″					62.15					
4″~2″立管热损失累积：$\sum q_{s4''-2''} = 1492.5 \text{kJ/h}$										

用同样的步骤和方法计算上区配水管网的热损失及循环流量。如图 6-8-7 所示，上区配水管网计算管路管道总的展开面积为 $F_上 = 36.8301 \text{m}^2$，则 $\Delta T/F_上 = (10/36.8301)℃/\text{m}^2 = 0.27℃/\text{m}^2$。以节点 14 为起点，$t_{14} = 70℃$，推求出各节点的水温值，计算结果列于表 6-8-14、表 6-8-15 中。

表 6-8-14 上区热水配水管网热损失及循环流量计算

节点	管段编号	管长 L/m	管径 /mm	外径 D/m	保温系数 η	节点水温 /℃	平均水温 t_m/℃	空气温度 t_j/℃	温差 Δt/℃	热损失 q_s/(kJ/h)	循环流量 q_x/(L/s)
1	2	3	4	5	6	7	8	9	10	11	12
2						60.07					
	2—3	3.0	32	0.0423	0		60.13	20	40.13	670.2	0.076
3						60.18					
	3—5	6.0	40	0.048	0		60.30	20	40.30	1527.4	0.076
5						60.41					
	5—9	12.0	50	0.06	0		60.72	20	40.72	3858.3	0.076
9						60.41					
	9—10	3.0	70	0.08	0		61.12	20	41.12	1298.8	0.076
10						61.21					
	10—11	5.6	70	0.08	0.6		61.51	20	41.51	978.9	0.076
11						61.81					

（续）

节点	管段编号	管长 L/m	管径 /mm	外径 D/m	保温系数 η	节点水温 /℃	平均水温 t_m/℃	空气温度 t_j/℃	温差 Δt/℃	热损失 q_s/(kJ/h)	循环流量 q_x/(L/s)
1	2	3	4	5	6	7	8	9	10	11	12
	11—2′	计算过程见表6-8-15								8232.1	0.076
	11—12	2.7	70	0.08	0.6		61.96	20	41.96	477.1	0.152
12						62.10					
	12—2″	计算过程表6-8-15								7860.5	0.070
	12—13	7.5	80	0.0885	0.6		62.54	20	42.54	1486.3	0.222
13						62.98					
	13—14	50.5	100	0.114	0.6		66.49	20	46.49	14088.7	0.444
14						70					

表6-8-15　上区侧立管热损失计算表

节点	管段编号	管径 /mm	外径 D/m	保温系数 η	节点水温 /℃	平均水温 t_m/℃	空气温度 t_k/℃	温差 Δt/℃	管长 L/m	热损失 q_S/(kJ/h)
1	2	3	4	5	6	7	8	9	10	11
2′					60.55					
	2′—3′	32	0.0423	0		60.6	0	40.6	3.0	678.0
3′					60.65					
	3′—5′	40	0.048	0		60.77	20	40.77	6.0	1545.2
5′					60.89					
	5′—9′	50	0.06	0		61.20	20	41.20	12.0	3903.8
9′					61.50					
	9′—10′	70	0.08	0		61.60	20	41.60	3.0	1313.9
10′					61.69					
	10′—11	70	0.08	0		61.75	20	41.75	1.8	791.2
	11—2′立管热损失累积：$\sum q_{s11-2'}=8232.1$ kJ/h									
2″					60.90					
	2″—3″	32	0.0423	0		60.96	20	4096	3.0	684.0
3″					61.01					
	3″—5″	40	0.048	0		61.13	20	41.13	6.0	1558.9
5′					61.25					
	5″—9‴	50	0.06	0		61.56	20	41.56	12.0	3937.9
9″					61.86					
	9″—10″	70	0.08	0		1.96	20	41.96	3.0	1325.3
10″					62.05					
	10″—12	70	0.08	0		62.08	20	420.8	0.8	354.4

以同样的方法计算出各管段热损失。上区配水管网总的热损失应为：

$$Q_{\text{上s}} = q_{s13-14} + 2[q_{s13-12} + q_{s12-11} + q_{s12-2''} + q_{s11-10} + q_{s10-2}]$$
$$= 14088.7\text{kJ/h} + 2 \times [1486.3 + 477.1 + 7860.5 + 8232.1 +$$
$$978.9 + 670.2 + 1527.4 + 3558.3 + 1298.8]\text{kJ/h}$$
$$= 14088.7\text{kJ/h} + 2 \times 26389.6\text{kJ/h} = 66867.9\text{kJ/h} = 18.6\text{kW}$$

配水管网起点和终点的温差 Δt 取10℃，总循环流量 $q_{\text{上x}}$ 为：

$$q_{\text{上x}} = Q_{\text{上s}}/(C_B\Delta t) = [18660/(4190 \times 10)]\text{L/s} = 0.444\text{L/s}$$

即管段14—13的循环流量为0.444L/s，以节点13为分界点，两端的热损失均为26389.6kJ/h。按公式 $q_{(n+1)x} = q_{nx}\sum q_{(n+1)s}/\sum q_{ns}$ 对 q_{13-14} 进行分配：

$$q_{13-12} = q_{13-14} \times 26389.6/(26389.6 + 26389.6) = 0.444 \times 0.5\text{L/s} = 0.222\text{L/s}$$

$$q_{12-11} = q_{12-13} \times (q_{s11-12} + q_{11-2'} + q_{s11-10'} + q_{s10-2})/$$

$$(q_{s12-2''} + q_{s11-12} + q_{11-2'} + q_{s11-10} + q_{s10-2})$$

$$= 0.222 \times \frac{477.1 + 8323.1 + 978.9 + 1298.8 + 3858.3 + 1527.4 + 670.2}{7860.5 + 477.1 + 8332.1 + 978.9 + 1298.8 + 3858.3 + 1527.4 + 670.2} \text{L/s}$$

$$= (0.222 \times 17042.8/24903.3) \text{L/s} = 0.152 \text{L/s}$$

$$q_{12-2''} = q_{13-12} - q_{12-11} = (0.222 - 0.152) \text{L/s} = 0.07 \text{L/s}$$

$$q_{11-2} = q_{12-11} \times q_{s11-2'}/(q_{s11-2'} + q_{s11-2})$$

$$= 0.152 \times \frac{978.9 + 1298.8 + 3858.3 + 1527.4 + 670.2}{8323.1 + 978.9 + 1298.8 + 3858.3 + 1527.4 + 670.2} \text{L/s}$$

$$= (0.152 \times 8333.6/16565.7) \text{L/s} = 0.076 \text{L/s}$$

$$q_{11-2'} = q_{12-11} - q_{11-2'} = (0.152 - 0.076) \text{L/s} = 0.076 \text{L/s}$$

将计算结果列于表 6-8-14 中第 12 栏内。然后计算循环流量在配水、回水管网中的水头损失。取回水管径比相应配水管段管径小 1～2 级，见表 6-8-16 和表 6-8-17。

表 6-8-16　下区循环水头损失计算表

节点	管段编号	管长 L/m	管径 /mm	循环流量 q_x/(L/s)	沿程水头损失 mmH$_2$O/m	沿程水头损失 mmH$_2$O	v/(m/s)	水头损失之和
配水管路	2—3	3.0	32	0.027	0.18	0.54	0.03	$H_p = 1.3 \sum h_y$ $= 1.3 \times 3.266 \text{mmH}_2\text{O}$ $= 4.25 \text{mmH}_2\text{O}$
	3—5	8.6	40	0.027	0.09	0.774	0.03	
	5—6	2.7	50	0.051	0.06	0.162	0.03	
	6—7	17.5	70	0.071	0.03	0.525	0.02	
	7—8	11.5	70	0.142	0.11	1.265	0.04	
回水管路	2—5′	11.6	20	0.027	2.81	32.60	0.11	$H_x = 1.3 \sum h_y$ $= 1.3 \times 39.42 \text{mmH}_2\text{O}$ $= 51.24 \text{mmH}_2\text{O}$
	5′—6′	2.7	32	0.051	0.44	1.19	0.06	
	6′—7′	17.5	50	0.070	0.11	1.925	0.04	
	7′—8′	10	50	0.142	0.37	3.7	0.07	

表 6-8-17　上区循环水头损失计算表

管路	管段编号	管长 L/m	管径 /mm	循环流量 q_x/(L/s)	沿程水头损失 mmH$_2$O/m	沿程水头损失 mmH$_2$O	v/(m/s)	水头损失之和
配水管路	2—3	3.0	32	0.076	0.89	2.67	0.09	$H_p = 1.3 \sum h_y$ $= 1.3 \times 12.76 \text{mmH}_2\text{O}$ $= 16.6 \text{mmH}_2\text{O}$
	3—5	6.0	40	0.076	0.44	2.64	0.06	
	5—9	12.0	50	0.076	0.13	1.56	0.04	
	9—11	8.6	70	0.076	0.04	0.344	0.02	
	11—12	2.7	70	0.152	0.12	0.324	0.05	
	12—13	7.5	80	0.222	0.09	0.675	0.04	
	13—14	50.5	10	0.444	0.09	4.55	0.05	
回水管路	2～11′	15.5	20	0.076	14.69	227.7	0.27	$H_x = 1.3 \sum h_y$ $= 1.3 \times 241.84 \text{mmH}_2\text{O}$ $= 314.4 \text{mmH}_2\text{O}$
	11′—12′	2.7	50	0.152	0.42	0.54	0.08	
	12′—13′	7.5	50	0.222	0.70	5.3	0.10	
	13′—14′	10	70	0.444	0.83	8.3	0.14	

(6) 选择循环水泵

根据公式 $Q_b \geqslant q_x$

下区循环水泵流应满足 $q_{下b} \geqslant 0.142 \text{L/s}$ （$0.5 \text{m}^3/\text{h}$）

下区循环水泵流应满足 $q_{上b} \geqslant 0.444 \text{L/s}$ （$1.6 \text{m}^3/\text{h}$）

根据公式 $H_b \geq \left(\dfrac{q_x + q_t}{q_x} \right)^2 H_p + H_x$，其中 $q_f = 15\% Q_{max}$，上下两区分别为：

$$q_{下f} = 15\% \times 1.38 \text{L/s} = 0.21 \text{L/s}; q_{上f} = 15\% \times 2.89 \text{L/s} = 0.43 \text{L/s}$$

则：

$$H_{下b} \geq \left[\left(\frac{0.142 + 0.21}{0.142} \right)^2 \times 4.25 + 51.24 \right] \text{mmH}_2\text{O} = 77.4 \text{mmH}_2\text{O}, 相应压力 \ p_{下b} = 0.774 \text{kPa}$$

$$H_{上b} \geq \left[\left(\frac{0.444 + 0.43}{0.444} \right)^2 \times 16.6 + 314.4 \right] \text{mmH}_2\text{O} = 378.7 \text{mmH}_2\text{O}, 相应压力 \ p_{上b} = 3.79 \text{kPa}$$

根据 $q_{下b}$、$q_{下b}$、$H_{上b}$ 分别对循环水泵进行选型；均选用 G32 型管道泵（$Q_b = 2.4 \text{m}^3/\text{h}$，$H_b = 12 \text{mH}_2\text{O}$，$N = 0.75 \text{kW}$）。

（7）蒸汽管道计算

已知总设计小耗热量为：

$$Q = Q_下 + Q_上 = (346932 + 726546) \text{W} = 1073478 \text{W} = 3864520.8 \text{kJ/h}$$

蒸汽的比热 γ_h 取 2167kJ/kg，蒸汽耗量为：

$$G_{mh} = (1.1 \sim 1.2) Q / \gamma_h = (1.1 \times 3864520.8/2167) \text{kg/h} = 1962 \text{kg/h}$$

蒸汽管道管径可蒸汽管道管径计算表（$\delta = 0.2 \text{mm}$），选用管径 DN100，接下区换热器的蒸汽管道管径选用 DN70；接上区换热器的蒸汽管道管径选用 DN80。

（8）蒸汽凝水管道计算

已知蒸汽参数的表压为 2 个大气压，采用开式余压凝水系统。换热器至疏水器间的管径按由加热器至疏水器间不同管径通过的小时耗热量表选取，下区换热器至疏水器之间的凝水管管径取 DN70；上区取 DN80。

疏水器后管径按余压凝结水管 b—c 管段管径选择表选用，下区选 DN70，上区选 DN70，总回水干管管径取 DN100。

（9）锅炉选择

已知锅炉小时供热量为：

$$Q_g = (1.1 \sim 1.2) Q = 1.1 \times 3864520.8 \text{kJ/h} = 4250972.8 \text{kJ/h}$$

蒸汽的比热 γ_h 取 2167kJ/kg，其蒸发量为：

$$(4250972.8/2167) \text{kg/h} = 1962 \text{kg/h}$$

选用快装锅炉 KZG2-B 型，蒸发量为 2t/h，外形尺寸为 $4.6 \text{m} \times 2.7 \text{m} \times 3.8 \text{m}$。

6.9 建筑热水供应系统质量验收

建筑热水工程质量验收除了验收设备管道附件的安装要求和尺寸外，还要对系统进行水压试验。水压试验要求如下：

热水管网必须进行水压试验，当设计未标明时，热水供应系统水压试验压力应为系统顶点的工作压力加 0.1MPa，同时在系统顶点的试验压力不小于 0.3MPa。其检验方法为：钢管或复合管道系统试验压力下 10min 内压力降不大于 0.02MPa，然后降至工作压力下检查，压力应不降且不渗不漏；塑料管道系统在试验压力稳压 1h，压力降不得超过 0.05MPa；然后在工作压力 1.15 倍状态下稳压 2h，压力降不得超过 0.03MPa，连接处不得渗漏。

第7章　建筑饮水

饮水是指供人们直接饮喝的水。常见的饮水有两类，一是传统的饮水，即人们习惯的饮水，如开水、凉开水；另一类是把以符合生活饮用水水质标准的自来水或水源水，经再净化后可供给用户直接饮用的冷饮水、瓶装饮水或管道直饮水等。

7.1　饮用开水和饮用冷水供应

7.1.1　传统的饮水（开水、凉开水）供应

1. 传统的饮水（开水、凉开水）供应用户和方法

（1）传统的饮水供应用户。传统的饮水供应用户见表7-1-1。

表7-1-1　传统的饮水供应用户

序号	种类	用　　户
1	开水	办公楼、旅馆、大学生宿舍、军营等
2	凉开水	大型娱乐场所等公共建筑、工矿企业生产热车间等

（2）传统的饮水（开水、凉开水）供应方法。传统的饮水（开水、凉开水）供应方法见表7-1-2。

表7-1-2　传统的饮水（开水、凉开水）供应方法

种类	供应方法	说　　明
开水	集中开水供应	集中开水供应是在开水间制备开水，人们用开水壶取水饮用，适用于机关、学校等，设开水点在开水间靠近锅炉房、食堂等有热源的地方，每个集中开水间的服务半径范围一般不宜大于250m。也可在建筑内每层设开水间，集中制备开水，由蒸汽热媒管道送到各层开水间，每层设间接加热开水器，其服务半径不宜大于70m。还可用燃（油）气开水炉或电加热开水炉制备开水
	管道输送开水	采用集中制备的开水用管道输送到各开水供应点，开水管道供应系统采用机械循环方式
凉开水	集中凉开水供应	在集中开水供应处设冷却装置，使开水变成凉开水，人们用水壶取水饮用
	管道输送凉开水	在集中开水供应处设冷却装置，使开水变成凉开水，再用管道和水泵把凉开水输送至用水点

2. 传统的饮水（开水、凉开水）供应方式

传统的饮水（开水、凉开水）供应方式如下：

（1）集中开水供应方式如图7-1-1和图7-1-2所示。

（2）管道开水供应方式。管道开水供应方式常采用循环管道。管道系统中的加热器出水温不小于105℃，回水温度为100℃。

1）管道开水供应方式下供下回式如图7-1-3所示。

2）管道开水供应方式上供上回式如图7-1-4所示。

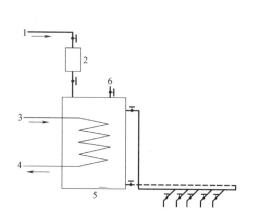

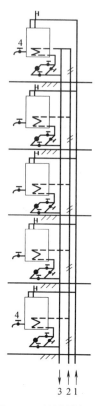

图 7-1-1　集中制备开水

1—给水　2—过滤器　3—蒸汽

4—冷凝水　5—换热器　6—安全阀

图 7-1-2　每层制备开水

1—给水　2—蒸汽

3—冷凝水　4—开水器

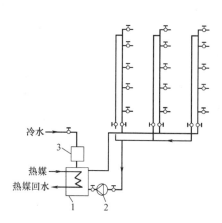

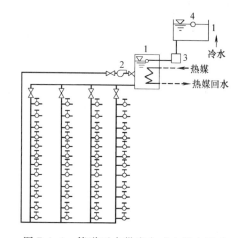

图 7-1-3　管道开水供应方式下供下回式

1—开水器（换热器）　2—循环水泵　3—过滤器

图 7-1-4　管道开水供应方式上供上回式

1—开水器　2—循环水泵　3—过滤器　4—高位水箱

7.1.2　冷饮水和瓶装饮水供应

1. 冷饮水和瓶装饮水的制备

（1）冷饮水的制备。冷饮水制备方法有：

1）自来水烧开后再冷却至冷饮水温度。

2）自来水经净化处理后加热至冷饮水温度。

自来水经净化处理后加热至冷饮水温度管道供应方式如图 7-1-5 所示。

冷饮水制备，一般在夏季时不启用加热设备，其温度与自来水水温相同即可；在冬季冷饮水温度一般取 35～45℃，冷饮水温度一般与人体温度接近，饮用后无不适应感觉即可。

（2）瓶装饮水制备。瓶装饮水制备方法有：

1）自来水经深度处理后其水质达到瓶装饮水水质标准。

2）天然水（如井水、泉水等）经深度处理后其水质达到瓶装饮水水质标准。

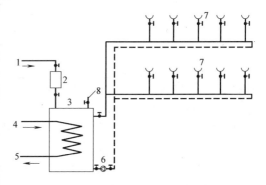

图 7-1-5　自来水经净化处理后加热至
冷饮水温度管道供应方式
1—自来水　2—水处理装置　3—换热器　4—蒸汽
5—冷凝水　6—循环泵　7—饮水器　8—安全阀

2. 冷饮水和瓶装饮水水质处理

（1）以自来水为水源。冷饮水的常规处理方法是过滤和消毒，用于去除自来水中的悬浮物、有机物和病菌。可采用活性炭过滤、砂滤、电渗析、加氯、臭氧消毒等处理方法。

以自来水为水源的纯水制备工艺流程如图 7-1-6 所示。

制备纯水的深度预处理主要是去除水中的干扰物质，如浊度物质、色度、大分子有机物、胶体物质等。欲获得良好的预处理、延长过滤剂使用寿命，需多种工艺有机结合、多级串联；主处理是净水的核心工序，可进一步去除预处理和常规处理中难以去除的小分子有机物，目前采用

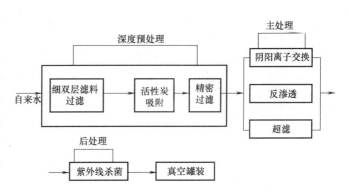

图 7-1-6　以自来水为水源的纯水制备工艺流程

反渗透法较多，其次是超滤。反渗透属于膜分离技术，可去除 98% 以上的无机盐、有机物、胶体、浊度物质以及三致有机物。超滤是用一种具有半渗透性的膜，在动态压力下截留分子量约为几百的有机分子，在截留杂质的同时保证有益离子状矿物质通过。其精度稍逊于反渗透，但操作压力低较易被采纳；后处理的主要功效是消毒等。

（2）以天然水为水源。以天然水为水源的水质处理流程如图 7-1-7 所示。

地下矿泉水 → 开采 → 精滤或微滤 → 消毒杀菌 → 灌装

图 7-1-7　以天然水为水源的水质处理流程

饮用矿泉水的技术要求有：

1）饮用天然矿泉水的界限指标见表 7-1-3。

2）感官要求

表 7-1-3　饮用天然矿泉水的界限指标

项目	指标/(mg/L)	项目	指标/(mg/L)
锂	≥0.2	偏硅酸	≥25
锶	≥0.2	硒	≥0.01
锌	≥0.2	游离二氧化碳	≥250
溴化物	≥1	溶解性总固体	≥1000
碘化物	≥0.2		

注：凡符合上表各项指标者，可称为饮用矿泉水。但锶含量在 0.2～0.4 mg/L 范围内和偏硅酸含量在 25～30 mg/L 范围内，各自必须具有水温在 25℃以上或同位素测定年龄在 10 年以上的附加条件，方可称为饮用天然矿泉水。

① 色：色度不超过 15 度，并不得呈现其他异色。

② 浑浊度：不超过 15 度。

③ 臭和味：不得有异臭、异味，应具有本矿泉水的特征性口味。

④ 肉眼可见物：不得含有异物，允许有极少量的天然矿物盐沉淀。

3）某些元素和组分的限量指标见表 7-1-4。

表 7-1-4　某些元素和组分的限量指标

项目	指标/(mg/L)	项目	指标/(mg/L)
锂	<5	汞	<0.001
锶	<5	银	<0.05
锌	<5	硼(以 H_3BO_3 计)	<30
铜	<1	硒	<0.05
碘化物	<0.5	砷	<0.05
钡	<0.7	氟化物(以 F^- 计)	<2
镉	<0.01	耗氧量	<3
铬(Ⅵ)	<0.05	硝酸盐(以 NO_3^- 计)	<45
铅	<0.01	226 镭放射性	<1.1Bq/L

注：贝克勒尔（Bq）为放射性活度单位，指每秒发生一次衰变的放射性活度。

4）污染物指标见表 7-1-5。

表 7-1-5　污染物指标

项目	指标/(mg/L)	项目	指标/(mg/L)
挥发性酚(以苯酚计)	<0.002	亚硝酸盐(以 NO_2^- 计)	<0.005
氰化物(以 CN^- 计)	<0.01	总 β 放射性	<1.5 Bq/L

5）微生物指标见表 7-1-6。

表 7-1-6　微生物指标

项目	指标	
	水源水	灌装产品
菌落总数	5cfu/mL	50cfu/mL
大肠菌群	0 个/100mL	

6）饮用矿泉水的分类见表 7-1-7。

表 7-1-7　饮用矿泉水的分类

分类方法	名　称
可溶性固体大于 1000mg/L 的盐类矿泉水，以阴离子命名	重碳酸盐类矿泉水、硫酸盐类矿泉水、氯化物(食盐)矿泉水

（续）

分 类 方 法	名　　称
可溶性固体小于1000mg/L的淡矿泉水,但水中含有表7-1-8中所列的一种以上含量达到规定标准的特殊化学成分的矿泉水称为淡矿泉水	淡矿泉水
特殊成分饮用矿泉水: 碳酸水:游离二氧化碳大于1000mg/L 硅酸水:硅酸含量为50mg/L时	特殊成分饮用矿泉水

表 7-1-8　淡矿泉水的特殊化学成分　　　　　（单位：mg/L）

序号	化学组成	命名标准	序号	化学组成	命名标准
1	游离二氧化碳	>1000	5	偏硅酸	>50
2	锂	>1	6	碘	>1
3	锶	>5	7	硒	>0.01
4	溴	>5	8	锌	>5

7.1.3　饮水供应计算

1. 饮用开水和饮用冷水的水量和水温

饮用开水和饮用冷水的用水量按表7-1-9的饮水定额和小时变化系数计算。开水温度,集中开水供应系统按100℃计算,管道输送全循环供水系统按105℃计算。

表 7-1-9　饮水定额和小时变化系数

建筑物名称	单位	饮水定额/L	小时变化系数
热车间	每人每班	3～5	1.5
一般车间	每人每班	2～4	1.5
工厂生活间	每人每班	1～2	1.5
办公楼	每人每班	1～2	1.5
宿舍	每人每日	1～2	1.5
教学楼	每学生每日	1～2	2.0
医院	每病床每日	2～3	1.5
影剧院	每观众每场	0.2	1.0
招待所、旅馆	每客人每日	2～3	1.5
体育馆(场)	每观众每日	0.2	1.0

注：小时变化系数指开水供应时间内的变化系数。

设计最大时饮用水量按式（7-1-1）计算：

$$q_{\mathrm{Emax}} = K_{\mathrm{K}} \frac{m q_{\mathrm{E}}}{T} \tag{7-1-1}$$

式中　q_{Emax}——设计最大时饮用水量（L/h）；

　　　　K_{K}——小时变化系数，见表7-1-9；

　　　　q_{E}——饮水定额［L/(人·d) 或 L/(床·d) 或 L/(观众·d)］；

　　　　m——用水计算单位数，人数或床位数等；

　　　　T——供应饮用水时间（h）。

制备开水所需的最大时耗热量按式（7-1-2）计算：

$$Q_{\mathrm{K}} = (1.05 \sim 1.10)(t_{\mathrm{k}} - t_{\mathrm{l}}) q_{\mathrm{Emax}} c \rho_{\mathrm{r}} \tag{7-1-2}$$

式中　Q_{K}——制备开水所需的最大小时耗热量（W）；

t_k——开水的温度，集中开水供应系统按 100℃ 计算；管道输送全循环系统按 105℃ 计算；

t_1——冷水计算温度，按表 6-5-6 确定；

c——水的比热容，$c = 4.19 \text{kJ}/(\text{kg} \cdot \text{℃})$；

q_{Emax}——同式 (7-1-1)；

ρ_r——热水密度 (kg/L)。

在冬季需把冷饮水加热到 35～40℃，制备冷饮水所需的最大时耗热量按式 (7-1-3) 计算：

$$Q_E = (1.05 \sim 1.10)(t_E - t_1) q_{Emax} c \rho_r \tag{7-1-3}$$

式中　Q_E——制备冷饮水所需的最大小时耗热量 (W)；

t_E——冬季冷饮水温度，一般取 40℃；

其他符号同式 (7-1-2)。

2. 系统计算

(1) 开水系统的计算。开水系统的计算步骤是：

1) 按式 (7-1-1) 计算设计小时饮水量。

2) 按式 (7-1-2) 计算设计小时耗热量。

3) 开水管道计算。开水供应系统和冷饮水系统中管道的流速一般不大于 1.0m/s，循环管道的流速可大于 2m/s。计算管网时采用 95℃ 水力计算表。

管网的计算方法和步骤以及设备的选择方法与热水管网相同。

由于开水水温过高，管道容易结垢，其管道管径应比计算的管径适当放大。

(2) 冷饮水系统的计算。冷饮水系统的计算步骤是：

1) 制冷量的计算。制冷量按式 (7-1-4) 计算：

$$W = (W_1 + W_2 + W_3)(1 + \alpha_L) \tag{7-1-4}$$

式中　W——制冷系统冷冻机制冷量 (W)；

W_1——冷饮水 (补给水) 冷负荷 (W)；

W_2——输送管道冷损失负荷 (W)；

W_3——冷水箱冷损失负荷 (W)；

α_L——安全系数，0.1～0.2。

① 各项冷负荷的计算如下：

冷饮水 (补给水) 冷负荷按式 (7-1-5) 计算：

$$W_1 = Q_h c(t_c - t_z) \tag{7-1-5}$$

式中　W_1——冷饮水 (补给水) 冷负荷 (W)；

Q_h——冷饮水 (补给水) 流量 (L/h)，按式 (7-1-1) 计算；

c——冷饮水的比热容 (kJ/(kg·℃))，可近似按 1.0 取；

t_c——冷饮水的初温 (℃)，即被冷却水最热月的平均温度；

t_z——冷饮水的终温 (℃)，即使用要求的冷饮水料温度；

② 输送管道冷损失负荷的按式 (7-1-6) 计算：

$$W_2 = \sum \left[(2\pi(t_0 - t_z)) / [2/\alpha_d d_1 + 1/\lambda \log(d_1/d_0)] \right] L \tag{7-1-6}$$

式中　t_0——管道周围空气温度 (℃)；

t_z——冷饮水的终温（℃），即使用要求的冷饮水料温度（℃）；

L——某管径输送管道长度（m），输送管道长度包括阀门、三通、弯头等配件的局部冷损失当量长度。其长度总和与直管总长度的比值，在管道较长时为 0.2 ~ 0.3，较短时为 0.4 ~ 0.6；

α_d——管道保温表面放热系数 $[W/(m^2 \cdot K)]$，一般按 10 计算；

d_1——保温层外径（m）；

d_0——管道外径（m）；

λ——保温材料放热系数（W/m·K）。

③ 冷水箱冷损失负荷按式（7-1-7）计算：

$$W_3 = [(t_0 - t_z)M]/[1/\alpha_x + X/\lambda] \qquad (7\text{-}1\text{-}7)$$

式中 α_x——冷水箱保温表面放热系数 $[W/(m^2 \cdot K)]$；

M——冷水箱保温层外表面积（m^2）；

X——保温层厚度（m）。

由式（7-1-6）和式（7-1-7）可知，输送管道和冷水箱冷损失与管道保温厚度、保温材料的传热系数有关，保温层的厚度大则冷损失小。同时保温层的厚度还应考虑防止结露，一般情况下，输送管道和冷水箱的冷损失可按表 7-1-10 计算。

表 7-1-10　输送管道和冷水箱的冷损失

管径/mm	15	20	25	32	40	50	65	80	100	125	150
钢管冷损失负荷/$[W/(m^2 \cdot K)]$	0.18	0.20	0.23	0.24	0.26	0.28	0.33	0.37	0.44	0.51	0.59
冷水箱冷损失负荷/$[W/(m^2 \cdot K)]$	0.74										

注：上表是采用 $\lambda = 0.04 W/(m \cdot K)$，$\alpha_d$、$\alpha_x = 10 W/(m \cdot K)$，保温层厚度：管道管径 15 ~ 32mm 为 30mm，管道管径 40 ~ 150mm 为 40mm，冷水箱为 50mm。

2）冷水箱的计算。冷饮水箱既作冷饮水冷冻之用，也作为冷饮水贮存之用，其容积可按冷饮水小时流量的 1/2 计算。冷饮水箱冷却盘管面积按式（7-1-8）计算：

$$F = W/K\Delta t_m \qquad (7\text{-}1\text{-}8)$$

式中 F——冷饮水箱冷却盘管面积（m^2）；

W——制冷系统冷冻机制冷量（W）；

K——传热系数 $[W/(m^2 \cdot K)]$，根据不同温度差和流速确定，$K = 300 ~ 400 [W/(m^2 \cdot K)]$；

Δt_m——平均温度差（℃）。平均温度差按式（7-1-9）计算：

$$\Delta t_m = [(t_r + t_1)/2] - [(t_{mc} + t_{mz})/2] \qquad (7\text{-}1\text{-}9)$$

式中 t_{mc}、t_{mz}——冷媒的初温和终温（℃）；

t_r、t_1——被冷却水的初温和终温（℃）。

3）循环水泵的选择。水泵流量和扬程与水泵设置的位置有关，不同位置要求的流量和扬程不同，有时可能相差很大。水泵循环流量按式（7-1-10）和式（7-1-11）计算：

① 水泵设置在回水管上：

$$Q_b = (W - W_1)/(t_2 - t_1) \qquad (7\text{-}1\text{-}10)$$

式中 Q_b——循环水泵的流量（L/h）；

W——制冷系统冷冻机制冷量（W）；

W_1——冷饮水（补给水）冷负荷（W）；

t_2——冷饮水的供水温度（℃）；

t_1——冷饮水的回水温度（℃）；一般比供水温度高3℃左右。

② 水泵设置在供水管上：水泵不仅要通过冷损失的循环流量，而且还要通过最大冷饮水流量：

$$Q_b = (W - W_1)/(t_2 - t_1) + Q_h \qquad (7\text{-}1\text{-}11)$$

式中　Q_b——循环水泵的流量（L/h）；

t_2——冷饮水的供水温度（℃）；

t_1——冷饮水的回水温度（℃）；一般比供水温度高3℃左右。

W——制冷系统冷冻机制冷量（W）；

W_1——冷饮水（补给水）冷负荷（W）；

Q_h——冷饮水（补给水）流量（L/h），按式（7-1-1）计算。

水泵扬程的计算：应按最不利供、回水管段阻力之和确定。供、回水管道流速宜控制在1.0m/s以下，平均单位水头损失不宜大于1000Pa/m。

7.2　管道饮用净水供应

将符合生活饮用水水质标准的自来水或水源水作为原水，经再净化后可供给用户直接饮用的系统称为管道直饮水。

7.2.1　饮用净水水质标准和净水的水质处理技术

1. 饮用净水水质标准

饮用净水水质标准见表7-2-1。

表 7-2-1　饮用净水水质标准

项　目		限　值
感官状态	色度	5度
	浑浊度	0.5NTU
	臭和味	无异臭异味
	肉眼可见物	无
一般化学指标	pH	6.0~8.5
	硬度（以碳酸钙计）	300mg/L
	铁	0.2mg/L
	锰	0.05mg/L
	铜	1.0mg/L
	锌	1.0mg/L
	铝	0.2mg/L
	挥发性酚类	0.002mg/L
	阴离子合成洗涤剂	0.20mg/L
	硫酸盐	100mg/L
	氯化物	100mg/L
	溶解性总固体	500mg/L
	耗氧量（COD_{Mn}，以 O_2 计）	2.0mg/L

（续）

项　目		限　值
毒理学指标	氟化物	1.0mg/L
	硝酸盐氮（以 N 计）	10mg/L
	砷	0.01mg/L
	硒	0.01mg/L
	汞	0.001mg/L
	镉	0.003mg/L
	铬（六价）	0.05mg/L
	铅	0.01mg/L
	银（采用载银活性炭测定时）	0.05mg/L
	氯仿	0.03mg/L
	四氯化碳	0.002mg/L
	亚氯酸盐（采用 ClO_2 消毒时测定）	0.70mg/L
	氯酸盐（采用 ClO_2 消毒时测定）	0.70mg/L
	溴酸盐（采用 O_3 消毒时测定）	0.01mg/L
	甲醛（采用 O_3 消毒时测定）	0.90mg/L
细菌学指标	细菌总数	50cfu/mL
	总大肠菌群	每 100mL 水样中不得检出
	粪大肠菌群	每 100mL 水样中不得检出
	余氯	0.01mg/L（管网末梢水）*
	臭氧（采用 O_3 消毒时测定）	0.01mg/L（管网末梢水）*
	二氧化氯（采用 ClO_3 消毒时测定）	0.01mg/L（管网末梢水）* 或余氯 0.01mg/L（管网末梢水）*

注：表中带"＊"的限值为该项目的检出限，实测浓度应不小于检出限。

2. 饮用净水水质处理技术

目前，饮用净水深度处理常用的方法有活性炭吸附过滤法和膜分离法。

1）活性炭吸附过滤法。活性炭在水处理中具有如下功能：

① 除臭。去除酚类、油类、植物腐烂和氯杀菌所导致水的异臭。

② 除色。去除铁、锰等重金属的氧化物和有机物所产生的色度。

③ 除有机物。去除腐质酸类、蛋白质、洗涤剂、杀虫剂等天然的或人工合成的有机物质，降低水中的耗氧量（BOD，COD）。

④ 除氯。去除水中游离氯、氯酚、氯胺等。

⑤ 除重金属。去除汞（Hg）、铬（Cr）、砷（As）、锡（Sn）、锑（Sb）等有毒有害的重金属。

活性炭分为粉末状活性炭（粉末炭）和粒状活性炭（粒状炭）两大类。粉末状活性炭适用于有混凝、澄清、过滤设备的水处理系统。在饮用水深度处理中通常采用粒状活性炭。粒状活性炭适用于在吸附装置内充填成炭层，水流在连续通过炭层的过程中，接触并吸附，粒状活性炭在吸附饱和后可在 900~1100℃绝氧条件下再生，粒状活性炭吸附装置的构造与普通快滤相同，故又称活性炭过滤。在饮用水深度处理系统中通常采用压力式活性炭过滤器。

2）膜分离法。用于饮用水处理中的膜分离处理工艺通常分为四类，即微滤（MF）、超滤（UF）、纳滤（NF）和反渗透（RO）。这些膜分离过程可使用的装置、流程设计都相对较为成熟。

① 微滤（MF）。微滤所用的过滤介质——微滤膜是由天然或高分子合成材料制成的孔径均匀整齐的筛网状结构的物质。微滤是以静压力为推动力，利用筛网状过滤介质膜的"筛合"作用进行分离膜的过程，其原理与普通过滤相似，但过滤膜孔径为 $0.02 \sim 10 \mu m$ 左右，所以又称精密过滤。与常规过滤的过滤介质相比，微孔过滤具有过滤精度高、过滤速度快、水头损失小、对截留物的吸附量少及无介质脱落等优点。由于孔径均匀，膜的质地薄，易被粒径与孔径相仿的颗粒堵塞。因此进入微滤装置的水质应有一定的要求，尤其是浊度不应大于 5NUT。微滤能有效截留分离超微悬浮物、乳液、溶胶、有机物和微生物等杂质，小孔径的微滤膜还能过滤部分细菌。

当原水中的胶体与有机污染少时可以采用，其特点是水通量大，渗透通量 20℃ 时为 $120 \sim 600 L/(h \cdot m^2)$；工作压力为 $0.05 \sim 0.2 MPa$；水耗 $5\% \sim 8\%$。出水浊度低。

② 超滤（UF）。超滤过程通常可以理解成与膜孔径大小相关的筛合过程。以膜两侧的压力差为驱动力，以超滤膜为过滤介质。在一定的压力下，当水流过表面时，只允许水、无机盐及小分子物质透过膜，而阻止水中的悬浮物、胶体、蛋白质和微生物等大分子物质通过，以达到溶液的净化、分离与浓缩的目的。

超滤的过滤范围一般介于纳滤与微滤之间，它的定义域为截留分子量 $500 \sim 500000$，相应孔长大小的近似值约为 $20 \times 10^{-10} \sim 1000 \times 10^{-10} m$。一般可截留大于 500 分子量的大分子和胶体，这种液体的渗透压很小，可以忽略不计。所以超滤的操作压力较小，一般在 $0.1 \sim 0.5 MPa$，膜的水透过率为 $0.5 \sim 5.0 m^3/(m^2 \cdot d)$，水耗量 $8\% \sim 20\%$。

采用超滤膜可以去除和分离超微悬浮物、乳液、溶胶、高分子有机物、动物胶、果胶、细菌和病毒等杂质，出水浊度低。

③ 纳滤（NF）。纳滤膜的孔径在纳米范围，所以称为纳滤膜及纳滤过滤。它在滤谱上位于反渗透和超滤渗透之间，纳滤膜和反渗透膜几乎相同，只是其网络结构更疏松，对单价离子（Na^+，Cl^- 等）的截留率较低（小于 50%），但对 Ca^{2+}，Mg^{2+} 等二价离子截留率很高（大于 90%），同时对除草剂、杀虫剂、农药等微污染物或微溶质及染料、糖等低分子，有较好的截留率。纳滤特别适合用于分离分子量为几百的有机化合物，它的操作压力一般不到 1MPa。

④ 反渗透（RO）。反渗透过程是渗透过程的逆过程，即在浓溶液一边加上比自然渗透更高的压力，扭转自然渗透方向，把浓溶液中的溶剂（水）压到半透膜的另一边。当对盐水一侧施加压力超过水的渗透压时，可以利用半透膜装置从盐水中获得淡水。截留组分一般为 $0.1 \sim 1 nm$ 小分子溶质，对水中单价离子（Na^+、K^+、Cl^-、NO_3^- 等）、二价离子（Ca^{2+}、Mg^{2+}、SO_4^{2-}、CO_3^{2-}）、细菌、病毒的截留率大于 99%。采用反渗透法净化水，可以得到无色、无味、无毒、无金属离子的超纯水。但由于 RO 膜的良好的截留率性能，将绝大多数的无机离子（包括对人类有益的盐类等）从水中除去，长期饮用会影响人体健康。

反渗透装置的一般工作压力为 $1 \sim 10 MPa$。

3）饮用净水的后处理

① 消毒。确定饮用净水消毒工艺应考虑以下几个因素：杀菌效果与持续能力；残余药剂的可变毒理；饮用净水的口感以及运行管理费用等。

饮用净水消毒一般采用臭氧、二氧化氯、紫外线照射或微电解杀菌等方法。目前常用紫外线照射与臭氧或二氧化氯合用，以保证在居民饮用时水中仍能含有少量的臭氧或二氧化氯，确保无生物污染；因经过深度处理的水中有机物含量减少，一般不会发生有机卤化物的危害。

② 矿化。由于经纳滤和反渗透处理后，水中的矿物盐大大降低，为使洁净水中含有适量的矿物盐，可以对水进行矿化，将膜处理后的水再进入装填有含矿物质的粒状介质（如木鱼石、麦饭石等）的过滤器处理，使过滤出水含有一定的矿物盐。

3. 饮用净水直饮水工艺和实例

（1）饮用净水直饮水工艺。管道优质饮用净水深度处理的工艺、技术和设备都已十分成熟。因管道饮用净水的供水规模一般比较小，国内已有一些厂家生产各种处理规模的综合净水装置，以适应建筑或小区规模有限、用地紧张的情况。设计时应根据城市自来水或其他水源的水质情况、净化水质要求、当地条件等，选择饮用净水处理工艺。一般地面水源，主要污染是胶体和有机污染，饮用净水深度处理工艺中活性炭是必需的，微滤或超滤也常被采用；地下水源的主要污染一般是无机盐、硬度、硝酸盐超标或总溶解固体超标，也有的水源受到有机污染，在处理工艺中离子交换与纳滤是必须有的，也常用活性炭去除有机物的污染。

（2）实例

例 7-2-1 深圳某管道直饮水系统工艺如图 7-2-1 所示：

经臭氧-生物活性炭与膜组合工艺处理，将自来水浊度从 0.3 ~ 0.8NTU 降至 0.1NTU 以下，高锰酸钾指数从 1.5 ~ 4mg/L 降至 0.5 ~ 1.5mg/L，去除率达 68.0%；UV254 从开始 0.07 ~ 0.12cm^{-1} 降为 0.009 ~ 0.023 cm^{-1}，去除率为

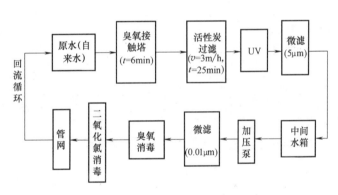

图 7-2-1 深圳某管道直饮水系统工艺

83%；TOC 从 2400 ~ 2900μg/L 降为 700 ~ 1600μg/L；Ame 试验由阳性转变为阴性；将 0.1 ~ 0.45mg/L 的亚硝酸盐氮和 0.03 ~ 0.35mg/L 的氨氮降至检测限以下，同时出水硝酸盐浓度小于等于 10mg/L，说明该系统具有安全的运行效能，但本工艺无脱盐工艺，因此仅适用于含盐量、硬度等金属离子含量小于饮用水水质要求的原水处理。

例 7-2-2 东北某小区直饮水管网水处理流程如图 7-2-2 所示。

处理结果见表 7-2-2。

该项目通过工艺试验选定适用于饮用水的纳滤膜（出水中有益健康的离子含量要高），试验

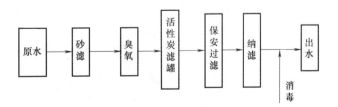

图 7-2-2 东北某小区直饮水管网水处理流程

证明臭氧活性炭、纳滤处理工艺对微污染水的处理是有效的、完全可以达到优质饮用水的水

质目标。

表 7-2-2　直饮水纳滤膜净化效果

序号	检测项目	原水	砂滤出水	活性炭出水	纳滤出水	去除%	国家标准	
							88 项指标	饮用净水水质标准
1	色度/度	12	5	5	5		≤15	≤5
2	浊度/NTU	4.5	1.0	0.2	0.2	95.3	≤3	≤1
3	pH	7.72	7.91	7.87	7.73		6.5~8.5	6.0~8.5
4	三氯甲烷/(μg/L)	48.5	40.3	0.5	0.3	99.4	≤60	≤30
5	四氯化碳/(μg/L)	0.02	0.02	0.005	0.004	80	≤3	≤2
6	1,1,2—三氯乙烷/(μg/L)	36.6	35.2	未检出	未检出	100	总量≤1	
7	耗氧量/(mg/L)	1.7	1.7	0.8	0.6	64.7	≤5	≤2
8	总有机碳/(mg/L)	4.3	4,02	3.91	0.6	86.0		≤4
9	钒/(mg/L)	0.004	0.002	<0.002	<0.002		≤0.1	
10	油/(mg/L)	0.05	0.08	0.03	<0.03		≤0.01	
11	铁离子/(mg/L)	0.12	0.05	0.05	0.05	58.3	≤0.3	≤0.2
12	钠离子/(mg/L)	35.115	37.244	35.2	20.477	41.7	≤200	
13	钾离子/(mg/L)	1.163	1.641	1.700	1.012	39.6		
14	钙离子/(mg/L)	26.052	32.064	25.651	12.425	52.3	≤100	
15	镁离子/(mg/L)	7.296	4.864	6.08	2.189	70.0	≤50	
16	碱度(以 CaCO$_3^-$ 计)/(mg/L)	57.546	57.546	55.044	32.526	43.5	>30	
17	总硬度(以 CaCO$_3^-$ 计)/(mg/L)	95.076	85.068	89.071	40.032	57.9	≤450	≤300
18	电导率/(μS/cm)	316	316	316	146	53.8	≤400	
19	氯化物/(mg/L)			15.143	12.891	14.9	≤250	
20	硫酸盐/(mg/L)			6.393	3.12	51.2	≤250	
21	可吸附有机卤素/(μg/L)	198.075	199.08/	54.407	24.243	87.8		
22	IICO$_3^-$/(mg/L)			73.224	57.969	20.8		

例 7-2-3　宁波某小区直饮水工艺如图 7-2-3 所示。

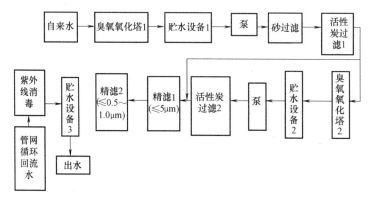

图 7-2-3　宁波某小区直饮水工艺

水源水质好的经超越管进入精滤处理,水源水质差(水厂水源在大于等于 3 级地面水,即三类以上水体)的经全工艺过程处理,处理后的水质完全符合并优于《饮用净水水质标准》(CJ 94—2005)的规定,水样经 Ames 试验,出水均为阴性。该系统采用二级活性炭吸附过滤,适用于取自多水源的水厂出厂水(自来水)饮用净水工程的处理。

例 7-2-4　上海某星级饭店饮用净水系统如图 7-2-4 所示。

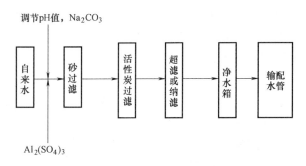

图 7-2-4　上海某星级饭店饮用净水系统

供用户生饮这种经深度处理后的管道直饮净水，保留了水中对人体有益的钙、镁、钠等元素。

例 7-2-5　北京地区某纯净水处理工艺如图 7-2-5 所示。

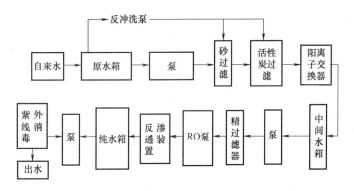

图 7-2-5　北京地区某纯净水处理工艺

反渗透工艺稍好于超滤工艺。

7.2.2　直饮水管道系统设置要求和方式

直饮水管道系统一般由供水水泵、循环水泵、供水管网、回水管网、消毒设备等组成。

1. 直饮水管道系统设置要求

为保证管道饮用净水系统的正常工作并有效地避免水质二次污染，饮用净水必须设循环管道，并应保证干管和立管中饮水的有效循环。其目的是防止管网中长时间滞流的饮水在管道接头、阀门等局部不光滑处由于细菌繁殖或微粒集聚等因素而产生水质污染。循环系统把系统中各种污染物及时去掉，控制水质的下降，同时又缩短了水在配水管网中的停留时间（规定循环管网内水的停留时间不宜超过 6h），借以抑制水中微生物的繁殖。

饮用净水管道系统的设置一般应满足以下要求：

（1）系统应设计成环状，循环管路应为同程式，进行循环消毒以保证有足够的水量和水压合格的水质。

（2）设计循环系统运行时不得影响配水系统的正常工作压力和饮水嘴的出流率。

（3）饮用净水在供配水系统中各个部分的停留时间不应超过 4~6h，供配水管路中不应产生滞水现象。

（4）各处的饮用净水嘴的自由水头应尽量相近，且不宜小于 0.03MPa。

（5）饮用净水管网系统应独立设置，不得与非饮用净水管网相连。

（6）一般应优先选用无高位水箱的供水系统，宜采用变频调速水泵供水系统。

（7）配水管网循环立管上、下端头部位设球阀；管网中应设置检修门；在管网最远端设排水阀门；管道最高处设置排气阀。排气阀处应有滤菌、防尘装置，排气阀处不得有死水存留现象，排水口应有防污染措施。

（8）饮用净水管网系统应设置成环状，且上、下端横管应比配水立管管径大，循环回水管在配水环网的最末端，即距输水干管进入点取远处引出。如管网为枝状，若下游无人用水，则局部区域会形成滞水。当管网为环状时，这一问题便会缓解甚至消除，如果设计得当，即使某一立管无用水，也不易形成滞水。同时应尽量减少系统中的管道数量，各用户从立管上接至配水嘴的支管也应尽量缩短，一般不宜超过 1m，以减少死水管段，并尽量减少接头和阀门井。

饮用净水管道应有较高的流速，以防细菌繁殖和微粒沉积、附着在内壁上。干管（$DN \geqslant 32$）设计流速宜大于 1.0m/s，支管设计流速宜大于 0.6m/s。

循环回水须经过净化与消毒处理方可再进入饮用净水管道。

（9）直饮水系统应采取防回流措施。防回流污染的主要措施有：若饮用净水水嘴用软管连接且水嘴不固定、使用中可随手移动，则支管不论长短，均设置防回流阀，以消除水嘴侵入低质水产生回流的可能；小区集中供水系统，各栋建筑的入户管在与室外管网的连接处应设防回流阀；禁止与较低水质的管网或管道连接。

循环回水管的起端应设防回流器以防循环管中的水"回流"到配水管网，造成回流污染。有条件时，分高、低区系统的回水管最好各自引回净水装置，以易于对高、低区管网的循环进行分别控制。

（10）直饮水系统的管材和设备材料。饮用净水系统的管材应优于生活给水系统。净水机房以及与饮用净水直接接触的阀门、水表、管道连接件、密封材料、配水水嘴等均应符合食品级卫生标准，并应取得国家级资质认证。饮水管道应选用薄壁不锈钢管、薄壁铜管、优质塑料管，一般应优先选用薄壁不锈钢管，其强度高、受高温变化的影响小、热传导系数低、内壁光滑、耐腐蚀、对水质的不利影响极小。

（11）直饮水系统的水池水箱设置。水池水箱中会出现水质下降的现象，常常是由于水的停留时间过长，使得生物繁殖、有机物及浊度增加造成的。饮用净水系统中水池水箱没有与其他系统合用的问题，但是，如果储水容积计算值或调节水量的计算值偏大，以及小区集中供应饮用净水系统中，由于入住率低导致饮用净水用水量达不到设计值时，就有可能造成饮用净水在水池、水箱中的停留时间过长，引起水质下降。

为减少水质污染，应优先选用无高位水箱的供水系统，宜选用变频给水机组直接供水的系统，另外应保证饮用净水在整个供水系统中各个部分的停留时间不超过 4~6h。

2. 直饮水系统管道敷设方式

直饮水系统管道敷设方式应采用循环系统，常见的有重力式直饮水供水系统、水泵水箱直饮水供水系统、变频调速泵供水系统等。

（1）重力式直饮水供水系统。重力式直饮水供水系统是在屋顶上设净化处理装置，水池在屋顶上，采用泵循环，如图 7-2-6 所示。此种系统常用于高层建筑，其特点是重力供水，压力稳定，节省加压设备投资；各分区供水，回水管路同程布置，各环路阻力损失相近，可防止循环短路现象；高、低区分别设置回水管，管材用量多；各区必须设置循环水泵。

（2）水泵水箱直饮水供水系统。水泵水箱直饮水供水系统如图7-2-7所示。该系统净水设备在管网下，属于下供上回式，管理方便，水质可能受污染。

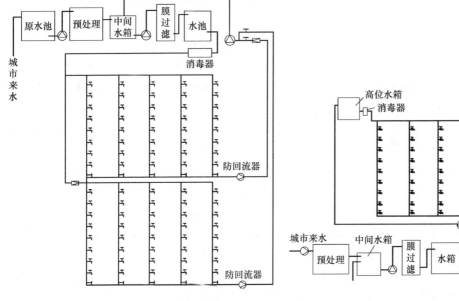

图 7-2-6　屋顶上设净化处理装置和水池、采用
泵循环的重力供水

图 7-2-7　水泵水箱直饮水供水系统

（3）变频调速泵直饮水供水系统。变频调速泵直饮水供水系统如图7-2-8所示。其特点

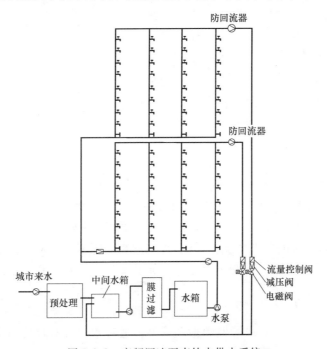

图 7-2-8　变频调速泵直饮水供水系统

是该系统净水设备在管网下，属于下供上回式，管理方便；各分区供水，回水管路同程布置，各环路阻力损失相近，可防止循环短路现象；高、低区分别设置回水管，管材用量多。各区必须设置防回流器，节能，水质能得到保证。

7.3　直饮水系统计算

直饮水系统的用水器具单一，为同一种水嘴，且用水时间相对集中，各水嘴放水规律之间的差异较小。一个完整的直饮水系统计算包括饮用净水的水量水压计算、净水管网水力计算、净水设备的计算。净水管网的水力计算内容包括设计秒流量计算、管径计算、循环流量计算、供水泵的流量和扬程计算等。

7.3.1　饮用净水的水量和水压

饮用净水系统应保证为各用户提供足够的水量和水压，额定水量包括居民日用水量和水嘴流量，水压指水嘴处的出水水压。

（1）水量要求。饮用净水（管道直饮水）主要用于居民饮用、煮饭、烹饪，也可用于淘米、洗涤蔬菜水果等，其用水量随经济水平、生活习惯、水嘴水流特性等因素的变化而变化，特别是受水价的影响比较大。

根据有关研究结果，一般用于饮用和做饭的水量估算约占平均日用水量的4%左右。设有管道直饮水的建筑最高日管道直饮水定额可按表7-3-1采用。

表 7-3-1　最高日管道直饮水定额

用水场所	单位	定额	用水场所	单位	定额
住宅楼	L/（人·日）	2.0～2.5	教学楼	L/（人·日）	1.0～2.0
办公楼	L/（人·班）	1.0～2.0	旅馆	L/（床·日）	1.0～3.0

注：1. 此定额仅为饮用水量。
　　2. 经济发达地区的居民住宅楼可提高至4～5L/（人·日）。
　　3. 也可根据用户要求确定。

饮用净水水嘴的出水量和自由水头应先满足使用要求。由于饮用净水的用水量小，而且价格比一般生活给水贵很多，为了避免饮水的浪费，饮用净水不能采用一般额定流量大的水嘴，应采用额定流量小的专用水嘴，饮用净水（管道直饮水）水嘴额定流量宜为0.04～0.06L/s，最低工作压力不小于0.03MPa。

（2）最大时饮用水量 Q_{yh}。根据调查，普通住宅约有40%的日用水量集中在做晚饭的一小时内耗用（主要是做饭洗菜及烧开水），故推荐 $Q_{yh} \geqslant 0.4Q_{yd}$，$Q_{yd}$ 为系统日用水量。

设计最大时饮用水量，与饮用开水设计流量相同，可按式（7-1-1）计算。饮用水定额及小时变化系数可按表7-1-9确定。办公楼内的饮水常常是由开水炉将自来水烧开后供给，配置饮用净水管道后，可同时供应开水和凉开水，用水规律变化不大，时变化系数可参照传统值，取 $K_h = 2.5～4.0$，用水时间可取10h；住宅、公寓可取 $K_h = 4.0～6.0$，用水时间可取24h。

7.3.2　净水管网的水力计算

饮用净水管网系统分为供水管网和循环管网，通过水力计算确定各管段管径及水头损失，以及选择加压贮水设备等。

　　根据饮用净水的使用情况，系统的用水在一天中每时每刻都是变化的，为保证用水可靠，应以最不利时刻的最大用水量为各管段管道的设计流量。对供水管网而言，管道的设计流量应为饮用净水设计秒流量循环水量之和。对循环水管网而言，如采用全天循环方式，每条支管的回流量可以采用一个饮用净水水嘴的额定流量，系统的回流量为各管循环流量的总和。

1. 设计秒流量

饮用净水管网系统中配水管内的设计秒流量应按式（7-3-1）计算：

$$q_g = q_0 m \tag{7-3-1}$$

式中　q_g——计算管段的设计秒流量（L/s）；

　　　q_0——饮水水嘴额定流量，取 0.04 ~ 0.06L/s；

　　　m——计算管段上同时使用饮水水嘴的个数，设计时可按表 7-3-2 或表 7-3-3 采用。

表 7-3-2　m 值经验值

水嘴数量 n	1	2	3	4 ~ 8	9 ~ 12
使用数量 m	1	2	3	3	4

　　当管道中的水嘴数量多于两个时，m 值按式（7-3-2）计算：

$$\sum_{k=0}^{m} p^k (1-p)^{n-k} \geqslant 0.99 \tag{7-3-2}$$

式中　k——表示 1 ~ m 个饮水水嘴数；

　　　n——饮水水嘴总数（个）；

　　　p——饮水水嘴使用概率，可按式（7-3-3）计算：

$$p = \frac{\alpha q_h}{1800 n q_0} \tag{7-3-3}$$

式中　α——经验系数，0.6 ~ 0.9；

　　　q_h——设计小时流量（L/h）；

　　　q_0——饮水水嘴额定流量（L/s）。

　　为简化计算，将式（7-3-1）的计算结果列于表 7-3-3 中，设计时可直接从表 7-3-3 中查出计算管段上同时使用饮水水嘴的个数 m 值。

表 7-3-3　水嘴设置数量为 12 个以上时水嘴同时使用数量

P　　m　　n	$P = \dfrac{\alpha q_h}{1800 n q_0}$　$\alpha = 0.6 \sim 0.9$；n——饮用净水嘴总数；q_h——设计小时流量（L/h）；q_0——饮用水净水额定流量（L/s）																		
	0.010	0.015	0.020	0.025	0.030	0.035	0.040	0.045	0.050	0.055	0.060	0.065	0.070	0.075	0.080	0.085	0.090	0.095	0.100
13 ~ 25	2	2	3	3	3	4	4	4	4	5	5	5	5	6	6	6	6	6
50	3	3	4	4	5	5	6	6	7	7	7	8	8	9	9	9	10	10	10
75	3	4	5	6	6	7	8	9	9	10	10	11	11	12	13	13	14	14
100	4	5	6	7	8	9	10	11	11	12	13	13	14	15	16	16	17	18
125	4	6	7	8	9	10	11	12	13	13	14	15	16	17	18	18	19	20	21
150	5	6	8	9	10	11	12	13	14	15	16	17	18	19	20	21	22	23	24
175	5	7	8	10	11	12	14	15	16	17	18	20	21	22	23	24	25	26	27
200	6	8	9	11	12	14	15	16	18	19	20	22	23	24	25	27	28	29	30
225	6	8	10	12	13	15	16	18	19	21	22	24	25	27	28	29	31	32	34

（续）

P m n	\multicolumn{19}{c}{$P = \dfrac{\alpha q_h}{1800 n q_0}$ $\alpha = 0.6 \sim 0.9$；n——饮用净水嘴总数； q_h——设计小时流量（L/h）；q_0——饮用水净水水额定流量（L/s）}																		
	0.010	0.015	0.020	0.025	0.030	0.035	0.040	0.045	0.050	0.055	0.060	0.065	0.070	0.075	0.080	0.085	0.090	0.095	0.100
250	7	9	11	13	14	16	18	19	21	23	24	26	27	29	31	32	34	35	37
275	7	9	12	14	15	17	19	21	23	25	26	28	30	31	33	35	36	38	40
300	8	10	12	14	16	19	21	22	24	26	28	30	32	34	36	37	39	41	43
325	8	11	13	15	18	20	22	24	26	28	30	32	34	36	38	40	42	44	46
350	8	11	14	16	19	21	23	25	28	30	32	34	36	38	40	42	45	47	49
375	9	12	14	17	20	22	24	27	29	32	34	36	38	41	43	45	47	49	52
400	9	12	15	18	21	23	26	28	31	33	36	38	40	43	45	48	50	52	55
425	10	13	16	19	22	24	27	30	32	35	37	40	43	45	48	50	53	55	57

注：1. n 可用内插法计算。

2. m 小数点后四舍五入。

2. 管径计算

管道的设计流量确定后，选择合理的流速，即可根据以式（7-3-4）计算管径：

$$d = \sqrt{\frac{4q_g}{\pi u}} \tag{7-3-4}$$

式中 d——管径（m）；

q_g——管段设计流量（m^3/s）；

u——流速（m/s）。

饮用净水管道的控制流速不宜过大，可按表7-3-4的数值采用。

表7-3-4 饮用净水管道中的流速

公称直径/mm	$15 \sim 20$	$25 \sim 40$	$\geqslant 50$
流速/（m/s）	$\leqslant 0.8$	$\leqslant 1.0$	$\leqslant 1.2$

3. 循环流量

系统的循环流量 q_x 一般可按式（7-3-5）计算：

$$q_x = V/T_1 \tag{7-3-5}$$

式中 q_x——循环流量（L/s）；

V——闭合循环回路上供水系统这部分的总容积，包括贮存设备的容积（L）；

T_1——饮用净水允许的管网停留时间（h），可取 $4 \sim 6h$。

4. 供水泵

变频调速水泵供水系统中，水泵流量按式（7-3-6）计算：

$$Q_b = q_s \times 3600 + q_x \tag{7-3-6}$$

水泵扬程相应压力可按式（7-3-7）计算：

$$p_b = p_0 + 10Z + \sum p \tag{7-3-7}$$

式中 Q_b——水泵流量（L/h）；

q_s——瞬间高峰用水量（L/s）；

q_x——循环流量（L/s）；

p_b——供水泵扬程相应压力（kPa）；

p_0——最不利点水嘴自由水压（kPa）；

Z——最不利水嘴与净水箱的几何高度（m）；

$\sum p$——最不利水嘴到净水箱的管路总压力损失（kPa）。

压力损失的计算与生活给水的水力计算方法相同。

设置循环水泵的系统中，循环水泵的扬程 h_B 由两部分组成：供水管网部分（包括水泵输水管）发生的水头损失 h_P 和循环管网部分发生的水头损失 h_X，即式（7-3-8）：

$$h_B = h_P + h_X \qquad (7\text{-}3\text{-}8)$$

上式中 h_P 值的大小与循环泵的设计运行方式密切相关。若循环泵仅在无用水时运行，则 h_P 比 h_X 小得多，可以忽略不计；若循环泵连续运行，包括高峰用水时也运行，则 h_P 又比 h_X 大。实际上，循环泵的运行应以管网中的水能够维持更新而进行设定。当管网用水量超过了 q_X 时，管网水能够自我维持更新，可不必循环，循环泵应停止运行；当管网用水量小于 q_X 时，管网水就不能自我维持更新，循环系统应运行。可见，管网用水量是否超过 q_X 可作为控制循环泵启停的判定指标。为避免循环泵频繁启停，可允许用水流量围绕 q_X 值有一波动范围，比如 ±20%，即管网用水量达到 $1.2q_X$ 时停泵，小于 $0.8q_X$ 时启泵。在这样的运方式下，循环泵运行时配水管网中的流速则比回水管中的流速小得多，从而 h_P 比 h_X 小得多，以至可忽略不计，即：$h_B \approx h_X$。

7.3.3　净水设备计算

1. 用水量和处理水量计算

（1）直饮水日用水量按式（7-3-9）计算：

$$Q_d = N q_d \qquad (7\text{-}3\text{-}9)$$

式中　Q_d——直饮水日用水量（L/d）；

　　　N——用水人数；

　　　q_d——直饮水用水定额 [L/（人·d）]。

（2）净水设备处理水量按式（7-3-10）计算：

$$Q_j = 1.2 Q_d / T_2 \qquad (7\text{-}3\text{-}10)$$

式中　Q_j——净水设备处理水量（L/h）

　　　Q_d——直饮水日用水量（L/d）；

　　　T_2——最高日设计净水设备累计工作时间，可取 10～16h。

2. 原水调节水箱（槽）容积

原水调节水箱（槽）容积按式（7-3-11）计算：

$$V_y = 0.2 Q_d \qquad (7\text{-}3\text{-}11)$$

式中　V_y——原水调节水箱（槽）容积（L）；

　　　Q_d——直饮水日用水量（L/d）。

3. 净水箱（槽）容积

净水箱（槽）容积按式（7-3-12）计算：

$$V_j = K_j Q_d \qquad (7\text{-}3\text{-}12)$$

式中　V_j——原水调节水箱（槽）容积（L）；

K_j——容积经验系数，一般取 $0.3 \sim 0.4$；

Q_d——直饮水日用水量（L/d）。

4. 消毒药剂选择

消毒药剂选择见表 7-3-5。

表 7-3-5 消毒药剂选择

消毒剂 作用	Cl_2	ClO_2	O_3	紫外线
消毒效果	好	很好	极好	极好
除臭味	无	好	很好	好
THMs	极明显	无	无	无
致变物生成	明显	不明显	不明显	无
毒性物质生成	明显	不明显	不明显	无
除铁锰	不明显	极好	较好	无
去氨作用	极好	无	无	无

7.3.4 净水机房设计

净水机房设计要求见表 7-3-6。

表 7-3-6 净水机房设计要求

净水机房 设计要求项目	内　容
位置及布置	1. 小区净水机房可在室外单独设置，也可设置在某一建筑的地下室；单独室外净水机房位置尽量做到与各个用水建筑距离相近，并应注意建筑隐蔽、隔离和环境绿化，有单独的进出口和道路，便于设备搬运 2. 单独建筑的净水机房可设置在其他地下室或附近，机房上方不应设置卫生间、浴室、盥洗室、厨房、污水处理间。除生活饮用水以外的其他管道不得进入净水机房 3. 净水机房的面积按深度处理工艺需要确定并预留发展位置 4. 净水机房除有设置处理设备的房间外，还应设置化验室，并应配备有水质检验设备或在制水设备上安装在线实时检测仪表；宜设置更衣室，室内宜有衣帽柜、鞋柜等更衣设施及洗手盆 5. 处理间应考虑净水设备的安装和维修要求及进出设备和药剂的方便。净水设备间距不应小于 0.7m，主要通道不应小于 1.0m 6. 净水工艺中采用的化学药剂、消毒剂等可能产生的直接危害及二次危害，必须妥善处理，采取必要的安全措施
卫生、降噪及其他	1. 净水机房应满足生产工艺的卫生要求 2. 净水机房应配置空气消毒装置 3. 净水机房应能隔振防噪 4. 净水机房通风良好、光线明亮 5. 净水机房当采用臭氧消毒时应设置臭氧尾气处理装置

7.3.5 净水系统设计计算举例

例 7-3-1 某塔式住宅楼，每层 10 户，地上 14 层，地下 1 层，层高 2.8 m，净水机房采用进水→原水箱→膜组件（纳滤）→净水箱和消毒→变频调速水泵，设在地下室，地下室地面标高为 $-4m$。每个厨房设直饮水水嘴 1 个，系统分高、低两个区，采用全日循环（全日循环流量控制装置）方式，管道布置为下供上回式，水泵出水至高低两区系统，进入下区系统前安装减压阀，在高低区两系统的回水末端安装了全日循环流量控制装置，在高低区两系统回水总管上安装了持压装置，如图 7-3-1 所示，对系统进行水力计算。

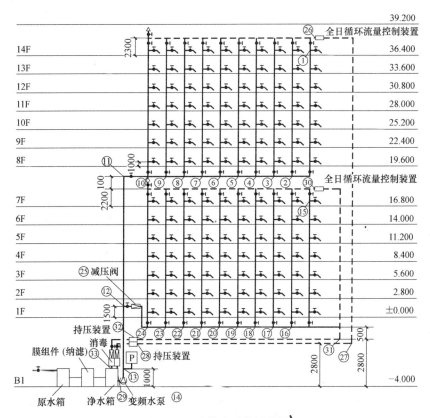

图 7-3-1 直饮水系统计算图

【解】 （1）基本参数

按每户近 3.5 人计，系统人数 $N = 3.5 \times 140 = 490$ 人，$\alpha = 0.22$，用水定额 $q_d = 4.5 L/(d \cdot 人)$，水嘴额定流量 $q_0 = 0.05 L/s$，根据所选直饮水嘴的流量曲线，确定水嘴最低工作压力 $P_0 = 0.0459 MPa$。管材选取用薄壁不锈钢管。

（2）系统最高日直饮水量计算

$$Q_d = Nq_d = 490 \times 4.5 L/d = 2205 L/d$$

（3）系统的水嘴使用概率计算

$$p = \frac{\alpha Q_d}{1800 n q_0} = \frac{0.22 \times 2205}{1800 \times 140 \times 0.05} = 0.039 \approx 0.04$$

（4）直饮水供水管网水力计算

1）高区（最不利点）直饮水供水管网水力计算见表 7-3-7。

表 7-3-7　高区（最不利点）直饮水供水管网水力计算

管段编号	管段长度 /m	n /个	m /个	管段流量 /(L/s)	管径 /mm	流速 /(m/s)	管段容积 /L	比阻 /(Pa/m)	管段沿程压力损失 /Pa
1—2	34.96	7	3[①]	0.15	DN15	0.746	7.03	605	21151
2—3	1.58	14	4	0.20	DN20	0.663	0.48	384	607
3—4	4.31	21	4	0.20	DN20	0.663	1.31	384	1655
4—5	25.10	28	5	0.25	DN20	0.829	7.63	580	14558
5—6	0.20	35	5	0.25	DN20	0.829	0.06	580	116

（续）

管段编号	管段长度 /m	n /个	m /个	管段流量 /(L/s)	管径 /mm	流速 /(m/s)	管段容积 /L	比阻 /(Pa/m)	管段沿程压力损失 /Pa
6—7	3.56	42	6	0.30	DN20	0.995	1.07	812	2891
7—8	4.28	49	6	0.30	DN20	0.995	1.29	812	3475
8—9	7.61	56	7	0.35	DN25	0.680	3.92	294	2237
9—10	3.90	63	7	0.35	DN25	0.680	2.01	294	1147
10—11	4.15	70	8	0.40	DN25	0.778	2.14	377	1565
11—12	17.60	70	8	0.40	DN25	0.778	9.08	377	6635
12—13	25.86	140	11[②]	0.55	DN25	1.069	13.34	679	17559
13—14	1.00	140	11[②]	0.55	DN25	1.069	0.52	679	679
合计							82.98[③]		74275

① 根据该管段 $n=7$ 个，不超过 12 个，查表 7-3-2，得出 $m=3$。

② 该计算管段由于 $np=140\times0.04=5.6>5$，$n(1-p)=140\times(1-0.04)=134.4>5$，所以 $m=np+2.33\sqrt{[np(1-p)]}=140\times0.04+2.33\sqrt{[140\times0.04\times(1-0.04)]}=11$。

③ 为 1—14 管段容积 49.88L 与高区其他 9 根立管（DN15）的容积 33.1L 之和，管道容积按管道内径计算。

2）低区（最不利点）直饮水供水管网水力计算见表 7-3-8。

表 7-3-8　低区（最不利点）直饮水供水管网水力计算

管段编号	管段长度 /m	n /个	m /个	管段流量 /(L/s)	管径 /mm	流速 /(m/s)	管段容积 /L	比阻 /(Pa/m)	管段沿程压力损失 /Pa
15—16	35.16	7	3	0.15	DN15	0.746	7.07	605	21272
16—17	1.58	14	4	0.20	DN20	0.663	0.48	384	607
17—18	4.31	21	4	0.20	DN20	0.663	1.31	384	1655
18—19	25.1	28	5	0.25	DN20	0.829	7.63	580	14558
19—20	0.2	35	5	0.25	DN20	0.829	0.006	580	116
20—21	3.56	42	6	0.30	DN20	0.995	1.07	812	2891
21—22	4.28	49	6	0.30	DN20	0.995	1.29	812	3475
22—23	7.61	56	7	0.35	DN25	0.68	3.92	294	2237
23—24	3.9	63	7	0.35	DN25	0.68	2.00	294	1147
24—25	4.35	70	8	0.40	DN25	0.778	2.24	377	1640
25—12	2	70	8	0.40	DN25	0.778	1.03	377	754
合计							61.57[①]		50352

① 为 14—12 管段容积 28.11L 与低区其他 9 根立管（DN15）的容积 33.46L 之和，管道容积按管道内径计算。

（5）处理水量、净化设备构筑物计算

1）处理水量计算：$Q_j=1.2Q_d/T_2=[(1.2\times2205)/10]\times m^3/h=0.3 m^3/h$，取 0.5 m^3/h；

2）原水箱容积计算：$V_y=0.2Q_d=0.2\times2205L=441L$，取 500L；

3）净水箱容积计算：$V_j=K_jQ_d=0.4\times2205L=882L$，取 1000L；

（6）供水设备计算

1）流量：$Q_b=q_s=mq_0=11\times0.05L/s=0.55L/s=1.98 m^3/h$；

2）扬程相应压力：$p_b=p_0+10Z+\sum p$

其中：$p_0=0.0459MPa$，$Z=[37.9-(-4)]m=41.4m$，$\sum p=1.3\times74275Pa=96557.5Pa$

则 $p_b=p_0+10Z+\sum p=(0.045+0.414+0.0966)MPa=0.56MPa$

3) 变频水泵恒压值: $P_0 = p_0 + Z_{1-13} + \sum p_{1-13}$

其中 $p_0 = 0.0459\text{MPa}$; $Z_{1-13} = [37.4 - (-3)]\ \text{m} = 40.4\text{m} = 0.404\text{MPa}$; $\sum p_{1-13} = 1.3 \times 73596 = 95674.8\text{Pa} = 0.1\text{MPa}$

$P_0 = p_0 + Z_{1-13} + \sum p_{1-13} = (0.0459 + 0.404 + 0.1)\text{MPa} = 0.55\text{MPa}$。

4) 低区供水压力计算: 减压阀前、后压力计算

① 阀前压力: $P_1 = p_0 + Z + \sum p_{1-12} = (0.00459 + 0.374 - 0.0015 + 1.3 \times 56037/1000000)\text{MPa} = 0.45\text{MPa}$。

② 阀后压力: $P_2 = p_0 + Z + \sum p_{15-12} = (0.00459 + 0.178 - 0.0015 + 1.3 \times 50352/1000000)\text{MPa} = 0.25\text{MPa}$。

③ 压差: $\Delta P = P_1 - P_2 = (0.45 - 0.25)\text{MPa} = 0.20\text{MPa}$。

(7) 循环流量

根据表7-3-7、表7-3-8的计算结果,加压泵出水管管径为 $DN25$,先假定整个系统的回水管管径为 $DN15$,计算回水管容积,将直饮水供、回水系统的管道容积与净水箱容积取和,计算整个循环流量,再将循环流量依据高、低区管网容积(管段12—14除外)的比例分配得到各区的循环流量,最后校核各区的回水管径是否符合规定。

1) 回水管段容积

① 高区: $V_{1-29} = L_{1-29} \times 0.2 = 101.47 \times 0.2\text{L} = 20.29\text{L}$,其他回水管容积 $(1.3 \times 9 + 67.2) \times 0.2\text{L} = 15.78\text{L}$,合计: $(20.29 + 15.78)\text{L} = 36.07\text{L}$。

② 低区: $V_{15-33} = L_{15-33} \times 0.2 = 81.47 \times 0.177\text{L} = 16.29\text{L}$,其他回水管容积 $(1.2 \times 9 + 67.2) \times 0.2\text{L} = 15.6\text{L}$,合计: $(16.29 + 15.6)\text{L} = 31.89\text{L}$。

2) 整个系统容积: $V = (82.98 + 61.57 + 36.07 + 31.89 + 1000)\text{L} = 1212.51\text{L}$。

3) 循环流量计算: $Q_x = V/T_1 = (1212.51/2)\text{L/h} = 606.26\text{L/h} = 0.168\text{L/s}$。

校核回水管径为 $DN15$ 时,流速 $v = 0.836\text{m/s}$,符合表7-3-4的规定。

4) 循环流量分配

① 高区: $V_{1-12} = (82.98 - 0.52 - 13.34 + 36.07)\text{L} = 105.19\text{L}$。

② 低区: $V_{15-12} = (61.57 + 31.89)\text{L} = 93.46\text{L}$。

③ 高区循环流量: $q_{xg} = [0.168 \times 105.19/(105.19 + 93.46)]\text{L/s} = 0.089\text{L/s}$。

④ 低区循环流量: $q_{xd} = (0.168 - 0.089)\text{L/s} = 0.076\text{L/s}$。

(8) 全日循环流量控制装置计算

1) 高区

① 供水管路摩阻: $S_p = \sum p_{1-12}/q_s^2 = [(1.3 \times 56037)/0.4^2]\text{Pa} \cdot \text{s}^2/\text{L}^2 = 457494.38\text{Pa} \cdot \text{s}^2/\text{L}^2$。

② 循环流量(2倍)通过供水管的压力损失: $\sum p_P = 4S_P q_x^2 = 4 \times 457494.38 \times 0.89^2\text{Pa} = 1449525.19\text{Pa}$。

③ 动态流量平衡阀前压力: $P_1 = P_0 - (Z + \sum p_P)/102 = 0.535\text{MPa} - [38.5 - (-3) + 2]/102\text{MPa} = 0.109\text{MPa}$

④ 动态流量平衡阀后压力: 根据采用的产品确定,压差取 0.059MPa,$P_2 = (0.109 - 0.059)\text{MPa} = 0.05\text{MPa}$,即动态流量平衡阀后持压阀的启动压力为 0.05MPa。

⑤ 回水管末端持压装置的启动压力:

$$P = (Z - \textstyle\sum h_X)/102$$

式中 Z——全日循环流量控制装置与持压装置的几何高差，$Z = [38.7 - (-1.2)]$ m $= 39.9$m；

$\sum h_X$——循环流量通过回水及附件的水头损失，$\sum h_X = (1.3 \times 88.11 \times 23.5/1000)$ m $= 2.7$m。

则 $P = (Z - \sum h_X)/102 = [(39.9 - 2.7)/102]$MPa $= 0.36$MPa

2）低区

① 供水管路摩阻：$S_p = \sum p_{1-2}/q_s^2 = [(1.3 \times 50352)/0.4^2]$ Pa · s^2/L$^2 = 409110$Pa · s^2/L^2。

② 循环流量（2倍）通过供水管的压力损失：$\sum p_P = 4S_P q_x^2 = 4 \times 409110 \times 0.89^2$Pa $= 1296224.12$Pa。

③ 动态流量平衡阀前压力：$P_1 = P_0 - (Z + \sum p_P)/102 = 0.269$MPa $- [17.8 - 1.5 + 2]/102$MPa $= 0.09$MPa

④ 动态流量平衡阀后压力：根据采用的产品确定，压差取 0.04MPa，$P_2 = (0.09 - 0.04)$MPa $= 0.05$MPa，即动态流量平衡阀后持压阀的启动压力为 0.05MPa。

⑤ 回水管末端持压装置的启动压力：

$$P = (Z - \textstyle\sum h_X)/102$$

式中 Z——全日循环流量控制装置与持压装置的几何高差，$Z = [19 - (-1.2)]$ m $= 20.2$m；

$\sum h_X$——循环流量通过回水及附件的水头损失，$\sum h_X = (1.3 \times 68.11 \times 18.9/1000)$ m $= 1.67$m

则 $P = (Z - \sum h_X)/102 = [(20.2 - 1.67)/102]$MPa $= 0.182$MPa

（9）净水箱入口减压阀计算

系统在进入净水箱前采用紫外线消毒器，其压力损失仅为 0.005MPa，回水出流压力为 0.02MPa，合计阀后压力为 0.025MPa，高区回水管减压阀压差为 $(0.365 - 0.025)$MPa $= 0.34$MPa，低区回水管减压阀压差为 $(0.182 - 0.025)$MPa $= 0.157$MPa。

第8章 特殊建筑给水排水

特殊建筑常指游泳池、水景、公共浴室、健身设施、洗衣房和营业性餐厅厨房以及医疗用蒸汽（气）等处。特殊建筑给水排水是指上述地方的给水排水。

8.1 游泳池和水上游乐池

游泳池的给水排水设计包括池型、池水要求、给水系统、排水系统、水的循环、水的平衡、水的净化和水的加热等内容。

8.1.1 游泳池分类和水上游乐池的类型与基本要求

1. 游泳池分类

游泳池是供人们在水中进行娱乐、健身、比赛等活动的人工建造的水池。游泳池的分类参见表8-1-1。

表8-1-1 游泳池的分类

分类方法	名称	说明
按池水水温分	冷水游泳池	水温为冷水
	一般游泳池	介于冷水和温水水温之间的水
	温水游泳池	水温为温水
按环境分	室外游泳池	游泳池在室外
	室内游泳池	游泳池在室内
按使用性质分	竞赛游泳池	用于各类竞技游泳、跳水、花样游泳和水球比赛
	公共游泳池	对社会游泳爱好者
	多用途游泳池	除游泳外，还可进行水球、花样游泳，甚至跳水
	多功能游泳池	设有可改变池内水深和游泳池长度等功能
	专用游泳池	用于专业教学、训练和社团内部、家庭游泳用
	休闲游泳池	指水上游乐池，用于娱乐和戏水等
	医疗游泳池	用于医疗
按经营方式分	专用游泳池	用于专业运动员、体育教学和家庭
	商业游泳池	用于商业收费
按有无屋盖分	室内游泳池	游泳池在室内
	露天游泳池	游泳池在室外
	半露天游泳池	建于室外，有覆盖池子的顶盖
按游泳池构造分	齐沿游泳池	游泳池的水表面与其周边的池沿相平
	高沿游泳池	游泳池的水表面低于其周边的池沿
按建造方法分	人工游泳池	人工制造
	天然游泳池	天然形成

2. 水上游乐池的类型及基本要求

水上游乐池是供人们在水上或水中娱乐、休闲和健身的各种游乐设施和水池。水上游乐池的设计包括池型、池水要求、给水系统、给气系统、排水系统、水的循环、水的平衡、水的净化、水的加热等内容。

水上游乐池的类型及基本要求见表 8-1-2。

表 8-1-2　水上游乐池的类型及基本要求

名称	作用	说　明
戏水池	用于戏水	1. 池水平面可为矩形、圆形或其他不规则几何形状。池子构造应圆滑，无棱角等突出物 2. 池底基本成水平底，池子设有上岸、下池的踏步，池边设练习浮水用的扶杆 3. 水深:儿童戏水池为 0.6m，幼儿戏水池为 0.3~0.4m，两部分合建在一起时应采用栏杆将不同年龄所用池子隔开;成人戏水池为 1.0m 4. 池内宜附设必要的水滑梯、水伞、水蘑菇等设施
造浪池	用于人工造波	1. 池型宜为梯形、扇形或任意形式 2. 造浪方式有机械推板式、气压式、真空式等 3. 用于健身用途的造浪池尺寸宜按表 8-1-3 选定 4. 池窄面深水处的直边长宜为池长的 1/3，可以一面或两面扩展至最大 15° 形成波浪区;浅水端宜设带卵石滤料的消浪回水沟 5. 造浪机房应设在池的深水端 6. 池的水循环宜为池底均匀进水，池子浅端排水沟，水面低于池岸时设撇沫器 7. 池的水深可通过平衡水池(或均衡水池)的排水及进水调整。池内所有部分应不断地流过经水处理消毒混合后的水，进水时间较长，平衡水池中游离氯的浓度应不低于造浪池中的数值 8. 制浪时池应采取措施防止池水回流到造浪机房 9. 造浪池最大人数负荷按每人 2.5m² 计算，池水循环周期宜不小于 2h
滑道跌落池	用于滑道跌落戏水和娱乐	1. 滑道类型有直线滑道、螺旋滑道等;有撇开式和封闭式等 2. 滑道池大小、水池及滑道安全尺寸、坡度、滑道质量等要求应遵照国家标准《水上游乐设施通用技术条件》(GB/T 18168—2008)中的有关规定或以专业公司提供设备的技术资料为准 3. 滑道润滑水只允许使用滑道池中经水净化过滤和消毒处理后的水。滑道润滑水系统应为独立的供水系统，而且开放期间不允许间断 4. 提升润滑水的水泵的扬程应根据滑道平台的实际高程和管道阻力损失计算。水泵宜选多台，便于流量调节和维护管理 5. 公共游泳池附加滑道时应增加循环水量，其增加的水量不小于 35m³/h 6. 滑道池宜采用顺流式循环水净化系统 7. 池壁可调给水口与池底回水口的布置，应保证水流均匀，不出现漩涡及极端的偏流
环流河	用于游泳和娱乐	1. 流水呈环状，水的表面流速应不小于 1.0m/s，池宽不小于 4.0m，池子的最大负荷人数为 4.0m³/人，池水以一定的速度循环流动，应设推流泵。根据水池的容积和池子环流形状确定推流泵站的数量。推流水泵的吸水入口处的吸水流速应在 0.5m/s 以下，出水口处的流速应保持在 3.0m/s 以上。进出口处应设格栅，出水口应避免设置在手扶梯的附近 2. 推流水泵宜设在水池的侧壁的地下小室内，室内应设排水和通风装置 3. 手扶梯装置应凹入池壁，以免造成对游乐者的伤害
按摩池	用冲击水和气按摩	土建型公共按摩池的要求是: 1. 池子平面形状根据设置地点情况，可设计成圆形或不规则几何形状 2. 可独立设置，也可与非竞赛游泳池合建在一起，但功能分区应互不影响，且池岸应高出水面和地面。池岸周围地面应设带格栅盖板排水沟 3. 水力按摩座位、气泡按摩座位及气压按摩座位等不同功能按摩，应沿池边分区设置 4. 座位数量按使用人数确定 5. 池内水深不得超过 1.2m，按摩座位水深不得超过 0.70m 6. 水深超过 1.0m，每 15m 池长应设一个扶手，池子出入处水深超过 0.6m 时，应设进出池子的阶梯台阶和手扶梯 7. 水力按摩池的水流系统设计应符合下列要求: (1)成品型按摩池宜设计采用连通大气供气的单水流给水系统 (2)非成品公共按摩池，宜采用设有风泵供气的双水流给水系统

（续）

名称	作用	说　　明
按摩池	用冲击水和气按摩	（3）水力按摩喷嘴的供水压力,宜为 50～120kPa,以方便调节喷水效果 　8. 按摩池的水温有常温及高温两种,应根据设置地点和用途选定水温,高温按摩池水温一般为 36～40℃ 　9. 按摩池池水的循环周期和水质应符合要求 　10. 按摩池按双水流系统设计宜符合下列要求: 　（1）池子循环过滤系统水泵容量,按池子给水口数量计算确定,但不得小于池水循环流量 　（2）水力按摩池系统水泵的容量,应根据按摩喷头的数量计算确定 　（3）水力按摩池喷头宜采用内水型喷头,在同池内不宜对称布置,水力按摩喷头的给水管与空气管应采用环状管道,保证和按摩喷嘴出水压力平衡,回水管流速不大于 1.8m/s,给水管的流速不得超过 3.0m/s 　11. 水力按摩池空气系统设计中,风泵的容量应根据池内设置喷气嘴的数量和气床所带孔数计算确定,送入池内的空气应洁净,风泵的位置应高于按摩池水面以上 0.45m,设置风泵的房间应干燥,通风良好

表 8-1-3　健身造浪池的基本尺寸

序号	池长/m	池宽/m	水深/m 深水端	水深/m 浅水端	池底坡度(%)	说明
1	34～36	12.50	1.8～2.0	0(有踏步部分不超过 0.3)	6～8(不大于 10)	1. 池子各段池坡由工艺设计确定 2. 最小池长为 33.0m
2	36～45	16.66				
3	45～50	21.00				
4	50～60	25.00				

8.1.2　游泳池和水上游乐池的规模和规格

游泳池和水上游乐池的规模和规格见表 8-1-4。

表 8-1-4　游泳池和水上游乐池的规模和规格

池名	规模	规格
游泳池	1. 游泳池的规模应根据所在地区的社会和经济条件上、人口数量等因素确定,但比赛游泳池和跳水游泳池应符合《游泳比赛规则》的要求。公用游泳池的池水水面根据实际使用人数计算确定 　2. 游泳人数可按下列规定计算: 　（1）设计游泳总人数按该地区总人数的 10% 计 　（2）最高日的最大设计游泳人数按设计游泳总人数的 68% 计 　（3）入场最大瞬时游泳人数,按最高日涉及游泳人数的 40% 计 　（4）水中最大瞬时游泳人数,按最大入场游泳人数的 33% 计 　（5）水中人数按下述规定计算:在深水区活动的人为技术熟练者,按在水中人数的 1/4 计;在浅水区活动的人数,按在水中人数的 3/4 计 　3. 游泳池的设计游泳负荷应根据池水水面积、水深、舒适程度、使用性质、安全卫生净化系统运行状况和当地条件等因素宜按表 8-1-5 计算确定	1. 标准游泳池为矩形平面,比赛游泳池和训练用游泳池应按此要求建造,跳水游泳池可为正方形,其他类型的游泳池可为不规则形状 　2. 游泳池的平面尺寸: 　（1）长度应为 12.5m 的整倍数,如 25m、50m 　（2）宽度由泳道的数量确定,每条泳道的宽度,一般为 2.0～2.5m;国际池泳道宽度为 2.5m,且不少于 10 条。但中小学校用游泳池的泳道宽度可采用 1.8m;游泳池两侧的边泳道的宽度至少应另增加 0.25～0.5m 　（3）标准的比赛和训练游泳池,长度为 50m,允许误差为 +0.03m;宽度为 21m(8 条泳道)或 25m(10 条泳道);池水深度为 2.0m,跳水游泳池为 21×25m 或 25m×25m,水深为 5.5～6.0m 　3. 非专业比赛游泳池的池水深度不小于 1.35m 　4. 各类游泳池的平面尺寸和水深见表 8-1-7 　5. 游泳池长向断面如图 8-1-1 所示,其中 a)水深,b)适合沿长边方向进行池水循环,c)适用于游泳,d)适用于游泳或游泳、跳水兼用的游泳池 　6. 游泳池池底的坡度:池底纵向坡度一般根据游泳池水深可按以下要求确定: 　（1）水深小于 1.4m 时采用 0.025～0.06 　（2）水深大于等于 1.4m 时采用 0.05～0.10 　（3）池底横向一般不设坡度

（续）

池名	规模	规格
水上游乐池	1. 水上游乐池的设计游泳负荷应根据游乐设施的安全要求、活动功能及趣味性等宜按表 8-1-6 计算确定，水上游乐池的内容和种类根据其他的要求和设施的完善程度确定，据国外资料介绍，一般按下列原则计算： （1）每日最高容纳人数按 2.2m² /人估算，其中面积为池水水面积与陆上地面面积（包括休息通道、平台等）的总和 （2）每日设计人数按每日最高容纳人数的 70% 计 （3）设计瞬时人数按每日设计人数的 65% 计 2. 水上游乐池人数负荷参照表 8-1-6，滑道人数负荷按工艺设计确定，我国《水上游乐设施通用技术条件》（GB/T 18168—2008）中规定为 2m² /人，但没有区分游乐池的类型	

表 8-1-5　每位游泳者最小游泳水面面积定额

游泳池水深/m	<1.0	1.0~1.5	1.5~2.0	>2.0
人均游泳面积/（m² /人）	2.0	2.5	3.5	4.0

注：本表数据不适用于跳水游泳池。

表 8-1-6　休闲游乐池人均最小水面面积定额

水上游乐池类型	造浪池	环流河	休闲池	按摩池	滑道跌落池
人均游泳面积/（m² /人）	4.0	4.5	3.0	2.5	按滑道高度、坡度计算确定

表 8-1-7　游泳池表面尺寸及水深

游泳池类别	水深/m		池长/m	池宽/m	备注
	最浅端	最深端			
比赛游泳池	2.0	2.0~2.2			
水球游泳池	2.0	2.0			可与比赛池合建
花样游泳池	≥3.0	≥3.0			可与比赛池合建
跳水游泳池	跳板（台）高度	水深			
	0.5	≥1.8	12	12	
	1.0	≥3.0	17	17	
	3.0	≥3.5	21	21	
	5.0	≥3.8	21	21	
	7.5	≥4.5~5.0	25	21,25	
	10.0	≥5.0~6.0	25	21,25	
训练游泳池					
运动员用	1.4~1.6	1.6~1.8	50	21,25	
成人用	1.2~1.4	1.4~1.6	50	21,25	含大学生
中学生用	≤1.2	≤1.4	50	21,25	
公共游泳池	1.4	1.6	50,25	25,21	
儿童游泳池	0.6~0.8	1.0~1.2	平面形状和尺寸视		中小学生
幼儿戏水池	0.3~0.4	0.4~0.6	具体情况由设计定		

注：设计中应与体育工艺部门密切配合，以保证游泳池既符合使用要求，又符合卫生要求。

8.1.3　游泳池和水上游乐池的相关国家规范和标准、水质、水源、水温、水量及初次充水时间

1. 游泳池和水上游乐池设计的相关国家规范和标准、水质

与游泳池和水上游乐池设计的相关国家规范和标准主要有《游泳池水质标准》（CJ 244—

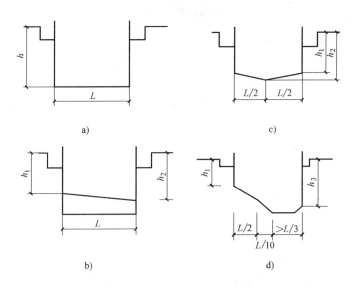

图 8-1-1　游泳池剖面

h_1—浅端水深　h_2—深端水深　h_3—跳水池水深　L—泳池长度

2007）、《游泳场所卫生标准》（GB 9667—1996）、《游泳池和水上游乐池给水排水设计规程》（CECS 14—2002）、《游泳池给水排水工程技术规程》（CJJ 122—2008）等。游泳池和水上游乐池初次充水和使用过程中的补充水、游泳池和水上游乐池饮水、淋浴等生活用水的水质，均应符合现行国家标准《生活饮用水卫生标准》（GB 5749—2006）的要求。世界级竞赛用游泳池的池水水质应符合表 8-1-8 的规定；国家级竞赛用游泳池和宾馆内附建的游泳池的池水水质卫生标准应参照表 8-1-8 确定，其他游泳池应符合表 8-1-9 的规定。

表 8-1-8　游泳池池水水质卫生标准

序号	项目	水质卫生标准	备注
1	温度(26 ± 1)℃		
2	pH 值	7.2 ~ 7.6 （电阻值 10.13 ~ 10.14Ω）	宜使用电子测量
3	浊度	0.10FTU	滤后入池前测定值
4	游离性余氯	0.3 ~ 0.6mg/L	DPD 液体
5	化合性余氯	≤0.4mg/L	
6	菌落*	(21 ± 0.5)℃；100 个/mL	24h、48h、72h
		(37 ± 0.5)℃；100 个/mL	24h、48h
7	大肠埃希氏杆菌*	(37 ± 0.5)℃；100mL 池水中不可检出	24h、48h
8	绿脓杆菌*	(37 ± 0.5)℃；100mL 池水中不可检出	24h、48h
9	氧化还原电位	≥750mV	电阻值为 10.13 ~ 10.14Ω
10	清晰度	能清晰看见整个游泳池底	
11	密度	kg/dm³	20℃时的测定值
12	高锰酸钾消耗量	池水中最大总量 10mg/L 其他水最水量 3mg/L	
13	THM（三卤甲烷）	宜小于 20μg/L	
14	室内泳池的空气温度	至少比池水温度高 2℃	由于建筑原因

注：表中带"＊"细菌的测试应使用膜滤。过滤后，将滤膜在 37℃温度下在胰蛋白本科解蛋白大豆琼脂中保存 2 ~ 4h，然后将滤膜放入隔离的培养基中。

表 8-1-9　人工游泳池池水水质卫生标准

序号	项目	标准
1	浊度	≤1NTU
2	pH 值	7.0~7.8
3	尿素	≤3.5mg/L
4	菌落总数	≤200CFU/mL
5	总大肠菌群	每100mL不得检出
6	游离性余氯	≤0.2~1.0mg/L
7	化合性余氯	≤0.4mg/L
8	TDS	原水 TDS+1500mg/L
9	ORP	≥650mV
10	氰尿酸	150
11	三卤甲烷 THMs	<200μg/L

2. 水源

游泳池和水上游乐池的初次充水、重新换水和正常使用中的补充水，均应采用城市生活饮用水；当采用城市生活饮用不经济或有困难时，公共使用游泳池和水上游乐的初次充水、换水和补充水可采用井水（含地热水）、泉水（含温泉水）或水库水，但水质应符合表 8-1-9 的要求。

3. 水温

游泳池和水上游乐池的池水设计温度根据池子类型和使用对象按表 8-1-10 采用，为便于灵活调节供水水温，设计时应留有余地。露天游泳池和水上游乐池的水温按表 8-1-11 选用，不考虑冬泳因素。

表 8-1-10　室内游泳池和水上游乐池的池水设计温度

序号	池子类型	池水设计温度
1	竞赛类游泳池	25~27℃
2	训练游泳池、宾馆内游泳池	26~28℃
3	公共游泳池(成人)	27~28℃
4	跳水池	27~28℃
5	造浪池、环流池	27~28℃
6	滑道池、休闲池	27~29℃
7	蹼泳池	不低于23℃
8	儿童池、戏水池	28~30℃
9	按摩池	不超过40℃

表 8-1-11　露天游泳池的池水设计温度

序号	类型	池水设计温度
1	有加热装置	26~28℃
2	无加热装置	≥23℃

4. 水量及初次充水时间

（1）补充水量。池中水因水表面蒸发损失、池子排污损失、过滤设备反冲洗用水消耗、使用者带出池外的水量损失和卫生防疫要求而逐渐减少池水量，应及时补充水才能使池正常运转。游泳池和水上游乐池的补充水量按表 8-1-12 选用。采用直流式给水系统或直流净化给水系统的游泳池和水上游乐池，每 h 补充水量不应小于池水容积的 15%。

表 8-1-12　游泳池和水上游乐池的补充水量

序号	游泳池、游乐池名称		每日补充水量占泳池水容积的百分数(%)
1	比赛池、训练池、跳水池	室内	3 ~ 5
		室外	5 ~ 10
2	水上游乐池、公共泳池	室内	5 ~ 10
		室外	10 ~ 15
3	按摩池	公用	10 ~ 15
4	儿童池、幼儿戏水池	室人	不小于 15
		室外	不小于 20
5	环流池		10 ~ 15
6	家庭游泳池	室内	3
		室外	5

注：1. 室内游泳池、水上游乐池的最小补充水量应保证在一个月内池水全部更换一次。

　　2. 当地卫生防疫部门有规定时，应按卫生防疫部门的规定执行。

（2）初次充水时间。池的初次运行的初次充水或运行过程中因维护原因泄空后的重新充水时间：游泳池不宜超过 48h，水上游乐池不宜超过 72h。

8.1.4　游泳池和水上游乐池的给水系统类型和循环给水系统

1. 给水系统类型

游泳池和水上游乐池的给水系统类型有：

（1）直流给水系统。连续不断地向游泳池或水上游乐池内供给符合卫生要求的水，又连续不断的排出池内用过的而受污的池水，其特点是水质经常符合卫生要求，无水处理装置和处理费用，管理简单。这种给水系统用于原水水质符合卫生要求、水量充沛、池水量小的地点。

（2）直流净化给水系统。采用对原水进行净化处理后符合卫生要求的水，经给水口连续不断的送入游泳池或水上游乐池，又连续不断的排出池内用过的而受污的池水。其特点是能够降低给水系统的成本和费用，常用于原水水量充沛、池水量小、原水水质大多时间符合卫生要求，有可能因季节原因部分时间的原水水质达不到要求需处理的地点。

以上直流给水系统或直流净化给水系统的每小时的补充水量，不得小于池水容积的 15%。

（3）定期换水的给水系统。在游泳池或水上游乐池使用一定时间后，池水受污染而实行全池水排空又重新换水。这种系统水质得不到保证，浪费水，仅用于池容积较大，使用人数少，水受污染机会少的场所，一般较少采用。

（4）循环给水系统。循环给水系统是使游泳池和水上游乐池的水进行循环使用，为了保证水质，采用了可靠的循环水处理装置和水处理系统，而且节约用水。循环给水系统在游泳池和水上游乐池的给水系统中普遍采用。

2. 循环给水系统设计

（1）循环给水系统的技术要求：进水水流均匀分布；在池内不产生急流、涡流和死水区；回水水流不产生短流；池水水温和消毒均匀。

（2）池水循环方式。池水循环方式、特点和图示见表 8-1-13。

表 8-1-13　池水循环方式、特点、应用和图示

池水循环方式	特点	应用	图示
顺流式	1. 池的全部循环水量经设在池端壁或侧壁以下的给水口送入池内,回水由设在池底的回水口流回经净化处理后再流入给水口 2. 配水较为均匀,底部回水口可与排污口、泄水口合用 3. 池结构简单,建设费用经济 4. 不利于池表面排污,池底内有局部沉淀污物	公共游泳池、露天游泳池、水上游乐池	图 8-1-2
逆流式	1. 池的全部循环水量经设在池壁外侧的溢水槽收集至回水管路,送到净化设备处理后,再经净化水配水管路送到池底的给水口或给水槽进入池内 2. 能去除表面污物和池底沉淀污物 3 池底均匀布置给水口使水流均匀,无涡流 4. 便于池水均匀有效地交换更新 5. 结构较复杂、建设费用效高	水质要求较严的池,如竞赛游泳池和训练游泳池	图 8-1-3
混流式	1. 池的全部循环水量的60% ~70%经设在池壁外侧的溢流回水槽取回,其余 40% ~30%的水量经设在池底的回水口取回,这两部分循环水量汇合后进行净化处理,然后经池底给水口送入池内不断的循环使用 2. 具有逆流式的全部优点且其池壁、池底同时回水,使水流能冲刷池底的积污,卫生条件更好 3. 结构较复杂、建设费用效高	水质要求较严的池,如竞赛游泳池和训练游泳池	图 8-1-4

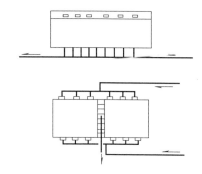

图 8-1-2　池水顺流式循环方式

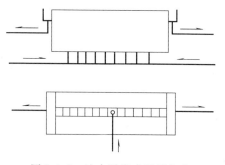

图 8-1-3　池水逆流式循环方式

8.1.5　游泳池和水上游乐池水的循环

1. 循环周期

　　游泳池和水上游乐池的池水净化循环周期,是指将池水全部净化一次所需要的时间。确定循环周期的目的是限定池水中污浊物的最大允许浓度,以保证池水中的杂质、细菌含量和余氯量始终处于游泳协会和卫生防疫部门规定的允许范围内。合理确定循环周期关系到净化设备和管道的规模、池水水质卫生条件、设备性能与成本以及净化系统的效果,是一个重要的设计数据。循环周期应根据池子的使用性质、使用人数、池水容积、消毒方式、池

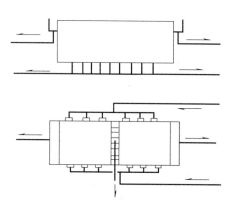

图 8-1-4　池水混流式循环方式

水净化设备运行时间和除污效率等因素确定，按表 8-1-14 采用。

表 8-1-14　游泳池和水上游乐池水的循环周期

序号	类型	用途		循环周期/h
1	专用游泳池	比赛池		4 ~ 5
2		花样游泳池		6 ~ 8
3		跳水池		8 ~ 10
4		训练池		4 ~ 6
5	公共游泳池	成人池		4 ~ 6
6		儿童池		1 ~ 2
7	水上游乐池	戏水池	成人池	4
8			幼儿池	< 1
9		造浪池		2
10		滑道跌落池		6
11	家庭游泳池			6 ~ 8

注：池水的循环次数可按每日使用时间与循环周期的比值确定。

一般来讲，池水循环周期的选值应根据实际情况分析后确定，对于同一个池子，最科学的运行方式是将其循环周期随着使用负荷的变化及时进行调整。公共游泳池和水上游乐池因使用人员多，且比较复杂，对池水污染快，设计时宜取下限值；池体水面面积大，相应承受人数多，污染物就多，特别是露天游泳池和游乐池受风沙杂物污染多，此时宜取下限值；如果水面面积相同，水深较大，承受人数相同，由于容积大则稀释度相对较大，可以取略大的数值。另外，游泳池和水上游乐池宜按池水连续 24h 循环进行设计，在夜间非开放期间的池水循环水量可按正常运行时全部循环水量的 35% ~ 50% 运行，这是为了防止滤料截留的积污杂质因停止水的流动而发生固化现象，影响过滤效果和滤料使用寿命，同时保持池内的余氯在规定的范围内。

2. 循环流量

循环流量是计算净化和消毒设备的重要数据，常用的计算方法有循环周期计算法和人数负荷法。循环周期计算法是根据已经确定的池水循环周期和池水容积，按式 (8-1-1) 计算：

$$q_c = \frac{\alpha_{ad} V_p}{T_p} \tag{8-1-1}$$

式中　q_c——游泳池或水上游乐池的循环流量（m^3/h）；

α_{ad}——管道和过滤净化设备的水容积附加系数，取 1.05 ~ 1.1；

V_p——游泳池或水上游乐池的池水容积（m^3）；

T_p——循环周期（h），见表 8-1-14。

3. 循环水泵

对于不同用途的游泳池、水上游乐池等所用的循环水泵应单独设置，以利于控制各自的循环周期的水压；当各池不同时使用时也便于调节，避免造成能源浪费。

循环水泵的设计流量不小于循环流量；扬程按照不小于送水几何高度、设备和管道阻力损失以及流出水头之和确定；工作主泵不宜少于两台，以保证净化系统 24h 运行，即白天高负荷时两台泵同时工作，夜间无人游泳或游乐时只使用一台泵运行；宜按过滤器反冲洗时工作泵和备用泵并联运行考虑备用泵的容量，并按反冲洗所需流量和扬程校核循环水泵的工况。

循环水泵应布置在池水净化设备机房内；宜靠近平衡水池、均衡池或游泳池、水上游乐池的吸水口，设计成自灌式；水泵吸水管、出水管内水流速度分别采用 1.0 ~ 1.5m/s、1.5 ~ 2.5m/s，并分别设置压力真空表和压力表；水泵机组及管道应采取必要的减振和降低噪声的技术措施。

4. 平衡水池和均衡水池

平衡水池适用于要用顺流式循环给水系统的游泳池和水上游乐池，为保证池水有效循环，且收集溢流水、平衡池水水面、调节水量浮动、安装水泵吸水口（阀）和间接向池内补水，需要设置平衡水池。当循环水泵受到条件限制必须设置在游泳池水面上，或是循环水泵直接从泳池吸水时，由于吸水管较长，沿程阻力大，影响水泵吸水高度而无法设计成自灌式开启时，需要设置平衡水池；另外，数座游泳池或水上游乐池共用一组净化设备时必须通过平衡水池对各个水池的水位进行平衡。平衡水池最高水面与泳池水面齐平，水池内底表面在最低回水管以下 400 ~ 700mm。平衡水池的有效容积按循环水净化系统管道和设备内的水容积之和考虑，且不应小于循环水泵 5min 的出水量。

均衡水池适用于采用逆流式循环给水系统的游泳池和水上游乐池，为保证循环水泵有效工作而设置低于池水水面的供循环水泵吸水的均衡水池，这是由于逆流式循环方式采用溢流式回水，回水管道中夹带有气体，均衡水池可以起到气水分离、调节泳池负荷不均匀时溢流回水量的浮动。均衡水池的最高水面低于溢流回水管管底 300 ~ 600mm。均衡水池的有效容积可按式（8-1-2）计算：

$$V_b = V_{pb} + V_s + V_{ad} \tag{8-1-2}$$

式中　V_b——均衡水池的有效容积（m^3）；

　　　V_{pb}——循环系统管道的水容积和过滤器反冲洗水量（m^3）；

　　　V_s——循环系统设备内的水容积（m^3）；

　　　V_{ad}——溢流回水时附加的水容积，$V_{ad} = A_s t_0$（m^3）；

　　　A_s——池水表面面积（m^2）；

　　　t_0——溢流回水时溢流水层厚度（m），可取 0.005 ~ 0.010m。

平衡水池和均衡水池还能使循环水中较大杂物得到初步沉淀；还可将补充水管接入向泳池间接补水。游泳池补充水管控制阀门出水口应高于水池最高水面（指平衡水池）和溢流水面（指均衡水池）100mm，并应装设倒流防止器。平衡水池和均衡水池应采用耐腐蚀、不透水、不污染水质的材料建造，并应设检修人孔、溢水管、泄水管和水泵吸水坑。

平衡水池与均衡水池是有区别的，不宜混用，应根据池水循环方式的不同而区别设计。

5. 循环管道及附属装置

循环管道由循环给水管和循环回水管组成，水流速度分别为 2.5m/s 以下、0.7 ~ 1.0m/

s。循环管道的材料以防腐为原则，可以采用塑料管、铜管和不锈钢管；采用碳钢管或球墨铸铁管时，管内壁应涂刷或内衬符合饮用水要求的防腐涂料或材料。

循环管道的敷设方法应根据游泳池或水上游乐池的使用性质、建设标准确定。一般室内游泳池或游乐池应尽量沿池子周围设置管廊，管廊高度不小于 1.8m，并应留人孔及吊装孔；室外游泳池或游乐池宜设置管沟布置管道，经济条件不允许时也可埋地敷设。

游泳池和水上游乐池上给水口和回水口的设置，对水流组织很重要，其布置应符合以下要求：

（1）数量应满足循环流量的要求。

（2）位置应使池水水流均匀循环，不发生短流。

（3）逆流式循环时，回水口应设在溢流回水槽内；混流式循环时回水口分别设置在溢流回水槽和池底最低处；顺流式循环时池底回水口的数量应按淹没流计算，不得少于两个。

游泳池和水上游乐池的泄水口应设置在池底最低处，应按 4h 全部排空池水确定泄水口的面积和数量。重力式泄水时，泄水管需设置空气隔断装置而不应与排水直接连接。

溢流回水槽设置在逆流式或混流式系统的池子两侧壁或四周，截面尺寸按溢流水量计算，最小截面为 200mm × 200mm。槽内回水口数量由计算确定，间距一般不大于 3.0m。槽底以 1% 坡度坡向回水口。回水口与回水管采用等程连接、对称布置管路，接入均衡水池。

游泳池的池岸应设置不少于 4 个冲洗池岸用的清洗水嘴，宜设在看台或建筑的墙槽内或阀门井内（室外游泳池），冲洗水量按 1.5L/（m² · 次）计，每日冲洗两次，每次冲洗时间以 30min 计。

游泳池和水上游泳池还应设置消除池底积污的池底清污器；标准游泳池和水上游乐池宜采用全自动池底清污器；中、小型游乐池和休闲池宜采用移动式真空池底清污器或电动清污器。

8.1.6　游泳池和水上游乐池循环水的净化

1. 池水污染源和水的净化工艺

（1）池水污染源

1）游泳者的自身污染，如人体分泌物、脱落物和其携带物品。

2）化学药品残留的污染，如向水中投入的水处理剂，有可能与水中的某些粒子形成一些新的污染物。

3）池周围环境的污染，如地面的沙尘、雨水、植物落叶、昆虫及其他落物质等。

（2）池水的净化工艺。常见的池水的净化工艺有：

1）竞赛游泳池采用全流量预净化、砂滤、炭滤、臭氧消毒等的净化工艺，如图 8-1-5 所示。

2）旅馆、会所、俱乐部及社团、学校用游泳池、原有游泳池改造等采用分流量臭氧消毒和砂滤等的净化工艺，如图 8-1-6 所示。

3）露天游泳池及一般公共游泳池、水上游乐池采用砂滤及氯消毒的净化工艺，如图 8-1-7 所示。

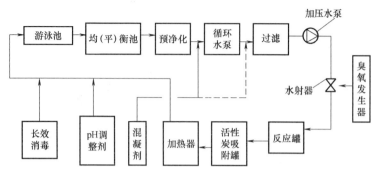

图 8-1-5　全流量预净化、砂滤、炭滤、臭氧消毒等的净化工艺

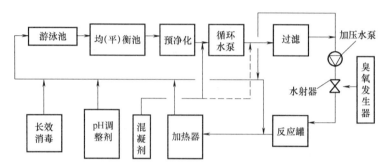

图 8-1-6　分流量臭氧消毒和砂滤等的净化工艺

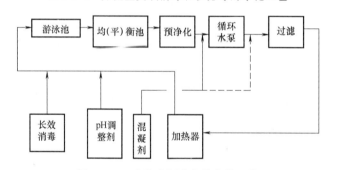

图 8-1-7　砂滤及氯消毒的净化工艺

4）对氯及氯制品消毒剂有特别限制的游泳池，可采用分流量臭氧消毒的池水净化工艺，如图 8-1-8 所示。

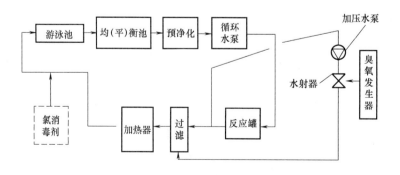

图 8-1-8　分流量臭氧消毒的池水净化工艺

（3）池水的净化工艺单元设计

1）池水预净化工艺单元设计。为防止游泳池或水上游乐池水夹带的固体杂质和毛发、树叶、纤维等杂物损坏水泵，破坏过滤器滤料层，影响过滤效果和水质，池水的回水首先应进入毛发聚集器进行预净化。毛发聚集器外壳应为耐压、耐腐蚀材料；过滤筒孔眼的直径宜采用 3～4mm，过滤网眼宜采用 10～15 目，且应为耐腐蚀的铜、不锈钢和塑料材料所制成；过滤筒（网）孔眼的总面积不小于连接管道截面面积的 2 倍，以保证循环流量不受影响。毛发聚集器装设在循环水泵的吸水管上，截留池水中夹带的固体杂质。

为保证循环水泵正常运行，过滤筒（网）必须经常清洗或更换，否则会增加水流阻力、降低水泵扬程、减小水泵出水量、影响循环周期。

2）池水过滤处理工艺单元设计。游泳池或游乐池的循环水具有处理水量恒定、浊度低的特点，为简化处理流程，减小净化设备机房占地面积，一般采用水泵加压一次提升的循环方式，过滤设备采用压力过滤器。

过滤器应根据池子的规模、使用目的、平面布置、人员负荷、管理条件和材料情况等因素统一考虑，并应符合下列要求：

① 体积小、效率高、功能稳定、能耗小、保证出水水质。

② 操作简单、安装方便、管理费用低且利于自动控制。

③ 对于不同用途的游泳池和水上游乐池，过滤器应分开设置，有利于系统管理和维修；

④ 每座池子的过滤器数目不宜少于两台，当一台发生故障时，另一台在短时间内采用提高滤速的方法继续工作，一般不必考虑备用过滤器。

⑤ 一般采用立式压力过滤器，有利于水流分布均匀，操作方便。当直径大于 2.6m 时，采用卧式压力过滤器。

⑥ 重力过滤器一般低于泳池的水面，一旦停电可能造成溢流淹没机房等事故，所以应有防止池水溢流事故的措施。

⑦ 压力过滤器应设置进水、出水、冲洗、泄水和放气等配管，还应设有检修孔、观察孔、取样管和差压计。

过滤器内的滤料应该具备以下特点：比表面积大、孔隙率高、截污能力强、使用周期长；不含杂物和污泥，不含有毒和有害物质；化学稳定性能好；机械强度高，耐磨损，抗压性能好。目前压力过滤器的滤料有石英砂、无烟煤、聚苯乙烯塑料珠、硅藻土等，国内使用石英砂比较普遍。压力过滤器的滤料组成、过滤速度和滤料层厚度应经实验确定，也可按表 8-1-15 选用。

表 8-1-15 压力过滤器的滤料组成和过滤速度

序号	滤料类型		滤料组成粒径/mm			过滤速度 /(m/h)
			粒径/mm	不均匀系数 K_{80}	厚度/mm	
1	单层滤料	级配石英砂	$D_{min}=0.50$ $D_{max}=1.00$	<2.0	≥700	15～25
2		均质石英砂	$D_{min}=0.60$ $D_{max}=0.80$	<1.40	≥700	15～25
3			$D_{min}=0.50$ $D_{max}=0.70$	<1.40	≥700	15～25

（续）

序号	滤料类型		滤料组成粒径/mm			过滤速度 /(m/h)
			粒径/mm	不均匀系数 K_{80}	厚度/mm	
4	双层滤料	无烟煤	$D_{min}=0.85$ $D_{max}=1.60$	<2.0	300~400	14~18
		石英砂	$D_{min}=0.50$ $D_{max}=1.00$		300~400	
5	多层滤料	沸石	$D_{min}=0.75$ $D_{max}=1.20$	<1.7	350	20~30
		活性炭	$D_{min}=1.20$ $D_{max}=2.00$	<1.7	600	
		石英砂	$D_{min}=0.80$ $D_{max}=1.20$	<1.7	400	

注：1. 其他滤料如纤维球、树脂、纸芯等，按生产厂商提供并经有关部门认证的数据选用。

2. 滤料的相对密度：石英砂为 2.5~2.7；无烟煤为 1.4~1.6；重质矿石为 4.4~5.2。

3. 压力过滤器的承托层厚度和卵石粒径，根据配水形式按生产厂商提供并经有关部门认证的资料确定。

压力过滤器的过滤速度是确定设备容量和保证池水水质卫生的基本数据，应从保证池水水质和节约工程造价两方面考虑。对于竞赛池、公共池、教学池、水上游乐池等宜采用中速过滤；对于家庭池、宾馆池等可采用高速过滤。

过滤器在工作过程中由于污物积存于滤料中，使滤速减小，循环流量不能得到保证，池水水质达不到要求，必须进行反冲洗，即利用水力作用使滤料浮游起来，进行充分的洗涤后，将污物从滤料中分离出来和冲洗水一起排出。冲洗周期通常按照压力过滤器的水头损失和使用时间来决定。

过滤器应采用水进行反冲洗，有条件时宜采用气、水组合反冲洗。反冲洗水源可利用城市生活饮用水或游泳池池水。压力过滤器采用水反冲洗时的反冲洗强度和反冲洗时间按表 8-1-16 采用；重力过滤器的反冲洗应按有关标准和厂商的要求进行；气水混合冲洗时根据试验数据确定。

表 8-1-16　压力过滤器的反冲洗强度和反冲洗时间

序号	滤料类别	反冲洗强度/[L/(s·m²)]	膨胀率(%)	反冲洗时间/min
1	单层石英砂	12~15	45	10~8
2	双层滤料	13~16	50	10~8
3	三层滤料	16~17	5	7~5

注：1. 设有表面冲洗装置时，取下限值。

2. 采用城市生活饮用水冲洗时，应根据水温变化适当调整冲洗强度。

3. 膨胀率数值仅作压力过滤器设计计算之用。

压力过滤器应设置的部件有：布水均匀的布水装置和集水（反冲洗配水）均匀的集水装置、人孔、进水管、出水管、泄水管、排气管、差压管、取样管、流量计、观察孔及各类切换阀门。必要时还应设置空气反冲洗和表面冲洗装置。

3）池水活性炭处理工艺单元设计。活性炭具有良好的吸附功能，采用活性炭吸附装置能有效去除水中的微细杂质，还能对水进行消毒和消除细菌等深度处理。活性炭可采用水处理用颗粒状，粒径为 0.9~1.6mm，比表面积不小于 1000cm²/g，充填厚度不小于 50cm。活性炭吸附处理装置的过滤速度宜采用 33～35m/h。活性炭吸附处理装置的反冲洗宜采用气、水组合反冲洗，冲洗强度参见表 8-1-17。

表 8-1-17　活性炭吸附处理装置的反冲洗强度和反冲洗时间

反冲洗强度/[L/(m²·s)]		反冲洗时间/min		膨胀率
气	水	气	水	
14～16	4～6	3～5	2～3	40～45

注：为保证活性炭的吸附能力，宜每年更换 1/3 总厚度的表层活性炭滤料。

4）池水投药处理工艺单元设计

① 池水投药。加药操作包括向池水中加药以及在循环水进入过滤器之前加药。

向池水中加药的目的主要有：调整池水的 pH 值、调整 TDS 浓度、防止藻类产生。

pH 值对混凝效果和氯消毒有影响，而且 pH 值偏高或偏低会对游泳者或游乐者的眼睛、皮肤、头发产生损伤，或有不舒适感，另外 pH 值小于 7.0 时会对池子的材料设备产生腐蚀性，故应定期地投加纯碱或碳酸盐类物质，以调整池水的 pH 在规定的范围内。当 pH 值低于 7.2 时，应向池水投加碳酸钠；当 pH 值高于 7.6 时，应向池水中投加盐酸或碳酸氢钠。

总溶解固体（TDS）是池水中所有金属、盐类、有机物和无机物等可溶性物质的质量。如果池水中的 TDS 小于 50mg/L，池水呈现轻微绿色而缺乏反应能力；TDS 浓度过高（超过 1500mg/L）会使水溶解物质的容纳力降低，悬浮物聚集在细菌和藻类周围阻碍氯靠近，影响氯的杀菌效能。所以池水中 TDS 浓度范围规定为 150～1500mg/L，偏小时应向池水中投加次氯酸钠，偏大时应增大新鲜水补充量稀释 TDS 浓度。

当池水在夜间、雨天或阴天不循环时，由于含氯不足就会产生藻类，使池水呈现黄绿色或深绿色，透明度降低。这时应定期向池水中投加硫酸铜药剂以消除和防止藻类产生。设计投加量不大于 1mg/L，投加时间和间隔时间应根据池水透明度和气候条件确定。

由于游泳池和水上游乐池水的污染主要来自人体的汗等分泌物，仅使用物理性质的过滤不足以去除微小污物，故池水中的循环水进入过滤器之前需要投加混凝剂，把水中微小污物吸附聚集在药剂的絮凝体上，形成较大块状体经过滤去除。混凝剂宜采用氯化铝或精制硫酸铝、明矾等，根据水源水质和当地药品供应情况确定，宜采用连续比自动投加。

投药装置的组成和技术要求见表 8-1-18。

表 8-1-18　投药装置的组成和技术要求

序号	组成	技术要求	序号	组成	技术要求
1	药品库	1. 混凝剂、pH 值调整剂、除藻剂等药品应分类贮存 2. 可共同一个房间，但应有分隔通道	3	投药装置	1. 重力式投加时采用比例投加器 2. 压力式投加时采用比例式加药泵计量泵自动投加
2	溶药池药液池	1. 不同药品应分别设置 2. 溶药池及药液池分开或合并设置，按投加方式确定	4	自动调整监测和控制	1. 自动调整监测和控制有 pH 值传感器、变送器、各种药剂量报警信号 2. 巡回监测信号有循环水流量、药剂计量、温度及浓度等现场数据采集及显示

混凝剂、除藻剂和 pH 值调整剂的设计投加量见表 8-1-19。

表 8-1-19　混凝剂、除藻剂和 pH 值调整剂的设计投加量

分类	药剂名称	特性	设计投加量/(mg/L)	投加要求
混凝剂	硫酸铝(精制、粗制)$Al_2(SO_4)_3 \cdot 18H_2O$	1. 水解作用缓慢 2. 精制品含无水硫酸铝 50%~52% 3. 精制品含无水硫酸铝 20%~25% 4. 适用水温:20~40℃	5~10	1. 配置溶液浓度不宜大于 10% 2. 应连续投加 3. 宜由探测器反馈自动调整投加量
	硫酸铝钾$Al_2(SO_4)_3 \cdot K_2SO_4 \cdot 24H_2O$			
	硫酸亚铁(绿矾)$Fe_2SO_4 \cdot 7H_2O$	1. 腐蚀性大 2. 矾花形成快,切块大 3. 适用于高浊度、高碱度的水	5~10	
	碱式氯化铝(简写PAC)$Al_n(OH)_mCl_{3n-m}$	1. 效果好,出水过滤性能好,色度低 2. 固体含氧化铝 40%~50% 3. 温度适应性广 4. pH 值适用范围大(pH=5~9) 5. 腐蚀性小	3~10	
除藻剂	硫酸铜(蓝矾)$CuSO_4 \cdot 5H_2O$	1. 易溶于水 2. 使水呈蓝色,提高池水观感及透明度 3. 能抑制水藻生长,具有杀菌能力 4. 有一定毒性	不大于 1	1. 可以干投 2. 湿投溶液浓度不大于 10% 3. 间歇性投加,间隔时间由水质状况定,一般 10~20d 投加一次
pH 值调整剂	纯碱($NaHCO_3$)苏打(Na_2CO_3)	1. 无毒无腐蚀性 2. 易溶于水 3. 有安全要求	3~5	1. 湿式投加 2. 配置溶液浓度不大于 10% 3. 投加量及时间由pH 值探测器反馈,自动调整投加量 4. 手动投加由水质化验确定
	烧碱($NaOH$)	1. 有腐蚀性 2. 溶于水中放出大量的热	3~5	

② 池水水质平衡。池水水质平衡工艺见表 8-1-20。

表 8-1-20　池水水质平衡工艺

项目	内　容	项目	内　容
池水水质平衡用途	防止池水被污染,提高池水舒适度,延长泳池设施、设备、管道等的使用寿命,使池水物理和化学成分保持在既不析出沉淀水垢和溶解水垢,又不腐蚀设备、设施及管道,池水的 pH 值符合要求;池水的总碱度不低于 75mg/L 且不高于 250mg/L;池水的钙硬度不低于 75mg/L 且不高于 500mg/L;池水的总溶解固体不低于 150mg/L 且不高于 1500mg/L	池水水质平衡方法	1. pH 值低于 7.2 时,应向循环水中投加碳酸钠;pH 值超过 7.6 时,应向循环水中投加盐酸或碳酸氢钠 2. 总碱度低于 75mg/L 时,应向循环水中投加碳酸氢钠,提高池水的碱度;总碱度超过 250mg/L 时,应采取增加新鲜水补充量进行稀释的方式降低其总碱度 3. 钙硬度低于 75mg/L 时,应向循环水中投加氯化钙,提高池水的钙硬度;钙硬度高于 500mg/L 时,应采取增加新鲜水补充量进行稀释的方式降低钙硬度 4. 总溶解固体浓度低于 150mg/L 时,应向循环水中投加次氯酸钠;总溶解固体浓度超过 1500mg/L 时,应采取增加新鲜水补充量进行稀释的方式降低总溶解固体浓度

5）池水消毒处理工艺单元设计。游泳池和水上游乐池的池水必须进行消毒杀菌处理，消毒方法和设备应符合以下要求：杀菌力强、不污染水质，并在水中有持续杀菌的功能；设备简单、运行可靠、安全；操作管理方便，建设投资和运行费用低等。消毒方式应根据池水的使用特点确定。

各种常用消毒剂的种类、特点及应用见表 8-1-21。

表 8-1-21　各种常用消毒剂的种类、特点及应用

消毒剂名称	特点	应用地点和方法
臭氧	1. 消毒效果好，杀菌能力强，能保证水质不受污染 2. 无持续消毒功能，应保证向池水投加少量的氯 3. 对设备产生氧腐蚀 4. 臭氧的半衰期仅为 30～40min，应边生产边使用，易产生爆炸和影响人体健康，故要采取安全措施	1. 世界级和国家级竞赛和训练游泳池和会所附设的游泳池、室内休闲池及有特殊要求的其他游泳池 2. 对卫生要求高、人员负荷高的游泳池和水上游乐池宜采用循环水全部进行消毒的全流量臭氧消毒系统，如图 8-1-9 所示；对于人数负荷一般且人员较为稳定的游泳池和水上游乐池可采用分流量臭氧消毒系统，如图 8-1-10 所示
氯及氯化合物	1. 分为氯气、次氯酸钠、氯片等 2. 消毒效果较好，有持续消毒能力	1. 一般游泳池和水上游乐池 2. 投加量为 1～3mg/L 3. 次氯酸钠采用湿式投加，氯气采用负压自动投加
紫外线	1. 杀菌效率高、速度快 2. 无持久消毒作用，受水中浊度的影响	在条件适宜的情况下可用于池水处理

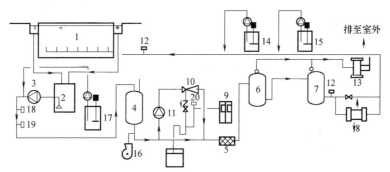

图 8-1-9　全流量臭氧消毒系统

1—游泳池　2—均衡水池　3—循环水泵　4—砂过滤器　5—臭氧混合器　6—反应罐　7—剩余臭氧吸附过滤器　8—加热器　9—臭氧发生器　10—负压臭氧投加器　11—加压泵　12—臭氧监测器　13—臭氧尾气处理器　14—长效消毒剂投加装置　15—pH 高速投加装置　16—风泵　17—混凝剂投加装置　18—pH 值探测器　19—氯探测器　20—臭氧取样点

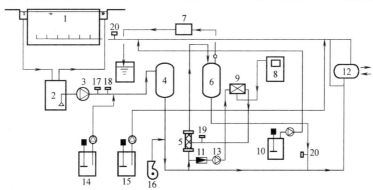

图 8-1-10　分流量臭氧消毒系统

1—游泳池　2—均衡水池　3—循环水泵　4—砂过滤器　5—臭氧混合器　6—反应罐　7—臭氧尾气处理器　8—臭氧发生器　9—负压臭氧投加器　10—长效消毒剂投加装置　11—流量计　12—加热器　13—加压泵　14—混凝剂投加装置　15—pH 高速投加装置　16—风泵　17—pH 探测器　18—氯探测器　19—臭氧取样点　20—臭氧监测器

8.1.7 游泳池和水上游乐池水的加热

1. 热量计算

游泳池和水上游乐池水所需的热量由以下几项组成：

（1）游泳池和水上游乐池水表面蒸发损失的热量（式 8-1-3）：

$$Q_s = \frac{1}{\beta}\rho\gamma(0.0174v_w + 0.0229)(P_b - P_q)A_s\frac{B}{B'} \tag{8-1-3}$$

式中　Q_s——游泳池或水上游乐池水表面蒸发损失的热量（kJ/h）；

　　　　β——压力换算系数，取 133.32Pa；

　　　　ρ——水的密度（kg/L）；

　　　　γ——与游泳池或水上游乐池水温相等的饱和蒸汽的蒸发汽化潜热（kJ/h）；

　　　　v_w——游泳池或水上游乐池水表面上的风速（m/s），按下列规定采用：

　　　　　　　　室内游泳池或水上游乐池：0.2 ~ 0.5m/s；

　　　　　　　　室外游泳池或水上游乐池：2 ~ 3m/s；

　　　　P_b——与游泳池或水上游乐池水温相等的饱和空气的水蒸气分压力（Pa）；

　　　　P_q——游泳池或水上游乐池的环境空气的水蒸气分压力（Pa）；

　　　　A_s——游泳池或水上游乐池的水表面面积（m²）；

　　　　B——标准大气压（Pa）；

　　　　B'——当地的大气压（Pa）。

γ 值见表 8-1-22。

表 8-1-22　水的蒸发潜热和饱和蒸汽压

水温/℃	蒸发潜热 γ/(kJ/kg)	饱和蒸汽压 P_b/Pa	水温/℃	蒸发潜热 γ/(kJ/kg)	饱和蒸汽压 P_b/Pa
18	2458.19	2066.49	25	2441.44	3173.02
19	2456.09	2199.81	26	2438.93	3359.71
20	2453.58	2333.14	27	2436.42	3559.70
21	2451.07	2493.12	28	2434.32	3773.01
22	2448.98	2639.78	29	2431.81	3999.66
23	2446.46	2813.09	30	2430.13	4239.64
24	2443.53	2986.41	—	—	—

气温、相对湿度及蒸汽分压 P_q 值见表 8-1-23。

表 8-1-23　气温、相对湿度及蒸汽分压 P_q 值

水温/℃	相对湿度（%）	蒸汽分压 P_q/Pa	水温/℃	相对湿度（%）	蒸汽分压 P_q/Pa
21	50	1239.89	26	50	1666.53
	55	1359.98		55	1839.84
	60	1479.87		60	2026.49
22	50	1319.89	27	50	1773.18
	55	1453.21		55	1959.83
	60	1586.53		60	2133.15
23	50	1399.88	28	50	1906.50
	55	1533.20		55	2079.82
	60	1679.86		60	2266.47
24	50	1479.87	29	50	2013.16
	55	1639.86		55	2199.81
	60	1786.51		60	2399.80
25	50	1586.53	30	50	2133.15
	55	1733.19		55	2333.14
	60	1893.17		60	2546.45

（2）水面传导损失的热量（式 8-1-4）：

$$Q_{ch} = 4.187aF(t_s - t_q) \tag{8-1-4}$$

式中　Q_{ch}——池水面传导损失的热量（kJ/h）；

　　　　a——水面传热系数，可近似采用 $1.163W/(m^2 \cdot K)$；

　　　　F——池水面面积（m^2）；

　　　　t_s——池水温度（℃），按表 8-1-23 采用；

　　　　t_q——池处地点的空气温度（℃）。

（3）池底和池壁传导损失的热量（式 8-1-5）：

$$Q_{dh} = 4.187 \sum KF_{db}(t_s - t_t) \tag{8-1-5}$$

式中　Q_{dh}——池底和池壁传导损失的热量（kJ/h）；

　　　　K——池底和池壁的传热系数 $[J/(m^2 \cdot h \cdot ℃)]$，按下列数据采用：

　　　　　　　与土壤接触时，$K = 4.1868J/(m^2 \cdot h \cdot ℃)$；

　　　　　　　与空气接触时，$K = 2 \times 4.1868 \sim 5 \times 4.1868J/(m^2 \cdot h \cdot ℃)$，池壁较厚时取较

　　　　　　　小值，反之取较大值；

　　　　F_{db}——池底或池壁的外表面积（m^2）；

　　　　t_s——池水温度（℃），按表 8-1-23 采用；

　　　　t_t——土壤或空气的温度（℃）。

（4）管道和设备等传导所损失的热量：按热水供应循环管道热损失的计算方法计算。

（5）补充新鲜水加热需要的热量（式 8-1-6）：

$$Q_f = \frac{\alpha V_f \rho (T_i - T_f)}{t_h} \tag{8-1-6}$$

式中　Q_f——游泳池或水上游乐池补充新鲜水加热所需的热量（kJ/h）；

　　　　α——热量换算系数，取 $4.1868kJ/kcal$；

　　　　ρ——水的密度（kg/L）；

　　　　V_f——游泳池或水上游乐池新鲜水的补水量（L/d）；

　　　　T_i——池水设计温度（℃）；

　　　　T_f——补充新鲜水的温度（℃）；

　　　　t_h——加热时间（h）。

总热量应为以上各项之和。

在进行方案设计时，池水水面蒸发损失的热量、水面传导损失的热量、池底和池壁传导损失的热量、管道和设备损失的热量，以上之和可按表 8-1-24 进行估算。

表 8-1-24　游泳池每 m^2 水面积平均热损失概略值　　　　　　（单位：kJ/h）

气温/℃	5	10	15	20	25	26	27	28	29	30
露天游泳池	4522	4187	3852	3433	2931	2847	2721	2596	2470	2302
室内游泳池	2345	2177	2010	1842	1507	1465	1382	1340	1256	1172

注：表中数值按水温27℃、空气相对湿度50%、室内风速0.5m/s、室外风速2m/s的条件计算。

2. 加热方式与设备

游泳池和水上游乐池水的加热可采用间接加热或直接加热方式，有条件的地区也可采用太阳能加热方式，应根据热源情况和水的使用性质确定。间接加热方式具有水温均匀，无噪

声，操作管理方便的优点，竞赛用游泳池应采用间接加热方式；将蒸汽接入循环水直接混合加热的直接加热方式，具有热效率高的优点，但是应有保证汽水混合均匀和防噪声的措施，有热源水条件时可用于公共游泳池；中、小型游泳池可采用燃气、燃油热水机组及电热水器直接加热方式。

池水的初次加热时间直接影响加热设备的规模，应考虑能源条件、热负荷和使用要求等因素，一般采用 24~48h。对于比赛用游泳池，在能源丰富、供应方便的地区，或是池水加热与其他热负荷（如淋浴加热供暖供热）不同时使用时，池水的初次加热时间宜短些，否则可以适当延长。

加热设备根据能源条件，池水初次加热时间和正常使用时补充水的加热等情况，综合技术经济比较确定。竞赛游泳池、大型游泳池和水上游乐池宜采用快速式换热器，单个的短泳池和小型游泳池可采用半容积式换热器或燃气、燃油热水机组直接加热。

不同用途游泳池的加热设备宜分开设置，必须全用时应保证不同池子和不同水温要求的池子有独立的给水管道和温控装置。加热设备按不少于两台同时工作。为使池水温度符合使用要求，节约能源，每台应装设温度自动调节装置，根据循环水出口温度自动调节热源的供应量。

将池水的一部分循环水加热，然后与未加热的那部分循环水混合，达到规定的循环水出口温度时供给水池，这是国内外大多采用的分流式加热系统。被加热的循环水量一般不少于全部循环水量的 20%~25%，被加热循环水温度不宜超过 40℃，应有充分混合被加热水与未被加热水的有效措施。

对于全部循环水量都加热的系统，其加热设备的进水管口和出水管口的水温差应按式（8-1-7）计算：

$$\Delta T_h = \frac{Q_s + Q_t + Q_f}{1000\alpha\rho q_c} \tag{8-1-7}$$

式中　ΔT_h——加热设备进水管口与出水管口的水温差（℃）；

　　　Q_s——池水表面蒸发损失的热量（kJ/h）；

　　　Q_t——池水表面、池底、池壁、管道、设备传导损失的热量（kJ/h）；

　　　Q_f——补充新鲜水加热所需的热量（kJ/h）；

　　　α——热量换热系数，$\alpha = 4.1868$kJ/kcal；

　　　ρ——水的密度（kg/L）；

　　　q_c——循环流量（m³/h）。

按上式计算后，当选不到合适的加热器时，可改为分流式加热系统。

8.1.8　游泳池和水上游乐池水的附属配件

1. 给水口

（1）给水口的出水量可调节，其调节范围按表 8-1-25 选用。

表 8-1-25　给水口的出水量调节范围

给水口管径/mm	出水量调节范围/（m³/h）	备注
40	1.0~5.0	宜用于 25m 长短池池底给水
50	6.0~9.0	宜用于 50m 标准池池底给水
70	10.0~13.0	宜用于 25m 长短池端壁给水
80	14.0~20.0	宜用于 50m 标准池端壁给水

（2）给水口设置要求

1）数量应满足循环水量要求。

2）设置位置应保证池水呈良好循环。

3）逆流式池水循环采用池底型给水口，顺流式池水循环采用池壁型给水口。

4）池底型给水口和配水管若埋入池底板上预留的垫层内，其垫层厚度根据配管管径和布水口大小确定，一般宜为 300～500mm；若穿池底敷设，应在池底预留套管，池底的架空高度能满足施工安装和维护。

（3）池底型给水口的布置要求

1）标准游泳池应均匀布置在每条泳道分隔拉线于池底的水平投影线上，其纵向间距宜为 3.0m，距游泳池两端壁的距离不小于 1.50m。

2）非标准游泳池和水上游乐池，应按每个给水口的服务面积为 7.6～8.0m² 均匀布置在池底上。

3）标准游泳池的池底给水口位置误差不宜大于 ±10mm。

（4）池壁型给水口的布置要求

1）标准游泳池应布置在池子两端壁每条泳道分隔拉线于挂钩下端壁的垂直投影线上，并设在池水水表面以下 0.50～1.00m 处。

2）跳水池和水深超过 2.5m 的游泳池、水上游乐池，应至少设置两层给水口。且上、下层的给水口应错开布置，最低一层的给水口应高出池底内表面 0.50m。

3）非标准游泳池在两侧壁布置给水口时，其间距不宜超过 3.0m，但在池子拐角处距端壁或另一池壁的距离不得超过 1.5m。

4）在同一游泳池或游乐池内，其给水口在池壁的位置，同层给水口应在同一水平线上。

（5）给水口的构造和材料要求

1）形状应为喇叭形，喇叭口面积不得小于连接管截面面积的 2 倍。

2）应设有出水流量调节装置。

3）喇叭口应设格栅护盖，且格栅孔隙不应大于 8mm。

4）格栅护盖孔隙的水流速度不宜大于 1.0m/s。

5）材料应为铜、不锈钢和 ABS 塑料等耐腐蚀、不变形和不污染水质的材料。

2. 回水口

（1）回水口的布置要求

1）数量以每只回水口的流量进行计算。

2）顺流式池水循环时，回水口的设置要求如下：

① 池底回水口的数量应按淹没流计算确定，但不得少于两个，以防止出现安全事故，并满足当一个回水口堵塞而不影响回水的要求。

② 池底回水口应采取并联连接，以使其每个回水口的流量基本相同，保证回水均匀、余氯基本一致。

③ 回水口的位置应根据池子纵向断面形状确定，一般宜设在池底的最低处，并保持回水水量均匀，不短流。回水口宜做成坑槽式。

④ 池底回水口的格栅板和格栅板座应牢固不得松动，且上表面应与池底内表面相平。

3）逆流式池水循环时回水口的设置要求

① 回水口应设在溢流回水槽内。

② 回水口的数量宜按孔口出流量计算确定。但实际安装数量应为计算的 1.2 倍，以保证个别回水口发生故障时仍能满足循环水量要求，且回水口接管直径不宜小于 75mm。

（2）回水口的构造要求

1）回水口格栅孔隙面积之和不得小于连接管截面的 6 倍；回水口流量以生产厂数据为准。

2）回水口格栅孔隙的水流速度：若为池底回水口，为防止表面产生漩涡及虹吸力，不应超过 0.20m/s；若为溢流回水槽内回水口，不应超过 0.50m/s。

3）格栅板的格栅孔隙宽度，池底回水口：成人游泳池不应超过 10mm；儿童游泳池不应超过 8mm。

4）格栅盖板及盖座材料应为铜、不锈钢和 ABS 塑料等耐腐蚀、不变形材料。

3. 泄水口

（1）泄水口的数量宜按 4h 排空全部池水计算确定。

（2）泄水口应设在池底的最低处，顺流式池水循环时，回水口可兼作泄水口，泄水口的安装应符合以上相关要求。

（3）重力式泄水时，泄水管不得与污水排水管道直接连接；当与雨水管道连接时，应设置防止雨水倒流至游泳池的隔断装置或倒流防止器。

（4）泄水口的构造和材质应符合以上相关要求。

4. 溢流水槽

（1）顺流式池水循环系统，应沿池壁两侧或周边设置齐岸外溢式溢流水槽。

（2）溢流水槽的截面尺寸宜按池水循环水量的 10% ~ 15% 计算确定，但槽的最小宽度宜为 200mm。

（3）槽内壁应贴瓷砖，槽上口应设置组合式塑料格栅板。格栅板孔隙应为 8 ~ 10mm。

（4）槽内壁应设排水口，排水口可采用成品溢水口或排水地漏。数量应按不小于溢流水量 1.2 倍的流量计算确定，排水口应均匀布置在槽内。

（5）槽底应有 1% 的坡度坡向排水口。

（6）排水口宜采用 ABS 塑料或其他高强度不污染水质和耐腐蚀材料制造。

5. 溢流回水槽

（1）溢流式池水循环系统应沿池子两侧壁设置齐岸外溢式溢流回水槽。

（2）溢流回水槽的截面尺寸应按下列规定确定：

1）池水为逆流式循环时，溢流水量按全部循环流量计算确定。

2）池水为混合式循环时，按溢流水量不得小于全部循环流量的 60% 计算确定。

3）水槽的最小截面不得小于 250mm × 250mm，以方便施工和清洗。

（3）槽内的溢流回水口数量应按循环水量计算结果确定，但没有安全气垫的跳水池，回水口的数量应按计算结果的 1.5 倍设置。回水口接管直径不宜小于 75mm，且应均匀布置在槽内。

（4）溢流回水槽的溢流堰应水平，其误差不得超过 ±2mm，以确保溢流均匀，不出现短流。

（5）水槽顶面应设组合式塑料格栅板，水槽内壁应砌瓷砖或衬其他光滑材料。

（6）槽内回水口与回水管应采用等程连接或多路回水管分别接入均衡池，以防止短流或不均匀流出现。

（7）槽内回水口的构造应符合上述回水口规定的有关要求。

8.1.9　游泳池和水上游乐池水的洗净设施

为减轻游泳池和水上游乐池水的污染程度，使用者进入水池前应先进入洗净设施，以清除人体上的污物。洗净设施有浸脚消毒池、强制淋浴器、浸腰消毒池。使用者的流程为：

（1）第一种：浸脚消毒→强制淋浴→浸腰消毒→游泳池岸边。

（2）第二种：浸脚消毒→浸腰消毒→强制淋浴→游泳池岸边。

1. 浸脚消毒池

（1）平面尺寸：宽度应与游泳者出入通道相同；长度不得小于 2.0m；深度不小于 0.2 ~ 0.3m，有效深度应在 150mm 以上，如图 8-1-11 所示。

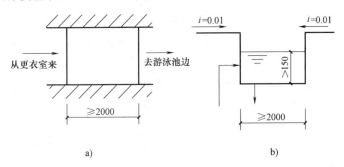

图 8-1-11　浸脚消毒池形式

a）平面图　b）剖面图

（2）前后地面应以不小于 0.01 的坡度坡向浸脚消毒池。

（3）配管及池子应为耐腐蚀透水材料，池底应有防滑措施。池内消毒液宜连续供给、连续排放，也可采用定期换水的方式，换水周期不超过 4h，以池中消毒液的余氯量保持在 5 ~ 10mg/L 范围为宜。

2. 浸腰消毒池

浸腰消毒池的作用是对每一位游泳者的腰部及下身进行消毒，其深度应保证腰部被消毒液完全淹没，浸腰消毒池的有效长度不宜小于 1.0m，有效水深为 0.9m。池子两侧设扶手，采用阶梯形为宜。池水宜为连续供应、连续排放方式；采用定时更换池水的时间间隔不应超 4h。

阶梯式浸腰消毒池如图 8-1-12 所示。

3. 强制淋浴

在游泳池和水上游乐池入口通道上设置强制淋浴，是清除游泳者和游乐者身体上污物的有效措施，强制淋浴宜布置在浸脚消毒池之前，强制淋浴通道的尺寸应保证被洗洁人员有足够的冲洗强度和冲洗效果。强制淋浴通道长度为 2 ~ 3m，

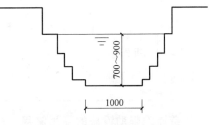

图 8-1-12　阶梯式浸腰消毒池

淋浴喷头不少于3排，每排间距不大于1m，每排喷头数不少于两只，间距为0.8m。当采用多孔淋浴管时孔径不小于0.8mm，孔间距不大于0.6m，喷头安装高度不宜大于2.2m。应采用光电感应自动控制开启方式。

8.1.10　游泳池和水上游乐池水的辅助设施

游泳池的辅助设施有更衣室、卫生间、游泳后的淋浴设施、休息室及器材库等。

1. 卫生间

卫生间卫生器具的设置定额一般按游泳池水面总面积确定。表8-1-26是我国一些游泳池的实际统计数据，表8-1-27为国外数据。

表8-1-26　游泳池卫生器具设置数据　　　（单位：个/1000m² 水面）

卫生器具名称	室内游泳池		露天游泳池	
	男	女	男	女
淋浴器	20～30	30～40	3	3
大便器	2～3	6～3	2	4
小便器	4～6	—	4	—

表8-1-27　每个卫生器具的服务人数

卫生器具名称		德国		美国	日本
		露天游泳池	室内游泳池		
厕所间	大便器（男） 大便器（女） 小便器 洗脸盆 污水池	100 50 大便器的5倍 每个厕所1个	20～25 40～50 40～50 大便器的3倍 每个厕所1个	60 40 60 60 每个厕所1个	100 50 50 大便器的2倍 每个厕所1个
淋浴间	淋浴器 冲脚喷头	70～100 70～100	8～10 50～60	40 —	50 每间一个
更衣间	洗脸盆	100	60	数个	50
游泳池大厅	痰盂 饮水器	1～2 1～2	1～2 1～2	— —	至少1个 至少1个

2. 辅助设施用水量

辅助设施用水量定额见表8-1-28。

表8-1-28　辅助设施用水量定额

项目	单位	用水量定额	小时变化系统
强制淋浴	L/(人·场)	50	2.0
运动员淋浴	L/(人·场)	60	2.0
入场前淋浴	L/(人·场)	20	2.0
运动员饮水	L/(人·场)	5	2.0
工作人员用水	L/(人·d)	40	2.0
观众饮水	L/(人·场)	3	2.0
大便器冲洗用水	L/(人·h))	30	2.0
小便器冲洗用水	L/(人·h)	1.8	2.0
绿化和地面洒水	L/(人·d)	1.5	2.0
池岸和更衣室地面冲洗	L/(人·d)	1.0	2.0
消防用水		按消防规范确定	

3. 游泳池辅助设施的使用流程

游泳池辅助设施的使用流程如图8-1-13所示。

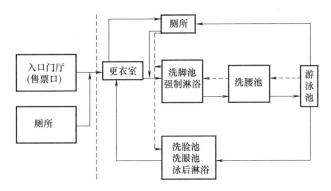

图 8-1-13　游泳池辅助设施的使用流程

8.1.11　跳水游泳池制波

制波的作用是防止跳水游泳池水表面产生眩光，以便跳水运动员准确识别水面位置，不发生安全事故。

1. 跳水游泳池水表面波浪的基本要求

（1）跳水表面波浪应为均匀的波纹小浪，不应出现翻滚的大浪。

（2）池水表面波纹小浪的浪高宜为 25～40mm。

（3）池水表面波浪气泡多、范围广、分布均匀。

2. 制波方法

（1）空气起泡法

1）空气质量应洁净、无污染、无色和无异味。当有条件时，空气可经活性炭吸附过滤以确保空气质量满足上述要求。

2）空气压力宜为 0.1～0.2MPa。

3）空气贮存罐不应二次污染空气。

4）空气用量应根据喷嘴同时使用数量计算确定，当喷嘴喷气孔直径为 1.5～3.0mm 时，每个喷嘴的喷气量宜按 0.019～0.024m^3/（mm^2·min）计。

5）空气喷嘴布置

① 喷嘴在池底成组布置时，应以跳台和跳板在池底面上水平投影的正前方 1.5m 处为中心，以 1.5m 为半径的位置处分组布置。

② 喷嘴在池底满天星布置时，应以 3.0m×3.0m 的方格形式均匀布置。

③ 喷嘴在池岸上布置时，应布置在跳台和跳板侧的岸上，且喷嘴应为水力升降型。

6）喷嘴和供气、供水管道的安装敷设。

① 敷设在沟槽内，该沟槽宜与跳水池的池底回水槽合并。

② 埋设在池底结构板与瓷砖面层的垫层内，但喷气嘴、喷水嘴应与池底表面相平，并宜有可拆卸的喷气、喷水孔盖帽。

③ 喷气嘴、喷水嘴和供气、供水的管道，应采用铜、不锈钢等耐腐蚀材料。

（2）喷水制波

1）水源应为跳水池池水。

2）喷水管道应为独立的管道系统。

3）喷水嘴应设在有跳板及跳台一侧的池岸上跳台、跳板之下的适当位置，向池内喷水。

4）喷水制波是空气制波的辅助制波方式。

（3）即时安全气垫

1）在跳水池水表面上人工制造一个泡沫空气垫，形成一个气泡式"干草堆"，以防止运动员因动作失误而发生安全事故。

2）3m、5m、7.5m和10m跳板跳台设置此装置，该装置位置应在跳板、跳台在池底水平投影正前方的两侧。

3）气泡的持续时间一般为7~15s。

4）采用的压缩空气应洁净、无色、无异味、无油污且无二次污染池水，为此，压缩空气宜通过活性炭吸附过滤。

5）安全气垫与空气制波可合并设置。

6）安全气垫的开启和使用由跳水运动员在岸上操作，自动控制。

8.1.12　游泳池和水上游乐池水净化设备机房

游泳池和水上游乐池的循环水净化处理设备主要有过滤器、循环水泵和消毒装置。设备用房的位置应尽量靠近游泳池和水上游乐池，并靠近热源和室外排水管接口，方便药剂和设备的运输。

机房面积和高度应满足设备布置、安装、操作和检修的要求，留有设备运输出入口和吊装孔；并要有良好的通风、采光、照明和隔声措施，地面排水设施，相应的防毒、防火、防爆、防气体泄漏、报警等装置。

具体要求如下：

（1）机房

1）靠近池的周边。

2）靠近热源、排水干管和道路的一侧，以方便设备、化学药品的运输和缩短管道长度。

3）功能用水系统的设备机房宜与池水净化机房合设在同一个机房内。当有困难时，可根据功能用水量大小、用水位置，以分散就近设置。

4）地面设备机房应有设备运输的出入口，地下式设备机房应留有设备运输的出入吊装孔。

5）加药间的换气次数不宜少于8次/h；加氯间和臭氧发生器间的换气次数不宜少于12次/h。

（2）池水过滤设备区

1）过滤设备距墙面的距离不宜小于0.7m。

2）过滤设备之间的净距不宜小于0.8m。

3）过滤设备的运输、检修通道宽度不得小于最大设备的直径。

4）过滤设备顶端距建筑结构最低点的净距，应满足安装、检修要求，但不得小于0.8m。

5）重力式过滤设备设在池子水面以下时，应有防止因停电而产生的溢流水淹没机房的装置。

（3）循环水泵间

1）池水净化循环水泵机组应靠近平衡水池或均衡水池、游泳池回水口处。

2）功能用水循环水泵机组应靠近功能用水点（如瀑布、滑道润滑水、环流河推流水泵及水景等）。

3）水泵应设计成自灌式。

4）水泵布置应符合规范的要求。

（4）加药设备间

1）加药设备间与化学药品贮存间宜为毗邻的各自独立的房间，并靠近循环水泵间。

2）化学药品贮存间的面积宜按不小于 15d 的贮备和周转量计算确定。

3）房间应有良好的通风和排水条件，保持房间干燥、整洁，其房间的地面和墙面应采用防腐蚀材料。

4）化学药品的存放要求如下：

① 药品应堆放在平台或垫板上，不得堆放在地面上。

② 不同品种的化学药品应分开存放，严禁混放，以防止其相互作用产生危害；不同药品之间应留出不小于 0.6m 的通道；各种药品应有明显的标志、标签，并应密封于容器中。

（5）消毒设备间

1）宜为单独房间，贮氯瓶间与加氯机间要分开，但要相邻，并应设独立的通风排风管道。

2）房间应保持干燥、清洁，且位置要在地面层，以方便排除泄漏的氯气，室温要保持在 15～35℃ 范围内。

3）房间应设防毒、防爆、防有毒气体泄漏和防火等检测和报警装置。

4）房间地面、墙面、门窗、设备和管道，均应采用耐腐蚀材料，带有排风扇的换气室设在外墙靠近地面位置处，门向外开启。

5）采用臭氧消毒时，还应符合下列要求：

① 臭氧发生器应布置在房间内通风良好的地方。

② 臭氧投加系统的加压泵、喷射装置，宜靠近臭氧发生器。

③ 混合器、发生罐和多余臭氧吸附过滤器，宜与过滤器间相邻。

④ 房间应留有维修或更换设备的通道。

（6）加热器

1）加热器应远离氯瓶间。

2）加热器间应有良好的通风和照明。

3）若采用燃气或燃油加热机组，应为独立房间，并符合有关消防和安全规定，同时要符合《建筑给水排水设计规范》（GB 50015—2003）（2009 年版）的要求。

8.2　水景工程

8.2.1　水景的定义、作用、水流基本形态和水景造型

1. 水景的定义

水景是人造的水流景观，是利用各种处于人工控制条件下的水流形态，辅之以各种建筑雕塑造型和灯光、声音的效果而形成的强化人工环境。

2. 水景的作用

水景的作用主要有：

（1）在小区的空间布局设计中起到重要的协调作用，美化环境空间，形成人文特色，增加居住区的趣味性、观赏性、参与性。

（2）在建筑设计中起到装饰、美化作用，提高艺术效果，起到视觉缓冲、心理缓冲作用。

（3）改善局部小气候，有益人体健康。一方面水景工程可增加空气湿度，增加负离子浓度，减少悬浮细菌数量，减少含尘量；另一方面水景工程可缓解凝固的建筑物和硬质铺装地面给人带来的心理压力、有益心理健康。

（4）实现资源综合利用。水景工程可利用各种喷头的喷水降温作用，使水景兼作循环冷却池，利用动态水流充氧防止水质腐败，兼作消防水池或市政贮水池。

（5）水景工程可作为住宅的卖点或成为水景表演等经营项目。

3. 水流基本形态

水景是由各种水流形态构成的，其水流形态主要有喷泉、壁泉、涌泉、流水、跌水、静态池水等。

（1）喷泉：在水压作用下自特制喷头中喷射出的水流，是人工水景设计中常见的一种，如喷嘴水射流、泡沫射流、水膜射流、雾状射流等。

（2）壁泉：在水压或重力作用下从人造壁上流出或喷射出的水流形态，如壁孔跌水等。

（3）涌泉：自水面下向上涌起的水流形态，如涌水和珠泉等。

（4）流水：沿水平方向流动的水流形态，如溪流、渠流、漫流、旋流等。

（5）跌水：突然跌落的水流形态，如叠流、瀑布、水幕（水帘）、壁流、孔流等。

（6）静态池水：水面开阔且基本不流动的水体形态，如镜池、浪池等。

水景水流基本形态见表 8-2-1。

表 8-2-1　水景水流基本形态

类型	特征	形态	特　　点
池水	水面开阔且基本不流动的水体	镜池	具有开阔而平静的水面
		浪池	具有开阔而波动的水面
流水	沿水平方向流动的水流	溪流	蜿蜒曲折的潺潺流水
		渠流	规整有序的水流
		漫流	四处漫溢的水流
		旋流	绕同心作圆周流动的水流
跌水	突然跌落的水流	叠流	落差不大的跌落水流
		瀑布	自落差较大的悬岩上飞流而下的水流
		水幕（水帘）	自高处垂落的宽阔水膜
		壁流	附着陡壁流下的水流
		孔流	自孔口或管嘴内重力流出的水流
喷水（喷泉）	在水压作用下自特制喷头喷出的水流	射流	自直流喷头喷出的细长透明长柱
		冰塔（雪松）	自吸气喷头中喷出的白色形似宝塔（塔松）的水流
		冰柱（雪柱）	自吸气喷头中喷出的白色柱状水流
		水膜	自成膜喷头中喷出的透明膜状水流
		水雾	自成雾喷头中喷出的雾状水流
涌水	自低处向上涌起的水流	涌泉	自水下涌出水面的水流
		珠泉	自水底涌出的串串气泡

4. 水景造型

（1）根据水流的形态，在水景工程中的水景造型分为：

1）以池水为主的水景造型。

2）以池水的水面形成的水景造型。

3）以流水为主的水景造型。

（2）可利用地形而使流水形成溪流、漫流或叠流，辅之以各种建筑小景衬托的水景工程。

（3）以跌水为主的水景造型。

（4）修建有建筑小景（如壁、假山、陡岩等）使水流形成跌水的水景工程。

（5）以喷水为主的水景造型：如采用各种喷头进行压力喷水的水景工程，包括喷射水柱、水膜射流、泡沫射流、雾状射流等。

常用的水景喷头见表 8-2-2。

表 8-2-2　常用的水景喷头

喷头类型	形　　态	特　　点
直喷式	水流沿筒形或渐缩形喷嘴直接喷出，形成较长水柱	构造简单、造价低廉、应用广泛
散射式	由于离心作用使喷出的水流散射成倒立圆锥形或牵牛花形，还可利用挡板或导流板，形成蘑菇形、倒圆锥形	花形多
掺气喷头	利用喷头喷水造成的负压，吸入大量空气或喷出的水中掺气，形成白色粗大水柱	非常壮观，景观效果好
缝隙式	喷水口为条形缝隙，喷水呈扇面水膜；形环缝隙可形成空心圆柱	用较小的水量形成壮观的粗大水柱
组合式	将多种不同形式喷头组合而成	图案绚丽多彩

（6）以涌水为主的水景造型：水流自水下向上流，如涌泉、珠泉等。

（7）组合水景造型：用各种水流形态进行组合，形成水景水流状态变化的水景工程。

8.2.2　水景工程基本形式、设计原则和设计要求

1. 水景工程基本形式

水景工程的基本形式、组成和类型参见表 8-2-3。

表 8-2-3　水景工程的基本形式、组成和类型

水景工程的基本形式	组成	类型
固定式	喷头、管道、配水箱、水泵、水池、电气设备等	水池式喷泉、浅碟式喷泉（图 8-2-1）、旱地式喷泉（图 8-2-2）、河湖式喷泉
半移动式	将喷头、管道、配水器、潜水泵、水下灯、电气设备组装可移动；水池固定等	半移动式水景工程（图 8-2-3）
全移动式	将喷头、管道、配水器、潜水泵、水下灯、电气设备、水池组装可移动	全移动式（可用于大厅或庭院）的小型水景工程（图 8-2-4）

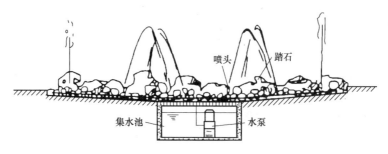

图 8-2-1　浅碟式喷泉

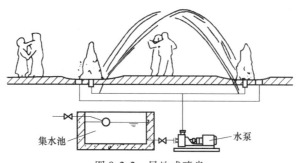

图 8-2-2　旱地式喷泉

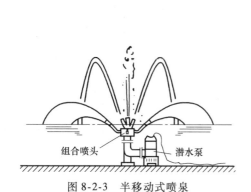

图 8-2-3　半移动式喷泉

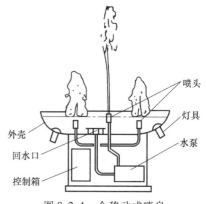

图 8-2-4　全移动式喷泉

水景造型、形式选择参见表 8-2-4。

表 8-2-4　水景造型、形式选择

环境条件	环境举例	水景造型、形式			
		形式	池形	照明	水流形式
开阔、热烈、欢快	游乐场、儿童公园、博览会场等昼夜观赏的场合	固定式、半移动式	圆形、类圆形、分层、可四周观赏	色彩华丽、多变换	大流量、多水柱、高射程、多变换（射流、冰塔、冰柱、水膜瀑布、水雾等）
开阔、热烈	公园、广场等夜间较少观赏的场合	固定式、半移动式	圆形、类圆形、分层、可四周观赏	色彩较简单	大流量、多水柱、高射程、多变换（射流、冰塔、冰柱、水膜、瀑布、水雾、孔流、叠流、涌流等）

（续）

环境条件	环境举例	水景造型、形式			
		形式	池形	照明	水流形式
开阔、庄重	政治性广场、政府大厦前、大会堂前	固定式、半移动式	方形、长方形、圆形、分层、可四周观赏	色彩较简单、少变换	大流量、多水柱、少变换（冰塔、冰柱等）
较开阔（西式）	旅游地、宾馆门前	固定式、半移动式	圆形、类圆形、类矩形、多边形	色彩华丽、多变换	大流量、多水柱、高射程（射流、冰塔、冰柱、水膜、瀑布、水雾等）
较开阔（中式）	古园林、寺院、民族形式旅游地、宾馆	固定式、半移动式	不规则形	淡雅、少变换	较小流量、较少水柱（镜池、溪流、叠流、瀑布、孔流、涌泉、珠泉等）
室内（热烈）	舞厅、酒吧、宴会厅、商店、游艺厅	移动式	任意形	稍华丽、有变换	小流量、少水柱、低射程、较简单（壁流、射流、不膜、孔流、叠流等）
室内（安静）	客厅、花园、图书馆大厅、休息厅	移动式	任意形	清新、素雅、不变换	小流量、少水柱、低射程、简单（壁流、孔流、水膜、涌泉、珠泉等）
较狭窄（安静）	庭园、屋顶花园、街心小花园	半移动式	任意形	清闲、素雅、不变换	小流量、少水柱、低射程简单（孔流、叠流、水膜、涌泉、溪流、镜池等）

2. 水景工程设计原则

（1）遵循总体规划要求。

（2）突出景观的主题。

（3）充分利用地形地物和自然景色。

（4）水流密度适当。

（5）注意水景工程与周围环境的影响。

（6）水景工程有特色。

（7）发挥水景工程的多功能作用。

（8）发挥水景工程多工种的协调作用。

3. 水景工程设计要求

（1）要掌握水景工程所需设计的设备部分和土建部分的详细内容，如设备部分有喷头、管道、配水箱、水泵、水池、电气设备等；土建部分有水池、管沟、阀门井、电缆井、电缆通道和控制室。

（2）要掌握水景工程的造型和形式，如水流状态、水景形式、池形、声控、电控等。

（3）要掌握喷泉设备及器材的选择，如喷头的水流、材质；水流整流器的形式和材质；管的材料、材质和承压等；阀门的形式、材料、材质和承压等；水泵的型号规格、数量、水泵的使用（区分陆用泵还是潜水泵）；照明灯具的选用（区分水上照明和水下照明、灯具的功率及质量等）。

（4）要掌握水景构筑物的设计，如水池的平面、深度和底坡、水池的给水排水方式、水池内配管、水池的结构、水池的安全措施、各种管沟和管廊及电缆通道、水泵房和控制室。

（5）要掌握用水水质和水的处理。用水水质控制指标见表 8-2-5。在水景工程运行中，其池水中有可能产生漂浮物、悬浮物，使水的浑浊度、色度发生变化，水中有藻类并产生异臭，对设备和管道要进行防垢或防腐处理，对与人体直接接触的水要进行消毒处理。池水常用循环处理（如采用格栅、滤网和滤料过滤）、投加水质稳定剂（如各种除藻剂、阻垢剂、防腐剂等）、物理化学水质稳定处理（如安装各种电子处理器、静电处理器、离子处理器、磁水器等）的方法。

（6）要掌握电气控制方式等。

8.2.3 水景工程给水系统、水池、水泵、管道管材和喷头

1. 给水系统

水景可以采用城市给水、清洁的生产用水和天然水以及再生水作为供水水源，水质可参考《城市污水再生利用 景观环境用水水质》（GB/T 18921—2002）。景观环境用水的再生水水质控制指标见表 8-2-5。

表 8-2-5 景观环境用水的再生水水质控制指标 （单位：mg/L）

序号	项目	观赏性景观环境用水			娱乐性景观环境用水		
		河道类	湖泊类	水景类	河道类	湖泊类	水景类
1	基本要求	无漂浮物、无令人不愉快的嗅和味					
2	pH	6～9					
3	五日生化需氧量（BOD₅）≤	10	6		6		
4	悬浮物（SS）≤	20	10		—		
5	浊度（NTU）≤	—			5.0		
6	溶解氧≥	1.5			2.0		
7	总磷（以 P 计）≤	1.0	0.5		1.0	2.0	
8	总氮≤	15					
9	氨氮（以 N 计）≤	5					
10	粪大肠菌群（个/L）≤	10000	2000		500		不得检出
11	余氯① ≥	0.05					
12	色度（度）≤	30					
13	石油类≤	1.0					
14	阴离子表面活性剂≤	0.5					

注：1. 对于需要通过管道输送再生水的非现场回用情况必须加氯消毒；而对于现场回用情况不限制消毒方式。
　　2. 若使用未经过除磷脱氮的再生水作为景观环境用水，鼓励使用相关标准的各方在回用地点积极探索通过人工培养具有观赏价值水生植物的方法，使景观水体的氮满足要求，使再生水中的水生植物有经济合理的出路。
① 氯接触时间不应低于 30min 的余氯。对于非加氯消毒方式无此项要求。

水景有直流式和循环式两种给水系统，直流式给水系统是将水源来水通过管道和喷头连续不断地喷水，给水射流后的水收集后直接排出系统，这种给水系统管道简单、无循环设备、占地面积小、投资小、运行费用低，但耗水量大，适用场合较少。循环给水系统是利用循环水泵、循环管道和贮水池将水景喷头喷射的水收集后反复使用，其土建部分包括水泵房、水池、管沟、阀门井等；设备部分由喷头、管道、阀门、水泵、补水箱、灯具、供配电装置和自动控制等组成。

2. 水池

水池是水景作为点缀景色、贮存水量、敷设管道之用的构筑物，其形状和大小视需要而定。平面尺寸除应满足喷头、管道、水泵、进水口、泄水口、溢流口、吸水坑的布置要求外，室外水景还应考虑到防止水的飞溅，一般比计算要求每边加大 0.5～1.0m。水池的深度

应按水泵型号、管道布置方式及其他功能要求确定。对于潜水泵应保证吸水口的淹没深度不小于 0.5m；有水泵吸水口时应保证喇叭管口的淹没深度不小于 0.5m；深碟式集水池的最小深度为 0.1m。水池应设置溢流口、泄水口和补水装置，池底应设 1% 的坡度坡向集水坑或泄水口。水池应设置补水管、溢流管、泄水管。在池周围宜设置排水设施。当采用生活饮用水作为补充水时应考虑防止回流污染的措施。

3. 水泵

水景工程循环水泵宜采用潜水泵，直接设置于水池底。循环水泵宜按不同特性的喷头、喷水系统分开设置，其流量和扬程按照喷头形式、喷水高度、喷嘴直径和数量，以及管道系统的水头损失等经计算确定。

4. 管道管材

水景工程宜采用不锈钢等耐腐蚀材料。

5. 喷头

喷头是形成水流形态的主要部件，应采用不易锈蚀、经久耐用、易于加工的材料制成，按所要求的水流形态选择，见表 8-2-2。

8.2.4 水景工程的运行控制

在水景工程中，为了使水流形态产生符合人们所要求的形式，为了使光和声音与水流形态变化进行良好的配合，必须对水景工程的运行进行电气控制。

1. 常用控制方式

（1）手动控制：将喷头和照明灯具分成若干组，每组分别设置控制阀门（或专供水泵）和开关，根据需要可手动开启其中一组、几组或全部，每组喷头还可设置流量、压力调节阀，可人工调节其喷水流量、喷水高度和射程等。

（2）程序控制：将喷头按照喷水造型要求分组，每组分别设置专用水泵或控制电动阀（或气动阀、电磁阀等），利用时间继电器，可编程序控制器或单片机，按照预先输入的程序，使各组喷头和灯具按照程序运行。

（3）音乐控制

1）简单音乐控制：对音乐的节奏、节拍、高低等简单元素进行实时跟踪采集、分解处理并转换成模拟量或数字量信号，用以控制水形态的变化、色彩的变化和运行组合。简单音乐控制一般采用计算机和音频处理器，如图 8-2-5 所示。

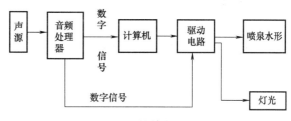

图 8-2-5 简单音乐控制

2）预编辑音乐控制：对特定音乐经过分析和推敲，将其分成若干部分，选择最能表达其音乐内涵的一种或几种水形及灯光控制信号，按序存贮在控制器内，并受音乐开始信号而启动。工作时，控制器编辑的每部分音乐的时间，传送给水形组合电路，把预编辑的水形命令发送到驱动电路，使音乐与水景既保证同步又按指定水形组合表演。

3）多媒体音乐控制：应用多媒体计算机把声源、水形、图像、灯光、激光和焰火等多个不同系统的管理集于一体，它是近期水景的最高表现形式。以水景为主体的多媒体音乐控制如图 8-2-6 所示。

为了使多个系统同步工作并对其进行系统管理，有时增加一台总计算机来实现系统的整合，使其他表演系统不再附属于水景系统而独立起来。总控制系统通过网络（以太网）与各分系统连接起来，总控软件是以时间为主线的人机控制，随时间的发展向各系统发送表演控制指令。通过网络采用远程管理软件可远程管理系统计算机的控制系统如图 8-2-7 所示。

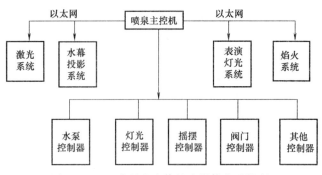

图 8-2-6　以水景为主体的多媒体音乐控制

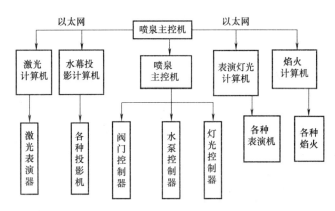

图 8-2-7　通过网络采用远程管理软件可远程管理系统计算机的控制系统

多媒体音乐水景控制软件如图 8-2-8 所示。

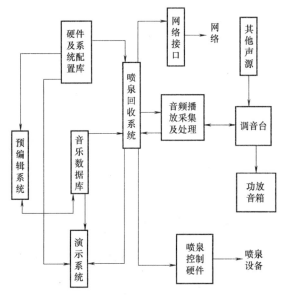

图 8-2-8　多媒体音乐水景控制软件

2. 控制系统分类

（1）集中式控制系统：由一台主控机实现控制的运算和信号输出，即所有的控制线路都由一台控制机引出，发出执行指令。其优点是便于系统的组织和管理；其缺点是线路集中可靠性差，当控制机发生故障时，整个系统将无法工作，适用于设备布置较集中，控制距离不远的系统。

（2）分布式控制系统：以多个现场专用控制设备为基础，通过某种网络方式连接成一个系统。现场阀门控制器、现场灯光控制器、现场变频控制器等专用控制装置，可分布在工作现场，通过通信线路把这些控制器连接到控制主机。适用于多处水景景点，分散布置相距较远的工程。

（3）现场控制系统：采用现有的标准现场总线系统实现对设备的控制，如 ProfiBus、INTERBus、CANBus 等，总线上可连接各种 IO、DA、AD 等模块，也可连接上面提到的现场专用水景控制设备。现场总线系统可靠性较高，设备成熟，适用于各种大型水景工程的控制。

（4）网络控制系统：它是以太网为基础的控制系统，偏向于控制管理和数据应用，实时性差，在水景控制中主要用来管理多个系统间的事物管理、数据交换、操作管理等，一般与其他控制系统互补应用，形成更强大更易于管理的系统。

8.2.5 水景工程的有关计算

1. 水景构筑物（水池）的计算

喷水池的平面形状和尺寸一般由总体设计确定，水池的平面尺寸应满足喷头、管道、水泵、进水口、泄水口、溢水口、吸水坑等的布置要求，同时还应防止水的飞溅。在设计风速下应保证水滴不致大量被吹失池外，回落到水面的水流应避免大量溅至池外，水滴在风力作用下漂移的距离按式（8-2-1）计算：

$$L = \frac{3\phi\gamma Hv^2}{4dg} = 0.0296\frac{Hv^2}{d} \tag{8-2-1}$$

式中　　L——水滴在空气中因风吹漂移的距离（m）；

　　　　ϕ——与水滴形状和直径有关的系数，一般近似将水滴视为球形，在直径为 0.25 ~ 10mm 时，可近似取 0.3；

　　　　γ——空气的密度（kg/m³），常温下一个大气压时可取 1.293 kg/m³；

　　　　H——水滴最大降落高度（m）；

　　　　v——设计平均风速（m/s）；

　　　　d——水滴计算直径（mm）；水滴直径与喷头的形状有关，见表 8-2-6；

　　　　g——重力加速度（m/s²）。

表 8-2-6 水滴直径

喷头形式	水滴直径/mm
螺旋式	0.25 ~ 0.50
碰撞式	0.25 ~ 0.50
直流式	3.0 ~ 5.0

水池的平面尺寸每边应比计算值大 0.5 ~ 1.0m，以减少溅水，若水池的大小不能满足收

水距离时，可将池岸设坡向水池的坡度且进行防水处理。

水池的深度和底坡：水池的水深应按管道、设备的布置要求确定。设有潜水泵时，应保证吸水口的淹没深度不小于 0.5m；设有水泵吸水口时，应保证吸水喇叭口的淹没深度不小于 0.5m。一般情况下水池水深不小于 700mm，同时水池的有效容积（即水泵吸水口以上的总水容积）应不小于 5~10min 的最大循环流量。水池的池底应有不小于 0.005 的坡度，坡向集水沟、泄水口或集水坑。

水池的进水口：水池的进水口用于向水池充水和补充被损失的水量，进水口的大小应按水池充满时间为 12~48h 计算。

水池的溢水口：水池的溢水口用于维持水池的水位和进行水的表面清污，其溢水口形式有堰口式、漏斗式、孔口式和连通管式。水池的溢水口可根据需要设 1 个至多个，布置在水池的周边。溢水口应设格栅或格网，格栅间隙或格网网格直径应不大于管道直径的 1/4。溢水口的大小可按每天溢流量计算确定，重要的水景工程不允许暴雨时水位升高或溢出池外时，溢水堰口宽度应根据暴雨流量和堰流计算确定，一般溢流堰宽不宜小于 300mm。

堰口式溢水口的溢流量可参照跌水计算公式计算。漏斗式溢水口的溢流量可按式（8-2-2）计算：

$$q = 6815DH_0^{3/2} \qquad (8\text{-}2\text{-}2)$$

式中　q——溢流漏斗（图 8-2-9）的溢流量（L/s）；

　　　D——溢流漏斗的上口直径（m）；

　　　H_0——溢流漏斗的淹没深度（m）。

水池的泄水口：用于重力排空水池内水，泄水口的入口应设格栅或格网，栅条间隙或格网网格直径应不大于管道直径的 1/4。泄水管管径应根据泄空时间计算确定。一般泄空时间可按 12~48h 考虑，也可按式（8-2-3）计算：

$$T = 258FH^{1/2}/D^2 \qquad (8\text{-}2\text{-}3)$$

式中　T——水池泄空时间（h）；

　　　F——水池的面积（m²）；

　　　H——开始泄水时水池内的平均水深（m）；

　　　D——泄水口的直径（mm）。

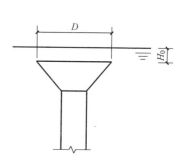

图 8-2-9　溢流漏斗

2. 水景喷头的水力计算

（1）基本计算公式（式 8-2-4 ~ 式 8-2-7）：

$$v = \varphi(2gH)^{1/2} \qquad (8\text{-}2\text{-}4)$$

$$H = H_0 + \frac{v_0^2}{2g} \qquad (8\text{-}2\text{-}5)$$

$$q = \mu f(2gH)^{1/2} \times 10^{-3} \qquad (8\text{-}2\text{-}6)$$

$$\mu = \varphi\varepsilon \qquad (8\text{-}2\text{-}7)$$

式中　v——喷口出口流速（m/s）；

　　　φ——流速系数，与喷嘴形式有关，见表 8-2-12；

　　　g——重力加速度（m/s²）；

　　　H——喷头入口处水头（mH₂O）；

H_0——喷头入口处静水头（mH_2O）；

v_0——喷头入口处水流速（m/s）；

q——喷头出流量（L/s）；

μ——喷头流量系数，见表 8-2-12；

f——喷嘴断面积（mm^2）；

ε——水流断面收缩系数，与喷嘴形式有关，见表 8-2-12。

对于圆形喷嘴，出流公式按式（8-2-8）计算：

$$q = 3.479\mu d^2 H^{1/2} \times 10^{-3} = K \mu H^{1/2} \tag{8-2-8}$$

式中　　d——喷嘴内径（mm）；

K——系数，与喷嘴直径有关，其值可查表 8-2-7。

表 8-2-7　K 值表

d/mm	K	d/mm	K	d/mm	K
1	0.0035	28	2.7275	70	17.0471
2	0.0139	29	2.9258	72	18.0351
3	0.0313	30	3.1311	74	19.0510
4	0.0557	31	3.3433	76	20.0947
5	0.0870	32	3.5623	78	21.1662
6	0.1232	33	3.7886	80	22.2656
7	0.1705	34	4.0217	82	23.3928
8	0.2227	35	4.2618	84	24.5478
9	0.2818	36	4.5088	86	25.7307
10	0.3479	37	4.7628	88	26.9414
11	0.4210	38	5.0237	90	28.1799
12	0.5010	39	5.2916	92	29.4463
13	0.5880	40	5.5664	94	30.7404
14	0.6819	42	6.1370	96	32.0625
15	0.7828	44	6.7353	98	33.4123
16	0.8908	46	7.3616	100	34.7900
17	1.0054	48	8.0156	110	42.0959
18	1.1272	50	8.6975	120	50.0976
19	1.2559	52	9.4072	130	58.9751
20	1.3016	54	10.1448	140	61.8884
21	1.5342	56	10.9101	150	78.2775
22	1.6838	58	11.7034	160	89.0624
23	1.8404	60	12.5244	170	100.5431
24	2.0040	62	13.3733	180	112.7196
25	2.1744	64	14.2500	190	125.5919
26	2.3518	66	15.1543	200	139.1600
27	2.5362	68	16.0869		

（2）直线喷头计算公式（$\varphi = \varepsilon = \mu = 1$）（式 8-2-9 ～ 式 8-2-17）：

$$v = 4.43H^{1/2} \tag{8-2-9}$$

$$q = 3.48d^3 H^{1/2} \times 10^{-3} = K H^{1/2} \tag{8-2-10}$$

$$S_B = H/(1 + \alpha H) \tag{8-2-11}$$

$$\alpha = 0.25/[d + (0.1d)^3] \tag{8-2-12}$$

$$\beta = S_B/S_k = 1.19 + 80(0.01S_B/\beta)^4 \tag{8-2-13}$$

$$L_1 = \left[\frac{1}{2}\sin 2\theta + \cos^2\theta \ln\left(\frac{1 + \sin\theta}{\cos\theta}\right)\right]H = B_1 H \tag{8-2-14}$$

$$L_2 = 2\cos\theta[2(1 - \cos^2\theta)/3]^{1/2}H = B_2 H \tag{8-2-15}$$

$$L = L_1 + L_2 = B_1 H + B_2 H = B_0 H \tag{8-2-16}$$

$$h = \frac{2}{3}(1 - \cos^2\theta)H = B_3 H \tag{8-2-17}$$

式中
v——喷头出口流速（m/s）；

q——喷头出流量（L/s）；

H——喷头入口处水头（mH_2O）；

S_B——垂直射流时射流总高度（m）；

α——系数，与喷嘴直径有关，见表8-2-8；

S_k——垂直射流时密实射流高度（m）；

β——垂直射流时射流总高度与密实射流高度的比值，见表8-2-9；

L_1——倾斜射流时射流轨迹升弧段水平投影长度（m），如图8-2-10所示；

L_2——倾斜射流时射流轨迹降弧段水平投影长度（m）；

L——倾斜射流时水平射程（m）；

h——倾斜射流时射流轨迹最大高度（m）；

θ——倾斜射流时喷嘴的仰角（°）；

B_0、B_1、B_2、B_3——系数，与仰角 θ 有关，见表8-2-10，表中数值是在 $H \leqslant$ 20m 时由试验得出，且未考虑喷嘴直径的影响，在为其他水压和直径时，应乘以表8-2-11所列的修正系数。

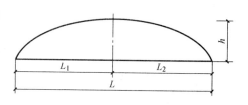

图 8-2-10　倾斜射流轨迹

表 8-2-8　α 系数表

d/mm	α	d/mm	α	d/mm	α
1	0.2498	28	0.0050	70	0.0006
2	0.1245	29	0.0047	72	0.0006
3	0.0825	30	0.0044	74	0.0005
4	0.0615	31	0.0041	76	0.0005
5	0.0487	32	0.0039	78	0.0005
6	0.0402	33	0.0036	80	0.0004
7	0.0340	34	0.0034	82	0.0004
8	0.0294	35	0.0032	84	0.0004
9	0.0257	36	0.0030	86	0.0003
10	0.0227	37	0.0029	88	0.0003
11	0.0203	38	0.0027	90	0.0003
12	0.0183	39	0.0025	92	0.0003
13	0.0165	40	0.0024	94	0.0003
14	0.0149	42	0.0022	96	0.0003
15	0.0136	44	0.0019	98	0.0002
16	0.0124	46	0.0017	100	0.0002
17	0.0114	48	0.0016	110	0.0002
18	0.0105	50	0.0014	120	0.00014
19	0.0097	52	0.0013	130	0.00011
20	0.0090	54	0.0012	140	0.00009
21	0.0083	56	0.0011	150	0.00007
22	0.0077	58	0.0010	160	0.00006
23	0.0071	60	0.0009	170	0.00005
24	0.0066	62	0.0008	180	0.00004
25	0.0061	64	0.0008	190	0.00004
26	0.0057	66	0.0008	200	0.00003
27	0.0053	68	0.0007		

表 8-2-9　比值 β 表

S_B/m	β	S_B/m	β	S_B/m	β
≤10	1.19	26	1.31	37	1.49
11~13	1.20	27	1.33	38	1.51
14~16	1.21	28	1.34	39	1.53
17~18	1.22	29	1.36	40	1.55
19	1.23	30	1.37	41	1.57
20	1.24	31	1.39	42	1.59
21	1.25	32	1.40	43	1.61
22	1.26	33	1.42	44	1.63
23	1.27	34	1.44	45	1.65
24	1.28	35	1.46		
25	1.30	36	1.47		

表 8-2-10　B 值表

$\theta/(°)$	B_0	B_1	B_2	B_3	$\theta/(°)$	B_0	B_1	B_2	B_3
10	0.680	0.339	0.341	0.030	55	1.532	0.688	0.844	0.540
15	0.985	0.489	0.496	0.066	60	1.362	0.598	0.764	0.583
20	1.250	0.617	0.633	0.113	65	1.161	0.497	0.664	0.616
25	1.467	0.719	0.748	0.170	70	0.938	0.391	0.547	0.640
30	1.633	0.796	0.837	0.234	75	0.704	0.285	0.419	0.655
35	1.727	0.829	0.898	0.300	80	0.648	0.185	0.283	0.663
40	1.763	0.835	0.928	0.367	85	0.229	0.089	0.142	0.666
45	1.740	0.812	0.928	0.431	90	0.000	0.000	0.000	0.667
50	1.661	0.761	0.900	0.489					

表 8-2-11　修正系数表

H/m	d/mm			
	20	30	37	48.5
10	1.00	1.00	1.00	1.00
20	0.94	0.97	0.98	1.00
30	0.81	0.90	0.95	0.99
40	0.68	0.83	0.92	0.99
50	0.62	0.78	0.86	0.95
60	0.56	0.72	0.82	0.91

（3）缝隙喷头计算公式

1）环形缝隙喷头如图 8-2-11 所示，喷头流量按式（8-2-18）计算：

$$q = 3.48(D_1^2 - D_2^2)H^{1/2} \times 10^{-3} \tag{8-2-18}$$

式中　q——喷头的流量（L/s）；

　　　D_1——环向缝隙喷头出口直径（mm）；

　　　D_2——环向缝隙喷头导杆直径（mm）；

　　　H——喷头入口处水头（mH$_2$O）。

2）管壁横向缝隙喷头如图 8-2-12 所示，喷头流量按式（8-2-19）

和式（8-2-20）计算：

$$q = 2.7D\theta bH^{1/2} \times 10^{-5} \tag{8-2-19}$$

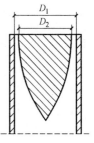

图 8-2-11　环形缝隙喷头

$$\theta = (0.7 \sim 0.9)\theta' \qquad (8\text{-}2\text{-}20)$$

式中　q——喷头的流量（L/s）；

　　　D——喷管直径（mm）；

　　　θ——喷出水膜的夹角（°），一般比喷头缝隙夹角小一些，且夹角越小相差越大；

　　　b——缝隙的宽度（mm），一般采用 $5 \sim 10\text{mm}$；

　　　θ'——喷头缝隙夹角（°），一般采用 $60° \sim 120°$；

　　　H——喷头入口处水头（mH_2O）。

　3）管壁纵向缝隙喷头如图 8-2-13 所示，喷头流量按式（8-2-21）计算：

$$q = 5.4R\theta bH^{1/2} \times 10^{-5} \qquad (8\text{-}2\text{-}21)$$

式中　q——喷头的流量（L/s）；

　　　θ——喷出的水膜夹角（°），一般要比喷头缝隙夹角小一些，且夹角越小相差越大；

　　　b——缝隙的宽度（mm），一般采用 $5 \sim 10\text{mm}$；

　　　R——管壁纵向缝隙的曲率半径（mm）；

　　　H——喷头入口处水头（mH_2O）。

图 8-2-12　管壁横向缝隙喷头

（4）折射喷头

1）环向折射喷头如图 8-2-14 所示，喷头流量按式（8-2-22）计算：

$$q = (2.78 \sim 3.13)(D_1^2 - D_2^2)H^{1/2} \times 10^{-3} \qquad (8\text{-}2\text{-}22)$$

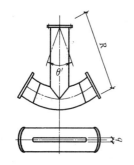

图 8-2-13　管壁纵向缝隙喷头

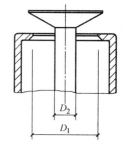

图 8-2-14　环向折射喷头

　2）单向折射喷头如图 8-2-15 所示，喷头流量按式（8-2-23）计算：

$$q = 1.74d^2H^{1/2} \times 10^{-3} \qquad (8\text{-}2\text{-}23)$$

在 $200 < \dfrac{H}{d} < 2000$ 范围内，单向折射喷头的射程按式（8-2-24）计算：

$$L = H/(0.43 + 0.0014H/d) \qquad (8\text{-}2\text{-}24)$$

式中　q——喷头的流量（L/s）；

　　　D_1——环向折射喷头出口直径（mm）；

　　　D_2——单向折射喷头出口直径（mm）；

　　　H——喷头入口处水头（mH_2O）；

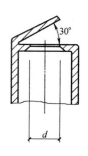

图 8-2-15　单向折射喷头

　　L——单向折射喷头的射程（m）；

　　d——单向折射喷头出口直径（mm）。

（5）离心喷头如图 8-2-16 所示，喷头流量按式(8-2-25)和式（8-2-26）计算：

$$q = Kr_c^2 H^{1/2} \times 10^{-3} \qquad (8\text{-}2\text{-}25)$$

$$A = Lr_c / r_0^2 \qquad (8\text{-}2\text{-}26)$$

式中　　q——喷头的流量（L/s）；

　　K——特性系数，根据 A 值可在图 8-2-17 中查出；

　　A——结构系数；

　　r_c——喷嘴半径（mm）；

　　H——喷头入口处水头（mH_2O）；

　　r_0——进水口半径（mm）；

　　L——进水口与出水口中心矩（mm）。

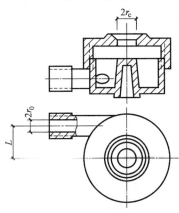

图 8-2-16　离心喷头

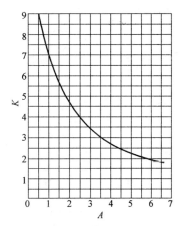

图 8-2-17　特性系数 K 值

（6）水雾喷头如图 8-2-18、图 8-2-19 所示，喷头流量按式（8-2-27）计算：

$$q = 2.28mKdH^{1/2} \times 10^{-3} \qquad (8\text{-}2\text{-}27)$$

式中　　q——喷头的流量（L/s）；

　　K——特性系数，螺旋喷头为 $40 \sim 50$；碰撞喷头为 $35 \sim 45$；

　　d——喷嘴直径，mm；

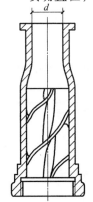

图 8-2-18　螺旋喷头

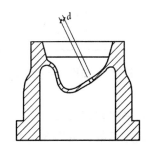

图 8-2-19　碰撞喷头

H——喷头入口处水头（mH_2O）；

m——喷嘴个数。

3. 水景构筑物的水力计算

（1）孔口和管嘴的水力计算

孔口和管嘴的流速和流量，可按喷头的基本公式（8-2-4）和（8-2-6）进行计算，其中系数 φ、μ 和 ε 可根据孔口或管嘴形式按照表 8-2-12 选取。

表 8-2-12　孔口或管嘴的出流系数

名称	示意图	系数	说明
薄壁直边小孔口 （圆形或方形）		$\phi = 0.97$ $\varepsilon = 0.64$ $\mu = 0.62$	$s \leqslant 0.2d, H > 10d$ $H > 2m$ 时 $\mu = 0.60 \sim 0.61$ $S > 0.2d$，与外管嘴相同
外管嘴		$\phi = 0.82$ $\varepsilon = 1.00$ $\mu = 0.82$	$L = (2 \sim 5)d$ $H \leqslant 9.3m$
		$\phi = 0.61$ $\varepsilon = 1.00$ $\mu = 0.61$	$L = 2d$ $H \leqslant 9.3m$
内管嘴		$\phi = 0.97$ $\varepsilon = 0.53$ $\mu = 0.51$	$L < 3d$ $H \leqslant 9.3m$
		$\phi = 0.71$ $\varepsilon = 1.00$ $\mu = 0.71$	$L > 3d$ $H \leqslant 9.3m$
流线型外管嘴		$\phi = 0.98$ $\varepsilon = 1.00$ $\mu = 0.98$	
收缩锥形管嘴		$\phi = 0.96$ $\varepsilon = 0.98$ $\mu = 0.94$	$\theta = 12° \sim 15°$
扩张锥形管嘴		$\phi = 0.45 \sim 0.50$ $\varepsilon = 1.00$ $\mu = 0.45 \sim 0.50$	$\theta = 5° \sim 7°$ 当 $\theta > 10°$ 水流可能脱离管壁

1）水平出流轨迹如图 8-2-20 所示，按式（8-2-28）计算：

$$L = 2\varphi(H + h)^{1/2} \tag{8-2-28}$$

式中　L——水平射程（m）；

φ——流速系数，见表 8-2-12；

H——工作水头（mH_2O）；

h——孔口或管嘴安装高度（m）；

2）倾斜出流轨迹如图 8-2-21 所示，按式（8-2-29）计算：

$$h = \left[L^2 / (4\varphi^2 H \cos\theta) \right] + L\tan\theta \qquad (8\text{-}2\text{-}29)$$

式中　L——水平射程（m）；

φ——流速系数，见表 8-2-12；

H——工作水头（$\mathrm{mH_2O}$）；

h——孔口或管嘴安装高度（m）；

θ——孔口或管嘴的轴线与水平线夹角（°）。

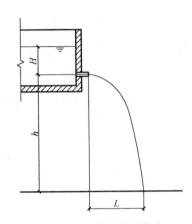

图 8-2-20　水平出流轨迹

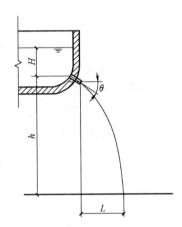

图 8-2-21　倾斜出流轨迹

（2）跌流的水力计算。水盘、瀑布、叠流的溢流量，一般是将溢水断面近似地划分成若干个溢流堰口，分别计算其流量后再叠加。各种溢流堰口近似水力计算公式如下：

1）宽顶堰如图 8-2-22 所示，溢流量按式（8-2-30）计算：

$$q = mbH^{3/2} \qquad (8\text{-}2\text{-}30)$$

2）三角堰如图 8-2-23 所示，溢流量按式（8-2-31）计算：

$$q = AH_0^{5/2} \qquad (8\text{-}2\text{-}31)$$

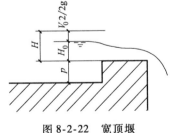

图 8-2-22　宽顶堰

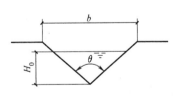

图 8-2-23　三角堰

3）半圆堰如图 8-2-24 所示，溢流量按式（8-2-32）计算：

$$q = BD^{5/2} \qquad (8\text{-}2\text{-}32)$$

4）矩形堰如图 8-2-25 所示，溢流量按式（8-2-33）计算：

$$q = CH_0^{3/2} \qquad (8\text{-}2\text{-}33)$$

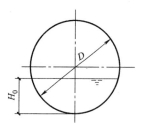

图 8-2-24　半圆堰

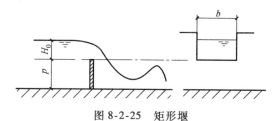

图 8-2-25　矩形堰

5）梯形堰如图 8-2-26 所示，溢流量按式（8-2-34）和式（8-2-35）计算：

$$q = A_1 H_0^{3/2} + A_2 H^{5/2} \qquad (8\text{-}2\text{-}34)$$

以上各式　q——溢流量（L/s）；

　　　　m——宽顶堰流量系数，取决于堰流进口形式，见表 8-2-13；

　　　　b——堰口水面宽度（m）；

　　　　H——堰前动水头（mH_2O）；

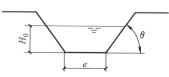

图 8-2-26　梯形堰

$$H = H_0 + \frac{v_0^2}{2g} \qquad (8\text{-}2\text{-}35)$$

　　　　H_0——堰前静水头（mH_2O）；

　　　　v_0——堰前水流速度（m/s）；

　　　　A——三角堰流量系数，与堰底夹角 θ 有关，见表 8-2-14；

　　　　B——半圆堰流量系数，与堰前静水头 H_0 和半圆堰直径 D 的比值有关，其值见表 8-2-15；

　　　　C——矩形堰流量系数，与堰口宽度 b 有关，见表 8-2-16；

　　　　A_1——梯形堰流量系数，与堰口宽度 e 有关，见表 8-2-17；

　　　　A_2——梯形堰流量系数，与堰侧边夹角度 θ 有关，见表 8-2-18。

表 8-2-13　宽顶堰流量系数 m

堰的进口形式	示意图	流量系数 m
直角		1420
45°斜角		1600
圆角		1600
斜坡 $\theta = 80° \sim 20°$		1510 ~ 1630

注：表列系数均指水流进入堰口时无侧向收缩的情况；在有侧向收缩时，应乘收缩系数 ε，一般可取 $\varepsilon = 0.95$。

表 8-2-14　三角堰流量系数 A

$\theta(°)$	30	40	45	50	60	70	80	90
A	380	516	587	661	818	992	1189	1417
$\theta(°)$	100	110	120	130	140	150	160	170
A	1689	2024	2455	3039	3894	5289	8037	16198

表 8-2-15　半圆堰流量系数 B

H_0/D	0.05	0.10	0.15	0.20	0.25	0.30	0.35
B	0.020	0.070	0.148	0.254	0.386	0.547	0.720
H_0/D	0.40	0.45	0.50	0.60	0.70	0.80	0.90
B	0.926	1.15	1.40	2.00	2.49	3.22	3.87

表 8-2-16　矩形堰流量系数 C

B/m	0.05	0.10	0.15	0.20	0.25	0.30	0.35
C	99.6	199.3	298.9	398.6	498.2	597.0	697.5
B/m	0.40	0.45	0.50	0.55	0.60	0.65	0.70
C	797.2	896.8	996.5	1096.1	1195.7	1295.4	1395.0
B/m	0.75	0.80	0.85	0.90	0.95	1.00	
C	1494.7	1594.3	1694.0	1793.6	1893.3	1992.9	

表 8-2-17　梯形堰流量系数 A_1

e/m	0.05	0.10	0.15	0.20	0.25	0.30	0.35
A_1	66.4	132.9	199.3	265.7	332.2	398.6	465.0
e/m	0.40	0.45	0.50	0.55	0.60	0.65	0.70
A_1	530.4	597.9	664.3	730.7	797.2	863.6	930.0
e/m	0.75	0.80	0.85	0.90	0.95	1.00	
A_1	996.5	1062.9	1129.3	1195.7	1262.2	1328.6	

表 8-2-18　梯形堰流量系数 A_2

$\theta(°)$	5	10	15	20	25	30	35	40	45
A_2	16198.7	8037.3	5289.1	3893.7	3038.2	2454.7	2024.0	1689.0	1417.2
$\theta(°)$	50	55	60	65	70	75	80	85	90
A_2	1188.2	992.3	818.2	660.9	515.8	379.7	249.9	124.0	0.0

4. 水景管道的水力计算

水景工程宜采用不锈钢等耐腐蚀管材。管道布置时力求管线简短，应按不同特性的喷头设置配水管，为保证供水水压一致和稳定配水管宜布置成环状，配水管的水头损失一般采用 50~100Pa/m；流速不超过 0.5~0.6m/s。同一水泵机组供给不同喷头组的供水管上应设流量调节装置，并设在便于观察喷头射流的水泵房内或是水池附近的供水管上。管道接头应严密、光滑，变径应采用异径管接头，转弯角度大于 90°。

水景工程的水力计算方法与一般给水工程计算相同。向一组喷头配水、要求喷水高度相同且喷头前不设调节装置的多口出流单向供水配水系统，如图 8-2-27 所示，其流速应严格限制，可根据最远喷头的间距和允许喷水的高度差，算出 1000i 值，再从管道水力计算表中查出符合该条件的管径和流速。许用 1000i 可按式（8-3-26）计算：

$$1000i = \{1000\alpha/1/[(m+1) + 1/2N + (m-1)^{1/2}/6N^2]\}\Delta h/L = K\Delta h/L \quad (8\text{-}2\text{-}36)$$

式中　i——管道的水力坡降；

Δh——允许最大喷水高度差（m）；

　L——相距最远两喷头间的管段长度（m）；

　α——供水方式系数，单向供水时 $\alpha = 1$；双向供水时 $\alpha = 2$；

　m——计算管道沿程水头损失时，公式中流量指数；

　N——计算管段的喷头数量；

　K——综合系数，见表8-2-19。

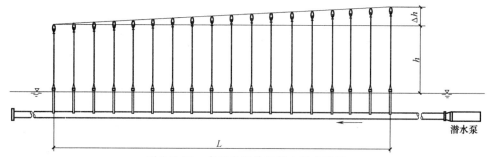

图 8-2-27　多口出流单向供水配水系统

表 8-2-19　综合系数 K 值

N	塑料管		钢管	
	单向供水	双向供水	单向供水	双向供水
2	1600	3200	1543	3086
3	1929	3857	1838	3637
4	2134	4267	2020	4040
5	2273	4545	2141	4283
6	2374	4748	2232	4464
7	2450	4900	2299	4598
8	2510	5020	2353	4706
9	2558	5115	2392	4785
10	2597	5195	2421	4843
11	2630	5260	2457	4914
12	2658	5316	2475	4950
13	3682	5365	2500	5000
14	2703	5407	2519	5038
15	2723	5445	2532	5063
16	2737	5474	2545	5089
17	2753	5505	2546	5128
18	2765	5531	2571	5141
19	2777	5554	2577	5155
20	2788	5576	2584	5168
22	2807	5613	2604	5208
24	2820	5640	2616	5231
26	2833	5671	2632	5263
28	2846	5692	2639	5277
30	2864	5727	2646	5291
32	2865	5729	2655	5309
34	2873	5745	2661	5322
36	2879	5759	2667	5333
38	2885	5770	2672	5343

（续）

N	塑料管		钢管	
	单向供水	双向供水	单向供水	双向供水
40	2891	5782	2677	5353
42	2896	5792	2681	5362
44	2900	5800	2685	5369
46	2904	5809	2688	5376
48	2909	5817	2692	5384
50	2912	5824	2695	5391

8.2.6　水景工程设计实例概况

例 8-2-1　某地一涉外旅游宾馆大门前小广场上建一水景工程，水景工程由水池、连接喷嘴的管道、水下彩灯、潜水泵、闸阀、调节阀门等组成。

水景水池为直径 14m 的类似马蹄形，内池直径为 8m，在内池的正中间交错布置三排冰塔水柱，最大高度为 2.90m，沿圆周设有 83 个纯射流水柱，喷向池中心，落入池内的水流沿内池池壁溢至外池，在池壁上形成一周壁流。在水池内设有三色彩灯，水的流态和彩灯均利用可编程序控制器进行程序控制。其运行控制方法是根据水流变换要求和所需水压要求，将所有喷头分成 6 组，每组有专用管道供水，分别用 6 个电动阀控制水流，每个电动阀只有开关两个工位，利用可编程序控制器控制开关变化，随着水流的变换，水下彩灯也相应开关变化，使喷泉的水姿和照明按照预先输入的程序变换。

例 8-2-2　某市广场建有一水景工程。水景工程的水池设计成矩形，长 30m，宽 8m。水泵房为半地下式，马蹄形，将其大半镶嵌在水池内，门窗留在水池外边，将水泵房用作造景构筑物之一，屋顶做成小水池，内设 5 个大冰塔，落下的水流从水泵房屋顶经两级跌落注入大水池。由于第二级跌落水盘的溢水口较宽，为保证跌流水膜连续，在水盘上设有 5 个涌泉水柱，以增加跌流水量。在大水池的前缘布置一排钟罩形水姿，共 12 个。在水泵房两侧各布置一个直径为 2.5m 的水晶绣球，高 4.5m。水晶绣球后边，沿弧形各布置一排纯射流水柱，最大喷射高度为 6.4m，其造型如图 8-2-28 所示。

整个工程设有 ϕ80mm 冰塔喷头 5 个，ϕ20mm 涌泉喷头 5 个，ϕ100mm 水晶绣球喷头 2 个，ϕ15mm 纯射流喷头 90 个，ϕ50mm 钟罩喷头 12 个，合计 114 个。设 IS200-150-200A 和 IS200-150-250 水泵各 1 台，循环流量约为 730m³/h，耗电总功率约 46W。管道和设备布置如图 8-2-29 所示。

8.3　洗衣房

8.3.1　设置洗衣房概述

1. 设置洗衣房的用途

洗衣房是宾馆、公寓、医疗机构、环卫单位等公共建筑中经常附设的建筑物，用于洗涤各类纤维织物等柔性物件，如宾馆客房、医院病房的床上用品、床单、被罩等；宾馆卫生间的各类织品、浴巾、面巾、地巾等；各类家具的套、罩；窗帘，衣服，工作服，以及餐厅的

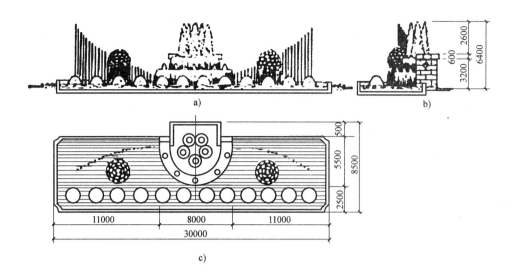

图 8-2-28　某市广场水景工程效果图

a）立面图　b）侧面图　c）平面图

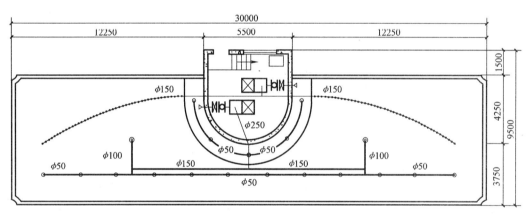

图 8-2-29　某市广场水景工程管路设备布置图

桌布、口布等。

2. 洗衣房的设置位置

洗衣房常附设在建筑物地下室的设备用房间，也可单独设在建筑物附近的室外，由于洗衣房消耗动力和热力大，所以宜靠近变电室、热水和蒸汽等供应源、水泵房；位置应便于洗物的接收、运输和发送；远离对卫生和安全程度要求较高的场所，以防机械噪声和干扰。

3. 洗衣房的组成

洗衣房主要由生产车间、辅助用房（脏衣分类贮存间、净衣贮存间、织补间、洗涤剂库房、水处理、水加热、配电、维修间等）、生活办公用房组成。

4. 洗衣房的生产工艺及生产工艺布置要求

（1）洗衣房的生产工艺

1）织品工艺如图 8-3-1 所示。

2）洗衣工艺如图 8-3-2 所示。

（2）洗衣房生产工艺的布置要求。洗衣房的工艺布置应以洗衣工艺流程通畅、工序完

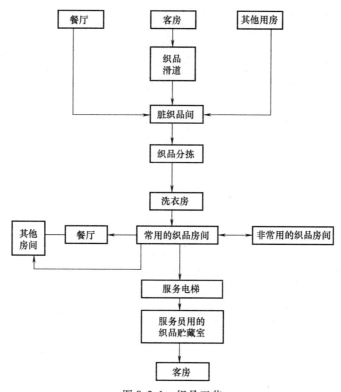

图 8-3-1　织品工艺

善且互不干扰、尽量减小占地面积、减轻劳动强度、改善工作环境为原则。织品的处理应
按接收、编号、脏衣存放、洗涤、脱水、烘干（或烫平）、整理折叠、洁衣发放的流程顺
序进行；未洗织品和洁净织品不得混杂，沾有有毒物质或传染病菌的织品应单独放置、
消毒；干洗设备与水洗设备应设置在各自独立用房，并应考虑运输小车行走和停放的通
道和位置。

8.3.2　洗衣房设计基础资料

1. 洗衣水质
洗衣水质应符合生活饮用水水质标准。

2. 客房用品
（1）房间总数。
（2）双人床数量。
（3）单人床数量。
（4）房间租用率。
（5）床单每星期更换次数。
（6）每星期工作时数。
（7）织品质量资料。

3. 职工用品
（1）职工总数。

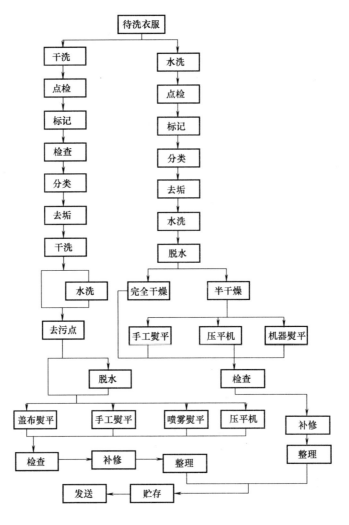

图 8-3-2　洗衣工艺

（2）每日工作人员数。

（3）值班人员数。

4. 餐厅和饮室用品

（1）各类餐厅餐桌数量。

（2）每日更换餐桌织品（台布、口布等）的资料。

5. 有关工艺流程

（1）织品工艺流程。

（2）洗衣工艺流程。

6. 工作量计算

洗衣量计算。水洗织品的数量应由使用单位提供数据，也可根据建筑物性质参照表 8-3-1 确定。水洗织品的单件质量可参照表 8-3-2 确定。宾馆、旅馆等建筑的干洗织品的数量可按 0.25kg/（床·d）计算，干洗织品的单件质量可参照表 8-3-3 确定。

表 8-3-1　各类建筑物水洗品的数量

序号	建筑物名称	计算单位	干织品数量/kg	备注
1	居民	每人每月	6.1	参考用
2	公共浴室	每 100 床位每日	7.5～15.0	
3	理发室	每一技师每月	40.0	
4	食堂、饭馆	每 100 席位每日	15～20	
5	旅馆：			旅馆等级见《旅馆建筑设计规范》(JGJ 62—2014)
	六级	每床位每月	10～15	
	四～五级	每床位每月	15～30	
	三级	每床位每月	45～75	
	一～二级	每床位每月	120～180	
6	集体宿舍	每床位每月	8.0	参考用
7	医院：			
	100 病床以下的综合医院	每一病床每月	50.0	
	内科和神经科	每一病床每月	40.0	
	外科、妇科和儿科	每一病床每月	60.0	
	妇产科	每一病床每月	80.0	
8	疗养院	每人每月	30.0	
9	休养院	每人每月	20.0	
10	托儿所	每一小孩每月	40.0	
11	幼儿园	每一小孩每月	30.0	

表 8-3-2　水洗织品的单件质量

序号	织品名称	规格	单位	干织品质量/kg	备注
1	床单	200cm×235cm	条	0.8～10.0	
2	床单	167cm×200cm	条	0.75	
3	床单	133cm×200cm	条	0.50	
4	被套	200cm×235cm	件	0.9～1.2	
5	罩单	215cm×300cm	件	2.00～2.15	
6	枕套	80cm×50cm	只	0.14	
7	枕巾	85cm×55cm	条	0.30	
8	枕巾	60cm×45cm	条	0.25	
9	毛巾	55cm×35cm	条	0.08～0.10	
10	擦手巾		条	0.23	平均值
11	面巾		条	0.03～0.04	
12	浴巾	160cm×80cm	条	0.2～0.3	
13	地巾		条	0.3～0.6	
14	毛巾被	200cm×235cm	条	1.5	
15	毛巾被	133cm×200cm	条	0.9～1.0	
16	线毯	133cm×135cm	条	0.9～1.4	
17	桌布	135cm×135cm	件	0.30～0.45	
18	桌布	165cm×165cm	件	0.50～0.65	
19	桌布	185cm×185cm	件	0.70～0.85	
20	桌布	230cm×230cm	件	0.9～1.4	
21	餐巾	50cm×50cm	件	0.05～0.06	

（续）

序号	织品名称	规格	单位	干织品质量/kg	备注
22	餐巾	56cm×56cm	件	0.07~0.08	
23	小方巾	28cm×28cm	件	0.02	
24	家具套		件	0.5~1.2	
25	擦布		条	0.02~0.08	平均值
26	男上衣		件	0.2~0.4	
27	男下衣		件	0.2~0.3	
28	工作服		套	0.5~0.6	
29	女罩衣		件	0.2~0.4	
30	睡衣		套	0.3~0.6	
31	裙子		条	0.3~0.5	
32	汗衫		件	0.2~0.4	
33	衬衣		件	0.25~0.30	
34	衬裤		条	0.1~0.3	
35	绒衣、绒裤		条	0.75~0.85	
36	短裤		条	0.1~0.2	
37	围裙		条	0.1~0.1	
38	针织外衣裤		条	0.3~0.6	

表 8-3-3　干洗织品的单件质量

序号	织品名称	单位	干织品质量/kg
1	西服上衣	件	0.8~1.0
2	西服背尺	件	0.3~0.4
3	西服裤	条	0.5~0.7
4	西服短裤	条	0.3~0.4
5	西服裙	条	0.6
6	中山装上衣	件	0.8~1.0
7	中山装裤	件	0.7
8	外衣	件	2.0
9	夹大衣	件	1.5
10	呢大衣	件	3.0~3.5
11	雨衣	件	1.0
12	毛衣、毛绒衣	件	0.4
13	制服上衣	件	0.25
14	短上衣（女）	件	0.30
15	毛针织绒衣	套	0.80
16	工作服	套	0.9
17	围巾、头巾、手套	件	0.1
18	领带	条	0.05
19	帽子	顶	0.15
20	小衣件	件	0.10
21	毛毯	条	3.0
22	毛皮大衣	件	1.5
23	皮大衣	件	1.5
24	毛皮	件	3.0
25	窗帘	件	1.5
26	床罩	件	2.0

　　洗衣房综合洗涤量（kg/d）包括：客房用品洗涤量、职工工作服洗涤量、餐厅及公共场所洗涤量和客人衣物洗涤量等。宾馆内客房床位出租率按 90% ~95% 计，织品更换周期可按宾馆的等级标准在 1 ~10d 范围内选取；床位数和餐厅餐桌数由土建专业设计提供；客人衣物的数量可按每日总床位数的 5% ~10% 估计；职工工作服平均 2d 换洗一次。

　　洗衣房的洗衣工作量（kg/h）根据每日综合洗涤量和洗衣房工作制度（有效工作时间）确定，工作制度宜按每日一个班次计算。

　　每日洗衣量可按式（8-3-1）计算：

$$G_r = G_y n/d_y \qquad\qquad (8\text{-}3\text{-}1)$$

式中　G_r——每日洗涤量 [kg/（床·d）]；

　　　G_y——每月洗涤量 [kg/（床·月）]；

　　　n——床数；

　　　d_y——洗衣房工作日数，一般可按 25d 计。

　　洗涤设备每个工作周期洗衣量，可按式（8-3-2）计算：

$$G = \frac{mq}{nt} \qquad\qquad (8\text{-}3\text{-}2)$$

式中　G——洗涤脱水机每个工作周期洗衣量，工作周期为 0.75h（kg/工作周期）；

　　　m——计算单位（人、床位）；

　　　q——每个计算单位每月洗衣量（kg/床、kg/人）；

　　　t——每日洗涤工作周期数，一般为 6 ~10 个；

　　　n——床数。

　　洗衣房几项工作量的比例：熨平占 65% ~70%（被里、枕套、床单、桌布、餐巾等）；烘干占 25% ~30%（浴巾、面巾、地巾等）；压平占 5%（客衣、工作服等）。

7. 洗衣设备

　　洗衣设备主要有洗涤脱水机、烘干机、烫平机、各种功能的压平机、干洗机、折叠机、化学去污工作台、熨衣台及其他辅助设备。洗涤设备的容量应按洗涤量的最大值确定，工作设备数目不少于两台，可不设备用。烫平、压平及烘干设备的容量应与洗涤设备的生产量相协调。

　　各种洗衣设备的用途及型号见表 8-3-4。

表 8-3-4　各种洗衣设备的用途及型号

洗衣设备名称	用途	型号
洗涤脱水机	可进行洗涤和脱水	XGQ50-200 型、XGB 系列、TG 系列、SX 系列、
烘干机	烘干洗服	GZZ 系列、HGZ 系列
烫平机	烫平洗涤并脱水后织物	YZI-2800、GY 系列
熨平机	熨平衣服	JZQ 系列
全自动干洗机	洗涤高级织物	
人像精整机	洗涤高级织物	
蒸汽-电两用熨斗	熨平衣物	
化学去污工作台	去污	

8. 洗衣房设计对各专业的要求

　　（1）建筑专业

　　1）因洗衣房为高温、高湿房间，机械排风量和设备振动量大，尽量不设主楼地下室，尽可能设在楼外的冷冻站、锅炉房、变电所等动力区内，便于织品收发和运输。远离对卫生和安静环境有严格要求的房间。

2）有良好的通风和自然采光。

3）墙和地面宜贴瓷砖等。

4）房间面积要符合要求。

（2）结构专业

1）便于设备安装。

2）根据要求设孔洞。

（3）供暖通风专业

1）合理布置自然通风和局部机械排风的通风装置。

2）房间的换气次数符合要求。

3）房间的温度、湿度应符合要求。

（4）动力专业

1）蒸汽要求压力应以设备产品说明书为准，在无资料时，参见表8-3-5采用。

2）蒸汽用量应按设备产品说明书要求确定，也可按 1.0kg/(h·kg 干衣) 的蒸汽量估算；在无热水供应时，可按 2.5~3.5kg/(h·kg 干衣) 的蒸汽量估算。医院洗衣房的蒸汽用量，可按 2.3~2.7kg/(h·kg 干衣) 的蒸汽量估算。其中，用于煮沸消毒为 0.5~0.8kg/(h·kg 干衣)；用于洗衣为 0.4~0.5kg/(h·kg 干衣)；用于干燥衣物为 0.7kg/(h·kg 干衣)；用于熨平衣物为 0.7kg/(h·kg 干衣)。

表8-3-5 洗衣设备所需蒸汽压力

设备名称	洗衣机	熨衣机 人像机 干洗机	烘干机	熨平机	煮沸消毒
蒸汽压力/MPa(表压)	0.15~0.2	0.4~0.6	0.5~0.7	0.6~0.8	0.5~0.8

3）压缩空气消耗量及要求压力由产品说明书提供，也可按 0.1~0.6m³/min 用气量选择，要求压力为 0.4~1.0MPa。空气压缩机应选用移动式无润滑油型。

（5）电气专业

1）各房间照度见表8-3-6。

表8-3-6 各房间照度

房间名称	照度/lx
洗涤、脱水及烘干生产用房	200~300
烫平机、熨衣机的操作面	300~400
其他辅助用房及生活用房	100~150

2）设备动力用电量，按产品说明书的要求提供，也可按每设置1kg洗衣机容量用电量 0.05~2.0kW 估算。但在没有蒸汽供应而用电来烘干、烫平、压平时，用电量按 0.5~1.0kW 估算。干洗机可按 0.25~0.45kW/(kg 干衣) 估算。

（6）洗衣设备与管道连接

1）各种管道与设备之间的连接采用软管连接。

2）在洗衣设备的给水管、热水管和蒸汽管上应安装过滤器和阀门。

3）在接入洗衣设备前的给水管和热水管上，应设置空气隔断器，以防水质被污染。

4）各种洗衣设备上的蒸汽管、压缩空气管、洗涤液管宜采用铜管。

9. 洗衣房各项指标参数。

洗衣房各项指标参数见表 8-3-7。

表 8-3-7　洗衣房各项指标参数

序号	项目	单位	参数
1	建筑面积	每间客房	$0.5 \sim 1.0 \mathrm{m}^3$
2	用水量	每 kg 干衣	$40 \sim 80 \mathrm{L}$
3	供暖温度	生产用房	$12 \sim 16 \mathrm{℃}$
4	换气次数	生产用房	$15 \sim 20$ 次/h
5	蒸汽量	h·kg 干衣	$1.0 \sim 3.0 \mathrm{kg}$
6	蒸汽压力	洗涤设备	$0.2 \sim 0.8 \mathrm{MPa}$
7	压缩空气量	min^{-1}	$0.1 \sim 0.6 \mathrm{m}^3$
8	压缩空气压力	洗涤设备	$0.4 \sim 1.0 \mathrm{MPa}$
9	用电量	h·kg 干衣	$0.13 \sim 0.2 \mathrm{kW}$
10	照度	生产用房	$200 \sim 400 \mathrm{Ix}$

8.3.3　洗衣房的给水排水设计

1. 洗衣房的给水设计

洗衣房的给水管宜单独引入，管道设计流量可按每 kg 干衣的给水流量为 6.0L/min 估算。管道与设备的连接要符合上述洗衣设备与管道连接的要求。

2. 洗衣房的排水设计

洗衣房的排水宜采用带格栅或穿孔盖板的排水沟，洗涤设备排水出口下宜设集水坑，以防止泄水时外溢。排水管径不小于 100mm。

8.3.4　洗衣房设计实例

例 8-3-1　某市一宾馆有 1000 张床位，设有洗衣房，对设备、用水量及平面进行布置。

（1）设备选型

m——1000 张床位；

n——22d；

q——120kg/（床·月）；

t——16 个工作周期（考虑两班制）。

$$G = [(1000 \times 120)/(22 \times 16)] \mathrm{kg}/工作周期 = 340 \mathrm{kg}/工作周期$$

选定额定容量 100kg 及 60kg 洗涤脱水机，70kg 烘干机，干洗机和压平机各两台，烫平机，折叠机，人像精整机，夹烫机和去渍机各一台。

（2）用水量

日洗衣量：340kg 干衣/工作周期 × 16 工作周期/d = 5440kg 干衣/d。

日用水量：5440 kg 干衣/d × 60L/ kg 干衣 = 326 m³/d。

时用水量：326m³/d × 1.5/12 = 41m³/h（$K = 1.5$，$t = 12 \mathrm{h}$）。

（3）洗衣房平面布置

洗衣房平面布置如图 8-3-3 所示。

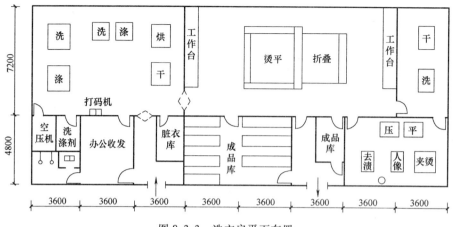

图 8-3-3　洗衣房平面布置

8.4　公共浴室

8.4.1　公共浴室概述

1. 公共浴室的作用

公共浴室主要用于人们身体洗净，有的还兼有保健、按摩和人们休息等作用。

2. 公共浴室的分类

公共浴室的分类如下：

（1）城镇营业性公共浴室，满足城镇居民用于身体洗净。

（2）单位团体公共浴室，其所有权为单位或团体，如工矿企业的公共浴室、机关的公共浴室、学校的公共浴室等级，为本单位或本团体人员使用。

（3）工厂车间浴室，为本车间人员使用。

（4）医院病房浴室，为医院病房人员使用。

（5）游泳池浴室，为游泳池的附属设施，供游泳后人员身体洗净。

3. 公共浴室的组成

服务对象不同的公共浴室布置各不相同，在营业性公共浴室中设备较为完善，包括：淋浴间、盆浴间、浴池（热水池、温水池、冰水池）、桑拿间（干蒸间）、蒸气间（湿蒸间）、盥洗间、烫脚池等，另外还附设有休息床位、按摩间、机房、消毒间、美容美发室、厕所、更衣间、售票处、洗衣房、饮水间。在学校、办公楼、企业的公共浴室中一般有沐浴器、浴盆、洗脸盆等。在车间的公共浴室内只有沐浴器和洗脸盆。

8.4.2　公共浴室设计基础资料

1. 公共浴室的用水水质

公共浴室的用水水质应符合《生活饮用水卫生标准》（GB 5749—2006）。

2. 公共浴室各种洗浴用水水温见表 8-4-1、表 8-4-2。

公共浴室热水供应系统配水点的水温不宜高于 50℃，热水器锅炉或热水加热器的出水温度不宜高于 55℃。

表 8-4-1 公共浴室各种洗浴用水热水水温

设备名称	用水水温/℃	设备名称	用水水温/℃
热水池	40 ~ 42	淋浴器	37 ~ 40
温水池	35 ~ 37	浴盆	40
烫脚池	48 ~ 50	洗脸盆	35

表 8-4-2 公共浴室各种洗浴用水冷水水温

分区	地下水水温/℃	地表水水温/℃
第一分区	10 ~ 20	5
第二分区	10 ~ 15	4
第三分区	6 ~ 15	4

3. 公共浴室内淋浴器、浴盆、洗脸盆的布置和数量

公共浴室内淋浴器可单间设置、隔断设置和通间设置，还可附设在浴池间和盆浴间，如图 8-4-1 所示。

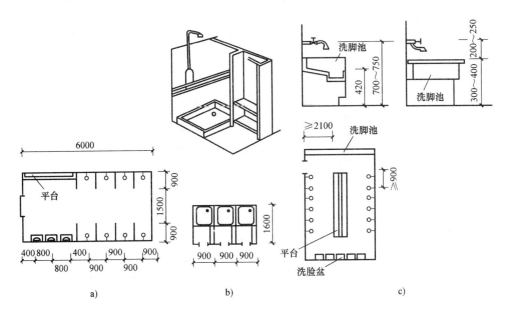

图 8-4-1 淋浴间布置

a) 公共淋浴间 b) 单间淋浴 c) 通间淋浴

公共浴室内盆浴间分单盆浴间、双盆浴间，也可附设在浴池间和淋浴间内，盆浴间前室设有床位、衣柜、挂钩等。

公共浴室内盥洗间设有成排洗脸盆，其数量按 10 ~ 16 人/(个·h) 确定，其中女浴室采用较小负荷能力。附设在浴盆间内时，采用 2 ~ 4 人/(个·h)，附设在理发室内时，采用 4 ~ 6 人/(个·h)。

公共浴室内淋浴器的数量根据其相应的负荷能力和洗浴人数确定。淋浴器的数量按式 (8-4-1) 计算并见表 8-4-3。

$$n = \frac{N}{CT} \tag{8-4-1}$$

式中　n——淋浴器的数量（个）；

　　　N——每日最大洗浴人数（人）；

　　　C——淋浴器的负荷能力［人/（个·h）］，按表 8-4-3 采用；

　　　T——浴室每日开放时间 h。

表 8-4-3　淋浴器负荷能力

设置位置	布置方式	负荷能力/［人/（个·h）］	备注
设在淋浴间内	单间 隔断 通间	1~2 2~3 3~4	以淋浴器为主要洗浴设备时
附设在浴池或客盆间内	隔断 通间	8~10 10~12	以浴池或浴盆为主要洗浴设备时

　　公共浴室内浴盆的数量根据其相应的负荷能力和洗浴人数确定，设于客盆单间，其负荷能力为 1 人/（个·h）；设于散盆单间，其负荷能力为 2~3 人/（个·h）；附设于淋浴间内，供不方便使用者（老、弱、病、残者）使用时，可根据浴室规模大小设置 1~3 个，浴盆可选择普通式和坐泡式两种形式；根据需要可设置少数水力按摩浴盆。

4. 公共浴室内大、小便器的布置和数量

　　浴室内为洗浴者服务的大便器可按表 8-4-4 确定，男浴室内宜分隔出一间布置 1~2 个小便器。工作人员厕所一般另外设置。

表 8-4-4　公共浴室内大便器设置数量

床位或衣柜数目/个		大便器数目/个
男	女	
50	35	1
100	70	2
150	105	3
200	140	4
250	175	5

5. 公共浴室内休息床（或存衣柜）数量

　　公共浴室内休息床（或存衣柜）数量按式（8-4-2）计算：

$$n = tN/T \tag{8-4-2}$$

式中　n——休息床（或存衣柜）数量（个）；

　　　t——每个洗浴者在浴室内平均停留时间（h）；根据浴室内设备完善程度和浴室类型确定，一般取 0.5~1.0h；

　　　N——每日最大洗浴人数（人）；

　　　T——浴室每日开放时间（h）。

6. 公共浴室的热源

　　公共浴室的热源应根据当地资源条件和用水规模，兼顾节能和环保要求优先考虑工业余热、废热（废气、高温烟气、高温废液等）、地热和太阳能，其次考虑全年供热的城镇热力管网、区域性锅炉房和专用锅炉房。以废热为热源时应采取必要措施防止水质污染和消除废气压力波动；以地热水为热源时，其水质应符合要求，否则需要进行处理；以太阳能为热源的热水供应系统应设置辅助加热装置。

8.4.3　公共浴室的给水排水设计

（1）系统耗热量、热水量计算

1）设计小时耗热量按式（8-4-3）计算：

$$Q_r = \sum q_h (t_r - t_1) \rho n_0 cb \tag{8-4-3}$$

式中　Q_r——设计小时耗热量（W）；

q_h——卫生器具的小时热水用水定额（L/h）；

t_r——热水温度（℃）；

t_1——冷水温度（℃）；

ρ——热水密度（kg/L）；

n_0——同类型卫生器具数；

c——水的比热容，$c = 4.187$ kJ/kg·℃；

b——卫生器具同时使用百分数，按 100% 计。

2）设计小时热水量按式（8-4-4）计算：

$$Q_h = \sum q_h n_0 b / 1000 \tag{8-4-4}$$

式中　Q_h——设计小时热水量（m³/h）；

q_h——卫生器具的小时热水用水定额（L/h）；

n_0——同类型卫生器具数；

b——卫生器具同时使用百分数，按 100% 计。

（2）公共浴室的给水管道设计。公共浴室的热水管网一般不设置循环管道，当热水干管长度大于 60m 时可采用循环水泵对热水干管强制循环。公共浴室的淋浴器宜采用节水型的带脚踏开关的双管或单管热水供应系统；为保证出水水温稳定并便于调节，宜采用开式热水供应系统；多于 3 个淋浴器的配水管道宜布置成环状；淋浴器给水支管管径不小于 25mm，配水管网沿程水头损失不宜过大：当淋浴器不大于 6 个时，单位管长的沿程水头损失不超过 200Pa/m，当淋浴器大于 6 个时，单位管长的沿程水头损失不超过 350Pa/m。若有公共浴池，应采用水质循环净化、消毒加热装置。

（3）公共浴室的排水设计。公共浴室的生活废水不宜与粪便污水合流排出，宜采用排水明沟排水，排水沟断面宽度不小于 150mm，排水沟起点有效水深不小于 20mm，沟底坡度不小于 0.01，设置活动盖板和算子，排水沟末端设集水坑和活动格网。淋浴间排水管径不小于 100mm，应设毛发聚集器，地漏采用网框式，地漏直径按表 8-4-5 选用，当采用排水沟排水时，8 个淋浴器设置 1 个 DN100 的地漏。浴池的排水管径不小于 100mm，且泄空池水时间不超过 4h。若设计将洗浴废水经过处理后用于生活杂用水，则需铺设污水收集管线，将公共浴室的排水进行收集后，引至污水处理池。

表 8-4-5　淋浴间排水地漏设置

淋浴器数量/个	地漏直径/mm	淋浴器数量/个	地漏直径/mm
1 ~ 2	50	4 ~ 5	100
3	75		

8.4.4　健身休闲设施

1. 健身休闲设施的作用

（1）强健身体。

（2）对身体进行康复。

（3）对疾病进行治疗。

2. 公共浴室内常见健身休闲设施

（1）蒸汽浴。桑拿浴是其中一种，即采用干蒸和湿蒸两种。干蒸是由桑拿房内的电发热炉产生热空气进行，湿蒸是用电加热矿石泼水产生水蒸气进行。蒸汽浴由蒸汽发生器、蒸汽器、蒸汽浴房及管件所组成。蒸汽发生器产生的蒸汽由蒸汽管输送至蒸汽浴房内，使浴室内空气湿度达到100%。蒸汽浴的设计要点见表8-4-6。桑拿浴设计数据见表8-4-7。

表 8-4-6　蒸汽浴的设计要点

蒸汽浴的类型	特点	设计要点
湿蒸	使用湿蒸汽，采用加热矿石，在热矿石上泼水产生湿蒸汽	1. 每个炉用电量 3 ~ 6kW 2. 浴房内设通风、照明设备，房外设淋浴喷头
干蒸	使用热风	1. 每个电蒸汽发生器用电量 6 ~ 12kW 2. 由蒸汽发生器、蒸汽器、蒸汽浴房及管件所组成 3. 浴房内蒸汽出口距地面 0.3m 以上，浴房内地面设地漏排除蒸汽的凝结水，浴房外还应设通风装置和淋浴喷头 4. 在进入蒸汽发生器前的给水管道上设过滤器和阀门，并设信号装置 5. 蒸汽房和蒸汽发生炉的关系应符合要求，见表8-4-8

表 8-4-7　桑拿浴设计数据

外形尺寸(长×宽×高)/(mm×mm×mm)	额定人数	电炉功率/kW	电压/V
930 × 910 × 2000	1	2.4	220
930 × 910 × 2000	1	3.0	380
1220 × 1220 × 2000	2	3.6	380
2000 × 1400 × 2050	4	7.2	380
2400 × 1700 × 2050	6	7.2	380
2400 × 2000 × 2050	8	10.8	380
2500 × 2350 × 2050	10	10.8	380

表 8-4-8　蒸汽房和蒸汽发生炉的关系

长×宽×高/(mm×mm×mm)	蒸汽炉功率/kW	长×宽×高/(mm×mm×mm)	蒸汽炉功率/kW	长×宽×高/(mm×mm×mm)	蒸汽炉功率/kW
1400 × 1300 × 2200	4	2200 × 1400 × 2100	6	2200 × 2600 × 2100	9
1550 × 1550 × 220	6	2200 × 2000 × 2100	9	2200 × 3200 × 2100	9

（2）三温暖浴。三温暖浴由三种水温的池子及池中的水力按摩器组成。主池水温（35 ~ 38℃）适中，另外还有高温池（40℃左右）和冷水池（8 ~ 11℃），池水容量一般为

$6 \sim 10 m^3$。同时还附有水力按摩设备，水力按摩浴一般分为成品浴盆和土建式温池两类，成品浴盆又可分为家用浴盆和公共浴盆，池水容量为 $900 \sim 3500L$，一般由浴盆、循环水泵、气泵、按摩喷嘴、控制附件和给水排水管道组成，配套设备及性能如图 8-4-2、表 8-4-9、表 8-4-10 所示。

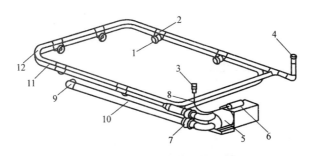

图 8-4-2　标准型水力按摩管道配件图

1—水力按摩喷嘴　2—水力按摩喷嘴本体　3—空气按钮　4—无声空气控制器　5—按摩水泵　6—空气开关
7—连接件　8—空气传动管　9—吸水口管件　10—吸水管（DN50）
11—供水管（DN25）　12—空气管（DN25）

表 8-4-9　家用浴盆配套设备性能（不连续使用）

设备性能 浴盆水容量	过滤罐直径	过滤水泵	按摩泵	热交换器	气泵
最大 1200L	$\phi 350mm$ 5.000L/h	1/3H.P (0.25kW) 5000L/h	1.0H.P (0.75kW) 16000L/h	6kW	1.5H.P (1.10kW) $100 m^3/h$
最大 2200L	$\phi 500mm$ 9.000L/h	1/2H.P (0.37kW) 9000L/h	1.0H.P (0.75kW) 16000L/h	6kW	1.5H.P (1.10kW) $100 m^3/h$

表 8-4-10　公用浴盆配套设备性能（连续使用）

设备性能 浴盆水容量	过滤罐直径	过滤水泵	按摩泵	热交换器	气泵
最大 1200L	$\phi 450mm$ 8000L/h	1/3H.P (0.25kW) 8000L/h	1.0H.P (0.75kW) 16000L/h	6kW	1.5H.P (1.10kW) $100 m^3/h$
最大 2200L	$\phi 4500mm$ 8000L/h	1/2H.P (0.37kW) 8000L/h	1.5H.P (0.75kW) 16000L/h	6kW	1.5H.P (1.10kW) $150 m^3/h$
最大 2500L	$\phi 650mm$ 13000L/h	3/4H.P (0.55kW) 13000L/h	1.5H.P (1.10kW) 21000L/h	6kW	1.5H.P (1.10kW) $150 m^3/h$

循环系统有单水泵、双水泵两种循环方式。单水泵方式为水循环和水过滤共用一台水泵的单水泵循环，该方式体积小，占地小，但循环水量小，在家庭水力按摩浴盆中采用较多；双水泵方式为水循环和水过滤各由一台水泵分别完成，该方式可根据各自要求分别配套设置，调控容易，但占地大，多用于水容量较大的浴盆和土建式温池。

循环水泵的吸水口一般位于浴盆侧壁下方，吸水管管径不宜小于 $DN50$，压水管管径不宜小于 $DN25$，管道应对称布置成环，保证水力按摩喷头处的压力相近，不同孔径喷头的出水量见表 8-4-11。循环水泵应根据喷头数量和喷头出水量确定，或根据配套水泵流量大小来配置合理的喷头数量。循环管道布置计算与水景中配水管有相似的要求。为降低噪声，减轻水泵、气泵的振动，易于拆除，循环管道的压力管路（水和气）宜用软管。

表 8-4-11　不同孔径喷头的出水量　　　　　　　　　（单位：m^3/h）

压力	喷头孔径	7mm	8mm	9mm	10mm
70kPa	喷头出水量	2.04	2.46	3.06	3.90

8.4.5　公共浴室设计实例

某公共浴室设计的平面图如图 8-4-3 所示。

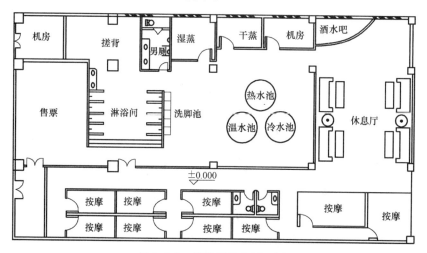

图 8-4-3　某公共浴室平面图

8.5　营业性餐厅厨房

8.5.1　营业性餐厅厨房作用、组成和水汽利用

1. 营业性餐厅厨房作用

营业性餐厅厨房主要用于烹饪和各种物料的洗净。

2. 营业性餐厅厨房的组成

烹饪有各种炊具（如炉灶等）、各种用途的案板，还有各类洗池，如：洗涤池、洗米池、洗肉池、洗鱼池、洗瓜果池、洗碗池等。

3. 水汽利用

营业性餐厅厨房内有冷水、热水和蒸汽。

8.5.2　营业性餐厅厨房的给水排水设计

1. 排水水质和排水特点

餐厅厨房废水的水质特点主要是成分复杂，有机物含量高，以淀粉类、食物纤维类、动物脂肪类有机物为主要成分。排水中的污染物主要以胶体形式存在，pH 值较低，SS 值高，浊度大，BOD_5/COD 值相对较高（一般大于 0.3）；盐分含量高，易发酵变臭；各成分间的综合作用强，稳定性差。

营业性餐厅厨房排水常呈现不连续的规律性，瞬间排放流量大，上午流量小，中午和晚间排放量大。

2. 排水设计

排水多采用明沟，沟底坡底不小于 1%，尺寸为 300mm × 300mm × 500mm，沟顶部采用活动式铸铁或铝制算子。

在其污水排入市政污水管网之前，应进行简单的预处理。例如洗肉池、洗碗池和炊具洗刷排出的废水一定要进入隔油池处理才能排入市政排水管道内。

第9章 建筑中水

9.1 中水概述

9.1.1 中水概念、分类、应用和中水工程设计基本原则

1. 中水的概念

中水是将各种排水经过适当处理（如物理的、物理化学的、生物的处理），让其达到规定的水质标准后，可在生活、市政、环境等范围内进行杂用的非饮用水。

2. 中水的分类

中水从地域上分为以下类型：

（1）城市中水：是取自城市的排水经过适当处理，让其达到规定的水质标准，供给城市的杂用水。

（2）区域中水：是取自区域的排水经过适当处理，让其达到规定的水质标准，供给区域的杂用水。

（3）建筑小区中水：是取自建筑小区的排水经过适当处理，让其达到规定的水质标准，供给建筑小区的杂用水。

（4）建筑物中水：是取自建筑内的排水经过适当处理，让其达到规定的水质标准，供给建筑内杂用水。

（5）建筑中水：建筑小区中水和建筑物中水的总称为建筑中水。

3. 中水的应用

用于生活杂用水（如冲厕、洗车、绿化、浇洒道路等）、市政杂用水（如市政绿化、市政浇洒道路、市政洗车、水景用水等）、生产杂用水（如消防用水、供暖用水、生产洗涤用水、冷却用水等）。中水的应用归于城市污水再生利用，见表 9-1-1。

表 9-1-1 城市污水再生利用

序号	分类	范围	示例
1	农、林、牧、渔业用水	农田灌溉	种籽与育种、粮食与饲料作物、经济作物
		造林育苗	种籽、苗木、苗圃、观赏植物
		畜牧养值	畜牧、家畜、家禽
		水产养殖	淡水养殖
2	城市杂用水	城市绿化	公共绿地、住宅小区绿化
		冲厕	厕所便器冲洗
		道路清扫	城市道路冲洗及喷洒
		车辆冲洗	各种车辆冲洗
		建筑施工	施工场地清扫、浇洒、灰尘抑制、混凝土制品与养护、施工中混凝土构件和建筑物冲洗
		消防	消火栓、消防水炮

（续）

序号	分类	范围	示　例
3	工业用水	冷却用水	直流式、循环式
		洗涤用水	冲渣、冲灰、消烟除尘、清洗
		锅炉用水	中、低压锅炉
		工艺用水	溶料、水浴、蒸煮、漂洗、水力开采、水力输送、增湿、稀释、搅拌、选矿、油田回注
		产品用水	浆料、化工制剂、涂料
4	环境用水	娱乐性景观环境用水	娱乐性景观河道、景观湖泊及水景
		观赏性景观环境用水	观赏性景观河道、景观湖泊及水景
		湿地环境用水	恢复自然湿地、营造人工湿地
5	补充水源水	补充地表水	河流、湖泊
		补充地下水	水源补给、防止海水入侵、防止地面沉降

4. 中水工程设计基本原则

（1）遵循《建筑中水设计规范》（GB 50336—2002）。

（2）合理选择中水原水水源，合理确定中水原水的处理方法，合理确定中水的用途。

（3）正确选择中水原水管道、中水原水处理设施地址、中水应用的管道设置。

（4）确定中水使用的安全措施。

（5）确定"来"（原水）、"处"（原水处理）、"去"（中水供应）水量的平衡。

（6）便于维护和管理。

9.1.2　建筑中水系统组成和系统表示

1. 建筑中水系统组成

一个完整的建筑中水系统由三大系统组成，如图 9-1-1 所示。

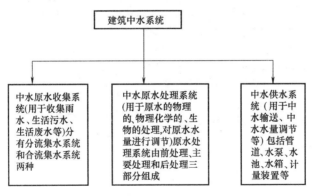

图 9-1-1　建筑中水系统组成

2. 建筑中水系统表示

（1）建筑物中水系统如图 9-1-2 所示。

（2）建筑小区中水系统如图 9-1-3 所示。

9.1.3　中水原水水源、水质及水量

1. 中水原水水源

中水原水水源分为建筑物中水水源和建筑小区中水水源。

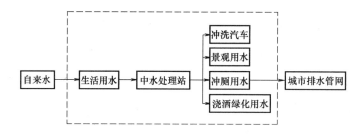

图 9-1-2　建筑物中水系统

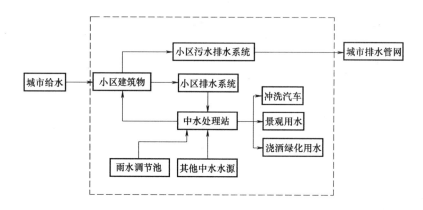

图 9-1-3　建筑小区中水系统

（1）建筑物中水水源种类、特点及选择。建筑物中水水源种类、特点及选择见表9-1-2。

表 9-1-2　建筑物中水水源种类、特点及选择

序号	水源种类	特　　点	选择	注
1	洗浴排水	从沐浴器或浴盆中排出的废水,有机物和悬浮物浓度较低,但阴离子洗涤剂的含量较高	属优质杂排水	1. 洗浴排水、盥洗排水、冷却水均属优质杂排水 2. 洗浴排水、盥洗排水、冷却水、洗衣排水、厨房排水的组合属于杂排水 3. 杂排水或杂排水中的一种与冲厕排水的组合称生活污水 4. 优质杂排水组合或优质杂排水中的一种与冲厕排水的组合称生活污水
2	盥洗排水	从洗脸盆、洗手盆和盥洗槽排出的废水,水质与洗浴排水相近,但悬浮物浓度较高	属优质杂排水	
3	冷却水	从空调循环冷却水系统排出的水,水温较高,污染较轻	属优质杂排水	
4	洗衣排水	从洗衣房排出的水,水质与盥洗排水相近,但洗涤剂含量较高	属杂排水	
5	厨房排水	从厨房、餐厅、食堂的炊事中排放的污水,污水中有机物浓度、浊度和油脂含量均较高	属杂排水	
6	冲厕排水	从大、小便器排放的污水,有机物浓度、悬浮物浓度和细菌含量都很高	属生活污水	

选择时应优先选择优质杂排水,然后选择杂排水,最后是生活污水。

（2）建筑小区中水水源种类、特点及选择。建筑小区中水水源种类、特点及选择见表9-1-3。

表 9-1-3　建筑小区中水水源种类、特点及选择

序号	水源种类	特点	选择
1	小区内建筑物杂排水	从小区内建筑物内排出的洗浴排水、盥洗排水、冷却水、洗衣排水、厨房排水的组合的杂排水	需对原水进行较复杂的处理,但管路简单
2	小区或城市污水处理厂经生物处理后的出水	从小区或城市污水处理厂经生物处理后的出水	需对原水进行较简单的处理,但管路复杂
3	小区附近工业企业排放的水质较清洁、水量较稳定、使用安全的生产废水	从小区附近工业企业排放的水质较清洁、水量较稳定、使用安全的生产废水	需对原水进行较简单的处理,但管路较复杂
4	小区生活污水	从小区建筑排出含有粪便的生活污水	需对原水进行较复杂的处理,但管路简单
5	小区内的雨水	从屋面和地面收集的雨水	需对原水进行简单处理或不处理,管路简单

选择时应优先选择小区内的雨水,在有条件时选择小区或城市污水处理厂经生物处理后的出水或小区附近工业企业排放的水质较清洁、水量较稳定、使用安全的生产废水,然后选择小区内建筑物杂排水,最后才是小区生活污水。

2. 中水原水水质

(1)当中水原水为建筑物内的排水时,可根据实际的水质经化验分析研究后确定,在无实测资料时,建筑物内各种排水污染物浓度见表 9-1-4。

表 9-1-4　建筑物内各种排水污染物浓度　　　　　　(单位:mg/L)

建筑类别	污染物	冲厕	厨房	沐浴	盥洗	洗涤	综合
住宅	BOD_5	300~450	500~650	50~60	60~70	220~250	230~300
	COD	800~1100	900~1200	120~135	90~120	310~390	455~600
	SS	500~450	220~280	40~60	100~150	60~70	155~180
宾馆饭店	BOD_5	250~300	400~550	40~50	50~60	180~220	140~175
	COD	700~1000	800~1100	100~110	80~100	270~330	295~380
	SS	300~400	180~220	30~50	80~10	50~60	95~120
办公楼教学楼	BOD_5	260~340			90~110		195~260
	COD	350~450			100~140		260~340
	SS	260~340			89~110		195~260
公共浴室	BOD_5	260340		45~55			50~65
	COD	350~450		110~120			115~135
	SS	260~340		35~55			40~165
餐饮业	BOD_5	260~340	500~600				490~590
	COD	350~450	900~1100				890~1075
	SS	260~340	250~280				255~285

(2)当中水原水为城市污水处理厂出水时,可按二级处理实际出水水质或表 9-1-5 确定。

表 9-1-5　二级处理出水水质

指标	BOD_5	COD	SS	NH_3-N	TP
浓度/(mg/L)	≤20	≤100	≤20	≤15	1.0

（3）当中水原水为其他种类水水源时，其水质应经实测确定。

3. 中水原水水量计算

（1）建筑物中水原水水量计算。建筑物中水原水量与建筑物最高日生活用水量 Q_d、建筑物分项给水百分数 b 和折减系数有关，按式（9-1-1）计算：

$$Q_1 = \sum \alpha\beta Q_d b \qquad (9\text{-}1\text{-}1)$$

式中　Q_1——中水原水量（m^3/d）；

　　　α——最高日给水量折算成平均日给水量的折减系数，一般为 $0.67 \sim 0.91$，按《室外给水设计规范》（GB 50013—2006）中的用水定额分区和城市规模取值。城市规模按特大城市、大城市、中、小城市，分区按三→二→一的顺序由低至高取值；

　　　β——建筑物按给水量计算排水量的折减系数，一般取 $0.8 \sim 0.9$；

　　　Q_d——建筑物最高日生活用水量（m^3/d），按《建筑给水排水设计规范》（GB 50015—2003）（2009 年版）中的用水定额计算确定；

　　　b——建筑物分项给水百分率。应以实测资料为准，在无实测资料时，可按表 9-1-6 选取。

表 9-1-6　各类建筑物分项给水百分数（%）

项目	住宅	宾馆、饭店	办公楼、教学楼	公共浴室	餐饮业、营业餐厅
冲厕	21.3 ~ 21.0	10.0 ~ 14.0	60.0 ~ 66.0	2.0 ~ 5.0	6.7 ~ 5.0
厨房	20.0 ~ 19.0	12.5 ~ 14.0	—	—	93.3 ~ 95.0
沐浴	29.3 ~ 32.0	50.0 ~ 40.0	—	98.0 ~ 95.0	—
盥洗	6.7 ~ 6.0	12.5 ~ 14.0	40.0 ~ 34.0	—	—
洗衣	22.7 ~ 22.0	15.0 ~ 18.0	—	—	—
总计	100	100	100	100	100

注：沐浴包括盆浴和淋浴。

（2）建筑小区中水原水量计算。建筑小区中水原水量计算可按式（9-1-1）分项计算各个建筑物的中水原水量，然后累加。采用合流排水系统时，可按式（9-1-2）计算小区综合排水量：

$$Q_1 = Q_d \alpha\beta \qquad (9\text{-}1\text{-}2)$$

式中　Q_1——小区综合排水量 m^3/d；

　　　Q_d——小区最高日给水量，按《建筑给水排水设计规范》（GB 50015—2003）（2009 年版）规定计算；

　　　α、β 见式（9-1-1）。

9.1.4　中水用水水质及水量

1. 中水用水水质

（1）中水用于城市杂用水时，其使用归属于城市污水再生利用，水质应符合城市杂用水水质标准，见表 9-1-7。

（2）中水用于景观环境用水时，其水质应符合《城市污水再利用　景观环境用水水质》（GB/T 18921—2002）的规定，见表 9-1-8。

表 9-1-7 城市杂用水水质标准

序号	项目指标		冲厕	道路清扫、消防	城市绿化	车辆冲洗	建筑施工
1	pH 值		6.0~9.0				
2	色(度)	≤	30				
3	臭		无不快感				
4	浊度(NTU)	≤	5	10	10	5	20
5	溶解性总固体/(mg/L)	≤	1500	1500	1000	1000	—
6	五日生化需氧量 BOD_5/(mg/L)	≤	10	15	20	10
7	氨氮/(mg/L)	≤	10	10	20	10	20
8	阴离子表面活性剂/(mg/L)	≤	1.0	1.0	1.0	0.5	1.0
9	铁/(mg/L)	≤	0.3	—	—	0.3	
10	锰/(mg/L)	≤	0.1	—	—	0.1	
11	溶解氧/(mg/L)	≥	1.0				
12	总余氯/(mg/L)		接触30min后≥1.0,管网末端≥0.2				
13	总大肠菌群/(个/L)	≤	3				

注：本表引自现行国家标准《城市污水再生利用 城市杂用水水质》(GB/T 18920—2002)。

表 9-1-8 景观环境用水的再生水水质指标   (单位：mg/L)

序号	项目	观赏性景观环境用水			娱乐性景观环境用水		
		河道类	湖泊类	水景类	河道类	湖泊类	水景类
1	基本要求	无漂浮物,无令人不愉快的臭和味					
2	pH(无量纲)	6~9					
3	BOD_5 ≤	10	6	6	6	6	6
4	SS ≤	20	10	10	—①		
5	NTU ≤	—①			5	5	5
6	溶解氧 ≥	1.5	1.5	1.5	2.0	2.0	2.0
7	总磷(以 P 计) ≤	1.0	0.5	0.5	1.0	0.5	0.5
8	总氮 ≤	15	15	15	15	15	15
9	氨氮(以 N 计) ≤	5	5	5	5	5	5
10	粪大肠菌群/(个/L) ≤	1000	1000	2000	500	500	不得检出
11	余氯② ≥	0.05	0.05	0.05	0.05	0.05	0.05
12	色度 ≤	30	30	30	30	30	30
13	石油类 ≤	1.0	1.0	1.0	1.0	1.0	1.0
14	阴离子表面活性剂 ≤	0.5	0.5	0.5	0.5	0.5	0.5

注：1. 对于需要通过管道输送再生水的非现场回用情况必须加氯消毒；而对于现场回用情况不限制消毒方式。

    2. 若使用未经过除磷脱氮的再生水作为景观环境用水，鼓励使用本标准的各方在回用地点积极探索通过人工培养具有观赏价值水生植物的方法，使景观水的氮满足表中的要求，使再生水中的水生植物有经济合理的出路。

① 表示对此项无要求。

② 氯接触时间还应低于 30min 的余氯，对于非加氯方式无此项要求。

2. 中水用水水量计算

根据中水的不同用途，按有关的设计规范，分别计算冲厕、冲洗汽车、浇洒道路、绿化等各项中水日用水量。将各项中水日用量汇总，即为中水总用水量（式 9-1-3）：

$$Q_3 = \sum_{i=1}^{n} q_{3i} \tag{9-1-3}$$

式中 Q_3——中水总用水量（m^3/d）；

       q_{3i}——各项中水日用水量（m^3/d）。

9.2   中水水量平衡

中水水量平衡是将设计的建筑或建筑群的"来"（即中水原水量）、"处"（即中水原水处理量）、"去"（即中水供水水量）的三者进行计算和协调，使它们的量达到平衡，其中还包括水的补充、水的贮存、水的排放等。水量平衡的计算分析结果可以合理确定建筑中水系统集流系统的方式和集流水量、中水原水处理系统的处理规模、工艺流程和设备构筑物的型号、中水供水系统水的用途、规模、水量、各种水量的调整，它是排水技术、水处理技术、给水技术的综合表现，水量平衡的计算分析结果采用绘制水量平衡图。

9.2.1   水量平衡计算

水量平衡计算从两方面进行：一方面是确定可作为中水水源的污废水可集流的流量，另一方面是确定中水用水量。水量平衡计算可采用下列步骤：

（1）实测确定各类建筑物内厕所、厨房、沐浴、盥洗、洗衣及绿化、浇洒等用水量，无实测资料时，可按式（9-1-1）计算。

（2）初步确定中水供水对象和中水原水集流对象。

（3）计算分项中水用水量和中水总用水量。

（4）计算中水处理水量（式9-2-1）：

$$Q_2 = (1 + n)Q_3 \tag{9-2-1}$$

式中 Q_2——中水日处理水量（m^3/d）；

n——中水处理设施自耗水系数，一般取 $10\% \sim 15\%$；

Q_3——中水总用水量（m^3/d）。

（5）计算中水处理能力（式9-2-2）：

$$Q_{2h} = Q_2/t \tag{9-2-2}$$

式中 Q_{2h}——中水小时处理水量（m^3/h）；

t——中水设施每日设计运行时间（h）。

（6）计算可集流的中水原水量（式9-2-3）：

$$Q_1 = \sum_{i=1}^{n} q_{1i} \tag{9-2-3}$$

式中 Q_1——可集流的中水原水总量（m^3/d）；

q_{1i}——各种可集流的中水原水量（m^3/d），按给水量的 $80\% \sim 90\%$ 计算，其余 $10\% \sim 20\%$ 为不可集流水量。

（7）计算溢流量或自来水补充水量（式9-2-4）：

$$Q_0 = | Q_1 - Q_2 | \tag{9-2-4}$$

式中 Q_0——当 $Q_1 > Q_2$ 时，Q_0 为溢流不处理的中水原水流量；当 $Q_1 < Q_2$ 时，Q_0 为自来水水补充水量（m^3/d）。

9.2.2   水量平衡图

在水量平衡计算中，同时进行水量平衡图的绘制，采用图线和数据直观地表示出中水原水的收集、贮存、处理、使用、溢流和补充间的量的关系，图中注明给水量、排水量、集流水量、不可集流水量、中水供水量、中水用水量、溢流水量和自来水补给水量。

（1）建筑物水量平衡图绘制如图 9-2-1 所示。

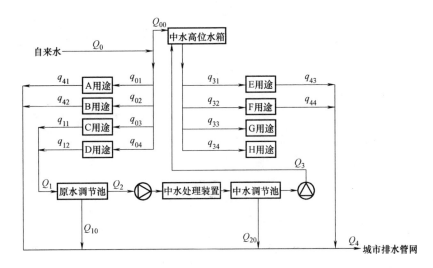

图 9-2-1 建筑物水量平衡图绘制

$q_{01} \sim q_{04}$—自来水分项用水量 $q_{11} \sim q_{12}$—中水原水分项用水量 $q_{31} \sim q_{34}$—中水分项用水量

$q_{41} \sim q_{44}$—污水排放分项用水量 Q_0—自来水总供水量 Q_1—中水原不总水量 Q_2—中水处理水量

Q_3—中水供水量 Q_4—污水总排放水量 Q_{00}—中水补给水量 Q_{10}、Q_{20}—溢流水量

（2）建筑小区水量平衡图绘制如图 9-2-2 所示。

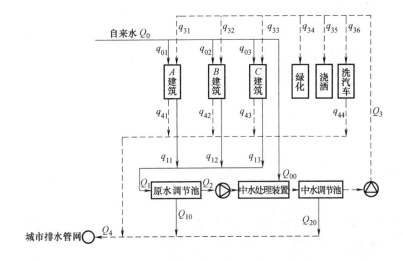

图 9-2-2 建筑小区水量平衡图绘制

$q_{01} \sim q_{03}$—自来水分项用水量 $q_{11} \sim q_{13}$—中水原水分项用水量 $q_{31} \sim q_{36}$—中水分项用水量

$q_{41} \sim q_{44}$—污水排放分项用水量 Q_0—自来水总供水量 Q_1—中水原不总水量 Q_2—中水处理水量

Q_3—中水供水量 Q_4—污水总排放水量 Q_{00}—中水补给水量 Q_{10}、Q_{20}—溢流水量

（3）中水工程水量平衡措施。为使中水原水量与处理水量、中水产量与中水用量之间保持平衡，使中水原水的连续集流与间歇运行的处理设施之间保持平衡，使间歇运行的处理设施与中水的连续使用之间保持平衡，适应中水原水与中水用水量随季节的变化，应采取一些水量平衡调节措施。

① 溢流调节。在原水管道进入处理站之前和中水处理设施之后分别设置分流井和溢流井，以适应原水量出现瞬时高峰、设备故障检修或用水短时间中断等紧急特殊情况，保护中水处理设施和调节设施不受损坏。

② 贮存调节。设置原水调节池、中水调节池、中水高位水箱等进行水量调节，以控制原水量、处理水量、用水量之间的不均衡性。原水调节池设在中水处理设施前，中水调节池设在中水处理设施后，原水调节池的调节容积应按中水原水量及中水处理量的逐时变化曲线求得，中水调节池的调节容积应按中水处理量与中水用量的逐时变化曲线求得。若无资料，原水调节池可按式（9-2-5）和式（9-2-6）计算：

连续运行时：
$$V_1 = \alpha Q_2 \tag{9-2-5}$$

间歇运行时：
$$V_1 = 1.5 Q_{1h}(24 - T) \tag{9-2-6}$$

式中　V_1——原水调节池的有效容积（m^3）；

　　Q_2——中水日处理水量（m^3/d）；

　　Q_{1h}——中水原水平均小时进水量（m^3/h）；

　　α——系数，取 0.35～0.50；

　　T——处理设备连续运行时间（h）。

中水调节池可按式（9-2-7）和式（9-2-8）计算：

连续运行时：
$$V_2 = \alpha Q_3 \tag{9-2-7}$$

间歇运行时：
$$V_2 = 1.2(Q_{2h} - Q_{3h})T \tag{9-2-8}$$

式中　V_2——原水调节池的有效容积（m^3）；

　　Q_3——中水日用水量（m^3/d）；

　　Q_{2h}——设备处理能力（m^3/h）；

　　Q_{3h}——中水平均小时用水量（m^3/h）；

　　α——系数，取 0.25～0.35；

　　T——处理设备连续运行时间（h）。

当中水供水采用水泵-水箱联合供水时，其高位水箱的调节容积不得小于中水系统最大时用水量的 50%。

③ 运行调节。利用水位信号控制处理设备自动运行，并合理调整运行班次，可有效地调节水量平衡。

④ 用水调节。充分开辟其他中水用途，如浇洒道路，绿化、冷却水补水、供暖系统补水、建筑施工用水等，从而可以调节中水使用的季节性不平衡。

⑤ 自来水调节。在中水调节水池或中水高位水箱上设自来水补水管，当中水原水不足或集水系统出现故障时，由自来水补充水量，以保障用户的正常使用。

设计建筑中水工程时，为使系统建成后能正常运行，降低中水制水成本，发挥良好的经济效益，应注意以下四个问题：首先，中水制水成本（元/m^3）与处理的规模（m^3/h）成反比关系，所以，中水处理规模不宜太小，否则中水制水成本上升，经济效益下降；其次，设计规模应与实际运行处理规模相近，否则，设备和装置低负荷运行，造成人力、设备和电力的较大浪费，使中水制水成本猛增；再次，要合理选择设备，做到工艺先进，运行可靠稳定，设备价格低，质量好，维护费用低；最后，应提高处理设施的自动化程度，减少管理人员，降低人工费用。

9.2.3 中水水量平衡计算分析举例

例 9-2-1 某城镇新建一幢32户住宅楼，拟建中水工程用于冲洗便器、庭院绿化和道路洒水。每户平均按4人计算，每户有坐便、浴盆、洗脸盆和厨房洗涤盆各一只，当地用水量标准为300L/（人·d）。绿化和道路洒水量按日用水量的10%计算，洗衣机用水量另加日用水量的12%。经调查，各项用水所占日用水量百分比及折减系数见表9-2-1。通过水量平衡计算，确定集流项目和中水供水项目，并绘制水量平衡图。

表 9-2-1 各项用水占日用水量百分比及折减系数

	冲厕用水	厨房用水	沐浴用水	盥洗用水	洗衣用水
占日用水量百分数(%)	21	20	30	7	22
折减系数 β	1	0.8	0.9	0.9	0.85

【解】 （1）以优质杂排水为中水原水，住宅楼日总用水量 Q_d

$$Q_d = (300 \times 32 \times 4/1000)\,\mathrm{m^3/d} = 38.4\,\mathrm{m^3/d}$$

（2）计算可集流水量 Q_1

沐浴排水量　　　　　$q_{11} = Q_d \times 0.30 \times 0.9 = 10.37\,\mathrm{m^3/d}$

盥洗排水量　　　　　$q_{12} = Q_d \times 0.07 \times 0.9 = 2.42\,\mathrm{m^3/d}$

洗衣排水量　　　　　$q_{13} = Q_d \times 0.22 \times 0.85 = 7.18\,\mathrm{m^3/d}$

可集流水量　　　　　$Q_1 = q_{11} + q_{12} + q_{13} = 19.97\,\mathrm{m^3/d}$

（3）厨房用水量

$$q_4 = Q_d \times 0.20 = 7.68\,\mathrm{m^3/d}$$

（4）中水用水量 Q_3

冲厕用水量　　　　　$q_{31} = Q_d \times 0.21 = 8.06\,\mathrm{m^3/d}$

绿化用水量　　　　　$q_{32} = Q_d \times 0.10 = 3.84\,\mathrm{m^3/d}$

中水总用水量　　　　$Q_3 = q_{31} + q_{32} = 11.90\,\mathrm{m^3/d}$

（5）中水处理水量 Q_2

$$Q_2 = (1 + n)Q_3 = 1.15 \times 11.90\,\mathrm{m^3/d} = 13.69\,\mathrm{m^3/d}$$

（6）溢流的集流水量

$$Q_0 = Q_1 - Q_2 = (19.97 - 13.69)\,\mathrm{m^3/d} = 6.28\,\mathrm{m^3/d}$$

水量平衡图如图9-2-3所示。

例 9-2-2 某居住小区建有甲、乙、丙三种类型住宅楼共25幢，其中甲类住宅10幢，每幢160人；乙类住宅10幢，每幢200人；丙类住宅5幢，每幢280人。小区内有托儿所一座，幼儿和保育人员共200人，1幢综合楼建筑面积为4000m²，有卫生设备。当地用水量

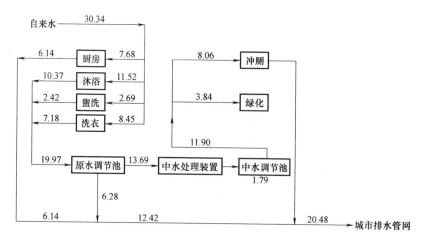

图 9-2-3　某住宅楼水量平衡图

标准：甲类住宅 300L/（人·d）；乙类住宅和丙类住宅 200L/（人·d）；托儿所 60L/（人·d）；综合楼 25L/（m²·d）。该小区拟建中水工程，室内外均为污废水分流系统。经调查，各种用途的用水量占给水量的比例见表 9-2-2，进入排水管道的水量占给水量的 90%，其余 10% 为蒸发等各种损失水量。通过水量平衡计算，确定集流项目和中水供水项目，并绘制水量平衡图。

表 9-2-2　各种用水量占给水量的百分数（%）

建筑类别	冲厕	厨房食堂	沐浴	洗衣	盥洗	绿化	合计
住宅	21	19	28	20	6	6	100
托儿所	45	2	18	10	15	10	100
综合楼	10	15	60	5	7	3	100

【解】　（1）中水原水

初步选定居住小区内中水用于冲厕和绿化等杂用，选定沐浴、盥洗和洗衣排水为中水原水。

（2）甲类住宅各项水量计算

① 日用水量 Q_d

$$Q_d = (300 \times 10 \times 160/1000)\,\mathrm{m^3/d} = 480\,\mathrm{m^3/d}$$

② 中水原水量

沐浴排水可集流水量　$q_{11} = Q_d \times 0.28 \times 0.9 = 120.96\,\mathrm{m^3/d}$

洗衣排水可集流水量　$q_{12} = Q_d \times 0.20 \times 0.9 = 86.40\,\mathrm{m^3/d}$

盥洗排水可集流水量　$q_{13} = Q_d \times 0.06 \times 0.9 = 25.92\,\mathrm{m^3/d}$

可集流的中水原水总量

$$Q_1 = q_{11} + q_{12} + q_{13} = (120.96 + 86.40 + 25.92)\,\mathrm{m^3/d} = 233.28\,\mathrm{m^3/d}$$

③ 中水用水量

冲厕用中水量　$q_{31} = 0.21 \times Q_d = 0.21 \times 480\,\mathrm{m^3/d} = 100.8\,\mathrm{m^3/d}$

绿化用中水量　$q_{33} = 0.06 \times Q_d = 0.06 \times 480\,\mathrm{m^3/d} = 28.8\,\mathrm{m^3/d}$

中水用水总量 Q_3

$$Q_3 = q_{31} + q_{32} = (100.8 + 28.8)\,\mathrm{m^3/d} = 129.6\,\mathrm{m^3/d}$$

④ 生活饮用水用水量 Q_g

$$Q_g = Q_d - Q_3 = (480 - 129.6) \, \text{m}^3/\text{d} = 350.4 \, \text{m}^3/\text{d}$$

⑤ 生活排水量（冲厕和厨房排水）

$$Q_P = (0.21 + 0.19) \times 0.9 \times Q_d = 0.4 \times 0.9 \times 480 \, \text{m}^3/\text{d} = 172.8 \, \text{m}^3/\text{d}$$

⑥ 绿化及蒸发等损失水量 Q_S

$$Q_S = q_{32} + (Q_d + q_{32}) \times 0.1 = 28.8 \, \text{m}^3/\text{d} + (480 - 28.8) \times 0.1 \, \text{m}^3/\text{d} = 73.92 \, \text{m}^3/\text{d}$$

（3）其他各类建筑水量计算

其他各类建筑水量计算方法同甲类建筑，计算结果见表9-2-3。

表 9-2-3 某居住小区水量平衡计算表

建筑类别	用水单位数/人	用水量标准/[L/(人·d)]	日用水量/(m³/d)	中水用水量/(m³/d) 冲厕	绿化	合计	生活给水量/(m³/d)	可集流中水原水量/(m³/d) 沐浴	洗衣	盥洗	合计	生活排水量/(m³/d)	绿化及损失水量/(m³/d)
甲类住宅	1600	300	480	100.8	28.8	129.6	350.4	121.0	86.4	25.9	233.3	172.8	73.9
乙类住宅	2000	200	400	96.0	24.0	120.0	280	100.8	72.0	21.6	194.4	144.0	61.6
丙类住宅	1400	200	280	58.8	16.8	75.6	204.4	70.6	50.4	15.1	136.1	100.8	43.1
托儿所	200	60	12	5.4	1.2	6.6	5.4	1.9	1.1	1.6	4.6	5.1	2.3
综合楼	4000 (m²)	25	100	10.0	3.0	13.0	87.0	54.0	4.5	6.3	64.8	22.5	12.7
总计			686	271.0	73.8	344.8	927.2	348.3	214.4	70.5	633.2	445.2	193.6

（4）中水处理水量计算

$$Q_2 = (1 + n) Q_3 = (1 + 0.15) \times 344.8 \, \text{m}^3/\text{d} = 396.5 \, \text{m}^3/\text{d}$$

（5）溢流的集流水量

$$Q_0 = Q_1 - Q_2 = (633.2 - 396.5) \, \text{m}^3/\text{d} = 236.7 \, \text{m}^3/\text{d}$$

溢流水量太多，应再开发新的使用中水项目，扩大中水用水量，减少或取消溢流水量，节约水资源，如图9-2-4所示为水量平衡图。

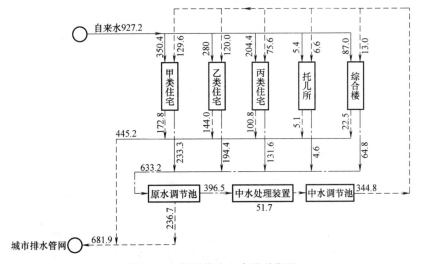

图 9-2-4 某居住小区水量平衡图

9.3 中水处理

9.3.1 中水处理工艺确定的原则、工艺流程种类及工艺流程选用要点

1. 中水处理工艺确定的原则

中水处理工艺确定的原则为：根据中水原水的水质、水量和处理后使用的中水的水质、水量，采取经济合理、技术先进、便于维护管理、有利环境保护的原则来选定处理工艺。

2. 中水处理工艺流程种类

中水处理工艺流程主要根据中水原水的水质和使用的中水水质选定。

（1）以优质杂排水或杂排水为原水时的工艺流程有：

1）物化处理工艺流程

① 原水→格栅→调节池→絮凝沉淀→过滤→活性炭→消毒→中水。

② 原水→格栅→调节池→絮凝气浮→过滤→消毒→中水。

③ 原水→格栅→调节池→絮凝过滤→活性炭→消毒→中水。

④ 原水→格栅→调节池→过滤→臭氧氧化→消毒→中水。

2）生物处理和物化处理相结合的工艺流程

① 原水→格栅→调节池→生物接触氧化→沉淀→过滤→消毒→中水。

② 原水→格栅→调节池→生物转盘→沉淀→过滤→消毒→中水。

3）预处理和膜分离相结合的处理工艺流程：原水→格栅→调节池→微絮凝过滤→精密过滤→膜分离→消毒→中水。

4）膜生物反应器处理工艺流程：原水→调节池→预处理→膜生物反应器→消毒→中水。

（2）以生活排水（含有粪便污水）为原水时的工艺流程有：

1）生物处理和深度处理结合的工艺流程。

① 原水→格栅→调节池→两段生物接触氧化→沉淀→过滤→消毒→中水。

② 原水→格栅→厌氧调节池→两段生物接触氧化→沉淀→过滤→消毒→中水。

③ 原水→格栅→调节池→预处理→曝气生物滤池→消毒→中水。

2）生物处理和土地处理工艺流程：原水→厌氧调节池或化粪池→土地处理（土壤—微生物净化）→消毒→中水。

（3）以城市污水处理厂二级生物处理出水为原水时的工艺流程有：

1）物化法深度处理工艺流程：二级处理出水→调节池→混凝沉淀（澄清）→过滤→消毒→中水。

2）物化与生化结合的深度处理流程：二级处理出水→调节池→微絮凝过滤→生物活性炭→消毒→中水。

3）微孔过滤处理工艺流程：二级处理出水→调节池→微孔过滤→消毒→中水。

中水处理产生的沉淀污泥、活性污泥和化学污泥，应采取妥善处理措施，当污泥量较小时可排至化粪池处理。污泥量较大的中水处理站，可采用机械脱水装置或其他方法进行处理

或处置。

3. 中水处理工艺流程选用要点

中水处理工艺流程选用要点见表 9-3-1。

表 9-3-1 中水处理工艺流程选用要点

序号	工艺流程	技术特点	适用范围	设计要点
1	物化处理工艺流程（适用于优质杂排水）原水→格栅→调节池→絮凝沉淀或气浮→过滤→消毒→中水	无需生物培养，设备体积小，占地少、可间隙运行、管理维护方便	适用于有机物浓度较低（$COD_{cr}≤100mg/L$，$BOD_5≤50mg/L$和$LAS≤4mg/L$）间隙使用的建筑物，特别适用于高档公寓宾馆的洗浴废水	1. 一般采用气浮而不是絮凝沉淀，絮凝气浮可以设备化，占地少，适用于层高较小的地下室 2. 气浮和过滤对悬浮物去除效果较好，对溶解性有机物的去除效果较差，但对洗涤剂有一定的去除效果，设计中应对原水的有机物浓度指标严格控制 3. 在气浮和过滤后增加活性炭吸附，保证出水水质，活性炭半年至一年更换
2	生物接触氧化处理工艺流程 原水→格栅→调节池→生物接触氧化→沉淀→过滤→消毒→中水	技术成熟可靠，对原水适应性强、经济实用、运行管理方便，便于操作管理	适用范围广，对杂排水、生活污水和二级出水均适用	1. 曝气应布气均匀 2. 曝气强度要够 3. 采用弹性立体填料 4. 连续运行，若间隙运行要采用维持生物活性的方法
3	周期循环活性污泥法（CASS）处理工艺流程 原水→格栅→CASS池→中间水池→沉淀→过滤→消毒→中水	CASS 是间歇式活性污泥法的改进工艺，连续进水，间断排水，在一个池内完成水质均化、初次沉淀、生物降解、二次沉淀。污水中的有机物好氧、厌氧不断交替运行。降解池内设一套隔墙，将CASS 池分成前、后两池，池水先进入前池，通过隔墙底部的小孔再进入后池，两池水位相等，都设有曝气装置。该工艺不单独设置调节池，将调节池与CASS 池合建在一起，统称 CASS 池，该工艺具有强冲击负荷能力，系统运行稳定可靠	以生活污水为原水的小区中水	1. 经化粪池预处理后进入 CASS 池内 2. 沉淀工艺前应设置混合反应池（或装置） 3. 处理站一般设置于室外地下 4. 由于集中出水，短期流量大，要保证消毒反应时间

（续）

序号	工艺流程	技术特点	适用范围	设计要点
4	毛管渗透土地处理工艺流程 原水→格栅→厌氧调节池→毛管渗透土地处理→消毒→中水	运行稳定可靠,抗冲击负荷能力强,不须建筑复杂构筑物,综合投资和运行费用低,运行管理简单,简单便于维护	分散居民点、休假村、疗养院、机关和学校等小规模的污水处理地点与绿化相结合。对于杂排水和生活污水均适用	1. 布置在草坪、绿地、花园等下的土壤中,日处理 $1m^3$ 生活污水大约需占用 $8m^2$ 土地 2. 根据小区内建筑物的位置可集中或分散设置处理装置,就地回用 3. 根据地形地势,利用自然地形,采用重力流布置 4. 处理装置应布置在冻土层下 5. 当毛管渗透土地处理装置设置在硬质地面(如道路、广场等)下时,硬质地面的面积不得超过装置占地总面积的 50%
5	膜生物反应器处理工艺流程 原水→调节池→预处理→膜生物反应器→消毒→中水	膜生物反应器是在活性污泥法的曝气池中设置微滤膜,用微滤膜替代二沉池和后续的过滤装置,将生化与物化处理在同一池内完成,并对原水中的细菌和病毒具有一定的阻隔作用。具有耐冲击负荷能力强、有机污染物悬浮物去除效率高、出水水质好、结构紧凑占地少、污泥产量少、自动化管理程度高等优点	适用于生活污水和有机物浓度较高的杂排水的原水处理	1. 膜组件是关键,选择好的膜组件 2. 采用抽吸出水的出水降低能耗,增加出水量 3. 宜设计自动计量、在线监测等级设备,提高自动化水平

9.3.2 中水处理设施的处理能力和有关技术参数

1. 中水处理设施的处理能力

中水处理设施的处理能力按式（9-3-1）计算：

$$q = Q_{py}/t \tag{9-3-1}$$

式中　q——设施处理能力（m^3/h）；

Q_{py}——经过水量平衡计算后的原水水量（m^3/d）；

t——中水设施每日设计运行时间（h）。

2. 中水处理设施有关技术参数

中水处理设施分为附属处理设施（备）和主处理设施（备）。

（1）附属处理设施（备）的有关技术参数

1）化粪池。以生活污水为原水的中水处理工程，应在建筑物粪便排水系统中设置化粪池，化粪池容积按污水在池内停留时间不小于12h计算。

2）格栅、格网和毛发聚集器。格栅形式选用机械格栅。当原水为杂排水时，可设置一道格栅，栅条空隙宽度为 2.5～10mm；当原水为生活污水时，可设置两道格栅，第一道为粗格栅，栅条空隙宽度为 10~20mm；第二道为细格栅，栅条空隙宽度为 2.5mm；当原水为洗浴废水时可选用 12~18 目的格网。水流通过格栅的流速宜取 0.6~1.0m/s。格栅没在格栅井内时，格栅倾角不宜小于 60°。格栅井须设工作台，其高度应高出格栅前最高设计水位 0.5m。工作台宽度不宜小于 0.7m，格栅井应设置活动盖板。目前在小型中水系统中，格栅大多采用人工清理，少数采用水力筛或机械格栅。

当原水为洗浴废水时，污水泵的吸水管上应设毛发聚集器。毛发聚集器内过滤筒（网）的孔径 3mm，由耐腐蚀材料制造，其有效过水面积应大于连接管面积的 2 倍。毛发聚集器具有反洗功能和便于清污的快开结构。近几年国内设计的部分中水工程，采用了自动清污的机械细格栅去除毛发等杂物，运行稳定，管理方便。

（2）主处理设施（备）的有关技术参数

1）原水调节池。调节池有曝气和不曝气两种形式。在调节池中曝气不但可以使池中颗粒状杂质保持悬浮状态，避免沉积在池底，还可以使原水保持有氧状态，防止原水腐败变质，产生臭味。另外，调节池预曝气可以去除部分有机物。所以，调节池内采用预曝气措施是有利的。

原水调节池内预曝气一般用多孔管曝气，曝气负荷为 0.6~0.9m³/(m³·h)。调节池底应设有集水坑和泄水管，并应有不小于 0.02 的坡度，坡向集水坑，中小型中水系统的调节池可兼用作提升泵的集水井。

2）沉淀（絮凝沉淀）处理设施。混凝工艺主要去除原水中悬浮状和胶体状杂质，对可溶性杂质去除能力较差。是物化处理的主体工艺单元。混凝剂的种类及投药量的多少应根据原水的类型和水质确定。城市污水处理厂二级出水为中水原水时，最佳混凝剂为聚合氯化铝，最佳投药量为 30mg/L；以洗浴水为中水原水时，聚合铝和聚合铁的效果都较好，聚合铝最佳投药量为 5mg/L（以 Al_2O_3 计），一般可不超过 10mg/L（以 Al_2O_3 计）。

原水为优质杂排水或杂排水时，设置调节池后可不再设置初次沉淀池；原水为生活排水时，对于规模较大的中水处理站，可根据处理工艺要求设置初次沉淀池。

当处理水量较小时，絮凝沉淀池和生物处理后的沉淀池宜采用竖流式沉淀池或斜板（管）沉淀池，竖流式沉淀池的表面水力负荷宜采用 0.8~1.2m³/(m²·h)，沉淀时间宜为 1.5~2.5h。池子直径或正方形的边与有效水深比值不大于 3，出水堰最大负荷不应大于 1.7L/(s·m)。

斜板（管）沉淀池宜采用矩形，表面水力负荷宜采用 1~3m³/(m²·h)。停留时间宜为 60min，进水采用穿孔板（墙）布水，出水采用锯齿形出水堰，出水最大。负荷不应大于 1.70L/(s·m)。

水量较大时，应参照《室外排水设计规范》（GB 50014—2006）中有关部分设计。

沉淀与气浮均是混凝反应后的有效固液分离手段，沉淀设备简单而体积稍大，气浮设备稍复杂而体积较小。目前，两者均有应用，但是，混凝沉淀对阴离子洗涤剂处理效果很差，而混凝气浮对阴离子洗涤剂有一定处理效果。

3）气浮处理设施。气浮处理设施由气浮池、溶气罐、释放器、回流水泵和空压机等组成，宜采用部分回流加压溶气气浮方式，回流比取处理水量的 10%~30%，气水比按体积计算，空气量为回流水量的 5%~10%。

矩形气浮池由反应室、接触室和分离室组成，接触室内设置释放器，数量由回流量和释放器性能确定。进入反应室的流速宜小于 0.1m/s，反应时间为 10~15min。接触室水流上升流速一般为 10~20mm/s。分离室内水平流速不宜大于 10mm/s，负荷取 2~5m³/(m²·h)，水力停留时间不宜大于 1.0h。气浮池有效水深为 2~2.5m，超高不应小于 0.4m。

在原水泵吸水管设上投药点，按处理水量定比投加混凝剂（必要时还可投加助凝剂），并充分混合。溶气罐罐高为 2.5~3.0m，罐内装 1~1.5m 的填料，水力停留时间宜为 1~4min，罐内工作压力采用 0.3~0.5MPa，空压机压力一般选用 0.5~0.6MPa（表压）。

4）生物处理设施。在生物处理设施中常用生物接触氧化法，如生物接触氧化滤池和曝气生物滤池。

中水原水采用生物接触氧化法处理，它具有操作比较简单、处理效果好、出水水质稳定、管理方便、产生的污泥量少、运行费用低、并可在短时间内停止运行的特点，适用于生活污水、优质杂排水、$BOD_5 < 60mg/L$ 的洗浴废水和厨房设隔油装置除油的杂排水等。

生物接触氧化池由池体、填料、布水装置和曝气系统等部分组成。供气方式宜采用低噪声的鼓风机加布气装置，潜水曝气机或其他曝气设备布气装置的布置应使布气均匀，气水比为 15:1~20:1，曝气量宜为 40~80m³/kgBOD$_5$，溶解氧含量应维持在 2.5~3.5mg/L 之间。

当原水为优质杂排水或杂排水时，水力停留时间不应小于 2h；当原水为生活排水时，应根据原水水质情况和出水水质要求确定水力停留时间，但不宜小于 3h。

接触氧化池宜采用易挂膜、耐用、比表面积较大、维护方便的固定填料或悬浮填料。填料的体积可按填料容积负荷与平均日污水量计算，容积负荷一般为 1000~1800gBOD$_5$/(m³·d)，优质杂排水和杂排水取上限值，生活污水取下限值。计算后按接触时间校核。当采用固定填料时，安装高度不应小于 2.0m，每层高度不宜大于 1.0m，当采用悬浮填料时，装填体积不应小于池容积的 25%。

曝气生物滤池具有处理负荷高、装置紧凑、省略固液分离单元等优点，已经开始用于中水工程。土地处理也是一种值得重视的处理工艺，该处理方法利用土壤的自然净化作用，将生物降解、过滤、吸附等多种作用有机结合。对于绿化面积迅速扩大而水资源又十分紧缺的城市和地区，该处理工艺有广泛的应用前景。

5）膜生物反应器（MBR）池。膜生物反应器将膜分离与生物处理紧密结合，具有处理效率高、出水水质稳定、流程简化、装置紧凑、设备制造易产业化等优点。在处理杂排水时，水力停留时间不应小于 2h；处理生活污水时，应根据原水水质情况和出水水质要求确定水力停留时间，但一般不应小于 3h。MBR 池容积负荷一般为 1~4kgCOD/(m³·d)，污泥负荷一般为 0.05~0.2kgCOD/(kg·d)；当采用好氧处理流程时，污泥龄一般不大于 360d，当水中有除磷要求，采用缺氧—好氧处理流程时，污泥龄应根据原水中的总磷浓度以及除磷药剂的种类和投加量综合确定，一般不大于 30d。污泥浓度一般为 3000~12000mg/L。当采用中空纤维帘式膜时，膜通量一般为 10~18L/(m²·h)；当采用平板膜时，膜通量一般为 20~32L/(m²·h)。

6）过滤设施。过滤设施对保证中水的水质起到决定性作用。滤池的滤料有许多种，如石英砂单层滤料、石英砂无烟煤双层滤料、纤维球滤料、陶粒滤料等。

过滤宜采用过滤池或过滤器，采用压力过滤器时，滤料可选用单层或双层滤料。单层滤料压力过滤器的滤料多为石英砂，粒径为 0.5~1.0mm，滤料厚度为 600~800mm，滤速取 8~10m/h，反冲洗强度为 12~15L/(m²·s)，反洗时间为 5~7min。双层滤料压力过滤器的上层滤料为厚 500mm 的无烟煤，下层滤料为厚 250mm 的石英砂，滤速取 12m/h，反冲洗强度为 10 ~ 12.5L/(m^2·s)，反洗时间为 8 ~ 15min。

微絮凝过滤是将絮凝与过滤相结合，工艺紧凑，设备简单，过去采用较多。这种工艺的管理水平要求高，当反冲不彻底时，污物易残留在滤料上，积累到一定阶段就会影响处理效果。

7）活性炭过滤。活性炭过滤置于处理流程的后部，是常用的深度处理单元。主要用于去除常规处理方法难于去除的臭、色以及有机物合成洗涤剂等。但活性炭价格贵、易饱和，运行费用较高。对于以洗浴水为原水的中水系统，采用生物处理能够去除大部分可溶性有机物。一般后面不需要再加活性炭即可达标；而采用物化处理工艺时，由于混凝过滤等工艺对可溶性有机物去除效果不佳，必要时可加活性炭作为水质保障工艺单元。采用生物活性炭可以将活性炭与生物作用有机结合，大幅度提高活性炭使用周期，可在微絮凝过滤后续接生物活性炭工艺单元，效果很好。

活性炭过滤通常采用固定床，过滤器数不少于两个，以便换炭维修。过滤器应装有冲洗、排污、取样等管道及必要仪表。

过滤器中的炭层高度和过滤器直径比一般为 1:1 或 2:1，活性炭高度一般不宜小于 3.0m，常用 4.5 ~ 6.0m 串联进行。设计负荷为 0.3 ~ 0.8kgCOD/kg 炭，接触时间一般采用 30min。反冲洗时间为 10 ~ 15min，冲洗水量为产水量的 5% ~ 10%。

8）消毒。中水处理必须有消毒设施。消毒剂宜采用自动投加方式，并能与被消毒水充分混合接触。采用氯化消毒时，加氯量一般为 5 ~ 8mg/L（有效氯），消毒接触时间应大于 30min，当中水水源为生活污水时，应适当增加加氯量，余氯量应控制在 0.5 ~ 1.0mg/L。消毒剂宜采用次氯酸钠、二氧化氯、二氯异氰尿酸钠或其他消毒剂。

9.3.3 中水处理站

1. 中水处理站位置

中水处理站位置应根据建筑的总体规划、产生中水原水的位置、中水用水点的位置、环境卫生要求和管理维护要求等因素确定。建筑物内的中水处理站宜设在建筑物的最底层，建筑群（组团）的中水处理站宜设在其中心建筑物的地下室或裙房内，应避开建筑的主立面、主要通道人口和重要场所，选择靠近辅助人口方向的边角，并与室外联系方便的地方，小区中水处理站应在靠近主要集水和用水地点的室外独立设置，处理构筑物宜为地下式或封闭式。处理站应与环境绿化结合，应尽量做到隐蔽、隔离和避免影响生活用房的环境要求，其地上建筑宜与建筑小品相结合。以生活污水为原水的地面处理站与公共建筑和住宅的距离不宜小于 15m。

2. 中水处理站的进出口和道路

中水处理站应有单独的进出口和道路，便于进出设备、药品及排除污物。处理间主要通道不应小于 1.0m。

3. 中水处理站内设备布置

处理构筑物及设备布置应合理紧凑、道路顺畅，在满足处理工艺要求的前提下，处理构筑物及设备布置应合理紧凑、管路顺畅，在满足处理工艺要求的前提下，高程设计中应充分利用重力水头，尽量减少提升次数，节省电能。各种操作部件和检测仪表应设在明显的位置，便于主要处理环节的运行观察、水量计量和水质取样化验监（检）测。处理构筑物及设备相互之间应留有操作管理和检修的合理距离，其净距一般不应小于 0.7m。

4. 中水处理站附属房间和设施

根据处理站规模和条件，设置值班、化验、贮藏、厕所等附属房间，加药贮药间和消毒制备间宜与其他房间隔开，并有直接通向室外的门。处理站应有满足处理工艺要求的供暖、通风、换气、照明、给水排水设施，处理间和化验间内应设有自来水嘴，供管理人员使用。其他工艺用水应尽量使用中水。处理站内应设集水坑，当不能重力排放时，应设潜水泵排水。排水泵一般设两台，一用一备，排水能力不应小于最大小时来水量。

5. 中水处理站的其他措施

处理站应根据处理工艺及处理设备情况采取有效的除臭措施、隔声降噪和减振措施，具备污泥、渣等的存放和外运的条件。

9.3.4 安全防护与监测控制

中水系统的安全防护与监测控制措施如下：

（1）水处理设施应安全稳定运行，出水水质达到《城市污水再生利用 城市杂用水水质》（GB/T 18920—2002）中规定的要求。

（2）避免中水管道系统与生活饮用水系统误接，污染生活饮用水水质。中水管道严禁与生活饮用水管道直接连接，中水池（箱）内的自来水补水管应采取自来水防污染措施，补水管出水口应高于中水贮水池（箱）内溢流水位，其间距不得小于 2.5 倍管径，严禁采用淹没式浮球阀补水。中水贮水池（箱）设置的溢流管、泄水管，均应采用间接排水方式排出。溢流管应设隔网。

（3）中水管道与生活饮用水管道、排水管道平行埋设时，水平净距不小于 0.5m；交叉埋设时，中水管道在饮用水管道下面，排水管道上面，其净距不小于 0.15m。

（4）为避免发生误饮，除卫生间外，中水管道不宜暗装于墙体内。明装的中水管道外壁应按有关标准的规定涂色和标志。中水水池、水箱、阀门、水表、给水栓、取水口均应有明显的"中水"标志。中水管道上不得装水嘴，便器冲洗宜采用密闭型设备和器具，绿化、浇洒、汽车冲洗宜采用壁式或地下式给水栓。公共场所及绿化的中水取水口应设带锁装置。

（5）严格控制中水的消毒过程，均匀投配，保证消毒剂与中水的接触时间，确保管网末端的余氯量。

（6）中水处理站管理人员需经过专门培训后再上岗，也是保证中水水质的一个重要因素。

为保障中水系统的正常运行和安全使用，做到中水水质稳定可靠，应对中水系统进行必要的监测控制和维护管理。当系统连续运行时，处理系统和供水系统均应采用自动控制，减少工人的夜间管理的工作量。当系统间歇运行时，其供水系统应采用自动控制，处理系统也应部分采用自动控制。但都应同时设置手动控制。

中水处理站应根据处理工艺和管理要求设置水量计量、水位观察、水质观测和取样监（检）测、药品计量的仪器、仪表。处理系统检测数据的监测方式，与处理站的处理规模有关。小型中水处理站可安装就地指示的检测仪表，由人工进行就地操作，以加强管理来保证出水水质。中型中水处理站可配置必要的自动记录仪表（如流量、pH 值、浊度等仪表），就地显示或在值班室集中显示。大型中水处理站设置水质自动连续检测系统，当自动连续检测水质不合格时，应发出报警。

9.4　中水供应

9.4.1　中水供应系统

中水供应系统同给水系统一样，分别有水池水泵水箱系统和变频给水系统，其计算亦相同。

9.4.2　中水供应设备设施

中水供应设备设施主要有中水调节池或中水高位水箱及加压设备等，加压设备为水泵。中水调节池或中水高位水箱的要求如下：

中水调节池或中水高位水箱调节中水用水量，应设自来水的应急补水管。补水控制水位应设在缺水报警水位，使补水管只能在系统缺水时补水。同时，应有有效的措施确保自来水不会被中水污染。补水管上应设水表计量补水量，补水管管径按中水最大时供水量计算确定。

9.5　中水工程施工中应注意的问题和中水处理设计举例

1. 中水工程施工中应注意的问题

中水工程施工中应注意如下问题：

（1）中水工程施工应符合有关给水排水工程施工规范的要求。

（2）中水工程施工中的中水原水集流系统中的管道施工，其管材应承压，不渗不漏，特别是接口处应密实。排水检查井及接管处应不渗不漏。否则，不能保证原水集流或因地下水渗入管内，致使原水水量的处理量不能达到设计要求。

（3）处理流程和处理设备的选择计算一定要准确无误否则达不到处理效果。

（4）中水供应系统的管材及其连接要符合有关规范要求。

（5）保证中水供水系统安全可靠。

（6）保证工程资金来源可靠，要有负责任的施工单位。

2. 中水处理设计举例

例 9-5-1　北京某些建筑中水工程系统流程举例

北京某些建筑中水工程系统流程举例见表 9-5-1。

表 9-5-1　北京某些建筑中水工程系统流程举例

序号	建筑名称	中水工程系统流程	说　明
1	新世纪饭店	原水→格栅→调节池→毛发过滤器→生物接触氧化→综合净水器→过滤器→消毒→中水	1. 原水为洗浴排水，中水为冲厕、空调补水、洗车 2. 生物接触氧化为二段式流程，设计总停留时间为 2h
2	东方广场	原水→毛发过滤器→格栅→调节池→毛发过滤器→生物接触氧化→沉淀→过滤器→消毒→中水	1. 原水为洗浴、盥洗废水，中水为冲厕、浇灌绿地、洗车 2. 生物接触氧化为二段式流程
3	梅地亚中心	原水→格栅→调节池→毛发过滤器→生物接触氧化→沉淀→过滤器→消毒→中水	1. 原水为洗浴、空调排水，中水为冲厕、浇灌绿地、洗车 2. 生物接触氧化采用水下曝气

（续）

序号	建筑名称	中水工程系统流程	说　明
4	丽晶苑大厦	原水→毛发过滤器→调节池→沉淀 →砂滤精滤超滤→消毒→中水	1. 原水为洗浴、盥洗废水,中水为冲厕、浇灌绿地、洗车 2. 采用以过滤为主
5	东方国际文化交流中心	原水→调节池→毛发过滤器→曝气生物滤池→消毒→中水	1. 原水为洗浴、盥洗废水,中水为冲厕、浇灌绿地、洗车 2. 采用以曝气生物滤池为主
6	台湾饭店	原水→格栅→调节池→生物接触氧化→沉淀→过滤→消毒→中水	1. 原水为客房洗浴废水,中水为客房冲厕 2. 采用以生物接触氧化为主
7	中日青年交流中心	原水→格栅→调节池→生物接触氧化(一氧池、二氧池)→沉淀→过滤→消毒→中水	1. 原水为客房盥洗、洗浴废水,中水为客房冲厕 2. 采用以生物接触氧化为主
8	京瑞大厦	原水→格栅→调节池→毛发聚集器→两级生物接触氧化→斜管沉淀→过滤→消毒→中水	1. 原水为客房卫生间洗浴废水,中水为客房冲厕、浇洒道路、洗车 2. 采用以生物接触氧化为主
9	富瑞苑大厦	原水→毛发聚集器→调节池→斜管沉淀→过滤(砂滤、精滤、超滤)→消毒→中水	1. 原水为洗浴、盥洗废水,中水为冲厕、绿化 2. 采用以过滤为主
10	河南大厦	原水→调节池→毛发聚集器→过滤(砂滤、精滤、超滤)→消毒→中水	1. 原水为客房洗浴和盥洗废水,中水为冲厕、绿化、洗车 2. 采用以过滤为主
11	盛福大厦	原水→调节池→毛发聚集器→生物接触氧化→砂滤→活性炭吸附→消毒→中水	1. 原水以盥洗废水为主有少量洗浴排水,中水为冲厕、绿化及道路冲洗 2. 采用以生物接触氧化、过滤为主
12	美惠大厦	原水→曝气调节池→毛发聚集器→两级生物接触氧化→砂滤→活性炭吸附→消毒→中水	1. 原水为洗浴排水,中水为冲厕 2. 采用以生物接触氧化、过滤为主
13	苏源锦江大厦	原水→格栅→调节池→毛发聚集器→一体化净水器→果壳过滤罐→消毒→中水	1. 原水为门洗浴和盥洗废水,中水为冲厕、绿化 2. 以一体化净水器和果壳过滤罐为主
14	京西宾馆	原水→格栅→调节池→气浮池→过滤罐→消毒→中水	1. 原水为洗浴、盥洗和空调冷凝排水,中水为冲厕、绿化、洗车和路面保洁 2. 以气浮为主
15	松鹤大酒店	原水→曝气调节池→毛发聚集器→两级生物接触氧化→纤维球过滤→消毒→中水	1. 原水为洗浴、盥洗排水,中水为冲厕、绿化、洗车 2. 以生物接触氧化为主
16	京民大厦	原水→曝气调节池→毛发聚集器→两级生物接触氧化→纤维球过滤→消毒→中水	1. 原水为洗浴、盥洗排水,中水为冲厕 2. 以生物接触氧化为主
17	天伦王朝饭店	原水→蓄水池→曝气调节池→毛发聚集器→两级生物接触氧化→反应沉淀池→陶粒过滤→活性炭吸附→消毒→中水	1. 原水为洗浴排水,中水为冲厕、绿化、洗车、浇洒道路、空调冷却水补水 2. 以生物接触氧化为主
18	天坛饭店	原水→毛发聚集器→调节池→两级生物接触氧化→混合消毒池→纤维球过滤→活性炭吸附→消毒→中水	1. 原水为洗浴排水,中水为冲厕、绿化、洗车、水景 2. 以两级生物接触氧化为主
19	亚洲锦江大饭店	原水→毛发聚集器→调节池→轻质滤料过滤→活性炭吸附→消毒→中水	1. 原水为洗浴和盥洗排水,中水为冲厕 2. 以过滤为主

（续）

序号	建筑名称	中水工程系统流程	说　　明
20	昆泰大厦	原水→调节池→毛发聚集器→砂过滤→活性炭吸附→消毒→中水	1. 原水为洗浴和盥洗排水，中水为冲厕 2. 以过滤为主
21	青蓝大厦	原水→毛发聚集器→调节池→综合净水器→消毒→中水	1. 原水为洗浴排水，中水为冲厕、绿化 2. 以综合净水器为主
22	金阳大厦	原水→毛发聚集器→曝气调节池→两级生物接触氧化→沉淀池→过滤→消毒→中水	1. 原水为洗浴排水，中水为冲厕 2. 以生物接触氧化为主
23	中国国际贸易中心	原水→沉砂池→粗格栅→细格栅→调节池→两级生物接触氧化→沉淀池→砂过滤→消毒→中水	1. 原水为洗浴和盥洗排水，中水为冲厕 2. 以生物接触氧化为主
24	金都假日饭店	原水→曝气调节池→格栅→两级生物接触氧化→沉淀池→砂过滤→消毒→中水	1. 原水为洗浴、盥洗排水和洗衣房排水，中水为冲厕、绿化、洗车 2. 以生物接触氧化为主
25	大观园酒店	原水→粗格栅→调节池→细格栅→生物转盘→沉淀池→砂过滤→消毒→中水	1. 原水为洗浴水，中水为冲厕、绿化、洗车和洗衣设备冷却 2. 以生物转盘为主
26	港澳中心瑞士酒店	原水→自动格栅→调节池→生物转盘→过滤→消毒→中水	1. 原水为洗浴水，中水为冲厕、绿化 2. 以生物转盘为主
27	亮马河大厦	原水→金属滤网→调节池→毛发过滤器→砂过滤→臭氧反应→消毒→中水	1. 原水为洗浴、盥洗排水，中水为冲厕 2. 以过滤、臭氧反应和消毒为主
28	北京西客站	原水→格栅→调节池→两级生物接触氧化→沉淀池→砂过滤→消毒→中水	1. 原水为洗浴、盥洗排水和洗衣房排水，中水为冲厕、绿化、洗车 2. 以生物接触氧化为主
29	第四清洁车辆厂	原水→格栅→调节池→毛发过滤器→一体化处理装置→消毒→中水	1. 原水为洗浴排水，中水为洗车 2. 以一体化处理装置为主
30	北京科技会展中心	原水→格栅→调节池→毛发过滤器→砂过滤→生物活性炭→消毒→中水	1. 原水为洗浴、洗手排水，中水为冲厕、绿化和景观 2. 以生物活性炭为主
31	北京交通大学	原水→格栅→调节池→毛发过滤器→一体化处理装置→消毒→中水	1. 原水为洗浴排水，中水为绿化和喷淋操场用水 2. 以一体化处理装置为主
32	中央民族大学	原水→格栅→调节池→毛发过滤器→接触氧化池→过滤→消毒→中水	1. 原水为洗浴排水，中水为绿化和冲厕 2. 以生物接触氧化为主
33	北京联合大学	原水→格栅→调节池→生物接触氧化池→沉淀→砂过滤→活性炭过滤→消毒→中水	1. 原水为洗浴、盥洗排水，中水为冲厕、绿化、洗车和喷淋操场用水 2. 以生物接触氧化为主
34	北京建筑木材厂	原水→格栅→调节池→生物接触氧化池→沉淀→砂过滤→活性炭过滤→消毒→中水	1. 原水为洗浴排水，中水为绿化和供暖系统补充水 2. 以生物接触氧化为主
35	北京电视台	原水→格栅→调节池→毛发过滤器→生物接触氧化池→沉淀→过滤→消毒→中水	1. 原水为洗浴排水，中水为冲厕、洗车用水 2. 以生物接触氧化为主
36	北京电力生产调度中心	原水→调节池→毛发聚集器→两级生物接触氧化→过滤→消毒→中水	1. 原水为洗浴排水，中水为冲厕用水 2. 以生物接触氧化为主

（续）

序号	建筑名称	中水工程系统流程	说　明
37	公路交通试验场	原水→化粪池→渗透系统→植物吸收利用	1. 原水为生活污水，中水为绿化 2. 以渗透系统为主
38	北京市环科院宿舍	原水→格栅→调节池→两级生物接触氧化→沉淀→过滤→消毒→中水	1. 原水为小区生活污水，中水为绿化、冲厕、洗车、水景 2. 以生物接触氧化为主
39	总后丰台管理处	原水→格栅→生化处理→物化处理→活性炭吸附→消毒→中水	1. 原水为洗浴排水，中水为冲厕用水 2. 以生化处理为主
40	梅源小区	原水→格栅→调节池→两级生物接触氧化→过滤→消毒→中水	1. 原水为洗浴、盥洗、厨房排水，中水为冲厕用水 2. 以生化处理为主
41	静之湖小区	原水→沉砂沉淀→格栅→调节池→两级生物接触氧化→过滤→吸附→消毒→中水	1. 原水为小区生活污水，中水为绿化、景观、道路洒水 2. 以生物接触氧化为主
42	碧湖居小区	原水→格栅→调节池→毛发过滤器→两级生物接触氧化→沉淀→过滤→吸附→消毒→中水	1. 原水为洗浴排水，中水为浇花用水 2. 以生物接触氧化为主
43	二全公寓小区	原水→格栅→调节池→毛发过滤器→生化池→深度处理池→消毒→中水	1. 原水为洗浴、盥洗排水，中水为冲厕、绿化、洗车用水 2. 以生化和深度处理为主
44	新星花园小区	生活污水处理系统出水→砂滤→活性炭吸附→中水	1. 原水为生活污水处理系统出水，中水为绿化、道路喷洒用水 2. 以过滤和吸附为主
45	北潞春小区	原水→格栅→调节池→生物流化床→生物陶粒滤池→砂滤池→消毒→中水	1. 原水为小区生活污水，中水为绿化、洗车、景观用水和补充消防用水 2. 以生物流化床和生物陶粒滤池为主
46	天通苑小区	原水→格栅→水解酸化调节池→两级生物接触氧化→砂滤池→消毒→中水	1. 原水为小区生活污水，中水为绿化、洗车 2. 以水解酸化和生物接触氧化为主
47	马甸桥公厕	粪便污水→两级沉淀分离→两级生物接触氧化→沉淀→砂滤池→消毒→中水	1. 原水为公厕粪便污水，中水为绿化、冲厕 2. 以沉淀分离和生物接触氧化处理为主
48	万泉公厕	粪便污水→一级、二级沉淀分离→一级生物接触氧化→一级沉淀→二级生物接触氧化→二级沉淀→砂滤池→活性炭→消毒→中水	1. 原水为公厕粪便污水，中水为绿化、冲厕 2. 以沉淀分离和生物接触氧化处理为主
49	手帕口北街公厕	原水→格栅→调节池→一体化膜式生物反应器→贮水池→消毒→中水	1. 原水为洗浴排水和公厕粪便污水，中水为绿化、冲厕、喷雾降尘 2. 以一体化膜式生物反应器处理为主
50	高碑店污水处理厂厂内中水回用	二级处理水→沉淀→砂滤→消毒→中水	1. 原水为高碑店污水处理厂二级处理出水，中水为设备、水池、车辆、地面的冲洗和绿化用水 2. 以过滤处理为主
51	酒仙桥污水处理厂厂内中水回用	二级处理水→高絮凝澄清器→砂滤→消毒→中水	1. 原水为酒仙桥污水处理厂二级处理出水，中水为设备、水池、车辆、地面的冲洗和绿化用水 2. 以澄清、过滤处理为主

例 9-5-2　某住宅建筑小区中水工程处理工艺设计

某住宅小区将生活污水进行处理后作中水回用，经水量平衡计算后，确定处理水量为 $1000\text{m}^3/\text{d}$，中水原水 $BOD_5 = 200\text{mg/L}$；中水用水量为 $900\text{m}^3/\text{d}$，中水出水要求的 $BOD_5 \leqslant 10\text{mg/L}$。中水站建站可利用场地约为 $20\text{m} \times 20\text{m}$。经技术经济比较后，最后确定采用膜生物反应器处理工艺（MBR 工艺）。其方案设计如下：

（1）中水设施处理能力确定

中水设施每日设计运行时间按 24h 计算，则

$$q = Q_{py}/t = (1000 \div 24)\,\text{m}^3/\text{h} = 41.7\text{m}^3/\text{h}$$

（2）调节池容积计算

调节池容积可按日处理水量的 $35\% \sim 50\%$ 计算，取 40%，则

$$V_{调} = (1000 \times 40\%)\,\text{m}^3 = 400\text{m}^3$$

调节池水深 3500mm。池体尺寸布置为 $16600\text{mm} \times 7800\text{mm} \times 3500\text{ mm}$，其有效容积为 $16600\text{mm} \times 7800\text{mm} \times 3100\text{mm} = 401\text{m}^3$。

（3）膜通量（η）

膜通量是指单位时间内通过单位面积的水量 [单位：$\text{m}^3/(\text{m}^2 \cdot \text{d})$]。膜通量的选择与原水水质、污泥过滤性能及设施运行的环境条件等因素有关，一般情况下取值范围为 $0.4 \sim 0.6\ \text{m}^3/(\text{m}^2 \cdot \text{d})$，本例 η 取 $0.4\ \text{m}^3/(\text{m}^2 \cdot \text{d})$。

本例所采用的膜支架有效面积 $S = 0.8\text{m}^2/$张。

膜支架张数计算

$$n = Q_{py}/(\eta s) = (1000 \div 0.4 \div 0.8)\,\text{张} = 3125\,\text{张}$$

（4）膜组件选型

本例选用每组 200 张膜的膜组件，即 $n_0 = 200$，则

$$N = n \div n_0 = (3125 \div 200)\,\text{组} = 16\,\text{组}$$

（5）膜组件设置

考虑到灵活运行，膜装置分为两个池设计，每个池设 8 组膜组件。

（6）MBR 池有效容积计算

按膜组件安装尺寸计算，一个系列的平面尺寸为：$4.3\text{m} \times 8.3\text{m}$，池深为 3.5m，有效水深为 3.1m。

则膜生物反应器有效容积为：$V_{效} = 4.3 \times 8.3 \times 3.1 \times 2\,\text{m}^3 = 221\text{m}^3$；

则膜生物反应器总容积为：$V_{总} = 4.3 \times 8.3 \times 3.5 \times 2\,\text{m}^3 = 250\text{m}^3$。

膜生物反应器池体平面布置如图 9-5-1 所示。

（7）中水池容积计算

中水贮存池容积可按中水系统日用水量的 $25\% \sim 35\%$ 计算，取 30%，则

$$V_{中} = (900 \times 30\%)\,\text{m}^3 = 270\text{m}^3$$

中水池水深 3500mm。池体尺寸布置为 $8900\text{mm} \times 9800\text{mm} \times 3500\text{mm}$，其容积为 $8900\text{mm} \times 9800\text{mm} \times 3100\text{mm} = 270\text{m}^3$。

（8）接触消毒池容积计算

接触消毒池容积按接触时间 30min 计算，则

$$V_{消} = q/2 = (41.7 \div 2)\,\text{m}^3 = 21\text{m}^3$$

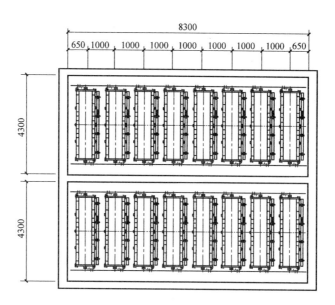

图 9-5-1 膜生物反应器池体平面布置

接触消毒池水深 3500mm。池体尺寸布置为 3500mm × 2000mm × 3500mm，其有效容积为 3500mm × 2000mm × 3100mm = 21m³。

（9）主体设备的设计选型

① 格栅。选用不锈钢材质的机械格栅，过水能力大于等于 50m³/h，格栅间距 $b = 2.5$mm。

② 提升泵。参数要求：按 24h 运行计算，流量 $Q \geqslant 42.7$m³/h，扬程 $H \geqslant 10$m。选用 80WQ43-13-3 污水泵，水泵出水口径为 80mm，流量为 43m³/h，扬程为 13m，电机功率为 3kW。

③ 自吸泵。参数要求：流量 $Q \geqslant 42.7$m³/h，吸上真空高度 $H_{吸} \geqslant 6$m，扬程 $H \geqslant 10$m。选用 ZW80-40-16 水泵，水泵出水口径为 80mm，流量为 40m³/h，吸上真空高度为 6m，扬程为 16m，电机功率为 4kW。

④ 膜装置洗净所需空气量。每张膜支架洗净所需空气量 $q_{洗} = 10 \sim 15$L/min，取 $q_{洗} = 12$L/min。则 MBR 池膜装置洗净所需空气量为：$G_{洗} = N n_0 q_{洗} = (16 \times 200 \times 12/1000)$m³/min = 38.4m³/min。

⑤ 生物处理所需空气量。生物处理所需空气量为氧化污水中的有机物所需空气量和污泥所消耗的空气量之和。即：

$$需氧量\ OD = a Q_{py}(BOD_{进} - BOD_{出}) + b V_{调} X f$$

MBR 池内污泥浓度取 $X = 12000$mg/L，a 值取 0.5，由实际运行装置获得 $f = 0.8$，b 值取 0.12，则

$$需氧量\ OD = [0.5 \times Q_{py}(200 - 10) \times 10^{-3} \times 1000 + 0.12 \times 221$$
$$\times 12000 \times 10^{-3} \times 0.8] kgO_2/d = 350 kgO_2/d,$$

折合所需空气量：

$$G_{生} = 需氧量\ OD/(0.277e) = [350/(0.277 \times 0.03)] m^3/d = 42118 m^3/d = 29.2 m^3/min。$$

由于生物氧化所需空气量小于膜洗净所需空气量，鼓风机的选择应以膜洗净所需空气量为依据。

⑥ 调节池所需鼓风量计算。调节池预曝气量不宜小于 $0.6m^3/(m^3 \cdot h)$，取预曝气量为 $0.8m^3/(m^3 \cdot h)$。调节池容积查 $V_调 = 401m^3$，则调节池预曝气量 $G_调 = (401 \times 0.8/60)m^3/min = 5.3m^3/min$。

⑦ 鼓风机选型。鼓风机所需鼓风量 $G = G_洗 + G_调 = (38.4 + 5.3)m^3/min = 43.7m^3/min$。

风口的压力以池深为依据，本例池深为 $3.5m$，考虑到风管的阻力，可取风压 $P \geqslant 4000mmH_2O$。

选用 SSR200 风机，口径为 $200mm$，进口风量为 $44.60m^3/min$，转速为 $1150r/min$，所需动力为 $42.02kW$。

（10）中水处理站主要构筑物平面布置

中水处理站主要构筑物平面布置如图 9-5-2 所示。

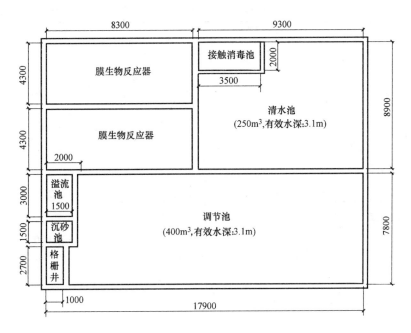

图 9-5-2　中水处理站主要构筑物平面布置

第10章 居住小区给水排水

10.1 居住小区基本知识

10.1.1 居住小区定义

居住小区是供人们满足以居住用途为主要功能的建筑群及其周围环境与空间。我国现行的《城市居住区规划设计规范》（GB 50180—1993）（2002 年版）按照人口数将城市居住区划分为三类，见表 10-1-1。

表 10-1-1 按照人口数将城市居住区划分为三类

序 号	类 型	人 口 数	序 号	类 型	人 口 数
1	居住组团	1000~3000 人	3	城市居住区	30000~50000 人
2	居住小区	7000~15000 人			

现行的《建筑给水排水设计规范》（GB 50015—2003）（2009 年版）将 15000 人以下的居住小区和居住组团统称为居住小区。

10.1.2 居住小区给水排水特点

居住小区给水排水是指为居住小区而设计的给水和排水工程。居住小区给水排水有其自身的特点，它不同于建筑内给水排水工程的设计，也不同于城市给水排水工程设计，如有关水量的计算、管材选择和设置、水质要求及水处理均有不同的要求；其给水排水设计内容方面也有自己的特点，如居住小区给水设计内容中含水源、水净化、给水管网、小区消防和其他公共用水；居住小区排水设计内容中含各种排水管道、污废水的处理利用和有关排水建（构）筑物等。

10.2 居住小区给水

10.2.1 小区给水水源

居住小区给水水源主要有市政给水水源和自备水源两种。两种水源的应用特点见表 10-2-1。

表 10-2-1 居住小区两种给水水源的应用特点

给水水源名称	应 用 特 点
市政给水水源	1. 该种水源常为城市居住小区建筑采用，直接利用城市给水水源使用方便，工程建设简单，节省投资，供水水质得到保证 2. 工程的设计和管理简单
自备水源	1. 自备水源是指远离市政水源的居住小区而自建的给水水源工程，采用的水源有地下水源和地表水源两类，均包括取水、水的净化和水的输配 2. 工程较复杂，取水不方便，投资大 3. 供水水质不易保证 4. 市政给水管道严禁与自备水源的供水管道直接

10.2.2　小区建筑外给水管网布置与敷设和给水水质保护

1. 小区建筑外给水管网布置与敷设

（1）小区的室外给水管网宜布置成环状网，或与城镇给水管连接成环状网。环状给水管网与城镇给水管的连接管不宜少于两条。

（2）居住小区有多种用途的管道，在进行平面布置时，应从建筑物向道路和由浅至深的顺序安排，如有通信电缆或电力电缆、燃气管道、污水管道、给水管道、热力管道、雨水管道，则小区内管道平面布置以从建筑物到道路由浅至深应为：通信电缆或电力电缆→燃气管道→污水管道→给水管道→热力管道→雨水管道。

（3）小区的室外给水管道应沿区内道路敷设，宜平行于建筑物敷设在人行道、慢车道或草地下；管道外壁距建筑物外墙的净距不宜小于1.0m，且不得影响建筑物的基础，小区的室外给水管道与其他地下管线及乔木之间的最小净距，应符合表10-2-2的规定。

表 10-2-2　居住小区地下管线（构筑物）间最小净距

种类 净距/m 种类	给水管		污水管		雨水管	
	水平	垂直	水平	垂直	水平	垂直
给水管	0.5~1.0	0.10~0.15	0.8~1.5	0.10~0.15	0.8~1.5	0.10~0.15
污水管	0.8~1.5	0.10~0.15	0.8~1.5	0.10~0.15	0.8~1.5	0.10~0.15
雨水管	0.8~1.5	0.10~0.15	0.8~1.5	0.10~0.15	0.8~1.5	0.10~0.15
低压煤气管	0.5~1.0	0.10~0.15	1.0	0.10~0.15	1.0	0.10~0.15
直埋式热水管	1.0	0.10~0.15	1.0	0.10~0.15	1.0	0.10~0.15
热力管沟	0.5~1.0	—	1.0	—	1.0	—
乔木中心	1.0	—	1.5	—	1.5	—
电力电缆	1.0	直埋0.50 穿管0.25	1.0	直埋0.50 穿管0.25	1.0	直埋0.50 穿管0.25
通信电缆	1.0	直埋0.50 穿管0.15	1.0	直埋0.50 穿管0.15	1.0	直埋0.50 穿管0.15
通信及照明电缆	0.5		1.0		1.0	

注：1. 净距指管外壁距离，管道交叉设套管外壁距离，直埋式热力管指保温管壳外壁距离。
　　2. 电力电缆在道路的东侧（南北方向的路）或南侧（东西方向的路）；通信电缆在道路的西侧或北侧。均应在人行道下。

（4）管道与建筑物、构筑物的平面最小净距按表10-2-3确定。

表 10-2-3　管道与建筑物、构筑物的平面最小净距　　　　（单位：m）

最小净距 名称	给水管		污水管	雨水管	排水明沟
	$D>200$	$D\leqslant200$			
建筑物	3~5	3~5	3.0	3.0	3.0
铁路中心线	5.0	5.0	5.0	5.0	5.0
城市型道路边缘	1.5	1.5	1.5	1.5	1.0
郊区型道路边沟边缘	1.0	1.0	1.0	1.0	1.0
围墙	2.5	1.5	1.5	1.5	1.0
照明及通信电缆	1.0	1.0	1.0	1.0	1.5
高压电线杆支座	3.0	3.0	3.0	3.0	3.0

（5）室外给水管道与污水管道交叉时，给水管道应敷设在上面，且接口不得重叠；当给水管道敷设在下面时，应设置钢套管，钢套管的两端应采用防水材料封闭。

（6）室外给水管道的覆土深度，应根据土壤冰冻深度、车辆荷载、管道材质及管道交叉等因素确定。管顶最小覆土深度不得小于土壤冰冻线以下为0.15m，行车道下的管线覆土深度不宜小于0.70m。

（7）室外给水管道上的阀门，宜设置阀门井或阀门套筒。

（8）敷设在室外综合管廊（沟）内的给水管道，宜在热水、热力管道下方，冷冻管和排水管的下方。给水管道与各种管道之间的净距，应满足安装操作的需要，且不宜小于0.3m。生活给水管道不宜与输送易燃、可燃或有害的液体或气体的管道同管廊（沟）敷设。

2. 小区建筑外给水管网内水质的保护

给水系统在运行过程中，由于管道误接、加压或降压、贮水时间长等有可能使用水水质受污染。水质污染的情况有生活饮用水本身使用不当受污染和生活饮用水受其他非生活饮用水的水污染。防水质污染的措施如下：

（1）城镇给水管道严禁与自备水源的供水管道直接连接。

（2）中水、回用雨水等非生活饮用水管道严禁与生活饮用水管道连接。

（3）生活饮用水不得因管道内产生虹吸、背压回流而受污染。

（4）卫生器具和用水设备、构筑物等生活饮用水管配件出水口应符合下列规定：

1）出水口不得被任何液体或杂质所淹没。

2）出水口高出承接用水器具溢流边缘的最小空气间隙，不得小于出水口直径的2.5倍。

（5）生活饮用水水池（箱）的进水管口的最低点高出溢流边缘的空气间隙应等于进水管管径，但最小不应小于25mm，最大可不大于150mm。当进水管从最高水位以上进入水池（箱），管口为淹没出流时应采取真空破坏器等防虹吸回流措施（注：不存在虹吸回流的低位生活饮用水贮水池，其进水管不受本条限制，但进水管仍宜从最高水面以上进入水池）。

（6）从生活饮用水管网向消防、中水和雨水回用水等其他用水的贮水池（箱）补水时，其进水管口最低点高出溢流边缘的空气间隙不应小于150mm。

（7）从生活饮用水管道上直接供下列用水管道时，应在这些用水管道的下列部位设置倒流防止器：

1）从城镇给水管网的不同管段接出两路及两路以上的引入管，且与城镇给水管形成环状管网的小区或建筑物，在其引入管上设置倒流防止器

2）从城镇生活给水管网直接抽水的水泵的吸水管上

3）利用城镇给水管网水压且小区引入管无回流设施时，向商用锅炉、热水机组、水加热器、气压水罐等有压容器或密闭容器注水的进水管上设置倒流防止器。

（8）从小区或建筑物内生活饮用水管道系统上接至下列用水管道或设备时，应设置倒流防止器：

1）单独接出消防用水管道时，在消防用水管道的起端设置倒流防止器。

2）从生活饮用水贮水池抽水的消防水泵出水管上设置倒流防止器。

（9）生活饮用水管道系统上接至下列含有对健康有危害物质等有害有毒场所或设备时，应设置倒流防止设施：

1）贮存池（罐）、装置、设备的连接管上。

2）化工剂罐区、化工车间、实验楼（医药、病理、生化）等除按上 1）设置外，还应在其引入管上设置空气间隙。

（10）从小区或建筑物内生活饮用水管道系统上直接接出下列用水管道时，应在这些用水管道上设置真空破坏器：

1）当游泳池、水上游乐池、按摩池、水景池、循环冷却水集水池等的充水或补水管道上出口与溢流水位之间的空气间隙小于出口管径 2.5 倍时，在其充（补）水管上设置真空破坏器。

2）不含有化学药剂的绿地喷灌系统，当喷头为地下式或自动升降式时，在其管道起端设置真空破坏器。

3）在消防（软管）卷盘上设置真空破坏器。

4）在出口接软管的冲洗水嘴与给水管道连接处设置真空破坏器。

（11）当小区的生活贮水量大于消防用水量时，小区的生活用水贮水池与消防用贮水池可合并设置，合并贮水池有效容积的贮水设计更新周期不得大于 48h。

（12）埋地式生活饮用水贮水池周围 10m 以内，不得有化粪池、污水处理构筑物、渗水井、垃圾堆放点等污染源；周围 2m 以内不得有污水管和污染物。当达不到此要求时，应采取防污染的措施。

10.2.3 小区建筑外给水管网管材、管件和阀门的选用

1. 小区给水管网管材、管件的选用

（1）给水系统采用的管材和管件，应符合国家现行有关产品标准的要求，管材的工作压力不得大于产品标准公称压力或标称的允许工作压力。

（2）小区建筑外埋地管道采用的管材，应具有耐腐蚀和能承受相应地面荷载的能力。可采用塑料给水管、有衬里的铸铁给水管、经可靠防腐处理的钢管。管道内壁的防腐材料，应符合现行的国家有关卫生标准的要求。

2. 小区给水阀门的选用

（1）给水管道上使用的各类阀门的材质，应耐腐蚀和耐压。根据管径大小和所承受压力的等级及使用温度，可采用全铜、全不锈钢、铁壳铜芯和全塑冷门等。

（2）小区给水管道从城镇给水管道的引入管段上应设置阀门。

（3）小区建筑外环状管网的节点处，应按分隔要求设置阀门。

（4）小区环状管段过长时，宜设置分段阀门。

（5）直接从城镇给水管网接入小区的引入管上应设置止回阀。

10.2.4 小区建筑外管道供水方式

1. 小区建筑外供水方式的要求

小区建筑外供水方式的要求为：其水量应满足小区内全部用水的要求，其水压应满足最不利配水点的水压要求。

2. 小区建筑外供水方式确定的条件

小区建筑外供水方式确定的条件主要与供水水源类型、小区建筑用水有关。在采用自备水源的情况下，可由水源供水泵房加压至小区管网内；在采用市政水源的情况下，可利用市

政管道内的水量和水压来满足小区管网内所需的水量和水压。

3. 小区建筑外供水方式种类

（1）以市政给水管道为水源的小区建筑外给水方式种类。小区的建筑外给水系统，应尽量利用市政给水管网的水压供水；当市政给水管网的水压水量不足时，应设置贮水调节和加压装置。以市政给水水源的给水方式种类有：

1）直接给水方式。当市政给水管网的水量和水压能够满足小区室外给水管网所需水量和水压时，采用引入管把市政给水管网与小区建筑外给水管网连接，称为直接给水方式，该种给水方式简单，工程投资少。

2）间接给水方式。当市政给水管网的水量和水压不能够满足小区建筑外给水管网所需水量和水压时，采用设置贮水调节和加压装置，即采用把市政管道内水送入贮水调节池再采用加压装置送入小区给水管道内来满足小区给水管道内所需水量和水压，称为间接给水方式，该种方式较复杂，工程投资多。

（2）采用自备水源的小区给水方式种类。采用自备水源的小区给水方式常为加压给水方式，即由自备水源水净化处理后的加压水泵送往小区给水管网内。

4. 小区给水方式的选择

（1）小区的室外给水系统，其水量应满足小区内全部用水的要求，其水压应满足最不利配水点的水压要求，应尽量利用城镇给水管网的水压直接供水。当城镇给水管网的水量、水压不足时，应设置贮水调节和加压装置。

（2）小区给水方式的确定应综合利用各种水资源，宜实行分质供水，充分利用再生水、雨水等非传统水源；优先采用循环和重复利用给水系统。

（3）小区的加压给水系统，应根据小区的规模、建筑高度和建筑物的分布等因素确定加压站的数量、规模和水压。

（4）当采用直接从城镇给水管网吸水的叠加供水时，应符合下列要求：

1）叠加供水设计方案应经过当地供水行政主管部门及供水部门批准认可。

2）叠加供水的调速泵机组的扬程应按吸水端城镇给水管网允许最低水压确定；泵组出水量不应小于小区生活给水设计流量；叠加供水系统在用户正常用水情况下不得断水。注：当城镇给水管网低谷时段的水压能满足最不利用水点水压要求时，可设置旁通管，由城镇给水管网直接供水

3）叠加供水当配置气压给水设备时，其最高压力和最低压力、调节容积和供水量应符合规范的规定。当配置低位水箱时，其贮水有效容积应按给水管网不允许低水压抽水时段的用水量确定，并应采取技术措施保证贮水在水箱中的停留时间不得超过 12h。

4）叠加供水设备的技术性能应符合现行国家及行业标准的要求。

10.2.5　小区建筑内管道供水方式

小区建筑内管道供水方式的确定与小区建筑外给水管道内的水量和水压有关，给水方式有以下两种。

1. 直接给水方式

当小区建筑外给水管道内水量和水压能够满足小区建筑内给水系统所需水量、水压时，采用引入管把建筑内管道与小区室外管道直接连接，这种给水方式称直接给水方式，系统简

单、投资少、管理方便。

2. 加压给水方式

当小区建筑外给水管道内水量和水压不能够满足小区建筑内给水系统所需水量、水压时，采用把小区建筑外给水管道水送入贮水调节池再采用加压装置送入建筑内给水管道内来满足建筑内给水管道所需水量和水压，称为间接给水方式，该方式较复杂，投资多。

小区建筑内加压给水方式在当小区全部建筑的高度和所需水压相近时，整个小区可集中设置共用一套加压给水系统；当小区内只有一幢高层建筑或幢数不多且各幢所需压力相差很大时，每一幢建筑物宜单独设贮水调节池和加压设施；当小区内若干幢建筑的高度和所需水压相近且布置集中时，贮水调节加压设施可分片集中设置，条件相近的几幢建筑物共用一套贮水调节加压设施。

10.2.6　小区建筑外给水用水量计算

1. 小区给水设计用水量项目

小区给水设计用水量项目和计算方法见表 10-2-4。

表 10-2-4　小区给水设计用水量项目和计算方法

序号	小区给水设计用水量项目	小区给水设计用水量计算方法
1	居民生活用水量	按小区人口和住宅最高日生活用水定额经计算确定，见表 2-5-1
2	公共建筑用水量	应按小区内的公共建筑的使用性质、规模及其最高日生活用水定额经计算确定，见表 2-5-2
3	绿化用水量	绿化浇灌用水量应按绿化面积和其浇灌用水定额经计算确定。其浇灌用水定额根据气候条件、植物种类、土壤理化性状、浇灌方式和管理制度等因素综合确定。当无相关资料时，浇灌用水定额可为 $1.0 \sim 3.0 \text{L/m}^2 \cdot \text{d}$ 计算，干旱地区可酌情增加
4	水景、娱乐设施用水量	公共游泳池、水上游乐池、水景用水量可按其初充水量和补充水量计算
5	道路、广场用水量	可按浇洒面积及浇洒用水定额经计算确定
6	公用设施用水量	应由该设施的管理部门提供用水参数。当无重大公用设施时，不另计用水量
7	未预见用水量及管网漏失水量	可按最高日用水量的 10% ~ 15% 计算确定
8	消防用水量	按有关消防规范计算；在计算小区用水量时，消防用水量仅用于校核管网计算，不计入正常用水量

2. 小区建筑生活给水设计用水量计算

小区建筑生活给水设计用水量计算内容见表 10-2-5。

表 10-2-5　小区建筑生活给水设计用水量计算内容

公式名称	公　式	应　用
日用水量	$Q_d = mq_d$ [Q_d ——日用水量(m^3/d)；m ——用水单位数；q_d ——用水定额]	用于确定水池、水箱、水塔等的容积和水泵的流量
平均时用水量	$Q_P = Q_d/T$ [Q_P ——平均小时用水量(m^3/h)；Q_d ——日用水量(m^3/d)；T ——用水时间(h)]	
最大小时用水量	$Q_h = Q_P K_h$ [Q_h ——最大小时用水量(m^3/h)；Q_P ——平均小时用水量(m^3/h)；K_h ——小时变化系数]	

（续）

公式名称	公　式	应　用
设计秒流量	1. 住宅：$q_g = 0.2UN_g$［q_g——设计秒流量（L/s）；N_g——当量数；U——同时出流概率］ 2. 公共建筑：$q_g = 0.2\alpha(N_g)^{1/2}$ ［q_g——设计秒流量（L/s）；N_g——当量数；α——系数］ 3. 用水量集中的建筑： $q_g = \sum q_0 n_0 b$ ［q_g——设计秒流量（L/s）］ q_0——［1 个卫生器具的额定流量（L/s）；n_0——同类型卫生器具数；b——同时给水百分数］	用于给水管道的水力计算和确定水泵的流量

3. 居住小区用水量计算要求

（1）居住小区最高日用水量计算。居住小区最高日用水量为居住小区用水量各项组成之和（不包括消防用水量一项）。

（2）居住小区各项最高日用水量计算

1）居住小区住宅居民最高日用水量为住宅最高日用水定额与各类住宅居住人数之积。

2）居住小区公共建筑最高日用水量为单位最高日用水定额与计算单位之积。

3）居住小区最高日绿化用水量为浇灌用水定额与浇灌面积之积。

4）公共游泳池、水上游乐池和水景用水量按相应规范规定的补水量的百分数计算。

5）小区道路、广场的浇洒最高日用水量为用水定额与浇洒面积之积。

6）公用设施最高日用水量计算。居住区内的公用设施用水量，应按该设施的管理部门提供用水量，当无重大公用设施时，不另计用水量。

7）居住小区管网未预见用水量及管网漏失水量计算。居住小区管网未预见用水量及管网漏失水量之和可按居住小区最高日用水量的 10% ~15% 计。

8）消防用水量按消防规范确定，其不作为正常用水量。

（3）居住小区各项用水的平均小时用水量。各项用水的平均小时用水量计算为各项用水的最高日用水量除以用水的使用时间（注：因不同的用水项目使用时间不同，则不同的用水项目应采用对应的使用时间）。

（4）居住小区平均小时用水量。若为 24h 用水的项目可将（3）中计算的居住小区平均小时用水量叠加，即可得出小区的平均小时用水量，但对于非 24h 用水的项目，若用水时段完全错开，可只计入其中最大的一项用水量作为居住小区平均小时用水量。其原则是只有同时用水的项目才能叠加。

（5）居住小区各项用水的最大小时用水量。各项用水的最大小时用水量为各项用水的平均小时用水量乘以小时变化系数。

（6）居住小区最大小时用水量。若为 24h 用水的项目可将（5）中计算的居住小区最大小时用水量叠加，即可得出小区的最大小时用水量，但对于非 24h 用水的项目，若用水时段完全错开，可只计入其中最大的一项用水量作为居住小区最大小时用水量。其原则是只有同时用水的项目才能叠加。

10.2.7 小区给水管道设计流量的确定与计算

小区给水管道按其用途分为小区建筑外给水管道、小区建筑外给水管与市政给水管的连接管（又称小区给水引入管）、小区内建筑给水引入管等。各种管道的设计流量计算方法如下：

1. 小区建筑外给水管道设计流量的确定与计算

居住小区的建筑外给水管道的设计流量应根据管段服务居住人数、用水定额及卫生器具设置标准等因素确定，以表 10-2-6 为准。

表 10-2-6 居住小区室外给水管道设计流量计算人数

$q_L K_h$＼每户 N_g	3	4	5	6	7	8	9	10
350	10200	9600	8900	8200	7600	—	—	—
400	9100	8700	8100	7600	7100	6650	—	—
450	8200	7900	7500	7100	6650	6250	5900	—
500	7400	7200	6900	6600	6250	5900	5600	5350
550	6700	6700	6400	6200	5900	5600	5350	5100
600	6100	6100	6000	5800	5550	5300	5050	4850
650	5600	5700	5600	5400	5250	5000	4800	4650
700	5200	5300	5200	5100	4950	4800	4600	4450

注：上表中 N_g 为每户的给水当量数，依次有 3、4、5、6、7、8、9、10；q_L 为用水定额，K_h 为小时变化系数，$q_L K_h$ 为用水定额与小时变化系数的积，根据每户的给水当量数及对应的用水定额与小时变化系数的积可查知相应的人数。

（1）当服务人数在表 10-2-6 范围内的室外给水管段，按住宅设计秒流量公式计算设计秒流量，而其配套的只有文体、餐饮娱乐、商铺及市场等设施也按相应的设计秒流量公式计算设计秒流量，作为计算节点流量。

（2）当服务人数大于表 10-2-6 中数值的给水干管，住宅和其他配套的只有文体、餐饮娱乐、商铺及市场等设施均采用最大时用水量，住宅的最大时用水量作为管段的流量，设施的最大时用水量作为节点流量。

（3）不管服务人数是否在表 10-2-6 之内或之外，小区内的文教、医疗保健、社区管理等级设施，以及绿化、景观用水、道路及广场洒水、公共设施水等，均以平均小时用水量计算节点流量。

2. 小区建筑外直接供给水管道设计流量的确定与计算

小区建筑外直供给水管道设计流量计算也要按小区服务的居住人数和配套设施情况分别计算设计流量，同上述"1. 小区建筑外给水管道设计流量的确定与计算"中第（1）、（2）、（3）条，但小区中其他等建筑应按相应的设计秒流量公式计算流量。当建筑设有水箱（池）时，应以建筑引入管的设计流量作为室外计算给水管段节点流量，其引入管流量见下述第 4 条。

3. 小区给水引入管内设计流量计算

（1）小区给水引入管的设计流量也应根据管段服务居住人数、用水定额及卫生器具设置标准等因素确定，其计算方法同上述"1."、"2."条。并应考虑未预计水量和管网漏失水量。

（2）不少于两条引入管的小区室外环状给水管网，当其中一条发生故障时，其余的引入管应能保证不小于70%的流量。

（3）当小区建筑外给水管网为枝状布置时，小区引入管的管径不应小于室外给水干管的管径。

（4）小区环状管道宜管径相同。

（5）小区的建筑外生活、消防合用给水管道，应按上述"1. 小区建筑外给水管道设计流量的确定与计算"计算设计秒流量（淋浴用水量可按15%计算，绿化、道路及广场浇洒用水可不计算在内），再叠加一起火灾的最大消防流量（有消防贮水和专用消防管道供水的部分应扣除），并应对管道进行水力计算校核，管道末梢室外消火栓从地面算起的水压，不得低于0.1MPa。

（6）设有建筑外消火栓的室外给水管道，管径不得小于 $DN100$。

4. 小区建筑上给水引入管内设计流量计算

（1）由小区给水管道直接向建筑给水管道供水，其设计流量按建筑设计秒流量公式计算设计秒流量。

（2）当建筑物内生活用水全部自行加压供给时，引入管的设计流量应为贮水调节池的设计补水量，设计补水量不宜大于建筑物最高日最大时用水量，且不得小于建筑物最高日平均时用水量。

（3）当建筑物的生活用水既有室外管网直接供水，又有自行加压供水，引入管应将直接供水的设计秒流量与加压供水的设计补水量之和作为引入管的设计流量。

10.2.8 小区建筑外给水管道水力计算和给水调贮加压设施确定

1. 小区建筑外给水管道水力计算

居住小区给水系统水力计算是在确定了供水方式，布置完管线后进行的，计算的目的是确定各管段的管径和水头损失，校核消防和事故的流量，选择确定升压贮水调节设备。

居住小区给水管网水力计算步骤和方法与城市给水管网水力计算步骤和方法基本相同，首先确定节点流量和管段设计流量，然后求管段的管径和水头损失。

最后是校核流量和选择设备。在计算时应注意以下几点：

（1）局部水头损失按沿程水头损失的15%~20%计算。

（2）管道内水流速度一般可为1~1.5m/s，消防时可为1.5~2.5m/s。

（3）环状管网需进行管网平差计算，大环闭合差应小于等于15kPa，小环闭合差应小于等于5kPa。

（4）按计算所得外网需供的流量确定连接管的管径。计算所得的干管管径不得小于支管管径或建筑引入管的管径。

2. 小区建筑外给水调贮加压设施确定

当城市给水管网供水不能满足居住小区用水需要时，小区须设二次加压泵站、水塔等设施，以满足居住小区用水要求。

水泵扬程应满足最不利配水点所需水压。小区给水系统有水塔或高位水箱时，水泵出水量应按最大小时流量确定；当小区内无水塔或高位水箱时，水泵出水量按小区给水系统的设计秒流量确定。水泵的选择、水泵机组的布置及水泵房的设计要求，按现行《室外给水设计规范》（GB 50013—2006）的有关规定执行。

居住小区加压泵站的贮水池有效容积应根据小区生活用水量的调蓄贮水量和消防贮水量确定。其中生活用水的调蓄贮水量，应按流入量和供出量的变化曲线经计算确定，资料不足时可按居住小区最高日用水量的 15% ~ 20% 确定。消防贮水量应满足在火灾延续时间内室内消防用水总量的要求，一般可按消防时市政管网仍可向贮水池补水进行计算。为了确保清洗水池时不停止供水，贮水池宜分成容积基本相等的两个格。

水泵-水塔（高位水箱）联合供水时，宜采用前置方式，其有效容积可根据小区内的用水规律和小区加压泵房的运行规律经计算确定，资料不足时可按表 10-2-7 确定。

表 10-2-7　水塔和高位水箱（池）生活用水的调贮水量

居住小区最高日用水量/m³	<100	101 ~ 300	301 ~ 500	501 ~ 1000	1001 ~ 2000	2001 ~ 4000
调蓄贮水量占最高日用水量的百分数	30% ~ 20%	20% ~ 15%	15% ~ 12%	15% ~ 8%	8% ~ 6%	6% ~ 4%

10.3　居住小区排水

居住小区外排水主要有生活排水和雨水排水两种。

10.3.1　居住小区外生活排水

1. 建筑外排水系统的任务、组成、分类、体制与排水系统管路方式

（1）建筑外排水系统的任务。迅速而及时地排除来自建筑内排水管道和雨水管道内的水，同时满足排除降落在建筑外地面的雨（雪）水，对污废水进行局部处理，满足污废水的处理和回用要求并能满足污废水管道、构筑物的施工与维护要求。

（2）建筑外排水系统的组成。建筑外排水系统的组成常为排水管道、检查井、雨水井、局部处理构筑物等组成，在需要提升的排水系统中，有集水井（池）和排水泵站；在需要处理回用的地方，有处理构筑物和水泵站。

（3）建筑外排水系统分类。建筑外排水系统分类常用按污废水的来源分有：

1）生活排水系统。

2）工业废水排水系统。

3）雨水排除系统。

（4）建筑外排水系统体制和选择

1）建筑外排水系统体制。建筑外排水系统体制分两种：

① 分流制：在小区排水系统中，雨水与其他污废水分开排及粪便水和洗涤水分开排均称排水分流制。

② 合流制：在小区排水系统中雨水与其他污废水一起排及粪便水和洗涤水一起排均称排水合流制。

2）建筑外排水系统体制的选择

① 小区外的排水体制选择依据便于排放、处理、回用和保护环境、合理利用水资源进行。

② 小区外排水系统应采用生活排水与雨水分流制排水。

③ 凡建筑内排出的有毒有害的污废水应进行处理后才能排入小区排水管道内。

④ 生活废水量较大,且环卫部门要求生活污水经化粪池处理后才能排入城镇排水管道时的小区排水系统应建化粪池。

⑤ 在需要中水利用时,小区建筑外应进行污、废水分流。

(5) 建筑外排水系统管路方式。常见的建筑外排水系统管路方式有两种:

1) 重力流排水系统管路方式。

2) 压力流排水系统管路方式。

2. 小区外的排水用管材及排水管道布置与敷设

(1) 小区外的排水用管材。小区外的排水用管材常见有排水塑料管、承插式混凝土管和钢筋混凝土管,还有耐热(压)塑料管、金属管或钢塑复合管等。

1) 小区外排水用管材应优先采用埋地排水塑料管。

2) 当连续排水温度大于40℃时,应采用金属排水管或耐热塑料排水管。

3) 压力排水管道可采用耐压塑料管、金属管或钢塑复合管。

(2) 小区外排水管道布置与敷设

1) 小区外排水管的布置应根据小区规划、地形标高、排水流向。按管线短、埋深小、尽可能自流排出的原则确定。当排水管道不能以重力自流排入市政管道时,应设置排水泵房。

2) 小区外排水管道最小覆土深度应根据道路的行车等级、管材受压强度、地基承载力等因素经计算确定,并应符合下列要求:

① 小区干道和小区组团道路下的管道,其覆土深度不宜小于0.70m。

② 生活污水接户管道埋设深度不得高于土壤冰冻线以上0.15m,且覆土深度不宜小于0.30m。当采用埋地塑料管道时,排出管埋设深度可不高于土壤冰冻线以上0.50m。

3) 排水管道宜沿道路或建筑物平行敷设,尽量减少转弯以及其他管线的交叉,如不可避免时,与其他管线的水平和垂直距离应符合现行《建筑给水排水设计规范》(GB 50015—2003)(2009年版)中有关"居住小区地下管线(构筑物)间的最小净距"的要求。

4) 干管应靠近主要排水建筑物,并布置在连接支管较多的一侧。

5) 排水管道应尽量布置在道路外侧的人行道或草地的下面,不允许平行布置在铁路的下面和乔木的下面。

6) 排水管道应尽量远离生活饮用水给水管道,避免生活饮用水遭受污染。

7) 排水管道与其他地下管线及乔木的最小水平、垂直净距应符合现行《建筑给水排水设计规范》(GB 50015—2003)(2009年版)中"居住小区地下管线(构筑物)间的最小净距"的要求。

(3) 小区外排水管的连接应符合下列要求:

1) 排水管与排水管之间的连接,应设检查井连接。

2) 室外排水管道,除有水流跌落差以外,宜管顶平接。

3) 排出管管顶标高不得低于室外接户管管顶标高。

4）连接处的水流偏转角不得大于 90°，当跌落差大于 0.3m 时，可不受角度的限制。

3. 小区外生活排水构筑物

小区外生活排水构筑物有检查井和处理构筑物。

（1）检查井。在排水管道的交汇处、转弯处、跌水处、管径或坡度改变处以及直线管段上一定距离上应设检查井。检查井材料有砖砌、钢筋混凝土制和塑料制等，小区生活排水检查井应优先采用塑料排水检查井。小区外生活排水管道管径小于等于 160mm 时，检查井间距不宜大于 30m；管径大于等于 200mm 时，检查井间距不宜大于 40m。生活排水管道不宜在建筑内设检查井，当必须设置时应采取密封措施。检查井的内径应根据所连接的管道管径、数量和埋设深度确定。生活排水管道的检查井内应有导流槽。

（2）处理构筑物。在建筑内排出有毒、有害和高温污废水时应设处理构筑物。常见的处理构筑物有降温池、沉淀池、隔油池、中和池和医院污水消毒池。在小区排水排入市政管道前，若要求设化粪池，则应建化粪池；当小区排水不能重力排出时，应设集水池和污水泵。以上构筑物均应满足现行《建筑给水排水设计规范》（GB 50015—2003）（2009 年版）中有关规定的要求。

4. 居住小区外排水系统的水力计算

（1）居住小区外生活排水量与排水管道的设计流量计算。居住小区生活污水排水量是指生活用水使用后能排入污水管道的流量。由于蒸发损失及小区埋地管道的渗漏，居住小区生活污水排水量小于生活用水量。我国现行的《建筑给水排水设计规范》（GB 50015—2003）（2009 年版）规定，居住小区生活排水系统排水定额是其相应的给水系统用水定额的 85% ~ 95%。确定居住小区生活排水系统定额时，大城市的小区取高值，小区埋地管采用塑料管时取高值，小区地下水位高取高值。

居住小区生活排水系统小时变化系数与相应的生活给水系统小时变化系数相同。

公共建筑生活排水系统的排水定额和小时变化系数与相应的生活给水系统的用水定额和小时变化系数相同。

居住小区生活排水管道的设计流量不论小区接户管、小区支管还是小区干管都按住宅生活排水最大小时流量和公共建筑生活排水最大小时流量之和确定。

（2）居住小区外生活排水管道系统的水力计算。居住小区生活排水管道水力计算的目的是确定排水管道的管径、坡度及需提升的排水泵站设计。

居住小区生活排水管道水力计算方法与室外排水管道（或室内排水横管）水力计算方法相同，只是有些设计参数取值有所不同。

居住小区生活排水管道的设计流量采用最大小时流量，管道自净流速为 0.6m/s，最大设计流速：金属管为 10m/s，非金属管为 5m/s。

当居住小区生活排水管道设计流量较小，排水管道的管径小于表 10-3-1 最小管径时，不必进行详细计算，按最小管径和最小坡度进行设计，居住小区外生活排水管道最小管径、最小设计坡度和最大设计充满度的规定见表 10-3-1。

居住小区排水接户管径不应小于建筑物排水管管径、下游管段的管径不应小于上游管段的管径，有关居住小区排水管网水力计算的其他要求和内容，可按现行《室外排水设计规范》（GB 50014—2006）执行。

表 10-3-1 建筑外（小区）生活排水管道最小管径、最小设计坡度和最大设计充满度

管别	管材	最小管径/mm	最小设计坡度	最大设计充满度
接户管	埋地塑料管	160	0.005	0.50
	混凝土管	150	0.007	
支管	埋地塑料管	160	0.005	
	混凝土管	200	0.004	
干管	埋地塑料管	200	0.004	0.55
	混凝土管	300	0.003	

注：1. 接户管管径不得小于建筑物排出管管径。

  2. 化粪池与其连接的第一个检查井的污水管最小设计坡度取值：当管径为150mm时，宜为0.010~0.012；当管径为200mm时，宜为0.010。

5. 小区压力排水

建筑外压力排水适用于建筑外排水管道内水不能重力流流进市政排水管道内。必须在建筑外排水系统的末端修建集水池和排水泵站，经过加压提升输送至市政排水管道内。建筑外压力排水设计要求是：

（1）污水泵房应建成单独构筑物，并应有卫生防护隔离带。泵房设计应按现行国家标准《室外排水设计规范》（GB 50014—2006）执行。

（2）小区污水水泵的流量应按小区最大小时生活排水流量选定。

（3）其他集水池、污水泵和排水管道设计均同建筑地下室排水系统的设计。

6. 建筑外排水系统施工安装质量要求

建筑外（小区）排水管道常从室外排水管道铺设要求的允许偏差、室外检查井的允许偏差和室外排水管道采用闭水试验三个方面进行质量验收。建筑外排水管道闭水试验允许渗水量见表10-3-2。

表 10-3-2 建筑外排水管道闭水试验允许渗水量

管材	管道内径 $D/$mm	允许渗水量 $Q/(\text{m}^3 \cdot \text{km})$	管材	管道内径 $D/$mm	允许渗水量 $Q/(\text{m}^3 \cdot \text{km})$
混凝土管、钢筋混凝土管、陶土管及管渠	200	17.60	混凝土管、钢筋混凝土管、陶土管及管渠	1200	43.30
	300	21.62		1300	45.00
	400	25.00		1400	46.70
	500	27.95		1500	48.40
	600	30.60		1600	50.00
	700	33.00		1700	51.50
	800	35.35		1800	53.00
	900	37.50		1900	54.48
	1000	39.52		2000	55.90
	1100	41.45			

注：当管内径大于2000mm时，允许渗水量应按 $Q = 1.25\sqrt{D}$ 计算确定。

10.3.2 居住小区外雨水排水

1. 小区外的雨水排水体制

小区外雨水排水应与其他的排水系统分开排。当小区雨水不能重力流排入市政排水管道时，应采用设集水池、雨水泵站排除。

2. 小区外雨水排水用管材及雨水排水管道布置与敷设

（1）小区外雨水排水用管材。小区外雨水排水系统可选用埋地塑料管、混凝土管或钢筋混凝土管、铸铁管等。

（2）小区外雨水排水管道布置与敷设

1）小区外雨水排水管的布置应根据小区规划、地形标高、排水流向，按管线短、埋深小、尽可能自流排出的原则确定。当雨水排水管道不能以重力自流排入市政管道时，应设置雨水排水泵房。

2）小区外雨水排水管道最小覆土深度应根据道路的行车等级、管材受压强度、地基承载力等因素经计算确定。

3）小区外雨水排水管道宜沿道路或建筑物平行敷设，尽量减少转弯以及其他管线的交叉，当不可避免时，与其他管线的水平和垂直距离应符合现行《建筑给水排水设计规范》中有关"居住小区地下管线（构筑物）间的最小净距"的要求；雨水排水管道与其他地下管线及乔木的最小水平、垂直净距应符合现行《建筑给水排水设计规范》（GB 50015—2003）（2009 年版）中"居住小区地下管线（构筑物）间的最小净距"的要求。

3. 小区外雨水排水构筑物

常见的小区外雨水排水构筑物有雨水检查井和雨水口。

（1）雨水检查井。在雨水排水管道的交汇处、转弯处、跌水处、管径或坡度改变处以及直线管段上一定距离上应设雨水检查井。小区外雨水管道上雨水检查井的最大间距见表 10-3-3。检查井内应设导流槽。

表 10-3-3　小区外雨水管道上雨水检查井的最大间距

管径/mm	最大间距/m	管径/mm	最大间距/m
150（160）	30	400（400）	50
200 ~ 300（200 ~ 315）	40	≥500（500）	70

注：括号内数据为塑料管外径。

（2）雨水口。小区内雨水口的布置应根据地形、建筑物位置沿道路布置。下列部位宜布置雨水口：

1）道路交汇处和路面最低点。

2）建筑物单元出入口与道路交界处。

3）建筑雨落水管附近。

4）小区空地、绿地的低洼点。

5）地下坡道入口处（结合带格栅的排水沟一并处理）。

4. 居住小区外雨水排水系统的水力计算

（1）居住小区外雨水排水量与雨水排水管道的设计流量按式（10-3-1）计算：

$$q_y = q_j \psi F_w / 10000 \qquad (10\text{-}3\text{-}1)$$

式中　q_y——设计雨水流量（L/s）；

　　　q_j——设计暴雨强度 [L/(s·hm²)]；设计暴雨强度应按当地或相邻地区暴雨强度公式计算确定；

　　　ψ——径流系数，小区各种地面的径流系数见表 10-3-4；

F_w——汇水面积（m²）。

表 10-3-4 小区各种地面的径流系数

地面种类	径流系数	地面种类	径流系数
混凝土和沥青路面	0.9	干砖及碎石路面	0.40
碎石路面	0.6	非铺砌路面	0.3
级配碎石路面	0.45	公园绿地	0.15

小区雨水管道设计降雨历时按式（10-3-2）计算：

$$t = t_1 + Mt_2 \qquad (10\text{-}3\text{-}2)$$

式中 t——降雨历时（min）；

t_1——地面集流时间（min），根据距离长短、地面坡度和地面覆盖情况而定，可选用 5～10min；

M——折减系数，小区支管和接户管：$M=1$；小区干管：暗管 $M=2$，明管 $M=1.2$；

t_2——排水管道内流行时间（min）；

小区各种汇水面积的设计重现期为 1～3a。

（2）居住小区外雨水排水管道水力计算。居住小区排水系统采用合流制时，设计流量为生活排水量与设计雨水流量之和。生活排水量可取平均流量。计算设计雨水流量时，设计重现期宜高于同一情况下分流制小区雨水排水系统的设计重现期。

雨水排水管道按满管重力流计算，管内最小流速不宜小于 0.75m/s，在位于雨水排水系统起端的雨水计算管段，当汇水面积较小，计算的雨水设计流量偏小时，应按最小管径和最小坡度进行设计，其最小管径和最小设计坡度见表 10-3-5。

表 10-3-5 居住小区雨水管道的最小管径和最小设计坡度

管　　别	最小管径/mm	最小设计坡度	
		铸铁管、钢管	塑料管
小区建筑物周围雨水接户管	200（225）	0.005	0.003
小区道路下干管、支管	300（315）	0.003	0.0015
13#沟头的雨水口的连接管	200（225）	0.01	0.01

注：表中铸铁管管径为公称直径，括号内数据为塑料管外径。

5. 建筑外雨水排水系统施工安装质量要求

建筑外（小区）雨水排水系统施工安装质量要求同建筑外排水管道。

第11章 特殊地区给水排水

特殊地区常指地震区和湿陷性黄土地区，对这些地区的给水排水设计，国家有专门的要求。

11.1 地震区给水排水

11.1.1 给水排水工程与地震的关系、设计要求、抗震烈度、抗震设计规范、标准与应用

1. 给水排水工程与地震的关系

给水排水工程与地震的关系见表11-1-1。

表11-1-1 给水排水工程与地震的关系

名　称	情　况	关　系
抗震设计的给水排水工程、建筑、构筑物和管网	当遭遇低于本地区抗震设防烈度的多遇地震影响时	一般不致损坏或不须修理仍可使用
	当遭遇低于本地区抗震设防烈度的地震影响时	应避免造成次生灾害
	当遭遇高于本地区抗震设防烈度的地震影响时	建筑物和构筑物不致严重损坏、危及生命或导致重大经济损失；管网震害不致引发严重灾害，并便于抢修和迅速恢复使用

2. 地震区给水排水设计要求

地震区的给水排水工程设计应按确定的抗震设防烈度要求进行抗震设计。按国家规范标准要求抗震设防烈度为6度及高于6度地区的建筑物、构筑物和室外给水、排水工程设施必须进行抗震设计。现行国家规范适用于抗震设防烈度为6度至9度地区的抗震设计，而对高于9度或有特殊抗震要求的工程抗震设计，应按专门研究的规定进行设计。

3. 抗震烈度

我国抗震烈度为6度至9度地区，见表11-1-2。

表11-1-2 我国主要城镇抗震烈度、设计基本地震加速度和设计地震分组

抗震烈度	G	设计地震分组		
		第一组	第二组	第三组
9度	0.4g	康定、西昌、东川、当雄、台中	澜沧、古浪、塔什库尔干、云林	澜沧、古浪
8度	0.3g	达拉特旗、宿迁、海口、琼山、冕宁、丽江、建水、宜良、海源	耿马、渤海、喀什、台北、桃园、台南、基隆	
	0.2g	北京、唐山、廊坊、太原、包头、呼和浩特、东港、前郭尔罗斯、金门、郯城、新乡、安阳、汕头、文昌、松潘、德昌、大理、玉溪、普兰、西安、华县、潼关、武都、玛沁、银川、石嘴山、乌鲁木齐	九寨沟、昆明、思茅、瑞丽、拉萨、陇县、兰州、达日、石河子、高雄、澎湖	景洪、临沧、那曲

（续）

抗震烈度	G	设计地震分组		
		第一组	第二组	第三组
7度	0.15g	昌平、天津、邯郸、大同、交城、赤峰、营口、丹东、海城、瓦房店、扬州、泗县、厦门、晋江、临沂、潍坊、郑州、三门峡、常德、揭阳、灵山、澄迈、宝兴、中甸、泸水、扎达、咸阳、宝鸡、玉门、酒泉、祁连、香港	泉州、盐源、个旧、南华、日喀则、凤县、白银、伊宁	天然、曲靖、普洱、平凉南大林
	0.1g	大港、上海、石家庄、保定、长治、张家口、集宁、沈阳、鞍山、大连、抚顺、盘锦、长春、吉林、绥化、南京、徐州、舟山、合肥、安庆、阜阳、福州、会昌、烟台、威海、淄博、洛阳、开封、许昌、兰考、竹山、岳阳、广州、深圳、珠海、佛山、玉林、百色、琼海、成都乐山、宜宾、安康、延安、志丹、张掖、和田、哈密、澳门	秦皇岛、北戴河、莆田、东营、日照、攀枝花、江曲、威宁、昭通、元谋、昌都、铜川、敦煌、甘德、西宁、克拉玛依	雅安、会理、蒙自、太白、环县、连云港
6度	0.05g	重庆、金山、正定、满洲里、本溪、阜新、锦州、凤城、四平、德惠、哈尔滨、大庆、南通、无锡、杭州、张家港、宁波、温州、铜陵、芜湖、三明、古田、上杭、南昌、九江、瑞金、德州、曲阜、兖州、商丘、信阳、平顶山、武汉、十堰、宜昌、公安、长沙、张家界、邵阳、韶山、韶关、肇庆、东莞、南宁、桂林、防城港、三亚、通什、泸州、德阳、贤中、贵阳、安顺、六盘水、赤水、马关	承德、山海关、兴城、淮北、德化、济南、青岛、泰安、汝州、绵阳、普安、河口、汉中、庆阳	丰宁、左权、楚州、宿州、胶南、卢式、渑池、广元、盘县、罗平

注：g——设计基本地震加速度。

4. 抗震设计规范、标准与应用

在抗震烈度为6度至9度地区，工程设计时应遵守以下现行抗震设计规范和标准：

（1）《中国地震动参数区划图》（GB 18306—2001）。

（2）《建筑工程抗震设防分类标准》（GB 50223—2008）。

（3）《建筑抗震设计规范》（GB 50011—2010）。

（4）《室外给水排水和燃气热力工程抗震设计规范》（GB 50032—2003）。

（5）《构筑物抗震设计规范》（GB 50191—2012）。

（6）《水工建筑物抗震设计规范》（DL 5073—2000）。

一般情况下，建筑物（包括其内的建筑设备）、构筑物以及室外给水排水工程的抗震设防烈度可采用现行的中国地震动参数区划图的地震基本烈度（或设计基本地震加速度对应的烈度值）进行抗震设计。对已编制抗震设防区的地区或厂站，可按经批准的抗震设防区划确认的抗震设防烈度或抗震动参数进行抗震设防。

对室外给水排水工程中的下列建、构筑物（修复困难或导致严重次生灾害的建、构筑物），宜按地区抗震设防烈度提高一度采取抗震措施（不作提高一度抗震计算），当抗震设防烈度为9度时，可适当加强抗震措施。

（1）给水工程中的取水构筑物和输水管道，水质净化处理厂内的主要水处理构筑物和变电站、配水井、送水泵房、氯库等。

（2）排水工程中的道路立交处的雨水泵房、污水处理厂的主要处理构筑物和变电站、进水泵房、沼气发电站等；对位于设防烈度地区为6度地区的室外给水和排水工程设施，可不做抗震计算。如规范《室外给水排水和燃气热力工程抗震设计规范》（GB 50032—2003）中无特别规定要求时，抗震措施应按7度设防的有关要求采用。室外给水排水工程中的房屋建筑的抗震设计按《建筑抗震设计规范》（GB 50011—2010）执行；水工建筑物的抗震设计按《水工建筑物抗震设计规范》（DL 5073—2000）执行；规范《室外给水排水和燃气热力工程抗震设计规范》（GB 50032—2003）中未列入的构筑物的抗震设计按《构筑物抗震设计规范》（GB 50191—2012）执行。

11.1.2　给水排水抗震设防设计的一般规定

震害对给水排水工程建（构）筑物和管网的影响最大的是地基状态，其次是建（构）筑物用料、结构形式，管网中的管材、接口、管道基础和管道的固定情况。

1. 工程地址选择

对工程建设的场地，应根据工程地质、地震地质资料及地震影响，对工程地质选择情况，分有利、不利和危险地段，其划分见表11-1-3。

表11-1-3　工程地质的划分、特点和应用

工程地质的划分	特　点	应　用
有利地段	坚硬土或开阔平坦密实均匀的中硬土地段	宜选择
不利地段	软弱土、液化土、非岩质的陡坡、条状突出的山嘴、高耸孤立的山丘、河岸边缘、断层破碎地带、故河道及暗埋的塘浜沟谷地段	尽量避开，在无法避开时，应采取有效的抗震措施
危险地段	在地震时可能发生滑坡、崩塌、地陷、地裂、泥石流等及发震断裂带上可能发生地表错位的地段	不应选择，工程地址应尽量避免设置在河道、湖、坑、沟（包括故河道、暗藏坑、沟等）的边缘带

场地是指工程群体所在地，具有相同的反应谱特征，其范围相当于厂区、居民小区和自然村或不小于$10km^2$的平面面积。对于建（构）筑物和管网具体设置地点地基情况分为不同的场地类别。根据场地的等效剪切波速和场地覆盖土层厚度分为Ⅰ、Ⅱ、Ⅲ、Ⅳ类场地，见表11-1-4。

表11-1-4　场地类别划分表

等效剪切波速/（m/s）	场地类别 Ⅰ	Ⅱ	Ⅲ	Ⅳ
$v_{se} > 500$	5			
$500 \geq v_{se} > 250$	<5	≥6		
$250 \geq v_{se} > 140$	<3	3～50	>50	
$v_{se} \leq 140$	<3	3～15	16～18	>80

2. 抗震结构体系选择原则

（1）应根据建（构）筑物和管网的使用功能、材质、建设场地、地基地质、施工条件和抗震设防要求等因素，经技术经济综合比较后确定。

（2）构筑物的平面、竖向布置宜规则、对称、质量分布和刚度变化宜均匀、相邻各部分刚度不宜有突变。

（3）对体型复杂的构筑物，宜设置防震缝将结构分成规则的结构单元，或对整体抗震计算，针对薄弱部位，采用有效的抗震措施。

（4）管道与构筑物、设备的连接处应配置柔性构造措施。

（5）各种设备的支座、支架和连接，应满足相应烈度的抗震要求。

3. 管道结构抗震验算要求

（1）埋地管道应验算地震时剪切波作用下产生的变形或应变。

（2）架空管道可对支承结构作为单质点体系进行抗震验算。

（3）埋地管道承插式连接或预制拼装结构（如盾构、顶管等），应进行抗震变位验算。

（4）设防烈度6度管道结构可不进行截面抗震验算，应符合相应设防烈度的抗震措施要求。

（5）除以上（3）、（4）款以外管道结构均应进行截面抗震强度或应变量验算。

4. 埋地管道的抗震验算

埋地管道的地震作用，一般情况下仅考虑剪切波行进时对不同材质管道产生的变位或应变，可不计算地震作用引起管道内的动水压力。

（1）承插式接头的埋地圆形管道，在地震作用下应满足式（11-1-1）的要求：

$$\gamma_{EHP}\Delta_{PL.K} \leq \lambda_C \sum_{i=1}^{n} [Ua]i \tag{11-1-1}$$

式中　γ_{EHP}——计算埋地管道的水平向地震作用分项系数，可取1.20；

　　　$\Delta_{PL.K}$——剪切波行进中引起半个视波长范围内管道沿管道轴向的位移量标准值，按式（11-1-2）~式（11-1-4）计算；

　　　λ_C——半个视波长范围内管道接头协同工作系数，可取0.40计算；

　　　n——半个视波长范围内管道接头数；

　　　$[Ua]i$——管道一种接头方式的单个接头设计允许位移量。

$$\Delta_{PL.K} = \xi_t \Delta'_{SL.K} \tag{11-1-2}$$

$$\Delta'_{SL.K} = (2U_{OK})^{1/2} \tag{11-1-3}$$

$$\xi_t = [1 + (2\pi/L)^2 \cdot (EA/K_1)]^{-1} \tag{11-1-4}$$

式中　$\Delta_{PL.K}$——剪切波行进中引起半个视波长范围内管道沿管道轴向的位移量标准值（mm）；

　　　$\Delta'_{SL.K}$——在剪切波作用下，沿管线方向半个视波长范围内自由土体的位移标准值（mm）；

　　　ξ_t——沿管道方向的位移传递系数；

　　　U_{OK}——剪切波行进时管道埋深处的土体最大水平位移标准值（mm），按式（11-1-5）计算；

　　　E——管材材质的弹性模量（N/mm²）；

A——管道的横截面面积（mm^2）；

L——剪切波的波长，按式（11-1-6）计算；

K_I——沿管道方向单位长度上的土体弹性抗力（N/mm^2），按式（11-1-7）计算；

$$U_{OK} = (K_H g T_g) / 4\pi^2 \tag{11-1-5}$$

式中 U_{OK}——剪切波行进时管道埋深处的土体最大水平位移标准值；

K_H——水平地震影响系数，见表11-1-5；

T_g——管道埋设场地的特征周期（s），见表11-1-6；

g——重力加速度。

表11-1-5 水平地震影响系数

烈度	6	7	8	9
K_H	0.04	0.08(0.12)	0.16(0.24)	0.32

注：括号内数值分别用于设计基本地震加速度取值为0.15g和0.3g的地区。

表11-1-6 特征周期值 T_g （单位：s）

设计地震分组	场地类别			
	Ⅰ	Ⅱ	Ⅲ	Ⅳ
第一组	0.25	0.35	0.45	0.65
第二组	0.30	0.40	0.55	0.75
第三组	0.35	0.45	0.65	0.90

注：计算8、9度罕遇地震作用时，特征周期值应增加0.05s。

$$L = V_{SP} T_g \tag{11-1-6}$$

式中 L——剪切波的波长；

V_{SP}——管道埋设深度处土层的剪切波速（mm/s）；应以实测剪切波速的2/3采用；

T_g——管道埋设场地的特征周期（s），见表11-1-6。

$$K_I = U_P K_1 \tag{11-1-7}$$

式中 U_P——管道单位长度的外缘表面积（mm^2/mm）；对无刚性管管基的圆管即为πD_1（D_1为管外径）；当设置刚性管基时，即为包括管基在内的外缘面积；

K_1——沿管道方向土体的单位面积弹性抗力（N/mm^2），一般可采用0.06N/mm^2。

管道各种接头方式的单个接头设计允许位移量 $[U_a]$，见表11-1-7。

表11-1-7 管道各种接头方式的单个接头设计允许位移量 $[U_a]$

管道材质	接头填料	$[U_a]$/mm
铸铁管（含球墨铸铁）	橡胶圈	10
铸铁管、石棉水泥管	石棉水泥	0.2
钢筋混凝土管	水泥砂浆	0.4
PCCP 管	橡胶圈	15
PVC、FRP、PE 管	橡胶圈	10

半个剪切波视波长度范围内的管道接头数量（n），可按式（11-1-8）计算：

$$n = V_{SP} T_g / (2 L_p)^{1/2} \tag{11-1-8}$$

式中 n——半个剪切波视波长度范围内的管道接头数量；

L_p——管道的每根管子长度（mm）；

V_{SP}——管道埋设深度处土层的剪切波速（mm/s）；应以实测剪切波速的 2/3 采用；

T_g——管道埋设场地的特征周期值（s），见表 11-1-6。

（2）整体连接（如焊接连接）的埋地管道，在地震作用下的作用效应基本组合，应按式（11-1-9）计算：

$$S = \gamma_G S_G + \gamma_{EHP} S_{EK} + \psi_t \gamma_t G_t \Delta_{tk} \tag{11-1-9}$$

式中　S——管道结构内力组合值，包括组合的轴力、剪力设计值；

γ_G——重力作用分项系数；

S_G——重力荷载（非地震作用）的作用标准值效应；

S_{EK}——地震作用标准值效应；

ψ_t——温度作用组合系数，可取 0.65；

γ_t——温度作用分项系数，可取 1.4；

G_t——温度作用效应系数，可按弹性理论结构力学方法确定；

Δ_{tk}——温度标准变量；

γ_{EHP}——计算埋地管道的水平向地震作用分项系数，可取 1.20。

（3）整体连接的埋地管道，其结构截面抗震验算应按式（11-1-10）计算：

$$S \leqslant |\varepsilon_{ak}| / \gamma_{EHP} \tag{11-1-10}$$

式中　S——管道结构内力组合值，包括组合的轴力、剪力设计值；

$|\varepsilon_{ak}|$——不同材质管道的允许应变标准值；

γ_{EHP}——埋地管道抗震调整系数，可取 0.9。

（4）整体焊接钢管在水平地震作用下的最大应变量标准值 $\varepsilon_{am.k}$ 可按式（11-1-11）计算：

$$\varepsilon_{am.k} = \xi_t U_{OK} (\pi / L) \tag{11-1-11}$$

式中　$\varepsilon_{am.k}$——整体焊接钢管在水平地震作用下的最大应变量标准值；

ξ_t——沿管道方向的位移传递系数；

U_{OK}——剪切波行进时管道埋深处的土体最大水平位移标准值；

L——管道长度。

钢管的允许应变量标准值如下：

$$拉伸 |\varepsilon_{at.k}| = 1.0\% \tag{11-1-12}$$

式中　$|\varepsilon_{at.k}|$——钢管的拉伸允许应变量标准值。

$$压缩 |\varepsilon_{ac.k}| = 3.5(t_p / D_i) \tag{11-1-13}$$

式中　$|\varepsilon_{ac.k}|$——钢管的压缩允许应变量标准值；

t_p——钢管的管壁厚；

D_i——钢管的外径。

5. 符合下列条件的管道可不进行抗震验算

（1）各种材质的埋地预制圆形管材，其连接均为柔性构造，且每个接口的允许轴向拉、压变位不小于 10mm。

（2）设防烈度 6 度、7 度，符合 7 度抗震构造要求的埋地雨水、污水管道。

（3）设防烈度为 6 度、7 度或 8 度 I、II 类场地的焊接钢管和自承式架空水平管。

（4）管道上的阀门井、检查井等附属构筑物。

11.1.3　给水排水抗震设计的构造措施

地震区的给水排水工程设计除进行必要的结构抗震验算外，还应采取必要的构造措施来抵御不可预见的地震作用力的破坏。

1. 地震区的给水排水工程设计基本要求

地震区的给水排水工程设计基本要求见表 11-1-8。

表 11-1-8　地震区的给水排水工程设计基本要求

序号	项目	设计基本要求
1	给水水源	水源不宜少于两个，并设在不同方位
2	排水系统设置	1. 宜分区设置，就近处理和分散出口 2. 排水系统内干线与干线之间，宜设置连通管
3	给水系统设置	给水管网应敷设成环状
4	管道穿越墙体或基础	1. 在穿管的墙体或基础上应设置套管，穿管与套管间的缝隙内应填充柔性材料 2. 当穿越的管道与墙体或基础嵌固时，应在穿越的管道上就近设置柔性连接
5	其他	1. 位于 I 类场地上的构筑物，可按本地区抗震设防烈度降低一度采取抗震构造措施，但设计基础加速度为 0.15g 和 0.3g 地区不降；计算地震作用时不降；抗震设防烈度为 6 度时不降 2. 当设防烈度为 7 度、8 度且地基土为可液化土地段或设防烈度为 9 度时，管道上的阀门井、检查井等构筑物不宜采用砖体结构。当采用砖体结构时，砖不应低于 MU10，块石不应低于 MU20，砂浆不应低于 M10，并应在砌体内配置水平封闭钢筋，每 500mm 高度内不应少于两根Φ6

2. 室外给水管网抗震设计要求

室外给水管网抗震设计要求见表 11-1-9。

表 11-1-9　室外给水管网抗震设计要求

序号	项目	室外给水管网抗震设计要求
1	线路选择与布置	1. 应尽量选择良好的地基，不应敷设在高坎、深坑、崩塌、滑坡地段 2. 应尽量避免水平向或竖向的急剧转弯 3. 有条件时宜采用埋地敷设 4. 干管宜敷设成环状，并适当增设控制阀门，以便于分割供水和抢修 5. 当因实际需要，干管敷设成枝状时，宜增设连通管，如图 11-1-1 所示。连通管管径可根据两端管径，择其大者 6. 当输水埋地管道不能避开活动断裂带时，应采取如下措施： （1）管道宜尽量与断裂带正交； （2）管道应敷设在套筒内，周围填充砂料； （3）管道与套筒应采用钢管； （4）断裂带两侧的管道上应设置紧急关断阀
2	管材选择	1. 选择延性较好或具有较好柔性接口的管材，其抗震性能较好。例如钢管、胶圈接口的球墨铸铁管和胶圈接口的预应力钢筋混凝土管等，其抗震性能都较好 2. 地下直埋管道尽量采用承插铸铁管或预应力钢筋混凝土管。接口方式或设柔性接口的距离和位置由计算确定 3. 架空管道可采用钢管或承插式球墨铸铁管。承插式铸铁管的接口方式或设柔性接口的距离和位置由计算确定 4. 过河的倒虹管、架空管以及穿过铁路或其他交通干线的管道，应采用钢管，并在两端设置阀门 5. 通过地震断裂带或地基上为可液化土地段的输水管道，或配水管网的主干管道，宜采用钢管并在两端设阀门，如图 11-1-2 所示

（续）

序号	项目	室外给水管网抗震设计要求
3	管道接口方式	1. 管道接口的构造是管道改善抗震性能的关键，采用柔性接口是管道抗震最有效的措施。柔性接口中，胶圈接口的抗震性能较好，胶圈石棉水泥或胶圈自应力水泥接口为半柔性接口。青铅接口由于允许变形量小，不能满足抗震要求，故不能作为抗震措施中的柔性接口 2. 柔性接口的敷设位置如下： （1）地下直埋钢管、刚性接口的管道和砌体管道的直线管段，须计算其在地震剪切波作用力所产生的轴向应力，如符合要求，可不加柔性接口，如不符合要求则加柔性接口，并计算其轴向变形，直到符合要求为止 （2）阀门、消火栓两侧管道上，当穿越铁路及其他重要的交通干线两端时，应设柔性接口 （3）埋地承插式管道的三通、四通、大于45°弯头等附件与直线管段连接处，应设柔性接口 （4）埋地承插式管道当通过地基土质突变处，应设柔性接口 （5）当设防烈度为7度且地基为可液化地段或设防烈度为8度、9度时，泵的进、出水管上宜设柔性接头
4	其他	1. 给水管网内的干线和支线主要连接处应设阀门 2. 埋地管道上的阀门应建阀门井，不得采用阀门套筒 3. 消火栓及阀门应设置在便于应急使用的部位，如道路边、开阔地等，不得设在危险建筑物附近。危险建筑物指缺乏抗震能力，又无加固价值的建筑物

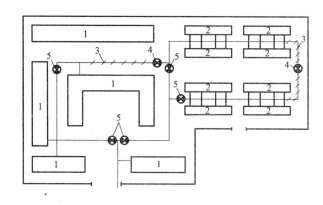

图 11-1-1　枝状给水干管增设连通管

1—厂房　2—住宅　3—连通管　4—连接管控制阀门　5—管道控制阀门

图 11-1-2　通过发震断裂带或可液化土地段的管道连接

3. 室外排水管网抗震设计要求

室外排水管网抗震设计要求见表11-1-10。

表11-1-10 室外排水管网抗震设计要求

序号	项目	室外排水管网抗震设计要求
1	线路选择与布置	1. 应尽量选择良好的地基,不应敷设在高坎、深坑、崩塌、滑坡地段 2. 宜采用分区布置,就近处理和分散出口 3. 各个系统间或系统内的干线间,应适当设置连通管,以便下游管道震坏时,临时排水之用,如图11-1-3所示;连通管不作坡度或稍有坡度,以壅水或机械提升的方法排除被震坏的排水系统中的污废水。连通管的管径,可在排入管与排出管管径间根据情况确定 4. 污水干管应设置事故排出口
2	管材、接口和基础	1. 管道接口应根据管道材质和地质条件确定,可采用刚性接口或柔性接口,污水及合流管道宜选用柔性接口,地震设防烈度为8度设防区时,应采用承插橡胶圈柔性接口 2. 排水管道可采用预应力钢筋混凝土管、承插球墨铸铁管、橡胶圈柔性接口; 3. 砌石砌体的矩形、拱形地下管道的构造应符合以下要求: (1)采用砖体结构时,砖不应低于MU10,块石不应低于MU20,砂浆不应低于M10 (2)钢筋混凝土盖板和侧墙应连接牢靠,设防烈度为7度或8度且场地为Ⅲ、Ⅳ类时,预制装配顶盖不得采用梁板系统结构(不含钢筋混凝土槽形板结构) (3)基础应采用整体底板,当设防烈度为8度且为Ⅲ、Ⅳ类场地时,底板应为钢筋混凝土结构 (4)当设防烈度为9度或场地为可液化地段时,矩形管道采用钢筋混凝土结构,并适当加设变形缝,缝宽不宜小于20mm,缝距一般不宜大于15m

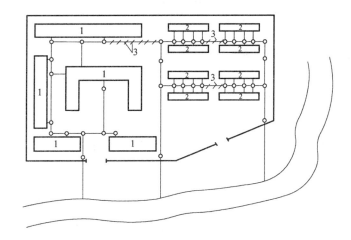

图11-1-3 排水干管增设连通管
1—厂房 2—住宅 3—连通管

11.1.4 给水排水构筑物、建筑物抗震设计要求

给水排水构筑物、建筑物抗震设计要求见表11-1-11。

表 11-1-11　给水排水构筑物、建筑物抗震设计要求

序号	项目	室外排水管网抗震设计要求
1	架空管道的支架、支座、支墩	1. 架空管道应采用钢管,并应设置适量的活动、可挠性连接构件 2. 架空管道的支架宜采用钢筋混凝土结构或钢结构,不宜采用各种脆性材料作支承的结构 3. 管道支架的支柱应整体预制,支柱与各结构的结构应加强,使之能承担地震剪力 4. 架空管道的活动支架上应设置侧向挡板,如图 11-1-4 所示 5. 架空管道不得设在设防标准低于其设计地震烈度的建筑物上 6. 管道的支墩或支座位于非岩石地基上时,应埋入坚硬土层,并适当加大断面,以减少管道在地震时的附加沉陷,在支墩的应力集中处应增设钢筋
2	阀门井、检查井等附属构筑物	当设防地震烈度为 7 度、8 度,且地基土为可液化地段,以及设防地震烈度为 9 度,地下管网的阀门井、检查井等附属构筑物的砌体,应采用不低于 MU10 的砖、M10 砂浆砌筑并应配置环向水平封闭钢筋,每 500mm 高度内不宜少于两根 $\phi6$ 钢筋,其余可按非地震区设计
3	泵房	1. 给水排水工程中的泵房应尽量采用地下式或半地下式,各种功能泵房的地下部分结构均可不进行抗震验算,但均应符合抗震措施要求 2. 泵房内出水管的竖管部分应具有牢靠的横向支撑,支撑可结合竖管安置情况设置,间距不宜大于 4m,竖管底部应与支墩有铁件连接 3. 非自灌式水泵的吸水管宜采用钢管,当采用铸铁管时,弯头处及直线管段上应设一定数量的柔性接口或全线采用胶圈石棉水泥填料的半柔性接口,吸水管穿越泵房墙壁处宜嵌固并应在墙外设柔性接口,穿越吸水井墙壁处宜设置套管,吸水管与套管应采用柔性填料 4. 泵房内的水泵及配管的抗震措施见下述 11.1.5 节
4	水池	1. 当有地震设防烈度要求时,宜利用地形设置高位水池,尽量不建水塔 2. 水池应尽量采用地下式,结构的平面形式宜采用圆形;设设防烈度为 8 度、9 度时,水池应采用钢筋混凝土结构 3. 采用砖砌或石砌水池时,砖强度等级不应低于 MU10,块石强度等级不应低于 MU20,砂浆强度等级不应低于 M10;采用钢筋混凝土水池时,混凝土强度不应低于 C25 4. 水池宜有单独的进水管和出水管,进、出水管上应设置控制阀门 5. 所有水池配管,在水池外壁应设置柔性接口
5	水塔	1. 水塔为钢筋混凝土结构,水塔的支承结构应根据水塔建设场地的抗震设防烈度、场地类别及水塔容量确定结构形式 2. 6 度、7 度地区,且场地为 Ⅰ、Ⅱ 类,水塔容积不大于 20m³ 时,可采用砖柱支撑 3. 6 度、7 度或 8 度 Ⅰ、Ⅱ 类场地,水塔容积不大于 50m³ 时,可采用砖筒支撑 4. 9 度或 8 度且场地为 Ⅲ、Ⅳ 类时,应采用钢筋混凝土结构支撑 5. 水塔结构当符合下列条件时,可不进行抗震验算,但应符合构造措施要求: (1)7 度且场地为 Ⅰ、Ⅱ 类的钢筋混凝土支撑结构;水塔容积不大于 50m³ 且高度不超过 20m 的砖筒支撑结构;水塔容积不大于 20m³ 且高度不超过 7m 的砖柱支撑结构 (2)7 度或 8 度且场地为 Ⅰ、Ⅱ 类,水塔的钢筋混凝土砖筒支撑结构 6. 水塔的抗震验算应考虑水塔满水和泄空两种情况 7. 当有设防地震烈度为 8 度或 9 度时,水塔的明装管道应采用钢管;埋地管道可采用铸铁管,但在弯头、三通、阀门等附件前后应设柔性接口

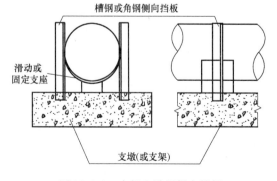

图 11-1-4　支架上设置侧向挡板

11.1.5 建筑内给水排水抗震设计要求

建筑内给水排水抗震设计要求见表 11-1-12。

表 11-1-12 建筑内给水排水抗震设计要求

序号	项 目		建筑内给水排水抗震设计要求
1	管道系统	管材和接口	1. 一般建筑物给水系统采用不锈钢管、铜管、钢塑管、给水硬聚氯乙烯管、PE 管、PP-R 管等,消防系统采用热浸镀锌钢管,有衬里的铸铁给水管,螺纹接口或焊接,橡胶圈接口。排水管道系统采用排水铸铁管、排水塑料管。在 9 度及以下地震区,只要加强固定能基本符合抗震要求 2. 高层建筑的排水管采用柔性接口机制排水铸铁管,可吸收地震力所产生的相对位移 3. 当设防地震烈度为 7 度且地基土为可液化土地段,以及设防地震烈度为 8 度或 9 度时,管道与设备(或机器)连接处须加柔性接口
		管道布置	1. 管道固定应尽量使用刚性托架或支架,避免使用吊架;必须使用吊架时须在干管上每隔 6m 装一个横向防晃吊架,每隔 12m 装一个竖向防晃吊架,防晃吊架做法见图 11-1-5 2. 各种管道最好不要穿过抗震缝,而在抗震缝两边各设独立系统 3. 管道必须穿越抗震缝时,须在抗震缝的两边各装一个柔性接头,或在通过抗震缝处装 Ⅱ 形伸缩器 4. 管道穿过内墙或楼板时,应设置套管,套管与管道间的缝隙应填柔性耐火材料 5. 管道穿过建筑物的墙体或基础时,基础与管道间须留出适当空隙,并填充柔性材料;当穿越管道必须与墙体或基础嵌固时,应在穿越管道的室外端就近设置柔性接口
2	机械设备	室内布置时	1. 机械设备布置在室内时尽量布置在地震力或变位量较小的低层,最好布置在地下室 2. 机械设备布置在室内时尽量布置在次生灾害小的地方 3. 机械设备布置在室内时须保证有足够的检查和修理空间
		不设防震基础的机器设备	不设防震基础的机器设备如冲洗水箱、给水箱、热交换器、开水炉、冷却塔等,必须与主体结构连接牢固,以防止地震时其在地面上滑动或倾覆,破坏其使用功能或扭坏其连接管道
		设防震基础的机器设备	设防震基础的机器设备如水泵、风机等。须设置限位器,以防止其地震时产生过量的移动甚至倾覆而扭坏其连接管道,限位器根据计算确定,但每边至少一个

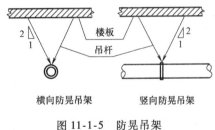

图 11-1-5 防晃吊架

11.2 湿陷性黄土地区给水排水

11.2.1 我国湿陷性黄土地区分布及湿陷性黄土的形成与特性和等级划分

1. 我国湿陷性黄土地区分布情况

分布在河南西部、山西西部、陕西和甘肃的大部分,其次是宁夏、青海、河北的部分地区，此外在新疆维吾尔自治区、山东、辽宁、内蒙古自治区等地有呈零星的局部分布，总面积约为 38 万 km^2，占我国黄土面积分布总面积的 60% 左右。我国黄土及黄土状土的分布见表 11-2-1。

表 11-2-1　我国黄土及黄土状土的分布

分布区域		黄土分布面积/km^2	黄土状土分布面积/km^2	分布区域简述
松江平原		11800	81000	长白山以西，小兴安岭以南，大兴安岭以东的松辽平原以及其周围山界的内侧
黄河流域	黄河下游	26000	3880	三门峡以东，包括太行山东麓、中条山南麓、冀北山地南麓以及河北北部山地和山东丘陵区
	黄河中游	275600	2400	乌鞘岭以东，三门峡以西，长城以南，秦岭以北
	青海高原	16000	8800	刘家峡、高堂峡以西地区，包括黄河上游湟水流域和青海湖附近
甘肃河西走廊		1200	15520	乌鞘岭以西，玉门以东，北山以南，祁连山以北的走廊地带
新疆	准噶尔盆地	15840	91840	天山以北地区
	塔里木盆地	34400	51000	天山以南地区
总计		380840	250400	

注：黄土指典型黄土，其湿陷性大而且厚度较厚；黄土状土指典型黄土再次搬运所形成的黄土，一般湿陷性不大且厚度较薄弱，又称次生黄土。

2. 部分规范名词（术语）的引用

（1）湿陷性黄土：在一定压力下受水浸湿，土结构迅速破坏，并产生显著附加下沉的黄土。

（2）非湿陷性黄土：在一定压力下受水浸湿，土结构迅速破坏，无显著附加下沉的黄土。

（3）自重湿陷性黄土：在上覆土的自重压力下受水浸湿，发生显著下沉的湿陷性黄土。

（4）非自重湿陷性黄土：在上覆土的自重压力下受水浸湿，不发生显著附加下沉的湿陷性黄土。

（5）保护距离：防止建筑物地基受管道、水池等渗漏影响的最小距离。

（6）防护范围：建筑物周围防护距离以内的区域。

3. 湿陷性黄土的基本形成与特性

（1）湿陷性黄土的基本形成。当地气候干燥，降雨量远小于土中水分的不断蒸发量，水中所含的 $CaCO_3$、$CaSO_4$ 等盐从土粒表面上析出沉淀下来，形成胶状物，又由于土壤颗粒间分子引力和由薄膜水与毛细水所形成的水膜连接，以上这些胶结使得颗粒之间具有抵抗移动的能力，阻止土的骨架在上覆土自重应力的作用下可能发生压密，从而形成肉眼可见的大孔结构和多孔性，并使其处于欠固结状态。

（2）湿陷性黄土的基本特性。湿陷性黄土被水浸湿后，水分子楔入颗粒之间，破坏连接薄膜，逐渐溶解其盐类，随着水浸湿过程的加强，土的抗剪强度随之显著降低，在土自重应力或土自重应力和附加应力的作用下，土的结构遭到破坏，颗粒向大孔中滑动，骨架挤紧，并而发生湿陷。可以说湿陷性黄土的大孔性和多孔性是它的湿陷内在根据，而水和压力是发生湿陷的外界条件并通过前者起作用。

4. 我国黄土分布的地区特征

黄土分布的地区特征常指黄土厚度，由于年代、当地自然气候与环境的不同，湿陷性黄土在各个地区存有差异，其黄土厚度不同，我国的陇西、陕北、关中、河南西部、山西五个地区的黄土厚度见表11-2-2。在这些地区进行建筑工程设计时可对照表中数据作为宏观控制，具体实施时应做细部勘探。

表11-2-2　我国的陇西、陕北、关中、河南西部、山西5个地区的黄土厚度

（单位：m）

陇西			陕北			关中			河南西部			山西		
陇西高原	二级冲积阶地	一级冲积阶地	陕北高原	二级冲积阶地	一级冲积阶地	渭北高原	二级冲积阶地	一级冲积阶地	山前高地	二级冲积阶地	一级冲积阶地	山西高原	二级冲积阶地	一级冲积阶地
9～27	8～16	2～5	9～20	6～15	3～5	8～14	5～10	2～3	7～12	4～10	—	10～17	6～8	—

5. 湿陷性黄土地基湿陷等级划分

湿陷性黄土地基湿陷等级，应根据基底下各黄土层累积的总湿陷量 Δ_s 和计算自重湿陷量 Δ_{zs} 等因素按表11-2-3判定。湿陷性黄土地基湿陷等级越高，地基浸泡后的总湿陷量和自重湿陷量越大，故设计措施的要求愈高。

表11-2-3　湿陷性黄土地基湿陷等级

湿陷类型 Δ_{zs}/mm ／ Δ_s/mm	非自重湿陷性场地	自重湿陷性场地	
	$\Delta_{zs} \leqslant 70$	$70 < \Delta_{zs} \leqslant 350$	$\Delta_{zs} > 350$
$\Delta_s \leqslant 300$	Ⅰ（轻微）	Ⅱ（中等）	——
$300 < \Delta_s \leqslant 700$	Ⅱ（中等）	Ⅱ（中等）或Ⅲ（严重）	Ⅲ（严重）
$\Delta_s > 700$	Ⅱ（中等）	Ⅲ（严重）	Ⅳ（很严重）

注：当湿陷量的计算值 $\Delta_s > 600mm$、自重湿陷量的计算值 $\Delta_{zs} > 300mm$ 时，可判为Ⅲ级，其他情况可判为Ⅱ级。

11.2.2　湿陷性黄土地区建筑物的分类及其防护措施

1. 湿陷性黄土地区建筑物的分类

凡拟建在湿陷性黄土地区建筑物，根据其建筑性质的重要性区别，地区所在地基受水浸湿的可能性大小和使用上对不均匀沉降的严重程度，分别定为甲、乙、丙、丁四类建筑，见表11-2-4。

表11-2-4　湿陷性黄土地区建筑物的分类

建筑物的分类	各类建筑物的划分
甲类	高度大于60m和14层以上体型复杂的建筑 高度大于50m的构筑物 高度大于100m的高耸结构 特别重要的建筑 地基受水浸湿可能性大的重要建筑 对不均匀沉降有严重限制的建筑
乙类	高度为24～60m的建筑 高度为30～50m的构筑物 高度为50～100m的高耸结构 地基受水浸湿可能性较大的重要建筑 地基受水浸湿可能性大的一般建筑
丙类	除乙类以外的一般建筑和构筑物
丁类	次要建筑

2. 湿陷性黄土地区建筑物的防护措施

建筑物防护范围的大小是根据建筑物的重要性和所在地的地基湿陷等级而综合确定，同类建筑位于不同地基湿陷等级，其防护范围大小有所不同，与地基湿陷等级的大小成正比。位于建筑防护范围内的埋地管道、排水沟、雨水明沟和水池等的防护，应不小于表 11-2-5 规定的数值。当不能满足该规定数值要求时，应采取与建筑物相应的防水措施。防护距离的计算，对建筑物应从外墙轴线算起，对高耸结构应从基础外缘算起；对水池应从池壁边缘（喷水池应从回水坡边缘）算起；对管道、排水沟，应从其外壁算起。

表 11-2-5　埋地管道、排水沟、雨水明沟和水池等与建筑物之间的防护距离

（单位：m）

建筑类别	地基湿陷等级			
	Ⅰ	Ⅱ	Ⅲ	Ⅳ
甲	—	—	8～9	11～12
乙	5	6～7	8～9	10～12
丙	4	5	6～7	8～9
丁	—	5	6	7

注：1. 陇西地区和陇东—陕北—晋西地区，当湿陷性黄土层厚度大于 12m 时，压力管道与各类建筑的防护距离，不宜小于湿陷性黄土层的厚度。

2. 当湿陷性黄土层内有碎石土、砂土夹层时，防护距离可大于表中数值。

3. 采用基本防水措施的建筑，其防护距离不得小于一般地区的规定。

11. 2. 3　湿陷性黄土地区建筑工程的设计措施

湿陷性黄土地区建筑工程的设计措施可分为三种，见表 11-2-6。

表 11-2-6　湿陷性黄土地区建筑工程的设计措施

序号	项目	措施内容
第一种	地基处理措施	消除地基的全部或部分湿陷量或采取桩基础穿透全部湿陷性黄土层或将基础设置在非湿陷性黄土层上
第二种	防水措施	1. 基本防水措施：在建筑物布置、场地排水、屋面排水、地面排水、散水、排水沟、管道敷设、管道材料和接口等方面，应采取措施防止雨水或生产、生活用水的渗透。 2. 检漏防水措施：在基本防水的基础上，对防护范围的地下管道，应增设检漏管沟和检漏井。 3. 严格防水措施：在检漏防水基础上，应提高防水地面、排水沟、检漏管沟和检查井等设施的材料标准，如增设可靠的防水层，采取钢筋混凝土排水沟等
第三种	结构措施	减少或调整建筑物的不均匀沉降或使结构适应地基的变形

11. 2. 4　湿陷性黄土地区给水排水工程的设计措施

1. 给水、排水管道

湿陷性黄土地区给水、排水管道的设计措施见表 11-2-7。

表 11-2-7　湿陷性黄土地区给水、排水管道的设计措施

序号	项目	建筑内给水排水抗震设计要求
1	室内给水排水管道系统	1. 室内地面上(标高±0.000以上的管道):位于普通建筑物内的管道宜明装,重要或高层建筑内的管道因要求较高,立管宜敷设在管道井内,支管可明装也可暗装。暗装管道必须设置便于检修的设施 2. 室内给水管道应本着便于及时截断漏水管和便于检修的原则,在支管或干管上适当增设阀门 3. 室内地面下的管道原则上应敷设在检漏沟内,当管道较多时,可采用综合管沟的方案,并遵守管道布置原则防止污染的规定。给水(含有饮用水)、热水、热水回水可采用同沟或分沟敷设。原则上排水宜单独接至室外,尽量在户内与给水管不同沟敷设。对建筑进行了地基处理,其地基的湿陷等级按处理后的地基应重新评定,当大开挖的回填土的压实系数达到设计规定要求或通过强夯法、挤密法后其湿陷性已完全消除,在此情况下,室内地面以下管道可直埋,有严格要求者压力管道敷设在检漏管沟内;当地基湿陷性仅局部消除或仅降低了湿陷等级时,建议管道敷设在检漏管沟内;当管沟穿越基础时,管沟与管道之间净空高度在Ⅰ、Ⅱ级湿陷性黄土地基上,不应小于200mm,在Ⅲ、Ⅳ级湿陷性黄土地基上,不应小于300mm 4. 屋面雨水排水只要有条件的情况首先采用有组织的外排水,直接排至室外散水坡汇集室外雨水明沟或雨水口,避免漫流。确因建筑物本身要求不能设置外排水时,在室内采用明装或设在管井内,避免在钢筋混凝土柱内(容易造成堵塞,同时会影响钢筋混凝土柱的强度),采用贴柱敷设后建筑装饰上做些处理即可;落水管末端距散水坡面不应大于300mm,并不得设置在沉降缝处 5. 位于地下室内的给水排水管道尽量明装,地下室的排水点宜尽量减少,一般在地下室不设卫生间。需要设置卫生间时,其粪便污水应采取隔离措施单独提升排除,其余生产生活废水可采用排水沟汇集坑内经提升排至室外检查井内
2	室外给水排水管道系统	1. 距建筑物的距离不小于表11-2-5规定值的室外给水排水管道应设在防漏管沟内 2. 建筑物外墙上不得装设洒水栓,场地绿化用水点应尽量远离建筑物 3. 室外雨水管道、雨水明沟设计时应充分考虑能使雨水迅速排至场外之地,防止地面积水,室外散水坡的坡度不应小于0.05,宽度应按下列规定采用: (1)当屋面为无组织排水时,檐口高度在8m以内宜为1.50m;檐口高度超过8m,每增高4m宜增宽250mm,但最宽不宜大于2.50m (2)当屋面为有组织排水时,在非自重湿陷性黄土地不得小于1m,在自重湿陷性黄土场地不得小于1.50m (3)水池的散水宽度宜为1~3m,散水外缘超出水池基底边缘不应小于200mm,喷水池等的回水坡或散水的宽度宜为3~5m (4)高耸结构的散水宜超出基础边缘1m,并不得小于5m
3	管道材料	在湿陷性黄土地区,给水排水管道材料应经久耐用,管道质量应高于一般地区的要求,其接口要求不得渗漏: 1. 压力管道:室内作为生活饮用水应选择衬塑钢管、铝塑复合管、PP-R管、PERT管、PVC-U管、PEX管、PB管,有条件时也可采用铜管、薄壁不锈钢管等,应根据建筑物的不同性质而区别对待,特别是对于热水系统的管道应该持慎重态度进行选用。室外压力管道宜采用球墨铸铁给水管、PVC-U管、PE冷水管(含钢丝网缠绕PE管)、预应力钢筋混凝土管等 2. 自流管道:室内自流管道宜采用PVC-U管、机制铸铁排水管,地下室的压力排水管可采用焊接钢管;室外自流管道宜采用PVC-U管、PE双壁波纹管,当管径小于等于DN200时亦可采用排水铸铁管;当管径大于等于DN600者也可采用钢筋混凝土管。双面上釉的陶土管和普通陶土管在湿陷性黄土地区不宜采用,原因是其管段短、接口多、管材质易碎、易渗漏
4	管道接口	湿陷性黄土地区的管道接口要求比一般地区的管道接口要求高,应严格要求不漏水,并具有柔性。凡是有条件的承插式连接应采用橡胶圈接口,室内管道接口按各种不同管材的各自连接方式进行连接。室外管道敷设在检漏管沟内的管道连接方式与室内管道相同
5	管道基础	1. 室外给水排水管道位于建筑物防护范围以外时可不作防漏管沟,但对管道基础进行处理,处理作法应根据水文、地质、地面荷载、施工条件、设计管径、管道埋深及管道材料等综合确定 2. 在非自重湿陷性黄土地区,埋地金属管道的基础,一般进行原土夯实即可。非金属管道则在素土夯实后,在接口处再设混凝土支墩垫块 3. 在自重湿陷性黄土地区,埋地金属管道的基础,应设150~300mm的土垫层,土垫层上再设300mm厚的灰土基础。非金属管道除按上述要求外,在接口处再增设混凝土支墩垫块,其间距一般以3m为宜,有严格要求时一般均设混凝土条形基础

2. 检漏设施

（1）检漏设施的组成、型号特征和选用参考。湿陷性黄土地区的检漏设施常由检漏管沟和检漏井两部分组成。检漏管沟又分为一般检漏管沟和严格防水管沟两类，其选择根据建筑物所在地基等级和建筑物类别确定，检漏管沟的型号特征见表11-2-8，室外检漏管沟选用参考见表11-2-9。

表11-2-8　检漏管沟的型号特征

管沟种类	管沟型号	构造特征	适用范围
检漏管沟	B1 型	砖壁、防水混凝土槽形底板、防水砂浆抹面	非自重湿陷 I 级
	B2 型	砖壁、防水混凝土槽形底板、防水砂浆抹面	非自重湿陷 II 级
严格防水管沟	C 型	防水钢筋混凝土、合成高分子防水涂膜	自重湿陷 II、III、IV 级

表11-2-9　室外检漏管沟选用参考

湿陷类型　湿陷等级　建筑物类别	非自重湿陷性		自重湿陷性		
	I 级	II 级	II 级	III 级	IV 级
甲类	B2	B2	C	C	C
乙类	B1	B2	C	C	C
丙类	不设	B2	C	C	C
丁类	不设	不设	C	C	C

（2）检漏管沟的设计规定

1）对检漏管沟的防水措施，应采用砖壁混凝土槽形底板检漏管沟或砖壁钢筋混凝土槽形底板检漏管沟。

2）对严格防水管沟的防水措施，应采用钢筋混凝土检漏管沟，在非自重湿陷性黄土场地可适当降低标准；在自重湿陷性黄土场地，对地基受水浸湿可能性大的建筑，宜增设可靠的防水层，防水层应做保护层。

3）对高层建筑或重要建筑，当有成熟经验时，可采用其他形式的检漏管沟或有电信检漏系统的直埋管中管设施。对直径较小的管道，当采用检漏管沟确有困难时，可采用金属或钢筋混凝土套管。

4）检漏管沟的盖板不宜明设，当明设或在人孔处时，应采取防止地面水流入沟内的措施。

5）检漏管沟的沟底应设坡度，并应坡向检漏井。进、出户管的检漏管沟，沟底坡度宜大于0.02。

6）检漏管沟的截面，应根据管道安装与检修的要求确定，当使用和构造上需保持地面完整或地下管道较多并需集中设置时，宜采用半通行或通行管沟。

7）不得利用建筑物和设备基础作为沟壁或井壁。

8）检漏管沟在穿过建筑物基础或墙处不得断开，并应加强其刚度；检漏管沟穿出外墙的施工缝，宜设在室外检漏井或超过基础3m处。

9）对甲类建筑和自重湿陷性黄土场地上乙类中的重要建筑，室内地下管线宜敷设在地下或半地下室的设备层内；穿出外墙的进、出户管段，宜集中设置在半通行管沟内。

（3）检漏井（视漏井）的作用与设计要求。检漏井（视漏井）的作用是检查防漏管沟内的管道是否渗漏，用于查看和检修。其设计要求是：

1）检漏井应设置在管沟末端和管沟沿线分段检漏处。

2）检漏井内宜设集水坑，其深度不小于 300mm。

3. 给水排水构筑物

湿陷性黄土地区给水排水构筑物设计要求见表 11-2-10。

表 11-2-10　湿陷性黄土地区给水排水构筑物设计要求

序号	给水排水构筑物类型	设计要求
1	水池类	1. 水池与建筑物的距离应不小于 12m，采用钢筋混凝土结构 2. 对地基应作勘探并作相应处理 3. 要求严格的水池或水池所在地地基差、湿陷等级大时可作双层池体，以便排除池体渗透水 4. 所有穿越池壁的管道均作柔性防水套管并预埋 5. 水池溢水、泄水管应接入排水系统，不得就地排放 6. 位于水池周围防护距离以内的管道应敷设在严格防水管沟内
2	水塔	1. 与其他建筑物的距离除满足湿陷性黄土规范所规定的最小值外还应同时满足抗震要求 2. 对地基应作勘探并作相应处理 3. 水塔周围地面应作不透水散水坡，不得积水，宽度不小于 2m，坡度不小于 0.05 4. 水塔的溢水、泄水管应接入排水系统，不得就地排放 5. 位于水塔周围防护距离以内的管道应敷设在严格防水管沟内
3	水泵房	1. 按乙类建筑物的规定确定防护距离和有关措施 2. 当设于半地下室或地下室时，应作严格的防水措施，防止地下水和室外渗水进入室内 3. 室内管道应尽量明装，排水宜设排水明沟坡向集水坑，经管道自流或提升排至室外排水系统 4. 位于水泵房周围防护距离以内的管道，均应敷设在严格防水的管沟内 5. 水泵房周围应做不透水的散水坡，坡度不小于 0.05，其宽度应大于 1.5m

4. 管道和水池施工

湿陷性黄土地区管道和水池施工比一般地区更加严格，要求更高，见表 11-2-11。

表 11-2-11　湿陷性黄土地区管道和水池施工

序号	项目	施工要求
1	施工	1. 施工管道及附属构筑物的地基与基础施工时，应将其槽底夯实不少于两遍，并应采取快速分段流水作业，迅速完成各分段的全部工序，管道敷设完毕，应及时回填 2. 敷设管道时，管道应与管基（或支架）密合，管道接口应严密不漏水。金属管道的接口焊缝不得低于Ⅲ级，新、旧管道连接时，应先做好排水措施。当昼夜温差大或在负温度条件下施工时，管道敷设后宜及时保温 3. 施工水池、检漏管沟、检漏井和检查井，必须确保砌体砂浆饱满、混凝土浇捣密实、防水层严密不漏水，穿过池（或井、沟）壁的管道和预埋件，应预先设置，不得打洞。铺设盖板前，应将池（或井、沟）底清理干净，池（或井、沟）壁与其槽间，应用素土或灰土分层回填夯实，其压实系数不应小于 0.95 4. 管道和水池等施工完毕，必须进行水压试验，不合格的应返修或加固，重做试验，直至合格为止。清洗管道用水、水池用水和试验用水，应将其引至排水系统，不得任意排放

（续）

序号	项目	施 工 要 求
2	压力管道和沟槽	1. 埋地压力管道的水压试验应符合下列规定： （1）管道试压应逐段进行，每段长度不宜超过400m，在场地外空旷地区不得超过1000m。分段试压合格后，两段间管道连接处接口，应通水检查，不漏水后方可回填 （2）在非自重湿陷性黄土地区，管道经检查合格，沟槽回填至管顶上方0.50m后（接口处暂不回填），应进行一次强度和严密性试验 （3）在自重湿陷性黄土地区，非金属管道的管基检查合格后，应进行两次强度和严密性试验；沟槽回填前，应分段进行强度和严密性的预先试验；沟槽回填后，应进行强度和严密性的最后试验。对金属管道，应进行一次强度和严密性试验 2. 对城镇和建筑群（小区）的室外埋地压力管道，试验压力应符合表11-2-12的规定值；压力管道强度和严密性试验的方法与质量标准，应符合现行国家标准《给水排水管道工程施工及验收规范》（GB 50268—2008）的有关规定 3. 建筑物内埋地压力管道的试验压力，不应小于0.60MPa；生活饮用水和生产、消防合用管道的试验压力应为工作压力的1.5倍。强度试验，应先加压至试验压力，保持恒压10min，检查接口、管道和管道附件无破损及无漏水现象时，管道强度试验合格。严密性试验，应在强度试验合格后进行。对管道进行严密性试验时，宜将试验压力降至工作压力加0.10MPa，金属管道恒压2h不漏水，非金属管道恒压4h不漏水，可认为合格，并记录为保持试验压力所补充的水量。在严密性的最后试验中，为保持试验压力所补充的水量，不应超过预先试验中各分段补充水量及阀件等渗水量的总和。工业厂房内埋地压力管道的试验压力，应按有关的专门规定进行 4. 埋地无压管道（包括检查井、雨水管）的水压试验，应符合下列规定： （1）水压试验采用闭水法进行 （2）试验宜分段进行，宜以相邻两段检查井间的管段为一分段。对每一分段均应进行两次严密性试验，沟槽回填前进行预先试验，沟槽回填至管顶上方0.50m以后，再进行复查试验 5. 室外埋地无压管道闭水试验的方法，应符合现行国家标准《给水排水管道工程施工及验收规范》（GB 50268—2008）的有关规定 6. 室内埋地无压管道闭水试验的水头应为一层楼的高度，并不应超过8m；对室内雨水管道的闭水试验的水头，应为注满立管上部雨水斗的水位高度。按上述试验水头进行闭水试验，经24h不漏水，可认为合格，并记录在试验的时间内，复查试验时，为保持试验水头所补充的水量不应超过预先试验的数值 7. 对埋地管道的沟槽，应分层夯实，在管道外缘的上方0.50m范围内应仔细回填，压实系数不得小于0.90，其他部位回填土的压实系数不得小于0.93
3	水池	对水池应按设计水位进行满水试验，其方法与质量标准应符合现行国家标准《给水排水管道工程施工及验收规范》（GB 50268—2008）的有关规定

表 11-2-12　管道水压的试验压力 （单位：MPa）

管材种类	工作压力 P	试验压力
钢管	P	$P+0.5$ 且不应小于 0.9
铸铁管及球墨铸铁管	≤0.50	$2P$
	>0.50	$P+0.50$
预应力钢筋混凝土管 预应力钢筒混凝土管	≤0.60	$1.50P$
	>0.60	$P+0.30$

5. 维护管理

湿陷性黄土地区的给水排水管道及附属构筑物的维护管理要求，见表11-2-13。

表 11-2-13　　湿陷性黄土地区的给水排水管道及附属构筑物的维护管理要求

序号	项目	内　　容
1	总体要求	湿陷性黄土地区的给水排水管道及附属构筑物在投入使用后应加强维护管理,维护管理不好同样会造成难以估量的损失和危害,故必须严格遵守规范规定的条例进行维护管理
2	具体要求	1. 在使用期间,给水排水和供热管道系统(包括有水或有汽的所有管道、检查井、检漏井、阀门井等)应保持畅通,遇有漏水或故障,应立即断绝水源、汽源,故障排除后方可继续使用,每隔 3～5a,宜对埋地压力管道进行工作压力下的泄压检查,对埋地自流管道进行常压泄漏检查,发现泄漏,应及时检修 2. 必须定期检查检漏设施,对采用严格防水措施的建筑,宜每周检查一次;其他建筑宜每半个月检查员一次,发现有积水或堵塞物,应及时修复和清除,并作记录;对化粪池和检查井,每半年应清理一次 3. 对防护范围内的防水地面、排水沟和雨水明沟,应经常检查,发现裂缝及时修补,每年应全面检查一次;对散水的伸缩缝和散水与外墙交接处的填塞材料,应经常检查和填补;当散水发生倒坡时,必须及时修补和调整,并应保持原设计坡度;建筑场地应经常保持原设计的排水坡度,发现积水地段,应及时用土填平夯实;在建筑物周围 6m 以内的地面应保持排水畅通,不得堆放阻碍排水的物品和垃圾,严禁大量浇水 4. 每年雨季前和每次暴雨后,对防洪沟、缓洪调节池、排水沟、雨水明沟及雨水集水口等,应进行详细检查,清除淤积物,整理沟堤,保证排水畅通 5. 每年入冬以前,应对可能冻裂的水管采取保温措施,供暖前必须对供热管道进行系统检查(特别是过门管沟处) 6. 当发现建筑物突然下沉,梁、墙、柱或楼板、地面出现裂缝时,应及时检查附近的供热管道、水管和游泳池等,如有漏水(汽),必须迅速断绝水(汽)源,观测建筑物的沉降和裂缝及其发展情况,记录其部位和时间,并会同有关部门研究处理

第12章　循环冷却水

12.1　循环冷却水系统分类、组成、形式及系统选择

循环冷却水系统常用于民用建筑空调系统制冷机组和其他类似的须冷却的设备用水。

12.1.1　循环冷却水系统分类

循环冷却水系统常分为以下两类：

第一类：封闭式（干式）循环冷却水系统。水在封闭式系统内循环，水的冷却不与空气接触。

第二类：敞开式（湿式）循环冷却水系统。水的冷却需要与空气直接接触。根据水与空气接触方式的不同，可分为水面冷却（水库、湖泊、河道）、喷水冷却池冷却和冷却塔（自然通风冷却塔与机械通风冷却塔）冷却；民用建筑给水排水所用冷却构筑物大多为中小型机械通风湿式冷却塔。

12.1.2　循环冷却水系统组成

循环冷却水系统常为冷却塔冷却系统，一般由制冷机、冷却塔、集水设施（冷却塔集水盘或集水池）、循环水泵、循环水处理装置（加药装置、旁滤等）、循环管道、放空装置、补水装置、控制阀门和温度计等组成。

12.1.3　循环冷却水系统形式

循环冷却水系统形式如下：

（1）从循环水泵在系统中的相对位置可分为前置水泵式和后置水泵式，分别如图12-1-1和图12-1-2所示。

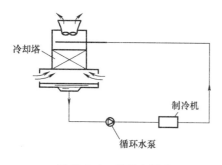

图 12-1-1　前置水泵式

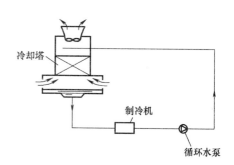

图 12-1-2　后置水泵式

前置水泵式的优点是使用较普遍，冷却塔位置不受限制，可以设在屋面或地面上，但缺点是系统运行压力大且不稳定；后置水泵式的优点是制冷机进水压力比较稳定，但缺点是冷

却塔只能设在高处且位差须满足制冷机及其连接管水头损失的要求。

（2）从冷却塔和制冷机对应关系可分为单元制和干管制，分别如图 12-1-3 和图 12-1-4 所示。

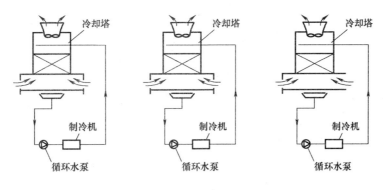

图 12-1-3　单元制

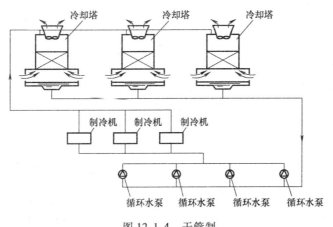

图 12-1-4　干管制

　　单元制制冷机与所配套的水泵、冷却塔及附件自成系统，各系统独立运行，互不干扰，该形式具有管道简便、操作方便等优点，缺点主要是管路较多，占用空间较大，不能互为备用。干管制两台及两台以上制冷机组的冷却水泵、冷却塔并联在一起，冷却水进出口管合并，其主要优点是水泵、冷却塔及管路互为备用，提高了系统运行的可靠性，管路占用空间较小，缺点是运行操作较复杂。选用何种形式，应与空调专业协调一致。

12.1.4　循环冷却水系统选择

循环冷却水系统的选择应满足下列要求：
（1）循环冷却水系统宜采用敞开式，当需要采用间接换热时，可采用密闭式。
（2）对水温、水质、运行等要求差别较大的设备，循环冷却水系统宜分开设置。
（3）敞开式循环冷却水系统的水质应满足被冷却设备的水质要求。
（4）设备和管道设计时应能使循环水系统余压充分利用。
（5）冷却水的热量宜回收利用。
（6）当建筑物内有需要全年供冷的区域，在冬季气候条件适宜时宜利用冷却塔作为冷源提供空调用冷水。

（7）间隙运行的循环冷却水系统应考虑冷却塔、集水设施和循环管道的冲洗条件。

12.2 冷却塔

12.2.1 冷却塔分类和组成

1. 冷却塔分类

冷却塔常为湿式冷却塔，其分类如图 12-2-1 所示。

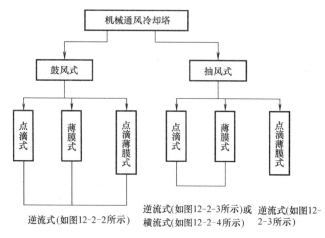

图 12-2-1 冷却塔分类

图 12-2-2 鼓风式逆流冷却塔

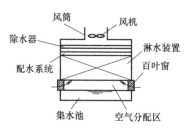

图 12-2-3 抽风式逆流冷却塔

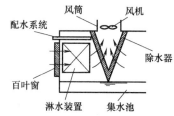

图 12-2-4 抽风式横流冷却塔

2. 冷却塔的组成和作用

冷却塔的组成和作用见表 12-2-1。

表 12-2-1 冷却塔的组成和作用

序号	名称	作 用	备 注
1	淋水装置	将热水溅散成水滴或形成水膜，增加水与空气接触面积和时间，促进水与空气的热交换，使水冷却	分为点滴式和薄膜式两种，又称填料
2	配水系统	由管路和喷头组成，将热水均匀地分配到整个淋水装置上，分布是否均匀，直接影响冷却效果与飘水	分为固定式、池式、旋转布水系统等
3	通风设备	机械通风冷却塔由电机、传动轴、风机组成，产生设计要求的空气流量，保证要求的冷却效果	

（续）

序号	名称	作　用	备　注
4	空气分配装置	由进风口、百叶窗、导流板等组成,引导空气均匀分布在冷却冷却塔整个截面上	
5	通风筒	创造良好的空气动力条件,减少通风阻力并把塔内的湿热空气送往高空,减少湿热空气回流	机械通风冷却塔又称出风筒
6	除水器	把要排出去的湿热空气中的水滴与空气分离,减少逸出水量损失和对周围环境的影响	又称收水器
7	塔体	外部围护结构。机械通风与风筒式的塔体是封闭的,起支撑围护和组合气流的功能	开放式的塔体沿塔高做成敞开,以便自然风进入塔内
8	集水池	位于塔下部或另设汇集经淋水装置冷却的水,若集水池还起调节流量的作用,则应有一定的贮备容积	
9	输水系统	进水管把热水送往配水系统,进水管上配阀门,调节进塔水量,出水管把冷水送往用水设备或循环水泵,必要时多台塔之间可设连通管	集水池设补充水管、排污管、泄空管等
10	其他设施	检修门、检修梯、走道、照明灯、电气控制、避雷装置及测试需要的测试部件等	

12.2.2　冷却塔的选用和选型

1. 冷却塔的选用

选用成品冷却塔时,应符合下列要求:

（1）按生产厂家提供的热力特性曲线选定,设计循环水量不宜超过冷却塔的额定水量;当循环水量达不到额定水量的 80% 时,应对冷却塔的配水系统进行校核。

（2）冷却塔应冷效高、能源省、噪声低、质量小、体积小、寿命长、安装维护简单、飘水少。

（3）材料应为阻燃型,并应符合防火要求。

（4）数量宜与冷却用水设备的数量、控制运行相匹配。

（5）塔的形状应按建筑要求、占地面积及设置地点确定。

（6）当冷却塔的布置不能满足规范规定的位置选择时（见下冷却塔位置的选择）,应采取相应的技术措施并对塔的热力性能进行校核。

（7）当设计工况与成品低温塔的标准工况（进水温度 $t_1 = 37℃$,出水温度 $t_2 = 32℃$,空气湿球温度 $\Gamma = 28℃$,空气干球温度 $\theta = 31.5℃$,大气压力 $p = 9.94 \times 10^4 Pa$）差距较大时,应根据产品样本中所提供的热力特性曲线选定或由设备厂家的选型软件计算确定,设计人员复核。

（8）冷却塔的数量宜与冷冻机组的数量、控制运行相匹配。当单台水量超过 $500 m^3/h$ 时,因电机质量、噪声较大,安装、维修不方便,宜采用多台并联或组合式冷却塔。

（9）冷却塔布置在高层建筑屋面上,高处往往风荷载较大,应验证冷却塔结构强度,如固定风筒的螺栓、规格、数量等。

2. 冷却塔的选型

常见的冷却塔有机械通风冷却塔、喷射式冷却塔和封闭式冷却塔等。

（1）机械通风冷却塔,分为逆流式和横流式,逆流塔又分为圆形和方形,其性能比较见表12-2-2。设计时应根据外形、环境条件、占地面积、管线布置、造价和噪声要求等因素，因地制宜，合理选择。

表12-2-2 逆流式和横流式性能比较

塔型	性　能　比　较
逆流式	1. 冷却水与空气逆流接触,热交换效率高。当循环水量和容积散质系数 β_{XV} 相同时,填料容积比横流式要少约15%～20% 2. 循环水量和热工性能相同,造价比横流塔低约20%～30% 3. 成组布置时,湿热空气回流影响比横流塔小 4. 因淋水填料面积基本同塔体面积,故占地面积要比横流塔小约20%～30%
横流式	1. 塔内有进人空间,采用池式布水,维修比逆流塔方便 2. 高度比逆流塔低,结构稳定性好,并有利于建筑物立面布置和外观要求 3. 风阻比逆流塔小,风机节电约20%～30% 4. 配水系统需要水压比逆流塔低,循环水泵节电约15%～20% 5. 风机功率低,填料底部为塔底,滴水声小,同等条件下噪声值比逆流塔低3～4dB(A)

（2）喷射式冷却塔是湿式塔中另一种形式的冷却塔，按工艺构造要求分为喷雾填料型和喷雾通风型，分别如图12-2-5和图12-2-6所示。

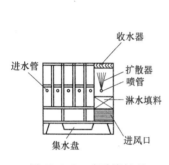

图12-2-5 喷雾填料型

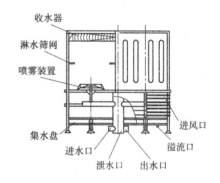

图12-2-6 喷雾通风型

喷射式冷却塔具有无电力风机、无振动、噪声相对较低、结构简单等特点，但供水压力和水质要求较高，与机械通风冷却塔相比，在节能、售价和运行管理方面无明显的综合优势，且喷雾通风型冷却塔还存在占地面积大、塔体偏高、喷雾通风装置上旋转部件有出现生锈卡死不转现象，所以该塔可作为工程设计选用的一种塔型。

（3）封闭式冷却塔是一种新型的冷却设备，冷却水始终在冷却盘管内流动放热，与空气不接触，与冷却水的污染源隔离，能保持冷却水质，适应性强，可用于冷却高温水、噪声低，其工作原理如图12-2-7所示。与敞开式水冷却系统比较，其优点是：热交换盘管置于冷却塔内，省掉了热交换器的"外壳"；原配管系统被简化为一个由冷却塔集水槽至盘管之间的喷水循环回路。封闭式冷却塔常用于民用空调的水源式热泵系统。

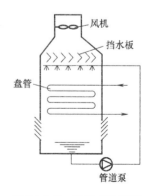

图12-2-7 封闭式冷却塔

（4）根据进出水温不同，冷却塔又分为普通型、中温型、高温型。可根据冷冻机对进、出水温的要求选用。根据运转过程中所产生的噪声大小，冷却塔又分为普通型、低噪声型、超低噪声型。根据底部收水装置构造上的区别，冷却塔分为集水型、非集水型，应根据循环系统中是否单独设循环水池的条件来选型。

12.2.3 冷却塔位置的选择

冷却塔位置的选择应根据下列因素综合确定：

（1）气流应流畅，湿热空气回流影响小，且应布置在建筑物的最小频率风向的上风侧。

（2）冷却塔不应布置在热源、废气和烟气排放口附近，不宜布置在高大建筑物中间的狭长地带上。

（3）冷却塔与相邻建筑物之间的距离，除满足塔的通风要求外，还应考虑噪声、飘水等对建筑物的影响。

（4）有裙房的高层建筑，当机房在裙房地下室时，宜将冷却塔设在靠近机房的裙房屋面上。

（5）当冷却塔布置在主体建筑屋面上时，应避开建筑物主立面和主要出入口处，以减少其外观和水雾对周围环境的影响。

（6）当可能有冻结危险时，冬季运行的冷却塔应采取防冻措施。冷却塔的防冻措施有：

1）有多台冷却塔时，可将部分塔停运，将热负荷集中到少数塔上，或停运风机，提高冷却后水温防止结冰。

2）设旁路水管：在冷却塔进水管上接旁路管通入集水池，旁路水量占冬季运行循环水量的大部或全部。

3）冷却塔风机倒转：防止塔的进风口结冰，风机倒转时间一次不超过 30min，以防风机损坏和影响冷却。

4）对冬季使用的冷却塔，不宜将自来水直接向冷却塔补水，以免补水管冻结。

5）冷却塔进、出水管和补水管上应设泄水管，以便冬季停运时将室外敷设的管道内水放空。

12.2.4 冷却塔的布置

冷却塔的布置应符合下列要求：

（1）冷却塔宜单排布置；当需要多排布置时，塔排之间的距离应保证塔排同时工作时的进风量，长轴位于同一直线上的相邻塔排净距不小于 4.0m，长轴不在同一直线上相互平行布置的塔排净距不小于塔的进风口高度的 4 倍，每排的长度与宽度之比不宜大于 5:1。

（2）单侧进风塔的进风面宜面向夏季主导风向；双侧进风塔的进风面宜平行夏季主导风向。

（3）根据冷却塔的通风要求，塔的进风口与障碍物的净距不宜小于塔进风口高度的 2 倍。

（4）周围进风的塔间净距不宜小于冷却塔进风口高度的 4 倍。

（5）冷却塔进风侧离建筑物的距离，宜大于塔进风口高度的 2 倍；冷却塔的四周除满足通风要求和管道安装位置外，还应留有检修通道；通道净距不宜小于 1.0m。

（6）冷却塔应设置在专用的基础上，不得直接设置在楼板或屋面上。

（7）相连的成组冷却塔布置，塔与塔之间的分隔板的位置应保证相互不会产生气流短路，以防止降低效果。

12.2.5 环境对噪声要求较高时冷却塔可采取的措施

民用建筑噪声控制标准见表12-2-3。

表 12-2-3 民用建筑噪声控制标准

类　别	噪声标准 dB(A)		备　注
	白天	夜晚	
疗养院、高级别墅、高级宾馆	50	40	0 类,位于城郊和乡村的这一类区域分别按严于 0 类标准 5dB 执行
居住区、文教区	55	45	1 类
居住、商业、工业混杂区	60	50	2 类

注：本表选自《声环境质量标准》（GB 3096—2008）。

环境对噪声要求较高时冷却塔可采取的措施有：

（1）冷却塔的位置宜远离对噪声敏感的区域。

（2）应采用低噪声型或超低噪声型冷却塔。

（3）选用变速或双速电机，以满足夜间环境对噪声的要求。

（4）增加风筒高度，筒壁和出口采取消声措施。

（5）在冷却塔底盘设消声栅，降低淋水噪声。

（6）降低进、出水管内流速，防止集气，进水管、出水管、补充水管上应设置隔振防噪装置。

（7）冷却塔基础应设置隔振装置。

（8）建筑上应采取隔声吸音屏障。

12.2.6 冷却塔循环管道

（1）采用多塔并联（干管制）系统时，配管方式有冷却塔合流进水和分流进水两种方式，分别如图 12-2-8 和图 12-2-9 所示。

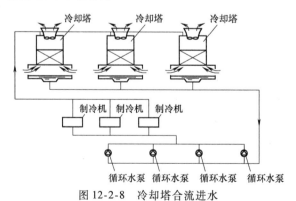

图 12-2-8　冷却塔合流进水

合流进水较多，其特点是配管简单、占用空间小，但各台冷却塔流量分配不宜均匀，并应在每台冷却塔进水管上设电动阀门控制。分流进水仅在冷却塔与冷冻机位置相对较近，具

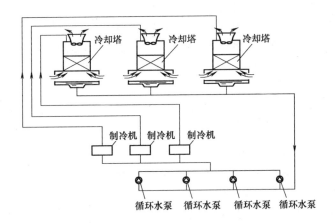

图 12-2-9　冷却塔分流进水

有一定布置空间时采用，可克服合流进水的缺点。

（2）冷却塔循环管道内流速，宜采用下列数值：

1）循环干管管径小于等于 250mm 时，应为 1.5～2.0m/s；管径大于 250mm 时，应为 2.0～2.5m/s；管径大于 250m 小于 500mm 时，应为 2.0～2.5m/s；管径大于等于 500mm 时，应为 2.5～3.0m/s。

2）当循环水泵从冷却塔集水池中吸水时，吸水管的流速宜采用 1.0～1.2m/s；当循环水泵直接从循环管道吸水，且吸水管直径小于等于 250mm 时，流速宜为 1.0～1.5m/s；当吸水管直径大于 250mm 时，流速宜为 1.5～2.0m/s。水泵出水管的流速可采用循环干管下限流速。

3）每台冷却塔进、出水管上宜设温度计、放空管等。

4）沿屋面明设的循环水管宜采取隔热和防冻保温措施，室内循环水管宜采用隔热保温措施，保温材料可选用具有抗水汽渗透能力的橡塑、聚乙烯发泡材料等。

5）冷却塔的进水管上应设置管道过滤器，要正确确定过滤器的阻力，避免过滤器的阻力大于作用水头而出现冷却塔溢水。

6）冷却塔回水总管上应设置自动排气阀，以解决管道内气阻。

7）管材应防腐、防日晒和满足安装要求。

12.2.7　循环水泵设置要求

（1）循环水泵的台数宜与冷水机组相匹配，多泵并联干管制宜设备用泵；单元制可不设备用泵。

（2）循环水泵的出水管应按冷却水循环流量确定，扬程应按设备和管网循环水压要求确定，并应符合水泵泵壳承压能力。扬程应按式（12-2-1）计算并满足以下要求：

$$H = H_1 + h_1 + h_2 + H_2 + H_3 \qquad (12\text{-}2\text{-}1)$$

式中　H——水泵扬程（m）；

　　　H_1——制冷设备水头损失（m），由空调专业提供；

　　　h_1——循环管沿程水头损失（m）；

h_2——循环管局部水头损失（m）；

H_2——冷却塔配水管所需压力（m），根据产品确定；

H_3——冷却塔配水管与冷却塔集水池（盘）水面的几何高差（m）；

水泵的出水管上应安装止回阀，并宜用流量控制阀，自动稳定流量，以保证系统正常运行。

12.2.8　冷却塔集水设施的设计

1. 冷却塔集水设施的类型和选用

冷却塔集水设施分为集水型塔盘和专用集水池（或冷却水箱），两种类型的集水设施均应保证足够的容积和满足水泵吸水口的淹设深度，以防止水泵启动时缺水气蚀及停泵时出现溢水。对于单塔系统，可选用非标准型冷却塔，底盘为直接吸水型（即集水型塔盘），不需另设专用集水池。多塔并联（干管制）系统，在水泵逐台启动条件下，可采用塔盘直接吸水型。若允许冷却塔安装高度适度增加，则多台系统宜采用专用集水池，专用集水池直接设在冷却塔下面，也可设在冷却塔旁。冬季运行的制冷系统及使用多台冷却塔的大型循环冷却水系统，宜设置专用集水池。

2. 集水型塔盘的设计和选用

集水型塔盘的有效容积按式（12-2-2）计算并满足下列要求：

$$V = V_1 + hA \tag{12-2-2}$$

式中　V——集水型塔盘有效容积（m^3）；

V_1——布水装置和淋水装置附着水量（m^3）；

h——最小淹没深度（m）；

A——集水型塔盘面积（m^2）。

布水装置和淋水装置附着水量，宜按循环水量的 1.5%～2.0% 确定，对横流式冷却塔为 2.0%，逆流式冷却塔为 1.5%。水泵吸水口所需最小淹没深度 h，应根据吸水管内流速 v 确定，即 $v \leqslant 0.6m/s$ 时，$h = 0.3m$，$v = 1.2m/s$ 时，$h = 0.6m$。

3. 专用集水池设计和选用

（1）专用冷却塔集水池的设计应符合下列要求：

集水池应按下列第 1）项、第 2）项因素的水量之和确定，并应满足第 3）项的要求：

1）布水装置和淋水填料的附着水量的 1.2%～1.5%。

2）停泵时因重力流入的管道水容量。

3）水泵吸水口所需最小淹没深度应根据吸水管内流速确定，当流速小于等于 0.6m/s 时，最小淹没深度不应小于 0.3m；当流速为 1.2m/s 时，最小淹没深度不应小于 0.6m。

（2）当选用成品冷却塔时，应按上述第（1）条第 1）款的规定，对其集水盘的容积进行核算，当不满足要求时，应加大集水盘深度或另设置集水池。

（3）不设集水池的多台冷却塔并联使用时，各塔的集水盘宜设通水管；当无法设置连通管时，回水横干管的管径应放大一级；连通管、回水管与各塔出水管的连接应为管顶平接；塔的出水口应采取防止空气吸入的措施。

（4）每台（组）冷却塔应分别设置补充水管、泄水管、排污及溢流管；补水方式宜采用浮球阀或补充水箱。当多台冷却塔共用集水池时，可设置一套补充水管、泄水管、排污及溢流管。

12.2.9　冷却塔补充水量和补水管

1. 冷却塔补充水量

冷却塔补充水量可按式（12-2-3）计算：

$$q_{bc} = q_z \frac{N_n}{N_{n-1}} \qquad\qquad (12\text{-}2\text{-}3)$$

式中　q_{bc}——补充水水量（m^3/h）；

　　　q_z——蒸发损失水量（m^3/h）；

　　　N_n——浓缩倍数，设计浓缩倍数不宜小于 3.0。

对于建筑物空调，冷冻设备的补充水量应按冷却水循环水量的 1% ~ 2% 确定。

2. 冷却塔补充水总管上应设置水表等计量装置。

12.2.10　冷却循环水水处理

（1）建筑空调系统的循环冷却水系统应有过滤、缓蚀、阻垢、杀菌、灭藻等水处理设施，当冷却水循环水量大于 $1000m^3/h$ 时，宜设置水质稳定处理、杀菌灭藻和旁流处理等装置。循环冷却水的浓缩倍数不宜小于 3.0，对补充水质属严格腐蚀性时，浓缩倍数可取高些，但不宜大于 4。循环冷却水处理方法有化学药剂法和物理处理法两种，化学药剂法是循环冷却水进行阻垢、缓蚀、杀菌、灭藻的有效方法，处理效果稳定。物理处理法有静电处理器、电子处理器和内磁处理器，具有除垢、杀菌灭藻功能。

（2）旁滤处理用于去除水中的悬浮物，旁滤处理水量可根据去除悬浮物或溶解固体分别计算。当采用过滤处理去除悬浮物时，过滤水量宜为冷却水循环水量的 1% ~ 5%。

12.3　循环水冷却系统设计所需资料

12.3.1　循环水冷却系统设计的基础资料项目

循环水冷却系统设计的基础资料项目有：

（1）气象资料。

（2）冷却用水资料。

（3）水源资料。

12.3.2　冷却水冷却系统设计的基础资料内容

1. 气象资料

民用建筑循环冷却水系统所选用的冷却塔 90% 以上为机械通风塔，其散热过程以蒸发、传导为主。在夏季南方地区，蒸发散热占总散热的 95%。从蒸发散热的原理可知其干、湿球温度，相对湿度是影响冷却塔热工性能的关键数据，是设计中正确选择冷却塔的主要依据。

（1）基本气象参数应包括空气干球温度 θ（℃）、空气湿球温度 $\varGamma$（℃）、大气压力 P（$10^4 Pa$）、夏季主导风向、风速或风压、冬季最低气温等。

（2）冷却塔设计计算所选用的空气干球温度和湿球温度，应与所服务的空调系统的设计空气干球温度和湿球温度相吻合，应采用历年平均不保证 50h 的干球温度和湿球温度。

（3）在选用气象参数时，应考虑因冷却塔排出的湿热空气回流和干扰对冷却效果的影响，必要时应对设计干、湿球温度进行修正。

（4）冷却塔所在位置的风压是很关键的一个气象参数，设计时应对冷却塔制造厂样本中给出的风压值与工程所在地的设计风压值进行比较，必要时要对冷却塔的结构进行校核。

（5）一般民用建筑工程设计中，很难提供完整的气象资料，多数参照国家有关部门已统计的全国大中城市温度统计表选用；应以国家有关部门统计的当地近期气象资料作为设计依据。当无法获得时，可参照表 12-3-1。

表 12-3-1　主要城市气象资料统计

城市名称	海拔/m	大气压力/kPa		干球温度 θ/℃	湿球温度 Γ/℃	冬季最低气温 /℃	夏季平均风速 /(m/s)	夏季主导风向
		冬季	夏季					
北京	31.2	102.04	99.86	33.2	26.4	-12	1.9	N
天津	3.3	102.66	100.48	33.4	26.9	-11	2.6	SE
石家庄	80.5	101.69	99.56	35.1	26.6	-11	1.5	SE
太原	777.9	93.29	91.92	31.2	23.4	-15	2.1	NNW
呼和浩特	1063.0	90.09	88.94	29.9	20.8	-22	1.5	SSW
沈阳	42.6	102.08	100.07	31.4	25.4	-22	2.9	S
大连	92.8	101.38	99.47	28.4	25.0	-14	4.3	SE
长春	236.8	99.40	97.79	30.5	24.2	-26	3.5	SW
哈尔滨	171.7	100.15	98.51	30.3	23.4	-29	3.5	S
上海	4.5	102.51	100.53	34.0	28.2	-4	3.2	ESE
南京	8.9	102.52	100.40	35.0	28.3	-6	2.6	SE
杭州	41.7	102.09	100.05	35.7	28.5	-4	2.2	SSW
合肥	29.8	102.23	100.09	35.0	28.2	-7	2.6	S
福州	84.0	101.26	99.64	35.2	28.0	4	2.9	SE
南昌	46.7	101.88	99.91	35.6	27.9	-3	2.7	SW
济南	51.5	102.02	99.85	34.8	26.7	-10	2.8	SSW
郑州	110.4	110.28	99.17	35.6	27.4	-7	2.6	S
武汉	23.3	102.33	100.17	35.2	28.2	-5	2.6	NNE
长沙	44.9	101.99	99.94	35.8	27.7	-3	2.6	S
广州	6.6	101.95	100.45	33.5	27.7	5	1.8	SE
海口	14.1	101.60	100.24	34.5	27.9	10	2.8	SSE
南宁	72.2	101.14	99.60	34.2	27.5	5	1.6	E
成都	505.9	96.32	94.77	31.6	26.7	1	1.1	NNE
重庆	259.1	99.12	97.32	36.5	27.3	2	1.4	N
贵阳	1071.2	89.75	88.79	30.0	23.0	-3	2.0	S
昆明	1891.4	81.15	80.80	25.8	19.9	1	1.8	SW
拉萨	3658.0	65.00	65.23	22.8	13.5	-8	1.8	NSE
西安	396.9	97.87	95.92	35.2	26.0	-8	2.2	NE
兰州	1517.2	85.14	84.31	30.5	20.2	-13	1.3	E
西宁	2261.2	77.51	77.35	25.9	16.4	-15	1.9	SE
银川	1111.5	89.57	88.35	30.6	22.0	-18	1.7	S
乌鲁木齐	917.9	91.99	90.67	34.1	18.5	-27	3.1	NW

注：1. 表中气象资料的统计年份为 1951—1980。

　　2. 冬季最低气温采用历年不保证 1d 的日平均温度。

2. 冷却用水资料

（1）基本参数包括冷却水量 Q（m^3/h）、冷却塔进水温度 t_1（℃）、冷却塔出水温度 t_2（℃）、制冷机组冷凝器阻力（MPa）、循环水水质要求等。

（2）循环冷却水水量

1）循环冷却水量应按照空调专业所选用制冷机组要求确定。

2）在设计方案阶段，可按下列方法估算：若能初估出制冷量（RT，$1RT = 3.516kW$），则可初步确定循环冷却水量 Q（m^3/h）：

① 机械式制冷：对于离心式、螺杆式、往复式制冷机而言，$Q = 0.8RT$。

② 热力式制冷：对于单、双效溴化锂吸收式制冷机而言，$Q = (1 \sim 1.1)RT$。

③ 按耗热量计算循环水量，见表 12-3-2。

表 12-3-2　按耗热量计算循环冷却水量

制冷机类型	冷凝热量 Q_c	冷却水温差 Δt	循环冷却水量 Q
离心式、螺杆式、往复式	$1.3Q_c$	5	$Q = Q_c/(1.163\Delta t)$
单效溴化锂吸收式	$2.5Q_c$	$6.5 \sim 8$	Q_c—制冷机冷凝热量（kW） Q—循环冷却水量（m^3/h）
双效溴化锂吸收式	$2.0Q_c$	$5.5 \sim 6$	Δt—冷却水温差（℃）

（3）冷却塔进、出水温度

1）冷却塔进、出水温度应按照空调专业所选用的制冷机组要求确定。

2）在设计阶段，冷却塔进、出水温差 Δt 值见表 12-3-2。冷却塔出水温度最高允许值见表 12-3-3。

表 12-3-3　制冷机组冷却塔进水温度最高允许值

设备名称	进水温度/℃	设备名称	进水温度/℃
R22、R717 压缩机气缸	32	立式、淋激式冷凝器	32
卧式、套管式、组合式冷凝器	32	溴化锂吸收式制冷机的吸收器	32

3）制冷机冷却水进口水温一般都要求不大于 32℃，设计时应尽量满足。但冷却水水温亦不可太低，否则影响效率。如图 12-3-1 所示为制冷机冷却水在额定流量时进口温度与制冷效率的关系。

对于溴化锂吸收式制冷机，冷凝温度过低就会造成"冷剂水的污染"，另外可能造成溶液浓度较高，从而引起"溶液结晶"现象发生。对于离心式冷水机组，冷凝温度过低，就有可能造成压缩机"液击"现象。而对于螺杆式冷水机组，就会引起压缩机"失油"和蒸发器"蒸发温度过低"而停机。

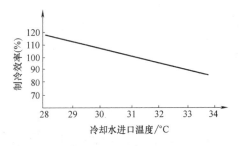

图 12-3-1　制冷机冷却水在额定流量时进口温度与制冷效率的关系

4）冷凝器阻力值，可按样本中要求确定，一般夹套式为 0.05MPa，套管式为 0.10 ~ 0.15MPa。

5）循环冷却水水质应按所选的制冷机组要求确定。

3. 水源资料

（1）系统补充水水源类型、水量、水压和水质要求。

（2）系统补充水水质资料的收集要求和所需的水质分析项目应符合所选制冷机组的要求。

（3）由于目前国家尚未制定循环冷却水的水质标准，当制冷机组对水质要求不明确时，可按《工业循环冷却水处理设计规范》（GB 50050—2007）中的有关规定执行。

（4）当采用中水、雨水等作为系统的补充水时，除符合《工业循环冷却水处理设计规范》（GB 50050—2007）中的有关规定外，还应符合《城市污水再生利用　工业用水水质》（GB/T 19923—2005）和《建筑与小区雨水利用工程技术规范》（GB 50400—2006）中的有关规定。

第13章 建筑消防

13.1 常用建筑消防设计规范和规范体系的调整

13.1.1 常用建筑消防设计规范

常用建筑消防设计规范有：

(1) 室内外消火栓系统：包括《建筑设计防火规范》（GB 50016—2014）《汽车库、修车库、停车场设计防火规范》（GB 50067—1997）。

(2) 自动喷水灭火系统：包括《自动喷水灭火系统设计规范》（GB 50084—2001）（2005 年版）。

(3) 大空间智能型主动灭火系统：包括《大空间智能型主动喷水灭火系统技术规程》（CECS 263—2009）。

(4) 水喷雾灭火系统：包括《水喷雾灭火系统设计规范》（GB 50219—1995）。

(5) 细水雾灭火系统：包括《细水雾灭火系统技术规范》（GB 50898—2013）。

(6) 固定消防炮灭火系统：包括《固定消防炮灭火系统设计规范》（GB 50338—2003）。

(7) 泡沫灭火系统：包括《泡沫灭火系统设计规范》（GB 50151—2010）。

(8) 气体灭火系统：包括《气体灭火系统设计规范》（GB 50370—2005）。

(9) 建筑灭火器配置：包括《建筑灭火器配置设计规范》（GB 50140—2005）。

13.1.2 有关规范体系的调整

消火栓系统采用《消防给水及消火栓系统技术规范》（GB 50974—2005），本规范共分 14 章和 7 个附录，主要内容包括：总则、术语和符号、基本参数、消防水源、供水设施、给水形式、消火栓系统、管网、消防排水、水力计算、控制与操作、施工、系统调试与验收、维护管理等。

《建筑设计防火规范》（GB 50016—2014）把原有的《建筑设计防火规范》和《高层民用建筑设计防火规范》进行了合并，调整了两项指标间不协调的要求，将住宅建筑的分类统一按照建筑高度划分。对建筑进行厂房分类、仓库分类和民用建筑分类。将消防设施的设置独立成章并完善有关内容，取消消防给水系统和防排烟系统设计的内容，分别由相应的国家标准作出规定。

13.2 消防给水及消火栓系统

13.2.1 有关术语、建筑分类、贮罐及消防给水适用范围

1. 有关术语

(1) 水灭火设施：以水为主要介质用于灭火、控火和冷却等的设施。

（2）水灭火系统：以水为主要介质用于灭火、控火和冷却等的系统。

（3）消防水源：向水灭火设施、车载或手抬等移动消防水泵、固定消防水泵、消防水池等提供消防用水的给水设施或天然水源。

（4）高压消防给水系统：能始终保持满足水灭火设施所需的系统工作压力和流量，火灾时无需消防水泵直接加压的系统。

（5）临时高压消防给水系统：平时不能满足水灭火设施所需的系统工作压力和流量，火灾时能直接自动启动消防水泵以满足水灭火设施所需的压力和流量的系统。

（6）低压消防给水系统：能满足消防车或手抬泵等取水所需从地面算起不应小于0.10MPa的压力和流量的系统。

（7）消防水池：供固定或移动消防水泵吸水的蓄水设施。

（8）高位消防水池：设置在高处直接向水灭火设施重力供水的蓄水设施。

（9）高位消防水箱：设置在高处直接向水灭火设施重力供应初期火灾消防用水量的蓄水设施。

（10）消火栓系统：由消防水源、管网和消火栓等组成的系统。

（11）湿式消火栓系统：平时管网内充满水的消火栓系统。

（12）干式消火栓系统：平时配水管网内不充水，火灾时向管网充水的消火栓系统。

2. 建筑分类

（1）厂房分类。按生产的火灾危险性类别将厂房分为甲、乙、丙、丁、戊类，见表13-2-1。

表 13-2-1　厂房分类

生产的火灾危险性类别		火灾危险性特征
甲	生产时使用或产生的物质特征	1. 闪点小于 28℃ 的液体 2. 爆炸下限小于 10% 的气体 3. 常温下能自行分解或在空气中氧化能导致迅速自燃或爆炸的物质 4. 常温下受到水或空气中水蒸气的作用,能产生可燃气体并引起燃烧或爆炸的物质 5. 遇酸、受热、撞击、摩擦、催化以及遇有机物或硫黄等易燃的无机物,极易引起燃烧或爆炸的强氧化剂 6. 受撞击、摩擦或与氧化剂、有机物接触时能引起燃烧或爆炸的物质 7. 在密闭设备内操作温度不小于物质本身自燃点的生产
乙		1. 闪点不小于 28℃,但小于 60℃ 的液体 2. 爆炸下限不小于 10% 的气体 3. 不属于甲类的氧化剂 4. 不属于甲类的易燃固体 5. 助燃气体 6. 能与空气形成爆炸性混合物的浮游状态的粉尘、纤维、闪点不小于 60℃ 的液体雾滴
丙		1. 闪点不小于 60℃ 的液体 2. 可燃固体
丁	生产特征	1. 对不燃烧物质进行加工,并在高温或熔化状态下经常产生强辐射热、火花或火焰的生产 2. 利用气体、液体、固体作为燃料或将气体、液体进行燃烧作其他用的各种生产 3. 常温下使用或加工难燃烧物质的生产
戊		常温下使用或加工不燃烧物质的生产

（2）仓库分类。按储藏物品的火灾危险期类别对仓库进行分类，见表13-2-2。

表13-2-2　仓库分类

储存物品的火灾危险性类别	储存物品的火灾危险性特征
甲	1. 闪点小于28℃的液体 2. 爆炸下限小于10%的气体，受到水或空气中水蒸气的作用能产生爆炸下限小于10%气体的固体物质 3. 常温下能自行分解或在空气中氧化能导致迅速自燃或爆炸的物质 4. 常温下受到水或空气中水蒸气的作用，能产生可燃气体并引起燃烧或爆炸的物质 5. 遇酸、受热、撞击、摩擦以及遇有机物或硫黄等易燃的无机物，极易引起燃烧或爆炸的强氧化剂 6. 受撞击、摩擦或与氧化剂、有机物接触时能引起燃烧或爆炸的物质
乙	1. 闪点不小于28℃，但小于60℃的液体 2. 爆炸下限不小于10%的气体 3. 不属于甲类的氧化剂 4. 不属于甲类的易燃固体 5. 助燃气体 6. 常温下与空气接触能缓慢氧化，积热不散引起自燃的物品
丙	1. 闪点不小于60℃的液体 2. 可燃固体
丁	难燃烧物品
戊	不燃烧物品

（3）民用建筑分类。按建筑的高度对民用建筑进行分类，见表13-2-3。

表13-2-3　民用建筑分类

名称	高层民用建筑		单、多层民用建筑
	一类	二类	
住宅建筑	建筑高度大于54m的住宅建筑（包括设置商业服务网点的住宅建筑）	建筑高度大于27m，但不大于54m的住宅建筑（包括设置商业服务网点的住宅建筑）	建筑高度不大于27m的住宅建筑（包括设置商业服务网点的住宅建筑）
公共建筑	1. 建筑高度大于50m的公共建筑 2. 建筑高度大于24m且任一楼层建筑面积大于1000m²的商店、展览、电信、邮政、财贸金融建筑和其他多种功能组合的建筑 3. 医疗建筑、重要公共建筑 4. 省级及以上的广播电视和防灾指挥调度建筑、网局级和省级电力调度 5. 藏书超过100万册的图书馆、书库	除住宅建筑和一类高层公共建筑外的其他高层民用建筑	1. 建筑高度大于24m的单层公共建筑 2. 建筑高度大于24m的其他民用建筑

3. 贮罐分类

贮罐分甲、乙、丙类液体贮罐（如浮顶罐、地下和半地下固定顶立式罐、覆土储罐、直径小于等于20.0m的地上固定顶立式罐、直径大于20.0m的地上固定顶立式罐）；液化石油气贮罐（如总容积大于220m³的贮罐区或单罐容积大于50m³的贮罐，总容积小于等于220m³的贮罐区或单罐容积小于等于50m³的贮罐）；可燃气体贮罐（如湿式贮罐、干式贮罐、固定容积贮罐）。

除以上外，室外消防对象还有可燃材料堆场（如煤、焦炭露天堆场，其他可燃材料露天、半露天堆场）。

4. 消防给水的适用范围

消防给水的适用范围有：厂房、仓库和民用建筑；甲、乙、丙类液体储罐（区）；可燃、助燃气体储罐（区）；可燃材料堆场；城市交通隧道。下列建筑物应设置消火栓系统并设置 $DN65$ 的室内消火栓：

（1）建筑占地面积大于 $300m^2$ 的厂房（仓库）。

（2）体积大于 $5000m^3$ 的车站、码头、机场的候车（船、机）楼、展览建筑、商店、旅馆建筑、病房楼、门诊楼、图书馆建筑等。

（3）特等、甲等剧场，超过 800 个座位的其他等级的剧院和电影院等，超过 1200 个座位的礼堂、体育馆等。

（4）超过 5 层或体积超过 $10000m^3$ 的办公楼、教学楼、非住宅类居住建筑等其他民用建筑物。

（5）超过七层的住宅应设置室内消火栓系统，当确有困难时，可只设置干式消防竖管和不带消火栓箱的 $DN65$ 的室内消火栓，消防竖管的管径不应小于 $DN65$。

国家级文物保护单位的重点砖木或木结构的古建筑，宜设置室内消火栓。

设置有室内消火栓的人员密集的公共建筑宜设置消防软盘卷盘，建筑面积大于 $200m^2$ 的商业服务网点应设置消防软盘卷盘或轻便消防水嘴。

下列建筑物可不设消火栓给水系统：

（1）耐火等级为一、二级且可燃物较少的丁、戊类厂房（仓房），耐火等级为三、四级且建筑体积小于等于 $3000m^3$ 的丁类厂房和建筑体积小于等于 $5000m^3$ 的戊类厂房（仓房）、粮食仓库、金库。

（2）存有与水接触能引起燃烧爆炸的物品的建筑物和室内没有生产、生活给水管道，室外消防用水取自储水池且建筑体积小于等于 $5000m^3$ 的其他建筑物。

13.2.2　消防给水设计流量的确定

1. 消防给水设计流量的一般规定

（1）工厂、仓库、堆场、储罐区或民用建筑的室外消防给水用水量，应按同一时间内的火灾起数和一起火灾灭火室外消防给水用水量确定。同一时间内的火灾起数应符合下列规定：

1）工厂、堆场和储罐区等，当占地面积小于等于 $100hm^2$，且附有居住区人数小于等于 1.5 万人时，同一时间内的火灾起数应按一起确定；当占地面积小于等于 $100hm^2$，且附有居住区人数大于 1.5 万人时，同一时间内的火灾起数应按两起确定，居住区应计一起，工厂、堆场或储罐区应计一起。

2）工厂、堆场和储罐区等，当占地面积大于 $100hm^2$，同一时间内的火灾起数应按两起确定，工厂、堆场或储罐区应计一起，工厂、堆场或储罐区的附属建构筑应计一起。

3）仓库和民用等建筑，当总建筑面积小于等于 $500000m^2$ 时，同一时间内的火灾起数应按一起确定；当总建筑面积大于 $500000m^2$ 时，同一时间内的火灾起数应按两起确定，多栋建筑时，应按需水量最大的两座各计一起，当为单栋建筑时，应按一半建筑体量计两起。

（2）消防给水一起火灾灭火设计流量应由建筑的室外消火栓系统、室内消火栓系统、自动喷水灭火系统、泡沫灭火系统、水喷雾灭火系统、固定消防炮灭火系统、固定冷却水系统等需要同时作用的各种水灭火系统的设计流量组成，并应符合下列规定：

1）应按需要同时作用的水灭火系统最大设计流量之和确定。

2）两栋或两座及以上建筑合用时，应按其中一栋或一座设计流量最大者确定。

3）当消防给水与生活、生产给水合用时，合用给水的设计流量应为消防给水设计流量与生活、生产最大时流量之和，其中生活最大小时流量计算时，淋浴用水量按 15% 计，浇洒及洗刷等火灾时能停用的用水量可不计。

（3）自动喷水灭火系统、泡沫灭火系统、水喷雾灭火系统、固定消防炮灭火系统等水灭火系统的设计流量，应分别按现行国家标准《自动喷水灭火系统设计规范》（GB 50084—2001）（2005 年版）、《泡沫灭火系统设计规范》（GB 50151—2010）、《水喷雾灭火系统设计规范》（GB 50219—1995）和《固定消防炮灭火系统设计规范》（GB 50338—2003）等的有关规定执行。

（4）在《消防给水及消火栓系统技术规范》（GB 50974—2005）未规定的建筑室内外消火栓设计流量，应根据其火灾危险性、建筑功能性质、耐火等级及其体积等类似建筑确定。

2. 市政消防给水设计流量

（1）市政消防给水设计流量，应根据当地火灾统计资料、火灾扑救用水量统计资料、灭火用水量保证率、建筑的组成和市政给水管网运行合理性等因素综合分析计算确定。

（2）城镇和居住区等市政消防给水设计流量，应按同一时间内的火灾起数和一起火灾灭火设计流量经计算确定。同一时间内的火灾起数和一起火灾灭火设计流量不应小于表 13-2-4 的规定。

表 13-2-4 城镇和居住区同一时间内的火灾起数和一起火灾灭火设计流量

人数 N/万人	同一时间内的火灾起数/起	一起火灾灭火设计流量/（L/s）
$N \leqslant 1.0$	1	15
$1.0 < N \leqslant 2.5$		30
$2.5 < N \leqslant 5.0$	2	
$5.0 < N \leqslant 20.0$		45
$20.0 < N \leqslant 30.0$		60
$30.0 < N \leqslant 40.0$		75
$40.0 < N \leqslant 50.0$	3	
$50.0 < N \leqslant 70.0$		90
$N > 70.0$		100

（3）工业园区、商务区等消防给水设计流量，宜根据其规划区域的规模和同一时间的火灾起数，以及规划中的各类建筑室内外同时作用的水灭火系统设计流量之和经计算分析确定。

3. 建筑物室外消火栓设计流量

（1）建筑物室外消火栓设计流量，应根据建筑物的用途、功能、体积、耐火等级、火灾危险性等因素综合分析确定。

（2）建筑物室外消火栓设计流量不应小于表 13-2-5 的规定。

（3）宿舍、公寓等非住宅类居住建筑的室外消火栓设计流量，应按表 13-2-5 中的公共建筑确定。

表 13-2-5　建筑物室外消火栓设计流量　　　　（单位：L/s）

耐火等级	建筑物名称及类别			建筑体积 V/m³					
				V≤1500	1500<V≤3000	3000<V≤5000	5000<V≤20000	20000<V≤50000	V>50000
一、二级	工业建筑	厂房	甲、乙	15	20	25	30	35	
			丙	15	20	25	30	40	
			丁、戊	15					20
		仓库	甲、乙	15		25		—	
			丙	15		25		35	45
			丁、戊	15					20
	民用建筑	住宅	普通	15					
		公共建筑	单层及多层	15			25	30	40
			高层	—			25	30	40
	地下建筑(包括地铁)、平战结合的人防工程			15			20	25	30
	汽车库、修车库〔独立〕			15					20
三级	工业建筑		乙、丙	15	20	30	40	45	—
			丁、戊	15			20	25	35
	单层及多层民用建筑			15		20	25	30	
四级	丁、戊类工业建筑			15		20	25	—	—
	单层及多层民用建筑			15		20	25		

注：1. 成组布置的建筑物应按消火栓设计流量较大的相邻两座建筑物的体积之和确定。

　　2. 火车站、码头和机场的中转库房，其室外消火栓设计流量应按相应耐火等级的丙类物品库房确定。

　　3. 国家级文物保护单位的重点砖木、木结构的建筑物室外消火栓设计流量，按三级耐火等级民用建筑物消火栓设计流量确定。

4. 构筑物消防给水设计流量

（1）以煤、天然气、石油及其产品等为原料的工艺生产装置的消防给水设计流量，应根据其规模、火灾危险性等因素综合确定，且应为室外消火栓设计流量、泡沫灭火系统和固定冷却水系统等水灭火系统的设计流量之和，并应符合下列规定：

1）石油化工厂工艺生产装置的消防给水设计流量，应符合现行国家标准《石油化工企业设计防火规范》（GB 50160—2008）的有关规定。

2）石油天然气工程工艺生产装置的消防给水设计流量，应符合现行国家标准《石油天然气工程设计防火规范》（GB 50183—2004）的有关规定。

（2）甲、乙、丙类可燃液体储罐的消防给水设计流量应按最大罐组确定，并应按泡沫灭火系统设计流量、固定冷却水系统设计流量与室外消火栓设计流量之和确定，同时应符合下列规定：

1）泡沫灭火系统设计流量应按系统扑救储罐区一起火灾的固定式、半固定式或移动式泡沫混合液量及泡沫液混合比经计算确定，并应符合现行国家标准《泡沫灭火系统设计规范》（GB 50151—2010）的有关规定。

2）固定冷却水系统设计流量应按着火罐与邻近罐最大设计流量经计算确定，固定式冷却水系统设计流量应按表 13-2-6 或表 13-2-7 规定的设计参数经计算确定。

3）当储罐采用固定式冷却水系统时室外消火栓设计流量不应小于表 13-2-8 的规定，当采用移动式冷却水系统时室外消火栓设计流量应按表13-2-6或表13-2-7规定的设计参数经计算确定，且不应小于15L/s。

表13-2-6 地上立式储罐冷却水系统的保护范围和喷水强度

项目	储罐形式		保护范围	喷水强度
移动式冷却	着火罐	固定顶罐	罐周全长	0.80L/(s·m)
		浮顶罐、内浮顶罐	罐周全长	0.60L/(s·m)
	邻近罐		罐周半长	0.70L/(s·m)
固定式冷却	着火罐	固定顶罐	罐壁表面积	2.5L/(min·m²)
		浮顶罐、内浮顶罐	罐壁表面积	2.0L/(min·m²)
	邻近罐		不应小于罐壁表面积的1/2	

注：1. 当浮顶、内浮顶罐的浮盘采用易熔材料制作时，内浮顶罐的喷水强度应按固定顶罐计算。

2. 当浮顶、内浮顶罐的浮盘为浅盘式时，内浮顶罐的喷水强度应按固定顶罐计算。

3. 固定冷却水系统邻近罐按实际冷却面积计算，但不应小于罐壁表面积的1/2。

4. 距着火固定罐罐壁1.5倍着火罐直径范围内的邻近罐应设置冷却水系统，当邻近罐超过3个时，冷却水系统可按3个罐的设计流量计算。

5. 除浮盘采用易熔材料制作的储罐除外，当着火罐为浮顶、内浮顶罐时，距着火罐壁的净距离大于等于0.4D的邻近罐可不设冷却水系统，D为着火油罐与相邻油罐两者中较大油罐的直径；距着火罐壁的净距离小于0.4D范围内的相邻油罐受火焰辐射热影响比较大的局部应设置冷却水系统，且所有相邻油罐的冷却水系统设计流量之和不应小于45L/s。

6. 移动式冷却宜为室外消火栓或消防炮。

表13-2-7 卧式储罐、无覆土地下及半地下立式储罐冷却水系统的保护范围和喷水强度

项目	储罐	保护范围	喷水强度
移动式冷却	着火罐	罐壁表面积	0.10L/(s·m²)
	邻近罐	罐壁表面积的一半	0.10L/(s·m²)
固定式冷却	着火罐	罐壁表面积	6.0L/(min·m²)
	邻近罐	罐壁表面积的一半	6.0L/(min·m²)

注：1. 当计算出的着火罐冷却水系统设计流量小于15L/s时，应采用15L/s。

2. 着火罐直径与长度之和的一半范围内的邻近卧式罐应进行冷却；着火罐直径1.5倍范围内的邻近地下、半地下立式罐应冷却。

3. 当邻近储罐超过4个时，冷却水系统可按4个罐的设计流量计算。

4. 当邻近罐采用不燃材料作绝热层时，其冷却水系统喷水强度可按本表减少50%，但设计流量不应小于7.5L/s。

5. 无覆土半地下、地下卧式罐冷却水系统的保护范围和喷水强度应按本表地上卧式罐确定。

表13-2-8 甲、乙、丙类可燃液体地上立式储罐区的室外消火栓设计流量

单罐储存容积/（m³）	室外消火栓设计流量/（L/s）
$W \leqslant 5000$	15
$5000 < W \leqslant 30000$	30
$30000 < W \leqslant 100000$	45
$W > 100000$	60

（3）甲、乙、丙类可燃液体地上立式储罐冷却水系统保护范围和喷水强度不应小于13-2-6的规定；卧式储罐、无覆土地下及半地下立式储罐冷却水系统保护范围和喷水强度不应小于13-2-7的规定；罐区室外消火栓设计流量不应小于13-2-8的规定，但当无固定冷却系统时，室外消火栓设计流量应按上述第（2）条第3）款的规定确定。

（4）覆土油罐的室外消火栓设计流量应按最大单罐周长和喷水强度计算确定，喷水强度不应小于 0.30L/s·m；当计算设计流量小于 15L/s 时，应采用 15L/s。

（5）液化烃罐区的消防给水设计流量应按最大罐组确定，并应按固定冷却水系统设计流量与室外消火栓设计流量之和确定，同时应符合下列规定：

1）固定冷却水系统设计流量应按表 13-2-9 规定的设计参数经计算确定；室外消火栓设计流量不应小于表 13-2-10 的规定值。

2）当企业设有独立消防站，且单罐容积小于或等于 100m³ 时，可采用室外消火栓等移动式冷却水系统，其罐区消防给水设计流量应按表 13-2-9 的规定经计算确定，但不应低于 100L/s。

表 13-2-9　液化烃储罐固定冷却水系统设计流量

项目	储罐形式		保护范围	喷水强度 /[L/(min·m²)]
全冷冻式	着火罐	单防罐外壁为钢制	罐壁表面积	2.5
			罐顶表面积	4.0
		双防罐、全防罐外壁为钢筋混凝土结构	—	—
	邻近罐		罐壁表面积的 1/2	2.5
全压力式及半冷冻式	着火罐		罐体表面积	9.0
	邻近罐		罐体表面积的 1/2	9.0

注：1. 固定冷却水系统当采用水喷雾系统冷却时喷水强度应符合现行的消防给水及消火栓系统技术规范的要求，且系统设置应符合现行国家标准《水喷雾灭火系统设计规范》（GB 50219—1995）的有关规定。

2. 全冷冻式液化烃储罐，当双防罐、全防罐外壁为钢筋混凝土结构时，罐顶和罐壁的冷却水量可不计；管道进出口等局部危险处应设置水喷雾系统冷却，供水强度不应小于 20.0L/(min·m²)。

3. 距着火罐罐壁 1.5 倍着火罐直径范围内的邻近罐应计算冷却水系统，当邻近罐超过 3 个时，冷却水系统可按3 个罐的设计流量计算。

4. 当储罐采用固定消防水炮作为固定冷却设施时，其设计流量不宜小于水喷雾系统计算流量的 1.3 倍。

表 13-2-10　液化烃罐区的室外消火栓设计流量

单罐储存容积(m³)	室外消火栓设计流量/(L/s)
W≤100	15
100<W≤400	30
400<W≤650	45
650<W≤1000	60
W>1000	80

注：1. 罐区的室外消火栓设计流量应按罐组内最大单罐计。

2. 当储罐区四周设固定消防水炮作为辅助冷却设施时，辅助冷却水设计流量不应小于室外消火栓设计流量。

（6）沸点低于 45℃甲类液体压力球罐的消防给水设计流量，应按上述第（5）条中全压力式储罐的要求经计算确定。

（7）全压力式、半冷冻式和全冷冻式液氨储罐的消防给水设计流量，应按上述第（5）条中全压力式及半冷冻式储罐的要求经计算确定，但喷水强度应按不小于 6.0L/(min·m²)计算，全冷冻式液氨储罐的冷却水系统设计流量应按全冷冻式液化烃储罐外壁为钢制单防罐的要求计算。

（8）空分站，可燃液体、液化烃的火车和汽车装卸栈台，变电站等室外消火栓设计流量不应小于表 13-2-11 的规定。当室外变压器采用水喷雾灭火系统全保护时，其室外消火栓给水设计流量可按表 13-2-11 规定值的 50% 计算，但不应小于 15L/s。

表 13-2-11 空分站，可燃液体、液化烃的火车和汽车装卸栈台，变电站室外消火栓设计流量

名称		室外消火栓设计流量/（L/s）
空分站产氧气能力/（Nm³/h）	$3000 < Q \leqslant 10000$	15
	$10000 < Q \leqslant 30000$	30
	$30000 < Q \leqslant 50000$	45
	$Q > 50000$	60
专用可燃液体、液化烃的火车和汽车装卸栈台		60
变电站单台油浸变压器含有量/t	$5 < W \leqslant 10$	15
	$10 < W \leqslant 50$	20
	$W > 50$	30

注：当室外油浸变压器单台功率小于 300MVA，且周围无其他建筑物和生产生活给水时，可不设置室外消火栓。

（9）装卸油品码头的消防给水设计流量应按着火油船泡沫灭火设计流量、冷却水系统设计流量、隔离水幕系统设计流量和码头室外消火栓设计流量之和确定，并应符合下列规定：

1）泡沫灭火系统设计流量应按系统扑救着火油船一起火灾的泡沫混合液量及泡沫液混合比经计算确定，泡沫混合液供给强度、保护范围和连续供给时间不应小于表13-2-12的规定，并应符合现行国家标准《泡沫灭火系统设计规范》（GB 50151—2010）的有关规定。

2）油船冷却水系统设计流量应按消防时的着火油舱冷却水保护范围内的油舱甲板面冷却用水量计算确定，冷却水系统保护范围、喷水强度和火灾延续时间不应小于表13-2-13的规定。

表 13-2-12 油船泡沫灭火系统混合液量的供给强度、保护范围和连续供给时间

项目	船型	保护范围	供给强度/[L/（min·m²）]	连续供给时间/min
甲、乙类可燃液体油品码头	着火油船	设计船型最大油仓面积	8.0	40
丙类可燃液体油品码头				30

表 13-2-13 油船冷却水系统的保护范围、喷水强度和火灾延续时间

项 目	船型	保护范围	喷水强度/[L/（min·m²）]	火灾延续时间/h
甲、乙类可燃液体油品一级码头	着火油船	着火油舱冷却范围内的油舱甲板面	2.5	6.0
甲、乙类可燃液体油品二、三级码头丙类可燃液体油品码头				4.0

注：1. 当油船发生火灾时，陆上消防设备所提供的冷却油舱甲板面的冷却设计流量不应小于全部冷却水用量的50%。

2. 当配备水上消防设施进行监护时，陆上消防设备冷却水供给时间可缩短至4h。

3）着火油船冷却范围应按式（13-2-1）计算：

$$F = 3L_{max}B_{max} - f_{max} \tag{13-2-1}$$

式中 F——着火油船冷却面积（m²）；

B_{max}——最大船宽（m）；

L_{max}——最大船的最大舱纵向长度（m）；

f_{max}——最大船的最大舱面积（m²）。

4）隔离水幕系统的设计流量应符合下列规定：

① 喷水强度宜为 1.0～2.0L/s·m。

② 保护范围宜为装卸设备的两端各延伸 5m，水幕喷射高度宜高于被保护对象 1.50m。

③ 火灾延续时间不应小于 1.0h，并应满足现行国家标准《自动喷水灭火系统设计规范》（GB 50084—2001）（2005 年版）的有关规定。

5）油品码头的室外消火栓设计流量不应小于表 13-2-14 的规定。

表 13-2-14　油品码头的室外消火栓设计流量

名称	室外消火栓设计流量/（L/s）	火灾延续时间/h
海港油品码头	45	6.0
河港油品码头	30	4.0
码头装卸区	20	2.0

（10）液化石油气船的消防给水设计流量应按着火罐与距着火罐 1.5 倍着火罐直径范围内罐组的冷却水系统设计流量与室外消火栓设计流量之和确定；着火罐和邻近罐的冷却面积均应取设计船型最大储罐甲板以上部分的表面积，并不应小于储罐总表面积的 1/2，着火罐冷却水喷水强度应为 10.0L/（min·m²），邻近罐冷却水喷水强度应为 5.0L/（min·m²）；室外消火栓设计流量不应小于表 13-2-14 的规定。

（11）液化石油气加气站的消防给水设计流量，应按固定冷却水系统设计流量与室外消火栓设计流量之和确定，固定冷却水系统设计流量应按表 13-2-15 规定的设计参数经计算确定，室外消火栓设计流量不应小于表 13-2-16 的规定；当仅采用移动式冷却系统时，室外消火栓的设计流量应按表 13-2-15 规定的设计参数计算，且不应小于 15L/s。

表 13-2-15　液化石油气加气站地上储罐冷却系统保护范围和喷水强度

项目	储罐	保护范围	喷水强度
移动式冷却	着火罐	罐壁表面积	0.15L/（s·m²）
	邻近罐	罐壁表面积的 1/2	0.15L/（s·m²）
固定式冷却	着火罐	罐壁表面积	9.0L/（min·m²）
	邻近罐	罐壁表面积的 1/2	9.0L/（min·m²）

注：着火罐的直径与长度之和 0.75 倍范围内的邻近地上罐应进行冷却。

表 13-2-16　液化石油气加气站室外消火栓设计流量

名称	室外消火栓设计流量/（L/s）
地上储罐加气站	20
埋地储罐加气站	15
加油和液化石油气加气合建站	

（12）易燃、可燃材料露天、半露天堆场，可燃气体罐区的室外消火栓设计流量，不应小于表 13-2-17 的规定。

表 13-2-17　易燃、可燃材料露天、半露天堆场，可燃气体罐区的室外消火栓设计流量

名　　称		总储量或总容量	室外消火栓设计流量 /（L/s）
粮食 W/t	土圆囤	$30 < W \leqslant 500$	15
		$500 < W \leqslant 5000$	25
		$5000 < W \leqslant 20000$	40
		$W > 20000$	45
	席穴囤	$30 < W \leqslant 500$	20
		$500 < W \leqslant 5000$	35
		$5000 < W \leqslant 20000$	50
棉、麻、毛、化纤百货 W/t		$10 < W \leqslant 500$	20
		$500 < W \leqslant 1000$	35
		$1000 < W \leqslant 5000$	50
稻草、麦秸、芦苇等易燃材料 W/t		$50 < W \leqslant 500$	20
		$500 < W \leqslant 5000$	35
		$5000 < W \leqslant 10000$	50
		$W > 10000$	60
木材等可燃材料 V/m^3		$50 < V \leqslant 1000$	20
		$1000 < V \leqslant 5000$	30
		$5000 < V \leqslant 10000$	45
		$V > 10000$	55
煤和焦炭 W/t	露天或半露天堆放	$100 < W \leqslant 5000$	15
		$W > 5000$	20
可燃气体储罐或储罐区 V/m^3		$500 < V \leqslant 10000$	15
		$10000 < V \leqslant 50000$	20
		$50000 < V \leqslant 100000$	25
		$100000 < V \leqslant 200000$	30
		$V > 200000$	35

注：固定容积的可燃气体储罐的总容积按其几何容积（m^3）和设计工作压力（绝对压力，10^5Pa）的乘积计算。

（13）城市交通隧道洞口外室外消火栓设计流量不应小于表 13-2-18 的规定。

表 13-2-18　城市交通隧道洞口外室外消火栓设计流量

名称	类别	长度/m	室外消火栓设计流量 /（L/s）
可通行危险化学品等机动车	一、二、三	$L > 500$	30
仅限通行非危险化学品等机动车	一、二、三	$L > 1000$	
	三、四	$L \leqslant 1000$	20

5. 室内消火栓设计流量

（1）建筑物室内消火栓设计流量，应根据建筑物的用途、功能、体积、高度、耐火极限、火灾危险性等因素综合确定。

（2）建筑物室内消火栓设计流量不应小于表 13-2-19 的规定。

（3）当建筑物室内设有自动喷水灭火系统、水喷雾灭火系统、泡沫灭火系统或固定消防炮灭火系统等一种或两种以上自动水灭火系统全保护时，室内消火栓系统设计流量可减少 50%，但不应小于 10L/s。

（4）宿舍、公寓等非住宅类居住建筑的室内消火栓设计流量应按表 13-2-19 中的公共建筑确定。

表 13-2-19　建筑物室内消火栓设计流量

建筑物名称			高度 h/m、层数、体积 V/m³、座位数 n、火灾危险性		消火栓设计流量/(L/s)	同时使用消防水枪数/支	每根竖管最小流量/(L/s)
工业建筑	厂房		$h \leqslant 24$	甲、乙、丁、戊	10	2	10
				丙	20	4	15
			$24 < h \leqslant 50$	乙、丁、戊	25	5	15
				丙	30	6	15
			$h > 50$	乙、丁、戊	30	6	15
				丙	40	8	15
	仓库		$h \leqslant 24$	甲、乙、丁、戊	10	2	10
				丙	20	4	15
			$h > 24$	丁、戊	30	6	15
				丙	40	8	15
民用建筑	单层及多层	科研楼、试验楼	$V \leqslant 10000$		10	2	10
			$V > 10000$		15	3	10
		车站、码头、机场的候车(船、机)楼和展览建筑(包括博物馆)等	$5000 < V \leqslant 25000$		10	2	10
			$25000 < V \leqslant 50000$		15	3	10
			$V > 50000$		20	4	15
		剧场、电影院、会堂、礼堂、体育馆等	$800 < n \leqslant 1200$		10	2	10
			$1200 < n \leqslant 5000$		15	3	10
			$5000 < n \leqslant 10000$		20	4	15
			$n > 10000$		30	6	15
		旅馆	$5000 < V \leqslant 10000$		10	2	10
			$10000 < V \leqslant 25000$		15	3	10
			$V > 25000$		20	4	15
		商店、图书馆、档案馆等	$5000 < V \leqslant 10000$		15	3	10
			$10000 < V \leqslant 25000$		25	5	15
			$V > 25000$		40	8	15
		病房楼、门诊楼等	$5000 < V \leqslant 25000$		10	2	10
			$V > 25000$		15	3	10
		办公楼、教学楼等其他建筑	$V > 10000$		15	3	10
		住宅	$21 < h \leqslant 27$		5	2	5
	高层	住宅	普通	$27 < h \leqslant 54$	10	2	10
				$h > 54$	20	4	10
		二类公共建筑		$h \leqslant 50$	20	4	10
				$h > 50$	30	6	15
		一类公共建筑		$h \leqslant 50$	30	6	15
				$h > 50$	40	8	15
国家级文物保护单位的重点砖木或木结构的古建筑			$V \leqslant 10000$		20	4	10
			$V > 10000$		25	5	15
汽车库/修车库[独立]					10	2	10
地下建筑			$V \leqslant 5000$		10	2	10
			$5000 < V \leqslant 10000$		20	4	15
			$25000 < V \leqslant 10000$		30	6	15
			$V > 25000$		40	8	20
人防工程	展览厅、影院、剧场、礼堂、健身体育场所等		$V \leqslant 1000$		5	1	5
			$1000 < V \leqslant 2500$		10	2	10
			$V > 2500$		15	3	10

（续）

建筑物名称		高度 h/m、层数、体积 V/m³、座位数 n、火灾危险性	消火栓设计流量/（L/s）	同时使用消防水枪数/支	每根竖管最小流量/（L/s）
人防工程	商场、餐厅、旅馆、医院等	$V \leqslant 5000$	5	1	5
		$5000 < V \leqslant 10000$	10	2	10
		$5000 < V \leqslant 25000$	15	3	10
		$V > 25000$	20	4	10
	丙、丁、戊类生产车间、自行车库	$V \leqslant 2500$	5	1	5
		$V > 2500$	10	2	10
	丙、丁、戊类物品库房、图书资料档案库	$V \leqslant 3000$	5	1	5
		$V > 3000$	10	2	10

注：1. 丁、戊类高层厂房（仓库）室内消火栓的设计流量可按本表减少10L/s，同时使用消防水枪数量可按本表减少两支。

　　2. 当高层民用建筑高度不超过50m，室内消火栓用水量超过20L/s，且设有自动喷水灭火系统时，其室内外消防用水量可按本表减少5L/s。

　　3. 消防软管卷盘、轻便消防水龙带及多层住宅楼梯间中的干式消防竖管，其消防给水设计流量可不计入室内消防给水设计流量。

（5）城市交通隧道内室内消火栓设计流量不应小于表13-2-20的规定。

表13-2-20　城市交通隧道内室内消火栓设计流量

用途	类别	长度/m	设计流量/（L/s）
可通行危险化学品等机动车	一、二、三	$L > 500$	20
仅限通行非危险化学品等机动车	一、二、三	$L > 1000$	10
	三、四	$L \leqslant 1000$	

（6）地铁地下车站室内消火栓设计流量不应小于20L/s，区间隧道不应小于10L/s。

6. 消防用水量

（1）消防给水一起火灾灭火用水量应按需要同时作用的室内外消防给水用水量之和计算，两栋或两座及以上建筑合用时，应取其最大者，并应按式（13-2-2）～式（13-2-4）计算：

$$V = V_1 + V_2 \tag{13-2-2}$$

$$V_1 = 3.6 \sum_{i=1}^{i=n} q_{1i} t_{1i} \tag{13-2-3}$$

$$V_2 = 3.6 \sum_{i=1}^{i=m} q_{2i} t_{2i} \tag{13-2-4}$$

式中　V——建筑消防给水一起火灾灭火用水总量（m³）；

　　　　V_1——室外消防给水一起火灾灭火用水量（m³）；

　　　　V_2——室内消防给水一起火灾灭火用水量（m³）。

　　　　q_{1i}——室外第 $1i$ 种水灭火系统的设计流量（L/s）；

　　　　t_{1i}——室外第 $1i$ 种水灭火系统的火灾延续时间（h）；

　　　　n——建筑需要同时作用的室外水灭火系统数量。

　　　　q_{2i}——室内第 $2i$ 种水灭火系统的设计流量（L/s）；

　　　　t_{2i}——室内第 $2i$ 种水灭火系统的火灾延续时间（h）；

m——建筑需要同时作用的室内水灭火系统数量。

（2）不同场所消火栓系统和固定冷却水系统的火灾延续时间不应小于表 13-2-21 的规定。

表 13-2-21　不同场所的火灾延续时间

<table>
<tr><td colspan="3">建　　筑</td><td>场所与火灾危险性</td><td>火灾延续时间
/h</td></tr>
<tr><td rowspan="10">建筑物</td><td rowspan="4">工业建筑</td><td rowspan="2">仓库</td><td>甲、乙、丙类仓库</td><td>3.0</td></tr>
<tr><td>丁、戊类仓库</td><td>2.0</td></tr>
<tr><td rowspan="2">厂房</td><td>甲、乙、丙类厂房</td><td>3.0</td></tr>
<tr><td>丁、戊类厂房</td><td>2.0</td></tr>
<tr><td rowspan="3">民用建筑</td><td rowspan="2">公共建筑</td><td>高层建筑中的商业楼、展览楼、综合楼，建筑高度大于 50m 的财贸金融楼、图书馆、书库、重要的档案楼、科研楼和高级宾馆等</td><td>3.0</td></tr>
<tr><td>其他公共建筑</td><td rowspan="2">2.0</td></tr>
<tr><td colspan="2">住宅</td></tr>
<tr><td rowspan="2">人防工程</td><td>建筑面积小于 3000m²</td><td>1.0</td></tr>
<tr><td>建筑面积大于等于 3000m²</td><td rowspan="2">2.0</td></tr>
<tr><td colspan="2">地铁车站</td></tr>
<tr><td rowspan="21">构筑物</td><td colspan="3">煤、天然气、石油及其产品的工艺装置</td><td>3.0</td></tr>
<tr><td colspan="2" rowspan="3">甲、乙、丙类可燃液体储罐</td><td>直径大于 20m 的固定顶罐和直径大于 20m 浮盘用易熔材料制作的内浮顶罐</td><td>6.0</td></tr>
<tr><td>其他储罐</td><td rowspan="2">4.0</td></tr>
<tr><td>覆土油罐</td></tr>
<tr><td colspan="3">液化烃储罐、沸点低于 45℃甲类液体、液氨储罐</td><td>6.0</td></tr>
<tr><td colspan="3">空分站,可燃液体、液化烃的火车和汽车装卸栈台</td><td>3.0</td></tr>
<tr><td colspan="3">变电站</td><td>2.0</td></tr>
<tr><td colspan="2" rowspan="7">装卸油品码头</td><td>甲、乙类可燃液体</td><td rowspan="2">6.0</td></tr>
<tr><td>乙、油品一级码头</td></tr>
<tr><td>甲、乙类可燃液体</td><td rowspan="3">4.0</td></tr>
<tr><td>乙、油品二、三级码头</td></tr>
<tr><td>丙类可燃液体油品码头</td></tr>
<tr><td>海港油品码头</td><td>6.0</td></tr>
<tr><td>河港油品码头</td><td>4.0</td></tr>
<tr><td colspan="3">码头装卸区</td><td>2.0</td></tr>
<tr><td colspan="3">装卸液化石油气船码头</td><td>6.0</td></tr>
<tr><td colspan="2" rowspan="3">液化石油气加气站</td><td>地上储气罐加气站</td><td>3.0</td></tr>
<tr><td>埋地储气罐加气站</td><td rowspan="2">1.0</td></tr>
<tr><td>加油和液化石油气加合建站</td></tr>
<tr><td colspan="2" rowspan="6">易燃、可燃材料露天、半露天堆场,可燃气体罐区</td><td>粮食土圆囤、席穴囤</td><td rowspan="5">6.0</td></tr>
<tr><td>棉、麻、毛、化纤百货</td></tr>
<tr><td>稻草、麦秸、芦苇等</td></tr>
<tr><td>木材等</td></tr>
<tr><td>露天或半露天堆放煤和焦炭</td></tr>
<tr><td>可燃气体储罐</td><td>3.0</td></tr>
</table>

（3）自动喷水灭火系统、泡沫灭火系统、水喷雾灭火系统、固定消防炮灭火系统、自动跟踪定位射流灭火系统等水灭火系统的火灾延续时间，应分别按现行国家标准《自动喷水灭火系统设计规范》（GB 50084—2001）、《泡沫灭火系统设计规范》（GB 50151—2010）、《水喷雾灭火系统设计规范》（GB 50219—1995）和《固定消防炮灭火系统设计规范》（GB

50338—2003）的有关规定执行。

（4）建筑内用于防火分隔的防火分隔水幕和防护冷却水幕的火灾延续时间，应采用与保护的防火墙和分隔墙的耐火极限一致的等效替代原则。

（5）城市交通隧道的火灾延续时间不应小于表 13-2-22 的规定。

表 13-2-22　城市交通隧道的火灾延续时间

用途	类别	长度/m	火灾延续时间/h
可通行危险化学品等机动车	一、二、三	$L > 500$	3.0
仅限通行非危险化学品等机动车	一、二、三	$L > 1000$	
	三、四	$L \leqslant 1000$	2.0

13.2.3　消防给水水源

1. 一般规定

（1）在城乡规划区域范围内，市政消防给水应与市政给水管网同步规划、设计与实施。

（2）消防水源水质应满足水灭火设施灭火、控火和冷却等消防功能的要求。

（3）消防水源应符合下列规定：

1）市政给水、消防水池、天然水源等可作为消防水源，宜采用市政给水管网供水。

2）雨水清水池、中水清水池、水景和游泳池宜作为备用消防水源。

（4）消防给水管道内平时所充水的 pH 值应为 6.0～9.0。

（5）严寒、寒冷等冬季结冰地区的消防水池、水塔和高位消防水池等应采取防冻措施。

（6）雨水清水池、中水清水池、水景和游泳池必须作为消防水源时，应有保证在任何情况下均能满足消防给水系统所需的水量和水质的技术措施。

2. 市政给水

（1）当市政给水管网连续供水时，消防给水系统可采用市政给水管网直接供水。

（2）市政两路消防供水应符合下列条件，当不符合时应视为一路消防供水：

1）市政给水厂应至少有两条输水干管向市政给水管网输水。

2）市政给水管网应为环状管网。

3）应有在不同市政给水干管上不少于两条引入管向消防给水系统供水。

3. 消防水池

（1）符合下列规定之一时，应设置消防水池：

1）当生产、生活用水量达到最大时，市政给水管网或引入管不能满足室内外消防用水量时。

2）当采用一路消防供水或只有一条引入管，且室外消火栓设计流量大于 20L/s 或建筑高度大于 50m 时。

3）市政消防给水设计流量小于建筑的消防给水设计流量时。

（2）消防水池有效容积的计算应符合下列规定：

1）当市政给水管网能保证室外消防给水设计流量时，消防水池的有效容积应满足在火灾延续时间内室内消防用水量的要求。

2）当市政给水管网不能保证室外消防给水设计流量时，消防水池的有效容积应满足火灾延续时间内室内消防用水量和室外消防用水量不足部分之和的要求。

（3）消防水池的给水管应根据其有效容积和补水时间确定，补水时间不宜大于48h，但当消防水池有效总容积大于2000m³时不应大于96h。消防水池给水管管径应经计算确定，且不应小于DN50。

（4）当消防水池采用两路供水且在火灾情况下连续补水能满足消防要求时，消防水池的有效容积应根据计算确定，但不应小于100m³，当仅设有消火栓系统时不应小于50m³。

（5）火灾时消防水池连续补水应符合下列规定：

1）消防水池应采用两路消防给水。

2）火灾延续时间内的连续补水流量应按消防水池最不利给水管供水量计算，并可按式（13-2-5）计算：

$$q_f = 3600Av \tag{13-2-5}$$

式中　q_f——火灾时消防水池的补水流量（m³/h）；

　　　A——消防水池给水管断面面积（m²）；

　　　v——管道内水的平均流速（m/s）。

3）消防水池给水管管径和流量应根据市政给水管网或其他给水管网的压力、入户管管径、消防水池给水管管径，以及消防时其他用水量等经水力计算确定，当计算条件不具备时，给水管的平均流速不宜大于1.5m/s。

（6）消防水池的总蓄水有效容积大于500m³时，宜设两个能独立使用的消防水池，并应设置满足最低有效水位的连通管；但当大于1000m³时，应设置能独立使用的两座消防水池，每座消防水池应设置独立的出水管，并应设置满足最低有效水位的连通管。

（7）储存室外消防用水的消防水池或供消防车取水的消防水池，应符合下列规定：

1）消防水池应设置取水口（井），且吸水高度不应大于6.0m。

2）取水口（井）与建筑物（水泵房除外）的距离不宜小于15m。

3）取水口（井）与甲、乙、丙类液体储罐等构筑物的距离不宜小于40m。

4）取水口（井）与液化石油气储罐的距离不宜小于60m，当采取防止辐射热保护措施时，可为40m。

（8）消防用水与其他用水共用的水池，应采取确保消防用水量不作他用的技术措施。

（9）消防水池的出水、排水和水位应符合下列要求：

1）消防水池的出水管应保证消防水池的有效容积能被全部利用。

2）消防水池应设置就地水位显示装置，并应在消防控制中心或值班室等地点设置显示消防水池水位的装置，同时应有最高和最低报警水位。

3）消防水池应设置溢流水管和排水设施，并应采用间接排水。

（10）消防水池的通气管和呼吸管等应符合下列要求：

1）消防水池应设置通气管。

2）消防水池通气管、呼吸管和溢流水管等应采取防止虫鼠等进入消防水池的技术措施。

（11）高位消防水池的最低有效水位应能满足其所服务的水灭火设施所需的压力和流量，且其有效容积应满足火灾延续时间内所需消防用水量，并应符合下列规定：

1）高位消防水池有效容积、出水、排水和水位应符合上述第（4）条和第（9）条的有关规定。

2）高位消防水池应符合上述第（6）条的有关规定。

3）除可一路消防供水的建筑物外，向高位消防水池供水的给水管应至少有两条独立的给水管道。

4）当高层民用建筑采用高位消防水池供水的高压消防给水系统时，高位消防水池储存室内消防给水一起火灾灭火用水量确有困难，且火灾时补水可靠时，其总有效容积不应小于室内消防给水一起火灾灭火用水量的 50%。

5）高层民用建筑高压消防给水系统的高位消防水池总有效容积大于 $200m^3$ 时，宜设置蓄水有效容积相等且可独立使用的两格；但当建筑高度大于 100m 时应设置独立的两座，且每座应有一条独立的出水管向系统供水。

6）高位消防水池设置在建筑物内时，应采用耐火极限不低于 2.00h 的隔墙和 1.50h 的楼板与其他部位隔开，并应设甲级防火门；且与建筑构件应连接牢固。

4. 天然水源

（1）井水等地下水源可作为消防水源。

（2）当井水作为消防水源向消防给水系统直接供水时，深井泵应能自动启动，并应符合下列规定：

1）水井不应少于两眼，且每眼井的深井泵均应采用一级供电负荷时，可为两路消防供水。

2）其他情况时可视为一路消防供水。

（3）江河湖海水库等天然水源，可作为城乡市政消防和建筑室外消防永久性天然消防水源，其设计枯水流量保证率应根据城乡规模和工业项目的重要性、火灾危险性和经济合理性等综合因素确定，宜为 90%～97%。但村镇的室外消防给水水源的设计枯水流量保证率可根据当地水源情况适当降低。

（4）当室外消防水源采用天然水源时，应采取防止冰凌、漂浮物、悬浮物等物质堵塞消防水泵的技术措施，并应采取确保安全取水的措施。

（5）当天然水源作为消防水源时，应符合下列规定：

1）当地表水作为室外消防水源时，应采取确保消防车、固定和移动消防水泵在枯水位取水的技术措施；当消防车取水时，最大吸水高度不应超过 6.0m。

2）当井水作为消防水源时，还应设置探测水井水位的水位测试装置。

（6）天然水源消防车取水口的设置位置和设施，应符合现行国家标准《室外给水设计规范》（GB 50013—2006）中有关地表水取水的规定，且取水头部宜设置格栅，其栅条间距不宜小于 50mm，也可采用过滤管。

（7）设有消防车取水口的天然水源，应设置消防车到达取水口的消防车道和消防车回车场或回车道。

13.2.4　供水设施

1. 消防水泵

（1）消防水泵宜根据可靠性、安装场所、消防水源、消防给水设计流量和扬程等综合因素确定水泵的型号，水泵驱动器宜采用电动机或柴油机直接传动，消防水泵不应采用双电动机或基于柴油机等组成的双动力驱动水泵。

（2）消防水泵机组应由水泵、驱动器和专用控制柜等组成；一组消防水泵可由同一消防给水系统的工作泵和备用泵组成。

（3）消防水泵生产厂商应提供完整的水泵流量扬程性能曲线，并应标示流量、扬程、气蚀余量、功率和效率等参数。

（4）单台消防水泵的最小额定流量不应小于10L/s，最大额定流量不宜大于320L/s。

（5）当消防水泵采用离心泵时，泵的型号宜根据流量、扬程、气蚀余量、功率和效率、转速、噪声，以及安装场所的环境要求等因素综合确定。

（6）消防水泵的选择和应用应符合下列规定：

1）消防水泵的性能应满足消防给水系统所需流量和压力的要求。

2）消防水泵所配驱动器的功率应满足所选水泵流量扬程性能曲线上任何一点运行所需功率的要求。

3）当采用电动机驱动的消防水泵时，应选择电动机干式安装的消防水泵。

4）流量扬程性能曲线应无驼峰、无拐点的光滑曲线，零流量时的压力不应超过设计压力的140%，且不宜小于设计额定压力的120%。

5）当出流量为设计流量的150%时，其出口压力不应低于设计压力的65%。

6）泵轴的密封方式和材料应满足消防水泵在低流量时运转的要求。

7）消防给水同一泵组的消防水泵型号宜一致，且工作泵不宜超过3台。

8）多台消防水泵并联时，应校核流量叠加对消防水泵出口压力的影响。

（7）消防水泵的主要材质应符合下列规定：

1）水泵外壳宜为球墨铸铁。

2）叶轮宜为青铜或不锈钢。

（8）当采用柴油机消防水泵时应符合下列规定：

1）柴油机消防水泵应采用压缩式点火型柴油机。

2）柴油机的额定功率应校核海拔高度和环境温度对柴油机功率的影响。

3）柴油机消防水泵应具备连续工作的性能，试验运行时间不应小于24h。

4）柴油机消防水泵的蓄电池应保证消防水泵随时自动启泵的要求。

5）柴油机消防水泵的供油箱应根据火灾延续时间确定，且油箱最小有效容积应按1.5L/kW配置，柴油机消防水泵油箱内储存的燃料不应小于50%的储量。

（9）轴流深井泵宜安装于水井、消防水池和其他消防水源上，并应符合下列规定：

1）轴流深井泵安装于水井时，其淹没深度应满足其可靠运行的要求，在水泵出流量为150%额定流量时，其最低淹没深度应是第一个水泵叶轮底部水位线以上不少于3.2m，且海拔高度每增加300m，深井泵的最低淹没深度应至少增加0.3m。

2）轴流深井泵安装在消防水池等消防水源上时，其第一个水泵叶轮底部应低于消防水池的最低有效水位线，且淹没深度应根据水力条件经计算确定，并应满足消防水池等消防水源有效储水量或有效水位能全部被利用的要求；当水泵额定流量大于125L/s时，应根据水泵性能确定淹没深度，并应满足水泵气蚀余量的要求。

3）轴流深井泵的出水管与消防给水管网连接应符合下述第（13）条第3）款的有关规定。

4）轴流深井泵出水管的阀门设置应符合下述第（13）条第5）、6）款的有关规定。

5）当消防水池最低水位低于离心水泵出水管中心线或水源水位不能保证离心水泵吸水时，可采用轴流深井泵，并应采用湿式深坑的安装方式安装于消防水池等消防水源上。

6）当轴流深井泵的电动机露天设置时，应有防雨功能。

7）其他应符合现行国家标准《室外给水设计规范》（GB 50013—2006）的有关规定。

（10）消防水泵应设置备用泵，其性能应与工作泵性能一致，但下列情况除外：

1）除建筑高度超过50m的其他建筑室外消防给水设计流量小于等于25L/s时。

2）室内消防给水设计流量小于等于10L/s时。

（11）一组消防水泵应在消防水泵房内设置流量和压力测试装置，并应符合下列规定：

1）单台消防给水泵的流量不大于20L/s、压力不大于0.50MPa时，泵组应预留流量计和压力计接口，其他泵组宜设置泵组流量和压力测试装置。

2）消防水泵流量检测装置的计量精度应为0.4级，最大量程的75%不应低于最大一台消防给水泵额定流量的175%。

3）消防水泵压力检测装置的计量精度应为0.5级，最大量程的75%不应低于最大一台消防给水泵额定压力的165%。

4）每台消防水泵出水管上应设置DN65的试水管，并应安装DN65的消火栓。

（12）消防水泵吸水应符合下列规定：

1）消防水泵应采取自灌式吸水。

2）消防水泵从市政管网直接抽水时，应在消防水泵出水管上设置减压型倒流防止器。

3）当吸水口处无吸水井时，吸水口处应设置旋流防止器。

（13）离心式消防水泵吸水管、出水管和阀门等，应符合下列规定：

1）一组消防水泵，吸水管不应少于两条，当其中一条损坏或检修时，其余吸水管应仍能通过全部消防给水设计流量。

2）消防水泵吸水管布置应避免形成气囊。

3）一组消防水泵应设不少于两条的输水干管与消防给水环状管网连接，当其中一条输水管检修时，其余输水管应仍能供应全部消防给水设计流量。

4）消防水泵吸水口的淹没深度应满足消防水泵在最低水位运行安全的要求，吸水管喇叭口在消防水池最低有效水位下的淹没深度应根据吸水管喇叭口的水流速度和水力条件确定，但不应小于600mm，当采用旋流防止器时，淹没深度不应小于200mm。

5）消防水泵的吸水管上应设置明杆闸阀或带自锁装置的蝶阀，但当设置暗杆阀门时应设有开启刻度和标志；当管径超过DN300时，宜设置电动阀门。

6）消防水泵的出水管上应设止回阀、明杆闸阀；当采用蝶阀时，应带有自锁装置；当管径大于DN300时，宜设置电动阀门。

7）消防水泵吸水管的直径小于DN250时，其流速宜为1.0～1.2m/s；直径大于DN250时，宜为1.2～1.6m/s。

8）消防水泵出水管的直径小于DN250时，其流速宜为1.5～2.0m/s；直径大于DN250时，宜为2.0～2.5m/s。

9）吸水井的布置应满足井内水流顺畅、流速均匀、不产生涡漩的要求，并应便于安装施工。

10）消防水泵的吸水管、出水管道穿越外墙时，应采用防水套管；当穿越墙体和楼板时，应符合消防给水及消火栓系统规范规定的有关"消防给水管穿过墙体或楼板时应加设套管，套管长度不应小于墙体厚度，或应高出楼面或地面 50mm；套管与管道的间隙应采用不燃材料填塞，管道的接口不应位于套管内"的要求。

11）消防水泵的吸水管穿越消防水池时，应采用柔性套管；采用刚性防水套管时应在水泵吸水管上设置柔性接头，且管径不应大于 DN150。

（14）当有两路消防供水且允许消防水泵直接吸水时，应符合下列规定：

1）每一条市政给水应满足消防给水设计流量和消防时必须保证的其他用水。

2）消防时室外给水管网的压力从地面算起不应小于 0.10MPa。

3）消防水泵扬程应按室外给水管网的最低水压计算，并应以室外给水的最高水压校核消防水泵的工作工况。

（15）消防水泵吸水管可设置管道过滤器，管道过滤器的过水面积应大于管道过水面积的 4 倍，且孔径不宜小于 3mm。

（16）临时高压消防给水系统应采取防止消防水泵低流量空转过热的技术措施。

（17）消防水泵吸水管和出水管上应设置压力表，并应符合下列规定：

1）消防水泵出水管压力表的最大量程不应低于水泵额定工作压力的 2 倍，且不应低于 1.60MPa。

2）消防水泵吸水管宜设置真空表、压力表或真空压力表，压力表的最大量程应根据工程具体情况确定，但不应低于 0.70MPa，真空表的最大量程宜为 -0.10MPa。

3）压力表的直径不应小于 100mm，应采用直径不小于 6mm 的管道与消防水泵进出口管相接，并应设置关断阀门。

2. 高位消防水箱

（1）临时高压消防给水系统的高位消防水箱的有效容积应满足初期火灾消防用水量的要求，并应符合下列规定：

1）一类高层公共建筑不应小于 36m³，但当建筑高度大于 100m 时不应小于 50m³，当建筑高度大于 150m 时不应小于 100m³。

2）多层公共建筑、二类高层公共建筑和一类高层居住建筑不应小于 18m³，当一类住宅建筑高度超过 100m 时不应小于 36m³。

3）二类高层住宅不应小于 12m³。

4）建筑高度大于 21m 的多层住宅建筑不应小于 6m³。

5）工业建筑室内消防给水设计流量当小于等于 25L/s 时不应小于 12m³，大于 25L/s 时不应小于 18m³。

6）总建筑面积大于 10000m² 且小于 30000m² 的商店建筑不应小于 36m³，总建筑面积大于 30000m² 的商店不应小于 50m³，当与本条第 1）款规定不一致时应取其较大值。

（2）高位消防水箱的设置位置应高于其所服务的水灭火设施，且最低有效水位应满足水灭火设施最不利点处的静水压力，并应符合下列规定：

1）一类高层民用公共建筑不应低于 0.10MPa，但当建筑高度超过 100m 时不应低于 0.15MPa。

2）高层住宅、二类高层公共建筑、多层民用建筑不应低于 0.07MPa，多层住宅确有困难时可适当降低。

3）工业建筑不应低于0.10MPa。

4）当市政供水管网的供水能力在满足生产生活最大小时用水量后，仍能满足初期火灾所需的消防流量和压力时，可由市政给水系统直接供水，并应在进水管处设置倒流防止器，系统的最高处应设置自动排气阀。

5）自动喷水灭火系统等自动水灭火系统应根据喷头灭火需求压力确定，但最小不应小于0.10MPa。

6）当高位消防水箱不能满足本条第1）~5）款的静压要求时，应设稳压泵。

（3）高位消防水箱可采用热浸锌镀锌钢板、钢筋混凝土、不锈钢板等建造。

（4）高位消防水箱的设置应符合下列规定：

1）当高位消防水箱在屋顶露天设置时，水箱的人孔以及进出水管的阀门等应采取锁具或阀门箱等保护措施。

2）严寒、寒冷等冬季冰冻地区的消防水箱应设置在消防水箱间内，其他地区宜设置在室内，当必须在屋顶露天设置时，应采取防冻隔热等安全措施。

3）高位消防水箱与基础应牢固连接。

（5）高位消防水箱间应通风良好，不应结冰，当必须设置在严寒、寒冷等冬季结冰地区的非供暖房间时，应采取防冻措施，环境温度或水温不应低于5℃。

（6）高位消防水箱应符合下列规定：

1）高位消防水箱的有效容积、出水、排水和水位等应符合上述消防水池中有关的第（8）条和第（9）条的有关规定。

2）高位消防水箱的最低有效水位应根据出水管喇叭口和防止旋流器的淹没深度确定，当采用出水管喇叭口应符合上述消防水泵中有关第（13）条第4）款的规定；但当采用防止旋流器时应根据产品确定，不应小于150mm的保护高度。

3）消防水箱的通气管、呼吸管等应符合上述消防水池中有关第（10）条的规定。

4）消防水箱外壁与建筑本体结构墙面或其他池壁之间的净距，应满足施工或装配的需要，无管道的侧面，净距不宜小于0.7m；安装有管道的侧面，净距不宜小于1.0m，且管道外壁与建筑本体墙面之间的通道宽度不宜小于0.6m，设有人孔的水箱顶，其顶面与其上面的建筑物本体板底的净空不应小于0.8m。

5）进水管的管径应满足消防水箱8h充满水的要求，但管径不应小于DN32，进水管宜设置液位阀或浮球阀。

6）进水管应在溢流水位以上接入，进水管口的最低点高出溢流边缘的高度应等于进水管管径，但最小不应小于25mm，最大可不大于150mm。

7）当进水管为淹没出流时，应在进水管上设置防止倒流的措施或在管道上设置虹吸破坏孔和真空破坏器，虹吸破坏孔的孔径不宜小于管径的1/5，且不应小于25mm。但当采用生活给水系统补水时，进水管不应淹没出流。

8）溢流管的直径不应小于进水管直径的2倍，且不应小于DN100，溢流管的喇叭口直径不应小于溢流管直径的1.5~2.5倍。

9）高位消防水箱出水管管径应满足消防给水设计流量的出水要求，且不应小于DN100。

10）高位消防水箱出水管应位于高位消防水箱最低水位以下，并应设置防止消防用水进入高位消防水箱的止回阀。

11）高位消防水箱的进、出水管应设置带有指示启闭装置的阀门。

3. 稳压泵

（1）稳压泵宜采用离心泵，并宜符合下列规定：

1）宜采用单吸单级或单吸多级离心泵。

2）泵外壳和叶轮等主要部件的材质宜采用不锈钢。

（2）稳压泵的设计流量应符合下列规定：

1）稳压泵的设计流量不应小于消防给水系统管网的正常泄漏量和系统自动启动流量。

2）消防给水系统管网的正常泄漏量应根据管道材质、接口形式等确定，当没有管网泄漏量数据时，稳压泵的设计流量宜按消防给水设计流量的 1% ~3% 计，且不宜小于 1L/s。

3）消防给水系统所采用报警阀压力开关等自动启动流量应根据产品确定。

（3）稳压泵的设计压力应符合下列要求：

1）稳压泵的设计压力应满足系统自动启动和管网充满水的要求。

2）稳压泵的设计压力应保持系统自动启泵压力设置点处的压力在准工作状态时大于系统设置自动启泵压力值，且增加值宜为 0.07 ~0.10MPa。

3）稳压泵的设计压力应保持系统最不利点处水灭火设施的在准工作状态时的压力大于该处的静水压，且增加值不应小于 0.15MPa。

（4）设置稳压泵的临时高压消防给水系统应设置防止稳压泵频繁启停的技术措施，当采用气压水罐时，其调节容积应根据稳压泵启泵次数不大于 15 次/h 计算确定，但有效储水容积不宜小于 150L。

（5）稳压泵吸水管应设置明杆闸阀，稳压泵出水管应设置消声止回阀和明杆闸阀。

（6）稳压泵应设置备用泵。

4. 消防水泵接合器

（1）水泵接合器的种类、型号及基本参数

1）水泵接合器的种类。水泵接合器分为地上式、地下式和墙壁式三种，见图 13-2-1。

2）水泵接合器的型号及基本参数。水泵接合器的型号及基本参数见表 13-2-23、表13-2-24。

表 13-2-23　水泵接合器的型号

型号规格	形　式	公称直径 /mm	公称压力 /MPa	进水口	
				形　式	口径/mm × mm
SQ100	地上	100	1.6	内扣式	65 × 65
SQX100	地下				
SQB100	墙壁				
SQ150	地上	150			80 × 80
SQX	地下				
SQB150	墙壁				

表 13-2-24　水泵接合器的基本参数

公称管径 /mm	结构尺寸								法　兰					消防接口
	B_1	B_2	B_3	H_1	H_2	H_3	H_4	L	D	D_1	D_2	d	N	
100	300	350	220	700	800	210	318	130	220	180	158	17.5	8	KWS65
150	350	480	310	700	800	325	465	160	285	240	212	22	8	KWS80

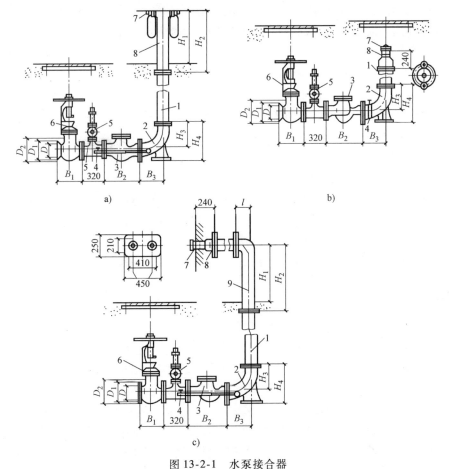

图 13-2-1 水泵接合器

a) SQ 型地上式 b) SQ 型地下式 c) SQ 型墙壁式

1—法兰接管 2—弯管 3—升降式单向阀 4—放水阀 5—安全阀

6—闸阀 7—进水接口 8—本体 9—法兰弯管

（2）下列场所的室内消火栓给水系统应设置消防水泵接合器：

1）高层民用建筑。

2）设有消防给水的住宅、超过五层的其他多层民用建筑。

3）地下建筑和平战结合的人防工程。

4）超过四层的厂房和库房，以及最高层楼板超过 20m 的厂房或库房。

5）四层以上多层汽车库和地下汽车库。

6）城市市政隧道。

（3）自动喷水灭火系统、水喷雾灭火系统、泡沫灭火系统和固定消防炮灭火系统等水灭火系统，均应设置消防水泵接合器。

（4）消防水泵接合器的给水流量宜按每个 10 ~ 15L/s 计算。消防水泵接合器设置的数量应按系统设计流量经计算确定，但当计算数量超过 3 个时，可根据供水可靠性适当减少；下列消防给水系统宜适当减少：

1）市政给水管网两路直接供水的高压消防给水系统。

2）高位消防水池、水塔两路供水的高压消防给水系统。

（5）临时高压消防给水系统向多栋建筑供水时，消防水泵接合器宜在每栋单体附件就近设置。

（6）消防水泵接合器的供水压力范围，应根据当地消防车的供水流量和压力确定。

（7）消防给水为竖向分区供水时，在消防车供水压力范围内的分区，应分别设置水泵接合器；当建筑高度超过消防车供水高度时，消防给水应在设备层等方便操作的地点设置手抬泵或移动泵接力供水的吸水和加压接口。

（8）水泵接合器应设在室外便于消防车使用的地点，且距室外消火栓或消防水池的距离不宜小于 15m，并不宜大于 40m。

（9）墙壁消防水泵接合器的安装高度距地面宜为 0.7m；与墙面上的门、窗、孔、洞的净距离不应小于 2.0m，且不应安装在玻璃幕墙下方；地下消防水泵接合器的安装，应使进水口与井盖底面的距离不大于 0.4m，且不应小于井盖的半径。

（10）水泵接合器处应设置永久性标志铭牌，并应标明供水系统、供水范围和额定压力。

5. 消防水泵房

（1）消防水泵房内起重设备应符合下列规定：

1）消防水泵的质量小于 0.5t 时，宜设置固定吊钩或移动吊架。

2）消防水泵的质量为 0.5～3t 时，宜设置手动起重设备。

3）消防水泵的质量大于 3t 时，应设置电动起重设备。

（2）消防水泵机组的布置应符合下列规定：

1）相邻两个机组及机组至墙壁间的净距，当电机容量小于 22kW 时，不宜小于 0.60m；当电动机容量不小于 22kW，且不大于 55kW 时，不宜小于 0.8m；当电动机容量大于 55kW 且小于 255kW 时，不宜小于 1.2m；当电动机容量大于 255kW 时，不宜小于 1.5m。

2）当消防水泵就地检修时，应至少在每个机组一侧设消防水泵机组宽度加 0.5m 的通道，并应保证消防水泵轴和电动机转子在检修时能拆卸。

3）消防水泵房的主要通道宽度不应小于 1.2m。

（3）当采用柴油机消防水泵时，机组间的净距宜按上述第（2）条规定值增加 0.2m，但不应小于 1.2m。

（4）当消防水泵房内设有集中检修场地时，其面积应根据水泵或电动机外形尺寸确定，并应在其周围留有宽度不小于 0.7m 的通道。地下式泵房宜利用空间设集中检修场地。对于装有深井水泵的湿式竖井泵房，还应设堆放泵管的场地。

（5）消防水泵房内的架空水管道，不应阻碍通道和跨越电气设备，当必须跨越时，应采取保证通道畅通和保护电气设备的措施。

（6）独立的消防水泵房地面层的地坪至屋盖或天花板等的突出构件底部间的净高，除应按通风采光等条件要求外，且应符合下列规定：

1）当采用固定吊钩或移动吊架时，其值不应小于 3.0m。

2）当采用单轨起重机时，应保持吊起物底部与吊运所越过物体顶部之间有 0.50m 以上的净距。

3）当采用桁架式起重机时，除应符合本条第 2）款的规定外，还应另外增加起重机安装和检修空间的高度。

（7）当采用轴流深井水泵时，水泵房净高应按消防水泵吊装和维修的要求确定，当高度过高时，应根据水泵传动轴长度产品规格选择较短规格的产品。

（8）消防水泵房应至少有一个可以搬运最大设备的门。

（9）消防水泵房的设计应根据具体情况设计相应的供暖、通风和排水设施，并应符合下列规定：

1）严寒、寒冷等冬季结冰地区供暖温度不应低于10℃，但当无人值守时不应低于5℃。

2）消防水泵房的通风宜按6次/h设计。

3）消防水泵房应设置排水设施。

（10）消防水泵不宜设在有防振或有安静要求房间的上一层、下一层和毗邻位置，当必须时，应采取下列降噪减振措施：

1）消防水泵应采用低噪声水泵。

2）消防水泵机组应设隔振装置。

3）消防水泵吸水管和出水管上应设隔振装置。

4）消防水泵房内管道支架和管道穿墙和穿楼板处，应采取防止固体传声的措施。

5）在消防水泵房内墙应采取隔声吸音的技术措施。

（11）消防水泵出水管应进行停泵水锤压力计算，并宜按式（13-2-6）和式（13-2-7）计算，当计算所得的水锤压力值超过管道试验压力值时，应采取消除停泵水锤的技术措施。停泵水锤消除装置应装设在消防水泵出水总管上，以及消防给水系统管网其他适当的位置：

$$\Delta p = \rho c v \tag{13-2-6}$$

$$c = c_0 / [1 + (K d_i) / (E\delta)]^{1/2} \tag{13-2-7}$$

式中　Δp——水锤最大压力（Pa）；

ρ——水的密度（kg/m³）；

c——水击波的传播速度（m/s）；

v——管道中水流速度（m/s）；

c_0——水中声波的传播速度，宜取 $c_0 = 1435$m/s（压强 0.1MPa ~ 2.50MPa，水温 10℃）；

K——水的体积弹性模量，宜取 $K = 2.1 \times 10^9$Pa；

E——管道的材料弹性模量，钢管 $E = 20.6 \times 10^{10}$Pa，铸铁管 $E = 9.8 \times 10^{10}$Pa，钢丝网骨架塑料（PE）复合管 $E = 6.5 \times 10^{10}$Pa；

d_i——管道的公称直径（mm）；

δ——管道壁厚（mm）。

（12）消防水泵房应符合下列规定：

1）独立建造的消防水泵房耐火等级不应低于二级，与其他产生火灾暴露危害的建筑的防火距离应根据计算确定，但不应小于15m，石油化工企业还应符合现行国家标准《石油化工企业设计防火规范》（GB 50160—2008）的有关规定。

2）附设在建筑物内的消防水泵房，应采用耐火极限不低于2.0h的隔墙和1.50h的楼板与其他部位隔开，其疏散应靠近安全出口，并应设甲级防火门。

3）附设在建筑物内的消防水泵房，当设在首层时，其出口应直通室外；当设在地下室或其他楼层时，其出口应直通安全出口。

（13）当采用柴油机消防水泵时宜设置独立消防水泵房，并应设置满足柴油机运行的通风、排烟和阻火设施。

（14）消防水泵房应采取不被水淹没的技术措施。

（15）独立消防水泵房的抗震应满足当地地震要求，且宜按本地区抗震设防烈度提高1度采取抗震措施，但不宜做提高1度抗震计算，并应符合现行国家标准《室外给水排水和燃气热力工程抗震设计规范》（GB 50032—2003）的有关规定。

（16）消防水泵和控制柜应采取安全保护措施。

13.2.5　给水形式

1. 一般规定

（1）消防给水应根据建筑的用途、功能、体积、高度、耐火极限、火灾危险性、重要性、次生灾害、商务连续性、水源条件等因素综合确定其可靠性和供水方式，并应满足水灭火系统灭火、控火和冷却等消防功能所需流量和压力的要求。

（2）城镇消防给水宜采用城镇市政给水管网供应，并应符合下列规定：

1）城镇市政给水管网及输水干管应符合现行国家标准《室外给水设计规范》（GB 50013—2006）的有关规定。

2）工业园区和商务区宜采用两路消防供水。

3）当采用天然水源作为消防水源时，每个天然水源消防取水口宜按一个市政消火栓计算或根据消防车停放数量确定。

4）当市政给水为间歇供水或供水能力不足时，宜建市政消防水池，且消防水池宜有作为市政消防给水的技术措施。

5）城市避难场所宜设置独立的城市消防水池，且每座容量不宜小于200m³。

（3）建筑物室外宜采用低压消防给水系统，当采用市政给水管网供水时，应符合下列规定：

1）应采用两路消防供水，除建筑高度超过50m的住宅外，室外消火栓设计流量小于等于20L/s时可采用一路消防供水。

2）室外消火栓应由市政给水管网直接供水。

（4）工艺装置区、储罐区、堆场等构筑物室外消防给水，应符合下列规定：

1）工艺装置区、储罐区等场所应采用高压或临时高压消防给水系统，但当无泡沫灭火系统、固定冷却水系统和消防炮，室外消防给水设计流量不大于30L/s，且在城镇消防站保护范围内时，可采用低压消防给水系统。

2）堆场等场所宜采用低压消防给水系统，但当可燃物堆垛高度高、扑救难度大、易起火，且远离城镇消防站时，应采用高压或临时高压消防给水系统。

（5）市政消火栓或消防水池作为室外消火栓时，应符合下列规定：

1）供消防车吸水的室外消防水池的每个取水口宜按一个室外消火栓计算，且其保护半径不应大于150m。

2）建筑外缘5~150m的市政消火栓可计入建筑室外消火栓的数量，但当为消防水泵接合器供水时，建筑外缘 5~40m 的市政消火栓可计入建筑室外消火栓的数量。

3）当市政给水管网为环状时，符合本条第1）、2）款的室外消火栓出流量宜计入建筑室外消火栓设计流量；但当市政给水管网为枝状时，计入建筑的室外消火栓设计流量不宜超过一个市政消火栓的出流量。

（6）当室外采用高压或临时高压消防给水系统时，宜与室内消防给水合用。

（7）室外临时高压消防给水系统宜采用稳压泵维持系统的充水和压力。

（8）室内应采用高压或临时高压消防给水系统，且不应与生产生活给水系统合用；但当自动喷水灭火系统局部应用系统和仅设有消防软管卷盘的室内消防给水系统时，可与生产生活给水系统合用。室内采用的临时高压消防给水系统有水池水泵水箱的临时高压消防给水系统（图 13-2-2）和水池水泵水箱气压装置稳压的临时高压消防给水系统（图13-2-3）。

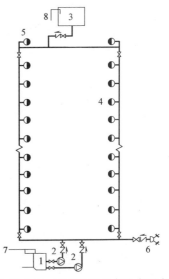

图 13-2-2　室内采用的水池水泵水箱的临时高压消防给水系统

1—水池　2—消防水泵　3—水箱
4—消火栓　5—试验消火栓　6—水泵接合器
7—水池进水管　8—水箱进水管

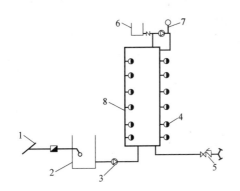

图 13-2-3　室内采用的水池水泵水箱气压装置稳压的临时高压消防给水系统

1—外网　2—水池　3—水泵　4—消火栓设备　5—水泵接合器
6—水箱　7—稳压设备　8—消防管道

（9）当室内采用临时高压消防给水系统时，应设置高位消防水箱，并应符合下列规定：

1）高层民用建筑、总建筑面积大于 10000m² 且层数超过两层的公共建筑和其他重要建筑，必须设置高位消防水箱。

2）其他建筑应设置高位消防水箱，但当工业建筑设置高位消防水箱确有困难，且采用安全可靠的消防给水时，可采用稳压泵稳压。

（10）当建筑物的室内临时高压消防给水系统仅采用稳压泵稳压，且建筑物室外消火栓设计流量大于 20L/s 和建筑高度大于 50m 的住宅时，消防水泵的供电或备用动力应安全可靠，并应符合下列条件之一：

1）消防水泵应按一级负荷要求供电，当不能满足一级负荷要求供电时应采用柴油发电机组作备用动力。

2）工业建筑备用泵宜采用柴油机消防水泵。

（11）建筑群共用临时高压消防给水系统时，应符合下列规定：

1）工矿企业消防供水的最大保护半径不宜超过1200m，或占地面积不宜大于200hm²。

2）居住小区消防供水的最大保护建筑面积不宜超过500000m²。

3）公共建筑宜为同一物业管理单位。

（12）当市政给水管网能满足生产生活和消防给水设计流量，且市政允许消防水泵直接吸水时，临时高压消防给水系统的消防水泵宜直接从市政给水管网吸水，但城乡市政消防给水设计流量宜大于建筑的室内外消防给水设计流量之和。

（13）当建筑物高度超过100m时室内消防给水系统应采用安全可靠的消防给水；当高位消防水池无法满足压力和流量的最上部几层时，应采用临时高压消防给水系统。

2. 分区供水

（1）分区供水常见有消防水泵并行分区消防给水、消防水泵串联分区消防给水和减压分区消防给水。并行分区消防给水如图13-2-4所示。消防水泵串联分区消防给水如图13-2-5所示。消防水泵减压分区消防给水如图13-2-6所示。

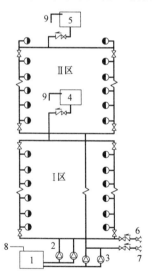

图13-2-4　消防水泵并行分区消防给水
1—水池　2—Ⅰ区消防水泵　3—Ⅱ区消防水泵
4—Ⅰ区水箱　5—Ⅱ区水箱　6—Ⅰ区水泵接合器
7—Ⅱ区水泵接合器　8—水池进水管　9—水箱进水管

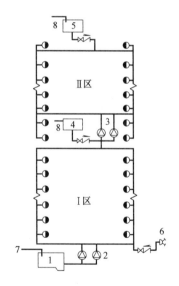

图13-2-5　消防水泵串联分区消防给水
1—水池　2—Ⅰ区消防水泵　3—Ⅱ区消防水泵
4—Ⅰ区水箱　5—Ⅱ区水箱　6—水泵接合器
7—水池进水管　8—水箱进水管

（2）符合下列条件时，消防给水系统应分区供水：

1）消火栓栓口处最大工作压力大于1.20MPa时。

2）自动水灭火系统报警阀处的工作压力大于1.60MPa或喷头处的工作压力大于1.20MPa时。

3）系统最高压力大于 2.40MPa 时。

（3）分区供水应根据系统压力、建筑特征，经技术经济和可靠性比较确定，并宜符合下列规定：

1）当建筑物无设备层或避难层时，可采用消防水泵并行或减压阀减压等方式分区供水。

2）当建筑物有设备层或避难层时，可采用消防水泵串联、减压水箱和减压阀减压等方式分区供水。

3）构筑物可采用消防水泵并行、串联或减压阀减压等方式分区供水。

（4）采用消防水泵串联分区供水时，宜采用消防水泵转输水箱串联供水方式，并应符合下列规定：

1）当采用消防水泵转输水箱串联时，转输水箱的有效储水容积不应小于 60m³，转输水箱可作为高位消防水箱。

2）串联转输水箱的溢流管宜连接到消防水池。

3）当采用消防水泵直接串联时，应采取确保供水可靠性的措施，且消防水泵从低区到高区应能依次顺序启动。

4）当采用消防水泵直接串联时，应校核系统供水压力，并应在串联消防水泵出水管上设置减压型倒流防止器。

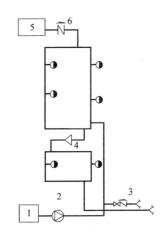

图 13-2-6　消防水泵减
压分区消防给水
1—消防水池　2—消防水泵
3—水泵接合器　4—减压装置
5—高位消防水箱　6—止回阀

（5）采用减压阀减压分区供水时应符合下列规定：

1）消防给水所采用的减压阀性能应安全可靠，并应满足消防给水的要求。

2）减压阀应根据消防给水设计流量和压力选择，且设计流量应在减压阀流量压力特性曲线的有效段内，并校核在 150% 设计流量时，减压阀的出口动压不应小于设计值的 70%。

3）每一供水分区应设不少于两个减压阀组。

4）减压阀仅应设置在单向流动的供水管上，不应设置在有双向流动的输水干管上。

5）减压阀宜采用比例式减压阀，当超过 1.20MPa 时宜采用先导式减压阀。

6）减压阀的阀前阀后压力比值不宜大于 3:1，当一级减压阀减压不能满足要求时，可采用减压阀串联减压，但串联减压不应大于两级，第二级减压阀宜采用先导式减压阀，阀前后压力差不宜超过 0.40MPa。

7）减压阀后应设置安全阀，安全阀的开启压力应能满足系统安全，且不应影响系统的供水安全性。

（6）采用减压水箱减压分区供水时应符合下列规定：

1）减压水箱有效容积、出水、排水和水位，设置场所应符合上述消防水池中第（8）条、第（9）条和高位消防水箱中第（5）条、第（6）条第2）款的有关规定。

2）减压水箱布置和通气管呼吸管等应符合上述高位消防水箱中第（6）条第3）款至第11）款的有关规定。

3）减压水箱的有效容积不应小于 18m³，且宜分为两格。

4）减压水箱应有两条进、出水管，且每条进、出水管应满足消防给水系统所需消防用水量的要求。

5）减压水箱进水管的水位控制应可靠，宜采用水位控制阀。

6）减压水箱进水管应设置防冲击和溢水的技术措施，并宜在进水管上设置紧急关闭阀门，溢流水宜回流到消防水池。

13.2.6 消火栓系统

1. 系统选择

（1）市政消火栓和建筑室外消火栓应采用湿式消火栓系统。

（2）室内环境温度不低于4℃，且不高于70℃的场所，应采用湿式室内消火栓系统。

（3）室内环境温度低于4℃，或高于70℃的场所，宜采用干式消火栓系统。

（4）建筑高度不大于27m的多层住宅建筑设置室内湿式消火栓系统确有困难时，可设置干式消防竖管，连接室内 SN65 消火栓接口并连接无止回阀和闸阀的消防水泵接合器。

（5）严寒、寒冷等冬季结冰地区城市隧道及其他构筑物的消火栓系统，应采取防冻措施，并宜采用干式消火栓系统和干式室外消火栓。

（6）干式消火栓系统的充水时间不应大于5min，并应符合下列规定：

1）在进水干管上宜设雨淋阀或电磁阀、电动启动阀等快速启闭装置，当采用电磁阀或电动阀时，开启时间不应超过30s。

2）当采用雨淋阀时应在消火栓箱设置直接开启雨淋阀的手动按钮。

3）在系统管道的最高处应设置快速排气阀。

2. 市政消火栓

（1）市政消火栓宜采用地上式室外消火栓；在严寒、寒冷等冬季结冰地区宜采用干式地上式室外消火栓，严寒地区宜设置消防水鹤。当采用地下式室外消火栓，且地下式室外消火栓的取水口在冰冻线以上时，应采取保温措施。

（2）市政消火栓宜采用直径 DN150 的室外消火栓，并应符合下列要求。

1）室外地上式消火栓应有一个直径为 150mm 或 100mm 和两个直径为 65mm 的栓口。

2）室外地下式消火栓应有直径为 100mm 和 65mm 的栓口各一个。

（3）市政消火栓宜在道路的一侧设置，并宜靠近十字路口，但当市政道路宽度超过60m 时，应在道路的两侧交叉错落设置市政消火栓。

（4）市政桥的桥头和隧道出入口等市政公用设施处，应设置市政消火栓。

（5）市政消火栓的保护半径不应超过 150m，且间距不应大于 120m。

（6）市政消火栓应布置在消防车易于接近的人行道和绿地等地点，且不应妨碍交通，并应符合下列规定：

1）市政消火栓距路边不宜小于 0.5m，并不应大于 2m。

2）市政消火栓距建筑外墙或外墙边缘不宜小于 5m。

3）市政消火栓应避免设置在机械易撞击的地点，当确有困难时应采取防撞措施。

（7）市政给水管网的阀门设置应便于市政消火栓的使用和维护，并应符合现行国家标准《室外给水设计规范》（GB 50013—2006）的有关规定。

（8）设有市政消火栓的给水管网平时运行工作压力不应小于 0.14MPa，消防时水力最不利消火栓的出流量不应小于 15L/s，且供水压力从地面算起不应小于 0.10MPa。

（9）严寒地区在城市主要干道上设置消防水鹤的布置间距宜为 1000m，连接消防水鹤的市政给水管的管径不宜小于 DN200。

（10）消防时消防水鹤的出流量不宜低于30L/s，且供水压力从地面算起不应小于0.10MPa。

（11）地下式市政消火栓应有明显的永久性标志。

3. 室外消火栓

（1）室外消火栓分地上消火栓和地下消火栓两种，分别如图13-2-7、图13-2-8所示。

（2）建筑室外消火栓的布置除应符合本节的规定外，还应符合上述消火栓系统中市政消火栓的有关规定。

（3）建筑室外消火栓的数量应根据室外消火栓设计流量和保护半径经计算确定，保护半径不应大于150m，每个室外消火栓的出流量宜按10～15L/s计算。

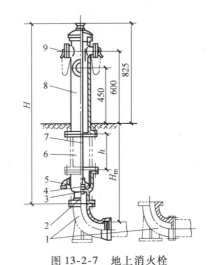

图13-2-7 地上消火栓
1—弯管 2—阀体 3—阀座 4—阀瓣 5—排水阀 6—法兰接管 7—阀杆 8—本体 9—接口

（4）室外消火栓宜沿建筑周围均匀布置，且不宜集中布置在建筑一侧；建筑消防扑救面一侧的室外消火栓数量不宜少于两个。

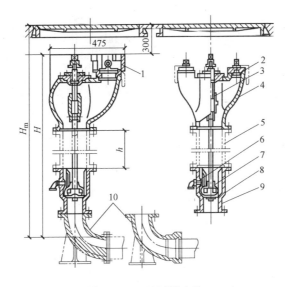

图13-2-8 地下消火栓
1—连接器座 2—接口 3—阀杆 4—本体 5—法兰接管 6—排水阀 7—阀瓣 8—阀座 9—阀体 10—弯管

（5）人防工程、地下工程等建筑应在出入口附近设置室外消火栓，且距出入口的距离不宜小于5m，并不宜大于40m。

（6）停车场的室外消火栓宜沿停车场周边设置，且与最近一排汽车的距离不宜小于7m，距加油站或油库不宜小于15m。

（7）甲、乙、丙类液体储罐区和液化烃罐罐区等构筑物的室外消火栓，应设在防火堤或防护墙外，数量应根据每个罐的设计流量经计算确定，但距罐壁15m范围内的消火栓，不应计算在该罐可使用的数量内。

（8）工艺装置区等采用高压或临时高压消防给水系统的场所，其周围应设置室外消火栓，数量应根据设计流量经计算确定，且间距不应大于 60.0m。当工艺装置区宽度大于 120.0m 时，宜在该装置区内的路边设置室外消火栓。

（9）当工艺装置区、罐区、可燃气体和液体码头等构筑物的面积较大或高度较高，室外消火栓的充实水柱无法完全覆盖时，宜在适当部位设置室外固定消防炮。

（10）当工艺装置区、储罐区、堆场等构筑物采用高压或临时高压消防给水系统时，消火栓的设置应符合下列规定：

1）室外消火栓处宜配置消防水带和消防水枪。

2）工艺装置休息平台等处需要设置的消火栓的场所应采用室内消火栓，并应符合规范中消火栓系统中室内消火栓的有关规定。

（11）室外消防给水引入管当设有减压型倒流防止器时，应在减压型倒流防止器前设置一个室外消火栓。

4. 室内消火栓

（1）室内消火栓设备由水枪、水带和消火栓组成，均安装在消火栓箱内，如图 13-2-9 和图 13-2-10 所示。

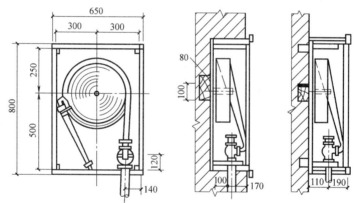

图 13-2-9　消火栓箱

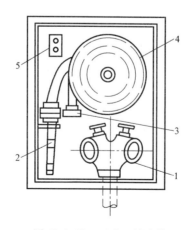

图 13-2-10　双出口消火栓

1—双出口消火栓　2—水枪　3—水带接口　4—水带　5—按钮

（2）消火栓的布置间距分为四种情况：

1）单排1股水柱到达室内任何部位的布置如图13-2-11所示。

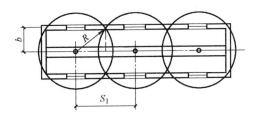

图13-2-11 单排1股水柱到达室内任何部位的布置

2）单排2股水柱到达室内任何部位的布置如图13-2-12所示。

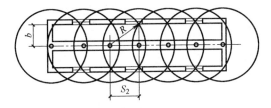

图13-2-12 单排2股水柱到达室内任何部位的布置

3）多排1股水柱到达室内任何部位的布置如图13-2-13所示。

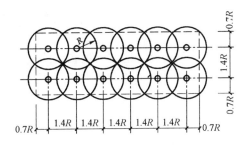

图13-2-13 多排1股水柱到达室内任何部位的布置

4）多排2股水柱到达室内任何部位的布置如图13-2-14所示。

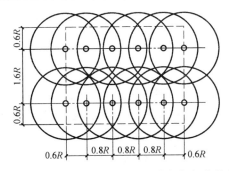

图13-2-14 多排2股水柱到达室内任何部位的布置

其计算如下：

$$S_1 \leqslant 2\sqrt{R^2 - b^2} \tag{13-2-8}$$

$$R = CL_d + h \tag{13-2-9}$$

$$S_2 \leqslant \sqrt{R^2 - b^2} \tag{13-2-10}$$

式中　S_1——消火栓间距（1股水柱达到同层任何部位）（m）；

　　　　S_2——消火栓间距（2股水柱达到同层任何部位）（m）。

　　　　R——消火栓保护半径（m）；

　　　　C——水带展开时的弯曲折减系数，一般取 0.8～0.9；

　　　　L_d——水带长度，每条水带的长度不应大于 25m；

　　　　h——水枪充实水柱倾斜 45°时的水平投影长度（m），$h = 0.71H_m$，对一般建筑（层
　　　　　　高为 3～3.5m 时，由于两楼板间的限制，一般取 $h = 3.0$m；

　　　　H_m——水枪充实水柱长度（m）；

　　　　b——消火栓的最大保护宽度，应为一个房间的长度加走廊的宽度（m）。

（3）室内消火栓的选型应根据使用者、火灾危险性、火灾类型和不同灭火功能等因素
综合确定。

（4）室内消火栓的选用应符合下列要求：

1）室内消火栓 SN65 可与消防软管卷盘一同使用。

2）SN65 的消火栓应配置公称直径 65 有内衬里的消防水带，每根水带的长度不宜超过
25m；消防软管卷盘应配置内径不小于 $\phi 19$ 的消防软管，其长度宜为 30m。

3）SN65 的消火栓宜配喷嘴直径 16mm 或 19mm 的消防水枪，但当消火栓设计流量为
2.5L/s 时宜配喷嘴直径 11mm 或 13mm 的消防水枪；消防软管卷盘应配喷嘴直径 6mm 的消
防水枪。

（5）设置室内消火栓的建筑，包括设备层在内的各层均应设置消火栓。

（6）屋顶设有直升机停机坪的建筑，应在停机坪出入口处或非电器设备机房处设置消
火栓，且距停机坪机位边缘的距离不应小于 5m。

（7）消防电梯前室应设置室内消火栓，并应计入消火栓使用数量。

（8）室内消火栓的布置应满足同一平面有两支消防水枪的两股充实水柱同时达到任何
部位的要求，且楼梯间及其休息平台等安全区域可仅与一层视为同一平面。但当建筑高度小
于等于 24.0m 且体积小于等于 5000m³ 的多层仓库，可采用一支水枪充实水柱到达室内任何
部位。

（9）建筑室内消火栓的设置位置应满足火灾扑救要求，并应符合下列规定：

1）室内消火栓应设置在楼梯间及其休息平台和前室、走道等明显易于取用，以及便于
火灾扑救的位置。

2）住宅的室内消火栓宜设置在楼梯间及其休息平台。

3）大空间场所的室内消火栓应首先设置在疏散门外附近等便于取用和火灾扑救的
位置。

4）汽车库内消火栓的设置不应影响汽车的通行和车位的设置，并应确保消火栓的
开启。

5）同一楼梯间及其附近不同层设置的消火栓，其平面位置宜相同。

6）冷库的室内消火栓应设置在常温穿堂或楼梯间内。

7）对在大空间场所消火栓安装位置确有困难时，经与当地消防监督机构核准，可设置

在便于消防队员使用的合适地点。

（10）建筑室内消火栓栓口的安装高度应便于消防水龙带的连接和使用，其距地面高度宜为 1.1m；其出水方向应便于消防水带的敷设，并宜与设置消火栓的墙面成 90°角或向下。

（11）设有室内消火栓的建筑应设置带有压力表的试验消火栓，其设置位置应符合下列规定：

1）多层和高层建筑应在其屋顶设置，严寒、寒冷等冬季结冰地区可设置在顶层出口处或水箱间内等便于操作和防冻的位置。

2）单层建筑宜设置在水力最不利处，且应靠近出入口。

（12）室内消火栓宜按行走距离计算其布置间距，并应符合下列规定：

1）消火栓按两支消防水枪的两股充实水柱布置的高层建筑、高架仓库、甲乙类工业厂房等场所，消火栓的布置间距不应大于 30m。

2）消火栓按一支消防水枪的一股充实水柱布置的建筑物，消火栓的布置间距不应大于 50m。

（13）消防软管卷盘应在下列场所设置，但其水量可不计入消防用水总量：

1）高层民用建筑。

2）多层建筑中的高级旅馆、重要的办公楼、设有空气调节系统的旅馆和办公楼。

3）人员密集的公共建筑、公共娱乐场所、幼儿园、老年公寓等场所。

4）大于 200m² 商业网点。

5）超过 1500 个座位的剧院、会堂其闷顶内安装有面灯部位的马道等场所。

（14）室内消火栓栓口压力和消防水枪充实水柱，应符合下列规定：

1）消火栓栓口动压力不应大于 0.50MPa，但当大于 0.50MPa 时应设置减压装置；

2）高层建筑、厂房、库房和室内净空高度超过 8m 的民用建筑等场所的消火栓栓口动压，不应小于 0.35MPa，且消防水枪充实水柱应按 13m 计算；其他场所的消火栓栓口动压不应小于 0.25MPa，且消防水枪充实水柱应按 10m 计算。

（15）当住宅采用干式消防竖管时应符合下列规定：

1）住宅干式消防竖管宜设置在楼梯间休息平台，且仅应配置消火栓栓口。

2）干式消防竖管应设置消防车供水的接口。

3）消防车接口应设置在首层便于消防车接近和安全的地点。

4）竖管顶端应设置自动排气阀。

（16）住宅户内宜在生活给水管道上预留一个接 DN20 消防软管的接口或阀门。

（17）跃层住宅和商业网点的室内消火栓应至少满足一股充实水柱到达室内任何部位，并宜设置在户门附近。

（18）城市隧道室内消火栓系统的设置应符合下列规定：

1）隧道内宜设置独立的消防给水系统。

2）管道内的消防供水压力应保证水量达到最大时，最低压力不应小于 0.30MPa，但当消火栓栓口处的出水压力超过 0.50MPa 时，应设置减压设施。

3）在隧道出入口处应设置消防水泵接合器和室外消火栓。

4）消火栓的间距不应大于 50m。

5）隧道内允许通行危险化学品的机动车，且隧道长度超过 3000m 时，应配置水雾或泡沫消防水枪。

13.2.7 管网

1. 一般规定

（1）设有市政消火栓的市政给水管网应符合下列规定：

1）设有市政消火栓的市政给水管网宜为环状管网，但当城镇人口小于 2.5 万人时，可为枝状管网。

2）接市政消火栓的环状给水管网的管径不应小于 $DN150$，枝状管网的管径不宜小于 $DN200$。当城镇人口小于 2.5 万人时，接市政消火栓的给水管网的管径可适当减少，环状管网时不应小于 $DN100$，枝状管网时不宜小于 $DN150$。

3）工业园区和商务区等区域采用两路消防供水，当其中一条引入管发生故障时，其余引入管在保证满足 70% 生产生活给水的最大小时设计流量条件下，应仍能满足《消防给水及消火栓给水系统设计规范》（GB 50974—2005）规定的消防给水设计流量。

（2）下列消防给水应采用环状给水管网：

1）向两栋或两座及以上建筑供水时。

2）向两种及以上水灭火系统供水时。

3）采用设有高位消防水箱的临时高压消防给水系统时。

4）向两个及以上报警阀控制的自动水灭火系统供水时。

（3）向室外、室内环状消防给水管网供水的输水干管不应少于两条，当其中一条发生故障时，其余的输水干管应仍能满足消防给水设计流量。

（4）室外消防给水管网应符合下列规定：

1）室外消防给水采用两路消防供水时应采用环状管网，但当采用一路消防供水时可采用枝状管网。

2）管道的直径应根据流量、流速和压力要求经计算确定，但不应小于 $DN100$。

3）消防给水管道应采用阀门分成若干独立段，每段内室外消火栓的数量不宜超过 5 个。

4）管道设计的其他要求应符合现行国家标准《室外给水设计规范》（GB 50013—2006）的有关规定。

（5）室内消防给水管网应符合下列规定：

1）室内消火栓系统管网应布置成环状，当室外消火栓设计流量不大于 20L/s（但建筑高度超过 50m 的住宅除外），且室内消火栓不超过 10 个时，可布置成枝状。

2）当由室外生产生活消防合用系统直接供水时，合用系统除应满足室外消防给水设计流量以及生产和生活最大小时设计流量的要求外，还应满足室内消防给水系统的设计流量和压力要求。

3）室内消防管道管径应根据系统设计流量、流速和压力要求经计算确定；室内消火栓竖管管径应根据竖管最低流量经计算确定，但不应小于 $DN100$。

（6）室内消火栓环状给水管道检修时应符合下列规定：

1）室内消火栓竖管应保证检修管道时关闭停用的竖管不超过 1 根，当竖管超过 4 根时，可关闭不相邻的两根。

2）每根立管上下两端与供水干管相接处应设置阀门。

（7）室内消火栓给水管网宜与自动喷水等其他水灭火系统的管网分开设置；当合用消防泵时，供水管路沿水流方向应在报警阀前分开设置。

（8）消防给水管道的设计流速不宜大于 2.5m/s，自动水灭火系统管道设计流速应符合现行国家标准《自动喷水灭火系统设计规范》（GB 50084—2001）（2005 年版）、《泡沫灭火系统设计规范》（GB 50151—2010）、《水喷雾灭火系统设计规范》（GB 50219—1995）和《固定消防炮灭火系统设计规范》（GB 50338—2013）的有关规定，但任何消防管道的给水流速不应大于 7m/s。

2. 管道设计

（1）消防给水系统中采用的设备、器材、管材管件、阀门和配件等系统组件的产品工作压力等级，应大于消防给水系统的工作压力，且应保证系统在可能最大运行压力时安全可靠。

（2）低压消防给水系统的系统工作压力应根据市政给水管网和其他给水管网等的系统工作压力确定，且不应小于 0.10MPa。

（3）高压和临时高压消防给水系统的系统工作压力应根据系统可能最大运行供水压力确定，并应符合下列规定：

1）高位消防水池、水塔供水的高压消防给水系统的工作压力，应为高位消防水池、水塔最大静压。

2）市政给水管网直接供水的高压消防给水系统的工作压力，应根据市政给水管网的工作压力确定。

3）采用高位消防水箱稳压的临时高压消防给水系统的工作压力，应为消防水泵零流量时的压力与水泵吸水口最大静水压力之和。

4）采用稳压泵稳压的临时高压消防给水系统的工作压力，应取消防水泵零流量时的压力、消防水泵吸水口最大静压两者之和与稳压泵维持系统压力时两者其中的较大值。

（4）埋地管道宜采用球墨铸铁管、钢丝网骨架塑料复合管和加强防腐的钢管等管材，室内外架空管道应采用热浸锌镀锌钢管等金属管材，并应按下列因素对管道的综合影响选择管材和设计管道：

1）系统工作压力。

2）覆土深度。

3）土壤的性质。

4）管道的耐腐蚀能力。

5）可能受到土壤、建筑基础、机动车和铁路等其他附加荷载的影响。

6）管道穿越伸缩缝和沉降缝。

（5）埋地管道当系统工作压力不大于 1.20MPa 时，宜采用球墨铸铁管或钢丝网骨架塑料复合管给水管道；当系统工作压力大于 1.20MPa 小于 1.60MPa 时，宜采用钢丝网骨架塑料复合管、加厚钢管和无缝钢管；当系统工作压力大于 1.60MPa 时，宜采用无缝钢管。钢管连接宜采用沟槽连接件（卡箍）和法兰，当采用沟槽连接件连接时，公称直径小于等于 DN250 的沟槽式管接头系统工作压力不应大于 2.50MPa，公称直径大于等于 DN300 的沟槽式管接头系统工作压力不应大于 1.60MPa。

（6）埋地金属管道的管顶覆土应符合下列规定：

1）管道最小管顶覆土应按地面荷载、埋深荷载和冰冻线对管道的综合影响确定。

2）管道最小管顶覆土不应小于 0.70m；但当在机动车道下时管道最小管顶覆土应经计算确定，并不宜小于 0.90m。

3）管道最小管顶覆土应至少在冰冻线以下 0.30m。

（7）埋地管道采用钢丝网骨架塑料复合管时应符合下列规定：

1）钢丝网骨架塑料复合管的聚乙烯（PE）原材料不应低于 PE80。

2）钢丝网骨架塑料复合管的内环向应力不应低于 8.0MPa。

3）钢丝网骨架塑料复合管的复合层应满足静压稳定性和剥离强度的要求。

4）钢丝网骨架塑料复合管及配套管件的熔体质量流动速率（MFR），应按现行国家标准《热塑性塑料熔体质量流动塑料和熔体体积流动速率的测定》（GB/T 3682—2000）规定的试验方法进行试验时，加工前后 MFR 变化不应超过 ±20%。

5）管材及连接管件应采用同一品牌产品，连接方式应采用可靠的电熔连接或机械连接。

6）管材耐静压强度应符合现行行业标准《埋地聚乙烯给水管道工程技术规程》（CJJ 101—2004）的有关规定和设计要求。

7）钢丝网骨架塑料复合管道最小管顶覆土深度，在人行道下不宜小于 0.80m，在轻型车行道下不应小于 1.0m，且应在冰冻线下 0.3m；在重型汽车道路或铁路、高速公路下应设置保护套管，套管与钢丝网骨架塑料复合管的净距不应小于 100mm。

8）钢丝网骨架塑料复合管道与热力管道间的距离，应在保证聚乙烯管道表面温度不超过 40℃ 的条件下计算确定，但最小净距不应小于 1.50m。

（8）架空管道当系统工作压力小于等于 1.20MPa 时，可采用热浸镀锌钢管；当系统工作压力大于 1.20MPa 时，应采用热浸镀锌加厚钢管或热浸镀锌无缝钢管；当系统工作压力大于 1.60MPa 时，应采用热浸镀锌无缝钢管。

（9）架空管道的连接宜采用沟槽连接件（卡箍）、螺纹、法兰、卡压等方式，不宜采用焊接连接。当管径小于等于 DN50 时，应采用螺纹和卡压连接，当管径大于 DN50 时，应采用沟槽连接件连接、法兰连接，当安装空间较小时应采用沟槽连接件连接。

（10）架空充水管道应设置在环境温度不低于 5℃ 的区域，当环境温度低于 5℃ 时，应采取防冻措施；室外架空管道当温差变化较大时应校核管道系统的膨胀和收缩，并应采取相应的技术措施。

（11）埋地管道的地基、基础、垫层、回填土压实密度等的要求，应根据刚性管或柔性管管材的性质，结合管道埋设处的具体情况，按现行国家标准《给水排水管道工程施工验收规范》（GB 50268—2008）和《给水排水工程管道结构设计规范》（GB 50332—2002）的有关规定执行。当埋地管直径不小于 DN100 时，应在管道弯头、三通和堵头等位置设置钢筋混凝土支墩。

（12）消防给水管道不宜穿越建筑基础，当必须穿越时，应采取防护套管等保护措施。

（13）埋地钢管和铸铁管，应根据土壤和地下水腐蚀性等因素确定管外壁防腐措施；海边、空气潮湿等空气中含有腐蚀性介质的场所的架空管道外壁应采取相应的防腐措施。

3. 阀门及其他

（1）消防给水系统的阀门选择应符合下列规定：

1）埋地管道的阀门宜采用带启闭刻度的暗杆闸阀，当设置在阀门井内时可采用耐腐蚀的明杆闸阀。

2）室内架空管道的阀门宜采用蝶阀、明杆闸阀或带启闭刻度的暗杆闸阀等。

3）室外架空管道宜采用带启闭刻度的暗杆闸阀或耐腐蚀的明杆闸阀。

4）埋地管道的阀门应采用球墨铸铁阀门，室内架空管道的阀门应采用球墨铸铁或不锈钢阀门，室外架空管道的阀门应采用球墨铸铁阀门或不锈钢阀门。

（2）消防给水系统管道的最高点处宜设置自动排气阀。

（3）消防水泵出水管上的止回阀宜采用水锤消除止回阀，当消防水泵供水高度超过24m 时，应采用水锤消除器。当消防水泵出水管上设有囊式气压水罐时，可不设水锤消除设施。

（4）减压阀的设置应符合下列规定：

1）减压阀应设置在报警阀组入口前，当连接两个及以上报警阀组时，应设置备用减压阀。

2）减压阀的进口处应设置过滤器，过滤器的孔网直径不宜小于 4~5 目/cm^2，过流面积不应小于管道截面积的 4 倍。

3）过滤器和减压阀前后应设压力表，压力表的表盘直径不应小于 100mm，最大量程宜为设计压力的 2 倍。

4）过滤器前和减压阀后应设置控制阀门。

5）减压阀后应设压力试验排水阀。

6）减压阀应设置流量检测测试接口或流量计。

7）垂直安装的减压阀，水流方向宜向下。

8）比例式减压阀宜垂直安装，可调式减压阀宜水平安装。

9）减压阀和控制阀门宜有保护或锁定调节配件的装置。

10）接减压阀的管段不应有气堵、气阻。

（5）室内消防给水系统由生活、生产给水系统管网直接供水时，应在引入管处设置倒流防止器。当消防给水系统采用减压型倒流防止器时，减压型倒流防止器应设置在清洁卫生的场所，其排水口应采取防止被水淹没的技术措施。

（6）在寒冷、严寒地区，室外阀门井应采取防冻措施。

（7）消防给水系统的室内外消火栓、阀门等设置位置，应设置永久性固定标识。

13. 2. 8　消防排水

1. 一般规定

（1）建设工程当设有消防给水系统时应采取消防排水措施，并应符合下列规定：

1）应满足系统调试和日常维护管理所需的消防排水设施。

2）应采取防范和控制因消防排水而产生次生灾害的措施。

（2）生产、储存或使用有毒有害等危害土壤和水体生态环境的场所，应设置消防事故水池。

2. 普通场所

（1）下列建筑物内应采取消防排水措施，并应按排水的最大流量校核：

1）消防水泵房。

2）设有消防给水系统的地下室。

3）消防电梯的井底。

4）仓库。

（2）消防给水系统试验装置处应设置专用排水设施，试验排水可回收部分宜排入专用消防水池循环再利用，排水管径应符合下列规定：

1）自动喷水灭火系统等自动水灭火系统末端试水装置处的排水立管管径，应根据末端试水装置的泄流量确定，并不宜小于 $DN75$。

2）报警阀处的排水立管宜为 $DN100$。

3）减压阀处的压力试验排水管道直径应根据减压阀流量确定，但不应小于 $DN100$。

（3）消防电梯的井底排水设施应符合下列规定：

1）排水泵集水井的有效容量不应小于 2.00m^3。

2）排水泵的排水量不应小于 10L/s。

（4）室内消防排水应符合下列规定：

1）室内消防排水宜排入室外雨水管道。

2）当存有少量可燃液体时，排水管道应设置水封，并宜间接排入室外污水管道。

3）地下室的消防排水设施宜与地下室其他地面废水排水设施共用。

4）室内消防排水设施应采取防止倒灌的技术措施。

3. 有毒有害危险场所

（1）有毒有害危险场所应采取消防排水收集、储存措施。

（2）消防排水收集系统应符合下列规定：

1）消防排水利用污水系统、废水系统或雨水系统收集时，排放总管宜采用密闭形式，没有条件采用密闭形式时应采取安全防范措施，且排水明沟不应穿越防火分区。

2）消防排水收集系统应按事故排水最大流量进行校核。

3）当收集含有挥发性物料时，消防排水管道应设置水封井，水封高度不应小于 250mm。

4）消防排水收集系统应设置迅速切断事故排水直接外排水体和市政管网的设施。

（3）消防排水储存设施的有效容积应能满足一起火灾消防给水设计用水量的要求。

13.2.9　水力计算

1. 水力计算

（1）消防给水的设计压力应满足所服务的各种水灭火系统最不利点处水灭火设施的压力要求。

（2）消防给水管道单位长度管道沿程水头损失应根据管材、水力条件等因素选择，可按下列公式计算：

1）消防给水管道或室外塑料管可采用式（13-2-11）～式（13-2-15）计算：

$$i = 10^{-6}(\lambda/d_i)(\rho v^2/2) \tag{13-2-11}$$

$$1/\lambda^{1/2} = -2.0\log\{2.51/[Re\lambda^{1/2} + \varepsilon/(3.71d_i)]\} \tag{13-2-12}$$

$$Re = (vd_i\rho)/\mu \tag{13-2-13}$$

$$\mu = \rho v \tag{13-2-14}$$

$$v = (1.775 \times 10^{-6})/(1 + 0.0337t + 0.000221t^2) \tag{13-2-15}$$

式中　i——单位长度管道沿程水头损失（MPa/m）；

d_i——管道的内径（m）；

v——管道内水的平均流速（m/s）；

ρ——水的密度（kg/m³）；

λ——沿程损失阻力系数；

ε——当量粗糙度（m），可按表13-2-25取值；

Re——雷诺数，无量纲；

μ——水的动力黏滞系数（Pa/s）；

v——水的运动黏滞系数（m²/s）；

t——水的温度，宜取10℃。

表13-2-25　各种管道水头损失计算参数（ε、n_ε、C）

管材名称	当量粗糙度 ε/m	管道粗糙系数 n_ε	海澄-威廉系数 C
球墨铸铁管（内衬水泥）	0.0001	0.011~0.012	130
钢管（旧）	0.0005~0.001	0.014~0.018	100
镀锌钢管	0.00015	0.014	120
铜管/不锈钢管	0.00001	—	140
钢丝网骨架PE塑料管	0.000010~0.00003	—	140

2）内衬水泥砂浆球墨铸铁管可按式（13-2-16）~式（13-2-18）计算：

$$i = 10^{-2}[v^2/(C_v^2 R)] \tag{13-2-16}$$

$$C_v = (1/n_\varepsilon)R^y \tag{13-2-17}$$

$0.1 \leqslant R \leqslant 3.0$ 且 $0.011 \leqslant n_\varepsilon \leqslant 0.040$ 时，

$$y = 2.5(n_\varepsilon)^{1/2} - 0.13 - 0.75R^{1/2}[n_\varepsilon^{1/2} - 0.1] \tag{13-2-18}$$

式中　R——水力半径（m）；

C_v——流速系数；

n_ε——管道粗糙系数，可按表13-2-25取值；

y——系数，管道计算时可取1/6。

3）室内外输配水管道可按式（13-2-19）计算：

$$i = 2.9660 \times 10^{-7}[q^{1.852}/(C^{1.852}d_i^{4.87})] \tag{13-2-19}$$

式中　C——海澄-威廉系数，可按表13-2-25取值；

q——管段消防给水设计流量（L/s）。

（3）管道流度压力可按式（13-2-20）计算：

$$p_v = 8.11 \times 10^{-10}q^2/d_i^4 \tag{13-2-20}$$

式中　p_v——管道流度压力（MPa）；

q、d 同以上各式。

（4）管道剩余压力可按式（13-2-21）计算：

$$p_n = p_t - p_v \qquad (13\text{-}2\text{-}21)$$

式中　p_n——管道某一点处剩余压力（MPa）；

　　　　p_t——管道某一点处总压力（MPa）；

　　　　p_v——管道流度压力（MPa）。

（5）管道沿程压力损失宜按式（13-2-22）计算：

$$p_f = iL \qquad (13\text{-}2\text{-}22)$$

式中　p_f——管道沿程压力损失（MPa）；

　　　　i——单位长度管道沿程压力损失（MPa/m）；

　　　　L——管道直线段的长度（m）。

（6）管道局部压力损失宜按式（13-2-23）计算。当资料不全时，局部水头损失可按根据管道沿程水头损失的 10%～30% 估算，消防给水干管和室内消火栓可按 10%～20% 计，自动喷水等支管较多时可按 30% 计。表 13-2-26 中提供了管件和阀门当量长度时，可按其表提供的参数经计算确定。

$$p_p = iL_p \qquad (13\text{-}2\text{-}23)$$

式中　p_p——管件和阀门等局部压力损失（MPa）；

　　　　i——单位长度管道沿程压力损失（MPa/m）；

　　　　L_p——管件和阀门等当量长度，可按表 13-2-26 取值（m）。

表 13-2-26　管件和阀门当量长度　　　　　　　　　　（单位：m）

管件名称	管件直径 DN/mm											
	25	32	40	50	70	80	100	125	150	200	250	300
45°弯头	0.3	0.3	0.6	0.6	0.9	0.9	1.2	1.5	2.1	2.7	3.3	4.0
90°弯头	0.6	0.9	1.2	1.5	1.8	2.1	3.1	3.7	4.3	5.5	5.5	8.2
三通四通	1.5	1.8	2.4	3.1	3.7	4.6	6.1	7.6	9.2	10.7	15.3	18.3
蝶阀	—	—	—	1.8	2.1	3.1	3.7	2.7	3.1	3.7	5.8	6.4
闸阀	—	—	—	0.3	0.3	0.3	0.6	0.6	0.9	1.2	1.5	1.8
止回阀	1.5	2.1	2.7	3.4	4.3	4.9	6.7	8.3	9.8	13.7	16.8	19.8
异径弯头	32	40	50	70	80	100	125	150	200	—	—	—
	25	32	40	50	70	80	100	125	150	—	—	—
	0.2	0.3	0.3	0.5	0.6	0.8	1.1	1.3	1.6	—	—	—
U 型过滤器	12.3	15.4	18.5	24.5	30.8	36.8	49	61.2	73.5	98	122.5	—
Y 型过滤器	11.2	14	16.8	22.4	28	33.6	46.2	57.4	68.6	91	113.4	—

注：1. 当异径接头的出口直径不变而入口直径提高一级时，其当量长度应增大 0.5 倍；提高两级或两级以上时，其当量长度应增加 1.0 倍。

　　2. 表中当量长度是在海澄-威廉系数 $C=120$ 的条件下测得，当选择的管材不同时，当量长度应根据下列系数作调整：$C=100$，$k_1=0.713$；$C=120$，$k_1=1.0$；$C=130$，$k_1=1.16$；$C=140$，$k_1=1.33$；$C=150$，$k_1=1.51$。

（7）泵或消防给水所需要的设计扬程或设计压力，宜按式（13-2-24）计算：

$$p = k_2(\Sigma p_f + \Sigma p_p + 0.01H + p_0) \qquad (13\text{-}2\text{-}24)$$

式中　p——消防水泵或消防给水系统所需要的压力（MPa）；

　　　　k_2——安全系数，可取 1.05～1.15；宜根据管道的复杂程度和不可预见发生的管道变更所带来的不确定性；

H——当消防水泵从消防水池吸水时，H 为最低有效水位至最不利水灭火设施的几何高差；当消防水泵从市政给水管网直接吸水时，H 为消防时市政给水管网在消防水泵入口处的设计压力值的高程至最不利点水灭火设施的几何高差（m）；

p_0——最不利点水灭火设施所需的设计压力（MPa）。

（8）市政给水管网直接向消防给水系统供水时，消防给水的压力应根据市政供水公司确定值进行复核计算。

（9）消火栓系统管网水力计算应符合下列规定：

1）室外消火栓管网应根据其枝状或环状管网进行水力计算。

2）室内消火栓管网的水力计算宜简化为枝状管网进行水力计算。

3）室内消火栓给水系统的竖管流量见表13-2-19。

4）室内消火栓系统横干管的流量应为室内消火栓系统设计流量。

2. 消火栓

（1）室内消火栓的选型应根据使用者、火灾危险性、火灾类型和不同灭火功能等因素综合确定。

（2）消火栓的有关计算

1）室内消火栓的保护半径计算同式（13-2-9）。

2）消火栓口所需水压按式（13-2-25）计算：

$$H_{xh} = H_q + h_d + H_k \qquad (13\text{-}2\text{-}25)$$

式中　H_{xh}——消火栓口的水压（kPa）；

H_q——水枪喷嘴处的压力（kPa）；

h_d——水带的水头损失（kPa）；

H_k——消火栓栓口水压损失（kPa），按20kPa计算。

$$H_q = \frac{10\alpha_f H_m}{1 - \varphi\alpha_f H_m} \qquad (13\text{-}2\text{-}26)$$

式中　φ——与水枪喷嘴口径有关的阻力系数，见表13-2-27；

α_f——实验系数，见表13-2-28；

H_m——水枪充实水柱高度（m）。

表 13-2-27　系数 φ 值

d_f/mm	13	16	19
φ	0.0165	0.0124	0.0097

表 13-2-28　系数 α_f 值

H_m/m	6	7	8	9	10	11	12	13	14	15	16
α_f	1.19	1.19	1.19	1.20	1.20	1.20	1.21	1.21	1.22	1.23	1.24

3）消火栓水枪喷嘴处流量按式（13-2-27）计算：

$$q_{xh} = \sqrt{BH_q} \qquad (13\text{-}2\text{-}27)$$

式中　q_{xh}——水枪的射流量（L/s）；

B——水枪水流特性系数，查表13-2-29，H_q 同式（13-2-25）。

为使用方便，制定 H_m、H_q、q_{xh} 三者关系表，见表13-2-30。

表 13-2-29　水枪水流特性系数 B

水枪喷口直径/mm	13	16	19	22
B	0.346	0.793	1.577	2.834

表 13-2-30　H_m、H_q、q_{xh} 三者关系表

充实水柱 /m	水枪喷口直径/mm					
	13		16		19	
	H_q/mH_2O	$q_{xh}/(L/s)$	H_q/mH_2O	$q_{xh}/(L/s)$	H_q/mH_2O	$q_{xh}/(L/s)$
6	8.1	1.7	7.8	2.5	7.7	3.5
7	9.7	1.8	9.3	2.7	9.1	3.8
8	11.3	2.0	10.8	2.9	10.5	4.1
9	13.1	2.1	12.5	3.1	12.1	4.4
10	15.0	2.3	14.1	3.3	13.6	4.6
11	16.9	2.4	15.8	3.5	15.1	4.9
12	19.1	2.6	17.1	3.7	16.9	5.2
13	21.2	2.7	19.5	3.9	18.6	5.4
14	23.8	2.9	21.7	4.1	20.5	5.7
15	26.5	3.0	23.9	4.4	22.5	6.0
16	29.5	3.2	26.3	4.6	24.6	6.2

4）消火栓水龙带水头损失按式（13-2-28）计算：

$$h_d = 10A_z L_d q_{xh}^2 \qquad (13-2-28)$$

式中　h_d——水带水头损失（kPa）；

　　　L_d——水带长度（m）；

　　　A_z——水带阻力系数，见表 13-2-31；

　　　q_{xh}同式 13-2-27。

表 13-2-31　水带阻力系数 A_z 值

水带材料	水带直径/mm		
	50	65	80
麻织	0.01501	0.00430	0.00150
衬胶	0.00677	0.00172	0.00075

3. 减压计算

（1）减压孔板应符合下列规定：

1）应设在直径不小于 50mm 的水平直管段上，前后管段的长度均不宜小于该管段直径的 5 倍。

2）孔口直径不应小于设置管段直径的 30%，且不应小于 20mm。

3）应采用不锈钢板材制作。

（2）节流管应符合下列规定：

1）直径宜按上游管段直径的 1/2 确定。

2）长度不宜小于 1m。

3）节流管内水的平均流速不应大于 20m/s。

（3）减压孔板的水头损失，应按式（13-2-29）和式（13-2-30）计算：

$$H_k = 0.01\zeta_1 (v_k^2/2g) \qquad (13-2-29)$$

$$\zeta_1 = \{1.75(d_j/d_k)^2[1.1 - (d_j/d_k)^2]/[1.175 - (d_j/d_k)^2] - 1\} \quad (13\text{-}2\text{-}30)$$

式中 H_k——减压孔板的水头损失（mH_2O）；

v_k——减压孔板后管道内水的平均流速（m/s）；

g——重力加速度（m/s^2）；

ζ_1——减压孔板的局部阻力系数，也可按表 13-2-32 取值；

d_k——减压孔板孔口的计算内径（m），取值应按减压孔板孔口直径减 1mm 确定；

d_j——管道的内径（m）。

表 13-2-32 减压孔板局部阻力系数 ζ_1

d_k/d_j	0.3	0.4	0.5	0.6	0.7	0.8
ζ_1	292	83.3	29.5	11.7	4.75	1.83

（4）节流管的水头损失，应按式（13-2-31）计算：

$$H_g = 0.01\zeta_2(v_g^2/2g) + 0.0000107(v_g^2/d_g^{1.3})L_j \quad (13\text{-}2\text{-}31)$$

式中 H_g——节流管的水头损失（mH_2O）；

ζ_2——节流管中渐缩管与渐扩管的局部阻力系数之和，取值 0.7；

v_g——节流管内水的平均流速（m/s）；

d_g——节流管的计算内径（m），取值应按节流管内径减 1mm 确定；

L_j——节流管的长度（m）。

（5）减压阀的水头损失计算应符合下列规定：

1）应根据产品技术参数确定，当无资料时减压阀阀前后静压与动压差应按不小于 0.10MPa 计算。

2）减压阀串联减压时应计算第一级减压阀的水头损失对第二级减压阀出水动压的影响。

4. 消火栓给水系统计算举例

例 13-2-1 华北某城市的一幢 12 层宾馆，总建筑面积约为 9000m^2，该建筑总长 39.6m，宽 14.5m，高 37.10m，每层在消防电梯前室布置有消火栓及立管，在走廊布置有 4 个消火栓及立管，采用临时高压消火栓系统。

（1）消火栓布置

要求消火栓的间距应保证同层任何部位有两个消火栓的水枪充实水柱同时到达。水带长度取 20m，展开时的弯曲折减系数 C 取 0.8，消火栓的保护半径应为：

$$R = CL_d + h = (0.8 \times 20 + 3)\text{m} = 19\text{m}$$

$$H = 0.7S_k = 0.7(H_1 - H_2)/\sin45° = 0.7(3 - 1.1)/\sin45° = 3.0\text{m}$$

消火栓采用单排布置时，其间距为

$$S \leqslant \sqrt{R^2 - b^2} = \sqrt{19^2 - (6 + 2.5)^2}\text{m} = 16.99\text{m}，取 17\text{m}。$$

据此应在走道上布置 4 个消火栓（间距小于 17m）才能满足要求。另外，消防电梯的前室按规定设消火栓。系统图如图 13-2-15 所示。

（2）水枪喷嘴处所需的水压

查表，水枪喷口直径选 19mm，水枪系数 φ 值为 0.0097；充实水柱 H_m 要求不小于 10m，选 $H_m = 12$m，水枪实验系数 α_f 值为 1.21。

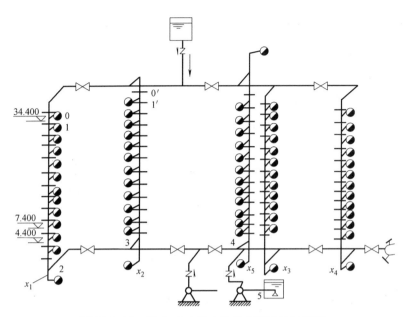

图 13-2-15　例 13-2-1 消火栓给水系统计算用图

水枪喷嘴处所需水头

$$H_q = \alpha_f H_m / (1 - \varphi \alpha_f H_m)$$
$$= [1.21 \times 12 / (1 - 0.0097 \times 1.21 \times 12)]\ \text{mH}_2\text{O} = 16.9\text{mH}_2\text{O},\ \text{其相应压力为 169kPa}。$$

（3）水枪喷嘴的出流量

喷口直径 19mm 的水枪水流特性系数 B 为 1.577。

$$q_{xh} = \sqrt{B H_q} = \sqrt{1.577 \times 16.9}\text{L/s} = 5.2\text{L/s} > 5.0\text{L/s}$$

（4）水带阻力

喷口直径 19mm 水枪配 65mm 水带，衬胶水带阻力较小，室内消火栓水带多为衬胶水带。本工程亦选衬胶水带。查表知 65mm 水带阻力系数 A_z 值为 0.00172。水带水头损失：

$$h_d = A_z L_d q_{xh}^2 = 0.00172 \times 20 \times 5.2^2 \text{mH}_2\text{O} = 0.93\text{mH}_2\text{O}$$

（5）消火栓口所需的水头

$$H_{xh} = H_q + h_d + H_k = (16.9 + 0.93 + 2)\text{mH}_2\text{O} = 19.83\text{mH}_2\text{O},\text{其相应压力为 198.3kPa}。$$

（6）校核

设置的消防贮水高位水箱最低水位高程为 41.50m，最不利点消火栓栓口高程为 34.4m，则最不利点消火栓口的静水压头为（41.50 - 34.40）mH_2O = 7.1mH_2O，其相应压力为 71kPa。

（7）水力计算

按照最不利点消防竖管和消火栓的流量分配要求，是不利消防竖管为 x_1，出水枪数为两支，相邻消防竖管即 x_2，出水枪数为两支。

$$H_{xh0} = H_q + h_d + H_k = 19.83\text{mH}_2\text{O},\text{其相应压力为 198.3kPa}。$$

$$H_{xh1} = H_{xh0} + \Delta H(0\text{和}1\text{点的消火栓间距}) + h(0\text{—}1\text{管段的水头损失})$$
$$= (19.83 + 3.0 + 0.241)\text{mH}_2\text{O} = 23.07\text{mH}_2\text{O}$$

1 点的水枪射流量为：

$$q_{xhl} = \sqrt{BH_{ql}}$$

$$H_{xhl} = q_{xhl}^2/B + A_z L_d q_{xhl}^2 + 2$$

$$q_{xhl} = \sqrt{\dfrac{H_{xhl} - 2}{\dfrac{1}{B} + AL_d}} = \sqrt{\dfrac{23.07 - 2}{\dfrac{1}{1.577} + 0.00172 \times 20}} \text{L/s} = 5.60 \text{L/s}$$

进行消火栓给水系统水力计算时，按图 13-2-14 以枝状管路计算，配管水力计算成果见表 13-2-33。

表 13-2-33 消火栓给水系统水力计算表

计算管段	设计秒流量 $q/(\text{L/s})$	管长 L/m	DN/mm	$v/(\text{m/s})$	$i/(\text{kPa/m})$	iL/kPa
0—1	5.2	3.0	100	0.60	0.0804	0.241
1—2	5.2 + 5.6 = 10.8	32.0	100	1.25	0.309	9.89
2—3	10.81	15.0	100	1.25	0.309	4.64
3—4	2 × 10.81 = 21.62	3.6	100	2.49	1.25	4.50
4—5	21.62	23.0	100	2.49	1.25	28.75
						$\sum p_y = 48.02 \text{kPa}$

管路总压力损失为 $p_w = 48.02 \times 1.1 \text{kPa} = 52.82 \text{kPa}$

消火栓给水系统所需总水压 p_x 应为：

$$p_x = p_1 + p_{xh} + p_w = [34.4 \times 10 - (-2.84) \times 10 + 198.3 + 52.82]\text{kPa} = 623.52 \text{kPa}$$

按消火栓灭火总用水量 $Q_x = 21.62 \text{L/s}$，选消防泵 100DL-3 型两台，一用一备，$Q_b = 20 \sim 35 \text{L/s}$，$H_b = 65.1 \sim 51.0 \text{mH}_2\text{O}$（$651 \sim 510 \text{kPa}$），$N = 30 \text{kW}$。

根据室内消防用水量，应设置两套水泵接合器。

（8）消防水箱

查表 13-2-19，该建筑室内消防用水量为 20L/s，消防贮水量按存贮 10min 的室内消防水量计算。

$$V_f = Q_{xf} T_x 60/1000 = (20 \times 10 \times 60/1000) \text{m}^3 = 12.0 \text{m}^3$$

消防水箱内的贮水由生活用水提升泵从生活用水贮水池提升充满备用。

（9）消防贮水池

消防贮水按满足火灾延续时间内的室内消防用水量来计算，即 $V_f = (20 \times 2 \times 3600/1000) \text{m}^3 = 144 \text{m}^3$。

13.2.10 控制与操作

（1）消防水泵控制柜应设置在消防水泵房或专用消防水泵控制室内，并应符合下列要求：

1）消防水泵控制柜在平时应使消防水泵处于自动启泵状态。

2）当自动水灭火系统为开式系统，且设置自动启动确有困难时，经论证后消防水泵可设置在手动启动状态，并应确保 24h 有人工值班。

（2）消防水泵不应设置自动停泵的控制功能，停泵应由具有管理权限的工作人员根据火灾扑救情况确定。

（3）消防水泵应保证在火灾发生后规定的时间内正常工作，从接到启泵信号到水泵正常运转的时间，当为自动启动时应在 2min 内正常工作。

（4）消防水泵应由水泵出水干管上设置的低压压力开关、高位消防水箱出水管上的流量开关，或报警阀压力开关等信号直接自动启动消防水泵。消防水泵房内的压力开关宜引入控制柜内。

（5）消防水泵应能手动启停和自动启动。

（6）稳压泵应由消防给水管网或气压水罐上设置的稳压泵自动启停泵压力开关或压力变送器控制。

（7）在建筑消防控制中心或建筑值班室应设置消防给水设施的下列控制和显示功能：

1）控制柜或控制盘应设置开关量或模拟信号手动硬拉线直接启泵的按钮。

2）控制柜或控制盘应有显示消防水泵和稳压泵的运行状态。

3）控制柜或控制盘应有显示消防水池、高位消防水箱等水源的高水位、低水位报警信号，以及正常水位。

（8）消防水泵、稳压泵应设置就地强制启停泵按钮，并应有保护装置。

（9）消防水泵控制柜设置在独立的控制室时，其防护等级不应低于 IP30；与消防水泵设置在同一空间时，其防护等级不应低于 IP55。

（10）消防水泵控制柜应采取防止被水淹没的措施。在高温潮湿环境下，消防水泵控制柜内应设置自动防潮除湿的装置。

（11）当消防给水分区供水采用转输消防水泵时，转输泵宜在消防水泵启动后再启动；当消防给水分区供水采用串联消防水泵时，上区消防水泵宜在下区消防水泵启动后再启动。

（12）消防水泵控制柜应设置手动机械启泵功能，并应保证在控制柜内的控制线路发生故障时由有管理权限的人员在紧急时启动消防水泵。手动时应在报警 5min 内正常工作。

（13）消防水泵控制柜的前面板的明显部位应设置紧急时打开柜门的钥匙装置，并应由有管理权限的人员在紧急时使用。

（14）消防时消防水泵应工频运行，消防水泵应工频直接启泵，当功率较大时宜采用星三角和自耦降压变压器启动，不宜采用有源器件启动。

消防水泵准工作状态自动巡检时应采用变频运行，定期人工巡检时应工频满负荷运行并出流。

（15）当工频启动消防水泵时，从接通电路到水泵达到额定转速的时间不宜大于表 13-2-34 的规定值。

表 13-2-34　工频泵启动时间

配用电机功率/kW	$N \leqslant 132$	$N > 132$
消防水泵直接启动时间/s	$T < 30$	$T < 55$

（16）电动驱动消防水泵自动巡检时，巡检功能应符合下列规定：

1）巡检周期不宜大于 7d，且应能按需要任意设定。

2）以低频交流电源逐台驱动消防水泵，使每台消防水泵低速转动的时间不应少于 2min。

3）对消防水泵控制柜一次回路中的主要低压器件宜有巡检功能，并应检查器件的动作状态。

4）当有消防信号时应立即退出巡检，进入消防运行状态。

5）发现故障时应有声、光报警，并应有记录和储存功能。

6）自动巡检时应设置电源自动切换功能的检查。

（17）消防水泵双电源切换时应符合下列规定：

1）双路电源可手动及自动切换时，自动切换时间不应大于2s。

2）当一路电源与内燃机动力切换时，切换时间不应大于15s。

（18）消防水泵控制柜应有显示消防水泵工作状态和故障状态的输出端子及远程控制消防水泵启动的输入端子。控制柜应具有人机对话功能，且对话界面应为汉语，图标标准应便于识别和操作。

（19）消火栓按钮不宜作为直接启动信号，可作为报警信号。

13.2.11 施工

1. 一般规定

（1）消防给水及消火栓系统的施工必须由具有相应等级资质的施工队伍承担。

（2）消防给水及消火栓系统分部工程、子分部工程、分项工程，宜按《消防给水及消火栓系统技术规范》（GB 50974—2014）附录A"消防给水及消火栓系统分部、分项工程划分"进行划分。

（3）系统施工应按设计要求编制施工方案或施工组织设计。施工现场应具有相应的施工技术标准、施工质量管理体系和工程质量检验制度，并应按《消防给水及消火栓系统技术规范》（GB 50974—2014）附录B"施工现场质量管理检查记录"的要求填写有关记录。

（4）消防给水及消火栓系统施工前应具备下列条件：

1）施工图应经国家相关机构审查审核批准或备案后再施工。

2）平面图、系统图（展开系统原理图）、详图等图样及说明书、设备表、材料表等技术文件应齐全。

3）设计单位应向施工、建设、监理单位进行技术交底。

4）系统主要设备、组件、管材管件及其他设备、材料，应能保证正常施工。

5）施工现场及施工中使用的水、电、气应满足施工要求。

（5）消防给水及消火栓系统工程的施工，应按批准的工程设计文件和施工技术标准进行施工。

（6）消防给水及消火栓系统工程的施工过程质量控制，应按下列规定进行：

1）应校对审核图样复核是否同施工现场一致。

2）各工序应按施工技术标准进行质量控制，每道工序完成后，应进行检查，并应检查合格后再进行下道工序。

3）相关各专业工种之间应进行交接检验，并应经监理工程师签证后再进行下道工序。

4）安装工程完工后，施工单位应按相关专业调试规定进行调试。

5）调试完工后，施工单位应向建设单位提供质量控制资料和各类施工过程质量检查记录。

6）施工过程质量检查组织应由监理工程师组织施工单位人员组成。

7）施工过程质量检查记录应按《消防给水及消火栓系统技术规范》（GB 50974—2014）

附录 C 中表 C.0.1 的要求填写。

（7）消防给水及消火栓系统质量控制资料应按《消防给水及消火栓系统技术规范》（GB 50974—2014）附录 D "消防给水及消火栓系统工程质量控制资料检查记录" 的要求填写。

（8）分部工程质量验收应由建设单位组织施工、监理和设计等单位相关人员进行，并应按《消防给水及消火栓系统技术规范》（GB 50974—2014）附录 E "消防给水系统及消火栓系统工程验收记录" 的要求填写消防给水及消火栓系统工程验收记录。

（9）当建筑物仅设有消防软管卷盘或 SN50 消火栓时，其施工验收维护管理等应符合现行国家标准《建筑给水排水及采暖工程施工质量验收规范》（GB 50242—2002）的有关规定。

2. 进场检验

（1）消防给水及消火栓系统施工前应对采用的主要设备、系统组件、管材管件及其他设备、材料进行进场检查，并应符合下列要求：

1）主要设备、系统组件、管材管件及其他设备、材料，应符合国家现行相关产品标准的规定，并应具有出厂合格证或质量认证书。

2）消防水泵、消火栓、消防水带、消防水枪、消防软管卷盘、报警阀组、电动（磁）阀、压力开关、流量开关、消防水泵接合器、沟槽连接件等系统主要设备和组件，应经国家消防产品质量监督检验中心检测合格。

3）稳压泵、气压水罐、消防水箱、自动排气阀、信号阀、止回阀、安全阀、减压阀、倒流防止器、蝶阀、闸阀、流量计、压力表、水位计等，应经相应国家产品质量监督检验中心检测合格。

4）气压水罐、组合式消防水池、屋顶消防水箱、地下水取水和地表水取水设施，以及其附件等，应符合国家现行相关产品标准的规定。

检查数量：全数检查。

检查方法：检查相关资料。

（2）消防水泵和稳压泵的检验应符合下列要求：

1）消防水泵和稳压泵的流量、压力和电机功率应满足设计要求。

2）消防水泵产品质量应符合现行国家标准《消防泵》（GB 6245—2006）、《离心泵技术条件（Ⅱ类）》（GB/T 5656—2008）的有关规定。

3）稳压泵产品质量应符合现行国家标准《离心泵技术条件Ⅲ类》（GB/T 5656—2006）的有关规定。

4）消防水泵和稳压泵的电机功率应满足水泵全性能曲线运行的要求。

5）泵及电机的外观表面不应有碰损，轴心不应有偏心。

检查数量：全数检查。

检查方法：直观检查和查验认证文件。

（3）消火栓的现场检验应符合下列要求：

1）室外消火栓应符合现行国家标准《室外消火栓》（GB 4452—2011）的性能和质量要求。

2）室内消火栓应符合现行国家标准《室内消火栓》（GB 3445—2005）的性能和质量

要求。

3）消防水带应符合现行国家标准《消防水带》（GB 6246—2011）的性能和质量要求。

4）消防水枪应符合现行国家标准《消防水枪》（GB 8181—2005）的性能和质量要求。

5）消火栓、消防水带、消防水枪的商标、制造厂等标志应齐全。

6）消火栓、消防水带、消防水枪的型号、规格等技术参数应符合设计要求。

7）消火栓外观应无加工缺陷和机械损伤；铸件表面应无结疤、毛刺、裂纹和缩孔等缺陷；铸铁阀体外部应涂红色油漆，内表面应涂防锈漆，手轮应涂黑色油漆；外部漆膜应光滑、平整、色泽一致，应无气泡、流痕、皱纹等缺陷，并应无明显碰、划等现象。

8）消火栓螺纹密封面应无伤痕、毛刺、缺丝或断丝现象。

9）消火栓的螺纹出水口和快速连接卡扣应无缺陷和机械损伤，并应能满足使用功能的要求。

10）消火栓阀杆升降或开启应平稳、灵活，不应有卡涩和松动现象。

11）旋转型消火栓其内部构造应合理，转动部件应为铜或不锈钢，并应保证旋转可靠、无卡涩和漏水现象。

12）减压稳压消火栓应保证可靠、无堵塞现象。

13）活动部件应转动灵活，材料应耐腐蚀，不应卡涩或脱扣。

14）消火栓固定接口应进行密封性能试验，应以无渗漏、无损伤为合格。试验数量宜从每批中抽查1%，但不应少于5个，应缓慢而均匀地升压1.6MPa，应保压2min。当两个及两个以上不合格时，不应使用该批消火栓。当仅有一个不合格时，应再抽查2%，但不应少于10个，并应重新进行密封性能试验；当仍有不合格时，亦不应使用该批消火栓。

15）消防水带的织物层应编织得均匀，表面应整洁；应无跳双经、断双经、跳纬及划伤，衬里（或覆盖层）的厚度应均匀，表面应光滑平整、无折皱或其他缺陷。

16）消防水枪的外观质量应符合本条第4）款的有关规定，消防水枪的进出口口径应满足设计要求。

17）消火栓箱应符合现行国家标准《消火栓箱》（GB 14561—2003）的性能和质量要求。

18）消防软管卷盘应符合现行国家标准《消防软管卷盘》（GB 15090—2005）的性能和质量要求。

外观和一般检查数量：全数检查。

检查方法：直观和尺量检查。

性能检查数量：抽查符合本条第14）款的规定。

检查方法：直观检查及在专用试验装置上测试，主要测试设备有试压泵、压力表、秒表。

（4）消防炮、洒水喷头、泡沫产生装置、泡沫比例混合装置、泡沫液压力储罐和泡沫喷头等水灭火系统的专用组件的进场检查，应符合现行国家标准《自动喷水灭火系统施工及验收规范》（GB 50261—2005）、《泡沫灭火系统施工及验收规范》（GB 50281—2006）等的有关规定。

（5）管材、管件应进行现场外观检查，并应符合下列要求：

1）镀锌钢管应为内外壁热镀锌钢管，钢管内外表面的镀锌层不应有脱落、锈蚀等现象，球墨铸铁管球墨铸铁内涂水泥层和外涂防腐涂层不应脱落，不应有锈蚀等现象，钢丝网骨架塑料复合管管道壁厚度均匀、内外壁应无划痕，各种管材管件应符合表 13-2-35 所列相应标准。

表 13-2-35　消防给水管材及管件标准

序号	标　准	管材及管件
1	《低压流体输送用焊接钢管》（GB/T 3091—2008）	低压流体输送用镀锌焊接钢管
2	《输送流体用无缝钢管》（GB/T 8163—2008）	输送流体用无缝钢管
3	《柔性机械接口灰口铸铁管》（GB/T 6483—2008）	梯唇型橡胶圈接口铸铁管
4	《灰口铸铁管件》（GB/T 3420—2008）	柔性机械接口铸铁管件
5	《水及燃气用球墨铸铁管、管件和附件》（GB/T 13295—2013）	球墨铸铁管件
6	《水及燃气用球墨铸铁管、管件和附件》（GB/T 13295—2013）	离心铸造球墨铸铁管
7	《流体输送用不锈钢无缝钢管》（GB/T 14976—2012）	流体输送用不锈钢无缝钢管
8	《自动喷水灭火系统　第 11 部分:沟槽式管接件》（GB 5135.11—2006）	沟槽式管接件
9	《钢丝网骨架塑料（聚乙烯）复合管及管件》（CJ/T 189—2007）	钢丝网骨架塑料（聚乙烯）复合管

2）表面应无裂纹、缩孔、夹渣、折叠和重皮。

3）管材管件不应有妨碍使用的凹凸不平的缺陷，其尺寸公差应符合表 13-2-35 所列国家现行产品标准的有关规定。

4）螺纹密封面应完整、无损伤、无毛刺。

5）非金属密封垫片应质地柔韧、无老化变质或分层现象，表面应无折损、皱纹等缺陷。

6）法兰密封面应完整光洁，不应有毛刺及径向沟槽；螺纹法兰的螺纹应完整、无损伤。

7）不圆度应符合表 13-2-35 所列国家现行产品标准的规定。

8）球墨铸铁管承口的内工作面和插口的外工作面应光滑、轮廓清晰，不应有影响接口密封性的缺陷。

9）钢丝网骨架塑料（聚乙烯）复合管内外壁应光滑、无划痕，钢丝骨料与塑料应黏结牢固等。

检查数量：全数检查。

检查方法：直观和尺量检查。

（6）阀门及其附件的现场检验应符合下列要求：

1）阀门的商标、型号、规格等标志应齐全，阀门的型号、规格应符合设计要求。

2）阀门及其附件应配备齐全，不应有加工缺陷和机械损伤。

3）报警阀和水力警铃的现场检验，应符合现行国家标准《自动喷水灭火系统施工及验收规范》（GB 50261—2005）的有关规定。

4）闸阀、截止阀、球阀、蝶阀和信号阀等通用阀门，应符合现行国家标准《工业阀门压力试验》（GB/T 13927—2008）和《自动喷水灭火系统第 6 部分：通用阀门》（GB 5135.6—2003）等的有关规定。

5）消防水泵接合器应符合现行国家标准《消防水泵接合器》（GB 3446—2013）的性能和质量要求。

6）自动排气阀、减压阀、泄压阀、止回阀等阀门性能应符合现行国家标准《工业阀门压力试验》（GB/T 13927—2008）、《自动喷水灭火系统第 6 部分：通用阀门》（GB 5135.6—2003）、《压力释放装置性能试验规范》（GB/T 12242—2005）、《减压阀性能试验方法》（GB/T 12245—2006）、《安全阀一般要求》（GB/T 12241—2005）、《阀门的检验与试验》（JB/T 9092—1999）等的有关规定。

7）阀门应有清晰的铭牌、安全操作指示标志、产品说明书和水流方向的永久性标志。

检查数量：全数检查。

检查方法：直观检查及在专用试验装置上测试，主要测试设备有试压泵、压力表、秒表。

（7）消防水泵控制柜的检验应符合下列要求：

1）消防水泵控制柜的控制功能应满足上述 13.2.10 和设计要求，并应经国家批准的质量监督检验中心检测合格的产品。

2）控制柜体应端正，表面应平整，涂层颜色应均匀一致，应无眩光，并应符合现行国家标准《高度进制为 20mm 的面板、架和柜的基本尺寸系列》（GB/T 3047.1—1995）的有关规定，且控制柜外表面不应有明显的磕碰伤痕和变形掉漆。

3）控制柜面板应设有电源电压、电流、水泵启、停状况、巡检状况、火警及故障的声光报警等显示。

4）控制柜导线的颜色应符合现行国家标准的有关规定。

5）面板上的按钮、开关、指示灯应易于操作和观察且有功能标示，并应符合现行国家标准的有关规定。

6）控制柜内的电器元件及材料应选用符合现行国家标准《控制用电磁继电器可靠性试验通则》（GB/T 15510—2008）等的有关规定，并应安装合理，其工作位置应符合产品使用说明书的规定。

7）控制柜应按现行国家标准《电工电子产品基本环境试验第二部分：试验方法试验 A：低温》GB/T 2423.1 的有关规定进行低温实验检测，检测结果不应产生影响正常工作的故障；

8）控制柜应按现行国家标准《电工电子产品基本环境试验第二部分：试验方法试验 B：高温》（GB/T 2423.2—2008）的有关规定进行高温试验检测，检测结果不应产生影响正常工作的故障。

9）控制柜应按现行行业标准的有关规定进行湿热试验检测，检测结果不应产生影响工作的故障。

10）控制柜应按现行行业标准的有关规定进行振动试验检测，检测结果柜体结构及内部零部件应完好无损，并不应产生影响正常工作的故障。

11）控制柜温升值应按现行国家标准《低压成套开关设备和控制设备第 1 部分：总则》（GB/T 7251.1—2013）的有关规定进行试验检测，检测结果不应产生影响工作的故障；

12）控制柜中各带电回路之间及带电间隙和爬电距离，应按现行行业标准的有关规定进行试验检测，检测结果不应产生影响工作的故障。

13）金属柜体上应有接地点，且其标志、线号标记、线径应按现行行业标准的有关规定检测绝缘电阻；控制柜中带电端子与机壳之间的绝缘电阻应大于 20MΩ，电源接线端子与地之间的绝缘电阻应大于 50MΩ。

14）控制柜的介电强度试验应按现行国家标准《电气控制设备》（GB/T 3797—2005）的有关规定进行介电强度测试，测试结果应无击穿、无闪络。

15）在控制柜的明显部位应设置标志牌和控制原理图等。

16）设备型号、规格、数量、标牌、线路图样及说明书、设备表、材料表等技术文件应齐全，并应符合设计要求。

检查数量：全数检查。

检查方法：直观检查和查验认证文件。

（8）压力开关、流量开关、水位显示与控制开关等仪表的进场检验，应符合下列要求：

1）性能规格应满足设计要求。

2）压力开关应符合现行国家标准《自动喷水灭火系统第 10 部分：压力开关》（GB 5135.10—2006）的性能和质量要求。

3）水位显示与控制开关应符合现行国家标准《水位测量仪器第 1 部分：浮子式水位计》（GB/T 11828.1—2002）～《水位测量仪器第 6 部分：遥测水位计》（GB/T 11828.6—2008）的有关规定。

4）流量开关应能在管道流速为 0.1m/s～10m/s 之间时可靠启动，其他性能宜符合现行国家标准《自动喷水灭火系统第 10 部分：压力开关》（GB 5135.10—2006）的有关规定。

5）外观完整不应有损伤。

检查数量：全数检查。

检查方法：直观检查和查验认证文件。

3. 施工要求

（1）消防给水及消火栓系统的安装应符合下列要求：

1）消防水泵、消防水箱、消防水池、消防气压给水设备、消防水泵接合器等供水设施及其附属管道安装前，应清除其内部污垢和杂物。

2）消防供水设施应采取安全可靠的防护措施，其安装位置应便于日常操作和维护管理。

3）管道的安装应采用符合管材的施工工艺，管道安装中断时，其敞口处应封闭。

（2）消防水泵的安装应符合下列要求：

1）消防水泵安装前应校核产品合格证，以及其规格、型号和性能与设计要求应一致，并应根据安装使用说明书安装。

2）消防水泵安装前应复核水泵基础混凝土强度、隔振装置、坐标、标高、尺寸和螺栓孔位置。

3）消防水泵的安装应符合现行国家标准《给水排水构筑物工程施工及验收规范》（GB 50141—2008）、《机械设备安装工程施工及验收通用规范》（GB 50231—2009）、《压缩机、风机、泵安装工程施工及验收规范》（GB 50275—2010）的有关规定。

4）消防水泵安装前应复核消防水泵之间，以及消防水泵与墙或其他设备之间的间距，并应满足安装、运行和维护管理的要求。

5）消防水泵吸水管上的控制阀应在消防水泵固定于基础上后再进行安装，其直径不应小于消防水泵吸水口直径，且不应采用没有可靠锁定装置的控制阀，控制阀应采用沟漕式或法兰式阀门。

6）当消防水泵和消防水池位于独立的两个基础上且相互为刚性连接时，吸水管上应加设柔性连接管。

7）吸水管水平管段上不应有气囊和漏气现象。变径连接时，应采用偏心异径管件并应采用管顶平接。

8）消防水泵出水管上应安装消声止回阀、控制阀和压力表；系统的总出水管上还应安装压力表和低压压力开关；安装压力表时应加设缓冲装置。压力表和缓冲装置之间应安装旋塞；压力表量程在没有设计要求时，应为系统工作压力的 2~2.5 倍。

9）消防水泵的隔振装置、进出水管柔性接头的安装应符合设计要求，并应有产品说明和安装使用说明。

检查数量：全数检查。

检查方法：核实设计图、核对产品的性能检验报告、直观检查。

（3）天然水源取水口、地下水井、消防水池和消防水箱安装施工，应符合下列要求：

1）天然水源取水口、地下水井、消防水池和消防水箱的水位、出水量、有效容积、安装位置，应符合设计要求。

2）天然水源取水口、地下水井、消防水池、消防水箱的施工和安装，应符合现行国家标准《给水排水构筑物工程施工及验收规范》（GB 50141—2008）、《管井技术规范》（GB 50296—2014）和《建筑给水排水及采暖工程施工质量验收规范》（GB 50242—2002）的有关规定。

3）消防水池和消防水箱出水管或水泵吸水管应满足最低有效水位出水不掺气的技术要求。

4）安装时池外壁与建筑本体结构墙面或其他池壁之间的净距，应满足施工、装配和检修的需要。

5）钢筋混凝土制作的消防水池和消防水箱的进出水等管道应加设防水套管，钢板等制作的消防水池和消防水箱的进出水等管道宜采用法兰连接，对有振动的管道应加设柔性接头。组合式消防水池或消防水箱的进水管、出水管接头宜采用法兰连接，采用其他连接时应做防锈处理。

6）消防水池、消防水箱的溢流管、泄水管不应与生产或生活用水的排水系统直接相连，应采用间接排水方式。

检查数量：全数检查。

检查方法：核实设计图、直观检查。

（4）气压水罐安装应符合下列要求：

1）气压水罐有效容积、气压、水位及设计压力应符合设计要求。

2）气压水罐安装位置和间距、进水管及出水管方向应符合设计要求；出水管上应设止回阀。

3）气压水罐宜有有效水容积指示器。

检查数量：全数检查。

检查方法：核实设计图、核对产品的性能检验报告、直观检查。

（5）稳压泵的安装应符合下列要求：

1）规格、型号、流量和扬程应符合设计要求，并应有产品合格证和安装使用说明书。

2）稳压泵的安装应符合现行国家标准《给水排水构筑物工程施工及验收规范》（GB 50141—2008）、《机械设备安装工程施工及验收通用规范》（GB 50231—2009）、《压缩机、风机、泵安装工程施工及验收规范》（GB 50275—2010）的有关规定。

检查数量：全数检查。

检查方法：尺量和直观检查。

（6）消防水泵接合器的安装应符合下列规定：

1）消防水泵接合器的安装，应按接口、本体、连接管、止回阀、安全阀、放空管、控制阀的顺序进行，止回阀的安装方向应使消防用水能从消防水泵接合器进入系统，整体式消防水泵接合器的安装，应按其使用安装说明书进行。

2）消防水泵接合器的设置位置应符合设计要求。

3）消防水泵接合器永久性固定标志应能识别其所对应的消防给水系统或水灭火系统，当有分区时应有分区标识。

4）地下消防水泵接合器应采用铸有"消防水泵接合器"标志的铸铁井盖，并应在其附近设置指示其位置的永久性固定标志。

5）墙壁消防水泵接合器的安装应符合设计要求。设计无要求时，其安装高度距地面宜为0.7m；与墙面上的门、窗、孔、洞的净距离不应小于2.0m，且不应安装在玻璃幕墙下方。

6）地下消防水泵接合器的安装，应使进水口与井盖底面的距离不大于0.4m，且不应小于井盖的半径。

7）消火栓水泵接合器与消防通道之间不应设有妨碍消防车加压供水的障碍物。

8）地下消防水泵接合器井的砌筑应有防水和排水措施。

检查数量：全数检查。

检查方法：核实设计图、核对产品的性能检验报告、直观检查。

（7）市政和室外消火栓的安装应符合下列规定：

1）市政和室外消火栓的选型、规格应符合设计要求。

2）管道和阀门的施工和安装，应符合现行国家标准《给水排水管道工程施工及验收规范》（GB 50268—2008）、《建筑给水排水及采暖工程施工质量验收规范》（GB 50242—2002）的有关规定。

3）地下式消火栓顶部进水口或顶部出水口应正对井口。顶部进水口或顶部出水口与消防井盖底面的距离不应大于0.4m，井内应有足够的操作空间，并应做好防水措施。

4）地下式室外消火栓应设置永久性固定标志。

5）当室外消火栓安装部位火灾时存在可能落物危险时，上方应采取防坠落物撞击的措施。

6）市政和室外消火栓安装位置应符合设计要求，且不应妨碍交通，在易碰撞的地点应设置防撞设施。

检查数量：按数量抽查30%，但不应小于10个。

检查方法：核实设计图、核对产品的性能检验报告、直观检查。

（8）市政消防水鹤的安装应符合下列规定：

1）市政消防水鹤的选型、规格应符合设计要求。

2）管道和阀门的施工和安装，应符合现行国家标准《给水排水管道工程施工及验收规范》（GB 50268—2008）、《建筑给水排水及采暖工程施工质量验收规范》（GB 50242—2002）的有关规定。

3）市政消防水鹤的安装空间应满足使用要求，并不应妨碍市政道路和人行道的畅通。

检查数量：全数检查。

检查方法：核实设计图、核对产品的性能检验报告、直观检查。

（9）室内消火栓及消防软管卷盘的安装应符合下列规定：

1）室内消火栓及消防软管卷盘的选型、规格应符合设计要求。

2）同一建筑物内设置的消火栓、消防软管卷盘应采用统一规格的栓口、消防水枪和水带及配件。

3）试验用消火栓栓口处应设置压力表。

4）当消火栓设置减压装置时，应检查减压装置符合设计要求，且安装时应有防止砂石等杂物进入栓口的措施。

5）室内消火栓及消防软管卷盘应设置明显的永久性固定标志，当室内消火栓因美观要求需要隐蔽安装时，应有明显的标志，并应便于开启使用。

6）消火栓栓口出水方向宜向下或与设置消火栓的墙面成90°角，栓口不应安装在门轴侧。

7）消火栓栓口中心距地面应为1.1m，特殊地点的高度可特殊对待，允许偏差为±20mm。

检查数量：按数量抽查30%，但不应小于10个。

检验方法：核实设计图、核对产品的性能检验报告、直观检查。

（10）消火栓箱的安装应符合下列规定：

1）消火栓的启闭阀门设置位置应便于操作使用，阀门的中心距箱侧面应为140mm，距箱后内表面应为100mm，允许偏差为±5mm。

2）室内消火栓箱的安装应平正、牢固，暗装的消火栓箱不应破坏隔墙的耐火性能。

3）箱体安装的垂直度允许偏差为±3mm。

4）消火栓箱门的开启不应小于120°。

5）安装消火栓水龙带，水龙带与消防水枪和快速接头绑扎好后，应根据箱内构造将水龙带放置。

6）双向开门消火栓箱应有耐火等级并应符合设计要求，当设计没有要求时应至少满足1h耐火极限的要求。

7）消火栓箱门上应用红色字体注明"消火栓"字样。

检查数量：按数量抽查30%，但不应小于10个。

检验方法：直观和尺量检查。

（11）当管道采用螺纹、法兰、承插、卡压等方式连接时，应符合下列要求：

1）采用螺纹连接时，热浸镀锌钢管的管件宜采用现行国家标准《可锻铸铁螺纹管件》（GB/T 3287—2011）的有关规定，热浸镀锌无缝钢管的管件宜采用现行国家标准《锻制承插焊和螺纹管件》（GB/T 14383—2008）的有关规定。

2）螺纹连接时螺纹应符合现行国家标准《55°密封管螺纹 第1部分：圆柱内螺纹与圆锥外螺纹》（GB/T 7306.1—2000）和《55°密封管螺纹第2部分：圆锥内螺纹与圆锥外螺纹》（GB/T 7306.2—2000）的有关规定，宜采用密封胶带作为螺纹接口的密封，密封带应在阳螺纹上施加。

3）法兰连接时法兰的密封面形式和压力等级应与消防给水系统技术要求相符合；法兰类型宜根据连接形式采用平焊法兰、对焊法兰和螺纹法兰等，法兰选择应符合现行国家标准《钢制管法兰 类型与参数》（GB/T 9112—2010）、《整体钢制管法兰》（GB/T 9113—2010）、《钢制对焊无缝管件》（GB/T 12459—2005）和《管法兰用非金属聚四氟乙烯包覆垫片》（GB/T 13404—2008）的有关规定。

4）当热浸镀锌钢管采用法兰连接时应选用螺纹法兰，当必须焊接连接时，法兰焊接应符合现行国家标准《现场设备、工业管道焊接工程施工规范》（GB 50236—2011）和《工业金属管道工程施工规范》（GB 50235—2010）的有关规定。

5）球墨铸铁管承插连接时，应符合现行国家标准《给水排水管道工程施工及验收规范》（GB 50268—2008）的有关规定。

6）钢丝网骨架塑料复合管施工安装时除应符合本规范的有关规定外，还应符合现行行业标准《埋地聚乙烯给水管道工程技术规程》（CJJ 101—2004）的有关规定。

7）管径大于DN50的管道不应使用螺纹活接头，在管道变径处应采用单体异径接头。

检查数量：按数量抽查30%，但不应小于10个。

检验方法：直观和尺量检查。

（12）沟槽连接件（卡箍）连接应符合下列规定：

1）沟槽式连接件（管接头）、钢管沟槽深度和钢管壁厚等，应符合现行国家标准《自动喷水灭火系统第11部分：沟槽式管接件》（GB 5135.11—2006）的有关规定。

2）有振动的场所和埋地管道应采用柔性接头，其他场所宜采用刚性接头，当采用刚性接头时，每隔4~5个刚性接头应设置一个挠性接头，埋地连接时螺栓和螺母应采用不锈钢件。

3）沟槽式管件连接时，其管道连接沟槽和开孔应用专用滚槽机和开孔机加工，并应做防腐处理；连接前应检查沟槽和孔洞尺寸，加工质量应符合技术要求；沟槽、孔洞处不应有毛刺、破损性裂纹和脏物。

4）沟槽式管件的凸边应卡进沟槽后再紧固螺栓，两边应同时紧固，紧固时发现橡胶圈起皱应更换新橡胶圈。

5）机械三通连接时，应检查机械三通与孔洞的间隙，各部位应均匀，然后再紧固到位；机械三通开孔间距不应小于1m，机械四通开孔间距不应小于2m；机械三通、机械四通连接时支管的直径应满足表13-2-36的规定，当主管与支管连接不符合表表13-2-36时应采用沟槽式三通、四通管件连接。

表13-2-36　机械三通、机械四通连接时支管的直径

主管直径 DN/mm		65	80	100	125	150	200	250	300
支管直径 DN /mm	机械三通	40	40	65	80	100	100	100	100
	机械四通	32	32	50	65	80	100	100	100

6）配水干管（立管）与配水管（水平管）连接，应采用沟槽式管件，不应采用机械三通。

7）埋地的沟槽式管件的螺栓、螺帽应做防腐处理。水泵房内的埋地管道连接应采用挠性接头。

8）采用沟槽连接件连接管道变径和转弯时，宜采用沟槽式异径管件和弯头；当需要采用补芯时，三通上可用一个，四通上不应超过两个；公称直径大于50mm的管道不宜采用活接头。

9）沟槽连接件应采用三元乙丙橡胶（EDPM）C型密封胶圈，弹性应良好，应无破损和变形，安装压紧后C型密封胶圈中间应有空隙。

检查数量：按数量抽查30%，不应少于10件。

检验方法：直观和尺量检查。

（13）钢丝网骨架塑料复合管材、管件以及管道附件的连接，应符合下列要求：

1）钢丝网骨架塑料复合管材、管件以及管道附件，应采用同一品牌的产品；管道连接宜采用同种牌号级别，且压力等级相同的管材、管件以及管道附件。不同牌号的管材以及管道附件之间的连接，应经过试验，并应判定连接质量能得到保证后再连接。

2）连接应采用电熔连接或机械连接，电熔连接宜采用电熔承插连接和电熔鞍形连接；机械连接宜采用锁紧型和非锁紧型承插式连接、法兰连接、钢塑过渡连接。

3）钢丝网骨架塑料复合管给水管道与金属管道或金属管道附件的连接，应采用法兰或钢塑过渡接头连接，与直径小于等于DN50的镀锌管道或内衬塑镀锌管的连接，宜采用锁紧型承插式连接。

4）管道各种连接应采用相应的专用连接工具。

5）钢丝网骨架塑料复合管材、管件与金属管、管道附件的连接，当采用钢制喷塑或球墨铸铁过渡管件时，其过渡管件的压力等级不应低于管材公称压力。

6）在-5℃以下或大风环境条件下进行热熔或电熔连接操作时，应采取保护措施，或调整连接机具的工艺参数。

7）管材、管件以及管道附件存放处与施工现场温差较大时，连接前应将钢丝网骨架塑料复合管管材、管件以及管道附件在施工现场放置一段时间，并应使管材的温度与施工现场的温度相当。

8）管道连接时，管材切割应采用专用割刀或切管工具，切割断面应平整、光滑、无毛刺，且应垂直于管轴线。

9）管道合拢连接的时间宜为常年平均温度，且宜为第二天上午的8~10点。

10）管道连接后，应及时检查接头外观质量。

检查数量：按数量抽查30%，不应少于10件。

检验方法：直观检查。

（14）钢丝网骨架塑料复合管材、管件电熔连接，应符合下列要求：

1）电熔连接机具输出电流、电压应稳定，并应符合电熔连接工艺要求。

2）电熔连接机具与电熔管件应正确连通，连接时，通电加热的电压和加热时间应符合电熔连接机具和电熔管件生产企业的规定。

3）电熔连接冷却期间，不应移动连接件或在连接件上施加任何外力。

4）电熔承插连接应符合下列规定：

① 测量管件承口长度，并在管材插入端标出插入长度标记，用专用工具刮除插入段表皮。

② 用洁净棉布擦净管材、管件连接面上的污物。

③ 将管材插入管件承口内，直至长度标记位置。

④ 通电前，应校直两对应的待连接件，使其在同一轴线上，用整圆工具保持管材插入端的圆度。

5）电熔鞍形连接应符合下列规定：

① 电熔鞍形连接应采用机械装置固定干管连接部位的管段，并确保管道的直线度和圆度。

② 干管连接部位上的污物应使用洁净棉布擦净，并用专用工具刮除干管连接部位表皮。

③ 通电前，应将电熔鞍形连接管件用机械装置固定在干管连接部位。

检查数量：按数量抽查30%，不应少于10件。

检验方法：直观检查。

（15）钢丝网骨架塑料复合管管材、管件法兰连接应符合下列要求：

1）钢丝网骨架塑料复合管管端法兰盘（背压松套法兰）连接，应先将法兰盘（背压松套法兰）套入待连接的聚乙烯法兰连接件（跟形管端）的端部，再将法兰连接件（跟形管端）平口端与管道按上述第（13）条中第2）款电熔连接的要求进行连接。

2）两法兰盘上螺孔应对中，法兰面应相互平行，螺孔与螺栓直径应配套，螺栓长短应一致，螺帽应在同一侧；紧固法兰盘上螺栓时应按对称顺序分次均匀紧固，螺栓拧紧后宜伸出螺帽1~3丝扣。

3）法兰垫片材质应符合现行国家标准《钢制管法兰　类型与参数》（GB/T 9112—2010）、《整体钢制管法兰》（GB/T 9113—2010）的有关规定，松套法兰表面宜采用喷塑防腐处理。

4）法兰盘应采用钢质法兰盘且应采用磷化镀铬防腐处理。

检查数量：按数量抽查30%，不应少于10件。

检验方法：直观检查。

（16）钢丝网骨架塑料复合管道钢塑过渡接头连接应符合下列要求：

1）钢塑过渡接头的钢丝网骨架塑料复合管管端与聚乙烯管道连接，应符合热熔连接或电熔连接的规定。

2）钢塑过渡接头钢管端与金属管道连接应符合相应的钢管焊接、法兰连接或机械连接的规定。

3）钢塑过渡接头钢管端与钢管应采用法兰连接，严禁采用焊接连接，当必须焊接时，应采取降温措施。

4）公称外径大于或等于DN110的钢丝网骨架塑料复合管与管径大于或等于DN100的金属管连接时，可采用人字形柔性接口配件，配件两端的密封胶圈应分别与聚乙烯管和金属管相配套。

5）钢丝网骨架塑料复合管和金属管、阀门相连接时，规格尺寸应相互配套。

检查数量：按数量抽查30%，不应少于10件。

检验方法：直观检查。

（17）埋地管道的连接方式和基础支墩应符合下列要求：

1）地震烈度在 7 度及 7 度以上时宜采用柔性连接的金属管道或钢丝网骨架塑料复合管等。

2）当采用球墨铸铁时宜采用承插连接。

3）当采用焊接钢管时宜采用法兰和沟槽连接件连接。

4）当采用钢丝网骨架塑料复合管时应采用电熔连接。

5）埋地管道的施工时除符合本规范的有关规定外，还应符合现行国家标准《给水排水管道工程施工及验收规范》（GB 50268—2008）的有关规定。

6）埋地消防给水管道的基础和支墩应符合设计要求，当设计对支墩没有要求时，应在管道三通或转弯处设置混凝土支墩。

检查数量：全部检查。

检验方法：直观检查。

（18）架空管道应采用热浸镀锌钢管，并宜采用沟槽连接件、螺纹、法兰和卡压等方式连接；架空管道不应安装使用钢丝网骨架塑料复合管等非金属管道。

检查数量：全部检查。

检验方法：直观检查。

（19）架空管道的安装位置应符合设计要求，并应符合下列规定：

1）架空管道的安装不应影响建筑功能的正常使用，不应影响和妨碍通行以及门窗等开启。

2）当设计无要求时，管道的中心线与梁、柱、楼板等的最小距离应符合表 13-2-37 的规定。

表 13-2-37　管道的中心线与梁、柱、楼板等的最小距离

公称直径（mm）	25	32	40	50	70	80	100	125	150	200
距离（mm）	40	40	50	60	70	80	100	125	150	200

3）消防给水管穿过地下室外墙、构筑物墙壁以及屋面等有防水要求处时，应设防水套管。

4）消防给水管穿过建筑物承重墙或基础时，应预留洞口，洞口高度应保证管顶上部净空不小于建筑物的沉降量，不宜小于 0.1m，并应填充不透水的弹性材料。

5）消防给水管穿过墙体或楼板时应加设套管，套管长度不应小于墙体厚度，或应高出楼面或地面 50mm；套管与管道的间隙应采用不燃材料填塞，管道的接口不应位于套管内。

6）消防给水管必须穿过伸缩缝及沉降缝时，应采用波纹管和补偿器等技术措施。

7）消防给水管可能发生冰冻时，应采取防冻技术措施。

8）通过及敷设在有腐蚀性气体的房间内时，管外壁应刷防腐漆或缠绕防腐材料。

检查数量：按数量抽查 30%，不应少于 10 件。

检验方法：尺量检查。

（20）架空管道的支吊架应符合下列规定：

1）架空管道支架、吊架、防晃或固定支架的安装应固定牢固，其形式、材质及施工应

符合设计要求。

2）设计的吊架在管道的每一支撑点处应能承受 5 倍于充满水的管重，且管道系统支撑点应支撑整个消防给水系统。

3）管道支架的支撑点宜设在建筑物的结构上，其结构在管道悬吊点应能承受充满水管道质量另加至少 114kg 的阀门、法兰和接头等附加荷载，充水管道的参考质量可按表 13-2-38 选取。

表 13-2-38　充水管道的参考质量

公称直径/mm	25	32	40	50	70	80	100	125	150	200
保温管道/(kg/m)	15	18	19	22	27	32	41	54	66	103
不保温管道/(kg/m)	5	7	7	9	13	17	22	33	42	73

注：1. 计算管质量按 10kg 化整，不足 20kg 按 20kg 计算。

2. 表中管的质量不包括阀门质量。

4）管道支架或吊架的设置间距不应大于表 13-2-39 的要求。

表 13-2-39　管道支架或吊架的设置间距

管径/mm	25	32	40	50	70	80
间距/m	3.5	4.0	4.5	5.0	6.0	6.0
管径/mm	100	125	150	200	250	300
间距/m	6.5	7.0	8.0	9.5	11.0	12.0

5）当管道穿梁安装时，穿梁处宜作为一个吊架。

6）下列部位应设置固定支架或防晃支架：

① 配水管宜在中点设一个防晃支架，但当管径小于 DN50 时可不设。

② 配水干管及配水管，配水支管的长度超过 15m，每 15m 长度内应至少设一个防晃支架，但当管径不大于 DN40 时可不设。

③ 管径大于 DN50 的管道拐弯、三通及四通位置处应设一个防晃支架。

④ 防晃支架的强度，应满足管道、配件及管内水的重量再加 50% 的水平方向推力时不损坏或不产生永久变形。当管道穿梁安装时，管道再用紧固件固定于混凝土结构上，宜可作为一个防晃支架处理。

检查数量：按数量抽查 30%，不应少于 10 件。

检验方法：尺量检查。

（21）架空管道每段管道设置的防晃支架不应少于一个；当管道改变方向时，应增设防晃支架；立管应在其始端和终端设防晃支架或采用管卡固定。

检查数量：按数量抽查 30%，不应少于 10 件。

检验方法：直观检查。

（22）埋地钢管应做防腐处理，防腐层材质和结构应符合设计要求，并应按现行国家标准《给水排水管道工程施工及验收规范》（GB 50268—2008）的有关规定施工；室外埋地球墨铸铁给水管要求外壁应刷沥青漆防腐；埋地管道连接用的螺栓、螺母以及垫片等附件应采用防腐蚀材料，或涂覆沥青涂层等防腐涂层；埋地钢丝网骨架塑料复合管不应做防腐处理。

检查数量：按数量抽查 30%，不应少于 10 件。

检验方法：放水试验、观察、核对隐蔽工程记录，必要时局部解剖检查。

（23）地震烈度在 7 度及 7 度以上时，架空管道保护应符合下列要求：

1）地震区的消防给水管道宜采用沟槽连接件的柔性接头或间隙保护系统的安全可靠性。

2）应用支架将管道牢固地固定在建筑上。

3）管道应有固定部分和活动部分组成。

4）系统管道穿越连接地面以上部分建筑物的地震接缝时，无论管径大小，均应设带柔性配件的管道地震保护装置。

5）所有穿越墙、楼板、平台以及基础的管道，包括泄水管，水泵接合器连接管及其他辅助管道的周围应留有间隙。

6）管道周围的间隙，$DN25 \sim DN80$ 管径的管道，不应小于 25mm，$DN100$ 及以上管径的管道，不应小于 50mm；间隙内应填充腻子等防火柔性材料。

7）竖向支撑应符合下列规定：

① 系统管道应有承受横向和纵向水平载荷的支撑；横向支撑的间距不应大于 24m。

② 竖向支撑应牢固且同心，支撑的所有部件和配件应在同一直线上。

③ 对供水主管，竖向支撑的间距不应大于 24m。

④ 立管的顶部应采用四个方向的支撑固定。

⑤ 供水主管上的横向固定支架，其间距不应大于 12m。

检查数量：按数量抽查 30%，不应少于 10 件。

检验方法：直观检查。

（24）架空管道外应刷红色油漆或涂红色环圈标志，并应注明管道名称和水流方向标识。红色环圈标志，宽度不应小于 20mm，间隔不宜大于 4m，在一个独立的单元内环圈不宜少于两处。

检查数量：按数量抽查 30%，不应少于 10 件。

检验方法：直观检查。

（25）消防给水系统阀门的安装应符合下列要求：

1）各类阀门型号、规格及公称压力应符合设计要求。

2）阀门的设置应便于安装维修和操作，且安装空间应能满足阀门完全启闭的要求，并应做出标志。

3）阀门应有明显的启闭标志。

4）消防给水系统干管与水灭火系统连接处应设置独立阀门，并应保证各系统独立使用。

检查数量：全部检查。

检查方法：直观检查。

（26）消防给水系统减压阀的安装应符合下列要求：

1）安装位置处的减压阀的型号、规格、压力、流量应符合设计要求。

2）减压阀安装应在供水管网试压、冲洗合格后进行。

3）减压阀水流方向应与供水管网水流方向一致。

4）减压阀前应有过滤器。

5）减压阀前后应安装压力表。

6）减压阀处应有压力试验用排水设施。

检查数量：全数检查。

检验方法：核实设计图、核对产品的性能检验报告、直观检查。

（27）控制柜的安装应符合下列要求：

1）控制柜的基座其水平度误差不大于±2mm，并应做防腐处理及防水措施。

2）控制柜与基座应采用不小于φ12mm的螺栓固定，每只柜不应少于4只螺栓。

3）做控制柜的上下进出线口时，不应破坏控制柜的防护等级。

检查数量：全部检查。

检查方法：直观检查。

4. 试压和冲洗

（1）消防给水及消火栓系统试压和冲洗应符合下列要求：

1）管网安装完毕后，应对其进行强度试验、冲洗和严密性试验。

2）强度试验和严密性试验宜用水进行。干式消火栓系统应做水压试验和气压试验。

3）系统试压完成后，应及时拆除所有临时盲板及试验用的管道，并应与记录核对无误，且应按《消防给水及消火栓系统技术规范》（GB 50974—2014）表C.0.2"消防给水及消火栓系统试压记录"的格式填写记录。

4）管网冲洗应在试压合格后分段进行。冲洗顺序应先室外，后室内；先地下，后地上；室内部分的冲洗应按供水干管、水平管和立管的顺序进行。

5）系统试压前应具备下列条件：

① 埋地管道的位置及管道基础、支墩等经复查应符合设计要求。

② 试压用的压力表不应少于两只；精度不应低于1.5级，量程应为试验压力值的1.5～2倍。

③ 试压冲洗方案已经批准。

④ 对不能参与试压的设备、仪表、阀门及附件应加以隔离或拆除；加设的临时盲板应具有突出于法兰的边耳，且应做明显标志，并记录临时盲板的数量。

6）系统试压过程中，当出现泄漏时，应停止试压，并应放空管网中的试验介质，消除缺陷后，应重新再试。

7）管网冲洗宜用水进行。冲洗前，应对系统的仪表采取保护措施。

8）冲洗前，应对管道防晃支架、支吊架等进行检查，必要时应采取加固措施。

9）对不能经受冲洗的设备和冲洗后可能存留脏物、杂物的管段，应进行清理。

10）冲洗管道直径大于DN100时，应对其死角和底部进行振动，但不应损伤管道。

11）管网冲洗合格后，应按《消防给水及消火栓系统技术规范》（GB 50974—2014）表C.0.3"消防给水及消火栓系统管网冲洗记录"的要求填写记录。

12）水压试验和水冲洗宜采用生活用水进行，不应使用海水或含有腐蚀性化学物质的水。

检查数量：全数检查。

检查方法：直观检查。

（2）压力管道水压强度试验的试验压力应符合表13-2-40的规定。

检查数量：全数检查。

表 13-2-40　压力管道水压强度试验的试验压力

管材类型	系统工作压力 P/MPa	试验压力/MPa
钢管	≤1.0	1.5P，且不应小于 1.4
	>1.0	P+0.4
球墨铸铁管	≤0.5	2P
	>0.5	P+0.5
钢丝网骨架塑料管	P	1.5P，且不应小于 0.8

检查方法：直观检查

（3）水压强度试验的测试点应设在系统管网的最低点。对管网注水时，应将管网内的空气排净，并应缓慢升压，达到试验压力后，稳压 30min 后，管网应无泄漏、无变形，且压力降不应大于 0.05MPa。

检查数量：全数检查。

检查方法：直观检查。

（4）水压严密性试验应在水压强度试验和管网冲洗合格后进行。试验压力应为系统工作压力，稳压 24h，应无泄漏。

检查数量：全数检查。

检查方法：直观检查。

（5）水压试验时环境温度不宜低于 5℃，当低于 5℃时，水压试验应采取防冻措施。

检查数量：全数检查。

检查方法：用温度计检查。

（6）消防给水系统的水源干管、进户管和室内埋地管道应在回填前单独或与系统同时进行水压强度试验和水压严密性试验。

检查数量：全数检查。

检查方法：观察和检查水压强度试验和水压严密性试验记录。

（7）气压严密性试验的介质宜采用空气或氮气，试验压力应为 0.28MPa，且稳压 24h，压力降不应大于 0.01MPa。

检查数量：全数检查。

检查方法：直观检查。

（8）管网冲洗的水流流速、流量不应小于系统设计的水流流速、流量；管网冲洗宜分区、分段进行；水平管网冲洗时，其排水管位置应低于冲洗管网。

检查数量：全数检查。

检查方法：使用流量计和直观检查。

（9）管网冲洗的水流方向应与灭火时管网的水流方向一致。

检查数量：全数检查。

检查方法：直观检查。

（10）管网冲洗应连续进行。当出口处水的颜色、透明度与入口处水的颜色、透明度基本一致时，冲洗可结束。

检查数量：全数检查。

检查方法：直观检查。

（11）管网冲洗宜设临时专用排水管道，其排放应畅通和安全。排水管道的截面面积不应小于被冲洗管道截面面积的60%。

检查数量：全数检查。

检查方法：直观和尺量、试水检查。

（12）管网的地上管道与地下管道连接前，应在管道连接处加设堵头后，对地下管道进行冲洗。

检查数量：全数检查。

检查方法：直观检查。

（13）管网冲洗结束后，应将管网内的水排除干净。

检查数量：全数检查。

检查方法：直观检查。

（14）干式消火栓系统管网冲洗结束，管网内水排除干净后，宜采用压缩空气吹干。

检查数量：全数检查。

检查方法：直观检查。

13.2.12 系统调试与验收

1. 系统调试

（1）消防给水及消火栓系统调试应在系统施工完成后进行，并应具备下列条件：

1）天然水源取水口、地下水井、消防水池、高位消防水池、高位消防水箱等蓄水和供水设施水位、出水量、已储水量等符合设计要求。

2）消防水泵、稳压泵和稳压设施等处于准工作状态。

3）系统供电正常，若柴油机泵油箱应充满油并能正常工作。

4）消防给水系统管网内已经充满水。

5）湿式消火栓系统管网内已充满水，手动干式、干式消火栓系统管网内的气压符合设计要求。

6）系统自动控制处于准工作状态。

7）减压阀和阀门等处于正常工作位置。

（2）系统调试应包括下列内容：

1）水源调试和测试。

2）消防水泵调试。

3）稳压泵或稳压设施调试。

4）减压阀调试。

5）消火栓调试。

6）自动控制探测器调试。

7）干式消火栓系统的报警阀调试，并应包含报警阀的附件电动或磁阀等阀门的调试。

8）排水设施调试。

9）联动试验。

（3）水源调试和测试应符合下列要求：

1）按设计要求核实高位消防水箱、高位消防水池、消防水池的容积，高位消防水池、高位消防水箱设置高度应符合设计要求；消防储水应有不作他用的技术措施；当有江河湖海、水库和水塘等天然水源作为消防水源时应验证其枯水位、洪水位和常水位的流量符合设计要求；地下水井的常水位、出水量等应符合设计要求。

2）当消防水泵直接从市政管网吸水时，应测试市政供水的压力和流量能否满足设计要求的流量。

3）应按设计要求核实消防水泵接合器的数量和供水能力，并应通过消防车车载移动泵供水进行试验验证。

4）应核实地下水井的常水位和设计抽升流量时的水位。

检查数量：全数检查。

检查方法：直观检查和进行通水试验。

（4）消防水泵调试应符合下列要求：

1）当以自动直接启动或手动直接启动消防水泵时，消防水泵应在55s内投入正常运行，且应无不良噪声和振动。

2）当以备用电源切换方式或备用泵切换启动消防水泵时，消防水泵应分别在1min或2min内投入正常运行。

3）消防水泵安装后应进行现场性能测试，其性能应与生产厂商提供的数据相符，并应满足消防给水设计流量和压力的要求。

4）消防水泵零流量时的压力不应超过设计额定压力的140%；当出流量为设计额定流量的150%时，其出口压力不应低于设计额定压力的65%。

检查数量：全数检查。

检查方法：用秒表检查。

（5）稳压泵应按设计要求进行调试，并应符合下列规定：

1）当达到设计启动压力时，稳压泵应立即启动；当达到系统停泵压力时，稳压泵应自动停止运行；稳压泵启停应达到设计压力要求。

2）能满足系统自动启动要求，且当消防主泵启动时，稳压泵应停止运行。

3）稳压泵在正常工作时每小时的启停次数应符合设计要求，且不应大于15次/h。

4）稳压泵启停时系统压力应平稳，且稳压泵不应频繁启停。

检查数量：全数检查。

检查方法：直观检查。

（6）干式消火栓系统报警阀调试应符合下列要求：

1）当采用干式报警阀的干式消火栓系统调试时，开启系统试验阀，报警阀的启动时间、启动点压力、水流到试验装置出口所需时间，均应符合设计要求。

2）干式报警阀后的管道容积应符合设计要求，并应满足充水时间的要求。

3）干式报警在充气压力下降到设定值时应能及时启动。

4）干式报警阀充气系统在设定低压点时应启动，在设定高压点时应停止充气，当压力低于设定低压点时应报警。

5）当干式报警阀设有加速排气器时，应验证其可靠工作。

检查数量：全数检查。

检查方法：使用压力表、秒表、声强计和直观检查。

（7）减压阀调试应符合下列要求：

1）减压阀的阀前阀后动静压力应满足设计要求。

2）减压阀的出流量应满足设计要求，当出流量为设计额定流量的150%时，阀后动压不应小于额定设计压力的65%。

3）减压阀在小流量、设计额定流量和额定流量的150%时不应出现噪声明显增加。

4）测试减压阀的阀后动静压差应符合设计要求。

检查数量：全数检查。

检查方法：使用压力表、流量计、声强计和直观检查。

（8）消火栓的调试和测试应符合下列规定：

1）试验消火栓动作时，应检测消防水泵是否在本规范规定的时间内自动启动。

2）试验消火栓动作时，应测试其出流量、压力和充实水柱的长度；并应根据消防水泵的性能曲线核实消防水泵供水能力。

3）应检查旋转型消火栓的性能能否满足其性能要求。

4）应采用专用检测工具，测试减压稳压型消火栓的阀后动静压是否满足设计要求。

检查数量：全数检查。

检查方法：使用压力表、流量计和直观检查。

（9）调试过程中，系统排出的水应通过排水设施全部排走，并应符合下列规定：

1）消防电梯排水设施的自动控制和排水能力应进行测试。

2）报警阀排水试验管处和末端试水装置处排水设施的排水能力应进行测试，且在地面不应有积水。

3）试验消火栓处的排水能力应满足试验要求。

4）消防水泵房排水设施的排水能力应进行测试，并应符合设计要求。

5）有毒有害场所消防排水收集、储存、监控和处理设施的调试和测试应符合设计要求。

检查数量：全数检查。

检查方法：使用压力表、流量计、专用测试工具和直观检查。

（10）控制柜调试和测试应符合下列要求：

1）应首先空载调试控制柜的控制功能，并应对各个控制程序的进行试验验证。

2）当空载调试合格后，应加负载调试控制柜的控制功能，并应对各个负载电流的进行试验检测和验证。

3）应检查显示功能，并应对电压、电流、故障、声光报警等功能进行试验检测和验证。

4）应调试自动巡检功能，并应对各泵的巡检动作、时间、周期、频率和转速等进行试验检测和验证。

5）应试验消防水泵的各种强制启泵功能。

检查数量：全数检查。

检查方法：使用电压表、电流表、秒表等仪表和直观检查。

（11）联动试验应符合下列要求，并应按《消防给水及消火栓系统技术规范》（GB 50974—2014）表 C.0.4 的要求进行记录：

1）干式消火栓系统联动试验，当打开一个消火栓或模拟一个消火栓的排气量排气时，干式报警阀（电动阀/电磁阀）应及时启动，压力开关应发出信号或联动启动消防水泵，水力警铃动作应发出机械报警信号。

2）消防给水系统的试验管放水时，管网压力应持续降低，消防水泵出水干管上低压压力开关应能自动启动消防水泵；消防给水系统的试验管放水或高位消防水箱排水管放水时，高位消防水箱出水管上的流量开关应动作，且应能自动启动消防水泵。

3）自动启动时间应满足设计要求和规范的规定。

检查数量：全数检查。

检查方法：直观检查。

2. 系统验收

（1）系统竣工后，必须进行工程验收，验收应由建设单位组织质检、设计、施工、监理参加，验收不合格不应投入使用。

（2）消防给水及消火栓系统工程验收应按《消防给水及消火栓系统技术规范》（GB 50974—2014）附录 E 的要求填写。

（3）系统验收时，施工单位应提供下列资料：

1）竣工验收申请报告、设计文件、竣工资料。

2）消防给水及消火栓系统的调试报告。

3）工程质量事故处理报告。

4）施工现场质量管理检查记录。

5）消防给水及消火栓系统施工过程质量管理检查记录。

6）消防给水及消火栓系统质量控制检查资料。

（4）水源的检查验收应符合下列要求：

1）应检查室外给水管网的进水管管径及供水能力，并应检查高位消防水箱、高位消防水池和消防水池等的有效容积和水位测量装置等，确保其符合设计要求。

2）当采用地表天然水源作为消防水源时，其水位、水量、水质等应符合设计要求。

3）应根据有效水文资料检查天然水源枯水期最低水位、常水位和洪水位，确保天然水源作为消防用水时符合设计要求。

4）应根据地下水井抽水试验资料确定常水位、最低水位、出水量和水位测量装置等技术参数和装备，确保其符合设计要求。

检查数量：全数检查。

检查方法：对照设计资料直观检查。

（5）消防水泵房的验收应符合下列要求：

1）消防水泵房的建筑防火要求应符合设计要求和现行国家标准《建筑设计防火规范》（GB 50016—2014）的有关规定。

2）消防水泵房设置的应急照明、安全出口应符合设计要求。

3）消防水泵房的供暖通风、排水和防洪等应符合设计要求。

4）消防水泵房的设备进出和维修安装空间应满足设备要求。

5）消防水泵控制柜的安装位置和防护等级应符合设计要求。

检查数量：全数检查。

检查方法：对照图样直观检查。

（6）消防水泵验收应符合下列要求：

1）消防水泵运转应平稳，应无不良噪声的振动。

2）工作泵、备用泵、吸水管、出水管及出水管上的泄压阀、水锤消除设施、止回阀、信号阀等的规格、型号、数量，应符合设计要求；吸水管、出水管上的控制阀应锁定在常开位置，并应有明显标记。

3）消防水泵应采用自灌式引水方式，并应保证全部有效储水被有效利用。

4）分别开启系统中的每一个末端试水装置、试水阀和试验消火栓，水流指示器、压力开关、低压压力开关、高位消防水箱流量开关等信号的功能，均应符合设计要求。

5）打开消防水泵出水管上试水阀，当采用主电源启动消防水泵时，消防水泵应启动正常；关掉主电源，主、备电源应能正常切换；备用泵启动和相互切换正常；消防水泵就地和远程启停功能应正常。

6）消防水泵停泵时，水锤消除设施后的压力不应超过水泵出口设计额定压力的1.4倍。

7）消防水泵启动控制应置于自动启动挡。

8）采用固定和移动式流量计和压力表测试消防水泵的性能，水泵性能应满足设计要求。

检查数量：全数检查。

检查方法：直观检查和采用仪表检测。

（7）稳压泵验收应符合下列要求：

1）稳压泵的型号性能等应符合设计要求。

2）稳压泵的控制应符合设计要求，并应有防止稳压泵频繁启动的技术措施。

3）稳压泵在1h内的启停次数应符合设计要求，并不宜大于15次/h。

4）稳压泵供电应正常，自动手动启停应正常；关掉主电源，主、备电源应能正常切换。

5）气压水罐的有效容积以及调节容积应符合设计要求，并应满足稳压泵的启停要求。

检查数量：全数检查。

检查方法：直观检查。

（8）减压阀验收应符合下列要求：

1）减压阀的型号、规格、设计压力和设计流量应符合设计要求。

2）减压阀阀前应有过滤器，过滤器的过滤面积和孔径应符合设计要求和上述13.2.7中"3. 阀门与其他"第（4）条第2）款的有关规定。

3）减压阀阀前阀后动静压力应符合设计要求。

4）减压阀处应有试验用压力排水管道。

5）减压阀在小流量、设计额定流量和额定流量的150%时不应出现噪声明显增加或管道出现喘振。

6）减压阀的水头损失应小于阀后静压和动压差。

检查数量：全数检查。

检查方法：使用压力表、流量计和直观检查。

（9）消防水池、高位消防水池和高位消防水箱验收应符合下列要求：

1）设置位置应符合设计要求。

2）消防水池、高位消防水池和高位消防水箱的有效容积、水位、报警水位等，应符合设计要求。

3）进出水管、溢流管、排水管等应符合设计要求，且溢流管应采用间接排水。

4）管道、阀门和进水浮球阀等应便于检修，人孔和爬梯位置应合理。

5）消防水池吸水井、吸（出）水管喇叭口等设置位置应符合设计要求。

检查数量：全数检查。

检查方法：直观检查。

（10）气压水罐验收应符合下列要求：

1）气压水罐的有效容积、调节容积和稳压泵启泵次数应符合设计要求。

2）气压水罐气侧压力应符合设计要求。

检查数量：全数检查。

检查方法：直观检查。

（11）干式消火栓系统报警阀组的验收应符合下列要求：

1）报警阀组的各组件应符合产品标准要求。

2）打开系统流量压力检测装置放水阀，测试的流量、压力应符合设计要求。

3）水力警铃的设置位置应正确。测试时，水力警铃喷嘴处压力不应小于 0.05MPa，且距水力警铃 3m 远处警铃声声强不应小于 70dB。

4）打开手动试水阀动作应可靠。

5）控制阀均应锁定在常开位置。

6）与空气压缩机或火灾自动报警系统的联动控制，应符合设计要求。

检查数量：全数检查。

检查方法：直观检查。

（12）管网验收应符合下列要求：

1）管道的材质、管径、接头、连接方式及采取的防腐、防冻措施，应符合设计要求，管道标识应符合设计要求。

2）管网排水坡度及辅助排水设施，应符合设计要求。

3）系统中的试验消火栓、自动排气阀应符合设计要求。

4）管网不同部位安装的报警阀组、闸阀、止回阀、电磁阀、信号阀、水流指示器、减压孔板、节流管、减压阀、柔性接头、排水管、排气阀、泄压阀等，均应符合设计要求。

5）干式消火栓系统允许的最大充水时间不应大于 5min。

6）干式消火栓系统报警阀后的管道仅应设置消火栓和有信号显示的阀门。

7）架空管道的立管、配水支管、配水管、配水干管设置的支架，应符合上述 13.2.11 中"3. 施工要求"第（19）~（23）条的规定。

8）室外埋地管道应符合上述 13.2.11 中"3. 施工要求"第（17）、第（22）条等的规定。

检查数量：本条第 7）款抽查 20%，且不应少于 5 处；本条第 1）款~第 6）款、第 8）款全数抽查。

检查方法：直观和尺量检查、秒表测量。

（13）消火栓验收应符合下列要求：

1）消火栓的设置场所、位置、规格、型号应符合设计要求和上述 13.2.6 中"2. 市政消火栓 ~ 4. 室内消火栓"的有关规定。

2）室内消火栓的安装高度应符合设计要求；

3）消火栓的设置位置应符合设计要求和上述 13.2.6 中的有关规定，并应符合消防救援和火灾扑救工艺的要求。

4）消火栓的减压装置和活动部件应灵活可靠，栓后压力应符合设计要求。

检查数量：抽查消火栓数量 10%，且总数每个供水分区不应少于 10 个，合格率应为 100%。

检查方法：对照图样尺量检查。

（14）消防水泵接合器数量及进水管位置应符合设计要求，消防水泵接合器应采用消防车车载消防水泵进行充水试验，且供水最不利点的压力、流量应符合设计要求；当有分区供水时应确定消防车的最大供水高度和接力泵的设置位置的合理性。

检查数量：全数检查。

检查方法：使用流量计、压力表和直观检查。

（15）消防给水系统流量、压力的验收，应通过系统流量、压力检测装置和末端试水装置进行放水试验，系统流量、压力和消火栓充实水柱等应符合设计要求。

检查数量：全数检查。

检查方法：直观检查。

（16）控制柜的验收应符合下列要求：

1）控制柜的规格、型号、数量应符合设计要求。

2）控制柜的图样塑封后应牢固粘贴于柜门内侧。

3）控制柜的动作应符合设计要求和上述 13.2.10 中的有关规定。

4）控制柜的质量应符合产品标准和上述 13.2.11 中"2. 进场检验"第（7）条的要求。

5）主、备用电源自动切换装置的设置应符合设计要求。

检查数量：全数检查。

检查方法：直观检查。

（17）应进行系统模拟灭火功能试验，且应符合下列要求：

1）干式消火栓报警阀动作，水力警铃应鸣响压力开关动作。

2）流量开关、低压压力开关和报警阀压力开关等动作，应能自动启动消防水泵及与其联动的相关设备，并应有反馈信号显示。

3）消防水泵启动后，应有反馈信号显示。

4）干式消火栓系统的干式报警阀的加速排气器动作后，应有反馈信号显示。

5）其他消防联动控制设备启动后，应有反馈信号显示。

检查数量：全数检查。

检查方法：直观检查。

（18）系统工程质量验收判定条件应符合下列规定：

1）系统工程质量缺陷应按《消防给水及消火栓系统技术规范》（GB 50974—2014）附录 F 要求划分。

2）系统验收合格判定应为 $A = 0$，且 $B \leqslant 2$，且 $B + C \leqslant 6$。

3）系统验收当不符合本条第2）款要求时应为不合格。

3. 维护管理

（1）消防给水及消火栓系统应有管理、检查检测、维护保养的操作规程；并应保证系统处于准工作状态。维护管理应按《消防给水及消火栓系统技术规范》（GB 50974—2014）附录G的要求进行。

（2）维护管理人员应掌握和熟悉消防给水系统的原理、性能和操作规程。

（3）水源的维护管理应符合下列规定：

1）每季度应监测市政给水管网的压力和供水能力。

2）每年应对天然河湖等地表水消防水源的常水位、枯水位、洪水位，以及枯水位流量或蓄水量等进行一次检测。

3）每年应对水井等地下水消防水源的常水位、最低水位、最高水位和出水量等进行一次测定。

4）每月应对消防水池、高位消防水池、高位消防水箱等消防水源设施的水位等进行一次检测；消防水池（箱）玻璃水位计两端的角阀在不进行水位观察时应关闭。

5）在冬季每天应对消防储水设施进行室内温度和水温检测，当结冰或室内温度低于5℃时，应采取确保不结冰和室温不低于5℃的措施。

（4）消防水泵和稳压泵等供水设施的维护管理应符合下列规定：

1）每月应手动启动消防水泵运转一次，并应检查供电电源的情况。

2）每周应模拟消防水泵自动控制的条件自动启动消防水泵运转一次，且应自动记录自动巡检情况，每月应检测记录。

3）每日应对稳压泵的停泵启泵压力和启泵次数等进行检查和记录运行情况。

4）每日应对柴油机消防水泵的启动电池的电量进行检测，每周应检查储油箱的储油量，每月应手动手动启动柴油机消防水泵运行一次。

5）每季度应对消防水泵的出流量和压力进行一次试验。

6）每月应对气压水罐的压力和有效容积等进行一次检测。

（5）减压阀的维护管理应符合下列规定：

1）每月应对减压阀组进行一次放水试验，并应检测和记录减压阀前后的压力，当不符合设计值时，应采取满足系统要求的调试和维修等措施。

2）每年应对减压阀的流量和压力进行一次试验。

（6）阀门的维护管理应符合下列规定：

1）雨林阀的附属电磁阀应每月检查并应作启动试验，动作失常时应及时更换。

2）每月应对电动阀和电磁阀的供电和启闭性能进行检测。

3）系统上所有的控制阀门均应采用铅封或锁链固定在开启或规定的状态，每月应对铅封、锁链进行一次检查，当有破坏或损坏时应及时修理更换。

4）每季度应对室外阀门井中，进水管上的控制阀门进行一次检查，并应核实其处于全开启状态。

5）每天应对水源控制阀、报警阀组进行外观检查，并应保证系统处于无故障状态。

6）每季度应对系统所有的末端试水阀和报警阀的放水试验阀进行一次放水试验，并应检查系统启动、报警功能以及出水情况是否正常。

7）在市政供水阀门处于完全开启状态时，每月应对倒流防止器的压差进行检测，且应符合现行国家标准《减压型倒流防止器》（GB/T 25178—2010）和《双止回阀倒流防止器》（CJ/T 160—2010）等的有关规定。

（7）每季度应对消火栓进行一次外观和漏水检查，发现有不正常的消火栓应及时更换。

（8）每季度应对消防水泵接合器的接口及附件进行一次检查，并应保证接口完好、无渗漏、闷盖齐全。

（9）每年应对系统过滤器进行至少一次排渣，并应检查过滤器是否处于完好状态，当堵塞或损坏时应及时检修。

（10）每年应检查消防水池、消防水箱等蓄水设施的结构材料是否完好，发现问题时应及时处理。

（11）建筑的使用性质功能或障碍物的改变，影响到消防给水及消火栓系统功能而需要进行修改时，应重新进行设计。

（12）消火栓、消防水泵接合器、消防水泵房、消防水泵、减压阀、报警阀和阀门等，应有明确的标识。

（13）消防给水及消火栓系统应有产权单位负责管理，并应使系统处于随时满足消防的需求和系统处于安全状态。

（14）永久性地表水天然水源消防取水口应有防止水生生物繁殖的管理技术措施。

（15）消防给水及消火栓系统发生故障，需停水进行修理前，应向主管值班人员报告，并应取得维护负责人的同意，同时应临场监督，应在采取防范措施后再动工。

13.3 自动喷水灭火系统

13.3.1 有关术语和适用范围

1. 有关术语

（1）自动喷水灭火系统：由洒水喷头、报警阀组、水流报警装置（水流指示器或压力开关）等组件，以及管道、供水设施组成，并能在发生火灾时喷水的自动灭火系统。

（2）闭式系统：采用闭式洒水喷头的自动喷水灭火系统。

1）湿式系统：准工作状态时管道内充满用于启动系统的有压水的闭式系统。

2）干式系统：准工作状态时配水管道内充满用于启动系统的有压气体的闭式系统。

3）预作用系统：准工作状态时配水管道内不充水，由火灾自动报警系统自动开启雨淋报警阀后，转换为湿式系统的闭式系统。

4）重复启闭预作用系统：能在扑灭火灾后自动关阀、复燃时再次开阀喷水的预作用系统。

（3）雨淋系统：由火灾自动报警系统或传动管控制，自动开启雨淋报警阀和启动供水泵后，向开式洒水喷头供水的自动喷水灭火系统，又称开式系统。

（4）水幕系统：由开式洒水喷头或水幕喷头、雨淋报警阀组或感温雨淋阀，以及水流报警装置（水流指示器或压力开关）等组成，用于挡烟阻火和冷却分隔物的喷水系统。

1）防火分隔水幕：密集喷洒形成水墙或水帘的水幕。

2）防护冷却水幕：冷却防火卷帘等分隔物的水幕。

（5）自动喷水-泡沫联用系统：配置供给泡沫混合液的设备后，组成既可喷水又可喷泡沫的自动喷水灭火系统。

（6）作用面积：一起火灾中系统按喷水强度保护的最大面积。

（7）标准喷头：流量系数 $K=80$ 的洒水喷头。

（8）响应时间指数（RTI）：闭式喷头的热敏性能指标。

（9）快速响应喷头：响应时间指数 $RTI\leqslant 50$（$m\cdot s$）$^{0.5}$ 的闭式洒水喷头。

（10）边墙型扩展覆盖喷头：流量系数 $K=115$ 的边墙型快速响应喷头。

（11）早期抑制快速响应喷头：响应时间指数 $RTI\leqslant 28\pm 8$（$m\cdot s$）$^{0.5}$，用于保护高堆垛与高货架仓库的大流量特种洒水喷头。

（12）一只喷头的保护面积：同一根配水支管上相邻喷头的距离与相邻配水支管之间距离的乘积。

（13）配水干管：报警阀后向配水管供水的管道。

（14）配水管：向配水支管供水的管道。

（15）配水支管：直接或通过短立管向喷头供水的管道。

（16）配水管道：配水干管、配水管及配水支管的总称。

（17）短立管：连接喷头与配水支管的立管。

（18）信号阀：具有输出启闭状态信号功能的阀门。

2. 适用范围

各类自动喷水灭火系统的适用范围见表 13-3-1。

表 13-3-1 各类自动喷水灭火系统的适用范围

自动喷水灭火系统类型	适用范围
闭式喷水灭火系统（常用的有湿式、干式、预作用喷水灭火系统）	1. 大于等于 50000 纱锭的棉纺厂的开包、清花车间；大于等于 5000 锭的麻纺厂的分级、梳麻车间；火柴厂的烤梗、筛选部位；泡沫塑料厂的预发、成型、切片、压花部位；占地面积大于 1500m² 的木器厂房；占地面积大于 1500m² 或总建筑面积大于 3000m² 的单层、多层制鞋、制衣、玩具及电子等厂房；高层丙类厂房；飞机发动机试验台的准备部位；建筑面积大于 500m² 的丙类地下厂房 2. 每座占地面积大于 1000m² 的棉、毛、丝、麻、化、纤、毛皮及其制品的仓库；每座占地面积大于 600m² 的火柴仓库；邮政楼中建筑面积大于 500m² 的空邮袋库；建筑面积大于 500m² 的可燃物品地下仓库；可燃、难燃物品的高架仓库和高层仓库（冷库除外） 3. 特等、甲等或超过 1500 个座位的其他等级的剧院；超过 2000 个座位的会堂或礼堂；超过 3000 个座位的体育馆；超过 5000 人的体育场的室内人员休息室与器材间等 4. 任一楼层建筑面积大于 1500m² 或总建筑面积大于 3000m² 的展览建筑、商店、旅馆建筑，以及医院中同样建筑规模的病房楼、门诊楼、手术部；建筑面积大于 500m² 的地下商店 5. 设置有回风道（管）的集中空气调节系统且总建筑面积大于 3000m² 的办公楼等 6. 设置在地下、半地下或地上四层及四层以上或设置在建筑的首层、二层或三层且任一层建筑面积超过 300m² 的地上歌舞娱乐放映游艺场所 7. 藏书量超过 50 万册的图书馆 8. 建筑高度超过 100m 的一类高层建筑及其裙房均应设自动喷水灭火系统（除游泳池、溜冰场、建筑面积小于 5m² 的卫生间、不设集中空调且户门为甲级防火门的住宅的户内用房和不宜用水补救的部位外） 9. 建筑高度不超过 100m 的一类高层建筑及其裙房均应设自动喷水灭火系统（除游泳池、溜冰场、建筑面积小于 5m² 的卫生间、普通住宅、设集中空调的住宅的户内用房和不宜用水扑救的部位外）

（续）

自动喷水灭火系统类型	适 用 范 围
闭式喷水灭火系统（常用的有湿式、干式、预作用喷水灭火系统）	10. 二类高层民用建筑中的下列部位应设自动喷水灭火系统：公共活动用房；走道、办公室和旅馆的客房；自动扶梯的底部；可燃物品仓库 11. 高层建筑中的歌舞娱乐放映游艺场所、空调机房、公共餐厅、公共厨房以及经常有人停留或可燃物较多的地下室、半地下室房间等，应设自动喷水灭火系统 12. 高层建筑内的燃油、燃气锅炉房、柴油发电机房宜设自动喷水灭火系统 13. Ⅰ、Ⅱ、Ⅲ类地上汽车库、停车数超过10辆的地下汽车库、机械式立体汽车库或复式汽车库以及采用垂直升降梯作为汽车疏散出口的汽车库、Ⅰ类修车库，均应设自动喷水灭火系统
水幕系统	1. 特等、甲等或超过1500个座位的其他等级的剧院或超过2000个座位的会堂或礼堂的舞台口以及与舞台相连的侧台、后台的门窗侧口 2. 应设防火墙等防火分隔物而无法设置的开口部位 3. 需要冷却保护的防火卷帘或防火幕的上部 4. 高层民用建筑物内超过800个座位的剧院、礼堂的舞台口宜设防火幕或水幕分隔
雨淋喷水灭火系统	1. 火柴厂的氯酸钾压碾厂房，建筑面积大于100m² 生产、使用硝化棉、喷漆棉、火胶棉、赛璐珞胶片、硝化纤维的厂房 2. 建筑面积大于60m² 或贮存量超过2t 的硝化棉、喷漆棉、火胶棉、赛璐珞胶片、硝化纤维库房 3. 日装瓶数量超过3000 瓶的液化石油气储配站的灌瓶间、实瓶库 4. 特等、甲等或超过1500个座位的其他等级的剧院和超过2000个座位的会堂或礼堂的舞台的葡萄架下部 5. 乒乓球厂的轧坯、切片、磨球、分球检验部位 6. 建筑面积大于等于400m² 的演播室；建筑面积大于等于500m² 的电影摄影棚
水喷雾灭火系统	1. 单台容量在40MV·A 及以上的厂矿企业可燃油油浸电力变压器、单台容量在90MV·A 及以上的电厂油浸电力变压器或单台容量在125MV·A 及以上的独立变电所油浸电力变压器 2. 飞机发动机试验台的试车部位 3. 高层建筑内的下列房间：可燃油浸电力变压器室，充有可燃油高压电容器和多油开关室，自备发电机房

13.3.2 设置场所火灾危险等级及举例

1. 设置场所火灾危险等级

设置场所的火灾危险等级，应根据其用途、容纳物品的火灾荷载及室内空间条件等因素，在分析火灾特点和热气流驱动喷头开放及喷水到位的难易程度后确定。当建筑物内各场所的火灾危险性及灭火难度存在较大差异时，宜按各场所的实际情况确定系统选型与火灾危险等级。

设置场所火灾危险等级的划分，应符合下列规定：

（1）轻危险级。

（2）中危险：

Ⅰ级、Ⅱ级。

（3）严重危险级：Ⅰ级、Ⅱ级。

（4）仓库危险级：Ⅰ级、Ⅱ级、Ⅲ级。

2. 设置场所火灾危险等级举例

设置场所火灾危险等级举例见表13-3-2。

表 13-3-2　设置场所火灾危险等级举例

火灾危险等级		设置场所举例
轻危险级		建筑高度为 24m 及以下的旅馆、办公楼;仅在走道设置闭式系统的建筑等
中危险级	Ⅰ级	1. 高层民用建筑:旅馆、办公楼、综合楼、邮政楼、金融电信楼、指挥调度楼、广播电视楼(塔)等 2. 公共建筑(含单、多、高层);医院、疗养院;图书馆(书库除外)、档案馆、展览馆(厅);影剧院;音乐厅和礼盒(舞台除外)及其他娱乐场所;火车站和飞机场及码头的建筑;总建筑面积小于 5000m² 的商场、总建筑面积小于 1000m² 的地下商场等 3. 文化遗产建筑:木结构古建筑、国家文物保护单位等 4. 工业建筑:食品、家用电器、玻璃制品等工厂的备料与生产车间等;冷藏库、钢屋架等建筑构件
	Ⅱ级	1. 民用建筑:书库、舞台(葡萄架除外)、汽车停车场、总建筑面积 5000m² 及以上的商场,总建筑面积 1000m² 及以上的地下商场等 2. 工业建筑:棉毛麻丝及化纤的纺织、织物及制品、木材木器及胶合板、谷物加工、烟草及制品、饮用酒(啤酒除外)、皮革及制品、造纸及纸制品、制药等工厂的备料与生产车间
严重危险级	Ⅰ级	印刷厂、酒精制品、可燃液体制品等工厂的备料与车间等
	Ⅱ级	易燃液体喷雾操作区域、固体易燃物品、可燃的气溶胶制品、溶剂、油漆、沥青制品等工厂的备料及生产车间、摄影棚、舞台"葡萄架"下部
仓库危险级	Ⅰ级	食品、烟酒;木箱、纸箱包装的不燃难燃物品、仓储式商场的货架区等
	Ⅱ级	木材、纸、皮革、谷物及制品、棉毛麻丝化纤及制品、家用电器、电缆、B 组塑料与橡胶及其制品、钢塑混合材料制品、各种塑料瓶盒包装的不燃物品及各种物品混杂贮存的仓库等
	Ⅲ级	A 组燃料与橡胶及其制品;沥青制品等

注: 表中 A 组、B 组塑料与橡胶的分类举例如下:
A 组: 丙烯腈-丁二烯-苯乙烯共聚物(ABS)、缩醛(聚甲醛)、聚甲基丙烯酸甲酯、玻璃纤维增强聚酯(FRP)、热塑性聚酯(PET)、聚丁二烯、聚碳酸酯、聚乙烯、聚丙烯、聚苯乙烯、聚氨基甲酸酯、高增塑聚氯乙烯(PVC,如人造革、胶片等)、苯乙烯-丙烯腈(SAN)等。
丁基橡胶、乙丙橡胶(EPDM)、发泡类天然橡胶、腈橡胶(丁腈橡胶)、聚酯合成橡胶、丁苯橡胶(SBR)等。
B 组: 醋酸纤维素、醋酸丁酸纤维素、乙基纤维素、氟塑料、锦纶(锦纶 6、锦纶 66)、三聚氰胺甲醛、酚醛塑料、硬聚氯乙烯(PVC,如管道、管件等)、聚偏二氟乙烯(PVDC)、聚偏氟乙烯(PVDF)、聚氟乙烯(PVF)、脲甲醛等。
氯丁橡胶、不发泡类天然橡胶、硅橡胶等。
粉末、颗粒、压片状的 A 组塑料。

13.3.3　系统类型与选型

1. 系统类型

自动喷水灭火系统由水源、加压贮水设备、喷头、管网、报警装置等组成,根据喷头的常开、闭形式和管网充水与否分为下列几种类型。

(1)湿式自动喷水灭火系统:为喷头常闭的灭火系统,如图 13-3-1 所示。该系统适用于环境温度 $4℃ < t < 70℃$ 的建筑物。

(2)干式自动喷水灭火系统:为喷头常闭的灭火系统,管网中平时不充水,充有有压空气(或氮气),如图 13-3-2 所示。设计时一般要求管网的容积不大于 2000L。

(3)预作用喷水灭火系统:为喷头常闭的灭火系统,管网中平时不充水(无压),当发生火灾时,火灾探测器报警后,自动控制系统控制阀门排气、充水,由干式变为湿式系统。只有当着火点温度达到开启闭式喷头时,才开始喷水灭火。该系统弥补了上述两种系统的缺点,适用于对建筑装饰要求高、灭火要求及时的建筑物,如图 13-3-3 所示。

(4)雨淋喷水灭火系统:为喷头常开的灭火系统,如图 13-3-4 所示。当建筑物发生火灾时,由自动控制装置打开集中控制阀门,使整个保护区域所有喷头喷水灭火。

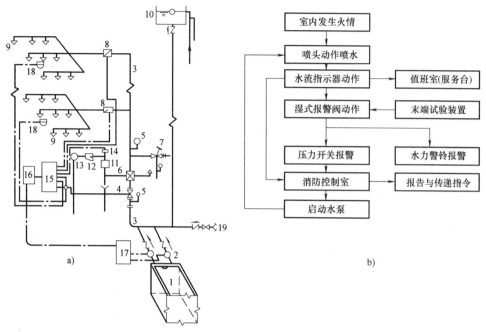

图 13-3-1　湿式自动喷水灭火系统

a）组成示意图　b）工作原理流程图

1—消防水池　2—消防泵　3—管网　4—控制蝶阀　5—压力表　6—湿式报警阀　7—泄放试验阀　8—水流指示器
9—喷头　10—高位水箱、稳压泵或气压给水设备　11—延时器　12—过滤器　13—水力警铃　14—压力开关
15—报警控制器　16—非标控制箱　17—水泵启动箱　18—探测器　19—水泵接合器

（5）水幕系统：该系统喷头沿线状布置，发生火灾时主要起阻火、冷却、隔离作用，如图 13-3-5 所示，设于防火开口部位，如门、窗、消防防火卷帘的冷却等。

2. 系统选型

（1）一般规定

1）自动喷水灭火系统应在人员密集、不易疏散、外部增援灭火与救生较困难的性质重要或火灾危险性较大的场所中设置。

2）自动喷水灭火系统不适用于存在较多下列物品的场所：

① 遇水发生爆炸或加速燃烧的物品。

② 遇水发生剧烈化学反应或产生有毒有害物质的物品。

③ 洒水将导致喷溅或沸溢的液体。

3）自动喷水灭火系统的系统选型，

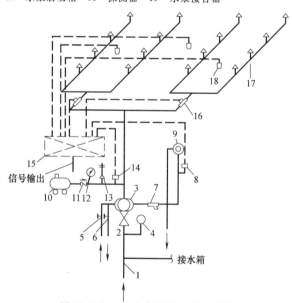

图 13-3-2　干式自动喷水灭火系统

1—供水管　2—闸阀　3—干式阀　4—压力表　5、6—截止阀　7—过滤器　8—压力开关　9—水力警铃　10—空压机　11—止回阀　12—压力表　13—安全阀　14—压力开关　15—火灾报警控制箱　16—水流指示器　17—闭式喷头　18—火灾探测器

应根据设置场所的火灾特点或环境条件确定，露天场所不宜采用闭式系统。

4）自动喷水灭火系统的设计原则应符合下列规定：

① 闭式喷头或启动系统的火灾探测器，应能有效探测初期火灾。

② 湿式系统、干式系统应在开放一只喷头后自动启动，预作用系统、雨淋系统应在火灾自动报警系统报警后自动启动。

③ 作用面积内开放的喷头，应在规定时间内按设计选定的强度持续喷水。

④ 喷头洒水时，应均匀分布，且不应受阻挡。

（2）系统选型

1）环境温度不低于 4℃，且不高于 70℃的场所应采用湿式系统。

2）环境温度低于 4℃，或高于 70℃的场所应采用干式系统。

3）具有下列要求之一的场所应采用预作用系统：

① 系统处于准工作状态时，严禁管道漏水。

② 严禁系统误喷。

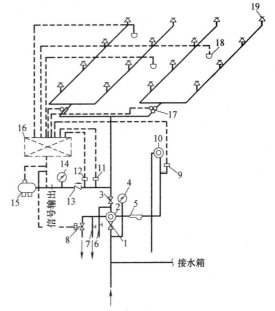

图 13-3-3 预作用喷水灭火系统

1—总控制阀 2—预作用阀 3—检修闸阀 4—压力表
5—过滤器 6—截止阀 7—手动开启截止阀
8—电磁阀 9—压力开关 10—水力警铃 11—压力开关
（启闭空压机） 12—低气压报警压力开关
13—止回阀 14—压力表 15—空压机
16—火灾报警控制箱 17—水流指示器
18—火灾探测器 19—闭式喷头

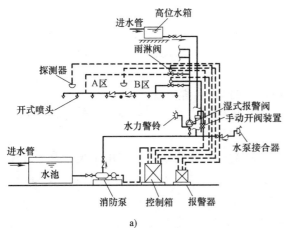

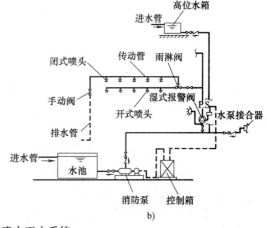

图 13-3-4 雨淋喷水灭火系统
a）电动启动 b）传动管启动

③ 替代干式系统。

4）灭火后必须及时停止喷水的场所，应采用重复启闭预作用系统。

5）具有下列条件之一的场所，应采用雨淋系统：

① 火灾的水平蔓延速度快、闭式喷头的开放不能及时使喷水有效覆盖着火区域。

② 室内净空高度超过《自动喷水灭火系统设计规范》（GB 50084—2001）（2005 年版）6.1.1 条的规定，且必须迅速扑救初期火灾。

③ 严重危险级 Ⅱ 级。

6）符合《自动喷水灭火系统设计规范》（GB 50084—2001）（2005 年版）5.0.6 条规定条件的仓库，当设置自动喷水灭火系统时，宜采用早期抑制快速响应喷头，并宜采用湿式系统。

7）存在较多易燃液体的场所，宜按下列方式之一采用自动喷水-泡沫联用系统：

① 采用泡沫灭火剂强化闭式系统性能。

② 雨淋系统前期喷水控火，后期喷泡沫强化灭火效能。

③ 雨淋系统前期喷泡沫灭火，后期喷水冷却防止复燃。

系统中泡沫灭火剂的选型、储存及相关设备的配置，应符合现行国家标准《泡沫灭火系统设计规范》（GB 50151—2010）的规定。

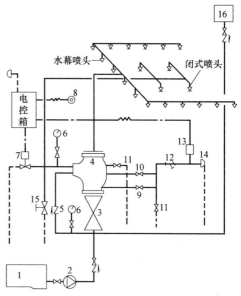

图 13-3-5　水幕系统

1—水池　2—水泵　3—供水闸阀　4—雨淋阀
5—止回阀　6—压力表　7—电磁阀　8—按钮
9—试警铃阀　10—警铃管阀　11—放水阀
12—过滤器　13—压力开关　14—警铃
15—手动快开阀　16—水箱

8）建筑物中保护局部场所的干式系统、预作用系统、雨淋系统、自动喷水-泡沫联用系统，可串联接入同一建筑物内的湿式系统，并应与其配水干管连接。

9）自动喷水灭火系统应有下列组件、配件和设施：

① 应设有洒水喷头、水流指示器、报警阀组、压力开关等组件和末端试水装置，以及管道、供水设施。

② 控制管道静压的区段宜分区供水或设减压阀，控制管道动压的区段宜设减压孔板或节流管。

③ 应设有泄水阀（或泄水口）、排气阀（或排气口）和排污口。

④ 干式系统和预作用系统的配水管道应设快速排气阀。有压充气管道的快速排气阀入口前应设电动阀。

10）防护冷却水幕应直接将水喷向被保护对象；防火分隔水幕不宜用于尺寸超过 15m（宽）×8m（高）的开口（舞台口除外）。

13.3.4　设计基本参数

（1）民用建筑和工业厂房的系统设计参数不应低于表 13-3-3 的规定。

非仓库类高大净空场所设置自动喷水灭火系统时，湿式系统的设计基本参数不应低于表 13-3-4 的规定。

（2）仅在走道设置单排喷头的闭式系统，其作用面积应按最大疏散距离所对应的走道面积确定。

表 13-3-3　民用建筑和工业厂房的系统设计参数

火灾危险等级		净空高度/m	喷水强度/[L/(min·m²)]	作用面积/m²
轻危险级			4	160
中危险级	I 级	≤8	6	
	II 级		8	
严重危险级	I 级		12	260
	II 级		16	

注：系统最不利点处喷头的工作压力不应低于 0.05MPa。

表 13-3-4　非仓库类高大净空场所的系统设计基本参数

适用场所	净空高度 /m	喷水强度/ [L/(min·m²)]	作用面积 /m²	喷头 选型	喷头最大间距 /m
中庭、影剧院、音乐厅、单一功能体育馆等	8~12	6	260	K=80	3
会展中心、多功能体育馆、自选商场等	8~12	12	300	K=115	

注：1. 喷头溅水盘与顶板的距离应符合《自动喷水灭火系统设计规范》（GB 50084—2001）（2005 年版）7.1.3 条的规定。

2. 最大储物高度超过 3.5m 的自选商场应按 16L/(min·m²) 确定喷水强度。

3. 表中 "~" 两侧的数据，左侧为 "大于"、右侧为 "不大于"。

（3）装设网格、栅板类通透性吊顶的场所，系统的喷水强度应按表 13-3-3 规定值的 1.3 倍确定。

（4）干式系统与雨淋系统的作用面积应符合下列规定：

1）干式系统的作用面积应按表 13-3-3 规定值的 1.3 倍确定。

2）雨淋系统中每个雨淋阀控制的喷水面积不宜大于表 13-3-3 中的作用面积。

（5）设置自动喷水灭火系统的仓库，系统设计基本参数应符合下列规定：

1）堆垛储物仓库不应低于表 13-3-5、表 13-3-6 的规定。

2）货架储物仓库不应低于表 13-3-7～表 13-3-9 的规定。

3）当 I 级、II 级仓库中混杂储存 III 级仓库的货品时，不应低于表 13-3-10 的规定。

4）货架储物仓库应采用钢制货架，并应采用通透层板，层板中通透部分的面积不应小于层板总面积的 50%。

5）采用木制货架及采用封闭层板货架的仓库，应按堆垛储物仓库设计。

表 13-3-5　堆垛储物仓库的系统设计基本参数

火灾危险等级	储物高度/m	喷水强度 /[L/(min·m²)]	作用面积/m²	持续喷水时间/h
仓库危险级 I 级	3.0~3.5	8	160	1.0
	3.5~4.5	8	200	1.5
	4.5~6.0	10		
	6.0~7.5	14		
仓库危险级 II 级	3.0~3.5	10	200	2.0
	3.5~4.5	12		
	4.5~6.0	16		
	6.0~7.5	22		

注：本表及表 13-3-7、表 13-3-8 适用于室内最大净空高度不超过 9.0m 的仓库。

表 13-3-6　分类堆垛储物的Ⅲ级仓库的系统设计基本参数

最大储物高度 /m	最大净空高度 /m	喷水强度/[L/(min·m²)]			
		A	B	C	D
1.5	7.5	8.0			
3.5	4.5	16.0	16.0	12.0	12.0
	6.0	24.5	22.0	20.5	16.5
	9.5	32.5	28.5	24.5	18.5
4.5	6.0	20.5	18.5	16.5	12.0
	7.5	32.5	28.5	24.5	18.5
6.0	7.5	24.5	22.5	18.5	14.5
	9.0	36.5	34.5	28.5	22.5
7.5	9.0	30.5	28.5	22.5	18.5

注：1. A——袋装与无包装的发泡塑料橡胶；B——箱装的发泡塑料橡胶；C——箱装与袋装的不发泡塑料橡胶；D——无包装的不发泡塑料橡胶。
2. 作用面积不应小于 240 m²。

表 13-3-7　单、双排货架储物仓库的系统设计基本参数

火灾危险等级	储物高度 /m	喷水强度 /[L/(min·m²)]	作用面积 /m²	持续喷水时间 /h
仓库危险级 Ⅰ级	3.0~3.5	8	200	1.5
	3.5~4.5	12		
	4.5~6.0	18		
仓库危险级 Ⅱ级	3.0~3.5	12	240	1.5
	3.5~4.5	15	280	2.0

表 13-3-8　多排货架储物仓库的系统设计基本参数

火灾危险等级	储物高度 /m	喷水强度 /[L/(min·m²)]	作用面积 /m²	持续喷水时间 /h
仓库危险级 Ⅰ级	3.5~4.5	12	200	1.5
	4.5~6.0	18		
	6.0~7.5	12+1J		
仓库危险级 Ⅱ级	3.0~3.5	12	200	1.5
	3.5~4.5	18		2.0
	4.5~6.0	12+1J		
	6.0~7.5	12+2J		

注：表中字母"J"表示货架内喷头，"J"前的数字表示货架内喷头的层数。

表 13-3-9　货架储物Ⅲ级仓库的系统设计基本参数

序号	室内最大净高/m	货架类型	储物高度 /m	货顶上方净空/m	顶板下喷头喷水强度/ [L/(min·m²)]	货架内置喷头		
						层数	高度/m	流量系数
1	—	单、双排	3.0~6.0	<1.5	24.5	—	—	—
2	≤6.5	单、双排	3.0~4.5	—	18.0	—	—	—
3	—	单、双、多排	3.0	<1.5	12.0	—	—	—
4	—	单、双、多排	3.0	1.5~3.0	18.0	—	—	—
5	—	单、双、多排	3.0~4.5	1.5~3.0	12.0	1	3.0	80
6	—	单、双、多排	4.5~6.0	<1.5	24.5	—	—	—
7	≤8.0	单、双、多排	4.5~6.0	—	24.5	—	—	—
8	—	单、双、多排	4.5~6.0	1.5~3.0	18.0	1	3.0	80

（续）

序号	室内最大 净高/m	货架类型	储物高度 /m	货顶上方 净空/m	顶板下喷头 喷水强度/ [L/(min·m²)]	货架内置喷头		
						层数	高度/m	流量系数
9	—	单、双、多排	6.0~7.5	<1.5	18.5	1	4.5	115
10	≤9.0	单、双、多排	6.0~7.5	—	32.5	—	—	—

注：1. 持续喷水时间不应低于2h，作用面积不应小于200 m²。

2. 序号5与序号8：货架内设置一排货架内置喷头时，喷头的间距不应大于3.0m；设置两排或多排货架内置喷头时，喷头的间距不应大于3.0×2.4（m）。

3. 序号9：货架内设置一排货架内置喷头时，喷头的间距不应大于2.4m，设置两排或多排货架内置喷头时，喷头的间距不应大于2.4×2.4（m）。

4. 设置两排和多排货架内置喷头时，喷头应交错布置。

5. 货架内置喷头的最低工作压力不应低于0.1MPa。

表 13-3-10　混杂储物仓库的系统设计基本参数

货品 类别	储存 方式	储物高度 /m	最大净空高度 /m	喷水强度/ [L/(min·m²)]	作用面积 /m²	持续喷水时间 /h
储物中包括沥青制品或箱装A组塑料橡胶	堆垛与货架	≤1.5	9.0	8	160	1.5
		1.5~3.0	4.5	12	240	2.0
		1.5~3.0	6.0	16	240	2.0
		3.0~3.5	5.0			
	堆垛	3.0~3.5	8.0			
	货架	1.5~3.5	9.0	8+1J	160	2.0
储物中包括袋装A组塑料橡胶	堆垛与货架	≤1.5	9.0	8	160	1.5
		1.5~3.0	4.5	16	240	2.0
		3.0~3.5	5.0			
	堆垛	1.5~2.5	9.0	16	240	2.0
储物中包括袋装不发泡A组塑料橡胶	堆垛与货架	1.5~3.0	6.0	16	240	2.0
储物中包括袋装发泡A组塑料橡胶	货架	1.5~3.0	6.0	8+1J	160	2.0
储物中包括轮胎或纸卷	堆垛与货架	1.5~3.5	9.0	12	240	2.0

注：1. 无包装的塑料橡胶视同纸袋、塑料袋包装。

2. 货架内置喷头应采用与顶板下喷头相同的喷水强度，用水量应按开放6只喷头确定。

3. 表中字母"J"表示货架内喷头，"J"前的数字表示货架内喷头的层数。

（6）仓库采用早期抑制快速响应喷头的系统设计基本参数不应低于表13-3-11的规定。

表 13-3-11　仓库采用早期抑制快速响应喷头的系统设计基本参数

储物类别	最大净空 高度/m	最大储物 高度/m	喷头流量 系数K	喷头最大 间距/m	作用面积内开 放的喷头数/只	喷头最低工 作压力/MPa
Ⅰ级、Ⅱ级、沥青制品、箱装不发泡塑料	9.0	7.5	200	3.7	12	0.35
			360			0.10
	10.5	9.0	200		12	0.50
			360			0.15
	12.0	10.5	200	3.0	12	0.50
			360			0.20
	13.5	12.0	360		12	0.30

（续）

储物类别	最大净空高度/m	最大储物高度/m	喷头流量系数 K	喷头最大间距/m	作用面积内开放的喷头数/只	喷头最低工作压力/MPa
袋装不发泡塑料	9.0	7.5	200	3.7	12	0.35
			240			0.25
	9.5	7.5	200		12	0.40
			240			0.30
	12.0	10.5	200	3.0	12	0.50
			240			0.35
箱装发泡塑料	9.0	7.5	200	3.7	12	0.35
	9.5	7.5	200		12	0.40
			240			0.30

注：早期抑制快速响应喷头在保护最大高度范围内，如有货架应为通透性层板。

（7）货架储物仓库的最大净空高度或最大储物高度超过上述（5）、（6）的规定时，应设货架内置喷头。宜在自地面起每4m高度处设置一层货架内置喷头，当喷头流量系数 $K=80$ 时，工作压力不小于0.20MPa；当 $K=115$ 时，工作压力不小于0.10MPa。喷头间距不应大于3m，也不宜小于2m。计算喷头数量不应小于表13-3-12的规定。货架内置喷头上方的层间隔板应为实层板。

表13-3-12　货架内开放喷头数

仓库危险级	货架内置喷头的层数		
	1	2	>2
Ⅰ	6	12	14
Ⅱ	8	14	
Ⅲ	10		

仓库内设有自动喷水灭火系统时，宜设消防排水设施。

（8）闭式自动喷水-泡沫联用系统的设计基本参数，除执行表13-3-3的规定外，尚应符合下列规定：

1）湿式系统自喷水至喷泡沫的转换时间，按4L/s流量计算，不应大于3min。

2）泡沫比例混合器应在流量等于和大于4L/s时符合水与泡沫灭火剂的混合比规定。

（9）雨淋自动喷水-泡沫联用系统应符合下列规定：

1）前期喷水后期喷泡沫的系统，喷水强度与喷泡沫强度均不应低于上述表13-3-3和表13-3-5～表13-3-10的规定。

2）前期喷泡沫后期喷水的系统，喷泡沫强度与喷水强度均应执行现行国家标准《泡沫灭火系统设计规范》（GB 50151—2010）的规定

3）持续喷泡沫时间不应小于10min。

（10）水幕系统的设计基本参数应符合表13-3-13的规定。

表13-3-13　水幕系统的设计基本参数

水幕类别	喷水点高度/m	喷水强度/[L/(s·m²)]	喷头工作压力/MPa
防火分隔水幕	≤12	2	0.1
防护冷却水幕	≤4	0.5	

注：防护冷却水幕的喷水点高度每增加1m，喷水强度应增加0.1L/(s·m)，但超过9m时喷水强度仍采用1.0L/(s·m)。

（11）除《自动喷水灭火系统设计规范》（GB 50084—2001）（2005年版）另有规定外，

自动喷水灭火系统的持续喷水时间，应按火灾延续时间不小于1h确定。

（12）利用有压气体作为系统启动介质的干式系统、预作用系统，其配水管道内的气压值，应根据报警阀的技术性能确定；利用有压气体检测管道是否严密的预作用系统，配水管道内的气压值不宜小于0.03MPa，且不宜大于0.05MPa。

13.3.5 系统组件

1. 喷头的种类和应用

（1）喷头的种类。喷头分为闭式喷头和开式喷头两类。闭式喷头构造如图13-3-6所示，开式喷头构造如图13-3-7所示。

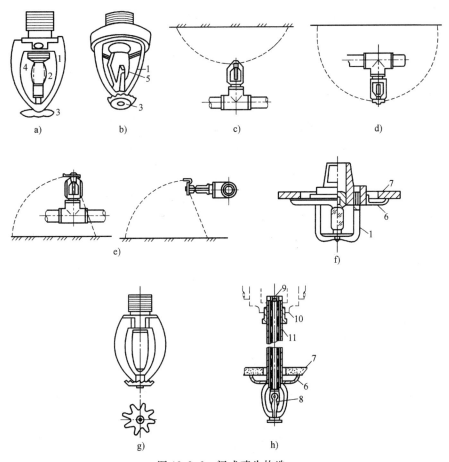

图13-3-6 闭式喷头构造

a）玻璃球洒水喷头 b）易熔合金洒水喷头 c）直立型喷头 d）下垂型喷头

e）边墙型（立式、水平式）喷头 f）吊顶型喷头 g）普通型喷头 h）干式下垂型喷头

1—支架 2—玻璃球 3—溅水盘 4—喷水口 5—合金锁片 6—装饰罩

7—吊顶 8—热敏元件 9—钢球 10—钢球密封圈 11—套筒

上述几种类型喷头的技术性能参数见表13-3-14。

（2）喷头的应用

1）各类喷头的适用场所见表13-3-15。

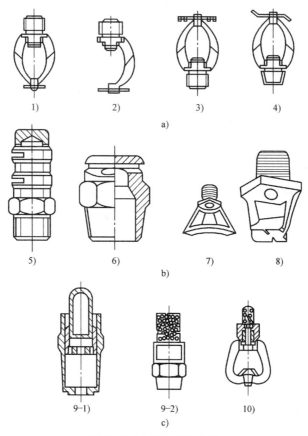

图 13-3-7　开式喷头构造

a）开启式洒水喷头　1）双臂下垂直型喷头　2）单臂下垂型喷头　3）双臂起立型喷头　4）双臂边墙型喷头

b）水幕喷头　5）双隙式喷头　6）单隙式喷头　7）窗口式喷头　8）檐口式喷头

c）喷雾喷头　9-1）、9-2）高速喷雾式喷头　10）中速喷雾式喷头

表 13-3-14　几种类型喷头的技术性能参数

喷头类型	喷头公称口径/mm	动作温度/℃和色标	
		玻璃球喷头	易熔元件喷头
闭式喷头	10、15、20	57—橙 68—红 79—黄 93—绿 141—蓝 182—紫红 227—黑 343—黑	57 ~ 77—本色 80 ~ 107—白 121 ~ 149—蓝 163 ~ 191—红 204 ~ 246—绿 260 ~ 302—橙 320 ~ 343—黑
开式喷头	10、15、20		
水幕喷头	6、8、10、12.7、16、19		

表 13-3-15　各类喷头的适用场所

	喷头类别	适用场所
闭式喷头	玻璃球洒水喷头	因具有外形美观、体积小、质量轻、耐腐蚀的特点,适用于宾馆等美观要求高和具有腐蚀性场所
	易熔合金洒水喷水	适用于外观要求不高、腐蚀性不大的工厂、仓库和民用建筑
	直立型洒水喷头	适用于安装在管路下经常有移动物体的场所,在尘埃较多的场所

（续）

	喷头类别	适用场所
闭式喷头	下垂型洒水喷头	适用于各种保护场所
	边墙型洒水喷头	适用于安装空间狭窄、通道状建筑
开式喷头	吊顶型喷头	属于装饰型喷头，可安装于旅馆、客厅、餐厅、办公室等建筑
	普通型洒水喷头	可直立、下垂安装，适用于有可燃吊顶的房间
	干式下垂型洒水喷头	专用于干式喷水灭火系统的下垂型喷头
	开式洒水喷头	适用于雨淋喷水灭火和其他开式系统
	水幕喷头	凡需保护的门、窗、洞、檐口、舞台口等应安装这类喷头
特殊喷头	自动启闭洒水喷头	具有自动启闭功能，凡需降低水渍损失的场所均适用
	快速反应洒水喷头	具有短时启动效果，凡要求启动时间短的场所均适用
	大水滴洒水喷头	适用于高架库房等火灾危险等级高的场所
	扩大覆盖面洒水喷头	喷水保护面积可达 $30 \sim 36m^2$，可降低系统造价

2）采用闭式系统场所的最大净空高度不应大于表 13-3-16 的规定，仅用于保护室内钢屋架等建筑构件和设置货架内喷头的闭式系统，不受此表规定的限制。

表 13-3-16　采用闭式系统场所的最大净空高度　　　　　　（单位：m）

设置场所	采用闭式系统场所的最大净空高度
民用建筑和工业厂房	8
仓库	9
采用早期抑制快速响应喷头的仓库	13.5
非仓库类高大净空场所	12

3）闭式系统的喷头，其公称动作温度宜高于环境最高温度30℃。

4）湿式系统的喷头选型应符合下列规定：

① 不做吊顶的场所，当配水支管布置在梁下时，应采用直立型喷头。

② 吊顶下布置的喷头，应采用下垂型喷头或吊顶型喷头。

③ 顶板为水平面的轻危险级、中危险级Ⅰ级居室和办公室，可采用边墙型喷头。

④ 自动喷水-泡沫联用系统应采用洒水喷头。

⑤ 易受碰撞的部位，应采用带保护罩的喷头或吊顶型喷头。

5）干式系统、预作用系统应采用直立型喷头或干式下垂型喷头。

6）水幕系统的喷头选型应符合下列规定：

① 防火分隔水幕应采用开式洒水喷头或水幕喷头。

② 防护冷却水幕应采用水幕喷头。

7）下列场所宜采用快速响应喷头：

① 公共娱乐场所、中庭环廊。

② 医院、疗养院的病房及治疗区域，老年、少儿、残疾人的集体活动场所。

③ 超出水泵接合器供水高度的楼层。

④ 地下的商业及仓储用房。

8）同一隔间内应采用相同热敏性能的喷头。

9）雨淋系统的防护区内应采用相同的喷头。

10）自动喷水灭火系统应有备用喷头，其数量不应少于总数的1%，且每种型号均不得少于 10 只。

2. 报警阀组的种类和应用

（1）报警阀组的种类。自动喷水灭火系统应设置报警阀组，具体分为湿式报警阀组、干式报警阀组和预作用报警阀组。

1）湿式报警阀组：由报警阀、水力警铃、压力开关、延迟器、控制阀等组成，安装在湿式自动喷水灭火系统的立管上。报警阀的主要结构原理为单向阀型，其结构形式有导孔阀型和隔板座圈型两种。导孔阀型湿式报警阀组如图 13-3-8 所示，隔板座圈型湿式报警阀组如图 13-3-9 所示。

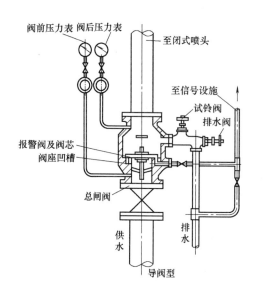

图 13-3-8   导孔阀型湿式报警阀组   图 13-3-9   隔板座圈型湿式报警阀组

2）干式报警阀组：由报警阀、水力警铃、压力开关、空压机、安全阀、控制阀等组成，安装在干式自动喷水灭火系统的立管上。干式报警阀组如图 13-3-10 所示。

3）干湿式报警阀组：由干式报警阀、湿式报警阀、控制阀、压力表等组成。干湿式报警阀又称充气充水报警阀，安装在干湿式自动喷水灭火系统的立管上，如图 13-3-11 所示。

4）预作用报警阀组：由预作用阀、水力警铃、压力开关、空压机、控制阀、启动装置等组成。预作用报警阀是由雨淋阀和湿式报警阀上下串接而成的，如图 13-3-12 所示。

（2）报警阀组的应用

1）自动喷水灭火系统应设报警阀组。保护室内钢屋架等建筑构件的闭式系统，应设独立的报警阀组。水幕系统应设独立的报警阀组或感温雨淋阀。

2）串联接入湿式系统配水干管的其他自动喷水灭火系统，应分别设置独立的报警阀组，其控制的喷头数计入湿式阀组控制的喷头总数。

3）一个报警阀组控制的喷头数应符合下列规定：

① 湿式系统、预作用系统不宜超过 800 只；干式系统不宜超过 500 只；一个报警阀组控制的最多喷头数见表 13-3-17。

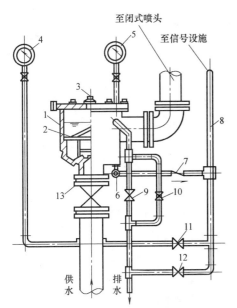

图 13-3-10　干式报警阀组

1—阀体　2—差动双盘阀板　3—充气塞
4—阀前压力表　5—阀后压力表　6—角阀
7—止回阀　8—信号阀
9~11—截止阀　12—小孔阀　13—控制阀

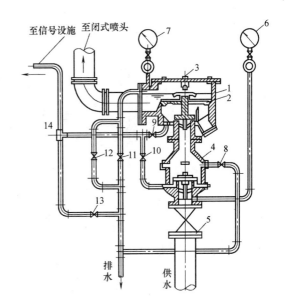

图 13-3-11　干湿式报警阀组

1—干式报警阀　2—差动阀板　3—充气塞
4—湿式报警阀　5—控制阀　6—阀前压力表
7—阀后压力表　8~12—截止阀
13—小孔阀　14—信号管

表 13-3-17　一个报警阀组控制的最多喷头数

系统类型		危险等级		
		轻危险级	中危险级	严重危险级
		喷头数		
充水式喷水灭火系统		500	800	800
充气式喷水灭火系统	有排气装置	250	500	500
	无排气装置	125	250	—

② 当配水支管同时安装保护吊顶下方和上方空间的喷头时，应只将数量较多一侧的喷头计入报警阀组控制的喷头总数。

4) 每个报警阀组供水的最高与最低位置喷头，其高程差不宜大于 50m。

5) 雨淋阀组的电磁阀，其入口应设过滤器。并联设置雨淋阀组的雨淋系统，其雨淋阀控制腔的入口应设止回阀。

6) 报警阀组宜设在安全及易于操作的地点，报警阀距地面的高度宜为 1.2m。安装报警阀组的部位应设有排水设施。

7) 连接报警阀进出口的控制阀应采用信号阀。当不采用信号阀时，控制阀应设锁定阀位的锁具。

8) 水力警铃的工作压力不应小于 0.05MPa，并应符合下列规定：

① 应设在有人值班的地点附近。

② 与报警阀连接的管道，其管径应为 20mm，总长不宜大于 20m。

3. 水流指示器

水流指示器用于湿式喷水灭火系统中，在喷水中因水的流动而使其发生作用以指示喷水

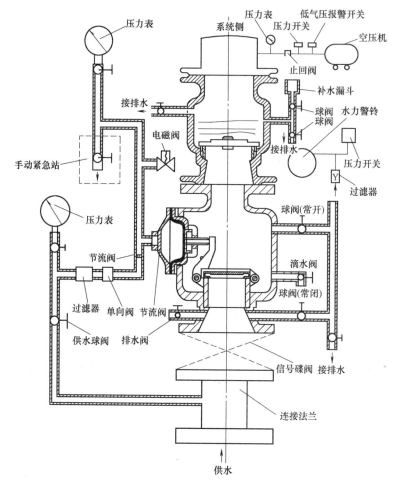

图 13-3-12　预作用报警阀组

灭火地点。水流指示器如图 13-3-13 所示。

（1）除报警阀组控制的喷头只保护不超过
防火分区面积的同层场所外，每个防火分区、
每个楼层均应设水流指示器。

（2）仓库内顶板下喷头与货架内喷头应分
别设置水流指示器。

（3）当水流指示器入口前设置控制阀时，
应采用信号阀。

4. 压力开关

（1）雨淋系统和防火分隔水幕，其水流报
警装置宜采用压力开关。

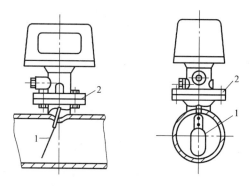

图 13-3-13　水流指示器
1—桨片　2—连接法兰

（2）应采用压力开关控制稳压泵，并应能调节启停压力。

5. 末端试水装置

（1）每个报警阀组控制的最不利点喷头处，应设末端试水装置，其他防火分区、楼层均
应设直径为 25mm 的试水阀，末端试水装置和试水阀应便于操作，且应有足够排水能力的排

水设施。

（2）末端试水装置应由试水阀、压力表以及试水接头组成。试水接头出水口的流量系数，应等同于同楼层或防火分区内的最小流量系数喷头。末端试水装置的出水，应采取孔口出流的方式排入排水管道。

13.3.6 喷头布置

1. 一般规定

（1）喷头应布置在顶板或吊顶下易于接触到火灾热气流并有利于均匀布水的位置。当喷头附近有障碍物时，应符合后述的"2. 喷头与障碍物的距离"一节中讲述的规定或增设补偿喷水强度的喷头。

（2）直立型、下垂型喷头的布置，包括同一根配水支管上喷头的间距及相邻配水支管的间距，应根据系统的喷水强度、喷头的流量系数和工作压力确定，并不应大于表 13-3-18 的规定，且不宜小于 2.4m。

表 13-3-18　同一根配水支管上喷头的间距及相邻配水支管的间距

喷水强度/L/[(min·m²)]	正方形布置的边长/m	矩形或平行四边形布置的长边边长/m	一只喷头的最大保护面积/m²	喷头与端墙的最大距离/m
4	4.4	4.5	20.0	2.2
6	3.6	4.0	12.5	1.8
8	3.4	3.6	11.5	1.7
≥12	3.0	3.6	9.0	1.5

注：1. 仅在走道设置单排喷头的闭式系统，其喷头间距应按走道地面不留漏喷空白点确定。
　　2. 喷水强度大于 8L/(min·m²) 时，宜采用流量系数 K>80 的喷头。
　　3. 货架内置喷头的间距均不应小于 2m，并不应大于 3m。

（3）除吊顶型喷头及吊顶下安装的喷头外，直立型、下垂型标准喷头，其溅水盘与顶板的距离，不应小于 75mm、不应大于 150mm。

1）当在梁或其他障碍物底面下方的平面上布置喷头时，溅水盘与顶板的距离不应大于 300mm，同时溅水盘与梁等障碍物底面的垂直距离不应小于 25mm、不应大于 100mm。

2）当在梁间布置喷头时，应符合后述的"2. 喷头与障碍物的距离"一节第（1）条的规定。确有困难时，溅水盘与顶板的距离不应大于 550mm。当喷头溅水盘与顶板的距离达到 550mm 仍不能符合后述的"2. 喷头与障碍物的距离"一节第（1）条的规定时，应在梁底面的下方增设喷头。

3）密肋梁板下方的喷头，溅水盘与密肋梁板底面的垂直距离，不应小于 25mm、不应大于 100mm。

4）净空高度不超过 8m 的场所中，间距不超过 4×4（m）布置的十字梁，可在梁间布置一只喷头，但喷水强度仍应符合表 13-3-3 的规定。

（4）早期抑制快速响应喷头的溅水盘与顶板的距离，应符合表 13-3-19 的规定。

表 13-3-19　早期抑制快速响应喷头的溅水盘与顶板的距离　　　（单位：mm）

喷头安装方式	直立型		下垂型	
	不应小于	不应大于	不应小于	不应大于
溅水盘与顶板的距离	100	150	150	360

（5）图书馆、档案馆、商场、仓库中的通道上方宜设有喷头。喷头与被保护对象的水平距离不应小于 0.3m；喷头溅水盘与保护对象的最小垂直距离不应小于表 13-3-20 的规定。

表 13-3-20　喷头溅水盘与保护对象的最小垂直距离　　　　　　（单位：m）

喷头类型	最小垂直距离	喷头类型	最小垂直距离
标准喷头	0.45	其他喷头	0.90

（6）货架内置喷头宜与顶板下喷头交错布置，其溅水盘与上方层板的距离应符合上述第（3）条的规定，与其下方货品顶面的垂直距离不应小于 150mm。

（7）货架内喷头上方的货架层板应为封闭层板。货架内喷头上方若有孔洞、缝隙，应在喷头的上方设置集热挡水板。集热挡水板应为正方形或圆形金属板，其平面面积不宜小于 0.12m²，周围弯边的下沿，宜与喷头的溅水盘平齐。

（8）净空高度大于 800mm 的闷顶和技术夹层内有可燃物时，应设置喷头。

（9）当局部场所设置自动喷水灭火系统时，与相邻不设自动喷水灭火系统场所连通的走道和连通门窗的外侧，应设喷头。

（10）装设通透性吊顶的场所，喷头应布置在顶板下。

（11）顶板或吊顶为斜面时，喷头应垂直于斜面，并应按斜面距离确定喷头间距。尖屋顶的屋脊处应设一排喷头。喷头溅水盘至屋脊的垂直距离，屋顶坡度大于等于 1/3 时，不应大于 0.8m；屋顶坡度小于 1/3 时，不应大于 0.6m。

（12）边墙型标准喷头的最大保护跨度与间距，应符合表 13-3-21 的规定。

表 13-3-21　边墙型标准喷头的最大保护跨度与间距　　　　　　（单位：m）

设置场所火灾危险等级	轻危险级	中危险级 I 级
配水支管上喷头的最大间距	3.6	3.0
单排喷头的最大保护跨度	3.6	3.0
两排相对喷头的最大保护跨度	7.2	6.0

注：1. 两排相对喷头应交错布置。
　　2. 室内跨度大于两排相对喷头的最大保护跨度时，应在两排相对喷头中间增设一排喷头。

（13）边墙型扩展覆盖喷头的最大保护跨度、配水支管上的喷头间距、喷头与两侧端墙的距离，应按喷头工作压力下能够喷湿对面墙和邻近端墙距溅水盘 1.2m 高度以下的墙面确定，且保护面积内的喷水强度应符合表 13-3-3 的规定。

（14）直立式边墙型喷头，其溅水盘与顶板的距离不应小于 100mm，且不宜大于 150mm，与背墙的距离不应小于 50mm，并不应大于 100mm。水平式边墙型喷头溅水盘与顶板的距离不应小于 150mm，且不应大于 300mm。

（15）防火分隔水幕的喷头布置，应保证水幕的宽度不小于 6m。采用水幕喷头时，喷头不应少于 3 排；采用开式洒水喷头时，喷头不应少于两排。防护冷却水幕的喷头宜布置成单排。

（16）喷头及管网布置的基本方法

1）喷头的布置间距要求在所保护的区域内任何部位发生火灾都能得到一定强度的水量。喷头的布置形式应根据顶棚、吊顶的装修要求布置成正方形、长方形和菱形三种形式，间距应按式（13-3-1）～式（13-3-4）计算：

为正方形布置时，

$$X = 2R\cos45°$$ (13-3-1)

为长方形布置时，要求：

$$\sqrt{A^2 + B^2} \leqslant 2R$$ (13-3-2)

为菱形布置时，

$$A = 4R\cos30°\sin30°$$ (13-3-3)

$$B = 2R\cos30°\cos30°$$ (13-3-4)

式中　X——喷头间距（m）；

　　　R——喷头的最大保护半径（m）；

　　　A——长边喷头间距（m）；

　　　B——短边喷头间距（m）。

水幕喷头的布置根据成帘状的要求应成线状布置，根据隔离强度的要求可布置成单排、双排和防火带形式。

2）喷头布置的基本形式如图 13-3-14 所示。

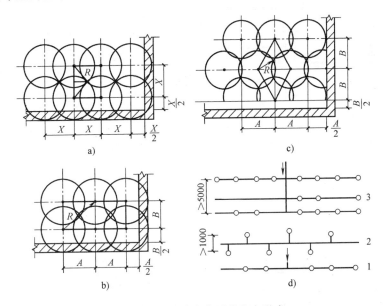

图 13-3-14　喷头布置的基本形式

a）喷头正方形布置　b）、c）喷头长方形布置　d）双排及水幕防水带平面布置

X—喷头间距　R—喷头计算喷水半径　A—长边喷头间距　B—短边喷头间距

1—单排　2—双排　3—防火带

3）喷头与管网布置的形式有侧边布置和中央布置两种，如图 13-3-15 所示。

2. 喷头与障碍物的距离

（1）直立型、下垂型喷头与梁、通风管道的距离宜符合表 13-3-22 的规定（图 13-3-16）。

（2）直立型、下垂型标准喷头的溅水盘以下 0.45m、其他直立型、下垂型喷头的溅水盘以下 0.9m 范围内，当有屋架等间断障碍物或管道时，喷头与邻近障碍物的最小水平距离宜符合表 13-3-23 的规定（图 13-3-17）。

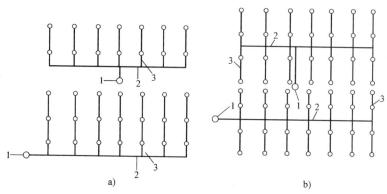

图 13-3-15　管网布置的形式

a）侧边布置　b）中央布置

1—主配水管　2—配水管　3—配水支管

表 13-3-22　喷头与梁、通风管道的距离　（单位：m）

喷头溅水盘与梁或通风管道的底面的最大垂直距离 b		喷头与梁、通风管道的水平距离 a
标准喷头	其他喷头	
0	0	$a < 0.3$
0.06	0.04	$0.3 \leqslant a < 0.6$
0.14	0.14	$0.6 \leqslant a < 0.9$
0.24	0.25	$0.9 \leqslant a < 1.2$
0.35	0.38	$1.2 \leqslant a < 1.5$
0.45	0.55	$1.5 \leqslant a < 1.8$
> 0.45	> 0.55	$a = 1.8$

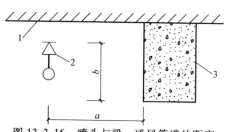

图 13-3-16　喷头与梁、通风管道的距离

1—顶板　2—直立型喷头　3—梁（或通风管道）

a—喷头与梁（或通风管道）最近一侧的垂直距离

b—喷头与梁（或通风管道）最低处的垂直距离

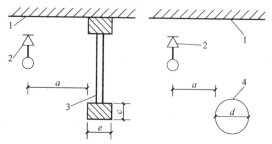

图 13-3-17　喷头与邻近障碍物的最小水平距离

1—顶板　2—直立型喷头　3—屋架等间断障碍物　4—管道

a—喷头与梁（或通风管道）最近一侧的垂直距离

c—梁横截面厚度　d—管外径　e—梁横截面宽度

表 13-3-23　喷头与邻近障碍物的最小水平距离　（单位：m）

喷头与邻近障碍物的最小水平距离 a	
c、e 或 $d \leqslant 0.2$	c、e 或 $d > 0.2$
$3c$ 或 $3e$（c 与 e 取大值）或 $3d$	0.6

（3）当梁、通风管道、成排布置的管道、桥架等障碍物的宽度大于 1.2m 时，其下方应增设喷头（图 13-3-18）。增设喷头的上方有缝隙时应设集热板。

（4）直立型、下垂型喷头与不到顶隔墙的水平距离，不得大于喷头溅水盘与不到顶隔墙顶面垂直距离的2倍（图13-3-19）。

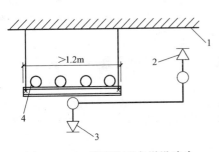

图13-3-18 障碍物下方增设喷头

1—顶板 2—直立型喷头 3—下垂型喷头

4—成排布置的管道（或梁、通风管道、桥架等）

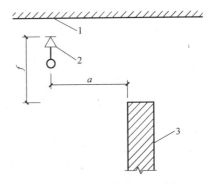

图13-3-19 喷头与不到顶隔墙的水平距离

1—顶板 2—直立型喷头 3—不到顶隔墙

a—喷头与梁（或通风管道）最近一侧的垂直距离

f—喷头与梁最高处的垂直距离

（5）直立型、下垂型喷头与靠墙障碍物的距离，应符合下列规定（图13-3-20）：

1）障碍物横截面边长小于750mm时，喷头与障碍物的距离，应按式（13-3-5）确定：

$$a \geqslant (e - 200) + b \qquad (13-3-5)$$

式中 a——喷头与障碍物的水平距离（mm）；

b——喷头溅水盘与障碍物底面的垂直距离（mm）；

e——障碍物横截面的边长（mm），$e < 750$mm。

2）障碍物横截面边长大于等于750mm或a的计算值大于上述表13-3-18中喷头与端墙距离的规定时，应在靠墙障碍物下增设喷头。

（6）边墙型喷头的两侧1m及正前方2m范围内，顶板或吊顶下不应有阻挡喷水的障碍物。

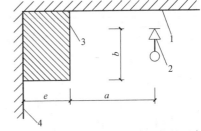

图13-3-20 喷头与靠墙障碍物的距离

1—顶板 2—直立型喷头 3—靠墙障碍物 4—墙面

a—喷头与梁（或通风管道）最近一侧的垂直距离

b—喷头与梁（或通风管道）最低点的垂直距离

e—靠墙障碍物的宽度

13.3.7 管道

（1）配水管道的工作压力不应大于1.20MPa，并不应设置其他用水设施。

（2）配水管道应采用内外壁热镀锌钢管或符合现行国家或行业标准，同时符合现行规范规定的涂覆其他防腐材料的钢管，以及铜管、不锈钢管。当报警阀入口前管道采用不防腐的钢管时，应在该段管道的末端设过滤器。

（3）镀锌钢管应采用沟槽式连接件（卡箍）、丝扣或法兰连接。报警阀前采用内壁不防腐钢管时，可焊接连接。铜管、不锈钢管应采用配套的支架、吊架。除镀锌钢管外，其他管道的水头损失取值应按检测或生产厂提供的数据确定。

（4）系统中直径等于或大于100mm的管道，应分段采用法兰或沟槽式连接件（卡箍）连接。水平管道上法兰间的管道长度不宜大于20m；立管上法兰间的距离，不应跨越3个及以上楼层。净空高度大于8m的场所内，立管上应有法兰。

（5）管道的直径应经水力计算确定。配水管道的布置，应使配水管入口的压力均衡。轻危险级、中危险级场所中各配水管入口的压力均不宜大于0.40MPa。

（6）配水管两侧每根配水支管控制的标准喷头数，轻危险级、中危险级场所不应超过8只，同时在吊顶上下安装喷头的配水支管，上下侧均不应超过8只。严重危险级及仓库危险级场所均不应超过6只。

（7）轻危险级、中危险级场所中配水支管、配水管控制的标准喷头数，不应超过表13-3-24的规定。

表13-3-24　轻危险级、中危险级场所中配水支管、配水管控制的标准喷头数

公称管径/mm	控制的标准喷头数/只	
	轻危险级	中危险级
25	1	1
32	3	3
40	5	4
50	10	8
65	18	12
80	48	32
100	—	64

（8）短立管及末端试水装置的连接管，其管径不应小于25mm。

（9）干式系统的配水管道充水时间不宜大于1min；预作用系统与雨淋系统的配水管道充水时间不宜大于2min。

（10）干式系统、预作用系统的供气管道，采用钢管时，管径不宜小于15mm；采用铜管时，管径不宜小于10mm。

（11）水平安装的管道宜有坡度，并应坡向泄水阀。充水管道的坡度不宜小于2‰，准工作状态不充水管道的坡度不宜小于4‰。

13.3.8　水力计算

1. 闭式自动喷水灭火系统水力计算目的与方法

（1）闭式自动喷水灭火系统水力计算目的。自动喷水灭火系统管网水力计算的目的在于确定管网各管段管径、计算管网所需的供水压力、确定高位水箱的设置高度和选择消防水泵。

（2）闭式自动喷水灭火系统水力计算方法。常用的自动喷水灭火系统水力计算方法是作用面积法。首先按照表13-3-3的基本设计参数选定自动喷水灭火系统中最不利工作作用面积（以F表示）的位置，此作用面积的形状宜采用正方形或长方形，当采用长方形布置时，其长边应平行于配水支管，边长宜为$1.2\sqrt{F}$。

在计算喷水量时，仅包括作用面积内的喷头。对于轻危险级和中危险级建筑物的自动喷水灭火系统，计算时可假定作用面积内每只喷头的量相等，均以最不利点喷头喷水量取值，且应保证作用面积内平均喷水强度不小于表13-3-3中的规定，最不利点4个喷头组成的保护面积内的平均喷水强度，轻危险级、中危险级不应低于表13-3-3规定值的85%；对于严

重危险级和仓库危险级不应低于表 13-3-3 和表 13-3-5 ~ 表 13-3-11 的规定值。作用面积确定后，从最不利点喷头开始，依次计算各管段的流量和水头损失，直至作用面积内最末一个喷头为止。以后管道的流量不再增加，仅计算管道水头损失。

对仅在走道内布置单排喷头的闭式系统，其作用面积应按最大疏用距离所对应的走道面积计算。

对于雨淋喷水灭火系统和水幕系统，其喷水量应按每个设计喷水区内的全部喷头同时开启喷水计算。

特性系数法是从系统设计最不利点喷头开始，沿程计算喷头的压力、喷水量和管段的累积流量、水头损失，直至某管段累计流量达到设计流量为止。此后的管段中流量不再累计，仅计算水头损失。

喷头的出流量和管段沿程压力损失应按式（13-3-6）和式（13-3-7）计算：

$$q = K\sqrt{P} \tag{13-3-6}$$

$$p = 10ALQ^2 \tag{13-3-7}$$

式中　q——喷头处节点流量（L/s）；

P——喷头处水压（kPa）；

K——喷头流量系数，玻璃球喷头 $K = 0.133$ 或水头 H 用 mH_2O 时 $K = 0.42$；

p——计算管段沿程压力损失（kPa）；

L——计算管段长度（m）；

Q——管段中流量（L/s）；

A——比阻值（s^2/L^2），见表 13-3-25。

表 13-3-25　管道比阻值 A

焊接钢管			铸铁管		
公称管径 /mm	Q 以 m^3/s 计	Q 以 L/s 计	公称管径 /mm	Q 以 m^3/s 计	Q 以 L/s 计
DN15	8809000	8.809	DN75	1709	0.001709
DN20	1643000	1.643	DN100	365.3	0.0003653
DN25	436700	0.4367	DN150	41.85	0.00004185
DN32	93860	0.09386	DN200	9.029	0.000009029
DN40	44530	0.04453	DN250	2.752	0.000002752
DN50	11080	0.01108	DN300	1.025	0.000001025
DN70	2898	0.002893			
DN80	1168	0.001168			
DN100	267.4	0.0002674			
DN125	86.23	0.00008623			
DN150	33.95	0.00003395			

选定管网中的最不利计算管路后，管段的流量可按下列方法计算：

如图 13-3-21 所示为闭式自动喷水灭火系统计算用图，该管段为最不利喷水工作区的管段，设喷头 1、2、3、4 为管段 I，喷头 a、b、c、d 为管段 II，管段 I 的水力计算见表 13-3-26。

表 13-3-26　管段 I 的水力计算结果

节点编号	管段编号	喷头流量系数	喷头处水压/kPa	喷头出流量/(L/s)	管段流量/(L/s)
1		K	P_1	$q_1 = K\sqrt{P_1}$	
	1—2				q_1
2		K	$P_2 = P_1 + p_{1-2}$	$q_2 = K\sqrt{P_2}$	
	2—3				$q_1 + q_2$
3		K	$P_3 = P_2 + p_{2-3}$	$q_3 = K\sqrt{P_3}$	
	3—4				$q_2 + q_2 + q_3$
4		K	$P_4 = P_3 + p_{3-4}$	$q_4 = K\sqrt{P_4}$	
	4—5				$q_1 + q_2 + q_3 + q_4$

管段 I 在节点 5 只有转输流量，无支出流量，则：

$$Q_{6-5} = Q_{5-4} \qquad (13\text{-}3\text{-}8a)$$

$$\Delta P_{5-4} = P_5 - P_4 = A_{5-4}L_{5-4}Q_{5-4}^2$$
$$(13\text{-}3\text{-}8b)$$

与管段 I 计算方法相同，管段 II 可得：

$$\Delta P_{6-d} = P_6 - P_d = A_{6-d}L_{6-d}Q_{6-d}^2$$
$$(13\text{-}3\text{-}8c)$$

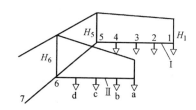

图 13-3-21　闭式自动喷水灭火系统计算用图

式（13-3-8b）与（13-3-8c）相除（设 I、II 管段布置条件相同），可得：

$$Q_{6-d} = Q_{5-4}\sqrt{\frac{\Delta P_{6-d}}{\Delta P_{5-4}}} \qquad (13\text{-}3\text{-}8d)$$

管段 6—7 的转输流量为：

$$Q_{6-7} = Q_{5-4} + Q_{6-d} \qquad (13\text{-}3\text{-}8e)$$

将式（13-3-8d）代入式（13-3-8e）得：

$$Q_{6-7} = Q_{5-4}\left(1 + \sqrt{\frac{\Delta P_{6-d}}{\Delta P_{5-4}}}\right) \qquad (13\text{-}3\text{-}8f)$$

将式（13-3-8a）代入式（13-3-8f）得：

$$Q_{6-7} = Q_{6-5}\left(1 + \sqrt{\frac{\Delta P_{6-d}}{\Delta P_{5-4}}}\right) \qquad (13\text{-}3\text{-}8g)$$

将式（13-3-8b）代入式（13-3-8e）得：

$$Q_{6-7} = Q_{6-5}\left(1 + \sqrt{\frac{P_6 - P_d}{P_5 - P_4}}\right) \qquad (13\text{-}3\text{-}8h)$$

为简化计算，认为 $\sqrt{\dfrac{P_6 - P_d}{P_5 - P_4}} \approx \sqrt{\dfrac{P_6}{P_5}}$ 可得：

$$Q_{6-7} = Q_{6-5}\left(1 + \sqrt{\frac{P_6}{P_5}}\right) \qquad (13\text{-}3\text{-}9)$$

式中　Q_{6-7}——管段6—7中转输流量（L/s）；

　　　Q_{6-5}——管段6—5中转输流量（L/s）；

　　　P_6——节点6的水压（kPa）；

　　　P_5——节点5的水压（kPa）；

$\sqrt{\dfrac{P_6}{P_5}}$称为调整系数。

按上述方法简化计算各管段流量值，直至达到系统所要求的消防水量为止。

这种计算方法偏于安全，在系统中除最不利点喷头外的任何喷头的喷水量和任意4个相邻喷头的平均喷水量均高于设计要求。该系统适用于严重危险建筑物的自动喷水灭火系统以及雨淋、水幕系统。

2. 闭式自动喷水灭火系统水力计算要求

（1）喷头的流量应按式（13-3-10）计算：

$$q = K\sqrt{10P} \qquad (13\text{-}3\text{-}10)$$

式中　q——喷头流量（L/min）；

　　　P——喷头工作压力（MPa）；

　　　K——喷头流量系数。

系统最不利点处喷头的工作压力应按计算确定。

（2）系统的设计流量应按最不利点处作用面积内喷头同时喷水的总流量确定（式13-3-11）：

$$Q_s = \frac{1}{60}\sum_{i=1}^{n} q_i \qquad (13\text{-}3\text{-}11)$$

式中　Q_s——系统设计流量（L/s）；

　　　q_i——最不利点处作用面积内各喷头节点的流量（L/min）；

　　　n——最不利点处作用面积内的喷头数。

系统的理论计算流量应按设计喷水强度作用面积的乘积确定（式13-3-12）：

$$Q_L = \frac{q_p F}{60} \qquad (13\text{-}3\text{-}12)$$

式中　Q_L——系统理论计算流量（L/s）；

　　　q_p——设计喷水强度〔L/(min·m²)〕；

　　　F——作用面积（m²）。

由于各个喷头在管网中的位置不同，所处的实际压力亦不相同，喷头的实际喷水量与理论值有偏差，自动喷水灭火系统设计秒流量可按理论值的1.15~1.30倍计算（式13-3-13）

$$Q_s = (1.15 \sim 1.30)Q_L \qquad (13\text{-}3\text{-}13)$$

计算时应遵循以下规定：

① 系统设计流量的计算，应保证任意作用面积内的平均喷水强度不低于上述表13-3-3和表13-3-5~表13-3-11的规定值。最不利点处作用面积内任意4只喷头围合范围内的平均喷水强度，轻危险、中危险级不应低于上述表13-3-3规定值的85%；严重危险级和仓库危

险级不应低于上述表 13-3-3 和表 13-3-5 ～表 13-3-11 的规定值。

② 设置货架内置喷头的仓库，顶板下喷头与货架内喷头应分别计算设计流量，并应按其设计流量之和确定系统的设计流量。

③ 建筑内设有不同类型的系统或有不同危险等级的场所时，系统的设计流量应按其设计流量的最大值确定。

④ 当建筑物内同时设有自动喷水灭火系统和水幕系统时，系统的设计流量应按同时启用的自动喷水灭火系统和水幕系统的用水量计算，并取二者之和中的最大值确定。

⑤ 雨淋系统和水幕系统的设计流量应按雨淋阀控制的喷头的流量之和确定。多个雨淋阀并联的雨淋系统，其系统设计流量应按同时启用雨淋阀的流量之和的最大值确定。

⑥ 当原有系统延伸管道、扩展保护范围时，应对增设喷头后的系统重新进行水力计算。

（3）管道水力计算。管道内的水流速度宜采用经济流速，必要时可超过 5m/s，但不应大于 10m/s。

每米管道的压力损失应按式（13-3-14）计算：

$$i = 0.0000107 \frac{V^2}{d_j^{1.3}} \qquad (13\text{-}3\text{-}14)$$

式中　i——每米管道的压力损失（MPa/m）；

　　　V——管道内水的平均流速（m/s）；

　　　d_j——管道的计算内径（m），取值应按管道的内径减 1mm 确定。

沿程压力损失应按式（13-3-15）计算：

$$h = iL \qquad (13\text{-}3\text{-}15)$$

式中　h——沿程水头损失（MPa）；

　　　L——管道长度（m）。

管道的局部水头损失宜采用当量长度法计算，当量长度表见表 13-3-27。

表 13-3-27　当量长度表　　　　　　　　　（单位：m）

管件名称	管件直径/mm								
	25	32	40	50	70	80	100	125	150
45°弯头	0.3	0.3	0.6	0.6	0.9	0.9	1.2	1.5	2.1
90°弯头	0.6	0.9	1.2	1.5	1.8	2.1	3.1	3.7	4.3
三通或四通	1.5	1.8	2.4	3.1	3.7	4.6	6.1	7.6	9.2
蝶阀				1.8	2.1	3.1	3.7	2.7	3.1
闸阀				0.3	0.3	0.3	0.6	0.6	0.9
止回阀	1.5	2.1	2.7	3.4	4.3	4.9	6.7	8.3	9.8
异径接头	32/25	40/32	50/40	70/50	80/70	100/80	125/100	150/125	200/150
	0.2	0.3	0.3	0.5	0.6	0.8	1.1	1.3	1.6

注：1. 过滤器当量长度的取值，由生产厂提供。
　　2. 当异径接头的出口直径不变而入口直径提高一级时，其当量长度应增大 0.5 倍；提高两级或两级以上时，其当量长度应增大 1.0 倍。

（4）水泵扬程相应压力或系统入口的供水压力应按式（13-3-16）计算：

$$P = \Sigma p + P_0 + Z \tag{13-3-16}$$

式中　P——水泵扬程或系统入口的供水压力（MPa）；

　　　Σp——管道沿程和局部水头损失的累计值（MPa），湿式报警阀取 0.04MPa 或按检测数据确定，水流指示器取 0.02MPa，雨淋阀取 0.07MPa；

　　　P_0——最不利点处喷头的工作压力（MPa）；

　　　Z——最不利点处喷头与消防水池的最低水位或系统入口管水平中心线之间的压力差（MPa），当系统入口管或消防水池最低水位高于最不利点处喷头时，Z 应取负值。

3. 减压措施的设置与计算

（1）减压孔板的设置与计算。减压孔板如图 13-3-22 所示。

1）减压孔板的设置。减压孔板的设置应符合下列规定：

① 应设在直径不小于 50mm 的水平直管段上，前后管段的长度均不宜小于该管段直径的 5 倍。

② 孔口直径不应小于设置管段直径的 30%，且不应小于 20mm。

③ 应采用不锈钢板材制作。

2）减压孔板的计算。减压孔板的压力损失应按式（13-3-17）计算：

$$p_k = \zeta \frac{V_k^2}{2g} \tag{13-3-17}$$

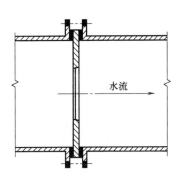

图 13-3-22　减压孔板

式中　p_k——减压孔板的压力损失（10^{-2}MPa）；

　　　V_k——减压孔板后管道内水的平均流速（m/s）；

　　　ζ——减压孔板的局部阻力系数，取值见表 13-3-28。

　　　g——重力加速度，9.8m/s²。

表 13-3-28　减压孔板的局部阻力系数

d_k/d_j	0.3	0.4	0.5	0.6	0.7	0.8
ζ	292	83.3	29.5	11.7	4.75	1.83

（2）节流管的设置与计算。节流管如图 13-3-23 所示。

1）节流管的设置。节流管应设置在管道上，并应有一定的直线长度。

2）节流管的计算。节流管的压力损失应按式（13-3-18）计算：

$$p_g = \zeta \frac{V_g^2}{2g} + 0.00107L \frac{V_g^2}{d_g^{1.3}} \tag{13-3-18}$$

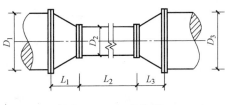

图 13-3-23　节流管

式中　p_g——节流管的水头损失（10^{-2}MPa）；

　　　ζ——节流管中渐缩管与渐扩管的局部阻力系数之和，取 0.7；

　　　V_g——节流管内水的平均流速（m/s）；

　　　d_g——节流管的计算内径（m），取值应按节流管内径减 1mm 确定；

L——节流管的长度（m）。

g——重力加速度，9.8m/s^2。

（3）减压阀的设置。减压阀的设置应符合下列规定：

1）应设在报警阀组入口前。

2）入口前应设过滤器。

3）当连接两个及以上报警阀组时，应设置备用减压阀。

4）垂直安装的减压阀，水流方向宜向下。

4. 自动喷水灭火系统水力计算举例

例13-3-1 某综合楼地上7层，最高层喷头安装标高为23.7m（一层地坪标高为 ±0.00m）。喷头流量特性系数为80，喷头处压力为0.1MPa，设计喷水强度为6L/（min·m²），作用面积为160m²，形状为长方形，长边 $L = 1.2\sqrt{F} = 1.2 \times \sqrt{160}\text{m} = 15.18\text{m}$，取16m，短边为10.8m。作用面积内喷头数共15个，布置形式如图13-3-24所示。按作用面积法进行管道水力计算。

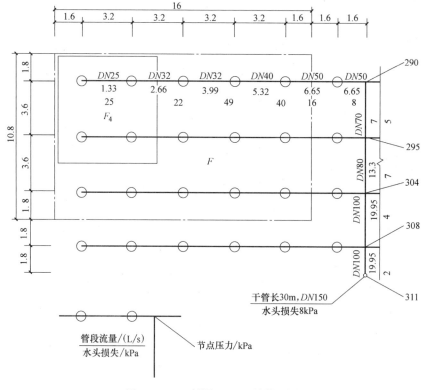

图 13-3-24　例题 13-3-1 计算用图

【解】　（1）每个喷头的的喷水量

$$q = K \sqrt{10P} = 80 \times \sqrt{1}\text{L/min} = 80\text{L/min} = 1.33\text{L/s}$$

（2）作用面积内的设计秒流量

$$Q_s = nq = 15 \times 1.33\text{L/s} = 19.95\text{L/s}$$

（3）理论设计秒流量

$$Q_I = \frac{Fq}{60} = \frac{(16 \times 10.8) \times 6}{60} L/s = 17.28 L/s$$

比较 Q_s 与 Q_I，设计秒流量为理论设计秒流量 Q_I 的 1.15 倍，符合要求。

（4）作用面积内的计算平均喷水强度

$$q_p = \frac{15 \times 80}{172.8} L/(min \cdot m^2) = 6.94 L/(min \cdot m^2)$$

此值大于规定要求 $6L/(min \cdot m^2)$。

（5）喷头的保护半径

$$R \geqslant \frac{\sqrt{3.2^2 + 3.6^2}}{2} m = 2.41 m，取 R = 2.41 m$$

（6）作用面积内最不利点处 4 个喷头所组成的保护面积

$$F_4 = (1.6 + 3.2 + 1.6) \times (1.8 + 3.6 + 1.8) m^2 = 46.08 m^2$$

每个喷头的保护面积为：$F_1 = F_4/4 = (46.08/4) m^2 = 11.52 m^2$；

其平均喷水强度为：$q = (80 \div 11.52) L/(min \cdot m^2) = 6.94 L/(min \cdot m^2) > 6.0 L/(min \cdot m^2)$

（7）管段的总损失

$$\sum p = 1.2 \times (25 + 22 + 49 + 40 + 16 + 8 + 5 + 7 + 4 + 2 + 8) + 20$$
$$= 1.2 \times 186 + 20 = 243 kPa$$

（8）系统所需的水压

$$P = [243 + 100 + (23.7 + 2.0) \times 10] kPa = 590 kPa$$

给水管中心线标高以 $-2.0m$ 计，湿式报警阀和水流指示器的局部水头损失取 20kPa。

5. 开式自动喷水灭火系统计算

开式自动喷水灭火系统常指雨淋系统和水幕系统。

（1）开式自动喷水灭火系统用水量计算要求。

1）当建筑物内同时设有自动喷水灭火系统和水幕系统时，系统的设计流量应按同时启用的自动喷水灭火系统和水幕系统的用水量计算，并取二者之和中的最大值确定。

2）雨淋系统和水幕系统的设计流量应按雨淋阀控制的喷头的流量之和确定。多个雨淋阀并联的雨淋系统，其系统设计流量应按同时启用雨淋阀的流量之和的最大值确定。

（2）传动管网的管径不用进行水力计算，充水的传动管网一律采用 25mm 的管径，充气的传动管网则可采用 15mm 的管径。

（3）喷头出流量计算

1）开式雨淋喷头出流量按式（13-3-19）计算

$$Q = \mu F (2gH)^{1/2} \tag{13-3-19}$$

式中　Q——喷头出流量（m^3/s）；

　　　μ——喷头流量系数，采用 0.7；

　　　F——喷口截面积（m^2）；

　　　g——重力加速度，$9.81 m/s^2$；

　　　H——喷口处水头（mH_2O）；最不利点喷头的水压，一般不应小于 $5 mH_2O$。

将不同直径喷头的截面积代入式（13-3-19）可得表 13-3-29。

表 13-3-29 不同直径开式喷头的计算公式

开式喷头直径/mm	计算公式/(L/s)
12.7	$Q = 0.392(H)^{1/2}$
10	$Q = 0.243(H)^{1/2}$

2）水幕喷头处流量按式（13-3-20）计算：

$$q = (BH)^{1/2} \qquad (13\text{-}3\text{-}20)$$

式中　q——喷头出流量（L/s）；

　　　H——喷口处水压（mH_2O）；最不利点水幕喷头的水压，一般不应小于 $5mH_2O$。

　　　B——水幕喷头特性系数 $[L^2/(s^2 \cdot m)]$，见表 13-3-30。

表 13-3-30 水幕喷头特性系数

水幕喷头 DN/mm	$B/[L^2/(s^2 \cdot m)]$	$B^{1/2}/[L^2/(s^2 \cdot m)]^{1/2}$
6	0.0142	0.119
8	0.044	0.210
10	0.1082	0.329
12.7	0.286	0.535
16	0.717	0.847
19	1.418	1.190

（4）喷水管网直径估算。按喷头数量可初步确定喷水管直径，见表 13-3-31。

表 13-3-31 按喷头数量初步确定喷水管直径

管道直径/mm 喷头直径/mm	DN25	DN32	DN40	DN50	DN70	DN80	DN100	DN150
12.7	2	3	5	10	20	26	40	>40
10.0	3	4	9	18	30	46	80	>80

（5）喷水管网的水力计算

1）计算管段的沿程压力损失按式（13-3-21）计算：

$$p = 0.1ALQ^2 \qquad (13\text{-}3\text{-}21)$$

式中　p——计算管段的沿程压力损失（MPa）；

　　　A——管道比阻值（s^2/L^2），见表 13-3-25；

　　　L——计算管段长度（m）；

　　　Q——计算管段流量（L/s）。

2）计算管段的局部压力损失计算：按沿程损失的 20% 采用。

（6）雨淋阀门的局部水头损失计算。雨淋阀门的局部水头损失按表 13-3-32 所列公式计算。

表 13-3-32 雨淋阀门的局部水头损失计算公式

阀门直径/mm	双圆盘阀	隔膜阀
$d = 65$	$h = 0.048Q^2$	$h = 0.0371Q^2$
$d = 100$	$h = 0.00634Q^2$	$h = 0.00664Q^2$
$d = 150$	$h = 0.0014Q^2$	$h = 0.00122Q^2$

（7）淋水管网上各种阀门局部压力损失计算。淋水管网上各种阀门局部压力损失按公

式（13-3-17）计算。

（8）开式自动喷水灭火系统水力计算步骤和举例

1）开式自动喷水灭火系统水力计算步骤

① 首先在系统图上确定最不利点和计算管路，在计算管路上从最不利点开始依水流逆向对各喷头与管道连接处节点由 1 开始编号。

② 确定最不利点 1 处要求的压力为 0.05MPa，求该喷头的出流量，以此流量求第 1 喷头和第 2 喷头之间管段的压力损失。

③ 以第 1 喷头处要求的压力和 1、2 两喷头间管段压力损失之和作为第 2 喷头处的压力，并求出第 2 喷头的出流量。

④ 再以第 1 喷头和第 2 喷头的流量之和作为第 2 喷头与第 3 喷头管段间的流量，并以此流量求出第 2 喷头与第 3 喷头管段间的压力损失。

⑤ 以第 2 喷头的压力加上第 2 喷头与第 3 喷头管段间的压力损失作为第 3 喷头处的压力，再以此压力求出第 3 喷头处出流量。

⑥ 以后依此类推计算所有喷头及管道的流量和压力。

⑦ 当自不同方向计算至同一点出现有不同压力时，则低压力方向管段的总流量应按式（13-3-22）进行修正：

$$P_1/P_2 = Q_1{}^2/Q_2{}^2 \qquad\qquad Q_2 = Q_1(P_2/P_1)^{1/2} \qquad\qquad (13\text{-}3\text{-}22)$$

式中　P_1——低压方向管段的计算压力（MPa）；

$\quad\ Q_1$——低压方向管段的计算流量（L/s）；

$\quad\ P_2$——高压方向管段的计算压力（MPa）；

$\quad\ Q_2$——高压方向管段的计算流量（L/s）。

⑧ 开式自动喷水灭火系统入口处所需水压按式（13-3-23）计算：

$$P = 1.2\sum p + p_0 + p_1 + p_2 \qquad\qquad (13\text{-}3\text{-}23)$$

式中　P——雨淋阀门处所需水压（MPa）；

$\quad$ 1.2——管道局部阻力系数；

$\quad \sum p$——至最不利点的管道沿程水头损失（MPa）；

$\quad\ p_0$——雨淋阀门的局部水头损失（MPa）；

$\quad\ p_1$——最不利点喷头所需的压力（MPa）；

$\quad\ p_2$——最不利点喷头的位置高度，由 m 换算成 MPa。

2）开式自动喷水灭火系统水力计算举例

例 13-3-2　某建筑雨淋系统如图 13-3-25 所示，计算该系统的入口压力。

【解】　管网流量：$Q = 8.33$L/s；入口压力：$P = 1.2\sum p + p_0 + p_1 + p_2$

$$= \frac{[1.2 \times (8.01 - 5.00 + 0.42 + 0.20 + 0.20) + 1.46 + 2.68 + 5.00 + 4.20]}{10}\text{MPa}$$

$$= 0.1794\text{MPa}$$

13.3.9　供水

1. 一般规定

（1）系统用水应无污染、无腐蚀、无悬浮物。可由市政或企业的生产、消防给水管道

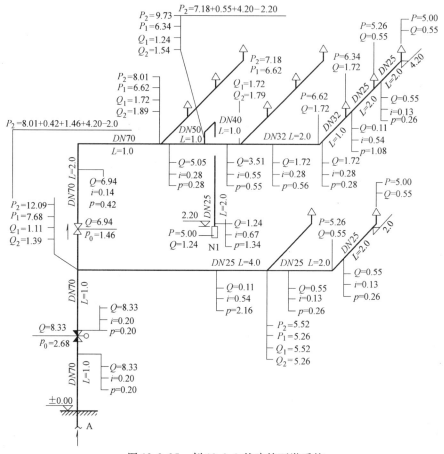

图 13-3-25　例 13-3-2 某建筑雨淋系统

注：图中流量单位为 L/s，压力单位为 mH₂O。

供给，也可由消防水池或天然水源供给，并应确保持续喷水时间内的用水量。

（2）与生活用水合用的消防水箱和消防水池，其储水的水质应符合饮用水标准。

（3）严寒与寒冷地区，对系统中遭受冰冻影响的部分，应采取防冻措施。

（4）当自动喷水灭火系统中设有两个及以上报警阀组时，报警阀组前宜设环状供水管道。

2. 水泵

（1）系统应设独立的供水泵，并应按一用一备或二用一备比例设置备用泵。

（2）按二级负荷供电的建筑宜采用柴油机泵作备用泵。

（3）系统的供水泵、稳压泵应采用自灌式吸水方式。采用天然水源时，水泵的吸水口应采取防止杂物堵塞的措施。

（4）每组供水泵的吸水管不应少于两根。报警阀入口前设置环状管道的系统，每组供水泵的出水管不应少于两根。供水泵的吸水管应设控制阀；出水管应设控制阀、止回阀、压力表和直径不小于 65mm 的试水阀。必要时，应采取控制供水泵出口压力的措施。

3. 消防水箱

（1）采用临时高压给水系统的自动喷水灭火系统应设高位消防水箱，其储水量应符合现行有关国家标准的规定。消防水箱的供水应满足系统最不利点处喷头的最低工作压力和喷水强度。

（2）不设高位消防水箱的建筑，其系统应设气压供水设备。气压供水设备的有效水容积，应按系统最不利处 4 只喷头在最低工作压力下的 10min 用水量确定。干式系统、预作用系统设置的气压供水设备，应同时满足配水管道的充水要求。

（3）消防水箱的出水管应符合下列规定：

1）应设止回阀，并应与报警阀入口前管道连接。

2）轻危险级、中危险级场所的系统，管径不应小于 80mm，严重危险级和仓库危险级不应小于 100mm。

4. 水泵接合器

（1）系统应设水泵接合器，其数量应按系统的设计流量确定，每个水泵接合器的流量宜按 10 ~ 15L/s 计算。

（2）当水泵接合器的供水能力不能满足最不利点处作用面积的流量和压力要求时，应采取增压措施。

13.3.10　操作与控制

（1）湿式系统、干式系统的喷头动作后，应由压力开关直接连锁自动启动供水泵。预作用系统、雨淋系统及自动控制的水幕系统，应在火灾报警系统报警后立即自动向配水管道供水。

（2）预作用系统、雨淋系统和自动控制的水幕系统，应同时具备下列三种启动供水泵和开启雨淋阀的控制方式：

1）自动控制。

2）消防控制室（盘）手动远控。

3）水泵房现场应急操作。

（3）雨淋阀的自动控制方式可采用电动、液（水）动或气动。

当雨淋阀采用充液（水）传动管自动控制时，闭式喷头与雨淋阀之间的高程差应根据雨淋阀的性能确定。

（4）快速排气阀入口前的电动阀，应在启动供水泵的同时开启。

（5）消防控制室（盘）应能显示水流指示器、压力开关、信号阀、水泵、消防水池及水箱水位、有压气体管道气压，以及电源和备用动力等是否处于正常状态的反馈信号，并应能控制水泵、电磁阀、电动阀等的操作。

13.3.11　局部应用系统

（1）局部应用系统适用于室内最大净空高度不超过 8m 的民用建筑中，局部设置且保护区域总建筑面积不超过 1000m² 的湿式系统。除本规定外，局部应用系统尚应符合规范的其他有关规定。

（2）局部应用系统应采用快速响应喷头，喷水强度不应低于 6L/（min·m²），持续喷水时间不应低于 0.5h。

（3）局部应用系统保护区域内的房间和走道均应布置喷头。喷头的选型、布置和按开

放喷头数确定的作用面积,应符合下列规定:

1)采用流量系数 $K = 80$ 快速响应喷头的系统,喷头的布置应符合中危险级 I 级场所的有关规定,作用面积应符合表 13-3-33 的规定。

表 13-3-33　局部应用系统采用流量系数 $K = 80$ 快速响应喷头时的作用面积

保护区域总建筑面积和最大厅室建筑面积		开放喷头数
保护区域总建筑面积超过 300m^2 或最大厅室建筑面积超过 200m^2		10
保护区域总建筑面积不超过 300m^2	最大厅室建筑面积不超过 200 m^2	8
	最大厅室内喷头少于 6 只	大于最大厅室内喷头数 2 只
	最大厅室内喷头少于 3 只	5

2)采用 $K = 115$ 快速响应扩展覆盖喷头的系统,同一配水支管上喷头的最大间距和相邻配水支管的最大间距,正方形布置时不应大于 4.4m,矩形布置时长边不应大于 4.6m,喷头至墙的距离不应大于 2.2m,作用面积应按开放喷头数不少于 6 只确定。

(4)当室内消火栓水量能满足局部应用系统用水量时,局部应用系统可与室内消火栓合用室内消防用水量、稳压设施、消防水泵及供水管道等。当不满足时应按下述第(7)条执行。

(5)采用 $K = 80$ 喷头且喷头总数不超过 20 只或采用 $K = 115$ 喷头且喷头总数不超过 12 只的局部应用系统,可不设报警阀组。不设报警阀组的局部应用系统,配水管可与室内消防竖管连接,其配水管的入口处应设过滤器和带有锁定装置的控制阀。

(6)局部应用系统应设报警控制装置。报警控制装置应具有显示水流指示器、压力开关及水泵、信号阀等组件状态和输出启动水泵控制信号的功能。不设报警阀组或采用消防加压水泵直接从城市供水管吸水的局部应用系统,应采取压力开关联动消防水泵的控制方式。不设报警阀组的系统可采用电动警铃报警。

(7)无室内消火栓的建筑或室内消火栓系统设计供水量不能满足局部应用系统要求时,局部应用系统的供水应符合下列规定:

1)城市供水能够同时保证最大生活用水量和系统的流量与压力时,城市供水管可直接向系统供水。

2)城市供水不能同时保证最大生活用水量和系统的流量与压力,但允许水泵从城市供水管直接吸水时,系统可设直接从城市供水管吸水的消防加压水泵。

3)城市供水不能同时保证最大生活用水量和系统的流量与压力,也不允许从城市供水管直接吸水时,系统应设储水池(罐)和消防水泵,储水池(罐)的有效容积应按系统用水量确定,并可扣除系统持续喷水时间内仍能连续补水的补水量。

4)可按三级负荷供电,且可不设备用泵。

5)应采取防止污染生活用水的措施。

13.4　大空间智能型主动喷水灭火系统

13.4.1　大空间智能型主动喷水灭火系统的组成、分类及适用场所

(1)大空间智能型主动喷水灭火系统的组成:由大空间灭火装置(大空间灭火装置分为大空间智能灭火装置,自动扫描射水灭火装置,自动扫描射水高空水炮灭火装置三类)、信号阀组、水流指示器等组件以及管道、供水设施等组成。

三种大空间灭火装置外形如图 13-4-1 所示。

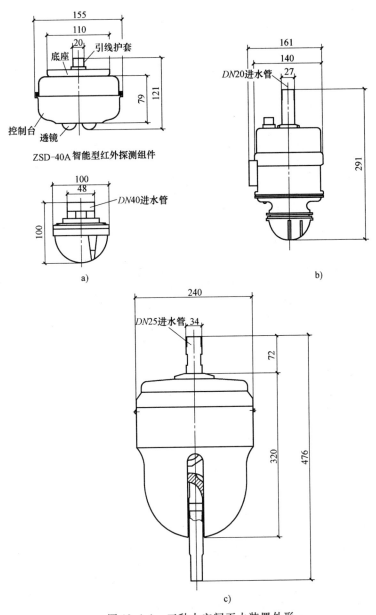

图 13-4-1 三种大空间灭火装置外形

a）ZSD-40A 大空间智能灭火装置 b）ZSS-20 自动扫描灭火装置

c）ZSS-25 自动扫描射水高空水炮灭火装置

（2）大空间智能型主动喷水灭火系统的分类

1）配置大空间智能灭火装置的大空间智能型主动喷水灭火系统，如图 13-4-2 所示。

2）配置自动扫描射水灭火装置的大空间智能型主动喷水灭火系统。

3）配置自动扫描射水高空水炮灭火装置的大空间智能型主动喷水灭火系统。

配置自动扫描射水灭火装置的大空间智能型主动喷水灭火系统和配置自动扫描射水高空水炮灭火装置的大空间智能型主动喷水灭火系统如图 13-4-3 所示。

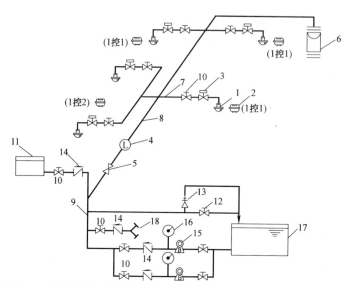

图 13-4-2　配置大空间智能灭火装置的大空间智能型主动喷水灭火系统

1—大空间大流量喷头　2—智能型红外探测组件　3—电磁阀　4—水流指示器

5—信号阀　6—模拟末端试水装置　7—配水支管　8—配水管　9—配水干管

10—手动闸阀　11—高位水箱　12—试水放水阀　13—安全泄压阀

14—止回阀　15—加压水泵　16—压力表　17—消防水池　18—水泵接合器

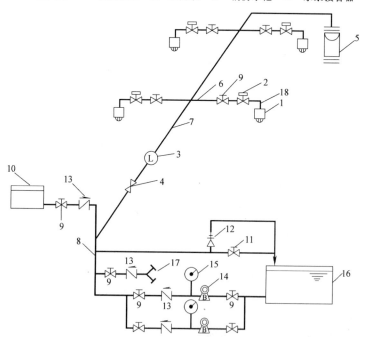

图 13-4-3　配置自动描射水灭火装置／自动扫射水高空

水炮灭火装置的大空间智能型主动喷水灭火系统

1—扫描射水喷头（水炮）＋智能型探测组件　2—电磁阀　3—水流指示器

4—信号阀　5—模拟末端试水装置　6—配水支管　7—配水管　8—配水干管　9—手动闸阀

10—高位水箱　11—试水放水阀　12—安全泄压阀　13—止回阀　14—加压水泵

15—压力表　16—消防水池　17—水泵接合器　18—短立管

（3）大空间智能型主动喷水灭火系统的适用场所：适用于 A 类火灾的大空间场所（如大空间门厅、展厅、中厅、室内步行街、会议厅等各种大空间）。环境温度应不低于 4℃且不高于 55℃。大空间智能型主动喷水灭火系统的选择见表 13-4-1。

表 13-4-1　大空间智能型主动喷水灭火系统的选择

1	中危险级或轻危险级的场所	可采用配置各种类型大空间灭火装置的系统
2	严重危险级的场所	宜采用配置大空间智能灭火装置的系统
3	舞台的葡萄架下面、演播室、电影摄影棚上方	宜采用配置大空间智能灭火装置的系统
4	边墙式安装时	宜采用配置自动扫描射水灭火装置或自动扫描射水高空水炮灭火装置的系统
5	灭火后及时停止喷水的场所	宜采用具有重复启闭功能的大空间智能型主动喷水灭火系统

13.4.2　大空间智能型主动喷水灭火系统设计的基本参数

（1）单个标准型大空间智能灭火装置的基本设计参数见表 13-4-2。

表 13-4-2　单个标准型大空间智能灭火装置的基本设计参数

内容		单位　　　型号	标准型
标准喷水流量		L/s	5
标准喷水强度		L/(min·m²)	2.5
接管口径		mm	40
喷头及探头最大安装高度		m	25
喷头及探头最低安装高度		m	6
标准工作压力		MPa	0.25
标准圆形保护半径		m	6
标准圆形保护面积		m²	113.04
标准矩形保护范围及面积	轻危险级	a(m)×b(m)=s(m²)	8.4×8.4=70.56 8×8.8=70.4 7×9.6=67.2 6×10.4=62.4 5×10.8=54 4×11.2=44.8 3×11.6=34.8
	中危险级　Ⅰ		7×7=49 6×8.2=49.2 5×10=50 4×11.3=45.2 3×11.6=34.8
	中危险级　Ⅱ		6×6=36 5×7.5=37.5 4×9.2=36.8 3×11.6=34.8
	严重危险级　Ⅰ		5×5=25 4×6.2=24.8 3×8.2=24.6
	严重危险级　Ⅱ		4.2×4.2=17.64 3×6.2=18.6

（2）单个标准型自动扫描射水灭火装置的基本设计参数见表 13-4-3。

表 13-4-3　单个标准型自动扫描射水灭火装置的基本设计参数

内容	单位	型号	标准型
标准喷水流量	L/s		2
标准喷水强度	L/(min·m²)	轻危险级	4（扫射角度：90°）
		中危险级Ⅰ级	6（扫射角度：60°）
		中危险级Ⅱ级	8（扫射角度：45°）
接口直径	mm		20
喷头及探头最大安装高度	m		6
喷头及探头最低安装高度	m		2.5
标准工作压力	MPa		0.15
最大扇形保护角度	°		360
标准圆形保护半径	m		6
标准圆形保护面积	m²		113.04
标准矩形保护范围及面积	a(m)×b(m)=s(m²)		8.4×8.4=70.56
			8×8.8=70.4
			7×9.6=67.2
			6×10.4=62.4
			5×10.8=54
			4×11.2=44.8
			3×11.6=34.8

（3）单个标准型自动扫描射水高空水炮灭火装置的基本设计参数见表 13-4-4。

表 13-4-4　单个标准型自动扫描射水高空水炮灭火装置的基本设计参数

内容	单位	型号	标准型
标准喷水流量	L/s		5
接口直径	mm		25
喷头及探头最大安装高度	m		20
喷头及探头最低安装高度	m		6
标准工作压力	MPa		0.6
标准圆形保护半径	m		20
标准圆形保护面积	m²		1256
标准矩形保护范围及面积	轻危险级 中危险级Ⅰ级 中危险级Ⅱ级	a(m)×b(m)=s(m²)	28.2×28.2=795.24 25×31=775 20×34=680 15×37=555 10×38=380

（4）配置各种标准型灭火装置的大空间智能型主动喷水灭火系统的设计流量

1）配置标准型大空间智能灭火装置的大空间智能型主动喷水灭火系统的设计流量见表 13-4-5。

表 13-4-5　配置标准型大空间智能灭火装置的大空间智能型主动喷水灭火系统的设计流量

喷头设置方向	列数	喷头布置/个	设置同时开启喷头数/个	系统设计流量/(L/s)
1 行布置时	1	1	1	5
	2	2	2	10
	3	3	3	15
	≥4	≥4	4	20

（续）

喷头设置方向	列数	喷头布置/个	设置同时开启喷头数/个	系统设计流量/（L/s）
2行布置时	1	2	2	10
	2	4	4	20
	3	6	6	30
	≥4	≥8	8	40
3行布置时	1	3	3	15
	2	6	6	30
	3	9	9	45
	≥4	≥12	12	60
4行布置时	1	4	4	20
	2	8	8	40
	3	12	12	60
	≥4	≥16	16	80
超过4行×4列的布置		≥16	16	80

注：火灾危险等级为轻或中危险级的设置场所，当一个智能型红外探测组件控制1个喷头时，最大设计流量可按45L/s确定。

2）配置标准型自动扫描射水灭火装置的大空间智能型主动喷水灭火系统的设计流量见表13-4-6。

表 13-4-6 配置标准型自动扫描射水灭火装置的大空间智能型主动喷水灭火系统的设计流量

喷头设置方向	列数	喷头布置/个	设置同时开启喷头数/个	系统设计流量/（L/s）
1行布置时	1	1	1	2
	2	2	2	4
	3	3	3	6
	≥4	≥4	4	8
2行布置时	1	2	2	4
	2	4	4	8
	3	6	6	12
	≥4	≥8	8	16
3行布置时	1	3	3	6
	2	6	6	12
	3	9	9	18
	≥4	≥12	12	24
4行布置时	1	4	4	8
	2	8	8	16
	3	12	12	24
	≥4	≥16	16	32
超过4行×4列的布置		≥16	16	32

3）配置标准型自动扫描射水高空水炮灭火装置的大空间智能型主动喷水灭火系统的设计流量见表13-4-7。

表 13-4-7 配置标准型自动扫描射水高空水炮灭火装置的大空间智能型主动喷水灭火系统的设计流量

喷头设置方向	列数	喷头布置/个	设置同时开启喷头数/个	系统设计流量/（L/s）
1行布置时	1	1	1	3
	2	2	2	10
	≥3	≥3	3	15

（续）

喷头设置方向	列数	喷头布置/个	设置同时开启喷头数/个	系统设计流量/(L/s)
2行布置时	1	2	2	10
	2	4	4	20
	≥3	≥6	6	30
3行布置时	1	3	3	15
	2	6	6	30
	≥3	≥9	9	45
超过3行×3列的布置		≥9	9	45

13.4.3　大空间智能型主动喷水灭火系统主要组件设置要求

1. 喷头及高空水炮

（1）当喷头或高空水炮为平顶棚或平梁吊顶设置时，其设置场所地面至顶棚底或梁底的最大净空高度不应大于表13-4-8的规定。

表13-4-8　采用大空间智能型主动喷水灭火系统场所的最大净空高度　（单位：m）

灭火装置喷头名称	型号	地面至顶棚底或梁底的最大净空高度
大空间大流量喷头	标准型	25
扫描射水喷头		6
高空水炮		20

注：设置大空间智能型主动喷水灭火系统的场所，当喷头或高空水炮为边墙式或悬空式安装，且其上空无可燃物时，净空高度可不受此限制。

（2）各种喷头和高空水炮应下垂式安装。

（3）同一隔间内宜采用同一种喷头或高空水炮，当要混合采用多种喷头或高空水炮且合用一组供水设施时，应在供水管路的水流指示器前，将供水管道分开设置，并根据不同喷头的工作压力要求、安装高度及管道水头损失来考虑是否设减压装置。

（4）大空间智能灭火装置喷头的平面布置

1）标准型大空间智能灭火装置喷头间的布置间距及喷头与边墙间的距离不应超过表13-4-9的规定。

表13-4-9　标准型大空间智能灭火装置喷头间的布置间距及喷头与边墙间的距离

布置方式	危险等级		喷头间距		喷头与边墙的间距	
			a/m	b/m	$\dfrac{a}{2}$/m	$\dfrac{b}{2}$/m
矩形布置或方形布置	轻危险级		8.4	8.4	4.2	4.2
			8.0	8.8	4.0	4.4
			7.0	9.6	3.5	4.8
			6.0	10.4	3.0	5.2
			5.0	10.8	2.3	5.4
			4.0	11.2	2.0	5.6
			3.0	11.6	1.5	5.8
	中危险级	I	7	7	3.5	3.5
			6	8.2	3	4.1
			5	10	2.5	5
			4	11.3	2	5.65
			3	11.6	1.5	5.8

（续）

布置方式	危险等级		喷头间距		喷头与边墙的间距	
			a/m	b/m	$\dfrac{a}{2}$/m	$\dfrac{b}{2}$/m
矩形布置或方形布置	中危险级	Ⅱ	6	6	3	3
			5	7.5	2.5	3.75
			4	9.2	2	4.6
			3	11.6	1.5	5.8
	严重危险级	Ⅰ	5	5	2.5	2,5
			4	6.2	2	3.1
			3	8.2	1.5	4.1
	严重危险级	Ⅱ	4.2	4.2	2.1	2.1
			3	6.2	1,5	3.1

标准型大空间智能灭火装置喷头布置间距不宜小于 2.5m；喷头应平行或低于顶棚、梁底、屋架和风管底布置。

2）标准型自动扫描射水灭火装置喷头间的布置间距及喷头与边墙间的距离不应超过表 13-4-10 的规定。

表 13-4-10　标准型自动扫描射水灭火装置喷头间的布置间距及喷头与边墙间的距离

布置方式	喷头间距		喷头与边墙的间距	
	a/m	b/m	$\dfrac{a}{2}$/m	$\dfrac{b}{2}$/m
矩形布置或方形布置	8.4	8.4	4.2	4.2
	8.0	8.8	4.0	4.4
	7.0	9.6	3.5	4.8
	6.0	10.4	3.0	5.2
	5.0	10.8	2.3	5.4
	4.0	11.2	2.0	5.6
	3.0	11.6	1.5	5.8

标准型自动扫描射水灭火装置喷头间的布置间距不宜小于 3.0m，喷头应平行或低于顶棚、梁底、屋架和风管底布置。

3）标准型自动扫描射水高空水炮灭火装置水炮间的布置间距及水炮与边墙间的距离不应超过表 13-4-11 的规定。

表 13-4-11　标准型自动扫描射水高空水炮灭火装置水炮间的布置间距及水炮与边墙间的距离

布置方式	水炮间距		水炮与边墙的间距	
	a/m	b/m	$\dfrac{a}{2}$/m	$\dfrac{b}{2}$/m
矩形布置或方形布置	28.2	28.2	14.1	14.1
	25	31	12.5	15.5
	20	34	10	17
	15	37	7.5	18.5
	10	38	5	19

标准型自动扫描射水高空水炮灭火装置水炮间的布置间距不宜小于 10m，高空水炮应平行或低于顶棚、梁底、屋架和风管底布置。

2. 智能型探测组件

（1）智能型探测组件与喷头为分体设置，两者的安装高度应相同；一个智能型探测组件最多可覆盖 4 个喷头（喷头矩形布置时）的保护区；舞台上方每个智能型探测组件控制 1 个喷头，其他场所每个智能型探测组件控制 1 ~ 4 个喷头。

（2）智能型探测组件与喷头的水平距离不应大于 600mm。

（3）自动扫描射水灭火装置和自动扫描射水高空水炮灭火装置的智能型探测组件与扫描射水喷头（高空水炮）为一体设置，其智能型探测组件安装高度与喷头（高空水炮）安装高度相同，一个智能型探测组件的探测区域应覆盖 1 个喷头（高空水炮）的保护区域；一个智能型探测组件只控制 1 个喷头（高空水炮）；智能型探测组件应平行或低于顶棚、梁底、屋架底和风管底布置。

3. 电磁阀

电磁阀是保证系统运行的关键组件，要求耐用可靠，在不通电的情况下电磁阀应关闭，其公称压力不应小于 1.6MPa，开启压力不应大于 0.04MPa，安装时应留有检查孔。各种灭火装置配套的电磁阀的基本参数见表 13-4-12。

表 13-4-12　各种灭火装置配套的电磁阀的基本参数

灭火装置名称	安装方式	安装高度	控制喷头（水炮数）	电磁阀口径/mm
大空间智能灭火装置	与喷头分设安装	不受限制	控制 1 个 控制 2 个 控制 3 个 控制 4 个	DN50 DN80 DN100 DN125 ~ DN150
自动扫描射水灭火装置			控制 1 个	DN40
自动扫描射水高空水炮灭火装置	与水炮分设安装		控制 1 个	DN50

4. 水流指示器及信号阀

每个防火分区或每个楼层应设置水流指示器及信号阀且应为独立与其他自动喷水灭火系统分开，水流指示器及信号阀安装在配水阀上，水流指示器安装在信号阀之前，安装时应留有检修设施。

5. 模拟末端试水装置

模拟末端试水装置安装在每个压力分区的水平管网末端最不利点处，由压力表、试水阀、电磁阀、智能型探测组件、模拟喷头（高空水炮）及排水管组成，如图 13-4-4 所示。

模拟末端试水装置的技术要求见表 13-4-13。

表 13-4-13　模拟末端试水装置的技术要求

采用的灭火装置名称	模拟末端试水装置				
	压力表	试水阀	电磁阀	智能型探测组件	模拟喷头（高空水炮）的流量系数
标准型大空间智能灭火装置	精度不应低于 1.5 级，量程为试验压力的 1.5 倍	口径:DN50 公称压力:≥1.6MPa	口径:DN50 公称压力:≥1.6MPa	分体设置	$K = 190$
标准型自动扫描射水灭火装置		口径:DN40 公称压力:≥1.6MPa	口径:DN40 公称压力:≥1.6MPa		$K = 97$
标准型自动扫描射水高空水炮灭火装置		口径:DN50 公称压力:≥1.6MPa	口径:DN50 公称压力:≥1.6MPa		$K = 122$

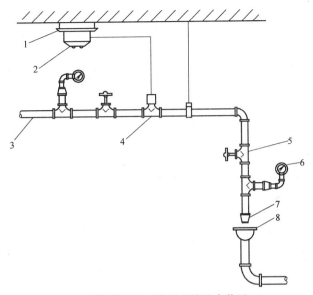

图13-4-4　模拟末端试水装置

1—安装底座　2—智能型探测组件　3—最不利点水管　4—电磁阀
5—截止阀　6—压力表　7—模拟喷头　8—排水漏斗

13.4.4　大空间智能型主动喷水灭火系统的管道、供水及系统水力计算

1. 管道和供水

（1）室内常采用内外壁热镀锌钢管，不得采用普通焊接钢管、铸铁管和塑料管，室外常采用内外壁热镀锌钢管，不得采用普通焊接钢管、普通铸铁管。

（2）供水的水源、水泵装置和贮水设施及水泵接合器配置均应符合相关规范的要求。

2. 管道水力计算

（1）系统的设计流量

1）大空间智能型主动喷水灭火系统的设计流量应根据喷头（高空水炮）的设置方式、喷头（高空水炮）布置的行数及列数、喷头（高空水炮）的设计同时开启数分别按表13-4-5、表13-4-6、表13-4-7来确定。

2）系统的设计流量也可按式（13-4-1）计算：

$$Q_s = \frac{1}{60} \sum_{i=1}^{n} q_i \qquad (13\text{-}4\text{-}1)$$

式中　Q_s——系统设计流量（L/s）；

　　　q_i——系统中最不利点处最大一组同时开启喷头（高空水炮）中各喷头（高空水炮）节点的流量，L/min；

　　　n——系统中最不利点处最大一组同时开启喷头（高空水炮）个数。

（2）喷头（高空水炮）的设计流量

1）喷头（高空水炮）在标准工作压力时的标准设计流量根据表13-4-14确定。

2）喷头（高空水炮）在其他工作压力下时的流量按式（13-4-2）计算：

$$q = \frac{1}{60} K (10p)^{1/2} \qquad (13\text{-}4\text{-}2)$$

式中　　q——喷头（高空水炮）流量（L/s）；

　　　　p——喷头（高空水炮）工作压力（MPa）；

　　　　K——喷头（高空水炮）流量系数，见表13-4-15。

表13-4-14　喷头（高空水炮）在标准工作压力时的标准设计流量

喷头形式 内容　　　　　　型号	大空间大流量喷头	扫描射水喷头	高空水炮
	标准型	标准型	标准型
标准设计流量/(L/s)	5	2	5
标准工作压力/MPa	0.25	0.15	0.6
配水支管管径/mm	50	40	50
短立管管径/喷头（高空水炮） 接口管径（mm/mm）	50/40	40/20	50/25

表13-4-15　喷头（高空水炮）流量系数表

喷头形式 内容　　　　　　型号	大空间大流量喷头	扫描射水喷头	高空水炮
	标准型	标准型	标准型
流量系数 K 值	190	97	122

（3）管段的设计流量

1）配水支管的设计流量等同于其所接喷头（高空水炮）的设计流量，可按表13-4-14或根据式（13-4-2）计算确定。

2）配水管及配水干管的设计流量可根据该管段负荷的喷头（高空水炮）设置方式、喷头（高空水炮）布置的行数及列数、喷头（高空水炮）的设计同时开启喷头（高空水炮）数按表13-4-5、表13-4-6、表13-4-7直接确定。

3）配水管及配水干管管段的设计流量也可按式（13-4-3）确定：

$$Q_p = \frac{1}{60} \sum_{i=1}^{n} q_i \qquad (13-4-3)$$

式中　　Q_p——管段的设计流量（L/s）；

　　　　q_i——与该管段所连接的后续管道中最不利点处最大一组同时开启喷头（高空水炮）中各喷头（高空水炮）节点的流量（L/min）；

　　　　n——与该管段所连接的后续管道中最不利点处最大一组同时开启喷头（高空水炮）的个数。

4）配置大空间智能灭火装置的大空间智能型主动喷水灭火系统的配水管和配水干管管段的设计流量及配管管径可按表13-4-16确定。

表13-4-16　配置大空间智能灭火装置的大空间智能型主动喷水灭火系统的配水管和配水干管管段的设计流量及配管管径

管段负荷的最大同时开启喷头数/个	管段的设计流量/(L/s)	配管公称管径/mm	配管的根数/根
1	5	50	1
2	10	80	1
3	15	100	1
4	20	125～150	1
5	25	125～150	1

（续）

管段负荷的最大同时开启喷头数/个	管段的设计流量/（L/s）	配管公称管径/mm	配管的根数/根
6	30	150	1
7	35	150	1
8	40	150	1
9～15	45～75	150	2
≥16	80	150	2

5）配置自动扫描射水灭火装置的大空间智能型主动喷水灭火系统的配水管和配水干管管段的管径可按表13-4-17确定。

表13-4-17 配置自动扫描射水灭火装置的大空间智能型主动喷水灭火系统的配水管和配水干管管段的设计流量及配管管径

管段负荷的最大同时开启喷头数/个	管段的设计流量/（L/s）	配管公称管径/mm	配管的根数/根
1	2	40	1
2	4	50	1
3	6	65	1
4	8	80	1
5	10	100	1
6	12	100	1
7	14	100	1
8	16	125～150	1
9	18	125～150	1
10～15	45～75	150	1
≥16	80	150	1

6）配置自动扫描射水高空水炮灭火装置的大空间智能型主动喷水灭火系统的配水管和配水干管管段的设计流量及配管管径可根据表13-4-18确定。

表13-4-18 配置自动扫描射水高空水炮灭火装置的大空间智能型主动喷水灭火系统的配水管和配水干管管段的设计流量及配管管径

管段负荷的最大同时开启喷头数/个	管段的设计流量/（L/s）	配管公称管径/mm	配管的根数/根
1	5	50	1
2	10	80	1
3	15	100	1
4	20	125～150	1
5	25	150	1
6	30	150	1
7～8	35～40	150	1
≥9	45	150	2

（4）管道的水力计算。管道的流速、每米管长水头损失、水泵扬程相应压力或系统入口的供水压力、减压孔板或节流管的水头损失计算均同自动喷水灭火系统计算方法。

（5）大空间智能型主动喷水灭火系统设计举例

例13-4-1 某会展中心共有4个相同的大空间展厅，为A类火灾中危险Ⅰ级场所，展厅高度为23m，单个展厅内净空尺寸为28m×56m，给4个大空间展厅设计一套大空间智能型主动喷水灭火系统，并确定系统管段的设计流量及管段管径。

【解】 展厅屋顶高度为23m，为A类火灾大空间场所，按表13-4-1、表13-4-2确定采用配置标准型大空间智能灭火装置的智能型主动喷水灭火系统。

查表13-4-2得出单个标准型大空间智能灭火装置的标准喷头流量为5L/s，标准喷水强度为2.5L/（min·m²），接管口径为DN40，喷头及探头最大安装高度为25m，标准工作压力为0.25MPa，中危险Ⅰ级场所采用7m×7m，布置时的保护面积为49m²。

方案一：

喷头采用1控4布置，系统平面布置如图13-4-5所示。查表13-4-2得出最不利点处最大同时开启喷头的个数为：

4行×4列=16个

求得系统设计流量：$Q_s = 16$个$\times 5 L/(s·个) = 80 L/s$。

查表13-4-2及表13-4-16求得图13-4-5中的各管段的设计流量及管径，见表13-4-19。

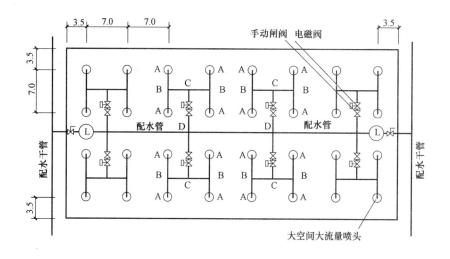

图13-4-5 方案一系统平面布置图

表13-4-19 方案一各管段的设计流量及管径

管段编号	布置行数	布置列数	同时开启喷头数	管段的设计流量 /（L/s）	管径/mm
A—B	1	1	1	5	50
B—C	2	1	2	10	80
C—D	2	2	4	20	125
配水管	4	4	16	80	150×2（条）

方案二：

喷头采用1控1布置，系统平面布置如图13-4-6所示。

查表13-4-2得出最不利点处最大同时开启喷头的个数为：

3行×3列=9个

求得系统设计流量：$Q_s = 9$个$\times 5 L/(s·个) = 45 L/s$。

查表13-4-2及表13-4-16求得图13-4-6中的各管段的设计流量及管径，见表13-4-20。

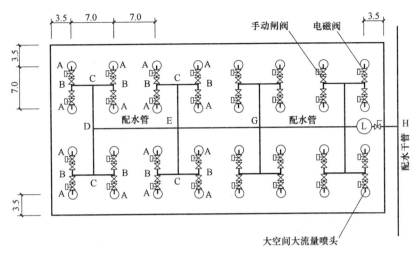

图 13-4-6　方案二系统平面布置图

表 13-4-20　方案二各管段的设计流量及管径

管段编号	布置行数	布置列数	同时开启喷头数	管段的设计流量/（L/s）	管径/mm
A—B	1	1	1	5	50
B—C	2	1	2	10	80
C—D	2	2	4	20	125
D—E	4	2	8	40	150
E—G	4	4	9	45	150
G—H	4	>4	9	45	150

注：上表中 E—G、G—H 管段按表 13-4-5 确定同时开启喷头数应为 16 个喷头，设计流量为 80L/s，因该方案采用 1 控 1 的喷头布置方式，且为中危险Ⅰ级场所，按表 13-4-5 "注"，最大设计流量按 45L/s 确定。

13.5　水喷雾及细水雾灭火系统

13.5.1　水喷雾灭火系统

1. 水喷雾灭火系统的作用、分类及组成

（1）水喷雾灭火系统的作用。

水喷雾灭火系统利用水雾喷头把水粉碎成细小的水雾滴之后喷射到正在燃烧的物质表面，通过表面冷却、窒息以及乳化、稀释的同时作用实现灭火。由于水喷雾具有多种灭火机理，具有适用范围广的优点，不仅可以提高扑灭固体火灾的灭火效率，同时由于水雾具有不会造成液体飞溅、电气绝缘性好的特点，在扑灭可燃液体火灾、电气火灾中均得到了广泛的应用，如设置在飞机发动机试验台、各类电气设备、石油加工贮存场所等。

（2）水喷雾灭火系统的分类。水喷雾灭火系统分为固定式和移动式两种。固定式系统是装置固定在某一位置，而移动式系统是装置可以移动。移动式系统可起到固定式系统的辅助作用。

（3）水喷雾灭火系统的组成。固定式水喷雾灭火系统一般由水雾喷头、管道、探测控制系统、高压给水设备、雨淋阀等构成，如图 13-5-1 所示。

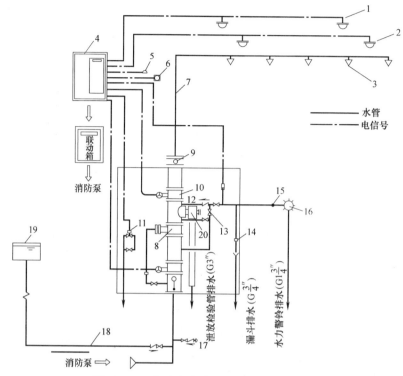

图 13-5-1　自动水喷雾灭火系统流程示意图

1—定温探测器　2—差温探测器　3—水雾喷头　4—报警控制器　5—现场声报警　6—防爆遥
控现场电启动器　7—配水干管　8—雨淋阀　9—挠曲橡胶接头　10—蝶阀　11—电磁阀
12—止回阀　13—报警试验阀　14—节流孔　15—过滤器　16—水力警铃
17—水泵接合器　18—消防专用水管　19—水塔　20—泄水试验阀

1）水雾喷头。水雾喷头分为离心雾化型和撞击型两种，前者雾状水滴较小，雾化程度高，具有良好的电绝缘性，可用于扑救电气火灾，后者水滴雾化程度较低，雾状水的电绝缘性能差，不适用于扑救电气火灾。两种水雾喷头如图 13-5-2 所示。

2）雨淋阀组和控制阀门。雨淋阀组和控制阀门由雨淋阀、闸阀、水力警铃、放水阀、压力开关和压力表等部件组成，如图 13-5-1 所示。在雨淋阀前的管道上设置过滤器，当水雾喷头无过滤网时，雨淋阀后的管道上也应设置过滤器，过滤器采用耐腐蚀金属材料制作，滤网的孔径应为 4.0 ~ 4.7 目/cm²。

2. 水喷雾灭火系统的设计

（1）水喷雾系统的应用范围。

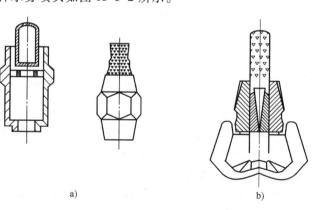

图 13-5-2　两种水雾喷头

a）离心雾化型水雾喷头　b）撞击型水雾喷头

水喷雾灭火系统可用于扑救固体火灾、闪点高于60℃的液体火灾和电气火灾，并可用于可燃气体和甲、乙、丙类液体的生产、贮存装置或装卸设施的防护冷却。

水喷雾灭火系统不得用于扑救遇水发生化学反应造成燃烧、爆炸的火灾，以及水雾对保护对象造成严重破坏的火灾。

（2）水喷雾灭火系统设计的基本参数。水喷雾灭火系统设计的基本参数包括喷雾强度、持续喷雾时间、水喷雾的工作压力和保护面积、系统的响应时间。设计时应根据保护目的和保护对象确定。

1）喷雾强度和持续喷雾时间。喷雾强度是系统在单位时间内向每平方米保护面积提供的最低限度的喷雾量。喷雾强度和持续喷雾时间是保证灭火或防护冷却效果的基本参数，设计喷雾强度和持续时间不应小于表13-5-1的规定。

表13-5-1 设计喷雾强度与持续喷雾时间

防护目的	保护对象		设计喷雾强度 /[L/(min·m²)]	持续喷雾时间/h
灭火	固体火灾		15	1
	液体火灾	闪点60~120℃的液体	20	0.5
		闪点高于120℃的液体	13	
	电气火灾	油浸式电力变压器、油开关	20	0.4
		油浸式电力变压器的集油坑	6	
		电缆	13	
防护冷却	甲乙丙类液体生产、贮存、装卸		6	4
	甲乙丙类液体储罐	直径20m以下	6	4
		直径20m及上		6
	可燃气体生产、输送、装卸、贮存设施和灌瓶间、瓶库		9	6

水喷雾系统的设计喷水强度应根据防火目标及保护对象确定，可参考美国规范NFPA15（2001版），见表13-5-2。

表13-5-2 美国规范NFPA15（2001版）水喷雾系统的设计参数

防火目标	保护对象			喷水强度/[L/(min·m²)]
扑灭火灾	一般可燃固体或可燃液体			6.1~20.4
	电缆桥架表面			6.1
	传送带表面及驱动装置			10.22
控制火灾	可燃液体供给泵、压缩机等			20.4
	易燃、可燃液体			20.4
防护冷却	容器			10.22
	建筑结构		水平面	4.1
			垂直面	10.22
	油浸电力变压器		外表面	10.22
			不吸水地面	6.1
爆炸防护	可燃气体			24.4

2）水雾喷头的工作压力。同一种水雾喷头，工作压力越高雾化效果越好。当用于灭火时，水雾喷头的工作压力不应小于0.35MPa；用于防护冷却时不应小于0.2MPa。

3）保护面积。水喷雾灭火系统保护对象的保护面积应按外表面面积确定。当保护对象外形不规则时，应按包容保护对象的最小规则形体的外表面面积确定；平面保护对象应以平面面积为其保护面积；保护对象为变压器时，保护面积除应扣除底面面积以外的变压器外表面面积确定外，尚应包括油枕、冷却器的外表面面积和集油坑的投影面积；开口容器的保护面积应按液面面积确定。

4）系统的响应时间。系统的响应时间即为火灾探测器发出火警信号至水雾喷头喷出有效水雾的时间间隔。当用于灭火时，响应时间不应大于45s；用于液化生产、贮存装置或装卸设施防护冷却时不应大于60s；用于其他设施防护冷却时不应大于5min。

（3）水喷雾系统喷头布置。水雾喷头的布置应使水雾有直接喷射并覆盖保护对象，喷头的数量应根据设计喷雾强度、保护面积和喷头特性按下列公式计算确定。

1）水雾喷头流量按式（13-5-1）计算：

$$q = K\sqrt{10P} \tag{13-5-1}$$

式中　q——水雾喷头的流量（L/min）；

　　　P——水雾喷头的工作压力（MPa）；

　　　K——水雾叶头的流量系数，取值由生产厂提供。

2）被保护对象的水雾喷头的计算数量按式（13-5-2）计算：

$$N = \frac{SW}{q} \tag{13-5-2}$$

式中　N——被保护对象的水雾喷头的计算数量；

　　　S——被保护对象的保护面积（m^2）；

　　　W——被保护对象的设计喷雾强度 [L/(min·m^2)]。

水雾喷头的平面布置方式可为矩形或菱形。为保证水雾完全覆盖被保护对象，当按矩形布置时，水雾喷头之间的距离不应大于1.4R；当按菱形布置时，水雾喷头之间的距离不应大于1.7R，如图13-5-3所示。水雾锥底面半径R如图13-5-4所示，并应按式（13-5-3）计算：

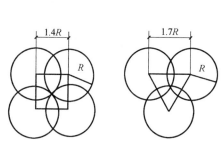

图 13-5-3　水雾喷头间距及布置方式

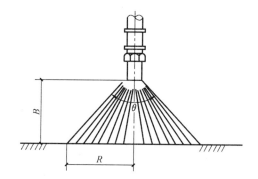

图 13-5-4　水雾喷头的喷雾半径

$$R = B\tan\frac{\theta}{2} \tag{13-5-3}$$

式中　R——水雾锥底圆半径（m）；

　　　B——水雾喷头的喷口与保护对象之间的距离（m）；

　　　θ——水雾喷头的雾化角（°），θ 的取值范围为30°、45°、60°、90°、120°。

保护油浸式电力变压器的水雾喷头应布置在变压器的周围，不宜布置在变压器的顶部。变压器的外形不规则，设计时应保证整个变压器的表面有足够的喷雾强度并完全覆盖，同时还要考虑喷头及管道与电器设备之间要有一定的安全距离。变压器水雾喷头布置如图13-5-

5所示。

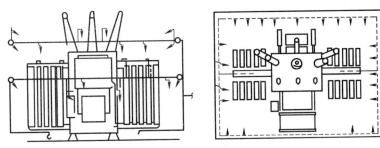

图13-5-5 变压器水雾喷头布置

当保护对象为液化石油气储罐时，要求喷头与储罐外壁之间的距离不大于0.7m，以便于水雾对罐壁的冲击降温冷却作用，减少火焰的热气流与风对水雾的影响；当保护对象为电缆时，喷雾应完全包围电缆；当保护对象为输送机皮带时，喷雾应完全包围输送机的机头、机尾和上、下行皮带。

（4）水力计算

1）设计流量。系统的计算流量应按式（13-5-4）计算：

$$Q_j = \frac{1}{60} \sum_{i=1}^{n} q_i \tag{13-5-4}$$

式中　Q_j——系统的计算流量（L/s）；

　　　n——系统启动后同时喷雾的水喷雾头数量；

　　　q_i——水雾喷头的实际流量（L/min），应按水雾喷头的实际工作压力 p_i（MPa）计算。

当采用雨淋阀控制同时喷雾的水雾喷头数量时，水喷雾灭火系统的计算流量应按系统中同时喷雾的水雾喷头的最大用水量确定。

系统的设计流量应按式（13-5-5）计算：

$$Q_s = kQ_j \tag{13-5-5}$$

式中　Q_s——系统的设计流量（L/s）；

　　　k——安全系数，应取1.05~1.10。

2）压力损失计算

① 当水喷雾灭火系统采用钢管时，沿程压力损失按式（13-5-6）计算：

$$i = 0.0000107 \frac{v^2}{D_j^{1.3}} \tag{13-5-6}$$

式中　i——管道的沿程压力损失（MPa/s）；

　　　v——管道内水的流量（m/s），宜取 $v \leqslant 5\text{m/s}$；

　　　D_j——管道的计算内径（m）。

② 管道的局部压力损失宜采用当量长度法计算，或按管道的沿程压力损失的20%~30%计算。

③ 雨淋阀的局部压力损失应按式（13-5-7）计算：

$$p_r = B_R Q^2 \tag{13-5-7}$$

式中　p_r——雨淋阀的局部压力损失（MPa）；

B_R——雨淋阀的比阻值，取值由生产厂提供；

Q——雨淋阀的流量（L/s）。

④ 系统管道入口或消防水泵的计算压力应按式（13-5-8）计算：

$$P = \sum p + p_0 + Z/100 \tag{13-5-8}$$

式中 P——系统管道入口或消防水泵的计算压力（MPa）；

$\sum p$——系统管道沿程压力损失与局部压力损失之和（MPa）；

p_0——最不利点水雾喷头的实际工作压力（MPa）；

Z——最不利点水雾喷头与系统管道入口或消防水池最低水位的高程差（m），当系统管道入口或消防水池最低水位高于最不利点水雾喷头时，Z 应采取负值。

3. 水喷雾灭火系统管道水力计算步骤

水喷雾灭火系统管道水力计算方法同雨淋系统，其步骤如下：

（1）绘制水喷雾灭火管道系统图。

（2）在系统图上确定最不利点喷头。

（3）在系统图上确定计算管路。

（4）在计算管路上对从最不利点喷头逆水流向对各喷头依序编号并确定计算管段。

（5）确定最不利点喷头的工作压力 p_0，见式（13-5-8）。

（6）对各喷头和各管段进行流量计算并对管段进行压力损失计算，计算出计算管路上的压力损失 $\sum p$，见式（13-5-8）。

（7）确定水喷雾灭火系统管道系统图中的 Z，见式（13-5-8）。

（8）确定管道系统入口处或消防水泵的计算压力，见式（13-5-8）。

4. 水喷雾灭火系统的设计举例

例 13-5-1 油浸电力变压器水喷雾系统举例

除变压器的底部外，水喷雾应彻底覆盖变压器表面。在变压器及其附件所构成的矩形外框上，喷水强度应为 $10.21L/(\min \cdot m^2)$，不吸水地面的喷水强度不应小于 $6.1L/(\min \cdot m^2)$，油枕、油泵等需要特殊布置喷嘴，散热的间距大于 305mm 时，应分别保护。水喷雾系统保护油浸电力变压器时，其水雾喷头及管道的布置如图 13-5-6 所示。

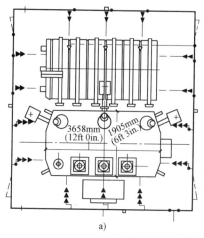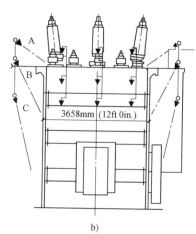

图 13-5-6 油浸电力变压器水喷雾系统

a）平面图 b）立面图

例 13-5-2　某电传动水喷雾系统举例

该系统保护两个防护区，其原理图如图 13-5-7 所示。

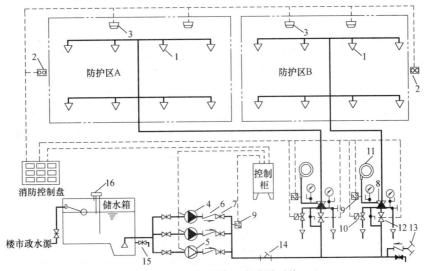

图 13-5-7　某电传动水喷雾系统

1—手动开关　2—手动按钮　3—探测器　4—消防泵　5—稳压泵　6—止回阀
7—控制阀　8—雨淋阀　9—压力开关　10—电磁阀　11—水力警铃
12—信号阀　13—水泵接合器　14—过滤器　15—泄水阀门　16—液位传感器

13.5.2　细水雾灭火系统

1. 细水雾及系统分类和选用

（1）细水雾及系统分类。在《细水雾灭火系统技术规范》（GB 50898—2013）中，细水雾的最大雾滴尺寸小于 $400\mu m$。细水雾系统根据不同的标准可分为泵组式、瓶组式、低压（$P \leqslant 1.21 MPa$）、中压（$1.21 MPa < P \leqslant 3.45 MPa$）、高压（$P \geqslant 3.45 MPa$）、全淹没、局部应用、区域应用、开式、闭式、双流体单流体、预制细水雾系统。

（2）几种细水雾系统的选用。细水雾系统的选用应根据防火性能目标、火灾种类、喷雾特性、保护空间几何尺寸及其密闭性等综合因素确定，具体方法见表 13-5-3。

表 13-5-3　几种细水雾系统的选用

序号	细水雾系统名称	细水雾系统的选用
1	开式细水雾系统	1. 用于火灾扑灭、火灾控制或火灾抑制 2. 用于某一具体对象或整个防护区的保护 3. 用于扑救二维油盘火、流淌火或三维火 4. 用于取代气体灭火剂（如卤代烷气体）保护各类设备机房 5. 用于需严格控制火场烟雾和温度，且需要避免水渍损失的场所，如电子数据处理机房等
2	闭式细水雾系统	1. 用于火灾控制、火灾抑制或建筑结构的保护 2. 用于可燃固体火灾的扑救，如博物馆、古建筑等 3. 不应用于扑救可燃液体火灾
3	瓶组式细水雾系统	1. 用于对某一设备的局部保护，如涡轮发电机、汽车发动机、空气压缩机等 2. 用于电力供给无保障、防护空间尺寸小或无人值守的小型机房，如位于远郊的测控站等
4	泵组式细水雾系统	1. 用于需要长时间持续灭火的场所，如博物馆等需要对人员保护的建筑 2. 用于消防供电有保障的场所 3. 防护空间尺寸大、数量多的场所 4. 适用于长距离的被保护场所，如电缆隧道、传送带或电视塔等高层或超高建筑

2. 细水雾设计参数

（1）开式细水雾系统。开式细水雾系统的设计流量应根据最大防护区内同时启动的喷嘴数计算。有关其喷雾时间、喷嘴布置间距等以相关火灾实验参数为依据，也可参考表13-5-4、表13-5-5。

表 13-5-4　开式细水雾系统喷雾时间

类别	场所	喷雾时间/min
电气设备	电子数据处理机房、电信机房等	10
	配电室、控制室、UPS电源室等	10
可燃固体	发动机测试间、机械设备等	10
	电缆隧道、夹层、传送带等	20
	涡轮发电机等	20
可燃气体	油浸电力变压器、柴油发电机等	10
	洁净室、喷漆车间等	10
	可燃液体加工、临时贮存设备等	10

表 13-5-5　全淹没或区域应用系统细水雾喷嘴布置间距

类别	最小流量系数/$[L/min/(kPa)^{1/2}]$	喷头安装高度/m	最大间距/m	最低工作压力/MPa
高压系统	0.045	7.5	3.0	8.0
	0.095	9.0		
中压系统	0.20	5.0	2.4	1.8
	0.30	7.5		

对于区域性应用系统，系统总设计流量应为火灾位置对应的系统及与其相邻系统之和，一般不少于3个系统。每个系统最小计算面积与所保护场所的火灾类型及喷头安装高度有关，对于计算机房和机械设备间等，单个系统的计算面积不宜小于$50m^2$。

（2）闭式细水雾系统。闭式细水雾系统的设计流量应根据系统水力最不利点处计算面积内的喷嘴计算。喷嘴的布置间距及安装高度应根据相关的火灾实验数据确定，也可根据表13-5-6进行选择。

表 13-5-6　闭式细水雾系统设计参数

应用场所	流量系数/$[L/min/(kPa)^{1/2}]$	最大间距/m	计算面积/m^2	房间最大高度/m	工作压力/MPa	喷雾时间/min
古建筑、博物馆	0.15	3.0	140	3.0	8.0	30
			160	5.0		
指控、调度大厅	0.20		140	7.5		
			160	10		

3. 细水雾系统原理图

（1）闭式细水雾系统原理图如图13-5-8所示。

（2）开式细水雾系统原理图如图13-5-9所示。

细水雾管道系统水力计算方法同前述水雾系统水力计算。

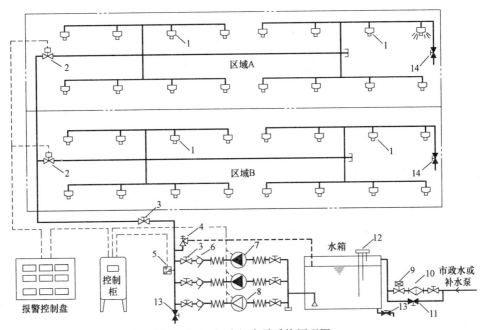

图 13-5-8 闭式细水雾系统原理图

1—闭式细水雾喷嘴 2—区域阀 3—控制阀 4—泄压阀 5—压力开关

6—止回阀 7—消防泵 8—稳压泵 9—电磁阀 10—精密过滤器

11—应急补水阀 12—液位传感器 13—泄水阀 14—试验阀

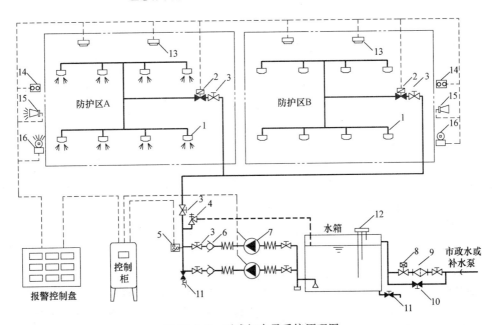

图 13-5-9 开式细水雾系统原理图

1—开式细水雾喷嘴 2—选择阀 3—控制阀 4—泄压阀 5—压力开关

6—止回阀 7—消防泵 8—稳压泵 9—精密过滤器 10—应急补水阀

11—泄水阀 12—液位传感器 13—火灾探测器 14—手动按钮

15—警示灯 16—报警喇叭

13.6　固定消防炮灭火系统

13.6.1　固定消防炮灭火系统的特点、分类、组成及适用场所

1. 固定消防炮灭火系统的特点

固定消防炮灭火系统是用于保护面积较大、火灾危险性较高而且价值较昂贵的重点工程的群组设备等要害场所，能及时、有效地扑灭较大规模的区域性火灾的具有灭火威力较大的固定灭火设备。

2. 固定消防炮灭火系统的分类

固定消防炮灭火系统按喷射介质可分为水炮灭火系统、泡沫炮灭火系统和干粉炮灭火系统。

3. 固定消防炮灭火系统的组成

（1）固定消防水炮灭火系统的组成。固定消防水炮灭火系统原理图如图 13-6-1 所示。

固定消防水炮灭火系统的组成有水源、消防泵组、管道、阀门、水炮、动力源和控制装置等。其中水炮有手控式消防水炮和液控式直流/喷雾水炮，两种水炮分别如图 13-6-2、图 13-6-3 所示。

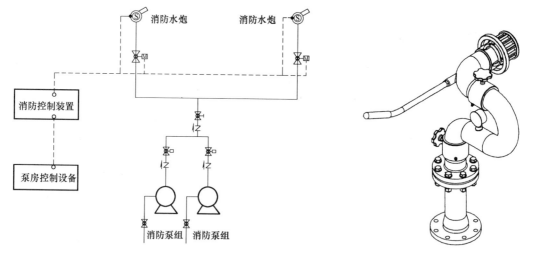

图 13-6-1　固定消防水炮灭火系统原理图　　　　　图 13-6-2　手控式消防水炮

（2）固定消防泡沫炮灭火系统的组成。固定消防泡沫炮灭火系统原理图如图 13-6-4 所示。

固定消防泡沫炮灭火系统的组成有消防泡沫炮、管路及支架、消防泵组、泡沫液贮罐、泡沫液混合装置、动力源和控制系统等。消防泡沫炮有手控式、电控式、电-液控式、电-气控式等多种形式。其中电控式消防泡沫炮和液控式消防泡沫炮分别如图 13-6-5、图 13-6-6 所示。

（3）固定消防干粉炮灭火系统的组成。固定消防干粉炮灭火系统原理图如图 13-6-7 所示。

固定消防干粉炮灭火系统的组成有消防干粉炮、管路及支架、干粉贮罐、干粉产生装

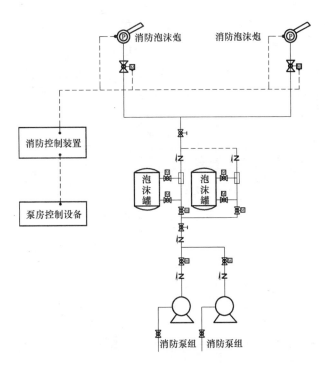

图 13-6-4　固定消防泡沫炮灭火系统原理图

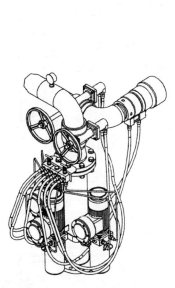

图 13-6-3　液控式直流/喷雾水炮

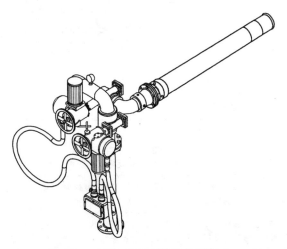

图 13-6-5　电控式消防泡沫炮

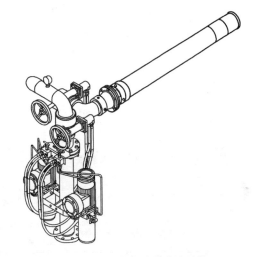

图 13-6-6　液控式消防泡沫炮

置、消防炮控制系统等。手控式消防干粉炮、干粉贮罐及干粉产生装置分别如图 13-6-8、图13-6-9所示。

4. 固定消防炮灭火系统的适用场所

固定消防炮灭火系统的适用场所见表 13-6-1。

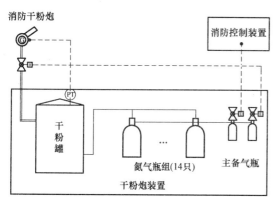

图 13-6-7　固定消防干粉炮灭火系统原理图

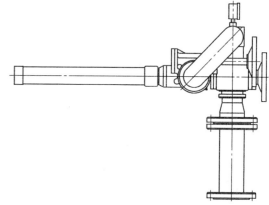

图 13-6-8　手控式消防干粉炮

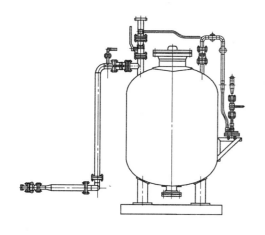

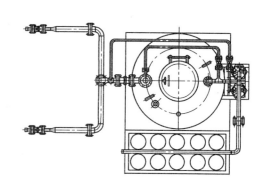

图 13-6-9　干粉式贮罐及干粉产生装置

表 13-6-1　固定消防炮灭火系统的适用场所

序号	固定消防炮灭火系统	适用场所
1	固定消防水炮灭火系统	以水作为灭火剂,用于一般固体可燃物火灾的扑救,如石化企业、展馆仓库、大型体育场馆、输油码头、机库(飞机维修库)、船舶等火灾重点保护场所
2	固定消防泡沫炮灭火系统	以泡沫混合液作为灭火介质,用于甲、乙、丙类液体、固体可燃物火灾的扑救,如石化企业、展馆仓库、输油码头、机库船舶等火灾重点保护场所
3	固定消防干粉炮灭火系统	以干粉作为灭火剂,用于液化石油气、天然气等可燃气体火灾的扑救,如石化企业、油船油库、输油码头、机场机库等火灾重点保护场所

13.6.2　固定消防炮灭火系统设计计算

1. 固定消防水炮灭火系统设计计算

室内消防炮的布置数量不应少于两门,其布置高度应保证消防水炮的射流不受上部建筑构件的影响,并应能使两门水炮的水射流同时到达被保护区域的任一部位,水炮的射程应按产品射程的指标值计算。不同规格的水炮在各种工作压力时的射程的试验数据见表 13-6-2。

表 13-6-2 不同规格的水炮在各种工作压力时的射程的试验数据

水炮型号	射程/m				
	0.6MPa	0.8MPa	1.0MPa	1.2MPa	1.4MPa
PS40	53	62	70	—	—
PS50	59	70	79	86	—
PS60	64	75	84	91	—
PS80	70	80	90	98	104
PS100	—	86	96	104	112

水炮的设计射程应按式（13-6-1）计算：

$$D_s = D_{s0}\sqrt{\frac{P_e}{P_0}} \tag{13-6-1}$$

式中　D_s——水炮的设计射程（m）；

　　　D_{s0}——水炮的额定工作压力时的射程（m）；

　　　P_e——水炮的设计工作压力（MPa）；

　　　P_0——水炮的额定工作压力（MPa）。

经计算，当水炮的设计射程不能满足消防炮布置的要求时，应调整原设定的水炮数量、布置位置或规格型号，直到达到要求。

水炮的设计流量应按式（13-6-2）计算：

$$Q_s = Q_{s0}\sqrt{\frac{P_e}{P_0}} \tag{13-6-2}$$

式中　Q_s——水炮的设计流量（L/s）；

　　　Q_{s0}——水炮的额定流量（L/s）；

其他同式（13-6-1）。

扑救室内一般固体物质火灾的供给强度，其用水量应按两门水炮的水射流同时到达防护区任一部位的要求计算。民用建筑的用水量不应小于 40L/s，工业建筑的用水量不应小于 60L/s。水炮系统的计算总流量应为系统中需要同时开启的水炮设计流量的总和。

固定消防水炮灭火系统从启动至炮口喷射水的时间不应大于 5min。固定消防水炮灭火系统的设计的内容为：确定保护对象危险等级；确定水的供给强度；计算保护区域面积；计算水流量；初选消防炮型号及数量；布置消防炮位置；校核消防炮射程射高；选定消防炮型号及数量；水力计算；系统组件选择；系统设计等。具体设计步骤按《固定消防炮灭火系统设计规范》（GB 50338—2003）进行。

2. 固定消防泡沫炮灭火系统设计计算

固定消防泡沫炮灭火系统从启动至炮口喷射泡沫的时间不应大于 5min。应根据易燃品种选择泡沫混合液供给强度及连续供给时间，选择应当依据国家现有关标准进行。泡沫原液贮量除按规定的泡沫混合液供给强度、消防泡沫炮数量、连续供给时间计算外，还应增加充满管道的要求。固定消防泡沫炮灭火系统的设计计算步骤同固定消防水炮灭火系统。

3. 固定消防干粉炮灭火系统设计计算

固定消防干粉炮灭火系统从启动至炮口喷射干粉的时间不应大于 2min。当保护区域或保护对象有可燃气体、易燃可燃液体供应源时，启动干粉灭火剂系统之前或同时，必须切断气体、液体的供应源。可燃气体、易燃可燃液体、可熔化固体火灾宜采用碳酸氢钠干粉灭火剂；

可燃固体表面应采用磷酸铵盐干粉灭火剂。组合分配系统的灭火剂贮存量不应小于所需贮存量最多的一个防护区或保护对象的贮存量。消防干粉炮灭火系统的设计内容为：确定保护范围；选定消防炮型号及数量；布置消防炮位置；计算灭火剂贮量；校核消防炮射程射高；系统组件选择；系统设计等。具体设计步骤按《固定消防炮灭火系统设计规范》（GB 50338—2003）进行。

13.6.3 固定消防炮灭火系统设计计算举例

例 13-6-1 固定消防水炮灭火系统设计计算举例

某市贸易展览中心主要承办各类会议和展览等活动，其火灾类型以固体火灾为主，根据《固定消防炮灭火系统设计规范》（GB 50338—2003）可选用远控消防水炮系统作为消防设备。设计依据包括：《消防给水及消火栓系统技术规范》（GB 50974—2014）、《远控消防炮系统通用技术条件》（GB 19157—2003）、《固定消防炮灭火系统设计规范》（GB 50338—2003）、《消防炮通用技术条件》（GB 19156—2003）、《自动喷水灭火系统设计规范》（GB 50084—2001）（2005 年版）等。远程消防水炮系统确保有两股独立的射流可达到展厅的任意位置，同时喷射的灭火剂流量满足灭火剂供给强度要求。由于场馆类室内建筑常有柱、台等阻隔物，故在消防水炮系统设计中应注意死角位置，若确实超过消防水炮保护范围则应配置移动式消防炮进行辅助保护。计算步骤如下：

（1）基本工况

1）保护对象：展览馆、展厅。

2）保护对象几何尺寸：1#展厅 64m×65m（长×宽）；2#展厅 60m×65m（长×宽）

3）危险等级：中危险级。

（2）消防水炮设计计算

1）根据《自动喷水灭火系统设计规范》（GB 50084—2001）（2005 年版），消防水供给强度 $q = 6L/(min \cdot m^2)$。

2）1#展厅 64m×65m（长×宽）的设计计算：

① 消防水炮流量计算：将整个展厅平均分为 4 个防火分区，每一防火分区面积为 $1040m^2$；消防水炮总供水流量 $Q_{总} = (1040 \times 6 \div 60)L/s = 104L/s$；每个防火分区应配置 2 门流量为 50L/s 的消防水炮，整个展厅应配置 8 门该型消防水炮。

② 消防水炮射程计算：根据图样，综合考虑消防水炮安装位置，确定所需的消防水炮射程。在本例中，消防水炮的有效射程应不小于 65m。校核消防水炮射程确定选用 50L/s 的消防水炮。

③ 消防水炮性能校核：查某厂商消防水炮性能参数，见表 13-6-3。

表 13-6-3 50L/s 消防水炮性能参数表

额定工作压力/MPa	0.8	消防介质	清水
额定流量/[（L/s）/（L/min）]	50/300	水平射程（喷射角度30°）/m	≥65

所以，以上选用的消防水炮可以保证任一个防火分区内任意一点着火，均可以有两股独立的灭火剂射流进行覆盖，同时喷射的灭火剂量达到要求。

3）2#展厅 60m×65m（长×宽）的设计计算：

① 消防水炮流量计算：将整个展厅平均分为 4 个防火分区，每一防火分区面积为 $975m^2$；消防水炮总供水流量 $Q_总 = (975 \times 6 \div 60)L/s = 97.5L/s$；每个防火分区应配置 2 门流量为 50L/s 的消防水炮，整个展厅应配置 8 门该型消防水炮。

② 消防水炮射程计算：根据图样，综合考虑消防水炮安装位置，确定所需的消防水炮射程。在本例中，消防水炮的有效射程应不小于 65m。校核消防水炮射程确定选用 50L/s 的消防水炮。

③ 消防水炮性能校核：根据以上 50L/s 消防水炮的性能参数，可以保证任一个防火分区内任意一点着火，均可以有两股独立的灭火剂射流进行覆盖，同时喷射的灭火剂量达到要求。

（3）消防水炮垂直架高

为保证展厅内的美观，根据展厅空间情况，建议消防水炮架高 10m 安装。

（4）消防泵组设计计算

1）远程消防水炮系统正常工况为 6 门同时开启，其中着火分区有两门消防水炮进行灭火作业，邻近防火分区有两门消防水炮进行冷却作业。

2）消防泵组主参数计算：

① 消防泵组额定流量：$Q_泵 = 6 \times 50L/s = 300L/s$；消防泵组额定扬程相应压力：$P_总 = P_炮 + P_组 = (0.8 + 0.1 + 0.2)MPa = 1.1MPa$；式中 $P_炮$ 为消防炮额定工作压力，$P_组$ 为沿程压力损失，包括消防管网压力损失（假定为 0.2MPa）和消防水炮架高压力损失（假定为 0.1MPa）。

② 建议消防泵组性能参数：流量为 300 L/s；扬程为 110m（1.1MPa）。建议消防泵组为电动消防泵组，备用泵组为柴油机消防泵组。

（5）确定消防水炮的控制方式

控制方式采用电控方式。根据现场情况，在两个展厅分别设立消防值班室，消防炮控制系统单独设置共两套。

根据以上计算，每个展厅远程控制消防水炮灭火系统包括 8 门电控消防炮，所以消防炮控制系统能控制 8 门消防炮的俯仰及水平转动作。同时，该系统应至少配置以下阀门：消防水炮供水管路阀门（数量：8 个）、消防泵组进出口主管路阀门（数量：2 个）。所以消防炮控制系统应能控制 10 个阀门的动作。消防炮控制系统应注意其他系统的联动以及被控制设备的故障反馈等问题。

（6）消防水池容积计算

① 根据《固定消防炮灭火系统设计规范》（GB 50338—2003），冷却水连续供给时间为 1h。

② 消防水池容积 $V = 50 \times 6 \times 60 \times 60 \times 1.2m^3 = 1296m^3$，应配置 1296m³ 消防水池 1 座。

例 13-6-2 固定消防泡沫炮灭火系统设计计算举例

某飞机维修库采用固定消防泡沫炮灭火系统，其设计计算内容如下：

（1）机库尺寸

1）机库：70m × 70m × 25m（长 × 宽 × 高）。

2）飞机停放和维护区：30m × 30m（长 × 宽）。

（2）泡沫炮配置

根据《飞机库设计防火规范》（GB 50284—2008）9.2.2 规定，选用电控消防泡沫炮，灭火介质选用水成膜泡沫液。

（3）流量确定

根据《飞机库设计防火规范》（GB 50284—2008）9.4.3 规定及保护面积，计算如下：

泡沫混合液最小供给速率：$[(6.5 \times 30 \times 30)/60] \text{L/s} = 97.5 \text{L/s}$。参照消防泡沫炮流量系列，选用 PPKD48 型电控消防泡沫炮，数量为 2 门。

（4）射程复核

1）PPKD48 型电控消防泡沫炮射程大于等于 60m，水平回转角度为 ±90°，仰回转角度为 $-60° \sim +15°$。

2）消防炮为居中对称布置，如图 13-6-10 所示的星号所指，垂直离地 8m。故以上所选消防炮符合《飞机库设计防火规范》（GB 50284—2008）9.5.5 的规定。

（5）室内消火栓配置

根据《消防给水及消火栓系统技术规范》（GB 50974—2014）的规定，甲类厂房消火栓间距不得大于 30m，按照图 13-6-11 安排消火栓。

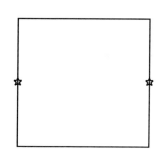

图 13-6-10 例 13-6-2 消防炮为居中对称布置

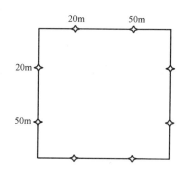

图 13-6-11 例 13-6-2 消火栓布置

（6）固定式泡沫灭火系统配置

根据《飞机库设计防火规范》（GB 50284—2008）9.6.2、9.6.3、9.6.4 的规定，选用 ZPX350 型固定式泡沫灭火装置，数量为 8 台。

固定式泡沫灭火系统射程复核：固定式泡沫灭火装置安置于消火栓旁，置于地上；固定式泡沫灭火装置配有 DN65 消防水带 2 盘（25m），QP8 消防泡沫管枪 1 支（射程大于等于 22m）。以上所选消火栓及固定式泡沫灭火系统均符合相应规范。

（7）消防泵组配置

1）工况：消防用水设备共包括 2 门 48L/s 泡沫炮；8 门 8L/s 消火栓；最大用水情况为全部 2 门泡沫炮和其中 2 门消火栓同时工作。

2）消防泵组参数确定

① 用水量：$[(48 \times 2) \times (1 - 6\%) + 8 \times 2] \text{L/s} = 106.2 \text{L/s}$；

② 所需供水压力：[0.8（炮工作压力）+ 0.1（炮台高度相应压力）+ 0.4（供水管路阀门、弯头压力损失以及管路沿程压力损失）+ 0.1（泡沫混合装置压力损失）] MPa = 1.4MPa。

③ 消防泵型号、数量

a. 主泵：XBD14/60-PD 电动机消防泵组，数量为 2 台；流量为 60L/s；扬程为 140m；

配用电机功率为 160kW，转速为 1500r/min，电压为 380V。

b. 备用泵：XBC14/60-PD 柴油机机消防泵组，数量为 2 台；流量为 60L/s；扬程为 140m；配用柴油功率为 161kW，转速为 1500r/min。

c. 稳压泵：XBD12/3 电动机消防泵组，数量为 2 台（1 用 1 备）；流量为 3L/s；扬程为 120m；配用电机功率为 7.5kW，转速为 2900r/min，电压为 380V。

（8）贮罐压力式泡沫比例混合装置配置

根据《飞机库设计防火规范》（GB 50284—2008）9.5.4、9.8 的规定：$48 \times 2 \times 60 \times 10 \times 1.2L = 4150L$

泡沫比例混合装置，选用 PXZY160/50 型泡沫比例混合装置，数量为 1 台。

（9）消防水池配置

根据《飞机库设计防火规范》（GB 50284—2008）9.5.4、9.6.3 的规定：$(48 \times 2 \times 60 \times 30 + 8 \times 2 \times 60 \times 20) \times 1.2L = 230400L$

同时根据《飞机库设计防火规范》（GB 50284—2008）9.9.3 的规定，建议配建容积 250m³ 的地上式消防水池。

（10）电气设备配置

1）控制消防炮系统及消防炮供水阀门，配置 DP2-FD2（W）消防炮阀电控柜，数量为 1 台；

2）控制泡沫比例混合器进出液阀门及稳压泵系统，配置 BQC-FD2 消防泵联动控制柜，数量为 1 台；

3）控制电动机消防泵组系统，配置 JJ1F 降压控制启动柜，数量为 2 台；

4）控制柴油机消防泵组系统，配置 XBC 柴油机控制柜，数量为 2 台。

例 13-6-3　固定消防干粉炮灭火系统设计计算举例

某液化气船采用固定干粉炮灭火系统，其设计计算内容如下：

（1）设计依据

1）《干粉灭火系统设计规范》（GB 50347—2004）

2）《干粉灭火系统及部件通用技术条件》（GB 16668—2010）。

3）《干粉灭火剂第 2 部分：ABC 干粉灭火剂》（GB 4066.2—2004）。

4）《火灾自动报警系统设计规范》（GB 50116—2013）。

5）《固定消防炮灭火系统设计规范》（GB 50338—2003）。

（2）设计计算

1）局部喷射干粉灭火剂设计用量按式（13-6-3）计算：

$$m = NQ_i t \qquad (13\text{-}6\text{-}3)$$

其中　m——干粉灭火剂需要量（kg）；

　　　N——喷头数量，卷盘（个）；

　　　Q_i——单个喷射元件的干粉输送速度（kg/s）；

　　　t——喷头喷射时间（s）。

喷射元件的布置应使喷射的干粉完全覆盖灭火对象。

2）根据设备平面图，如图 13-6-12 所示，每个罐区需要保护的表面积（包括货物装卸总管区域）约为：

罐体长度平面投影 L：28.855m

罐体截面投影 B：14.4m

被保护面积为 $A_C = LB = 28.855 \times 14.4\text{m}^2 = 415.5\text{m}^2$

图 13-6-12 设备平面图

（3）干粉卷盘布置

干粉卷盘布置如图 13-6-13 所示。

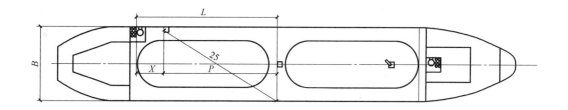

图 13-6-13 干粉卷盘布置

任何暴露的罐体平面都必须至少被两个卷盘干粉枪覆盖到。

干粉枪喷射率 Q_1：5kg/s。

卷盘软管长度：25m。

干粉枪射程：12m。根据相关标准规定，干粉输送管道的最大水平距离须小于等于8m。

1）卷盘布置距离 P 的计算：
$$P = (25^2 - B^2)^{1/2} = (25^2 - 14.4^2)^{1/2}\text{m} = 20.44\text{m}$$

2）卷盘数量计算：
$$N = (L - X)/P + 1$$
$$X \leqslant 8\text{m}$$
$$N = (28.855 - 8)/20.44 + 1 = 2.02 \approx 2\text{台}$$

3）卷盘的布置

根据相关标准规定，干粉输送管道的最大水平距离须小于等于8m。

卷盘建议以保护管体水平中心对称布置，间隔小于等于8m。

数量：2台/每罐。

4）干粉炮的布置必须能实现对需保护对象裸露表面以及干粉设备的保护，如图 13-6-14 所示。

根据相关标准规定，干粉输送管道的最大水平距离须小于等于8m。

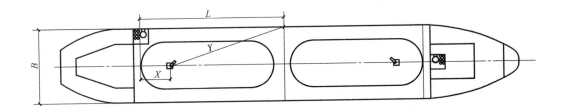

图 13-6-14 干粉炮的布置

$$X \leqslant 8m$$

$$Y = [(L-X)^2 + (B/2)^2]^{1/2} = [(28.855-8)^2 + (14.4/2)^2]^{1/2}m = 22.06m$$

需要干粉炮的射程：22m。

干粉炮数量：1台/罐。

实际选用干粉炮：射程为25m，对应喷射率为20kg/s。

（5）干粉系统的操作时间

根据相关标准条款，对于局部灭火，干粉的存贮量须满足所有喷射元件喷射45s（根据IGC标准）。

（6）干粉贮量计算

根据式（13-6-3），每个罐区干粉枪的干粉需求量：$m_1 = 2 \times 5 \times 45kg = 450kg$；每个罐区干粉炮的干粉需求量：$m_2 = 1 \times 20 \times 45kg = 900kg$；每个罐区干粉需求量：$m = m_1 + m_2 = (450+900)kg = 1350kg$；单个罐区的干粉总量：$M = m \times 1.1 = 1350 \times 1.1kg = 1485kg$（注：考虑到剩粉率及管道因素，干粉的设计总量为计算总量的1.1～1.2倍）。

（7）干粉系统设计

对每个罐区，拟采用一套 ZFP1500 固定式干粉灭火系统，干粉充装量为1485kg，附件配有两台卷盘，一台射程为25m的干粉炮。轮船上有两个保护区，即需要两套 ZFP1500 固定式干粉灭火系统。

13.7 泡沫灭火系统

13.7.1 泡沫灭火系统的作用、灭火剂分类、系统分类、应用、组成及其灭火过程

1. 泡沫灭火系统的作用

泡沫灭火系统是应用泡沫灭火剂，使其与水混溶后产生一种可漂浮、黏附在可燃、易燃液体、固体表面，或者充满某一着火物质的空间，达到隔绝、冷却目的，使燃烧物质熄灭。

2. 泡沫灭火剂分类

泡沫灭火剂分为化学泡沫灭火剂、蛋白质泡沫灭火剂和合成型泡沫灭火剂三类。

3. 泡沫灭火系统分类

泡沫灭火系统按其使用方式分为固定式、半固定式和移动式；按泡沫喷射方式分为液上喷射、液下喷射和喷淋方式；按泡沫发泡倍数分为低倍、中倍和高倍。发泡倍数小于等于

20 为低倍数泡沫，发泡倍数 21～200 为中倍数泡沫，发泡倍数 201～1000 为高倍数泡沫。泡沫灭火系统分类如图 13-7-1 所示。

4. 泡沫灭火系统的应用

泡沫灭火系统广泛应用于油田、炼油厂、油库、发电厂、汽车库、飞机库、矿井坑道等场所。

在民用建筑消防中应用泡沫灭火系统主要有中倍数、高倍数局部应用或全淹没泡灭火系统。高倍数泡沫灭火系统可扑灭的火灾类型有：汽油、煤油、柴油、工业苯等 B 类火灾；木材、纸张、橡胶、纺织品等 A 类火灾；封闭的带电场所的火灾。以上设置场所有：汽车库、高架物资仓库、飞机库、地下建筑工程等。高倍数泡沫不得用于下列火灾的扑救，如硝化纤维、炸药等在无空气的条件下仍能迅速氧化的物质和钾、钠、镁、钛、锆、五氧化二磷等活泼金属和化学物质以及未封闭的带电设备。

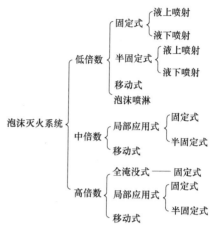

图 13-7-1　泡沫灭火系统分类

5. 泡沫灭火系统组成

泡沫灭火系统的组成包括泡沫液贮罐、比例混合器、消防泵、贮水池、泡沫发生器、喷头、管道、阀门等。

6. 泡沫灭火系统灭火过程

泡沫灭火系统灭火过程如图 13-7-2 所示。

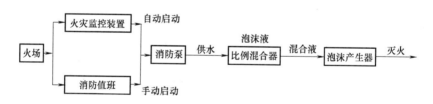

图 13-7-2　泡沫灭火系统灭火过程

13.7.2　泡沫灭火系统有关计算

1. 淹没体积计算

淹没体积按式（13-7-1）计算：

$$V = SH - V_g \tag{13-7-1}$$

式中　　V——淹没体积（m^3）；

　　　　S——防护区地面面积（m^2）；

　　　　H——泡沫淹没深度（m）；

　　　　V_g——固定的机器设备等不燃烧物体所占的体积（m^3）。

淹没深度的确定应符合以下规定：当用于扑救 A 类火灾时，泡沫淹没深度不应小于最高保护对象高度的 1.1 倍，且应高于最高保护对象最高点以上 0.6m；当用于扑救 B 类火灾时，汽油、柴油或苯类火灾的泡沫的淹没深度应高于起火部位 2m；其他 B 类火灾的泡沫淹没没深度应由试验确定。

2. 泡沫最小供给速率

扑救 A 类（普通固体可燃物）火灾和扑救 B 类（油脂及可燃液体）火灾的高倍数泡沫灭火系统泡沫供给速率，按式（13-7-2）计算：

$$R = （V/T + Rs）C_N C_L \qquad (13\text{-}7\text{-}2)$$

$$Rs = LsQ_Y \qquad (13\text{-}7\text{-}3)$$

式中　R——泡沫最小供给速率（m^3/min）；

　　　T——淹没时间（min）；

　　　V——淹没体积（m^3）；

　　　C_N——泡沫破裂补偿系数，宜取 1.15；

　　　C_L——泡沫泄漏补偿系数，宜取 1.05～1.2；

　　　Rs——喷水造成的泡沫破泡率（m^3/min）；当高倍数泡沫灭火系统单独使用时取零，当高倍数泡沫灭火系统与自动喷水灭火系统联合使用时，可按式（13-7-3）计算；

　　　Ls——泡沫破泡率与水喷头排放速率之比，应取 0.0748（m^3/min）/（L/min）；

　　　Q_Y——预计动作的最大水喷头数目总流量（L/min）。

淹没时间应符合下列规定：全淹没式高倍数泡沫灭火系统和局部应用式高倍数泡沫灭火系统的淹没时间不宜超过表 13-7-1 的规定；水溶性液体的淹没时间应由试验确定。

表 13-7-1　淹没时间

可燃物	高倍数泡沫灭火系统单独使用 /min	高倍数泡沫灭火系统与自动喷水灭火系统联合使用/min
闪点不超过40℃的液体	2	3
闪点超过40℃的液体	3	4
发泡橡胶、发泡塑料、成卷的织物或皱纹纸等低密度可燃物	3	4
成卷的纸、压制牛皮纸、纸板箱、纤维圆筒、橡胶轮胎等高密度可燃物	3	7

3. 防护区泡沫发生器的设置数量

防护区泡沫发生器的设置数量不得小于式（13-7-4）的计算结果：

$$N = R/r \qquad (13\text{-}7\text{-}4)$$

式中　N——防护区泡沫发生器设置的计算数量（台）；

　　　R——泡沫最小供给速率（m^3/min）；

　　　r——每台泡沫发生器在设定的平均进口压力下的发泡量（m^3/min）。

4. 防护区的泡沫混合液流量

防护区的泡沫混合液流量应按式（13-7-5）计算：

$$Q_h = Nq_h \qquad (13\text{-}7\text{-}5)$$

式中　Q_h——防护区泡沫混合液流量（L/min）；

　　　N——防护区泡沫发生器设置的计算数量（台）；

　　　q_h——每台泡沫发生器在设定的平均进口压力下的泡沫混合液流量（L/min）。

5. 防护区发泡用泡沫液流量

防护区发泡用泡沫液流量应按式（13-7-6）计算：

$$Q_P = KQ_h \qquad (13\text{-}7\text{-}6)$$

式中　Q_P——防护区发泡用泡沫液流量（L/min）；

　　　K——混合比，当系统选用混合比为3%型泡沫液时，应取0.03；当系统选用混合比为6%型泡沫液时，应取0.06。

　　　Q_h——防护区泡沫混合液流量（L/min）。

6. 泡沫液贮备量

泡沫液贮备量应按式（13-7-7）计算：

$$W_P = Q_h t \qquad (13\text{-}7\text{-}7)$$

式中　W_P——防护区发泡用泡沫液贮备量（L）；

　　　t——系统泡沫液和水的连续供应时间（min）；

　　　Q_h——防护区泡沫混合液流量（L/min）。

全淹没式高倍数泡沫灭火系统：当用于扑救 A 类火灾时，系统泡沫液和水的连续供应时间应超过25min；当用于扑救 B 类火灾时，系统泡沫液和水的连续供应时间应超过15min。

局部应用式高倍数泡沫灭火系统：当用于扑救 B 类火灾时，系统泡沫液和水的连续供应时间应超过12min；当控制液化石油气和液化天然气流淌火灾时，系统泡沫液和水的连续供应时间应超过40min；当系统保护几个防护区时，泡沫液和水的贮备量应按最大一个防护区的连续供应时间计算。

7. 防护区发泡用水流量

防护区发泡用水流量应按式（13-7-8）计算：

$$Q_S = (1 - K)Q_h \qquad (13\text{-}7\text{-}8)$$

式中　Q_S——防护区发泡用水流量（L/min）；

　　　Q_h——防护区泡沫混合液流量（L/min）；

　　　K——混合比，当系统选用混合比为3%型泡沫液时，应取0.03；当系统选用混合比为6%型泡沫液时，应取0.06。

8. 水的贮备量

水的贮备量应按式（13-7-9）计算：

$$W_S = Q_S t \qquad (13\text{-}7\text{-}9)$$

式中　W_S——防护区发泡用水贮备量（L）；

　　　Q_S——防护区发泡用水流量（L/min）；

　　　t——系统泡沫液和水的连续供应时间（min）。

9. 泡沫灭火系统水力计算

泡沫液及泡沫混合液的管道内的水头损失，常按清水计算。

10. 工程设计实例

例 13-7-1　某大型地下停车库停放小型车辆，建筑面积为15000m²，其平面尺寸为100m×100m，层高3.90m，共停放550辆。该停车拟采用高倍数泡沫灭火系统，试设计此灭火系统。根据规范，设有自动灭火系统时，其防火分区的最大允许建筑面积为400m²，防火分区分为5个，按最大的防火分区3000m²来设计。其工作原理图如图13-7-3所示。

（1）淹没体积计算

泡沫淹没深度不应小于最高保护对象高度的1.1倍，且应高于最高保护对象最高点以上

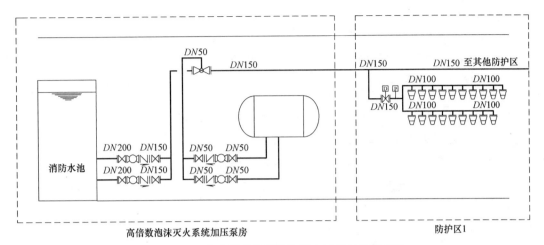

图 13-7-3　全淹没高倍数泡沫灭火系统工作原理图

0.6m；即 $H = 2.60$m

不燃烧物体所占的体积 V_g 按 20%V 来计算。淹没体积 $V = SH - V_g = $ （3000 × 2.6 ÷ 1.2）m³ = 6500m³。

（2）泡沫最小供给速率

扑救 A 类（普通固体可燃物）火灾和扑救 B 类（油脂及可燃液体）火灾的高倍数泡沫灭火系统泡沫供给速率，按式（13-7-2）计算，淹没时间 $T = 3$min；喷水造成的泡沫破坏率 $Rs = 0$，泡沫破裂补偿系数 $C_N = 1.15$，泡沫泄漏补偿系数 $C_L = 1.12$，则：

$$R = (V/T + Rs) C_N C_L = （6500/3 + 0）× 1.15 × 1.12 \text{m}^3/\text{min} = 2790 \text{ m}^3/\text{min}$$

（3）确定泡沫发生器型号及数量

选定 PFS4 型水轮驱动式高倍数泡沫发生器。当泡沫混合液进液压力为 0.25MPa 时，产泡沫量为 150 m³/min，混合液流量为 189L/min，发泡倍数为 793 倍。泡沫发生器数量：$N = R/r = （2790/150）$台 = 18.6 台 ≈ 19 台。泡沫发生器安装在保护区的上空，安装高度为底标高 -1.10m，泡沫发生器均匀布置在整个保护区内。

（4）泡沫混合液流量计算

$$Q_h = Nq_h = 19 × 189 \text{L/min} = 3591 \text{ L/min}$$

（5）发泡用泡沫液流量计算

$$Q_P = KQ_h = 0.03 × 3591 \text{L/min} = 107.73 \text{ L/min}$$

（6）泡沫液贮备量计算

系统泡沫液和水的连续供应时间 $t = 15$min，

$$W_P = Q_h t = 107.73 × 15 \text{L} = 1615.95 \text{ L} ≈ 1616\text{L}$$

高倍数泡沫灭火剂选用 YEGZ3D 型号，泡沫液贮备量共 1616L。

（7）发泡用水流量计算：

$$Q_S = (1 - K)Q_h = (1 - 0.03) × 3591 \text{L/min} = 3483.27 \text{ L/min} ≈ 3483 \text{L/min}$$

（8）水的贮备量

水的贮备量应符合式（13-7-9）的规定，系统泡沫液和水的连续供应时间 $t = 15$min，

$$W_S = Q_S t = 3483 × 15 \text{L} = 52245\text{L} ≈ 53 \text{m}^3$$

消防水池贮存$53m^3$消防水量。

（9）比例混合器选择

比例混合器选择压力比例混合器 ZPHY-150/50 型。

（10）加压泵、管道及附件

1）泡沫液系统

① 泡沫液流量为 $Q = 107.73$ L/min。

② 泡沫液加压泵的扬程相应压力为 $P_P = 0.8MPa$。

③ 泡沫灭火系统泡沫液加压泵选用 50GDLF16-13×5。

④ 泡沫液系统管道采用 $DN50$ 不锈钢管。

2）水系统

① 水系统流量为 $Q_s = 3483$ L/min。

② 水系统供水泵的扬程相应压力为 $P_S = 0.7MPa$。

③ 泡沫灭火系统水系统加压泵选用 150DL160-25。

④ 水系统管道在比例混合器前采用 $DN150$ 镀锌钢管；在比例混合器后采用 $DN50$ 不锈钢管。

13.8　自动喷水-泡沫联用灭火系统

13.8.1　自动喷水-泡沫联用灭火系统的原理、功能、应用范围、系统分类及组成

1. 自动喷水-泡沫联用灭火系统的原理与功能

在自动喷水灭火系统上配置可供给泡沫混合液的设备，组成既可喷水又可喷泡沫的固定灭火系统。它具有三种功能：一是灭火功能，二是预防作用，在有 B 类易燃液体火灾时，可以预防因易燃的沸溢或溢流而把火灾引到邻近区域；三是控制和暴露防护，在不能扑灭火灾时，控制火灾燃烧，减少热量的传递，使暴露在火灾中的其他物质不致受损。

2. 自动喷水-泡沫联用灭火系统的应用范围

自动喷水-泡沫联用灭火系统可应用于 A 类固体火灾、B 类易燃液体火灾、C 类气体火灾的扑灭。《汽车库、候车库、停车场设计防火规范》（GB 50067—1997）规定 I 类地下汽车库、I 类候车库宜设置泡沫喷淋灭火系统，该系统还可应用于柴油发电机房、锅炉房和仓库等场所。

3. 自动喷水-泡沫联用灭火系统的系统分类

（1）按系统组成分类

1）闭式自动喷水-泡沫联用系统。

2）雨淋-泡沫联用系统。

3）干式自动喷水-泡沫联用系统。

4）水喷雾-泡沫联用系统。

5）预作用-泡沫联用系统。

以上均是在原喷水系统上增加泡沫供给装置。

（2）按照喷水的先后顺序分类

1）先喷泡沫灭火，后期喷水冷却防止复燃系统。

2）先期喷水灭火，后期喷泡沫强化灭火系统。

（3）按照系统的开放形式分类

1）开式系统：包括雨淋-泡沫联用系统、水喷雾-泡沫联用系统两种。

2）闭式系统：包括湿式自动喷水-泡沫联用系统、干式自动喷水-泡沫联用系统、预作用-泡沫联用系统。

4. 自动喷水-泡沫联用灭火系统的组成

自动喷水-泡沫联用灭火系统（如闭式自动喷水-泡沫联用系统）由水池、水泵、湿式报警阀、泡沫贮存罐、泡沫比例混合器、泄压控制阀、压力信号发生器、水流指示器、管道、闭式喷头及末端试验装置等组成，如图13-8-1所示。

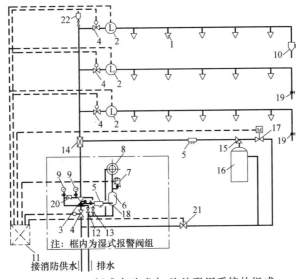

图 13-8-1 闭式自动喷水-泡沫联用系统的组成

1—闭式喷头 2—水流指示器 3—湿式报警阀 4—信号阀 5—过滤器 6—延迟器

7—压力开关 8—水力警铃 9—压力表 10—末端试装置 11—火灾报警控制器

12—泄水阀 13—试验阀 14—泡沫比例混合器 15—泡沫液控制阀 16—泡沫罐

17—电磁阀 18—节流阀 19—试水阀 20—止回阀 21—泡沫罐供水信号阀 22—自动排气阀

13.8.2 自动喷水-泡沫联用灭火系统设计计算

1. 设计基本参数

闭式自动喷水-泡沫联用系统的设计应符合《自动喷水灭火系统设计规范》（GB 50084—2001）（2005年版）和《泡沫灭火系统设计规范》（GB 50151—2010）的规定。

（1）《自动喷水灭火系统设计规范》（GB 50084—2001）（2005年版）的设计参数

1）闭式自动喷水-泡沫联用系统的设计参数，除执行本规范表5.0.1的规定外，尚应符合以下规定：

① 湿式系统自喷水至泡沫的转换时间，按4L/s流量计算，不应大于3min。

② 泡沫比例混合器应在流量大于和等于4L/s时符合水与泡沫灭火剂的混合比规定。

③ 持续喷泡沫的时间不应小于10min。

2）雨淋自动喷水-泡沫联用系统应符合下列规定：

① 前期喷水后期喷泡沫的系统，喷水强度与喷泡沫强度均不应低于《自动喷水灭火系统设计规范》（GB 50084—2001）（2005 年版）表 5.0.1、5.0.5-1～表 5.0.5-6 的规定。

② 前期喷泡沫后期喷水的系统，喷泡沫强度与喷水强度均应执行现行国家标准《泡沫灭火系统设计规范》（GB 50151—2010）的规定。

③ 持续喷泡沫的时间不应小于 10min。

（2）《泡沫灭火系统设计规范》（GB 50151—2010）的规定

1）系统的保护面积应按保护场所内的水平面面积或水平面投影面积确定。

2）当保护烃类液体时，其泡沫混合液供给强度不应小于表 13-8-1 的规定；当保护水溶性甲、乙、丙类液体时，其混合液供给强度和连续供给时间宜由试验确定。

表 13-8-1　泡沫混合液供给强度

泡沫液种类	喷头设置高度/m	泡沫混合供给强度/[L/（min·m²）]
蛋白、氟蛋白	≤10	8
	>10	10
水成膜、成膜氟蛋白	≤10	6.5
	>10	8

3）系统应设置雨淋阀、水力警铃，并应在每个雨淋阀出口管路上设置压力开关，但喷头数小于 10 个的单区系统可不设雨淋阀和压力开关。

4）系统应选用吸气型泡沫一水喷头或泡沫一水雾喷头。

5）喷头的布置应符合下列规定：

① 喷头的布置应根据系统设计供给强度、保护面积和喷头特性确定。

② 喷头周围不应有影响泡沫喷洒的障碍物。

③ 喷头的布置应保证整个保护面积内的泡沫混合液供给强度均匀。

2. 设计计算

（1）确定喷头数量

1）首先根据保护区域平面尺寸布置喷头，喷头间距不应大于《自动喷水灭火系统设计规范》（GB 50084—2001）（2005 年版）表 7.1.12 的规定，具体布置同湿式自动喷水系统。如采用泡沫喷头，同时参照其样本规定，正方形布置时最大间距为 3m。

2）水力计算选定最不利点处作用面积，按《自动喷水灭火系统设计规范》（GB 50084—2001）（2005 年版）表 5.0.1 的规定，一般为矩形，其长边平行于配水支管，其长度不小于作用面积平方根的 1.2 倍：

$$L = 1.2(S)^{1/2} \tag{13-8-1}$$

$$B = S/L \tag{13-8-2}$$

式中　L——作用面积长边（m）；

B——作用面积短边（m）；

S——作用面积（m²），参照《自动喷水灭火系统设计规范》（GB 50084—2001）（2005 年版）表 5.0.1 的规定。

3）按照作用面积得出计算喷头数，须核算实际作用面积，应大于《自动喷水灭火系统设计规范》（GB 50084—2001）（2005 年版）表 5.0.1 的规定。

4）校核比例混合器至最不利喷头的管道容积，保证其不大于 720L。

按照《自动喷水灭火系统设计规范》（GB 50084—2001）（2005年版）5.0.8条的规定，湿式系统自喷水至喷泡沫的转换时间，按4L/s流量计算，不应大于3min。即泡沫混合液从比例混合器出来至最不利喷头喷出流出时间不大于3min，设计中可以通过控制比例混合器至最不利喷头的管道容积不大于720L来校核。通常在设计地下汽车库泡沫喷淋系统中，因为防火分区面积较大，如果将泡罐及比例混合器设于防火分区的一端，则会造成比例混合器至最不利喷头距离过大，不能满足规范要求，因此可以通过将比例混合器设于防火分区的中部，减小其与最不利喷头的距离。为了计算方便，采用镀锌焊接钢管，其每米容积可查表13-8-2。

表13-8-2 镀锌焊接钢管每米容积

公称直径/mm	25	32	40	50	70	80	100	150
计算内径/mm	26.00	34.75	40.00	52.00	67.00	79.50	105.00	155.00
每米容积/(L/m)	0.53	0.95	1.26	2.12	3.53	4.96	8.66	8.87

（2）确定喷头流量

1）按照喷头实际保护面积确定喷头最小流量，按式（13-8-3）计算：

$$q_1 = IS_1/60 \qquad (13\text{-}8\text{-}3)$$

式中 q_1——喷头的出流量（L/s）；

I——喷水强度 [L/(min·m²)]；参照《自动喷水灭火系统设计规范》（GB 50084—2001）（2005年版）5.0.1条的规定；

S_1——喷头实际保护面积（m²）。

2）确定最不利点喷头工作压力，按式（13-8-4）计算：

$$P_1 = (60q_1/K)^2/10 \qquad (13\text{-}8\text{-}4)$$

式中 P_1——最不利点喷头工作压力（MPa）；

q_1——喷头出流量（L/s）；

K——喷头流量系数，标准喷头$K=80$。

该工作压力不应小于《自动喷水灭火系统设计规范》（GB 50084—2001）（2005年版）5.0.1条的规定，同时不应小于所选喷头样本的规定。

（3）确定系统设计流量，按式（13-8-5）计算：

$$Q_S = \sum_{i=1}^{n} q_i \qquad (13\text{-}8\text{-}5)$$

式中 Q_S——系统设计流量（L/s）；

q_i——最不利点处作用面积内各喷头节点的流量（L/s）；

n——最不利点处作用面积内喷头数。

管道水力计算同湿式系统。

（4）确定泡沫混合液量，按式（13-8-6）计算：

$$W_L = 60Q_s t_L \qquad (13\text{-}8\text{-}6)$$

式中 W_L——泡沫混合液量（L）；

Q_s——系统设计流量（L/s）；

t_L——连续供给泡沫混合液的时间（min）。

（5）确定泡沫液量，按式（13-8-7）计算：

$$W_P = W_L b\% \qquad (13\text{-}8\text{-}7)$$

式中　W_P——泡沫液量（L）；

　　　W_L——泡沫混合液量（L）；

　　　$b\%$——采用的泡沫混合比，在泡沫喷淋系统中有3%和6%两种，3%用于扑灭非极
　　　　　　性的火灾，6%用于扑灭水溶性或极性溶剂火灾。

（6）选定泡沫液贮罐和比例混合器：泡沫液贮罐的有效容积应为$1.15W_P$。根据计算得
到的设计流量Q_s，查比例混合器的产品样本，确定型号和个数。

（7）选定泡沫喷淋泵：泵的流量不小于设计流量Q_s，泵的扬程相应压力不小于式
（13-8-8）的计算结果：

$$P = P_1 + \sum p + 0.01Z \tag{13-8-8}$$

式中　P——泵的计算扬程相应压力（MPa）；

　　　P_1——最不利点喷头工作压力（MPa）；

　　　$\sum p$——计算管路沿程和局部压力损失的累计值（MPa），湿式报警阀取0.04 MPa或按
　　　　　　检测数据确定，水流指示器取0.02MPa，雨淋阀取0.07MPa；

　　　Z——最不利点喷头与消防水池最低水位或系统入口管水平中心线之间的高程差
　　　　　　（m）。

（8）计算例题

例13-8-1　某高层地下汽车库，停车数为100辆，总面积为5000m^2，消防水池泵房设
于同层，采用闭式自动喷水-泡沫联用系统，试进行设计计算。其中，喷头的布置同湿式自
动喷水系统，根据平面图绘制的系统原理图如图13-8-2所示。

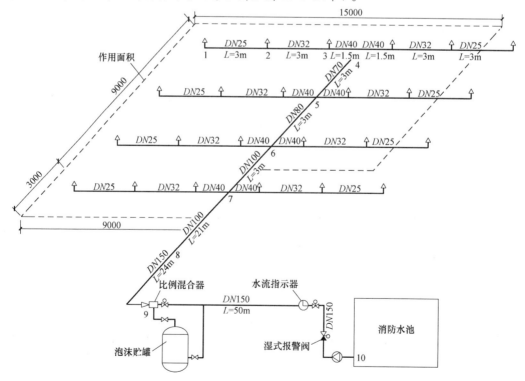

图13-8-2　闭式自动喷水-泡沫联用系统原理图

注：喷头布置忽略梁的影响，计算中忽略短支管的影响，1点与10点高差以4m计。

【解】 （1）确定保护区作用面积内喷头数

地下车库闭式自动喷水-泡沫联用系统按照中危险级Ⅱ级设计，喷水强度为8L/（min·m²），作用面积为160m²。

$L = 1.2\sqrt{S} = 1.2 \times (160)^{1/2}$m = 15.18m，取15m。

$B = S/L = (160/15)$m = 10.7m，取9m，所选范围内共15个喷头。

每个喷头保护面积为：3×3m² = 9m²。

总保护面积：15×9m² = 135m² < 160m²。增补 $[(160 - 135)/9]$ 个 = 2.78个，取3个。作用面积如图所示，作用面积内喷头数为18个，保护面积为：18×9m² = 162m² > 160m²。

校核比例混合器至最不利喷头管段容积。根据图13-8-2可知，比例混合器至最不利喷头管道共计：$DN25$，3m；$DN32$，3m；$DN40$，1.5m；$DN70$，3m；$DN80$，3m；$DN100$，24m；$DN150$，24m。

则从比例混合器至最不利喷头管段容积 $V = (0.53 \times 3 + 0.95 \times 3 + 1.26 \times 1.5 + 3.53 \times 3 + 4.96 \times 3 + 8.66 \times 24 + 18.87 \times 24)$L = 692.52L < 720L，满足要求。

（2）确定喷头流量

$$q_1 = IS_1/60 = (8 \times 9/60)\text{L/s} = 1.2\text{L/s}$$

最不利点喷头工作压力：

$P_1 = [(60 \times 1.2/80)^2/10]$MPa = 0.081MPa > 0.051MPa，满足规范要求。

（3）确定系统设计流量

压力损失按照海曾-威廉公式（式13-8-9）计算：

$$i = 6.05 \times [Q^{1.85}/(C^{1.85}d^{4.87})] \times 10^5 \tag{13-8-9}$$

式中 i——每米管道压力损失（0.1MPa/m）；

Q——管道的水流量（L/min）；

d——管道的计算内径（mm）；

C——管道的材质系数；铸铁管 $C = 100$，钢管 $C = 120$。

管道局部压力损失按照当量长度法计算，见表13-8-3。

表13-8-3 管道水力计算表

管段	起点压力/MPa	喷头流量/(L/s)	管段流量/(L/s)	管径/mm	计算管径/mm	流速/(m/s)	水力坡降 MPa/m	管道长度/m	管件当量长度/m	压力损失/MPa
1—2	0.081	1.2	1.20	25	26.00	2.25	0.0625	3.0	0.00	0.0188
2—3	0.0998	1.33	2.53	32	34.75	2.66	0.0598	3.0	0.00	0.0179
3—4	0.1177	1.44	3.97	40	40.00	3.16	0.0701	1.5	0.00	0.0105
4—5	0.1282		6.74	70	67.00	1.91	0.0131	3.0	3.70	0.0088
5—6	0.1370	6.97	13.71	80	79.50	2.76	0.0219	3.0	4.60	0.0167
6—7	0.1537	7.38	21.09	100	105.00	2.44	0.0119	3.0	6.1	0.0108
7—8	0.1645	4.49	25.58	100	105.00	2.95	0.0175	21.0	42.7	0.1114
8—9	0.2759		25.58	150	155.00	1.36	0.0022	15.0	47.3	0.0138
9—10	0.2897		25.58	150	155.00	1.36	0.0022	50.0	33.2	0.0185
$\sum p_1 = 0.2272\text{MPa}$										

$$Q_s = 25.58\text{L/s}$$

压力损失 $\sum p = (0.2272 + 0.02 + 0.04)$MPa = 0.2872MPa（湿式报警阀为0.04MPa，水流指示器为0.02MPa）。

（4）确定泡沫混合液量

$$W_L = 60Q_s t_L = 60 \times 25.58 \times 10L = 15348L$$

（5）确定泡沫液量

$$W_P = W_L b\% = 15348 \times 3\% L = 460L$$

（6）选定泡沫液贮罐和比例混合器

泡沫液贮罐的有效容积应为 $1.15W_P$。

$$V = 1.15W_P = 1.15 \times 460L = 529L$$

选用 ZPS32/700 型泡沫液贮罐，工作压力为 0.14～1.2MPa，储罐容量为 700L；混合液流量范围为 4～32L/s，混合比为 3%，进出口压差小于 0.2MPa。

（7）选定泡沫喷淋泵

泵的流量不小于设计流量 Q_s；选用 XBD30-50 型泵，$Q = 30L/s > Q_s = 25.58L/s$。

泵的扬程相应压力 P

$$P > P_1 + \sum p + 0.01Z = (0.081 + 0.2272 + 0.04)MPa = 0.35MPa, 扬程\ H = 35m$$

泵 XBD30-50 的扬程为 50m，符合要求。$N = 30kW$。

13.9　气体灭火系统

13.9.1　气体灭火系统分类、组成和应用

1. 气体灭火系统分类和组成

（1）气体灭火系统分类。气体灭火系统常以气体种类名称进行分类。

1）氢氟烃类气体灭火系统：分为贮压式七氟丙烷灭火系统、备压式七氟丙烷灭火系统和三氟甲烷灭火系统。

2）惰性气体类灭火系统：分为混合气体灭火系统（IG-504）、氮气灭火系统（IG-100）。

3）二氧化碳灭火系统：分为高压二氧化碳灭火系统和低压二氧化碳灭火系统。

（2）气体灭火系统组成。气体灭火系统由灭火剂贮瓶、喷嘴、驱动瓶组、启动器、选择阀、单向阀、低压泄漏阀、压力开关、集流管、高压软管、安全泄压阀、管路系统、控制系统组成。气体灭火系统的基本构成原理图如图 13-9-1、图 13-9-2 所示，气体灭火系统的动作程序图如图 13-9-3 所示。

2. 气体灭火系统的应用

（1）以气体种类的灭火系统的应用见表 13-9-1。

表 13-9-1　以气体种类的灭火系统的应用

以气体种类的灭火系统的类型	应　用
贮压式七氟丙烷灭火系统	适用于防护区相对集中、输送距离近、防护区内物品受酸性物质影响较小的工程
备压式七氟丙烷灭火系统	适用于能用七氟丙烷灭火且防护区相对较多、输送距较远的场所
三氟甲烷灭火系统	具有绝缘性能良好，最适合电气火灾；在低温下的贮藏压力高，适合寒冷地区；气体密度小，适合高空间场所
混合气体灭火系统(IG-541)	适用于防护区数量较多且楼层跨度大，以及没有条件设置多及钢瓶站的工程；防护区经常有人的场所
氮气灭火系统(IG-100)。	适用于防护区数量较多且楼层跨度大，以及没有条件设置多个钢瓶站的工程；防护区经常有人的场所
高压二氧化碳灭火系统	主要用于工业或仓库等无人的场所
低压二氧化碳灭火系统	主要用于工业或仓库等无人的场所，高层建筑内一般不选用该系统

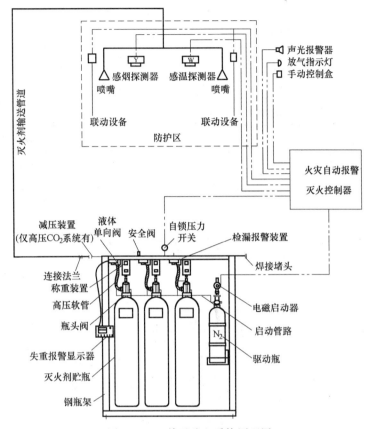

图 13-9-1　单元独立系统原理图

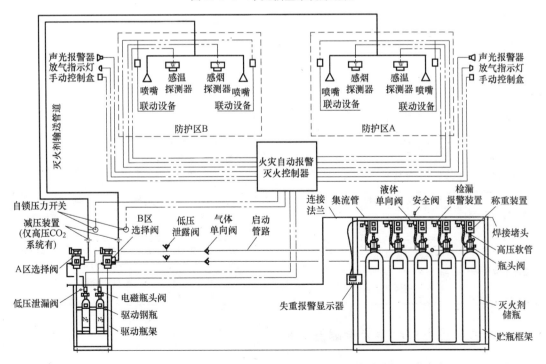

图 13-9-2　组合分配系统原理图

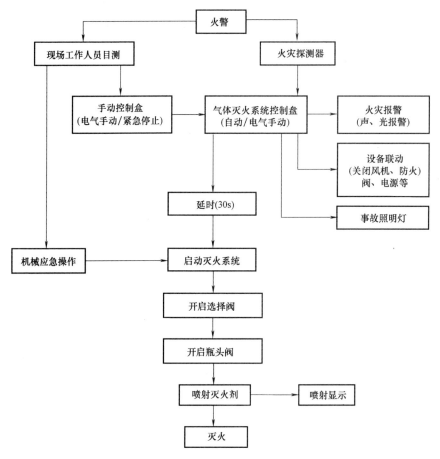

图 13-9-3 动作程序图

（2）以气体灭火系统类型的应用见表 13-9-2。

表 13-9-2 以气体灭火系统类型的应用

	气体灭火系统类型	应用
按固定方式分	半固定式气体灭火系统（预制灭火系统）	适用于保护面积不大于 500m²、体积不大于 1600m³ 的防护区
	固定式气体灭火系统（管网灭火系统）	适用于保护面积大于 100m²、体积大于 300m³ 的防护区
按管网布置形式分	均衡管网系统	适用于贮存压力低、设计灭火浓度小的系统
	非均衡管网系统	适用于能使灭火剂迅速均化，各部分空间同时达到设计浓度的高压系统
按系统组成分	单元独立灭火系统	适用于防护区少而又有条件设置多个钢瓶间的工程
	组合分配灭火系统	适用于防护区多而又没有条件设置多个瓶站且每个防护区不同时着火的工程
按应用方式分	全淹没灭火系统	适用于开孔率不超过 3% 的封闭空间，保护区内除泄压口外，其余均能在灭火剂喷放前自动关闭
	局部应用灭火系统	保护区在灭火过程中不能封闭，或虽能封闭但不符合全淹没系统所要求的条件

13.9.2 各种灭火剂的主要性能及参数

各种灭火剂的主要性能及参数见表 13-9-3。

表 13-9-3　各种灭火剂的主要性能及参数

灭火剂名称	三氟甲烷	七氟丙烷	氮气	IG-541	二氧化碳
灭火原理	化学抑制	化学抑制	物理稀释	物理稀释	窒息、冷却
灭火浓度（A类表面火）/（% V/V）	12.6	5.8	30.0	28.1	20
最小灭火浓度（A类表面火）/（% V/V）	15.6	7.5	36.0	36.5	34
一次灭火剂量/（kg/m³）	0.52	0.63	0.52	0.47	0.8
设计上限浓度/（% V/V）	23.8	9.5	52	52	—
ODP	0	0	0	0	0
GWP	13（9000）	2050	0	0	1
NOAEL/（% V/V）	50	9	43	43	浓度大于20%对人致死
LOAEL/（% V/V）	>50	10.5	52	52	
LC50/（% V/V）	>65	>80	—	—	
ALT/a	280	31~42	0	0	120
容器贮存压力/20°时	4.2MPa	2.5MPa 4.2MPa	15MPa	15MPa 20MPa	15MPa（高压） 2.0MPa（低压）
喷放时间/s	10	10	60	60	60
贮存状态	液体	液体	气体	气体	液体

注：1. 设计上限浓度：此值是设计灭火剂的设计浓度最高值，设计时不能超出此浓度。
2. ODP：破坏臭氧层潜能值；GWP：温室效应潜能值；NOAEL：无毒性反应的最高浓度；LOAEL：有毒性反应的最低浓度；LC50：近似致死浓度；ALT：大气中存活寿命；括号中数值为IPCC的1994年报告数值。
3. 三氟甲烷的化学名称为HFC-23，商品名称为FE-13；七氟丙烷的化学名称为HFC-227ea 商品名称为FM200；氮气的化学名称为 N_2，商品名称为IG-100；IG-541的化学名称为 $N_2 + Ar + CO_2$，商品名称为烟烙尽；二氧化碳的化学名称为 CO_2。

13.9.3　各种灭火剂的灭火浓度、最小设计浓度、惰化浓度、最小设计惰化浓度

设计浓度是气体灭火系统的重要设计参数，各种灭火剂对不同可燃物有不同的灭火浓度，合理的取值是保证防护区能快速灭火，又不使药剂浓度超过人体可接受的程度。当防护区内存在多种可燃物时，灭火剂的设计浓度应按其中最大的灭火浓度确定或经过试验确定。

1. IG-541（惰性气体混合物）的灭火浓度和最小设计浓度

（1）固体表面火灾的灭火浓度为28.1%，对其他部分可燃物火灾的灭火浓度和最小设计浓度见表13-9-4。

表 13-9-4　部分可燃物火灾的 IG-541（惰性气体混合物）灭火浓度和最小设计浓度

可燃物名称	灭火浓度（%）	最小设计浓度（%）
丙酮	30.3	35.3
乙腈	26.7	34.7
航空汽油100	29.5	35.4
Avtur（jetA）	36.2	47.1
1-丁醇	37.2	48.4
环己酮	42.1	54.7
柴油2号	35.8	46.5
二乙醚	34.9	45.4
乙烷	29.5	38.4

（续）

可燃物名称	灭火浓度（%）	最小设计浓度（%）
乙醇	35.0	45.5
醋酸乙酯	32.7	42.5
乙烯	42.1	54.7
己烷	31.1	37.5
异丙醇	28.3	33.9
甲烷	15.4	20.0
甲醇	44.2	57.5
丁酮	35.8	46.5
甲基异丁基酮	32.3	42.0
辛烷	35.8	46.5
戊烷	37.2	48.4
石油醚	35.0	45.5
丙烷	32.3	42.0
普通汽油	35.8	46.5
甲苯	25.0	30.0
醋酸乙烯酯	34.4	44.7
真空泵油	32.0	41.6
庚烷	33.8	43.9
可燃固体（表面火）	28.1	36.5

（2）部分可燃物火灾的 IG-541 惰化浓度和最小设计惰化浓度见表 13-9-5。

表 13-9-5　部分可燃物火灾的 IG-541 惰化浓度和最小设计惰化浓度

可燃物名称	惰化浓度（%）	最小设计惰化浓度（%）
甲烷	43.0	47.3
丙烷	49.0	53.9

2. 氮气（IG100）**的灭火浓度和最小设计浓度**

（1）用于扑灭 A、B、C、E 类火灾的氮气（IG100）气体灭火系统，其灭火浓度和最小设计浓度见表 13-9-6。

表 13-9-6　A、B、C、E 类火灾的氮气（IG100）**气体灭火浓度和最小设计浓度**

可燃物类别	灭火浓度（%）	最小设计浓度（%）
A 类表面火灾	30.0	36.0
B 类火灾	33.6	43.7
C 类火灾	33.6	43.7
E 类火灾	31.9	38.3

（2）部分可燃物火灾的氮气（IG100）的灭火浓度和最小设计灭火浓度见表 13-9-7。

表 13-9-7　部分可燃物火灾的氮气（IG100）**的灭火浓度和最小设计灭火浓度**

可燃物名称	灭火浓度（%）	最小设计浓度（%）
丙酮	29.9	38.9
乙腈	26.7	34.7
航空汽油 100#	35.8	46.5
航空涡轮用煤油	36.2	47.1
1-丁醇	37.2	48.4
环己酮	42.1	54.7
柴油 2 号	35.8	46.5

（续）

可燃物名称	灭火浓度（%）	最小设计浓度（%）
二乙醚	33.8	43.9
乙烷	29.5	38.4
乙醇	34.5	44.9
乙基酸酸酯	32.7	42.5
己烷	34.4	44.7
己烯	42.1	54.7
异丙基醇	31.3	40.7
甲烷	30.0	39.0
甲醇	41.2	53.6
丁酮	35.8	46.5
甲基异丁酮	32.3	42.0
辛烷	35.8	46.5
戊烷	32.4	42.1
石油醚	35.0	45.5
丙烷	32.3	42.0
标准汽油	35.8	46.5
甲苯	28.0	36.4
聚乙烯醋酸盐	34.4	44.7
真空管道油	32.4	42.1

（3）部分可燃物火灾的氮气（IG100）惰化浓度和最小设计惰化浓度见表13-9-8。

表13-9-8　部分可燃物火灾的氮气（IG100）惰化浓度和最小设计惰化浓度

可燃物名称	惰化浓度（%）	最小设计惰化浓度（%）
甲烷	43.0	47.3
丙烷	49.0	53.9

3. 七氟丙烷（FM200）的灭火浓度和最小设计浓度

（1）根据应用火灾场所所需七氟丙烷（FM200）的浓度见表13-9-9。

表13-9-9　根据应用火灾场所所需七氟丙烷（FM200）的浓度

应用场所所	灭火浓度	灭火设计浓度
应用于图书、档案、票据和文物资料等防护区		不宜小于10%
应用于油浸变压器、带油开关的配电室和自备发电机房等防护区		不宜小于9%
应用于通信机房和电子计算机房等防护区		不宜小于8%
固体表面火灾	5.8%	
防护区实际应用的浓度		不应大于设计浓度的1.1倍

（2）部分可燃物火灾的七氟丙烷（FM200）的灭火浓度和最小设计灭火浓度见表13-9-10。

表13-9-10　部分可燃物火灾的七氟丙烷（FM200）的灭火浓度和最小设计灭火浓度

可燃物名称	灭火浓度（%）	最小设计浓度（%）
庚烷	5.8	7.6
可燃固体(表面火)	5.8	7.5
丙酮	6.5	8.5
乙醇	7.6	9.9
乙二醇	7.8	10.1

（续）

可燃物名称	灭火浓度（%）	最小设计浓度（%）
甲醇	9.9	12.9
甲苯	5.1	6.6
异丙醇	7.3	9.5
汽油（无铅，7.8%乙醇）	6.5	8.5
喷气式发动机燃料	6.6	8.6
二号柴油	6.7	8.7
变压器油	6.9	9.0
甲烷	6.2	8.1
乙烷	7.5	9.8
丙烷	6.3	8.2

（3）部分可燃物火灾的七氟丙烷（FM200）的惰化浓度和最小设计惰化浓度见表13-9-11。

表 13-9-11　部分可燃物火灾的七氟丙烷（FM200）的惰化浓度和最小设计惰化浓度

可燃物名称	惰化浓度（%）	最小设计惰化浓度（%）
甲烷	80	8.8
二氯甲烷	3.5	3.9
1.1-二氯乙烷	8.6	9.5
1-氯-1.1-二氯乙烷	2.6	2.9
丙烷	11.6	12.8
1-丁烷	11.3	12.5
戊烷	11.6	12.8
乙烯氧化物	13.6	15.0

4. 三氟甲烷（FE-13）的灭火浓度和最小设计浓度

（1）根据应用火灾场所所需三氟甲烷（FE-13）的浓度见表13-9-12。

表 13-9-12　根据应用火灾场所所需三氟甲烷（FE-13）的浓度

应用场所所	灭火浓度	灭火设计浓度
应用于图书、档案、票据和文物资料等防护区		不宜小于19.5%
对于其他的防护区		不宜小于15.6%

（2）部分可燃物火灾的三氟甲烷（FE-13）的灭火浓度和最小设计灭火浓度见表13-9-13。

表 13-9-13　部分可燃物火灾的三氟甲烷（FE-13）的灭火浓度和最小设计灭火浓度

可燃物名称	灭火浓度（%）	最小设计浓度（%）
庚烷	12.0	15.6
可燃固体（表面火）	15.0	19.5
丙酮	12.0	15.6
甲醇	16.3	21.2
甲苯	9.2	12.0
甲烷	17.0	22.2
丙烷	17.0	22.2

5. 二氧化碳的灭火浓度和最小设计浓度

（1）二氧化碳的设计浓度不应小于灭火浓度的1.7倍，并不得低于34%。部分可燃物的二氧化碳的设计浓度和抑制时间按表 13-9-14 的规定采用。

表 13-9-14　部分可燃物的二氧化碳的设计浓度和抑制时间

可燃物名称	物质系数(K_b[①])	设计浓度(%)	抑制时间/min[②]
丙酮	1.00	34	—
乙炔	2.57	66	—
航空燃料 115#/145#	1.05	36	—
粗苯(安息油、偏苏油)、苯	1.10	37	—
丁二烯	1.26	41	—
丁烷	1.00	34	—
丁烯-1	1.10	37	—
二硫化碳	3.03	72	—
一氧化碳	2.43	64	—
煤气或天然气	1.10	37	—
环丙烷	1.10	37	—
柴油	1.00	34	—
二乙基醚	1.22	40	—
二甲醚	1.22	40	—
二苯与其氧化物的混合物	1.47	46	—
乙烷	1.22	40	—
乙醇(酒精)	1.34	43	—
乙醚	1.47	46	—
乙烯	1.60	49	—
二氯乙烯	1.00	34	—
环氧乙烷	1.80	53	—
汽油	1.00	34	—
己烷	1.03	35	—
正庚烷	1.03	35	—
正辛烷	1.03	35	—
氢	3.30	75	—
硫化氢	1.06	36	—
异丁烷	1.06	36	—
异丁烯	1.00	34	—
甲酸异丁酯	1.00	34	—
航空煤油 JP-4	1.00	36	—
煤油	1.00	34	—
甲烷	1.00	34	—
醋酸甲酯	1.03	35	—
甲醇	1.22	40	—
甲基丁烯-1	1.06	36	—
甲基乙基酮(丁酮)	1.22	40	—
甲酸甲酯	1.18	39	—
戊烷	1.03	35	—
石脑油	1.00	34	—
丙烷	1.06	36	—
丙烯	1.06	36	—
淬火油(灭弧油)、润滑油	1.00	34	—
纤维材料	2.25	62	20
棉花	2.00	58	20
纸张	2.25	62	20
塑料(颗粒)	2.00	58	20
聚苯乙烯	1.00	34	—
聚氨基甲酸甲脂(硬)	1.00	34	—
电缆间和电缆沟	1.50	47	10
数据贮存间	2.25	62	20
电子计算机房	1.50	47	10
电气开关和配电室	1.20	40	10

（续）

可燃物名称	物质系数（K_b[①]）	设计浓度（%）	抑制时间/min[②]
带冷却系统的发电机	2.00	58	至停转止
油浸变压器	2.00	58	—
数据打印设备间	2.25	62	20
油漆间和干燥设备	1.20	40	—
纺织机	2.00	58	—
电气绝缘材料	1.50	47	10
皮毛存贮间	3.30	75	20
吸尘装置	3.30	75	20

① 可燃物的二氧化碳设计浓度对34%的二氧化碳浓度的折算系数。
② 维持设计规定的二氧化碳浓度使深位火灾完全熄灭所需的时间。

（2）当防护区内存在两种以上可燃物时，防护区的二氧化碳设计浓度应采用可燃物中最大的二氧化碳设计浓度。

13.9.4　气体灭火系统的设计与计算

1. 气体灭火系统的设计

（1）气体灭火系统的设计工作主要由生产厂家或销售商负责完成，而其他人员（如给水排水专业人员）只能提供某些设计资料，进行一些简单的系统设计和管路估算，为气体灭火系统二次深化设计创造条件。

（2）在气体灭火系统设计时，主要工作如下：

1）首先将防护区与所在的建筑物的其他消防系统一并考虑，根据具体情况，合理确定气体灭火防护区和系统方案。

2）气体灭火系统只能扑救建筑物内部的火灾，而建筑自身的火灾，宜采用其他灭火系统进行扑救。

3）确定防护区，掌握防护区内的所在的位置、大小、几何形状、开口和通风情况；确定防护区的数量，进而选择灭火系统是组合分配系统还是单元独立系统；各种灭火系统对防护区的要求见表13-9-15。

表13-9-15　各种灭火系统对防护区的要求

要求内容	灭火系统	惰性气体混合物（IG-541）	氮气（N_2）	七氟丙烷（FM200）	三氟甲烷（HFC-23）	二氧化碳（CO_2）
组合分配系统	最多防护区数量/个		8	8	8	5
	最大防护区面积/m²/体积/m³	800/3600	1000/4500	800/3600	500/2000	500/2000
预制灭火系统	最大防护区面积/m²/体积/m³	500/1600	100/400	500/1600	200/600	100/300
防护区的环境温度/℃		0~50	0~50	0~50	-10~50	0~49
防护区围护结构的最小压强/Pa	高层建筑	1200				
	一般建筑	2400				
	地下建筑	4800				

注：一个防护区设置的预制灭火系统，其装置数量不超过10台。

4）掌握防护区内可燃物的种类、性质、数量和分布情况。

5）掌握防护区内可能发生火灾的类型、起火源、易着火部位及防护区内人员分布情况。

6）合理地选择气体灭火系统的类型和结构。

7）合理选择气体灭火剂，对灭火剂的要求为灭火效率高、灭火性能良好、保护环境、安全性能好、有利于设备和管道的保护、对人体伤害小、经济和实用。

8）确定灭火剂用量。

9）确定系统组件的布置、系统的操作控制形式等，在安全的前提下做到经济合理；各种气体灭火钢瓶间的面积可参考表13-9-16。

表13-9-16 各种气体灭火钢瓶间的面积 （单位：m²）

灭火系统 防护区体积（m³）	惰性气体混合物（IG-541）	氮气（N₂）	七氟丙烷①（FM200）	三氟甲烷（HFC-23）	二氧化碳②（CO₂）
0～150	3	4	3	2	3.5
150～300	6	7	4	3	5
300～550	11	7	4	3	5
550～800	17	12	6	5	9
800～900	18	12	6	5	9
900～1200	24	17	8	7	12
1200～1500	30	19	8.5	8	14
1500～1800	36	24	11	10	17.5
1800～2100	42	29	13	12	21

① 表中数值为贮压式七氟丙烷系统；备压式七氟丙烷系统钢瓶间面积可按贮压式七氟丙烷系统所需钢瓶间面积的0.7倍估算。

② 指高压二氧化碳系统，低压二氧化碳系统按此列的0.8倍估算。

（3）掌握对钢瓶间和防护区的建筑和结构要求

1）钢瓶间应设在防护区外的一个独立的房间，围护结构的耐火等级不应低于二级，层高不宜小于3m，净高不宜小于2.2m，且尽量靠近防护区，并应有直接通向疏散走道的出口，门应为甲级防火门且向疏散通道开启。

2）防护区围护结构的耐火极限不应低于0.5h；吊顶的耐火极限不应低于0.25h；围护结构的承受压强不宜低于1200Pa；防护区的门应朝外开并能够自动关闭。

3）防护区应设泄压口，泄压口宜设在外墙或屋顶上，并应位于防护区净高的2/3以上；泄压口的防护结构承受内压的允许压强必须低于1200Pa；防护区的围护结构为一次结构时，施工图阶段就应考虑泄压口的预留；当防护区的围护结构为二次结构时，可由二次深化设计承包商提出泄压口的面积要求。泄压口的面积应根据所选用的灭火剂种类，按式（13-9-1）经计算得出，初步配合可参照表13-9-18选用。

$$A_f = KQ/(P_f)^{1/2} \tag{13-9-1}$$

式中　A_f——泄压口面积（m²）；

　　　K——泄压口面积系数，该系数可按表13-9-17采用；

　　　Q——灭火剂在防护区内的喷放速率，单位及计算方法可按表13-9-17采用；

　　　P_f——围护结构承受内压的允许压强（Pa），可按表13-9-15采用。

表13-9-17 泄压口面积系数

灭火剂名称		惰性气体混合物（IG-541）	氮气（N₂）	七氟丙烷（FM-200）	三氟甲烷（HFC-23）	二氧化碳（CO₂）
泄压口面积系数 K		1.1	0.0135	0.991	0.15	0.1872
灭火剂喷放速率 Q	计算公式	$Q = W/t$	$Q = 2.7M/t$	$Q = W/t$	$Q = W/t$	$Q = W/t$
	单位	kg/s	m³/min	kg/s	kg/s	kg/min

注：1. M、W 为灭火剂的设计用量；M 的单位为 m³，W 的单位为 kg。

　　2. t 为灭火剂的喷射时间，惰性气体混合物、二氧化碳的单位为 min，其他为 s。

　　3. 惰性气体混合物有两种单位的计算方法。

表 13-9-18　各种气体灭火系统的泄压口面积　　（单位：m²）

灭火系统 防护区体积 /m³	惰性气体混合物 （IG-541）			氮气 （N₂）			七氟丙烷 （FM200）			三氟甲烷 （HFC-23）			二氧化碳① （CO₂）
	防护区维护结构承受内压的允许压强/Pt												
	1200	2400	4800	1200	2400	4800	1200	2400	4800	1200	2400	4800	
0 ~ 150	0.15	0.1	0.075	0.03	0.03	0.02	0.04	0.03	0.02	0.02	0.02	0.01	
150 ~ 300	0.3	0.2	0.15	0.06	0.06	0.04	0.08	0.06	0.04	0.04	0.03	0.02	
300 ~ 480	0.48	0.34	0.24	0.10	0.09	0.05	0.12	0.09	0.05	0.07	0.05	0.04	
480 ~ 540	0.54	0.38	0.27	0.11	0.10	0.06	0.14	0.10	0.06	0.08	0.05	0.04	
540 ~ 600	0.6	0.42	0.3	0.12	0.11	0.07	0.16	0.11	0.07	0.09	0.06	0.04	
600 ~ 660	0.66	0.46	0.33	0.13	0.12	0.09	0.17	0.12	0.09	0.09	0.06	0.04	
660 ~ 840	0.84	0.59	0.42	0.17	0.15	0.11	0.22	0.15	0.11	0.12	0.08	0.06	
840 ~ 900	0.9	0.63	0.45	0.18	0.16	0.12	0.23	0.16	0.12	0.13	0.09	0.06	
900 ~ 960	0.96	0.67	0.48	0.19	0.17	0.12	0.25	0.17	0.12	0.13	0.09	0.06	
960 ~ 1080	1.08	0.76	0.54	0.22	0.19	0.13	0.28	0.19	0.13	0.14	0.10	0.07	
1080 ~ 1200	1.20	0.84	0.60	0.24	0.22	0.16	0.31	0.22	0.16	0.17	0.12	0.09	
1200 ~ 1260	1.26	0.88	0.63	0.25	0.23	0.17	0.33	0.23	0.17	0.18	0.12	0.09	
1260 ~ 1440	1.44	1.01	0.72	0.29	0.26	0.19	0.37	0.26	0.19	0.20	0.14	0.10	
1440 ~ 1500	1.50	1.05	0.75	0.30	0.27	0.20	0.39	0.27	0.20	0.21	0.15	0.11	
1500 ~ 1560	1.56	1.09	0.78	0.31	0.28	0.20	0.41	0.28	0.20	0.21	0.15	0.11	
1560 ~ 1680	1.68	1.18	0.84	0.34	0.30	0.22	0.44	0.30	0.22	0.23	0.11	0.11	
1680 ~ 1740	1.74	1.22	0.87	0.35	0.31	0.23	0.45	0.31	0.23	0.24	0.17	0.12	
1740 ~ 1800	1.80	1.26	0.90	0.36	0.32	0.23	0.47	0.32	0.23	0.24	0.17	0.12	
1800 ~ 1920	1.92	1.34	0.96	0.38	0.35	0.25	0.50	0.35	0.25	0.26	0.19	0.14	
1920 ~ 2100	2.10	1.47	1.05	0.42	0.38	0.28	0.53	0.38	0.28	0.30	0.20	0.14	
计算条件②	防护区环境温度为20℃，设计浓度为37.5%，喷射时间为30s			防护区环境温度为20℃，设计浓度为36%，喷射时间为60s			防护区环境温度为20℃，设计浓度为7.5%，喷射时间为10s			防护区环境温度为20℃，设计浓度为15.6%，喷射时间为10s			

① 由于二氧化碳的设计用量与防护区体积和内表面均有关，无法找到简单的系数关系，所以泄压口面积应根据防护区的实际形状计算所得。

② 如所保护的防护区设计浓度与本表计算不同，则应根据表 13-9-17 重新计算。

4）防护区的泄压口开口面积和数量根据防护区的体积按表 13-9-18 泄压口所需面积和表 13-9-19 不同型号自动泄压阀的泄压面积计算。

表 13-9-19　不同型号自动泄压阀主要技术参数

型号	FXF-Ⅱ型	FXF-Ⅲ型
电源	AC#220V#0.6A	AC#220V#0.6A
动作压力	1000Pa	1000Pa
动作精度	±50Pa	±50Pa
外形尺寸/(mm × mm × mm)	610 × 302 × 206	850 × 458 × 206
墙体开洞尺寸/(mm × mm)	580 × 280	825 × 438
泄压面积/m²	0.0768	0.21
质量/kg	20.5	32.5

（4）掌握对钢瓶间和防护区的电气要求，包括照明、通信、设备和系统的自动控制、火灾报警的要求。

（5）掌握对钢瓶间和防护区的空调及设备管道安装要求。

2. 各种气体灭火系统的计算

（1）惰性气体混合物气体灭火系统的计算

1）惰性气体混合物气体灭火系统设计灭火剂用量

① 淹没系数法计算设计灭火剂用量，按式（13-9-2）计算：

$$M = XV \tag{13-9-2}$$

式中　M——惰性气体混合物的设计用量（m^3）；

　　　V——防护区净容积（m^3）；

　　　X——淹没系数，可由式（13-9-3）计算，也可查表 13-9-20。

$$X = V_s / \{ S\ln[100/(100 - C)] \} \tag{13-9-3}$$

式中　V_s——20℃时灭火剂的比容积，取 0.706 m^3/kg；

　　　C——灭火剂设计灭火浓度（$\%\ V_{灭火剂体积}/V_{防护空间体积}$），可按表 13-9-4 确定；

　　　S——惰性气体混合物的过热蒸汽比容积（m^3/kg），应按式（13-9-4）计算：

$$S = 0.65799 + 0.00239T \tag{13-9-4}$$

式中　T——防护区的环境温度（℃）。

② 海拔高度修正系数法计算设计灭火剂用量，按式（13-9-5）计算：

$$W = \frac{KV}{S}\ln[100/(100 - C)] \tag{13-9-5}$$

式中　W——惰性气体混合物的设计用量（kg）；

　　　K——海拔高度修正系数，见表 13-9-21。

③ 系统灭火剂贮存量应为防护区灭火设计用量及系统灭火剂剩余量之和，系统灭火剂剩余量按式（13-9-6）计算：

$$W_s \geqslant 2.7V_0 + 2.0V_p \tag{13-9-6}$$

式中　W_s——系统灭火剂剩余量（kg）；

　　　V_0——系统全部贮存容器的总容积（m^3）；

　　　V_p——管网的管道内容积（m^3）。

④ 根据各生产厂家的钢瓶容量（实际最小充装量）计算所需钢瓶数，按式（13-9-7）计算：

$$n = M/W_1 \tag{13-9-7}$$

式中　n——所需相应钢瓶规格的钢瓶数（个）；

　　　M——惰性气体混合物的设计用量（m^3）；

　　　W_1——相应钢瓶规格的充装量（m^3）；按表 13-9-22 取值。

表 13-9-20　惰性气体混合物灭火剂淹没系数

防护区温度 /℃	设计浓度（%）							
	37.5	38	38.5	39	39.5	40	40.5	41
-40	0.593	0.604	0.614	0.624	0.634	0.645	0.655	0.666
-34	0.579	0.590	0.599	0.609	0.620	0.630	0.640	0.651
-39	0.566	0.576	0.586	0.596	0.606	0.616	0.626	0.636
-23	0.554	0.563	0.573	0.582	0.592	0.602	0.612	0.622
-18	0.542	0.551	0.560	0.570	0.579	0.589	0.598	0.608
-12	0.530	0.539	0.548	0.558	0.567	0.576	0.589	0.595
-7	0.519	0.528	0.537	0.546	0.555	0.564	0.574	0.583
-1	0.509	0.517	0.526	0.535	0.544	0.553	0.562	0.571
4	0.499	0.507	0.516	0.524	0.533	0.542	0.551	0.560
10	0.489	0.497	0.506	0.514	0.523	0.531	0.540	0.549

（续）

防护区温度/℃	设计浓度(%)							
	41	37.5	38	38.5	39	39.5	40	40.5
16	0.479	0.487	0.496	0.504	0.513	0.521	0.530	0.538
21	0.470	0.478	0.486	0.495	0.503	0.511	0.520	0.528
27	0.462	0.469	0.477	0.486	0.494	0.502	0.510	0.518
32	0.453	0.461	0.469	0.477	0.485	0.493	0.501	0.509
38	0.445	0.453	0.460	0.468	0.476	0.484	0.492	0.500
43	0.437	0.445	0.452	0.460	0.468	0.475	0.483	0.491
48	0.430	0.437	0.445	0.452	0.460	0.467	0.475	0.483
54	0.423	0.430	0.437	0.444	0.452	0.459	0.467	0.474
60	0.416	0.422	0.430	0.437	0.444	0.452	0.459	0.467
66	0.409	0.415	0.423	0.430	0.437	0.444	0.452	0.459
71	0.402	0.409	0.416	0.423	0.430	0.437	0.444	0.451
77	0.396	0.402	0.409	0.416	0.423	0.430	0.437	0.444
82	0.390	0.396	0.403	0.410	0.417	0.423	0.430	0.437
88	0.384	0.390	0.397	0.403	0.410	0.417	0.424	0.431
93	0.378	0.384	0.391	0.397	0.404	0.411	0.417	0.424
−40	0.677	0.688	0.705	0.732	0.778	0.825	0.875	0.926
−34	0.661	0.672	0.689	0.715	0.760	0.806	0.854	0.905
−39	0.646	0.657	0.673	0.699	0.743	0.788	0.835	0.844
−23	0.632	0.642	0.658	0.683	0.726	0.770	0.817	0.865
−18	0.618	0.628	0.644	0.668	0.710	0.754	0.799	0.846
−12	0.605	0.615	0.630	0.654	0.695	0.738	0.782	0.828
−7	0.592	0.602	0.617	0.640	0.681	0.722	0.766	0.811
−1	0.580	0.590	0.604	0.627	0.667	0.708	0.750	0.794
4	0.569	0.578	0.592	0.615	0.653	0.693	0.735	0.778
10	0.558	0.566	0.581	0.603	0.641	0.680	0.721	0.763
16	0.541	0.555	0.570	0.591	0.628	0.667	0.707	0.748
21	0.537	0.545	0.559	0.580	0.616	0.654	0.694	0.734
27	0.527	0.535	0.549	0.569	0.605	0.642	0.681	0.721
32	0.517	0.525	0.539	0.559	0.594	0.631	0.668	0.708
38	0.508	0.516	0.529	0.549	0.583	0.619	0.656	0.695
43	0.499	0.507	0.520	0.539	0.573	0.608	0.645	0.683
48	0.490	0.498	0.511	0.530	0.563	0.598	0.634	0.671
54	0.482	0.489	0.502	0.521	0.554	0.588	0.623	0.660
60	0.474	0.481	0.494	0.513	0.544	0.578	0.613	0.649
66	0.466	0.473	0.486	0.504	0.535	0.569	0.603	0.638
71	0.459	0.466	0.478	0.496	0.527	0.559	0.593	0.628
77	0.452	0.458	0.470	0.488	0.518	0.551	0.584	0.618
82	0.444	0.451	0.463	0.481	0.510	0.542	0.575	0.608
88	0.438	0.444	0.456	0.473	0.502	0.534	0.566	0.599
93	0.431	0.437	0.449	0.466	0.495	0.526	0.557	0.590

表 13-9-21　惰性气体混合物灭火剂海拔高度修正系数

海拔高度/m(km)	压力/Pa	气压修正系数 K	海拔高度/m(km)	压力/Pa	气压修正系数 K
−914(−0.91)	840 × 133.322	1.11	1219(1.22)	650 × 133.322	0.86
−610(−0.61)	812 × 133.322	1.07	1524(1.52)	622 × 133.322	0.82
−305(−0.30)	787 × 133.322	1.04	1829(1.83)	596 × 133.322	0.78
0(0.00)	760 × 133.322	1.00	2134(2.13)	570 × 133.322	0.75
305(0.30)	733 × 133.322	0.96	2438(2.44)	550 × 133.322	0.72
610(0.61)	705 × 133.322	0.93	2743(2.74)	528 × 133.322	0.69
914(0.91)	678 × 133.322	0.89	3048(3.05)	505 × 133.322	0.66

注：表中压力数乘号前数为 mmHg；乘号后数为 1mmHg 换算成压强 Pa 数。

表 13-9-22　惰性气体混合物灭火剂钢瓶规格

钢瓶规格/L	120	90	80	70
允装量/ m³	19	14	12. 5	11

2）惰性气体混合物气体灭火系统防护区内灭火剂的浸渍时间应符合下列规定：

① 木材、纸张、织物等固体表面火灾，宜为20min。

② 通信机房、电子计算机房的电气设备火灾，宜为10min。

③ 其他固体表面火灾，宜为10min。

3）惰性气体混合物气体灭火系统管网设计

① 系统管网流体计算结果应符合下列规定

a. 集流管中减压设施的孔径与其连接管道直径之比不应超过13%～55%。

b. 喷嘴孔径与其连接管道直径之比不应超过11.5%～70%。

c. 喷嘴出口前的压力：对15MPa的系统，不宜小于20MPa；对2.0MPa的系统，不宜小于2.1MPa。

d. 喷嘴孔径应满足灭火剂喷放量的要求。

② 惰性气体混合物的喷放时间应保证在48～60s之内达到设计浓度的95%。

③ 凡经过或设置在有爆炸危险场所的管网系统，应设置导消静电的接地装置。

④ 管道的最大输送长度不宜超过150m。

⑤ 管网流体计算应采用气体单相液体模型。

⑥ 喷嘴的数量应满足最大保护半径的要求。

⑦ 管道容积与贮存容器的容积比不应大于66%。

⑧ 管道分流应采用三通管件水平分流。对于直流三通，其旁路出口必须为两路分流中的较小部分。

例 13-9-1　某计算机房有两个防护区，计算机房和地板夹层，要求采用惰性气体混合物全淹没系统进行保护，防护区海拔高度为1219m。计算机房长×宽×高为6m×3m×3m，地板夹层长×宽×高为6m×3m×0.3m，有两根0.7m×0.6m的结构柱垂直贯穿于两个防护区，计算机房中有个实体可移动的物体0.9m×0.6m×1.8m。

【解】　（1）确定防护区容积

计算机房：6m×3m×3m ＝ 54m³；

地板夹层：6m×3m×0.3m ＝ 5.4m³。

（2）确定固体、永久性结构或设备的体积

计算机房：每根柱子的体积为0.7m×0.6m×3m＝1.26m³；计算机房内有两根柱子，故其体积为1.26m³×2＝2.52m³

地板夹层：每根柱子的体积为0.7m×0.6m×0.3m＝0.126m³；地板夹层有两根柱子，故其体积为0.126m³×2＝0.252m³。

（3）计算防护区净容积

计算机房防护区净容积为：$V_1 = (54 - 2.52)$m³ ＝ 51.48m³；

地板夹层防护区净容积为：$V_2 = (5.4 - 0.252)$m³ ＝ 5.148m³。

（4）确定防护区的最终净容积

如果实体可移动的物体达到或超过净容积的25%，需确定最终净容积。如果实体可移动的物体小于净容积的 25%，则不会对浓度有很大影响，故不用从净容积中减去这些物体的体积。

在本例中实体可移动的物体的体积为 $0.9m \times 0.6m \times 1.8m = 0.972m^3$。确定物体体积对于净容积的百分比为 $0.972/51.48 = 0.019 = 1.9\%$，此物体体积仅为净容积的 1.9%，故不必从净容积中减去物体体积。在本例中地板层内无可移动物体，故不需计算最终净容积。

（5）确定最小设计浓度和最低预期温度

计算机房内的火灾为 A 类火灾，最小设计浓度为 37.5%，最低预期温度为 16℃。

（6）确定需要的最小惰性气体混合物药剂量

利用上述两个变量，确定惰性气体混合物药剂量。本例中设计浓度为 37.5%，查表 13-9-20 惰性气体混合物灭火剂淹没系数，可得到淹没系数为 0.479，其惰性气体混合物灭火剂药剂量计算如下：

计算机房净容积为 $51.48m^3$，初始惰性气体混合物灭火剂药剂量：$M_1 = XV_1 = 0.479 \times 51.48m^3 = 24.6m^3$；

地板夹层净容积为 $5.148m^3$，初始惰性气体混合物灭火剂药剂量：$M_2 = XV_2 = 0.479 \times 5.148m^3 = 2.5m^3$

实际设计的初始惰性气体混合物药剂量不能少于上述数量。

（7）海拔高度修正

本例中，防护区的海拔高度为 1219m，查表 13-9-21，得海拔高度修正系数为 $K = 0.86$。海拔高度修正后的惰性气体混合物灭火剂药剂量计算如下：

计算机房的惰性气体混合物灭火剂药剂量：$M'_1 = KM_1 = 0.86 \times 24.6m^3 = 21.2m^3$；

地板夹层的惰性气体混合物灭火剂药剂量：$M'_2 = KM_2 = 0.86 \times 2.5m^3 = 2.2m^3$。

（8）确定需要的最终系统的惰性气体混合物灭火剂药剂量

把所有防护区的药剂量加起来，以确定整个系统所需的最终药剂量：$M = M'_1 + M'_2 = (21.2 + 2.2)m^3 = 23.4m^3$。

（9）确定所需惰性气体混合物灭火剂的钢瓶数

本例中整个系统需要 $23.4m^3$ 的惰性气体混合物灭火剂，用这个量除以现有的最大的惰性气体混合物灭火剂钢瓶容积 $12m^3$（实际最小充装量）等于：$n' = M/W = (23.4/12)$ 个 $= 1.95$ 个，故需要 2 个钢瓶。

（10）计算所提供的实际惰性气体混合物灭火剂药剂量

实际惰性气体混合物灭火剂药剂量 $M_{实际} = nw = 2 \times 12m^3 = 24m^3$。

（11）计算每个防护区内实际释放的惰性气体混合物灭火剂药剂量

计算机房：$M_{1实际} = M_{实际} M'_1/M = (24 \times 21.2/23.4)m^3 = 21.7 \ m^3$

地板夹层：$M_{2实际} = M_{实际} M'_2/M = (24 \times 2.2/23.4)m^3 = 2.3m^3$

（12）确定实际的惰性气体混合物灭火剂淹没系数

计算机房：$X_{1实际} = M_{1实际}/KV_1 = 21.7/0.86 \times 51.48 = 0.490$

地板夹层：$X_{2实际} = M_{2实际}/KV_2 = 2.3/0.86 \times 5.15 = 0.519$

（13）验证实际的惰性气体混合物灭火剂药剂浓度是否处于 $37.5\% \sim 42.8\%$ 范围内

本例中计算机房和地板夹层的最高预期温度为 27℃，查表 13-9-20"淹没系数"，得淹没系数为0.488（表格中最接近的数字为0.486，故本例采用内插法），沿着该列向上查出实际设计浓度，本例中内插后约为39%，该值是处于上述可接受的范围内。

（14）确定39%系统的喷放时间

采用上述（如（13））步骤的过程来进行21℃环境温度的浓度，本例中用内插法可确定浓度大约为38.6%，该浓度位于37.5%~42.8%的范围内，符合要求。惰性气体混合物灭火剂喷射时间可查表13-9-23。

表13-9-23 惰性气体混合物灭火剂喷射时间

浓度(%)	时间/s	浓度(%)	时间/s
37.5	30.0	40.8	57.5
37.8	32.5	41.1	60.0
38.1	35.0	41.4	62.5
38.4	37.5	41.7	65.0
38.7	40.0	42.0	67.5
39.0	42.5	42.3	70.0
39.3	45.0	42.6	72.5
39.6	47.5	42.8	75.0
39.9	50.0	43.1	77.5
40.2	52.5	43.4	80.0
40.5	55.0		

在接近21℃环境温度下，实际设计浓度为38.6%时，其喷放时间为39s（内插法）。

（15）确定喷嘴数量 N

将防护区的长度除以9.8m，然后取整加1，来确定喷嘴数量，再用防护区的宽度除以9.8m，然后取整加1，把以上两结果相乘得到总的喷嘴数量。

计算机房：长度（6）/9.8=0.62，取整加1则为1；宽度（3）/9.8=0.31，取整加1则为1，把两个结果相乘，1×1=1，故计算机房内需要1个喷嘴。

地板夹层：长度（6）/9.8=0.62，取整加1则为1；宽度（3）/9.8=0.31，取整加1则为1，把两个结果相乘，1×1=1，故地板夹层内需要1个喷嘴。

（16）估算系统流量

计算如下：$Q = M_{实际} \times 90\% / t = (24 \times 0.9/39) \mathrm{m^3/s} = 0.55 \mathrm{m^3/s} = 33 \mathrm{m^3/min}$。

（17）确定每个防护区的喷嘴流量

计算机房：$Q_{喷嘴} = Q_1/N_1 = M_{1实际} \times 90\%/t$；

则 $N_1 = (21.7 \times 0.9/0.65 \times 1) \mathrm{m^3/min} = 30.0 \mathrm{m^3/min}$。

地板夹层：$Q_{喷嘴} = Q_2/N_2 = M_{2实际} \times 90\%/t$；

则 $N_2 = (2.3 \times 0.9/0.65 \times 1) \mathrm{m^3/min} = 3.2 \mathrm{m^3/min}$

（18）估算所需的孔板尺寸

本例中系统的总流量为33.2m³/min，查表13-9-24可知，需要使用DN25的管道，故孔板尺寸也应是DN25。

表13-9-24 惰性气体混合物灭火剂系统管道估算表

管道直径/mm	短管道(约6m)的最大流量/(m³/min)	长管道(约30m)的最大流量/(m³/min)
8	5.1	1.1
10	8.5	1.7
15	15.8	2.8
20	31.1	5.7

（续）

管道直径/mm	短管道（约6m）的最大流量/（m³/min）	长管道（约30m）的最大流量/（m³/min）
25	53.8	9.6
32	99.1	17.8
40	141.5	25.2
50	249.2	43.9
65	368.1	65.1
80	594.7	105.3
100	1104.4	193.4
125	1840.6	321.7
150	2775.0	488.7
200	5238.6	920.3

（19）确定喷嘴位置和管网设计

在图样上精确地把喷嘴和钢瓶定位；设计集流管；对所有的管网节点、集流管标志符号和喷嘴并进行编号。

（20）对每个防护区估算管道尺寸

从喷嘴往回计算确定每段管道流量，利用表 13-9-24 来估算每段管道和喷嘴的管道尺寸。本例中管道为短管道（约6m），计算机房的流量为 $30.0m^3/min$，故喷嘴和管道均为 $DN25$。地板夹层的流量为 $3.2m^3/min$，故喷嘴和管道均为 $DN8$。

（21）确定在喷放时所需要的泄压口面积

在本例中防护区的结构为一般的建筑结构，$P_f = 2400Pa$，泄压口面积计算如下：

计算机房：$X = 0.0135Q/\sqrt{P_f} = (0.0135 \times 30/\sqrt{2400})m^2 = 0.008m^2$；

地板夹层：$X = 0.0135Q/\sqrt{P_f} = (0.0135 \times 3.2/\sqrt{2400})m^2 = 0.00088m^2$。

（22）进行水力计算

以下内容由专业公司用计算机进行精确计算。

（23）修正计算表

对每个防护区重做计算表，从输入"每个防护区实际释放的惰性气体混合物灭火剂药剂量"开始，到"系统喷放时间"结束。用水力计算程序的"喷嘴性能"部分确定的药剂量来替换"每个防护区释放的实际惰性气体混合物灭火剂药剂量"。

（24）核算实际的系统性能

检查修改的计算表时，需核算以下项目：

1）最高预期温度时的药剂浓度应处于允许范围内（在有人场所为 37.5% ~ 42.8%）。

2）药剂量应高于需要的初始惰性气体混合物灭火剂药剂量。

3）水力计算所得的喷放时间等于或小于在计算表中各个防护区所列出的喷放时间。

（2）氮气气体灭火系统的计算

1）设计灭火剂用量

① 根据防护区可燃物相应的设计灭火浓度或设计惰化浓度与防护区净容积，经计算确定氮气设计用量。

② 防护区氮气设计用量或惰化设计用量应按式（13-9-8）及式（13-9-9）计算。

$$M = \frac{2.303KV}{S}\log[100/(100 - C)] \tag{13-9-8}$$

$$S = 0.799678 + 0.00293T \tag{13-9-9}$$

式中　M——全淹没灭火设计用量或惰化设计用量（kg）；

　　　K——防护区海拔高度修正系数，按表 13-9-25 选用；

　　　V——防护区净容积（m^3）；

　　　S——压力为 101.3kPa 时，对应防护区最低预期温度时氮气的蒸汽比容（m^3/kg），
　　　　　　应按式（13-8-9）计算；

　　　T——为防护区最低预期温度（℃）；

　　　C——防护区灭火设计浓度或惰化设计浓度（%）；可按表 13-9-6、表 13-9-7、表
　　　　　　13-9-8 选用（对有爆炸危险的防护区应采用惰化浓度，物质的最小设计惰化浓
　　　　　　度不应小于该物质惰化浓度的 1.1 倍）。

表 13-9-25　防护区海拔高度修正系数（K 值表）

海拔高度/m	修正系数 K	海拔高度/m	修正系数 K
-1000	1.11	2500	0.725
0	1.0	3000	0.670
1000	0.890	3500	0.615
1500	0.835	4000	0.560
2000	0.780	4500	0.505

③ 估算时可按下式计算：

$$M = XV/S \tag{13-9-10}$$

式中　M——氮气的设计灭火用量（kg）；

　　　V——防护区净容积（m^3）；

　　　X——淹没系数，可根据表 13-9-26 确定；

　　　S——氮气的蒸汽比容（m^3/kg）。

表 13-9-26　氮气淹没系数

温度 t/℃	蒸汽比容 S/（m^3/kg）	每单位防护空间体积所需的氮气灭火剂体积，$V_{灭火剂}/V_{防护空间}$/（m^3/m^3）							
		设计浓度（体积百分比 m^3/m^3）							
		36%	38.30%	42%	46%	50%	54%	58%	62%
-20	0.7411	0.518	0.561	0.631	0.714	0.803	0.899	1.005	1.121
-10	0.7704	0.498	0.540	0.607	0.686	0.772	0.865	0.966	1.078
0	0.7997	0.480	0.520	0.585	0.661	0.744	0.833	0.931	1.038
10	0.8290	0.463	0.502	0.640	0.638	0.718	0.804	0.898	1.002
20	0.8583	0.447	0.485	0.450	0.616	0.693	0.777	0.868	0.968
30	0.8876	0.432	0.468	0.527	0.596	0.670	0.751	0.839	0.936
40	0.9169	0.418	0.453	0.510	0.577	0.649	0.727	0.812	0.906
50	0.9462	0.406	0.440	0.494	0.559	0.629	0.704	0.787	0.878
60	0.9755	0.394	0.427	0.479	0.542	0.610	0.683	0.763	0.851
70	1.0048	0.382	0.414	0.465	0.526	0.592	0.663	0.741	0.827
80	1.0341	0.371	0.402	0.452	0.511	0.575	0.645	0.720	0.803
90	1.0634	0.361	0.391	0.440	0.497	0.559	0.627	0.700	0.781
100	1.0927	0.351	0.381	0.428	0.484	0.544	0.610	0.681	0.760

④ 系统的贮存量应为防护区灭火设计用量或惰化设计用量与系统中喷放后的剩余量之
和。喷放后的剩余量宜按实际管网情况确定。一般可按设计用量的 2% 估算。

⑤ 根据各生产厂家的钢瓶容量（实际最小充装量）计算所需钢瓶数，按式（13-9-11）
计算：

$$n = M/W_1 \tag{13-9-11}$$

式中　n——所需相应钢瓶规格的钢瓶数（个）；

　　　W_1——相应钢瓶规格的充装量（kg），按表 13-9-27 取值。

表 13-9-27　氮气灭火剂钢瓶规格

钢瓶规格/L	80	120
充装量/kg	17.9	

2）防护区内灭火剂的抑制时间不应小于 10min。

3）系统管网设计

① 喷头的设计数量，由单个喷头的保护面积和防护区面积确定。单个喷嘴保护面积不应大于 $30m^2$，单层喷嘴地板以上的最大喷嘴高度为 5m，当防护区高度大于 5m 时应另加一层喷嘴。喷头布置的间距应按生产厂商提供的数据确定。

② 喷头的射流方向不应对准液体表面；

③ 管道分流应采用三通，三通分流的最小流量不小于总流量的 5%，不应采用四通进行管道分流。

④ 管网计算时各管段中氮气的流量，宜采用平均设计流量；

⑤ 灭火剂释放时，管网应进行减压。减压装置宜采用减压孔板。减压孔板宜设在系统的源头或干管入口处。

⑥ 喷头入口压力的计算值不应小于 1.0MPa（绝对压力）。

⑦ 氮气的喷射时间不应超过 60s。

（3）七氟丙烷气体灭火系统的计算

1）设计灭火剂用量

① 七氟丙烷灭火系统的设计用量可按式（13-9-12）计算：

$$W = \frac{KV}{S_v}\left[C/(100 - C)\right] \qquad (13\text{-}9\text{-}12)$$

式中　W——七氟丙烷的设计灭火用量（kg）；

　　　C——七氟丙烷的设计灭火浓度（%V/V），见前述内容；

　　　V——防护区净容积（m^3）；

　　　K——海拔高度修正系数，见表 13-9-28；

　　　S_v——七氟丙烷过热蒸汽在 101.3kPa 和防护区最低环境温度下的比容积（m^3/kg），应按式（13-9-13）计算：

$$S_v = 0.1269 + 0.000513T \qquad (13\text{-}9\text{-}13)$$

式中　T——防护区的环境温度（℃）。

表 13-9-28　七氟丙烷灭火系统防护区海拔高度修正系数

海拔高度/m(km)	压力/Pa	气压修正系数 K	海拔高度/m(km)	压力/Pa	气压修正系数 K
-920(-0.92)	840×133.322	1.11	1210(1.21)	650×133.322	0.86
-610(-0.61)	812×133.322	1.07	1520(1.52)	622×133.322	0.82
-300(-0.30)	787×133.322	1.04	1830(1.83)	596×133.322	0.78
0(0.00)	760×133.322	1.00	2130(2.13)	570×133.322	0.75
300(0.30)	733×133.322	0.96	2440(2.44)	550×133.322	0.72
610(0.61)	705×133.322	0.93	2740(2.74)	528×133.322	0.69
920(0.92)	678×133.322	0.89	3050(3.05)	505×133.322	0.66

注：表中压力数乘号前数为 mmHg；乘号后数为 1mmHg 换算成压强 Pa 数。

② 系统灭火剂贮存量应按式 (13-9-14) 计算：

$$W_0 = W + \Delta W_1 + \Delta W_2 \qquad (13\text{-}9\text{-}14)$$

式中　W_0——系统灭火剂贮存量 (kg)；

W——七氟丙烷的设计灭火用量 (kg)；

ΔW_1——贮存容器内的灭火剂剩余量 (kg)；可按贮存容器内引升管管口以下的容器容积量换算；

ΔW_2——管道内的灭火剂剩余量 (kg)；均衡管网和只含一个封闭空间的非均衡管网，其管网内的灭火剂剩余量均可不计。

③ 根据各生产厂家的钢瓶容量 (实际最小充装量) 计算所需钢瓶数，按式 (13-9-15) 计算：

$$n = W_0 / W_1 \qquad (13\text{-}9\text{-}15)$$

式中　n——所需相应钢瓶规格的钢瓶数 (个)；

W_0——系统灭火剂贮存量 (kg)；

W_1——相应钢瓶规格的充装量 (kg)，按表 13-9-29、表 13-9-30、表 13-9-31 取值。

表 13-9-29　国产七氟丙烷灭火剂钢瓶规格

钢瓶规格/L	40	70	90	120	150	180
充装量/kg	46	80.5	103.5	138	172.5	207

注：本表依据南京消防器材厂提供的资料。

表 13-9-30　进口七氟丙烷灭火剂钢瓶规格

钢瓶规格/L	4.7	8.1	16.2	28.3	50.6	81	142	243
充装量/kg	5	9	18	32	57	91	159	272

注：本表依据阿科普提供的资料。

表 13-9-31　备压式七氟丙烷灭火剂钢瓶规格

钢瓶规格/L	82	143	16.2	245	370
充装量/kg	102	179	18	306	460

注：本表依据阿科普提供的资料。

2) 防护区内灭火剂的浸渍时间应符合表 13-9-32 的规定。

表 13-9-32　防护区内灭火剂的浸渍时间

火灾名称	浸渍时间/min	火灾名称	浸渍时间/min
扑救木材、纸张、织物等固体火灾	不宜小于 20	扑救其他固体火灾	不宜小于 10
扑救通信机房、电子计算机房等防护区火灾	不宜小于 5	扑救气体和液体火灾	不宜小于 1

3) 系统管网设计

① 七氟丙烷灭火剂的喷射时间，对于通信机房和电子计算机房等防护区不宜大于 8s；其他防护区不宜大于 10s。

② 管道的最大输送长度，当采用气液两相流体模型计算时不宜超过 100m，系统中其最不利点的喷嘴工作压力不应小于喷放"过程中点"贮存容器压力的 1/2 (绝对压力，MPa)；当采用液体单相流体模型计算时不宜超过 30m。

③ 管网宜布置为均衡系统，管网中各个喷嘴的设计质量流体应相等，管网中从第 1 分

流点至各喷嘴的管道计算阻力损失，其相互间的最大差值不应大于20%。

④ 系统管网的管道总容积不应大于系统七氟丙烷充装量体积的80%。

⑤ 管网分流采用三通管件，其分流出口应水平布置。

例 13-9-2 某计算机房，海拔高度为0m，房间大小为：长×宽×高=18.2m×15.0m×3.6m（轴距），吊顶内高度为1.0m，吊顶以下高度为2.6m。设置两层气体灭火喷头进行保护。被保护对象为电子数据处理及数据电缆等，设计浓度不低于8%。保护区为独立的、封闭的保护区，门缝缝隙未封堵。最低环境温度为15℃，最高环境温度为35℃。对该系统进行计算。

【解】 （1）分析防护区

1）首先对被保护区的密闭性、完整性进行确定。确认该防护区与其他相邻防护区被完全隔离开来，吊顶内及地板下的相通处应使用防火阻燃材料封填。如果无法完全隔断，则须要通过计算增加药剂量，以弥补开口所流失的灭火药剂。

2）确认该防护区中的或经过该防护区的通风及空调等设备的管路在进出保护区时有快速关断的装置。

（2）计算防护区内净体积

计算出防护区内净体积可以减去永久占用体积，如梁柱的体积，但不可减去家具及设备、容器的体积（本计算减去墙厚，不减去梁柱、地板及吊顶所占的体积）：

$$吊顶内容积\ V_1 = 18.0 \times 14.8 \times 1.0 \mathrm{m}^3 = 266.4 \mathrm{m}^3$$

$$吊顶内容积\ V_2 = 18.0 \times 14.8 \times 2.6 \mathrm{m}^3 = 692.64 \mathrm{m}^3$$

$$保护区总容积\ V = V_1 + V_2 = (266.4 + 692.64) \mathrm{m}^3 = 959 \mathrm{m}^3$$

（3）计算灭火剂用量

以最低环境温度状态为基准，计算药剂量。因环境温度越低，灭火剂气体体积越小。最低环境温度为 $T = 15℃$；

灭火剂在该温度常压下的蒸汽比容为 $S_v = 0.1269 + 0.000513T = 0.1344 \mathrm{m}^3/\mathrm{kg}$

$$灭火剂用量\ W = \frac{KV}{S_v} \left[C/(100 - C) \right] = \frac{1 \times 959}{0.1344} \times \left[8/(100 - 8) \right] \mathrm{kg} = 620.5 \mathrm{kg}$$

还可以直接查表 13-9-33，全淹没系数 $X_{\min} = 0.6457 \mathrm{kg/m}^3$。得出灭火剂用量为 $W = X_{\min} V = 959 \times 0.6457 \mathrm{kg} = 619.2 \mathrm{kg}$，取 620.6kg。

吊顶内用量为 172.4kg；吊顶下用量为 448.2kg。

表 13-9-33　七氟丙烷灭火剂淹没系数

防护区温度/℃	设计浓度(%)				
	6	7	8	9	10
0	0.5034	0.5936	0.6858	0.7800	0.8763
5	0.4932	0.5816	0.6719	0.7642	0.8586
10	0.4834	0.5700	0.6583	0.7490	0.8414
15	0.4740	0.5589	0.6457	0.7344	0.8251
20	04650	0.5483	0.6335	0.7205	0.8094
25	0.4564	0.5382	0.6217	0.7071	0.7944
30	0.4481	0.5284	0.6204	0.6943	0.7800
35	0.4401	0.5190	0.5996	0.6819	0.7661
40	0.4324	0.5099	0.5891	0.6701	0.7528

（续）

防护区温度/℃	设计浓度（%）				
	6	7	8	9	10
45	0.4250	0.5012	0.5790	0.6586	0.7399
50	0.4480	0.4929	0.5694	0.6476	0.7276
55	0.4111	0.4847	0.5600	0.6369	0.7156
60	0.4045	0.4770	0.5510	0.6267	0.7041
65	0.3980	0.4694	0.5412	0.6167	0.6929
70	0.3919	0.4621	0.5338	0.6072	0.6821
75	0.3859	0.4550	0.5257	0.5979	0.6717
80	0.3801	0.4482	0.5178	0.5890	0.6617
85	0.3745	0.4416	0.5102	0.5803	0.6519
90	0.3690	0.4351	0.5037	0.5717	0.6423
0	0.9748	1.0755	1.1783	1.2839	1.3918
5	0.9550	1.0537	1.1546	1.2579	1.3636
10	0.9360	1.0327	1.1316	1.2328	1.3364
15	0.9178	1.0126	1.1096	1.2089	1.3105
20	0.9004	0.9934	1.0886	1.1859	1.2856
25	0.8837	0.9750	1.0684	1.1640	1.2618
30	0.8676	0.9573	1.0490	1.1428	1.2388
35	0.8522	0.9402	1.0303	1.1224	1.2168
40	0.8374	0.9230	1.0124	1.1029	1.1956
45	0.8230	0.9000	0.9950	1.0840	1.1751
50	0.8093	0.8929	0.9784	1.0660	1.1555
55	0.7960	0.8782	0.9623	1.0484	1.1365
60	0.7821	0.8410	0.9469	1.0316	1.1183
65	0.7707	0.8504	0.9318	1.0152	1.1005
70	0.7588	0.8371	0.9173	0.9994	1.0834
75	0.7471	0.8243	0.9033	0.9841	1.0668
80	0.7360	0.8120	0.8898	0.9694	1.0509
85	0.7251	0.8000	0.8767	0.9551	1.0354
90	0.7145	0.7883	0.8638	0.9411	1.0202

若保护区所处地区的海拔高度不是0m，须在总药剂量上乘以海拔高度修正系数，见表13-9-28。

（4）校验

在以环境最高温度时，该药剂用量下的体积比浓度是否超出安全限度为标准，对以上数据进行校验。

最高环境温度为35℃，直接查表13-9-33，该温度时全淹没系数 $X_{max} = 0.5996\text{kg/m}^3$。

$C_{max} = CX_{min}/X_{max} = 8\% \times 0.6457/0.5996 = 8.6\% < 9.0\%$（NOAEL——无影响最高值）。

经验证，该环境温度变化下，灭火药剂设计用量小于NOAEL值，可以适用于有人常驻的空间。

（5）计算泄压口面积

按照有关规定进行泄压口的设置和计算（本例略）。

（6）钢瓶选型

某厂每钢瓶的最大容积为370L（最大充装量为460kg），配置的钢瓶数 $n = W/W_1 = (620.6/460)$ 个 $= 1.35$ 个，故采用两个370L钢瓶。

（7）管网布置

管网布置如图 13-9-4、图 13-9-5 所示。

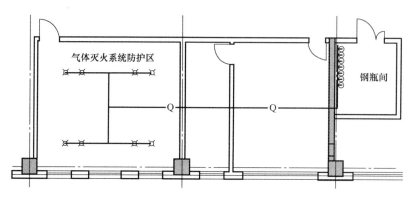

图 13-9-4　平面布置简图

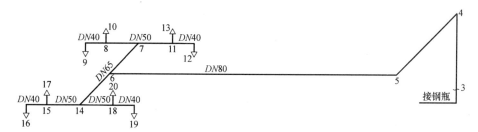

图 13-9-5　系统计算简图

（8）确定平均流量和计算管段的管径估算

1）管径估算查表 13-9-34。

表 13-9-34　七氟丙烷系统管径估算

管径 DN/mm	流量/(kg/s)	
	最小值	额定最大值
15	1.60	3.90
20	2.70	5.70
25	4.10	9.00
32	6.30	13.60
40	9.10	25.00
50	13.60	40.90
65	25.00	56.80
80	40.80	90.90

2）确定平均流量和计算管段的管径见表 13-9-35。

表 13-9-35　确定平均流量和计算管段的管径

管段节点	平均流量/(kg/s)	估算管径 DN/mm
3—6	77.57	80
6—7(6—14)	38.79	65
7—8(7—11、14—15、14—18)	19.39	50 或 40
8—9(11—12、15—16、18—19)	14.00	40
8—10(11—13、15—17、18—20)	5.39	20 或 25

（4）三氟甲烷气体灭火系统计算

1）设计灭火剂用量

①三氟甲烷灭火系统的设计用量可按式（13-9-16）计算：

$$W = \frac{V}{S_v}\left[C/(100 - C) \right] \qquad (13\text{-}9\text{-}16)$$

式中　W——三氟甲烷的设计灭火用量（kg）；

　　　V——防护区净容积（m^3）；

　　　C——三氟甲烷的设计灭火浓度（%），见前述内容或按表13-9-13选用；

　　　S_v——三氟甲烷过热蒸汽在101.3kPa和防护区最低环境温度下的比容积（m^3/kg），
　　　　应按式（13-9-17）计算：

$$S_v = 0.3164 + 0.0012T \qquad (13\text{-}9\text{-}17)$$

式中　T——防护区的环境温度（℃）。

②根据各生产厂家的钢瓶容量（实际最小充装量）计算所需钢瓶数，按式（13-9-18）计算：

$$n = W/W_1 \qquad (13\text{-}9\text{-}18)$$

式中　n——所需相应钢瓶规格的钢瓶数（个）；

　　　W——三氟甲烷的设计灭火用量（kg）；

　　　W_1——相应钢瓶规格的充装量（m^3），按表13-9-36取值。

表13-9-36　三氟甲烷灭火剂钢瓶规格

钢瓶规格/L	40	70	90
充装量/kg	32	56	72

2）防护区内三氟甲烷灭火剂的浸渍时间应符合下列规定：

① 扑灭固体火灾时，不宜小于10min。

② 扑灭液体火灾时，不宜小于1min。

3）系统管网设计

① 三氟甲烷灭火剂的喷射时间不应大于10s。

② 管道的最大输送长度不宜超过60m。

③ 管网流体计算应采用两相流体模型。

④ 管网中最不利点喷嘴出口前的压力不应低于0.75MPa。

⑤ 三氟甲烷灭火系统贮存容器中三氟甲烷的充装密度不应大于860kg/m^3。

⑥ 系统管网宜布置为均衡系统，管网中各个喷嘴，设计质量流量应相等；管网中从第1分流点至各喷嘴的管道计算阻力损失，其相互间的最大差值不应大于10%。

⑦ 系统管网的管道总容积不宜大于该系统三氟甲烷充装量体积的80%。

⑧ 管网分流应采用三通管件，其分流出口应水平布置。

（5）二氧化碳气体灭火系统计算。二氧化碳气体灭火系统有全淹没和局部应用两种系统。

1）全淹没灭火系统的设计计算

① 二氧化碳设计灭火剂用量应按式（13-9-19）～式（13-9-21）计算：

$$W = K_h(K_1 A + K_2 V) \qquad (13\text{-}9\text{-}19)$$

$$A = A_v + 30A_0 \tag{13-9-20}$$

$$V = V_v + V_g \tag{13-9-21}$$

式中　W——二氧化碳设计灭火剂用量（kg）；

　　　　K_h——物质系数，按表 13-9-14 选用；

　　　　K_1——面积系数（kg/m²），取 0.2 kg/m²；

　　　　K_2——体积系数（kg/m³），取 0.2 kg/m³；

　　　　A——折算面积（m²）；

　　　　A_v——防护区内侧面、底面、顶面（包括其中的开口）的总面积（m²）；

　　　　A_0——开口总面积（m²）；

　　　　V——防护区的净容积（m³）；

　　　　V_v——防护区容积（m³）；

　　　　V_g——防护区内非燃烧体和难燃烧体的总容积（m³）。

②　当防护区的环境温度超过 100℃ 时，二氧化碳设计灭火剂用量应在式（13-9-19）计算的基础上每超过 5℃ 增加 2%。

③　当防护区的环境温度低于-20℃ 时，二氧化碳设计灭火剂用量应在式（13-9-19）计算的基础上每低于 1℃ 增加 2%。

④　二氧化碳的贮存量应为设计用量与残余量之和。残余量可按设计用量的 8% 计算。组合分配系统的二氧化碳贮存量，不应小于所需贮存量最大的一个防护区的贮存量。

⑤　根据各生产厂家的钢瓶容量（实际最小充装量）计算所需钢瓶数，按式（13-9-22）计算：

$$n = W/W_1 \tag{13-9-22}$$

式中　n——所需相应钢瓶规格的钢瓶数（个）；

　　　　W——二氧化碳设计用量（kg）；

　　　　W_1——相应钢瓶规格的充装量（m³），按表 13-9-37 取值。

表 13-9-37　高压二氧化碳灭火剂钢瓶规格

钢瓶规格/L	40	70
充装量/kg	24	42

2）局部应用二氧化碳灭火系统的设计计算

①　局部应用二氧化碳灭火系统的设计可采用面积法或体积法进行计算。当保护对象的着火部位是比较平直的表面时，宜采用面积法；当着火对象为不规则物体时，应采用体积法。

②　局部应用二氧化碳灭火系统的二氧化碳喷射时间不应小于 0.5min。对于燃点温度低于沸点温度的液体和可熔化固体的火灾，二氧化碳喷射时间不应小于 1.5min。

③　当采用面积法设计时，应符合下列规定：

a. 保护对象计算面积应取被保护表面整体的垂直投影面积。

b. 架空型喷头应以喷头的出口至保护对象表面的距离确定设计流量和相应的正方形保护面积；槽边型喷头保护面积应由设计选定的喷头设计流量确定。

c. 架空型喷头的布置宜垂直于保护对象的表面，其瞄准点应是喷头保护面积的中心。

当确定非垂直布置时，喷头的安装角度不应小于45°。其瞄准点应偏向喷头安装位置的一方，如图13-9-6所示，喷头偏离保护面积中心的距离可按表13-9-38确定。

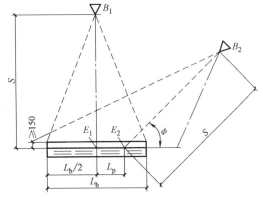

图13-9-6　架空型喷头的布置

L_b—单个喷头正方形保护面积的边长　　L_p—瞄准点偏离喷头保护面积中心的距离　　B_1、B_2—喷头布置位置

E_1、E_2—喷头瞄准点　　S—喷头出口至瞄准点的距离　　ϕ—喷头安装角度

表13-9-38　喷头偏离保护面积中心的距离

喷头的安装角度/(°)	喷头偏离保护面积中心的距离/m
45～60	$0.25L_b$
60～75	$0.25L_b$～$0.125L_b$
75～90	$0.125L_b$～0

注：L_b 为单个喷头正方形保护面积的边长。

d. 喷头非垂直布置时的设计流量和保护面积应与垂直布置时相同。

e. 喷头宜等距布置，以喷头正方形保护面积组合排列，并应完全覆盖保护对象。

f. 采用面积法设计的二氧化碳的设计用量应按式（19-9-23）计算：

$$W = NQ_i t \tag{13-9-23}$$

式中　W——二氧化碳的设计用量（kg）；

　　　N——喷头数量（个）；

　　　Q_i——单个喷头的设计流量（kg/min）；

　　　t——喷射时间（min）。

④ 当采用体积法设计时，应符合下列规定：

a. 保护对象的计算体积应采用假定的封闭罩的体积。封闭罩的底应是保护对象的实际底面；封闭罩的侧面及顶部，当无实际围护结构时，其与保护对象外缘的距离不应小于0.6m。

b. 二氧化碳的单位体积的喷射率应按式（13-9-24）计算：

$$q_v = K_h \left[16 - (12A_P / A_t) \right] \tag{13-9-24}$$

式中　q_v——单位体积的喷射率［kg/(min·m³)］；

　　　K_h——物质系数，按表13-9-14选用；

　　　A_t——在假定的封闭罩侧面围封面的面积（m²）；

　　　A_P——在假定的封闭罩中存在的实际墙体等实际围封面的面积（m²）。

c. 采用体积法设计的二氧化碳的设计用量应按式（13-9-25）计算：

$$W = V_1 q_v t \tag{13-9-25}$$

式中　W——采用体积法设计的二氧化碳的设计用量（kg）；

　　　V_1——保护对象的计算体积（m³）；

　　　q_v——单位体积的喷射率 [kg/(min·m³)]；

　　　t——喷射时间（min）。

　　d. 喷头的布置与数量应使喷射的二氧化碳分布均匀，并满足单位体积的喷射率和设计用量的要求。

　　⑤ 二氧化碳的存贮量应取设计用量的 1.4 倍与管道蒸发量之和。组合分配系统的二氧化碳贮存量不应小于所需贮存最大的一个保护对象的贮存量。

　　3）系统管网计算。管网计算应由经认证的专业的商业软件进行，在招标之前，不可能进行详细的水力计算，可手工艺粗算。

　　① 管网中干管的设计流量应按式（13-9-26）计算：

$$Q = W/t \tag{13-9-26}$$

式中　Q——管道的设计流量（kg/min）；

　　　W——采用体积法设计的二氧化碳的设计用量（kg）；

　　　t——喷射时间（min）。

　　② 管网中支管的设计流量应按式（13-9-27）计算：

$$Q = \sum_{i=1}^{N_g} Q_i \tag{13-9-27}$$

式中　Q——管道的设计流量（kg/min）；

　　　N_g——安装在计算支管流程下游的喷头数量；

　　　Q_i——单个喷头的设计流量（kg/min）。

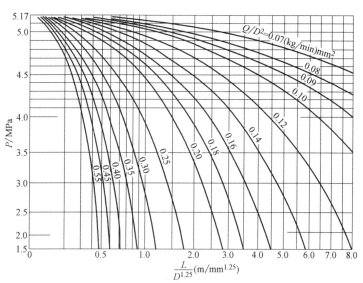

图 13-9-7　管道压力降

注：管网起始压力取设计额定贮存压（5.17MPa），后段管道的起始压力取前段管道的终点压力。

　　③ 管道压力降可按式（13-9-28）计算或按图 13-9-7 采用。

$$Q^2 = (0.8725 \times 10^{-4} \times D^{5.25} \times Y)/[L + (0.04319 D^{1.25} Z)] \tag{13-9-28}$$

式中 Q——管道的设计流量（kg/min）；

  D——管道内径（mm）；

  L——管段计算长度（m）；

  Y——压力系数（MPa·kg/m³），应按表13-9-39采用；

  Z——密度系数，应按表13-9-39采用。

表13-9-39 二氧化碳的压力系数和密度系数

压力/MPa	压力系数 $Y/(MPa \cdot kg/m^3)$	密度系数 Z
5.17	0	0
5.10	55.4	0.0035
5.05	97.2	0.0600
5.00	132.5	0.0825
4.75	303.7	0.210
4.50	461.6	0.330
4.25	612.9	0.427
4.00	725.6	0.570
3.75	828.3	0.700
3.50	927.7	0.830
3.25	1005.0	0.950
3.00	1082.3	1.086
2.75	1150.7	1.240
2.50	1219.3	1.430
2.25	1250.2	1.620
2.00	1285.5	1.840
1.75	1318.7	2.140
1.40	1340.8	2.590

④ 管段的计算长度应为管道的实际长度与管道附件当量长度之和。管道附件的当量长度可按表13-9-40采用。

表13-9-40 管道附件的当量长度

管道公称直径 DN/mm	螺纹连接			焊接		
	90°弯头/m	三通的直通部分/m	三通的侧通部分/m	90°弯头/m	三通的直通部分/m	三通的侧通部分/m
15	0.52	0.30	1.04	0.24	0.21	0.64
20	0.67	0.43	1.37	0.33	0.27	0.85
25	0.85	0.55	1.74	0.43	0.34	1.07
32	1.13	0.70	2.29	0.55	0.46	1.40
40	1.31	0.82	2.65	0.64	0.52	1.65
50	1.68	1.07	3.42	0.85	0.67	2.10
65	2.01	1.25	4.09	1.01	0.82	2.50
80	2.50	1.56	5.06	1.25	1.01	3.11
100	—	—	—	1.65	1.34	4.09
125	—	—	—	2.04	1.68	5.12
150	—	—	—	2.47	2.01	6.16

⑤ 喷头入口处的压力计算值不应小于1.4MPa（绝对压力）。

⑥ 喷头等效孔口面积应按式（13-9-29）计算：

$$F = Q_i/q_0 \tag{13-9-29}$$

式中 F——喷头等效孔口面积（mm²）；

Q_i——通过喷头等效孔口面积的流量（kg/min）；

q_0——等效孔口面积的喷射率 [kg/(min·mm^2)]，按表 13-9-41 选取。

表 13-9-41　喷头入口压力与单位面积的喷射率

喷头入口压力/MPa	喷射率/[kg/(min·mm^2)]	喷头入口压力/MPa	喷射率[kg/(min·mm^2)]
5.17	3.255	3.28	1.223
5.00	2.703	3.10	1.139
4.83	2.401	2.93	1.062
4.65	2.172	2.76	0.9843
4.48	1.993	2.59	0.9070
4.31	1.839	2.41	0.8296
4.14	1.705	2.24	0.7593
3.96	1.589	2.07	0.6890
3.79	1.487	1.72	0.5484
3.62	1.396	1.40	0.4833
3.45	1.308		

⑦ 喷头规格应根据等效孔口面积确定。

⑧ 贮存容器的数量可按式（13-9-30）计算：

$$N_P = M_C / \alpha V_0 \tag{13-9-30}$$

式中　N_P——贮存容器数（个）；

M_C——贮存量（kg）；

α——充装率（kg/L）；

V_0——单个贮存容器的容积（L/个）。

13.10　建筑灭火器配置

13.10.1　灭火器的配置场所、灭火级别、类型及表示

1. 灭火器的配置场所

存在可燃的气体、液体和固体物质，有可能发生火灾，需按现行规范设置灭火器的场所称为灭火器设置场所。灭火器设置场所可以是建筑内的一个房间，也可以是构筑物所占用的一个区域。建筑灭火器是指各种类型、规格的手提式灭火器和推车式灭火器。火灾场所依据火灾类型分为 A 类火灾场所（发生 A 类火灾——指固体物质火灾）、B 类火灾场所（发生 B 类火灾——指液体火灾或可熔性固体物质火灾）、C 类火灾场所（发生 C 类火灾——指气体火灾）、D 类火灾场所（发生 D 类火灾——指金属火灾）和 E 类火灾场所（发生 E 类火灾——指物体带电燃烧火灾）。各火灾场所依燃烧物质而定，见表 13-10-1。

表 13-10-1　各火灾场所的物质

火灾场所名称	发生火灾的物质
A 类火灾场所	指固体物质，如木材、棉、毛、麻、纸张及其制品
B 类火灾场所	指液体或可熔性固体物质，如汽油、煤油、柴油、原油、甲醇、乙醇、沥青、石蜡等
C 类火灾场所	指气体，如煤气、天然气、甲烷、乙烷、丙烷、氢气等
D 类火灾场所	指金属，如钾、钠、镁、钛、锆、铝镁合金等
E 类火灾场所	指燃烧时仍带电的物体，如发电机、变压器、配电盘、开关箱、仪器仪表、电子计算机等带电物体燃烧

灭火器配置场所的危险等级以建筑分为工业建筑和民用建筑两类，上两建筑灭火器的配

置场所的危险等级分为严重危险级、中危险级和轻危险级三级。

（1）工业建筑灭火器配置场所的危险等级。工业建筑灭火器配置场所的危险等级，根据其生产、使用、储存物品的火灾危险性，可燃物数量，火灾蔓延速度，扑救难易程度等因素，划分以下三级：

1）严重危险级：火灾危险性大，可燃物多，起火后蔓延迅速，扑救困难，容易造成重大财产损失的场所。

2）中危险级：火灾危险性较大，可燃物较多，起火后蔓延较迅速，扑救较难的场所。

3）轻危险级：火灾危险性较小，可燃物较少，起火后蔓延较缓慢，扑救较易的场所。

工业建筑场所内生产、使用和贮存可燃物的火灾危险性是划分危险等级的主要因素。工业建筑的厂房和库房灭火器配置场所与危险等级的对应关系见表13-10-2。

表13-10-2 工业建筑的厂房和库房灭火器配置场所与危险等级的对应关系

配置场所 ＼ 危险等级	严重危险级	中危险级	轻危险级
厂房	甲、乙类物品生产场所	丙类物品生产场所	丁、戊类物品生产场所
库房	甲、乙类物品贮存场所	丙类物品贮存场所	丁、戊类物品贮存场所

工业建筑灭火器配置场所的危险等级举例见表13-10-3。

表13-10-3 工业建筑灭火器配置场所的危险等级举例

危险等级	举例	
	厂房和露天、半露天生产装置区	库房和露天、半露天堆场
严重危险级	1. 闪点小于60℃的油品和有机溶剂的提炼、回收、洗涤部位及其泵房、灌桶间	1. 化学危险物品库房
	2. 橡胶制品的涂胶和胶浆部位	2. 装卸原油或化学危险物品的车站、码头
	3. 二硫化碳的粗馏、精馏工段及其应用部位	3. 甲、乙类液体储罐区、桶装库房、堆场
	4. 甲醇、乙醇、丙酮、丁酮、异丙醇、醋酸乙酯、苯等的合成、精制厂房	4. 液化石油气储罐区、桶装库房、堆场
	5. 植物油加工厂的浸出厂房	5. 棉花库房及散装堆场
	6. 洗涤剂厂房石蜡裂解部位、冰醋酸裂解厂房	6. 稻草、芦苇、麦秸等堆场
	7. 环氧氯丙烷、苯乙烯厂房或装置区	7. 赛璐珞及其制品、漆布、油布、油纸及其制品、油绸及其制品库房
	8. 液化石油气灌瓶间	8. 酒精度为60度以上的白酒库房
	9. 天然气、石油伴生气、水煤气或焦炉煤气的净化（如脱硫）厂房压缩机室及鼓风机室	
	10. 乙炔站、氢气站、煤气站、氧气站	
	11. 硝化棉、赛璐珞厂房及其应用部位	
	12. 黄磷、赤磷制备厂房及其应用部位	
	13. 樟脑或松香提炼厂房,焦化厂精萘厂房	
	14. 煤粉厂房和面粉厂房的碾磨部位	
	15. 谷物简仓工作塔、亚麻厂的除尘器和过滤器室	
	16. 氯酸钾厂房及其应用部位	
	17. 发烟硫酸或发烟硝酸浓缩部位	
	18. 高锰酸钾、重铬酸钠厂房	
	19. 过氧化钠、过氧化钾、次氯酸钙厂房	
	20. 各工厂的总控制室、分控制室	
	21. 国家和省级重点工程的施工现场	
	22. 发电厂（站）和电网经营企业的控制室、设备间	

（续）

危险等级	举例	
	厂房和露天、半露天生产装置区	库房和露天、半露天堆场
中危险级	1. 闪点大于等于 60 ℃的油品和有机溶剂的提炼、回收工段及其抽送泵房	1. 丙类液体储罐区、桶装库房、堆场
	2. 柴油、机器油或变压器油灌桶间	2. 化学、人造纤维及其织物和棉、毛、丝、麻及其织物的库房、堆场
	3. 润滑油再生部位或沥青加工厂房	3. 纸、竹、木及其制品的库房、堆场
	4. 植物油加工精炼部位	4. 火柴、香烟、糖、茶叶库房
	5. 油浸变压器室和高、低压配电室	5. 中药材库房
	6. 工业用燃油、燃气锅炉房	6. 橡胶、塑料及其制品的库房
	7. 各种电缆廊道	7. 粮食、食品库房、堆场
	8. 油淬火处理车间	8. 电脑、电视机、收录机等电子产品及家用电器库房
	9. 橡胶制品压延、成型和硫化厂房	9. 汽车、大型拖拉机停车库
	10. 木工厂房和竹、藤加工厂房	10. 酒精度小于 60 度的白酒库房
	11. 针织品厂房和纺织、印染、化纤生产的干燥部位	11. 低温冷库
	12. 服装加工厂房、印染厂成品厂房	
	13. 麻纺厂粗加工厂房、毛涤厂选毛厂房	
	14. 谷物加工厂房	
	15. 卷烟厂的切丝、卷制、包装厂房	
	16. 印刷厂的印刷厂房	
	17. 电视机、收录机装配厂房	
	18. 显像管厂装配工段烧枪间	
	19. 磁带装配厂房	
	20. 泡沫塑料厂的发泡、成型、印片、压花部位	
	21. 饲料加工厂房	
	22. 地市级及以下的重点工程的施工现场	
轻危险级	1. 金属冶炼、铸造、铆焊、热轧、锻造、热处理厂房	1. 钢材库房、堆场
	2. 玻璃原料熔化厂房	2. 水泥库房、堆场
	3. 陶瓷制品的烘干、烧成厂房	3. 搪瓷、陶瓷制品库房、堆场
	4. 酚醛泡沫塑料的加工厂房	4. 难燃烧或非燃烧的建筑装饰材料库房、堆场
	5. 印染厂的漂炼部位	5. 原木库房、堆场
	6. 化纤厂后加工润湿部位	6. 丁、戊类液体储罐区、桶装库房、堆场
	7. 造纸厂或化纤厂的浆粕蒸煮工段	
	8. 仪表、器械或车辆装配车间	
	9. 不燃液体的泵房和阀门室	
	10. 金属（镁合金除外）冷加工车间	
	11. 氟利昂厂房	

（2）民用建筑灭火器配置场所的危险等级。民用建筑灭火器配置场所的危险等级，根据其使用性质、人员密集程度、用电用火情况、可燃物数量、火灾蔓延速度、扑救难易程度等因素，划分以下三级：

1）严重危险级：使用性质重要，人员密集，用电用火多，可燃物多，起火后蔓延迅速，扑救困难，容易造成重大财产损失或人员群死群伤的场所。

2）中危险级：使用性质较重要，人员较密集，用电用火较多，可燃物较多，起火后蔓延较迅速，扑救较难的场所。

3）轻危险级：使用性质一般，人员不密集，用电用火较少，可燃物较少，起火后蔓延较缓慢，扑救较易的场所。

民用建筑的危险因素与危险等级对应关系见表13-10-4。

表 13-10-4 民用建筑的危险因素与危险等级对应关系

危险因素 危险等级	使用性质	人员密集程度	用电用火设备	可燃物数量	火灾蔓延速度	扑救难度
严重危险级	重要	密集	多	多	迅速	大
中危险级	较重要	较密集	较多	较多	较迅速	较大
轻危险级	一般	不密集	较少	较少	较缓慢	较小

民用建筑灭火器配置场所的危险等级举例见表13-10-5。

表 13-10-5 民用建筑灭火器配置场所的危险等级举例

危险等级	举 例
严重危险级	1. 县级及以上的文物保护单位、档案馆、博物馆的库房、展览室、阅览室
	2. 设备贵重或可燃物多的实验室
	3. 广播电台、电视台的演播室、道具间和发射塔楼
	4. 专用电子计算机房
	5. 城镇及以上的邮政信函和包裹分拣房、邮袋库、通信枢纽及其电信机房
	6. 客房数在50间以上的旅馆、饭店的公共活动用房、多功能厅、厨房
	7. 体育场(馆)、电影院、剧院、会堂、礼堂的舞台及后台部位
	8. 住院床位在50张及以上的医院的手术室、理疗室、透视室、心电图室、药房、住院部、门诊部、病历室
	9. 建筑面积在2000m²及以上的图书馆、展览馆的珍藏室、阅览室、书库、展览厅
	10. 民用机场的候机厅、安检厅及空管中心、雷达机房
	11. 超高层建筑和一类高层建筑的写字楼、公寓楼
	12. 电影、电视摄影棚
	13. 建筑面积在1000m²及以上的经营易燃易爆化学物品的商场、商店的库房及铺面
	14. 建筑面积在200m²及以上的公共娱乐场所
	15. 老人住宿床位在50张及以上的养老院
	16. 幼儿住宿床位在50张及以上的托儿所、幼儿园
	17. 学生住宿床位在100张及以上的学校集体宿舍
	18. 县级及以上的党政机关办公大楼的会议室
	19. 建筑面积在500m²及以上的车站和码头的候车(船)室、行李房
	20. 城市地下铁道、地下观光隧道
	21. 汽车加油站、加气站
	22. 机动车交易市场(包括旧机动车交易市场)及其展销厅
	23. 民用液化气、天然气灌装站、换瓶站、调压站
中危险级	1. 县级以下的文物保护单位、档案馆、博物馆的库房、展览室、阅览室
	2. 一般的实验室
	3. 广播电台电视台的会议室、资料室
	4. 设有集中空调、电子计算机、复印机等设备的办公室
	5. 城镇以下的邮政信函和包裹分拣房、邮袋库、通信枢纽及其电信机房
	6. 客房数在50间以下的旅馆、饭店的公共活动用房、多功能厅和厨房
	7. 体育场(馆)、电影院、剧院、会堂、礼堂的观众厅
	8. 住院床位在50张以下的医院的手术室、理疗室、透视室、心电图室、药房、住院部、门诊部、病历室
	9. 建筑面积在2000m²以下的图书馆、展览馆的珍藏室、阅览室、书库、展览厅
	10. 民用机场的检票厅、行李厅
	11. 二类高层建筑的写字楼、公寓楼
	12. 高级住宅、别墅
	13. 建筑面积在1000m²以下的经营易燃易爆化学物品的商场、商店的库房及铺面
	14. 建筑面积在200m²以下的公共娱乐场所

（续）

危险等级	举　例
中危险级	15. 老人住宿床位在 50 张以下的养老院
	16. 幼儿住宿床位在 50 张以下的托儿所、幼儿园
	17. 学生住宿床位在 100 张以下的学校集体宿舍
	18. 县级以下的党政机关办公大楼的会议室
	19. 学校教室、教研室
	20. 建筑面积在 500 m² 以下的车站和码头的候车(船)室、行李房
	21. 百货楼、超市、综合商场的库房、铺面
	22. 民用燃油、燃气锅炉房
	23. 民用的油浸变压器室和高、低压配电室
轻危险级	1. 日常用品小卖店及经营难燃烧或非燃烧的建筑装饰材料商店
	2. 未设集中空调、电子计算机、复印机等设备的普通办公室
	3. 旅馆、饭店的客房
	4. 普通住宅
	5. 各类建筑物中以难燃烧或非燃烧的建筑构件分隔的并主要存贮难燃烧或非燃烧材料的辅助房间

2. 灭火器的类型、规格和灭火级别

灭火器的类型分为手提式和推车式两种。

（1）手提式灭火器的类型、规格和灭火级别见表 13-10-6。

表 13-10-6　手提式灭火器的类型、规格和灭火级别

灭火器类型	灭火剂充装量（规格）		灭火器类型规格代码（型号）	灭火级别	
	L	kg		A 类	B 类
水型	3	—	MS/Q3	1A	—
	3	—	MS/T3		55B
	6	—	MS/Q6	1A	—
	6	—	MS/T6		55B
	9	—	MS/Q9	2A	—
	9	—	MS/T9		89B
泡沫	3	—	MP3、MP/AR3	1A	55B
	4	—	MP4、MP/AR4	1A	55B
	6	—	MP6、MP/AR6	1A	55B
	9	—	MP9、MP/AR9	2A	89B
干粉（碳酸氢钠）	—	1	MF1	—	21B
	—	2	MF2	—	21B
	—	3	MF3	—	34B
	—	4	MF4	—	55B
	—	5	MF5	—	89B
	—	6	MF6	—	89B
	—	8	MF8	—	144B
	—	10	MF10	—	144B
干粉（磷酸铵盐）	—	1	MF/ABC1	1A	21B
	—	2	MF/ABC2	1A	21B
	—	3	MF/ABC3	2A	34B
	—	4	MF/ABC4	2A	55B
	—	5	MF/ABC5	3A	89B

（续）

灭火器类型	灭火剂充装量（规格）		灭火器类型规格代码	灭火级别	
	L	kg	（型号）	A 类	B 类
干粉 （磷酸铵盐）	—	6	MF/ABC6	3A	89B
	—	8	MF/ABC8	4A	144B
	—	10	MF/ABC10	6A	144B
卤代烷 （1211）	—	1	MY1	—	21B
	—	2	MY2	(0.5A)	21B
	—	3	MY3	(0.5A)	34B
	—	4	MY4	1A	34B
	—	6	MY6	1A	55B
二氧化碳	—	2	MT2	—	21B
	—	3	MT3	—	21B
	—	5	MT5	—	34B
	—	7	MT7	—	55B

（2）推车式灭火器的类型、规格和灭火级别见表 13-10-7。

表 13-10-7　推车式灭火器的类型、规格和灭火级别

灭火器类型	灭火剂充装量（规格）		灭火器类型规格代码	灭火级别	
	L	kg	（型号）	A 类	B 类
水型	20		MST20	4A	—
	45		MST40	4A	—
	60		MST60	4A	—
	125		MST125	6A	—
泡沫	20		MPT20、MPT/AR20	4A	113B
	45		MPT40、MPT/AR40	4A	144B
	60		MPT60、MPT/AR60	4A	233B
	125		MPT125 MPT/AR125	6A	297B
干粉 （碳酸氢钠）	—	20	MFT20	—	183B
	—	50	MFT50	—	297B
	—	100	MFT100	—	297B
	—	125	MFT125	—	297B
干粉 （磷酸铵盐）	—	20	MFT/ABC20	6A	183B
	—	50	MFT/ABC50	8A	297B
	—	100	MFT/ABC100	10A	297B
	—	125	MFT/ABC125	10A	297B
卤代烷 （1211）	—	10	MYT10	—	70B
	—	20	MYT20	—	144B
	—	30	MYT30	—	183B
	—	50	MYT50	—	297B
二氧化碳	—	10	MTT10	—	55B
	—	20	MTT20	—	70B
	—	30	MTT30	—	113B
	—	50	MTT50	—	183B

3. 灭火器的表示

（1）手提式、推车式灭火器图例表示见表 13-10-8。

表 13-10-8　手提式、推车式灭火器图例表示

序号	图　例	名　称
1	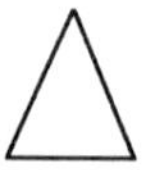 △	手提式灭火器 portable fire extinguisher
2	 △	推车式灭火器 wheeled fire extinguisher

（2）灭火器内灭火剂种类图例见表 13-10-9。

表 13-10-9　灭火器内灭火剂种类图例

序号	图　例	名　称
1	 ⊗	水 water
2	 ●	泡沫 foam
3	 ⊗	含有添加剂的水 water with additive
4	 ⊠	BC 类干粉 BC powder
5	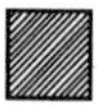 ▨	ABC 类干粉 ABC powder
6	 △	卤代烷 Halon
7	 △	二氧化碳 carbon dioxide （CO_2）
8	 △	非卤代烷和二氧化碳类 气体灭火剂 extinguishing gas other than Halon or CO_2

（3）灭火器图例举例见表 13-10-10。

表 13-10-10　灭火器图例举例

序号	图　例	名　称
1	 △⊗	手提式清水灭火器 Water Portable extinguisher
2	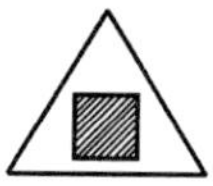 △▨	手提式 ABC 类干粉灭火器 ABC powder Portable extinguisher

（续）

序号	图　例	名　称
3		手提式二氧化碳灭火器 Carbon dioxide Portable extinguisher
4		推车式 BC 类干粉灭火器 Wheeled BC powder extinguisher

（4）各种类型、规格灭火器的型号代码举例说明见表13-10-11。

表 13-10-11　各种类型、规格灭火器的型号代码举例说明

型号代码	灭火器类型、规格详称
MPZ/AB6	6L 手提贮压式抗溶性泡沫灭火器
MF/ABC5	5kg 手提贮气瓶式通用（磷酸铵盐）干粉灭火器
MPTZ/AR45	45L 推车贮压式抗溶性泡沫灭火器
MFT/ABC20	20kg 推车贮气瓶式通用（磷酸铵盐）干粉灭火器

13. 10. 2　灭火器的选择

1. 灭火器的选择的一般规定

（1）灭火器的选择应考虑下列因素：

1）灭火器配置场所的火灾种类。

2）灭火器配置场所的危险等级。

3）灭火器的灭火效能和通用性。

4）灭火剂对保护物品的污损程度。

5）灭火器设置点的环境温度，灭火器配置点的环境温度应限制在灭火器适用温度范围之内。灭火器的使用温度范围见表13-10-12。

表 13-10-12　灭火器的使用温度范围

灭火器类型		使用温度范围/℃
水基型灭火器	不加防冻剂	+5 ~ +55
	添加防冻剂	-10 ~ +55
干粉灭火器	二氧化碳驱动	-10 ~ +55
	氮气驱动	-20 ~ +55
二氧化碳灭火器		-10 ~ +55
洁净气体灭火器		-20 ~ +55

6）使用灭火器人员的体能。

（2）在同一灭火器配置场所，宜选用相同类型和操作方法的灭火器。当同一灭火器配置场所存在不同火灾种类时，应选用通用型灭火器。

（3）在同一灭火器配置场所，当选用两种或两种以上类型灭火器时，应采用灭火剂相容的灭火器。

（4）不相容的灭火剂举例见表13-10-13。

表 13-10-13　不相容的灭火剂举例

灭火剂类型	不相容的灭火剂	
干粉与干粉	磷酸铵盐	碳酸氢钠、碳酸氢钾
干粉与泡沫	碳酸氢钠、碳酸氢钾	蛋白泡沫
泡沫与泡沫	蛋白泡沫、氟蛋白泡沫	水成膜泡沫

2. 灭火器的类型选择

（1）A 类火灾场所应选择水型灭火器、磷酸铵盐干粉灭火器、泡沫灭火器或卤代烷灭火器。

（2）B 类火灾场所应选择泡沫灭火器、碳酸氢钠干粉灭火器、磷酸铵盐干粉灭火器、二氧化碳灭火器、灭 B 类火灾的水型灭火器或卤代烷灭火器。极性溶剂的 B 类火灾场所应选择灭 B 类火灾的抗溶性灭火器。

（3）C 类火灾场所应选择磷酸铵盐干粉灭火器、碳酸氢钠干粉灭火器、二氧化碳灭火器或卤代烷灭火器。

（4）D 类火灾场所应选择扑灭金属火灾的专用灭火器。

（5）E 类火灾场所应选择磷酸铵盐干粉灭火器、碳酸氢钠干粉灭火器、卤代烷灭火器或二氧化碳灭火器，但不得选用装有金属喇叭喷筒的二氧化碳灭火器。

（6）非必要场所不应配置卤代烷灭火器。民用建筑和工业建筑非必要场所的举例见表 13-10-14、表 13-10-15。必要场所可配置卤代烷灭火器。

表 13-10-14　民用建筑类非必要配置卤代烷灭火器的场所举例

序号	名　　称
1	电影院、剧院、会堂、礼堂、体育馆的观众厅
2	医院门诊部、住院部
3	学校教学楼、幼儿园与托儿所的活动室
4	办公楼
5	车站、码头、机场的候车、候船、候机厅
6	旅馆的公共场所、走廊、客房
7	商店
8	百货楼、营业厅、综合商场
9	图书馆一般书库
10	展览厅
11	住宅
12	民用燃油、燃气锅炉房

表 13-10-15　工业建筑类非必要配置卤代烷灭火器的场所举例

序号	名　　称
1	橡胶制品的涂胶和胶浆部位；压延成型和硫化厂房
2	橡胶、塑料及其制品库房
3	植物油加工厂的浸出厂房；植物油加工精炼部位
4	黄磷、赤磷制备厂房及其应用部位
5	樟脑或松香提炼厂房、焦化厂精萘厂房
6	煤粉厂房和面粉厂房的碾磨部位
7	谷物筒仓工作塔、亚麻厂的除尘器和过滤器室
8	散装棉花堆场
9	稻草、芦苇、麦秸等堆场
10	谷物加工厂房

（续）

序号	名　　　称
11	饲料加工厂房
12	粮食、食品库房及粮食堆场
13	高锰酸钾、重铬酸钠厂房
14	过氧化钠、过氧化钾、次氯酸钙厂房
15	可燃材料工棚
16	可燃液体贮罐、桶装库房或堆场
17	柴油、机器油或变压器油灌桶间
18	润滑油再生部位或沥青加工厂房
19	泡沫塑料厂的发泡、成型、印片、压花部位
20	化学、人造纤维及其织物和棉、毛、丝、麻及其织物的库房
21	酚醛泡沫塑料的加工厂房
22	化纤厂后加工润湿部位；印染厂的漂炼部位
23	木工厂房和竹、藤加工厂房
24	纸张、竹、木及其制品的库房、堆场
25	造纸厂或化纤厂的浆粕蒸煮工段
26	玻璃原料熔化厂房
27	陶瓷制品的烘干、烧成厂房
28	金属（镁合金除外）冷加工车间
29	钢材库房、堆场
30	水泥库房
31	搪瓷、陶瓷制品库房
32	难燃烧或非燃烧的建筑装饰材料库房
33	原木堆场

13.10.3　灭火器的设置

1. 灭火器设置的一般规定

（1）灭火器应设置在位置明显和便于取用的地点，且不得影响安全疏散。

（2）对有视线障碍的灭火器设置点，应设置指示其位置的发光标志。

（3）灭火器的摆放应稳固，其铭牌应朝外。手提式灭火器宜设置在灭火器箱内或挂钩、托架上，其顶部离地面高度不应大于1.50m；底部离地面高度不宜小于0.08m。灭火器箱不得上锁。

（4）灭火器不宜设置在潮湿或强腐蚀性的地点。当必须设置时，应有相应的保护措施。灭火器设置在室外时，应有相应的保护措施。

（5）灭火器不得设置在超出其使用温度范围的地点。

2. 灭火器设置的最大保护距离

（1）设置在A类火灾场所的灭火器，其最大保护距离应符合表13-10-16的规定。

表 13-10-16　A 类火灾场所的灭火器最大保护距离　　　　　（单位：m）

灭火器类型 危险等级	手提式灭火器	推车式灭火器
严重危险级	15	30
中危险级	20	40
轻危险级	25	50

（2）设置在B、C类火灾场所的灭火器，其最大保护距离应符合表13-10-17的规定。

表 13-10-17　B、C 类火灾场所的灭火器最大保护距离　　　　（单位：m）

危险等级 \ 灭火器类型	手提式灭火器	推车式灭火器
严重危险级	9	18
中危险级	12	24
轻危险级	15	30

（3）D 类火灾场所的灭火器，其最大保护距离应根据具体情况研究确定。

（4）E 类火灾场所的灭火器，其最大保护距离不应低于该场所内 A 类或 B 类火灾的规定。

3. 灭火器设置点数的确定与定位

灭火器设置的位置和数量应根据灭火器的设置要求和灭火器的最大保护距离确定，并应保证最不利点至少在一具灭火器的保护范围内。

（1）灭火器设置点数的确定原则。在选择、定位灭火器设置点时，有以下几项基本原则：

1）灭火器设置点应均衡布置，既不得过于集中，也不宜过于分散。每个设置点配置灭火器的数量不宜多于 5 具。

2）在通常情况下，灭火器设置点应避开门窗、风管和工艺设备，而应设在房间的内边墙或走廊的墙壁上。必要时，设置点可选择定位在车间中央或墙角处。

3）如果房间面积较小，在房中或内边墙处仅选一个设置点即可使房间内所有部位都在该灭火器的保护范围内，允许设置点数为 1。由于每个计算单元至少应配置两具灭火器，故该设置点应设置两具灭火器。

4）对于独立单元（如由一个房间组成），设置点应定位于室内，即灭火器要设置在室内，而且设置点上的灭火器的最大保护距离仅在该单元所辖的房间范围内有效；对于组合单元，其设置点可定位于走廊、楼梯间或（和）某些房间内，设置点上的灭火器的最大保护距离在该组合单元所辖的所有房间、走廊和楼梯间等范围内均有效。

（2）灭火器设置点数的设计方法。确定灭火器设置点位置和数量的设计方法，主要有保护圆设计法和折线测量设计法。常用保护圆设计法，在仅当碰到门、墙等阻隔而使保护圆设计法不适用时，再采用折线测量设计法。在实际设计中可将这两种方法结合使用。

1）保护圆设计法。以灭火器设置点为圆心，以灭火器的最大保护距离为半径而形成的范围称为保护圆。

① 将所选的设置点作为圆心，以灭火器的最大保护距离为半径画圆；如能将灭火器配置场所的范围完全包括进去，则所选设置点符合要求，结束转③；否则转②。

② 增加一个设置点，同①步骤，再画保护圆，若这两个保护圆能将灭火器配置场所的范围完全包括进去，则所选设置点符合要求，结束转③；否则转②。

③ 若有多种选定设置点的方案，一般应采用设置点数较少的方案。

④ 保护圆的三种类型。独立单元的灭火器设置点的保护圆有以下三种情况：

a. 当有可能将设置点定位于室内中央部位某点处时，如可在某些工厂厂房（车间）的内柱上悬挂灭火器等场合，则该设置点（灭火器）的保护范围（面积）是以该点为圆心，以保护距离（r）为半径的全圆。此时，该柱子作为阻挡物，只视作一个点，如图 13-10-1、

图 13-10-2 所示。

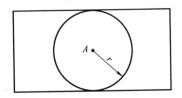

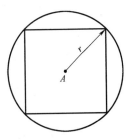

图 13-10-1 长方形平面灭火
器定位于室内中心画圆

图 13-10-2 正方形平面灭火
器定位于室内中心画圆

b. 当灭火器设置在靠边墙的位置时，其保护面积为半圆，如图 13-10-3、图 13-10-4 所示。

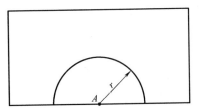

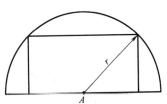

图 13-10-3 长方形平面灭火器
定位于室内边墙画圆（一）

图 13-10-4 长方形平面灭火器
定位于室内边墙画圆（二）

c. 当灭火器设置在室内墙角时，其保护面积为 1/4 圆，如图 13-10-5、图 13-10-6 所示。

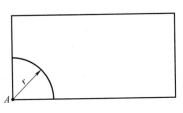

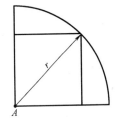

图 13-10-5 长方形平面灭火
器定位于室内墙角画圆

图 13-10-6 正方形平面灭火
器定位于室内墙角画圆

⑤ 在独立单元和组合单元内，保护圆均不得穿墙过门。

当采用保护圆设计法时，若保护圆不能将配置单元或场所完全包括进去，则需增加设置点数；若能将配置单元或场所完全包括进去，则不需增加设置点数。

2）折线测算设计法。在设计平面图上或建筑物内，用尺测量任一点（通常取若干个最远点）与最近灭火器设置点的距离，看其是否在最大保护距离内，若不是，则需调整或增设灭火器设置点；在可能的多种选择设置点的方案中，通常采用设置点数比较少的设计方案。

如图 13-10-7 所示，该楼层为中危险级的 A 类场所，可按组合单元为整个楼层配置灭火器。该单元的灭火器最大保护距离为 20m，根据设置要求，初选 A、B 两处为灭火器设置点。该配置单元（楼层）内的①、②、③、④、⑤点可能对于 A 或 B 设置点是最远点（最

不利点），经用尺实际测量，都在保护距离
（20m）内，符合规范要求。如果减少一个
设置点（A 或 B），显然上述 5 点中的某点
就有可能不在保护距离内，故不能减少设
置点数。若增加一个设置点，则更符合保
护距离要求，但选择 A、B 两处设置点较为
简便和经济。

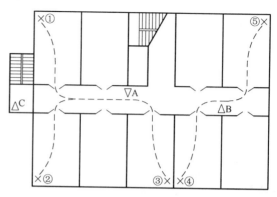

　　假设图 13-10-7 中的①点离 A 设置点
大于 20m，则要调整设置点位置，将 A 往
左移到符合设计要求的某一点，并且使③
点仍在保护距离内，而①点也在保护距离

图 13-10-7　折线计算法灭火器布置

内。如果不想改变 A 的位置，则可根据设置要求，选择楼梯平台的一处作为设置点 C，使①
点在保护距离内。

13.10.4　灭火器的配置

1. 灭火器配置的一般规定

（1）一个计算单元内配置的灭火器数量不得少于两具。

（2）每个设置点的灭火器数量不宜多于 5 具。

（3）当住宅楼每层的公共部位建筑面积超过 $100m^2$ 时，应配置一具 1A 的手提式灭火器；每增加 $100m^2$ 时，增配一具 1A 的手提式灭火器。

2. 灭火器配置的最低配置基准

（1）A 类火灾场所灭火器的最低配置基准应符合表 13-10-18 的规定。

表 13-10-18　A 类火灾场所灭火器的最低配置基准

危险等级	严重危险级	中危险级	轻危险级
单具灭火器最小配置灭火级别	3A	2A	1A
单位灭火级别最大保护面积（m^2/A）	50	75	100

（2）B、C 类火灾场所灭火器的最低配置基准应符合表 13-10-19 的规定。

表 13-10-19　B、C 类火灾场所灭火器的最低配置基准

危险等级	严重危险级	中危险级	轻危险级
单具灭火器最小配置灭火级别	89B	55B	21B
单位灭火级别最大保护面积（m^2/B）	0.5	1.0	1.5

（3）D 类火灾场所灭火器的最低配置基准应根据金属的种类、物态及其特性等研究确定。

（4）E 类火灾场所灭火器的最低配置基准不应低于该场所内 A 类（或 B 类）火灾的规定。

13.10.5　灭火器配置设计计算

1. 灭火器配置设计计算一般规定

（1）灭火器配置的设计与计算应按计算单元进行。灭火器最小需配灭火级别和最少需配数量的计算值应进位取整。

（2）每个灭火器设置点实配灭火器的灭火级别和数量不得小于最小需配灭火级别和最少需配数量的计算值。

（3）灭火器设置点的位置和数量应根据灭火器的最大保护距离确定，并应保证最不利点至少在一具灭火器的保护范围内。

2. 灭火器配置设计计算计算单元

（1）灭火器配置设计的计算单元应按下列规定划分：

1）当一个楼层或一个水平防火分区内各场所的危险等级和火灾种类相同时，可将其作为一个计算单元。

2）当一个楼层或一个水平防火分区内各场所的危险等级和火灾种类不相同时，应将其分别作为不同的计算单元。

3）同一计算单元不得跨越防火分区和楼层。

（2）计算单元保护面积的确定应符合下列规定：

1）建筑物应按其建筑面积确定。

2）可燃物露天堆场，甲、乙、丙类液体储罐区，可燃气体储罐区应按堆垛、储罐的占地面积确定。

3. 灭火器配置设计计算配置设计

（1）计算单元的最小需配灭火级别应按式（13-10-1）计算：

$$Q = K \frac{S}{U} \tag{13-10-1}$$

式中　Q——计算单元的最小需配灭火级别（A 或 B）；

S——计算单元的保护面积（m²）；

U——A 类或 B 类火灾场所单位灭火级别最大保护面积（m²/A 或 m²/B）；

K——修正系数。

（2）修正系数应按表 13-10-20 的规定取值。

表 13-10-20　修正系数

计算单元	K
未设室内消火栓系统和灭火系统	1.0
设有室内消火栓系统	0.9
设有灭火系统	0.7
设有室内消火栓系统和灭火系统	0.5
可燃物露天堆场 甲、乙、丙类液体储罐区 可燃气体储罐区	0.3

（3）歌舞娱乐放映游艺场所、网吧、商场、寺庙以及地下场所等的计算单元的最小需配灭火级别应按式（13-10-2）计算：

$$Q = 1.3K \frac{S}{U} \tag{13-10-2}$$

（4）计算单元中每个灭火器设置点的最小需配灭火级别应按式（13-10-3）计算：

$$Q_e = \frac{Q}{N} \tag{13-10-3}$$

式中　Q_e——计算单元中每个灭火器设置点的最小需配灭火级别（A 或 B）；

N——计算单元中的灭火器设置点数（个）。

（5）灭火器配置的设计计算可按下述程序进行：

1）确定各灭火器配置场所的火灾种类和危险等级。

2）划分计算单元，计算各计算单元的保护面积。

3）计算各计算单元的最小需配灭火级别。

4）确定各计算单元中的灭火器设置点的位置和数量。

5）计算每个灭火器设置点的最小需配灭火级别。

6）确定每个设置点灭火器的类型、规格与数量。

7）确定每具灭火器的设置方式和要求。

8）在工程设计图上用灭火器图例和文字标明灭火器的型号、数量与设置位置。

13.10.6　灭火器配置设计举例

例 13-10-1　某市科技大楼第 8 层有间专用电子计算机房，其边墙的轴线尺寸如图13-10-8所示。其中长边为 30m，宽边为 15m，机房内设有电子计算机等工艺设备。为保证初期防护的消防安全，用户要求为该电子计算机房配置设计灭火器。

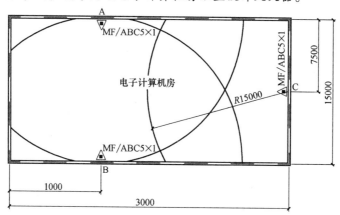

图 13-10-8　例 13-10-1 设计举例图

建筑灭火器配置设计计算按以下步骤进行：

（1）确定各灭火器配置场所的火灾种类和危险等级

电子计算机房的物品为固体可燃物，有可能发生的火灾为 A 类火灾，又由于因用电失火发生电气火灾，故同时存在 E 类火灾危险。依据规范可知计算机房火灾危险等级为严重危险级。

（2）划分计算单元，计算各计算单元的保护面积

由于该机房与毗邻的办公室、会议室等的危险等级不同，使用性质、平面工艺布局和保护面积也不太相同，因此应将该机房作为一个独立计算单元进行灭火器配置的设计计算。该计算单元的保护面积为：

$$S = 30 \times 15 \mathrm{m}^2 = 450 \mathrm{m}^2$$

（3）计算各计算单元的最小需配灭火级别

该机房属于地面/地上建筑，其扑救初起火灾所需的最小灭火级别合计值，即最小需配灭火级别按式（13-10-1）计算。

$$Q = K \frac{S}{U}$$

已知 $S = 450\text{m}^2$，该机房内未设室内消火栓系统和灭火系统，$K = 1.0$。A类严重危险级火灾场所中，单位灭火级别最大保护面积 $U = 50\text{m}^2/\text{A}$。则：

$$Q = (1.0 \times 450/50)\text{A} = 9\text{A}$$

（4）确定各计算单元中的灭火器设置点的位置和数量

A类严重危险级火灾场所中，手提式灭火器的最大保护距离为15m。然后运用保护圆简化设计法确定灭火器设置点。经综合考虑，初定A、B、C三个灭火器设置点，即灭火器设置点数 $N = 3$，如图13-10-8所示。

（5）计算每个灭火器设置点的最小需配灭火级别

$$Q_e = Q/N = 9\text{A}/3 = 3\text{A}$$

（6）确定每个设置点灭火器的类型、规格与数量

因该机房面积不大，又由于经常有人工作及为了保护大气环境，选用手提式磷酸铵盐干粉灭火器。A类严重危险级火灾场所中，单具灭火器最小配置灭火级别为3A，而1具 MF/ABC5 灭火器（即5kg手提式磷酸铵盐干粉灭火器）的灭火级别为3A。

$$n = 3\text{A}/3\text{A} = 1\text{具}$$

故本工程每个设置点选配1具5kg手提式磷酸铵盐干粉灭火器，即 MF/ABC5×1，3个设置点共配置3具5kg手提式磷酸铵盐干粉灭火器，即 MF/ABC5×3。

（7）确定每具灭火器的设置方式和要求

灭火器的设置方式应为全嵌入式的嵌墙式灭火器箱，故在每个配置点处的内墙壁上预埋1只灭火器箱，各箱内放置1具灭火器。

（8）在工程图上标记灭火器的图例、型号、规格和数量

灭火器的图例、型号、规格和数量如图13-10-8所示。

例13-10-2　某市某机关办公大楼第8层的平面图如图13-10-9所示。该楼层内各办公室均设有集中空调、电子计算机、复印机等设备，在该楼层的两侧各安装了1只室内消火栓箱。为加强该楼层扑救初起火灾的灭火力量，用户要求为该楼层配置设计灭火器。

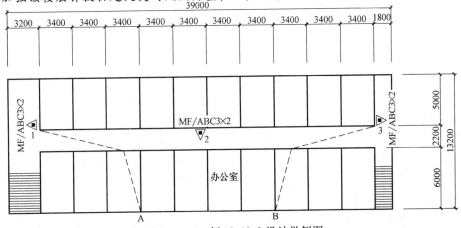

图13-10-9　例13-10-2设计举例图

注：1、2、3处均为落地式灭火器箱；灭火器设置点也可选定在走廊墙壁上，但需用嵌墙式灭火器箱；
本图例为1:200，尺寸单位以 mm 计。

建筑灭火器配置设计计算按以下步骤进行：

（1）确定各灭火器配置场所的火灾种类和危险等级

该楼层各办公室内设有办公桌椅、柜子、窗帘等物品，其均属于固体可燃物，有可能发生的火灾为 A 类火灾，又由于因用电失火发生电气火灾，故同时存在 E 类火灾危险。依据规范可知办公室火灾危险等级为中危险级。

（2）划分计算单元，计算各计算单元的保护面积

由于该层各灭火器配置场所，包括各间办公室、楼梯间及走廊等的火灾种类和危险等级相同，因此可将该楼层作为一个组合计算单元来进行灭火器配置的设计计算。该计算单元的保护面积为：

$$S = 39 \times 13.2 \, \text{m}^2 = 514.8 \, \text{m}^2$$

（3）计算各计算单元的最小需配灭火级别

该层办公室属于地面/地上建筑，其扑救初起火灾所需的最小灭火级别合计值，即最小需配灭火级别按式（13-10-1）计算。

$$Q = K \frac{S}{U}$$

已知 $S = 514.8 \, \text{m}^2$，该楼层内设室内消火栓系统，$K = 0.9$；在 A 类中危险级火灾场所中，单位灭火级别最大保护面积 $U = 75 \, \text{m}^2/\text{A}$。则：

$$Q = (1.0 \times 514.8/75) \, \text{A} = 6.2 \, \text{A}$$

灭火器最小需配灭火级别的计算值应进位取整，故取 $Q = 7 \, \text{A}$。

（4）确定各计算单元中的灭火器设置点的位置和数量

A 类严重危险级火灾场所中，手提式灭火器的最大保护距离为 20m。根据该楼层的总长尺寸和平面布局，选定该组合计算单元中的灭火器设置点数为 3，即 $N = 3$，分布在楼层两侧的 1、3 点两处和走廊中间的 2 点一处。分别从 1 点和 3 点处向最远点 A、B 画出通过房门中点的折线（图 13-10-9 中的虚线部分）。经测算，得知其距离均小于 20m，符合保护距离的要求。

（5）计算每个灭火器设置点的最小需配灭火级别

根据上述步骤可知，该计算单元的最小需配灭火级别 $Q = 7 \, \text{A}$，灭火器设置点数 $N = 3$，则每个灭火器设置点的最小需配灭火级别：

$$Q_e = Q/N = 7 \, \text{A}/3 = 2.3 \, \text{A}$$

应进位取整，取 $Q_e = 3 \, \text{A}$。

（6）确定每个设置点灭火器的类型、规格与数量

根据办公室的特点和防火设计要求，选择手提式磷酸铵盐干粉灭火器。A 类严重危险级火灾场所中，单具灭火器最小配置灭火级别为 2A，1 具 MF/ABC3 灭火器（即 3kg 手提式磷酸铵盐干粉灭火器）的灭火级别为 2A。每个设置点最少需配灭火器数量：

$$n = 3 \, \text{A}/2 \, \text{A} = 1.5 \, \text{具}$$

应进位取整，故 $n = 2$ 具。

因办公室经常有人工作等特点，并且为了保护大气环境，选用手提式磷酸铵盐干粉灭火器。故本工程每个设置点选配 2 具 3kg 手提式磷酸铵盐干粉灭火器，即 MF/ABC3×2，符合每个设置点的灭火器数量不宜多于 5 具的规定。整个楼层（组合计算单元）有 3 个灭火器

设置点,共配置6具3kg手提式磷酸铵盐干粉灭火器,即MF/ABC3×6。这符合一个计算单元内配置的灭火器数量不宜少于2具的规定。

(7) 确定每具灭火器的设置方式和要求

灭火器的设置方式宜为全落地式灭火器箱,手提式灭火器底部离地面高度不宜小于0.08m,大楼竣工后,在墙壁目视高度处的适当部位设置3个发光指示标志以分别指示3处灭火器箱的位置。

(8) 在工程图上标记灭火器的图例、型号、规格和数量

灭火器的图例、型号、规格和数量如图13-10-9所示。

附　　录

我国部分城镇降雨强度

城镇名称		暴雨强度公式	降雨强度 $\dfrac{q_s\,[\,\mathrm{L/(s\cdot 100m^2)}\,]}{H(\mathrm{mm/h})}$					
			$P=1$	$P=2$	$P=3$	$P=4$	$P=5$	$P=10$
	北京	$q=\dfrac{2001\times(1+0.811\lg P)}{(t+8)^{0.711}}$	3.23	4.02	4.48	4.81	5.06	5.85
			116	145	161	173	182	211
	上海	$i=\dfrac{9.4500+6.7932\lg T_E}{(t+5.54)^{0.6514}}$	3.40	4.14	4.57	4.88	5.11	5.85
			123	149	165	176	184	211
	天津	$q=\dfrac{3833.34\times(1+0.85\lg P)}{(t+17)^{0.85}}$	2.77	3.48	3.89	4.19	4.42	5.12
			100	125	140	151	159	184
河北	石家庄	$q=\dfrac{1689\times(1+0.898\lg P)}{(t+7)^{0.729}}$	2.76	3.51	3.94	4.25	4.49	5.24
			99	126	142	153	162	189
	承德	$q=\dfrac{2839\times[\,1+0.728\lg(P-0.121)\,]}{(t+9.60)^{0.87}}$	2.64	3.30	3.68	3.94	4.14	4.75
			95	119	132	142	149	171
	秦皇岛	$i=\dfrac{7.369+5.589\lg T_E}{(t+7.067)^{0.615}}$	2.66	3.27	3.62	3.88	4.07	4.68
			96	118	130	140	147	168
	唐山	$q=\dfrac{935\times(1+0.87\lg P)}{t^{0.6}}$	3.56	4.49	5.04	5.42	5.72	6.66
			128	162	181	195	206	240
	廊坊	$i=\dfrac{16.956+13.017\lg T_E}{(t+14.085)^{0.785}}$	2.80	3.44	3.82	4.09	4.30	4.94
			101	124	138	147	155	178
	沧州	$i=\dfrac{10.227+8.099\lg T_E}{(t+4.819)^{0.671}}$	3.69	4.57	5.08	5.45	5.73	6.61
			133	164	183	196	206	238
	保定	$i=\dfrac{14.973+10.266\lg T_E}{(t+13.877)^{0.776}}$	2.56	3.09	3.39	3.61	3.78	4.31
			92	111	122	130	136	155
	邢台	$i=\dfrac{9.609+8.583\lg T_E}{(t+9.381)^{0.667}}$	2.64	3.35	3.76	4.06	4.29	5.00
			95	121	136	146	154	180
	邯郸	$i=\dfrac{7.802+7.500\lg T_E}{(t+7.767)^{0.602}}$	2.81	3.63	4.10	4.44	4.70	5.52
			101	131	148	160	169	199
	衡水	$q=\dfrac{3575\times(1+\lg P)}{(t+18)^{0.87}}$	2.34	3.04	3.45	3.74	3.97	4.67
			84	109	124	135	143	168
	任丘	—	3.42	4.34	4.88	5.27	5.56	—
			123	156	176	190	200	—
	张家口	—	2.14	2.80	3.19	3.46	3.67	—
			77	101	115	125	132	—
山西	太原	$q=\dfrac{1446.22\times(1+0.867\lg T)}{(t+5)^{0.796}}$	2.31	2.92	3.27	3.52	3.72	4.32
			83	105	118	127	134	155
	大同	$q=\dfrac{2684\times(1+0.85\lg T)}{(t+13)^{0.947}}$	1.74	2.18	2.44	2.63	2.77	3.22
			63	79	88	95	100	116
	朔县	$q=\dfrac{1402.8\times(1+0.81\lg T)}{(t+6)^{0.81}}$	2.01	2.50	2.78	2.98	3.14	3.62
			72	90	100	107	113	130
	原平	$q=\dfrac{1803.6\times(1+1.04\lg T)}{(t+8.64)^{0.8}}$	2.23	2.93	3.34	3.63	3.85	4.55
			80	105	120	131	139	164
	阳泉	$q=\dfrac{1730.1\times(1+0.61\lg T)}{(t+9.6)^{0.78}}$	2.14	2.53	2.76	2.92	3.05	3.44
			77	91	99	105	110	124

（续）

城镇名称		暴雨强度公式	降雨强度 $\dfrac{q_5[\text{L}/(\text{s}\cdot100\text{m}^2)]}{H(\text{mm/h})}$					
			$P=1$	$P=2$	$P=3$	$P=4$	$P=5$	$P=10$
山西	榆次	$q=\dfrac{1736.8\times(1+1.08\lg T)}{(t+10)^{0.81}}$	1.94	2.57	2.94	3.20	3.40	4.03
			70	92	106	115	122	145
	离石	$q=\dfrac{1045.4\times(1+0.81\lg T)}{(t+7.64)^{0.7}}$	1.77	2.20	2.45	2.62	2.76	3.19
			64	79	88	94	99	115
	长治	$q=\dfrac{3340\times(1+1.43\lg T)}{(t+15.8)^{0.93}}$	1.99	2.84	3.34	3.70	3.97	4.83
			71	102	120	133	143	174
	临汾	$q=\dfrac{1207.4\times(1+0.94\lg T)}{(t+5.64)^{0.74}}$	2.10	2.69	3.04	3.29	3.48	4.07
			76	97	109	118	125	147
	侯马	$q=\dfrac{2212.8\times(1+1.04\lg T)}{(t+10.4)^{0.83}}$	2.29	3.00	3.42	3.72	3.95	4.67
			82	108	123	134	142	168
	运城	$q=\dfrac{993.7\times(1+1.04\lg T)}{(t+10.3)^{0.65}}$	1.69	2.22	2.52	2.74	2.91	3.44
			61	80	91	99	105	124
内蒙古	包头	$i=\dfrac{9.95\times(1+0.985\lg P)}{(t+5.40)^{0.85}}$	2.27	2.95	3.34	3.62	3.84	4.51
			82	106	120	130	138	162
	集宁	$q=\dfrac{534.4\times(1+\lg P)}{t^{0.63}}$	1.94	2.52	2.86	3.11	3.29	3.88
			70	91	103	112	119	140
	赤峰	$q=\dfrac{1600\times(1+1.35\lg P)}{(t+10)^{0.8}}$	1.83	2.58	3.01	3.32	3.56	4.31
			66	93	109	120	128	155
	海拉尔	$q=\dfrac{2630\times(1+1.05\lg P)}{(t+10)^{0.99}}$	1.80	2.37	2.70	2.94	3.12	3.69
			65	85	97	106	112	133
黑龙江	哈尔滨	$q=\dfrac{2989.3\times(1+0.95\lg P)}{(t+11.77)^{0.88}}$	2.50	3.22	3.63	3.93	4.16	4.88
			90	116	131	141	150	176
	漠河	$q=\dfrac{1469.6\times(1+1.0\lg P)}{(t+6)^{0.86}}$	1.87	2.43	2.76	2.99	3.18	3.74
			67	88	99	108	114	135
	呼玛	$q=\dfrac{2538\times(1+0.857\lg P)}{(t+10.4)^{0.93}}$	2.00	2.51	2.81	3.03	3.19	3.71
			72	90	101	109	115	133
	黑河	$q=\dfrac{2608\times(1+0.831\lg P)}{(t+8.5)^{0.93}}$	2.32	2.90	3.24	3.48	3.66	4.24
			83	104	116	125	132	153
	嫩江	$q=\dfrac{1703.4\times(1+0.8\lg P)}{(t+6.75)^{0.8}}$	2.37	2.94	3.28	3.52	3.70	4.27
			85	106	118	127	133	154
	北安	$q=\dfrac{1503\times(1+0.85\lg P)}{(t+6)^{0.78}}$	2.32	2.91	3.25	3.50	3.69	4.28
			83	105	117	126	133	154
	齐齐哈尔	$q=\dfrac{1902\times(1+0.89\lg P)}{(t+6.4)^{0.86}}$	2.35	2.97	3.34	3.60	3.80	4.43
			84	107	120	130	137	160
	大庆	$q=\dfrac{1820\times(1+0.91\lg P)}{(t+8.3)^{0.77}}$	2.23	2.84	3.19	3.45	3.64	4.25
			80	102	115	124	131	153
	佳木斯	$q=\dfrac{3139.6\times(1+0.98\lg P)}{(t+10)^{0.94}}$	2.46	3.19	3.61	3.92	4.15	4.88
			89	115	130	141	149	176
	同江	$q=\dfrac{2672\times(1+0.84\lg P)}{(t+9)^{0.89}}$	2.55	3.20	3.57	3.57	4.05	4.69
			92	115	129	129	146	169
	抚远	$q=\dfrac{1586.5\times(1+0.81\lg P)}{(t+6.2)^{0.78}}$	2.41	3.00	3.34	3.59	3.77	4.36
			87	108	120	129	136	157
	虎林	$q=\dfrac{1469.4\times(1+1.01\lg P)}{(t+6.7)^{0.76}}$	2.27	2.96	3.36	3.64	3.87	4.56
			82	106	121	131	139	164
	鸡西	$q=\dfrac{2054\times(1+0.76\lg P)}{(t+7)^{0.87}}$	2.36	2.91	3.22	3.45	3.62	4.16
			85	105	116	124	130	150

（续）

城镇名称		暴雨强度公式	降雨强度 $\dfrac{q_5\,[\,L/(s\cdot100m^2)\,]}{H(mm/h)}$					
			$P=1$	$P=2$	$P=3$	$P=4$	$P=5$	$P=10$
黑龙江	牡丹江	$q=\dfrac{2550\times(1+0.92\lg P)}{(t+10)^{0.93}}$	2.05	2.62	2.96	3.19	3.38	3.95
			74	94	106	115	122	142
	伊春	—	2.16	2.86	3.26	3.55	3.77	—
			78	103	117	128	136	—
	东宁	—	2.09	2.64	2.96	3.19	3.36	—
			75	95	107	115	121	—
	尚志	—	2.43	3.02	3.37	3.62	3.81	—
			87	109	121	130	137	—
	勃利	—	2.44	3.18	3.61	3.91	4.15	—
			88	114	130	141	149	—
	饶河	—	2.01	2.46	2.73	2.92	3.06	—
			72	89	98	105	110	—
	绥化	—	2.70	3.39	3.79	4.07	4.29	—
			97	122	136	147	154	—
	通河	—	2.48	3.00	3.30	3.52	368	—
			89	108	119	127	132	—
	绥芬河	—	2.02	2.47	2.72	2.91	3.05	—
			73	89	98	105	110	—
	讷河	—	2.36	3.00	3.38	3.64	3.85	—
			85	108	122	131	139	—
	双鸭山	—	2.39	2.95	3.28	3.51	3.69	—
			86	106	118	126	133	—
吉林	长春	$q=\dfrac{896\times(1+0.68\lg P)}{t^{0.6}}$	3.41	4.11	4.52	4.81	5.03	5.73
			123	148	163	173	181	206
	白城	$q=\dfrac{662\times(1+0.70\lg P)}{t^{0.6}}$	2.52	3.05	3.36	3.58	3.75	4.28
			91	110	121	129	135	154
	前郭尔罗斯蒙古族自治区	$q=\dfrac{696\times(1+0.68\lg P)}{t^{0.6}}$	2.65	3.19	3.51	3.73	3.91	4.45
			95	115	126	134	141	160
	四平	$q=\dfrac{937.7\times(1+0.70\lg P)}{t^{0.6}}$	3.57	4.32	4.76	5.07	5.32	6.07
			129	156	171	183	191	218
	吉林	$q=\dfrac{2166\times(1+0.68\lg P)}{(t+7)^{0.81}}$	2.75	3.31	3.64	3.87	4.05	4.61
			99	119	131	139	146	166
	海龙	$i=\dfrac{16.4\times(1+0.899\lg P)}{(t+10)^{0.867}}$	2.39	3.04	3.41	3.68	3.89	4.54
			86	109	123	133	140	163
	通化	$q=\dfrac{1154.3\times(1+0.70\lg P)}{t^{0.6}}$	4.39	5.32	5.86	6.25	6.55	7.47
			158	192	211	225	236	269
	浑江	$q=\dfrac{696\times(1+1.05\lg P)}{t^{0.67}}$	2.37	3.12	3.55	3.86	4.11	4.85
			85	112	128	139	148	175
	延吉	$q=\dfrac{666.2\times(1+0.70\lg P)}{t^{0.6}}$	2.54	3.07	3.38	3.61	3.78	4.31
			91	111	122	130	136	155
	辽源	—	3.39	4.08	4.49	4.78	5.00	—
			122	147	162	172	180	—
	双江	—	2.67	3.21	3.52	3.76	3.93	—
			96	116	127	135	141	—

（续）

城镇名称		暴雨强度公式	降雨强度 $\dfrac{q_s[\,\mathrm{L}/(\mathrm{s}\cdot 100\mathrm{m}^2)\,]}{H(\mathrm{mm/h})}$					
			$P=1$	$P=2$	$P=3$	$P=4$	$P=5$	$P=10$
吉林	长白	—	2.99	3.62	3.99	4.25	4.45	—
			108	130	144	153	160	—
	敦化	—	2.74	3.32	3.66	3.90	4.08	—
			99	120	132	140	147	—
	图们	—	2.44	2.95	3.25	3.46	3.63	—
			88	106	117	125	131	—
	桦甸	—	3.86	4.68	5.16	5.49	5.76	—
			139	168	186	198	207	—
辽宁	沈阳	$i=\dfrac{11.522+9.348\lg P_E}{(t+8.196)^{0.738}}$	2.87	3.57	3.98	4.27	4.49	5.19
			103	128	143	154	162	187
	本溪	$q=\dfrac{1393\times(1+0.63\lg P)}{(t+5.045)^{0.67}}$	2.97	3.53	3.86	4.10	4.28	4.84
			107	127	139	147	154	174
	丹东	$q=\dfrac{1221\times(1+0.6681\lg P)}{(t+7)^{0.605}}$	2.72	3.26	3.58	3.81	3.98	4.53
			98	117	129	137	143	163
	大连	$q=\dfrac{1900\times(1+0.66\lg P)}{(t+8)^{0.8}}$	2.44	2.93	3.21	3.41	3.57	4.05
			88	105	116	123	128	146
	营口	$q=\dfrac{1686\times(1+0.77\lg P)}{(t+8)^{0.72}}$	2.66	3.28	3.64	3.89	4.09	4.71
			96	118	131	140	147	169
	鞍山	$q=\dfrac{2306\times(1+0.70\lg P)}{(t+11)^{0.757}}$	2.83	3.42	3.77	4.02	4.21	4.81
			102	123	136	145	152	173
	辽阳	$q=\dfrac{1220\times(1+0.75\lg P)}{(t+5)^{0.65}}$	2.73	3.35	3.71	3.96	4.16	4.78
			98	121	134	143	150	172
	黑山	$q=\dfrac{1676\times(1+0.9\lg P)}{(t+7.4)^{0.747}}$	2.56	3.25	3.65	3.94	4.16	4.86
			92	117	132	142	150	175
	锦州	$q=\dfrac{2322\times(1+0.875\lg P)}{(t+10)^{0.79}}$	2.73	3.45	3.87	4.17	4.41	5.13
			98	124	139	150	159	185
	锦西	$q=\dfrac{1878\times(1+0.8\lg P)}{(t+6)^{0.732}}$	3.25	4.03	4.49	4.81	5.06	5.84
			117	145	161	173	182	210
	绥中	$q=\dfrac{1833\times(1+0.806\lg P)}{(t+9)^{0.724}}$	2.71	3.37	3.76	4.03	4.24	4.90
			98	121	135	145	153	176
	阜新	—	2.23	2.95	3.47	3.89	4.25	—
			80	106	125	140	153	—
山东	济南	$q=\dfrac{1869.916\times(1+0.7573\lg P)}{(t+11.0911)^{0.6645}}$	2.95	3.62	4.02	4.30	4.51	5.19
			106	130	145	155	162	187
	德州	$q=\dfrac{3082\times(1+0.7\lg P)}{(t+15)^{0.79}}$	2.89	3.50	3.86	4.11	4.31	4.91
			104	126	139	148	155	177
	淄博	$i=\dfrac{15.873\times(1+0.78\lg P)}{(t+10)^{0.81}}$	2.96	3.65	4.06	4.34	4.57	5.26
			106	131	146	156	164	189
	潍坊	$q=\dfrac{4091.17\times(1+0.824\lg P)}{(t+16.7)^{0.87}}$	2.81	3.51	3.92	4.21	4.43	5.13
			101	126	141	151	160	185
	掖县	$i=\dfrac{17.034+17.322\lg T_E}{(t+9.508)^{0.837}}$	3.03	3.96	4.50	4.89	5.19	6.12
			109	143	162	176	187	220
	龙口	$i=\dfrac{3.781+3.118\lg T_E}{(t+2.605)^{0.467}}$	2.45	3.06	3.41	3.66	3.86	4.47
			88	110	123	132	139	161
	长岛	$i=\dfrac{5.941+4.976\lg T_E}{(t+3.626)^{0.622}}$	2.60	3.25	3.64	3.91	4.12	4.77
			93	117	131	141	148	172

（续）

城镇名称		暴雨强度公式	降雨强度 $\dfrac{q_5\left[\text{L}/(\text{s}\cdot 100\text{m}^2)\right]}{H(\text{mm/h})}$					
			$P=1$	$P=2$	$P=3$	$P=4$	$P=5$	$P=10$
山东	烟台	$i=\dfrac{6.912+7.373\lg T_E}{(t+9.018)^{0.609}}$	2.31	3.05	3.49	3.80	4.04	4.78
			83	110	126	137	145	172
	莱阳	$i=\dfrac{5.824+6.241\lg T_E}{(t+8.173)^{0.532}}$	2.47	3.26	3.73	4.06	4.32	5.11
			89	117	134	146	155	184
	海阳	$i=\dfrac{4.953+4.063\lg T_E}{(t+0.158)^{0.523}}$	3.51	4.37	4.88	5.24	5.52	6.38
			126	157	176	189	199	230
	枣庄	$i=\dfrac{65.512+52.455\lg T_E}{(t+22.378)^{1.069}}$	3.18	3.95	4.40	4.71	4.96	5.73
			114	142	158	170	179	206
	青岛	—	2.10	2.54	2.80	2.98	3.12	—
			76	91	101	107	112	—
江苏	南京	$q=\dfrac{2989.3\times(1+0.671\lg P)}{(t+13.3)^{0.80}}$	2.92	3.51	3.86	4.10	4.29	4.88
			105	126	139	148	155	176
	徐州	$q=\dfrac{1510.7\times(1+0.514\lg P)}{(t+9.0)^{0.64}}$	2.79	3.22	3.47	3.65	3.79	4.22
			100	116	125	132	137	152
	连云港	$q=\dfrac{3360.04\times(1+0.82\lg P)}{(t+35.7)^{0.74}}$	2.16	2.70	3.01	3.23	3.40	3.94
			78	97	108	116	123	142
	淮阴	$q=\dfrac{5030.04\times(1+0.887\lg P)}{(t+23.2)^{0.88}}$	2.66	3.37	3.79	4.08	4.31	5.02
			96	121	136	147	155	181
	盐城	$q=\dfrac{945.22\times(1+0.761\lg P)}{(t+3.5)^{0.57}}$	2.79	3.43	3.80	4.07	4.27	4.91
			100	123	137	146	154	177
	扬州	$q=\dfrac{8248.13\times(1+0.641\lg P)}{(t+40.3)^{0.95}}$	2.20	2.63	2.88	3.05	3.19	3.62
			79	95	104	110	115	130
	南通	$q=\dfrac{2007.34\times(1+0.752\lg P)}{(t+17.9)^{0.71}}$	2.17	2.67	2.95	3.16	3.32	3.81
			78	96	106	114	119	137
	镇江	$q=\dfrac{2418.16\times(1+0.787\lg P)}{(t+10.5)^{0.78}}$	2.85	3.53	3.92	4.20	4.42	5.10
			103	127	141	151	159	183
	常州	$q=\dfrac{3727.44\times(1+0.742\lg P)}{(t+15.8)^{0.88}}$	2.58	3.16	3.49	3.73	3.92	4.49
			93	114	126	134	141	162
	无锡	$q=\dfrac{10579\times(1+0.8281\lg P)}{(t+46.4)^{0.99}}$	2.14	2.67	2.99	3.21	3.38	3.91
			77	96	108	115	122	141
	苏州	$q=\dfrac{2887.43\times(1+0.794\lg P)}{(t+18.8)^{0.81}}$	2.22	2.75	3.05	3.27	3.45	3.97
			80	99	110	118	124	143
	清江	—	2.88	3.45	3.79	4.02	4.20	—
			104	124	136	145	151	—
	高淳	—	2.87	3.62	4.06	4.37	4.62	—
			103	130	146	157	166	—
	泗洪	—	2.17	2.57	2.80	2.97	3.10	—
			78	93	101	107	112	—
	阜宁	—	2.69	3.13	3.36	3.52	3.65	—
			97	113	121	127	131	—
	沭阳	—	2.97	3.52	3.85	4.08	4.25	—
			107	127	139	14.7	153	—
	响水	—	2.56	3.20	3.57	3.84	4.04	—
			92	115	129	138	145	—
	泰州	—	2.22	2.59	2.81	2.97	3.09	—
			80	93	101	107	111	—

（续）

城镇名称		暴雨强度公式	降雨强度 $\dfrac{q_5[\mathrm{L/(s \cdot 100m^2)}]}{H(\mathrm{mm/h})}$					
			$P=1$	$P=2$	$P=3$	$P=4$	$P=5$	$P=10$
江苏	江阴	—	2.52	3.28	3.72	4.03	4.27	—
			91	118	134	145	154	—
	溧阳	—	1.71	2.10	2.33	2.50	2.62	—
			62	76	84	90	94	—
	高邮	—	2.84	3.37	3.69	3.91	4.08	—
			102	121	133	141	147	—
	东台	—	2.74	3.30	3.63	3.86	4.04	—
			99	119	131	139	145	—
	太仓	—	2.00	2.46	2.73	2.92	3.06	—
			72	89	98	105	110	—
	吴县	—	2.29	2.90	3.26	3.52	3.72	—
			82	104	117	127	134	—
	句容	—	2.70	3.26	3.59	3.82	4.00	—
			97	117	129	138	144	—
安徽	合肥	$q=\dfrac{3600\times(1+0.76\lg P)}{(t+14)^{0.84}}$	3.03	3.73	4.14	4.42	4.65	5.34
			109	134	149	159	167	192
	蚌埠	$q=\dfrac{2550\times(1+0.77\lg P)}{(t+12)^{0.774}}$	2.85	3.51	3.89	4.16	4.38	5.04
			102	126	140	150	158	181
	淮南	$i=\dfrac{12.18\times(1+0.71\lg P)}{(t+6.29)^{0.71}}$	3.64	4.42	4.87	5.19	5.44	6.22
			131	159	175	187	196	224
	芜湖	$q=\dfrac{3345\times(1+0.78\lg P)}{(t+12)^{0.83}}$	3.19	3.93	4.37	4.68	4.92	5.67
			115	142	157	169	177	204
	安庆	$q=\dfrac{1986.8\times(1+0.777\lg P)}{(t+8.404)^{0.689}}$	3.32	4.10	4.55	4.88	5.13	5.90
			120	148	164	176	185	213
浙江	杭州	$i=\dfrac{20.120+0.639\lg P}{(t+11.945)^{0.825}}$	3.25	3.28	3.30	3.32	3.33	3.36
			117	118	119	119	120	121
	诸暨	$i=\dfrac{20.688+17.734\lg T_{\mathrm{E}}}{(t+6.146)^{0.891}}$	4.03	5.07	5.68	6.11	6.45	7.49
			145	183	204	220	232	270
	宁波	$i=\dfrac{154.467+109.494\lg T_{\mathrm{E}}}{(t+34.516)^{1.177}}$	3.41	4.13	4.56	4.86	5.09	5.82
			123	149	164	175	183	209
	温州	$i=\dfrac{13.274+0.573\lg P}{(t+12.641)^{0.663}}$	3.31	3.35	3.37	3.39	3.41	3.45
			119	121	121	122	123	124
	衢州	$q=\dfrac{2551.010\times(1+0.567\lg P)}{(t+10)^{0.780}}$	3.09	3.61	3.92	4.14	4.31	4.84
			111	130	141	149	155	174
	余姚	$i=\dfrac{21.901+14.775\lg P}{(t+14.426)^{0.817}}$	3.24	3.90	4.28	4.56	4.77	5.43
			117	140	154	164	172	195
	浒山	$i=\dfrac{33.141+28.559\lg T_{\mathrm{M}}}{(t+31.506)^{0.874}}$	2.39	3.00	3.37	3.62	3.82	4.44
			86	108	121	130	138	160
	镇海	$i=\dfrac{127.397+108.830\lg T_{\mathrm{M}}}{(t+39.331)^{1.145}}$	2.77	3.48	3.90	4.19	4.42	5.14
			100	125	140	151	159	185
	溪口	$i=\dfrac{42.004+30.861\lg T_{\mathrm{M}}}{(t+24.272)^{0.954}}$	2.80	3.42	3.78	4.04	4.24	4.86
			101	123	136	145	153	175
	绍兴	$i=\dfrac{21.032+0.593\lg P}{(t+11.814)^{0.827}}$	3.40	3.43	3.45	3.46	3.47	3.50
			123	124	124	125	125	126
	湖州	$i=\dfrac{25.248+0.738\lg P}{(t+16.381)^{0.834}}$	3.28	3.31	3.32	3.34	3.35	3.37
			118	119	120	120	120	121

（续）

城镇名称		暴雨强度公式	降雨强度 $\dfrac{q_5[\text{L}/(\text{s}\cdot100\text{m}^2)]}{H(\text{mm/h})}$					
			$P=1$	$P=2$	$P=3$	$P=4$	$P=5$	$P=10$
浙江	嘉兴	$i=\dfrac{21.086+0.675\lg P}{(t+15.153)^{0.799}}$	3.20	3.23	3.24	3.26	3.27	3.30
			115	116	117	117	118	119
	台州	$i=\dfrac{12.769+0.537\lg P}{(t+13.457)^{0.671}}$	3.01	3.05	3.08	3.09	3.10	3.14
			109	110	111	111	112	113
	舟山	$i=\dfrac{48.386+0.701\lg P}{(t+25.201)^{0.982}}$	2.84	2.86	2.86	2.87	2.87	2.89
			102	103	103	103	103	104
	丽水	$i=\dfrac{20.527+0.6041\lg P}{(t+12.203)^{0.852}}$	3.04	3.06	3.08	3.09	3.10	3.13
			109	110	111	111	112	113
	金华	$i=\dfrac{10.599+0.7771\lg P}{(t+5.084)^{0.707}}$	3.45	3.53	3.57	3.61	3.63	3.71
			124	127	129	130	131	133
	兰溪	—	3.80	4.40	4.77	5.02	5.22	—
			137	158	172	181	188	—
江西	南昌	$q=\dfrac{1386\times(1+0.69\lg P)}{(t+1.4)^{0.64}}$	4.22	5.10	5.62	5.98	6.26	7.14
			152	184	202	215	225	257
	庐山	$q=\dfrac{2121\times(1+0.61\lg P)}{(t+8)^{0.73}}$	3.26	3.86	4.21	4.46	4.65	5.25
			117	139	152	161	167	189
	修水	$q=\dfrac{3006\times(1+0.78\lg P)}{(t+10)^{0.79}}$	3.54	4.37	4.86	5.20	5.47	6.30
			127	157	175	187	197	227
	波阳	$q=\dfrac{1700\times(1+0.58\lg P)}{(t+8)^{0.66}}$	3.13	3.67	3.99	4.22	4.40	4.94
			113	132	144	152	158	178
	宜春	$q=\dfrac{2806\times(1+0.67\lg P)}{(t+10)^{0.79}}$	3.30	3.97	4.36	4.64	4.85	5.52
			119	143	157	167	175	199
	贵溪	$q=\dfrac{7014\times(1+0.491\lg P)}{(t+19)^{0.96}}$	3.32	3.81	4.09	4.30	4.46	4.94
			119	137	147	155	160	178
	吉安	$q=\dfrac{5010\times(1+0.48\lg P)}{(t+10)^{0.92}}$	4.15	4.75	5.10	5.35	5.54	6.14
			149	171	184	192	199	221
	赣州	$q=\dfrac{3173\times(1+0.56\lg P)}{(t+10)^{0.79}}$	3.74	4.37	4.73	5.00	5.20	5.83
			134	157	170	180	187	210
	景德镇	—	3.70	4.36	4.75	5.03	5.25	—
			133	157	171	181	189	—
	萍乡	—	3.08	3.81	4.23	4.53	4.76	—
			111	137	152	163	171	—
	九江	—	3.83	4.52	4.93	5.21	5.43	—
			138	163	177	188	195	—
	湖口	—	3.65	4.31	4.69	4.97	5.18	—
			131	155	169	179	186	—
	上饶	—	4.63	5.28	5.67	5.94	6.15	—
			167	190	204	214	221	—
	婺源	—	3.54	4.05	4.34	4.55	4.71	—
			127	146	156	164	170	—
	资溪	—	3.98	4.82	5.32	5.66	5.93	—
			143	174	192	204	213	—
	莲花	—	3.47	4.01	4.33	4.56	4.73	—
			125	144	156	164	170	—
	新余	—	2.54	3.06	3.36	3.57	3.74	—
			91	110	121	129	135	—

（续）

城镇名称		暴雨强度公式	降雨强度 $\dfrac{q_5\left[\text{L}/(\text{s}\cdot100\text{m}^2)\right]}{H(\text{mm/h})}$					
			$P=1$	$P=2$	$P=3$	$P=4$	$P=5$	$P=10$
江西	清江	—	4.12	4.98	5.48	5.83	6.11	—
			148	179	197	210	220	—
	上高	—	3.26	3.97	4.38	4.68	4.90	—
			117	143	158	168	176	—
	瑞金	—	4.43	5.14	5.57	5.86	6.10	—
			159	185	201	211	220	—
	兴国	—	4.31	4.99	5.38	5.66	5.88	—
			155	180	194	204	212	—
	井冈山	—	2.15	2.51	2.73	2.88	2.99	—
			77	90	98	104	108	—
	龙南	—	3.23	3.77	4.09	4.31	4.49	—
			116	136	147	155	162	—
	南丰	—	3.90	4.51	4.87	5.12	5.32	—
			140	162	175	184	192	—
	都昌	—	2.20	2.59	2.83	2.99	3.12	—
			79	93	102	108	112	—
	彭泽	—	2.48	2.92	3.17	3.35	3.49	—
			89	105	114	121	126	—
	永修	—	4.05	4.90	5.39	5.74	6.01	—
			146	176	194	207	216	—
	德安	—	2.51	3.04	3.35	3.57	3.74	—
			90	109	121	129	135	—
	玉山	—	4.74	5.41	5.80	6.08	6.29	—
			171	195	209	219	226	—
	安福	—	3.96	4.53	4.87	5.10	5.29	—
			143	163	175	184	190	—
	弋阳	—	4.19	4.81	5.17	5.42	5.62	—
			151	173	186	195	202	—
	临川	—	3.81	4.44	4.81	5.07	5.27	—
			137	160	173	183	190	—
	遂川	—	4.40	5.09	5.49	5.78	6.00	—
			158	183	198	208	216	—
	寻乌	—	3.74	4.37	4.74	5.00	5.20	—
			135	157	171	180	187	—
	信丰	—	5.07	5.93	6.43	6.78	7.06	—
			183	213	231	244	254	—
	会昌	—	3.72	4.35	4.72	4.98	5.18	—
			134	157	170	179	186	—
	宁都	—	3.06	3.54	3.82	4.02	4.17	—
			110	127	138	145	150	—
	广昌	—	3.94	4.56	4.92	5.17	5.37	—
			142	164	177	186	193	—
	德兴	—	3.92	4.47	4.80	5.03	5.21	—
			141	161	173	181	188	—
	进贤	—	4.18	4.94	5.38	5.69	5.94	—
			150	178	194	205	214	—

（续）

城镇名称		暴雨强度公式	降雨强度 $\dfrac{q_5[\text{L/(s}\cdot100\text{m}^2)]}{H(\text{mm/h})}$					
			$P=1$	$P=2$	$P=3$	$P=4$	$P=5$	$P=10$
江西	泰和	—	4.98	5.70	6.12	6.42	6.65	—
			179	205	220	231	239	—
	乐平	—	3.59	4.15	4.48	4.71	4.89	—
			129	149	161	170	176	—
	东乡	—	3.95	4.66	5.08	5.37	5.60	—
			142	168	183	193	202	—
	金溪	—	3.31	3.86	4.18	4.41	4.59	—
			119	139	150	159	165	—
	余干	—	3.67	4.31	4.68	4.95	5.16	—
			132	155	168	178	186	—
	武宁	—	2.68	3.30	3.67	3.93	4.13	—
			96	119	132	141	149	—
	丰城	—	3.50	4.23	4.65	4.95	5.19	—
			126	152	167	178	187	—
	峡江	—	3.72	4.26	4.58	4.80	4.97	—
			134	153	165	173	179	—
	奉新	—	4.57	5.58	6.18	6.60	6.93	—
			165	201	222	238	249	—
	铜鼓	—	2.98	3.68	4.09	4.38	4.61	—
			107	132	147	158	166	—
	乐安	—	4.04	4.71	5.11	5.38	5.60	—
			145	170	184	194	202	—
福建	福州	$q=\dfrac{2136.312\times(1+0.700\lg T_{\text{E}})}{(t+7.576)^{0.711}}$	3.53	4.27	4.71	5.02	5.26	6.00
			127	154	170	181	189	216
	福清	$q=\dfrac{1220.705\times(1+0.505\lg T_{\text{E}})}{(t+4.083)}$	3.30	3.80	4.09	4.30	4.46	4.97
			119	137	147	155	161	179
	长乐	$q=\dfrac{1310.144\times(1+0.663\lg T_{\text{E}})}{(t+3.929)^{0.624}}$	3.34	4.01	4.40	4.68	4.89	5.56
			120	144	158	168	176	200
	连江	$q=\dfrac{2145.118\times(1+0.635\lg T_{\text{E}})}{(t+5.803)^{0.723}}$	3.84	4.57	5.00	5.31	5.54	6.28
			138	165	180	191	200	226
	闽侯	$q=\dfrac{4118.863\times(1+0.543\lg T_{\text{E}})}{(t+13.651)^{0.855}}$	3.38	3.93	4.25	4.48	4.66	5.21
			122	141	153	161	168	187
	罗源	$q=\dfrac{2765.289\times(1+0.506\lg T_{\text{E}})}{(t+10.713)^{0.767}}$	3.34	3.85	4.15	4.36	4.53	5.04
			120	139	149	157	163	181
	厦门	$q=\dfrac{1432.348\times(1+0.582\lg T_{\text{E}})}{(t+4.560)^{0.633}}$	3.43	4.03	4.38	4.63	4.83	5.43
			124	145	158	167	174	195
	漳州	$q=\dfrac{2618.151\times(1+0.571\lg T_{\text{E}})}{(t+7.732)^{0.728}}$	4.11	4.81	5.23	5.52	5.75	6.45
			148	173	188	199	207	232
	龙海	$q=\dfrac{1273.318\times(1+0.624\lg P)}{(t+3.208)^{0.569}}$	3.84	4.57	4.99	5.29	5.52	6.24
			138	164	180	190	199	225
	漳浦	$q=\dfrac{2253.448\times(1+0.563\lg P)}{(t+12.114)^{0.703}}$	3.06	3.58	3.88	4.10	4.26	4.78
			110	129	140	148	154	172
	云霄	$q=\dfrac{1184.218\times(1+0.446\lg P)}{(t+4.660)^{0.540}}$	3.48	3.95	4.22	4.41	4.56	5.03
			125	142	152	159	164	181
	诏安	$q=\dfrac{1219.148\times(1+0.495\lg P)}{(t+4.527)^{0.558}}$	3.47	3.98	4.28	4.50	4.66	5.18
			125	143	154	162	168	187

（续）

城镇名称		暴雨强度公式	降雨强度 $\dfrac{q_S[\text{L}/(\text{s}\cdot 100\text{m}^2)]}{H(\text{mm/h})}$					
			$P=1$	$P=2$	$P=3$	$P=4$	$P=5$	$P=10$
福建	东山	$q=\dfrac{1210.683\times(1+0.721\lg P)}{(t+3.382)^{0.538}}$	3.86	4.69	5.18	5.53	5.80	6.64
			139	169	187	199	209	239
	泉州	$q=\dfrac{1639.461\times(1+0.591\lg P)}{(t+7.695)^{0.658}}$	3.08	3.63	3.95	4.18	4.35	4.90
			111	131	142	150	157	176
	晋江	$q=\dfrac{1742.815\times(1+0.585\lg P)}{(t+6.065)^{0.668}}$	3.50	4.11	4.48	4.73	4.93	5.55
			126	148	161	170	177	200
	南安	$q=\dfrac{1663.367\times(1+0.546\lg P)}{(t+6.724)^{0.637}}$	3.47	4.08	4.44	4.69	4.89	5.50
			125	147	160	169	176	198
	惠安	$q=\dfrac{892.031\times(1+0.688\lg P)}{(t+2.055)^{0.534}}$	3.14	3.79	4.17	4.44	4.65	5.30
			113	137	150	160	168	191
	德化	$q=\dfrac{2328.859\times(1+0.431\lg P)}{(t+7.747)^{0.731}}$	3.62	4.09	4.37	4.56	4.71	5.18
			130	147	157	164	170	187
	永春	$q=\dfrac{1974.454\times(1+0.541\lg P)}{(t+5.990)^{0.636}}$	4.30	5.00	5.41	5.70	5.92	6.62
			155	180	195	205	213	238
	莆田	$q=\dfrac{1950.220\times(1+0.629\lg P)}{(t+6.756)^{0.697}}$	3.50	4.16	4.55	4.83	5.04	5.70
			126	150	164	174	181	205
	仙游	$q=\dfrac{3604.085\times(1+0.486\lg P)}{(t+12.490)^{0.798}}$	3.67	4.21	4.53	4.75	4.92	5.46
			132	152	163	171	177	197
	三明	$q=\dfrac{3973.398\times(1+0.494\lg P)}{(t+12.17)^{0.848}}$	3.57	4.10	4.41	4.63	4.80	5.33
			128	147	159	167	173	192
	永安	$q=\dfrac{2635.188\times(1+0.536\lg P)}{(t+8.508)^{0.789}}$	3.38	3.92	4.24	4.47	4.64	5.19
			122	141	153	161	167	187
	沙县	$q=\dfrac{3560.956\times(1+0.481\lg P)}{(t+9.975)^{0.844}}$	3.63	4.15	4.46	4.68	4.85	5.37
			131	149	161	168	174	193
	南平	$q=\dfrac{2109.869\times(1+0.513\lg P)}{(t+6.597)^{0.720}}$	3.61	4.17	4.50	4.73	4.91	5.47
			130	150	162	170	177	197
	邵武	$q=\dfrac{2555.940\times(1+0.547\lg P)}{(t+6.530)^{0.769}}$	3.90	4.54	4.92	5.18	5.39	6.03
			140	163	177	187	194	217
	建瓯	$q=\dfrac{2787.609\times(1+0.528\lg P)}{(t+8.614)^{0.787}}$	3.57	4.14	4.47	4.71	4.89	5.46
			129	149	161	169	176	196
	建阳	$q=\dfrac{3134.242\times(1+0.524\lg P)}{(t+7.996)^{0.807}}$	3.96	4.58	4.95	5.20	5.41	6.03
			142	165	178	187	195	217
	武夷山	$q=\dfrac{2247.563\times(1+0.495\lg P)}{(t+8.638)^{0.704}}$	3.57	4.10	4.41	4.64	4.81	5.34
			129	148	159	167	173	192
	浦城	$q=\dfrac{2563.662\times(1+0.512\lg P)}{(t+7.403)^{0.771}}$	3.38	4.25	4.58	4.81	5.00	5.56
			132	153	165	173	180	200
	龙岩	$q=\dfrac{2399.136\times(1+0.471\lg P)}{(t+8.162)^{0.756}}$	3.42	3.90	4.19	4.39	4.54	5.03
			123	141	151	158	164	181
	漳平	$q=\dfrac{2234.704\times(1+0.590\lg P)}{(t+5.238)^{0.763}}$	3.79	4.46	4.85	5.13	5.35	6.02
			136	161	175	185	193	217
	连城	$q=\dfrac{3054.798\times(1+0.508\lg P)}{(t+10.675)^{0.787}}$	3.50	4.04	4.35	4.57	4.75	5.28
			126	145	157	165	171	190
	长汀	$q=\dfrac{2690.159\times(1+0.475\lg P)}{(t+8.911)^{0.758}}$	3.66	4.18	4.49	4.70	4.87	5.39
			132	150	161	169	175	194
	宁德	$q=\dfrac{1750.121\times(1+0.541\lg P)}{(t+6.799)^{0.633}}$	3.67	4.27	4.62	4.86	5.06	5.65
			132	154	166	175	182	204

（续）

城镇名称		暴雨强度公式	降雨强度 $\dfrac{q_5\left[\text{L}/(\text{s}\cdot 100\text{m}^2)\right]}{H(\text{mm/h})}$					
			$P=1$	$P=2$	$P=3$	$P=4$	$P=5$	$P=10$
福建	福安	$q=\dfrac{2488.427\times(1+0.523\lg P)}{(t+8.710)^{0.745}}$	3.54	4.11	4.44	4.67	4.85	5.42
			127	148	160	168	175	195
	福鼎	$q=\dfrac{2995.282\times(1+0.634\lg P)}{(t+9.587)^{0.776}}$	3.74	4.46	4.88	5.17	5.40	6.12
			135	160	176	186	194	220
	霞浦	$q=\dfrac{2180.616\times(1+0.669\lg P)}{(t+8.240)^{0.723}}$	3.37	4.05	4.44	4.73	4.94	5.62
			121	146	160	170	178	202
河南	郑州	$q=\dfrac{3073\times(1+0.892\lg P)}{(t+15.1)^{0.824}}$	2.59	3.29	3.70	3.98	4.21	4.91
			93	118	133	143	152	177
	安阳	$q=\dfrac{3680P^{0.4}}{(t+16.7)^{0.858}}$	2.63	3.46	4.07	4.57	5.00	6.59
			95	125	147	165	180	237
	新乡	$q=\dfrac{1102\times(1+0.623\lg P)}{(t+3.20)^{0.60}}$	3.12	3.70	4.04	4.29	4.48	5.06
			112	133	146	154	161	182
	济源	$i=\dfrac{22.973+35.317\lg T_M}{(t+27.857)^{0.926}}$	1.51	2.21	2.62	2.91	3.14	3.84
			54	80	94	105	113	138
	洛阳	$q=\dfrac{3336\times(1+0.827\lg P)}{(t+14.8)^{0.884}}$	2.38	2.98	3.32	3.57	3.76	4.35
			86	107	120	128	135	157
	开封	$q=\dfrac{4801\times(1+0.74\lg P)}{(t+17.4)^{0.913}}$	2.81	3.43	3.80	4.06	4.26	4.89
			101	124	137	146	153	176
	商丘	$i=\dfrac{9.821+9.0068\lg T_E}{(t+4.492)^{0.694}}$	3.44	4.40	4.96	5.35	5.66	6.62
			124	158	178	193	204	238
	许昌	$q=\dfrac{1987\times(1+0.7471\lg P)}{(t+11.7)^{0.75}}$	2.41	2.95	3.26	3.49	3.66	4.20
			87	106	117	126	132	151
	平顶山	$q=\dfrac{883.8\times(1+0.837\lg P)}{t^{0.57}}$	3.53	4.42	4.94	5.31	5.60	6.49
			127	159	178	191	202	234
	南阳	$i=\dfrac{3.591+3.970\lg T_M}{(t+3.434)^{0.416}}$	2.47	3.29	3.77	4.11	4.38	5.20
			89	119	136	148	158	187
	信阳	$q=\dfrac{2058P^{0.341}}{(t+11.9)^{0.723}}$	2.66	3.52	4.14	4.64	5.07	6.69
			96	127	149	167	183	241
	卢氏	—	3.10	3.96	4.50	4.83	5.16	—
			112	143	462	174	186	—
	驻马店	—	2.54	3.24	3.65	3.94	4.17	—
			91	117	131	142	150	—
湖北	汉口	$q=\dfrac{983\times(1+0.65\lg P)}{(t+4)^{0.56}}$	2.87	3.43	3.76	4.00	4.18	4.74
			103	124	135	144	150	171
	老河口	$q=\dfrac{6400\times(1+1.059\lg P)}{(t+23.36)}$	2.26	2.98	3.40	3.70	3.93	4.65
			81	107	122	133	141	167
	随州	$q=\dfrac{1190\times(1+0.9\lg P)}{t^{0.7}}$	3.86	4.90	5.51	5.95	6.28	7.33
			139	176	198	214	226	264
	恩施	$q=\dfrac{1108\times(1+0.73\lg P)}{t^{0.626}}$	4.05	4.93	5.45	5.82	6.11	7.00
			146	178	196	210	220	252
	荆州	$i=\dfrac{18.007+16.535\lg T_E}{(t+14.300)^{0.847}}$	2.69	3.43	3.87	4.18	4.41	5.16
			97	124	139	150	159	186
	沙市	$q=\dfrac{684.7\times(1+0.8541\lg P)}{t^{0.526}}$	2.94	3.69	4.13	4.45	4.69	5.44
			106	133	149	160	169	196
	黄石	$q=\dfrac{2417\times(1+0.79\lg P)}{(t+7)^{0.7655}}$	3.61	4.46	4.97	5.32	5.60	6.46
			130	161	179	192	202	232

（续）

城镇名称		暴雨强度公式	降雨强度 $\dfrac{q_5[\text{L}/(\text{s}\cdot100\text{m}^2)]}{H(\text{mm/h})}$					
			$P=1$	$P=2$	$P=3$	$P=4$	$P=5$	$P=10$
湖北	宜昌	—	3.28	3.72	3.94	4.09	4.20	—
			118	134	142	147	151	—
	荆门	—	2.25	2.68	2.93	3.11	3.25	—
			81	96	105	112	117	—
湖南	长沙	$q=\dfrac{3920\times(1+0.68\lg P)}{(t+17)^{0.86}}$	2.75	3.31	3.64	3.87	4.05	4.61
			99	119	131	139	146	166
	常德	$i=\dfrac{6.890+6.251\lg T_{\text{E}}}{(t+4.367)^{0.602}}$	2.99	3.81	4.29	4.63	4.89	5.71
			108	137	154	167	176	205
	益阳	$q=\dfrac{914\times(1+0.882\lg P)}{t^{0.584}}$	3.57	4.52	5.07	5.47	5.77	6.72
			129	163	183	197	208	242
	株洲	$q=\dfrac{1108\times(1+0.95\lg P)}{t^{0.623}}$	4.07	5.23	5.91	6.39	6.76	7.93
			146	188	213	230	244	285
	衡阳	$q=\dfrac{892\times(1+0.67\lg P)}{t^{0.57}}$	3.56	4.28	4.70	5.00	5.23	5.95
			128	154	169	180	188	214
	娄底		3.53	4.29	4.74	5.05	5.29	—
			127	154	171	182	190	—
	醴陵	—	2.93	3.63	4.04	4.33	4.56	—
			105	131	145	156	164	—
	冷水江	—	3.32	3.81	4.10	4.30	4.46	—
			120	137	148	155	161	—
广东	广州	$q=\dfrac{2424.17\times(1+0.533\lg T)}{(t+11.0)^{0.688}}$	3.80	4.41	4.77	5.02	5.22	5.83
			137	159	172	181	188	210
	韶关	$q=\dfrac{958\times(1+0.63\lg P)}{t^{0.544}}$	3.99	4.75	5.19	5.51	5.75	6.51
			144	171	187	198	207	234
	汕头	$q=\dfrac{1042\times(1+0.56\lg P)}{t^{0.488}}$	4.75	5.55	6.02	6.35	6.61	7.41
			171	200	217	229	238	267
	深圳	$i=\dfrac{9.194\times(1+0.460\lg T)}{(t+6.840)^{0.555}}$	3.99	4.55	4.87	5.10	5.28	5.83
			144	164	175	184	190	210
	佛山	$q=\dfrac{1930\times(1+0.58\lg P)}{(t+9)^{0.66}}$	3.38	3.97	4.32	4.56	4.75	5.34
			122	143	155	164	171	192
海南	海口	$q=\dfrac{2338\times(1+0.4\lg P)}{(t+9)^{0.65}}$	4.21	4.71	5.01	5.22	5.38	5.89
			151	170	180	188	194	212
广西	南宁	$i=\dfrac{32.287+18.194\lg T_{\text{E}}}{(t+18.880)^{0.851}}$	3.62	4.24	4.60	4.85	5.05	5.66
			130	153	165	175	182	204
	河池	$q=\dfrac{2850\times(1+0.5997\lg P)}{(t+8.5)^{0.757}}$	3.97	4.69	5.11	5.40	5.63	6.35
			143	169	184	194	203	228
	融水	$q=\dfrac{2097\times(1+0.5516\lg P)}{(t+6.7)^{0.65}}$	4.24	4.90	5.28	5.56	5.77	6.43
			153	176	190	200	208	231
	桂林	$q=\dfrac{4230\times(1+0.402\lg P)}{(t+13.5)^{0.841}}$	3.64	4.08	4.33	4.52	4.66	5.10
			131	147	156	163	168	184
	柳州	$i=\dfrac{6.598+3.929\lg T_{\text{E}}}{(t+3.019)^{0.541}}$	3.57	4.21	4.59	4.85	5.06	5.70
			129	152	165	175	182	205
	百色	$q=\dfrac{2800\times(1+0.547\lg P)}{(t+9.5)^{0.747}}$	3.80	4.42	4.79	5.05	5.25	5.88
			137	159	172	182	189	212
	宁明	$q=\dfrac{4030\times(1+0.62\lg P)}{(t+12.5)^{0.823}}$	3.82	4.54	4.95	5.25	5.48	6.19
			138	163	178	189	197	223

（续）

城镇名称		暴雨强度公式	降雨强度 $\dfrac{q_5\,[\,L/(s\cdot 100m^2)\,]}{H(mm/h)}$					
			$P=1$	$P=2$	$P=3$	$P=4$	$P=5$	$P=10$
广西	东兴	$i=\dfrac{4.557\times 2.485\lg T_E}{(t+1.738)^{0.314}}$	4.18	4.87	5.27	5.55	5.77	6.46
			150	175	190	200	208	233
	钦州	$q=\dfrac{1817\times(1+0.505\lg P)}{(t+5.7)^{0.58}}$	4.60	5.29	5.70	5.99	6.22	6.92
			165	191	205	216	224	249
	北海	$q=\dfrac{1625\times(1+0.437\lg P)}{(t+4.0)^{0.57}}$	6.49	7.35	7.85	8.20	8.48	9.33
			234	264	282	295	305	336
	玉林	$q=\dfrac{2170\times(1+0.484\lg P)}{(t+6.4)^{0.665}}$	4.30	4.93	5.29	5.55	5.76	6.38
			155	177	191	200	207	230
	梧州	$q=\dfrac{2070\times(1+0.466\lg P)}{(t+7)^{0.72}}$	3.46	3.94	4.23	4.43	4.59	5.07
			125	142	152	159	165	183
	全州	—	3.31	3.87	4.19	4.43	4.61	—
			119	139	151	159	166	—
	阳朔	—	3.73	4.27	4.58	4.80	4.94	—
			134	154	165	173	179	—
	贵县	—	4.38	5.06	5.46	5.75	5.97	—
			158	182	197	207	215	—
	桂平	—	4.53	5.17	5.55	5.82	6.02	—
			163	186	200	210	217	—
	贺州市	—	3.57	4.06	4.34	4.55	4.70	—
			129	146	156	164	169	—
	罗城	—	3.54	4.16	4.52	4.77	4.97	—
			127	150	163	172	179	—
	南丹	—	3.64	4.29	4.68	4.95	5.16	—
			131	154	168	178	186	—
	平果	—	3.70	4.25	4.57	4.80	4.97	—
			133	153	165	173	179	—
	田东	—	3.82	4.58	5.02	5.34	5.58	—
			138	165	181	192	201	—
	田阳	—	3.62	4.28	4.67	4.95	5.16	—
			130	154	168	178	186	—
	来宾	—	3.92	4.54	4.91	5.17	5.37	—
			141	163	177	186	193	—
	鹿寨	—	4.46	5.10	5.47	5.73	5.94	—
			161	184	197	206	214	—
	宜山	—	3.56	4.14	4.47	4.71	4.89	—
			128	149	161	170	176	—
	兴安	—	3.45	4.00	4.32	4.54	4.72	—
			124	144	156	163	170	—
	昭平	—	4.26	5.07	5.54	5.88	6.14	—
			153	183	199	212	221	—
	柳城	—	3.50	4.11	4.47	4.73	4.93	—
			126	148	161	170	177	—
	武鸣	—	3.57	4.15	4.50	4.74	4.93	—
			129	149	162	171	177	—
	田林	—	4.00	4.62	4.99	5.25	5.45	—
			144	166	180	189	196	—

（续）

城镇名称		暴雨强度公式	降雨强度 $\dfrac{q_5\left[\mathrm{L}/(\mathrm{s}\cdot 100\mathrm{m}^2)\right]}{H(\mathrm{mm/h})}$					
			$P=1$	$P=2$	$P=3$	$P=4$	$P=5$	$P=10$
广西	隆林	—	3.32	3.86	4.18	4.41	4.58	—
			120	139	150	159	165	—
	崇左	—	4.07	4.67	5.02	5.27	5.46	—
			147	168	181	190	197	—
陕西	西安	$i=\dfrac{16.8815\times(1+1.317\lg T_\mathrm{E})}{(t+21.5)^{0.9227}}$	1.37	1.91	2.23	2.46	2.63	3.18
			49	69	80	88	95	114
	榆林	$i=\dfrac{8.22\times(1+1.152\lg P)}{(t+9.44)^{0.746}}$	1.87	2.52	2.90	3.17	3.38	4.03
			67	91	104	114	122	145
	子长	$i=\dfrac{18.612\times(1+1.04\lg P)}{(t+15)^{0.877}}$	2.25	2.95	3.36	3.65	3.88	4.58
			81	106	121	132	140	165
	延安	$i=\dfrac{5.582\times(1+1.292\lg P)}{(t+8.22)^{0.7}}$	1.53	2.12	2.47	2.72	2.91	3.51
			55	76	89	98	105	126
	宜川	$i=\dfrac{15.64\times(1+1.01\lg P)}{(t+10)^{0.856}}$	2.57	3.35	3.81	4.14	4.39	5.17
			93	121	137	149	158	186
	彬县	$i=\dfrac{8.802\times(1+1.328\lg P)}{(t+18.5)^{0.737}}$	1.43	2.01	2.34	2.58	2.77	3.34
			52	72	84	83	100	120
	铜川	$i=\dfrac{5.94\times(1+1.39\lg P)}{(t+7)^{0.67}}$	1.88	2.66	3.12	3.45	3.70	4.49
			68	96	112	124	133	161
	宝鸡	$i=\dfrac{11.01\times(1+0.94\lg P)}{(t+12)^{0.932}}$	1.31	1.68	1.90	2.05	2.17	2.54
			47	61	68	74	78	92
	商县	$i=\dfrac{6.8\times(1+0.941\lg P)}{(t+9.556)^{0.731}}$	1.60	2.06	2.32	2.51	2.66	3.11
			58	74	84	90	96	112
	汉中	$i=\dfrac{2.6\times(1+1.041\lg P)}{(t+4)^{0.518}}$	1.39	1.83	2.08	2.26	2.40	2.84
			50	66	75	81	87	102
	安康	$i=\dfrac{8.74\times(1+0.961\lg P)}{(t+14)^{0.75}}$	1.60	2.07	2.34	2.53	2.68	3.15
			58	74	84	91	97	113
	咸阳	—	1.69	2.45	2.90	3.22	3.46	—
			61	88	104	116	125	—
	蒲城	—	2.01	2.73	3.16	3.46	3.69	—
			72	98	114	125	133	—
宁夏	银川	$q=\dfrac{242\times(1+0.83\lg P)}{t^{0.477}}$	1.12	1.40	1.57	1.68	1.77	2.06
			40	51	56	61	64	74
甘肃	兰州	$i=\dfrac{6.862539+9.128435\lg T_\mathrm{E}}{(t+12.69562)^{0.830818}}$	1.05	1.47	1.72	1.90	2.03	2.45
			38	53	62	68	73	88
	张掖	$q=\dfrac{88.4P^{0.623}}{t^{0.456}}$	0.42	0.65	0.84	1.01	1.16	1.78
			15	24	30	36	42	64
	临夏	$q=\dfrac{479\times(1+0.86\lg P)}{t^{0.621}}$	1.76	2.22	2.49	2.68	2.82	3.28
			63	80	90	96	102	118
	靖远	$q=\dfrac{284\times(1+1.35\lg P)}{t^{0.505}}$	1.126	1.77	2.07	2.28	2.45	2.96
			45	64	75	82	88	107
	平凉	$i=\dfrac{4.452+4.481\lg T_\mathrm{E}}{(t+2.570)^{0.668}}$	1.92	2.51	2.85	3.09	3.28	3.86
			69	90	102	11	118	139
	天水	$i=\dfrac{37.104+33.385\lg T_\mathrm{E}}{(t+18.431)^{1.131}}$	1.75	2.22	2.50	2.70	2.85	3.32
			63	80	90	97	103	120
	敦煌	—	1.39	1.73	1.93	2.07	2.18	—
			50	62	69	75	78	—

（续）

城镇名称		暴雨强度公式	降雨强度 $\dfrac{q_5\,[\,L/(\,s\cdot100m^2\,)\,]}{H(\,mm/h\,)}$					
			$P=1$	$P=2$	$P=3$	$P=4$	$P=5$	$P=10$
甘肃	玉门	—	1.59	1.98	2.21	2.37	2.50	—
			57	71	80	85	90	—
青海	西宁	$q=\dfrac{461.9\times(1+0.993\lg P)}{(t+3)^{0.686}}$	1.11	1.44	1.63	1.77	1.88	2.21
			40	52	59	64	68	80
	同仁	—	0.81	1.10	1.28	1.40	1.49	—
			29	40	46	50	54	—
新疆	乌鲁木齐	$q=\dfrac{195\times(1+0.82\lg P)}{(t+7.8)^{0.63}}$	0.39	0.49	0.54	0.58	0.62	0.71
			14	18	20	21	22	26
	塔城	$q=\dfrac{750\times(1+1.1\lg P)}{t^{0.85}}$	1.91	2.54	2.91	3.17	3.38	4.01
			69	92	105	114	122	144
	乌苏	$q=\dfrac{1135P^{0.583}}{t+4}$	1.26	1.89	2.39	2.83	3.22	4.83
			45	68	86	102	116	174
	石河子	$q=\dfrac{198P^{1.318}}{t^{0.56}P^{0.306}}$	0.80	1.62	2.44	3.27	4.10	8.26
			29	58	88	118	148	298
	奇台	$q=\dfrac{68.3P^{1.16}}{t^{0.45}P^{0.37}}$	0.80	1.39	1.92	2.40	2.87	5.20
			29	50	69	87	103	187
	吐鲁番	—	0.73	0.90	1.00	1.08	1.14	—
			26	32	36	39	41	—
重庆		$q=\dfrac{2509\times(1+0.845\lg P)}{(t+14.095)^{0.753}}$	2.72	3.42	3.82	4.11	4.33	5.02
			98	123	138	148	156	181
四川	成都	$q=\dfrac{2806\times(1+0.803\lg P)}{(t+12.8P^{0.231})^{0.768}}$	3.07	3.49	3.68	3.79	3.87	4.05
			111	126	132	137	139	146
	内江	$q=\dfrac{1246\times(1+0.705\lg P)}{(t+4.73P^{0.0102})^{0.597}}$	3.20	3.20	4.27	4.54	4.76	5.42
			115	115	154	164	171	195
	自贡	$q=\dfrac{4392\times(1+0.59\lg P)}{(t+19.3)^{0.804}}$	3.38	3.98	4.33	4.58	4.77	5.37
			122	143	156	165	172	193
	泸州	$q=\dfrac{10020\times(1+0.56\lg P)}{t+36}$	2.44	2.86	3.10	3.27	3.40	3.81
			88	103	111	118	122	137
	宜宾	$q=\dfrac{1169\times(1+0.828\lg P)}{(t+4.4P^{0.428})^{0.561}}$	3.33	3.82	4.04	4.16	4.24	3.95
			120	138	145	150	153	142
	乐山	$q=\dfrac{13690\times(1+0.695\lg P)}{t+50.4P^{0.038}}$	2.47	2.92	3.17	3.34	3.47	3.87
			89	105	114	120	125	139
	雅安	$i=\dfrac{7.622\times(1+0.63\lg P)}{(t+6.64)^{0.56}}$	3.22	3.83	4.19	4.44	4.64	5.25
			116	138	151	160	167	189
	渡口	$q=\dfrac{2495\times(1+0.49\lg P)}{(t+10)^{0.84}}$	2.57	2.94	3.17	3.32	3.44	3.82
			92	106	114	120	124	138
	南充	—	1.81	1.95	2.00	2.04	2.06	—
			65	70	72	73	74	—
	广元	—	3.24	4.20	4.67	4.93	5.13	—
			117	151	168	177	185	—
	遂宁	—	2.86	3.28	3.54	3.70	3.82	—
			103	118	127	133	138	—
	简阳	—	2.55	3.04	3.37	3.54	3.70	—
			92	109	121	127	133	—
	甘孜	—	0.64	0.80	0.89	0.96	1.00	—
			23	29	32	35	36	—

（续）

城镇名称		暴雨强度公式	降雨强度 $\dfrac{q_5 [\, \mathrm{L/(s \cdot 100 m^2)}\,]}{H(\mathrm{mm/h})}$					
			$P=1$	$P=2$	$P=3$	$P=4$	$P=5$	$P=10$
贵州	贵阳	$q = \dfrac{1887 \times (1+0.707\lg P)}{(t+9.35P^{0.031})^{0.695}}$	2.96	3.56	3.90	4.14	4.33	4.90
			107	128	140	149	156	176
	桐梓	$q = \dfrac{2022 \times (1+0.674\lg P)}{(t+9.58P^{0.044})^{0.733}}$	2.84	3.36	3.66	3.87	4.03	4.52
			102	121	132	139	145	163
	毕节	$q = \dfrac{5055 \times (1+0.473\lg P)}{(t+17)^{0.95}}$	2.68	3.06	3.29	3.45	3.57	3.95
			97	110	118	124	128	142
	水城	$i = \dfrac{42.25+62.60\lg P}{t+35}$	1.76	2.55	3.01	3.34	3.59	4.38
			64	92	108	120	129	158
	安顺	$q = \dfrac{3756 \times (1+0.875\lg P)}{(t+13.14P^{0.158})^{0.827}}$	3.42	4.07	4.36	4.56	4.71	5.10
			123	145	157	164	169	184
	罗甸	$q = \dfrac{763 \times (1+0.647\lg P)}{(t+0.915P^{0.775})^{0.51}}$	3.08	3.49	3.66	3.75	3.79	3.80
			111	126	132	135	137	137
	榕江	$q = \dfrac{2223 \times (1+0.767\lg P)}{(t+8.93P^{0.168})^{0.729}}$	3.26	3.79	4.07	4.25	4.38	4.75
			117	137	147	153	158	171
	湄潭	—	2.91	3.37	3.63	3.84	3.98	—
			105	121	131	138	143	—
	铜仁	—	3.36	4.06	4.50	4.76	4.86	—
			121	146	162	171	175	—
云南	昆明	$i = \dfrac{8.918+6.183\lg P}{(t+10.247)^{0.649}}$	2.54	3.07	3.38	3.60	3.77	4.30
			91	111	122	130	136	155
	丽江	$q = \dfrac{317 \times (1+0.958\lg P)}{t^{0.45}}$	1.54	1.98	2.24	2.42	2.57	3.01
			55	71	81	87	92	108
	下关	$q = \dfrac{1534 \times (1+1.035\lg P)}{(t+9.86)^{0.762}}$	1.96	2.57	2.93	3.18	3.38	3.99
			71	93	106	115	122	144
	腾冲	$q = \dfrac{4342 \times (1+0.96\lg P)}{t+13P^{0.09}}$	2.41	2.97	3.27	3.47	3.62	4.05
			87	107	118	125	130	146
	思茅	$q = \dfrac{3350 \times (1+0.5\lg P)}{(t+10.5)^{0.85}}$	3.26	3.75	4.04	4.24	4.40	4.89
			117	135	145	153	158	176
	昭通	$q = \dfrac{4008 \times (1+0.667\lg P)}{t+12P^{0.08}}$	2.36	2.72	2.92	3.05	3.15	3.44
			85	98	105	110	113	124
	沾益	$q = \dfrac{2355 \times (1+0.654\lg P)}{(t+9.4P^{0.157})^{0.806}}$	2.74	3.10	3.28	3.40	3.48	3.71
			99	112	118	122	125	134
	开运	$q = \dfrac{995 \times (1+1.15\lg P)}{t^{0.58}}$	3.91	5.27	6.06	6.62	7.06	8.41
			141	190	218	238	254	303
	广南	$q = \dfrac{977 \times (1+0.641\lg P)}{t^{0.57}}$	3.90	4.66	5.10	5.41	5.65	6.41
			141	168	184	195	204	231
	临沧	—	2.80	3.19	3.40	3.53	3.63	—
			101	115	122	127	131	—
	蒙自	—	2.29	3.02	3.44	3.75	3.98	—
			82	109	124	135	143	—
	河口	—	3.70	4.11	4.42	4.60	4.73	—
			133	148	159	166	170	—
	玉溪	—	3.41	4.73	5.50	6.05	6.48	—
			123	170	198	218	233	—
	曲靖	—	2.30	3.18	3.96	4.05	4.34	—
			83	114	143	146	156	—

（续）

城镇名称		暴雨强度公式	降雨强度 $\dfrac{q_5[\,\text{L}/(\text{s}\cdot100\text{m}^2)\,]}{H(\text{mm}/\text{h})}$					
			$P=1$	$P=2$	$P=3$	$P=4$	$P=5$	$P=10$
云南	宜良	—	2.11	2.91	3.38	3.71	3.97	—
			76	105	122	134	143	
	东川	—	1.80	2.45	2.83	3.10	3.31	—
			65	88	102	112	119	
	楚雄	—	2.59	3.32	3.75	4.05	4.29	—
			93	120	135	146	154	
	会泽	—	1.79	2.29	2.59	2.80	2.96	—
			64	82	93	101	107	
	宣威	—	4.09	5.41	6.18	6.73	7.15	—
			147	195	222	242	257	
	大理	—	1.98	2.42	2.73	2.95	3.13	—
			71	87	98	106	113	
	保山	—	2.50	3.23	3.65	3.95	4.19	—
			90	116	131	142	151	
	个旧	—	1.96	2.62	3.00	3.28	3.49	—
			71	94	108	118	126	
	芒市	—	3.14	4.02	4.53	4.90	5.18	—
			113	145	163	176	186	
	陆良	—	2.46	3.41	3.97	4.36	4.67	—
			89	123	143	157	168	
	文山	—	1.48	1.95	2.22	2.42	2.57	—
			53	70	80	87	93	
	晋宁	—	2.21	3.10	3.62	3.99	4.28	—
			80	112	130	144	154	
	允景洪	—	2.48	3.20	3.62	3.92	4.15	—
			89	115	130	141	149	
西藏	拉萨	—	2.57	3.15	3.49	3.72	3.91	—
			93	113	126	134	141	
	林芝	—	2.70	3.17	3.51	3.75	3.94	—
			97	114	126	135	142	
	日喀则	—	2.68	3.29	3.64	3.89	4.09	—
			96	118	131	140	147	
	那曲	—	2.33	2.87	3.17	3.39	3.56	—
			84	103	114	122	128	
	泽当	—	2.51	3.08	3.41	3.64	3.83	—
			90	111	123	131	138	
	昌都	—	2.70	3.17	3.51	3.75	3.94	—
			97	114	126	135	142	

注：1. 表中 P、T 代表设计降雨的重现期；T_E 代表非年最大值法选样的重现期；T_M 代表年最大值法选样的重现期。

　　2. 表中 q_5 为 5min 的降雨强度；H 为小时降雨厚度，根据 q_5 值折算而来。

参 考 文 献

[1] 中国建筑设计研究院. 建筑给水排水设计手册 [M]. 2版. 北京：中国建筑工业出版社，2008.

[2] 中华人民共和国住房和城乡建设部. GB 50015—2003（2009年版） 建筑给水排水设计规范 [S]. 北京：中国计划出版社，2010.

[3] 王增长. 《建筑给水排水工程》[M]. 6版. 北京：中国建筑工业出版社，2010.

[4] 中华人民共和国住房和城乡建设部. GB 50084—2001（2009年版） 自动喷水灭火设计规范 [S]. 北京：中国计划出版社，2001.

[5] 中华人民共和国住房和城乡建设部. GB 50016—2014 建筑设计防火规范 [S]. 北京：中国计划出版社，2014.

[6] 中华人民共和国住房和城乡建设部. CJJ 110—2006 管道直饮水系统技术规程 [S]. 北京：中国计划出版社，2005.